Albert

Die Prüfung der Logistikmeister

Handlungsspezifische Qualifikationen

www.kiehl.de

Die Prüfung der Logistikmeister

Handlungsspezifische Qualifikationen

Von

Dipl.-Kfm. Günther Albert

kiehl

ISBN 978-3-470-**65041**-8

Kiehl ist eine Marke des NWB Verlags

Satz: SATZ-ART Prepress & Publishing GmbH, Bochum
Druck: Griebsch & Rochol Druck GmbH & Co. KG, Hamm

Vorwort

Dieses Buch richtet sich an alle Kursteilnehmer, die eine Weiterbildung zum geprüften Logistikmeister bzw. zur geprüften Logistikmeisterin absolvieren. Es soll sie während des gesamten Lehrgangs unterstützen und gezielt auf die Prüfung vor der Industrie- und Handelskammer vorbereiten.

Behandelt werden sämtliche Inhalte der „Handlungsspezifischen Qualifikationen":

A. Logistikprozesse

1. Logistikkonzepte
2. Leistungserstellung
3. Prozesssteuerung und -optimierung

B. Betriebliche Organisation und Kostenwesen

4. Betriebliches Kostenwesen und Logistikcontrolling
5. Arbeits-, Umwelt- und Gesundheitsschutz
6. Qualitätsmanagement

C. Führung und Personal

7. Personalführung
8. Personalentwicklung

Grundlage für Gliederung und Stoffauswahl sind der aktuelle Rahmenplan des Deutschen Industrie- und Handelskammertags (DIHK) sowie die Verordnung über die Prüfung zum anerkannten Fortbildungsabschluss Geprüfter Logistikmeister/Geprüfte Logistikmeisterin.

Der komplette Prüfungsstoff wird in bewährter Frage- und Antwortform verständlich und klar strukturiert aufbereitet. Zahlreiche Grafiken, Beispiele und Struktogramme veranschaulichen die Inhalte und erleichtern das Lernen. Klausurtypische Aufgaben am Ende des Buchs bieten die Möglichkeit zum Üben. Die Musterlosung ermöglicht eine schnelle Erfolgskontrolle.

Autor und Verlag sind für Anregungen und konstruktive Kritik dankbar.

Günther Albert
Vreden, im März 2015

Vorwort 5

A. Logistikprozesse

1. Logistikkonzepte 21
1.1 Darstellen des Einflusses logistischer Abläufe auf die Wertschöpfungskette 21
1.1.1 Wertschöpfungskette 21
1.1.1.1 Grundlagen der Logistik 21
1.1.1.2 Supply Chain 22
1.1.2 Strategische Ziele der Logistik 26
1.1.2.1 Materialversorgung unter ökologischen und ökonomischen Aspekten 28
1.1.2.2 Beschaffungs-, Produktions- und Absatzziele 29
1.2 Mitwirken bei der Entwicklung von logistischen Gesamtprozessen unter Einbeziehung von Teilprozessen sowie Erkennen von Zielkonflikten 50
1.2.1 Zusammenhänge zwischen Beschaffung, Produktion, Distribution und Entsorgung 50
1.2.1.1 Bedeutung von Teilprozessen für den Gesamtprozess 52
1.2.1.2 Ableitung von Zielen für die Teilprozesse im Unternehmen 57
1.2.2 Prozesspartner als Beteiligte 59
1.2.2.1 Interne Partner 59
1.2.2.2 Externe Partner 62
1.2.2.3 Zusammenwirken der Prozesspartner im Wertschöpfungsprozess 64
1.3 Berücksichtigen von Unternehmenszielen, Marktbedingungen und Kundenbedürfnissen 65
1.3.1 Operative Ziele der Logistik 65
1.3.1.1 Anpassung der Logistik an Marktbedingungen und Kundenanforderungen 66
1.3.1.2 Anpassung an betriebliche Vorgaben 69
1.4 Erarbeiten, Analysieren und Präsentieren von Ablaufkonzepten und des Informationsflusses für den eigenen Verantwortungsbereich 74
1.4.1 Rahmenbedingungen 74
1.4.2 Entwicklung von alternativen Lösungskonzepten 76
1.4.2.1 Methoden der Ideenfindung 76
1.4.2.2 Darstellungsformen 79
1.4.3 Beurteilung der Lösungskonzepte 81
1.4.4 Präsentation der Ergebnisse 82

1.5 Mitwirken bei Kapazitätsplanungen 83
1.5.1 Planung technischer Kapazitäten 83
1.5.1.1 Anforderungen der eigenen Leistungserstellung 86
1.5.1.2 Voraussetzungen für den Einsatz technischer Anlagen und Geräte 86
1.5.2 Planung der Personalkapazitäten 89
1.5.2.1 Einsatz von vorhandenem Personal und Fremdpersonal 89
1.5.2.2 Qualifikation der Mitarbeiter 91
1.6 Mitwirken bei der Erarbeitung von Leistungsvorgaben für und der Auswahl von Geräten, Anlagen und Dienstleistungen 91
1.6.1 Technische Anlagen und Geräte 91
1.6.2 Dienstleistungen 93

2. Leistungserstellung 95
2.1 Organisieren des Wareneingangs und Veranlassung der Reklamationsbearbeitung 95
2.1.1 Organisation des Wareneingangs 95
2.1.1.1 Planung des Wareneingangs 96
2.1.1.2 Arbeitsmittel 98
2.1.1.3 Informations- und Warenfluss 99
2.1.2 Warenannahme 106
2.1.2.1 Anlieferung 106
2.1.2.2 Bearbeitung der Begleitpapiere 108
2.1.2.3 Lieferant/Überbringer 111
2.1.2.4 Entladung 112
2.1.2.5 Empfangsbestätigung 112
2.1.2.6 Dokumentation von Transportschäden 112
2.1.3 Warenkontrolle 114
2.1.3.1 Prüfverfahren 114
2.1.3.2 Umfang der Kontrolle 117
2.1.3.3 Dokumentierung 118
2.1.4 Reklamationsprozess 119
2.2 Steuern und Überwachen der Einlagerung und der Warenpflege 122
2.2.1 Einlagerung 122
2.2.1.1 Grundlagen 122
2.2.1.2 Organisation der Lagerung 126
2.2.1.3 Lagerstrategien 129
2.2.1.4 Arbeiten bei der Einlagerung 131
2.2.2 Lagerhaltung 133
2.2.2.1 Lagerarten 133
2.2.2.2 Lagertechnik 140
2.2.2.3 Lagergeräte 147

2.2.3 Warenpflege 148
2.2.3.1 Einflüsse auf die Güter 148
2.2.3.2 Inventur 149
2.2.4 Lagerung besonderer Güter 152
2.3 Organisieren der Kommissionierung und auftragsbezogener Leistungen 154
2.3.1 Kommissioniersysteme 154
2.3.1.1 Informationsflusssystem 154
2.3.1.2 Materialflusssystem 155
2.3.1.3 Organisationssystem 158
2.3.2 Kommissionierzeiten 164
2.3.2.1 Elemente 164
2.3.2.2 Optimierungsmöglichkeiten 166
2.3.3 Produktivitätskennzahlen 167
2.3.3.1 Kommissionierleistung 168
2.3.3.2 Fehlerquote 169
2.3.3.3 Kommissionierkosten 170
2.3.3.4 Weitere Kennzahlen 172
2.4 Auswählen der Versandart und Festlegung der Verpackung 173
2.4.1 Vorgaben und Rahmenbedingungen 173
2.4.1.1 Vorgaben 173
2.4.1.2 Fachbegriffe der Verkehrswirtschaft 176
2.4.2 Versandart 178
2.4.2.1 Transportweg/Verkehrsweg 178
2.4.2.2 Wahl des Verkehrsträgers 179
2.4.3 Verpackung 180
2.4.3.1 Funktionen der Verpackung 181
2.4.3.2 Beanspruchung der Verpackung 182
2.4.3.3 Arten und Eigenschaften von Packstoffen 185
2.4.3.4 Arten und Eigenschaften von Packmitteln 188
2.4.3.5 Arten und Eigenschaften von Packhilfsmitteln 193
2.4.3.6 Auswahl der Verpackung 194
2.5 Organisieren des innerbetrieblichen und außerbetrieblichen Transports einschließlich der Dokumente 197
2.5.1 Organisation des innerbetrieblichen Transports 197
2.5.1.1 Materialflussplanung 198
2.5.1.2 Durchführung des innerbetrieblichen Transports 200
2.5.1.3 Gefahren beim innerbetrieblichen Transport 207
2.5.2 Organisation des außerbetrieblichen Transports 209
2.5.2.1 Regelungen für den Transport besonderer Güter 209
2.5.2.2 Auswahl der Verkehrsträger 211
2.5.2.3 Bildung von Lade- und Transporteinheiten 212

2.5.2.4 Bereitstellung von Ladeeinheiten 213
2.5.2.5 Tourenplanung 214
2.6 Organisieren des Güterumschlags 221
2.6.1 Varianten des Umschlags 222
2.6.1.1 Güterumschlag direkt von einem Verkehrsmittel auf ein anderes 225
2.6.1.2 Güterumschlag mit Unterbringung in Zwischenlagern 227
2.6.1.3 Besonderheiten der verschiedenen Verkehrsträger beim Umschlag 227
2.6.2 Umschlagleistung 237
2.6.2.1 Leistungs- und Qualitätskennzahlen 237
2.6.2.2 Maßnahmen zur Verbesserung der Produktivität und Qualität von Umschlagprozessen 239
2.7 Berücksichtigung der rechtlichen Rahmenbedingungen 240
2.7.1 Wareneingang und Reklamationsbearbeitung 240
2.7.1.1 Wareneingang 240
2.7.1.2 Reklamation 242
2.7.1.3 Mess-, Wiege-, Förder- und Umschlageinrichtungen 244
2.7.2 Einlagerung und Warenpflege 244
2.7.2.1 Vorschriften und Empfehlungen bei der Lagerung 244
2.7.2.2 Vorschriften für besondere Güterarten und die Warenpflege 247
2.7.2.3 Gesetzliche Regelungen zur Bestandserfassung und -bewertung 251
2.7.3 Vertragliche Bedingungen bei Kommissionierung und auftragsbezogener Leistungserstellung 253
2.7.4 Versandart und Verpackung 254
2.7.4.1 Rechtliche Grundlagen für den Versand 254
2.7.4.2 Rechtliche und fachliche Vorgaben zur Verpackung 266
2.7.5 Transport 268
2.7.5.1 Rechtliche und fachliche Vorgaben für den innerbetrieblichen Transport 268
2.7.5.2 Rechtliche und technische Vorschriften für den außerbetrieblichen Transport 271
2.7.5.3 Bestimmungen für das Laden, Stauen und Sichern 273
2.7.6 Rahmenbedingungen für den Güterumschlag 274
2.7.6.1 Güterumschlag von Hand 274
2.7.6.2 Technische Vorgaben für Umschlageinrichtungen 275

2.7.7 Grundlegende Bestimmungen aus Gesetzen, Verordnungen, Richtlinien und Regeln 278
2.7.7.1 Gesetzliche Rechte und Pflichten aus verschiedenen Verträgen 281
2.7.7.2 Vertragliche Regelungen 289
2.7.7.3 Vorschriften beim Gefahrguttransport 291
2.7.7.4 Zollvorschriften 295
2.7.7.5 Rechtliche Bedingungen für die Entsorgung 301

3. Prozesssteuerung und -optimierung 305
3.1 Umsetzen von geplanten logistischen Prozessen 305
3.1.1 Grundlagen 305
3.1.2 Hauptprozesse 308
3.1.3 Übergreifende Prozesse 310
3.1.4 Primärprozesse 311
3.1.5 Sekundärprozesse 312
3.1.6 Umsetzung 315
3.1.6.1 Strategieentwicklung 315
3.1.6.2 PDCA-Zyklus 322
3.1.6.3 Prozesslebenszyklus 323
3.1.6.4 Abweichungsmanagement 324
3.1.6.5 Änderungsmanagement 325
3.2 Ermitteln und Überwachen von Prozessdaten und Ableiten von Maßnahmen 327
3.2.1 Ermittlung 327
3.2.1.1 Datenarten 327
3.2.1.2 Sammlung anfallender Daten 329
3.2.1.3 Generieren von Kennzahlen 329
3.2.2 Überwachung 330
3.2.3 Ableitung von Maßnahmen 332
3.2.3.1 Bedarfsermittlung 332
3.2.3.2 Verbrauchsermittlung 345
3.2.3.3 Bestandsstrategien 346
3.2.3.4 Bestandserfassung 349
3.2.3.5 Bestandsbewertung 350
3.2.3.6 Bestellmenge 353
3.2.3.7 Bestellstrategien 356
3.2.3.8 Produktionsplanung 358
3.2.3.9 Produktionssteuerung 361

3.3 Sicherstellen der Verfügbarkeit von Anlagen, Betriebs- und Hilfsmitteln 365
3.3.1 Betriebsmitteleinsatzplanung 366
3.3.1.1 Verkettung und Zusammenspiel von Anlagen und Betriebsmitteln 366
3.3.1.2 Gebrauchs- und Verbrauchsmaterialplanung und -verwaltung 368
3.3.1.3 Festlegung von Notfallstrategien 368
3.3.2 Sicherung der technischen Einsatzbereitschaft 369
3.3.2.1 Zusammenarbeit mit Herstellern und Lieferanten 369
3.3.2.2 Zusammenarbeit mit Aufsichtseinrichtungen 370
3.3.2.3 Zusammenarbeit mit anderen Unternehmensbereichen 372
3.4 Erhalten der Betriebsbereitschaft von Anlagen und Geräten und Überwachen von Wartungs- und Prüfintervallen 374
3.4.1 Maßnahmen zur Erhaltung der Betriebsbereitschaft 374
3.4.1.1 Betriebsbegehungen 374
3.4.1.2 Regelmäßige Wartungsarbeiten 378
3.4.1.3 Inspektion von Betriebsanlagen 380
3.4.1.4 Instandsetzung und Verbesserung 381
3.4.1.5 Instandhaltungsstrategien 381
3.4.2 Auswirkung von Störungen auf den Betriebsablauf 383
3.4.3 Überwachung von Wartungs- und Prüfintervallen 385
3.4.4 Zusammenarbeit mit Berufsgenossenschaften, Aufsichtsbehörden und Überwachungsvereinen 387
3.5 Sicherstellen von Kommunikations- und Abstimmungsprozessen 387
3.5.1 Kommunikation und Abstimmung innerhalb des Unternehmens 387
3.5.1.1 Unternehmensführung 388
3.5.1.2 Zusammenarbeit mit anderen Unternehmensbereichen 390
3.5.2 Unternehmensübergreifende Kommunikation und Abstimmung 392
3.6 Nutzen von Informations- und Kommunikationssystemen 395
3.6.1 Betriebliche Informations- und Übertragungssysteme 395
3.6.1.1 Datenorganisation 395
3.6.1.2 Nutzung von Datawarehousesystemen 396
3.6.1.3 Vernetzungstechnik 398
3.6.1.4 Besonderheiten und Definition von Anforderungen im Lagerbereich 400
3.6.1.5 Möglichkeiten zur Integration von Anwendungssystemen 401
3.6.2 Anforderungen an die Softwareergonomie 402
3.6.3 Anwendungssysteme 403
3.6.3.1 Integration 404
3.6.3.2 Anforderungen aus Logistiksicht 405

3.6.4 IT-Sicherheitsmanagement 406
3.6.4.1 Datenschutz 407
3.6.4.2 Gefahren für IT-Systeme 408
3.6.4.3 Datensicherheit 408
3.6.5 E-Commerce 409

B. Betriebliche Organisation und Kostenwesen

4. Betriebliches Kostenwesen und Logistikcontrolling 411
4.1 Planen, Erfassen, Analysieren und Bewerten der arbeitsbereichsbezogenen Kosten 411
4.1.1 Plankostenrechnung als Teil der kostenbezogenen Unternehmensplanung 414
4.1.1.1 Ziele und Aufgaben der Plankostenrechnung 414
4.1.1.2 Planung der arbeitsbereichsbezogenen Kosten der Leistungserstellung 417
4.1.2 Methoden der Kostenerfassung 419
4.1.2.1 Erfassung nach Einsatzfaktoren 419
4.1.2.2 Erfassung nach betrieblicher Funktion 424
4.1.2.3 Erfassung nach der Menge 425
4.1.2.4 Erfassung nach Art der Verrechnung 426
4.1.2.5 Erfassung nach der Beschäftigung 427
4.1.2.6 Erfassung nach dem Zeitpunkt der Entstehung 429
4.1.3 Ablauf der Kostenrechnung 430
4.1.3.1 Kostenarten 430
4.1.3.2 Kostenstellenrechnung 431
4.1.4 Kalkulationsverfahren und ihre Anwendungsbereiche 437
4.1.4.1 Zuschlagskalkulation 438
4.1.4.2 Kalkulation mit Äquivalenzziffern 441
4.1.4.3 Divisionskalkulation 442
4.1.4.4 Deckungsbeitragsrechnung 442
4.1.5 Umsatzsteuer (Mehrwertsteuer) 445
4.2 Übernahme und Einhalten zugeteilter Budgets 446
4.2.1 Strategische und operative Budgetierung 447
4.2.2 Arten der Budgetierung 448
4.2.3 Permanente Budgetkontrolle 450
4.2.3.1 Ermittlung von Abweichungen 450
4.2.3.2 Ergebnisfeststellung und Abweichungsanalyse 452
4.2.4 Maßnahmen zur Budgeteinhaltung 453

4.3 Beeinflussen der Kosten insbesondere unter Berücksichtigung der Prozessoptimierung 455
4.3.1 Prozessmanagement 455
4.3.1.1 Prozessanalyse 457
4.3.1.2 Prozessverbesserung 458
4.3.2 Prozesskostenrechnung 459
4.3.2.1 Zerlegung der Kostenstellen in Teilprozesse 461
4.3.2.2 Ermittlung der Prozessgrößen 462
4.3.2.3 Ermittlung der Prozesskosten 463
4.3.2.4 Verdichtung der Prozesse 463
4.3.2.5 Prozessorientierte Kalkulation 464
4.3.3 Vorgabe von Zielkosten für Prozesse 464
4.4 Hinwirken auf kostenbewusstes Handeln der Mitarbeiter 465
4.4.1 Kostenbeeinflussende Faktoren 465
4.4.2 Einbeziehung der Mitarbeiter in die Kostenbewertung und Kostenverantwortung 468
4.4.2.1 Information der Mitarbeiter über die Kostenstruktur 468
4.4.2.2 Problemanalyse und Benchmarking 469
4.4.2.3 Gemeinsame Erarbeitung von Lösungsvorschlägen 470
4.5 Mitarbeit bei der Erarbeitung relevanter Kennzahlen für das Logistikcontrolling und deren Nutzung zur Bewertung und Optimierung logistischer Prozesse unter Einbeziehung der Kosten- und Leistungsrechnung 471
4.5.1 Logistikkennzahlen 471
4.5.1.1 Basiskennzahlen 474
4.5.1.2 Produktivitätskennzahlen 477
4.5.1.3 Wirtschaftlichkeitskennzahlen 480
4.5.1.4 Qualitätskennzahlen 483
4.5.2 Auswahl und Berechnung von Logistikkennzahlen zur Prozessoptimierung 487
4.5.2.1 Anwendungsbereiche und Auswahlkriterien von Logistikkennzahlen 487
4.5.2.2 Festlegung und Berechnung der relevanten Logistikkennzahlen 488
4.6 Vorbereiten arbeitsbereichsbezogener kostenrelevanter Entscheidungen 491
4.6.1 Analysen 491
4.6.2 Ableitung von Handlungsalternativen für die Leistungserstellung 493
4.6.3 Entscheidungsvorlagen und Konzepte 495
4.6.4 Präsentation von Vorschlägen und Dokumentation von Entscheidungen 496

5. Arbeits-, Umwelt- und Gesundheitsschutz 499
5.1 Überprüfen und Gewährleisten der Arbeitssicherheit, des Arbeits-, Gesundheits- und Umweltschutzes im Betrieb 499
5.1.1 Arbeitssicherheit und Arbeitsschutz 499
5.1.1.1 Funktionen und Aufgaben 503
5.1.1.2 Gefährdungsermittlung 510
5.1.2 Gesundheitsschutz 514
5.1.2.1 Berufskrankheiten 514
5.1.2.2 Funktionen und Aufgaben 516
5.1.2.3 Arbeitsmedizinische Vorsorge 519
5.1.3 Umweltschutz 520
5.1.3.1 Funktionen und Aufgaben 521
5.1.3.2 Umweltbelastungen 523
5.2 Fördern des Bewusstseins der Mitarbeiter bezüglich der Arbeitssicherheit und des betrieblichen Arbeits-, Umwelt- und Gesundheitsschutzes 528
5.2.1 Arbeits-, Umwelt- und Gesundheitsschutz 528
5.2.1.1 Volks- und betriebswirtschaftliche Bedeutung 528
5.2.1.2 Gefahrenpotenziale im betrieblichen Ablauf 529
5.2.2 Maßnahmen und Hilfsmittel zur Förderung des Mitarbeiterbewusstseins 530
5.3 Planen und Durchführen von Unterweisungen in der Arbeitssicherheit sowie im Arbeits-, Umwelt- und Gesundheitsschutz 537
5.3.1 Konzepte für Unterweisungen 538
5.3.2 Durchführung der Unterweisung 539
5.3.3 Dokumentation 541
5.4 Überwachen der Lagerung von und des Umgangs mit umweltbelastenden und gesundheitsgefährdenden Stoffen 541
5.4.1 Eigenschaften von Gefahrstoffen und Gefahrstoffkataster 542
5.4.2 Kontrolle der baulichen, technischen und persönlichen Schutzmaßnahmen 549
5.4.3 Gesetze und Vorschriften 550
5.4.4 Besondere Hinweise für die Entsorgung von Gefahrstoffen 552
5.5 Planen, Vorschlagen, Einleiten und Überprüfen von Maßnahmen zur Verbesserung der Arbeitssicherheit sowie zur Reduzierung und Vermeidung von Unfällen und von Umwelt- und Gesundheitsbelastungen 555
5.5.1 Arbeitsspezifische Maßnahmen aufgrund erkennbarer Unfallursachen sowie Umwelt- und Gesundheitsbelastungen 555
5.5.2 Maßnahmen im Bereich des Arbeits-, Gesundheits- und Umweltschutzes 556

5.5.3 Persönliche Schutzausrüstung 558
5.5.4 Medizinische Vorsorgeuntersuchungen 560
5.5.5 Brand- und Explosionsschutz 562
5.5.5.1 Vorbeugende Maßnahmen 563
5.5.5.2 Verhalten im Brandfall 565

6. Qualitätsmanagement 567
6.1 Berücksichtigen des Einflusses des Qualitätsmanagementsystems auf das Unternehmen 567
6.1.1 Bedeutung, Funktion und Aufgaben von Qualitätsmanagementsystemen 570
6.1.1.1 Entwicklung der Qualitätsmanagementsysteme 570
6.1.1.2 Qualitätsmanagement als betriebliche Notwendigkeit 578
6.1.1.3 Entwicklungsstand im Qualitätsmanagement 581
6.1.1.4 Missverständnisse beim Qualitätsmanagement 583
6.1.2 Arten von Audits im Qualitätsmanagement 584
6.1.2.1 Unterschiede zwischen externen und internen Audits 585
6.1.2.2 Audits als Hilfe zur Leistungsverbesserung 586
6.1.2.3 Zertifizierung 587
6.1.3 Steuerung und Lenkung der Prozesse durch das Qualitätsmanagementsystem 588
6.2 Fördern des Qualitätsbewusstseins der Mitarbeiter 591
6.2.1 Förderung des Qualitätsbewusstseins 591
6.2.1.1 Merkmale qualitätsbewussten Handelns 593
6.2.1.2 Anreizsysteme 593
6.2.2 Formen der Mitarbeiterbeteiligung als Maßnahme der Qualitätsverbesserung 595
6.3 Anwendung von Methoden zur Sicherung und Verbesserung der Qualität 598
6.3.1 Werkzeuge und Methoden im Qualitätsmanagement 599
6.3.2 Statistische Methoden im Qualitätsmanagement 608
6.3.2.1 Vorteile und Grenzen 610
6.3.2.2 Beschreibende und beurteilende Statistik 611
6.3.2.3 Elemente zur Prozesslenkung und Produktüberwachung 611
6.3.3 Verteilungen und Verteilungsfunktionen qualitativer und quantitativer Merkmale 613
6.4 Kontinuierliches Umsetzen der Qualitätsmanagementziele durch Planen, Sichern und Lenken von qualitätswirksamen Maßnahmen 616
6.4.1 Erhebung und Verarbeitung qualitätsbezogener Daten 618
6.4.2 Lenkung qualitätswirksamer Maßnahmen 621

6.4.3 Sicherung der Qualitätsmanagementziele durch Qualifizierungen 623
6.4.3.1 Ermittlung des Qualifikationsbedarfs 623
6.4.3.2 Planung, Durchführung und Evaluierung von Qualifizierungsmaßnahmen 624
6.4.3.3 Dokumentation 626

C. Führung und Personal

7. Personalführung 627
7.1 Ermitteln und Bestimmen des qualitativen und quantitativen Personalbedarfs unter Berücksichtigung technischer und organisatorischer Veränderungen 627
7.1.1 Quantitative und qualitative Personalbedarfsermittlung 627
7.1.1.1 Bestimmungsfaktoren für den Personalbedarf 627
7.1.1.2 Personalstruktur 628
7.1.2 Methoden der Bedarfsermittlung 630
7.2 Auswahl und Einsatz der Mitarbeiter unter Berücksichtigung ihrer persönlichen und fachlichen Eignung sowie der betrieblichen Anforderungen 639
7.2.1 Verfahren und Instrumente der Bewerberauswahl 639
7.2.1.1 Grundlagen 639
7.2.1.2 Analyse und Bewertung der Bewerbungsunterlagen 645
7.2.1.3 Testverfahren 649
7.2.1.4 Vorstellungsgespräch 650
7.2.1.5 Assessment-Center 653
7.2.1.6 Sonstige Auswahlinstrumente 654
7.2.2 Einsatz der Mitarbeiter 656
7.2.2.1 Betriebliche Anforderungen und Mitarbeiterinteressen 656
7.2.2.2 Lösungsmöglichkeiten von Interessenkonflikten 657
7.2.2.3 Vorbereitung und Einführung 658
7.3 Erstellen von Anforderungsprofilen, Stellenplanungen und -beschreibungen sowie von Funktionsbeschreibungen 660
7.3.1 Anforderungsprofile 660
7.3.2 Stellenplanung und -beschreibung 665
7.3.3 Funktionsbeschreibung 669
7.3.4 Bedeutung von Stellen- und Funktionsbeschreibungen 670
7.4 Delegieren von Aufgaben und der damit verbundenen Verantwortung 672
7.4.1 Delegation als Führungsaufgabe und als Entwicklungsmöglichkeit des Mitarbeiters 672
7.4.2 Prozess- und Ergebniskontrolle 677

7.5 Fördern der Kommunikations- und Kooperationsbereitschaft 678
7.5.1 Bedingungen der Kommunikation und Kooperation im Betrieb 678
7.5.1.1 Grundlagen 678
7.5.1.2 Verbale und nonverbale Kommunikation 681
7.5.1.3 Fördernde und hemmende Betriebsstrukturen 682
7.5.1.4 Störungen im Kommunikationsprozess 683
7.5.2 Optimierung der Kommunikation und Kooperation im Betrieb 683
7.5.2.1 Maßnahmen 683
7.5.2.2 Gesprächsführung als Mittel zur Förderung der Kooperation und Kommunikation 685
7.6 Anwendung von Führungsmethoden und -mitteln zur Bewältigung betrieblicher Aufgaben und zum Lösen von Problemen und Konflikten 689
7.6.1 Führungsmethoden und -mittel 692
7.6.1.1 Motivation 693
7.6.1.2 Führungsstil 696
7.6.1.3 Führungskonzepte 701
7.6.1.4 Partizipation 705
7.6.1.5 Probleme im Führungsverhalten und deren Verbesserung 706
7.6.2 Konfliktmanagement 706
7.7 Beteiligung der Mitarbeiter am kontinuierlichen Verbesserungsprozess 710
7.7.1 Kontinuierlicher Verbesserungsprozess 710
7.7.2 Bewertung von Verbesserungsvorschlägen 713
7.8 Einrichten, Moderieren und Steuern von Arbeits- und Projektgruppen 714
7.8.1 Einrichtung von Arbeits- und Projektgruppen 714
7.8.1.1 Gruppen 714
7.8.1.2 Projekte 718
7.8.2 Moderation von Arbeits- und Projektgruppen 719
7.8.2.1 Moderation als Methode 719
7.8.2.2 Vorbereitung der Moderation 720
7.8.2.3 Nachbereitung einer Moderation 723
7.8.3 Phasen der Steuerung von Arbeits- und Projektgruppen 723
7.8.3.1 Strukturierung 724
7.8.3.2 Durchführung 727
7.8.3.3 Überprüfung 727
7.9 Berücksichtigen der rechtlichen und organisatorischen Rahmenbedingungen beim Einsatz von Fremdpersonal und Fremdfirmen 728
7.9.1 Rechte und Pflichten beider Vertragspartner 728
7.9.1.1 Vertragsarten 728
7.9.1.2 Anweisungsbefugnisse 732
7.9.2 Einbindung in den Einsatzbetrieb 733
7.9.3 Leistungserstellung 734

8. Personalentwicklung 737
8.1 Festlegung von Personalentwicklungszielen 737
8.1.1 Ziele der Personalentwicklung 737
8.1.2 Personalentwicklungsbedarf 737
8.1.3 Kategorien für den Qualifizierungserfolg 742
8.1.4 Bewertungskriterien 749
8.2 Durchführung von Potenzialeinschätzungen nach vorgegebenen Kriterien und unter Anwendung entsprechender Instrumente und Methoden 750
8.2.1 Potenzialeinschätzung als Baustein des Personalentwicklungskonzepts 750
8.2.2 Instrumente und Methoden 752
8.3 Ermittlung des Personalentwicklungsbedarfs und Veranlassen von Umsetzungsmaßnahmen 757
8.3.1 Bedarfsermittlung im Hinblick auf die Unternehmensziele 757
8.3.2 Maßnahmen der Personalentwicklung 759
8.3.2.1 Interne oder externe Durchführung 759
8.3.2.2 Individuelle oder standardisierte Durchführung 761
8.3.2.3 Einzelne Maßnahmen 762
8.3.2.4 Unterstützende interne Maßnahmen 770
8.3.2.5 Priorisieren der Qualifizierungsmaßnahmen 771
8.3.3 Entwicklungsmaßnahmen nach Vereinbarung 773
8.4 Überprüfen und Bewerten der Ergebnisse aus Maßnahmen der Personalentwicklung 774
8.4.1 Instrumente der Evaluierung 774
8.4.2 Förderung betrieblicher Umsetzungsmaßnahmen hinsichtlich ihrer Wirksamkeit und Nachhaltigkeit 778
8.5 Beraten, Fördern und Unterstützen von Mitarbeitern hinsichtlich ihrer beruflichen Entwicklung 778
8.5.1 Faktoren der beruflichen Entwicklung 778
8.5.2 Maßnahmen der Mitarbeiterentwicklung 780

Übungsteil (Aufgaben und Fälle) 783
Lösungen 797
Literaturverzeichnis 819
Stichwortverzeichnis 825

1. Logistikkonzepte

1.1 Darstellen des Einflusses logistischer Abläufe auf die Wertschöpfungskette

1.1.1 Wertschöpfungskette

1.1.1.1 Grundlagen der Logistik

01. Was versteht man unter Logistik?

Logistik stammt aus dem militärischen Bereich und wird heute bezeichnet als

- Gewährleistung eines optimalen Material-, Wert- und Informationsflusses im Rahmen des Leistungserstellungsprozesses
- oder als Summe aller Tätigkeiten, die sich mit der Planung, Steuerung und Kontrolle des gesamten Flusses innerhalb und zwischen Wirtschaftseinheiten befasst, der sich auf Material, Personen, Energie und Informationen bezieht.

02. Warum kann Logistik als Querschnittsfunktion bezeichnet werden?

Die Logistik ist nicht eindeutig auf einen Funktionsbereich des Unternehmens festgelegt, sondern verknüpft als Prozess die betrieblichen Funktionsbereiche Material-/ Warenwirtschaft, Produktionswirtschaft, Absatzwirtschaft, sowie das Unternehmen mit Lieferanten und Kunden, also entlang der gesamten Wertschöpfungskette.

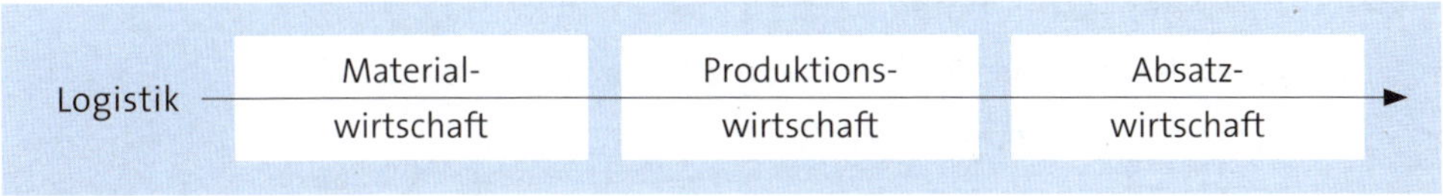

03. Welche grundsätzlichen Ziele verfolgt die Logistik?

Die Logistik verwirklicht die „8 Rs“:

- das richtige Material
- in der richtigen Menge
- in der richtigen Qualität
- zur richtigen Zeit
- am richtigen Ort
- zum richtigen Preis
- zu richtigen Bedingungen
- in der richtigen Aufmachung.

04. Welche Vorgänge gehören zur Logistik?

Zur Logistik gehören:

- Wareneingang
- Lagerung
- Kommissionierung
- Verpackung
- Verladung
- Transport
- eventuell Bearbeitung, Montage.

05. Warum hat sich Logistik zu ihrer heutigen Bedeutung entwickelt?

Die Logistik hat sich mit über 2,7 Mio. Mitarbeitern zu einem der wichtigsten Wirtschafsbereiche in Deutschland entwickelt, und das mit steigender Tendenz. Gründe sind:

- zunehmende Globalisierung
- Nutzung von Standorten mit Kostenvorteilen
- Wegfall von Grenzen
- Outsourcing-Vorgänge
- weit verbreitetes Just-in-time
- Entwicklung der Informationstechnologien (u. a. Internetverkauf)
- Standardisierung der Transportmittel.

1.1.1.2 Supply Chain

01. Was versteht man unter einer Wertschöpfungskette?

Eine Wertschöpfungskette ist die Aneinanderreihung von Tätigkeiten, durch die ein Produkt entsteht und vertrieben wird. Die Kette umfasst:

- die Rohstoffgewinnung
- die Bearbeitung von Material über verschiedene Stufen
- verschiedene Vormontageprozesse
- Endmontage
- Handel
- Endverbraucher/Endnutzer
- dazwischen jeweils Transport- und Lagervorgänge.

02. Was versteht man unter Supply Chain Management?

Supply Chain Management ist eine prozessorientierte Verknüpfung der verschiedenen Wertschöpfungsbereiche eines Unternehmens mit den Lieferanten und Kunden, durch die die Geschäftsprozesse effizienter gestaltet werden und Schnittstellen vermieden oder besser abgestimmt werden. Dabei sollte die Steuerung aus einer Hand erfolgen.

03. Welche Ziele verfolgt Supply Chain Management?

Ziele sind:

- Verringerung der Bestände in der Logistikkette
- Verkürzung der Durchlaufzeiten
- Verbesserung der Kapazitätsauslastung
- Erhöhung der Kundenzufriedenheit
- Minimierung der Kosten
- Erhöhung der Zuverlässigkeit zwischen den einzelnen Prozessbeteiligten
- Vermeidung von Versorgungsengpässen
- rasche Anpassung an Marktveränderungen.

04. Wie kann man die Wertschöpfungskette darstellen?

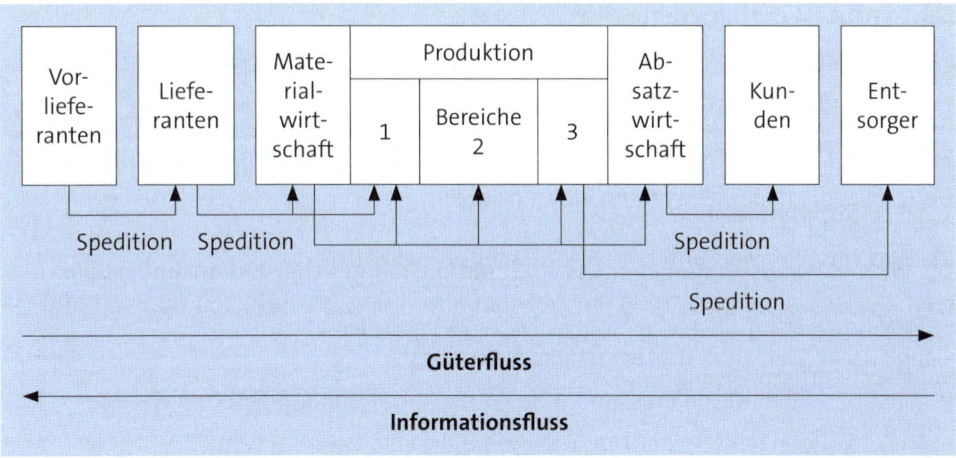

05. Welche Voraussetzungen müssten erfüllt sein?

Eine funktionierende Supply Chain setzt voraus:

- gleiche oder gleichartige Systeme
- Win-win-Strategie.

06. Welche Arten der Logistik werden unterschieden?

Für einzelne Wirtschaftszweige haben sich spezielle Logistiken entwickelt, die dann in die klassischen Logistikbereiche unterteilt werden:

Industrielogistik:

- Beschaffungslogistik
- Produktionslogistik
- Distributionslogistik
- Entsorgungslogistik.

Handelslogistik:

- Beschaffungslogistik
- Distributionslogistik
- Entsorgungslogistik.

Dienstleistungslogistik:

- Beschaffungslogistik.

07. Was bedeutet „Logistik als Konzept"?

Die Logistik ist ein integriertes Konzept, das:

- die Abhängigkeiten einzelner Bereiche und Prozesse voneinander verdeutlicht
- bereichsübergreifende Abstimmung zu erreichen versucht.

Einzelne Bereiche werden zu einer Prozesskette verknüpft, wodurch Ressortdenken und Bereichsegoismen überwunden werden sollen.

08. Welche Voraussetzungen muss ein funktionsfähiges Logistikkonzept erfüllen?

Voraussetzungen sind:

- logistische Ziele und Strategien sind zu entwerfen
- logistische Aktivitäten müssen im Gesamtzusammenhang gesehen werden
- Auswirkungen logistischer Maßnahmen müssen erkennbar sein
- Ausrichtung auf die Kundenwünsche
- Abbau von Informationshemmnissen
- Steuerung durch die oberste Führungsebene
- Einbeziehung aller Ebenen
- Einsatz guter und motivierter Mitarbeiter.

09. Welche Anforderungen werden an ein Logistikkonzept gerichtet?

Anforderungen an das Logistikkonzept sind gemäß *Ehrmann (2012, S. 34)*:

- Realistik: Das Konzept soll sich mit normalen Anstrengungen und mit einem vertretbaren Aufwand realisieren lassen.
- Vollständigkeit: Es sollten sämtliche im Unternehmen erforderlichen Logistikprozesse erfasst werden.
- Konsistenz: Die Logistikprozesse sind aufeinander abzustimmen.
- Durchsetzbarkeit: Das Konzept muss im Unternehmen durchsetzbar sein, der Logistikbereich ist mit entsprechenden Kompetenzen auszustatten.
- Transparenz: Das Konzept muss konkret, eindeutig und verständlich formuliert sein.
- Überprüfbarkeit: Die Überprüfbarkeit muss gegeben sein, Kontrollsysteme sollen den logistischen Erfolg feststellen können.
- Wirtschaftlichkeit: Das Konzept darf vorgegebene Kosten möglichst nicht überschreiten.
- Flexibilität.

10. Welche Bestimmungsfaktoren wirken auf ein Logistikkonzept?

Bestimmungsfaktoren sind:

- das Produkt
- der Markt
- die Technologie
- verwendete Instrumente und Verfahren
- die rechtlichen Bedingungen
- Visionen
- das Informationssystem
- die Aufbauorganisation
- die verfügbaren Mittel
- Kostenvorgaben
- die Kompetenzen
- Zeiten und Entfernungen.

11. An welchen Elementen wird der Logistikservice gemessen?

Logistik mit hohem Servicegrad sicherzustellen ist für jedes Logistikkonzept unabdingbar. Elemente sind:

- Lieferzeit als Zeit ab Auftragserteilung, unterteilt u. a. in:
  - Auftragsbearbeitungszeit
  - Produktionsdurchlaufzeit
  - Kommissionierung, Verpackung
  - Verladung, Transport

- Lieferzuverlässigkeit als Termintreue hinsichtlich:
  - rechtzeitiger und vollständiger Bearbeitung des Auftrags
  - Einhaltung der Transportzeiten
  - rechtzeitiger Erfüllung der Serviceleistungen
- Lieferflexibilität als Anpassungsfähigkeit hinsichtlich:
  - Menge
  - Zeitpunkt
  - Verpackung
  - Versand
  - Reaktion auf Störungen bei der Vertragserfüllung
- Lieferbeschaffenheit als exakte Vertragserfüllung hinsichtlich:
  - Art
  - Menge
  - Qualität
  - Zustand bei Eingang.

12. Welche Logistikkosten fallen an?

Wichtige Logistikkosten sind:

- Systemkosten: Gestaltung, Planung und Kontrolle des Materialflusses
- Kosten der Fertigungsplanung und -steuerung
- Bestandskosten: Halten und Finanzieren von Beständen
- Lagerkosten
- Transportkosten (intern und extern)
- Handlingkosten, u. a. Verpackung, Kommissionierung
- Verwaltungskosten.

Diese Kosten sind unterteilbar in:

- fixe oder variable Kosten
- Einzel- oder Gemeinkosten.

1.1.2 Strategische Ziele der Logistik

01. Was ist Strategie?

Strategie ist das Treffen von Grundsatzentscheidungen, die für das gesamte Unternehmen gelten; sie geben die Richtung vor, in die sich das Unternehmen entwickeln soll. Strategien dienen dazu, Wettbewerbsvorteile zu erreichen bzw. zu erhalten, damit ein Unternehmen am Markt dauerhaft überleben kann.

Zur Strategie gehört die Vision als generelle Leitidee, aus der ein Leitbild entwickelt wird. Die Struktur des Leitbildes beinhaltet:

- die Mission
- die Wege dorthin
- die Art und Weise, wie die Wege zu gehen sind
- welche Konsequenzen daraus gezogen werden.

Die Entwicklung von Strategien kann wie folgt dargestellt werden:

- Analyse des gesamten Umfelds (Politik, Gesetze, Gesellschaft, Ökologie, Gesamtwirtschaft, Technologie)
- Analyse des Marktes (Konkurrenten, Nachfrager, Branchen)
- Analyse des Unternehmens (hinsichtlich der Einzelanalysen s. Kapitel 3.1.6)
- Bildung strategischer Ziele
- Suche nach Strategien
- Bewertung der Strategien
- Ableitung und Festlegung von Maßnahmen zur Umsetzung
- strategische Kontrolle.

Demnach dienen strategische Ziele der Konkretisierung der Vision bzw. Mission. Sie haben grundlegenden Charakter und geben die Rahmenbedingungen für das Handeln des Unternehmens vor. An ihnen lässt sich der Erfolg messen.

02. Welche strategischen Ziele verfolgt die Logistik?

Strategische Ziele der Logistik sind u. a.:

- Einflussnahme auf die Produktentwicklung zur Verminderung logistischer Leistungen
- Verzicht auf Bestände, vornehmlich im Bereich der A-Artikel
- Verlagerung der Aktivitäten bzw. der Lagerorte der wichtigsten Lieferanten auf das eigene Werksgelände bzw. in einen Supplier Park
- Vergrößerung der Flexibilität der Logistik auf Mengen-, Termin- und Produktänderungen
- Konzentration auf Kernkompetenzen durch sinnvolle Ergänzung der eigenen Logistik um Logistikdienstleistungen
- Vergrößerung der Kundenzufriedenheit durch Verkürzung der Durchlaufzeiten
- Steigerung der Wettbewerbsfähigkeit durch Senkung der Logistikkosten.

1.1.2.1 Materialversorgung unter ökologischen und ökonomischen Aspekten

01. Welche Bedeutung hat die Nachhaltigkeit?

Unter Nachhaltigkeit versteht man das Handeln aller Beteiligten in der Art und Weise, dass eine dauerhafte Nutzung möglich ist.

Nachhaltigkeit kann in folgende Elemente unterteilt werden:

- ökologische Nachhaltigkeit, wonach alle wirtschaftlichen Handlungen so ausgerichtet sein sollen, dass auch für nachfolgende Generationen die Umwelt erhalten bleibt (z. B. Einsatz nachwachsender Stoffe)
- ökonomische Nachhaltigkeit, wonach alle wirtschaftlichen Handlungen so ausgerichtet sein sollen, dass nicht das kurzfristige Ergebnis im Vordergrund steht, sondern der dauerhafte Erfolg (z. B. Investition in Zukunftsprojekte)
- soziale Nachhaltigkeit, wonach alle wirtschaftlichen Handlungen so ausgerichtet sein sollen, dass alle Teile der Gesellschaft an der Gemeinschaft teilhaben können (z. B. Schaffung von Arbeitsplätzen für Behinderte).

02. Wie sehen Strategien zur Materialversorgung unter ökologischen und ökonomischen Aspekten aus?

Unternehmen streben stets ein Gleichgewicht zwischen ökologischer und ökonomischer Ausrichtung an. Bei allen ökonomischen Regeln und Forderungen darf die Wirtschaftlichkeit des Unternehmens nicht auf der Strecke bleiben. Allerdings ist zu berücksichtigen, dass Konfliktfelder entstehen, ein Ausgleich möglich ist oder sogar Synergieeffekte erzielt werden können.

- Konfliktfelder sind z. B.:

Ökologie	Ökonomie
► geringer Materialverbrauch ► Einsatz von Sekundärrohstoffen ► Versorgung aus der Nähe ► Einsatz nachwachsender Stoffe ► Einsatz der Bahn als Transportmittel ► niedrige Luftbelastung ► begrenzte Bebauungsrechte	► hohe Einkaufspreise (geringe Mengen) ► Recyclingkosten ► Lieferquelle nicht kostengünstig ► Kosten für Anbau und Pflege ► zusätzliche Umschlagkosten, falls kein Haus-zu-Haus-Verkehr ► Investition in Filteranlagen ► höhere Grundstückspreise an bebaubarer Stelle

- Ausgleich ist möglich, wenn:
  - durch teurere Fahrzeuge der Verbrauch an Kraftstoff vermindert wird
  - bei einer Maschine mit geringerer Lärmimmission kein Gehörschutz getragen werden muss
  - durch Einsatz mehrfach verwendbarer Verpackungen die Entsorgungskosten sinken
  - durch Einsatz nachwachsender Stoffe neue Kunden gewonnen werden können.

- Synergieeffekte, d. h. gegenseitige Förderung, können entstehen, wenn:
  - ein Unternehmen durch weit reichende ökologische Aktivitäten einen eigenen ökologischen Markenkern entwickeln kann
  - der Einsatz umweltfreundlicher Materialen zu neuen Produkten führt, mit denen einneuer Kundenkreis angesprochen werden kann.

Zudem können rechtliche Regelungen ökologische Vorgehensweisen verlangen; ebenso können Kunden hohe Anforderungen an ökologische Standards ihrer Lieferanten stellen.

1.1.2.2 Beschaffungs-, Produktions- und Absatzziele

01. Welche Beschaffungs-, Produktions- und Absatzziele haben unter statistischen Gesichtspunkten für die Logistik besondere Bedeutung?

Als Ziele sind zu nennen:

- kostengünstige Beschaffungswege
- ausgewogene Make-or-buy-Entscheidungen
- flexible Produktionsabläufe und Materialkreisläufe
- richtiger Grad der Mechanisierung und Automatisierung
- auf den Betrieb abgestimmte Bereitstellungsprinzipien
- effektive Distributionswege
- nachhaltige Entsorgungswege.

02. Welche Sourcing-Strategien können unter dem Aspekt der Kostengünstigkeit von Beschaffungswegen unterschieden werden?

Unterschieden werden:

- nach der Anzahl der Bezugsquellen: Single Sourcing, Dual Sourcing, Multiple Sourcing
- nach der Herkunft der Lieferanten: Global Sourcing, Local Sourcing
- nach der Komplexität der Materialien: Modular Sourcing, Unit Sourcing
- nach der Intensität der Bestandsführung: Just-in-time, Stock Sourcing, Demand Tailored Sourcing (s. Frage 22 ff. in diesem Kapitel)
- nach dem Ort der Leistungserstellung: Internal Sourcing, External Sourcing
- nach der Anzahl der Akteure: Individual Sourcing, Collective Sourcing

03. Wie ist die Lieferantenpyramide gemäß Sourcing-Strategien aufgebaut?

Die Lieferantenpyramide hat gemäß *Wannenwetsch (2010, S. 163)* folgendes Aussehen:

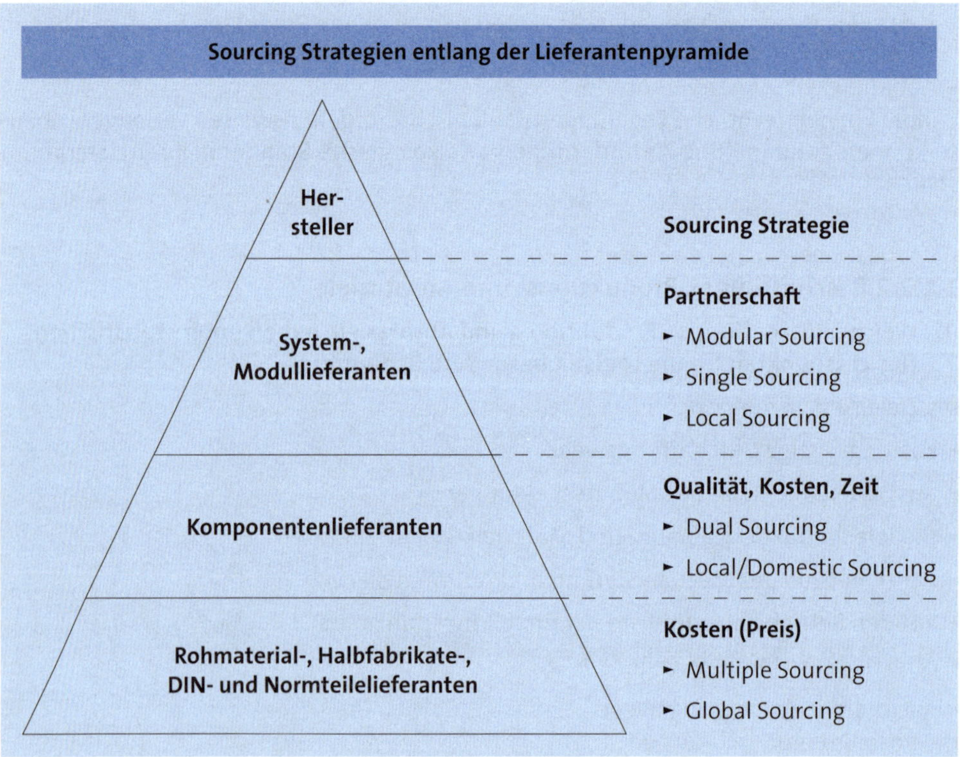

04. Welche Bedeutung haben Single Sourcing, Dual Sourcing und Multiple Sourcing?

Beim Single Sourcing werden bestimmte Materialien nur von einem Lieferanten bezogen; dies gilt vor allem für hochkomplexe Güter mit langer kostenintensiver Entwicklung. Voraussetzungen sind:

- Bindung für den gesamten Lebenszyklus des Produkts
- Einbindung des Lieferanten in die Produktentwicklung
- Win-win-Strategie
- Förderung des Lieferanten
- intensive Auswahl des Lieferanten.

Die Auswahl erfolgt häufig durch Ausschreibungen.

Vorteile des Single Sourcing sind:

- intensive Zusammenarbeit mit dem Lieferanten
- niedrigere Beschaffungskosten durch Mengenbündelung

- geringere Bestellkosten
- Bearbeitung einer geringeren Anzahl von Lieferantenkontakten
- Vereinfachung der Logistik.

Nachteile sind:

- Abhängigkeit vom Lieferanten
- geringe Flexibilität
- Lieferantenwechsel schwierig
- Verlust von Knowhow
- Engpässe bei Ausfall des Lieferanten.

Beim Dual Sourcing wird mit zwei Lieferanten zusammengearbeitet, die in Konkurrenz zueinander stehen. Der Lieferant mit den günstigeren Konditionen erhält dann gewöhnlich das höhere Beschaffungsvolumen. Diese Strategie wird auch als Sicherheitsstrategie bezeichnet, denn sie stellt die Versorgungssicherheit her, fördert aber gleichzeitig den Wettbewerb zwischen den Lieferanten.

Dual Sourcing ist vor allem bei strategischen Rohstoffen mit langen Lieferzeiten und hohem Ausfallrisiko anzutreffen.

Beim Multiple Sourcing werden gleiche Materialien von mehreren Lieferanten bezogen. Voraussetzung ist, dass genügend alternative Bezugsquellen auch kurzfristig verfügbar sind. Geeignet ist diese Strategie vor allem für Teile mit hoher Standardisierung, vor allem bei typischen C-Artikeln.

Die Vorteile sind:

- geringes Ausfallrisiko
- Konkurrenz unter den Lieferanten
- Vorteile durch Androhung eines Lieferantenwechsels
- keine Abhängigkeit.

Nachteile sind:

- hohe Bestellkosten durch geringere Mengen
- höhere Beschaffungskosten durch Aufteilung des Gesamtbedarfs
- keine Einbindung des Lieferanten möglich.

05. Was wird unter Singular Sourcing, Sole Sourcing und Domestic Sourcing verstanden?

Beim Singular Sourcing wird nur ein einziges Teil als Normteil bei einem Lieferanten bezogen, es könnte aber auch bei einem anderen Lieferanten bezogen werden.

Beim Sole Sourcing ist nur ein Lieferant als Monopolist vorhanden.

Beim Domestic Sourcing wird nur aus dem Inland bezogen.

06. Welche Bedeutung haben Global Sourcing und Local Sourcing?

Global Sourcing ist der weltweite Bezug von Gütern; Global Sourcing hat durch die immer weiter fortschreitende Internationalisierung und das Internet sehr stark an Bedeutung gewonnen.

Vorteile sind:

- stärkerer Wettbewerb durch weltweite Auswahl
- günstigere Kosten
- Zugang zu neuen Märkten
- Risikoverteilung, geringere Abhängigkeit
- Druck auf inländische Lieferanten
- Zugang zu neuem Knowhow
- Nutzung von Währungsschwankungen.

Nachteile sind:

- lange Transportzeiten
- hohes Transportrisiko
- hohe Transportkosten
- politische Risiken
- mangelnde Zuverlässigkeit, Qualitätsrisiken
- Zoll und fremde Bürokratie
- Rechtsunsicherheit durch unterschiedliche Rechtsauffassungen
- kulturelle und mentale Unterschiede
- Knowhow-Verlust, Verletzung von Marken- und Patentrechten.

Global Sourcing bietet sich vor allem an:

- bei Massenprodukten aus Niedriglohnländern
- wenn die Transportkosten und die Risiken durch die Preisvorteile mehr als aufgewogen werden.

Beim Local Sourcing wird aus der Nachbarschaft des Unternehmens bezogen.

Vorteile sind:

- Nähe zum Lieferanten
- geringe Transportkosten
- direktere Einflussmöglichkeiten
- einschätzbare Rechtslage
- keine Währungsrisiken
- fertigungssynchrone Anlieferung möglich.

Nachteile sind:

- oft hohe Preise
- meist keine intensiven Verhandlungen
- Verzicht auf fremdes Knowhow.

Anwendung findet Local Sourcing vor allem bei hochwertigen Gütern, die für die Aufrechterhaltung der Produktion wichtig sind.

Beim Regional Sourcing geht das Unternehmen über seine unmittelbare Nachbarschaft hinaus und bezieht aus der Region.

Beim Cluster Sourcing befinden sich die Lieferanten in der gleichen geografischen Region (z. B. seltene Erden aus China, IT-Artikel aus Silicon Valley).

Häufig besteht heute die Tendenz, informatorische Weite mit logistischer Nähe zu verbinden. Eine mögliche Strategie könnte sein:

- entferntes Produktionswerk
- Versorgung aus einem regionalen Auslieferungslager des entfernten Herstellers, eventuell als Konsignationslager.

07. Welche Bedeutung haben Modular Sourcing und Unit Sourcing?

Beim Modular Sourcing werden komplexe Systeme beschafft, die gewöhnlich vom Lieferanten auch entwickelt werden. Meistens konzentriert man sich auf einen Lieferanten mit guter Entwicklungskapazität; damit ist Modular Sourcing meist verbunden mit Single Sourcing. Charakteristisch sind:

- der aktive Knowhow-Austausch
- hohes Vertrauen zwischen den Partnern
- langfristige Vereinbarungen
- räumliche Nähe des Lieferanten
- Austausch auch mit den Unterlieferanten.

Es ergibt sich ein Kostensenkungspotenzial durch:

- Verringerung der Anzahl der direkten Lieferantenbeziehungen
- Verringerung der Lagerhaltung
- Nutzung des speziellen Knowhows des Lieferanten
- Verkürzung der Entwicklungszeiten.

Vorteile sind:

- weniger Schnittstellen
- Konzentration auf Kernkompetenzen

- gleich bleibende Qualität
- intensiver Kontakt zum Lieferanten
- Nähe zum Lieferanten
- geringere Logistikkosten
- kürzere Entwicklungszeiten.

Nachteile sind:

- gegenseitige Abhängigkeit
- hoher Abstimmungsaufwand
- Lieferantenwechsel wird schwierig
- Abgabe von Knowhow.

Beim Unit Sourcing werden Einzelteile beschafft.

08. Welche Bedeutung haben Internal Sourcing und External Sourcing?

Bein Internal Sourcing erbringt der Lieferant seine Produktionsleistung beim Abnehmer. Er betreibt also ein Montagewerk beim Kunden.

Vorteile sind:

- unmittelbare Nähe
- Transportzeiten reduzieren sich gegen Null
- Einbindung in das Fördersystem des Abnehmers.

Nachteile sind:

- Abhängigkeit
- Platz steht für eigene Aktivitäten nicht zur Verfügung
- hoher Aufwand beim Lieferantenwechsel durch die Einbindung in die Hard- und Software.

Im Extremfall baut der Lieferant mit seinen Mitarbeitern seine Teile beim Abnehmer ein.

Beim External Sourcing erbringt der Lieferant seine Wertschöpfung in seinem Werk.

09. Welche Bedeutung haben Individual Sourcing und Collective Sourcing?

Beim Individual Sourcing beschafft ein einzelnes Unternehmen für den eigenen Bedarf. Dies geschieht vor allem bei großen Unternehmen.

Beim Collective Sourcing, auch Cooperative Sourcing genannt, beschaffen mehrere Unternehmen gemeinsam. Dies kann geschehen durch:

- Wirtschaftsverbände
- Einkaufsgenossenschaften
- Dienstleister
- virtuelle Plattformen
- lose Absprachen zwischen mehreren Unternehmen.

Das Gesetz gegen Wettbewerbsbeschränkungen lässt Collective Sourcing zu, um ein Machtgleichgewicht zwischen Angebot und Nachfrage herzustellen.

Vorteile sind:

- Bündelung von Mengen
- günstigere Preise
- Minimierung der Erschließungskosten im Beschaffungsmarkt
- oft Reduzierung der Transportkosten
- Arbeitserleichterung durch Aufgabenverteilung
- eventuell Knowhow-Austausch zwischen den Partnern.

Nachteile sind:

- nicht gewollte Unterstützung von Trittbrettfahrern
- Abstimmungsprobleme zwischen den Partnern
- Schwierigkeiten bei der Einigung auf einheitliche Qualitätsstandards.

Collective Sourcing ist vor allem für kleinere Unternehmen, aber auch bei Kleinmengen unabhängig von der Größe des Unternehmens, interessant.

10. Wie könnte eine Bewertungsmatrix für die Sourcing-Strategien aussehen?

Gemäß *Wannenwetsch (2010, S. 164)* könnte sich folgende Matrix ergeben:

Sourcing Strategie	geringere Kosten	bessere Leistung	geringeres Risiko	höhere Flexibilität
Single Sourcing	X	X		
Dual Sourcing	X		X	
Multiple Sourcing	X		X	X
Global Sourcing	X	X	X	X
Local Sourcing			X	X
Modular Sourcing	X	X		
Collective Sourcing	X			
Just-in-time	X	X		

11. Wodurch unterscheiden sich direkte und indirekte Beschaffung?

Entscheidungskriterien für die Wahl der Beschaffungswege sind:

- Beschaffungskosten
- Branchenüblichkeit
- Lieferantenkapazität
- Lieferantenzuverlässigkeit
- Umfang des Leistungsangebots
- Flexibilität des Lieferanten hinsichtlich Art und Menge der Artikel und Zeit der Lieferung.

Direkte Beschaffung ist die Beschaffung beim Hersteller; dies kommt vor allem infrage bei:

- großen Mengen
- individueller Anfertigung
- hohem Kommunikationsbedarf.

Als Vorteile ergeben sich:

- niedrigere Preise durch Ausschaltung der Handelsspanne
- direkten Einfluss
- unmittelbaren Kontakt zwischen eigener Entwicklung und Lieferant.

Nachteile sind:

- zusätzliche Kosten durch Mindestmengen und Mindermengenzuschläge
- zusätzliche Transaktionskosten
- häufig längere Lieferzeiten.

Bei indirekter Beschaffung wird beim Händler oder Importeur bezogen, der Sortimente bildet. Sortimente bieten:

- Auswahl aus Konkurrenzprodukten
- weitere Produkte, wodurch Einkaufs- und damit auch Transportvorgänge gebündelt werden können.

12. Worum geht es bei der Make-or-buy-Entscheidung?

Bei der Make-or-buy-Entscheidung geht es um die Frage, ob Eigenfertigung oder Fremdbezug günstiger ist. Kriterien sind u. a.:

- Kosten
- Finanzierungsmöglichkeiten
- technische Möglichkeiten
- vorhandene Kapazitäten.

Dabei geht es um Eigenfertigung oder Fremdbezug:

- von Produkten, die als Handelsware in das Programm aufgenommen werden
- von Teilen bzw. Komponenten. Werden nur Komponenten bezogen, so ist das Unternehmen reiner Endmontierer mit flacher Fertigungsstruktur.
- von Roh-, Hilfs- und Betriebsstoffen, wobei Eigenfertigung bedeutet, dass mehrere Stufen in der Produktion vorgeschaltet werden (sog. Rückwärtsintegration bei Eigenfertigung)
- von Anlagen, sofern das Unternehmen dazu in der Lager ist; ein Sonderfall ist hier die Alternative Kauf oder Leasing.

13. Welche Gründe sprechen für „buy" und welche für „make"?

Für „buy" sprechen:

- Tendenz zur Spezialisierung und damit Konzentration auf Kernbereiche
- zunehmende Kapitalintensität der Fertigung
- Kapitalknappheit
- Kostenoptimierung
- Einbeziehung neuer Quellen
- Optimierung der Qualität
- Nutzung fremden Knowhows
- intensiver Kontakt zum Beschaffungsmarkt
- Verbreiterung der Haftungsbasis.

Für „make" sprechen:

- günstige Fixkostenverteilung bei freien Kapazitäten
- kein Knowhow-Abfluss
- eigenhändige Steuerung der Qualität
- keine Abhängigkeit vom Lieferanten
- keine Gefährdung von Betriebsgeheimnissen
- Verhinderung von Hilfe für die Konkurrenz.

14. Wodurch unterscheiden sich unter Kostengesichtspunkten die kurzfristige und die langfristige Make-or-buy-Entscheidung?

Bei kurzfristiger Entscheidung ist wichtig, ob Unterbeschäftigung oder ein Engpass vorliegt.

- Bei Unterbeschäftigung wird der Einstandspreis für fremdbezogene Leistungen zzgl. der sonstigen Kosten lediglich mit den variablen Kosten verglichen; da die Kapazität nicht ausgelastet ist und deshalb keine zusätzlichen Kapazitäten hinzukommen, fallen keine zusätzlichen fixen Kosten an.

- Bei Engpasssituationen, die an einzelnen Maschinen entstehen können, muss genau betrachtet werden, wie die knappen Kapazitäten am besten zu nutzen sind.

Bei langfristiger Entscheidung fallen für Eigenfertigung Investitionen an, der Kostenvergleich erfolgt auf Vollkostenbasis.

15. Wie erfolgt der Verfahrensvergleich?

Es soll entschieden werden, ob ein Vormontageprozess in Eigenfertigung erfolgen soll, oder ob er fremd vergeben werden soll. Es gelten folgende Daten:

Eigenfertigung:

fixe Kosten K_f	100.000 €
variable Kosten k_v	0,90 €/Stück

Fremdvergabe:

fixe Kosten K_f	10.000 €
variable Kosten k_v	9,90 €/Stück

geplante Menge in der berechneten Periode: 15.000 Stück

a) Kostenberechnung für 15.000 Stück:

Eigenfertigung: 100.000 + 15.000 • 0,90 = 113.500

Fremdvergabe: 10.000 + 15.000 • 9,90 = 158.500

b) Verfahrensvergleich über die kritische Menge:

$$\text{kritische Menge} = \frac{K_{f\ eigen} - K_{f\ fremd}}{k_{v\ fremd} - k_{v\ eigen}}$$

$$= \frac{100.000 - 10.000}{9,90 - 0,90} = 10.000 \text{ Stück}$$

Bei der kritischen Menge sind die Kosten für beide Verfahren gleich; liegt die geplante Menge unter der kritischen Menge, ist Fremdvergabe günstiger, da die fixen Kosten durch die geringe Auslastung nicht günstig verteilt werden können. Liegt dagegen die geplante Menge über der kritischen Menge, so ist Eigenfertigung und damit die Alternative mit den höheren fixen Kosten günstiger. Im vorliegenden Fall ist demnach Eigenfertigung vorzuziehen.

16. Welche weiteren Kriterien werden für die Make-or-buy-Entscheidung herangezogen?

Kriterien bezogen auf das Unternehmen sind:

- erforderliches Knowhow
- genügend qualifiziertes Personal
- Auslastung vorhandener Kapazitäten
- Änderung der Kalkulation
- Auswirkungen auf das eigene Image.

Auf potenzielle Lieferanten bezogene Kriterien sind:

- Lieferzeit im Verhältnis zur Durchlaufzeit
- Liefertreue
- wirtschaftliche Lage des Unternehmens
- Qualität der Leistungen
- Flexibilität.

Weitere Überlegungen sind:

- Gefährdung von Betriebsgeheimnissen
- ungewollte Hilfe für die Konkurrenz
- Abhängigkeit vom Fremdfertiger
- Verabschiedung von der technischen Entwicklung
- Verabschiedung vom Beschaffungsmarkt
- Verbreiterung der Haftungsbasis.

17. Wie können flexible Produktionsabläufe geschaffen werden?

Eine Voraussetzung für Flexibilität ist, dass das entsprechende System auf Veränderungen vorbereitet ist. Dabei beschreibt:

- die strategische Flexibilität die Fähigkeit eines Unternehmens, auf sich ändernde Anforderungen der Umgebung zu reagieren und langfristige Erfolgsaussichten zu schaffen
- die operative Flexibilität die Fähigkeit, sich auf alltägliche Veränderungen und Ereignisse einzustellen (Grundlage für Improvisation).

Externe Verursacher sind vor allem:

- technische Änderungen (neue Fertigungstechnologien, neue Werkstoffe, neue IT-Technologie)
- politische, rechtliche und gesellschaftliche Einflüsse
- Ressourcenveränderungen bei Personal, Betriebsmitteln und Material
- marktbezogene Veränderungen.

Interne Verursacher sind:

- die Ziele eines Unternehmens
- die Unternehmensstrategie
- Leistungsdefizite.

Flexibilität ergibt sich durch rasche Anpassung:

- in der Menge der erzeugten Güter
- in der Art der erzeugten Güter
- in der Veränderung/Verkürzung der Durchlaufzeit und damit der Beschleunigung von Aufträgen.

Flexible Produktionsabläufe können u. a. durch die Inselfertigung erreicht werden. Bei der Inselfertigung endmontiert eine Gruppe von hochqualifizierten Arbeitnehmern ein Produkt auf einer Plattform unter Zuhilfenahme von Werkzeugen.

Des Weiteren kann Flexibilität entstehen durch:

- Prozessstandardisierung, wodurch rascher reagiert werden kann (u. a. Ersatz von Mitarbeitern, die bei Standardisierung schneller eingearbeitet werden können)
- Nullpufferprinzip
- Teamarbeit
- Schnellrüsten
- Fertigungssegmentierung
- 5S-Organisation der Arbeitsgestaltung (sortieren, ordentlich hinstellen, sauber machen, Sauberkeit bewahren, Selbstdisziplin)
- Just-in-time
- Dezentralisierung
- KANBAN.

Flexible Produktionsabläufe setzen eine entsprechend flexibel reagierende Logistik voraus.

18. Welche Bedeutung hat der Grad der Mechanisierung und Automatisierung?

Der Grad der Mechanisierung und Automatisierung macht Aussagen über:

- den Anteil der Produktionsfaktoren Arbeit und Betriebsmittel bei der Leistungserstellung: Bei Automatisierung tritt der Produktionsfaktor Arbeit in den Hintergrund.
- die Intensität der Einbindung der Logistik: Automatisierung erfordert eine intensive Integration der internen Logistik.
- die Organisationstypen der Fertigung
- die Produktionstypen der Fertigung

- die Fertigungstiefe, bei der es um die Anzahl der Fertigungsstufen geht, die in einem Betrieb angesiedelt sind; große Fertigungstiefe macht umfassende interne Logistik mit Fördermitteln und Kapazitäten für Zwischenlagerung notwendig.

Auch hier wird der Verfahrensvergleich angewandt.

19. Welche Organisationstypen werden unterschieden?

Organisationstypen werden nach der Intensität der Verbindung der Aggregate miteinander unterschieden:

- Werkbankfertigung, bei der am Einzelarbeitsplatz handwerklich gearbeitet wird; alle Teile werden dem Platz zugeführt.
- Werkstättenfertigung, bei der jeweils in verschiedenen Werkstätten bestimmte Spezialmaschinen stehen; zwischen den Werkstätten findet jeweils ein Transport statt.
- Reihenfertigung, bei der die Aggregate in der Reihenfolge des Ablaufs aufgebaut sind; zwischen den Aggregaten gibt es einen Zwangslauf über ein Band o. ä.
- Fließfertigung, bei der per Taktzeit neben der Prozessbindung auch eine zeitliche Bindung besteht.
- Inselfertigung, bei der eine Gruppe von Mitarbeitern auf einer Produktionsinsel einen kompletten Montageprozess vollziehen.

20. Welche Produktionstypen werden unterschieden?

Produktionstypen werden nach der Häufigkeit der Wiederholung des Fertigungsvorgangs unterteilt:

- Bei Einzelfertigung wird jedes Produkt nur einmal hergestellt. Sie findet Anwendung bei Sonderwünschen und Auftragsfertigung
- Bei der Serienfertigung werden mindestens zwei, gewöhnlich eine größere Stückzahl gleicher Produkte hergestellt, das Fertigungslos; danach wird ein anderes Produkt gefertigt; beim Wechsel fallen Loswechselkosten an. Es wird Klein- bis Großserienfertigung unterschieden.
- Bei Sortenfertigung sind die verschiedenen Produkte Varianten des gleichen Grundprodukts, es besteht also nur ein gradueller Unterschied.
- Bei Massenfertigung wird unbegrenzt lange dasselbe Produkt für den anonymen Markt hergestellt. Die Menge muss nicht unbedingt besonders groß sein, das Ende der Produktion ist aber nicht absehbar; es erfolgt häufig Produktion auf Lager.
- Bei der Partiefertigung weist das Material Unterschiede auf, die durch Variation der Steuerung des Produktionsprozesses ausgeglichen werden.
- Bei der Chargenfertigung ergeben sich durch unzureichende Produktionsbedingungen unterschiedliche Produkte.
- Bei der Kuppelproduktion entstehen im Zuge analytischer Produktionsprozesse aus einem Ausgangsmaterial mehrere Produkte; dadurch entstehen zusätzliche logistische Aktivitäten.

21. Welche Bereitstellungsprinzipien werden unterschieden?

Als Bereitstellungsprinzipien werden unterschieden:

- Einzelbeschaffung
- Vorratshaltung
- Just-in-time
- Streckengeschäft
- C-Teile-Management.

22. Welche Bedeutung hat die Einzelbeschaffung?

Bei der Einzelbeschaffung findet die Beschaffung nur im Bedarfsfall statt.

Die Vorteile sind:

- keine Lagerkosten
- geringer Raumbedarf für Lagerung
- geringe Kapitalbindung
- kein Lagerrisiko
- unmittelbare Anpassung an die Wünsche des Bedarfsträgers.

Einzelbeschaffung findet Anwendung bei:

- Einzelfertigung
- Sonderteilen.

Die Auswirkungen auf die Logistik sind:

- mehr Transportvorgänge
- unbedeutende Lagerhaltung
- höhere Beschäftigung im Wareneingangsbereich.

Eine Weiterentwicklung ist Demand Tailored Sourcing, auch Kauf auf Abruf genannt, bei dem über einen Vertrag die Gesamtmengen und alle anderen Konditionen vereinbart sind, der Kunde die jeweiligen Liefertermine und -mengen bei Bedarf mit einer vereinbarten Vorlaufzeit (der Abruffrist) abruft.

23. Welche Bedeutung hat die Vorratshaltung?

Bei der Vorratshaltung (auch Stock Sourcing genannt) werden Bestände aufgebaut. Vorteile sind:

- Unabhängigkeit vom Lieferanten
- Unabhängigkeit von Preis- und Mengenschwankungen
- Versorgungssicherheit
- geringere Preise

- sichere Kalkulationsbasis
- geringe Transportstückkosten
- kurzfristige Reaktion auf den Markt möglich
- geringe Bestellkosten.

Die Vorratshaltung findet Anwendung bei:

- C-Artikeln, die massenhaft benötigt werden
- Unsicherheit im Markt
- Material mit geringem Platzbedarf
- einfache „Module“ im Baukastensystem.

Auswirkungen auf die Logistik sind:

- umfassende Lagerkapazitäten
- moderne Ausrichtung der Lagertechnik
- ausgeklügelte Lagerorganisation.

24. Was wird unter Just-in-time verstanden?

Bei Just-in-time wird die Leistung unmittelbar vor Verwendung am Verwendungsort erbracht. Unterschieden wird:

- Just-in-time-Beschaffung zwischen dem Lieferanten und der ersten Produktionsstufe
- Just-in-time-Bereitstellung zwischen dem Lager und den einzelnen Produktionsstufen sowie dem Versandlager
- Just-in-time-Produktion zwischen Kunde und Produktion, bei der Kundenaufträge nicht gesammelt werden, sondern der Kundenauftrag unmittelbar in einen Fertigungsauftrag umgewandelt und umgesetzt wird; es wird nicht auf Vorrat produziert.

Das folgende Schaubild zeigt den Zusammenhang:

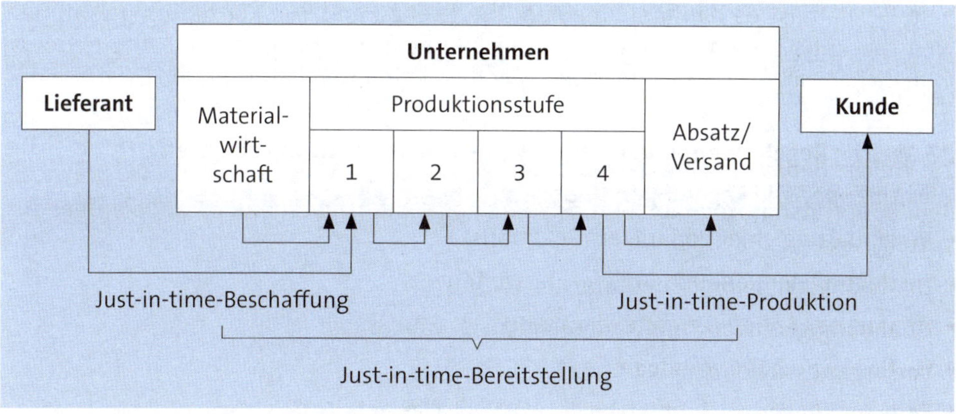

25. Welche Voraussetzungen gelten für Just-in-time-Beschaffung?

Voraussetzungen sind:

- relativ konstanter Bedarf
- reibungsloser Informationsfluss
- geeignete logistische Infrastruktur
- absolut zuverlässiger Lieferant
- leistungsfähige Logistik.

Anwendung findet sie vor allem bei:

- A-Artikeln
- besonders belastenden Artikeln.

26. Wie ist Just-in-time-Beschaffung zu bewerten?

Vorteile sind:

- hohe Versorgungssicherheit
- keine Lagerkosten
- geringe Kapitalbindung.

Nachteile sind:

- große Störanfälligkeit
- Abhängigkeit
- hohe Transportstückkosten
- ökologische Belastung
- Stress.

Unternehmen sehen das Just-in-time-Konzept heute in erster Linie unter dem Aspekt der Kosteneinsparung und prüfen deshalb das Konzept kritischer, als in der Vergangenheit. Deshalb ist es häufiger zu einem Wechsel zu anderen Konzepten gekommen, wenn bei kritischer Analyse die Kosteneinsparung nicht überwiegt. Eine Alternative ist in manchen Fällen ein Konsignationslager des Lieferanten beim Kunden.

27. Welche Regelungen sind bei der Just-in-time-Beschaffung anzutreffen?

Wichtige spezielle Regelungen sind:

- Vereinbarung einer Vorlaufzeit/Reaktionszeit
- Festlegung der genauen Anlieferungszeiten
- Angabe der Anlieferungsstelle im Werk
- Festlegung einer Gebindegröße
- Regelungen zum Sicherheitsbestand (Wer? Wie viel? Wo?)

- Festlegung der Verpackung
- Festlegung des Transportmittels
- Vereinbarung einer Konventionalstrafe.

28. Welche Anlieferungskonzepte werden im Zuge der Just-in-time-Beschaffung unterschieden?

Besondere Anlieferungskonzepte sind:

- Supplier Parks in unmittelbarer Nähe des Abnehmers, wobei die Produktionshallen des Zulieferers im besten Fall durch Fördereinrichtungen direkt mit dem Montagewerk verbunden sind; so entfällt der teure Lkw-Transport.
- Anlieferung über ein externes Lager, wenn die Entfernung zwischen Lieferant und Empfänger zu groß ist; der Lieferant oder eine Gruppe von Lieferanten betreiben in Werksnähe des Empfängers ein Pufferlager, in dem die Ware kurzzeitig zwischengelagert wird; die Kommissionierung und Beförderung übernimmt meist ein Dienstleister.
- Anlieferung über einen Gebietsspediteur bei kleinen Mengen und großen Entfernungen; der Gebietsspediteur sammelt alle Einzelsendungen und transportiert sie entweder zum Empfänger oder zu einem Empfangsspediteur. Die Kosten werden gesenkt, da nicht jeder Lieferant seinen eigenen Spediteur einschalten muss; da meist Pufferläger eingerichtet werden, werden das Lieferrisiko und die Lagerkosten auf den Lieferanten übertragen.

Eine Sonderform der Just-in-time-Beschaffung erfolgt durch Just-in-sequence-Anlieferung; hier wird in der Reihenfolge der Verwendung sortiert angeliefert, sodass kein weiterer Sortiervorgang mehr notwendig ist.

29. Wie funktioniert das KANBAN-System?

Das Konzept des KANBAN-Systems sieht vor:

- Gefertigt wird nur, was unmittelbar benötigt wird.
- Ausganspunkt ist die letzte verbrauchende Stelle.
- Es gilt das Pull-Prinzip, wonach der nachgelagerte Bereich die unmittelbar benötigten Mengen an Vorprodukten anfordert.
- Gesteuert wird mittels einer variablen Anzahl von KANBAN-Behältern und KANBAN-Karten.
- Beide werden jeweils einem verbrauchenden Bereich zugeordnet.
- Die Behälter und Karten verkehren jeweils zwischen dem Bereich, dem sie zugeordnet sind und dem vorgelagerten Bereich (z. B. zwischen Endmontage und Vormontage).
- Die Anzahl der Behälter wird dem Produktionsplan angepasst, d. h. wird wenig produziert, werden Behälter herausgenommen, wird wieder mehr produziert, kommen die Behälter wieder dazu.
- Durch die Anzahl der Behälter wird die Zwischenlagerung von Material minimiert.

Der Ablauf sieht wie folgt aus:

- Für die letzte Stufe wird der Produktionsplan festgelegt.
- Mittels Behälter wird Material aus dem Pufferlager bzw. aus der Fertigung der Vorstufe geholt.
- Am Behälter ist die Karte befestigt.
- Wird der Behälter entleert, wird die Karte entfernt und an die Vorstufe als Fertigungsauftrag geschickt.
- Der Behälter darf erst entleert werden, wenn das Material unmittelbar für die Produktion benötigt wird.
- Die in der Vorstufe produzierten Teile gelangen in ein Pufferlager.
- Danach gelangt der zur Karte zugehörende Behälter in das Pufferlager der Vorstufe und wird mit den produzierten Teilen beladen.
- Der Behälter mit Karte kehrt beladen in die nachgelagerte Stufe zurück.

Folgendes Schaubild verdeutlicht den Ablauf:

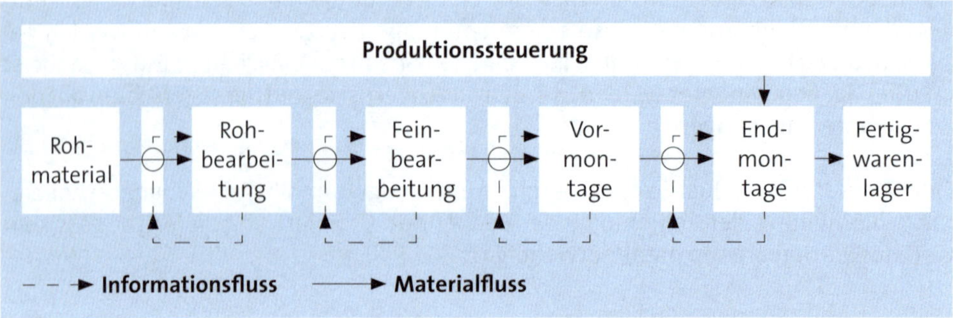

Quelle: *Ehrmann*, 2012, S. 170

30. Was besagt das Streckengeschäft?

Beim Streckengeschäft (auch Streckenhandel oder Drop Shipping genannt) handelt es sich um ein Dreiecksgeschäft, bei dem die Lieferung vom Vertragsweg abgekoppelt wird, z. B.:

- Ein Bauunternehmen benötigt eine große Menge Betonstahl für ein Bauvorhaben.
- Das Bauunternehmen schließt mit einem Stahlhändler einen Kaufvertrag.
- Da der Händler derart große Mengen nicht lagert, schließt der Händler einen Kaufvertrag mit dem Stahlproduzenten.
- Der Stahlproduzent liefert direkt an das Bauunternehmen bzw. an die Baustelle.

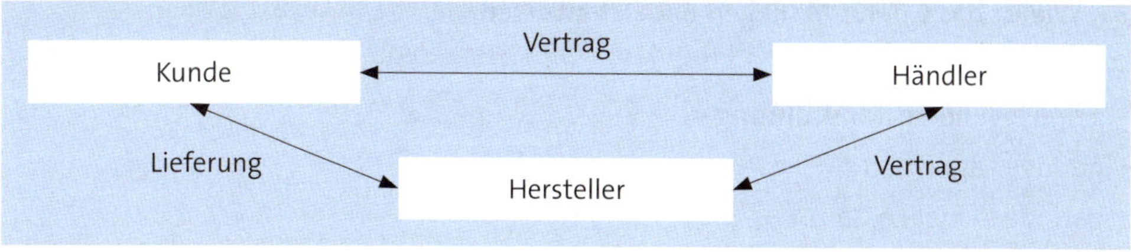

Das Streckengeschäft ist häufig im Brennstoff-, Rohstoff- und Stahlhandel anzutreffen, spielt aber auch eine große Rolle im Handelsbereich zwischen Hersteller, Zentrale und Filiale.

Vorteile für den Kunden sind:

- Verkürzung des Lieferwegs und damit der Lieferzeit
- nur ein Ansprechpartner.

Als Vorteil für den Händler ergibt sich, dass er kein Lager benötigt.

31. Wie erfolgt das C-Teile-Management?

Die Handhabung der C-Teile sollte aufgrund ihrer jeweiligen geringen Bedeutung möglichst einfach und kostengünstig erfolgen. Das Konzept kann umgesetzt werden als:

- Vendor Managed Inventory, bei dem der Lieferant das Lager des Kunden bewirtschaftet; häufig erfolgt eine Kombination mit dem Konsignationsprinzip.
- Buyer Managed Inventory, bei dem sich die Ware im Lager des Lieferanten befindet; der Kunde löst die Beschaffung aus, die Ware bleibt aber Eigentum des Lieferanten.

Folgende Maßnahmen sind erforderlich:

- Auswahl eines Lieferanten
- Aufbau eines Vertrauensverhältnisses
- Abschluss eindeutiger Rahmenvereinbarungen
- Aufbau eines Behältersystems
- Datenanbindung des Lieferanten
- Festlegung der Eckdaten (z. B. Sicherheitsbestand)
- Festlegung der Kontrollmaßnahmen
- Sammelabrechnung (evtl. monatlich).

Häufig erfolgt die Disposition durch automatische Erfassung der Bestände in den Behältern und Fernübertragung an den Lieferanten, der dann seine Tourenplanung optimieren kann.

32. Wie ist das C-Teile-Management zu bewerten?

Vorteile sind:

- keine eigene Bestandführung
- geringe Lagerkosten
- geringe Bestellkosten
- vereinfachte Abwicklung
- starke Reduzierung der Prozesskosten.

Nachteile sind:

- starke Bindung
- einseitige Ausrichtung der Organisation
- Investition in spezielle Einrichtungen
- Anlaufkosten
- eventuell höhere Transportkosten.

33. Welche effizienten Distributionswege gibt es?

Effiziente Distributionswege sind:

- Cross Docking
- direkte Logistik
- indirekte Logistik
- Charter (Ad-hoc-Verkehr im Bedarfsfall).

34. Wie erfolgt Cross Docking?

Cross Docking ist ein Verteilungsverfahren von Gütern, bei dem die am Lager eingegangenen Güter nicht eingelagert, sondern direkt für die weitere Belieferung an die Empfänger vorbereitet und weitergeleitet werden.

Den Umschlag auf einer Cross Docking Station zeigt folgende Abbildung:

Besondere Kennzeichen sind:

- keine Lagerhaltung
- rascher Umschlag
- Verknüpfung von Versender, Empfänger und Cross Docking Station über Informationssysteme (u. a. NVE).

Elemente sind:

- elektronische Bestellung
- elektronisches Lieferavis, wobei der Absender und die Cross Docking Station dem Empfänger avisieren
- Lieferbestätigung.

Hinsichtlich der Stufen wird unterschieden:

- einstufiges Cross Docking, bei dem der Hersteller bereits empfängergerecht palettiert; die Palette kann ohne Veränderung auf der Ausgangsrampe verladen werden
- mehrstufiges Cross Docking, bei dem der Hersteller Cross Docking gerecht palettiert; auf der Cross Docking Station wird dann für den Empfänger umpalettiert.

35. Was bedeutet direkte Logistik?

Bei der direkten Logistik wird die Ware ohne Unterbrechung vom Versender zum Empfänger transportiert; Konzepte sind:

- direkte Logistik ohne Partner:

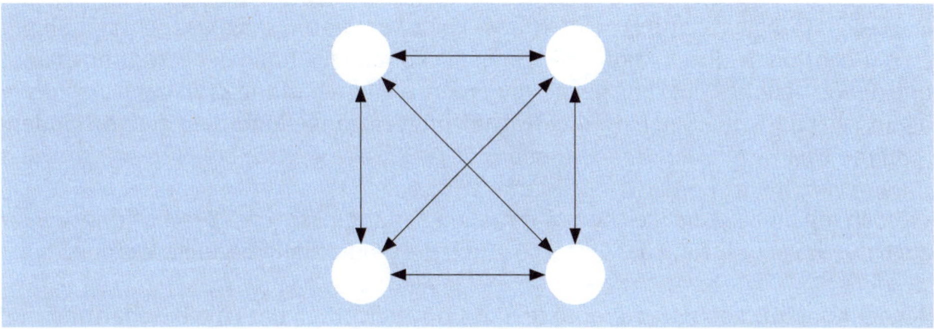

- direkte Logistik mit Partner: Über ein Raster können mit wenigen Partnern sehr viele Verbindungen hergestellt werden, z. B.:

  20 Partner ergeben 380 Verbindungen

  $20 \cdot (20 - 1) = 380$

36. Was bedeutet indirekte Logistik?

Bei der indirekten Logistik erfolgt die Lieferung über weitere Stufen und nicht direkt vom Versender zum Empfänger; Konzepte sind:

- Ringstruktur (Milk-Run-System):

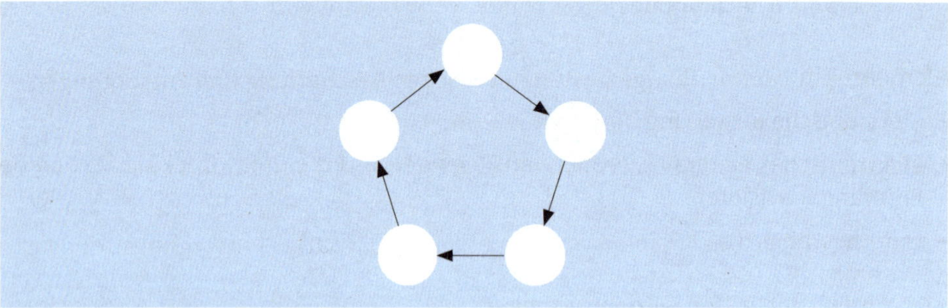

- Hub and Spoke (s. Kapitel 2.6.1)

1.2 Mitwirken bei der Entwicklung von logistischen Gesamtprozessen unter Einbeziehung von Teilprozessen sowie Erkennen von Zielkonflikten

1.2.1 Zusammenhänge zwischen Beschaffung, Produktion, Distribution und Entsorgung

01. Welche Zusammenhänge bestehen zwischen Beschaffung und Produktion?

Die Beschaffung hat dafür zu sorgen, dass keine Versorgungsengpässe entstehen. Hierzu müssen von der Produktion rechtzeitig die Vorgaben gemäß der Fertigungsplanung und der Fertigungssteuerung geliefert werden; die Beschaffung kann dann die notwendigen Verträge schließen bzw. die Beschaffungsvorgänge innerhalb der vorhandenen Systeme auslösen.

Werden regelmäßig die gleichen Materialien benötigt, kann der Beschaffungsvorgang auch durch Verknüpfung der Systeme durch die Produktion ausgelöst werden.

Bei der Konstruktion neuer Produkte ist es unverzichtbar, dass die Beschaffung in die Materialfestlegung eingebunden wird, damit eine reibungslose Versorgung später möglich ist.

02. Welche Zusammenhänge bestehen zwischen Beschaffung und Distribution?

Die Beschaffung hat neben der Materialbeschaffung auch die Versorgung mit Handelsware sicherzustellen. Dazu sind die Belieferungsmöglichkeiten ausfindig zu machen. Die Beschaffung hat u. a. zur Aufgabe, neue Produkte und Bezugsquellen ausfindig zu machen.

Die Beschaffung erfolgt eventuell über ein Warenwirtschaftssystem mit Auslösung des Beschaffungsvorgangs am POS (Point of Sale) durch Scannen des Verkaufs an der Kasse; alle weiteren Vorgänge erfolgen über das System.

Die Beschaffung hat weiter für rasche Anlieferung zu sorgen, damit das höchste Ziel der Distribution, die Kundenzufriedenheit, verwirklicht wird.

03. Welche Zusammenhänge bestehen zwischen Beschaffung und Entsorgung?

Zusammenhänge zwischen Beschaffung und Entsorgung ergeben sich:

- über Verpackungsmaterial, das bei der Beschaffung anfällt und entsorgt werden muss
- durch Vorgaben der Entsorgung hinsichtlich des Einsatzes entsorgungsfreundlichen Materials
- über Beschaffung und Einsatz von Sekundärrohstoffen.

04. Welche Zusammenhänge bestehen zwischen Produktion und Distribution?

Die Distribution hat dafür zu sorgen, dass die hergestellten Produkte sicher und pünktlich zum Kunden gelangen. Dazu müssen zunächst die Kundenaufträge, die vom Vertreib kommen, in Fertigungsaufträge umgewandelt werden. Häufig werden vor der Produktion gleichartige Kundenaufträge über eine überschaubare Zeit gesammelt, bis sie in einen großen Fertigungsauftrag umgewandelt werden. Die Kunden fordern aber immer öfter unmittelbare Belieferung, sodass der Kundenauftrag sofort in einen Fertigungsauftrag umgewandelt wird (Just-in-time-Produktion).

05. Welche Zusammenhänge bestehen zwischen Produktion und Entsorgung?

In der Produktion fällt die Mehrzahl der Objekte an, die entsorgt werden müssen. Priorität hat zunächst, dass so produziert wird, dass nur wenig Reste zu entsorgen sind. Hinsichtlich des Entsorgungsvorgangs arbeitet die Produktion zusammen mit:

- einem eigenen Bereich
- Entsorgungsdienstleistern.

Die Produktion hat dafür zu sorgen, dass die Entsorgungsaktivitäten intensiv dokumentiert werden, sodass jederzeit festgestellt werden kann,

- was
- wie viel
- woher
- womit
- wohin

gelangt ist.

Die Entsorgung macht eventuell Vorgaben hinsichtlich Gebindegrößen und zu verwendender Transportmittel.

06. Welche Zusammenhänge bestehen zwischen Distribution und Entsorgung?

Bei der Distribution fällt Verpackungsmaterial an, das es zu entsorgen gilt. Auch die Distribution arbeitet mit eigenem Bereich oder einem Entsorgungsdienstleister zusammen. Bei eigenen Transportaktivitäten wird die Distribution die Transporte für die Entsorgung übernehmen.

1.2.1.1 Bedeutung von Teilprozessen für den Gesamtprozess

01. Was sind Teilprozesse?

Hauptprozesse, wie

- Beschaffung
- Produktion
- Distribution
- Entsorgung

werden in Teilprozesse und damit in einzelne Arbeitsbereiche zerlegt; daraus werden dann einzelne Tätigkeiten herausgefiltert.

02. Welche typischen Teilprozesse sind anzutreffen?

Typische Teilprozesse sind:

- in der Beschaffung:
  - Disposition
  - Marktforschung
  - Lieferanten bewerten
  - Angebote prüfen
  - Verhandlungen führen
  - Einkauf abwickeln
- in der Produktion:
  - Produkte entwickeln
  - Arbeitsvorbereitung
  - Fertigung/Montage von Produkten
  - Kontrolle der Produktion
- in der Distribution:
  - Marktforschung
  - Markteinführung von Produkten

  - Akquisition von Kunden
  - Verkauf
  - Auslieferung
- in der Entsorgung:
  - Auftragsabwicklung
  - Sammeln und Trennen
  - Transportieren
  - Sortieren
  - Lagern
  - Umwandeln.

03. Welche Nutzungspotenziale ergeben sich bei IT-gestützter Logistik?

Gemäß *Schulte (2013, S. 715)* ergeben sich folgende Nutzungspotenziale:

Vertrieb	Entwicklung	Beschaffung	Produktion	Distribution	After Sales
► Kundenbedürfnisse schneller und präziser zu ermitteln und an Entwicklungspartner durchzusteuern ► Absatzprozesse mit den online angenommenen Kundenaufträgen kontinuierlich zu aktualisieren ► Kunden bei der Auftragsannahme genaue Liefertermine zu versprechen und diese garantieren können	► Entwicklungszeiten und dadurch Time-out-Market zu verkürzen ► Entwicklungskosten durch optimale Synchronisation und Koordinierung weltweiter Entwicklungsaktivitäten zu reduzieren ► Effizienz von Vorfertigungsprozessen durch intelligente Aktivität von Entwicklungsressourcen zu minimieren	► Beschaffungsprozesse zu automatisieren und dadurch zu verschlanken, Prozesskosten zu reduzieren ► Die Lagerbestände zu reduzieren und dadurch weniger Kapital zu binden ► Trotz niedriger Lagerbestände eine hohe Reaktionsfähigkeit zu behalten, dank der Echt-Zeit-Verschmelzung ► Schnelle und kontinuierliche Lieferantenauswertungen durchzuführen und Lieferantenportfolios zu optimieren	► Erforderliche Kapazitäten und Materialien gleichzeitig an alle Wertschöpfungspartner weiterzugeben und synchronisierte Produktionsprogramme zu definieren ► Eine bessere Kapazitätsauslastung in der Produktion zu erzielen ► Das Angebot mittels direkter Collaboration schneller auf die Nachfrage abstimmen zu können ► Dadurch auf Nachfrageschwankungen gezielt reagieren zu können	► Auftragsabwicklungsprozesse zu automatisieren und dadurch kosteneffektiver und schlanker zu gestalten ► Flexible und präzise Logistikleistungen einzusetzen, um termingerechte Lieferungen sicherzustellen ► Online-Sendungsverfolgungen und Statusabfragen zu ermöglichen	► Einen verbesserten und automatisierten After Sales- und Ersatzteil-Service durch Online-Kundenservice zu verwirklichen ► Dadurch weiter Kundenwünsche zu antizipieren und an Entwicklungspartner weiterzugeben ► Wiederum die Kundenzufriedenheit zu erhöhen

04. Welche Technologien werden im Informationsprozess eingesetzt?

Technologien sind u. a.:

- Warenwirtschaftssysteme
- Mobile Datenerfassung (MDE)
- Betriebsdatenerfassung (BDE)
- Scannertechnik
- Electronic Data Interchange (EDI)
- Radio Frequency Identification (RFID), s. Kapitel 2.1.1.3.

05. Welche Bedeutung haben Warenwirtschaftssysteme?

Warenwirtschaftssysteme sind komplexe Programme, die den gesamten Warenfluss mengen- und wertmäßig erfassen, steuern und kontrollieren. Sie werden vornehmlich im Handel eingesetzt und können dort zu einer Verknüpfung zwischen selbstständig geführten Filialen und Zentralen, die für die Filialen die Funktion des Großhandels erfüllen, führen.

Wichtige Endpunkte sind die Erfassung des Wareneingangs und des Warenausgangs, häufig ausgelöst durch das Scannen der Ware am Verkaufspunkt an der Kundenkasse. Module sind:

- Einkaufssystem mit den Aktivitäten:
  - Angebots- und Auftragsverwaltung
  - Bestellwesen (automatisch, als Vorschlagssystem, manuell)
- Wareneingangssystem mit der mengen- und wertmäßigen Erfassung
- Lagerwirtschaftssystem zur Optimierung des Lagerbestands und Ermittlung von Lagerkennzahlen mit den Aktivitäten:
  - Bestandsführung
  - Umlagerungen
  - Lagerplatzverwaltung
- Warenausgangssystem mit Analyse des Kaufverhaltens und den Aktivitäten:
  - Warenausgangserfassung
  - Zahlungsverkehr
  - Warenabflussanalyse.

Als Systeme werden unterschieden:

- geschlossenes System, bei dem der gesamte Informations- und Warenfluss eines Betriebs gesteuert wird
- integriertes System, bei dem Lieferanten und andere Partner einbezogen sind.

Als Vorteile ergeben sich:

- gezielte Steuerung des Sortiments
- taggenaue Grundlage für Entscheidungen
- rationelle Auswertungen nicht nur im Warenbereich, sondern z. B. auch hinsichtlich der Steuerung des Personaleinsatzes
- vereinfachte Abwicklung von Verkauf und Disposition.

06. Wie sind mobile Datenerfassung und Betriebsdatenerfassung eingebunden?

Mittels der Betriebsdatenerfassung (BDE) werden Betriebsdaten über

- Barcodekarten
- Magnetkarten
- Stempelkarten
- Sensoren

erfasst. Auch die manuelle Eingabe von Belegen gehört dazu. Erfasst werden vor allem die folgenden Daten:

- Zeiten
- Mengen
- Ausschuss
- Störungen
- Anwesenheit.

Bei der Mobilen Datenerfassung (MDE) erfolgt die Eingabe von Daten über mobile Geräte mit kabelloser Übertragung der Daten über WLAN. Einsatz erfolgt vor allem im waren- und lagerwirtschaftlichen Bereich, z. B. Erfassung:

- der Warenein- und -ausgänge
- der Produktionszu- und -abgänge
- der Lagerbewegungen
- der Kommissioniervorgänge
- von Inventurdaten.

07. Welche Bedeutung hat Electronic Data Interchange?

Über Electronic Data Interhange (EDI) erfolgt rascher Datenaustausch in den Bereichen:

- Dokumente
- Produktdaten
- Handelsdaten.

Für die EDI-Kommunikation wurde mit EDIFACT (Electronic Data Interchange for Administration, Commerce and Transport) ein europäischer Standard geschaffen. Damit besteht die Möglichkeit der Kommunikation verschiedener Systeme miteinander durch standardisierte Befehle, die sich u. a. auf die folgenden Geschäftsvorfälle beziehen:

DELFOR	Lieferabruf
DESADV	Lieferavis
IFTMIN	Transportauftrag
IFTSTA	Statusnachricht zu einer Lieferung
INVOIC	Rechnung
ORDERS	Bestellung
PAYMUL	Überweisung
PRODAT	Produktdaten
RECADV	Wareneingangsbestätigung.

Ergebnis ist die Schaffung von Schnittstellenkompatibilität für die vereinbarten Standards. Besondere Bedeutung kommt EDIFACT heute durch die immer umfangreicheren und verzweigteren Lieferketten zu. Zu den Versendern und Empfängern sind Spediteure, Frachtführer, Lagerhalter und weitere Dienstleister mit Angeboten im Bereich der Value Added Services hinzu gekommen.

08. Was muss bei der Verkehrsanbindung beachtet werden?

Zur Verkehrsanbindung sind u. a. folgende Fragen zu klären:

- Wie weit ist es zum nächsten Güterverteilzentrum?
- Welche Qualität hat die Straßenanbindung?
- Ist sie für Schwerlastverkehr in der notwendigen Intensität geeignet?
- Wie weit ist die nächste Autobahn entfernt?
- Gibt es einen Gleisanschluss?
- Wie weit ist der nächste Wasseranschluss (Kanal, Fluss) entfernt?
- Welche passenden Verladeeinrichtungen stehen zur Verfügung?
- Wie sieht die weitere planerische Entwicklung aus?

09. Was ist die Umschlagleistung?

Die Umschlagleistung ist der Umfang des Wechsels von Gütern von einem Arbeitsmittel zu einem anderen innerhalb der Transportkette; der Umschlag erfolgt mittels eines dritten Arbeitsmittels (z. B. Kran, Gabelstapler, Roboter) oder ein Arbeitsmittel führt ihn selbst durch (z. B. Lkw mit Lastaufnahmemittel).

Die Umschlagleistung eines Lagersystems ist dessen Leistungsfähigkeit als Zahl der Ein- und Auslagerungen von Lagereinheiten je Zeiteinheit (VDI 2516). Vereinfacht geht es um die Zahl der Einzel- oder Doppelspiele pro Stunde.

Die Umschlagleistung kann sich auch auf einzelne Bereiche oder Arbeitsmittel beziehen, z. B.:

- Fuhrpark
- Terminal
- Gabelstapler
- Regalbediengerät.

10. Was ist hinsichtlich der Kapazität zu beachten?

Bei der Kapazität sind u. a. zu beachten die:

- Größe
- Erweiterbarkeit
- technische Ausrichtung
- Flexibilität, Umstellungsfähigkeit
- Modernität
- Wartbarkeit
- Kostenauswirkung auf Beschäftigungsschwankungen (fix und variabel)
- Bindung finanzieller Mittel.

1.2.1.2 Ableitung von Zielen für die Teilprozesse im Unternehmen

01. Welche logistischen Ziele sind aus den Bereichszielen ableitbar?

Folgende Ziele können abgeleitet werden:

- Beschaffung:
  - allgemeines Ziel: Sicherung der Versorgung
  - logistische Ziele:
    - Verkürzung der Transportwege
    - minimale Lieferverzögerung
- Produktion:
  - allgemeine Ziele:
    - maximale Kapazitätsauslastung
    - minimale Durchlaufzeiten
  - logistisches Ziele:
    - minimale Wartezeiten
    - optimale Logistikeinheiten

- Absatz:
  - allgemeines Ziel: maximale Kundenzufriedenheit
  - logistische Ziele:
    - beschleunigte Auslieferung
    - optimale Routenplanung.

02. Welche Zielkonflikte ergeben sich in der Logistik?

Zielkonflikte sind u. a.:

- Lagerkosten und Lieferbereitschaft
- Bestellkosten und Lagerhaltungskosten
- niedrige Preise und gute Qualität
- Eigenlagerung und Fremdlagerung
- Eigentransport und Fremdtransport
- schnelle Auslieferung und maximale Nutzung der Transportkapazität.

03. Welche rechtlichen Regeln gelten?

Rechtliche Regelungen sind u. a.:

- Arbeitszeitgesetz
- Arbeitnehmerüberlassungsgesetz (Zeitarbeit)
- Gewährleistung gemäß BGB
- Produkthaftungsgesetz (Gefährdungshaftung, setzt kein Verschulden voraus, nachgewiesener Schaden reicht aus, nur Folgeschäden werden ersetzt)
- Produzentenhaftung (deliktische Haftung bei Pflichtverletzung gemäß BGB)
- Logistikrecht:
  - national:
    - HGB (Spediteur, Frachtführer, Lagerhalter)
    - Güterkraftverkehrsgesetz
    - Allgemeine Deutsche Speditionsbedingungen (ADSp)
    - Vertragsbedingungen für Güterkraftverkehrs-, Speditions- und Logistikunternehmer (VBGL)
  - international:
    - Incoterms
    - CMR (Lkw)
    - CIM (Bahn)
- Zollrecht
- Verpackungsverordnung

- Umweltrecht:
  - Chemikaliengesetz
  - Gefahrstoffverordnung
  - Technische Regeln für Gefahrstoffe (TRGS)
  - Globally Harmonized System of Classification und Labelling of Chemicals (GHS)
  - ADR für internationale Beförderung gefährlicher Güter.

1.2.2 Prozesspartner als Beteiligte

1.2.2.1 Interne Partner

01. Wer kommt als interner Partner infrage?

Interne Partner sind:

- Einkauf
- Verkauf/Distribution/Absatz
- Produktion
- allgemeine Verwaltung
- Qualitätssicherung
- Service/Kundendienst
- Finanzen
- Datenverarbeitung/IT.

02. Welche Aufgaben hat der Einkauf?

Zu den Aufgaben des Einkaufs zählen:

- Festlegung von Beschaffungsstrategien
- Festlegung der Bedarfsmengen
- Erforschung des Beschaffungsmarktes
- Bewertung der Lieferanten
- Aufbau eines strategischen Procurement-Systems
- Verhandlungen führen
- Festlegung der Lieferungs- und Zahlungsbedingungen
- Abschluss von Verträgen
- rechtliche Abwicklung der Verträge (inkl. gestörte Erfüllung)
- Auswahl, Aufbau und Pflege des Lieferantenstamms
- Evaluierung des Einkaufserfolgs.

03. Welche Aufgaben hat die Distribution (Absatz)?

Zu den Aufgaben des Absatzes gehören:

- Festlegung der Absatzwege
- Aufbau zuverlässiger Absatzstrukturen
- Erschließung der Absatzmärkte
- Festlegung der Absatzstrategien
- Einsatz des Marketing-Mix
- Evaluierung des Absatzerfolgs.

04. Welche Aufgaben hat die Produktion?

Aufgaben der Produktion sind:

- Entwicklung und Konstruktion neuer Produkte
- Aufbau der Fertigungsstrukturen
- Festlegung des Fabriklayouts und damit der Grundlage für logistische Entscheidungen
- Festlegung der Anlage
- Festlegung der Produktions- und Organisationstypen
- Planung der Fertigung
- Steuerung der Fertigung
- Festlegung von Vorgabezeiten.

05. Welche Aktivitäten gehören zur Verwaltung?

Aktivitäten der Verwaltung sind:

- das Rechnungswesen mit:
  - Buchhaltung
  - Kostenrechnung
  - Statistik
- die Personalabteilung mit den Funktionen:
  - Personalpolitik
  - Personalplanung
  - Personalbeschaffung und -auswahl
  - Personalentwicklung
  - Sozialwesen
  - Entlohnung
- die Hausverwaltung.

06. Was gehört zum Kundendienst/Service?

Der Service kann aufgeteilt werden in:

- Pre-Sales-Service: Leistungen vor dem Kauf
- At-Sales-Service: Leistungen beim Kauf bzw. bei der Nutzung
- After-Sales-Service: Leistungen nach der Nutzung.

Einzelne Leistungen können sein:

- Beratung
- Einweisung
- Installation
- Wartung
- Reparatur
- Ersatzteilbelieferung (Ersatzteillogistik).

07. Welche Aufgaben hat die Finanzabteilung?

Die Finanzabteilung:

- sorgt für ausreichende Liquidität, da ansonsten Insolvenz eintreten kann
- gleicht die ein- und ausgehenden Zahlungsströme aus
- deckt die finanziellen Spitzen über die Banken
- legt zeitweise nicht gebrauchte Mittel zinsgünstig und sicher an
- nimmt Abstimmung mit den Bereichen vor, die Geld ausgeben und solchen, die Geld einnehmen.

08. Welche Stellung hat die Datenverarbeitung?

Die Datenverarbeitung schafft und betreut die Systeme, mit denen in allen Bereichen gearbeitet wird, u. a. für:

- die Tourenplanung
- die Steuerung der Kommissionierung
- die Abwicklung der Vorgänge im Lager
- die Steuerung des Wareneingangs.

1.2.2.2 Externe Partner

01. Welche externen Partner werden unterschieden?

Wichtige externe Partner sind:

- Lieferanten
- Kunden
- Logistikdienstleister
- Behörden
- Banken/Versicherungen.

02. Welche Rolle spielen die Behörden?

Die Behörden sind beteiligt durch:

- Planung
- Genehmigung
- Aufsicht.

Bereiche sind:

- kommunale Behörden, wie:
  - Gewerbeamt
  - Gewerbeaufsichtsamt
  - Ordnungsamt
  - Planungsbehörde
- Finanzamt
- Zoll.

03. Welche Aufgaben erfüllen Banken und Versicherungen?

Banken stehen zur Finanzierung von

- Anlagen
- Waren
- laufenden Betriebsvorgängen

zur Verfügung. Dazu wird die Kreditwürdigkeit regelmäßig überprüft. Ebenso können die Banken bei der Anlage von finanziellen Mitteln behilflich sein.

Versicherungen dienen der Absicherung von Risiken, u. a. für:

- Anlagen und Einrichtungen
- Fahrzeuge
- Warenbestände

- Transportvorgänge
- Betriebsrisiken
- Mitarbeiter.

04. Welche Dienstleistungen werden in der Logistik unterschieden?

Dienstleistungen sind:

- TUL (Transport, Umschlag, Lagerung) als operative Grundleistungen
- Kontraktlogistik als:
  - Netzwerke
  - partnerschaftliche Feinlogistik
- Value Added Services.

05. Welche Formen des Outsourcing werden unterschieden?

Outsourcing erfolgt als:

- Ausgliederung, bei der die Leistung intern einer speziellen Abteilung übertragen wird
- Auslagerung, bei der die Logistik einem externen Logistiker übertragen wird.

06. Welche Value Added Services werden unterschieden?

Zu den Value Added Services gehören:

- Informationsdienstleistungen, z. B. Auftragsabwicklung, Bestandsmanagement
- administrative Dienstleistungen, u. a. Retouren, Schadenabwicklung, Sendungsverfolgung (Tracking and Tracing)
- Beratungsdienstleistungen, u. a. Logistikanalysen
- Zusatzleistungen, u. a. Montage, Reparaturen, Regalpflege
- Serviceleistungen, z. B. Inkasso, Mahnwesen, Transportversicherung.

07. Welche Dienstleister werden in der Logistik unterschieden?

Unterschieden werden:

- Einzeldienstleister, die universelle Einzelleistungen für bestimmte Güter und Branchen erbringen; hierzu gehören:
  - Transportdienstleister
  - Umschlagdienstleister, u. a. Hafenbetriebe, Bahnhöfe
  - Lagerdienstleister
  - Sonderdienstleister, u. a. Gefahrguttransporteure, begleitende Sondertransporte
- Verbunddienstleister, die eine Kombination mehrerer Leistungen für anonyme Kunden (z. B. KEP, Eisenbahngesellschaften) erbringen
- Systemdienstleister, die umfassende Leistungen erbringen, die auf spezifische Wünsche ausgerichtet sind (z. B. Gestaltung der gesamten Unternehmenslogistik).

08. Welche Entwicklungsstufen durchläuft die Logistik?

Als Entwicklungsstufen ergeben sich:

- 1 PL (First Party Logistics): Der Hersteller transportiert selbst, externe Dienstleistungen werden nur bei Sondervorgängen in Anspruch genommen.
- 2 PL (Second Party Logistics): Outsourcing logistischer Leistungen
- 3 PL (Third Party Logistics Provider): Systemdienstleister mit eigenen Kapazitäten
- 4 PL (Fourth Party Logistics Provider): Systemdienstleister übernehmen die gesamte unternehmensübergreifende Planung und Steuerung der Logistikkette; die eigenen Kapazitäten werden durch fremde Kapazitäten ergänzt.

1.2.2.3 Zusammenwirken der Prozesspartner im Wertschöpfungsprozess

01. Wie wirken die Prozesspartner zusammen?

Die Prozesspartner sollten soweit wie möglich zusammenarbeiten, um den Erfolg der Leistung zu gewährleisten. Unnötige Blockaden sind auf jeden Fall zu vermeiden, gleiche Interessen sind herauszustellen und zu fördern, Synergieeffekte sollten genutzt werden, denn so profitiert nicht nur ein Partner, sondern mehrere, vielleicht sogar alle. Bei allen Verhandlungen sollten Win-win-Lösungen auf partnerschaftlicher Ebene angestrebt werden.

Allerdings darf nicht vergessen werden, dass zahlreiche Ziele durchaus in Konkurrenz zueinander stehen. Hier gilt es, einen für alle Beteiligten vertretbaren Ausgleich anzustreben. Partnerschaft, die auf dem Rücken einzelner Glieder der Kette ausgetragen werden, wird keine nachhaltigen Erfolge erbringen.

Die Zusammenarbeit der Prozesspartner ist meistens auf längere Zeit ausgerichtet. Deshalb sollten Regelungen und Vorkehrungen getroffen werden, die die Zusammenarbeit erleichtern, z. B.:

- Verhaltensregeln aufstellen
- Frühwarnsysteme aufbauen
- Abstimmung der Systeme
- Schnittstellen kompatibel machen
- automatisierte Abwicklungen in den Systemen ohne Eingriff des Menschen festlegen
- regelmäßiger Erfahrungsaustausch.

02. Welche Zielkonflikte treten in der Logistik auf?

Bereich/Abteilung	Ziele	Zielkonflikt
Produktion	► hohe Verfügbarkeit ► geringe Rüstkosten	► hohe Kapitalbindung ► Produktion auf Vorrat
Einkauf	► geringe Preise durch große Mengen ► geringe Kapitalbindung durch Just-in-time	► hohe Kapitalbindung ► Fehlmengenkosten
Qualitätssicherung	► hohe Qualität	► hohe Prüfkosten
Verkauf	► hohe Teileverfügbarkeit ► individuelle Produkte ► großes Sortiment	► hohe Lagerbestände ► hohe Rüstkosten durch viele Varianten ► viele Lagerplätze ► geringer Umschlag
Distribution	► schneller Transport ► kurze Kommissionierzeiten	► hohe Transportkosten ► hohe Investitionskosten in Lagerhaltung
Service	► schnelle Verfügbarkeit der Ersatzteile ► umfassender Kundendienst	► hoher Lagerbestand ► hohe Personalkosten
Controlling	► geringe Kapitalbindung	► Gefahr von Fehlmengen ► Produktionsstopp wegen fehlender Teile

1.3 Berücksichtigen von Unternehmenszielen, Marktbedingungen und Kundenbedürfnissen

1.3.1 Operative Ziele der Logistik

01. Welche operativen Ziele verfolgt die Logistik?

Operative Ziele der Logistik sind u. a.:

- Verringerung der Wartezeit für Lkws im Wareneingang
- Verkürzung der Auslieferungszeiten an den Kunden
- Verringerung der Leerzeiten im Werkverkehr
- bessere Auslastung der Fördermittel
- Erhöhung der Anzahl der ausgeführten Aufträge je Mitarbeiter in der Kommissionierung
- Verringerung der Energiekosten der Gabelstapler
- weitere Verringerung der Bestände
- Verringerung der Fehlerquoten in der Kommissionierung
- Beschleunigung des Einlagerungsvorgangs.

1.3.1.1 Anpassung der Logistik an Marktbedingungen und Kundenanforderungen

01. Welche Anpassungen erfolgen an die Marktbedingungen und Kundenanforderungen?

Anpassungen erfolgen:

- zur Ausrichtung auf Nachfrageveränderungen
- zur Berücksichtigung politischer und rechtlicher Veränderungen
- zum Einsatz neuer Technologien
- zur Veränderung der Lieferzeit
- zur Verbesserung des Lieferservice
- zur Qualitätsverbesserung.

02. Wie erfolgt die Ausrichtung auf Nachfrageveränderungen?

Nachfrageveränderungen erfordern Flexibilität. Die Veränderungen können sich beziehen auf:

- Mengen durch Übernahme zusätzlicher Aufträge bzw. hohe Beschäftigung beim Kunden; man kommt der Situation nach durch:
  - große Umstellfähigkeit der Anlage
  - genügend Transportreserve
  - Inselfertigung
- Produktveränderungen, vor allem Sonderwünsche
- Terminwünsche:
  - zur Beschleunigung
  - Vorgabe besonderer Wünsche (z. B. Ablieferung um 10:11 Uhr).

03. Welche politischen und rechtlichen Veränderungen sind zu berücksichtigen?

Politische und rechtliche Veränderungen können sich ergeben durch:

- Behörden, die Schutz gewähren (Polizei, verschiedene Ämter)
- öffentliche Stellen, die Unterstützung leisten, deren Vergaberichtlinien sich aber ständig verändern können
- zeitlich befristete Subventionen
- Steuersätze
- internationale Sanktionen und Boykottmaßnahmen
- Änderungen im Währungsbereich
- zollrechtliche Reglungen
- Regelungen im Entsorgungsbereich (z. B. Kreislaufwirtschaftsgesetz).

04. Welche neuen Technologien sind zu beachten?

Neue Technologien ergeben sich häufig u. a.:

- im Bereich der Entsorgung
- in der Anwendung belegloser Systeme
- in der dynamischen Bereitstellung
- im Transportbereich durch Verbesserung der Assistenzsysteme in Lkws
- durch neue Umschlaganlagen in Güterverkehrszentren
- durch funkgesteuerte Einrichtungen im Lagerbereich
- durch kraftstoffsparende Antriebssysteme
- durch emissionsgeminderte Anlagen.

05. Wie sieht die Hierarchie der Entsorgung aus?

Die Hierarchie der Entsorgung ist wie folgt aufgebaut:

- Abfallvermeidung, Abfallverminderung
- Abfallverwertung:
  - stofflich
  - thermisch
- Abfallbeseitigung:
  - Verbrennung
  - Deponieren.

06. Wo sind beleglose Systeme anzutreffen?

Beleglose Systeme sind anzutreffen in folgenden Fällen:

- Wareneingang (z. B. durch Erfassung über RFID-Technik)
- leitsystemgesteuerte Einlagerung
- integriertes Barcodesystem zur Lagersteuerung
- funkbasierte Staplerleitsysteme
- Chargenrückverfolgung
- Bereitstellungszonenverwaltung
- Palettenoptimierung
- Kommissionierung über:
  - Pick by Voice
  - Pick by Light
  - Pick by Vision
  - Pick by Barcode

- Laderaumoptimierung
- Tourenplanung
- Fuhrparksteuerung (u. a. mittels Telematik)
- MDE (Mobile Datenerfassung) in allen Bereichen.

07. Wie kann dynamische Bereitstellung erfolgen?

Dynamische Bereitstellung kann erfolgen:

- allgemein als Bereitstellung ohne Lagerhaltung, z. B. durch Efficient Replenishment, wobei der nächste Beschaffungsvorgang durch Erfassung des Abgangs beim Kauf durch Scannen der Ware an der Kasse ausgelöst wird. Es gilt also das Pull-Prinzip, wodurch die Ware unmittelbar bedarfsgerecht aus der Cross Docking Station der Zentrale „gezogen" wird.
- speziell bei der Kommissionierung nach dem Prinzip „Ware zum Mann", bei der die Ware automatisiert aus dem Regal entnommen wird und zu einer Übergabestation befördert wird; dort wird sie vom Empfänger entgegengenommen.

08. Wie kann auf die Veränderung von Lieferzeiten reagiert werden?

Reaktion ist auch hier vor allem durch Lieferflexibilität möglich. Der Logistikapparat muss über einen hohen Grad an Anpassbarkeit verfügen. Vor allem müssen Möglichkeiten der Verkürzung berücksichtigt werden, denn je intensiver verkürzt wird, desto schneller kann auf Veränderungen reagiert werden.

Verkürzungen ergeben sich durch:

- kürzere Vorlaufzeiten
- Verkürzung der Wege
- Beschleunigung des Transports
- höhere Kapazitäten
- Zusammenarbeit in Netzwerken.

09. Wie kann der Lieferservice verbessert werden?

Der Lieferservice kann vor allem durch Mehrwertdienstleistungen (Value Added Services) verbessert werden. Nach gezielter Analyse der Situation beim Kunden kann ein auf diesen Kunden ausgerichtetes Konzept erarbeitet werden, indem die klassischen Value Added Services spezifisch kombiniert werden und ein individuelles Paket geschnürt wird. Dieses Paket kann auch weitere Leistungen enthalten, die unmittelbar auf den Kunden zugeschnitten sind, z. B. Umbau von Importfahrzeugen auf deutsche Standards. Bezüglich der klassischen Value Added Services wird verwiesen auf Kapitel 1.2.2.2.

10. Wie kann auf den Wunsch nach Qualitätsverbesserung reagiert werden?

Qualität wird durch den Kunden bestimmt und stellt die Summe der Anforderungen dar, durch die die Leistung vom Kunden als geeignet angesehen wird.

Logistisch könnte sich die Qualitätsverbesserung beziehen auf:

- den Servicegrad, der erhöht wird, um den Kunden noch rascher und umfassender bedienen zu können (z. B. Kooperation mit anderen Logistikern, wodurch auch kurzfristig auf höhere Transportmengen reagiert werden kann)
- eine Erweiterung des Qualitätsmanagementsystems
- den Einsatz zuverlässigerer Prüfmittel, die auch kleinste Abweichungen erfassen können
- Auslieferung aus dezentralen Verteillägern, um die Kunden rascher bedienen zu können.

Im Vordergrund steht in jedem Fall, die Kundenzufriedenheit zu erhöhen.

1.3.1.2 Anpassung an betriebliche Vorgaben

01. An welche betrieblichen Vorgaben muss eine Anpassung erfolgen?

Betriebliche Vorgaben, an die es sich anzupassen gilt, können sein:

- optimaler Einsatz von Investitionsmitteln
- minimale Durchlaufzeiten
- optimaler Personaleinsatz
- Optimierung der Lagerkosten
- optimale Planung des Raum- und Flächenbedarfs
- Vermeidung, Eliminierung und Reduzierung von nicht wertschöpfenden Abläufen.

02. Was ist beim Einsatz der Investitionsmittel zu beachten?

Der Einsatz der Investitionsmittel muss gut überlegt sein, denn Mittel sind knapp. Als Kriterien sind zu berücksichtigen:

- technische Kriterien
- wirtschaftliche Kriterien
- Umweltkriterien
- rechtliche Kriterien
- soziale Kriterien
- psychologische Kriterien.

Investitionsmittel müssen optimal eingesetzt werden, d. h. bestmöglich unter Berücksichtigung der realen Umstände.

Optimaler Mitteleinsatz ergibt sich bei:

- Erweiterung zur Bearbeitung von Mehraufträgen aufgrund der positiven wirtschaftlichen Entwicklung
- Erneuerung durch, z. B., neueste Transportmittel mit sparsameren Motoren.

Außerdem gehört zur Optimierung der effiziente Einsatz der Mittel, d. h. die bestmögliche Relation zwischen Input und Output.

03. Aus welchen Bestandteilen besteht die Durchlaufzeit?

Die Durchlaufzeit ist auftragsbezogen, d. h., wie lange es dauert, um einen Auftrag fertig zu stellen; davon zu unterscheiden ist die Belegungszeit, die sich auf die Belegung der Kapazität bezieht. Die Durchlaufzeit setzt sich zusammen aus Zeiten für:

- Auftragserfassung
- Auftragsprüfung
- Arbeitsvorbereitung
- Produktion mit
  - Rüstzeit für die Vor- und Nachbereitung (z. B. Einstellung von Anlagen)
  - Ausführungszeit für die eigentliche Bearbeitung des Auftrags

  beide unterteilt in:
  - Grundzeit für die planmäßigen Aktivitäten
  - Verteilzeit für nicht planbare Aktivitäten, z. B. Suche von Unterlagen (sachliche Verteilzeit) oder Gang zur Toilette (persönliche Verteilzeit); sie findet Berücksichtigung durch Zuschlagssätze auf die Grundzeit
  - Erholungszeit, die ebenfalls mit Sätzen auf die Grundzeit zugeschlagen wird
- eventuell Lagerung
- Kommissionierung
- Verladung
- Transport, soweit dieser selbst erledigt wird.

04. Wie kann die Durchlaufzeit verkürzt werden?

Verkürzung der Durchlaufzeit kann erfolgen durch:

- Parallelarbeit, d. h. gleichzeitige Arbeit an mehreren Aggregaten
- Verkürzung von Rüstzeiten
- optimierter Prozess
- bestgeeignete Anlagen.

05. Wie kann der Personaleinsatz optimiert werden?

Der Personaleinsatz kann optimiert werden durch:

- umfassende Personalplanung, vor allem der Personalbedarfsplanung
- richtige Auswahl neuer Mitarbeiter
- umfassende Vergleiche zwischen Anforderungsprofil (Was fordert die Stelle?) und Qualifikationsprofil (Was bringt der Mitarbeiter/Bewerber mit?)
- optimale Stellenbesetzung: der richtige Mitarbeiter zur richtigen Zeit an der richtigen Stelle
- Weiterentwicklung der Mitarbeiterschaft durch Qualifizierung im Bereich der:
  - Ausbildung
  - Fortbildung
  - Weiterbildung
  - Führungskräfteentwicklung (Management Development)
- Flexibilisierung
- Anreize, die über
  - Zulagen
  - Prämienlohn
  - Akkordlohn

  geboten werden.
- mitarbeiterorientierte Führung.

06. Welche Möglichkeiten der Flexibilisierung gibt es beim Personaleinsatz?

Flexibilisierung kann erreicht werden durch:

- Flexibilisierung der Arbeitszeit über:
  - Arbeitszeitkonten
  - Jahresarbeitszeit
  - Vertrauensarbeitszeit
- befristete Arbeitsverhältnisse
- Zeitarbeit
- eventuell über Werkverträge.

07. Welche Kostengrößen können bei der Optimierung der Lagerkosten beeinflusst werden?

Kostengrößen sind:

- Bestandskosten
- Umschlagkosten

- Lagerhaltungskosten
- Bestellkosten
- Kosten bei Eigen- und Fremdlagerung.

08. Wie können die Lagerkosten optimiert werden?

Die Lagerkosten können optimiert werden durch:

- Regelung der Lagerplatzvergabe als:
  - starre Platzvergabe
  - chaotisch Platzvergabe
- richtige Wahl zwischen zentraler und dezentraler Lagerhaltung
- die angepasste Entnahmeart als:
  - zugriffsfrei (der Bedarfsträger entnimmt)
  - zugriffsgebunden (Entnahme durch den Lageristen)
- die günstigste Entnahmeform als:
  - Mann zur Ware
  - Ware zum Mann
- Wahl zwischen Eigen- und Fremdlagerung unter Berücksichtigung der Entwicklung des Verhältnisses zwischen fixen und variablen Kosten.

09. Was muss bei der Planung des Raum- und Flächenbedarfs berücksichtigt werden?

Zu berücksichtigen sind:

- das Fabrik- und Lagerlayout, d. h. die richtige Verteilung der Funktionsgebäude auf dem Werksgelände unter Berücksichtigung möglichst kurzer Wege
- Zugangsmöglichkeit zur Fläche
- platzsparende Einrichtung im Lager als:
  - Regale
  - Fördermittel, die eventuell schienengebunden oder mittels Leitstrahl verkehren
- optimaler Aufbau der Einrichtung
- effiziente Aufteilung der Lagerfläche
- richtige Verteilung zwischen:
  - Handarbeit
  - Mechanisierung
  - Automatisierung
- Erweiterungsmöglichkeiten.

10. Wie ist die Lagerfläche aufgeteilt?

Die Lagerfläche ist aufgeteilt in:

- Stellfläche
- Verkehrsfläche
- Verwaltungsfläche
- Sozialfläche.

Dabei sollte der Anteil der produktiven Flächen möglichst groß sein; produktiv ist vor allem die Stellfläche für die Regale, aber auch die Verkehrsfläche für die Fördermittel und die Mitarbeiter ist unumgänglich, sollte allerdings unter Berücksichtigung der Effizienz nicht zu groß gewählt werden. Die Verwaltungs- und Sozialfläche sollte möglichst gering sein. Gemessen wird die Leistungsfähigkeit mit der Kennziffer Nutzungsgrad, der sich wie folgt berechnet:

$$\text{Nutzungsgrad} = \frac{\text{Stellfläche} \cdot 100}{\text{gesamte Lagerfläche}}$$

11. Wie können nicht wertschöpfende Abläufe verhindert bzw. vermindert werden?

Nicht wertschöpfende Abläufe können u . a. positiv beeinflusst werden durch:

- Vermeidung von Leerfahrten, vor allem im Werkverkehr
- Vermeidung von Wartezeiten bei:
  - Anlieferung
  - Abtransport
- Senkung der Frachtkosten
- Senkung der Rüstzeiten und damit der Rüstkosten.

12. Wie können die Frachtkosten gesenkt werden?

Senkung der Frachtkosten ist u. a. möglich durch:

- Vernetzung
- Übernahme des Vor- und Nachlaufs durch Kleinlogistiker im Zuge von Werkverträgen
- größere Transporteinheiten (z. B. Gigaliner) und damit Beeinflussung der fixen Kosten
- maximale Kapazitätsauslastung und damit Minimierung der Transportstückkosten
- Sammeltransporte
- geringe Verbrauchswerte
- Haus-zu-Haus-Transporte bei großen Transportgütern

- kombinierten Verkehr bei Nutzung mehrerer Verkehrsmittel (z. B. Container)
- Hub and Spoke im Stückgutverkehr
- Einsatz von Gebietsspediteuren.

1.4 Erarbeiten, Analysieren und Präsentieren von Ablaufkonzepten und des Informationsflusses für den eigenen Verantwortungsbereich

1.4.1 Rahmenbedingungen

01. Welche Rahmenbedingungen sind bei der Erarbeitung von Ablaufkonzepten für die Logistik zu beachten?

Wichtige Rahmenbedingungen sind:

- der Aufbau des Lagers
- die Lagereinrichtung
- die Lagerplatzvergabestrategien als:
  - Festplatzlagerung
  - Zonung
  - Querverteilung
  - chaotische Lagerung
- die Ein- und Auslagerungestrategien als:
  - Fifo-Strategie
  - Lifo-Strategie
  - Mengenanpassung
  - wegoptimierte Lagerung
- Budgetvorgaben.

02. Welche Daten zum Materialfluss sind zu berücksichtigen ?

Wichtige Daten sind die Leistungsvorgaben für den Ablauf; dazu gehören u. a.:

- für den Wareneingangsbereich:
  - Wartezeit der Lkws
  - Durchsatz bei der Annahme
  - Schnelligkeit der Entladung
  - Zuverlässigkeit der Kontrollmaßnahmen

- für den Lagerbereich:
  - Ausfallzeit der Regalbediengeräte
  - Einlagerungszeit je Auftrag und Position
  - Geschwindigkeit der Fördermittel
  - Einsatzmöglichkeiten für Doppelspiel
- für die Kommissionierung:
  - Fehlerquote
  - Durchsatz bei der Kommissionierung
  - Kommissionierzeit je Auftrag und Position
  - Arbeitseinsatz der Picker
- für die Verladung und den Transport:
  - Verladezeit
  - Belieferungszeit
  - Umschlagleistung je Stunde im Güterverteilzentrum.

03. Welche Anforderungen gibt es hinsichtlich des Informationsflusses?

Die Beteiligten stellen u. a. folgende Anforderungen an den Informationsfluss:

- inhaltlich:
  - vollständiger Datenabgleich
  - Vermeidung von Schnittstellen
  - Schnittstellenabgleich
  - unmittelbare Verbindung von Wareneingang und Reklamationsbearbeitung
- zeitlich:
  - Beschleunigung des Informationsflusses
  - Verkürzung der Informationskette
  - beleglose Information
  - Online-Verarbeitung.

1.4.2 Entwicklung von alternativen Lösungskonzepten

01. In welchen Stufen werden alternative Lösungskonzepte entwickelt?

Stufen der Entwicklung sind:

Entwicklung von Ideen

↓

Auswertung der Ideen

↓

Entwicklung von Konzepten

↓

Darstellung der Konzepte

↓

Beurteilung der Konzepte

↓

Präsentation der Ergebnisse

↓

Entscheidung durch den Entscheidungsträger

1.4.2.1 Methoden der Ideenfindung

01. Welche Methoden der Ideenfindung werden unterschieden?

Wichtige Methoden der Ideenfindung sind:

- Brainstorming
- Methode 635
- Methode des Morphologischen Kastens
- Synektik
- Critical Notebook (CNB)
- Mindmapping.

02. Wie ist der Ablauf von Brainstorming und der Methode 635?

Beim Brainstorming nennen maximal zwölf Personen spontan Ideen, die sie zu einem Thema haben. Es werden Gedanken aus der Intuität angereizt; es gelten die folgenden Regeln:

- Gedanken werden weiterentwickelt
- die Teilnehmer sollten möglichst unterschiedliche Kenntnisse und Erfahrungen haben

- alle Teilnehmer sind gleichberechtigt
- die Themen sind vorgegeben
- Kritik ist nicht erlaubt
- Quantität geht vor Qualität
- die Sitzung dauert maximal 30 Minuten
- systematische Aufarbeitung der Ergebnisse am Ende der Sitzung.

Die Methode 635, häufig auch Brainwriting genannt, ist besonders bei heterogenen Gruppen geeignet; die eher temperamentvollen Teilnehmer werden gebremst, die eher ruhigen gefordert. Der Ablauf ist wie folgt:

- 6 Personen
- schreiben auf einen Vordruck 3 Ideen
- und reichen den Vordruck 5-mal weiter, sodass jeder Teilnehmer auf jeden Vordruck 3 Ideen setzt.

Das Ergebnis sind 108 Ideen; davon werden die meisten bei der Auswertung nicht weiterführen, aber wenn zwei oder drei brauchbare Ideen dabei sind, ist das Ziel erreicht.

03. Wie erfolgt die morphologische Methode?

Bei der morphologischen Methode wird ein Problem in Teilprobleme zerlegt; wesentliches Element ist der Morphologische Kasten, eine Matrix, bei der Teilprobleme und jeweilige Lösungsalternativen gegenübergestellt werden:

Lösungen / Teilproblem	Alternative 1	Alternative 2	Alternative 3
Problem A			
Problem B			
Problem C			

Für das jeweilige Teilproblem wird die beste Alternative ausgewählt; diese Alternativen werden zu einer Gesamtlösung zusammengefasst.

04. Wie ist der Ablauf bei der Synektik?

Die Synektik ist eine hoch professionelle Methode, bei der ein Problem schrittweise durch Bildung von Analogien verfremdet wird; es ergibt sich folgender Ablauf:

- das Problem wird genau definiert
- spontane Lösungsvorschläge werden notiert
- mit deren Hilfe wird das Problem erneut definiert
- es werden erst direkte Analogien aus anderen Bereichen gebildet, z. B. für ein technisches Problem eine Analogie aus der Natur
- es werden persönliche Analogien gebildet, um eine persönliche Identifikation mit dem Problem herzustellen
- es werden symbolische Analogien gebildet
- auf deren Basis werden ein weiteres Mal direkte Analogien gebildet
- diese Analogien werden genau beschrieben
- durch Rückprojektion wird Verbindung der letzten Analogien mit dem Problem hergestellt
- Entwicklung konkreter Lösungsansätze.

05. Welche Bedeutung hat das Critical Notebook (kritisches Notizbuch)?

Beim Critical Notebook erhalten mehrere Personen ein Notizbuch mit der Aufforderung, dies ständig bei sich zu tragen; Ideen, die spontan einfallen, sind sofort zu notieren. Nach einer vorher festgelegten Zeit werden die Notizbücher eingesammelt und ausgewertet. Dann werden sie jeweils an einen der anderen Teilnehmer verteilt.

Diese Methode ist auch im kleinsten Kreise möglich. Es wird wenig Arbeitszeit eingesetzt. Die gegenseitige Anregung zur Ideenproduktion erfolgt ohne gleichzeitige Anwesenheit. Die kreative Zeit währt allerdings länger.

06. Wie erfolgt Mindmapping?

Mindmapping ist eine Methode, die ein flexibles, kreatives und gehirngerechtes Arbeiten ermöglicht. Sie wurde auf der Grundlage von gehirnphysiologischen Hypothesen entwickelt. Im Gegensatz zur klassischen linearen Struktur, lässt Mindmapping auf den ersten Blick das zentrale Thema erkennen.

Der Ablauf sieht wie folgt aus:

- Die Problemstellung wird in der Mitte eines Blattes erfasst.
- Von dieser gehen Linien mit Hauptgedanken zum Problem in alle Richtungen aus.
- Die Linien werden mit kurzen Begriffen versehen.
- Mit weiteren Linien werden Unterpunkte zu den Hauptgedanken gebildet usw.

Vorteile sind:

- starke Visualisierung
- Lücken werden sofort erkennbar
- Hierarchisierung der Gedanken (die Bedeutung des Gedankens wird sofort deutlich)
- Konzentration auf das Wesentliche
- platzsparend
- Erweiterung stets möglich.

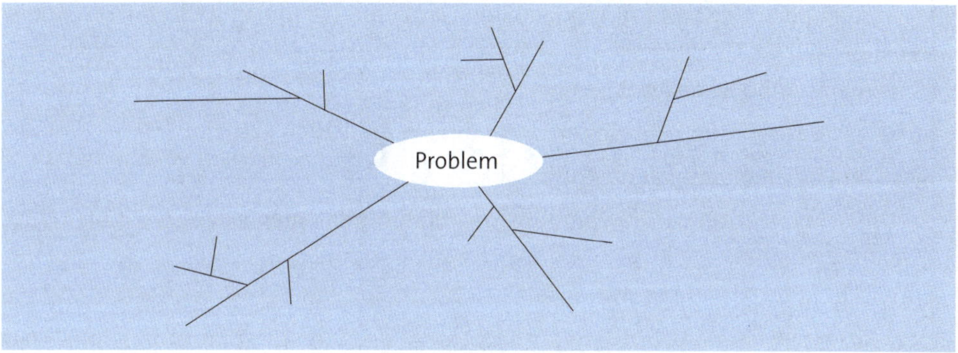

1.4.2.2 Darstellungsformen

01. Welche Darstellungsformen werden unterschieden?

Wesentliche Darstellungsformen sind:

- Flussdiagramm
- Programmablaufplan
- Netzplantechnik
- Balkendiagramm.

02. Welche Bedeutung hat die Netzplantechnik?

Mittels Netzplantechnik können umfangreiche Abläufe mit zahlreichen Verzweigungen übersichtlich dargestellt werden. Anwendung findet sie vor allem bei:

- komplexen Problemen
- vernetzten Abläufen
- häufiger Veränderungsnotwendigkeit
- Terminierungsvorgängen
- Kapazitätsrechnung.

Durch Vorwärts- und Rückwärtsterminierung ergeben sich:

- der kritische Weg, bei dem keine Verzögerungen auftreten dürfen
- Pufferzeiten, die für Verzögerungen genutzt werden können.

Für die Beschaffung einer Anlage kann sich folgender Netzplan ergeben:

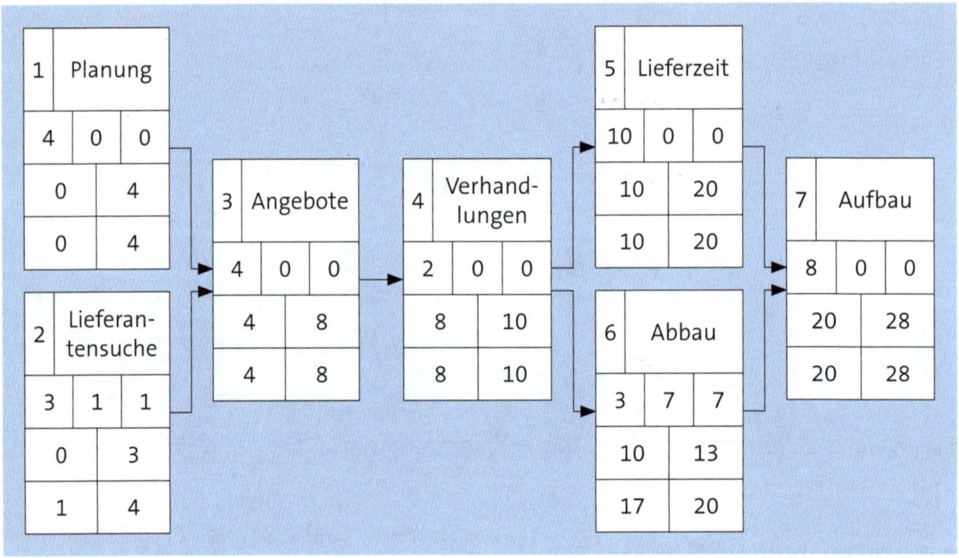

03. Was besagt das Flussdiagramm?

Das Flussdiagramm zeigt den logischen Ablauf von Vorgängen mit Und- bzw. Oder-Verzweigungen und dementsprechende Zusammenführungen sowie zyklischen Arbeitsabläufen. Gearbeitet wird mit genormten Symbolen, u. a. für:

- Aktivität/Ablauf
- Oder-Verzweigung/Oder-Rückkoppelung
- Und-Verzweigung
- Und-Zusammenführung
- Flussrichtung.

Eine einfache Struktur könnte wie folgt aussehen:

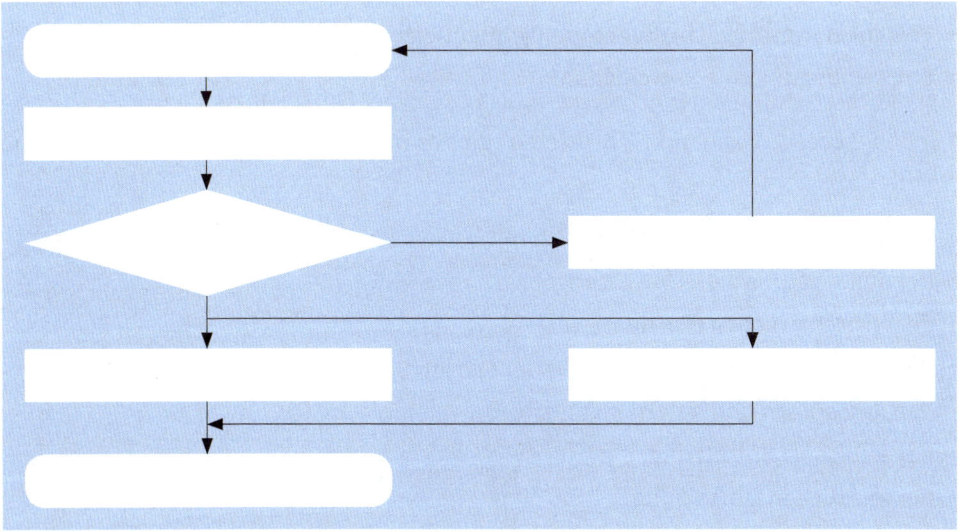

04. Welche Möglichkeiten bietet das Balkendiagramm?

Das Balkendiagramm kann als

- Gantt-Technik, auch einfaches Balkendiagramm genannt
- PlanNet-Technik als Weiterentwicklung, die auch terminliche Abhängigkeiten und Pufferzeiten darstellen kann,

eingesetzt werden. Allerdings sind sehr komplexe Abläufe nicht darstellbar, sie wirken unübersichtlich.

1.4.3 Beurteilung der Lösungskonzepte

01. Welche Bedeutung hat die Machbarkeitsanalyse?

Im Rahmen der Machbarkeitsanalyse, auch Machbarkeitsstudie genannt, werden die Lösungsansätze analysiert, Risiken erkannt und Erfolgsaussichten abgeschätzt. Überprüft wird, ob die mit dem Lösungsansatz die vereinbarten Ziele erreicht werden können. Sollte dies nicht der Fall sein, wird eine Weiterverfolgung abgelehnt.

Zweck der Machbarkeitsanalyse ist:

- das Verhindern von Fehlinvestitionen
- die Feststellung von Risiken.

Ergebnisse sind:

- Analysen und Bewertung der Lösungswege
- Entscheidungsmöglichkeiten mit dokumentierten Chancen und Risiken
- Empfehlung für eine Entscheidung.

Für den Prozess „Machbarkeit bewerten“ gibt es mit DIN 6901-2 als Empfehlung eine Norm.

Die Machbarkeitsprüfung befasst sich mit:

- der organisatorischen Umsetzung
- der wirtschaftlichen Machbarkeit
- der technischen Machbarkeit
- den Ressourcen und deren Verfügbarkeit
- der zeitlichen Umsetzung
- der rechtlichen Umsetzung.

02. Wie erfolgt die Nutzwertanalyse als Punktwertanalyse?

Verschiedene Kriterien werden mit einem Punktesystem bewertet und mit einem Gewichtungsfaktor gewichtet. Die Analyse erfolgt nach folgendem Schema:

Alternative / Merkmale	Gewichtungs-faktor	1		2		3	
		Punkte		Punkte		Punkte	
A							
B							
C							
Summe							

1.4.4 Präsentation der Ergebnisse

01. Was ist bei einer Präsentation zu beachten?

Die Präsentation dient in diesem Falle nicht der Unterweisung, sondern der Überzeugungsvermittlung. Folgende Grundsätze sollten beachtet werden:

- Struktur
- Einfachheit
- Kürze/Prägnanz
- Relevanz
- ansprechendes Design

- visualisiert
- frei gesprochen.

Die Grundstruktur sollte wie folgt aussehen:
- Übersicht (Titelblatt, Agenda, Hinweise)
- Einleitung
- Hauptteil mit verschiedenen Abschnitten
- Schluss (Zusammenfassung, Schlussfolgerung, nächste Schritte).

02. Welche Medien kommen zum Einsatz?

Die Präsentation sollte als PowerPoint Präsentation vorbereitet werden. Für Tabellenwerte und Zahlenaufstellungen sollte ein Handout eingesetzt werden, das zur Präsentation verteilt wird.

Um während der anschließenden Diskussion aktuelle Beiträge erfassen und visualisieren zu können, könnte der Einsatz eines Flipchards oder einer Pinwand sinnvoll sein.

1.5 Mitwirken bei Kapazitätsplanungen

1.5.1 Planung technischer Kapazitäten

01. Welche technischen Kapazitäten können Gegenstand der Planung sein?

Gegenstand der technischen Planung können sein:
- Verkehrsmittel
- Fördermittel
- Rampen
- Regalanlagen
- Regalbediengeräte
- Verpackungsanlagen
- Kommissionierroboter
- Prüfeinrichtungen
- Wiegeeinrichtungen
- Abfüllanlagen
- Tankanlagen
- Silos.

02. Welche Leistungen fallen im Zuge der Logistik an?

Im klassischen Sinn handelt es sich um:

- Transportleistungen
- Umschlagleistungen
- Lagerleistungen
- Sonderleistungen
- Systemleistungen.

03. Was gehört zu den Transportleistungen?

Zu den Transportleistungen gehören:

- Sammel- und Verteilfahrten
- Transporte ganzer Ladungen oder Teilladungen
- Abholung
- Zustellung
- innerbetriebliche Transporte.

Administrative Leistungen in diesem Zusammenhang sind:

- Tourenplanung
- Einsatzdisposition
- Sendungsverfolgung.

04. Was gehört zu den Umschlagleistungen?

Zu den Umschlagleistungen gehören:

- Entladen
- Umladen
- Bildung von Ladeeinheiten
- Sortieren
- Beladen.

Administrative Leistungen in diesem Zusammenhang sind:

- Packoptimierung
- Stauvorgänge
- Disposition von Ladungen.

05. Was gehört zu den Lagerleistungen?

Zu den Lagerleistungen gehören:

- Ein- und Auslagerung
- Umlagerung
- Qualitätsprüfung
- Kommissionierung
- Verpackung und Etikettierung.

Administrative Leistungen in diesem Zusammenhang sind:

- Führung des Lagerbetriebs
- Verwaltung der Lagerplätze
- Disposition der Bestände
- Auftragsbearbeitung.

06. Was gehört zu den Sonderleistungen?

Zu den Sonderleistungen gehören:

- Abfüllen
- Konfektionieren
- Verzollung
- Leergutbearbeitung
- Inkasso
- Montagevorgänge
- Reparaturen.

07. Was gehört zu den Systemleistungen?

Zu den Systemleistungen gehören:

- Aufbau und Betrieb eines Frachtsystems mit über die Fläche verteilten Umschlagpunkten als Netzwerk
- Aufbau und Betrieb eines Logistikzentrums mit umfassenden Logistikleistungen.

Administrative Leistungen in diesem Zusammenhang sind:

- Betriebsführung
- Systemführung
- Organisation des Fracht- bzw. Logistikzentrums.

1.5.1.1 Anforderungen der eigenen Leistungserstellung

01. Welche Anforderungen sind hinsichtlich der eigenen Leistungserstellung zu beachten?

Wesentliche Anforderungen sind:

- Umschlagleistung
- Art des Lagerguts
- Menge des Lagerguts
- Art des Transportguts
- Menge des Transportguts
- Anteil der Gefahrstoffe bzw. Gefahrgüter
- Volumen der Lagergüter
- Möglichkeiten für Doppelspiel
- Energieverbrauch der Transportmittel
- Umstellfähigkeit
- Wartungsfreundlichkeit
- Kombinierbarkeit
- Geschwindigkeit
- Handhabbarkeit
- Ergonomie.

1.5.1.2 Voraussetzungen für den Einsatz technischer Anlagen und Geräte

01. Welche Voraussetzungen gelten für den Einsatz technischer Anlagen in der Logistik?

Voraussetzungen sind u. a.:

- Infrastruktur
- vorhandene Bebauung/Gebäude
- Lagereinrichtungen
- Statik
- Erweiterungsmöglichkeiten
- technische Anbindung
- DV-Anbindung
- Energieversorgung (Zugang zu preiswerten Netzen).

02. Welche Anforderungen werden an die Infrastruktur gestellt?

Anforderungen an die Infrastruktur sind u. a.:

- Nähe zu Autobahnen und Autobahnkreuzen
- keine zu große Verkehrsdichte
- Eignung des Fabriklayouts für produktionsnahe Anlieferung
- genügend großer Vorplatz als Ankunftsbereich für Lkws
- bei Gleisanschluss und Just-in-time-Beschaffung: Verlängerung der Schienen bis zur Fertigungsstrecke
- abgegrenztes überwachtes Areal
- Anbindung an die notwendigen Leitungsnetze mit angemessenem Volumen
- für den vorgesehenen Zweck geeignete Bodenverhältnisse.

03. Welche Anforderungen werden an die Gebäude gestellt?

Die Gebäude sollten:

- zur Kosteneinsparung Standardisierung der Bau- und Gebäudetechnik vorsehen
- in der Aufteilung der Art der Nutzung entsprechen
- dem Fertigungsablauf und dem logistischen Materialflussprozess entsprechen
- hinsichtlich Nutzungszweck umgewidmet werden können (z. B. vom Lagerraum zur Produktionsstätte)
- allgemein wandlungsfähig sein, denn der ständige Wandel in der Nutzung erfordert ständigen Wandel der Baustrukturen und der Haustechnik
- sinnvoll mit Einrichtung und Fördermitteln ausstattbar sein
- übersichtlich sein
- in gutem baulichen Zustand sein (vorher Gutachten einholen)
- hinsichtlich des Fundaments und der Bodenbeschaffenheit dem Zweck dienen können (z. B. besondere Beschaffenheit bei gefährlichen Flüssigkeiten)
- in den Maßen optimal nutzbar sein (z. B. maximale Nutzung für Europaletten)
- an- und abbaubar sein (z. B. Traglufthallen)
- hinsichtlich Schall-. und Wärmeschutz neuesten Standards entsprechen
- Schutz vor Umwelteinflüssen bieten
- hohen Brandschutz bieten (z. B. modernste Sprinkleranlagen)
- flexible Organisations- und Arbeitsmodelle zulassen
- Informations- und Wissensaustausch fördern
- fähig sein, externe Partner zu integrieren
- Gedanken des Corporate Identity als Corporate Architecture entsprechen.

04. Welche Anforderungen werden an die Lagereinrichtung gestellt?

Anforderungen an die Lagereinrichtung sind:

- Standsicherheit
- Tragsicherheit
- ergonomisch gestaltet
- Einhaltung der allgemein anerkannten Regeln der Technik
- Bruchsicherheit
- Steifigkeit in Längs- und Querrichtung
- Einhaltung der maximalen Durchbiegung der tragenden Elemente von Lagereinrichtungen
- Berücksichtigung der Horizontalkräfte
- ausreichende breite Gänge und Verkehrswege zwischen den Regalen
- Sicherung gegen Herausfallen oder Herabfallen
- Anfahrschutz
- Kennzeichnung
- Maßnahmen für Brandschutz
- Einbindung in den Prozessablauf des Unternehmens
- Wandlungsfähigkeit
- einfache Bedienbarkeit
- eventuell geeignet für Automatisierungsprozesse
- energiesparende Arbeitsweise
- genügend Beleuchtung.

05. Welche Anforderungen sind an die DV-Anbindung gestellt?

Die DV-Anbindung ist in zwei Ebenen zu betrachten:

- Anbindung des Unternehmens an die überbetrieblichen Datennetze: die Leitungen müssen hochleistungsfähig sein, was nicht in jeder Region der Fall ist. Die Leitungskapazität und damit die Schnelligkeit der Übertragung wird immer mehr ein wichtiger Standortfaktor, denn durch die Vernetzung der Unternehmen miteinander werden heute riesige Datenbestände transferiert; zweites Problem ist die Sicherheit der Netze, die auch nicht immer gegeben ist.
- Integration der verschiedenen Bereiche und Systeme des Unternehmens; die Schnittstellenkompatibilität steht dabei im Mittelpunkt.

1.5.2 Planung der Personalkapazitäten

1.5.2.1 Einsatz von vorhandenem Personal und Fremdpersonal

01. Was ist beim Einsatz des eigenen Personals zu beachten?

Beim Personaleinsatz geht es um die Frage

- wer
- ab wann
- bei wem
- welche Arbeiten

übernimmt. Es entstehen aber häufig Probleme durch:

- unregelmäßigen Arbeitsanfall: Stoßzeiten und Flauten wechseln sich in rascher Folge ab.
- teilweise unvorhersehbare Beschäftigungsschwankungen
- Pflichtbesetzung bestimmter Stellen, z. B. zur Überwachung von Anlagen.

Außerdem muss berücksichtigt werden, dass zusätzliches Personal für Abwesenheit durch Urlaub, längere Krankheit und sonstige Freistellung benötigt wird. Für den Einsatz ist ein Plan zu erstellen. Dieser Einsatzplan muss flexible Möglichkeiten vorsehen.

02. Wie wird ein Personaleinsatzplan erstellt?

Der Personaleinsatzplan kann in folgenden Stufen entstehen:

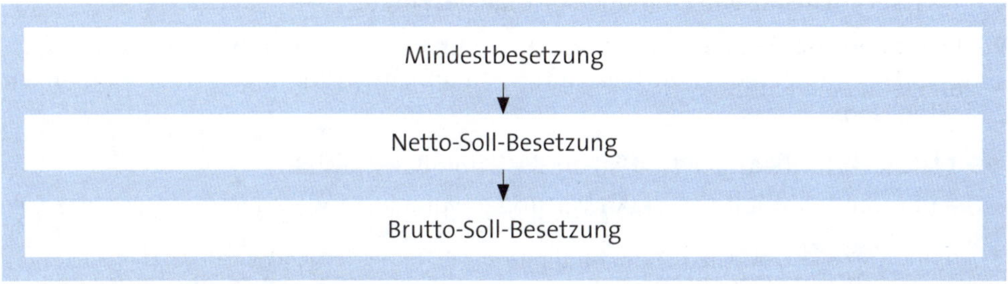

- Bestimmung der Mindestbesetzung, die zur Aufrechterhaltung der betrieblichen Funktion notwendig ist; sie ist keine Durchschnittsgröße und direkt von der tatsächlichen Arbeitsmenge abhängig.
- Bestimmung der Netto-Soll-Besetzung, also die Anzahl von Mitarbeitern, die zur Erledigung der Arbeitsaufgabe anwesend sein müssen.
- Bestimmung der Brutto-Soll-Besetzung, indem die Netto-Soll-Besetzung um die Abwesenheitszeiten ergänzt wird.

03. Welchen Einfluss hat die Arbeitszeit?

Die Gestaltung und Länge der Arbeitszeit hat wesentlichen Einfluss auf die Personaleinsatzplanung. In den Betrieben wird zunehmend versucht, die persönliche Arbeitszeit von der Betriebszeit abzukoppeln. Verkürzten wöchentlichen Arbeitszeiten stehen verlängerte Betriebszeiten gegenüber. Begründet wird diese Entwicklung vor allem mit:

- wirtschaftlicherem Einsatz des teuren Produktionsfaktors Arbeit
- bessere Nutzung der Anlagen und Fahrzeuge, die zu lange brachliegen, wenn nur 40 Stunden oder weniger in der Woche gearbeitet wird.

04. Welche Arbeitszeitmodelle werden unterschieden?

Bekannte Arbeitszeitmodelle sind:

- flexible Arbeitszeit, eventuell als Jahresarbeitszeit
- Jobsharing, bei dem sich mehrere Mitarbeiter eine Stelle teilen
- Teilzeitarbeit, bei der eine Stelle mit geringerem Arbeitsvolumen entsteht
- Schichtarbeit, bei der am Tag in zwei oder drei Wechselschichten gearbeitet wird
- gleitende Arbeitszeit, bei der der Mitarbeiter außerhalb der Kernzeit, bei der Anwesenheit vorgeschrieben ist, die Zeit weitgehend selbst bestimmen kann
- KAPOVAZ (kapazitätsorientierte variable Arbeitszeit), bei der der Arbeitgeber bestimmt, wann gemäß Arbeitsanfall gearbeitet wird
- Vertrauensarbeitszeit, bei der die Anwesenheitszeiten nicht erfasst werden.

05. Was ist bei Einsatz von Fremdpersonal zu beachten?

Bei Fremdpersonal handelt es sich vor allem um Zeitarbeitnehmer, die per Überlassungsvertrag von einem Zeitarbeitsunternehmen zur Verfügung gestellt werden. Zu beachten sind:

- Für Fehlzeiten muss das Zeitarbeitsunternehmen sofort Ersatz stellen.
- Die Mitarbeiter erhalten ihre Anweisungen vom zuständigen Vorgesetzen des Einsatzbetriebs.
- Das Zeitarbeitsunternehmen hat die persönlichen Schutzartikel zur Verfügung zu stellen.
- Der Einsatzbetrieb hat darauf zu achten, dass die Sicherheitsregeln eingehalten werden.
- Das Honorar umfasst neben der Vergütung für den Mitarbeiter die Verwaltungskosten und die Gewinnspanne des Zeitarbeitsunternehmens.
- Derselbe Arbeitnehmer darf nur vorübergehend bei demselben Einsatzbetrieb beschäftigt werden.
- Die Arbeitnehmer haben Zugang zu Gemeinschaftseinrichtungen, freie Stellen beim Einsatzbetrieb müssen ihnen bekannt gemacht werden.

Zeitarbeit kommt vor allem dann infrage, wenn Engpässe entstanden sind und Spitzen abgedeckt werden müssen.

06. Welche Möglichkeiten besitzt der Werkvertrag?

Der Werkvertrag wird heute häufig als Alternative zur Zeitarbeit genutzt. Dabei ist folgendes zu beachten:

- Der Auftragnehmer beim Werkvertrag schuldet das Ergebnis der Arbeit und nicht nur den Einsatz der Arbeitskraft.
- Mitarbeiter des Werkvertragsunternehmens erhalten ihre Anweisungen von Führungskräften des Werkvertragsunternehmens und nicht von den Führungskräften des Einsatzbetriebs.

Werkverträge sind interessant, wenn in sich geschlossene Aufgabengebiete für längere Zeit übernommen werden sollen (z. B. Verpackungsservice).

1.5.2.2 Qualifikation der Mitarbeiter

01. Was ist bei der Qualifikation der Mitarbeiter zu beachten?

Grundlage für die Qualifikation der Mitarbeiter sind die Anforderungen der Stellen. Durch Profilvergleich, Anforderungsprofil und Qualifikationsprofil, kann ermittelt werden, ob und welche Defizite bestehen; diese Defizite gilt es zu beseitigen durch:

- Einweisung in den Arbeitsplatz
- umfassende Unterweisung
- Besuch von Lehrgängen und Seminaren.

Zum Abschluss einer jeden Qualifizierung ist zu überprüfen, ob das Defizit ausgeglichen wurde.

1.6 Mitwirken bei der Erarbeitung von Leistungsvorgaben für und der Auswahl von Geräten, Anlagen und Dienstleistungen

1.6.1 Technische Anlagen und Geräte

01. Welche Leistungsanforderungen sind zu berücksichtigen?

Leistungsanforderungen sind u. a.:

- Leistungsdaten
- Verfügbarkeit
- Zuverlässigkeit
- Art der Güter
- Mengen

- Umstellungsfähigkeit/Flexibilität
- Schnelligkeit
- Kombinierbarkeit
- Energieeffizienz
- Immission, Emission
- Wartungsfreundlichkeit
- Ergonomie
- Bedienungsfreundlichkeit
- Hard- und Software
- Vernetzungsfähigkeit
- Rechtmäßigkeit (geltendem Recht entsprechend).

02. Welche Leistungsmerkmale sind zu beachten?

Leistungsmerkmale sind z. B.:

- Förderleistung
- Geschwindigkeit
- Anlagendurchsatz
- Wartezeiten der Transportmittel
- Wartezeiten der Produktionsanlagen
- Rüstzeiten
- Energieverbrauch
- Immissionswerte
- Entfernungen im Fabrik- und Logistiklayout
- günstige Fixkostenverteilung
- niedrige Handlingkosten
- Erweiterungsmöglichkeit.

03. Wie kann ein Marktüberblick erlangt werden?

Marktüberblick ergibt sich u. a. durch:

- Messebesuch
- Kataloge
- Fachzeitschriften
- Wirtschaftsnachrichten
- Lieferantenbesuche
- Internetrecherche

- Fachvorträge
- Fachkongresse
- Einschaltung von Forschungsagenturen.

1.6.2 Dienstleistungen

01. Welche Dienstleistungen kommen infrage?

Dienstleistungen sind z. B.:

- Wartung
- Reparatur
- Fremdlagerung
- Fremdtransport
- Reinigung
- Hausmeisterservice
- Bewachung
- Zeitarbeit
- Verpackungsservice
- Regaleinräumdienst
- Kommissionierarbeiten.

02. Welche Bedeutung hat das Lastenheft?

Das Lastenheft ist eine Aufstellung der Anforderungen, die der Auftraggeber an den Auftragnehmer hat, wobei beide zum selben Unternehmen gehören können (also intern). Es werden Leistungsvorgaben und Qualitätsstandards festgelegt. Die Antwort ist das Pflichtenheft, in dem der Auftragnehmer darlegt, wie er die Forderungen des Auftraggebers erfüllen will. Beide sind Gegenstand des Vertrags (Einzelheiten s. Kapitel 6.4.1).

03. Welche Bedeutung hat das Angebot?

Das Angebot kann eine der beiden Willenserklärungen sein, die zum Vertrag führen. Hierzu muss es verbindlich sein. Das Angebot enthält alle Regelungen des Vertrags. Außer dem Pflichtenheft enthält es meistens:

- Preis
- Menge
- Lieferzeitpunkt
- Lieferbedingungen (z. B. Incoterms)
- Zahlungsbedingungen
- Erfüllungsort

- Gerichtsstand
- Zusatzleistungen (z. B. Aufbau, Ingangsetzen, Einweisungen)
- eventuell Konventionalstrafe.

Nach Prüfung der Angebote (meistens mehrere) finden mit den günstigsten Anbietern Verhandlungen statt, in denen:

- letzte Unklarheiten beseitigt werden
- die Bedingungen zum eigenen Vorteil verbessert werden
- der weitere Ablauf geklärt wird.

Danach erfolgt die Bestellung; damit ist der Vertrag geschlossen.

04. Wie erfolgt die Angebotsprüfung?

Die Angebotsprüfung erfolgt als Angebotsvergleich als:

- Nettoeinstandspreisvergleich, wenn sich lediglich der Preis unterscheidet, während alle anderen Inhalte gleich sind
- gewogener Angebotsvergleich, bei dem verschiedene Kriterien, die nicht gleichnamig sind, berücksichtigt werden; er erfolgt als Punktwertanalyse bei der mit einer festgelegten Punkteskala (z. B. von 1 bis 10) und Gewichtungsfaktoren gearbeitet wird. Das Schema könnte wie folgt aussehen:

Angebote / Kriterien	Gewichtungsfaktor	A		B		C	
		Punkte		Punkte		Punkte	
		ungewichtet	gewichtet	ungewichtet	gewichtet	ungewichtet	gewichtet
1							
2							
3							
Summe							

2. Leistungserstellung

2.1 Organisieren des Wareneingangs und Veranlassung der Reklamationsbearbeitung

2.1.1 Organisation des Wareneingangs

01. Wie wird Wareneingang definiert?

Gemäß VDI-Richtlinie 3612 ist der Wareneingang oder die Warenannahme die Stelle im Unternehmen (Betrieb, Lager), die alle angelieferten Waren annimmt.

02. Welche Ziele verfolgt der Wareneingang?

Ziele des Wareneingangs sind:

- falsche Anlieferung vermeiden (bei falscher Anlieferung keine Annahme)
- unmittelbare Regressansprüche gegenüber dem Überbringer geltend machen.

03. Welche Aufgaben ergeben sich im Wareneingang?

Der Wareneingang steuert alle Aktivitäten bei eingehender Ware, prüft und erfasst Daten und leitet sie weiter. Aufgaben sind im Einzelnen:

- Entladen der Lieferfahrzeuge
- Kontrollieren der angelieferten Packstücke
- Zwischenlagern bis die Eingangskontrolle beendet ist
- Auspacken der gelieferten Packstücke
- Sortieren der gelieferten Ware
- (Neu-) Verpacken in lagergerechte Einheiten
- Bereitstellen für die Lagerung
- Erfassen (buchmäßig) der angelieferten Ware.

04. Wo kann die Warenannahme erfolgen?

Die Warenannahme kann, abhängig von

- der Beschaffungsform (z. B. Just-in-time)
- der Beschaffungsmenge
- den eingesetzten Transport- und Fördermitteln
- von den vor Ort vorhandenen Einrichtungen
- der Art der Zusammenarbeit mit der Qualitätssicherung

erfolgen

- an einer besonderen Entladestelle
- im Eingangslager
- im Fertigungsbereich.

05. Welche Vorteile bietet der zentrale Wareneingang?

Der zentrale Wareneingang ist für mehrere Produktionsstätten zuständig. Vorteile sind:

- straffe Arbeitsabläufe
- hohe Kapazitätsauslastung der Räume
- intensive Nutzung vorhandener Einrichtungen und Arbeitsmittel
- technische Ausrüstung an nur einem Platz
- besserer fachlicher Einsatz der Mitarbeiter.

06. Welche Vorteile bietet der dezentrale Wareneingang?

Beim dezentralen Wareneingang verfügt jede Produktionsstätte über einen separaten Wareneingang. Vorteile sind:

- besondere Eignung für sperrige Güter
- Verkürzung der Strecke zur Produktionsstätte
- Einbindung des Wareneingangs in das Fördersystem des Unternehmens
- schnellere Verfügbarkeit des Materials.

Dezentraler Warneingang liegt auch bei Just-in-time-Beschaffung vor.

2.1.1.1 Planung des Wareneingangs

01. Welche Bereiche müssen im Wareneingang vorgesehen werden?

Als Bereiche müssten vorhanden sein:

- Lkw-Wartezone
- Entladeplätze für Lkws und Schienenfahrzeuge
- Bereitstellungsfläche
- Zwischenlager
- Fahrwege
- Abstellplätze (Lkws, Anhänger, Wechselbrücken, Container).

02. Was ist bei der Gestaltung von Laderampen zu berücksichtigen?

Die Ladefläche liegt meistens in einer Höhe von 1,20 m bis 1,30 m, also in Höhe der Ladefläche bei Lastkraftwagen. Kleine Höhenunterschiede werden durch Überladebleche ausgeglichen.

Sollte die Lagerfläche ebenerdig angeordnet sein (z. B. bei kleineren Lägern), fahren die Fahrzeuge in eine Vertiefung (häufig im Einzelhandel).

03. Welche Rampenarten gibt es?

Man unterscheidet:

- Seitenrampen: Fahrzeuge fahren seitlich heran
- Kopframpen: Fahrzeuge fahren rückwärts heran
- Laderampen in Sägezahnform.

Sie sind gewöhnlich aus Beton.

- Überladebrücken: das Fahrzeug fährt rückwärts an ein Verladetor, das mit einem Rolltor verschließbar ist; auf der Ladefläche wird eine Ladebrücke aufgelegt.

04. Was ist bei der Gestaltung der Bereitstellungsfläche zu beachten?

Der Weg zwischen der Bereitstellungsfläche für die angelieferte Ware und dem Entladeplatz sollte möglichst kurz sein. Dadurch entsteht kein Stau und die Entladung kann möglichst rationell abgewickelt werden. Der Entladeplatz wird rasch wieder frei für die nächste Anlieferung.

05. Wie kann das Zwischenlager gestaltet sein?

Das Zwischenlager kann als

- Kopflager: Lager, bei dem sich Wareneingang und Warenausgang auf derselben Seite der Lagerhalle befinden
- Durchgangslager: Ein- und Auslagerung erfolgt von unterschiedlichen Seiten

gestaltet sein.

06. Was ist ein Wareneingangs-Sperrlager?

Im Wareneingangs-Sperrlager werden Waren gelagert, die noch nicht verfügbar sind (z. B. befinden sie sich im Qualitätsprüfstadium).

07. Welche Faktoren müssten bei der Planung der Lage des Wareneingangs beachtet werden?

Beachtet werden müssten:

- Anbindung an die externe und interne Verkehrsinfrastruktur (u. a. Ein- und Ausfahrtmöglichkeit, Parkplätze, Gleisanschluss)
- Größe gem. Volumen und Menge der angelieferten Güter
- Anzahl der Anlieferungen je Zeiteinheit, durchschnittliche Positionen je Anlieferung
- Umfang der im Wareneingang zu verrichteten Tätigkeiten (inkl. vorhandener Einrichtungen)
- Art der Fördermittel im Betrieb und deren gewünschte Anbindung
- Art, Konsistenz der Güter (u. a. Gefahrgut)

- Art der Anlieferung (möglichst lagerkonform)
- gewünschter Grad der Mechanisierung bzw. Automatisierung.

2.1.1.2 Arbeitsmittel

01. Welche Arbeitsmittel werden im Wareneingang eingesetzt?

Eingesetzte Arbeitsmittel sind:

- Schneidwerkzeuge (Folienschneider, Cuttermesser, Universalschneider)
- Wagen
- Messwerkzeuge
- Klammer- und Heftgeräte
- Fördermittel.

02. Welche Waagearten werden unterschieden?

Unterschieden werden u. a.:

- Lkw-Waage
- digitale Großwaage
- Zählwaage
- Plattformwaage
- Palettenwaage
- Zählwaage (neben dem Gewicht wird auch die Stückzahl angegeben)
- Gabelhubwagen mit Waage
- Kranhakenwaage.

03. Welche Messwerkzeuge werden unterschieden?

Unterschieden werden u. a.:

- Thermometer zur Überprüfung der richtigen Temperatur
- Hygrometer zur Messung der Feuchtigkeit
- digitales Maßband
- Laser-Entfernungsmesser
- Zählmaschine, vor allem für Kleinteile.

04. Welche Fördermittel gibt es?

Fördermittel im Wareneingangsbereich sind vor allem:

- Bandförderer
- Rollenförderer
- Hängebahnen
- Handgabelhubwagen
- Gabelstapler
- Schlepper.

2.1.1.3 Informations- und Warenfluss

01. Welche IT-Technik ist im Wareneingang anzutreffen?

Zur IT-Technik im Wareneingang gehören:

- Großrechner
- Lagerrechner als Workstation
- Mikrorechner für den stationären Arbeitsplatz
- Kleinstrechner (Handhelds, Notepads)
- RFID-Transponder
- Scanner
- Drucker.

02. Welche Codierungen der eingehenden Waren und Packstücke werden unterschieden?

Unterschieden werden:

- EAN-Code (Europäische Artikelnummer)
- GTIN-Code (Global Trade Item Number)
- RFID-Technik (Radio Frequency Identification)
- NVE-Code (Nummer der Versandeinheit)
- GLN-Code (Global Location Number).

03. Welche EAN-Codes gibt es?

Unterschieden werden:

- EAN 8 (verkürzter Code mit acht Stellen)
- EAN 13 (klassischer Aufbau)
- EAN 128 (um Logistikinformationen auf 18 Stellen erweiterter Code, wobei neben Ziffern zur Informationsdichte auch Buchstaben verarbeitet werden).

04. Wie ist der klassische EAN-Code aufgebaut?

Stellen	Inhalt
1 - 2 bzw. 3	Länderkennzeichen
3 bzw. 4 - 7	Betriebsnummer des Herstellers
8 - 12	Artikelnummern des Herstellers
13	Prüfziffer

05. Welche Vorteile bietet der Barcode?

Vorteile sind:

- hohe Erkennungsgenauigkeit
- vielseitiger Einsatz
- Verhinderung von Eingabefehlern
- automatische Identifikation
- geringe Kosten.

06. Wie funktioniert die RFID-Technik?

Per Funk gesendete Daten können mit einem Empfänger ohne Berührung empfangen werden.

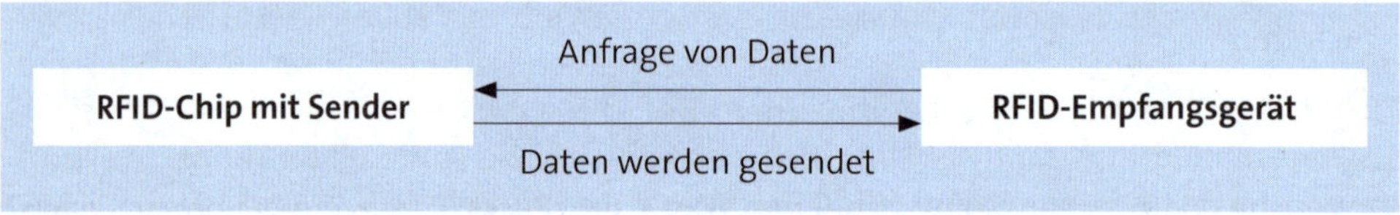

07. Wie ist die RFID-Technik zu bewerten?

Vorteile sind:

- Erfassung ohne direkten Kontakt
- Erfassung durch fast alle Materialien hindurch
- mehrere Erfassungsvorgänge sind gleichzeitig möglich
- unempfindlich
- vielseitige Einsatzmöglichkeiten.

Nachteile sind:

- geringe Reichweite
- relativ hohe Kosten
- Störungen im Funkverkehr.

08. Welche Einsatzmöglichkeiten ergeben sich mit RFID-Technik?

Einsatzmöglichkeiten sind u. a.:

- Unterstützung bei der Inventur
- Tracking and Tracing
- Diebstahlsicherung.

09. Was beinhaltet der GTIN-Code?

Mit der GTIN werden Packstücke bzw. Produkte weltweit eindeutig identifiziert, verwaltet durch GSI-Organisation im jeweiligen Land. Der Code ist Nachfolger des EAN-Codes und verfügt über 13 Stellen bzw. 8 Stellen bei verkürzter Anwendung. Der Aufbau ist analog zum EAN-Code.

10. Was beinhaltet der NVE-Code?

Der NVE-Code ist eine Nummerierung der Versandeinheit (z. B. Palette, Container...); im Schiffsbereich spricht man vom Serial Shipping Container Code (SSCC). NVE besteht inkl. Prüfziffer aus 18 Stellen. Enthalten ist die GTIN des Ausstellers. Der Code wird mit Auspacken beim Empfänger ungültig.

11. Was beinhaltet der GLN-Code?

Der 13-stellige GLN-Code gibt an, wohin eine Versandeinheit (z. B. Palette) geschickt wird. Angegeben wird das Unternehmen/der Betrieb mit voller Anschrift. Vergeben wird die Nummer von den GSI-Organisationen gegen Lizenzgebühren. Die ersten drei Ziffern enthalten das Länderkennzeichen (BRD 400 - 440); dann folgen vier bis sechs Stellen zur Identifizierung des Unternehmens und drei bis fünf Stellen als interne Nummerierung des Unternehmens; die 13. Ziffer ist die Prüfziffer.

12. Wie könnte der gesamte Waren-/Material- und Informationsfluss im Wareneingang dargestellt werden?

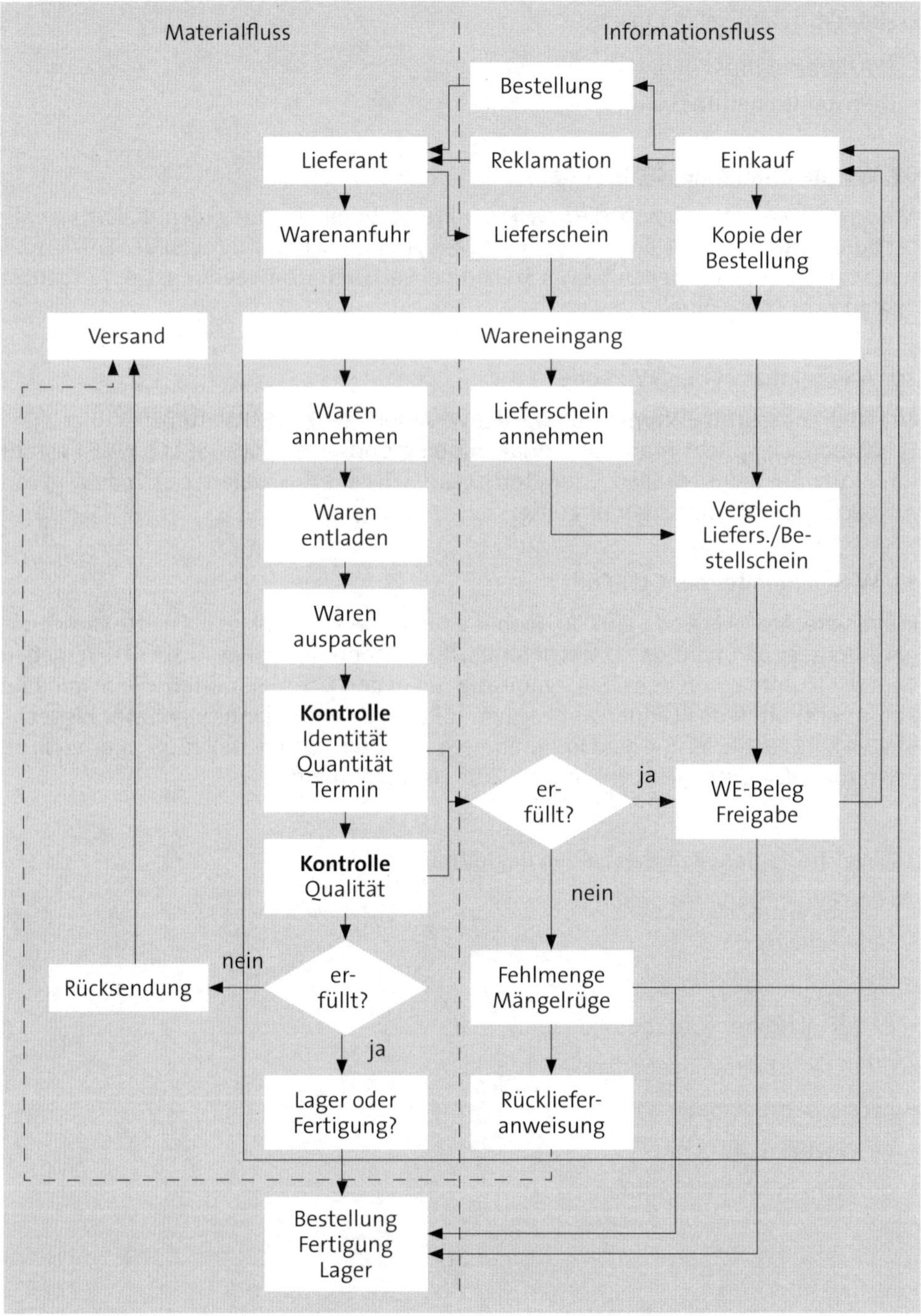

Quelle: *Wannnenwetsch*, 2010, S. 310

13. Welche Flussbereiche sind beim Informationsfluss zu unterscheiden?

Unterschieden werden:

- Datenfluss
- Dokumentenfluss
- Aufbewahrung der Dokumente.

14. Welche Abteilungen sind tangiert?

Tangiert sind:

- Einkauf (u. a. Bestellung, Abruf)
- Qualitätsprüfung (inkl. Freigabe)
- Transport.

15. Welche Dokumente gehören zum Dokumentenfluss im Wareneingang?

Dokumente sind:

- Bestellschein
- Begleitpapiere
- Wareneingangsschein
- Einlagerungsschein
- Zollpapiere
- Tatbestandsaufnahme
- Mängelrüge
- Prüfbericht.

16. Welche Papiere gehören zu den Begleitpapieren?

Zu den Begleitpapieren gehören:

- Lieferschein
- Nationaler Frachtbrief
- CMR-Frachtbrief (Güterkraftverkehr)
- CIM-Frachtbrief (Schienenverkehr)
- Konnossement (Seefracht)
- Air Waybill (Luftfracht)
- Ladeschein (Binnenschifffahrt).

17. Welchen Inhalt hat der Wareneingangsschein?

Die Erfassung des Wareneingangs ist nach § 143 AO unbedingt erforderlich. Pflichtangaben im Wareneingangsschein sind danach:

- Tag des Wareneingangs
- Name des Lieferanten
- Artikelbezeichnung
- Wert des Materials.

Darüber hinaus könnte sinnvoll sein:

- Bestellnummer
- bestellte Menge
- gelieferte Menge
- Empfangsstelle
- Lagerplatz im Wareneingang.

Die Angaben können alternativ auf dem Lieferschein erfasst werden oder mittels Scanner im Wareneingangs-Terminal.

18. Welche Bedeutung hat der Einlagerungsschein?

Der Einlagerungsschein dokumentiert,

- um welchen Artikel es geht
- um welche Menge es sich handelt
- wo dieser Artikel eingelagert wird bzw. wurde
- welche besonderen Bedingungen zu beachten sind.

19. Welche Papiere gehören zu den Zollpapieren?

Zollpapiere sind u. a.:

- Einheitspapier
- Handelsfaktura
- Ursprungszeugnis
- Zollinhaltserklärung.

20. Welche Bedeutung hat die Tatbestandsaufnahme?

Der Überbringer bestätigt in der Tatbestandsaufnahme, falls die Verpackung auf dem Transport beschädigt wurde bzw. die Anzahl der Packstücke nicht mit den Begleitpapieren übereinstimmt. Dies erfolgt entweder auf einem speziellen Vordruck oder auf den Begleitpapieren.

21. Welche Bedeutung hat der Prüfbericht?

Im Prüfbericht wird das Ergebnis der Prüfung dokumentiert als Grundlage für die Rechnungsprüfung und Voraussetzung für die Zahlung; falls die Prüfungszeit die Skontofrist übersteigt, erfolgt die Zahlung unter Vorbehalt.

Ergebnis der Prüfung ist:

- Mängelfreiheit: Freigabe
- Mängel liegen vor: Reklamation.

Der Prüfbericht fließt in die Lieferantenbewertung ein.

22. Welche Aufbewahrungsfristen bestehen für die Dokumente im Warenverkehr?

Die Aufbewahrungsfristen für Dokumente im Warenverkehr ergeben sich aus den allgemeinen Regelungen für Geschäftsunterlagen. Vorschriften finden sich in einer Vielzahl von Gesetzen; dies gilt vor allem für die Abgabenordnung (§ 147 Abs. 1) und das HGB. Im Einzelnen ergeben sich folgende Fristen:

sechs Jahre

- Akkreditive
- Einfuhrunterlagen
- Frachtbriefe
- Lieferscheine (wenn gleichzeitig Rechnung: zehn Jahre)
- Schadenunterlagen (zehn Jahre als Bilanzunterlage)

zehn Jahre

- Ausgangsrechnungen
- Eingangsrechnungen
- Exportunterlagen (soweit steuerlich relevant, insb. Ausfuhrnachweise)
- Nachnahmebelege
- Wareneingangs- und -ausgangsbücher

23. Welche Entscheidungen sind hinsichtlich des Warenflusses notwendig?

Entscheidungen sind:

- Festlegung der passenden Verpackungseinheit
- Beschleunigung des Verfahrens
- optimale Kombinierbarkeit der Elemente der logistischen Kette
- möglichst Wiederverwendbarkeit
- Einsatz optimaler Fördermittel.

24. Was bedeutet Kombinierbarkeit in der logistischen Kette?

In der Kette sollte gelten: Bestelleinheit = Verpackungseinheit = Transporteinheit = Entladeeinheit = Lagereinheit = Kommissioniereinheit.

2.1.2 Warenannahme

01. Welche Bedeutung hat die Warenannahme?

Die Warenannahme ist die erste Prüfungs- und Erfassungsstufe eingehender Ware. Durch umsichtige Aktivitäten wird Schaden vom Empfänger abgewendet. Außerdem sichert der Empfänger seine Ansprüche gegen den Lieferanten.

02. Welche Aktivitäten erfolgen bei der Warenannahme?

Aktivitäten sind:

- Anlieferung
- Prüfung
- Entladung
- Bestätigung des Empfangs
- Tatbestandsaufnahme
- Handhabung der Transportverpackung.

2.1.2.1 Anlieferung

01. Welche Verkehrsträger kommen für die Anlieferung infrage?

Verkehrsträger sind:

- Güterkraftverkehr (Lkw)
- Schienenverkehr
- Pipeline
- Binnenschifffahrt
- Seeschifffahrt
- Luftverkehr.

Die letzten drei sind gewöhnlich in Kombination mit dem Güterkraftverkehr eingesetzt. Im Güterkraftverkehr wird unterschieden:

- Versendung von Paketen bis 31,5 kg über die Paketdienste
- Stückgutsendungen mit Sendungen bis 2.500 kg
- komplette Ladungen als Ladungsverkehr.

02. Welche Prüfungen werden durchgeführt?

Prüfungen sind:

- Bestimmungsprüfung: Ist der Empfänger richtig?
- Bestellprüfung: Liegt eine entsprechende Bestellung vor?
- Identitätsprüfung: Handelt es sich um das richtige Material?
- Quantitätsprüfung: Handelt es sich um die richtige Menge?
- Terminprüfung: Erfolgt die Lieferung rechtzeitig?
- erste Qualitätsprüfung, möglichst noch vor der Entladung.

03. Wie erfolgt die Identitätsprüfung?

Die Lieferung wird verglichen mit:

- den Begleitpapieren
- den Bestelldaten.

Ergebnis kann sein:

- es wurde etwas anderes geliefert, als bestellt
- es wurde etwas anderes geliefert, als in den Begleitpapieren steht.

04. Wie erfolgt die Quantitätsprüfung?

Auch bei der Quantitätsprüfung erfolgt ein Vergleich mit:

- den Begleitpapieren
- den Bestelldaten.

Untersucht werden:

- die Anzahl der Packstücke
- die Inhaltszahl der Packstücke per Stichprobe.

05. Wie sind Abweichungen bei der Terminprüfung zu werten?

Wird zu spät geliefert, liegt Verzug vor und es kann zu erheblichen Fehlmengenkosten kommen. Wird zu früh geliefert, entstehen zusätzliche Kosten (Lagerkosten, Kapitalbindungskosten); es ist zu klären, wer diese Kosten trägt.

06. Was ist Gegenstand der ersten Qualitätsprüfung?

Überprüft werden:

- Ist die Verpackung beschädigt?
- Ist die Ware äußerlich beschädigt?

Je nach Art der Artikel erfolgen keine weiteren Prüfungen.

2.1.2.2 Bearbeitung der Begleitpapiere

01. Was ist bei der Bearbeitung der Begleitpapiere zu beachten?

Zu beachten ist:

- sorgfältige Bearbeitung zur Sicherung von Ansprüchen
- schnelle Bearbeitung zur optimalen Nutzung der Kapazitäten in der Warenennahme
- exakte Bearbeitung zur Sicherung der Besitzübergabe
- Anerkennung der ordnungsgemäßen Lieferung durch Quittierung der Begleitpapiere.

02. Was ist beim Lieferschein zu beachten?

Der Lieferschein begleitet die Sendung. Hinsichtlich Form und Inhalt gibt es keine rechtlichen Vorgaben, allerdings sind folgende Mindestinhalte üblich:

- Name und Anschrift des liefernden Unternehmens
- Name und Anschrift des Empfängers
- Ausstellungsdatum, evtl. Bestelldatum
- Menge und Art der gelieferten Gegenstände
- Menge und Anzahl der Packstücke
- Versandart
- Belegnummer.

Häufig wird heute die Form des elektronischen Lieferscheins genutzt. Die Daten werden im Warenwirtschaftssystem erfasst und an den Empfänger übermittelt, der bereits im Vorhinein über die Sendung informiert wird; so kann evtl. der Weg des Transports verfolgt werden. Die Prüfung des Lieferscheins ähnelt der des Frachtbriefs.

03. Was ist beim Frachtbrief gemäß HGB zu beachten?

Der Frachtbrief (auch Waybill genannt) ist ein Beförderungsdokument, das den Frachtführer, der den Frachtbrief mit sich führt, als Besitzer des Frachtguts ausweist. Eine Ausstellung eines Frachtbriefs ist in Deutschland keine Pflicht, kann aber vom Absender verlangt werden.

Der Frachtbrief wird in drei Ausfertigungen ausgestellt (für Absender, Frachtführer und zur Begleitung der Ware), wobei erst alle drei gemeinsam den eigentlichen Frachtbrief darstellen. Funktionen sind:

- Informationsfunktion: Information aller am Transport Beteiligten
- Beweisfunktion: Beweis für den Abschluss eines Frachtvertrags
- Quittungsfunktion: Empfänger bestätigt den Erhalt der Ware vom Frachtführer.

Inhalt ist u. a.:

- Absender
- Empfänger
- Frachtführer
- Ort der Warenübernahme
- Ort der Warenübergabe
- Angabe zu den Packstücken
- Bezeichnung des Guts
- Bruttogewicht/Volumen
- Gefahrgutklassifikation
- Angaben zur zollrechtlichen Behandlung
- Gebührenträger.

04. Was ist beim CMR-Frachtbrief zu beachten?

Der CMR-Frachtbrief ist ein Beförderungsdokument für den internationalen Straßentransport (CMR = Convention relative au contrat de transport international de marchandises par route) und gilt dann, wenn die Übernahme und Ablieferung des Guts in unterschiedlichen Ländern des CMR-Bereichs erfolgen. Dieser Frachtbrief ist dann verbindlich vorgeschrieben. Er wird in drei Originalausfertigungen ausgestellt und vom Absender sowie vom Frachtführer unterschrieben. Dabei gilt:

- Die erste Ausfertigung ist für den Absender bestimmt.
- Die zweite Ausfertigung gilt als Begleitpapier.
- Die dritte Ausfertigung ist für den Frachtführer bestimmt.

Funktionen sind:

- Informationsfunktion
- Beweisfunktion
- Empfangsbestätigung: Empfänger bestätigt den Erhalt der Ware
- Auslieferungsbestätigung: Auslieferung der Ware wird bestätigt.

05. Was ist beim CIM-Frachtbrief zu beachten?

Der CIM-Frachtbrief ist ein Beförderungsdokument für den Eisenbahntransport (CIM = Convention international concernant le transport des Marchandises par chemin de fer). Im grenzüberschreitenden Verkehr ist dieser Frachtbrief vorgeschrieben, im Inlandsverkehr dagegen nicht. Der CIM-Frachtbrief wird in fünf Ausfertigungen und in drei Sprachen erstellt, wobei mindestens eine Sprache Deutsch, Englisch oder Französisch ist.

Die Ausfertigungen sind:

- Frachtbrieforiginal als Begleitpapier
- Frachtkarte für die Empfangsbahn als Übergabebeweis
- Frachtbriefdoppel für den Empfänger
- Versandschein für die Versandbahn.

Funktionen sind:

- Beweisfunktion
- Informationsfunktion
- Empfangsbestätigung
- Auslieferungsbestätigung

06. Was ist beim Konnossement zu beachten?

Das Konnossement (Bill of lading) ist ein Beförderungsdokument für die Seeschifffahrt. Im Gegensatz zum Straßen-, Schienen- und Luft-Frachtbrief ist das Konnossement nicht nur Begleitpapier , sondern auch ein Warenwertpapier. Der rechtmäßige Besitzer ist also Eigentümer der Ware. Das Konnossement wird vom Verfrachter (Frachtführer) ausgestellt. Die Übertragung des Eigentums an den Frachtgütern wird dadurch allein durch Übergabe des Konnossements erleichtert. Das Konnossement kann heute auch elektronisch erstellt werden (BOLERO-System).

Funktionen sind:

- Beweisfunktion
- Informationsfunktion
- Empfangsbestätigung
- Wertpapierfunktion: Der Besitzer des Papiers hat einen Herausgabeanspruch für die Güter.
- Verfügungsfunktion: Der Besitzer kann mithilfe des Papiers über die Güter verfügen.
- Handelsfunktion: Das Konnossement kann weiterverkauft werden.
- Sicherungsfunktion: Das Konnossement dient dem Verkäufer unter Einschaltung von Banken zur Sicherung der Zahlung, wenn er die Ware verschifft.

Wichtige Inhalte sind:

- Carrier: Verfrachter (Frachtführer)
- Shipper: Ablader (liefert die Fracht an das Schiff an)
- Consignee: Empfänger
- Ocean Vessel: Schiffsname
- Port of loading: Abladehafen
- Port of discharge: Löschhafen

- Angaben zur Sendung: Container-Identifikationsnummer, Anzahl und Art der Packstücke, Gewicht/Volumen der Ware
- Erklärung zur ordnungsgemäßen Übernahme
- Zahl der Ausfertigungen
- Übernahme der Frachtkosten
- Unterschrift des Verfrachters.

07. Was ist beim Air Waybill zu beachten?

Der Air Waybill ist ein Beförderungsdokument für den Luftverkehr, konzipiert von der IATA. Der Air Waybill ist in Englisch formuliert und besteht aus drei Originalen und mindestens sechs und höchstens elf Kopien.

Die Originale sind für:

- den Luftfrachtführer als Auftragserteilung (First Carrier)
- den Empfänger (Consignee)
- den Absender (Shipper).

Die Kopien sind jeweils für die beteiligten Beförderer bestimmt.

Funktionen sind:

- Beweisfunktion
- Informationsfunktion
- Empfangsbestätigung
- Auslieferungsbestätigung: bestätigt die Auslieferung der Ware am Zielflughafen
- Versicherungsnachweis
- Gestellungsverzeichnis: dient dem Zoll für die Ausfuhrverzollung.

08. Was ist beim Ladeschein in der Binnenschifffahrt zu beachten?

In der Binnenschifffahrt wird wahlweise ein Konnossement oder ein Frachtbrief verwendet. Das Konnossement in der Binnenschifffahrt ist mit dem Konnossement der Seeschifffahrt vergleichbar, ist also auch ein Warenwertpapier. Der Frachtbrief in der Binnenschifffahrt entspricht dem Frachtbrief im Straßentransport.

2.1.2.3 Lieferant/Überbringer

01. Wo liegt der Unterschied zwischen Lieferant und Überbringer?

Der Lieferant ist der Vertragspartner aus dem Kauf- oder Werkvertrag, also der Verkäufer oder der Unternehmer.

Überbringer ist der Transporteur. Er handelt im Auftrag des Verkäufers/Unternehmers oder des Käufers.

2.1.2.4 Entladung

01. Wer ist für die Entladung zuständig?

Die Entladung ist Pflicht des Absenders; entlädt der Empfänger, so handelt er als Erfüllungsgehilfe des Absenders.

02. Welche Rolle spielt der Frachtführer bei der Entladung?

Hilft der Frachtführer bei der Entladung, handelt er als Erfüllungsgehilfe des Empfängers. Für Schäden haftet er nur dann, wenn der ohne Aufforderung hilft.

03. Was wird häufig vereinbart?

Häufig wird vereinbart, dass der Frachtführer gegen Entgelt die Entladung vornimmt.

2.1.2.5 Empfangsbestätigung

01. Wie wird der Empfang bestätigt?

Der Empfänger quittiert den Empfang auf den Begleitpapieren, wenn einwandfrei geliefert wurde.

2.1.2.6 Dokumentation von Transportschäden

01. Wer dokumentiert die Schäden?

Transportschäden dokumentieren:

- die beteiligten Mitarbeiter vom Transportunternehmen und im Wareneingang
- Gutachter bei hohen Schäden
- der Havariekommissar in der Seeschifffahrt als Beauftragter der Versicherung.

02. Wo können die Schäden dokumentiert werden?

Bei der Tatbestandsaufnahme werden die Schäden

- auf den Begleitpapieren
- mittels eines Vordrucks

erfasst. Dabei bestätigen der Mitarbeiter des Transportunternehmens und der Mitarbeiter im Wareneingang die Abweichung.

03. Welchen Inhalt hat der Vordruck Tatbestandsaufnahme?

Inhalt der Tatbestandsaufnahme sind u. a.:

- Art der Anlieferung
- Zeitpunkt der Anlieferung

- Artikelbezeichnung
- Art der Transportverpackung
- Anzahl der Packstücke
- genaue Beschreibung des Schadens (Beschädigung beim Transport, falsche Anzahl der Packstücke).

Eventuell werden Fotos beigefügt.

04. Wem gegenüber wird der Transportschaden angezeigt?

Die Anzeige erfolgt gegenüber:

- dem Frachtführer oder
- dem Absender, der mit dem Frachtführer klärt, ob es sich um einen Liefer- oder Transportschaden handelt.

Transportschäden sind:

- unverzüglich anzuzeigen (äußerlich erkennbar)
- innerhalb von sieben Tagen, wenn sie nicht sofort erkennbar sind, aber sofort nach Bekanntwerden
- Lieferfristüberschreitungen innerhalb von 21 Tagen nach Ablieferung.

Beim Versendungskauf erfolgen zudem:

- einstweilige Aufbewahrung
- Einlagerung bei einem Lagerhalter (falls nicht im eigenen Lager)
- Notverkauf (Selbsthilfeverkauf) bei verderblicher Ware.

05. Für welche Schäden haften Absender und Frachtführer (Versender)?

Der Absender haftet für Schäden aus Gefahren seines Verantwortungsbereichs. Diese Haftung ist verschuldensunabhängig, aber begrenzt auf 8,33 SZR (Sonderziehungsrechte) je kg Rohgewicht.

Der Frachtführer haftet im Rahmen der Obhuts- bzw. Gefährdungshaftung wie folgt:

- Verlust bzw. Beschädigung des Guts: entstandener Güterschaden, maximal 8,33 SZR/kg Rohgewicht
- Verspätung: dreifaches Frachtentgelt
- sonstiger Vermögensschaden: maximal 3 • 8,33 SZR/kg Rohgewicht
- bei Vorsatz und grober Fahrlässigkeit: keine Begrenzung.

06. Wie erfolgt die Schadenabwicklung?

Die Abwicklung des Schadens erfolgt wie folgt:

- unverzügliche Prüfung auf Schäden
- Ersatzansprüche gegen Dritte sicherstellen
- vereinbarten Gutachter (Havariekommissar) benachrichtigen
- Schäden unverzüglich anzeigen mit den Angaben:
  - Auftrags-, Bestell- oder Schadennummer
  - Transportdaten
  - Sendungsangaben
  - Schadenumfang
  - Schadenhöhe
- Schadenunterlagen übermitteln.

2.1.3 Warenkontrolle

01. Welche Mängelarten ergeben sich bei der Warenkontrolle?

Mängelarten sind:

- Mangel in der Art (anderes Gut geliefert, als bestellt)
- Mangel in der Menge (Mehr- oder Minderlieferung)
- Mangel in der Güte (Qualität, vereinbarte Güte)
- Mangel in der Beschaffenheit (Unversehrtheit oder Beschädigungen).

02. Was ist bei der Qualitätsprüfung zu beachten?

Geprüft wird, ob die gelieferte mit der vereinbarten Qualität übereinstimmt. Bei einfachen Gütern erfolgt die Prüfung im Wareneingangsbereich. Schwierige Prüfungen erledigen Spezialisten aus der Qualitätssicherung mit dafür notwendigen Verfahren und Einrichtungen. Nach erfolgreicher Qualitätsprüfung wird die Lieferung freigegeben. Das Ergebnis wird in einem Prüfprotokoll dokumentiert.

2.1.3.1 Prüfverfahren

01. Wodurch werden Qualitätsansprüche festgelegt?

Qualitätsansprüche werden festgelegt durch:

- Gesetze, Verordnungen
- Normen
- Spezifikationen
- Prüfpläne

- Prüfzeugnisse
- Beschaffungsvorschriften.

02. Welche Voraussetzungen erfordern erfolgreiche Prüfungen?

Erfolgreiche Prüfungen benötigen:

- klare Anweisungen über den Prüfungsumfang
- klare Anweisungen über die zu verwendenden Hilfsmittel
- klare Anweisungen über den Prüfungsaufbau
- Dokumentation der Prüfung und deren Ergebnis.

03. Wovon hängt die Art der Prüfverfahren ab?

Das Verfahren hängt von der Art des Guts und dessen Eigenschaften ab. Zu nennen sind u. a.:

- Größe
- Gewicht
- Festigkeit
- Dichte
- Leitfähigkeit
- Korrosionsfestigkeit
- Feuchtigkeitsgehalt
- Widerstandsfähigkeit gegen chemische Einflüsse
- thermische Ausdehnung.

04. Welche Prüfverfahren werden unterschieden?

Prüfverfahren sind:

- zerstörungsfreie Prüfung, z. B. mittels:
  - Röntgenstrahlen
  - Gammastrahlen
  - Ultraschall
  - Magnetpulver.
- zerstörende Prüfung, z. B.:
  1. chemische Verfahren zur Ermittlung der Zusammensetzung von Werkstoffen durch:
     - Fotometrie
     - Potenziometrie
     - Flammenfotometrie

   - Polarografie
   - Spektral- und Röntgenfluoreszensverfahren
   - Schmelzverfahren.
2. Metallurgische Verfahren zur Untersuchung des Gefüges von Metallen und Legierungen.
3. Mechanische Verfahren zur Überprüfung der Festigkeit von Werkstoffen, indem z. B. die Beanspruchung bei Zug, Druck und Biegung untersucht wird.
4. Korrosionsprüfverfahren unterschiedlicher Art, da viele unterschiedliche Gründe zur Korrosion führen.

05. Wie ist die Qualitätsprüfung betriebswirtschaftlich zu bewerten?

Die Qualitätsprüfung verursacht hohe Kosten (Qualitätskosten), vermeidet aber Fehlerkosten, z. B.:

- Leerkosten in der Produktion
- Ausschuss
- Kosten für Doppelarbeit bei zu spätem Erkennen
- Reparaturkosten bei beschädigten Betriebsmitteln
- Konventionalstrafen dem Kunden gegenüber
- Schadenersatz.

Die Prüfung beim Abnehmer hemmt den Materialfluss und stellt vielfach eine Doppelprüfung dar, denn auch der Lieferant prüft, bevor das Material ausgeliefert wird. Ziel könnte sein, die Prüfung auf einen Prüfort zu beschränken, nämlich beim Lieferanten; demnach wäre die Ausgangskontrolle gleichzeitig die Eingangskontrolle des Abnehmers.

Dazu werden dem Lieferanten Vorgaben u. a. hinsichtlich

- Prüfumfang
- Prüfmethoden
- Prüfgeräte
- Toleranzen

gemacht. Zur Absicherung werden Prüfabkommen geschlossen und Systemaudits durchgeführt. Der zusätzliche Aufwand erspart dem Lieferanten aufwändige Reklamationsverfahren.

06. Welche Arten der Qualitätsprüfung gibt es?

Man unterscheidet:

- Attributprüfung, auch Gut-Schlecht-Prüfung genannt: einfache, häufig angewandte Prüfung
- Variablenprüfung, bei der gemessen wird; das Messergebnis wird mit dem Soll-Wert verglichen. Ein Messwert enthält mehr Informationen als die Gut-Schlecht-Aussage. Deshalb kann mit einer kleineren Stichprobe gearbeitet werden, als bei der Attributprüfung. Damit kann ihr Einsatz wirtschaftlicher sein.

2.1.3.2 Umfang der Kontrolle

01. Welche Vorgehensweisen werden nach dem Umfang der Kontrolle unterschieden?

Nach dem Umfang der Kontrolle werden unterschieden:

- Vollkontrolle (Vollprüfung), bei der alle Einheiten der Lieferung kontrolliert werden
- Stichprobenkontrolle (Teilprüfung), bei der nach Stichprobenplänen geprüft wird. Die Stichprobe muss repräsentativ zur Grundgesamtheit sein, denn von ihrem Ergebnis wird auf das Ergebnis der Grundgesamtheit geschlossen. Die Größe des Prüfloses ist abhängig von:
  - der Risikohöhe
  - der Eintrittswahrscheinlichkeit
  - dem Toleranzbereich.

02. Wann wird eine Vollprüfung durchgeführt, was spricht dagegen?

Die Vollprüfung wird vor allem bei Materialien für sensible Produkte angewandt. Bei der Zerstörungsprüfung ist sie natürlich nicht geeignet.

Ansonsten sprechen gegen die Vollprüfung:

- Sie ist zeitaufwändig.
- In der Vergangenheit hat es kaum Beanstandungen gegeben.
- Der Lieferant hat bereits umfangreich geprüft.
- bei Massengütern in gleich bleibender Qualität.

03. Was bedeutet AQL?

AQL ist der Acceptable Quality Level. Der AQL-Wert gibt die annehmbaren Qualitätsgrenzen an. Liegt er z. B. bei einer Grundgesamtheit von 20.000 und einer Stichprobe von 500 bei 50, wird die Lieferung ab 51 fehlerhaften Teilen abgewiesen. Allerdings muss verhindert werden, dass der AQL-Wert vom Lieferanten als Freibrief für Nachlässigkeit betrachtet wird; er hat grundsätzlich nur interne Bedeutung, kann aber mit dem Lieferanten vereinbart werden; letztlich kann jede Abweichung retourniert werden.

2.1.3.3 Dokumentierung

01. Welche Aufgaben erfüllt die Dokumentierung der Prüfergebnisse?

Am Ende der Prüfung wird ein Prüfbericht erstellt, der folgende Aufgaben erfüllt:

- Fertigmeldung der Prüfarbeiten
- Grundlage für die Fehleranalyse
- Grundlage für Gespräche mit dem Lieferanten
- Erfassung im Bestand der Lagerbuchhaltung
- Auslösung der Lagerung
- Basis für die Überwachung von Reklamationen
- Information für die Rechnungsprüfung.

02. Welche Inhalte hat der Prüfbericht?

Das Prüfergebnis kann als „Acht-D-Report" erfasst werden. Dieser Report beinhaltet nicht nur den zu reklamierenden Schaden, sondern auch Maßnahmen, die zur Verbesserung ergriffen werden sollen. Inhalte sind vor allem:

- Problembeschreibung des Kunden
- Hauptursachen
- Sofortmaßnahmen
- vorgesehene dauerhafte Abstellmaßnahmen
- eingeführte dauerhafte Abstellmaßnahmen
- langfristige Vorsorge.

03. Wie sind Mängel intern zu handhaben?

Mängel sind den folgenden Stellen mitzuteilen:

- Einkauf
- Lieferantenbewertung
- Arbeitsvorbereitung
- Produktion
- Rechnungsprüfung
- evtl. dem Absatz.

Mängel sollten stets als Chance zur Verbesserung gesehen werden. So gilt es, mit den Lieferanten die Standards zu verbessern bzw. dafür zu sorgen, dass die Standards eingehalten werden. Die Arbeitsvorbereitung und die Produktion müssen frühzeitig erkennen können, dass evtl. Engpässe bzw. Verzögerungen eintreten. Die Rechnungsprüfung wird bis zur Klärung die Zahlung zurückhalten.

04. Welche Bedeutung hat der Wareneingangsschein?

Nach erfolgreicher Prüfung wird der Wareneingang gemeldet, indem meist ein Wareneingangsschein ausgestellt wird. Er wird an den Einkauf weitergeleitet, der ihn mit der Bestellung abgleicht. Er geht dann auch an die Buchhaltung, um die Rechnung zu prüfen und zur Zahlung freizugeben; danach erfolgt die Überweisung. Die Lagerverwaltung bucht den Eingang und vergibt den Lagerplatz.

05. Welchen Einfluss hat die ordnungsgemäße Lieferung durch den Lieferanten?

Hinsichtlich der Ordnungsmäßigkeit der Lieferung gilt folgendes:

- Der Gewinn eines langjährigen Altkunden ist nicht durch den Gewinn eines Neukunden zu ersetzen.
- Bei mehrmaliger Nichtlieferung muss mit dem Verlust des Kunden gerechnet werden.
- Schlagartige Lieferverbesserung wird vom Kunden bemerkt.
- Allmähliche Lieferverbesserung wird nicht wahrgenommen.

2.1.4 Reklamationsprozess

01. Welche Möglichkeiten bietet ein Reklamationsmanagement?

Möglichkeiten des Reklamationsmanagements sind:

- sofortige Reaktion bei Beschwerden
- kundenfreundliche Reaktion
- großzügige Kulanzauslegung
- Analyse der Beschwerden
- Nachfrage, ob der Beschwerde abgeholfen wurde.

02. Welche Rolle spielt der Einkauf im Reklamationsprozess?

Nachdem die Reklamationssituation eingetreten ist, wird der Einkauf informiert, damit er über die Reklamation die Rechte für das Unternehmen beim Frachtführer oder Lieferanten einfordert. Außerdem wird der Einkauf dafür sorgen,

- dass entweder beim Lieferanten oder Frachtführer eine Besserung eintritt, für die klare Vereinbarungen getroffen werden müssten,
- oder alternative Lieferanten bzw. Frachtführer gesucht werden, die die gewünschten Standards garantieren.

03. Welchen Einfluss hat die Reklamation auf die Lieferantenbewertung?

Die Bewertung von Lieferanten ist kein einmaliger Vorgang, sondern wird permanent fortgeschrieben. Hierzu fließen alle verfügbaren Informationen externer und interner Art ein. Dazu gehören vor allem Informationen zur Zuverlässigkeit des Lieferanten. Die Begutachtung der Qualität der Lieferung spielt dabei eine wichtige Rolle.

Die Zuverlässigkeit schlägt sich vor allem nieder in den Kennzahlen:

- Liefertreuegrad: eingehaltene Lieferverpflichtungen im Verhältnis zur den gesamten Lieferverpflichtungen eines Lieferanten
- Reklamationsquote: Reklamationswert im Verhältnis zum Gesamtbeschaffungswert (bezogen auf den einzelnen Lieferanten oder auf alle Lieferanten)
- Bearbeitungsdauer der Reklamationen (bei einem Lieferanten oder insgesamt)
- Nachbearbeitungsaufwand durch Ersatzlieferungen
- Anteil fehlerhafter Teile eines Lieferanten.

04. Welche Kriterien werden bei der Lieferantenbewertung herangezogen?

Die Lieferantenbewertung bezieht sich auf:

- das Unternehmen des Lieferanten insgesamt, wie:
  - Image
  - Rechtsform
  - Finanzielle Ausstattung
  - Stellung am Markt
  - Ergebnissituation
  - Kostenstruktur
  - Qualität von Management und Mitarbeiter
  - Organisation
  - Entfernung
- den Leistungsbereich des Unternehmens, wie:
  - Qualität
  - Preisniveau
  - Zuverlässigkeit
  - zeitliche Flexibilität
  - fachliche Flexibilität
  - Anlieferungsmöglichkeit
  - Service
  - Garantie/Kulanz
  - Innovation
  - Lieferungs- und Zahlungsbedingungen
  - Liefertermine
  - Recyclingmöglichkeit
  - Möglichkeit der Einbindung in Systeme
  - Terminsicherung.

05. Welche Forderungen stellen die DIN EN ISO 9000 ff. an die Lieferantenbewertung?

Es ist sicherzustellen, dass der Kunde die zugesicherte Qualität erhält. Eine große Rolle spielt die Qualitätsfähigkeit, die sich z. B. durch folgende Fakten ergibt, die oft zu Kennzahlen werden:

- Einhaltung der Produktionszeiten beim Lieferanten
- Einhaltung der Transportzeiten beim Logistiker
- rechtzeitige Aufnahme der Güter durch dem Logistiker
- Zuverlässigkeit der Fuhrparks
- Flexibilität beim Lieferanten
- Flexibilität beim Logistiker
- geeignete Strecken für den Transport (inkl. Entfernung)
- geeignete technische Ausstattung beim Lieferanten und dem Logistiker
- Anteil der Falschlieferungen und Fehllieferungen
- Umsetzung : Liefereinheit = Transporteinheit = Lagereinheit = Produktionseinheit.

06. Wie kann die Lieferantenbewertung durchgeführt werden?

Die Lieferantenbewertung kann als Nutzwertanalyse (Punktwertanalyse) durchgeführt werden. Dabei werden

- Kriterien festgelegt
- eine Skalierung festgelegt, um die unterschiedlichen Einheiten der Kriterien (z. B. Euro, Zeit, Gewicht) gleichnamig und damit addierbar zu machen, z. B. von 1 bis 10 Punkte
- Gewichtungsfaktoren festgelegt
- evtl. eine Klassifizierung der Lieferanten vorgenommen, um eine Eignung für bestimmte Geschäfte von der Punktzahl abhängig zu machen, z. B.:

  900 - 1.000 Punkte: Systemlieferant
  800 - unter 900 Punkte: Just-in-time-Lieferant
  700 - unter 800 Punkte: Lieferung auf Bestandsbasis
  600 - unter 700 Punkte: Reservelieferant
  unter 600 Punkte: kein geeigneter Partner.

07. Was geschieht mit dem Ergebnis einer Lieferantenbewertung?

Das Ergebnis der Lieferantenbewertung wird in das Intranet gestellt, sodass es jedem Befugten zugänglich gemacht werden kann. Dazu könnte jeder Mitarbeiter zählen, der Auftragsvergaben vorbereitet. Seine Arbeit wird dadurch erleichtert.

Häufig wird das einzelne Ergebnis auch dem betreffenden aktiven Lieferanten mitgeteilt, damit er eine Rückkoppelung erhält und, z. B. bei verschlechterten Ergebnissen, die Möglichkeit der Besserung hat. Manche Unternehmen, vor allem Konzerne mit

Weltgeltung, zeichnen ihre besten Lieferanten aus und übergeben eine Urkunde, z. B. als „Worldclass Supplier".

2.2 Steuern und Überwachen der Einlagerung und der Warenpflege

2.2.1 Einlagerung

2.2.1.1 Grundlagen

01. Was wird unter dem Begriff Lager verstanden?

Lager kann bedeuten:

- Funktion im Unternehmen, die für die Vorräte verantwortlich ist
- Menge der Güter, die gelagert wird
- Örtlichkeit (Raum), in der gelagert wird.

02. Welche Funktionen erfüllt Lagerung?

Funktionen der Lagerung sind:

- Sicherungsfunktion
- Ausgleichsfunktion
- Umformungs-/Veredelungsfunktion
- Spekulationsfunktion
- Sammel- und Verteilungsfunktion
- Verkehrsfunktion
- Entsorgungsfunktion.

03. Was bewirkt die Sicherungsfunktion?

Die Sicherungsfunktion bewirkt, dass stets die Versorgung der Produktion mit Material und des Kunden mit Waren gewährleistet sein soll. Hilfsmittel hierbei sind Sicherheits- und Meldebestände, damit Engpässe vermieden werden.

04. In welchen Bereichen greift die Sicherungsfunktion?

Die Sicherungsfunktion greift:

- im Beschaffungsbereich, um z. B. Embargo, Schwierigkeiten bei Lieferanten, Probleme des Logistikers, widrige Verkehrsverhältnisse ausgleichen zu können
- im Produktionsbereich, um Störungen in der Produktion der Vorstufen (z. B. Vormontage gegenüber Endmontage) ausgleichen zu können
- im Absatzbereich, um z. B. raschen Anstieg der Nachfrage ausgleichen zu können.

05. Was besagt die Ausgleichsfunktion?

Die Ausgleichsfunktion überbrückt durch die Anlegung von Puffern Bedarfsschwankungen. Dabei sind zu unterschieden:

- Zeitausgleich, der absatzbedingt (Saisonware), beschaffungsbedingt (Ernte) oder produktionsbedingt (Ersatzteile, halbfertige Erzeugnisse) sein kann
- Preisausgleich zur Nutzung von Preisvorteilen und Verhinderung von Nachteilen durch Preisschwankungen.

06. Was bedeutet Umformungs-/Veredelungsfunktion?

Produkte werden häufig kleineren Veränderungen unterzogen (z. B. Einbau besonderer länderspezifischer Teile in Kraftfahrzeugen aus fernen Ländern im Lager des Logistikers) bzw. Baugruppen werden zu Komponenten teilmontiert. Außerdem gehört dazu die Verbesserung von Produkten durch das Liegen im Lager (z. B. Reifeprozesse bei Nahrungsmitteln, Trocknen frisch geschlagenen Holzes).

07. Was besagt die Spekulationsfunktion?

Bei der Spekulationsfunktion wird Ware/Material über den eigenen Bedarf hinaus preiswert eingekauft, in der Absicht, diese/s später mit erheblich gestiegenen Preisen wieder zu verkaufen. Die Angebotsmenge wird dadurch zunächst verringert, die Preise steigen.

Hier kann es sich auch um Güter handeln, die nicht zum eigentlichen Unternehmenszweck gehören (z. B seltene Erden bei einem Stahlproduzenten). Typisch ist im Industriebereich, dass das Material später an den Beschaffungsmarkt zurückgegeben wird. Die Ausübung dieser Funktion kann mit erheblichen Risiken verbunden sein.

08. Was bedeutet Sammel- und Verteilungsfunktion?

Bei der Sammel- und Verteilungsfunktion erfolgt Lagerung bei mehrgliedrigem Transport mit Vorlauf, Hauptlauf und Nachlauf. Sendungen werden zu Sammeltransporten zusammengestellt, die später wieder vereinzelt, d. h. aufgeteilt werden. Das Konzept „Hub and Spoke" ist hier einzuordnen.

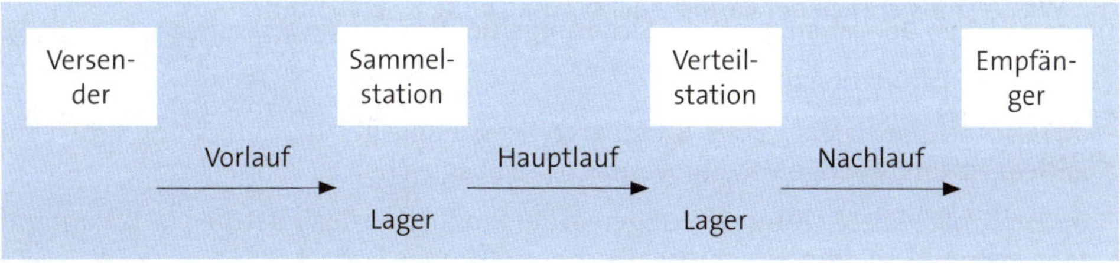

09. Was besagt die Verkehrsfunktion?

Bei der Verkehrsfunktion erfolgt verkehrsbedingte Lagerung, d. h. der Transportvorgang über mehrere Verkehrsmittel erfordert Zwischenlagerung, um die Zeit bei Übergang von einem Verkehrsmittel auf das nächste auszugleichen (z. B. Zwischenlagerung im Seehafen nach Abladen des Containers vom Lkw bis zur Verladung auf das Seeschiff).

10. Was bedeutet Entsorgungsfunktion?

Bei der Entsorgungsfunktion werden Reststoffe oder Verpackungsmaterial zunächst gesammelt, also gelagert, bevor sie

- vom Lieferanten abgeholt
- verkauft
- recycelt
- entsorgt

werden. Häufig handelt es sich um gefährliche Güter, bei denen besondere Aufmerksamkeit geboten ist (oft mit umfangreichen Dokumentationspflichten).

11. Welche Entscheidungskriterien sind bei der Lagerplanung zu beachten?

Wichtige Entscheidungskriterien sind:

- Grundstücksverhältnisse
- Umweltbedingungen
- planungsrechtliche Fragen
- Verkehrslage
- Kunden-/Lieferantennähe
- Fachkräfte
- Funktion des Lagers
- Art der Güter
- Mengenaufkommen
- Art und Geschwindigkeit des Umschlags
- Erweiterbarkeit.

12. Was ist hinsichtlich der Grundstücksverhältnisse zu beachten?

Zu beachten ist:

- Eigentümerschaft
- Bebauungsmöglichkeiten
- Kontaminierungsgefahr
- Emission/Immission (Lärm, Erschütterung Luftbelastung)
- Zugangsmöglichkeit.

13. Was ist hinsichtlich der Verkehrslage zu berücksichtigen?

Zu berücksichtigen ist:

- Straßenanbindung
- Verkehrsknotenpunkt
- Bahnanschluss
- Wasseranschluss
- Entfernung zum nächsten Flughafen.

14. Was ist in diesem Zusammenhang hinsichtlich der Funktion des Lagers zu beachten?

Bei der Funktion ist zu klären, ob es sich

- um ein reines Verteillager/Transitlager oder
- um ein Bestandslager

handelt. Weiter ist zu berücksichtigen, welche Position das Lager in der Logistikkette inne hat (z. B. Eingangs-, Zwischen-, Versandlager). Außerdem ist zu klären, ob es sich um ein Sonderlager handelt (z. B. für Betriebsstoffe, Verpackungen, Büroartikel, Ersatzteile).

15. Warum ist das Mengenaufkommen wichtig?

Das Mengenaufkommen in Verbindung mit der Größe der Güter ist Vorgabe für die notwendige Größe des Lagers (notwendige Grundfläche, aber auch Möglichkeiten in der Höhe). Vorgaben zur Größe ergeben sich auch aus der Art der Platzvergabe (starr oder flexibel/chaotisch).

16. Welche besonderen Eigenschaften des Lagerguts werden unterschieden?

Zu den Eigenschaften gehören:

- Aggregatzustand
- Klimatisierungsnotwendigkeit
- Art der Gefahren.

17. Warum spielt die Erweiterbarkeit eine große Rolle?

Zunächst bedeutet Erweiterbarkeit höhere Kosten durch größere Grundstücke bzw. Räumlichkeiten. Kann das Lager nicht erweitert werden, entstehen dann höhere Kosten durch Neuinvestition, Umzug u. Ä. Deshalb sollte frühzeitig abgeschätzt werden, welche Kapazität langfristig notwendig sein könnte. Das bezieht sich auch auf die einzusetzende Lagertechnik, die nicht „auf Kante genäht" werden sollte.

18. Welche Grundregeln müssen bei der Lagerung eingehalten werden?

Grundregeln sind:

- Sauberkeit
- Geräumigkeit
- Übersichtlichkeit
- Sachgerechtigkeit.

19. Was muss bei der Geräumigkeit beachtet werden?

Das Layout des Lagers muss genügend Platz bieten, um geeignete Fördermittel einzusetzen. Dadurch ist eine rasche Ein- und Auslagerung möglich. Außerdem soll die Unfallgefahr gemindert werden.

20. Wie kann Übersichtlichkeit hergestellt werden?

Übersichtlichkeit wird hergestellt durch:

- sinnvolle Aufteilung des Lagers in Bereiche (Wareneingangsbereich, Lagerbereich, Kommissionierbereich, Verpackungsbereich, Warenausgangsbereich)
- Aufteilung des Lagerbereichs in Lagerzonen (z. B. nach Gewicht, Größe, Umschlaggeschwindigkeit, Gefährlichkeit, Lagerbedingungen)
- ein Lagerplatznummernsystem mit Regalzeile, Regalfeld, Regalebene
- Materialnummerierung.

21. Welche Aufgaben hat die Nummerierung der Materialien?

Aufgaben der Nummerierung sind:

- Identifikation
- Klassifikation (logische Struktur mit Ober- und Unterbegriffen)
- Information (sog. sprechender Schlüssel), z. B. durch Integration der Materialbezeichnung bzw. des Herstellers.

2.2.1.2 Organisation der Lagerung

01. Was bedeutet zentrale Lagerung?

Bei der zentraler Lagerung existiert ein gemeinsames Lager für

- mehrere Produktionsstätten (Industrie)
- mehrere/viele Filialen (Handel).

02. Welche Vorteile bietet zentrale Lagerung?

Vorteile sind:

- bessere Platznutzung
- weniger Bestände
- geringere Bestandsmengen
- bessere Bestellmengenoptimierung
- bessere Kontrolle/Inventur
- höhere Personalauslastung.

03. Was bedeutet dezentrale Lagerung?

Bei dezentraler Lagerung verfügt jede Produktionsstätte bzw. Filiale über ein eigenes Lager. Dies kann sinnvoll sein, wenn in den Produktionsstätten bzw. Filialen jeweils unterschiedliche Materialen und Waren benötigt werden oder im Vertrieb eine möglichst breite Verteilung vor Ort erreicht werden soll.

04. Welche Vorteile bietet dezentrale Lagerung?

Vorteile sind:

- kurzfristige Bereitstellung
- kürzere interne Transportwege
- Anpassung an die örtliche Fördertechnik
- im Handel: Orientierung des Sortiments an örtliche Gegebenheiten.

05. Wovon sind die Streckenzeiten im Lager abhängig?

Die Streckenzeiten sollten so kurz wie möglich gehalten werden. Sie sind abhängig von der:

- Länge der Wege
- Geschwindigkeit der Fördermittel
- Beschleunigung der Fördermittel
- Anzahl der Stopps
- Länge der Regalgänge
- Lagerstrategie.

06. Wie können die Wege im Lager optimiert werden?

Optimierung kann erfolgen durch:

- Rundgangstrategie, bei der jeder Regalgang komplett durchfahren wird
- Stichgangstrategie, bei der nur bis zum Lagerort in den Gang hineingefahren wird.

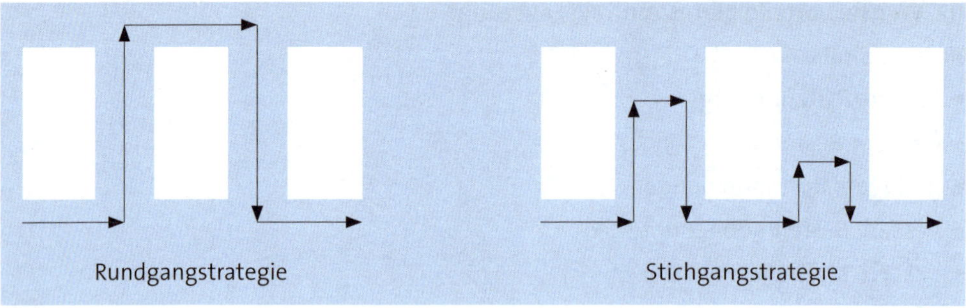

07. Was besagt die Zugriffsform und welche Formen gibt es?

Die Zugriffsform klärt die Frage, wer befugt ist, Entnahmen aus dem Bestand vorzunehmen.

Man unterscheidet:

- zugriffsgebunden: Entnahme nur durch die Lageristen
- zugriffsfrei: Entnahme durch die Bedarfsträger (vornehmlich aus der Produktion, der Arbeitsvorbereitung oder dem Vertrieb).

08. Welche Vorteile hat Zugriffsgebundenheit?

Vorteile sind:

- schnellere Entnahme
- geringere Fehler
- Einsatz von Spezialisten
- rationelle Nutzung der Kapazitäten der Lageristen, vor allem in großen Betrieben
- Entlastung der Bedarfsträger.

09. Welche Vorteile hat Zugriffsfreiheit?

Vorteile sind:

- Einsparung von Lageristenkapazität, die nur unzureichend ausgelastet ist
- Prüfung der Richtigkeit des Materials direkt am Regal
- abwechselnde Tätigkeit für die Mitarbeiter aus dem Bedarfsbereich.

10. Was versteht man unter Holsystem und Bringsystem?

Es geht um die Frage, wer für die Überbrückung des Raums zwischen Lager und Bedarfsstelle zuständig ist. Beim Holsystem werden die Teile vom Bedarfsträger durch sein Personal abgeholt; in kleineren Betrieben sind das häufig die Meister. Beim Bringsystem wird ein Zustelldienst eingesetzt, der die Auslieferung vornimmt.

11. Welche Vorteile haben diese Systeme jeweils?

Vorteile des Holsystems sind:

- rasche Versorgung
- Einsatz im Notfall (z. B. Ersatzteile für die eigene Anlage).

Vorteile des Bringsystems sind:

- Optimierung des Transports mittels Routenplanung
- hohe Kapazitätsauslastung des Zustelldienstes
- niedrige Kosten bei hoher Auslastung.

2.2.1.3 Lagerstrategien

01. Nach welchen Kriterien können die Lagerstrategien strukturiert werden?

Strukturierungskriterien sind:

- Zuordnung des Lagerplatzes
- Reihenfolge der Ein- und Auslagerung
- Gleichverteilung der Artikel.

02. Welche Formen werden bei der Zuordnung zum Lagerplatz unterschieden?

Unterschieden werden:

- Festplatzvergabe (starre Lagerhaltung), bei der jeder Artikel seinen festgelegten Lagerplatz hat; nur diese Art Artikel kann an dieser Stelle eingelagert werden
- Freiplatzvergabe (chaotische Lagerhaltung), bei der jeder Artikel jeden Lagerplatz einnehmen kann
- Mischform, bei der Artikelbereiche ihren festen Platz haben, innerhalb dieser Bereiche aber die Plätze frei vergeben werden.

03. Welche Vor- und Nachteile bietet die Festplatzvergabe?

Vorteile sind:

- gute Überschaubarkeit
- Anpassung der Lagerplätze an die Art und Größe der Güter
- rasche Übersicht bei Zugriffsfreiheit.

Nachteile sind:

- großer Platzbedarf
- lange Transportwege.

04. Welche Vor- und Nachteile bietet die Freiplatzvergabe?

Vorteile sind:

- hoher Füllgrad
- geringer Platzbedarf
- kurze Transportzeiten
- gut automatisierbar
- Optimierung der Plätze gem. Umschlaggeschwindigkeit.

Nachteile sind:

- eingeschränkte Vielfalt durch einheitliche Lagereinheiten (z. B. Palette)
- abhängig von leistungsfähiger Informationsverarbeitung
- Probleme bei Zugriffsfreiheit
- gleiche Güter häufig an verschiedenen Plätzen.

05. Wie könnte eine Mischform aussehen?

Hierzu gehört z. B. die Lagerung nach der Umschlaghäufigkeit, auch Zonung genannt. Außerdem ist es möglich, den Güterbereichen einen Festplatz zuzuweisen, während innerhalb dieser Bereiche die einzelnen Artikel beliebig einlagerbar sind.

06. Welche Möglichkeiten hinsichtlich der Reihenfolge der Ein- und Auslagerung werden unterschieden?

Man unterscheidet:

- Fifo-Prinzip (first in first out): Die zuerst eingelagerte Einheit einer Ware gilt als zuerst entnommen.
- Lifo-Prinzhip (last in first out): Die zuletzt eingelagerte Einheit einer Ware gilt als zuerst entnommen.
- Hifo-Prinzip (highest in first out): Die eingelagerte Einheit einer Ware mit dem höchsten Preis gilt als zuerst entnommen.

07. Welche Bedeutung hat das Fifo-Prinzip?

Das Fifo-Prinzip wirkt in vielerlei Hinsicht:

- kein Veralten bzw. Verderben des Materials
- Bewertung erfolgt mit den tatsächlichen Werten in der richtigen Reihenfolge
- Bewertungsvorteile bei sinkenden Preisen
- angepasste Lager-/Regalarten sind notwendig.

08. Welche Bedeutung hat das Lifo-Prinzip?

Eigenschaften des Lifo-Prinzips sind:

- einsetzbar vor allem bei verschiedenen Regalarten
- Bewertungsvorteile bei steigenden Preisen
- es entspricht steuerrechtlichen Regeln.

09. Welche Bedeutung hat das Hifo-Prinzip?

Das Hifo-Prinzip entlastet das Ergebnis vor allem bei schwankenden Preisen.

10. Was besagt die Gleichverteilung der Artikel?

Durch die Gleichverteilung der Artikel sollen

- gleichmäßige Auslastung der Lagertechnik
- gleichmäßige Personalbelastung

gewährleistet werden. Dadurch sollen

- Engpässe
- Überlastung

vermieden werden.

In jedem Fall soll Systemsicherheit gewährleistet sein.

2.2.1.4 Arbeiten bei der Einlagerung

01. Welche Arbeiten fallen bei der Einlagerung an?

Im Lager fallen bei der Einlagerung folgende Arbeiten an:

- Identifizierung
- Umformung
- Vorverpackung in Packmittel
- Ettikettierung (Label, Zettel, Aufkleber)
- Positionierung
- Komplettierung
- Bildung von Lagereinheiten
- Übergabe an den Lagerbereich.

02. Wo erfolgt die Identifizierung?

Die Identifizierung erfolgt am I-Punkt (Identifikationspunkt) als Arbeitsplatz im Materialfluss vor der Einlagerung. Kein Material erreicht ohne Identifikation das Lager.

03. Welche Aufgaben hat der I-Punkt?

Aufgaben sind:

- Identifizierung nach festgelegten Kriterien (u. a. Art des Guts, Abmessung/Volumen, Temperatur, Gefahrgutart, Entnahmehäufigkeit)
- Buchung der Einlagerung
- Buchung der Auslagerung
- Gewichtskontrolle.

04. Was gehört zur Umformung?

Zur Umformung gehören:

- Umpacken
- Umstapeln
- Portionieren.

05. Was fällt bei der Vorverpackung in Packmittel an?

Lose angeliefert Ware wird in genormte Einheiten verpackt. Ebenso kann verpackt angelieferte Ware (z. B. in Schachteln) für die weitere Verwendung sinnvoll umgepackt werden (z. B. in Kleinbehälter). Im besten Fall entspricht die Vorverpackung der Versandverpackung.

06. Welche Vorteile ergeben sich durch die Vorverpackung?

Vorteile sind u. a.:

- Schutz während der Lagerung
- bessere Stapelung
- schnellere Entnahme
- leichtere Bestandaufnahme.

07. Was geschieht bei der Positionierung?

Bei der Positionierung wird der Lagerplatz zugeteilt. Kriterien sind u. a.:

- Platzeinsparung
- kurze Wege
- schnelle Entnahme.

Anwendung finden:

- das Magazinierprinzip (siehe Festplatzvergabe)
- das Lokalisierprinzip (siehe Freiplatzvergabe).

Dabei kann das sog. Doppelspiel berücksichtigt werden.

08. Was bedeutet Doppelspiel in der Logistik?

Beim Doppelspiel werden Ein- und Auslagerungsvorgänge miteinander kombiniert. Dadurch werden die Leerfahrten der Fördermittel vermieden und damit die Kapazitäten optimal genutzt.

09. Was fällt bei der Komplettierung an?

Bei der Komplettierung werden verschiedene Einzelteile zu einer Kombinationspackung zusammengefasst (z. B. verschiedene Teile, die für Reparaturen notwendig sind, werden zu einem Set zusammengepackt). Dadurch ist eine raschere Bedienung der Bedarfsträger möglich.

10. Was geschieht bei der Bildung von Lagereinheiten?

Bei der Bildung von Lagereinheiten werden Packungen mit verschiedenen Produkten zu Greifeinheiten zusammengefasst. Dies ist vor allem dann sinnvoll, wenn die verschiedenen Packungen gleichzeitig für den Bedarfsträger entnommen werden.

2.2.2 Lagerhaltung

2.2.2.1 Lagerarten

01. Nach welchen Kriterien werden Lagerarten unterschieden?

Kriterien sind:

- Eigentümer
- Bedeutung
- Wertschöpfungsstufe
- Güterart
- Standort
- Lagerbauweise
- Art des Unternehmens
- Automatisierungsgrad.

02. Welche Lagerarten werden strukturiert unterschieden?

Kriterien	Lagerart
Eigentümer	► Eigenlager ► Fremdlager ► Konsignations-/Kommissionslager
Bedeutung	► Hauptlager ► Nebenlager

Kriterien	Lagerart
Wertschöpfungsstufe	► Eingangslager ► Zwischenlager ► Absatzlager
Güterart	► Materiallager (Schüttgut, Stückgut, Flüssigkeit) ► Produktlager ► Werkzeuglager ► Ersatzteillager ► Büromateriallager
Standort	► Außenlager ► internes Lager
Lagerbauweise	► Freilager ► Flachlager ► Hochlager ► Silolager ► Tanklager
Art des Unternehmens	► Industriebetriebslager ► Großhandelslager ► Einzelhandelslager
Automatisierungsgrad	► manuell bedientes Lager ► mechanisiertes Lager ► automatisiertes Lager

03. Nach welchen Kriterien kann die Entscheidung zwischen Eigen- und Fremdlagerung vorgenommen werden?

Kriterien sind u. a.:

- Kapazität
- Kosten
- Fristigkeit
- Leistungsumfang
- Knowhow
- Spezialitäten
- Investitionsneigung
- Funktionsausübung.

04. Wie kann kostenmäßig ermittelt werden, ob Eigen- oder Fremdlagerung günstiger ist?

Ermittlung erfolgt als:

- Vollkostenvergleich:

  für beide Möglichkeiten gilt: fixe Kosten + Stückkosten • geplante Menge

- Verfahrensvergleich:

  Das Ergebnis ist dann die Menge, bei der die Kosten gleich sind. Danach wird die geplante Menge mit der kritischen Menge verglichen. Ist die geplante Menge geringer, ist das Fremdmodell günstiger und umgekehrt.

05. Wie könnte eine konkrete Berechnung aussehen?

Gegeben sind folgende Daten:

	fixe Kosten	variable Kosten
Eigenlagerung	114.000 €	0,96 €/Stück
Fremdlagerung	-	2,10 €/Stück
geplante Menge: 160.000 Stück		

Ergebnis:

- Vollkostenrechnung:

  Eigenlagerung: 114.000 + 160.000 • 0,96 = 267.600 €

  Fremdlagerung: 160.000 • 2,1 = 336.000 €

- Verfahrensvergleich:

  kritische Menge = (114.000 - 0) : (2,1 - 0,96) = 100.000 Stück

  oder

  2,1x = 114.000 + 0,96x

  1,14x = 114.000

  x = 100.000

06. Welche Formen der Fremdlagerung werden unterschieden?

Arten der Fremdlagerung sind:

- Trennungslagerung: Der Einlagerer erhält einen abgegrenzten Lagerplatz nur für seine Güter.
- Sammellagerung: Güter verschiedener Einlagerer werden gemeinsam eingelagert. Der Einlagerer erhält Bruchteilseigentum.
- Mietlagerung: Der Einlagerer mietet einen Lagerraum und ist dann für das Lager und die eingelagerten Güter selbst verantwortlich.

07. Welche Vorteile bietet Eigenlagerung?

Vorteile sind:

- günstige Kosten bei hoher Auslastung
- langfristige Nutzung
- kurze Wege
- Einbindung in das eigene Fördersystem.

08. Welche Vorteile bietet Fremdlagerung?

Vorteile sind:

- keine eigene Investition
- günstige Kosten bei geringer Auslastung
- spezielle Bedingungen
- zusätzliche Serviceleistungen des Lagerhalters
- kein ausreichendes eigenes Knowhow für moderne Lagersysteme notwendig.

09. Was ist ein Gemeinschaftslager?

Das Gemeinschaftslager ist ein Eigenlager verschiedener Hersteller bzw. Händler als gemeinschaftlicher Betrieb. Besondere Eignung liegt vor, wenn eine spezifische gemeinsame Behandlung notwendig ist (z. B im Kühlhaus).

10. Was ist ein Konsignationslager?

Beim Konsignationslager errichtet der Lieferant beim Käufer ein Lager, dessen wirtschaftlicher Betrieb meist in der Verantwortung des Käufers liegt. Die Ware bleibt bis zur Entnahme Eigentum des Lieferanten. Zu unterscheiden zum Konsignationslager sind die Konzepte „Vendor Managed Inventory" und „Buyer Managed Inventory".

11. Wie sieht die Kostenteilung zwischen Lieferant und Käufer häufig aus?

Kosten des Lieferanten:

- Transportkosten
- Kapitalbindungskosten.

Kosten des Käufers:

- Kosten der Güterbehandlung, -erhaltung, -bewegung
- Versicherungskosten
- Abschreibung auf Einrichtung und Gebäude.

12. Wie ist das Konsignationslager aus der Sicht des Käufers zu bewerten?

Vorteile sind:

- hohe Versorgungssicherheit
- geringes Dispositionsrisiko
- sofortige Verfügbarkeit
- keine Kapitalbindungskosten
- minimale Bestellkosten.

Nachteile sind:

- geringe Flexibilität in der Lieferantenpolitik
- enge Bindung
- häufig nicht systemkompatibel
- evtl. höhere Verwaltungskosten.

13. Welche besonderen Regelungen beinhaltet der Konsignationslagervertrag?

Besondere Regelungen sind:

- gewünschte Höhe der Bestände
- Abrechnungsmodus
- Kostenverteilung
- Regelungen zur Inventur und Kontrolle
- Verfahren bei Abweichungen
- Art und Umfang der Ware
- Regelung zur Anlieferung und Einlagerung
- Entnahmeberechtigung.

14. Welche Lagerarten werden nach der Art des Unternehmens unterschieden?

Der Industriebetrieb unterscheidet:

- Rohstofflager
    - stofforientiert (gleichartige Güter)
    - verbrauchsorientiert (gem. Einsatz in der Produktion)
- Hilfsstofflager
- Betriebsstofflager
- Zwischenlager
- Fertigwarenlager
- Handlager (am Arbeitsplatz, häufig auch „schwarze Läger")
- Sonderlager (Werkzeuglager, Ersatzteillager, Packmittellager, Büromateriallager).

Der Großhandel unterscheidet:

- Auslieferungslager mit klassischer Lagerhaltung
- Cross-Docking-Station als Durchgangslager ohne klassische Lagerhaltung.

Der Einzelhandel unterscheidet:

- Verkaufslager durch in die Regale einsortierte Bestände im Verkaufsraum
- Reservelager zur Warenannahme, zum Auspacken, zum Prüfen und zur Auszeichnung.

15. Welche Lagerarten werden nach dem Automatisierungsgrad unterschieden?

Man unterscheidet:

- manuell bedientes Lager (Krafteinsatz des Menschen unterstützt durch handgetriebene Geräte, z. B. Handkarren)
- mechanisiertes Lager (durch den Menschen bediente Maschinen und Fahrzeuge, z. B. Gabelstapler)
- automatisiertes Lager (ferngesteuert bzw. programmiert).

16. Wie sieht die Informationsverarbeitung beim automatisierten Lager aus?

Der DV-Einsatz erfolgt entweder

- Offline (Anschluss des Lagers an einen Rechner außerhalb des Lagers) oder
- Online (Rechner wird nur für das Lager eingesetzt; dabei wird unterschieden:
  - Batch-Processing (Stapelbetrieb, bei dem zu bestimmten Zeiten verarbeitet wird; zwischenzeitlich gibt es keine Übereinstimmung zwischen Informations- und Materialfluss)
  - Realtime-Processing (Echtzeitverarbeitung).

17. Welche Lagerbauarten werden unterschieden?

Unterschieden werden:

- Freilager
- Flachlager
- Etagenlager
- Hoch(regal)lager
- Silolager
- Tanklager
- Traglufthallenlager
- Speziallager für besondere Bedingungen (z. B. Tiefkühlung).

18. Was ist ein Freilager?

Ein Freilager (Freiluftlager) ist als offenes Lager ungeschützt und damit für witterungsunempfindliche und wenig diebstahlgefährdete Güter geeignet. Es besteht nur eine befestigte Grundfläche, um über einem adäquaten Untergrund für die Transport- und Fördermittel zu verfügen. Das Lager ist besonders geeignet für Schüttgüter, Baustoffe und Leergut.

19. Was ist ein Flachlager?

Ein Flachlager ist ein bis zu 7 m hohes eingeschossiges Lager, eingebaut in ein Gebäude.

Hochflachläger sind bis zu 12 m hoch. Bei der Nutzung müssen die notwendigen Stützen beachtet werden. Flach- und Hochflachläger sind sowohl für Block- als auch für Regallagerung geeignet.

20. Was ist ein Etagenlager?

Das Etagenlager ähnelt dem Flachlager, ist aber mehrgeschossig. Durch die Nutzung von Aufzügen können Engpässe im Materialfluss entstehen. Die Tragfähigkeit der Decken ist besonders zu beachten. Dafür kann die Grundfläche des Lagers stark verringert werden.

21. Was ist ein Hochregallager?

Ein Hochregallager ist über 12 m hoch, einige Läger erreichen eine Höhe von 45 m. Es gibt zwei Bauweisen:

- Silobauweise, bei der das Regal selbst die tragende Konstruktion ist, die mit Wänden verkleidet wird
- Betonbauweise, bei der das Hochregal in ein Gebäude eingebaut wird.

22. Wo liegen die Vor- und Nachteile des Hochregallagers?

Vorteile sind:

- gute Flächennutzung
- hoher Füllgrad
- direkter Zugriff
- schnelle Ein- und Auslagerung (meist gleichzeitig horizontale und vertikale Bewegung)
- gute Kommissionierbedingungen.

Nacheile sind:

- nicht für schwere und sehr schwere Güter geeignet
- hoher Investitionsbedarf
- Störanfälligkeit
- spezielle Fördermittel notwendig.

23. Was ist ein Silolager?

Im Silolager werden feste Stoffe gelagert, die gewöhnlich von oben befüllt und von unten entnommen werden; damit ist das Fifo-Prinzip umgesetzt (z. B. Futtermittel, Getreide, Mehl).

24. Was ist ein Tanklager?

Im Tanklager werden Flüssigkeiten und Gase gelagert. Häufig ist Beatmung notwendig. Die Tanks verfügen entweder über Festdächer oder Schwimmdächer.

25. Was ist ein Traglufthallenlager?

Durch Einsatz eines Gebläses wird ein luftundurchlässiges Gewebe aufgespannt. Der Zugang erfolgt durch Luftschleusen. Durch die gewölbte Form ist die Halle nur begrenzt mit Regalen nutzbar; dafür kann sie jederzeit wieder an anderer Stelle aufgebaut werden. Sie dient in erster Linie als vorübergehendes Ausweichlager.

2.2.2.2 Lagertechnik

01. Welche Lagertechniken werden unterschieden?

Unterschieden werden:

- Bodenlagerung, bei der Lagergüter verpackt oder unverpackt gestapelt oder ungestapelt auf dem Boden gelagert werden
- Regallagerung in
  - statischer
  - dynamischer Form.

02. Welche Formen der Bodenlagerung werden unterschieden?

Formen sind:

- Bodenlager ohne Lagerhilfsmittel
- Blocklager
- Zeilenlager.

03. Was ist ein Bodenlager ohne Lagerhilfsmittel?

Beim Bodenlager ohne Lagerhilfsmittel werden Güter flach auf dem Boden gelagert. Diese Form bietet sich vor allem für Schüttgüter und sperrige Güter an. Deshalb ist sie häufig im Handel mit Baumaterialien anzutreffen. Soweit Lagerwege vorgesehen sind, ist der Zugriff auf die Güter problemlos möglich.

04. Was ist Blocklagerung und was ist Zeilenlagerung?

Bei der Blocklagerung werden die Güter in kompakten Blöcken ohne Zwischengänge gelagert (gestapelt oder ungestapelt). Bei Stapelung muss auf zuverlässige Verpackung geachtet werden. Bei besonders günstiger Flächennutzung besteht aber nur Zugriff auf die oberste Lagereinheit. Es gilt das Lifo-Prinzip.

Bei der Zeilenlagerung bzw. Reihenlagerung werden die Güter in Zeilen gelagert die einen Zugriff von beiden Seiten ermöglichen, soweit genügend breite Gänge vorgesehen sind. Das Fifo-Prinzip ist möglich.

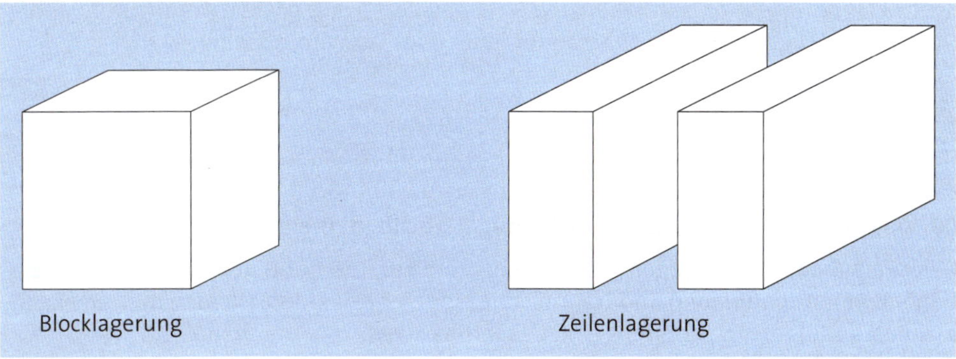

05. Welche Vor- und Nachteile hat die Bodenlagerung?

Vorteile sind:

- hohe Flexibilität
- einfache Organisation
- keine Einrichtungskosten
- hoher Nutzungsgrad
- gute Erweiterungsmöglichkeiten.

Nachteile sind:

- hohe Personalkosten
- begrenzte Stapelhöhe
- schlechte Übersicht bei hohen Beständen
- nur ganze Lagereinheiten können kommissioniert werden
- nicht gut mechanisierbar.

06. Was versteht man unter Regallagerung?

Bei Regallagerung wird in mehreren Ebenen mittels Regalsystem gelagert. Dadurch ist direkter Zugriff jederzeit möglich. Bei statischer Lagerung werden die Güter bis zur Auslagerung nicht mehr bewegt. Bei dynamischer Lagerung finden vor der Auslagerung noch Bewegungen statt (in festen Regalen, mit den Regalen, auf Fördermitteln mit Lagerfunktion).

07. Welche Regale gehören zur statischen und welche zur dynamischen Lagerung?

Es ergibt sich folgende Aufteilung:

statische Lagerung	dynamische Lagerung
► Fach(boden)regal	► Durchlaufregal
► Palettenregal	► Einschubregal
► Einfahr-/Durchfahrregal	► Verschieberegal
► Kragarmregal	► Umlaufregal
► Waben-/Kassettenregal	
► Behälterregal	

08. Was versteht man unter einem Fachregal (Fachbodenregal)?

Beim Fach(boden)regal liegen mehrere Regalbretter über- und nebeneinander. Als Zubehör können Schubläden und Trennbleche eingesetzt werden. Werden mehrere Regale aufeinandergesetzt, entsteht eine Geschossanlage.

09. Welche Vor- und Nachteile bietet das Fach(boden)regal?

Vorteile sind:

- gute Übersicht
- direkter Zugriff
- einfache variable Konstruktion
- geringer Investitionsaufwand
- geringe Störanfälligkeit.

Nachteile sind:

- hoher Flächenbedarf
- begrenzte Einsetzbarkeit
- geringe Automatisierbarkeit
- lange Wegstrecken (u. a. durch „Mann zur Ware")
- schlechte Greifmöglichkeiten in oberen und unteren Bereichen.

10. Was ist ein Palettenregal?

Das Palettenregal ähnelt dem Fachregal, hat aber keine Böden; vielmehr werden die Paletten auf Auflageträgern abgestellt. Man unterscheidet Einplatz- und Mehrplatzregale, bei letzterem können mehrere Paletten in einem Fach nebeneinander gelagert werden.

11. Welche Vor- und Nachteile bietet das Palettenregal?

Vorteile sind:

- gute Flächen- und Raumnutzung
- direkter Zugriff
- hohe Anpassungsfähigkeit
- hohe Traglast.

Nachteile sind:

- höhere Investitionskosten als beim Fachregal
- evtl. behördliche Genehmigung notwendig
- Beschränkung auf Palettierung
- störanfällig bei Automatisierung
- hohe Sicherheitsanforderungen.

12. Was ist ein Einfahrregal/Durchfahrregal?

Die Konstruktion ähnelt dem Palettenregal, allerdings entstehen Gänge, in die die Fördermittel einfahren können um dort die Ware einzulagern, bis der Gang gefüllt ist. Beim Einfahrregal wird nur in eine Richtung ein- und ausgelagert. Dagegen wird das Durchfahrregal von beiden Seiten bearbeitet, sodass gleichzeitig ein- und ausgelagert werden kann.

13. Welche Vor- und Nachteile hat das Einfahrregal?

Vorteile sind:

- sehr gute Flächennutzung
- relativ geringe Kosten
- Lagerung auf mehreren Ebenen.

Nachteile sind:

- nur artikelreine Lagerung sinnvoll
- kein direkter Zugriff auf alle Artikel
- keine Anwendung des FiFo-Prinzips.

14. Was ist ein Kragarmregal?

Das Kragarmregal besteht aus einem Stützwerk mit ein- oder zweiseitig auskragenden Armen (aus dem Regal herausragende Arme), sog. Kragarme. Das Regal eignet sich für Langgut (Rohre, Eisenträger, Balken), Textilwalzen oder Blechcoils, die vereinzelt, gebündelt, gestapelt oder in speziellen Behältern gelagert werden.

15. Welche Vor- und Nachteile hat das Kragarmlegal?

Vorteile sind:

- geringer Aufwand
- leicht umbau- und erweiterbar
- geringe Störanfälligkeit.

Nachteile sind:

- beschränkt einsetzbar (Langgut)
- weitgehend ungeeignet für Automatisierung
- begrenzte Tragfähigkeit
- meist nur Lifo-Prinzip anwendbar.

16. Was ist ein Waben- bzw. Kassettenregal?

Beim Wabenregal werden Langgüter über die Kopfseiten in Waben, und damit in die Tiefe des Regals, eingeschoben. Die Güter können einzeln oder als Lagereinheiten in Kassetten gelagert werden.

17. Welche Vor- und Nachteile hat das Wabenregal?

Vorteile sind:

- gute Flächen- und Raumnutzung
- gute Übersicht
- Bildung von Lagereinheiten möglich.

Nachteile sind:

- beschränkt einsetzbar (Langgut)
- Regalfächer nicht verstellbar.

18. Was ist ein Behälterregal?

Im Behälterregal werden in standardisierten Kassetten, Kisten, Tablaren o. ä. vor allem Kleinteile in Kleinbehältern gelagert. Da die Arbeit im Lager meist automatisiert erfolgt, spricht man auch vom automatischen Kleinteilelager (AKL).

Die Ein- und Auslagerung erfolgt über automatisierte Regalbediengeräte. Bei der Einlagerung erfolgt die Dateneingabe des Lagerplatzes häufig über einen Barcode; das System weist damit den Platz zu. Bei der Entnahme werden die Behälter zu einer Übergabestation vor der Regalzone transportiert. Der Kommissionierer übernimmt die Teile ; der Behälter wird dann an seinen festgelegten Platz zurücktransportiert. Um Leerfahrten zu vermeiden, wird häufig im Doppelspiel gearbeitet.

19. Welche Vor- und Nachteile hat das Behälterregal?

Vorteile sind:

- hoher Automatisierungsgrad
- gut geeignet für das Fifo-Prinzip
- Ware zum Mann
- geschützt gegen Verschmutzung.

Nachteile sind:

- großer Investitionsaufwand
- nur begrenzt einsetzbar (Größe der Behälter)
- störanfällig.

20. Was ist ein Durchlaufregal?

Bein Durchlaufregal erfolgt die Einlagerung (Rückseite) und Auslagerung (Vorderseite) von unterschiedlichen Seiten. Dadurch entstehen Kanäle, durch die die Behälter (Paletten, Kisten o. ä.) mittels im Regalboden eingebauter Rollen oder Walzen oder durch Schwerkraft bei leichtem Gefälle soweit wie möglich nach vorn transportiert werden. Die Ein- und Auslagerung kann unter Optimierungsgesichtspunkten mit unterschiedlichen Fördermitteln erfolgen.

21. Wo liegen die Vor- und Nachteile des Durchlaufregals?

Vorteile sind:

- gut geeignet als Kommissionierlager
- Anwendung des FiFo-Prinzips
- keine Gassen notwendig und damit platzsparend
- separate Optimierung der Ein- und Auslagerungsgeräte.

Nachteile sind:

- hoher Investitionsaufwand, wenn nicht von Hand betrieben
- gewöhnlich artikelreine Lagerung
- begrenzte Traglast
- störanfällig
- Unfallgefahr bei schweren Gütern.

22. Was ist ein Einschubregal?

Das Einschubregal hat Ähnlichkeit mit dem Durchlaufregal. Allerdings sind die Kanäle wesentlich kürzer (meist auf drei bis vier Lagereinheiten begrenzt); Ein- und Auslagerung geschieht von derselben Seite. Bei der Einlagerung drückt die neue Lagereinheit die bereits eingelagerten Einheiten nach hinten (Push-Back). Bei der Entnahme rutschen die restlichen Einheiten nach vorn.

23. Welche Vor- und Nachteile bietet das Einschubregal?

Vorteile sind:

- intensive Nutzung des Lagerraums
- gute Automatisierbarkeit
- gute Übersicht.

Nachteile sind:

- keine Anwendung des Fifo-Prinzips
- Gefahr der Beschädigung der Lagereinheiten bei großem Staudruck
- große Fläche notwendig.

24. Was ist ein Verschieberegal?

Beim Verschieberegel wird in seitlich verschiebbaren Regalen gelagert. Die Regale sind auf Lauf- und Führungsschienen jeweils bis auf einen Gang zusammengeschoben. Je nach Bedarf wird einer dieser Gänge freigeschoben. Der Antrieb erfolgt maschinell oder, bei kleinen Anlagen, manuell.

25. Welche Vor- und Nachteile hat das Verschieberegal?

Vorteile sind:

- hohe Flächennutzung (häufig nur der halbe Platzbedarf)
- direkter Zugriff
- nur ein Gang in der gesamten Anlage.

Nachteile sind:

- jeweils nur ein Gang nutzbar
- Zeitverlust durch Verschieben
- umfassende Sicherheitsvorkehrungen
- hoher Investitionsaufwand.

26. Was ist ein Umlaufregal?

Beim Umlaufregal wird die Ware selbsttätig zum Arbeitsbereich des Lageristen bewegt. Bei horizontaler Beförderung spricht man von einem Karussellregal, bei vertikaler Beförderung von einem Paternosterregal.

Paternosterregale werden häufig als

- Schrankpaternoster für Akten und Kleinteile
- Etagenpaternoster für Langgut und Balken (z. B. Teppiche)
- Schwerpaternoster für schwere Güter

eingesetzt.

27. Wo liegen die Vor- und Nachteile des Umlaufregals?

Vorteile sind:

- gute Flächen- und Raumnutzung
- leichte Handhabbarkeit
- schneller Zugriff
- es gilt das Prinzip „Ware zum Mann".

Nachteile sind:

- hoher Investitionsaufwand
- unflexibel
- gesamte Ware wird laufend bewegt
- hoher Energiebedarf.

2.2.2.3 Lagergeräte

01. Welche Lagergeräte werden unterschieden?

Lagergeräte sind

- Kleinbehälter
- Flachpaletten
- Stapelbehälter
- Stapelhilfsmittel,

die zur Wiederverwendung bestimmt sind.

02. Was sind Kleinbehälter?

Kleinbehälter haben eine Grundfläche von maximal 400 mm x 600 mm. Sie sind aus verschiedenen Materialien (Pappe, Kunststoff, Holz, Blech) und werden als Kästen oder Schachteln eingesetzt. Eine besondere Form sind Kleinladungsträger, die vor allem in der Autoindustrie eingesetzt werden.

03. Was sind Flachpaletten?

Flachpaletten werden meist als Eurotauschpalette des Europäischen Palettenverbands EPAL (European Pallet Association) eingesetzt. Die Abmessungen sind 1200 mm x 800 mm x 150 mm (L x B x T). Sie sind aus Holz oder Kunststoff. Sie werden eingesetzt als:

- Einwegpaletten zur einmaligen Nutzung (z. B. zum Transport von Waschmaschinen)
- Mehrwegpaletten.

Sie sind von zwei oder von vier Seiten unterfahrbar. Eine Sonderform ist die Fasspalette, die zwei bis drei Fässer aufnimmt.

04. Was sind Stapelbehälter?

Stapelbehälter sind Behälter, deren Aufbau mit dem Unterbau fest verbunden ist; dazu gehören:

- Boxpaletten
- Stapelkästen
- Stapelwannen.

Die zu transportierenden Teile können unverpackt transportiert werden.

05. Welche Boxpaletten gibt es?

Boxpaletten sind häufig bis zu fünffach stapelbar. Dazu gehören:

- Eurogitterboxpalette, bei der die Güter sichtbar sind
- Vollwandpalette (evtl. mit abklappbaren halben Seitenwänden)
- Einwegboxpalette mit einer Kiste auf einer Flachpalette.

06. Was sind Stapelhilfsmittel?

Stapelhilfsmittel sind Elemente, die mit Flachpaletten verbunden und wiederverwendet werden; dazu gehören Rahmen und Rungen, die aufgesteckt werden. Durch Rahmen kann eine mehrstufige Stapelung erreicht werden.

2.2.3 Warenpflege

2.2.3.1 Einflüsse auf die Güter

01. Welche Bedeutung hat die Pflege der Güter?

Durch die Warenpflege soll die Qualität erhalten bleiben. Damit sollen die Güter weiterhin verkaufbar sein. Dabei kann der Umfang der Pflegemaßnahmen sehr unterschiedlich sein; er orientiert sich an den unterschiedlichen Gütern. Informationen der Hersteller geben hier wichtige Hinweise. Besonderer Pflege bedürfen Lebensmittel.

02. Welche Einflüsse wirken auf die Güter ein?

Es wirken u. a.:

- Temperatur: Verderben von Lebensmitteln, Verdampfen von Flüssigkeiten
- Luftfeuchtigkeit: Austrocknen, Schimmeln, Verklumpen, Rosten
- Staub: Verschmutzung, Schäden in der Elektronik
- Lichteinwirkung: Geschmacksveränderung, Vitaminverlust, Farbveränderung
- Schädlinge: Fraßschäden und Verschmutzung von Gütern, Beschädigung der Verpackung.

03. Welche Pflegemaßnahmen können ergriffen werden?

Pflegemaßnahmen sind:

- regelmäßige Überprüfung der Güter hinsichtlich Mindesthaltbarkeitsdatum und/oder Verfalldatum
- rechtzeitiges Aussortieren verdorbener Produkte
- ausreichende Belüftung
- angemessene Beleuchtung, um die notwendige richtige Helligkeit zu garantieren
- richtige Lagerweise (stehend, liegend) mit ausreichender Bewegung der Güter (z. B. zum gleichmäßigen Reifen bzw. zur Veredelung)
- Schutz vor Stoß und Fall u. a. durch angemessene Verpackung, vorsichtiger Umgang.

04. Wodurch unterscheiden sich Mindesthaltbarkeitsdatum und Verfalldatum?

Beim Mindesthaltbarkeitsdatum (MHD) läuft die Gewähr des Herstellers für spezifische Eigenschaften ab. Die Ware kann auch danach noch verkauft und benutzt werden, allerdings sollte sie möglichst schnell evtl. mit Preisnachlass abverkauft werden. Bei Ablauf des Verfalldatums (VD) darf die Ware nicht mehr verkauft werden.

2.2.3.2 Inventur

01. Welche Bedeutung hat die Inventur?

Inventur ist die körperliche Bestandsaufnahme durch Zählen, Messen, Wiegen und Schätzen, die gem. § 240 HGB von jedem Kaufmann durchzuführen ist. Die Inventurunterlagen müssen zehn Jahre aufbewahrt werden. Es müssen die Grundsätze ordnungsgemäßer Buchführung beachtet werden:

- Vollständigkeit
- Richtigkeit
- Klarheit
- Nachprüfbarkeit.

02. Welche Inventurverfahren werden unterschieden?

Inventurverfahren sind:

- Stichtagsinventur
- verlegte Inventur
- permanente Inventur
- Stichprobeninventur.

03. Was bedeutet Stichtagsinventur?

Die Stichtagsinventur findet jeweils zum Bilanzstichtag satt. Da die Inventur u. U. längere Zeit in Anspruch nimmt, kann sie als zeitnahe Inventur innerhalb von zehn Tagen vor und nach dem Bilanzstichtag durchgeführt werden. Bestandsveränderungen bis zu bzw. nach dem Bilanzstichtag werden durch Fortschreibung oder Rückrechnung berücksichtigt.

04. Welche Vor- und Nachteile hat die Stichtagsinventur?

Vorteile sind:

- hohe Genauigkeit
- Ergebnisse gehen unmittelbar in den Jahresabschluss ein.

Nachteile sind:

- Störung des Betriebsablaufs
- Einsatz ungeschulten Personals
- hohe Lagerbestände und damit großer Arbeitsaufwand.

05. Was bedeutet verlegte Inventur?

Bei der verlegten Inventur findet die körperliche Bestandsaufnahme im Zeitraum von drei Monaten vor und zwei Monate nach dem Bilanzstichtag statt. Allerdings wird dann die gesamte Inventur an einem bestimmten Tag vollständig durchgeführt. Die Bestände werden auf den Bilanzstichtag fortgeschrieben bzw. zurückgerechnet.

06. Welche Vor- und Nachteile hat die verlegte Inventur?

Vorteile sind:

- optimale Vorbereitung der Inventur
- Ausrichtung auf saisonale Einflüsse.

Nachteile sind:

- Geschäftsbetrieb muss in der Regel zeitweise geschlossen werden
- Inventurergebnisse stehen erst mit Verzögerung fest.

07. Was bedeutet permanente Inventur?

Bei der permanenten Inventur erfolgt die körperliche Bestandaufnahme einmal im Jahr zu beliebiger Zeit. Dabei kann die Inventur in verschiedenen Teilen des Unternehmens zu unterschiedlichen Zeiten stattfinden. Zum Bilanzstichtag erfolgt Fortschreibung der Bestände in der Lagerbuchführung.

08. Welche Vor- und Nachteile hat die permanente Inventur?

Vorteile sind:

- keine Störung des Geschäftsbetriebs
- Einsatz von Inventurteams
- Durchführung dann, wenn die Bestände niedrig sind.

Nachteile sind:

- Gefahr von Ungenauigkeiten durch lange Überbrückungszeit durch Fortschreibung
- hohe Qualität der Lagerbuchhaltung.

09. Was bedeutet Stichprobeninventur?

Bei der Stichprobeninventur wird als Vereinfachung nicht der gesamte Bestand erfasst, sondern nur eine repräsentative Stichprobe, deren Ergebnis auf die gesamten Vorräte, die nicht vollständig geprüft werden, hochgerechnet wird. Voraussetzungen sind:

- mindestens 2.000 Artikel
- 5 % der Artikel machen mindestens 40 % des Werts aus
- rechtliche Zulassung.

Die 5 % der Hauptteile werden vollständig erfasst, ebenso Ausreißer. Die restlichen ca. 95 % der Artikel werden stichprobenmäßig erfasst.

10. Welche Vor- und Nachteile hat die Stichprobeninventur?

Vorteile sind:

- geringer Personaleinsatz
- schnell durchzuführen
- nur geringe Störung des Betriebsablaufs.

Nachteile sind:

- die tatsächlichen Werte können erheblich abweichen
- in vielen Fällen nicht anwendbar.

11. Wie erfolgt die Planung der Inventur?

Die Planung der Inventur erfolgt in folgenden Schritten:

- neutralen Inventurleiter ernennen
- Inventurtag festlegen
- Inventurpersonal festlegen
- Information und Anweisungen an das Inventurpersonal geben
- Inventurliste erstellen
- Lager aufräumen
- Kennzeichnung der Artikel mit Artikelnummern
- restliche Waren vor der Inventur einlagern
- Klärung der Eigentumsverhältnisse
- Sicherstellen, dass keine Entnahmen während der Inventur erfolgen.

12. Welche Fehlerquellen können bei der Inventur auftreten?

Fehlerquellen können sein:

- fehlerhaftes Erfassen
- Zuordnung falscher Artikelnummern
- beschädigte Ware wird nicht berücksichtigt
- ungeplante Entnahmen
- Einlagerung am falschen Ort.

2.2.4 Lagerung besonderer Güter

01. Bei welchen Güterarten sind besondere Lagerbedingungen erforderlich?

Besondere Lagerbedingungen benötigen u. a.:

- Gefahrstoffe
- Lebensmittel
- Kleidung
- Kühl- und Gefriergut.

02. Wann spricht man von Gefahrstoffen?

Gefahrstoffe sind Materialien, von denen Gefahren

- für die öffentliche Sicherheit
- für das Leben oder die Gesundheit von Menschen und Tieren

- für Sachen
- für die Umwelt

ausgehen können. Dies sind Stoffe, die gem. § 3a ChemG u. a.

- explosionsgefährlich
- brandfördernd
- entzündlich
- giftig
- gesundheitsschädlich
- erbgutverändernd

sind.

03. Was muss bei Gefahrstoffen besonders beachtet werden?

Gefahrstoff muss so gelagert werden, dass Mensch und Umwelt nicht gefährdet werden. Dazu gehören:

- die Trennung von Stoffen
- bauliche Maßnahmen (z. B. Auffangwannen)
- technische Einrichtungen (z. B. Löscheinrichtungen, Giftschränke)
- deutliche Kennzeichnung.

Am Arbeitsplatz darf nur der Tagesbedarf gelagert werden.

04. Was muss bei der Lagerung von Lebensmitteln besonders beachtet werden?

Bei Lebensmitteln als verderbliche Ware muss besonders auf äußerste Reinlichkeit geachtet werden; die Räume sollten reinigungsfreundlich sein. Ebenso spielen Lüftungsmöglichkeiten und Temperaturregelung eine besondere Rolle.

05. Was muss bei der Lagerung von Kleidung besonders beachtet werden?

Bei Kleidung muss besonders auf Lüftung, Trockenheit und Freiheit von Ungeziefer (u. a. Motten) geachtet werden. Zum besonders pfleglichen Umgang mit Kleidung kann hängende Lagerhaltung dienen.

06. Was muss bei der Lagerung von Kühl- und Gefriergut besonders beachtet werden?

Bei Tiefkühlprodukten ist besonders darauf zu achten, dass die Kühlkette (- 18 °C bei Lagerung, - 15 °C beim Transport) nicht unterbrochen wird.

2.3 Organisieren der Kommissionierung und auftragsbezogener Leistungen

2.3.1 Kommissioniersysteme

01. Was versteht man unter Kommissionierung?

Kommissionierung bedeutet: Zusammenstellen bestimmter Artikel nach einem vorgegebenen Auftrag (Kunden- oder Produktionsauftrag) durch einen Kommissionierer (Greifer, Picker). Damit handelt es sich um einen lagerbezogenen Auftrag.

02. Aus welchen Systemen setzt sich die Kommissionierung zusammen?

Gemäß VDI besteht die Kommissionierung aus einem:

- Informationsflusssystem
- Materialflusssystem
- Organisationssystem.

2.3.1.1 Informationsflusssystem

01. Welche Aufgaben gehören zum Informationsflusssystem?

Zum Informationsflusssystem gehören die Aufgaben:

- Datenerfassung
- Datenaufbereitung
- Datentransfer
- Quittierung.

02. Was geschieht bei der Datenerfassung?

Bei der Datenerfassung wird der Kunden- oder Produktionsauftrag erfasst und in einen Kommissionierauftrag umgewandelt. Erfolgt die Erfassung sofort bei Auftragseingang, spricht man von einem Real-Time-Modus. Werden die Aufträge erst gesammelt und dann im Stapel bearbeitet, spricht man von Batch-Aufbereitung.

03. Was geschieht bei der Datenaufbereitung?

Bei der Datenaufbereitung werden die Aufträge geordnet nach:

- Auftragsart (Eil- oder Normalauftrag)
- Versandart
- Auftragspositionen (zur Verkürzung der Wegezeiten)
- Güterart (z. B. zuerst schwere Güter).

Außerdem wird berücksichtigt, ob das Fifo-Prinzip anzuwenden ist. Es kommen Daten hinzu, wie:

- Lagerort
- Verpackungsart
- Gefahrenhinweise.

Ergebnis ist die Pickliste.

04. Was geschieht beim Datentransfer?

Beim Datentransfer wird der Auftrag an den Kommissionierer weitergeleitet, und zwar:

- schriftlich: offline (als Rechnung, Lieferschein, Barcode-Etiketten)
- beleglos: online
  - optisch (Pick by Light mit LED-Anzeige am Regal)
  - akustisch (Pick by Voice über Headset)
  - Pick by Datenterminal
  - Pick by RFID
  - Pick by Barcode.

05. Wie werden die schriftlichen und beleglosen Methoden bewertet?

Die Bewertung erfolgt:

- schriftlich: großer Leseaufwand, oft Lesefehler
- beleglos: stärkere Konzentration auf die Vorgänge.

06. Was geschieht bei der Quittierung?

Der Kommissionierer bestätigt die Ausführung des Auftrags, also die Entnahme. Der Auftrag wurde dann ganz oder teilweise bearbeitet. Die Bestätigung kann

- schriftlich
- online durch Scannen oder Spracheingabe

erfolgen.

2.3.1.2 Materialflusssystem

01. Welche Grundfunktionen umfasst das Materialflusssystem?

Materialflussfunktionen sind:

- Bereitstellung
- Fortbewegung
- Entnahme

- Abgabe
- Kontrolle.

02. Welche Arten der Bereitstellung werden unterschieden?

Bereitstellungsarten sind:

- Mann zur Ware (statisch): Der Kommissionierer begibt sich zu Fuß oder er fährt auf einem Fördermittel (z. B. Gabelstapler) zum Lagerplatz.
- Ware zum Mann (dynamisch): Die Ware wird ferngesteuert oder automatisch zu einer Übergabestation befördert, wo sie vom Kommissionierer in Empfang genommen wird.

03. Wo liegen die Vor- und Nachteile der statischen Bereitstellung?

Vorteile sind:

- direkter Zugriff auf alle Artikel
- kürzere Auftragsdurchlaufzeiten
- geringer Investitionsaufwand
- flexibel bei starken Schwankungen.

Nachteile sind:

- lange Wegzeiten
- keine optimale Gestaltung des Arbeitsplatzes
- Abtransport leerer Ladehilfsmittel problematisch.

Sie wird vor allem angewandt bei:

- Entnahme ohne Hilfsmittel
- Eilaufträgen
- Entnahmen mit vielen Zeilen je Auftrag.

04. Wo liegen die Vor- und Nachteile der dynamischen Bereitstellung?

Vorteile sind:

- kurze Wegzeiten
- dadurch große Leistung je Kommissionierer
- optimale Gestaltung der Entnahmeplätze
- Einsatz von Entnahmehilfsmitteln
- leichter Abtransport leerer Ladehilfsmittel.

Nachteile sind:

- direkter Zugriff erschwert
- geringe Flexibilität bei schwankenden Anforderungen
- hoher Investitionsaufwand
- längere Auftragsdurchlaufzeiten.

Sie wird vor allem angewandt bei:

- Entnahmen mit wenigen Einheiten je Auftrag
- Verzicht auf Eilaufträge
- gleichmäßiger Auslastung.

05. Welche Möglichkeiten der Fortbewegung werden unterschieden?

Unterschieden wird zwischen:

- eindimensional: Der Kommissionierer bewegt sich auf einer Fläche und kommissioniert nur in einem begrenzen Bereich.
- mehr-(zwei-)dimensional: Der Kommissionierer bewegt sich horizontal und vertikal unter Nutzung verschiedener Hilfsmittel, wodurch der Zugriffbereich erweitert wird. Dies gilt auch dann, wenn lediglich eine Leiter benutzt wird.

06. Welche Hilfsmittel kennt die zweidimensionale Fortbewegung?

Einfache Hilfsmittel sind Leitern, mit denen in einer Höhe von bis zu 4 m gearbeitet werden kann. Die Arbeit ist zeitaufwändig, deshalb wird in den oberen Bereichen gewöhnlich Ware mit geringer Umschlaggeschwindigkeit gelagert.

Komfortabler sind elektrisch betriebene Kommissioniergeräte auf Schienen; häufig sind sie mit Bildschirmterminals ausgestattet. Es können Höhen von bis zu 10 m erreicht werden.

07. Wie erfolgt die Entnahme?

Die Entnahme und damit das Greifen aus dem Regalfach erfolgt in Abhängigkeit von der Art der Artikel und der Lagerung:

- manuell für Güter im Sicht- und Greifbereich, was geringen Investitionsaufwand, aber hohe Personalkosten verursacht
- mechanisch unter Einsatz von Menschen bedienter Einrichtungen wie Gabelstapler oder Regalbediengeräten, wodurch die Personalkosten erheblich gesenkt werden können, aber der Investitionsaufwand steigt. Genormte Hilfsmitte sind notwendig.
- automatisch mithilfe von Kommissionierrobotern und -automaten, wodurch die Leistung erhöht und die Fehlerrate minimiert wird. Einheitliche Verpackungsart ist notwendig.

08. Wie erfolgt die Abgabe?

Als Abgabe wird die Form der Weitergabe an die nächste Stelle bezeichnet. Sie erfolgt:

- zentral, wobei der Kommissionierer die Güter in Kommissionierbehälter ablegt und sie dann in einem Sammelbehälter zur Verpackung übergibt
- dezentral, wobei der Kommissionierer das entnommene Gut auf ein Förderband legt, das die Güter zur Sammelstelle befördert
- im Pick-Pack-Verfahren, bei dem gleichzeitig mit der Kommissionierung die Verpackung erfolgt. Der Kommissionierer legt das entnommene Gut in ein Packstück.

09. Welche Vorteile hat das Pick-Pack-Verfahren?

Vorteile sind:

- das Gut wird kundengerecht vorverpackt, sodass weitere Verpackung entfällt
- Kosteneinsparung im Verpackungsbereich
- Auswahl des Packmittels erfolgt bereits vor der Kommissionierung.

10. Was muss bei der Kontrolle geregelt werden?

Zu regeln sind:

- Zeitpunkt der Kontrolle (bei Entnahme oder vor dem Verpacken)
- Kontrollperson (Selbst- oder Fremdkontrolle)
- Umfang (100 %- oder Stichprobenkontrolle)
- Kontrollart (manuell oder automatisch).

11. Welche automatischen Kontrollen werden unterschieden?

Unterschieden werden:

- Überprüfung per Strichcode mit Scanner
- Einlesen mittels RFID-Transponder
- Gewichtskontrolle
- optische Kontrolle mittels Kamera (Vergleich des kommissionierten Guts mit dem Bild des Guts im Rechner).

2.3.1.3 Organisationssystem

01. Was gehört zum Organisationssystem?

Zum Organisationssystem gehören:

- Einteilung in Kommissionierzonen
- Wegstrategien
- Kommissioniermethoden.

02. Wonach können die Kommissionierzonen eingeteilt werden?

Die Einteilung kann erfolgen nach:

- Eigenschaft der Güter mit den Kriterien:
  - physische Eigenschaften
  - Umschlagmenge
  - besondere Behandlung
- baulichen Gegebenheiten als:
  - einzonige Bereitstellung (Reservelager und Kommissionierung in einer Zone mit den Reserven in den oberen Regalfächern)
  - mehrzonige Bereitstellung (Trennung von Lagerbereich und Kommissionierung).

03. Welche Wegstrategien werden unterschieden?

Zur Zeitersparnis sollten die Wege möglichst kurz sein. Als Strategien werden unterschieden:

- Stichgangstrategie, bei der der Gang nur bis zum hintersten Lagerplatz, der bewegt wird, durchlaufen wird
- Rundgangstrategie, bei der alle Gänge schleifenförmig durchlaufen werden.

04. Wie ist die Stichgangstrategie zu bewerten?

Gänge, in denen nicht entnommen wird, werden übersprungen. Werden die Fahrzeuge vor den Gängen abgestellt, können die Gänge verschmälert werden. Diese Strategie ist besonders geeignet:

- bei wenigen Positionen je Auftrag
- bei unterschiedlicher Umschlaggeschwindigkeit, wobei die Güter mit geringer Geschwindigkeit hinten eingelagert werden.

05. Wie ist die Rundgangstrategie zu bewerten?

Sie ist besonders geeignet, wenn:

- viele Güter aus unterschiedlichen Gängen entnommen werden
- Güter ähnliche Umschlaggeschwindigkeiten haben.

Es gibt keine Gangwiederholungen. Allerdings sollten Leerfahrten (Gänge, die durchlaufen werden, ohne Güter zu entnehmen) vermieden werden.

06. Welche Kommissioniermethoden werden unterschieden?

Kommissioniermethoden sind:

- auftragsorientiert seriell ohne Übergabestation
- auftragsorientiert seriell mit Übergabestation

- auftragsorientiert parallel
- serienorientiert parallel.

07. Wie wird auftragsorientiert seriell ohne Übergabestation kommissioniert?

Einzelne Aufträge werden vom jeweiligen Kommissionierer in den Lagerzonen nacheinander vollständig bearbeitet, d. h. der Kommissionierer führt den Auftrag alleine aus.

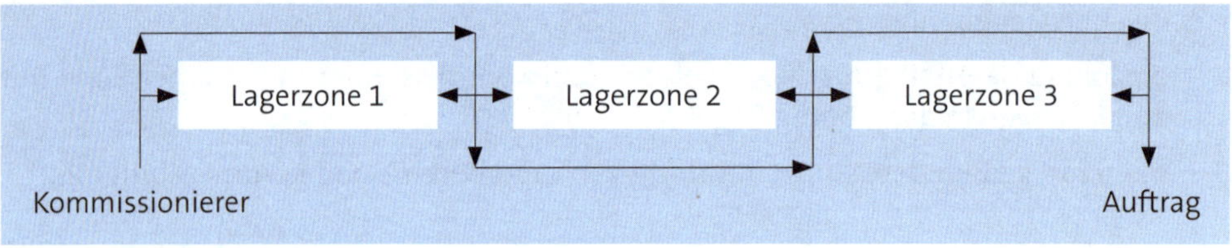

08. Welche Vor- und Nachteile hat die auftragsorientierte serielle Kommissionierung ohne Übergabestation?

Vorteile sind:

- einfache Festlegung der Verantwortung
- wenig organisatorische Vorbereitung.

Nachteile sind:

- lange Durchlaufzeiten
- lange Kommissionierwege.

09. Wie wird auftragsorientiert seriell mit Übergabestation kommissioniert?

Die Aufträge werden hintereinander vollständig bearbeitet, in diesem Fall aber von mehreren Kommissionieren, die jeweils für eine Lagerzone zuständig sind. Sie legen das kommissionierte Gut nach Entnahme in der Lagerzone auf eine Übergabestation, wo sie vom nächsten Kommissionierer übernommen und in dessen Lagerzone weiterbearbeitet wird.

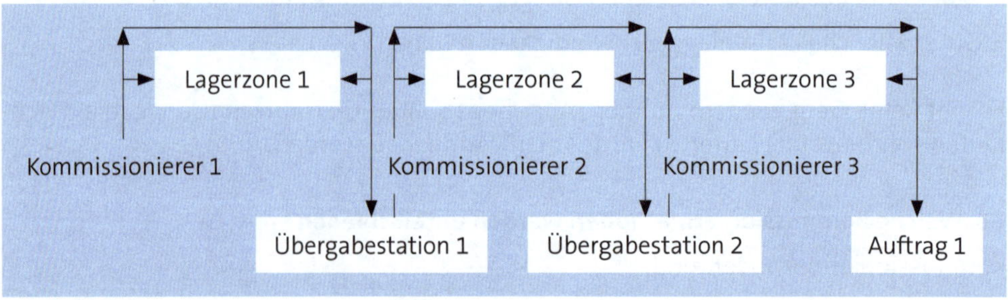

10. Welche Vor- und Nachteile hat die auftragsorientierte serielle Kommissionierung mit Übergabestation?

Vorteile sind:

- der Kommissionierer ist spezialisiert auf seine Lagerzone
- dadurch weniger Suchaufwand.

Nachteile sind:

- unterschiedliche Auslastung der Kommissionierer bei ungleicher Entnahmezahl in den Lagerzonen
- dadurch Wartezeiten
- dadurch sinkende Kommissionierleistung.

11. Wie wird auftragsorientiert parallel kommissioniert?

Der Kundenauftrag wird in Teilaufträge je Lagerzone zerlegt. Dadurch können die Kommissionierer in ihren jeweiligen Lagerzonen gleichzeitig arbeiten. Zuletzt werden die kommissionierten Teilaufträge zum Gesamtauftrag zusammengefasst.

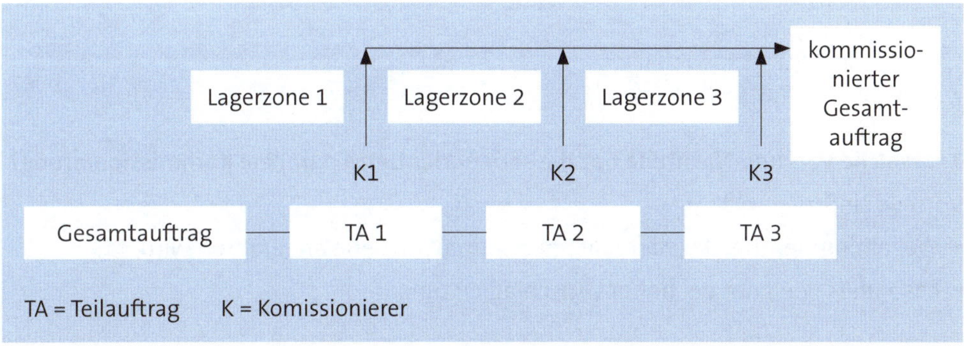

12. Welche Vor- und Nachteile hat die auftragsorientierte parallele Kommissionierung?

Vorteile sind:

- schnelle Kommissionierung durch gleichzeitige Bearbeitung in den Lagerzonen
- bessere Kapazitätsauslastung in den Lagerzonen.

Nachteile sind:

- aufwändige Auftragserteilung, da zunächst der Auftrag zerlegt werden muss
- ungleichmäßige Auslastung in den Lagerzonen bezogen auf den Gesamtauftrag.

13. Wie wird serienorientiert parallel kommissioniert?

Die eingehenden Aufträge werden zunächst zu einer Serie zusammengefasst. Danach werden aus der gesamten Serie die einzelnen Auftragspositionen auf die einzelnen Lagerzonen aufgeteilt (1. Kommissionierstufe). Dadurch werden, falls ein Artikel in mehreren Aufträgen enthalten ist, Sammelentnahmen durchgeführt. Nach der nach Lagerzonen aufgeteilten Entnahme werden die Artikel auf die einzelnen Aufträge aufgeteilt (2. Kommissionierstufe).

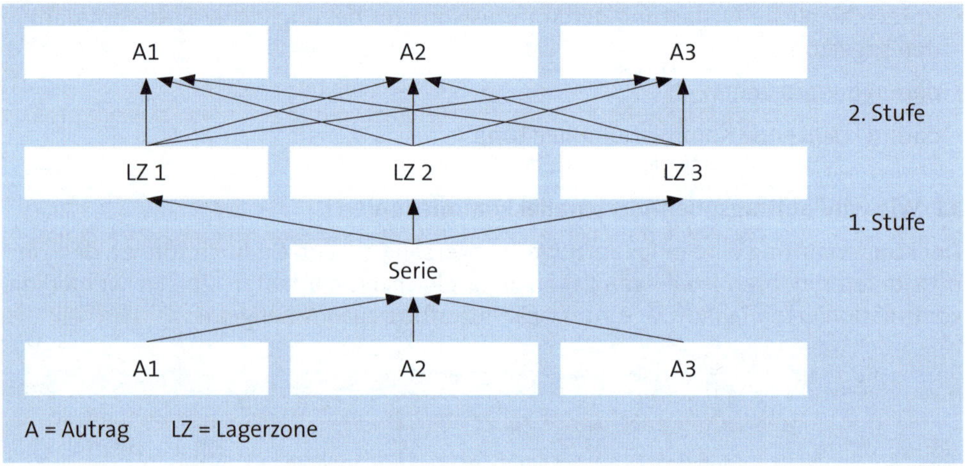

14. Welche Vor- und Nachteile hat die serienorientierte parallele Kommissionierung?

Vorteile sind:

- Wegeminimierung, da jeder Platz nur einmal pro Serie angefahren wird
- besonders geeignet bei hoher Umschlagleistung.

Nachteile sind:

- aufwändige Vorbereitung
- Aufwand für die Verteilung auf die einzelnen Aufträge
- DV-Stützung notwendig.

15. Wodurch unterscheidet sich das konventionelle vom beleglosen Kommissionieren?

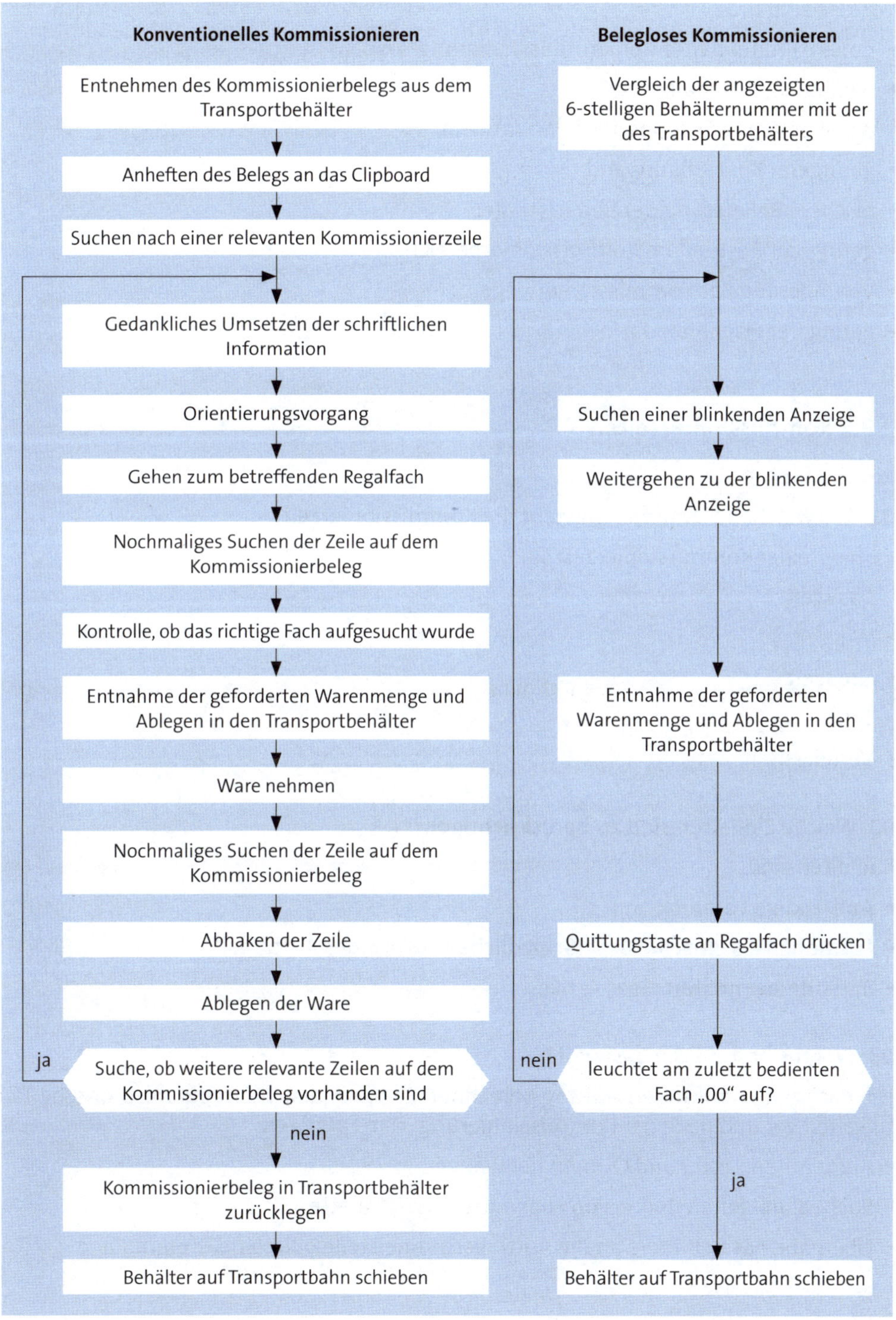

Quelle: *Schulte*, 2013, S. 280

16. Welche Vorteile hat das beleglose Kommissionieren?

Vorteile sind u. a.:

- höhere Produktivität der Kommissionierung
- niedrigere Personalkosten
- weniger Verwechslungen bei den Artikeln
- geringerer Kontrollaufwand
- raschere Belieferung der Bedarfsträger
- geringerer Bestand im Kommissionierbereich
- Verringerung der Kommissionierwege
- geringerer Flächenbedarf.

2.3.2 Kommissionierzeiten

2.3.2.1 Elemente

01. Aus welchen Elementen besteht die Kommissionierzeit?

Elemente der Kommissionierzeit sind:

- Basiszeit
- Wegzeit
- Greifzeit
- Totzeit
- Verteilzeit.

02. Welche Einheiten sind zu berücksichtigen?

Einheiten sind:

- Auftrag
- Positionen als einzelne unterschiedliche Artikel eines Auftrags
- Entnahmeeinheiten eines Artikels.

03. Woraus besteht die Basiszeit?

Die Basiszeit wird für den Auftrag berechnet. Es handelt sich um organisatorische Tätigkeiten vor und nach der Kommissionierung. Dazu gehören:

- Aufnehmen, Lesen und Ordnen der Belege
- Suchen und Bereitstellen von Hilfsmitteln (z. B. Palette)
- Übergabe des Behälters an die Auftragssammelstelle oder eine Förderanlage.

04. Was ist die Wegzeit?

Die Wegzeit ist die Zeit für den Weg zwischen zwei Entnahmestellen, berechnet pro Position. Sie stellt gewöhnlich den größten Zeitanteil dar. Berechnet wird sie als Durchschnittszeit zwischen zwei Entnahmestellen, multipliziert mit den Zahl der Positionen eines Auftrags.

05. Was gehört zur Greifzeit?

Die Greifzeit ist die Entnahmezeit (Pickzeit) pro Entnahmeeinheit und setzt sich zusammen aus:

- der Entnahme aus dem Regal (Hinlangen, Aufnehmen)
- Ablegen des Entnahmeguts in einen Behälter.

Sie hängt ab:

- von der Griffhöhe und Grifftiefe
- vom Gewicht, Volumen, Empfindlichkeit des Guts
- von der Art der Abgabe (Behälter, Förderband).

06. Woraus besteht die Totzeit?

Die Totzeit ist die Zeit, die benötigt wird, um während der Kommissionierung vor- und nachbereitende Tätigkeiten am Regalfach auszuüben, berechnet pro Position. Sie besteht aus:

- Suchen des Artikels
- Kontrollieren, Zählen, Vergleichen der entnommenen Artikel am Regal
- Beschriftungen vornehmen (z. B. auf der Lagerfachkarte)
- Anbruch der Verpackung zur Entnahme einzelner Artikel.

07. Woraus besteht die Verteilzeit?

Die Verteilzeit als nicht produktive Zeit, bei der also nicht im Sinne des Kommissionierauftrags gearbeitet wird, gliedert sich in:

- sachliche Verteilzeit
- persönliche Verteilzeit.

Sie wird für den Auftrag ermittelt.

08. Was versteht man unter sachlicher Verteilzeit?

Bei der sachlichen Verteilzeit handelt es sich um außerplanmäßige Arbeiten, die durch den Betrieb verursacht werden. Dazu gehört die Wartezeit auf:

- den nächsten Auftrag
- das nächste Fördermittel
- notwendige Informationen.

09. Was wird unter persönlicher Verteilzeit verstanden?

Bei der persönlichen Verteilzeit handelt es sich um außerplanmäßige Aktivitäten, die durch die Person des Mitarbeiters verursacht werden. Dazu gehören:

- der Toilettengang
- der Gang zum Betriebsrat
- evtl. Hygieneaufgaben (z. B. Handreinigung)
- evtl. Scheinarbeit.

2.3.2.2 Optimierungsmöglichkeiten

01. Wie kann die Kommissionierzeit optimiert werden?

Zur Optimierung müssen die Zeiten der einzelnen Elemente der Kommissionierzeit verkürzt werden, um konkurrenzfähig zu sein. Die Verkürzung kann erfolgen durch

- technische
- bauliche
- organisatorische

Maßnahmen.

02. Wie kann die Basiszeit verkürzt werden?

Die Basiszeit kann verkürzt werden durch:

- vollständige, gut lesbare Belege
- Bereitstellung der Hilfsmittel ohne Verzögerung
- reibungslose Zusammenführung der kommissionierten Teilaufträge zum Gesamtauftrag.

03. Wie kann die Wegzeit verkürzt werden?

Die Wegzeit kann verkürzt werden durch:

- Vermeidung von Fehlwegen
- Verwendung von Durchlaufregalen
- gute Ortskenntnis
- höhere Artikelkonzentration (geringere Stirnfläche) im Regal
- Lagerung häufig benötigter Artikel am Regalanfang
- Zusammenführung mehrerer Aufträge zu einer Serie
- Einsatz leistungsfähiger Fahrzeuge.

04. Wie kann die Greifzeit verkürzt werden?

Die Greifzeit kann verkürzt werden durch:

- belegloses Kommissionieren
- Einsatz erfahrener Kommissionierer
- ergonomische Bauweise der Regale
- ergonomische Gestaltung des Entnahmevorgangs
- Lagern von Artikeln mit hoher Umschlaggeschwindigkeit in Greifhöhe.

05. Wie kann die Totzeit verkürzt werden?

Die Totzeit kann verkürzt werden durch:

- gute Beschriftungen
- automatisches Zählen (z. B. Zählwaage)
- Einlegung in Vorverpackung in unterschiedlichen Mengeneinheiten
- kein Anbruch, sondern nur Entnahme ganzer Einheiten.

06. Wie kann die Verteilzeit verkürzt werden?

Die Verteilzeit kann verkürzt werden durch:

- bessere Arbeitsplatzgestaltung
- Motivation der Mitarbeiter
- ein Lohnsystem mit Leistungsanreizen (z. B. Akkord, Geschwindigkeitsprämie im Zuge einer Prämienentlohnung)
- flexible Arbeitszeiten
- optimaler Einsatz der vorhandenen Kapazitäten
- Verhinderung von Wartezeiten
- Verbindung von Wartezeiten und Zeitflexibilisierung für die Mitarbeiter.

2.3.3 Produktivitätskennzahlen

01. Was besagen Produktivitätskennzahlen?

Kennzahlen informieren über zahlenmäßig erfassbare betriebswirtschaftliche Zusammenhänge, z. B. Servicegrad, Zeitfragen. Produktivitätskennzahlen stellen das Verhältnis zwischen Input und Output dar (z. B. Kommissionierleistung je Stunde). Wirtschaftlichkeitskennzahlen befassen sich dagegen mit dem Verhältnis zwischen Aufwand und Ertrag (z. B. Kommissionierkosten je Position).

02. Wann sind Kennzahlen aussagefähig?

Kennzahlen sind aussagefähig als:

- Zeitvergleich (jeweils gleiche Zeitabstände werden verglichen)
- Betriebsvergleich (Vergleich mit anderen Betrieben)
- Branchenvergleich (Vergleich der eigenen Werte mit dem Verbandsdurchschnitt).

2.3.3.1 Kommissionierleistung

01. Welche Einflussfaktoren wirken auf die Kommissionierleistung ein?

Auf die Kommissionierleistung wirken ein:

- sachliche Faktoren:
  - Güterart
  - Art des angewandten Regalsysteme
  - genutzte Methoden und Strategien
  - Art der Organisation
  - eingesetzte Fördermittel
  - Umfang des Auftrags
- persönliche Faktoren:
  - Qualifikation der Mitarbeiter
  - Motivation der Mitarbeiter
  - Betriebsklima
  - Führungsverhalten.

02. Welche Kennzahlen machen eine Aussage über die Kommissionierleistung (KL)?

Kennzahlen sind:

$$\text{KL bezogen auf Positionen} = \frac{\text{Zahl der Positionen}}{\text{Stunden}}$$

$$\text{KL bezogen auf Entnahmen} = \frac{\text{Zahl der Entnahmen}}{\text{Stunden}}$$

$$\text{Servicegrad je Geschäftstag} = \frac{\text{erledigte Aufträge}}{\text{eingegangene Aufträge}}$$

Die Betrachtung der Mengengrößen ist nur dann sinnvoll, wenn im Kommissionierbereich eine hohe Auslastung herrscht, denn Kommissionierung ist nur möglich, wenn Aufträge vorliegen. Der Servicegrad dagegen stellt die Leistung für den Kunden in den Vordergrund.

$$\text{Theoretische KL/Stunde} = \frac{\text{3.600 Sekunden}}{\text{KL in Sekunden/Position}}$$

2.3.3.2 Fehlerquote

01. Wann liegen Fehler in der Kommissionierung vor?

Fehler liegen vor, wenn die Qualität nicht eingehalten ist. Qualität der Kommissionierung bedeutet, dass

- die richtigen Artikel
- in richtiger Menge
- im richtigen Zustand

an den Kunden bzw. internen Bedarfsträger versandt werden. Damit werden Retouren, Garantiereparaturen und Rückrufaktionen vermieden.

02. Welche Fehler stehen im Vordergrund?

Im Vordergrund stehen:

- Typenfehler: falscher Artikel
- Mengenfehler: zu große oder zu kleine Anzahl
- Auslassungsfehler: Positionen werden übersehen
- Zustandsfehler: Beschädigung durch die Kommissionierer.

03. Wo liegen die Ursachen für Kommissionierfehler?

Ursachen sind organisatorischer oder persönlicher Art.

Organisatorische Ursachen sind:

- fehlende Übersicht
- schlecht lesbarer Auftrag
- schlechte Beschriftung
- Ausfall der Technik.

Persönliche Ursachen sind:

- fehlende Konzentration
- fehlendes Verantwortungsgefühl
- geringe Kenntnisse der Abläufe, Arbeitsmittel und Waren.

04. Welche wirtschaftlichen Folgen haben Kommissionierfehler?

Wirtschaftliche Folgen sind u. a.:

- unzufriedene Kunden
- Kosten für Maßnahmen zur Beseitigung des Image-Verlusts
- Leerkosten durch Produktionsausfall
- Kosten für Retouren
- Kosten für Nachlieferung
- zusätzliche Kommissionierkosten durch Nachholvorgänge.

05. Wie können Kommissionierfehler vermieden werden?

Maßnahmen zur Vermeidung von Kommissionierfehlern sind u. a.:

- Einführung belegloser Kommissionierung
- Qualifizierung der Mitarbeiter
- Anreize für fehlerfreie Arbeit
- Anreiz für rasche Arbeit
- Kontrollstellen im Ablauf vorsehen
- Selbstverantwortung.

06. Durch welche Kennzahlen kann die Kommissionierqualität festgestellt werden?

Festgestellt werden kann die Kommissionierqualität durch die Fehlerquote in Prozent:

$$\frac{\text{Zahl der fehlerhaften Positionen} \cdot 100}{\text{Zahl der gesamten kommissionierten Positionen}}$$

2.3.3.3 Kommissionierkosten

01. Welche Kosten gehören zu den Kommissionierkosten?

Kommissionierkosten sind u. a.:

- Raumkosten
- Personalkosten
- Reinigungskosten

- Abschreibungen
- Kosten für Energie
- Wartungs- und Reparaturkosten.

02. Welche Kennzahlen befassen sich mit den Kommissionierkosten?

Kennzahlen sind:

$$\text{Kommissionierkosten je Kommissionierauftrag} = \frac{\text{Gesamte Kommissionierkosten}}{\text{Zahl der Kommissionieraufträge}}$$

$$\text{Kommissionierkosten je Position} = \frac{\text{Gesamte Kommissionierkosten}}{\text{Zahl der Positionen}}$$

oder

$$\frac{\text{Kosten je Stunde}}{\text{Kommissionierleistung je Stunde}}$$

$$\text{Kommissionierkosten je Mitarbeiter} = \frac{\text{Personalkosten der Kommissionierung}}{\text{Zahl der Kommissionierer}}$$

$$\text{Kommissionierkosten je Einsatzstunde} = \frac{\text{Personalkosten der Kommissionierer}}{\text{Zahl der Einsatzstunden}}$$

$$\text{Personalkosten je Auftrag} = \frac{\text{Personalkosten der Kommissionierer}}{\text{Zahl der Kommissionieraufträge}}$$

$$\text{Personalkosten je Position} = \frac{\text{Personalkosten der Kommissionierer}}{\text{Zahl der Positionen}}$$

$$\text{Anteil der Kommissionierkosten am Umsatz in Prozent} = \frac{\text{Kommissionierkosten} \cdot 100}{\text{Umsatz}}$$

2.3.3.4 Weitere Kennzahlen

01. Welche weiteren Kennzahlen gibt es?

Weitere Kennzahlen sind:

$$\text{effektive Kommissionierleistung} = \text{theoretische Kommissionierleistung} \cdot \text{Verfügbarkeit} \cdot \text{Auslastung}$$

Verfügbarkeit: Grad der Einsatzbereitschaft des Kommissioniersystems in Abhängigkeit von der Qualität und Produktivität des Systems

Auslastung : maximaler Auslastungsgrad

$$\text{durchschnittliche Anzahl der Kommissionierpositionen je Auftrag} = \frac{\text{Gesamtzahl der Kommissionierpositionen}}{\text{Zahl der Aufträge}}$$

$$\text{Kapazitätsauslastung der Kommissionierleistung in Prozent} = \frac{\text{Durchschnitt in Anspruch genommener Kommissionierleistung in Arbeitsstunden} \cdot 100}{\text{vorhandene Kommissionierleistung in Arbeitsstunden}}$$

$$\text{Termintreue in Prozent} = \frac{\text{Zahl termingerecht ausgelieferter Aufträge} \cdot 100}{\text{Gesamtzahl der Aufträge}}$$

$$\text{Kommissionierrückstände in Prozent} = \frac{\text{nicht rechtzeitig ausgelieferte Aufträge} \cdot 100}{\text{Gesamtzahl der Aufträge}}$$

$$\text{Lieferbereitschaftsgrad in Prozent} = \frac{\text{Zahl sofort ausgelieferter Aufträge} \cdot 100}{\text{Gesamtzahl der Aufträge}}$$

2.4 Auswählen der Versandart und Festlegung der Verpackung

2.4.1 Vorgaben und Rahmenbedingungen

2.4.1.1 Vorgaben

01. Welche Vorgaben bestimmen die Versandart?

Wesentliche Vorgaben sind:

- Kundenanforderungen
- Güterarten/-eigenschaften
- Menge, Gewicht, Volumen
- Kosten.

02. Welche Kundenanforderungen sind zu beachten?

Kundenanforderungen sind:

- Terminvorgabe
- Pünktlichkeit
- Schnelligkeit
- vertragliche Vereinbarungen
- besondere Verpackung
- Sicherheit
- Flexibilität
- Kapazität
- Umweltverträglichkeit
- Zusatzleistungen.

03. Welche vertraglichen Vereinbarungen können vorliegen?

Vertragliche Vereinbarungen können sein:

- Lieferart
- Anwendung der Incoterms®
- Regelung des Gefahrübergangs
- Festlegung des Gerichtsstands
- evtl. Vereinbarung eines Schiedsgerichtsverfahrens.

04. Welche Zusatzleistungen können anfallen?

Zusatzleistungen (auch Mehrwertdienstleistungen oder Value Added Services genannt) können sein:

- Tracking and Tracing (Sendungsverfolgung)
- einfache Montageleistungen (z. B. Umbau asiatischer Fahrzeuge für den deutschen Markt)
- Verpackungsservice
- Retourenlogistik
- Entsorgung von Altgeräten.

05. Was sind die Incoterms®?

Incoterms® (International Commercial Terms) sind international normierte Klauseln, die den zwischenstaatlichen Bereich regeln. Da sie nicht automatisch gelten, müssen sie vertraglich festgelegt werden. Herausgeber ist die Internationale Handelskammer (ICC) in Paris. Die Incoterms® helfen bei einer einheitlichen Auslegung handelsüblicher Vertragsformeln. Es gelten die Incoterms® 2010, deren Anwendung nun auch für den innerdeutschen Handel empfohlen wird.

06. Was regeln die Incoterms® in erster Linie?

Geregelt werden u. a.:

- Wer übernimmt die Frachtkosten?
- Wo ist der Gefahrübergang? Wer ist belastet durch den zufälligen Untergang einer Leistung, d. h. ohne Verschulden eines der Beteiligten
- Wer versichert?
- Wer verzollt?

07. Wie sind die Incoterms® strukturiert?

Es gibt:

- eine E-Formel als Abholklausel: EXW (Ex works)
- drei F-Klauseln, bei denen Kostenübernahme und Gefahr beim Frachtführer übergehen: FCA (Free carrier), FAS (Free alongside ship), FOB (Free on board)
- vier C-Klauseln, bei denen der Verkäufer die Frachtkosten und der Käufer das Risiko trägt: CFR (Cost and freight), CIF (Cost, insurance, freight), CPT (Carriage paid to ...), CIP (Carriage and insurance paid to ...)
- drei D-Klauseln als Ankunftsklauseln: DAT (Delivered at terminal ...), DAP (Delivered at place ...), DDP (Delivered duty paid).

08. Wer übernimmt bei den Incoterms® die einzelnen Leistungen?

	EXW	FCA	FAS	FOB	CFR	CIF	DAT	DAP	CPT	CIP	DDP
Verladen auf Transportmittel	nein	ja	ja	ja	ja	ja	ja	ja	ja	ja	ja
Export-Zoll anmeldung	nein	ja	ja	ja	ja	ja	ja	ja	ja	ja	ja
Transport zum Exporthafen	nein	nein	ja	ja	ja	ja	ja	ja	ja	ja	ja
Entladen des Lkw im Exporthafen	nein	nein	ja	ja	ja	ja	ja	ja	ja	ja	ja
Ladegebühren im Exporthafen	nein	nein	nein	ja	ja	ja	ja	ja	ja	ja	ja
Transport zum Importhafen	nein	nein	nein	nein	ja	ja	ja	ja	ja	ja	ja
Entladegebühren im Importhafen	nein	nein	nein	nein	nein	nein	ja	ja	ja	ja	ja
Verladen auf Lkw im Importhafen	nein	nein	nein	nein	nein	nein	nein	ja	ja	ja	ja
Transport zum Zielort	nein	nein	nein	nein	nein	nein	nein	ja	ja	ja	ja
Einfuhr Verzollung	nein	nein	nein	nein	nein	nein	nein	nein	nein	nein	ja
Einfuhr Versteuerung	nein	nein	nein	nein	nein	ja	ja	ja	nein	ja	nein

Quelle: *Wikipedia*

09. Welche Güter bzw. Gütereigenschaften spielen eine besondere Rolle?

Eine besondere Rolle spielen:

- Gefahrgut
- sonstige gefährliche Güter
- verschiedene Aggregatzustände
- bestimmte notwendige Temperaturen.

10. Welche Kosten spielen eine Rolle?

Kosten sind u. a.:

- Frachtkosten
- Versicherungsgebühren
- Verladekosten
- Standgebühren
- Verpackungskosten.

2.4.1.2 Fachbegriffe der Verkehrswirtschaft

01. Welche Fachbegriffe werden unterschieden?

Fachbegriffe sind:

- Verkehr
- Verkehrsmittel
- Verkehrswege
- Verkehrsträger
- Verkehrsbetriebe
- Güterverkehrsleistungen.

02. Was wird unter Verkehr verstanden?

Verkehr ist der Transport von Verkehrsobjekten (Güter, Personen, Nachrichten, Zahlungen). Unterschieden werden:

- Güterverkehr
- Personenverkehr
- Nachrichtenverkehr (u. a. Internet, Presse, Rundfunk, Fernsehen)
- Zahlungsverkehr (Banken).

03. Welche Verkehrsmittel werden unterschieden?

Verkehrsmittel sind bewegliche technische Einrichtungen zur Raumüberbrückung. Hierzu zählen:

- Lkw
- Eisenbahn
- Schiffe (Binnen- und Seeschiffe)
- Flugzeuge
- Pipelines.

04. Welche Verkehrswege werden unterschieden?

Verkehrswege sind u. a.:

- Straßen
- Autobahnen
- Parkplätze
- Brücken
- Schienenwege
- Flüsse
- Kanäle
- Seeschiffswege
- Häfen
- Luftwege
- Flughäfen.

05. Was sind Verkehrsträger?

Verkehrsträger sind die Gesamtheit gleichartiger Betriebe, die dieselben Verkehrsmittel und Verkehrswege nutzen. Dazu gehören:

- Straßengüterverkehr
- Eisenbahnverkehr
- Binnenschifffahrt
- Seeschifffahrt
- Luftverkehr.

06. Was sind Verkehrsbetriebe?

Verkehrsbetriebe führen Transportleistungen direkt (Frachtführer) und indirekt (Spediteur) aus. Hier handelt es sich um die kaufmännisch eingerichteten Geschäftsbetriebe, die nach erwerbswirtschaftlichen Prinzipien arbeiten und eine eigene Rechtspersönlichkeit haben. Hierzu gehören auch Lagerhalter und Logistikdienstleister.

07. Wie werden Güterverkehrsleistungen gemessen?

Bei der Messung der Güterverkehrsleistung werden sowohl das Gewicht des Transportguts als auch die Entfernung berücksichtigt; gemessen wird in Tonnenkilometern (tkm), also

Menge in t • Weg in km

Gemäß Statistischem Bundesamt ergibt sich für die Jahre 2009 bis 2012 folgende Übersicht:

Verkehrsleistung Güterbeförderung

	2011	2012	2013	2014 vorläufig
	Beförderungsmenge in 1.000 Tonnen			
Eisenbahnverkehr	374.737	366.140	373.738	364.900
Binnenschifffahrt	221.966	223.170	226.864	228.600
Seeverkehr	292.788	295.103	293.999	301.000
Luftverkehr	4.436	4.317	4.315	4.400
Rohöl-Rohrleitungen	86.572	87.898	87.332	87.500
Straßengüterverkehr	3.390.500	3.306.700	3.366.700	3.499.200

	2011	2012	2013	2014 vorläufig
	Beförderungsleistung in Millionen Tonnenkilometern			
Eisenbahnverkehr	113.317	110.065	112.613	112.600
Binnenschifffahrt	55.027	58.488	60.070	59.300
Rohöl-Rohrleitungen	15.623	16.207	18.180	17.500
Straßengüterverkehr	457.600	447.000	452.900	467.500

2.4.2 Versandart

2.4.2.1 Transportweg/Verkehrsweg

01. Was charakterisiert den Transportweg Straße?

Das Straßennetz ist in Europa sehr intensiv ausgebaut, allerdings mit Schwächen in Osteuropa; heute wird über den schlechten Zustand der Autobahnen, sowie der Bundes- und Landstraßen in Deutschland als Standortnachteil geklagt. Da alle Betriebe erreichbar sind, kommt in erster Linie der Haus-zu-Haus-Verkehr zum Zuge.

02. Was charakterisiert den Transportweg Schiene?

Die Dichte des Schienennetzes ist gegenüber der Straße relativ gering, in Deutschland sogar eher mit abnehmender Tendenz. Anders als in einem Teil der Nachbarländer sind kaum spezielle Gütertrassen in Vorbereitung. Im Haus-zu-Haus-Verkehr ist die Schiene bei Massengütern besonders leistungsfähig. Allerdings sind die meisten Betriebe nicht mit dem Schienennetz verbunden, die Zahl der Gleisanschlüsse ist sogar zurückgegangen.

03. Was charakterisiert die Binnenwasserwege?

Die Binnenwasserwege verbinden die unterschiedlichen Zentren. Die Flüsse sind zunehmend den Einflüssen extremer Witterung ausgesetzt (Hochwasser, Niedrigwasser), die Kanäle leiden unter veralteten Schleusen, die den Verkehr immer mehr behindern. Massengüter, aber auch Container, sind gut für den Transport geeignet. Allerdings ist man an die Binnenhäfen gebunden, nur sehr wenige Betriebe verfügen über einen Wasseranschluss.

04. Was charakterisiert die Seewege?

Die Seewege dienen vor allem dem internationalen Güterverkehr über weite Strecken, teilweise ohne Alternative. Vor allem durch den Einsatz der Container haben die Seewege an Bedeutung zugenommen. Gewöhnlich wird der Seetransport mit weiteren Transportwegen kombiniert. Die natürlichen Seewege werden durch Kanäle ergänzt (Nord-Ostsee-Kanal, Panamakanal, Suezkanal). Die Schiffe verkehren meist auf international festgelegten Routen.

05. Was charakterisiert die Luftwege?

Die internationalen Luftwege sind festgelegt und werden überwacht; man spricht deshalb auch von Luftkorridoren. Die Luftwege werden vor allem dann genutzt, wenn schnell große Entfernungen (z. B. Blumen) mit hoher Zuverlässigkeit (z. B. Kunstwerke) überbrückt werden sollen. Dagegen ist der Transport vom Massen- und Großgütern nicht geeignet. Die Netzdichte ist größer als bei der Seeschifffahrt.

2.4.2.2 Wahl des Verkehrsträgers

01. Nach welchen Kriterien werden die Verkehrsträger ausgewählt?

Auswahlkriterien sind nach *Schulte (bei Ehrmann, 2012)*:

- rechtliche Kriterien
- Infrastruktur
- Kostenkriterien
- Leistungskriterien.

02. Was gehört zu den rechtlichen Kriterien?

Rechtliche Kriterien sind:

- Gesetze und Verordnungen im Straßenverkehr
- Fahrverbote zu bestimmten Zeiten
- Umweltschutzregelungen
- Regelung der Steuern und Abgaben (z. B. Maut)
- Gefahrgutvorschriften
- Anliegerrechte
- staatliche Tarifeinflüsse.

03. Was gehört zur Infrastruktur?

Zur Infrastruktur gehören:

- Straßennetz
- Schienennetz
- Gewerbepolitik
- Anbindung der Standorte
- Klima- und Witterungsverhältnisse
- Gefährdungen durch die Natur (z. B. Überschwemmungen, Erdbeben)
- Einstellung der Bevölkerung.

04. Welche Kostenkriterien gibt es?

Kostenkriterien sind u. a.:

- Frachtkosten
- Straßenbenutzungsgebühren
- Standgelder
- Hafengebühren
- Zölle
- Handlingkosten.

05. Welche Leistungskriterien gibt es?

Zu den Leistungskriterien gehören:

- Transportzeit
- Transportfrequenz
- technische Eignung der Transportart
- Flexibilität
- Zuverlässigkeit
- Nebenleistungen
- Anfangs- und Endpunkte der Transportart
- Vernetzungsfähigkeit.

2.4.3 Verpackung

01. Welche Begriffe unterscheidet die Verpackungsverordnung?

Gemäß DIN 55405 und Verpackungsverordnung werden unterschieden:

- Packgut: Produkte, die verpackt werden
- Packmittel: Material der Packmittel und Packhilfsmittel
- Packmittel: Gegenstand, der das Packgut aufnimmt

- Packhilfsmittel: Materialien, die das Packmittel ergänzen
- Verpackung: Packmittel und Packhilfsmittel
- Packung: Packgut und Verpackung
- Packstück: Packung, die besonders für den Transport geeignet ist.

02. Welche Verpackungsarten werden unterschieden?

Verpackungsarten sind:

- Transportverpackung, die den Transport ermöglicht (z. B. Palette, Container, Kiste)
- Verkaufsverpackung, die den Verkaufsvorgang unterstützt (z. B. Schachtel, Dose, Flasche, Tube)
- Umverpackung als zusätzliche Verpackung, um meistens mehrere Verkaufsverpackungen zu umfassen (z. B. Folien zur Umhüllung mehrerer Packungen).

2.4.3.1 Funktionen der Verpackung

01. Welche Funktionen hat die Verpackung?

Funktionen sind u. a.:

- Schutzfunktion
- Lagerfunktion
- Lade- und Transportfunktion
- Verkehrsfunktion
- Informationsfunktion.

02. Wie wird die Schutzfunktion ausgeübt?

Geschützt werden u. a.:

- das Packgut (z. B. Feuchtigkeit, Verunreinigung, Verlust)
- die Menschen (z. B. Verletzung, Vergiftung)
- die Transportmittel (z. B. Verschmutzung, Beschädigung)
- die Umwelt (z. B. Auslaufen von Flüssigkeiten, giftige Substanzen).

03. Was beinhaltet die Lagerfunktion?

Mit der Lagerfunktion soll

- die Ein- und Auslagerung rationalisiert
- der Lagerraum optimal genutzt (z. B. durch Stapelung)
- bessere Übersichtlichkeit erzielt
- die Ware während der Lagerzeit geschützt

werden.

04. Was soll die Lade- und Transportfunktion bewirken?

Die Lade- und Transportfunktion bewirkt:

- einfachere Be- und Entladung
- optimale Nutzung des Raums in den Transportmitteln
- niedrigere Kosten durch weniger Personal und mehr Ladung auf gleicher Fläche
- Schutz beim Transport.

05. Was bewirkt die Verkaufsfunktion?

Die Verkaufsfunktion ist für das Erscheinungsbild der Ware von großer Bedeutung. Die Verpackung

- ist Werbeträger
- rationalisiert den Verkaufsvorgang (z. B. durch Selbstbedienung).

06. Was besagt die Informationsfunktion?

Es werden:

- Informationen über das Produkt aufgedruckt
- Hinweise zur Handhabung und Warnungen vor Gefahren gegeben
- verschlüsselte Daten (z. B. EAN-Code) aufgedruckt.

2.4.3.2 Beanspruchung der Verpackung

01. Welchen Beanspruchungen ist die Verpackung ausgesetzt?

Beanspruchungen sind:

- mechanischer Art
- klimatischer Art
- chemischer Art
- biologischer Art
- Diebstahlgefahr.

02. Wodurch ergeben sich mechanische Beanspruchungen?

Mechanische Beanspruchungen ergeben sich durch:

- Fall
- Schub
- Stoß
- Druck
- Erschütterung.

03. Welche Faktoren wirken auf den Fall ein?

Faktoren sind:

- Transportweg
- Fallhöhe
- Empfindlichkeit der Ware
- Qualität des Packmittels und Packhilfsmittels.

04. Wie kann dem Fall vorgebeugt werden?

Vorbeugend wirken:

- stabile Packmittel
- stabile Packhilfsmittel (z. B. Luftpolster)
- Verbundstapelung.

05. Welche Gründe gibt es für Beanspruchung durch Schub?

Gründe sind:

- starkes Bremsen
- zu schnelle Kurvenfahrt mit Fliehkraft
- Steigung bzw. Gefälle in der Strecke
- Anfahren.

06. Welche Folgen ergeben sich durch Stoßbeanspruchung?

Folgen sind u. a.:

- Bruch
- Verkratzen
- Auslaufen.

07. Wie kann Beanspruchung durch Druck verringert werden?

Verringerung kann erfolgen durch:

- sauberes Stapeln
- verstärkte Verpackung an Druckstellen
- Schweres wird unten belagert
- der Kranhaken wird an gekennzeichneten Stellen angesetzt.

08. Wie kann Beanspruchung durch Erschütterung verringert werden?

Verringerung kann erfolgen durch:

- stoßsicheres Einpacken
- luftgefederte Dämpfungselemente
- feste Verankerung.

09. Welche klimatischen Beanspruchungen gibt es und wie kann vorgebeugt werden?

Klimatische Beanspruchungen sind:

- geografischer Natur
- witterungsbedingt
- führen zu Schwitz-/Kondenswasser.

Vorgebeugt wird z. B. durch:

- luftdurchlässige Verpackung
- wasserfeste Verpackung
- Trockenmittel.

10. Welche chemische Beanspruchung kann eintreten?

Als chemische Beanspruchung kann Korrosion entstehen. Ursachen sind:

- Seewasser
- Temperaturschwankungen
- Säuren
- Packstoffe, die Wasser anziehen.

11. Welche Schutzmaßnahmen helfen bei Korrosion?

Schutzmaßnahmen sind u. a.:

- dauerhaft:
  - Emaillieren
  - Galvanisieren
  - Feuerverzinken
- vorübergehend:
  - Schutzschicht auftragen (z. B. Schutzöl)
  - Trockenmittel einsetzen (z. B. Aluminiumsilikat)
  - VCI-Verfahren: rosthemmendes Gas legt sich an die Oberfläche und damit entsteht eine Schutzschicht; Ein- und Entkonservieren entfällt.

12. Welche biologische Beanspruchung ergibt sich?

Biologische Beanspruchung ergibt sich durch Schädlinge wie Insekten, Mäuse, Ratten, Schimmelpilze. Dabei sind nicht nur Lebensmittel gefährdet. Schutz ergibt sich vor allem durch:

- Sauberkeit
- Fallen
- Gifte
- dichte Verpackungen.

13. Wie kann Diebstahl vorgebeugt werden?

Vorbeugung vor Diebstahl kann erfolgen durch:

- neutrale Verpackung
- umreifte Packstücke (z. B. mit Stahlband)
- Sicherheitsklebebänder (Siegelbänder)
- Palette mit undurchsichtiger Folie
- abschließbare Packmittel (z. B. Collico).

Erschwert wird Diebstahl auch dann, wenn unbefugtes Öffnen sofort erkennbar ist. Allerdings gibt es keinen absoluten Schutz vor Diebstahl.

2.4.3.3 Arten und Eigenschaften von Packstoffen

01. Welche Packstoffe werden unterschieden?

Unterschieden werden:

- Holz
- Karton
- Pappe
- Papier
- Kunststoff
- Metall
- Glas
- Sonstige.

02. Was bietet Holz als Packstoff?

Holz wächst nach und muss nicht importiert werden. Es ist sehr stabil. Es kann als Vollholz oder in verleimter Form als Sperrholz bzw. Pressholz oder OSB-Holz genutzt werden.

Holz verändert sich durch Wasserdampf, wobei die verleimten Versionen sehr stabil sind. Holz wird verwendet als:

- Holzkiste
- Steige
- Holzpalette
- Verschlag.

03. Welche Möglichkeiten bieten Karton und Pappe?

Karton liegt in der Stärke zwischen Papier und Pappe (150 bis 500 g/m^2). Karton ist kein Packmittel, sondern ein Packstoff, der zu Schachteln verarbeitet werden kann.

Pappe (mehr als 500 g/m^2) wird als Vollpappe (ohne Hohlraum) oder Wellpappe (ein- oder mehrwellig) eingesetzt. Wellpappe besteht aus einer oder mehreren Lagen gewellten Papiers, das auf Karton oder Papier geklebt wird. Dadurch entsteht eine hohe Festigkeit; gleichzeitig werden Stöße gedämpft.

04. Wo liegen die Vorteile von Karton und Pappe?

Vorteile sind:

- geringes Eigengewicht
- zusammenlegbar
- gut bedruckbar
- stapelbar
- wiederverwendbar
- leicht zu entsorgen.

05. Welche Bedeutung hat Papier als Packstoff?

Papier hat eine Stärke von weniger als 150 g/m^2. Papier wird als Seiden-, Druck- und Packpapier eingesetzt. Es fungiert als Tüte, Beutel oder dient der Herstellung von Wellpappe.

06. Welche Bedeutung hat Kunststoff als Packstoff?

Zu den Kunststoffen als Packstoff gehören Thermoplaste (beliebig oft formbar bei Wärme) und Duroplaste (einmalig geformt). Vorteile sind:

- stapelbar
- wiederverwendbar
- leicht zu reinigen
- hygienisch
- zusammenlegbar
- geringes Eigengewicht.

07. Welche Bedeutung hat Metall als Packstoff?

Metall wird meist als Stahl oder Aluminium eingesetzt, wobei Aluminium besonders energieintensiv im Produktionsvorgang ist. Metall lässt sich gut einmalig formen und hat hohe Festigkeit und große Dichtigkeit. Allerdings verändert Metall seine Oberfläche durch Luftfeuchtigkeit und muss behandelt werden. Haupteinsatzgebiet sind Fässer, Eimer und Dosen. Wegen hohen Reinigungsaufwands ist die Wiederverwendung nur begrenzt möglich. Allerdings bestehen durch gute Sortierbarkeit und Einschmelzbarkeit gute Recyclingmöglichkeiten.

08. Welche Bedeutung hat Glas als Packstoff?

Vorteilhaft bei Glas ist:

- geruchsneutral
- geschmacksneutral
- dicht
- wärmebeständig.

Nachteilig ist bei Glas:

- oft nur geringe Festigkeit
- hohes Gewicht
- Verschließmittel notwendig.

Glas wird vor allem bei Lebensmitteln und in der Chemie angewandt. Wiederverwertung erfolgt über Einschmelzung.

09. Welche sonstigen Packstoffe werden unterschieden?

Sonstige Packstoffe sind:

- biologisch abbaubare Stoffe aus nachwachsenden Rohstoffen (z. B. Cellulose)
- textile Stoffe, wie Samt, Leinen , Baumwolle, Velours
- Verbundstoffe, die aus mehreren Schichten, meist unterschiedlichen Materials verklebt sind; dadurch ergeben sich völlig unterschiedliche Eigenschaften (z. B. Festigkeit und Schutz vor Umwelteinflüssen). Die Stoffe haben geringe Herstellungskosten und sind gut recycelbar.

2.4.3.4 Arten und Eigenschaften von Packmitteln

01. Welche Packmittel werden unterschieden?

Packmittel sind:

- Kisten
- Paletten
- Schachteln
- Kleinbehälter
- Großbehälter/Container.

02. Welche Kisten werden unterschieden?

Zu den Kisten gehören:

- Inlandskiste (durch Verstärkung ist Unterfahren möglich)
- Seekiste
- Collico
- Wellpappkiste (geringes Gewicht, zusammenlegbar, wiederverwendbar, gut bedruckbar)
- Verschlag (nicht geschlossen, Konstruktion aus Holzlatten, gute Belüftung).

03. Welche Bedeutung haben Collicos?

Collicos sind zusammenlegbare Behälter aus Aluminium in verschiedenen Größen. Collicos können bei der Firma Collico GmbH gemietet werden. Vorteile sind:

- zusammenlegbar
- umweltfreundlich
- keine Investition, da auf Mietbasis
- kostenlose Rückführung im Niederlassungsnetz von Collico.

04. Was sind Paletten und nach welchen Kriterien können sie unterschieden werden?

Paletten sind für Ladung vorgesehene Platten mit oder ohne Aufbau. Unterscheidungskriterien sind:

- die Größe (z. B. Europalette)
- die Bauart (z. B. Flachpalette)
- die Unterfahrbarkeit (Zwei- oder Vierwegpalette)
- die Verwendbarkeit (Ein- oder Mehrwegpalette)
- der Packstoff (z. B. Holz, Kunststoff).

05. Welche Vorteile bietet die Palette?

Vorteile sind:

- Zusammenfassung kleiner Güter zu größeren Einheiten
- Stapelung der Paletten
- schnelle Bewegung
- Schonung der Umwelt durch Mehrweg
- Bestellvorgänge nach Paletteneinheiten
- Palette als Einheit für den gesamten Warenfluss.

06. Welche Paletten werden unterschieden?

Unterschieden werden:

- Flachpalette: ohne Aufbau, nur mit Füßen/Kufen zum Unterfahren
- Gitterboxpalette mit vier Wänden aus Metall
- Rungenpalette als Flachpalette mit Stützen an den vier Ecken, um auch lange Teile zu transportieren
- Vollwandpalette mit geschlossenen Seitenwänden
- Palettenboxen aus Kunststoff.

07. Welche Bedeutung haben Flachpaletten?

Flachpaletten sind meistens aus Holz. Teurere Versionen sind aus Kunststoff, Aluminium oder Metall. Flachpaletten sind stabil und erlauben große Belastungen. Zu den Flachpaletten gehören:

- Naturholzpalette
- Inka-Palette aus verleimtem Restholz mit geschlossener Oberfläche; dadurch kann sie platzsparend gestapelt werden. Außerdem ist sie ohne Behandlung schädlingsfrei und dadurch gerade für den Export geeignet.
- Kunststoffpalette, die leicht zu reinigen ist und vor allem im Lebensmittelbereich eingesetzt wird.

08. Wie wird die Europalette charakterisiert?

Die Europalette ist die häufigste Flachpalette. Sie ist genormt (Maß, Gewicht, Herstellung) und europaweit einheitlich als EPAL-Palette ausgewiesen. Es gibt folgende Arten (Maße L x B x H):

- Standard-Europalette: 120 cm x 80 cm x 14,4 cm
- Eurohalbpalette: 80 cm x 60 cm x 14,4 cm
- Euroviertelpalette: 60 cm x 40 cm x 14,4 cm.

Folgende Materialgewichte gelten:

- 1 t bei beliebiger Verteilung der Beladung
- 2 t bei vollflächiger gleichmäßiger Verteilung der Beladung.

Die europäischen Eisenbahnunternehmen haben einen Palettenpool aufgebaut, in dem Paletten getauscht werden.

09. Wie erfolgt die Kennzeichnung der Europalette?

Die Kennzeichnung erfolgt an den drei Klötzen der beiden Längsseiten:

- EPAL (European Pallet Association)
- IPPC-Symbol (International Plant Protection Convention)
- Länderkennung (z. B. DE)
- regionale Kennung (z. B. BW)
- Behandlungsmethode (z. B. Hitzebehandlung)
- DB (entrindet)
- verschlüsselte Herstellungsdaten
- EUR.

10. Welche Kennzeichen hat die Gitterbox?

Die Gitterbox besteht aus einer Holzbodenplatte und Aufbau mit vier Wänden aus Baustahlgitter. Besondere Formen sind:

- faltbare Gitterboxpalette
- Gitterbox mit halbhohen Wänden
- vorne offene Gitterbox.

Die Eurogitterbox ist genormt mit den Innenmaßen 120 cm x 80 cm x 80 cm und einer Tragfähigkeit von 1,5 t.

11. Welche besonderen Vorteile hat die Gitterbox?

Vorteile sind:

- hoher Schutz für das Packgut
- Schutz vor seitlicher Beschädigung und Druckgefahr beim Stapeln
- Herunterfallen wird verhindert
- Umreifen zur Sicherung ist nicht notwendig.

12. Was sind Schachteln?

Schachteln sind das häufigste Packmittel. Sie bestehen meist aus Wellpappe; sie werden häufig flach von der Verpackungsindustrie ausgeliefert und erst bei Gebrauch gefaltet. So wird bei Anlieferung und Lagerung der leeren Schachteln Platz gespart.

13. Welche Schachtelarten gibt es?

Schachteln werden gemäß FEFCO-Norm der Hersteller in sechs Gruppen unterteilt:

- Faltschachteln
- Deckelschachteln
- Falthüllen und Trays
- Schiebeschachteln
- formfeste Schachteln
- fertig geklebte Schachteln.

14. Welche Kleinbehälter werden unterschieden?

Kleinbehälter gibt es in verschiedenen Größen und Materialien. Sie können sein:

- faltbar
- klappbar
- stapelbar
- nestbar (ineinandergestapelt)
- rollbar.

Sie sind nicht unterfahrbar.

15. Was sind Container?

Container sind genormte Großbehälter, die beim Transport und zur Lagerhaltung eingesetzt werden. Der Einsatz findet vor allem im kombinierten Verkehr statt. Container sind aus Stahl, einige haben einen Holzboden. Container werden gekauft oder vom Logistikunternehmen geliehen. Container haben unterschiedliche Formen und Größen, je nach Verwendungszweck.

FCL-Container (full container load): Beladen vom Absender auf direktem Weg zum Empfänger. LCL-Container (less than container load): Beladung im Abgangshafen.

Die Beladung des Containers wird häufig als „stuffing", das Entladen als „stripping" bezeichnet.

16. Welche Vorteile hat der Container?

Vorteile sind:

- dauerhaft
- stabil
- Umladen ohne Umpacken der Güter
- unterschiedliche Güter in einem Container transportierbar
- stapelbar
- wiederverwendbar
- evtl. besonders verschließbar.

17. Nach welchen Kriterien können Container unterschieden werden?

Kriterien können sein:

- Größe des Containers
- Container für verschiedene Transportwege
- Bauarten.

18. Welche Container werden nach der Größe unterschieden?

Unterschieden werden vor allem:

- 20-Foot-Container, auch TEU genannt (Twenty-foot-Equivalent-Unit)
- 40-Foot-Container, auch FEU genannt (Fourty-Foot-Equivalent-Unit).

Ladekapazitäten werden häufig in TEU oder FEU ausgedrückt.

19. Welche Container werden nach dem Transportweg unterschieden?

Unterschieden werden:

- Überseecontainer (ISO-Container): Sie sind nicht auf Europalettenmaße und in Europa übliche Lkw-Breiten ausgerichtet. Sie können bis zu neunfach gestapelt werden.
- Binnencontainer, die auf Palettenmaße abgestimmt sind. Sie können aber nur dreifach gestapelt werden. Containerstapler und -kräne können sowohl für Binnen-, als auch für Überseecontainer eingesetzt werden.
- Wechselaufbauten (Wechselbrücken, Wechselbehälter, Wechselkoffer) nutzen (im Gegensatz zum Container) die volle mögliche Lkw-Länge. Sie verfügen über ausklappbare Stützen, sodass sie an jeder Stelle beladen und abgestellt werden können; allerdings sind sie gewöhnlich nicht stapelbar.
- Luftfrachtcontainer, die den Innenraum der Flugzeuge optimal nutzen. Für verschiedene Flugzeugtypen gibt es verschiedene Ausführungen.

20. Welche Containerbauarten gibt es?

Bauarten sind:

- Standardcontainer mit geschlossener Box und ein bis zwei Stirntüren, im Einzelfall Seitentüren
- Hard-Top-Container mit abnehmbarem Dach zur Be- und Entladung mittels Kran
- Open-Top-Container mit abnehmbarer Plane als Dach
- Flat-Rack-Container ohne Seitenwände für überbreite Ladungen
- Flatcontainer ohne Aufbauten mit großer Flexibilität hinsichtlich der Ladung
- ventilierter Container mit passiver Belüftung (Belüftungsschlitze) oder aktiver Belüftung mit Ventilatoren
- Kühlcontainer

- Tankcontainer mit eingebautem Tank für Flüssigkeiten
- Bulk-Container für Schüttgüter mit Einfüllöffnungen im Dach; Entleerung erfolgt meist durch Saugschläuche.

2.4.3.5 Arten und Eigenschaften von Packhilfsmitteln

01. Welche Arten von Packhilfsmitteln werden unterschieden?

Unterschieden werden:

- Schutz- und Füllmittel
- Verschließmittel
- Kennzeichnungsmittel.

02. Wogegen schützen Schutz- und Füllmittel?

Sie schützen gegen:

- mechanische Beanspruchung
- Feuchtigkeit
- Diebstahl.

03. Welche Packhilfsmittel bieten Schutz gegen mechanische Beanspruchung?

Schutz bieten:

- Seidenpapier, Packpapier und Rollenwellpappe
- Holzwolle und Papierwolle
- Papierpolster und Luftkissenpolster
- Luftpolsterfolien und Schaumstofffolie
- Kantenschutzleisten und -ecken
- einmalig verwendbare Formteile
- Schaumpolster und Verpackungsschaum.

04. Welche Packhilfsmittel bieten Schutz gegen Feuchtigkeit?

Schutz bieten:

- Ölpapier für empfindliche Metallteile
- Stretch- und Schrumpffolie als Folienumhüllung
- Trockenmittel zur Aufnahme von Feuchtigkeit aus der Luft
- VCI-Verfahren, bei dem Gas eine Schutzschicht vor Rost bildet.

05. Welche Packmittel bieten Schutz vor Diebstahl?

Schutz bieten:

- Plomben
- undurchsichtige Folie
- Sicherheitsklebeband.

06. Welche Verschließmittel werden unterschieden?

Verschließmittel sind:

- Schnur
- Klammern
- Klebeband
- Umreifung als Kunststoff-, Textil- oder Stahlband
- Folienumhüllung.

07. Welche Kennzeichnungsmittel werden unterschieden?

Kennzeichnungsmittel sind:

- Etiketten
- Indikatoren als am Packgut oder Packmittel angebrachte Erkennungsmittel zeigen an, wenn nicht ordnungsgemäß transportiert wurde (z. B. Kipp-, Stoß-, Feuchtigkeitsindikator)
- Begleitpapiertaschen zur Aufnahme wichtiger Dokumente (z. B. Lieferschein, Rechnung, Zollpapiere).

2.4.3.6 Auswahl der Verpackung

01. Nach welchen Gesichtspunkten erfolgt die Auswahl der Verpackung?

Die Auswahl der Verpackung erfolgt nach:

- Kostengesichtspunkten
- Verwendungszweck
- individueller Problemstellung (z. B. Gefahrgut)
- Ein- und Mehrwegnutzung.

02. Welche Kosten fallen bei der Verpackung an?

Kosten sind:

- Maschinenkosten für Verpackungsmaschinen/-geräte (Abschreibung, Reparatur- und Wartungskosten, Raumkosten für Maschinenplatz, Energiekosten)

- Materialkosten (Anschaffungs- und Entsorgungskosten für Packmittel und Packhilfsmittel, Raumkosten für Lagerung des Verpackungsmaterials)
- Lohnkosten für Mitarbeiter in der Verpackung bzw. für die Entsorgung von Verpackungsmaterial.

03. Welche Bedeutung haben die Kosten und welche Berechnungsregeln werden unterschieden?

Bei Massengütern mit geringer Empfindlichkeit liegt der Anteil der Verpackungskosten bei 1 % bis 2 % des Gesamtwerts. Bei Lebensmitteln sind es ca. 6 % bis 10 %. Bei Luxusgütern können mehr als 30 % anfallen.

Es gelten folgende Berechnungsregeln:

- Preis einschließlich Verpackung: Die Verpackungskosten sind im Preis enthalten.
- Preis ausschließlich Verpackung: Die Verpackungskosten werden neben dem Preis gesondert berechnet.
- Brutto für netto: Berechnung des Preises vom Bruttogewicht, d. h. Tara wird zum Warenpreis berechnet.

04. Was ist bei der Verpackung von Gefahrgut zu beachten?

Zu beachten sind:

- Kennzeichnung des Gefahrguts auf der Verpackung durch UN-Nummer und aufgeklebten Gefahrzettel; evtl. Aufrichtungspfeile bei aufrechtem Transport
- angemessene Auswahl geeigneter Packmittel zum Schutz vor der Gefahr
- Verwendung zugelassener Packmittel, die auf Veranlassung der Packmittelhersteller geprüft wurden und gemäß Ergebnis mit dem UN-Code gekennzeichnet wurden.

05. Welche Packmittelbezeichnungen bei Gefahrgut gibt es?

Übersicht (Ausschnitt):

Verpackungsart	Werkstoff	Verpackungstyp
1 Fass 2 Holzfass 3 Kanister 4 Kiste, Schachtel 5 Sack 6 Kombinationsverpackung	A Stahl B Aluminium C Naturholz D Sperrholz G Pappe H Kunststoff	1 nicht abnehmbarer Deckel 2 abnehmbarer Deckel

Demnach würde bedeuten: 4C2 Kiste aus Naturholz mit abnehmbaren Deckel.

06. Welche Bedeutung haben individuelle Verpackungslösungen?

Unternehmen sind bestrebt, soweit wie möglich standardisierte Lösungen anzuwenden. Vorteile liegen in niedrigen Kosten durch große Mengen und erleichterte Handhabung durch abgestimmte Einrichtungen bei Lagerung, Verladung und Transport. Individuelle Lösungen finden Anwendung, um Besonderheiten und jederzeitige Wiedererkennung zu gewährleisten.

07. Welche Vorteile haben Einwegverpackungen?

Vorteile sind:

- individuelle Gestaltung
- geringes Leergewicht
- einfache Verteilung
- keine Reinigungskosten
- niedrige Anschaffungskosten.

08. Welche Mehrwegsysteme gibt es?

Mehrwegsysteme sind:

- geschlossenes System: Tausch innerhalb eines Unternehmens (vor allem für spezielle Verpackungen geeignet)
- branchenspezifisches System: Versender und Empfänger aus einer Branche
- offenes System (standardisierte Verpackungen)
- bilaterales System: nur zwischen einem Versender und einem Empfänger
- multilaterales System: mehrere Versender und Empfänger mit Ermittlung von Über- und Unterbeständen
- Poolsystem: Empfänger gibt Verpackungen in einen Pool, aus dem er sich dann versorgt.
- Pfandsystem mittels Systembetreiber.

09. Wie funktioniert das Pfandsystem?

Das Pfandsystem läuft wie folgt ab:

- Der Versender erhält eine leere Mehrwegverpackung vom Systembetreiber gegen Pfand.
- Der Empfänger erhält eine beladene Verpackung vom Versender und ersetzt diesem das Pfand.
- Der Empfänger gibt die leere Verpackung an den Systembetreiber und erhält das Pfand zurück.

Wegen der Kapitalbindung durch das Pfand ist schnelle Weitergabe gewährleistet; außerdem werden verloren gegangene Verpackungen durch Pfand finanziert.

10. Welche Vorteile hat die Mehrwegverpackung?

Vorteile sind:

- hohe Transportsicherheit und Schutz durch hohe Stabilität
- optimale Lagerung, Kommissionierung und Versand durch hohen Standardisierungsgrad
- geringe Umweltbelastung
- hohe Akzeptanz
- geringere Kapitalbindung
- geringere Kosten (meist nach dem zehnten Umlauf kostengünstiger).

Die Anschaffungskosten sind für die Mehrwegverpackung zwar höher, allerdings verteilen sich diese Kosten auf mehrere Umläufe (je stabiler, desto mehr Umläufe sind möglich).

2.5 Organisieren des innerbetrieblichen und außerbetrieblichen Transports einschließlich der Dokumente

2.5.1 Organisation des innerbetrieblichen Transports

01. Was benötigt ein erfolgreiches Fördersystem?

Ein erfolgreiches Fördersystem benötigt:

- ein System von Verkehrswegen mit Straßen, Über- und Unterführungen, Rohrleitungssystemen, Fußwegen
- ein System von Fördermitteln, wie Stapler, Hubwagen, Rollenbahnen, Aufzüge, Krananlagen, Hängebahnen
- ein Fördermittelinformationssystem, das zeigt, was, woher, wohin, womit gefördert wurde, damit eine kostenoptimale Auftragsabwicklung im Unternehmen gewährleistet ist.

02. Welche Aufgaben und Ziele hat der innerbetriebliche Transport?

Aufgabe ist die Raumüberbrückung

- innerhalb von Betriebsstätten
- zwischen verschiedenen Betriebsstätten eines Unternehmens.

Ziele sind:

- optimale Nutzung zur Minimierung der Kosten und Maximierung der Kapazitätsauslastung
- hoher Servicegrad mit minimalen Wartezeiten und kurzen Transportzeiten
- hohe Flexibilität mit kurzfristiger Anpassung an betriebliche Veränderungen und Besonderheiten
- hohe Transparenz, wodurch jederzeit über alle Aktivitäten unterrichtet wird, die Kosten verursachungsgerecht verteilt werden können und zur Steuerung Kennzahlen ermittelt werden.

2.5.1.1 Materialflussplanung

01. Was beinhaltet der Materialflussplan?

Der Materialflussplan zeigt den Weg, den die Materialien, Zwischenprodukte und Endprodukte von der Beschaffung über die Verarbeitung in verschiedenen Fertigungsstufen bis zur Bereitstellung für die Auslieferung an den Kunden nehmen.

Schematisch könnte folgende Darstellung für einen Industriebetrieb gelten:

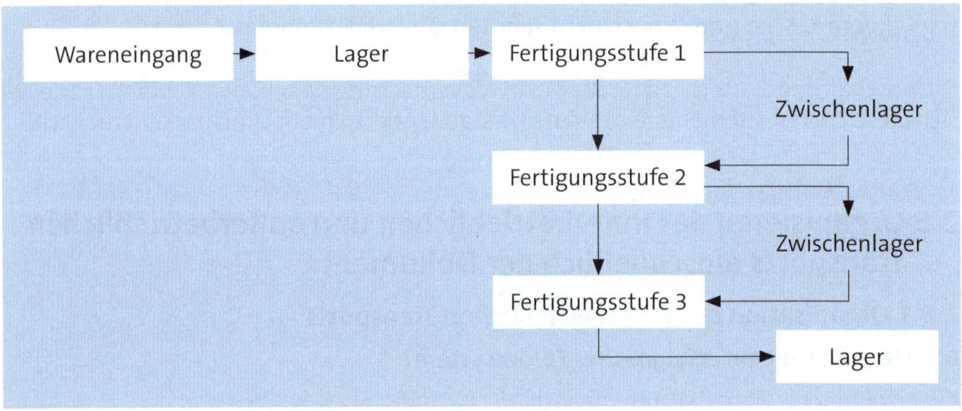

02. Wie kann der Materialflussplan dargestellt werden?

Die Darstellung kann über die Materialflussmatrix erfolgen, bei der sichtbar wird, welche Lieferungen woher und wohin gegangen sind:

nach / von	Rohstofflager	Vormontage	Endmontage	Fertigwarenlager	Summe
Wareneingang	100	–	–	60	160
Rohstofflager	–	75	25	–	100
Vormontage	5	–	65	15	85
Endmontage	–	–	–	40	40
Fertigwarenlager	–	–	5	–	5
Summe	105	75	95	115	390

03. Welche Anlässe hat die Materialflussplanung und welche Aufgaben und Ziele verfolgt sie?

Anlässe sind u. a.:

- hohe Kosten
- versäumte Termine
- Einführung neuer Techniken
- Aufbau neuer Kapazitäten.

Aufgaben sind u. a.:

- Verbesserung der Ablaufstrukturen
- Steigerung der Kundenzufriedenheit
- Einsatz automatisierter Technik
- Verkürzung der Transportwege
- Verbesserung der Arbeitsbedingungen
- Vergrößerung der Umweltverträglichkeit
- Verringerung des Wartungsaufwands.

Ziele sind u. a.:

- Verkürzung der Durchlaufzeiten
- maximale Auslastung
- minimale Kosten
- hohe Flexibilität
- hoher Versorgungsgrad
- Verminderung des Ausschusses.

04. Welche Einflussfaktoren sind bei der Materialflussgestaltung zu beachten?

Einflussfaktoren sind:

- Art der Aufträge (was, wann, woher, wohin)
- Mengenaufkommen
- Art und Zustand der Verkehrswege
- Art und technische Möglichkeiten der Fördermittel
- angewandtes Kommunikationssystem
- Qualifikation und Motivation der Mitarbeiter einschließlich der Führungskräfte.

05. Wie sieht der Ablauf einer Materialflussplanung aus?

Ablaufstufen sind:

- Ist-Analyse der Wege der Transportgüter (was, woher, wohin, womit), dargestellt als Materialfluss- oder Transportmatrix: Grundlagen sind Stücklisten, Fertigungspläne, Kundenaufträge, aber auch Befragungen
- Ermittlung der Potenziale durch Feststellung und Analyse der Problemfelder und der nicht genutzten Möglichkeiten
- Formulierung der Ziele der Planung
- Festlegung der Auswahlkriterien für die Lösungsalternativen
- Erfassung der künftigen Mengen und Ströme
- Suche nach technischen Lösungen

- Bewertung der Lösungen mittels der Kriterien
- Vorbereitung und Durchführung einer Präsentation für die Entscheidungsträger
- Entscheidung und Information der Betroffenen
- detaillierte Ausarbeitung der umzusetzenden Lösung mittels eines neuen Layouts der Transportwege
- Planung der Einführung
- nach der Einführung Überprüfung der Zielerreichung und evtl. Revision.

2.5.1.2 Durchführung des innerbetrieblichen Transports

01. Welche Kriterien werden für die Auswahl der Fördermittel angewandt?

Kriterien für die Auswahl der Fördermittel sind u. a.:

- Art der Güter
- Größe des Unternehmens
- Standorte im Unternehmen
- Förderstrecke
- Fördermenge
- Fördergeschwindigkeit
- Flexibilität
- Automatisierungs- bzw. Mechanisierungsgrad
- verfügbare Mittel.

02. Wie können Fördermittel klassifiziert werden?

Klassifizierung der Fördermittel kann wie folgt aussehen *(gem. Ehrmann, 2012, S. 256)*:

Kriterium	Ausprägung	Beispiele
Stetigkeit	► Stetigförderer	► Rollenbahnen ► Schwingförderer
	► Unstetigförderer	► Schlepper ► Stapler ► Krane
Flurbindung	► flurgebunden	► Stapler ► Regalbediengeräte ► Gabelhubwagen
	► flurfrei	► Kreisförderer ► Hängebahnen ► Krane

Kriterium	Ausprägung	Beispiele
Richtung	▸ horizontal	▸ Rollenbahnen ▸ Kreisförderer
	▸ vertikal	▸ Aufzug ▸ Paternoster
	▸ diagonal	▸ Förderband ▸ Rutsche
	▸ horizontal und vertikal	▸ Gabelstapler ▸ Laufkran
Weg	▸ fixiert	▸ Aufzug ▸ Rutsche
	▸ technisch vorgegeben	▸ Rollenbahn
	▸ frei	▸ Gabelstapler
Installation	▸ fest	▸ Paternoster ▸ Rohrpost
	▸ demontabel	▸ Förderband ▸ Kran
	▸ keine	▸ Gabelstapler

03. Welche Fördermittel gehören zu den Stetigförderern?

Zu den Stetigförderern gehören u. a.:

- Rollenbahnen
- Umlaufförderer
- Stahlbandförderer
- Gurtförderer
- Kreisförderer
- Schleppkreisförderer
- Kettenförderer
- Schleppkettenförderer
- Rutschen
- Fallrohre
- Wendelförderer
- Gliederbandförderer
- Schleppzugförderer
- Tragkettenförderer
- Becherwerke.

04. Welche Vor- und Nachteile haben Stetigförderer?

Vorteile sind:

- Einsatzbereitschaft rund um die Uhr
- niedriger Personalbedarf
- relativ niedrige Betriebskosten
- hoher Automatisierungsgrad.

Nachteile sind:

- hoher Investitionsbedarf
- ortsgebunden
- keine anderweitige Einsatzmöglichkeit.

05. Was ist ein Kreisförderer und wie ist er zu bewerten?

Der Kreisförderer wird von einer Kette gezogen mit fest verbundenen Gehängen, die die Last tragen.

Vorteile sind:

- niedriges Investitionsvolumen
- niedrige Betriebskosten
- anpassbar an unterschiedliche Räumlichkeiten.

Nachteile sind:

- Zwang zu geschlossenen Kreisläufen
- keine Steuerungs- und Verzweigungsmöglichkeiten
- starker Geräuschpegel durch die Ketten.

06. Was sind fahrerlose Transportsysteme und wie werden sie bewertet?

Das Fahrzeug folgt ohne Berührung einem im Boden verlegten Leitdraht; das System arbeitet mit Wechselstrom und einem Magnetfeld, wodurch sich das Fahrzeug über dem Leitdraht hält.

Vorteile sind:

- niedriges Investitionsvolumen für den Streckenbau
- flexible Streckenführung möglich
- keine eigenen Trassen notwendig.

Nachteile sind:

- hohes Investitionsvolumen für die Fahrzeuge
- begrenzte Ladekapazität der Batterie
- hoher Aufwand für Pflege des Bodens und die Wartung der Fahrzeuge.

07. Wie werden Unstetigförderer eingeteilt?

Unstetigförderer werden eingeteilt in:

- Hängebahnen
- Hebezeuge:
  - ortsfest: Aufzüge, spezielle Hebebühnen, Hubtische
  - fahrbar: Krane
- Flurförderzeuge:
  - Gabelhubwagen
  - Gabelstapler
  - Regalbediengerät
  - fahrerlose Fahrzeugsysteme
  - Hochregalstapler
  - Anhänger
  - Schlepper.

08. Welche Vor- und Nachteile haben Unstetigförderer?

Vorteile sind:

- keine festen Beförderungswege
- flexibler Einsatz
- häufig einfache Bedienung
- oft niedrige Betriebskosten.

Nachteile sind:

- Leerfahrten
- häufig geschultes Personal notwendig (z. B. Gabelstapler)
- hoher Personalbedarf.

09. Welche fahrbaren Hebezeuge werden unterschieden, wozu dienen sie und wie sind sie zu bewerten?

Fahrbare Hebezeuge sind u. a.:

- Brückenkrane
- Hängekrane
- Drehkrane
- Stapelkrane
- Portalkrane
- Laufkrane.

Sie dienen dazu:

- Güter aufzunehmen
- in mehreren Richtungen zu transportieren
- zu stapeln
- abzulegen.

Als Vorteil gilt, dass der Boden frei bleibt, nachteilig ist ihre Starrheit.

10. Was ist bei der Auswahl der Stapler zu beachten?

Stapler gehören zu den Flurförderzeugen mit geringem bis mittlerem Automatisierungsgrad. Bei der Auswahl ist zu beachten:

- Antriebsart
- Tragkraft
- Einsatz innen oder außen
- Konstruktion
- benötigte Arbeitsfläche.

11. Nach welchen Kriterien werden Gabelstapler unterschieden?

Unterscheidungskriterien sind:

- Antriebsart:
  - Benzinstapler
  - Dieselstapler
  - Treibgasstapler
  - Elektrostapler
- Unterfahrbarkeit:
  - freitragend
  - radunterstützt
- Radzahl:
  - Dreiradstapler
  - Vierradstapler
- Hubhöhe:
  - Einfachhubmast
  - Zweifachhubmast
  - Dreifachhubmast
  - Vierfachhubmast

- Transportart:
  - Vertikalstapler
  - Horizontalstapler.

12. Welche gebräuchlichen Staplersysteme gibt es?

Gebräuchliche Systeme sind:

- Frontstapler: Beförderung der Last freitragend vor den Vorderrädern, der Fahrer sitzt in Richtung des Förderguts
- Schubmaststapler: zur Aufnahme und Abgabe der Last wird der Mast bis an die Vorderräder geschoben; der Fahrer sitzt quer zur Fahrtrichtung. Einsatz häufig für Paletten in Gebäuden
- Gabelhubwagen: Paletten werden bis zu 4 m angehoben
- Seitenstapler: transportiert Langgut mit quer zur Fahrtrichtung stehendem Mast
- Schmalgangstapler: seitliche Schienenführung bei der Arbeit.

13. Welche Einrichtungen zählen zu den Flurförderzeugen mit hohem Automatisierungsgrad?

Hierzu gehören:

- Regalbediengeräte: Sie fahren automatisch die Lagerplätze an und stapeln automatisch ein und aus; sie sind besonders wirtschaftlich wegen des geringen Raumbedarfs und der hohen Arbeitsgeschwindigkeit.
- fahrerlose Transportsysteme, deren Weg durch am Boden optisch, magnetisch oder induktiv verlegte Leitlinien oder durch rechnergespeicherte Umweltmodelle bestimmt wird.

14. Nach welchen Kriterien erfolgt die Investition in Fördermittel?

Nach *Ehrmann (2012, S. 266)* könnte die Kriterienliste wie folgt aussehen:

- technische Daten:
  - Leistungsfähigkeit
  - Automatisierungsgrad
  - Zuverlässigkeit
  - Reparaturanfälligkeit
  - Energieverbrauch
  - technische und wirtschaftliche Nutzungsdauer
  - Bedienungsfreundlichkeit
- wirtschaftliche Daten:
  - Anschaffungskosten einschließlich Nebenkosten
  - Aufbaukosten

- laufende Kosten:
  - Personalkosten
  - Energiekosen
  - Wartungskosten
  - Reparaturkosten
  - kalkulatorische Abschreibungen
  - kalkulatorisch Zinsen
  - Versicherungskosten
  - anteilige Steuern
  - Umlagekosten
- rechtliche Einschränkungen
- Umweltauflagen
- Berücksichtigung schwerer Arbeitsbedingungen
- Erfahrungen befreundeter Unternehmen
- Empfehlungen von Kammern und Verbänden.

15. Was sind Förderhilfsmittel und welche Funktionen erfüllen sie?

Förderhilfsmittel fassen mehrere einzelne Güter zu größeren Transporteinheiten zusammen. Sie erfüllen folgende Funktionen:

- Lagerfunktion: stapelbar, schneller Zugriff
- Informationsfunktion: durch Barcode u. a.
- Schutzfunktion.

16. Welche Grundsätze sind bei der Entscheidung geeigneter Förderhilfsmittel zu beachten?

Bei der Entscheidung für Förderhilfsmittel gelten folgende Grundsätze:

- Ladeeinheit = Transporteinheit = Lagereinheit = Entnahmeeinheit
- möglichst wenige unterschiedliche Hilfsmittelarten
- möglichst mehrfach verwendbare Förderhilfsmittel
- international gebräuchliche Mittel
- umweltschonende leicht entsorgbare Materialien
- Bestandteil eines Pools, damit nicht rücktransportiert werden muss.

17. Nach welchen Kriterien werden Förderhilfsmittel unterschieden?

Analog zu *Ehrmann (2012, S. 264 f.)* werden unterschieden:

Kriterium	Beispiele
Paletten	► Flachpaletten ► Rungenpaletten ► Behälterpaletten (Gitterboxpaletten, Vollwandpaletten, Tankpaletten, Silopaletten)
formstabile Behälter	► Kästen ► Schachteln ► Styropor-Verpackungen ► Fässer ► Dosen, Kanister ► Flaschen
forminstabile Behälter	► Säcke ► Beutel
abschließende Förderhilfsmittel	► Container ► Wechselpritschen für Lkws ► Kisten ► Fässer ► Schachteln ► Kanister

2.5.1.3 Gefahren beim innerbetrieblichen Transport

01. Welche grundsätzlichen Regeln des Arbeitsschutzes sind beim Transport zu beachten?

Wichtige Regeln sind:

- Unterweisung der Mitarbeiter über die Gefahren ihrer Tätigkeit vor Aufnahme der Arbeit
- Unterrichtung über Maßnahmen zur Abwendung von Gefahren
- erneute Unterweisung mindestens einmal jährlich.

Besondere Unterweisungen gelten für:

- Einsatz von Lastaufnahmemittel
- Ladungssicherung
- Gefahrguttransport
- Staplerfahrer.

02. Welche Regeln gelten beim Heben und Tragen?

Beim Heben und Tragen von Packstücken, aber auch beim Ziehen und Schieben von Lasten, müssen die Lastgrenzen für bestimmte Personengruppen eingehalten werden. Nur so kann der Forderung Genüge getan werden, die Gesundheit der Mitarbeiter zu schützen.

Hier kommt vor allem dem Schutz der Wirbelsäule und Bandscheiben besondere Bedeutung zu, z. B. durch:

- stabilen, sicheren Stand
- niemals ruckartig anheben
- Last möglichst nah am Körper halten
- Last gleichmäßig auf rechts und links verteilen
- vorhandene Transportmittel nutzen.

03. Wo liegen die Hauptursachen für Unfälle bei Flurförderzeugen?

Schwere Unfälle mit Staplern geschehen vor allem durch:

- Umkippen des Staplers
- Quetschungen durch den Stapler
- Absturz des Staplers
- herunterfallende Last.

04. Welche Voraussetzungen gelten für das Fahren von Flurförderzeugen?

Für benannte Flurförderzeuge gilt die „BGV D 27 UW für Flurförderzeuge“. Voraussetzungen sind:

- Fahrer ist mindestens 18 Jahre alt
- Befähigungsnachweis
- körperliche Eignung gem. BG-Grundsatz für Vorsorgeuntersuchungen G 25
- geistige Eignung
- schriftliche Beauftragung.

05. Welche Regeln sind bei der Benutzung von Gabelstaplern zu beachten?

Vor der Fahrt erfolgen:

- Sichtprüfung, u. a.:
  - Gabelschäden
  - Ölaustritt
  - Pedalgriffigkeit

- Funktionsprüfung, u. a.:
  - Bremsen
  - Kette
  - Lenkung
  - Warneinrichtungen.

2.5.2 Organisation des außerbetrieblichen Transports

01. Wovon hängen die Anforderungen an den außerbetrieblichen Transport ab?

Fragen hinsichtlich der Anforderungen an den Transport sind u. a.:

- Wie wird sensibles Gut transportiert?
- Wird sicher für den Transport und Umschlag verpackt?
- Welche Gebindegrößen können umgesetzt werden?
- In welchen Mengen kann angeliefert werden?
- In welchen Intervallen kann geliefert werden?
- Welche Anbindungsmöglichkeiten an das eigene IT-System bestehen?
- Welche technologischen Transporteinrichtungen passen zur Technologie des Auftraggebers?
- Welche rechtlichen Verpflichtungen ist der Transporteur bereit einzugehen?
- Können Informationen über den Stand der Warenlieferung gegeben werden (Tracking and Tracing)?

02. Wie werden die Anforderungen an den Transporteur geregelt?

Grundlage für die Anforderungen ist gewöhnlich die strategische Vorgabe des Auftraggebers. Innerhalb dieses Rahmens werden konkrete Regelungen vertraglich vereinbart. Wichtig ist dabei eine Synchronisierung zwischen den technischen Möglichkeiten des Auftraggebers mit denen des Transporteurs. Erfolgt die Auslieferung an die Kunden des Auftraggebers, muss deren unmittelbare Zufriedenheit erreicht werden.

2.5.2.1 Regelungen für den Transport besonderer Güter

01. Welche Güter gehören zu den besonderen Gütern?

Zu den besonderen Gütern gehören:

- Gefahrstoffe: gefährliche Stoffe, die innerbetrieblich bearbeitet und bewegt werden
- Gefahrgüter: gefährliche Stoffe, die außerhalb des Betriebs befördert werden
- sonstige sensible Güter
- Lebensmittel.

02. Wie werden Gefahrgüter eingeteilt?

Gefahrgüter sind in Gefahrgutklassen eingeteilt:

Klasse	Beschreibung	Beispiele
1	explosive Stoffe	Sprengstoff, Patronen
2	Gase	Propangas, Sauerstoff
3	entzündbare flüssige Stoffe	Benzin, Alkohol, Farben
4	entzündbare feste Stoffe	Kohle, Phosphor, Schwefel
5	entzündend wirkende Stoffe	Chlorsäure, Düngemittel
6	giftige Stoffe, ansteckungsgefährdende Stoffe	Arsen, Rattengift, Klinikabfälle
7	radioaktive Stoffe	Uran, Cobalt
8	ätzende Stoffe	Quecksilber, Laugen
9	verschiedene gefährliche Stoffe	Asbest, Lithiumbatterien

03. Wie kann den Gefahren am besten begegnet werden?

Zur Abwehr von Gefahren ist es notwendig, dass ein Gesamtkonzept entwickelt wird, in dem Umweltschutz, Gesundheitsschutz und sicherer Transport gleichermaßen berücksichtigt werden. Partnern wird somit das Gefühl vermittelt, dass alle Aufträge mit äußerster Sorgfalt durchgeführt werden und sowohl der Mensch, als auch die Natur geschützt werden.

04. Welche besonderen Anforderungen werden an den Gefahrguttransport gestellt?

Besondere Anforderungen ergeben sich hinsichtlich:

- notwendiger Informationen
- Schutzmaßnahmen
- Kommissionierung
- Verpackung
- Transportmittel
- Ladungssicherung
- Lagerung
- Kennzeichnung
- gemeinsamen Transports mit anderen Gütern.

05. Wie ist der Ablauf beim Gefahrguttransport?

Der Ablauf des Gefahrgutstransports ist wie folgt:

- Ermittlung der Daten (falls nach ADR für internationale Beförderung): technischer Name des Stoffs, UN-Stoffnummer, Gefahrenklasse, Verpackungsgruppe)
- Verpackung mit geprüften Packmitteln durch den Verpacker

- Kennzeichnung mit Gefahrzetteln und Handhabungshinweise
- Dokumentation und Begleitpapiere erstellen: Beförderungspapiere, ADR-Schulungsbescheinigung, Lichtbildausweis, schriftliche Weisung für unfallbedingte Notsituationen
- Übergabe des Gefahrguts und der Beförderungspapiere an den Beförderer
- Kennzeichnung der Fahrzeuge.

Jeder Beteiligte muss die empfangenden Daten überprüfen; sie werden dann an den nächsten Beteilgten weitergeleitet.

06. Was ist bei Lebensmitteln zu beachten?

Lebensmittel sind meistens temperaturempfindlich, sie werden über immer größere Entfernungen transportiert. Dadurch entstehen Probleme. Häufig sind bestimmte Temperaturbereiche einzuhalten, die nachzuweisen sind.

Besteht Kühlpflicht, dann unterscheidet man:

- aktive Kühlkette, bei der die Transportmittel gekühlt werden
- passive Kühlkette, bei der die Isolierverpackung die Temperatursicherung übernimmt.

2.5.2.2 Auswahl der Verkehrsträger

01. Welche Kriterien werden bei der Auswahl des Verkehrsträgers berücksichtigt?

Auswahlkriterien sind:

- Transportkosten (Beförderungsentgelt)
- Nebenkosten (Verpackung, Umschlag, Versicherung)
- Möglichkeit des Haus-zu-Haus-Verkehrs
- Transportkapazität
- Transportdauer
- Pünktlichkeit
- Flexibilität
- Sicherheit
- Regelmäßigkeit
- Witterungsabhängigkeit
- Umweltverträglichkeit
- gesetzliche Regelungen (Gefahrgut, Fahrverbote, Lenkzeiten).

2.5.2.3 Bildung von Lade- und Transporteinheiten

01. Was geschieht bei der Bildung von Lade- und Transporteinheiten?

Einzelne Packstücke werden zusammengefasst, z. B. palettiert; dadurch besteht die Möglichkeit, Packstücke zu stapeln. Die Lade- und Transporteinheiten können ihrerseits häufig auch gestapelt werden. Das hat zwar den Nachteil, dass die Eigenmaße und das Eigengewicht der Einheiten zu Raumverlust führen, die Vorteile überwiegen aber.

02. Welche Vorteile bietet die Bildung von Lade- und Transporteinheiten?

Vorteile sind:

- niedrigere Kosten
- schnellere Be- und Entladung
- einfachere Lagerung
- Standardisierung in der gesamten Flusskette
- verkürzte Transportzeit
- bessere Auslastung der Transportmittel.

03. Wie können Ladeeinheiten gesichert werden?

Sicherung erfolgt durch:

- Umreifungsband (Stahlband, Kunststoffband)
- Klebeband
- Schrumpffolie
- Stretchfolie
- Kleben
- Verzurren.

04. Welche Wirkung hat die Bildung von Ladeeinheiten auf die Transportkosten?

Die Transportkosten werden minimiert durch:

- geringere Transportkosten durch weniger Platzbedarf auf der Ladefläche
- geringere Platzkosten im Lager
- geringere Ladekosten durch schnellere Be- und Entladung
- geringere Bewegungskosten durch rasche Ein- und Auslagerung.

Die Frachtgebühren können so minimiert werden.

2.5.2.4 Bereitstellung von Ladeeinheiten

01. Was ist bei der Kapazitätsplanung der Bereitstellungszone zu beachten?

Vor der Verladung werden die Ladeeinheiten in einer Bereitstellungszone bereitgestellt. Die Kapazität dieser Zone und das gesamte Layout müssen Maximalmengen entsprechen; dazu ist im Vorfeld festzustellen, mit welchen maximalen Mengen an einem Tag zu rechnen ist. Erstrebenswert wäre eine möglichst gleichmäßige Nutzung der Kapazität, die dadurch kleiner gehalten werden kann.

Die Bereitstellung der Ladeeinheiten erfolgt in der Art und Reihenfolge, die der geplanten Verladung entspricht. Grundlage ist die vorher festgelegte Stellplatzvergabe und die Beladeplanung.

02. Was ist bei der Auswahl der Ladeeinheit zu beachten?

Die Auswahl der optimalen Ladeeinheit ist abhängig von:

- der Güterart
- deren Eigenschaften
- den Verkehrsverhältnissen beim Absender und beim Empfänger
- die Häufigkeit des Umladens
- der Vereinbarung der Transportverpackung
- sonstigen Vereinbarungen im Kaufvertrag.

Häufige Ladeeinheiten sind die Palette und der Container.

03. Welche Bedeutung hat der Container als Ladeeinheit?

Der Container schützt das Packgut; die Verladung und der Transport sind beschleunigt möglich, die Kosten können dadurch minimiert werden. Es gibt Container,

- die auf mehreren bzw. allen Verkehrsmittel eingesetzt werden können
- die nur für ein Verkehrsmittel vorgesehen wind
- die für einen bestimmten Zweck eingesetzt werden.

04. Was ist bei der Stauung im Container zu beachten?

Vor dem Beladen erfolgen...

... ein Außencheck, u. a.:

- Überprüfung der Stabilität
- Feststellung der Dichtigkeit
- Funktionsprüfung der Türen und Schließeinrichtungen
- Überprüfung des CSC-Sicherheits-Zulassungsschilds

... sowie ein Innencheck, u. a.:

- Prüfung der Unversehrtheit der Wände, der Decke und des Bodens
- Prüfung der Befestigungselemente
- Prüfung des Reinigungszustands.

Nach dem Beladen wird geprüft, ob:

- die Last gleichmäßig verteilt wurde
- alle Sicherungen vorgenommen wurden
- die Öffnungen sorgfältig verschlossen sind
- die Verschlüsse gesichert sind
- Leerräume ausgefüllt sind
- der Schwerpunkt des Containers möglichst tief liegt.

05. Welche weiteren Punkte müssen bei der Bereitstellung der Ladeeinheiten beachtet werden?

Des Weiteren sind zu beachten:

- Deklaration gegenüber dem Spediteur bzw. Frachtführer hinsichtlich Angaben über das Frachtgut
- Information des Frachtführers durch den Absender über die Art und Gefahr bei gefährlichen Gütern
- Übergabe aller Urkunden und Erteilung aller Auskünfte, die z. B. zur Zollabfertigung notwendig sind
- Übergabe bzw. Ausstellung eines Beförderungspapiers (z. B. Lieferschein, Frachtbrief)
- Vollständigkeitskontrolle: stimmen das Gut, die Zahl der Packstücke und die Kennzeichnung mit dem Frachtbrief überein?
- Kennzeichnung durch Bezettelung, Warnanhänger, Barcode-Etiketten.

2.5.2.5 Tourenplanung

01. Was wird unter Tourenplanung verstanden?

Bei der Tourenplanung werden Aufträge möglichst gut den Fahrzeugen zugeordnet und für jedes Fahrzeug die ideale Reihenfolge der zu beliefernden Kunden festgelegt. Grundlage ist die Bildung von Transportnetzen, in deren Rahmen die operative Tourenplanung erfolgt.

02. In welcher Abhängigkeit stehen die Begriffe Tour, Tourenplan und Route zueinander?

- Tour: Menge der Kunden, die gemeinsam bedient werden, berechnet aus Entfernung und Dauer
- Tourenplan: Menge aller Touren, um den Bedarf zu decken
- Route: Reihenfolge, in der die Empfänger auf der Tour angefahren werden.

03. Welche Ziele hat die Tourenplanung?

Ziele sind u. a.:

- minimale Kosten
- minimale Gesamtentfernung
- geringe Dauer der Tour
- minimale Zahl eingesetzter Fahrzeuge
- optimaler, rascher Lieferservice
- termintreue Lieferung
- gleichmäßige Auslastung der Fahrzeuge
- minimale Belastung der Umwelt.

Zielkonflikte sind häufig, z. B.:

- Die kürzeste Route ist nicht unbedingt die schnellste.
- geringere Anzahl Fahrzeuge gegen längere Routenzeiten je Fahrzeug.

04. Welche Restriktionen müssen bei der Tourenplanung beachtet werden?

Restriktionen sind...

... bei der Eisenbahn:

- Verspätungen
- Entfernung vom Zielort (falls nicht in Bahnhofsnähe)
- wetterbedingte und technische Einschränkungen.

... bei dem Binnenschiff:

- Entfernung vom Zielort (falls nicht in Hafennähe)
- Schleusen
- Beschränkungen wegen Hochwasser, Niedrigwasser, Vereisung.

... bei dem Seeschiff:

- Entfernung vom Zielort (falls nicht in Hafennähe)
- fehlender Tiefgang in manchen Häfen

- Piraterie
- Unwetter.

... bei dem Flugzeug:

- Entfernung vom Zielort (falls nicht in Flugplatznähe)
- schlechtes Wetter
- Verspätungen wegen hohen Flugaufkommens.

05. Welche Probleme entstehen bei der Tourenplanung?

Probleme sind u. a.:

- Sammelprobleme, bei denen nicht ausgeliefert wird, sondern z. B. Briefkästen entleert werden
- Pick-up & Delivery-Probleme, bei denen die Belieferung der Kunden und die Rücknahme von Leergut gleichzeitig erfolgen
- Mehrdepot-Auslieferungsprobleme, die sich durch die Verfügbarkeit mehrerer Depots auszeichnen
- das Problem der depotfreien Auslieferung, bei der Aufträge nicht von einem Depot zu den Kundenorten, sondern zwischen den Kundenorten transportiert werden
- Kundenprobleme mit Kundenzeitfenster, bei denen bestimmte Kunden innerhalb eines bestimmten Zeitintervalls bedient werden.

06. Welche Hilfsmittel dienen der Tourenplanung?

Hilfsmittel sind:

- Computer-Programme zur Zusammensetzung der Fuhren
- Straßenkarten
- Navigationssystem
- Routenplanung aus dem Internet.

07. Welche Netzsysteme gibt es?

Als Netzsysteme sind anzutreffen:

- Hub-and-Spoke-System, bei dem nicht alle Versand- und Empfangsorte miteinander verbunden sind; vielmehr entstehen Regionalzentren (Hubs), für die eingesammelt und verteilt wird, die wiederrum mit einem Verteilzentrum (Zentralhub) verbunden sind. Alle Lieferungen erfolgen über die Hubs.
- Sammelgutverkehr, bei dem Ladungen verschiedener Versender von einem Versandspediteur zusammengestellt werden, um sie dann gemeinsam zu befördern. Beim Empfangsspediteur werden sie wieder geteilt, um sie verschiedenen Empfängern zuzustellen.

- Begegnungsverkehr, bei dem sich Fahrzeuge von verschiedenen Versandorten auf der Strecke treffen, um die Ladungen zu tauschen; danach kehrt jedes Fahrzeug an seinen Standort zurück. Dies geschieht häufig auf der Basis von Wechselbrücken oder Trailern.

08. Welche neueren Entwicklungen gibt es bei der Tourenplanung?

Die optimale Planung der Tour wird immer mehr zur Herausforderung, damit keine gravierenden Nachteile gegenüber den Wettbewerbern entstehen. Entwicklungen sind u. a.:

- höherer Stellenwert des Kundenservice, bedingt durch die höheren Ansprüche der Kunden
- gestiegenes Verkehrsaufkommen und damit optimale Routenplanung bei Staus und verstopften Straßen
- gestiegenes Umweltbewusstsein und dadurch Minimierung der gefahrenen Wegstrecke
- besonders starker Anstieg der operativen Kostenblöcke (z. B. Personalkosten, Treibstoffkosten).

09. Wie läuft die Güterverladung ab?

Die Verladung erfolgt wie folgt:

- Erstellung der Ladeeinheit:
  - Auswahl des Ladungsträgers (z. B. Palette)
  - Verladen des Packstücks auf den Ladungsträger
  - Sicherung der Packstücke auf dem Ladungsträger
  - Kennzeichnung der Ladeeinheit.
- Überprüfung des Transportmittels u. a. auf:
  - Eignung
  - Tragfähigkeit
  - Sauberkeit.
- Lastverteilung gemäß Stauplan
- Verladen der Ladeeinheit durch:
  - Laden
  - Stauen
  - Sichern.

10. Welche physikalischen Größen sind zu beachten?

Beachtet werden müssten:

- Geschwindigkeit des Fahrzeugs
- Beschleunigung
- Fallbeschleunigung (Beschleunigung eines Körpers im freien Fall)
- Kraft bei Geschwindigkeitsänderung und Richtungswechsels eines Fahrzeugs
- Masse als Eigenschaft eines Körpers.

11. Welche Kräfte wirken auf die Ladung?

Wirkungskräfte sind:

- Gewichtskraft: Kraft, mit der die Ladung auf die Ladefläche drückt (Masse • Erdbeschleunigung)
- Massenkraft: Kraft, die beim Anfahren, Bremsen oder bei Kurvenfahrt auf die Ladung wirkt (Sicherungsfaktor • Gewichtskraft)
- Reibungskraft: Kraft, die nach Art der Oberfläche der Ladefläche und des Ladeguts einer Verschiebung entgegenwirkt (Gleitreibbeiwert • Gewichtskraft)
- Sicherungskraft: Kraft, die von den Sicherungsmitteln oder dem Fahrzeugaufbau ausgehen muss, um ein Verrutschen zu verhindern (Massenkraft - Reibungskraft).

12. Welche Regeln müssen beim Stauen beachtet werden?

Regeln beim Stauen sind u. a.:

- Ladungsgewicht darf die maximale Nutzlast des Transportmittels nicht übersteigen
- gleichmäßige Verteilung des Gewichts
- schwere Packstücke müssen u. a. durch Kanthölzer entlastet werden
- tiefer Schwerpunkt der Ladung mit möglichst mittiger Lage
- schwere Güter unten und vorn
- feste Packstücke unten
- Packstücke mit Flüssigkeiten unten
- frostempfindliche Güter nicht an den Wänden stauen
- Trennung von Packstücken mit hervorstehenden Teilen von stoßempfindlichen Packstücken
- Anwendung des Lifo-Prinzips.

13. Wie werden die Güter verstaut?

Die Güter müssen gleichmäßig verteilt sein gem. Lastverteilplan. Außerdem werden durch die richtige Vergabe der Stellplätze

- Fläche und Raum optimal genutzt
- die Reihenfolge des Ausladens bei verschiedenen Empfängern berücksichtigt.

Der Stauplan

- dient der rascheren Be- und Entladung
- verbessert die Kapazitätsauslastung
- gibt die notwendigen Stauhilfsmittel an.

Zur Erstellung werden die Maße und Gewichte der Güter und des Transportmittels benötigt.

14. Welche Arten der Ladungssicherheit werden unterschieden?

Unterschieden werden:

- kraftschlüssige Ladungssicherung: Hilfsmittel (z. B. Zurrgurte) sorgen dafür, dass die Güter ihre Lage während der Fahrt nicht verändern können; zu nennen ist vor allem das Niederzurren.
- formschlüssige Ladungssicherung: Güter werden abgestützt, z. B. durch Keile, Holme, Luftsäcke, aber auch durch die Wände des Laderaums. Außerdem erfolgt Sicherung durch Direktzurren als Schräg-, Diagonal- oder Schlingenzurren.

Beide Sicherungsarten werden häufig miteinander kombiniert.

15. Welche Verladeeinrichtungen werden unterschieden?

Unterschieden werden:

- ortsfeste (statische) Verladeeinrichtungen, z. B.:
  - Verladerampen
  - Verladehubtische
  - Krananlagen
  - Sektionaltore
- ortsveränderliche (dynamische) Verladeeinrichtungen, z. B.:
  - mobile Rampen
  - Ladeschienen
  - Ladeplattformen
  - mobile Krananlagen.

16. Welche Umschlaggeräte gibt es und wovon sind sie abhängig?

Umschlaggeräte sind technische Einrichtungen zur Bewegung von Gütern, u. a.:

- Stapler
- Kräne
- Rollbänder
- Hubwagen.

Die Umschlaggeräte sind abhängig von den Umschlageinheiten, u. a.:

- Container
- Paletten
- Stückgut.

17. Welche rechtlichen Grundlagen gelten für die Verladung?

Rechtliche Grundlagen sind:

- § 22 STVO: Sicherung der Ladung gegen Verrutschen
- § 23 STVO: Der Fahrer trägt die Verantwortung für die Sicherung.
- §§ 30,31 STVO: Der Halter hat für geeignete Fahrzeuge zu sorgen.
- § 412 HGB: beförderungs- und betriebssichere Verladung
- VDI 2700: Formeln für die Ladungssicherung
- DIN EN 12195: Zurrmittel.

18. Wie sind die betriebssichere und die beförderungssichere Verladung geregelt?

Bei beförderungssicherer Verladung ist das Ladegut so auf der Ladefläche befestigt, dass es bei normalem Beförderungsablauf, aber auch in Extremsituationen, nicht herabfällt, umfällt oder sich verschiebt. Zur Beförderungssicherheit gehören:

- Einsatz angepasster Verpackung
- sicheres Heranbringen des Ladeguts an das Transportmittel
- Absetzen auf der Ladefläche
- ordentliche Stapelung
- Sicherung durch Ladungssicherungsmittel.

Der Absender hat darauf zu achten, dass die Verpackung und die Ladungssicherungsmittel allen straßen- und verkehrsbedingten Situationen standhalten.

Bei betriebssicherer Verladung ist das Ladegut derart geschützt und gesichert, dass während des Transports keine Gefahren für andere entstehen. Insbesondere gilt, dass

- keine Überladung erfolgt
- kein Stabilitätsverlust entsteht
- die Lenkfähigkeit nicht vermindert wird
- die Lasten gleichmäßig verteilt sind
- die Ladung nicht über das Fahrzeug hinausragt.

Der Frachtführer ist für die betriebssichere Verladung verantwortlich. Der Fahrer muss vor Fahrtantritt die Ladungssicherung überprüfen. Er hat bei Teilentladung dafür zu sorgen, dass durch eine neue Lastverteilung die Ladungssicherheit erhalten bleibt.

Zusätzlich verlangt die Verkehrssicherheit, dass bei Vollbremsung und plötzlichem Ausweichen die Ladung nicht verrutscht, umfällt, hin- und herrollt oder herabfällt; außerdem ist Lärm zu vermeiden. Es sind die anerkannten Regeln der Technik zu beachten.

19. Welche Personen sind für die Ladungssicherung verantwortlich?

Verantwortliche Personen sind:

- Der Verlader: Der leitende Verlader ist für die Ladungssicherung verantwortlich, d. h. für das ordnungsgemäße Verstauen der Ladung.
- Der Fahrer: Die betriebssichere Verladung wird häufig auf den Fahrer übertragen. Dann ist er verpflichtet, die Ladungssicherung auch dann zu überprüfen, wenn er bei der Verladung selbst nicht anwesend war. Ist die Betriebssicherheit nicht gegeben, sodass negative Auswirkung auf die Beförderungssicherheit eintritt, hat er den Absender auf Behebung des Fehlers hinzuweisen; erfolgt keine Verbesserung, kann der Fahrer den Transport ablehnen.
- Der Fahrzeughalter: Er stellt geeignete Fahrzeuge zur Verfügung, setzt ausgebildete Fahrer ein, die in der Lage sind, Maßnahmen zur Ladungssicherung vorzunehmen und führt regelmäßig Kontrollen durch Inaugenscheinnahme durch.

20. Wodurch entstehen Gefahren bei der Verladung?

Ursachen sind:

- Laderampen sind verschmutzt
- Absturzsicherung fehlt
- Fahrer wird beim Rückwärtsfahren nicht ausreichend eingewiesen
- Fahrzeug ist nicht gegen Wegrollen gesichert
- Beschäftigte sind unzureichend eingewiesen.

2.6 Organisieren des Güterumschlags

01. Was wird unter Umschlag verstanden?

Umschlag ist die Gesamtheit der Förder- und Lagervorgänge

- beim Übergang der Güter auf ein Transportmittel
- beim Abgang von einem Transportmittel
- wenn Güter das Transportmittel wechseln (DIN 30781 Teil 1).

Umschlag geschieht sowohl innerbetrieblich, außerbetrieblich, als auch zwischen Beiden.

02. Welche Ziele verfolgt der Umschlag?

Ziele der Logistik beim Umschlag sind u. a.:

- Erhöhung der Umschlagleistung
- Verkürzung der Standzeiten der Transportmittel
- optimale Bauten und Ausrüstung
- verstärkte Standardisierung der Mittel
- möglichst hoher Automatisierungsgrad.

2.6.1 Varianten des Umschlags

01. Welche Varianten werden beim Umschlag unterschieden?

Varianten sind:

- Stückgutumschlag
- Umschlagsysteme für Ladeeinheiten
- Containerumschlag
- Cross Docking
- Hub-and-Spoke.

02. Wie erfolgt der Stückgutumschlag?

Beim Stückgutumschlag werden stetige und unstetige Umschlagmittel eingesetzt.

Stetige Umschlagmittel sind u. a.:

- Kettenförderer (z. B. für Paletten)
- Rollenbahnen (z. B. für Packstücke)
- Gurtförderer (z. B. für Sackbeladung).

Unstetige Umschlagmittel sind u. a.:

- Krananlagen
- Stapler.

Der Umschlagbereich besteht aus:

- Hoffläche für die Transportmittel
- Manipulationsfläche für den eigentlichen Umschlag
- Ladezone für Rampe, Ladetore u. a.

Das Be- und Entladen kann erfolgen als:

- Heckumschlag (z. B. Lkw)
- Seitenumschlag (z. . Güterwagen, Lkw)
- Dachumschlag (z. B. Hardtop- oder Open-Top-Container).

Häufig werden zum Umschlag eigene Hilfsmittel eingesetzt, die am oder im Lkw mitgeführt werden (z. B. Ladebordwand, Ladekran, Gabelstapler).

03. Was ist bei Umschlagsystemen für Ladeeinheiten zu beachten?

Als Ladeinheit ist vor allem die Palette zu nennen. Dabei gibt es mechanisierte und automatisierte Systeme.

- Beim mechanisierten Umschlag werden zunächst die Paletten vorgestaut (zusammengestellt). Mittels Gabelstapler erfolgt der eigentliche Umschlag. Zur Reduzierung der Arbeitszeit werden Abschieber benutzt, die die Paletten in die Mitte des Lkw schieben.
- Bei automatischen Umschlagsystemen werden zunächst alle Paletten zu einer Blockeinheit zusammengestellt; dann werden sie gleichzeitig als Ladeeinheit in den Lkw oder Container eingebracht. Vorteilhaft ist es in diesem Fall, wenn der Lkw mit Rollenförderern ausgestattet ist.

04. Was ist beim Containerumschlag zu beachten?

Beim Containerumschlag wird der gesamte Behälter von einem auf das nächste Verkehrsmittel umgeschlagen, ohne dass die Packstücke selbst bewegt werden. Wegen der Größe der Container werden besondere Umschlagmittel benötigt, z. B.:

- Verladebrücken
- Containerkrane
- Portalstapler.

Die Containerumschlagterminals werden meist mechanisiert, vereinzelt aber auch schon automatisiert betrieben.

05. Wie erfolgt Cross Docking?

Cross Docking erfolgt auf einer Cross Docking Station als Distributionslager. Das Lager dient einzig dem Umschlag, also erfolgt keine wirkliche Lagerung. Die Ware wird unmittelbar vom Wareneingang zum Warenausgang transportiert. Dies kommt dem Wunsch vieler Unternehmen entgegen, die Waren direkt aus der Produktion an den Kunden zu versenden. Der Verzicht auf Lagerung

- verkürzt die Zeiten
- verringert die Bestände
- reduziert die Kosten.

Cross Docking erfolgt einstufig oder zwei- bzw. mehrstufig.

- Beim einstufigen Cross Docking palettiert der Hersteller bereits empfängerbezogen, die Aufträge werden also auftragsbezogen kommissioniert. Die Paletten werden ohne Umpalettierung nur auf ein anderes Transportmittel verladen.
- Beim mehrstufigen Cross Docking palettiert der Hersteller artikelbezogen, die Ware wird für die Empfänger umpalettiert, d. h. neben dem Transportmittel wird auch die Verpackungseinheit gewechselt.

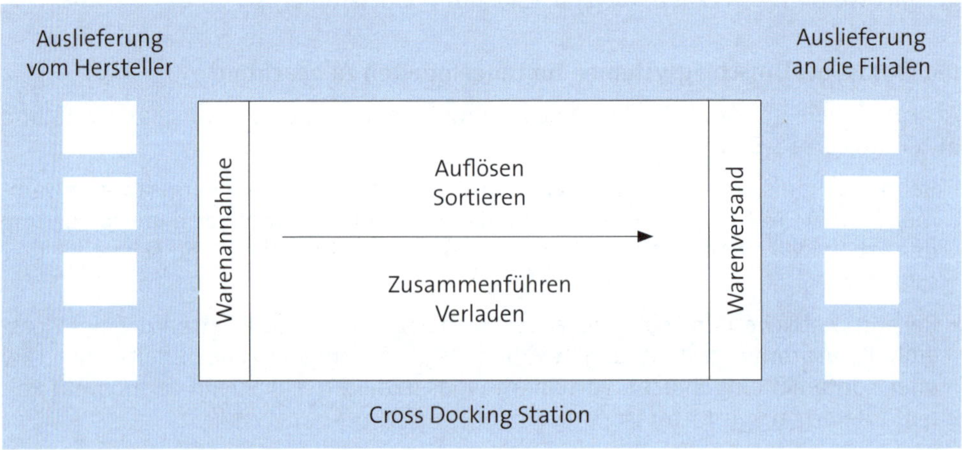

06. Was wird unter Hub-and-Spoke verstanden?

Beim Konzept „Hub-and-Spoke" (Nabe und Speiche) entstehen Knotenpunkte (Hubs), die mit zahlreichen Depots verbunden sind. Diese Depots stehen in keiner direkten Beziehung zueinander, sondern sie liefern an den Hub bzw. werden aus dem Hub beliefert. Häufig werden mehrere Ebenen der Hubs (Hauptumschlagbasen) unterschieden. Dann stehen Regionalhubs in Verbindung zu einem Zentralhub. An den Hubs als Umverteilungsstationen werden leistungsstarke manuelle und automatische Sortieranlagen eingesetzt, damit ein möglichst effizienter Stückgutumschlag gewährleistet ist.

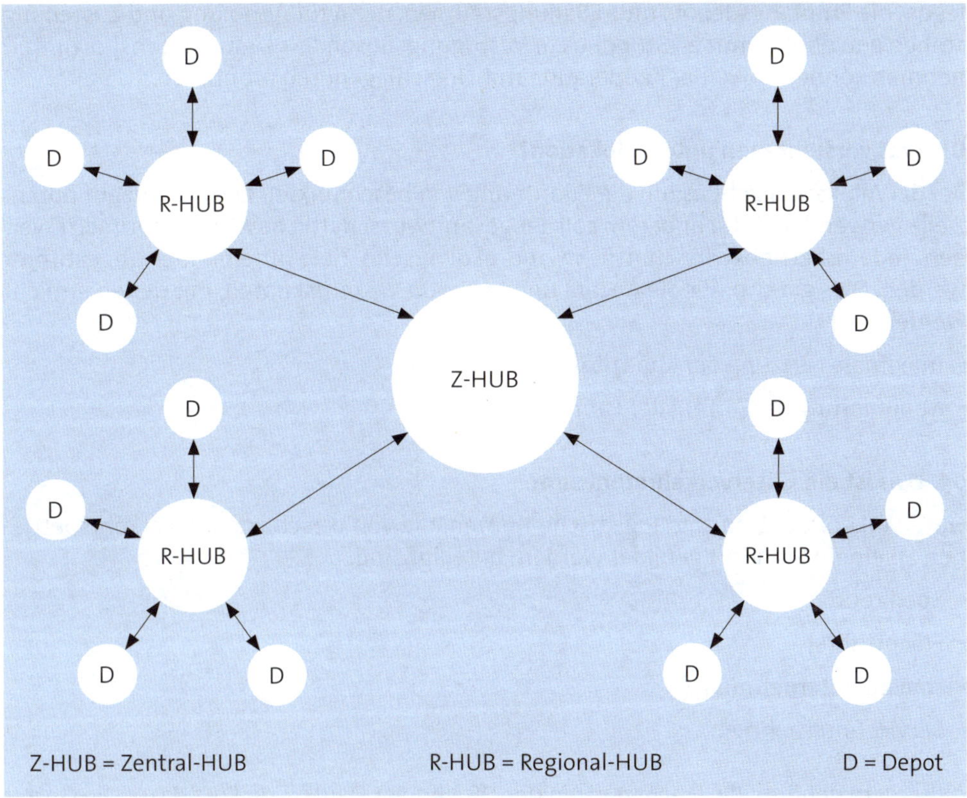

2.6.1.1 Güterumschlag direkt von einem Verkehrsmittel auf ein anderes

01. Wodurch unterscheidet sich die eingliedrige von der mehrgliedrigen Transportkette?

Bei der eingliedrigen Transportkette wird der Transport von der Quelle (Absender/Versender) bis zur Senke (Empfänger) ohne Wechsel des Transportmittels durchgeführt. Bei der mehrgliedrigen Transportkette wird das Transportmittel einmal oder mehrmals gewechselt. Zur Mehrgliedrigkeit gehört auch der kombinierte Verkehr, bei dem die komplette standardisierte Ladeeinheit (z. B. Container) ohne Umladen der Packstücke umgeschlagen wird. Umschlagterminals im kombinierten Verkehr sind leistungsfähige, aber sehr anspruchsvolle Anlagen.

02. Welche Bedeutung hat der Umschlagknotenpunkt?

Beim Transport vieler Kleinsendungen von unterschiedlichen Orten zu unterschiedlichen Orten ist der Direktverkehr zu aufwändig. Deshalb ist es günstiger, alle Lieferungen zunächst über einen Umschlagknotenpunkt zu leiten. Dort werden die Ladungen gesammelt und aufgelöst, um sie dann neu zusammenzustellen. Häufig werden sie dann zu einem Empfangsdepot transportiert, umgeschlagen und dann dem Empfänger zugestellt. Die Hauptumschlagknotenpunkte sind meist verkehrstechnisch zentral gelegen, die Empfangsdepots oft in Ballungsräumen, denn für Abholung und Zustellung stehen gewöhnlich nur 24 Stunden zur Verfügung. Besonders kleinere Transportunternehmen können von einer Kooperation mit Umschlagknoten profitieren.

03. Was versteht man unter Allokation?

Bei der Allokation geht es um die Zuordnung von beschränkten Ressourcen auf potenzielle Verwender. Unter anderem soll der gesamtwirtschaftliche Nutzen optimiert werden, indem betriebswirtschaftliche und ökologische Ziele aufeinander abgestimmt werden. Dies gilt u. a. für die Anzahl und Lage von Verkehrsknoten, mit denen erreicht werden soll:

- maximale Nutzung der Kapazität
- Minimierung der Anzahl der Fahrten.

04. Was ist ein Güterverkehrszentrum?

Güterverkehrszentren sind logistische Knoten, die von verschiedenen Verkehrsbetrieben an einem Standort gebildet werden; beteiligt sind:

- Spediteure
- Frachtführer
- Logistikunternehmen
- Serviceunternehmen.

Außerdem gehören die Frachtzentren der DB und der Deutschen Post dazu. Die Güterverkehrszentren sind an mindestens zwei Verkehrsträgern angeschlossen (z. B. Schienen- und Straßenverkehr), häufig sind es mehr (z. B. Schiffsverkehr und Luftverkehr). Wichtiger Bestandteil ist ein Terminal für den kombinierten Verkehr, um einen effizienten Umschlag zu gewährleisten. Dies geschieht meistens durch modulare Transporteinheiten.

05. Welche Bedeutung haben modulare Transporteinheiten?

Modulare Transporteinheiten sind abgestimmte standardisierte Behältersysteme. Gemäß DIN ISO 668 sind die Einheiten Transportbehälter, die besonders geeignet sind, den Transport von Gütern mit einem oder mehreren Transportmitteln zu ermöglichen, ohne dass die Ladung umgepackt wird. Die Behälter sollten möglichst groß sein; dazu gehören:

- Container
- Trailer
- Wechselbehälter.

Kosten und Zeit für Vor- und Nachlauf können minimiert werden.

06. Was wird unter Durchflussorganisation und unter Vorstauorganisation verstanden?

Bei der Durchflussorganisation werden alle Handlungen vermieden, die nicht unmittelbar dem Transport zuzuordnen sind, denn sie unterbrechen den Materialfluss und verursachen vermeidbare Kosten.

Die Vorstauorganisation wird durch die Reihenfolge der Tourenplanung bestimmt. Zum Vorstauen gehört, dass

- die Güter in optimaler Reihenfolge und Anordnung für die Verladung in eine Transporteinheit
- die Transporteinheiten in optimaler Anordnung zur Verladung auf ein Verkehrsmittel

bereitgestellt werden. Zum Vorstauen werden Flächen in einem Ausmaß benötigt, die die maximale Umschlagmenge ermöglichen.

2.6.1.2 Güterumschlag mit Unterbringung in Zwischenlagern

01. Welche Zwischenlager werden unterschieden?

Zwischenlager können sein:

- Pufferlager
- Verteillager inkl. Kommissionierung
- Umschlaglager für verkehrsbedingte Lagerung zwischen zwei Transportvorgängen.

2.6.1.3 Besonderheiten der verschiedenen Verkehrsträger beim Umschlag

01. Welche Verkehrsträger werden behandelt?

Behandelt werden:

- Güterkraftverkehr
- Schienenverkehr
- Binnenschifffahrt
- Seeschifffahrt
- Luftfracht.

Außerdem werden bearbeitet:

- kombinierter Verkehr
- KEP-Dienste.

02. Welche Bereiche des Güterkraftverkehrs werden unterschieden?

Zum Güterkraftverkehr gehören:

- Werkverkehr: Transport von Gütern für eigene Zwecke, d. h.:
  - Material, das im Unternehmen verarbeitet wird
  - Güter, die im Unternehmen produziert werden
  - Güter, die an den Kunden ausgeliefert werden
  - Güter, die instandgesetzt werden.

  Die Beförderung ist nur eine Nebentätigkeit.
- Gewerblicher Güterkraftverkehr: Transport fremder Güter gegen Entgelt mit Fahrzeugen über 3,5 t Gesamtgewicht. Für das Betreiben dieser Art von Geschäft muss eine Erlaubnis vorliegen, die an bestimmte Voraussetzungen gebunden ist.

03. Welche Vor- und Nachteile bietet der Werkverkehr?

Vorteile sind:

- keine Erlaubnis notwendig
- hohe Flexibilität
- Einsatz angepasster Fahrzeuge
- Fahrer sind eigene Mitarbeiter, die auch zu anderen Arbeiten herangezogen werden können (z. B. Beratung, Service).

Nachteile sind:

- großes Investitionsvolumen
- häufig Leerfahrten, da auf der Hin- oder Rückfahrt keine fremden Güter aufgenommen werden dürfen
- hohe Fixkosten.

04. Was versteht man unter Kabotage?

Kabotage ist die begrenzte Freizügigkeit beim Transport, hier mit dem Lkw, in den EU-Staaten. Bei der Kabotage werden Transportleistungen innerhalb eines Landes durch ein ausländisches Verkehrsunternehmen erbracht. Man unterscheidet:

- große Kabotage, bei der ein Transport zwischen zwei EU-Staaten durch den Frachtführer eines dritten Staats durchgeführt wird
- kleine Kabotage, bei der ein Transport innerhalb eines EU-Staats durch einen ausländischen Frachtführer erfolgt.

Die Kabotage ist durch Art. 8 ff. Verordnung (EG) Nr. 1072/2009 innerhalb der EU einheitlich geregelt. Sie besagt, dass ein Fahrzeug, das beladen die Grenze in ein anderes Land überschreitet, nach der vollständigen Entladung in diesem Land innerhalb von sieben Tagen drei Transporte in diesem Land durchführen kann; ebenso ist es möglich, dass die Kabotagetransporte auf mehrere Länder verteilt werden. Voraussetzung ist das Vorliegen einer Gemeinschaftslizenz (EU-Erlaubnis).

Die Kabotage fördert den Wettbewerb, gefährdet aber gleichzeitig die Existenz deutscher Frachtführer, die sich auf den reinen Transport konzentriert haben. Bei frei vereinbarten Frachtraten haben die ausländischen Unternehmen (vornehmlich aus Osteuropa) Kostenvorteile. Es ist zu erwarten, dass in der Zukunft gemäß der Intentionen der EU vollständige Freizügigkeit möglich ist.

05. Welche Beladungsformen werden unterschieden?

Man unterscheidet:

- Ladungsverkehr, bei dem ein ganzer Lkw bzw. ein großer Teil von dessen Ladefläche eingesetzt wird
- Sammelgutverkehr, bei dem mehrere kleinere Sendungen zu einer Ladung zusammengefasst werden. Einen wesentlichen Anteil hat der Transport von Kleingut als Pakete.

06. Welche Aufbauten stehen für den Transport im Lkw zur Verfügung?

Mögliche Aufbauten sind:

- Pritsche mit Plane
- Rungenpritsche (Lang- und Flachmaterial)
- Kofferaufbauten
- Kipperaufbauten
- Kühl- und Thermoaufbauten
- Tankaufbauten
- Tieflader (für besonders schweres Gut)
- Spezialaufbauten (z. B. für Langholz, Getränke, Autos, Flachglas, Müll, lebende Tiere).

07. Wie lassen sich Effizienzsteigerungen im Güterkraftverkehr erreichen und welche Hemmnisse ergeben sich?

Maßnahmen sind:

- Verringerung des Werkverkehrs (mangelnde Auslastung)
- Verbesserung der Fahrzeugauslastung (z. B. durch unternehmensüberschreitende Informationssysteme
- intensive Tourenplanung.

Hemmnisse können sein:

- überlastete Straßen
- Restriktionen im Güterstraßenverkehr

- ungleichmäßige Nutzung der Transportfläche
- mangelnde Abstimmung zwischen den verschiedenen Trägern im Güterverkehr.

08. Welche Vor- und Nachteile hat der Güterkraftverkehr?

Vorteile sind:

- Haus-zu-Haus-Beförderung
- flächendeckendes Straßen- und Verteilnetz
- hohe Flexibilität
- geringe Wartezeiten
- starker Wettbewerb.

Nachteile sind:

- Einhaltung von Lenk- und Ruhezeiten
- Fahrverbote an Sonn- und Feiertagen
- Staugefahr
- witterungsempfindlich
- begrenzter Einsatz bei Transport von Gefahrgut
- Umweltbelastung.

09. Welche Unternehmen sind am Güterverkehr auf der Schiene beteiligt?

Beteiligt sind folgende Unternehmen:

- DB Railion (Güterverkehr)
- DB Intermodal (kombinierter Verkehr)
- DB Trasse (Unterhaltung und Betreiben des Schienennetzes)
- private Eisenbahngesellschaften (z. B. Rai4Chem, TX Logistic).

10. Welche Leistungen werden im Schienenverkehr angeboten?

Die Leistungen umfassen:

- Ladungsverkehr mit:
  - Einzelwagen (Classic, Quality, Nachtsprung), die über Kundenservicezentren bereitgestellt werden und in Zugbildungsanlagen zu Zügen zusammengestellt werden
  - Ganzzüge als Plantrain, Variotrain, Flextrain
- kombinierter Verkehr: Nutzung unterschiedlicher Verkehrsmittel auf den Beförderungsstrecken ohne Umladen der einzelnen Güter
- Trassenvermietung an die DB-Gesellschaften und die privaten Eisenbahngesellschaften.

11. Wie erfolgt der Transportablauf im Einzelwagenverkehr?

Der Ablauf sieht wie folgt aus:

- Der Wagen wird bestellt.
- Der Wagen wird beim Auftraggeber oder in einem öffentlichen Freiladegleis bereitgestellt.
- Beladen
- Wagen abholen und zum Ranggierbahnhof bringen
- Zusammenstellung der Wagen zu einer Zugeinheit
- fahrplanmäßiger Transport zum Bestimmungsbahnhof
- Zugzerlegung im Ranggierbahnhof
- Anlieferung zum Bestimmungsort
- Entladen
- Säubern des Wagens
- Abholen des Leerwaggons
- Abrechnung.

12. Welche Vor- und Nachteile bietet der Güterverkehr auf der Schiene?

Vorteile sind:

- keine Fahrverbote und Staus
- günstige Fixkostenverteilung bei Massengütern
- Transport schwerer und sperriger Güter
- große Verkehrssicherheit
- geringe Umweltbelastung.

Nachteile sind:

- Bindung an das Schienennetz
- Quasi-Monopol einer der Anbieter
- unterschiedliche Spurbreiten in Europa
- meist kein Haus-zu-Haus-Verkehr
- häufiges Umladen
- gebunden an einen Fahrplan.

13. Was sind Güterumschlageinrichtungen?

Güterumschlageinrichtungen bieten die Verbindung von Schiene und anderen Verkehrsmitteln (vor allem der Straße). Die Güterumschlageinrichtungen bieten die Ausrüstungen, die für den Umschlag notwendig sind. Dies ist vor allem deshalb von großer Bedeutung, da meistens ein Haus-zu-Haus-Verkehr wegen fehlender Gleisanschlüsse nicht durchgeführt werden kann. Deshalb wird in der Regel mittels Lkw zum Versandbahnhof und ebenso mittels Lkw vom Empfangsbahnhof zum Empfänger transportiert.

14. Welche Arten der Binnenschifffahrt werden unterschieden und wie sieht die Eigentümerschaft aus?

In der Binnenschifffahrt werden unterschieden:

- Motorschiffe (z. B. Tankschiffe)
- Schubverbände mit bis zu sechs Leichtern
- Schleppkähne.

Eigentümer sind:

- Partikulierer als Familienbetriebe oder Genossenschaften mit ein bis drei Schiffen, die Aufträge vor allem über die Frachtenbörse erhalten
- Schiffsbetriebsverbände als Zusammenschluss von Partikulierern
- Reedereien
- einzelne Großbetriebe.

15. Welche Möglichkeiten bietet die Binnenschifffahrt?

Das gut ausgebaute Wassernetz über Flüsse und Kanäle erlaubt in Europa durchgängig Verkehr in alle Richtungen. Die Binnenhäfen haben sich vielfach zu Güterumschlagzentren entwickelt, indem eine intensive Hinterlandanbindung durch Verbindung mit anderen Netzen (Straße, Schiene) mit Unterstützung der öffentlichen Hand geschaffen wurde. Dazu gehören auch Containerterminals.

16. Welche Vor- und Nachteile bietet die Binnenschifffahrt?

Vorteile sind:

- umweltschonend
- energiesparend
- leistungsfähig bei großen Mengen
- niedrige Transportstückkosten bei hoher Auslastung.

Nachteile sind:

- wenig dichtes Verkehrsnetz
- abhängig vom Wasserstand
- klimatische Probleme (u. a. zugefrorene Kanäle)
- geringe Geschwindigkeit.

17. Welche Seeschiffsarten werden unterschieden?

Schiffarten im Frachtbereich sind:

- Stückgutschiff für kleine Sendungen
- Massengutschiff als Trockenfrachter für Schüttgut oder Tanker
- Spezialschiffe als Containerschiffe (Vollcontainer-Schiff nur für Container, Semi-Container-Schiff, das auch Stückgut befördert), und als Ro-Ro-Schiff, meist als Fähre (Zu- und Abfahrt von unterschiedlichen Seiten).

18. Wer ist an der Abwicklung von Seetransporten beteiligt?

Beteiligt sind:

- Befrachter (Shipper): schließt als Absender bzw. Verlader einen Frachtvertrag mit dem Verfrachter
- Ablader: Spezialist im Hafenbereich, der die Güter an das Schiff heranbringt
- Verfrachter (Carrier): führt den Transport durch
- Empfänger.

19. Welche Besonderheiten gelten für die Seeschifffahrt?

Besonderheiten sind verbunden mit den folgenden Begriffen:

- Linienverkehr: Reedereien, die planmäßig verkehren, vor allem mit Stückgutverträgen
- Trampverkehr: als Reisecharter für eine bestimmte Reise, als Zeitcharter mit befristeter Vertragsdauer, als Vollcharterung oder Teilcharterung
- Schifffahrtskonferenz: Zusammenschluss von Reedereien zur Vereinbarung von einheitlichen Beförderungsbedingungen und Fahrplänen auf bestimmten Routen (Konferenzraten, Konferenzbedingungen)
- Outsider: Unternehmen bedient das Verkehrsgebiet einer Schifffahrtskonferenz, gehört aber nicht der Konferenz an
- Frachten-Pool: Alle Einnahmen werden nach vereinbartem Schlüssel verteilt
- Lash-Verkehr: Schwimmcontainer (sog. Barges) schwimmt in ein abgesenktes Trägerschiff, das dann angehoben wird und die Container transportiert, um im Bestimmungshafen wieder abgesetzt zu werden, damit die Container herausschwimmen können; diese Form ist auch bekannt als Si-So-Verkehr. Als Lash-Verkehr wird auch bezeichnet, wenn Binnenschifffahrtsleichter mittels Kran auf Seeschiffe verladen werden.
- Lumpsum: Pauschalfracht.

20. Welche Einrichtungen gehören zu einem Seehafen?

Einrichtungen sind u. a.:

- Hafenbecken, Kaimauern
- Kai- und Verteilerschuppen
- Kühl- und Gefrierhäuser
- Containerterminals
- Tankterminals mit Leitungssystemen
- Greifbrücken und Krane
- Umschlaganlagen für Schwergut und Massengut
- Anlagen für Ro-Ro-Schiffe.

21. Welche Vor- und Nachteile bietet die Seeschifffahrt?

Vorteile sind:

- besonders geeignet für Containerverkehr
- kostengünstig bei großen Mengen über weite Strecken
- planmäßige Bedienung der Schiffsrouten
- zahlreiche Spezialaufbauten
- umweltfreundlich.

Nachteile sind:

- seefeste Verpackung notwendig
- langsam
- wetterabhängig
- Gefahr von Transportschäden.

22. Welche Bedeutung hat die IATA?

Die IATA (International Air Transport Association) befasst sich u. a. mit der Schaffung eines einheitlichen Systems für die Nutzbarmachung des Luftraums. Die Mitgliedschaft ist freiwillig. Voraussetzungen sind:

- regelmäßiger internationaler Flugverkehr
- veröffentlichter Flugplan
- die Fluggesellschaft muss vom Staat zugelassen sein.

23. Wie werden die Güter bei Luftfracht klassifiziert?

Einteilung erfolgt in:

- eilbedürftige Güter, die nicht mit anderen Transportmitteln transportiert werden können
- empfindliche Güter, die keine längere Fahrt vertragen bzw. witterungsempfindlich sind
- hochwertige kleinvolumige Güter (geringeres Diebstahlrisiko durch kürzere Transportzeit
- leicht verderbliche Güter (z. B. Obst, Blumen)
- lebende Tiere (kurze Transportzeit, gute Betreuung möglich).

24. Welche Anforderungen werden an den Luftfrachttransport gestellt?

Um dem Kunden zu dienen, ergeben sich u. a. folgende Anforderungen:

- auf den Kunden abgestimmte Leistungen
- akzeptable Preise
- weltweite Haus-zu-Haus-Lösung
- umfassendes Angebot aus einer Hand
- weltweites Netz
- permanente Kontrolle der Laufzeit und des Weges.

25. Wie entsteht eine Luftfrachttransportkette?

Die Luftfrachttransportkette entsteht nach *Ehrmann (2012, S. 251)* wie folgt:

- Abholen der Ware durch den Spediteur (Consolidator) beim Versender
- Bündelung nach Eilbedürftigkeit, Größe, Menge, Gewicht zu Sammelladungssendungen und eventuelle Zwischenlagerung
- Verzollung der Ware im grenzüberschreitenden Verkehr
- Transport per Linienmaschine oder Frachtflugzeug zum Bestimmungsflughafen
- Zollabfertigung
- Zwischenlagerung
- Abholen der Ware durch einen Spediteur und Zustellung an den Empfänger mit dem Lkw.

26. Welche Vor- und Nacheile bietet die Luftfracht?

Vorteile sind:

- kurze Transportzeiten
- große Sicherheit
- sehr zuverlässig.

Nacheile sind:

- hohe Kosten
- besondere Sicherheitsvorgaben
- umweltbelastend.

27. Was ist kombinierter Verkehr und wie ist er zu bewerten?

Beim kombinierten Verkehr werden mehrere Transportmittel eingesetzt, ohne dass die Transportgüter selbst umgeschlagen werden. Vor allem im internationalen Verkehr entstehen dadurch große Transportketten; hierdurch werden die Vorteile der verschiedenen Transportmittel miteinander verbunden. Außerdem wird die Anzahl der Güterumschläge und damit ein besonderer Gefahrenherd für Beschädigungen minimiert. Nachteilig ist allerdings, dass sich meistens die Transportzeit verlängert, u. a. durch die Abhängigkeit von Fahrplänen.

28. Welche Transportketten ergeben sich aus dem kombinierten Verkehr?

Nach *Ehrmann (2012, S. 252)* ergeben sich u. a. folgende Transportketten:

- Huckepackverkehr: Kombination von Straßen- und Schienenverkehr als Rollende Landstraße: vollständige Sattelzüge werden auf Spezialwaggons gefahren und transportiert; der Fahrer fährt häufig im Liegewagen mit (Ruhezeit). Transport von Sattelaufliegern ohne Zugmaschine; die Auflieger werden mittels Kran auf Spezialwaggons gehoben.

  Transport von Wechselbehältern (z. B. Wechselbrücken), die mittels Kran verladen werden.
- kombinierter Containerverkehr durch Verladen von Containern in Container-Terminals
- Ro-Ro-Verkehr, bei dem Landfahrzeuge auf Schiffen befördert werden (schwimmende Landstraße), häufig auf Fähren; werden Ro-Ro-Schiffe eingesetzt, ergibt sich die Besonderheit, dass der Schiffrumpf vorn und hinten geöffnet ist, sodass im Schiff ein zeitsparender Durchgangsverkehr entsteht.
- Lash-Verkehr als Kombination von Binnen- und Seeschifffahrt
- Rail Ro Cargo als Haus-zu-Haus-Verkehr unter Einbindung von Lkw, Bahn und Schiff.

29. In welche Bereiche teilen sich die KEP-Dienste?

Zu den KEP-Diensten gehören:

- Kurierdienste, die die Sendungen permanent persönlich begleiten; Haupteinsatzgebiete sind Citybereiche, Haupttransportmittel ist das Fahrrad. Es gibt sehr viele kleinere Unternehmen, die durch Vermittlungszentralen verbunden sind. Häufig werden Dokumente befördert.
- Expressdienste, die im Sammeltransport über Hubs befördern; sie garantieren eine bestimmte Zustellzeit im Zuge einer Haus-zu-Haus-Zustellung.
- Paketdienste, die auch im Sammeltransport über Hubs befördert werden; es gibt keine garantierte Zustellzeit; jedoch ist von einer Regellaufzeit auszugehen, was die Transportdauer kalkulierbar macht.

30. Welche Leistungen bieten die KEPs?

Leistungen sind:

- hoher Lieferservice: 24-Stunden-Service, flächendeckend
- Just-in-time-Lieferung: zeitpunktgenaue Zustellung
- Sicherheit: auf Wunsch persönliche Begleitung der Sendung
- Sendungsverfolgung
- Wahl zwischen verschiedenen Laufzeiten: Same Day, Innight Service, Overnight Service
- leicht nachvollziehbare Gebührenstruktur
- Experiment mit neuen Transportarten (Versand mittels Drohnen an Großempfänger).

31. Wie gestaltet sich das Transportsystem bei den KEPs?

Der Transport läuft wie folgt ab:

- Abholen der Sendungen
- Sammlung im Quelldepot
- Transport zum zentralen Umschlagzentrum (HUB)
- Sortieren nach Zieldepots
- Transport zu den Zieldepots
- Zustellung an die Empfänger.

In großen Transportsystemen werden mehrere HUBs berührt; man spricht dann vom Multi-HUB.

2.6.2 Umschlagleistung

2.6.2.1 Leistungs- und Qualitätskennzahlen

01. Welche Bedeutung haben Leistungs- und Qualitätskennzahlen?

Die Kennzahlen beziehen sich auf den Umschlagprozess; dazu gehören nach *Gudehus (2010, S. 991)* u. a.:

- als operative Leistungen:
  - Be-, Um- und Verladen
  - Bildung und Auflösung von Ladeeinheiten
  - Sortiervorgänge
- als damit verbundene administrative Leistungen:
  - Stauoptimierung
  - Disposition von Ladungsträgern und Transporthilfsmitteln
  - Aufbau und Führung eines Umschlagbetriebs.

Die Leistungskennzahlen treffen Aussagen über die Effizienz eines Systems. Die Qualitätskennzahlen zeigen die Effektivität der Qualitätssicherung, also ihren Erfolg.

Aus periodischen Ist-Zahlen werden Vorgaben für die Zukunft abgeleitet. Dabei werden häufig stochastische Methoden angewandt.

02. Welche Leistungskennzahlen sind üblich?

Übliche Leistungskennzahlen sind:

- Umschlagpositionen je Auftrag pro Zeiteinheit
- Arbeitszeit je Auftrag bzw. je Position
- Aufträge je Zeiteinheit (z. B. Monat)
- Zahl der Umschlagpositionen je Zeiteinheit (z. B. Monat)
- Umschlaggewicht je Zeiteinheit
- Transporteinheiten je Zeiteinheit
- Verladezeit je Umschlagposition in Sekunden
- Sortierzeit je Ladeeinheit in Minuten
- Auslastungsgrad im Umschlagbereich
- Kosten je Umschlagposition bzw. je Ladeeinheit
- Leistungsgrad je Mitarbeiter beim Umschlag
- Anzahl der Mitarbeiter je Führungskraft beim Umschlag (Leistungsspanne)
- Umschlagaufträge je Mitarbeiter.

03. Welche Qualitätskennzahlen sind üblich?

Übliche Qualitätskennzahlen sind:

- Anteil der Fehlverladungen in Prozent der Gesamtverladungen
- Anteil der Beschädigungen in Prozent der Gesamtverladungen
- Anteil der stehengebliebenen Objekte in Prozent der gesamten Objekte
- Anteil der stehengebliebenen Ladeeinheiten in Prozent der gesamten Ladeeinheiten
- Anteil der termingerechten Umschlagvorgänge in Prozent aller Umschlagvorgänge.

2.6.2.2 Maßnahmen zur Verbesserung der Produktivität und Qualität von Umschlagprozessen

01. Welche Maßnahmen können zur Verbesserung der Produktivität und Qualität beitragen?

Verbesserungsmaßnahmen sind u. a.:

- Qualifizierung der Mitarbeiter
- klar zugeordnete Aufgaben, Befugnisse und Verantwortungen
- Lean Production
- Benchmarking.

02. Welche Qualifizierungsmaßnahmen könnten ergriffen werden?

Qualifizierung könnte in zwei Richtungen erfolgen:

- Allgemeine Schulung aller Mitarbeiter zum Stellenwert der Logistik und zur Einführung in logistische Denkweise; erst dann können wirklich alle Reserven genutzt werden.
- Schulung der Mitarbeiter in der Logistik zu besonderen Themen der Logistik, z. T. speziell auf den einzelnen Arbeitsplatz ausgerichtet. Es könnten einzelne Seminare, aber auch berufsbegleitende komplexe Lehrgänge durchgeführt werden.

In diesem Zusammenhang sollte der Gedanke des lebenslangen Lernens eingebunden werden.

03. Wie können Aufgaben, Befugnisse und Verantwortung eindeutig zugeordnet werden?

Eine eindeutige Zuordnung erfolgt im Rahmen der Aufbauorganisation. Zur Verwirklichung des obersten organisatorischen Prinzips ist die Übereinstimmung von Aufgabe, Befugnis und Verantwortung herzustellen. Grundlage ist die Stellenbeschreibung. Die Verwirklichung schafft nicht nur klare Verhältnisse und damit deutliche Abgrenzung zu anderen Stellen und deren Aufgaben, sondern fördert auch die Motivation und schließlich Identifikation mit den Aufgaben und dem Betrieb.

04. Welchen Beitrag leistet Lean Production?

Lean Production folgt der gesamten Lean-Philosophie, die keine Verschwendung (jap.: Muda) zulässt. Prozesse müssen verschlankt werden, um die Effizienz zu erhöhen und Kosten zu sparen, die über den Preis an den Kunden weitergegeben werden können. Dazu werden alle Tätigkeiten, die nicht wertschöpfend sind, vermieden. Für die Logistik bedeutet dies u. a.:

- kürzere Reaktionszeiten
- niedrige bzw. keine Bestände (evtl. Just-in-time).

Dabei gilt es, die Prozesse unter Beteiligung der Mitarbeiter zu verbessern. Neben fachlichen werden soziale Kompetenzen erwartet.

05. Was bewirkt Benchmarking?

Benchmarking ist der Vergleich mit dem jeweils Besten, mit dem Ziel, dessen Status zu erreichen. Benchmarking läuft wie folgt ab:

- Auswahl eines Benchmarking-Teams
- Auswahl eines Benchmarking-Partners
- Festlegung von Auswahlkriterien
- Erhebung der notwendigen Daten beim Benchmarking-Partner
- Analyse der Daten und Feststellung der Defizite
- Festlegung und Umsetzung der Veränderungsmaßnahmen.

2.7 Berücksichtigung der rechtlichen Rahmenbedingungen

2.7.1 Wareneingang und Reklamationsbearbeitung

2.7.1.1 Wareneingang

01. Wer ist zuständig für die Entladung?

Die Zuständigkeit kann stufenweise geklärt werden:

- Gesetzlich zuständig ist der Absender gem. § 412 Abs. 1 HGB; dies bereitet keine Probleme, wenn der Absender den Transport selbst durchführt; entlädt dann trotzdem der Frachtführer bzw. dessen Fahrer, so handeln sie als Erfüllungsgehilfen.
- Alternativ kommt eine Übertragung per Vertrag auf den Empfänger mittels Kaufvertrag oder Frachtvertrag gegen entsprechendes Entgelt infrage.
- Die Übertragung kann auch vom Absender auf den Frachtführer per Frachtvertrag erfolgen.
- Es sollten außerdem die Allgemeinen Geschäftsbedingungen beachtet werden.

02. Wer haftet für Beschädigungen beim Entladen?

Grundsätzlich haftet der, der das Fahrzeug entlädt. Handelt eine andere Person , gilt sie als Erfüllungsgehilfe des Verantwortlichen, der gem. § 278 BGB haftet. Entlädt also der Empfänger oder der Fahrer des Frachtführers, obwohl der Absender zuständig ist, haftet der Absender bei Beschädigungen. Da der Absender als Schuldner der Leistung zunächst stets haftet, wird er in Anspruch genommen. Er hat allerdings die Möglichkeit, vom Erfüllungsgehilfen Entschädigung zu verlangen, wenn schuldhaftes Verhalten vorliegt. Entlädt also der Empfänger, zahlt er für schuldhafte Beschädigungen.

03. Wann liegt schuldhaftes Verhalten vor?

Schuldhaftes Verhalten liegt immer dann vor, wenn der Handelnde

- vorsätzlich oder
- grob fahrlässig

gehandelt hat. Grobe Fahrlässigkeit ist stets dann anzunehmen, wenn die notwendige Sorgfalt in grober Weise verletzt wird.

04. Wer haftet, wenn kein schuldhaftes Verhalten vorliegt?

Liegt kein schuldhaftes Verhalten vor (leichte Fahrlässigkeit, höhere Gewalt), spricht man auch vom zufälligen Untergang. Hier trägt der das Risiko, der die Gefahr trägt, d. h. der Verkäufer oder der Käufer. Es muss geprüft werden, wo die Gefahr übergeht. Regelungen enthalten die Kaufverträge, aber vor allem die Lieferungsbedingungen, wie z. B. die Incoterms.

05. Welche Pflichten entstehen für den Empfänger der Ware?

Der Empfänger einer Ware hat die:

- Untersuchungspflicht
- Rügepflicht
- Aufzeichnungspflicht gem. § 143 AO
- Aufbewahrungspflicht der Eingangsunterlagen gem. §§ 238 und 257 HGB sowie § 147 AO.

06. Wie sind die Untersuchungspflichten geregelt?

Grundsätzliche Regelungen ergeben sich aus dem BGB, das auf alle Kaufverträge, unabhängig davon, wer die Partner sind, anzuwenden ist. Partner können sein:

- Konsument und Kaufmann (Verbrauchsgüterkauf, einseitiger Handelskauf, B2C)
- zwei Kaufleute, für beide Seiten handelt es sich um ein Handelsgeschäft (zweiseitiger Handelskauf, B2B).

07. Wann liegt ein Handelskauf vor?

Ein Handelskauf liegt vor, wenn der Vorgang zunächst für eine der beiden Seiten ein Handelsgeschäft darstellt. Anwendung findet er u. a.:

- beim Kauf von beweglichen Sachen
- bei der Lieferung herzustellender Sachen.

Beim zweiseitigen Handelskauf gelten neben den Bestimmungen des BGB auch Sonderregelungen des HGB (u. a. §§ 377 und 379 HGB zur Mängelrüge und zur Aufbewahrungspflicht).

08. Wann muss die Untersuchung der Lieferung erfolgen?

Die Untersuchung muss unverzüglich nach Ablieferung erfolgen (§ 121 Abs. 1 BGB). Unverzüglich bedeutet „ohne schuldhaftes Zögern". Der Umfang der Untersuchung richtet sich u. a. nach:

- der Art der Ware
- den anwendbaren Untersuchungstechniken
- den üblichen Handelsgepflogenheiten.

09. Wann ist eine Ware frei von Sachmängeln?

Gemäß § 434 BGB ist eine Ware frei von Sachmängeln, wenn sie zur Zeit des Gefahrübergangs

- für die vertraglich vorgesehene Verwendung geeignet ist
- für die gewöhnliche Verwendung geeignet ist
- eine Beschaffenheit aufweist, die bei Sachen gleicher Art üblich ist bzw. von Kunden erwartet werden kann.

10. Welche Sachmängel werden unterschieden?

Gemäß § 434 BGB werden folgende Sachmängel unterschieden:

- die Sache hat eine andere als die vereinbarte Beschaffenheit
- die Sache eignet sich nicht für die vereinbarte Verwendung
- die Sache eignet sich nicht für übliche Verwendung
- die Sache entspricht nicht den Werbeversprechen
- die Sache entspricht nicht der Kennzeichnung
- Fehlmenge
- Falschlieferung
- fehlerhafte Montageanleitung
- Montagefehler.

2.7.1.2 Reklamation

01. Wann muss gerügt werden?

Die Rügepflicht entsteht:

- unmittelbar nach Ablieferung (§ 377 Abs. 2 HGB)
- unmittelbar nach Schadenfeststellung bei offenen Mängeln (§ 377 Abs. 2 HGB)
- spätestens innerhalb von zwei Jahren bei nicht sofort erkennbaren Mängeln (§ 377 Abs. 3 HGB); danach setzt Verjährung ein
- innerhalb von 30 Jahren bei arglistig verschwiegenen Mängeln.

02. Welche Voraussetzungen kennt die Rügepflicht?

Voraussetzungen sind:

- zweiseitiger Handelskauf (§§ 343 f. HGB)
- erfolgte Ablieferung, um Untersuchungen vornehmen zu können
- vorhandener Mangel
- Redlichkeit des Verkäufers (§ 377 Abs. 5 HGB).

03. Welche Rechte hat der Käufer bei ordnungsgemäßer Rüge?

Der Käufer hat die Gewährleistungsansprüche:

- Nacherfüllung gem. § 439 BGB als vorrangiges Recht, d. h. auf Wunsch:
  - Nachbesserung als Beseitigung des Mangels (bis zu zweimal)
  - Neulieferung
- soweit der Verkäufer dies nicht als unverhältnismäßig ablehnen kann
- Minderung und Rücktritt vom Vertrag als nachrangiges Recht, wenn die vorrangigen Möglichkeiten fehlschlagen
- Schadenersatz anstatt der Leistung bzw. Ersatz vergeblicher Aufwendungen im Vertrauen auf die mangelfreie Lieferung
- einstweilige Aufbewahrung bei Distanzkäufen (§ 379 Abs. 1 HGB)
- evtl. Notverkauf bei verderblicher Ware (§ 379 Abs. 2 HBG).

Bei nicht ordnungsgemäßer Rüge gilt die Lieferung als genehmigt (§ 377 Abs. 2 HGB), d. h. der Käufer verliert alle Gewährleistungsrechte.

04. Wann und wie erfolgt die Schadenanzeige an den Frachtführer?

Die Schadenanzeige erfolgt durch den Absender oder Empfänger. Erfolgt sie nicht, gilt die Ware als vertragsgemäß abgeliefert. Die Anzeige erfolgt:

- bei äußerlich erkennbaren Schäden gem. § 438 Abs. 1 HGB sofort bei Ablieferung
- bei äußerlich nicht erkennbaren Schäden innerhalb von sieben Tagen nach Ablieferung.

Das Datum der Absendung der Schadenanzeige ist entscheidend. Der Schaden wird in Textform gründlich beschrieben.

05. Welche Bedeutung hat die Verjährung?

Bei Verjährung kann der Gläubiger seine Ansprüche nicht mehr durchsetzen, denn der Schuldner kann von seinem Recht auf Einrede der Verjährung Gebrauch machen. Nach § 438 BGB) gelten folgende Fristen:

- bei Nacherfüllung und Schadenersatz grundsätzlich zwei Jahre nach Datum der Ablieferung

- bei arglistiger Täuschung drei Jahre, beginnend mit Erkennen des Mangels
- keine Verjährung bei Rücktritt und Minderung.

2.7.1.3 Mess-, Wiege-, Förder- und Umschlageinrichtungen

01. Welche Regeln gelten für Mess- und Wiegeeinrichtungen?

Nach § 2 Eichgesetz müssen Messgeräte, die amtlich und geschäftlich genutzt werden, zugelassen und geeicht sein. Die Eichung neuer Geräte kann durch die Hersteller erfolgen. Die Dauer der Eichgültigkeit ist unterschiedlich, sie wird durch einen Stempel angegeben. Nach Ablauf der Gültigkeit erfolgt Nacheichung durch amtliche Stellen.

02. Welche Regeln gelten für Fördermittel und Umschlageinrichtungen?

Es gelten zahlreiche berufsgenossenschaftliche Regeln, die Sicherheit und Gesundheit bei der Arbeit fördern sollen und den Unternehmen Hilfestellung bei der Umsetzung von staatlichen Regelungen geben soll. Unter anderem gilt die BGR 500 „Betreiben von Arbeitsmitteln", und zwar:

- Betreiben von Lastaufnahmeeinrichtungen im Hebezeugbetrieb
- Betreiben von Stetigförderern
- Betreiben von Hebebühnen.

Der Inhalt der BGR bezieht sich auf:

- den Anwendungsbereich
- Prüfungen
- Beschäftigungsbeschränkungen
- Handhabung
- Verhalten während des Betriebs.

2.7.2 Einlagerung und Warenpflege

2.7.2.1 Vorschriften und Empfehlungen bei der Lagerung

01. Welche Regelungen gelten bei der Lagerung?

Es gelten:

- Berufsgenossenschaftliche Informationen als Hinweise und Empfehlungen, u. a.:
  - BGI 582
  - BGI 756
  - BGI 869

- Berufsgenossenschaftliche Regeln als Hilfestellung zur Umsetzung der Unfallverhütungsvorschriften, u. a.:
  - BGR 234
- Güte- und Prüfbestimmungen RAL, u. a.:
  - RAL GZ 608
  - RAL GZ 614
- Schriften der Berufsgenossenschaften (ZH 1-Schriften), u. a.:
  - ZH 1/361
- Normen (DIN, EN), u. a.:
  - DIN EN 528
  - DIN 15185-2.

02. Was regelt die BGI 582?

BGI 582 befasst sich mit der Sicherheit und dem Gesundheitsschutz bei Transport- und Lagerarbeiten. Dabei sollte stets geprüft werden, ob ein Transportvorgang überhaupt notwendig ist. Im Einzelnen geht es um:

- richtiges Heben und Tragen
- Flurförderzeuge als Mitgängereinrichtungen
- Verkehrswege (Breite, Beleuchtung, Beschilderung, Tragfähigkeit)
- Gefährdungen
- Hilfsmittel beim Handtransport
- Lagern und Stapeln
- Bodenlagerung.

03. Was regelt die BGI 756?

Zur Verhütung von Unfallgefahren müssen beim Betrieb von Regalbediengeräten bestimmte Regeln beachtet werden. BGI 756 gibt Informationen zur Erstellung von Betriebsanweisungen für Geräte und Anlagen zur Regalbedienung. Abschnitt 1 befasst sich mit dem Betrieb der Geräte, Abschnitt 2 mit deren Instandhaltung und Störungsbeseitigung. Es wird angegeben, welche Anweisungen der Unternehmer unter Berücksichtigung der Bedienungsanleitung des Herstellers erstellen sollte.

04. Was regelt die BGI 869?

BGI 869 befasst sich u. a. mit sicherem Lagern und Stapeln und damit mit folgenden Prüfungen (z. B. Prüfliste 26):

- Sicherheitsabstand zu Transportmitteln
- Sicherung von Geräten gegen Wegrollen
- Sicherung von Stapeln

- Kennzeichnung der Bereiche
- Tragfähigkeit von Böden und Geschossdecken.

05. Was regeln die BGR 234?

Die BGR 234 befassen sich mit der Sicherheit und Gesundheit bei der Arbeit mit Lagereinrichtungen und -systemen. Es gilt u. a.:

- Standsicherheit unter Berücksichtigung der Nutzlast und der auftretenden Kräfte bei Ein- und Auslagerung
- eingehängte Teile dürfen nicht herausfallen
- Sicherung der Ladeeinheiten vor Herabfallen
- Gefahrenkennzeichnung als Anfahrschutz
- Einhalten maximaler Durchbiegung
- Anbringung von Typschildern an Regalen.

Außerdem werden Begriffe geregelt (Lagereinrichtungen, Lagergeräte, Stapelbehälter, Stapelhilfsmittel).

06. Was regelt RAL GZ 608?

RAL GZ 608 befasst sich mit der Vergabe eines Gütesiegels für dynamische Lagersysteme. Sie unterteilt sich in:

- Definition dynamischer Lagersysteme
- Gütebestimmungen (Werkstoffe, elektrische Ausrüstung, Versuche)
- Prüfbestimmungen (Erst-, Eigen-, Fremd-, Sonderprüfung)
- Kennzeichnung.

07. Was regelt RAL GZ 614?

RAL GZ 614 bzw. RAL RG 614 enthält Allgemeine Güte- und Prüfbestimmungen für Lager- und Betriebseinrichtungen. Dazu gibt es Vorgaben für u. a. Fachregale, Palettenregale, mehrgeschossige Regalanlagen, verfahrbare Regale und Schränke, Kragarmregale.

08. Was regelt die ZH 1/361?

Die ZH 1/361 als Richtlinie für Geräte und Anlagen zur Regalbedienung hat das Ziel, sicherheitstechnische Maßstäbe für den Bau, die Ausrüstung, die Prüfung und den Betrieb dieser Geräte und Anlagen nach derzeitigem Stand der Technik zu setzen. Besonderer Augenmerk wird gerichtet auf den häufig große Höhen erreichenden Hubmast, mit dem die Last aufgenommen wird und an denen häufig auch der Bedienungsstand geführt wird. Die Richtlinie gilt für kraftgetriebene Geräte und Anlagen, aber nicht für Flurförderzeuge und Hebebühnen.

09. Was regelt DIN EN 528?

DIN EN 528 enthält Anforderungen für die Sicherheit von Regalbediengeräten. Alle Gefährdungen werden berücksichtigt, soweit die Geräte unter vorgesehenen Bedingungen eingesetzt werden. Die Norm gilt nicht für frei verfahrbare Flurförderzeuge und Roboter.

10. Was regelt DIN 15185-2?

Die Arbeitsstättenverordnung verlangt, dass für Fußgänger beim Einsatz von Transportmitteln auf den Verkehrswegen genügend Sicherheitsabstand vorhanden ist. Auf beiden Seiten müssen mindestens 50 cm Abstand garantiert sein. DIN 15185-2 zeigt Möglichkeiten, wie Personen ausreichend geschützt werden können, auch wenn die Sicherheitsabstände bei leitliniengeführten Förderzeugen die Abstände systembedingt nicht eingehalten werden können.

11. Was beinhalten u. a. die technischen Regeln für Arbeitsstätten (ASR)?

Durch die ASR werden die Regelungen der Arbeitsstättenverordnung konkretisiert. Inhalt ist u. a.:

- Anforderungen an Fußböden, Wände und Decken
- Anforderungen an Türen und Tore
- Anforderungen an Verkehrs- und Fluchtwege
- Maßnahmen gegen Brände
- Anforderungen an die Beleuchtung
- Anforderungen an die Luft
- Anforderungen an den Lärmschutz.

2.7.2.2 Vorschriften für besondere Güterarten und die Warenpflege

01. Welche Regelungen gelten für besondere Güterarten?

Es gelten u. a.:

- Chemikaliengesetz (ChemG)
- Gefahrstoffverordnung (GefStoffV)
- Technische Regeln für Gefahrstoffe (TRGS) zur Festlegung von Einzelheiten auf nationaler Ebene
- GHS
- CLP Verordnung
- Wasserhaushaltsgesetz (WHG).

02. Welche besonderen Reglungen trifft das Chemikaliengesetz?

Das Chemikaliengesetz ist die Basis des Chemikalienrechts. Es soll den Menschen und die Umwelt vor der Wirkung gefährlicher Stoffe schützen. Das Gesetz regelt, welche Stoffe und Zubereitungen zu den gefährlichen Stoffen zählen. Es gibt Ziele und Grundsätze vor. Auf seiner Basis sind Verordnungen erlassen und technische Regelungen aufgestellt worden (TRGs). Die REACH-VO (Verordnung zur Registrierung, Bewertung, Zulassung und Beschränkung chemischer Stoffe) als europäische Chemikalienverordnung regelt u. a.:

- Beweislastumkehr (Hersteller und Importeure sind für gefährliche Güter verantwortlich)
- Einbringung von Gefahrstoffen erst nach Registrierung (no data, no market)
- Nachgeschaltete Anwender müssen die Hersteller/Importeure über die genaue Verwendung informieren.

03. Was regelt die Gefahrstoffverordnung (GefStoffV)?

Die GefStoffV soll Mensch und Umwelt vor stoffgedingten Schädigungen schützen. Danach sind Gefährdungsbeurteilungen durchzuführen. Auf deren Basis sind Schutzmaßnahmen zu ergreifen. Der Arbeitgeber ist verpflichtet, ein Gefahrstoffverzeichnis mit folgendem Inhalt zu erstellen:

- Bezeichnung des Gefahrstoffs
- Verweis auf Sicherheitsdatenblätter zur Information der Mitarbeiter
- Beschreibung der Eigenschaften des Gefahrstoffs
- Arbeitsbereiche, in denen mit Gefahrstoffen gearbeitet wird
- Mengen, die verwendet und gelagert werden
- Betriebsanweisungen
- Unterweisung der Mitarbeiter mindestens einmal jährlich.

04. Was versteht man unter GHS?

GHS (Globally Harmonized System of Classification and Labelling of Chemicals) ist ein weltweit einheitliches System zur Einstufung von Chemikalien. Außerdem wird die Kennzeichnung auf Verpackungen vereinheitlicht. Die Kennzeichenung geschieht auf Basis einheitlicher Gefahrenpiktogramme.

05. Was regelt die CLP-Verordnung?

Die CLP-VO (Classification, Labelling and Packaging) befasst sich mit

- Einstufung
- Kennzeichnung
- Verpackung

von Stoffen und Mischungen. Sie harmonisiert die GHS-Regelungen.

06. Welche Piktogramme werden nach GHS unterschieden?

Piktogramm	Symbol	Wirkungsbeispiele	Sicherheit
	**Explodierende Bombe** GHS01	explodieren durch Feuer, Schlag, Reibung, Erwärmung; Gefahr durch Feuer, Luftdruck, Splitter	nicht reiben oder stoßen, Feuer, Funken und jede Wärmeentwicklung vermeiden
	**Flamme** GHS02	sind entzündbar; Flüssigkeiten bilden mit Luft explosionsfähige Mischungen; erzeugen mit Wasser entzündbare Gase oder sind selbstentzündbar	von offenen Flammen und Wärmequellen fernhalten; Gefäße dicht schließen; brandsicher aufbewahren
	**Flamme über Kreis** GHS03	wirken oxidierend und verstärken Brände. Bei Mischung mit brennbaren Stoffen entstehen explosionsgefährliche Gemische	von brennbaren Stoffen fernhalten und nicht mit diesen mischen; sauber aufbewahren
	**Gasflasche** GHS04	Gasflaschen unter Druck können beim Erhitzen explodieren, tiefkalte Gase erzeugen Kälteverbrennungen	nicht erhitzen; bei tiefkalten Gasen Schutzhandschuhe und Schutzbrille tragen
	**Ätzwirkung** GHS05	zerstören Metalle und verätzen Körpergewebe; schwere Augenschäden sind möglich	Kontakt vermeiden; Schutzbrille und Handschuhe tragen; bei Kontakt Augen und Haut spülen
	**Totenkopf mit Knochen** GHS06	führen in kleinen Mengen sofort zu schweren gesundheitlichen Schäden oder zum Tode	nicht einatmen, berühren, verschlucken; Arbeitsschutz tragen; sofort Giftinformationszentrum oder Arzt anrufen; stabile Seitenlage

Piktogramm	Symbol	Wirkungsbeispiele	Sicherheit
	**Ausrufezeichen** GHS07	führen zu gesundheitlichen Schäden, reizen Augen, Haut oder Atmungsorgane; führen in größeren Mengen zum Tode	wie oben; bei Hautreizungen oder Augenkontakt mit Wasser oder geeignetem Mittel spülen
	**Gesundheitsgefahr** GHS08	wirken allergieauslösend, krebserzeugend (carcinogen), erbgutverändernd (mutagen), fortpflanzungsgefährdend und fruchtschädigend (reproduktoxisch) oder organschädigend	vor der Arbeit mit solchen Stoffen muss man sich gut informieren; Schutzkleidung und Handschuhe, Augen- und Mundschutz oder Atemschutz tragen
	**Umwelt** GHS09	sind für Wasserorganismen schädlich, giftig oder sehr giftig, akut oder mit Langzeitwirkung	nur im Sondermüll entsorgen, keinesfalls in die Umwelt gelangen lassen

Quelle: *www.seilnacht.com*

07. Welchen Inhalt hat das Wasserhaushaltsgesetz?

Durch dieses Gesetz soll eine Verunreinigung des Oberflächenwassers und des Grundwassers vermieden werden. Die Benutzung von Wasser ist wie folgt geregelt:

- Entnehmen und Ableiten von Wasser
- Aufstauen und Absenken des Wassers
- Einleiten und Einbringen von Stoffen in Wasser.

08. Welche besonderen Vorschriften sind bei der Warenpflege u beachten?

Besondere Vorschriften sind:

- Lebensmittelkennzeichnungsverordnung (LMKV)
- Arzneimittelgesetz (AMG)
- Verordnung über tiefgefrorene Lebensmittel (TLMV).

09. Was besagt die Lebensmittelkennzeichnungsverordnung (LMKV)?

Der § 7 der LMKV regelt das Mindesthaltbarkeitsdatum. Bis zu diesem Datum wird garantiert, dass das Lebensmittel seine spezifischen Eigenschaften behält, sofern es angemessen aufbewahrt wird. Das heißt nicht, dass alle Eigenschaften in vollem Umfang erhalten sind; z. B. kann sich die Farbe leicht verändern. Sind bestimmte Temperaturen oder sonstige Bedingungen notwendig, sind entsprechende Hinweise anzubringen. Bei leicht verderblichen Lebensmitteln ist das Verbrauchsdatum anzugeben.

Die Regelung gilt für Lebensmittel in Fertigpackungen, die an den Endverbraucher abgegeben werden. Fertigpackungen sind Packungen, die in Abwesenheit des Verbrauchers gefüllt und verschlossen werden. Zu den Endverbrauchern gehören auch Gaststätten und Einrichtungen zur Gemeinschaftsverpflegung. Für Packungen, die an Weiterverarbeiter verkauft werden (z. B. Teiglinge für Bäckereien), gilt die Regelung nicht.

10. Welche wichtigen Regelungen beinhaltet das Arzneimittelgesetz (AMG)?

Gemäß § 8 Abs. 3 AMG ist es verboten, Arzneimittel in den Verkehr zu bringen, wenn das Verfalldatum abgelaufen ist. Das gleiche gilt für Arzneimittel, die qualitativ gemindert sind und irreführende Angaben und Aufmachungen enthalten.

11. Was regelt die Verordnung über tiefgefrorene Lebensmittel (TLMV)?

Gemäß § 2 der TLMV muss nach dem Gefrieren die Kühlkette bei - 18 °C oder tiefer an jedem Punkt des Transports eingehalten werden. Ausnahmen sind:

- der Versand mit kurzfristigen Schwankungen
- der örtliche Vertrieb
- Tiefkühlgeräte des Einzelhandels mit Temperaturen von mindestens -15 °C.

2.7.2.3 Gesetzliche Regelungen zur Bestandserfassung und -bewertung

01. Welche Regelungen gelten für die Inventur?

Gemäß § 240 HGB in Verbindung mit § 140 f. AO ist der Kaufmann verpflichtet, Vermögen und Schulden seines Unternehmens durch eine Inventur festzustellen. Dies erfolgt:

- bei Gründung oder Übernahme eines Unternehmens
- zum Schluss eines jeden Geschäftsjahres
- bei Auflösung oder Veräußerung des Unternehmens.

In den zu erfassenden Werten gehören auch die Materialien und Waren, die jeweils zu bewerten sind. Die Inventur ist also die mengen- und wertmäßige Bestandsaufnahme aller Vermögensteile und Schulden zu einem bestimmten Zeitpunkt. Ergebnis ist das Inventar. Bei der Inventur können sich Mengen- und Wertabweichungen ergeben.

02. Wie ist das Inventar aufgebaut?

Der Aufbau zeigt folgendes Bild:

- Vermögen
  - Anlagevermögen nach Dauer der Nutzung (u. a. Gebäude, Maschinen, Geschäftsausstattung)
  - Umlaufvermögen nach der Liquidität (u. a. Material, Waren, Forderungen)
- Schulden nach Fälligkeit (z. B. Verbindlichkeiten gegenüber Lieferanten)
- Ermittlung des Eigenkapitals.

03. Welche allgemeinen Bewertungsgrundsätze gelten?

Gemäß § 252 HGB gelten u. a. folgende Bewertungsgrundsätze:

- Die Vermögensgegenstände und Schulden sind einzelnen zu bewerten.
- Es ist vorsichtig zu bewerten, indem alle vorhersehbaren Risiken und Verluste, die bis zum Abschlussstichtag entstanden sind, zu berücksichtigen sind.
- Deshalb gilt für Vermögensgegenstände das Niederstwertprinzip, d. h. zum Zeitpunkt der Bewertung werden die Anschaffungskosten bzw. Herstellungskosten mit dem Tageswert verglichen, wobei der niedrigere der beiden Werte anzusetzen ist.

04. Wie setzen sich die Anschaffungskosten zusammen?

Gemäß § 255 Abs. 1 HGB sind Anschaffungskosten die Aufwendungen, die geleistet werden, um einen Vermögensgegenstand zu erwerben und ihn in einen betriebsbereiten Zustand zu versetzen. Dazu gehören auch Nebenkosten. Im Einzelnen wird wie folgt ermittelt:

	Rechnungspreis
-	Preisminderungen (Rabatt, Bonus, Skonto)
+	Aufwendungen zur Versetzung in einen betriebsbereiten Zustand
+	Anschaffungsnebenkosten
+	nachträgliche Anschaffungskosten
=	**Anschaffungskosten**

05. Was wird unter Herstellungskosten verstanden?

Gemäß § 255 Abs. 2 HGB sind die Herstellungskosten die Aufwendungen, die durch den Verbrauch von Gütern und die Inanspruchnahme von Diensten für die Herstellung eines Vermögensgegenstandes entstehen. Die Herstellungskosten werden also für Vermögensgegenstände angesetzt, die im Unternehmen hergestellt werden.

06. Was sind Festwerte?

Gemäß § 240 Abs. 3 HGB können Roh-, Hilfs- und Betriebsstoffe,

- wenn sie regelmäßig ersetzt werden
- ihr Gesamtwert von nachrangiger Bedeutung ist
- sie nur geringen Veränderungen unterliegen

mit gleich bleibender Menge und Wert angesetzt werden. Alle drei Jahre findet eine körperliche Bestandsaufnahme und damit eine Korrekturbewertung statt.

07. Was sind Gruppenwerte?

Gemäß § 240 Abs. 4 HGB können gleichartige Teile des Vorratsvermögens und andere annähernd gleichwertige Teile jeweils zu einer Gruppe zusammengefasst und mit dem gewogenen Durchschnittswert angesetzt werden. Der Durchschnittswert kann gleitend (permanent) oder periodisch am Ende der Periode ermittelt werden. Die Gruppenbewertung wird vor allem bei Kleinteilen angesetzt.

08. Wie erfolgt das Verbrauchsfolgeverfahren?

Beim Verbrauchsfolgeverfahren wird eine bestimmte Reihenfolge der Entnahmen angenommen. Unterschieden werden:

- Fifo-Verfahren (first in first out)
- Lifo-Verfahren (last in first out)
- Hifo-Verfahren (highest in first out).

2.7.3 Vertragliche Bedingungen bei Kommissionierung und auftragsbezogener Leistungserstellung

01. Wie können Logistikdienstleister rechtlich eingebunden werden?

Kommissionierung und andere Logistikleistungen werden zunehmend von Logistikdienstleistern übernommen. Rechtliche Grundlage könnte sein:

- Allgemeine Deutsche Speditionsbedingungen (ADSp)
- Werkvertrag gem. BGB
- Logistik-AGB
- Vertragsbedingungen für den Güterkraftverkehrs-, Speditions- und Logistikunternehmer (VBGL).

02. Welche Bedeutung haben die ADSp?

Die Allgemeinen Deutschen Speditionsbedingungen (ADSp) sind Allgemeine Geschäftsbedingungen für Verträge mit Speditionen als Auftragnehmer, die als Vertragsgrundlage für alle Verkehrsverträge mit Spediteuren empfohlen werden. Verkehrsverträge sind vor allem:

- Speditionsverträge
- Frachtverträge
- Lagerverträge
- sonstige übliche Speditionsgeschäfte.

Nicht anwendbar sind sie auf speditionsfremde Zusatzleistungen, z. B. Kommissionierung, Aufbereitung von Produkten. Hier gilt das Werkvertragsrecht. Häufig wird über das Gesamtpaket logistischer Dienstleistungen ein Rahmenvertrag mit eigenen AGBs geschlossen.

03. Welche Bedeutung hat der Werkvertrag für Logistikdienstleistungen?

Für den Werkvertrag gilt § 631 ff. BGB. Beim Werkvertrag erteilt ein Auftraggeber (Versender) einem Unternehmer (Logistikdienstleister) einen Auftrag. Der Logistikdienstleister haftet unbegrenzt und ist nicht versichert. Geschuldet wird nicht allein die Leistung, sondern der Erfolg der Leistung.

04. Wie sind die Logistik-AGBs einzuordnen?

Die Logistik-AGBs gelten für alle logistischen Dienstleistungen, die nicht von einem Vertrag gem. ADSp oder nach HGB von einem Fracht-, Speditions- oder Lagervertrag erfasst werden, aber vom Dienstleister im wirtschaftlichen Zusammenhang mit einem solchen Vertrag erbracht werden. Wenn mindestens eine Seite die Logistik-AGBs in den Vertrag aufnimmt, ohne dass die andere Seite widerspricht, werden sie zum Bestandteil des Vertrags. Anwendung finden die Logistik-AGBs dann, wenn die ADSp nicht gelten und ein individueller Logistikvertrag vereinbart wird.

05. Wann gelten die VGBL?

Die VGBL können für Leistungen angewandt werden, die nicht speditionsüblich sind, aber mit der Beförderung oder Lagerung verbunden sind. Sie gelten nicht für Verpackungsarbeiten. Für Schwertransporte gelten eigene AGBs.

2.7.4 Versandart und Verpackung

2.7.4.1 Rechtliche Grundlagen für den Versand

01. Welche besondere Rolle übernimmt der Spediteur?

Der Spediteur hat als selbstständiger Kaufmann die Aufgabe, Transportaufträge zu organisieren. Die Abwicklung erfolgt in den Phasen:

- Planung: Festlegung des Wegs und der Mittel der Beförderung
- Ausführung: Auswahl der Frachtführer und Abschluss der notwendigen Verträge, Weisungen und Informationen an die einbezogenen Unternehmen
- Überwachung: Sicherung von Schadenersatzansprüchen durch Überprüfung der Güter (Identität, Vollzähligkeit, äußerlich erkennbare Schäden u. a.).

02. Wo liegen die Besonderheiten des Speditionsvertrags?

Der Speditionsvertrag ist ein Geschäftsbesorgungsvertrag zur Besorgung der Versendung gem. § 454 HGB. Er ist Manager des Transports. Im Zuge des Speditionsvertrags schließt er Verträge mit Frachtführern und Lagerhaltern. Dabei hat er die Interessen des Auftraggebers zu beachten, Weisungen sind zu befolgen. Außerdem werden Nebenleistungen aufgeführt (z. B. Verpacken, Zollbehandlung).

Besondere Tätigkeitsbereiche sind:

- Selbsteintritt des Spediteurs gem. § 458 HGB: Der Spediteur übernimmt den Transport mit eigenen Fahrzeugen.
- Spedition zu festen Kosten gem. § 459 HGB: Spediteur und Versender vereinbaren einen festen Preis für Organisation und Durchführung des Transports; es gibt also einen Festpreis für eine Haus-zu-Haus-Beförderung.
- Sammelladung gem. § 460 HGB: Güter für mehrere Versender werden als Sammelladung auf einem Fahrzeug transportiert; dadurch verbessert sich die Transportkapazität und damit sinken die Kosten.

Bei der Haftung gem. § 461 HGB wird unterschieden:

- Obhutshaftung: Der Spediteur haftet für Schäden durch Verlust oder Beschädigung des Guts, das sich in seiner Obhut befindet.
- Verschuldenshaftung: Der Spediteur haftet für Schäden, die durch Verletzung seiner Pflichten aus dem Speditionsvertrag entstehen; dies gilt insbesondere für Verletzung des Besorgungsauftrags (Besorgungsschaden).

03. Welche Rolle spielt der Frachtführer?

Der Frachtführer ist als selbstständiger Kaufmann der Transporteur, der mit dem Absender, dem Spediteur oder dem Empfänger der Ware einen Frachtvertrag schließt. Er hat dabei die Sorgfalt eines ordentlichen Kaufmanns einzubringen. Die Frachtführer verpflichten sich, das Gut zum Bestimmungsort zu befördern und dort an den Empfänger abzuliefern; dafür hat er das Recht auf Zahlung der vereinbarten Fracht.

04. Welche Pflichten ergeben sich aus dem Frachtvertrag?

Pflichten des Frachtführers sind:

- Beförderung und Ablieferung
- Obhut über das Transportgut
- Einhaltung der Lieferfrist
- betriebssicheres Verladen
- Ladungssicherung auf dem Fahrzeug
- Einholung von Weisungen
- Einhaltung nachträglicher Weisungen
- evtl. Einziehung des Nachnahmebetrags.

Pflichten des Absenders sind:

- Frachtzahlung
- Ausstellen des Frachtbriefs
- Verpackung
- Kennzeichnung
- Information über Gefahrgut
- beförderungssicheres Verladen
- Ladungssicherung
- Entladen.

05. Wie kann die Beziehung der am Transport Beteiligten dargestellt werden?

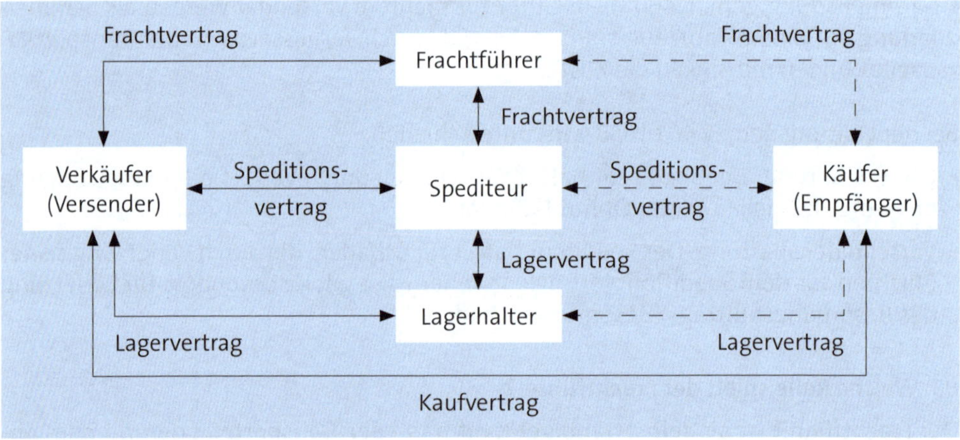

06. Welche Regelungen gelten für den Güterkraftverkehr?

Wichtige Regelungen sind:

- Güterkraftverkehrsgesetz (GüKG)
- CMR (Convention relative au Contrat des Transport International de Marchandises par Route)
- EG-Sozialvorschriften
- Vertragsbedingungen für Güterkraftverkehrs-, Speditions- und Logistikunternehmen (VGBL).

07. Welche wichtigen Regelungen beinhaltet das Güterkraftverkehrsgesetz?

Wichtige Regelungen sind:

- Begriffsbestimmung „Gewerblicher Güterkraftverkehr“ (gewerbsmäßiger entgeltlicher Transport mittels Kraftfahrzeug mit mehr als 3,5 t Gesamtgewicht)
- Erlaubnis zum Güterkraftverkehr

- erlaubnisfreier Werkverkehr
- Versicherungspflicht bei binnenländischen Transporten
- mitzuführende Papiere
- Aufgaben des BAG (Bundesamt für Güterverkehr), vor allem Überwachung, Statistik.

08. Welche wichtigen Inhalte enthält das CMR-Übereinkommen?

Wesentliche Inhalte sind:

- Anwendung im internationalen Güterverkehr auf der Straße
- Frachtbrief zwingend
- Pflicht des Frachtführers bei Übernahme des Guts
- Verpackung
- Verfügung über das Gut
- Ablieferung des Guts
- Beförderungs- und Ablieferungshindernisse
- Haftungsumfang
- Lieferfrist
- Nachnahme
- Reklamationen.

09. Wie ist die Erlaubnis bzw. Berechtigung für den Güterkraftverkehr geregelt?

Erlaubnis für den Güterkraftverkehr kann erteilt werden:

- im nationalen Verkehr durch Erlaubnis nach GüKG oder Gemeinschaftslizenz (EU-Lizenz)
- im grenzüberschreitenden Verkehr durch
  - Gemeinschaftslizenz
  - CEMT-Genehmigung (CEMT = Konferenz der europäischen Verkehrsminister)
  - bilaterale Genehmigung bzw. Drittstaaten-Genehmigung für ausländische Frachtführer.

10. Welche Voraussetzungen bestehen für den Zugang zum Güterkraftverkehr?

Voraussetzungen sind:

- persönliche Zuverlässigkeit des Unternehmens und des Verkehrsleiters:
  - Er darf nicht gegen Vorschriften im Transportgewerbe verstoßen haben (polizeiliches Führungszeugnis, Auszug aus dem Verkehrszentralregister, Auszug aus dem Gewerbezentralregister).
  - Bescheinigung der Krankenkasse über die ordnungsgemäße Abführung der Sozialabgaben

- finanzielle Leistungsfähigkeit des Unternehmers:
  - Eigenkapitalnachweis in Höhe von 9.000 € für das erste Fahrzeug und 5.000 € für jedes weitere Fahrzeug
  - keine Schulden bei Sozialversicherungsträgern, dem Finanzamt und der Gemeinde (Unbedenklichkeitsbescheinigungen der jeweiligen Stellen)
- fachliche Eignung des Unternehmens oder des Verkehrsleiters, nachgewiesen durch:
  - mindestens fünfjährige leitende Tätigkeit in einem Transportunternehmen oder
  - Abschluss als Speditionskaufmann oder Verkehrsfachwirt oder
  - Sachkundeprüfung bei der IHK.

Die Erlaubnis gilt zunächst für maximal zehn Jahre, kann danach aber unbefristet erteilt werden. Sie wird alle fünf Jahre überprüft. Für jedes Fahrzeug wird eine Erlaubnisausfertigung ausgestellt, die stets mitzuführen ist. Der Unternehmer kann die Erlaubnis für beliebig viele Fahrzeuge erhalten.

11. Was regelt die Gemeinschaftslizenz?

Die Gemeinschaftslizenz (auch EU-Lizenz genannt) erlaubt:

- Transporte innerhalb Deutschlands
- Transporte zwischen allen EU-Staaten zzgl. Norwegen, Island, Schweiz, Liechtenstein
- Kabotage (innerstaatliche Transporte durch ausländische Frachtführer).

Die Lizenz gilt für fünf Jahre und muss danach neu beantragt werden. Es gibt keine zahlenmäßige Beschränkung. Die Zugangsregelungen entsprechen denen der deutschen Erlaubnis. Deshalb haben deutsche Frachtführer die Wahl zwischen der Erlaubnis (vor allem dann interessant, wenn nur im Inland transportiert wird) oder der Gemeinschaftslizenz, die auch internationale Transporte zulässt.

12. Wozu berechtigt die CEMT-Genehmigung?

Die CEMT-Genehmigung berechtigt zu:

- Transporten, bei denen Be- und Entladeorte in den CEMT-Mitgliedsstaaten liegen
- Transitverkehr (Durchgangsverkehr).

Kabotage ist nicht zulässig. Die Genehmigung gilt für ein Jahr und wird nur für umweltfreundliche Fahrzeuge gegeben. Bei Beantragung muss nachgewiesen werden, dass die Be- oder Entladung in einem Staat erfolgt, für den die Gemeinschaftslizenz nicht gilt. Außerdem gibt es Kurzzeitgenehmigungen für einen Monat. Zu den CEMT-Staaten gehören fast alle europäischen Staaten inkl. Türkei, Russland, Armenien, Aserbeidschan, Georgien, Moldawien.

13. Was besagen die bilaterale Genehmigung und die Drittstaaten-Genehmigung?

Es handelt sich um zweiseitige Abkommen zwischen einzelnen EU-Staaten und Drittländern (z. B. zwischen Deutschland und Weißrussland). Sie erlauben:

- Transporte zwischen den Vertragsstaaten
- Transitverkehr durch die Vertragsstaaten.

Die Anzahl der Genehmigungen ist begrenzt und kann für bestimmte Zeit oder für Einzelfahrten erstellt werden. Die bilaterale Genehmigung gilt für deutsche Unternehmen, die Drittsaaten-Genehmigung für ausländische Unternehmen aus Drittstaaten.

14. Welche Begleitpapiere sind erforderlich?

Mitzuführende Papiere sind vor allem:

- Führerschein und Personalausweis
- Zulassungsbescheinigung
- Anhängerschein
- EG-Kontrollgerät-Schaublätter oder Fahrerkarte bzw. Tagesausdrucke
- Erlaubnis oder EU-Lizenz
- Nachweis für die Güterschaden-Haftpflichtversicherung
- Maut-Nachweis
- Arbeitsgenehmigung bei Fahrern aus Drittstaaten.

15. Welchen Inhalt haben die EG-Sozialvorschriften?

Die EG-Sozialvorschriften sollen:

- gleiche Wettbewerbsbedingungen in der EU schaffen
- die Verkehrssicherheit verbessern
- die Arbeitnehmer schützen.

Inhalt sind vor allem Regelungen zu Lenk- und Ruhezeiten:

- tägliche und wöchentliche Lenkzeiten
- Ruhezeit zur Unterbrechung der Lenkzeit
- Tagesruhezeit
- wöchentliche Ruhezeit.

Die Vorschriften werden mittels EG-Kontrollgerät (digitaler oder analoger Tachograf) überwacht.

16. Welche Regelungen enthalten die VGBL?

Die VGBL gelten für:

- Frachtverträge im Güterkraftverkehr
- Speditionsverträge im Selbsteintritt
- logistische Dienstleistungen
- Lohnfuhrverträge
- Entsorgungsverkehr.

Themen sind:

- Verladen und Entladen (u. a. beförderungssichere Beladung)
- Lade- und Entladezeit
- Lohnfuhren
- Haftung im Rahmen der Speditionsverträge als Ersatz für die ADSp.

17. Wie ist die Lkw-Maut geregelt?

Die Lkw-Maut gilt für alle deutschen Autobahnen und einige Bundesstraßen von besonderer Bedeutung für Lkws ab 12 t zulässigem Gesamtgewicht. Sie ist abhängig von:

- der gefahrenen Wegstrecke
- der Zahl der Fahrzeugachsen
- der Schadstoffklasse des Fahrzeugs.

Erfasst wird die Maut vom Unternehmen Toll Collect mittels:

- automatischer Erfassung übe eine On-Board-Unit
- manueller Eingabe über das Internet oder ein Maut-Terminal.

18. Welche besonderen Regelungen gelten für den Eisenbahnverkehr?

Besondere Regelungen sind:

- COTIF (Convention relative aux transports internationaux ferroviaires) als Grundabkommen
- CIM (Convention international concernant le transport des marchandises par chemin de fer)
- ER/CIM für die Beförderung von Gütern (Anhang B der COTIF)
- RID (Internationale Ordnung für die Beförderung gefährlicher Güter mit der Eisenbahn) als Anlage 1 der COTIF
- SMGS (Abkommen über den internationalen Eisenbahngüterverkehr osteuropäischer Länder)
- ALB (Allgemeine Leistungsbedingungen der DB Schenker)
- CUV (Einheitliche Rechtsvorschriften über die Verwendung von Wagen im internationalen Eisenbahnverkehr).

19. Was regelt die COTIF-Convention?

Die COTIF-Convention ist ein umfassendes Regelwerk, das den internationalen Eisenbahnverkehr einheitlich regelt. Geregelt wird sowohl die Personen- als auch die Gepäck- und Güterbeförderung. Genauere Regelungen ergeben sich durch die Anhänge A (Personen- und Gepäckverkehr) und B (Güterverkehr), sowie die Anlage 1 (gefährliche Güter im Eisenbahnverkehr) und Anlage 2 bis 4 (Privatwagen, Expressgut, Container).

20. Was regelt die CIM-Convention?

Durch die CIM-Convention ist erreicht worden, dass Regeln nicht an der Landesgrenze enden, sondern dass auf der gesamten europäischen Strecke einheitliches Recht herrscht. Geregelt sind u. a.:

- Rechte und Pflichten aus dem Frachtvertrag
- Inhalt und Form des Frachtbriefs
- Haftung im Schienengüterverkehr.

21. Welche Rechte und Pflichten hat der Absender aus dem CIM-Frachtvertrag?

Rechte des Absenders sind u. a.:

- Festlegung des Ziels
- nachträgliche Verfügung über das Gut
- Einhaltung der Lieferfristen.

Pflichten des Absenders sind u. a.:

- Erstellung des Frachtbriefs
- Zahlung der Kosten (Fracht, Gebühren, Zölle u. a.)
- Verpacken und Kennzeichnen der Güter
- Verladen, Entladen und Säubern der Wagen
- Bereitstellung der Begleitpapiere (u. a. für Zoll und Verwaltung).

22. Wie erfolgt die Haftung im Schienenverkehr?

Für die Haftung gelten folgende Höchstgrenzen:

	Güterschaden	Überschreitung der Lieferfrist	sonstiger Vermögensschaden
HGB	8,33 SZR/kg	dreifaches Frachtentgelt	dreifacher Betrag, der bei Verlust zu zahlen ist
ALB	8,33 SZR/kg	keine Angabe	keine Angabe
CIM	17 SZR/kg	vierfaches Frachtentgelt	keine Angabe

23. Was regelt die RID-Ordnung?

Die RID-Ordnung regelt den Transport gefährlicher Güter mit der Eisenbahn. Sie ist ähnlich aufgebaut, wie das ADR-Übereinkommen, das allgemein den Transport gefährlicher Güter international regelt. Allerdings gibt es inhaltliche Unterschiede, die durch das spezielle Transportmittel verursacht sind. Wie die ADR gilt auch die RID-Ordnung im innerstaatlichen Verkehr.

24. Was regelt das SMGS-Abkommen?

Das Abkommen regelt die Eisenbahntransporte für osteuropäische und verschiedene asiatische Staaten. Teilweise sind in Osteuropa sowohl CIM als auch SMGS anwendbar. Bis zur Grenze nach Osteuropa gilt häufig CIM-Recht, danach (z. B. in Russland) gelten die SMGS-Regeln.

25. Welche besonderen Regelungen beinhalten die ALB?

Der Absender schließt mit DB Schenker Rail einen Frachtvertrag gem. HGB und schließt die AGBs der DB Schenker Rail ein. Die ALB regelt u. a.:

- Abschluss eines Leistungsvertrags für zwölf Monate zur Regelung wesentlicher Leistungsdaten
- Abschluss von Einzelverträgen auf der Basis des Leistungsvertrags
- Ladefristen und Standgeld
- Auftragserteilung durch Frachtbriefübergabe
- sichere Verladung liegt beim Auftraggeber
- Rechnungsstellung, Rechnungseingang.

26. Welche Regelungen gelten für die Binnenschifffahrt?

Wichtige Regelungen sind:

- Binnenschifffahrtsgesetz (BinSchG)
- Verordnung über die Lade- und Löschzeiten sowie das Liegegeld in der Binnenschifffahrt (BinSchLV)
- Internationale Verlade- und Transportbedingungen für die Binnenschifffahrt (IVTB)
- Budapester Übereinkommen (CMNI)
- Europäisches Übereinkommen über die internationale Beförderung von gefährlichen Gütern auf Binnenwasserstraßen (ADN).

27. Was regelt das BinSchG?

Das Gesetz regelt im Wesentlichen die Rechtsverhältnisse zwischen Schiffseigner und dessen Gläubiger. Es bestimmt die Haftungsursachen und deren Regelung, insbesondere auch die besonderen Haftungsbeschränkungen der Schiffseigner. Für Haftungsfragen bei der Güterbeförderung gelten allerdings heute vor allem die Regelungen des HGB.

28. Was regelt die BinSchLV?

Geregelt wird:

- Beginn der Ladezeit am Tag, nachdem die Ladebereitschaft mitgeteilt wurde
- Dauer der Ladezeit (eine Stunde je 45 t Rohgewicht)
- Beginn und Dauer der Löschzeit gemäß Regelung des Ladens
- Liegegeld für jede Stunde Wartezeit in Abhängigkeit von der Tragfähigkeit des Schiffs.

Die Vertragspartner können Änderungen vornehmen.

29. Was regeln die IVTB?

Sie werden als AGBs für den nationalen und internationalen Transport empfohlen. Inhalte sind:

- Ablader als zusätzlicher Beteiligter, der im Hafen die Interessen des Absenders wahrnimmt
- Frachtbrief und Konnossement
- Ladestelle, Laden und Stauen
- Trimmen (Lastausgleich im Schiff)
- Löschstelle
- Fracht für normalen Ablauf; Zuschlag bei Niedrigwasser
- Haftung: höchstens 2 SZR/kg für Güterschäden
- Havarie (große, besondere, kleine Haverei zur Regelung der Unfallfolgen).

30. Was regelt das Budapester Übereinkommen?

Im grenzüberschreitenden Verkehr ist das Budapester Übereinkommen zwingend vorgeschrieben. Inhalte sind:

- Pflicht zur Ausstellung einer Frachturkunde
- nachträgliche Verfügung durch den Absender
- Haftung für Güterschäden bis:
  - 666,67 SZR je Ladungseinheit oder
  - 2 SZR/kg oder
  - 26.500 SZR je Container
- Haftungsausschlüsse u. a. bei Verladen auf Deck, nautisches Verschulden.

31. Was regelt das ADN-Übereinkommen?

Es wird der internationale Umgang mit Gefahrgut in der Binnenschifffahrt im europäischen Binnenwasserstraßennetz hinsichtlich Beladung, Transport und Entladung geregelt. Die Klassifizierung von Gefahrgütern entspricht dem ADR-Übereinkommen und der RID-Ordnung.

32. Welche besonderen Regelungen ergeben sich für die Seeschifffahrt?

Besondere Regelungen ergeben sich aus:

- dem HGB
- den Haag-Visby-Rules zur internationalen Vereinheitlichung von Konnossementen
- den Rotterdam-Regeln
- den Incoterms.

33. Welche besonderen Regelungen des HGB gibt es für die Seeschifffahrt?

Besondere Regelungen sind:

- Arten der Seefrachtverträge
- Beteiligte am Seefrachtvertrag
- Verschuldenshaftung mit umgekehrter Beweislast
- Haftung des Verfrachters und des Seehafenspediteurs
- Haftungsausschlüsse und -begrenzungen
- Konnossement
- Schiffsunglücke mit Regelung der Haftung für Schäden und Kosten.

34. Welche Arten von Seefrachtverträgen werden unterschieden?

Es werden unterschieden:

- Raumfrachtvertrag, auch Chartervertrag, bezieht sich auf ein ganzes Schiff bzw. einen Teil davon. Nicht die Transportmenge ist entscheidend, sondern der Raum, der zur Verfügung gestellt wird. Eine Sonderform ist der Zeitchartervertrag, bei dem ein Schiff auf bestimmte Zeit gebucht wird.
- Stückgutfrachtvertrag, der sich auf die Beförderung einzelner Güter bezieht.

35. Welche Pflichten haben Verfrachter und Befrachter?

Der Verfrachter, der den Transport durchführt, hat folgende Pflichten:

- Herstellen der See- und Ladungstüchtigkeit
- Beförderung und Übergabe an den Empfänger
- Ein- und Ausladen
- Verstauen unter Deck im Laderaum.

Der Befrachter, der Vertragspartner des Verfrachters, hat folgende Pflichten:

- seemäßige Verpackung und Kennzeichnung
- Bezahlung der Fracht.

36. Wie sieht die Haftung des Verfrachters aus?

Der Verfrachter haftet:

- bei Verlust oder Beschädigung Wahlrecht:
  - 666,67 SZR je Stück/Einheit
  - 2 SZR/kg brutto (Voraussetzung: Konnossement)
- reiner Vermögenschaden (bei Verschulden des Verfrachters oder seiner Leute): 2 SZR/kg brutto.

37. Wann ist die Haftung ausgeschlossen?

Haftungsausschlüsse sind:

- nautisches Verschulden durch fehlerhafte Schiffsführung bzw. Bedienung
- kein Verschulden des Verfrachters
- Krieg, Beschlagnahme, Streik
- durch die Beschaffenheit des Guts.

38. Wie haftet der Seehafenspediteur?

Die Haftung ist abhängig vom Schadenort:

- Vorlauf: HGB (Inland) bzw. CMR (international)
- Umschlag: HGB
- Hauptlauf: jeweils anwendbares Seefrachtrecht
- Nachlauf: Recht der ausländischen Teilstrecke.

39. Welche besonderen Regelungen gelten für die Luftfracht?

Besondere Reglungen sind:

- Montrealer Übereinkommen (MÜ)
- Warschauer Abkommen (WA)
- Haager Protokoll (HP)
- IATA-Beförderungsbedingungen (Conditions of Carriage)
- IATA-Vertragsbedingungen (Conditions of Contract)
- DGR: IATA-Gefahrgutvorschriften für den Transport gefährlicher Güter mit dem Flugzeug (IATA-Dangerous Goods Regulation).

40. Welche Bedeutung hat das Montrealer Übereinkommen (MÜ)?

Das MÜ vereinheitlicht bestimmte Regelungen für die Beförderung im internationalen Luftverkehr. Es gilt für die Beförderung zwischen den Staaten, die das MÜ anerkannt haben. Es ist eine Weiterentwicklung des Warschauer Abkommens. Es werden wesentliche Regelungen zum Luftfrachtbrief getroffen; außerdem ergibt sich ein neues Haftungsrecht.

41. Welche Bedeutung haben das Warschauer Abkommen (WA) und das Haager Protokoll (HP)?

Das WA als internationales Abkommen zur Vereinfachung von Regeln über die Beförderung im internationalen Luftverkehr gilt für Lufttransporte, falls die Staaten des Starts und der Landung das Abkommen ratifiziert haben. Das Haager Protokoll ist eine Weiterentwicklung des WA.

42. Was sind die IATA-Beförderungsbedingungen und die IATA-Vertragsbedingungen?

Die IATA-Beförderungsbedingungen (Conditions of Carriage) ähneln den Bedingungen des WA, sind aber nicht verbindlich; sie sollen aber angewandt werden, wenn das MÜ, das WA oder das HP nicht genutzt werden können.

Die IATA-Vertragsbedingungen sind ein Teil der IATA-Beförderungsbedingungen, die für alle Fluggesellschaften verbindlich sind; sie befinden sich auf der Rückseite des Luftfrachtbriefs.

43. Welche besondere Bedeutung haben die DGR?

Die DGR berücksichtigen die besonderen Bedingungen des Transports gefährlicher Güter im Flugzeug:

- Temperaturschwankungen zwischen - 40 °C und + 55 °C
- Druckminderung in großer Höhe
- Schwingungen und Beschleunigungsprozesse.

2.7.4.2 Rechtliche und fachliche Vorgaben zur Verpackung

01. Welche Regelungen gelten für die Verpackung?

Rechtliche Regelungen sind u. a.:

- HGB, speziell § 411
- CTU-Packrichtlinien
- DIN EN 13382
- DIN EN ISO 445
- DIN 15141-4
- ISO 668
- RAL RG 993
- UIC 435-4 VE
- BGV D 17.

02. Was regelt § 411 HGB?

§ 411 HGB verpflichtet zur ordnungsgemäßen Verpackung und Kennzeichnung. Verpflichtet ist der Absender, der, soweit Verpackung notwendig ist, das Gut so zu verpacken hat, dass es vor Verlust und Beschädigung geschützt ist. Außerdem darf dem Frachtführer kein Schaden entstehen.

Wird auf einer Palette, in einem Container oder auf einem anderen Lademittel transportiert, muss der Absender in bzw. auf dem Lademittel beförderungssicher stauen und sichern. Soweit erforderlich, hat der Absender das Gut zu kennzeichnen.

03. Was regeln die CTU-Packrichtlinien?

Die CTU-Packrichtlinien regeln das Packen von Ladungen (außer Schüttgut) in oder auf Beförderungseinheiten (CTUs = Cargo Transport Units). Sie gelten für alle Verkehrsträger zu Wasser und zu Lande, aber nicht in der Luft. Gefährdungen für Personen, CTUs und die Ladung selbst sollen vermieden werden.

Besondere Bedeutung kommt den Personen zu, die als Packer und Sicherer als letzte die CTU in Augenschein nehmen, bevor sie vom Empfänger wieder durch Fahrer, Bahnbedienstete, Hafenarbeiter, Schiffsbesatzungen u. a. geöffnet wird.

04. Welche Regelungen gibt es für Paletten?

DIN EN ISO 445 klassifiziert die Paletten hinsichtlich der Handhabung von Gütern.

DIN EN 13382 regelt die Maße für Flachpaletten zur Handhabung von Gütern (Hauptmaße, vertikale und horizontale Maße der Einfahr- und Bodenöffnungen, Abschrägung der Bodenteile u. a.).

DIN 15141 beinhaltet Formen und Hauptmasse der Flachpaletten, die Variante DIN 15141-4 befasst sich mit der Vierwegfensterpalette aus Holz, DIN 15145 beinhaltet Begriffe der Palette, DIN 15155 regelt die Eurogitterboxpalette.

RAL RG 993 befasst sich mit der Gütesicherung von Paletten.

UIC 435-4 VE klärt den Umgang mit der Reparatur von Euroflach- und Gitterboxpaletten; es wird vor allem geregelt, wann Paletten aus dem Palettenpool nicht mehr gebrauchsfähig sind und repariert werden müssen (z. B. ein Brett oder Klotz fehlt, Bodenrahmen oder Füße sind stark verbogen, die Rundstahlgitter sind gerissen).

05. Welche Regelungen gibt es für Container?

DIN ISO 668 legt Außen- und Innenmaße, Türöffnungsmaße und Gesamtgewichte für bestimmte Containerarten im internationalen Verkehr fest.

06. Was regelt die BGV D 17?

Die BGV D 17 enthält Unfallverhütungsvorschriften für Verpackungsmaschinen und Verpackungshilfsmaschinen. Einzelne Inhalte sind:

- trennende und fangende Schutzeinrichtungen
- Steuerungen
- Warneinrichtungen
- Arbeitsplätze an den Maschinen
- Beschickungs- und Entnahmeeinrichtungen.

2.7.5 Transport

2.7.5.1 Rechtliche und fachliche Vorgaben für den innerbetrieblichen Transport

01. Über welche Teilbereiche des innerbetrieblichen Transports werden Vorgaben behandelt?

Teilbereiche sind:

- Transportarbeiten im Lager
- Verkehrswege
- Flurförderzeuge
- Stetigförderer
- Schienenbahnen.

02. Welche Vorgaben gelten für Transportarbeiten im Lager?

Die Transportarbeiten im Lager sind so durchzuführen, dass keine Gefährdungen eintreten. Vor allem sind die BGI 582 mit Hinweisen zum Sicherheits- und Gesundheitsschutz zu berücksichtigen. Dort werden u. a. geregelt:

- Einbindung des Menschen in die Transportleistung (Mensch als Transportmittel)
- körperliche Belastungen
- richtiges Heben und Tragen
- Empfehlungen aus ergonomischer Sicht zur Vermeidung von Ermüdung
- Regelungen für Frauen und Jugendliche
- Hilfsmittel beim Handtransport.

03. Was regelt die BGI 582 hinsichtlich der Verkehrswege?

Auch für die Verkehrswege gilt u. a. die BGI 582. Sie befasst sich mit:

- der Breite und Übersicht der Verkehrswege
- Beleuchtung
- Beschilderung und Kennzeichnung

- Tragfähigkeit
- Trittsicherheit
- Instandhaltung.

Außerdem gelten die ASR A 2.3, in der Fluchtwege, Notausgänge, Flucht- und Rettungspläne geregelt sind.

04. Welche weiteren Regelungen gelten für Verkehrswege?

Die Verkehrswege für Fußgänger zwischen den Lagergeräten müssen mindestens eine Breite von 1,25 m haben. Gänge, die ausschließlich für das Be- und Entladen von Hand bestimmt sind, müssen mindestens 0,75 m breit sind.

Für Verkehrswege für kraftgetriebene oder spurgebundene Fördermittel ist auf beiden Seiten ein Abstand von je 0,50 m vorgeschrieben.

Verkehrswege, Fluchtwege und Notausgänge müssen ständig freigehalten werden. Des Weiteren ist zu beachten, dass sich die Bemessung der Verkehrswege nach der Zahl der Benutzer und der Art des Betriebs richtet.

05. Welche Regelungen gelten für Flurförderzeuge?

Regelungen befassen sich mit:

- Der Ausbildung und Fahrberechtigung für Flurförderzeuge, u. a.:
  - BGG 925 (Maßstäbe für die Ausbildung und Beauftragung der Fahrer)
  - BGI 545 (Hinweise zur Ausbildung)
- Besonderheiten verschiedener Antriebsarten (VDE 0510 Teil 3)
- Prüfung von Flurförderzeugen:
  - BGV D 27 (Prüfung durch Sachkundige)
  - BGG 918 (Prüfungsmerkmale für Fahrwerk, Bremsen, Lenkung, Hubwerk, Hubgerüst)
  - BGG 939 (Prüfbücher für kraftgetriebene Flurförderzeuge)
  - BGG 940 (jährlich wiederkehrende Prüfung)
  - BGG 941 (Prüfbücher für handgetriebene Flurförderzeuge)
  - ZH 1/72 (Sicherheitsregeln).

06. Wie ist die Beauftragung zum Führen von Flurförderzeugen geregelt?

Gemäß § 7 BGV D 27 darf der Unternehmer nur solche Personen mit dem Steuern von Flurförderzeugen mit Fahrersitz/Fahrerstand beauftragen, die

- mindestens 18 Jahre alt sind (Ausnahme während der Ausbildung)
- für diese Tätigkeit geeignet und ausgebildet sind; die körperliche Eignung ergibt sich aus einer arbeitsmedizinischen Vorsorgeuntersuchung, ausgebildet ist, wer gem.

BGG 925 geschult wurde und den Staplerführerschein erlangt hat; erfolgte die Ausbildung im eigenen Unternehmen, gilt die Erlaubnis nur für dieses Unternehmen; ist sie dagegen bei einer überbetrieblichen Einrichtung erfolgt, gilt die Erlaubnis für alle Unternehmen.

Die Beauftragung muss schriftlich erfolgen.

07. Welche Voraussetzungen müssen Ausbilder für Fahrer für Flurförderzeuge erfüllen?

Voraussetzungen sind gem. BGG 925:

- Mindestalter 24 Jahre
- erfolgreiche Ausbildung zum Fahrer von Flurförderzeugen
- zwei Jahre Erfahrung im Umgang mit oder dem Einsatz von Flurförderzeugen
- geprüfter Meister oder mindestens vierjährige Tätigkeit in gleichwertiger Funktion
- erfolgreiche Teilnahme an einem Lehrgang für Ausbilder von Flurförderzeugführern.

08. Welche Merkregeln der BG sind zu beachten?

Zu beachten sind die 4x4-Merkregeln:

- für die Sicht- und Funktionsprüfung u. a.:
  - Schäden am Antrieb
  - Schäden an der Beleuchtung
  - Schäden am Fahrwerk
  - Schäden an der Hebeeinrichtung
- für den Fahrbetrieb u. a.:
  - Tragfähigkeit beachten (Stapler, Verkehrswege, Ladebrücken)
  - sichere Aufnahme der Last
  - sicheres und umsichtiges Fahren
  - sofortige Meldung von Mängeln und Schwächen.

09. Was beinhaltet eine Betriebsanweisung gem. BGV D 27?

Der Unternehmer muss eine Betriebsanweisung verfassen u. a. mit folgenden Inhalten:

- mindestens jährliche Prüfung der Sicherheit durch einen Sachkundigen
- Prüfvorgänge, die durchzuführen sind
- wichtige Regeln, die beim Aufnehmen und beim Absetzen der Last zu beachten sind
- Tätigkeiten, die beim Abstellen des Staplers durchzuführen sind
- Verbot, Personen zu transportieren

- Verhalten bei Störungen
- Verhalten bei Unfällen
- Vorgaben für sachkundige Instandhaltung.

10. Welche Regeln gelten für Stetigförderer und für Schienenbahnen?

Für Stetigförderer gelten:

- VGB 10 (Unfallverhütungsvorschrift)
- BGR 500 (Beschreibung von Arbeitsmitteln).

Für Schienenbahnen gelten:

- BGV D 30 (Schutzbestimmungen für Schienenbahnen)
- ZH 1/72 (Sicherheitsregeln für Schienenhängebahnen).

2.7.5.2 Rechtliche und technische Vorschriften für den außerbetrieblichen Transport

01. Welche Regelungen gelten für die Verkehrs- und Betriebssicherheit von Straßenfahrzeugen?

Regelungen sind:

- StVO (Straßenverkehrsordnung)
- StVZO (Straßenverkehrs-Zulassungs-Ordnung)
- BGV D 29 (Sicherheit und Unfallverhütung)
- BGG 916 (Prüfung von Fahrzeugen durch Sachverständige)
- BGG 938 (Prüfbefund)
- BGG 915 (Checkliste für die Abfahrtkontrolle durch den Fahrer)
- BGR 157 (Fahrzeuginstandhaltung).

02. Was gehört zur Fahrzeuginstandhaltung?

Zur Fahrzeuginstandhaltung gehören:

- Beurteilung des Ist-Zustands
- Bewahrung bzw. Wiederherstellung des Soll-Zustands
- Instandsetzung
- Inspektion und Wartung.

Genaue Anweisungen zur Instandhaltung gibt die DIN 31051 (Grundlagen der Instandhaltung).

03. Wie ist die Kennzeichnung der Fahrzeuge geregelt?

Fahrzeuge, die Abfälle über öffentliche Straßen befördern, müssen gem. § 10 AbfVerbrG mit zwei Warntafeln (vorn und hinten) gekennzeichnet werden. Werden Güter transportiert, von denen eine erhebliche Gefahr für Umwelt und Lebewesen ausgeht, erfolgt Gefahrgutkennzeichnung. Je nach Art der Güter gem. ADR werden entsprechende Warnzeichen am Fahrzeug angebracht.

04. Wie sind die Warntafeln aufgebaut?

Die Warntafeln (orange mit schwarzer Schrift) sind wie folgt aufgebaut:

Die obere Nummer kennzeichnet die Gefahr; sie besteht aus zwei oder drei Ziffern. Die Ziffern weisen auf folgende Gefahr hin:

- 2 = Entweichen von Gasen durch Druck oder chemische Umsetzung
- 3 = Entzündbarkeit von Flüssigkeiten, Dämpfen und Gasen
- 4 = Entzündbarkeit fester Stoffe
- 5 = Oxydierende (brandfördernde) Wirkung
- 6 = Giftigkeit oder Ansteckungsgefahr
- 7 = Radioaktivität
- 8 = Ätzwirkung
- 9 = Gefahr einer spontanen heftigen Reaktion.

Die 1. Ziffer gibt die Hauptgefahr an. Handelt es sich um eine „normale" Gefahr, folgt als 2. Ziffer eine 0. Ist der Stoff wesentlich gefährlicher, wird die Ziffer verdoppelt. Liegt eine Zusatzgefahr vor, wird dies durch eine passende 2. oder 3. Ziffer angegeben. Darf der Stoff nicht mit Wasser in Verbindung gebracht werden, wird ein X vorangestellt.

Die untere Nummer gibt den Stoff gem. UN-Stoffnummer an, z. B.:

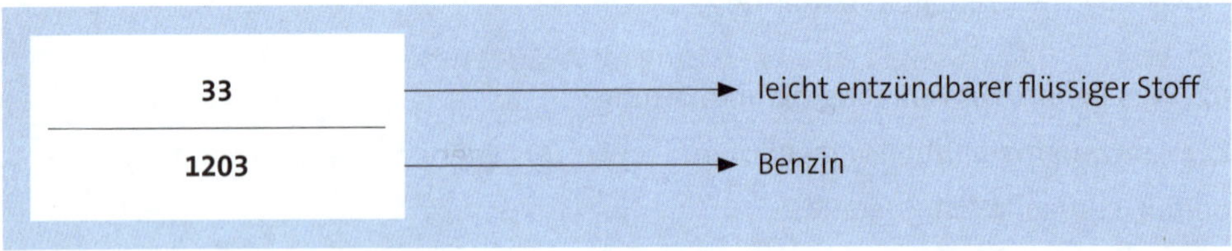

2.7.5.3 Bestimmungen für das Laden, Stauen und Sichern

01. Welche Regeln gelten für das Laden, Stauen und Sichern?

Regelungen sind:

- § 412 HGB (Beförderungs- und betriebssichere Verladung)
- § 22 StVO (Hinweise zur Ladungssicherung)
- VDI 2700 ff. (Ladungssicherung auf Straßenfahrzeugen)
- VDI 3968 (Sicherung von Ladeeinheiten zum Schutz vor mechanischen und klimatischen Beanspruchungen)
- DIN EN 12642 (Belastbarkeit der Ladebordwand)
- DIN EN 12640 (Ausrüstung mit Zurrpunkten).

02. Welche Inhalte und Regelungen beinhalten die VDI 2700 ff.?

Inhalte und Regelungen sind:

- exakte Benennung der Beteiligten und damit der Verantwortlichen (Absender, Verlader, Fahrzeughalter, Frachtführer, Fahrer)
- Beschreibung der Kräfte, die auf eine Ladung im Fahrbetrieb einwirken
- Beschreibung der anerkannten Standards zur Ladungssicherung als anerkannte Regeln der Technik
- Befestigung der Ladung derart, dass sie normalen Anforderungen des Straßenverkehrs genügt, dazu gehören auch Vollbremsungen, plötzliche Ausweichmanöver und schlechte Wegstrecken
- Verpackung, die den Belastungen standhält
- Inhalt und Dauer einer adäquaten Ausbildung
- Regelung besonderer Anwendungsfälle durch Zusatzblätter (z. B. Lastverteilungsplan, Zusammenladung von Stückgütern, Ladungssicherung im kombinierten Verkehr, Transport von Fahrzeugen, Getränken und Betonteilen).

03. Welche Belastbarkeit ist an den Ladebordwänden zu beachten?

DIN EN 12642 sieht zwei Codes vor, Code L bei normalem Aufbau und Code XL bei verstärktem Aufbau. Laut Norm müssen die Wände folgende Belastbarkeit aushalten:

Wände	Code L	Code XL
Stirnwand	40 % der Nutzlast maximal 5.000 daN	50 % der Nutzlast
Rückwand	25 % der Nutzlast maximal 3.100 daN	30 % der Nutzlast
Seitenwand	30 % der Nutzlast	40 % der Nutzlast

Die Regelung gilt für Lkws und Anhänger mit einer zulässigen Gesamtmasse über 3,5 t. Für Container, Wechselaufbauten und Spezialfahrzeugen gelten eigene Belastungswerte.

04. Was beinhaltet das Etikett eines Zurrgurts (Spanngurts)?

Inhalte des Etiketts sind:

- LC (Lashing Capacity) Zurrkraft als:
  - Höchstkraft im geraden Zug (z. B. LC = 2.500 daN)
  - Höchstkraft in der Umreifung (z. B. LC = 5.000 daN)
- SHF (Standard Hand Force) als normale Handkraft (Kraft, die zum Spannen aufzubringen ist, SHF maximal 50 daN)
- STF (Standard Tension Force) als normale Spannkraft (Kraft, die durch das Spannen mittels Hand erzeugt wird, z. B. STF = 450 daN)
- Hersteller
- Herstellungsjahr
- verwendetes Material, das sich aus der Farbe des Etiketts ergibt:
  - blau für Polyester
  - braun für Polypropylen
  - grün für Polyamid
  - weiß für sonstiges Material.

Ist das Etikett abgetrennt, darf der Zurrgurt nicht mehr eingesetzt werden.

2.7.6 Rahmenbedingungen für den Güterumschlag

2.7.6.1 Güterumschlag von Hand

01. Welche Regelungen gelten für den Güterumschlag von Hand?

Folgende Regelungen gelten:

- Richtlinie 90/269 EWG (Mindestvorschrift hinsichtlich der Sicherheit und des Gesundheitsschutzes bei der manuellen Handhabung von Lasten)
- Lastenhandhabungsverordnung (LasthandhabV) zur Umsetzung der Richtlinie (s. o.)
- BGI 579-14 (Sicherheit für Haben und Tragen)
- BGI 504-46 (Handlungsanleitung Belastungen des Muskel- und Skelettsystems einschließlich Vibrationen)
- Betriebssicherheitsverordnung (BetrSichV), u. a. zur Bereitstellung und Nutzung von Leitern und Tritten
- GUV-I 694 (Handlungsanleitung für den Umgang mit Leitern und Tritten)
- BGI 637 (Hinweise und Empfehlungen hinsichtlich Podestleitern).

02. Welche Regelungen trifft die Richtlinie 90/269 EWG in Verbindung mit der Lasthandhabungsverordnung?

Regelungen sind:

- Maßnahmen für manuelle Handhabungen, die Sicherheit und Gesundheit, insbesondere der Lendenwirbelsäule, gefährden
- Vermeidung dieser Arbeiten
- Maßnahmen, um die Belastung möglichst gering zu halten
- Beachtung der körperlichen Eignung
- Unterweisung hinsichtlich der Gefahren und ihrer sachgemäßen Handhabung
- Anwendung der im Anhang genannten Merkmale im Hinblick auf:
  - die zu handhabende Last
  - die zu erfüllende Aufgabe
  - die Beschaffenheit des Arbeitsplatzes und der Arbeitsumgebung.

03. Welche Regelungen treffen die Betriebssicherheitsverordnung, GUV-I 694 und BGI 637?

Geregelt sind die:

- Standsicherheit von Leitern
- sichere Begehbarkeit
- Beschaffenheit:
  - Tragfähigkeit und Rutschhemmung
  - Sicherung gegen Absturz
  - Plattform
  - Schraubverbindungen
- Unterweisung der Beschäftigten
- Prüfung und Instandhaltung.

2.7.6.2 Technische Vorgaben für Umschlageinrichtungen

01. Welche Regelungen gelten für Rampen und Ladebrücken?

Regelungen sind:

- BGR 233 (Ladebrücken und fahrbare Rampen für Einrichtungen, die vor Februar 1998 eingesetzt wurden)
- DIN EN 1398 (Ladebrücken für Einrichtungen ab Februar 1998)
- BVGI 520 (Ladebrücken) mit Sicherheitsinformationen für ortsfeste und ortsveränderliche Ladebrücken/Ladebleche

- BGI 5042 (technische, organisatorische und personenbezogene Vorsorgemaßnahmen für Ladebrücken und fahrbare Rampen, z. B. jährliche Überprüfung)
- BGG 959 (Prüfbuch, das vor Ort vorhanden sind sollte)
- VDI-Richtlinie 4420 (automatisches Be- und Entladen von Stückgütern auf Lkw)
- BGR 232 (kraftbetätigte Fenster, Türen und Tore)
- BGG 950 (Muster eines Prüfbuchs für kraftbetätigte Tore).

02. Welche Regelungen beinhalten BGR 233 und DIN EN 1398?

Für Ladebrücken und fahrbare Rampen sind geregelt:

- Anwendungsbereich
- allgemeine Anforderungen
- Bau und Ausrüstung (Betriebsanleitung, nutzbare Breite, Neigungen, Trittsicherheit)
- Betrieb der Einrichtungen
- Prüfung der Anlage.

03. Welche Regelungen gelten für Hebezeuge?

Regelungen sind:

- BGV D6 (Krane einschließlich Ausrüstung)
- BGG 905 (Prüfung von Kranen)
- BGG 943 1 - 7 (Prüfbuch für Krane gemäß § 27 BGV D6)
- BGG 921 (Auswahl, Unterweisung und Befähigungsnachweis von Kranführern)
- BGG 961 (Vorgabe für das tägliche Ausfüllen des Krankontrollbuchs und für das Verhalten bei Mängeln)
- BGR 500 Kapitel 2.8 (Anleitungen zum Betrieb von Lastaufnahmeeinrichtungen im Hebezeugbetrieb)
- GUV A 8 Anlage 3 (Handzeichen).

04. Was ist bei Auswahl, Unterweisung und Befähigungsnachweis von Kranführern zu beachten?

Als Kranführer kann gemäß BGV D6 ausgewählt werden, wer:

- das 18. Lebensjahr vollendet hat (Ausnahme als Auszubildender)
- die körperliche und geistige Eignung besitzt (arbeitsmedizinische Untersuchung)
- das Verständnis für technische und physikalische Zusammenhänge aufbringt
- die Fähigkeit besitzt, Signale erlernen und anwenden zu können
- zuverlässig, verantwortungsbewusst und umsichtig handelt
- im Führen des Krans unterwiesen wurde und die Befähigung dazu nachgewiesen hat.

Die Unterweisung besteht aus einem theoretischen und einem praktischen Teil. Inhalt und Dauer sind abhängig von der Kranart, den Kranarbeiten und den Kenntnissen des zu Unterweisenden. Erfolgt die Unterweisung außerbetrieblich, ist zusätzlich eine betriebliche Unterweisung am zu führenden Kran notwendig. Nach bestandener Prüfung erhält der Kranführer einen Befähigungsnachweis.

Die Beauftragung der Kranführer erfolgt schriftlich.

05. Welche Handzeichen gibt es?

Gemäß GUV A 8 Anlage 3 gibt es verschiedene festgelegte Handzeichen:

- allgemeine Handzeichen:
  - Achtung
  - Halt
  - Gefahr
- vertikale Bewegung:
  - Heben
  - Senken
  - Langsam
- horizontale Bewegung:
  - Abfahren
  - Herkommen
  - Entfernen
  - Rechts fahren
  - Links fahren.

06. Welche Regelungen gelten für Winden, Hub- und Zuggeräte sowie Anschlagmittel?

Regelungen sind:

- BGV D 8 (Unfallverhütung bei Winden, Hub- und Zuggeräten, Seilblöcken)
- BGG 956 (Hinweise für die jährliche Prüfung von Winden, Hub- und Zuggeräten, Beschreibung des Prüfbuchs)
- BGR/GUV-R 151 (Sicherheitsregeln für den Gebrauch von Schlagdrahtseilen)
- BGR/GUV-R 152 (Sicherheitsregeln für den Gebrauch von Anschlagfaserseilen).

2.7.7 Grundlegende Bestimmungen aus Gesetzen, Verordnungen, Richtlinien und Regeln

01. Wie kommen Verträge zu Stande?

Verträge kommen durch zwei grundsätzlich übereinstimmende Willenserklärungen zu Stande. Grundsätzlich bedeutet hierbei, dass kleinere Differenzen bei Fakten, die nicht im grundsätzlichen Bereich liegen, möglich sind. Ansonsten würde der Abschluss von Verträgen derart erschwert, dass häufig keine Verträge zu Stande kämen; schließlich ist das Vertragsrecht so ausgerichtet, dass möglichst viele Verträge geschlossen werden sollen. Bei Differenzen gilt das, was das Gesetz für diesen Fall vorsieht.

Anforderungen an die Willenserklärungen sind:

- Rechtswirksamkeit: Es darf kein Verstoß gegen ein Gesetz oder gegen die guten Sitten vorliegen und die Willenserklärung muss ohne Einschränkungen abgegeben worden sein.
- Empfangsbedürftigkeit: Die WIllenserklärung muss zu geschäftsüblichen Zeiten in den Geschäftsbereich des Empfängers gelangt sein.

Die erste Willenserklärung wird Antrag, die zweite Annahme genannt.

02. Was wird unter einem vorvertraglichen Vertrauensverhältnis verstanden?

Bereits vor dem eigentlichen Vertragsabschluss kann ein Vertrauensverhältnis entstanden sein, das von den Parteien bereits Pflichten verlangt. Dies kann z. B. vorliegen, wenn Verhandlungen stattfinden. Aus diesem Vertrauensverhältnis heraus haben die Parteien die Pflicht, die andere Seite umfassend über alle wesentlichen Belange aufzuklären, Irrtümer und Missverständnisse zu vermeiden und auszuräumen. Bei Verstoß kann Schadenersatzpflicht entstehen. Dieses Rechtsinstrument, das bereits der gängigen Praxis entsprach, ist als Culpa in contrahendo durch § 311 BGB gesetzlich fundiert worden.

03. Wie kann die Antrag-Annahme-Konstellation aussehen?

Antrag	Annahme
rechtsverbindliches Angebot	Bestellung
Bestellung	Auftragsbestätigung oder Lieferung
Lieferung	Akzeptanz der Lieferung

Ist ein Vertrag bereits geschlossen, z. B. durch Angebot und Bestellung, greift eine anderslautende Auftragsbestätigung nicht in den Vertrag ein (z. B. Preis: Angebot 10 €, Bestellung 10 €, Auftragsbestätigung 11 €); sie hat dann nur mitteilende Wirkung. Aus dem Vertrauensverhältnis heraus wäre es aber schon erforderlich, dass auf die Differenz aufmerksam gemacht wird.

04. Wie ist die Rechtsverbindlichkeit einzelner Willenserklärungen geregelt?

Die Rechtsverbindlichkeit ist wie folgt geregelt:

- Anfrage: keine Rechtswirksamkeit
- Angebot: grundsätzlich per Gesetz bindend, es sei denn es liegt vor:
  - Freizeichnungsklausel (z. B. so lange der Vorrat reicht, Angebot freibleibend, unverbindliches Angebot)
  - Fristablauf bei einem befristeten Angebot
  - Änderung eines Angebots
  - Zeitablauf (ca. eine Woche bei einem schriftlichen Angebot)
- Bestellung: stets rechtswirksam (Ausnahmen im Verbrauchsgüterkauf, beim Kauf im Internet)
- Auftragsbestätigung: rechtswirksam als zweite Willenserklärung, ansonsten nicht.

05. Was versteht man unter Vertragsfreiheit?

Die Gesetzgebung überlässt es jeder natürlichen und juristischen Person, ihre Rechtsbeziehungen zu einer anderen Person durch Abgabe von Erklärungen grundsätzlich frei zu regeln. Die Vertragsfreiheit hat drei Komponenten:

- Abschlussfreiheit: Jeder kann frei wählen, ob er einen Vertrag abschließen will oder nicht; Abschlusszwang besteht in manchen Fällen der Daseinsvorsorge (z. B. Stromversorgung).
- Gestaltungsfreiheit: Der Betroffene ist in der Regel in der inhaltlichen Gestaltung eines Vertrags frei; eine Grenze zieht das Allgemeine Gleichbehandlungsgesetz (AGG); außerdem gibt es zahlreiche zwingende gesetzliche Regelungen, die nicht abgeändert werden dürfen; zudem sind die guten Sitten zu beachten.
- Formfreiheit: Grundsätzlich bestehen keine Vorschriften, was die Form anbelangt.

06. Welche Form gilt für Verträge?

Grundsätzlich besteht Formfreiheit. Der Vertrag kann also wie folgt zu Stande kommen durch:

- schlüssiges Verhalten (z. B. Lieferung)
- rituelles Verhalten (z. B. Handschlag im Tierhandel)
- mündliche oder telefonische Vereinbarung
- schriftlich (aus Gründen der Nachweisbarkeit und zur Erfassbarkeit von Vorgängen zu empfehlen)
- Beglaubigung
- notarielle Beurkundung.

07. Welche Verträge werden im Wesentlichen unterschieden?

Wichtige Verträge sind:

- Kaufvertrag: Veräußerung von Sachen und Rechten gegen Entgelt
- Werkvertrag: Erstellung eines versprochenen Werks durch einen Unternehmer für den Besteller gegen Vergütung (der Unternehmer schuldet den Erfolg)
- Werklieferungsvertrag: Erstellung eines Werks, zu dem der Unternehmer auch das Material zur Verfügung stellt
- Dienstvertrag: Erbringung von Diensten gegen Entgelt, wobei nur die Dienstleistung geschuldet wird, nicht aber deren Erfolg
- Mietvertrag: Gebrauchsüberlassung gegen Entgelt
- Pachtvertrag: Gebrauchsüberlassung und Gewinnerzielung (sog. Fruchtziehung) gegen Entgelt
- Leihvertrag: Gebrauchsüberlassung ohne Entgelt
- Schenkungsvertrag: unentgeltliche Veräußerung
- Leasingvertrag: zeitlich begrenztes Nutzungsrecht an Gebäuden oder beweglichen Anlagen gegen Entgelt
- Aufhebungsvertrag: Vertrag, in dem die beiden Parteien festlegen, dass ein anderer Vertrag nicht mehr gelten soll (z. B. ein Mietvertrag, Arbeitsvertrag)
- Lizenzvertrag: Übertragung oder Einräumung von Nutzungsrechten an gewerblichen Schutzrechten (z. B. Patente, Marken) gegen Entgelt
- Darlehnsvertrag: Vergabe von Geld auf Zeit mit der Verpflichtung zur Rückzahlung (meist gegen Zins)
- Frachtvertrag
- Speditionsvertrag
- Lagervertrag.

08. Was ist Verjährung und welche Wirkung hat sie?

Bei der Verjährung verliert der Gläubiger sein Recht, einen Anspruch gegen einen Schuldner durchzusetzen. Der Anspruch geht nicht verloren, d. h. wenn der Schuldner seine Leistung trotzdem erbringt, kann er sie nicht zurückfordern, er kann aber die Leistung verweigern. Er hat die Einrede der Verjährung.

Ein Ziel der Verjährung ist, dass Gläubiger ihre Ansprüche möglichst frühzeitig geltend machen. Die regelmäßige Frist beträgt drei Jahre, eine Sonderfrist gilt z. B. für Mängel eines Bauwerks und eines Werks, dessen Erfolg in der Erbringung von Planungs- oder Überwachungsleistungen hierfür besteht (fünf Jahre).

Bei der Hemmung der Verjährung wird die Frist um die Zeit der Hemmung verlängert. Bei der Unterbrechung der Verjährung beginnt die Frist von neuem.

2.7.7.1 Gesetzliche Rechte und Pflichten aus verschiedenen Verträgen

01. Welche wesentlichen Regelungen trifft das BGB zum Kaufvertrag?

Wesentliche Regelungen im BGB sind:

- § 433 (Pflichten beim Kaufvertrag)
- § 434 (Sachmängel)
- § 437 (Rechte des Käufers bei Mängeln)
- § 438 (Verjährung)
- § 439 (Nacherfüllung)
- § 441 (Minderung)
- § 442 (Kenntnis des Käufers/Arglist des Verkäufers)
- § 444 (Haftungsausschluss).

02. Welche Pflichten ergeben sich aus dem Kaufvertrag?

Pflichten des Verkäufers sind:

- Übergabe der Sache und damit Verschaffung des Besitzes
- Verschaffung des Eigentums durch Einigung und Übergabe
- Annahme des Kaufpreises.

Pflichten des Käufers sind:

- Annahme des gekauften und ordentlich gelieferten Guts (rechtzeitig, unbeschadet)
- Zahlung des vereinbarten Kaufpreises.

03. Welche wesentlichen Inhalte hat der Kaufvertrag?

Wesentliche Inhalte sind:

- Art, Beschaffenheit und Qualität der Ware (falls nichts vereinbart: mittlere Qualität)
- Warenmenge
- Warenpreis
- Übernahme der Verpackungskosten
- Lieferzeit (falls nichts vereinbart: sofort, d. h. bei Vorräten sofortige Lieferung aus dem Lager, ansonsten sofortiger Beginn der Produktion)
- Zahlungstermin (falls nichts vereinbart: sofort)
- Eigentumsvorbehalt
- Erfüllungsort (Ort, an dem der Schuldner die jeweilige Leistung auf seine Kosten und Gefahr erbringen muss; gesetzlich: Ort des jeweiligen Schuldners; natürlich [z. B. Baustelle]; ansonsten vertraglich regelbar)
- Gerichtsstand (Ort der gerichtlichen Klärung von Rechtsstreitigkeiten, meistens der Erfüllungsort).

04. Welche Arten des Kaufvertrags gibt es nach Art und Beschaffenheit der Ware?

Nach Art und Beschaffenheit der Ware kann unterschieden werden:

- Stückkauf: nicht vertretbare Sache, d. h. die Ware ist genau festgelegt (z. B. ein bestimmter gebrauchter Gabelstapler)
- Gattungskauf: vertretbare Sache, d. h. die Ware ist nur nach der Art bestimmt (z. B. Kauf eines neuen Gabelstaplers eines bestimmten Modells)
- Spezifikationskauf (Bestimmungskauf): Einzelheiten der Kaufsache benennt der Käufer erst kurz vor der Lieferung (z. B. die Farbe des neuen Gabelstaplers)
- Ramschkauf (Kauf in Bausch und Bogen, Kauf en bloc): die Qualität wird nur pauschal, und nicht für das einzelne Stück garantiert (z. B. Verkleidungsbretter 2. Wahl).

05. Welche Arten des Kaufvertrags werden nach dem Inhalt unterschieden?

Nach dem Inhalt können unterschieden werden:

- Einzelvertrag: Vertrag über ein einzelnes Geschäft; es entsteht keine Abhängigkeit, die jeweils vorteilhafte Marktsituation kann genutzt werden
- Rahmenvertrag: Vereinbarung von Konditionen ohne Abnahmeverpflichtung; Sicherung der Versorgung bei günstigen Konditionen, Vereinfachung im aktuellen Bedarfsfall
- Abrufvertrag: Vertrag mit Abnahmeverpflichtung für eine Gesamtmenge bzw. eine Mindestmenge, offen bleiben die Liefertermine und die Größe der Teilmengen; dafür wird eine Abruffrist als Vorlaufzeit für den Lieferanten vereinbart; Vereinfachung im aktuellen Bedarfsfall, günstige Konditionen, da ein Teil der Planungssicherheit vom Kunden übernommen wird
- Sukzessivlieferungsvertrag: Vertrag, bei dem in vorher festgelegten Teilmengen zu festgelegten Zeitpunkten geliefert wird; sehr günstige Konditionen durch vollständige Übernahme der Planungssicherheit durch den Kunden; für den entsteht allerdings hohe Abhängigkeit
- Verbrauchsgüterkauf als Sonderform: einseitiger Handelskauf .

06. Wo liegt der Unterschied zwischen Besitz und Eigentum?

Besitz ist die tatsächliche Herrschaft über ein Gut (z. B. ein geliehener Gabelstapler), Eigentum ist die rechtliche Herrschaft über ein Gut und damit die freie Verfügbarkeit über ein Gut (z. B. der Verleiher des Gabelstaplers). Damit wird deutlich, dass Besitz und das weitergehende Eigentum nicht in einer Hand sein müssen.

In der geschäftlichen Praxis geht man jedoch von einer Annahme aus: Es wird angenommen, dass der Besitzer auch Eigentümer ist. Dadurch entsteht Rechtsicherheit, denn der Käufer hat kaum die Möglichkeit zu prüfen, wer Eigentümer einer Ware ist, die der Verkäufer in Besitz hält und verkauft. Der Rechtsschein spricht in diesem Fall dafür, dass der Besitzer gleichzeitig Eigentümer ist; der Käufer erwirbt gutgläubig Eigentum. Der Schutz der Gutgläubigkeit gilt nicht für gestohlene Sachen.

07. Welche Bedeutung hat der Eigentumsvorbehalt und welche Arten gibt es?

Beim Eigentumsvorbehalt bleibt der Verkäufer Eigentümer bis zur vollständigen Zahlung des Kaufpreises. Bei der Erfüllung des Kaufvertrags verschafft zwar der Verkäufer dem Käufer das Eigentum, allerdings mit aufschiebender Wirkung. Arten des Eigentumsvorbehalts sind:

- einfacher Eigentumsvorbehalt: Er bietet keinen Schutz bei Weiterverkauf, Vermischung, Einbau, denn in diesen Fällen wird entweder gutgläubig Eigentum erworben oder das Eigentum geht verloren.
- verlängerter Eigentumsvorbehalt: Beim Verkauf erfolgt hier eine Abtretung der Kaufpreisforderung an den Lieferanten; bei Einbau bzw. Vermischung entsteht Bruchteilseigentum.
- erweiterter Eigentumsvorbehalt: Er bezieht alle Geschäfte zwischen Verkäufer und Käufer in die Betrachtung mit ein, d. h. hier kann eventuell Eigentum für eine bereits bezahlte Lieferung geltend gemacht werden, wenn gleichzeitig eine Lieferung, bei der die Zahlung noch aussteht, veräußert wurde.

08. Welche Leistungsstörungen werden unterschieden?

Als Leistungsstörungen werden unterschieden:

- Unmöglichkeit
- Culpa in contrahendo: Störung bei Vertragsanbahnung (§ 311 Abs. 2 BGB)
- Mängelrüge (s. Kapitel 2.7.1.2)
- Verzug: Lieferungs-, Annahme- oder Zahlungsverzug
- Störung der Geschäftsgrundlage: Außergewöhnliche Umstände, die nach Vertragsabschluss eintreten und die Einhaltung des Vertrags für zumindest eine der Parteien unzumutbar macht (z. B. Terroranschläge, Naturkatastrophen, Kriege, Verfall der Währung).

09. Was versteht man unter Unmöglichkeit?

Unmöglichkeit liegt vor, wenn die Erfüllung eines Geschäfts durch besondere Umstände nicht möglich ist. Unterschieden werden:

- anfängliche Unmöglichkeit (§§ 275, 311a BGB), bei der die Leistungspflicht von Anfang an ausgeschlossen ist, der Vertrag eigentlich von Anfang an nicht rechtswirksam zu Stande gekommen ist (z. B. kurz vor Abschluss des Kaufvertrags über einen Lkw, wird dieser von Unbekannt zerstört)
- nachträgliche Unmöglichkeit (§§ 280, 283, 284 BGB), bei der die Leistungspflicht durch ein Ereignis nach Vertragsabschluss ausgeschlossen ist (z. B. der Lkw, über den ein Kaufvertrag abgeschlossen wurde, wird kurze Zeit später vor Übergabe zerstört); hier ist der Verkäufer schadenersatzpflichtig.

10. Wie ist der Lieferungsverzug geregelt?

Der Lieferungsverzug ist wie folgt geregelt (§§ 286, 287, 288, 289 BGB):

Voraussetzungen sind:

- Fälligkeit
- Mahnung mit Nachfristsetzung, es sei denn, es handelt sich um ein Fixgeschäft.

Rechte des Käufers sind:

- Erfüllung, evtl. mit Schadenersatz; hier ist Verschulden notwendig; Anwendung vor allem dann, wenn keine andere Beschaffungsmöglichkeit besteht
- Rücktritt vom Vertrag, wenn die Nachfrist erfolglos abgelaufen ist; hier ist kein Verschulden notwendig; Anwendung vor allem dann, wenn die Ware woanders preiswerter erhältlich ist
- Schadenersatz wegen Nichterfüllung bei Verschulden.

11. Wie ist der Annahmeverzug geregelt?

Der Annahmeverzug ist wie folgt geregelt (§§ 294, 296, 300, 384 BGB):

Voraussetzungen sind:

- Fälligkeit der Lieferung
- Angebot der Lieferung zu geschäftsüblichen Zeiten.

Rechte des Verkäufers sind:

- Recht auf Erfüllung
- Ersatz der Mehraufwendungen
- Selbsthilfeverkauf durch öffentliche Versteigerung.

12. Wie ist der Zahlungsverzug geregelt?

Der Zahlungsverzug ist wie folgt geregelt:

Voraussetzung gem. § 286 BGB: Fälligkeit der Zahlung, und zwar:

- der Zahlungstermin ist kalendermäßig bestimmt oder bestimmbar: sofortiger Verzug, wenn nicht bis zum vereinbarten Zeitpunkt gezahlt wurde; Mahnung ist nicht erforderlich
- der Zahlungstermin ist nicht genau festgelegt: automatischer Verzug 30 Tage nach Erhalt der Rechnung; der Gläubiger muss den Zugang der Rechnung nachweisen.

Andere Regelungen sind vertraglich möglich, allerdings darf die Regelung beim Verbrauchsgüterkauf für den Käufer nicht ungünstiger sein.

Rechte des Käufers sind:

- Erfüllung des Vertrags (Zahlung) und Schadenersatz: der Schadenersatz kann erfolgen
  - durch Verzugszinsen (unter Kaufleuten 8 % über dem von der Bundesbank festgesetzten Basiszinssatz, beim Verbrauchsgüterkauf 5 % über dem Basiszinssatz)
  - Ersatz eines sonstigen nachweisbaren Schadens
- Rücktritt vom Vertrag bei endgültiger Verweigerung der Zahlung (Rückgabe der Ware)
- Schadenersatz bei endgültiger Verweigerung der Zahlung.

13. Welche Besonderheiten ergeben sich beim Handelskauf?

Beim Handelskauf wird das HGB angewandt; dies setzt voraus, dass beide Parteien Kaufleute sind. Regelungen finden sich vor allem in den §§ 373 - 382 HGB, sowie in §§ 383 - 406 HGB (Kommissionsgeschäft).

Anders als beim bürgerlichen Kauf ist beim Handelskauf auf Handelsbräuche Rücksicht zu nehmen. Als Sonderregelung gilt die Sorgfaltspflicht eines ordentlichen Kaufmanns. Außerdem hat er in Sonderfällen ein Zurückbehaltungsrecht (z. B. Konnossement, Ladeschein, Lagerschein des Schuldners).

Weitere Sonderregelungen sind:

- umfassendes Hinterlegungsrecht bei Annahmeverzug (inkl. Selbsthilfeverkauf)
- unverzügliche Untersuchung der Ware nach Ablieferung
- ein festgestellter Mangel muss unverzüglich angezeigt werden
- bei drohendem Verderb: Notverkauf.

14. Welchen Charakter hat das Frachtgeschäft?

Ein Frachtführer führt seine Frachtgeschäfte gem. § 1 HGB als Kaufmann. Damit gelten für ihn die Rechtsvorschriften des HGB in vollem Umfang, und zwar auch dann, wenn er keinen nach Art und Umfang in kaufmännischer Weise eingerichteten Geschäftsbetrieb unterhält. Die §§ 407 - 450 HGB gelten für:

- den gewerblichen Güterkraftverkehr
- den Eisenbahnverkehr
- die Binnenschifffahrt
- den Luftverkehr.

Die §§ 452 - 452d HGB gelten für den multimodalen Verkehr.

Im Zuge des Frachtgeschäfts schließt der Frachtführer als Auftragnehmer mit einem Absender als Auftraggeber einen Frachtvertrag. Auftraggeber kann sein:

- ein Verkäufer
- ein Spediteur
- ein Empfänger.

Inhalt des Vertrags ist die Durchführung der Beförderung fremder Güter gegen Entgelt.

15. Welche wesentlichen Regelungen gelten für das Frachtgeschäft?

Wesentliche Regelungen sind:

- Der Frachtführer kann im Inland die Ausstellung eines Frachtbriefs verlangen (§ 408 HGB).
- Der Frachtbrief gilt als Beweisurkunde (§ 409 HGB).
- Bei gefährlichen Gütern muss der Absender dem Frachtführer vor der Verladung Art und Gefahr sowie eventuelle Vorsichtsmaßnahmen mitteilen (§ 410 HGB).
- Der Absender hat das Gut so zu verpacken, dass es vor Verlust und Beschädigung geschützt ist; falls erforderlich, hat er das Gut zu kennzeichnen (§ 411 HGB).
- Der Absender hat das Gut beförderungssicher zu verladen; der Frachtführer hat für die betriebssichere Verladung zu sorgen (§ 412 Abs. 1 HGB).
- Der Absender hat für die Entladung zu sorgen (§ 412 Abs. 1 HGB).
- Wird eine angemessene Lade- bzw. Entladezeit überschritten, kann Standgeld berechnet werden (§ 412 Abs. 2 und 3 HGB).
- Der Absender hat dem Frachtführer die notwendigen Begleitpapiere zur Verfügung zu stellen (§ 413 HGB).
- Der Absender ist berechtigt, dem Frachtführer nachträgliche Weisungen zu erteilen (§ 418 HGB).
- Treten Beförderungshindernisse auf und kann der Frachtführer den Absender nicht erreichen, hat er alle Maßnahmen, die im Interesse des Absenders am geeignetsten scheinen, zu ergreifen (§ 419 HGB).
- Regelung der Frachtberechnung und -zahlung (§ 420 HGB)
- Herausgabeanspruch des Empfängers bei Erledigung der Zahlungspflicht für die Fracht (§ 421 HGB)
- Nachnahmeregelung (§ 422 HGB).

16. Wie ist die Haftung des Frachtführers im HGB geregelt?

Zur Vereinheitlichung des Rechts können die Haftungsbestimmungen nicht durch Allgemeine Geschäftsbedingungen abgeändert werden; dies kann lediglich durch einzelvertragliche Vereinbarungen geschehen. Nur die gesetzliche Höchsthaftung kann innerhalb eines festgelegten Haftungskorridors durch AGBs geändert werden.

Für die Haftung ergeben sich folgende Regelungen:

- Von der Übernehme zur Beförderung bis zur Ablieferung besteht Obhuts- bzw. Gefährdungshaftung (§ 425 HGB).
- Haftung besteht nur für reine Güter- und Verspätungsschäden (§ 425 HGB); für Güterfolgeschäden haftet der Frachtführer nicht.
- Die Haftung ist ausgeschlossen, wenn Verlust, Beschädigung oder Lieferfristüberschreitung durch Umstände entstehen, die der Frachtführer auch bei größter Sorgfalt nicht vermeiden und deren Folgen nicht abwenden konnte (§ 426 HGB).
- Besondere Haftungsausschlussgründe sind zudem z. B. ungenügende Verpackung durch den Absender, ungenügende Kennzeichnung durch den Absender, Verwendung offener Fahrzeuge bzw. Verladung auf Deck, Beförderung lebender Tiere (§ 427 HGB).
- Haftung auch für andere Personen denen sich der Frachtführer als Erfüllungsgehilfen (eigene und fremde Personen, auf die Aufgaben delegiert wurden) bedient (§ 428 HGB).
- Der Ersatz bei teilweisem oder gänzlichem Verlust der Ware ist auf den Wert der Ware begrenzt (§ 429 HGB).
- Die Haftungshöchstgrenzen (§§ 431, 433 HGB) liegen bei:
  - Verlust bzw. Beschädigung des Guts: maximal 8,33 SZR/kg Rohgewicht
  - Verspätung: dreifaches Frachtentgelt
  - sonstiger Vermögensschaden: maximal 3 • 8,33 SZR/kg Rohgewicht.
- Bei vorsätzlicher oder grob fahrlässiger Handlung gelten die Höchstgrenzen nicht (§ 435 HGB).

17. Welchen Charakter hat das Lagergeschäft?

Das Lagergeschäft (Fremdlagerung) wird betrieben von einem Lagerhalter, der als Kaufmann gem. § 1 HGB gewerbsmäßig Lagerraum und Lagerdienstleistungen für andere zur Verfügung stellt. Hierzu schließt er Lagerverträge mit Absendern, lagernden Unternehmen und Spediteuren.

Grundlagen sind u. a.:

- §§ 467 - 475 HGB (Lagervertrag)
- §§ 688 - 700 BGB (Verwahrungsvertrag)
- private Lagerbedingungen
- ADSp.

Arten der Fremdlagerung sind:

- Trennungslagerung
- Sammellagerung, bei der gleiche Güter verschiedener Einlagerer gemeinsam gelagert werden
- Mietlagerung, bei der der Einlagerer einen Lagerraum beim Lagerhalter mietet; der Einlagerer ist für die Pflege und Verwaltung der Ware zuständig.

18. Welche Regelungen gelten für den Lagervertrag?

Wichtige Regelungen sind:

- Dem Einlagerer ist jederzeit Zugang zum Lager zu verschaffen.
- Das eingelagerte Gut ist zu kontrollieren (§ 471 HGB).
- Der Lagerhalter hat Mitteilungspflicht bei Verschlechterung des Zustands der Ware (§ 471 HGB).
- Recht des Einlagerers auf jederzeitige Herausgabe der Ware (§ 473 HGB)
- Die Dauer der Lagerhaltung ergibt sich aus § 473 HGB; die Lagerung endet
  - durch Vertragsablauf
  - bei unbestimmter Zeit mit einer Kündigungsfrist von einem Monat
  - fristlos bei wichtigem Grund.
- Pfandrecht des Lagerhalters (§ 475b HGB)
- Quittung des Lagerhalters über den Empfang der Güter durch einen Lagerempfangsschein, der bei Herausgabe der Ware nicht unbedingt vorgezeigt werden muss
- Information des Lagerhalters durch den Einlagerer, falls das Gut gefährlich ist.

19. Welche Bedeutung hat der Lagerschein?

Der Lagerschein ist ein Warenwertpapier; er verbrieft das Recht auf Herausgabe des eingelagerten Guts. Die Ausstellung kann vom Lagerhalter verlangt werden. Der Lagerschein hat folgenden Inhalt:

- Ort und Tag der Ausstellung
- Name und Anschrift des Einlagerers
- Name und Anschrift des Lagerhalters
- Ort und Tag der Einlagerung
- Bezeichnung der Art des Guts
- Anzahl, Zeichen und Nummern der Packstücke
- Rohgewicht/Menge.

Bei Teilentnahme erfolgt Abschreibung auf dem Lagerschein.

20. Welche Arten des Lagerscheins werden unterschieden?

Folgende Arten der Lagerscheine werden unterschieden:

- Namenslagerschein: Herausgabe der eingelagerten Ware erfolgt nur an die im Lagerschein genannte Person. Soll der Anspruch übertragen werden, erfolgt dies durch Zession; der Vorteil liegt in der hohen Sicherheit, nachteilig ist die umständliche Übertragung.

- Orderlagerschein: Herausgabe der Ware erfolgt an die genannte Person oder deren Order. Die Übertragung erfolgt durch Indossament; bei der Herausgabe wird die Indossamentenkette überprüft.
- Inhaberlagerschein: Herausgabe der gelagerten Ware an jede Person, die den Lagerschein vorlegt; die Übertragung auf eine andere Person erfolgt nur durch Übergabe des Scheins; vorteilig ist die einfache Übertragung, nachteilig die Gefahr, dass eine unberechtigte Person den Schein vorlegt, worauf der Lagerhalter mit befreiender Wirkung die Ware herausgibt.

21. Wie ist die Haftung des Lagerhalters geregelt?

Den Lagerhalter trifft Verschuldenshaftung mit Beweislastumkehr. Ausnahme: Auch durch die Sorgfalt eines ordentlichen Kaufmanns konnte der Schaden nicht verhindert werden.

Die Haftung ist bei Güterschäden unbegrenzt, für Vermögensschäden haftet der Lagerhalter nicht. Die Haftung ist ausgeschlossen bei:

- unabwendbarem Ereignis
- Verschulden des Berechtigten
- mangelhafter Verpackung.

Durch die ADSp kann die Haftung eingeschränkt werden.

2.7.7.2 Vertragliche Regelungen

01. Welche vertraglichen Regelungen sind möglich?

Im Zuge der Vertragsfreiheit können die Vertragsparteien individuelle Regelungen vereinbaren. Einfacher ist es jedoch, auf normierte Regelungen zurückzugreifen. Hierzu gehören:

- die AGBs (Allgemeine Geschäftsbedingungen) als firmeneigene Regelungen einzelner Vertragspartner
- die ADSp (Allgemeine Deutsche Speditionsbedingungen)
- die VBGL (Vertragsbedingungen für den Güterkraftverkehrs-, Speditions- oder Logistikunternehmer).

02. Welche Bedeutung haben die AGBs?

Nach § 305 BGB sind AGBs alle für eine Vielzahl von Verträgen vorformulierte Vertragsbedingungen, die eine Vertragspartei (Verwender) der anderen Vertragspartei bei Abschluss eines Vertrags stellt.

Für selbstständig Tätige gilt nicht der umfassende Schutz der BGB-Bestimmungen zu den AGBs wie für Verbraucher. Danach reicht es, dass der Verwender von AGBs im Angebot auf seine AGBs hinweist. Die AGBs sind dann Vertragsbestandteil, wenn der Vertragspartner das Angebot annimmt und den AGBs nicht widerspricht.

AGBs regeln vor allem die Punkte, die im HGB bewusst allgemein gehalten worden sind. Dabei stellt das Gesetz den Orientierungsrahmen dar. Treffen zwei widersprechende AGBs aufeinander, gilt das Gesetz. Neben ergänzenden können abweichende Vereinbarungen per AGBs hinsichtlich der Haftungsbegrenzung (§ 431 HGB) getroffen werden.

03. Welche Regelungen können durch AGBs nicht getroffen werden?

Nur durch einzelvertragliche Regelungen (also nicht durch AGBs) sind änderbar:

- Haftung des Frachtführers für Verluste oder falsche Verwendung von Urkunden (§ 413 Abs. 2 HBG)
- verschuldensunabhängige Haftung des Absenders (§ 414 HGB)
- unbeschränkte Haftung des Frachtführers bei Auslieferung ohne Vorlage des Ladescheins (§ 418 HGB)
- Haftung des Frachtführers für Nachnahmefehler (§ 422 Abs. 3 HGB)
- Haftung des Frachtführers für Verlust, Beschädigung und Lieferfristüberschreitung (§§ 425 - 438 HGB)
- Änderung der Verjährungsfrist (§ 439 Abs. 4 HGB).

04. Welche Bedeutung haben die ADSp?

Die Allgemeinen Deutschen Speditionsbedingungen sind AGBs, die auf Verkehrsverträge (Speditions-, Fracht-und Lagerverträge, sonstige Geschäfte im Zusammenhang mit Speditionsaufträgen) Anwendung finden. Dadurch werden den Kunden des Spediteurs bundeseinheitliche Regeln geboten. Sie sind nicht anwendbar auf speditionsfremde Zusatzleistungen und auf Verkehrsverträge mit Verbrauchern.

Auf die begrenzte Haftung durch die ADSp muss ausdrücklich hingewiesen werden, damit sie gültig ist. Die ADSp gelten für die Besorgungstätigkeit des Spediteurs, nicht für den eigentlichen Fracht- und Lagervertrag.

Die ADSp sind in 30 Ziffern unterteilt. Die wesentlichen sind:

- Interessenwahrungs- und Sorgfaltspflicht
- Auftrag, Übermittlungsfehler, gefährliches Gut
- Verpackung, Gestellung von Ladehilfs- und Packmitteln, Verwiegung und Untersuchung des Guts
- zollamtliche Abwicklung
- Verpackungs- und Kennzeichnungspflichten des Auftraggebers
- Kontrollpflichten des Spediteurs
- Weisungen

- Nachnahme
- Fristen
- Hindernisse
- Ablieferung
- Auskunfts- und Herausgabepflicht des Spediteurs
- Lagerung
- Angebote und Vergütung
- Aufrechnung, Zurückbehaltung
- Versicherung des Guts
- Haftung des Spediteurs
- Haftungsbegrenzungen
- Schadenanzeige
- Speditionsversicherung.

05. Welche Bedeutung haben die VBGL?

Die VGBL werden in Ergänzung zum HGB Vertragsbestandteil im gewerblichen Güterkraftverkehr (§§ 407 - 449 HGB), im kombinierten Verkehr (§ 452 HGB) und beim Selbsteintritt des Spediteurs (§ 458 HGB). Außerdem ergänzen sie logistische Dienstleistungen, Lohnfuhrverträge (Vertrag über die Nutzung eines fremden Fahrzeugs mit Fahrer, das nach den Weisungen des Auftraggebers eingesetzt wird) und Entsorgungsverkehre.

Zu beachten sind nicht zuletzt die veränderten Haftungsregelungen gegenüber den ADSp (Haftungsobergrenzen, Verspätungshaftung, Vermögensschäden, Haftungshöchstgrenze pro Schadenereignis). Geregelt sind außerdem die Lade- und Entladezeiten. Ansonsten ähneln die VBGL den ADSp.

2.7.7.3 Vorschriften beim Gefahrguttransport

01. Welche Regelungen gelten für den Gefahrguttransport?

Regelungen sind:

- GGBefG (Gefahrgutbeförderungsgesetz)
- § 410 HGB (Vorabinformation des Frachtführers durch den Absender).

Nationale verkehrsträgerspezifische Gefahrgutverordnungen auf Basis des GGBefG:

- GGVSEB (Gefahrgutverordnung Straße, Eisenbahn, Binnenschifffahrt)
- GGVSee (Gefahrgutverordnung See).

Internationale verkehrsträgerspezifische Gefahrgutverordnung:

- ADR (Europäisches Übereinkommen über die internationale Beförderung gefährlicher Güter auf der Straße)
- RID (Europäisches Übereinkommen über die internationale Beförderung gefährlicher Güter auf der Schiene)
- ADN (Europäisches Übereinkommen über die internationale Beförderung gefährlicher Güter auf Binnenschiffen)
- ADNR (ADN für den Rhein)
- IMDG-Code (International Maritime Dangerous Goods Code)
- IATA-DGR (International Air Transport Association – Dangerous Goods Regulations)
- ICAO-TI (International Civil Aviation Organisation – Technical Instructions).

Regelungen für Gefahrgutbeauftragte:

- GbV 2011 (Verordnung über die Bestellung von Gefahrgutbeauftragten)
- POGb (Verordnung über die Prüfung von Gefahrgutbeauftragten).

Sonstige Regelungen:

- IMO-Erklärung (Herstellererklärung zum Gefahrgut)
- GGAV (Gefahrgutausnahmeverordnung)
- GGKontrollV (Verordnung über die Kontrollen von Gefahrguttransporten auf der Straße und in den Unternehmen).

02. Welche Regelungen trifft das GGBefG?

Das GGBefG definiert den Begriff gefährliche Güter. § 2 besagt:

„Gefährliche Güter im Sinne dieses Gesetzes sind Stoffe und Gegenstände, von denen aufgrund ihrer Natur, ihrer Eigenschaften oder ihres Zustandes im Zusammenhang mit der Beförderung Gefahren für die öffentliche Sicherheit oder Ordnung, insbesondere für die Allgemeinheit, für wichtige Gemeingüter, für Leben und Gesundheit von Menschen sowie für Tiere und Sachen ausgehen können."

Das Gesetz gilt für die Beförderung gefährlicher Güter mit allen Verkehrsmitteln (§ 1). Dagegen gilt es nicht für die Beförderung innerhalb von Betrieben.

Von Gefahrstoffen wird bei innerbetrieblicher Bearbeitung und Bewegung gesprochen, von Gefahrgütern, wenn sie außerbetrieblich befördert werden.

03. Welche Regelungen treffen die Gefahrgutverordnungen?

Die Gefahrgutverordnungen regeln u. a.:

- gefährliche Güter, die befördert werden dürfen
- Zusammenlademöglichkeiten und Zusammenladeverbote
- Verpackung und Kennzeichnung gefährlicher Güter
- Bauart, Ausrüstung und Prüfung von Beförderungsmitteln
- Schulung des Personals, das gefährliche Güter befördert
- Regeln bei der Be- und Entladung
- Pflichten der am Transport Beteiligten
- Freistellung von den Gefahrgutvorschriften.

04. Welche Angaben zum Gefahrgut schreibt ADR vor und welche Freistellungen gibt es?

Nach ADR sind im Straßengüterverkehr folgende Angaben zum Gefahrgut notwendig:

- technischer Name
- UN-Stoffnummer
- Gefahrenklasse
- Verpackungsgruppe.

Freistellungen erfolgen:

- im Rahmen der Kleinmengenregelung (Abschnitt 3.4)
- bei begrenzten Mengen (Abschnitt 5.2.11).

Freistellung bedeutet:

- keine Warntafeln und Gefahrgutzettel am Fahrzeug notwendig
- Fahrer benötigt keine ADR-Bescheinigung
- keine Auslegung des Fahrzeugs für den Gefahrguttransport notwendig
- kein spezifisches Beförderungspapier nötig.

05. Was besagen die „Kleinmengenregelung“ und die „Beförderung in begrenzten Mengen“?

Die Kleinmengenregelung wird angewandt, wenn das Bruttogewicht

- bei zusammengesetzten Verpackungen 30 kg
- bei Trays in Dehn- und Schrumpffolien 20 kg

nicht übersteigt.

Die Freistellung bei begrenzten Mengen geschieht über die 1.000er-Regel. Grundlage ist folgende Tabelle:

Beförderungskategorie	höchstzulässige Gesamtmenge je Beförderungseinheit in kg	Multiplikationsfaktor
0	0	
1	20	1.000 : 20 = 50
2	333	1.000 : 333 = 3
3	1.000	1.000 : 1.000 = 1
4	unbegrenzt	

Die einzelnen Gefahrgüter sind jeweils den Beförderungskategorien je nach Gefährlichkeit zugeordnet. Werden verschiedene Beförderungskategorien geladen, muss der Wert für die höchstzulässige Gesamtmenge je Beförderungseinheit ermittelt werden. Die mit dem Multiplikationsfaktor versehenen Mengen werden addiert; die Summe darf 1.000 nicht übersteigen.

06. Welche Aufgaben haben Gefahrgutbeauftragte?

Gemäß GbV 2011 muss das Unternehmen, das an der Beförderung gefährlicher Güter beteiligt ist, einen Gefahrgutbeauftragten als Sicherheitsberater für die Beförderung gefährlicher Güter schriftlich bestellen. Der Beauftragte kann der Unternehmer selbst, ein Mitarbeiter oder eine externe Person sein (§ 8 GbV). Aufgaben sind:

- Überwachung, dass die Regelugen für die Gefahrgutbeförderung eingehalten werden
- Meldung von Mängeln, die die Sicherheit beim Transport gefährlicher Güter beeinträchtigen
- Beratung des Unternehmers hinsichtlich der Aspekte der Gefahrgutbeförderung
- Schulung der Mitarbeiter
- Erstellen eines Unfallberichts nach einem Unfall mit Gefahrgut
- Erstellen eines Jahresberichts.

Die Bestellung kann nach § 2 GbV entfallen, wenn:

- nur begrenzte Mengen gefährlicher Güter befördert werden
- die Beförderung bis 50 t netto im Jahr für den Eigenbedarf in Erfüllung betrieblicher Aufgaben erfolgt
- die Güter lediglich empfangen werden
- ein Unternehmen ausschließlich als Auftraggeber an der Beförderung gefährlicher Güter bis maximal 50 t netto im Jahr beteiligt ist.

07. Wie sind Schulung und Prüfung von Gefahrgutbeauftragten geregelt?

Gefahrgutbeauftragte müssen grundsätzlich die Teilnahme an einer anerkannten Schulung und eine bestandene Prüfung nachweisen. Der Schulungsnachweis gilt für fünf Jahre und kann nach weiterer erfolgreicher Prüfung jeweils um fünf Jahre verlängert werden. Für den Luftverkehr entfällt der Nachweis, da in diesem Bereich andere Nachweise vorliegen.

2.7.7.4 Zollvorschriften

01. Welche Regeln gelten für den Zollverkehr?

Regeln sind:

- Artikel 104 Grundgesetz
- Abgabenordnung
- AWG (Außenwirtschaftsgesetz)
- AWV (Außenwirtschaftsverordnung)
- VO Nr. 2913/92 EWG und VO Nr. 648/2005 EG (EG-Zollkodex)
- VO Nr. 2454/93 EWG und VO Nr. 1875/2006 EG (Durchführungsbestimmungen als Zollkodex-DVO)
- ZollVG (Zollverwaltungsgesetz)
- ZollV (Zollverordnung)
- GATT (General Agreement on Tariffs and Trade, Allgemeines Zoll- und Handelsabkommen für Zollsenkungen, Beseitigung von Handelshemmnissen, Förderung von Entwicklungsländern)
- WTO (World Trade Organization als Sonderorganisation der Uno).

02. Welche zollrechtlichen Vorgänge werden in der EU unterschieden?

Innerhalb der EU als Zollunion herrscht freier Warenverkehr mit einheitlichem Zolltarif nach außen. Als Verfahren werden unterschieden:

- Eingang: Verbringung von Ware aus einem EU-Staat in die BRD
- Einfuhr: Verbringung von Ware aus einem Drittland in die EU
- Versendung: Verbringung von Ware von einem EU-Staat in einen anderen
- Ausfuhr: Verbringung von Ware aus dem Zollgebiet der EU in ein Drittland.

03. Was ist ein Zollgebiet?

Ein Zollgebiet ist eine Auflistung von Staaten, die zollrechtlich einheitlich behandelt werden, z. B. die EU. Freizonen gehören zwar zum Zollgebiet der EU, das Zollrecht wird aber nicht angewandt (z. B. Freihäfen).

04. Was ist grundsätzlich im Aus- und Einfuhrverfahren zu beachten?

Obwohl EU-Länder grundsätzlich keine Zölle für die Ausfuhr von Waren in Drittländer berechnen, gibt es umfassende Zollvorschriften; allerdings dient das Verfahren in erster Linie:

- der Überwachung von Ausfuhrbeschränkungen
- der Verhinderung von Ausfuhr in Länder, die von einem Embargo betroffen sind
- der statistischen Datenerhebung.

Dagegen steht beim Einfuhrverfahren die Zollberechnung im Vordergrund, aber auch hier gilt es, Beschränkungen bei der Einfuhr zu beachten.

05. Welche Bedeutung hat die Außenhandelsstatistik?

Durch VO Nr. 3330/91 (EWG) ist festgelegt, dass

- der Handel zwischen den EU-Staaten
- die Durchfuhr durch die EU-Staaten
- der Lagerverkehr in den EU-Staaten

statistisch durch das statistische Erhebungssystem INTRASTAT belegt wird. Hierzu erfasst das Statistische Bundesamt monatlich das Zahlenwerk.

06. Was versteht man unter Umwandlungsverfahren und was unter vorübergehender Verwendung?

Beim Umwandlungsverfahren wird aus einem Drittland importierte zollpflichtige Ware in der EU durch Be- oder Verarbeitung umgewandelt und bleibt in der EU (z. B. alte Elektrogeräte, die zu Elektroschrott werden). Die Verzollung erfolgt vom umgewandelten Produkt.

Bei der vorübergehenden Verwendung bleibt aus einem Drittland importierte zollpflichtige Ware nur vorübergehend in der EU (z. B. Verwendung bei einer Ausstellung). Hier erfolgt eine teilweise oder vollständige Befreiung von der Einfuhrabgabe.

07. Wodurch unterscheiden sich aktive und passive Veredelung?

Bei der aktiven Veredelung wird Ware aus Drittländern in der EU durch Be- oder Verarbeitung veredelt und

- entweder wieder in ein Drittland ausgeführt (z. B. aus einzelnen Teilen wird ein PC montiert), Zoll wird gewöhnlich nicht erhoben
- oder in der EU verbleiben; dann erfolgt Verzollung.

Bei der passiven Veredelung werden Waren aus der EU in ein Drittland exportiert, dort veredelt und wieder in die EU importiert (z. B. Nordseekrabben werden in Marokko gepoolt und dann in Deutschland verkauft). Das Verfahren sieht wie folgt aus:

- Antrag auf Zollverfahren „passive Veredelung" und Bewilligung
- Anmeldung der Ausfuhr
- Prüfung der Rohware
- Wiedereinfuhr und Verzollung auf Basis des Mehrwerts bzw. der Differenz.

08. Was sind Gemeinschaftswaren?

Gemeinschaftswaren sind Waren,

- die im Zollgebiet der EU gewonnen bzw. hergestellt worden sind
- oder sie haben ihren Ursprung außerhalb der EU, sind aber durch ein Zollverfahren in den zollrechtlichen freien Verkehr überführt worden.

Alle anderen Waren sind Nichtgemeinschaftswaren. Wenn Güter die Grenzen der EU überschreiten, muss:

- entweder an die zuständige Zollstelle eine Meldung erfolgen (Gestellung)
- oder die Güter sind in eine Freizone zu befördern.

09. Welche weiteren Urkunden gehören zur Zollabfertigung?

Weitere Urkunden sind:

- Handelsfaktura: Warenausgangsrechnung des Lieferanten als Beweisurkunde für die Erfüllung des Auftrags; evtl. wird sie als Proforma-Rechnung erstellt, die keine Zahlung auslöst.
- Ursprungszeugnis: Nachweis über die Herkunft der Ware, der von der IHK am Ursprungsort ausgestellt wird; außerdem wird die Ware beschrieben; der Nachweis wird in manchen Nicht-EU-Staaten verlangt.
- Gesundheitszeugnis ist erforderlich für lebende Tiere, tierische Erzeugnisse und verschiedene Pflanzen; liegt es nicht vor, kann Quarantäne verfügt werden.
- Zollinhaltserklärung gibt Auskunft über den Inhalt eines Transportbehälters.
- Präferenzbescheinigung.

10. Was ist eine Präferenzbescheinigung?

Präferenzbescheinigungen werden dann erstellt, wenn Ware aus bestimmten Ländern bevorzugt werden sollen (Vorzugszoll oder zollfrei). Hierzu schließt die EU mit einzelnen Staaten (vor allem Entwicklungsländern) Präferenzabkommen ab. Wird die Präferierung gegenseitig gewährt, sind Nachweise sowohl beim Import, als auch beim Export notwendig.

In den Abkommen werden u. a. festgelegt,

- welche Waren berechtigt sind
- wie der Ursprung nachgewiesen werden muss.

11. Was versteht man unter Zollstraßenzwang?

Zollstraßen stellen die Verbindung zwischen dem Ort des Grenzübertritts in die EU und dem für die Abfertigung zuständigen Zollamt dar. Nur diese Straßen dürfen bei der Einfuhr aus und der Ausfuhr in Drittländer benutzt werden. Diese Verkehrswege werden zollamtlich überwacht. Wenn diese Wege wegen unvorhersehbarer Ereignisse bzw. höherer Gewalt (z. B. Überschwemmung) nicht benutzt werden können, muss die zuständige Zollstelle unverzüglich informiert werden. Im Luftverkehr gilt die Besonderheit, dass An- und Abflug nur von Zollflughäfen aus erfolgen dürfen.

12. Wie erfolgt das Ausfuhrverfahren?

Wenn Gemeinschaftsware das Zollgebiet der EU verlassen soll, erfolgt dies in zwei Schritten:

- Gestellung der Ware:
  - Der Ausführende meldet die Ausfuhr mittels Ausfuhrvoranmeldung bei seiner zuständigen Zollstelle an. Die Anmeldung erfolgt schriftlich per Zoll-Einheitspapier oder elektronisch durch das ATLAS-Verfahren.
  - Anschließend wird die Ausfuhr freigegeben. Zwischen Anmeldung und Ausfuhr darf der Warenzustand nicht verändert werden.
- Abfertigung an der Ausgangszollstelle:
  - Identitätsprüfung der Ware anhand der Anmeldung (Zollbeschau als Stichprobe; Ergebnis ist der Zollbefund).
  - Nämlichkeitsuntersuchung, bei der mittels Verplombung der Transportbehälter bzw. des Beförderungsmittels sichergestellt wird, dass auch die geprüfte Ware zur Bestimmungsstelle gelangt.
  - Überwachung durch die Ausgangszollstelle, dass die Ware auch tatsächlich das Zollgebiet der EU verlässt.
  - Bescheinigung durch die Zollstelle für den Anmelder.

13. Wann sind Ausfuhrgenehmigungen notwendig?

Die meisten Güter unterliegen keiner Beschränkung. Einzelne Güter dürfen aber

- gar nicht oder
- nur mit Erlaubnis des Bundesamtes für Ausfuhr

exportiert werden. Gründe sind:

- Embargo
- Schutz der eigenen Sicherheit (z. B. Kriegsgerät, Waffen)

- Sicherstellung der inländischen Versorgung (z. B. mit lebensnotwendigen Gütern)
- Schutz der eigenen Wirtschaft (z. B. vor Spionage).

14. Wie erfolgt das ATLAS-Verfahren?

Das ATLAS-Verfahren (Automatisches Tarif- und lokales Zollabwicklungssystem) setzt den weitgehend papierlosen Zollverkehr um. Der Anmelder stellt nur die Papiere zur Verfügung, die die Ware begleiten; es muss also kein weiteres Papier erstellt werden. Hinsichtlich aller anderen ansonsten üblichen Papiere genügt der Hinweis „Dokument liegt vor". Neben der Vereinfachung sorgt das Verfahren für eine Beschleunigung, u. a. auch dadurch, dass die Zollanmeldung bereits vor Eintreffen der Ware erfolgen kann. Die Daten können mit anderen europäischen Zollverwaltungen ausgetauscht werden.

15. Wie erfolgt das Carnet-TIR-Verfahren?

Das Carnet-TIR-Verfahren (Carnet Transport International de Marchandises par la Route) vereinfacht den Lkw-Verkehr zwischen den über 60 angeschlossenen Mitgliedstaaten.

- Der Lkw wird an der Abgangszollstelle verplombt (Zollverschluss) und überquert ohne Umladen und Kontrolle (Zollbeschau) die Grenzen, bis an der Bestimmungszollstelle die Plombe geöffnet wird.
- An der Grenze zeigt der Frachtführer lediglich die Warenpapiere vor.
- Das Carnet, das nur für eine Fahrt gilt, sieht als Begleitscheinheft für jeden Grenzüberschritt ein Formular vor, in dem jeweils der Ein- und Ausgang bescheinigt wird.
- Die Plombe, aber nicht die Ladung, wird kontrolliert.

Außerdem schreibt das TIR-Verfahren vor, dass nur in Fahrzeugen befördert werden darf, die keinen Zugriff auf das Innere zulassen, wenn das Fahrzeug verplombt ist.

Im Luftverkehr gibt es ein ähnliches Verfahren, das Cargo-Manifest.

16. Was ist beim Einfuhrverfahren zu beachten?

Zunächst sind folgende Punkte zu klären:

- Einfuhrbeschränkungen oder -verbote aus dem Importland
- Zollpflichtigkeit
- notwendige Papiere
- anfallende Zollformalitäten.

Genaue Informationen gibt der Zolltarif, in dem die verschiedenen Güter mit einer Codenummer vorzufinden sind. Die Nummer sollte im Zweifelsfall im Vorfeld mit den Zollämtern geklärt werden. Dadurch kann Nachverzollung oder zu viel gezahlter Zoll vermieden werden. Vor allem kann geklärt werden, ob Waren aufgrund von Beschränkungen oder ausgeschöpfter Mengenkontingente gar nicht eingeführt werden dürfen.

Zur Abfertigung legt der Importeur die notwendigen Dokumente vor und gestellt die Ware. Bei besonders vertrauenswürdigen Unternehmen wird zur Beschleunigung des Verfahrens auf die Gestellung sämtlicher Ware verzichtet; hier reichen Stichproben.

17. Was ist ein Zolllager?

Bei der Einfuhr von Waren in die EU kann es vorteilhaft sein, diese zunächst auf ein Zolllager zu nehmen. Die Abgaben werden erst später entrichtet. Das Zolllager wird vor allem angewandt,

- wenn die Ware später wieder exportiert werden soll
- oder Verbrauch bzw. Verarbeitung erst später erfolgt.

Der Betrieb eines Zolllagers muss vom zuständigen Hauptzollamt genehmigt werden. Voraussetzungen sind:

- persönlich:
  - Zuverlässigkeit
  - Betriebsorganisation
  - ordnungsgemäße kaufmännische Buchführung
  - in der EU ansässig
  - einschlägig unbescholten.
- wirtschaftlich:
  - hauptsächlich zur Lagerung bestimmt
  - durchschnittliche Lagerdauer mehr als 30 Tage.
- zolltechnisch:
  - Kontrolle muss möglich sein.
- Verbot des Einzelhandelsverkaufs in den Lagerstätten.

18. Was wird unter dem Versandverfahren verstanden?

Beim Versandverfahren erfolgt die Verzollung nicht, wie sonst üblich, zum Zeitpunkt des Grenzübertritts, sondern erst am endgültigen Bestimmungsort. Vorteile sind:

- keine langen Warte- und Abfertigungszeiten an den Grenzübergängen
- Begutachtung der Ware (Mengen- und Qualitätskontrolle) vor der Verzollung durch den Empfänger möglich.

Um das Abgaberisiko zu minimieren, ist als Sicherheit eine Kaution oder Bürgschaft notwendig. Arten des Versandverfahrens sind:

- gemeinschaftliches Versandverfahren, das vor allem innerhalb der EU stattfindet
- gemeinsames Versandverfahren, das zwischen EU-Staaten und EFTA-Staaten, sowie der Türkei stattfindet
- Carnet-TIR-Verfahren

- Carnet-A.T.A-Verfahren für Güter, die nur vorübergehend eingeführt und unverändert wieder ausgeführt werden
- vereinfachtes Eisenbahnversandverfahren.

Sowohl beim gemeinschaftlichen, als auch beim gemeinsamen Verfahren unterscheidet man:

- externes Versandverfahren (T1-Verfahren) für Drittlandsware
- internes Versandverfahren (T2-Verfahren) für Gemeinschaftsware.

19. Was wird unter dem Zollwert verstanden?

Der Zollwert ist der Wert, der für die Verzollung zu Grunde gelegt wird. Es ist der Transaktionswert, d. h. der Preis, den der Käufer tatsächlich für die eingeführte Ware zu zahlen hat. Dabei werden Beförderungskosten in der EU nicht berücksichtigt und herausgerechnet, falls sie im Preis enthalten sind. Gemäß Zollkodex wird vom Wert des Guts CIF EU-Grenze ausgegangen. Dadurch ergibt sich folgende Rechnung:

	Rechnungspreis
+	Verpackungskosten
+	Beförderungs- und Versicherungskosten gesamt
-	Beförderungs- und Versicherungskosten nach Einfuhr in die EU
-	Zölle und andere EU-Abgaben (falls im Preis enthalten)
=	**anzumeldender Zollwert**

2.7.7.5 Rechtliche Bedingungen für die Entsorgung

01. Welche rechtlichen Regelungen gelten für die Entsorgung?

Wichtige rechtliche Regelungen sind:

- Kreislaufwirtschaftsgesetz (KrWG)
- Verpackungsverordnung (VerpackV)
- Gewerbeabfallverordnung (GewAbfV)
- Technische Anleitung (TA) Siedlungsabfall
- Deponieverordnung (DepV)
- Europäischer Abfallkatalog (EAK).

02. Wie ist das Kreislaufwirtschaftsgesetz aufgebaut?

Das „Gesetz zur Förderung der Kreislaufwirtschaft und Sicherung der umweltverträglichen Bewirtschaftung von Abfällen" von Juni 2012 hat gem. § 1 den Zweck, die Kreislaufwirtschaft zur Schonung der natürlichen Ressourcen zu fördern und den Schutz von Mensch und Umwelt bei der Erzeugung und Bewirtschaftung von Abfällen sicherzustellen. Es hat folgende Gliederung:

Teil 1: Allgemeine Vorschriften

Teil 2: Grundsätze und Pflichten der Erzeuger und Besitzer von Abfällen sowie der öffentlich rechtlichen Entsorgungsträger

Teil 3: Produktverantwortung

Teil 4: Planungsverantwortung

Teil 5: Absatzförderung und Abfallvermeidung

Teil 6: Überwachung

Teil 7: Entsorgungsfachbetriebe

Teil 8: Betriebsorganisation, Betriebsbeauftragter für Abfall und Erleichterungen für auditierte Unternehmensstandorte

Teil 9: Schlussbestimmungen

03. Welche wichtigen Begriffe werden in § 3 KrWG geklärt?

Wichtige Begriffe sind:

- Entledigung von Stoffen/Gegenständen liegt dann vor, wenn die ursprüngliche Zweckbestimmung entfällt und kein neuer Verwendungszweck an die Stelle tritt.
- Verwertung liegt vor, wenn die Abfälle in der Anlage oder woanders einem sinnvollen Zweck zugeführt werden.
- Beseitigung liegt vor, wenn keine Verwertung möglich ist, z. B. Ablagerung in ober- oder unterirdischen Deponien.
- Kreislaufwirtschaft ist die Vermeidung von Abfällen.
- Abfallbewirtschaftung ist die Bereitstellung, Überlassung, Sammlung, Beförderung, Verwertung und Beseitigung von Abfällen einschließlich der Überwachung dieser Verfahren.

04. Was versteht man unter der Abfallhierarchie?

In § 6 KrWG ist eine Rangfolge (Hierarchie) in fünf Stufen vorgegeben:

1. Vermeidung
2. Vorbereitung zur Wiederverwendung
3. Recycling
4. Sonstige Verwertung, insbesondere energetische Verwertung und Verfüllung
5. Beseitigung.

Dabei ist die Maßnahme zu ergreifen, die dem Schutz von Menschen und Umwelt am besten gewährleistet; das Vorsorge- und das Nachhaltigkeitsprinzip sind zu berücksichtigen. Dies gilt insbesondere für:

- die zu erwartenden Emissionen
- das Maß der Schonung der natürlichen Ressourcen

- die einzusetzende oder zu gewinnende Energie
- die Anreicherung von Schadstoffen in Erzeugnissen, Abfällen zur Verwertung oder in daraus gewonnenen Erzeugnissen.

Dabei sind

- die technischen Möglichkeiten
- die wirtschaftliche Zumutbarkeit
- die sozialen Folgen

der Maßnahmen zu beachten.

05. Welche wesentlichen Regelungen beinhaltet die VerpackV?

Wesentliche Regelungen sind gem. *Ehrmann (2012, S. 584)*:

- Begriffsbestimmungen (§ 3): Verpackungen, Verkaufsverpackungen, Umverpackungen, Transportverpackungen, Getränkeverpackungen, Verbundverpackungen, schadstoffhaltige Füllgüter, restentleerte Verpackungen
- Rücknahmepflicht für Verpackungen (§§ 4 - 9)
- Pfanderhebungs- und Rücknahmeverpflichtung für Einweggetränkeverpackungen (§ 9)
- Vollständigkeitserklärung für Verkaufsverpackungen, die in den Verkehr gebracht werden
- Herstellen, Inverkehrbringen und Kennzeichnen von Verpackungen (§§ 12 - 14)
- Ordnungswidrigkeiten.

3. Prozesssteuerung und -optimierung

3.1 Umsetzen von geplanten logistischen Prozessen

3.1.1 Grundlagen

01. Was versteht man unter einem Logistikprozess?

Ein Prozess ist eine Abfolge von Tätigkeiten mit definiertem Anfang und Ende, die in Beziehung zueinander stehen. Der Logistikprozess ist geprägt durch die Eigenschaft als Querschnittsfunktion. Als solche durchläuft sie die verschiedenen Funktionen des Unternehmens. Das Resultat sind Wertschöpfungsketten, die, neben der Wertschöpfung im Unternehmen, den Lieferanten- und den Kundenbereich mit einbeziehen. Der Logistiker arbeitet deshalb

- ganzheitlich
- abteilungsübergreifend.

02. Welche Merkmale haben Prozesse?

Merkmale von Prozessen sind:

- Aufgaben und Ziele: Jeder Prozess hat stets eine bestimmte Aufgabe, die auf ein bestimmtes Ziel ausgerichtet ist; damit ist das Ergebnis des Prozesses bereits vor der Durchführung definiert.
- Externes Ereignis: Der Prozess wird durch ein externes Ereignis als Input ausgelöst (auch ein bestimmter Zeitpunkt kann als zeitliches Ereignis Auslöser sein); das Ergebnis kann als Ereignis einen weiteren Prozess auslösen.
- Leistung: Im Prozess wird aus Input einer oder mehrerer Quellen (z. B. Lieferant) ein Output, der an eine Senke als Empfänger (z. B. Kunde) weitergegeben wird.
- Interne und externe Quellen und Senken: Es handelt sich im Unternehmen um vor- und nachgelagerte Aktivitäten, durch die interne Lieferanten-/Kundenbeziehungen entstehen; externe Quellen und Senken sind Geschäftspartner des Unternehmens.
- Prozessverrichtungen als Folge von Aktivitäten, die inhaltlich miteinander verbunden und zweckgerichtet sind
- Ressourcen: Die Verrichtungen erfolgen durch:
  - menschliche Leistungen
  - Einsatz von Sachmitteln unterschiedlicher Art (einschließlich Informationssysteme)
  - Methoden zur Durchführung der Verrichtungen.
- Durchlaufzeit: Zeit vom Beginn bis zum Ende eines Prozesses; Beginn ist die erste Aktivität im Prozess, das Ende die fehlerfreie Übergabe des Ergebnisses.

03. Was ist eine Prozesskette?

Eine Prozesskette ist eine Aneinanderreihung mehrerer Prozesse, die wiederum aus Aktivitäten bestehen. Eine Prozesskette könnte wie folgt dargestellt werden:

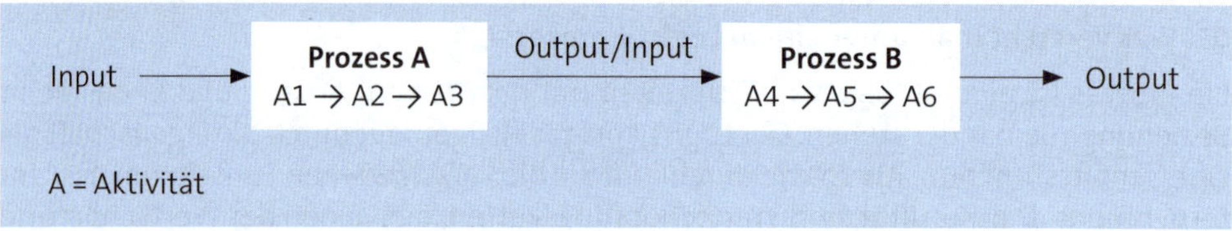

04. Welche Ziele hat die Prozessorientierung?

Durch die Prozessorientierung soll der Unternehmenserfolg gesteigert werden. Im Einzelnen ergeben sich folgende Ziele:

- Minimierung der Durchlaufzeiten
- Verbesserung der Qualität
- Senkung der Kosten des Prozesses
- höhere Innovationsfähigkeit
- hohe Termintreue
- gleichmäßige Kapazitätsauslastung.

05. Welche Vorteile bietet die Prozessorientierung?

Vorteile sind:

- stärkere Berücksichtigung der gegenseitigen Abhängigkeiten einzelner Tätigkeiten
- weniger Schnittstellen
- geringerer Koordinationsaufwand
- weniger Doppelarbeit
- Für den Prozess können Verantwortlichkeiten festgelegt werden.
- Förderung betrieblichen und überbetrieblichen Denkens
- Der externe und der interne Kunde stehen im Mittelpunkt.
- leichtere Verbesserung der Prozesse im Sinne von KVP.

06. In welchen Phasen erfolgt die Prozessgestaltung?

Die Prozessgestaltung kann in folgenden Stufen erfolgen:

- Prozess festlegen und beschreiben; dazu gehören:
  - Analyse der Prozessfelder unter strategischen Gesichtspunkten
  - Definition des Prozesses
  - Festlegung des Prozessumfangs (Anzahl der Aktivitäten mit Anfangs- und Endpunkt)

- Strukturierung des Prozesses:
  - Zerlegung des Prozesses in Teilprozesse
  - Festlegung der Reihenfolge
  - Definition der Schnittstellen, an denen der Output der vorhergehenden Aktivität als Input der folgenden Aktivität gilt
  - Vermeidung von Doppelarbeiten
  - Festlegung von Messgrößen zur Überprüfung des Erfolgs
  - Übertragung der Verantwortung für den Prozess
- Realisierung des Prozesses
- Optimierung des Prozesses:
  - Soll-/Ist-Abweichung ermitteln und analysieren
  - eventuell Benchmarking mit anderen Unternehmen
  - eventuell Prozessrevision.

07. Wie könnte ein Prozess tabellarisch dargestellt werden?

Die Darstellung könnte für den Prozess Wareneingang wie folgt aussehen:

Prozess Wareneingang	
Prozessaufgabe	Durchführung aller erforderlichen Schritte bis zur Weitergabe an das Lager
Anstoß	Anlieferung der Ware durch Frachtführer
Quelle	Lieferant
Anfangsaktivität	Identitätsprüfung
Endaktivität	Freigabe zur Beförderung ins Lager
Senke	Materiallager
Hauptaktivitäten	Prüfung der Anlieferung: Bestimmung, Quantität, Zeit u. a. ► Entladen der Lieferfahrzeuge ► Kontrollieren der angelieferten Packstücke auf äußerliche Schäden ► Zwischenlagern ► Auspacken der gelieferten Packstücke
Prozessziele	Frühzeitiges Erfassen von Fehlern ► Rasche Abwicklung ► Vermeidung langer Wartezeiten im Wareneingangsbereich
Leistungsmenge	nicht festgelegt

08. Welche Prozessebenen werden in der Logistik unterschieden?

Unterschieden werden:

Prozessebene	Beschreibung
übergreifende Prozesse	Sie berühren mehrere Funktionsbereiche als Querschnittfunktion (z. B. Auftragsabwicklung, Transport).
Hauptprozesse	Sie beziehen sich auf die Funktionsbereiche Beschaffung, Produktion, Distribution und Entsorgung.
Teilprozesse	Aufteilung des Hauptprozesses in einzelne Arbeitsgänge, die weiter in einzelne Tätigkeiten zerlegt werden.
Primärprozesse	Sie befassen sich mit den Flüssen, die zur fachlichen Abwicklung in der Logistik eingesetzt werden (Materialfluss, Informationsfluss).
Sekundärprozesse	Sie befassen sich, zur Hilfestellung für die Primärprozesse, mit Führungsaufgaben (Logistikmanagement) bzw. mit Unterstützungsaufgaben (Logistik-Controlling).

Grafisch lässt sich der Zusammenhang wir folgt darstellen:

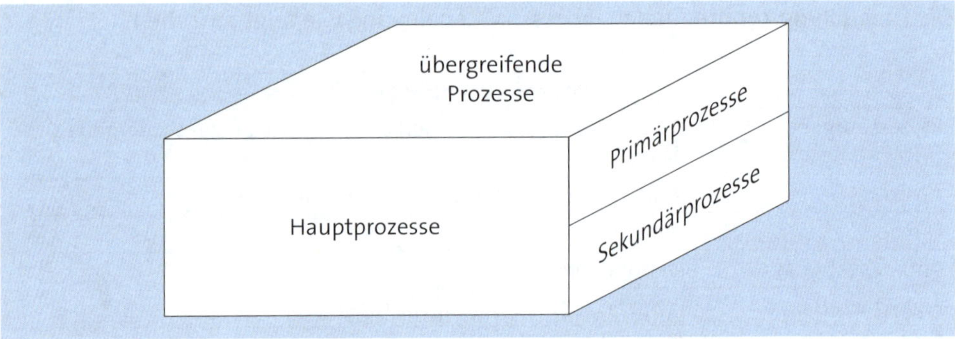

3.1.2 Hauptprozesse

01. In welche Hauptprozesse unterteilt sich die Logistik?

Hauptprozesse in der Logistik sind:

- Beschaffungslogistik
- Produktionslogistik
- Distributionslogistik
- Entsorgungslogistik.

02. Welche Teilprozesse gehören zur Beschaffungslogistik?

Zur Beschaffungslogistik gehören:

- Veränderung der Fertigungstiefe (Make or buy)
- Disposition (Bedarfs-, Bestands-, Bestellrechnung)
- Bereitstellen der Bauteile beim Hersteller
- Verpackung
- Umschlag auf Transportmittel
- Transport und Anlieferung
- Entladen und Eingangskontrolle
- Einlagerung
- Lagern und Bestandsüberwachung
- Reklamation.

03. Welche Teilprozesse gehören zur Produktionslogistik?

Zur Produktionslogistik gehören:

- innerbetrieblicher Transport mit Fördermitteln
- Auslagerung
- Zwischenlagerung
- interne Kommissionierung
- Verpackung
- Steuerung mittels PPS.

04. Welche Teilprozesse gehören zur Distributionslogistik?

Zur Distributionslogistik gehören:

- Lagerung
- Auftragsbearbeitung
- Kommissionierung
- Ausfertigen der Papiere
- Verpackung
- Verladung und Warenausgang
- Transport
- Ersatzteilversorgung.

05. Welche Teilprozesse gehören zur Entsorgungslogistik?

Zur Entsorgungslogistik gehören:

- Auftragsabwicklung
- Sammeln und Trennen
- Sortieren
- Zwischenlagern
- Lagern
- Verpacken
- Transportieren.

3.1.3 Übergreifende Prozesse

01. Welche übergreifenden Prozesse gibt es in der Logistik?

Übergreifende Prozesse sind:

- Auftragsabwicklung
- Lagerhaltung
- Transport
- Verpackung.

02. In welchen Phasen erfolgt die Auftragsabwicklung?

Die Phasen der Auftragsabwicklung sind:

- Auftragsübermittlung: schriftlich, telefonisch, elektronisch; die Übermittlung muss schnell und sicher sein; möglichst kein Medienbruch
- Auftragsbearbeitung:
  - Plausibilitätsprüfung
  - Erfassung des Auftrags
  - Anpassung an interne Anforderungen
  - Prüfung der Machbarkeit/Verfügbarkeit
  - Bonitätsprüfung
- Auftragsumsetzung:
  - Auftragsbestätigung
  - Umwandlung in einen Fertigungsauftrag (falls nicht vorrätig)
- Kommissionierung gemäß Packliste
- Bereitstellung zum Versand:
  - Erstellung der Transportpapiere (evtl. Exportpapiere)
  - Übergabe an den Frachtführer bzw. an eigene Verkehrsmittel
- Rechnungsstellung.

03. Was ist beim Prozess Lagerhaltung zu berücksichtigen?

Lagerhaltung sollte eigentlich nicht stattfinden, da sie den Fluss unterbricht. Es müsste also eine besondere Notwenigkeit vorliegen, wenn doch gelagert wird. Zu berücksichtigen sind:

- wirtschaftliche Gründe (z. B. Pufferung, günstige Einkaufskonditionen, Versorgungssicherheit)
- Anzahl der Lagerstufen (ein- oder mehrstufig)
- Platzvergabe
- Zugriffsart und -form
- Lagerbauart
- Lagertechnik.

04. Was ist beim Transportprozess zu beachten?

Zu beachten sind:

- richtige Wahl der Fördermittel (intern), abhängig von den technischen Möglichkeiten des Betriebs
- Prüfung des Einsatzes eigener Verkehrsmittel
- Wahl des richtigen Verkehrsmittels bei externem Transport
- eventuell gebrochener Verkehr bei mehreren Verkehrsmitteln.

05. Was ist bei der Verpackung zu beachten?

Zu beachten sind:

- Welche Funktion soll die Verpackung erfüllen (Schutz, Lagerung Transport, Information, Werbung u. a.)?
- möglichst weitgehende Standardisierung (Liefereinheit = Transporteinheit = Lagereinheit = Entnahmeeinheit)
- möglichst Mehrfachverpackung wählen
- Wer trägt die Kosten?

3.1.4 Primärprozesse

01. Welche Primärprozesse werden in der Logistik unterschieden?

Die Primärprozesse befassen sich mit dem Materialflussprozess hinsichtlich:

- Lagerung
- Transport
- Wareneingang
- Versand
- Entsorgung.

Sie befassen sich mit dem Informationsflussprozess hinsichtlich:

- Planung
- Disposition
- Steuerung
- Kundenauftragsbearbeitung.

3.1.5 Sekundärprozesse

01. Welche Sekundärprozesse werden in der Logistik unterschieden?

Die Sekundärprozesse befassen sich mit dem Logistikmanagement hinsichtlich:

- Logistikstrategie
- Vorgabe von Kosten- und Leistungszielen
- Mitarbeiterführung.

Sie befassen sich außerdem mit dem Logistik-Controlling hinsichtlich:

- Planung und Kontrolle von Logistikkosten
- Wirtschaftlichkeitsrechnung von Investitionen
- Erstellen von Budgets.

02. Welche Ziele verfolgt die Logistikstrategie?

Wichtige Ziele sind:

- Kundenzufriedenheit, u. a. durch:
  - hohen Servicegrad
  - Liefertreue
  - rasche Reaktionsmöglichkeit
  - hohe Innovation
  - große Flexibilität
- geringe Logistikkosten, u. a. durch:
  - knappe Disposition
  - raschen Durchlauf
  - niedrige Transaktionskosten
  - Optimierung von Transporten
  - Standardisierung der Einheiten.

03. Welche Merkmale sind bei der Vorgabe von Kosten- und Leistungszielen zu beachten?

Merkmale sind:

- Anforderungen an Ziele gemäß der SMART-Formel; SMART bedeutet:

  S = spezifisch
  M = messbar
  A = anspruchsvoll
  R = realistisch
  T = terminiert

- richtiger Zeitbezug (kurz-, mittel-, langfristig)
- vollständige Formulierung mit:
  - Zielinhalt, z. B. Beschleunigung des Kommissionierprozesses
  - Zielausmaß, z. B. um 10 %
  - Zeitbezug, z. B. im Jahr 2015
- richtige Ableitung von:
  - Unter- aus Oberzielen
  - Neben- aus Hauptzielen
  - operativen aus strategischen Zielen.

04. Wie muss die Mitarbeiterführung gestaltet sein?

Die Mitarbeiter müssen harmonisch zusammenwirken. Führung muss deshalb sein:

- an Zielen orientiert
- transparent
- teamorientiert
- leistungs- und ergebnisorientiert
- innovationsfreundlich
- flexibel
- veränderungsfreundlich
- selbstkritisch
- auf Selbstständigkeit gerichtet.

05. Welche Aufgaben hat das Logistikcontrolling?

Controlling beinhaltet die Funktion Planung, Steuerung und Kontrolle. Aufgaben des Logistikcontrollings sind u. a.:

- Soll-/Ist-Vergleich der Prozesse
- Abweichungsanalyse
- Vorbereitung unternehmerischer Entscheidungen durch Lieferung von Informationen und durch Beratung

- Aufbau eines Kennzahlensystems zur Einbindung in Frühwarnsysteme
- laufende Kontrolle der Wirtschaftlichkeit
- Erstellung von Budgets und deren Fortschrittsüberwachung
- Berechnung von Investitionen.

06. Welche Logistikkosten fallen an?

Wichtige Kostenarten sind:

- Transportkosten für interne und externe Transporte:
  - Frachtgebühren
  - Abschreibungen für Lkws
  - laufende Betriebskosten für Lkws
- Lagerkosten, u. a.:
  - Raumkosten
  - Abschreibungen
  - Personalkosten
  - laufende Betriebskosten
- Bestandkosten:
  - Materialwert
  - Kapitalbindungskosten
- Handlingkosten:
  - Kommissionierung
  - Verpackung
- Abwicklungskosten:
  - Disposition
  - Auftragsbearbeitung
  - Fertigungssteuerung.

07. Was muss bei der Budgeterstellung beachtet werden?

Das Budget ist die finanzielle Umsetzung der Planung. Maßnahmen werden in Kosten bewertet; dabei fallen sowohl Einzel-, als auch Gemeinkosten an. Man unterscheidet:

- Top-down-Budgetierung: Die jeweils höhere Hierarchieebene gibt den nachgelagerten Bereichen verbindliche Budgets vor.
- Bottom-up-Budgetierung: Die Budgets werden von unten nach oben vorgeschlagen und in den jeweils höheren Ebenen diskutiert und abgestimmt.
- Gegenstrom-Budgetierung: Beide Vorgänge werden miteinander kombiniert; Vorschläge unterer Ebenen werden mit den Vorschlägen höherer Ebenen abgestimmt.

Das Budget dient:
- der Kostenverteilung auf Kostenstellen
- der Schaffung von Kostenverantwortung
- der Kalkulation und damit der Preisfindung.

In die Berechnung fließen ein:
- Vergangenheitswerte
- sonstige Erfahrungswerte
- Zukunftserwartungen
- Einsparungen durch Rationalisierung.

3.1.6 Umsetzung

3.1.6.1 Strategieentwicklung

01. In welchen Phasen erfolgt die Entwicklung von Strategien?

Die Entwicklung von Strategien erfolgt in folgenden Phasen:
- Analyse des Ist-Zustands
- Formulierung strategischer Ziele
- Bewertung der strategischen Ansätze
- Entscheidung über die Strategien
- Realisierung der Strategien
- Kontrolle der Strategien.

02. Mit welchen Analysen kann der Ist-Zustand festgestellt werden?

Anwendbare Analysen sind:
- Stärken-/Schwächen-Analyse
- Chancen-/Risiken-Analyse
- SWOT-Analyse
- GAP-Analyse
- Portfolioanalyse
- Imageanalyse
- Konkurrenzanalyse.

03. Welche Aussagen macht die Stärken-/Schwächen-Analyse?

Die Stärken-/Schwächen-Analyse ermittelt die wichtigsten Leistungsfaktoren und stellt bei diesen Faktoren die Stärken und Schwächen des Unternehmens, häufig im Verhältnis zum stärksten Konkurrenten, dar. Zur besseren Veranschaulichung wird das Ergebnis als Profil dargestellt. Wichtig ist, dass die Daten mittels objektiver methodischer Untersuchungen gewonnen werden und nicht in subjektiver freihändiger Form. Nachfolgend ein Beispiel:

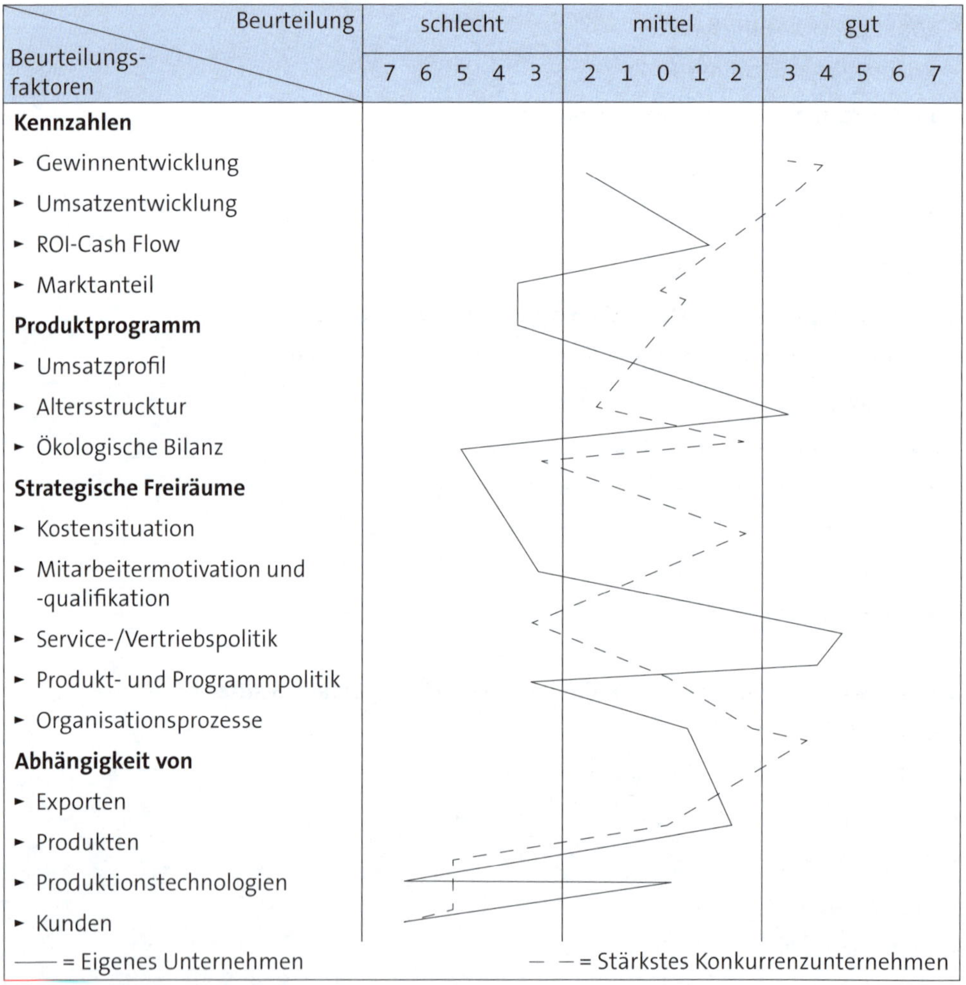

Quelle: *Weis*, Marketing, 2012

04. Was beinhaltet die Chancen-/Risiken-Analyse?

Bei der Chancen-/Risiken-Analyse erfasst das Unternehmen externe Einflüsse, die tabellarisch zusammengestellt werden. Auf dieser Basis werden Maßnahmen abgeleitet, um die Chancen des Unternehmens zu verbessern bzw. die Risiken zu minimieren, z. B.

Chancen	Risiken
Einstieg in den Markt begleiteter Schwerst-transporte	Unsicherheiten am Markt durch politische Eingriffe
Erhöhung der Leistungsfähigkeit des Hochregallagers	Konkurrenz erwägt den Bau eines weiteren Hochregallagers
Übernahme eines kleineren Konkurrenten	starke Erhöhung der Energiepreise

05. Welche Bedeutung hat die SWOT-Analyse?

Die Stärken-/Schwächen-Analyse und die Chancen-/Risiken-Analyse werden in der Praxis häufig zur SWOT-Analyse verbunden. SWOT bedeutet:

S = Strenths (Stärken)
W = Weaknesses (Schwächen)
O = Opportunities (Chancen)
T = Threats (Risiken)

Je nachdem, wie die internen Stärken bzw. Schwächen und die externen Chancen bzw. Risiken gesehen werden, ergeben sich unterschiedliche strategische Vorgehensweisen:

externe / interne	Chancen	Risiken
Stärken	Feld 1: Investieren	Feld 2: Absichern
Schwächen	Feld 3: Ausgleichen	Feld 4: Basisabsicherung

Feld 1: Durch Investieren kann ein Marktdurchbruch geschaffen werden.

Feld 2: Die Marktsituation muss wegen der Risiken abgesichert werden.

Feld 3: Durch Ausgleich sind die Schwächen zu beseitigen.

Feld 4: Wegen des hohen Gefährdungspotenzials sind grundsätzlich Verbesserungen als Basisabsicherung notwendig.

06. Was besagt die GAP-Analyse?

Bei der GAP-Analyse (auch Lückenanalyse genannt) wird der gewünschte dem voraussichtlich eintretenden Unternehmenserfolg gegenübergestellt. Aus der Differenz ergeben sich Ziellücken, zu deren Schließung Aktivitäten ergriffen werden müssen. Häufig wird unterschieden zwischen:

- strategischer Lücke als Differenz zwischen Fernziel gemäß Soll-Vorgabe und Ziel, das nach derzeitiger Unternehmensentwicklung möglich ist
- operative Lücke als Differenz zwischen derzeit möglichem Ziel und Entwicklung unter derzeitigen Umständen.

Die GAP-Analyse wird häufig als Diagramm dargestellt:

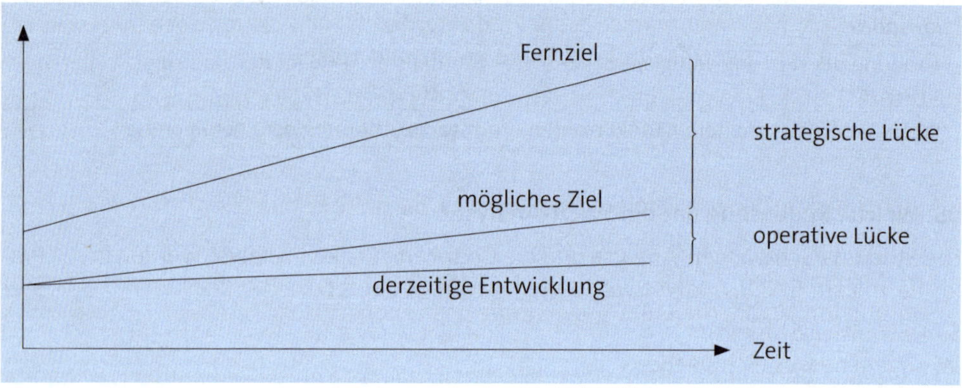

07. Was besagt das Konzept der Portfolioanalyse?

Bei der Portfolioanalyse, die aus dem Wertpapierbereich der Kapitalanlage stammt, werden bestimmte Tatbestände, z. B.

- strategische Geschäftsbereiche
- Produktgruppen
- Produkte

in einer zweidimensionalen Darstellung als Matrix, z. B. anhand der Merkmale Marktvolumen und Marktwachstum bei der BCG-Matrix (BCG = Boston Consulting Group), bewertet. Die Bedeutung der Elemente kann anhand des Umsatzes mit unterschiedlich großen Kreisen in die Matrix eingebracht werden (z. B. P1 = 100 Mio. € Umsatz, P2 = 50 Mio. €, P3 = 25 Mio. €).

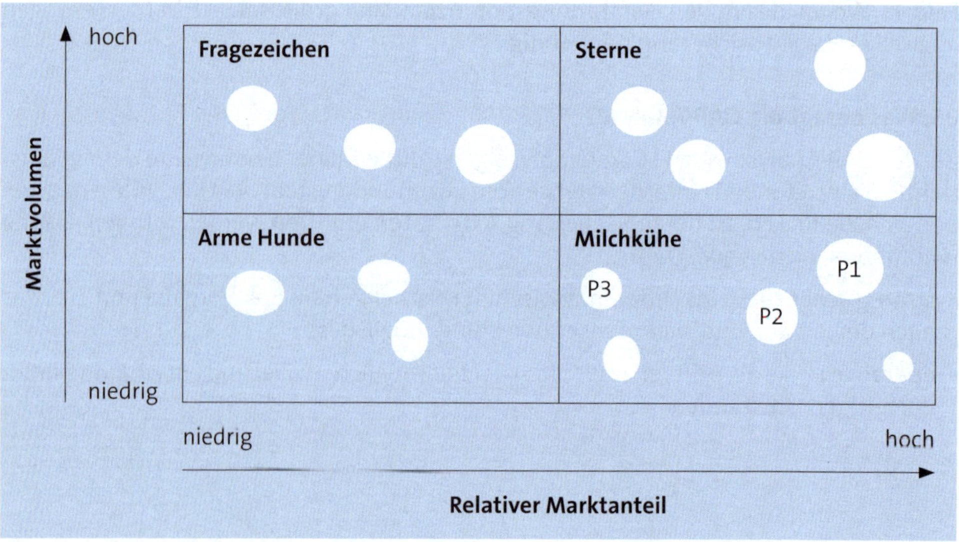

08. Was bedeuten die einzelnen Felder der Portfolioanalyse?

Die Felder bedeuten im Einzelnen:

- Fragezeichen (Questionmarks): Neue Produkte, deren Entwicklung noch ungewiss ist; zum Erfolg benötigen sie umfangreiche finanzielle Mittel.
- Sterne (Stars): Erfolgreiche Produkte, die sich noch im Wachstum befinden, aber schon hohe finanzielle Mittel erwirtschaften, die sie zur weiteren Entwicklung aber selbst benötigen.
- Milchkühe (Cashcows): Erfolgreiche Produkte, die hohe finanzielle Mittel erwirtschaften, die sie aber nicht selbst benötigen.
- Arme Hunde (Poor Dogs): Produkte mit schlechten Aussichten und unbedeutender Stellung am Markt, meistens gegen Ende des Lebenszyklus.

Idealerweise durchlaufen Produkte die Felder in der genannten Reihenfolge, wobei vor allem die Verweildauer als Sterne und noch mehr als Milchkühe möglichst ausgedehnt sein sollte. Es kann aber auch ein Fragezeichen als Flop zum Armen Hund werden; ebenso kann ein aufleuchtender Stern nach kurzer Zeit zum Armen Hund werden (vor allem, wenn ein Konkurrenzprodukt rasch einen höheren technologischen Standard darstellt).

In jedem Feld und damit in jedem Stadium des Lebenszyklus sollten ausreichend viele Produkte platziert sein. Zur kontinuierlichen Entwicklung ist es notwendig, dass vermehrt Fragezeichen ausgewiesen werden.

Der Boston-Consulting-Ansatz wird häufig kritisiert. Unter anderem werden die beiden Merkmale „Marktwachstum“ und „relativer Marktanteil“ als nicht genügend aussagekräftig bezeichnet. Dagegen ist das Konzept einfach zu handhaben und durch klare Vorgaben wenig manipulierbar.

09. Welche Normstrategien ergeben sich für die Portfolioanalyse?

Als Ergebnis ergeben sich für die einzelnen Felder der Vier-Felder-Matrix folgende Normalstrategien:

- Questionmarks: Erhöhung des Marktanteils (Offensivstrategie) oder Aufgabe des Produkts
- Stars: Erhöhung des Marktanteils (Wachstumsstrategie) bzw. Halten des Anteils
- Cashcows: Halten des Marktanteils (Gewinnstrategie); allenfalls geringe Rückgänge können akzeptiert werden.
- Poor Dogs: Aufgabe des Produkts (Desinvestitionsstrategie).

10. Was besagt die Fähigkeiten-Portfolioanalyse?

Bei der Fähigkeiten-Portfolioanalyse wird die Logistikkompetenz in ein Verhältnis zur Logistikattraktivität gesetzt. Dabei bedeuten:

- Logistikkompetenz: Fähigkeit, ein Logistikkonzept umfassend zu beherrschen; das Unternehmen ist also in der Lage, seine Aktivitäten so zu entfalten, dass die Ziele erreicht werden.
- Logistikattraktivität: Fähigkeit des Unternehmens, die Position im Konkurrenzkampf zu verbessern; dadurch können u. a. die Logistikkosten gesenkt werden.

Die Darstellung erfolgt in einer Matrix mit neun Feldern:

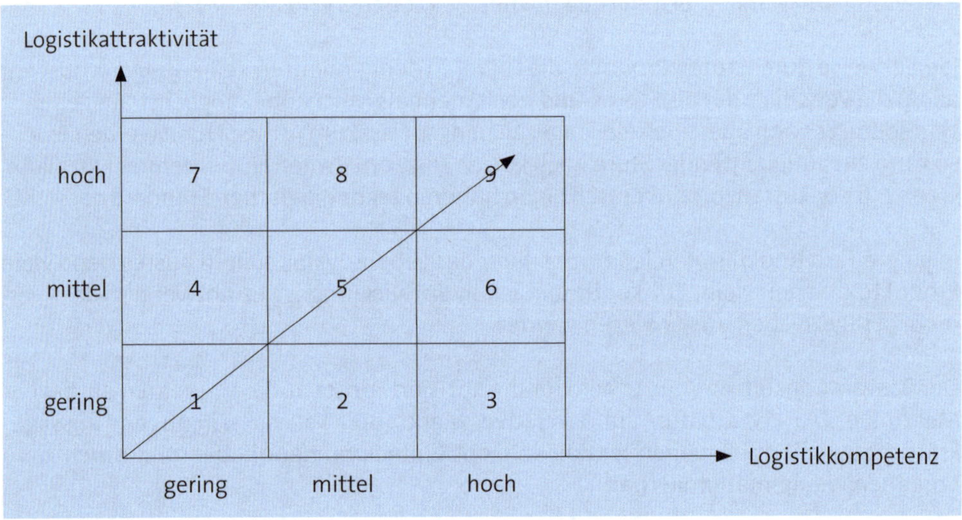

Der Pfeil stellt den Gleichgewichtspfad dar, bei dem Attraktivität und Kompetenz übereinstimmen. Einzelne Felder bedeuten:

Feld 1: Attraktivität und Kompetenz gering; kein Handlungsbedarf

Feld 3: Attraktivität gering und Kompetenz hoch; Verkauf von Knowhow bzw. von Logistikleistungen

Feld 7: Attraktivität hoch und Kompetenz niedrig; Kauf von Knowhow bzw. Logistikleistungen

Feld 9: Attraktivität und Kompetenz hoch; Vorsprung sichern.

11. Wie ist die Imageanalyse aufgebaut?

Für jedes Unternehmen ist es wichtig, das Erscheinungsbild in der Öffentlichkeit zu erkennen und auf dieser Basis sein Image aktiv zu gestalten. Das Untersuchungsergebnis kann als Imageprofil dargestellt werden. Die folgende Abbildung zeigt einen Ausschnitt aus einem Imageprofil mit skalierten Gegensatzpaaren:

	9	8	7	6	5	4	3	2	1	0	
bekannt											unbekannt
modern											antiquiert
flexibel											starr
innovativ											bewahrend
freundlich											unfreundlich
kompetent											inkompetent
hohe Qualität											niedrige Qualität
....											....

Zum äußeren Erscheinungsbild gehört auch das Corporate Design als Teil der Corporate Identity.

12. Was beinhaltet die Konkurrenzanalyse?

Im Zuge der Konkurrenzanalyse werden die eigenen Leistungen und Möglichkeiten mit denen der Konkurrenz verglichen, wobei sich der Vergleich an den verschiedenen Funktionsbereichen orientieren kann. Im Folgenden wird ein Beispiel für eine Konkurrenzanalyse dargestellt:

Konkurrenten			
Bereich	**Unternehmen A**	**Unternehmen B**	**Unternehmen C**
► Programmbereich - Leistungen/Produkte - Programmumfang - Produktqualität - Programmstruktur usw.			

Konkurrenten			
Bereich	**Unternehmen A**	**Unternehmen B**	**Unternehmen C**
▸ Marketingbereich - Marktanteil - Produktimage - Unternehmensimage - Absatzsystem - Werbekonzeption - Kundenorientierung usw. ▸ Personalbereich - Personalqualifikation - Personalmotivation - Führungsstil - Betriebsklima usw.			

Quelle: *Weis*, Kompakttraining Marketing, 2010, S. 59

3.1.6.2 PDCA-Zyklus

01. Welche Bedeutung hat der PDCA-Zyklus?

Der PDCA-Zyklus dient der stetigen Verbesserung. Ähnlich wie bei der Kaizen-Strategie geht man davon aus, dass jedes Unternehmen darauf angewiesen ist, alle Möglichkeiten der Verbesserung der Leistung und der Organisation zu nutzen. Dazu ist es notwendig, dass die Verbesserung konzeptionell angegangen wird und nicht dem sporadischen Zufall unterliegt. Der PDCA-Zyklus wird häufig als Kreis (Deming-Kreis nach *William Edwards Deming*) dargestellt:

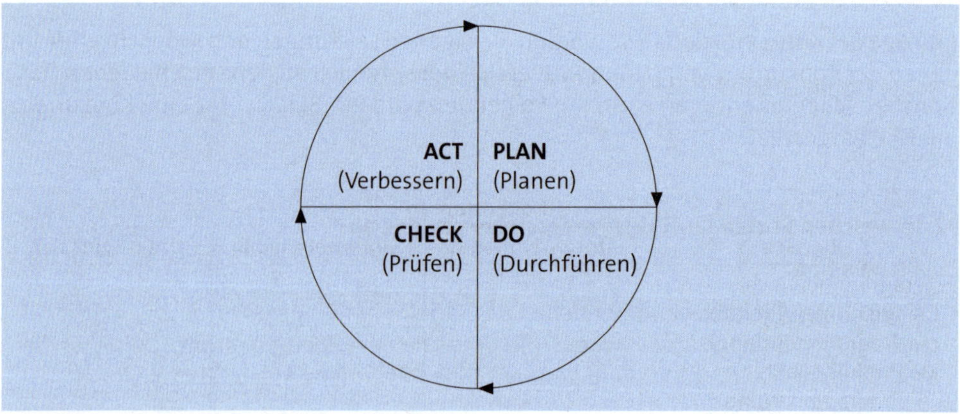

Es geht nicht in erster Linie um das Ergebnis, sondern um den Weg, der zur Verbesserung führt. Dabei gilt: Der Weg ist nie endgültig beendet, es wird nie der Zustand erreicht, bei dem keine Verbesserung mehr möglich ist.

02. Aus welchen Phasen besteht der PDCA-Zyklus?

Die Phasen sind:

- **Plan (Planen):** Zunächst wird die derzeitige Situation analysiert; dabei können verschiedene Werkzeuge zum Einsatz kommen, u. a.
  - ABC-Analyse
  - Ursache-Wirkungs-Diagramm
  - Kontrollkarten
  - Prüfformulare.

  Verbesserungspotenziale sollen erkannt werden.
- **Do (Tun):** Hier erfolgt das Ausprobieren bzw. Testen des Konzepts; außerdem gilt es, das Konzept zu optimieren.
- **Check (Checken):** Überprüfung der Resultate des Testbereichs, bevor eine Umsetzung auf breiter Front stattfindet; schließlich wird das Konzept freigegeben.
- **Act (Aktion):** Die Verbesserung wird auf breiter Front eingeführt und regelmäßig auf Einhaltung mittels Audits überprüft.

3.1.6.3 Prozesslebenszyklus

01. Welche Bedeutung hat der Prozesslebenszyklus?

Der Prozesslebenszyklus läuft in bestimmten Schritten ab. Diese Schritte verdeutlichen den Ablauf, der sich ständig wiederholt. Dabei ist davon auszugehen, dass Prozesse in immer kürzeren Zeitabständen zu verändern sind. Dies wird nicht überall auf Zustimmung stoßen, ist aber nicht zu vermeiden. Gerade der stets wachsende globale Wettbewerb macht häufige Anpassung notwendig. Wichtiges Augenmerk für einen reibungslosen Ablauf ist, dass

- keine Lücken im Prozess
- keine Doppelarbeiten

existieren.

02. In welchen Stufen läuft der Prozesslebenszyklus ab?

Die Stufen sind:

- Entwicklung: Werden neue Bereiche oder Tätigkeiten eingeführt, muss ein entsprechender Prozess entwickelt werden (Business Process Reengineering). Dabei werden Modelle angewandt (Modelling genannt), die folgendem Ablauf entsprechen:
  - Analyse des aktuellen Ablaufs
  - Visualisierung der Prozesse
  - Festlegung interner und externer Lieferanten und Kunden
  - intensive Suche nach Verbesserungen.

Die betroffenen Mitarbeiter sind in die Entwicklung einzubeziehen.

- Installation: Nachdem der Prozessablauf verabschiedet worden ist, wird er umgesetzt. Für jeden Teilschritt wird ein zuständiger Prozesseigner als Verantwortlicher festgelegt.
- Validierung: Der Prozess wird nach der Installation untersucht, ob er sich in der Praxis bewährt hat; evtl. werden kleinere Veränderungen vorgenommen.
- Anwendung: Der neu beschriebene und dokumentierte Ablauf wird als Anweisung allen Beteiligten vorgegeben.
- Stilllegung: Treten Abweichungen auf, werden diese korrigiert und irgendwann wird der Prozess „stillgelegt" und durch einen anderen Prozess ersetzt.

3.1.6.4 Abweichungsmanagement

01. Welche Bedeutung hat das Abweichungsmanagement?

Bei Abweichungen ist es wichtig, frühzeitig zu reagieren. Vor allem ist zu verhindern, dass die Störung den Kunden bekannt wird. Prozessstörungen ergeben sich, wenn:

- der Prozess nicht wie beschrieben abläuft
- vom festgelegten Ablauf abgewichen wird, um den Prozess zu erhalten.

Durch eine Abweichungsanalyse wird die Ursache ermittelt. Als Instrument kommt das Ursache-Wirkungs-Diagramm nach *Ishikawa* infrage.

02. Welche Aussage macht das Ursache-Wirkungs-Diagramm nach Ishikawa?

Mit dem Ursache-Wirkungs-Diagramm werden Probleme analysiert. Dabei werden für die Einflussfaktoren Mensch, Maschine, Methode, Management, Material und Mitwelt Ursachen gesucht, die zu einem definierten Problem führen können. Die Hauptursachen werden durch Nebenursachen ergänzt. Dadurch können Fehler erkannt werden; zu deren Vermeidung werden Maßnahmen ergriffen.

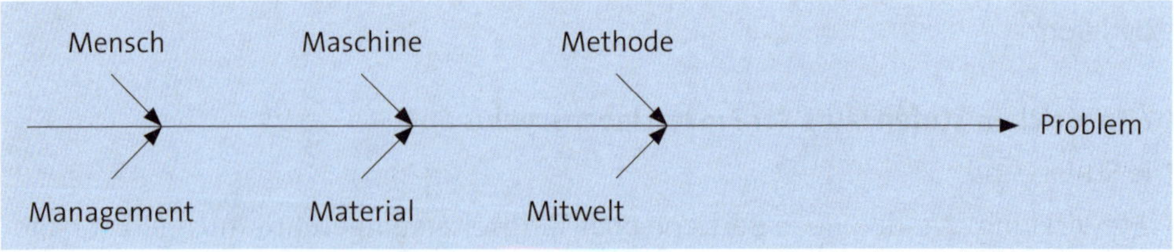

Es können z. B. mangelnde Qualifikation (Mensch), veralteter Maschinenpark (Maschine), unzureichende Information (Methode), autoritäre Führung (Management), Belieferungsengpässe (Material) und schlechte Arbeitsbedingungen (Mitwelt) zu mangelnder Kapazitätsauslastung führen.

3.1.6.5 Änderungsmanagement

01. Was bedeutet Änderungsmanagement?

Prozesse müssen stets Veränderungen angepasst werden. Dieses Change Management ist nur möglich, indem die betroffenen Mitarbeiter einbezogen werden. Da Änderungen gewöhnlich keine Begeisterung hervorrufen, ist es erforderlich, dass im Unternehmen eine Veränderungskultur erzeugt wird. Sie wird getragen vom Change Manager, der als Moderator den Prozess initiiert und begleitet. Seine Aufgabe ist es, Widerstände abzubauen und dafür zu sorgen, dass die Change-Kultur umgesetzt wird.

02. Was wird unter Organisationsentwicklung verstanden?

Unternehmen sind einem ständigem Wandel ausgesetzt, verursacht durch:

- Technologie
- veränderte Gesetze
- Globalisierung
- Kundenwünsche
- veränderte gesellschaftliche Werte.

Die Mitarbeiter reagieren sehr unterschiedlich auf diesen Wandel; typische Rollen sind:

- Emigranten
- offene Gegner
- Untergrundkämpfer
- Gleichgültige
- Opportunisten
- Missionare.

Deshalb geht die Organisationsentwicklung davon aus, dass sich Organisationen nur erfolgreich aus sich selbst heraus entwickeln können, also unter maßgeblicher Beteiligung der Mitarbeiter als Betroffene.

Voraussetzungen sind u. a.:

- Bereitschaft der Mitarbeiter
- Befähigung der Mitarbeiter
- Bereitschaft des Unternehmens zur Umsetzung.

Vorteile sind:

- praxisorientierte Lösungen
- Motivation
- Identifikation der Mitarbeiter mit der Lösung und ihrem Unternehmen
- Qualifikation.

Gesteuert wird Organisationsentwicklung als Change Management durch einen Change Manager, der die Aktivitäten initiiert, moderiert und beratend tätig ist.

03. Welche Ziele verfolgt Organisationsentwicklung?

Ziele des Unternehmens sind:

- die Organisation soll sich weiterentwickeln
- Erhöhung der Umsätze
- Kostensenkung
- Sicherung der Mitarbeiterqualifikation
- Unabhängigkeit vom externen Arbeitsmarkt.

Ziele der Mitarbeiter sind:

- sicherer Arbeitsplatz
- persönliche Entwicklung
- Selbstverwirklichung
- mehr Verantwortung
- Mobilität.

Ziele der Gesellschaft sind:

- Entlastung des externen Arbeitsmarktes
- Fortschritt.

Ziele der Unternehmensberater sind:

- Folgeaufträge erhalten
- Verbesserung des Images
- Hilfe zur Selbsthilfe.

04. Wie läuft die Organisationsentwicklung gemäß dem Konzept von *Lewin* ab?

Organisationsentwicklung läuft in folgenden Phasen ab:

- Auftauen (Unfreezing): Die derzeitigen Strukturen werden aufgetaut; dadurch wird Bereitschaft zur Veränderung geschaffen.
- Veränderung (Changing): Die Veränderungen werden konzipiert und eingeführt; verbunden ist die Phase mit der Entwicklung und Erprobung neuer Verhaltensmuster der Mitarbeiter; Gefahr besteht, dass die alten Verhaltensmuster nicht vollständig abgelegt werden.
- Wiedereinfrieren (Refreezing): Die Änderung wird langfristig stabilisiert und ist Ausgangspunkt für weitere Entwicklungen.

3.2 Ermitteln und Überwachen von Prozessdaten und Ableiten von Maßnahmen

3.2.1 Ermittlung

01. Welche Bedeutung hat die Ermittlung von Prozessdaten?

Jeder Prozess benötigt Daten, die es ermöglichen, den Prozess zu

- planen
- starten
- steuern
- kontrollieren
- beenden.

Nur dann können Maßnahmen festgelegt werden, um vor allem Abweichungen von der Soll-Vorgabe rechtzeitig korrigieren zu können. Die Daten erlangen vor allem dadurch große Bedeutung, wenn man bedenkt, dass der Logistikprozess aus einer Vielzahl von Teilprozessen besteht, die alle aufeinander abzustimmen sind. Letztlich ist die gesamte Logistikkette von der Auftragserteilung des Kunden über die Bereitstellung der Produktionsfaktoren und die Leistungserstellung bis hin zur Auslieferung an den Kunden Gegenstand der Betrachtung.

3.2.1.1 Datenarten

01. Welche Datenarten werden unterschieden?

Als besonders wichtige Daten werden unterschieden:

- Auftragsdaten
- Materialdaten
- Maschinendaten
- Prozessdaten
- Personaldaten
- Produktdaten.

02. Welche Daten gehören zu den Auftragsdaten?

Wesentliche Auftragsdaten sind:

- Angebotserteilung
- Eingang des Kundenauftrags
- Auftragsbestätigung
- Auftragserfassung
- Umwandlung in einen Fertigungsauftrag

- Fortschrittsmitteilung an den Kunden
- Kommissionierauftrag
- Versanddaten.

03. Welche Daten gehören zu den Materialdaten?

Wesentliche Materialdaten sind:

- Lagerbestände
- Sperrbestände (Qualitätsprüfbestände)
- Bestellbestände
- reservierte Bestände
- Sicherheitsbestände
- Zu- und Abgänge im Bestand
- Sekundär- und Tertiärbedarf
- Bestell- und Liefertermine
- Wareneingangsmeldung
- Reklamationsberichte.

04. Welche Daten gehören zu den Maschinendaten?

Wesentliche Maschinendaten sind:

- Kapazität (Menge)
- Geschwindigkeit
- Rüstdaten/Einstelldaten
- Energieverbrauch
- Materialverbrauch
- Wartungsdaten.

05. Welche Daten gehören zu den Prozessdaten?

Wesentliche Prozessdaten sind:

- Start- und Endzeitpunkte
- Prüfstellen
- gewünschter Liefertermin
- bestätigter Liefertermin
- tatsächlicher Liefertermin.

06. Welche Daten gehören zu den Personaldaten?

Wesentliche Personaldaten sind:

- Name des Auftragserfassers
- Name des Prozessverantwortlichen
- Name des Qualitätskontrolleurs
- Qualifikationsgrad
- Einstufung
- Arbeitszeit/Einsatzzeit.

07. Welche Daten gehören zu den Produktdaten?

Wesentliche Produktdaten sind:

- Art/Spezifikation
- Menge
- Qualität
- Ausschussquote
- Abfall.

3.2.1.2 Sammlung anfallender Daten

01. Wie werden die Daten gesammelt?

Ein großer Teil der Daten wird durch Messvorgänge erfasst; sie werden deshalb auch als Messpunkte bezeichnet. Andere werden durch Einlesen per Scanner (z. B. Barcodes) oder Funkübertragung (z. B. RFID-Chips) erfasst. Unterschieden werden:

- vollautomatische Erfassung durch MDE-Systeme (Maschinendatenerfassung)
- manuelle Erfassung durch BDE-Systeme (Betriebsdatenerfassung).

3.2.1.3 Generieren von Kennzahlen

01. Welche Bedeutung haben Kennzahlen?

Durch Kennzahlen können Tatbestände besser sichtbar gemacht werden. Durch die Bildung von Relationen werden Dimensionen greifbarer, Abhängigkeiten werden sichtbar. Kennzahlen dienen:

- der Kontrolle
- der Bewertung von Ergebnisses
- als Grundlage für weitere Entscheidungen.

Unterschieden werden häufig:

- Einzeldaten (z. B. Bearbeitungszeit), die in keiner Relation stehen
- Strukturrelationen (z. B. Zahl der Verladungen je Tag)
- Produktivitätsrelationen (z. B. Zeit je Kommissionierauftrag)
- Wirtschaftlichkeitsrelationen (z. B. Kosten eines Einlagerungsvorgangs)
- Qualitätsrelationen (z. B. Reklamationsquote)
- Kennzahlensysteme (z. B. ROI, Balanced Scorecard).

Einer der wesentlichen Maßstäbe für logistische Leistungen ist der Lieferservice. Dies ergibt sich vor allem deshalb, weil sich andere Größen (z. B. Preis und Qualität) kaum noch unterscheiden bzw. als optimal vorausgesetzt werden.

02. Welche wichtigen Kennzahlen werden unterschieden?

Für den Logistikprozess wichtige Kennzahlen sind u. a.:

- Servicegrad (Lieferbereitschaftsgrad): Fähigkeit, Aufträge zu übernehmen
- Treuegrad: Anteil rechtzeitiger Auftragsausführung
- Reklamationsgrad: Anteil schlecht gelieferter Teile
- Verspätungsgrad: Anteil überfälliger Auftragsausführungen
- Kapazitätsauslastung
- mittlere Durchlaufzeit
- Fehlerquote
- Leerkosten (fixe Kosten bei Stillstand)
- Umschlaggeschwindigkeit
- Ausfallzeitquote der Mitarbeiter
- Leistungsgrad der Mitarbeiter
- Wertschöpfungsanteil am Gesamtwert des Produkts.

3.2.2 Überwachung

01. Welche Funktionen werden im Zuge der Überwachung unterschieden?

Als Funktionen werden unterschieden:

- Leistungsfunktion
- Steuerungsfunktion
- Kontrollfunktion
- Informationsfunktion.

02. Was besagt die Leistungsfunktion?

Die Leistungsfunktion macht u. a. Aussagen zum Grad der Zielerreichung. Die einzelnen Leistungen des Unternehmens, bzw. hier der Logistik, werden kritisch durch- bzw. hinterleuchtet. Die Entwicklung der Leistungsbereiche wird auf der Basis der Marktentwicklung betrachtet. Gegenstand der Bestachtung sind Leistungskennzahlen, z. B. Lieferbereitschaftsgrad, Treuegrad, Verspätungsgrad.

03. Was besagt die Steuerungsfunktion?

Im Zuge der Steuerungsfunktion wird auf die Ausübung der laufenden Prozesse eingewirkt. Über laufende Soll-Ist-Vergleiche werden kleinere Abweichungen erfasst, die durch Veränderung von Stellgrößen im laufenden Prozess wieder korrigiert werden können, ohne dass

- die Planung geändert werden muss
- andere Ziele formuliert werden müssen.

So könnte z. B. der Lieferbereitschaftsgrad durch zeitweise Mehrarbeit erhöht werden.

04. Was besagt die Kontrollfunktion?

Eine stetige Kontrolle über Kennzahlen ist unverzichtbar. Neben der Ermittlung von Abweichungen gehört auch deren Analyse zu dieser Funktion. Damit werden Strukturen erkannt und Zusammenhänge der vorliegenden Daten deutlich. Sie sind Grundlage für Gegenmaßnahmen. Eventuell ist es erforderlich, die Planung zu ändern oder sogar neue Ziele zu setzen. Die Logistikleistungen können nur dann als erfolgreich bezeichnet werden, wenn alle diesbezüglichen Kennzahlen positiv besetzt sind.

05. Was besagt die Informationsfunktion?

Der Leitung werden Aussagen über Kennziffern gegeben, die den Leistungsstand darlegen. Es ist darauf zu achten, dass die Informationen

- rechtzeitig
- richtig
- problembezogen

zur Verfügung stehen. Damit sind die Daten:

- Grundlage kurzfristiger Eingriffe
- Teil der aktuellen Berichterstattung für die Unternehmensleitung
- Teil der Berichterstattung an die Organe des Unternehmens
- Grundlage für die Zielsetzung und die Planung der nächsten Zeitperiode.

3.2.3 Ableitung von Maßnahmen

01. Welche Maßnahmen ergeben sich aufgrund der Prozessdaten?

Aus den logistischen Prozessdaten ergeben sich u. a. folgende Maßnahmen:

- Bedarfsermittlung
- Verbrauchsermittlung
- Bestandsstrategien entwickeln
- Bestandserfassung
- Bestandsbewertung
- Bestellmenge optimieren
- Bestellstrategien entwickeln
- Produktionsplanung
- Produktionssteuerung.

3.2.3.1 Bedarfsermittlung

01. Welche Themen ergeben sich im Zuge der Bedarfsermittlung?

Im Zuge der Bedarfsermittlung werden behandelt:

- Bedarfsarten nach der Fertigungseinbindung
- Bedarfsarten nach der Berechnungsstufe
- zeitliche Aspekte des Bedarfs
- Methoden der Bedarfsermittlung
- Fehlerberechnung.

02. Welche Bedarfsarten werden nach der Fertigungseinbindung unterschieden?

Unterschieden werden:

- Primärbedarf: Bedarf an fertigen Produkten gemäß Fertigungsplanung
- Sekundärbedarf: Bedarf an Einzelteilen, Baugruppen und Komponenten, die für die Montage des Primärbedarfs als Einzelkostenmaterial benötigt werden; hierzu wird der Primärbedarf mithilfe der Stückliste in Materialien zerlegt.
- Tertiärbedarf: Bedarf an Gemeinkostenmaterial, das nicht Bestandteil der Stückliste ist (Hilfs- und Betriebsstoffe).

03. Welche Bedarfsarten werden nach der Berechnungsstufe unterschieden?

Unterschieden werden:

- Bruttobedarf: Sekundärbedarf + Zusatzbedarf
- Nettobedarf: Bruttobedarf korrigiert um Bestände
- Zusatzbedarf: Bedarf für Ausschuss, Verschnitt u. ä.

04. Welche Bestandsarten werden gegengerechnet?

Folgende Bestandsarten sind auf dem Weg vom Brutto- zum Nettobedarf zu berücksichtigen:

- Lagerbestand als Inventur- oder Buchbestand, der sich aktuell im Lager befindet bzw. befinden sollte
- Sicherheitsbestand für unvorhersehbare Ereignisse
- Bestellbestand als bestellte, aber noch nicht eingetroffene Menge
- Qualitätsprüfbestand als Material, das zwar bereits angekommen ist, sich aber noch im Prüfvorgang befindet
- reservierter Bestand als Bestand, der für andere Zwecke reserviert ist
- Werkstattbestand als Material, das sich als Handlager bereits in der Fertigung befindet.

05. Wie ist der Weg vom Primärbedarf zum Nettobedarf?

Der Weg stellt sich anhand eines Beispiels (Einzelteil T1 für Produkt 1) wie folgt dar:

	Primärbedarf (Auftrag)	10.000 Stück Produkt 1
	Einzelteile je Produkteinheit	4
	Sekundärbedarf	40.000 Stück
+	Zusatzbedarf (1 %)	400 Stück
=	**Bruttobedarf**	**40.400 Stück**
-	Lagerbestand	5.000 Stück
-	Bestellbestand	10.000 Stück
+	Sicherheitsbestand	4.000 Stück
+	reservierter Bestand	6.000 Stück
=	Nettobestand (1)	35.400 Stück
-	Werkstattbestand	3.000 Stück
=	**Nettobedarf (2)**	**32.000 Stück**

06. Welche zeitlichen Aspekte sind bei der Bedarfsermittlung zu beachten?

Zu beachten sind:

- Anwendung eines Fabrikkalenders: Industrieunternehmen arbeiten sehr häufig mit einem Kalender, der nur die Arbeitstage beinhaltet, die laufend durchnummeriert werden.
- Vorlaufzeit
- Durchlaufzeit.

07. Was beinhaltet die Vorlaufzeit?

Die Vorlaufzeit in der Beschaffung reicht von der Bedarfsauslösung bis zur Verfügbarkeit des Materials. Im Einzelnen setzt sich die Zeit wie folgt zusammen:

- Bedarfsauslösung
- Disposition
- Angebotsbearbeitung und Verhandlungen
- Bestellung
- Lieferzeit (Produktionszeit beim Lieferanten)
- Transportzeit
- Einlagerung.

Eine kurze Vorlaufzeit erhöht die Flexibilität des Unternehmens, rasch reagieren zu können. Deshalb gilt die Bestrebung, die Vorlaufzeit möglichst kurz zu halten, z. B. durch in das System integrierte automatische Dispositionsmodelle, vorherige Vereinbarung von Rahmenverträgen, leistungsfähige Lieferanten und Frachtführer, Verlagerung der Eingangsprüfung auf den Lieferanten.

08. Was beinhaltet die Durchlaufzeit?

Die Durchlaufzeit beginnt mit dem Eintritt in das betrachtete System und endet mit dem Verlassen dieses Systems. Die Durchlaufzeit in der Materialwirtschaft beginnt, wenn das Material eingelagert ist und endet mit der Bereitstellung für die Produktion. Sie umfasst die Zeit der Lagerung. Eine kurze Durchlaufzeit verringert die Kosten. Bei einer Just-in-time-Beschaffung wird die Durchlaufzeit auf 0 minimiert.

An die Durchlaufzeit der Materialwirtschaft schließt sich die Durchlaufzeit der Produktion an, die mit der Bereitstellung für den ersten Arbeitsgang beginnt und mit der Freigabe für den Versand endet. Dazu gehören neben den Bearbeitungszeiten die Förder-, Liege- und Kontrollzeiten. Verkürzungen entstehen u. a. durch optimales Fabrik-Layout, optimale zeitliche Abstimmung der einzelnen Bearbeitungsvorgänge und Überlappungen.

09. Welche Methoden der Bedarfsermittlung werden unterschieden?

Als Methoden werden unterschieden:

- deterministische Bedarfsermittlung als zukunftsbezogener Weg
- stochastische Bedarfsermittlung als vergangenheitsbezogener Weg
- heuristische Bedarfsermittlung als subjektive Schätzung.

10. Wie erfolgt die deterministische Bedarfsermittlung?

Bei der deterministischen Bedarfsermittlung wird der Primärbedarf, also die geplante Produktionsmenge, durch die Fertigungsplanung bzw. das Fertigungsprogramm vorgegeben. Durch Auflösung der Stückliste wird der materialwirtschaftliche Bedarf, der Sekundärbedarf, ermittelt.

Voraussetzungen sind:

- relativ konstanter Verbrauch
- Planbarkeit der Produktionsmengen
- Planbarkeit der Termine, zu denen das Material innerhalb des Fertigungsablaufs gebraucht wird
- aussagefähige Stücklisten.

11. Was ist eine Stückliste, was ein Teileverwendungsnachweis?

Eine Stückliste ist eine Auflistung aller Einzelteile, Baugruppen, Komponenten usw. und deren Menge für eine Einheit Produkt.

Der Teileverwendungsnachweis beinhaltet alle Produkte, die ein bestimmtes Teil beinhalten. Sie wird häufig auch als „umgekehrte Stückliste“ bezeichnet. Gerade für die Mitarbeiter, die nicht produkt-, sondern materialorientiert arbeiten, ist die Auflösung der Datensätze für ein Material besonders wichtig. So kauft ein Einkäufer gewöhnlich nicht sämtliche Materialen für ein Produkt, sondern er bündelt gleichartiges Material für die gesamte Produktpalette.

Teil T 1	
Produkt	**Anzahl**
P1	5
P2	7
P3	6
P4	3

12. Welche Stücklisten werden nach der Verwendung unterschieden?

Unterscheiden werden nach der Verwendung (auch Arbeitsstücklisten genannt):

- Konstruktionsstückliste: Bei ihr wird gewöhnlich das Produkt vollständig in Einzelteile aufgelöst, auch wenn dies Bestandteile von außen bezogener Komponenten sind.
- Servicestückliste: Sie dient der Vorbereitung von Wartungs- und Reparaturarbeiten; falls Komponenten repariert werden, ist sie mit der Konstruktionsstückliste vergleichbar; anders ist es, wenn diese nur ausgewechselt werden.
- Fertigungsstückliste: Sie gibt den Zusammenhang der Fertigung über mehrere Fertigungsstufen wieder.
- Einkaufsstückliste: Sie beinhaltet lediglich die Position mit Benennung und Menge, die über den Markt bezogen werden.

13. Welche Stücklistenformen werden unterschieden?

Als Formen werden unterschieden:

- Strukturstückliste, bei der der Aufbau des Produkts deutlich wird; die Darstellung erfolgt häufig in hierarchischer Form.
- Baukastenstückliste, bei der für jede Baugruppe eine separate Stückliste existiert; die übergeordnete Liste ist jeweils dort beendet, wo eine Baugruppe beginnt.
- Variantenstückliste, die bei der Fertigung von Produkttypen mit Varianten anzutreffen ist. Zum Grundtyp gibt es eine vollständige Stückliste, für die Varianten werden in den Variantenstücklisten jeweils nur die Abweichungen vom Grundtyp aufgeführt; dabei wird sowohl mit Plus-Werten (für hinzukommende Teile), als auch mit Minus-Werten gearbeitet (für entfallende Teile).
- Mengen-(Übersichts-)stückliste, bei der lediglich eine Aufzählung aller Baugruppen und Teile erfolgt, sowie deren jeweilige Anzahl für eine Produkteinheit angegeben wird; dabei wird auf jegliche Strukturierung verzichtet und jede Position wird nur einmal aufgeführt.

14. Welchen Inhalt hat eine Strukturstückliste bei folgendem Strukturbaum für Produkt P1?

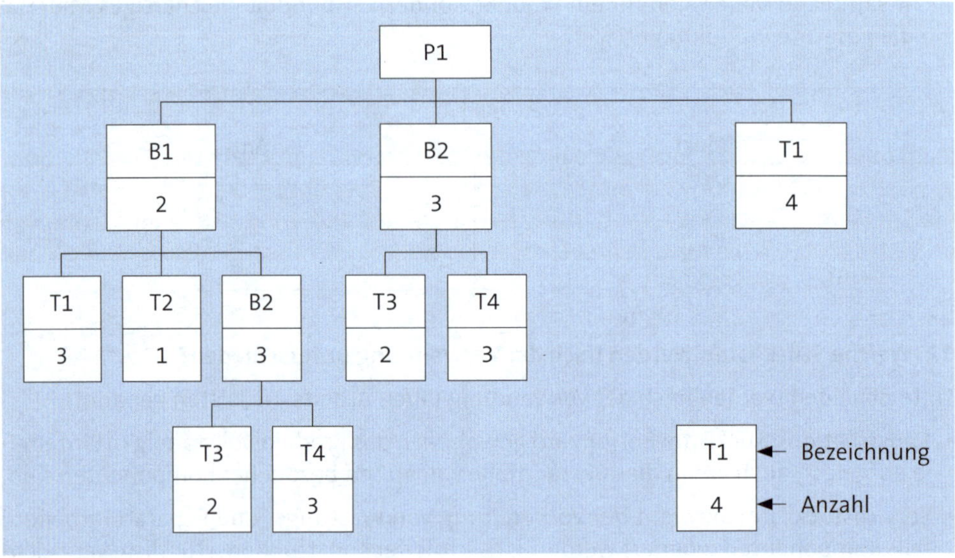

Produkt P1		
Stufe	**Bezeichnung**	**Menge**
1	B1	2
2	T1	3
2	T2	1
2	B2	3
3	T3	2
3	T4	3
1	B2	3
2	T3	2
2	T4	3
1	T1	4

15. Welchen Inhalt hat eine Baukastenstückliste?

Produkt P1	
Bezeichnung	**Menge**
B1	2
B2	3
T1	4

B1	
Bezeichnung	**Menge**
T1	3
T2	1
B2	3

B2	
Bezeichnung	**Menge**
T3	2
T4	3

Welchen Inhalt hat eine Mengenstückliste?

P1	
Bezeichnung	**Menge**
B1	2
B2	9
T1	10
T2	2
T3	18
T4	27

16. Wie sieht der dazugehörige Gozintograph aus?

Der Gozintograph hat folgendes Aussehen:

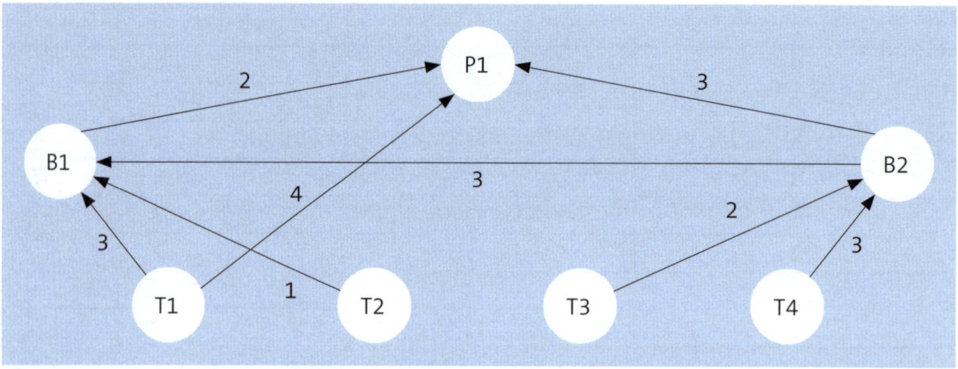

17. Wie erfolgt die Auflösung nach Fertigungsstufen und nach Dispositionsstufen?

Bei der Auflösung nach Fertigungsstufen wird davon ausgegangen, dass der Zusammenhang jeweils in der höchstmöglichen Stufe erfolgt. Dagegen werden bei der Auflösung nach Dispositionsstufen gleiche Positionen jeweils in einer Stufe, und zwar der Stufe der frühesten Verwendung, zusammengefasst. Dadurch wird der Suchvorgang erleichtert, denn jede Position ist maximal in einer Stufe anzutreffen.

Für den bereits aufgeführten Strukturbaum ergibt sich folgende Gegenüberstellung:

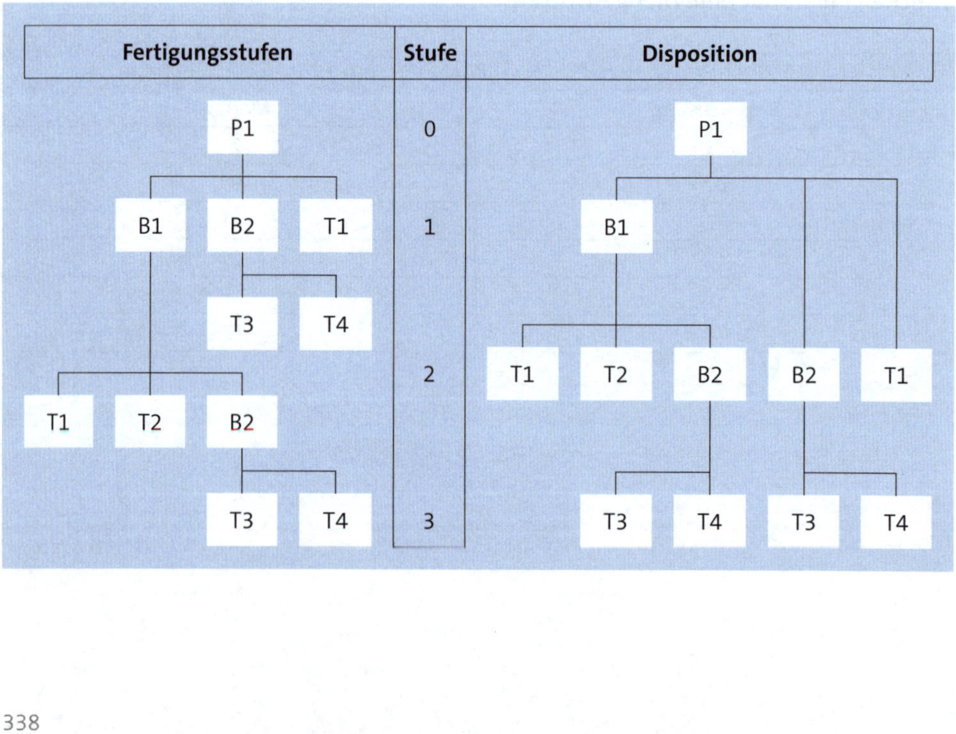

18. Wie erfolgt die synthetische Bedarfsauflösung?

Bei der synthetischen Bedarfsauflösung wird festgestellt, in welchen Produkten betrachtete Teile oder Baugruppen enthalten sind. Somit wird vom Teil auf das Produkt geschlossen und umgekehrt zur Stücklistenauflösung vorgegangen, im Mittelpunkt steht der Teileverwendungsnachweis. Die Anwendungen liegen vor allem:

- in der Beschaffung, denn dort steht die Materialbündelung im Vordergrund
- im Änderungsdienst, wodurch Suchvorgänge gespart werden
- bei Terminproblemen, bei denen die Auswirkungen von Lieferverzögerungen einzelner Teile oder Produktionsengpässe bei Baugruppen in Vorstufen des eigenen Betriebs auf die verschiedenen Ebenen der Produktion und die unterschiedlichen Produkte rasch sichtbar gemacht werden können.

19. Wie erfolgt die stochastische Bedarfsermittlung?

Bei der stochastischen Bedarfsermittlung wird der künftige Bedarf auf der Basis der Verbräuche der Vorperioden prognostiziert. Es wird dabei angenommen, dass die Zukunft sich analog der Vergangenheit entwickelt. Voraussetzungen der stochastischen Bedarfsermittlung sind:

- Verbräuche in der Vergangenheit
- eine ableitbare Gesetzmäßigkeit dieser Verbräuche, z. B. relative Konstanz, Trend, saisonale Verläufe
- Fortbestand dieser Gesetzmäßigkeit in der Zukunft.

Die Methode wird vor allem bei C-Teilen und sonstigem Tertiärbedarf angewandt.

20. Welche Verbrauchsverläufe sind stochastisch geeignet und welche nicht?

Geeignet ist:

- konstanter Verlauf

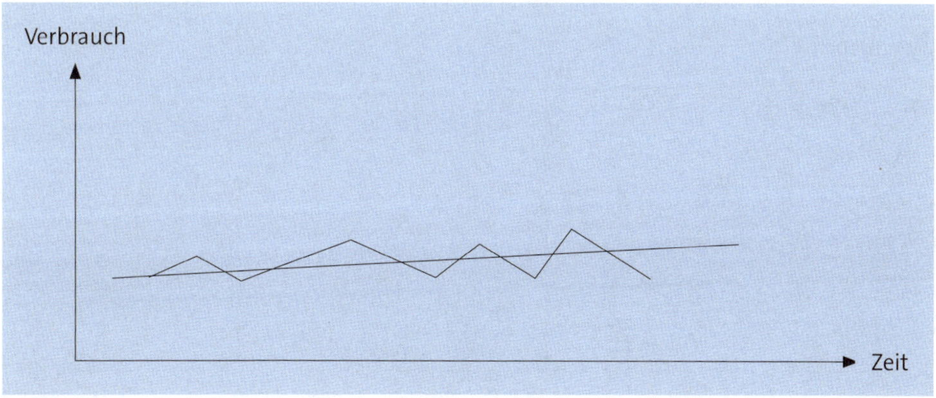

- trendförmiger Verlauf

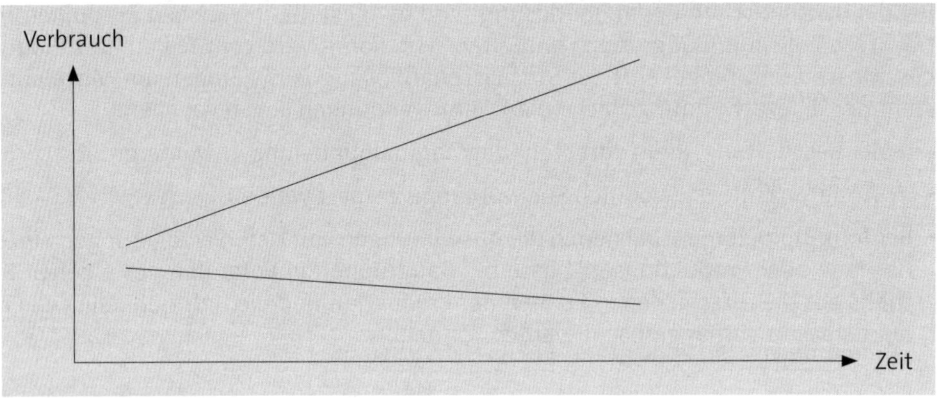

- saisonaler Verlauf

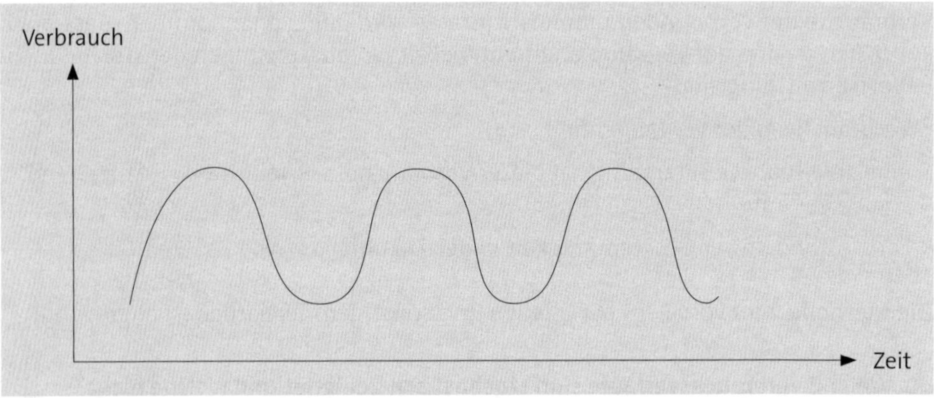

Dagegen sind sporadische, unstetige, unregelmäßige Bedarfsverläufe für Stochastik nicht geeignet:

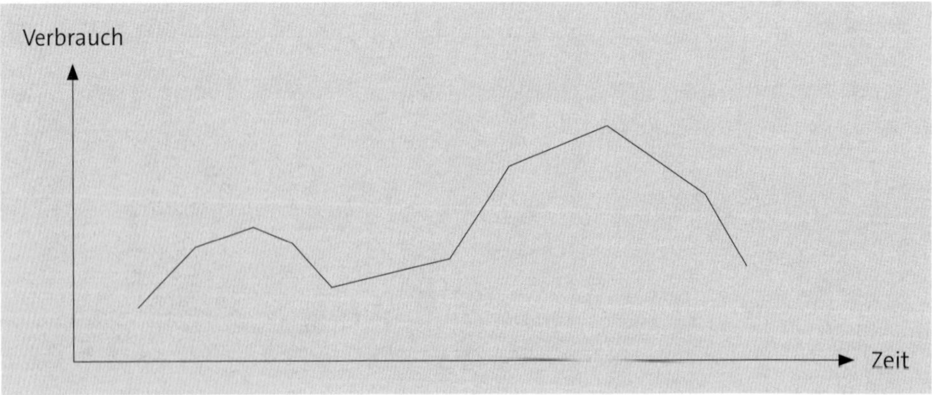

21. Welche stochastischen Methoden werden unterschieden?

Stochastische Methoden, die hier angewandt werden, sind:

- Durchschnittswerte (Mittelwerte):
  - einfacher Durchschnitt
  - gleitender Durchschnitt
  - gewogener gleitender Durchschnitt
- Trendanalyse:
  - einfache Trendberechnung
  - Regressionsanalyse
- exponentielle Glättung erster und höherer Ordnung.

22. Wie erfolgt die einfache Durchschnittsberechnung?

Gegeben sind folgende Werte (auch für die folgenden Aufgaben):

Monat	Vorhersage	Verbrauch
Januar 14	480	500
Februar 14	650	900
März 14	250	300
April 14	600	900
Mai 14	700	700
Juni 14	400	400
Juli 14	700	900
August 14	600	600
September 14	500	490
Oktober 14	500	480
November 14	500	510
Dezember 14	510	520

Der einfache Durchschnitt berücksichtigt alle Verbrauchswerte, die addiert und durch die Anzahl der Werte dividiert werden:

$$P = \frac{(V_1 + V_2 + V_3 \ldots\ldots + V_n)}{n}$$

Dabei gilt:

- P = Prognose
- V = Verbrauch
- n = Anzahl der Perioden.

Die Prognose für Januar 2015 lautet demnach:

$$P = (500 + 900 + 300 + 900 + 700 + 400 + 900 + 600 + 490 + 480 + 500 + 520) : 12 = 600$$

Diese Methode ist wenig geeignet, das Ergebnis wirkt unrealistisch, zu viele alte Werte, die wenig Aussagekraft für den Prognosezeitraum haben, drohen, das Ergebnis zu verfälschen.

23. Wie wird der gleitende Durchschnitt berechnet?

Beim gleitenden Durchschnitt wird die Anzahl der einbezogenen Werte auf meistens vier reduziert, gewöhnlich die jüngsten. Manchmal werden sechs Werte betrachtet, von denen aber die Extremwerte gestrichen werden, sodass auch hier mit vier Werten gerechnet wird. Diese Werte haben die größte Aussagekraft für die Zukunft. Sie werden stets erneuert, denn für die nächste Periode wird der aktuelle Wert eingezogen und der jeweils älteste gestrichen; so gleitet man mit jeweils der gleichen Anzahl Werte durch die Zeit.

$$P = \frac{(V_1 + V_2 + V_3 + V_4)}{4}$$

Die Prognose für Januar 2015 lautet:

$$P = \frac{(490 + 480 + 510 + 520)}{4} = \mathbf{500}$$

Bei der Prognose für Februar 2015 kommt der bis dahin bekannte Verbrauch vom Januar 2015 hinzu, der Wert für September 2014 wird dafür gestrichen. Der Wert ist aktuell, berücksichtigt aber nicht die Lage in der Zeitreihe.

24. Wie wird der gewogene gleitende Durchschnitt berechnet?

Beim gewogenen gleitenden Durchschnitt wird berücksichtigt, dass die Werte unterschiedliche Bedeutung haben. Dabei werden gewöhnlich die jüngsten Werte am stärksten in fallender Folge in die Vergangenheit gewichtet. Die Summe der Gewichtungsfaktoren sollte gleichmäßig abgestuft sein und in der Summe 1,0 oder 100 % betragen. Die Formel sieht wie folgt aus:

$$P = V_1 \cdot 0{,}1 + V_2 \cdot 0{,}2 + V_3 \cdot 0{,}3 + V_4 \cdot 0{,}4$$

Die Prognose für Januar 2015 lautet:

$$P = 490 \cdot 0{,}1 + 480 \cdot 0{,}2 + 510 \cdot 0{,}3 + 520 \cdot 0{,}4 = \mathbf{506}$$

Das Ergebnis erscheint von allen am realistischsten.

25. Wie wird die exponentielle Glättung erster Ordnung berechnet?

Bei der exponentiellen Glättung wird die Qualität der Vorhersage in die Betrachtung einbezogen, indem der Vorhersagewert der Vorperiode mit dem Verbrauch dieser Periode verglichen wird. Der Vorhersagefehler wird in gewichteter Form in die nächste Vorhersage einbezogen. Dabei wird wie folgt vorgegangen:

- Ermittlung der Abweichung zwischen alter Vorhersage und tatsächlichem Verbrauch
- Gewichtung des Vorhersagefehlers mit dem Faktor α (Glättungsfaktor)
- Berechnung der Prognose

Gerechnet wird nach folgender Formel:

$$\text{Prognose}_{neu} = \text{Prognose}_{alt} + \alpha\,(\text{Prognose}_{alt} - \text{Verbrauch}_{alt})$$

Die Prognose für Januar 2015 lautet:

Prognose 01/15 = 510 + 0,2 (520 - 510) = **512**

Der Faktor α liegt zwischen 0 und 1; da ein Glättungsfaktor erzielt werden soll, müsste der Faktor relativ niedrig sein (0,1 - 0,3). Bei niedrigem α werden die Vergangenheitswerte stärker gewichtet, damit werden Zufallsschwankungen stark geglättet. Der Glättungsfaktor kann aus den Risiken der Vergangenheit jeweils neu festgelegt werden; meist wird er jedoch über längere Zeit für das gesamte Unternehmen bestimmt.

Die Methode ist relativ einfach und wird bei großer Konstanz in der Praxis häufig angewandt, um die Qualität der Vorhersage kontinuierlich zu verbessern.

26. Wie erfolgt die heuristische Bedarfsermittlung?

Die heuristische Bedarfsermittlung wird auch als Schätzung bezeichnet; sie ist eigentlich keine echte Methode, ist aber häufig unabdingbar. Sie wird angewandt, wenn:

- keine brauchbaren Vergangenheitswerte vorliegen (z. B. keine Gesetzmäßigkeit oder neues Material)
- keine Planung vorliegt
- deterministische oder stochastische Daten kritisch geprüft werden.

Man unterscheidet:

- Analogschätzung, die Ähnlichkeit mit der Stochastik hat, ermittelt die Werte vergleichbar zu:
  - Verbräuchen anderer Materialien
  - Absatzdaten von Produkten
  - Produktionsdaten anderer Perioden.

- Intuitivschätzung, bei der die Vorhersage auf der Basis von Erfahrungen erfolgt, ohne dass eine zahlenmäßige Grundlage vorliegt. Diese risikoreiche Vorgehensweise, die auch „Schätzung aus dem Bauch“ genannt wird, wird nur dann angewandt, wenn keinerlei andere brauchbare Informationen vorliegen. Die Intuitivschätzung ist kaum in der Materialwirtschaft, dafür umso häufiger in der Absatzwirtschaft anzutreffen.

27. Wie erfolgt die Fehlerberechnung?

Bei Bedarfsvorhersagen besteht stets die Gefahr des Fehlers. Deshalb ist es wichtig, Fehlervorhersagen durchzuführen. Instrumente dabei sind:

- Standardabweichung σ (Sigma), die auch als mittlere quadratische Abweichung bezeichnet wird; die Formel lautet:

$$\sigma = \sqrt{\frac{\sum_{i=1}^{n} (\text{Verbrauch}_i - \text{Mittelwert})^2}{n - 1}}$$

  Ist σ groß, so liegt eine weite Streuung der Abweichung vor, dagegen liegt bei kleinem σ nur geringe Schwankung vor.

- Mittlere absolute Abweichung (MAD), bei der es unerheblich ist, ob die Abweichung zwischen tatsächlichem Verbrauch und mittlerer Vorhersage positiv oder negativ ist. Deshalb wird die Abweichung unabhängig vom Vorzeichen berechnet. Die Formel lautet:

$$\text{MAD} = \frac{1}{n} \sum_{i=1}^{n} |\text{Verbrauch}_i - \text{Mittelwert}|$$

  Das Verfahren ist einfach, aber aussagefähig.

28. Welche Dispositionsverfahren werden unterschieden?

Als Dispositionsverfahren werden unterschieden:

- Auftragsgesteuerte Disposition, bei der Kundenaufträge unmittelbar in Materialbestellungen umgewandelt werden. Da weitere gleichartige Aufträge unsicher sind, werden gewöhnlich für Auftragsmaterial keine Bestände geführt. Bei Einzelfertigung wird Material für einzelne Kundenaufträge beschafft. Bei Fertigung kleinerer Serien bzw. Sorten werden mehrere Kundenaufträge zu einem Fertigungsauftrag zusammengefasst.
- Plangesteuerte Disposition, bei der auf der Basis von Marktforschungsergebnissen und Kundenaufträgen ein Fertigungsplan (Fertigungsprogramm) aufgestellt wird, in den auch Lageraufträge aufgenommen werden. Der Fertigungsplan wird dann durch Anwendung der Stückliste in Materialpositionen umgewandelt (Sekundärbedarf, Bruttobedarf). Werden Bestände gegengerechnet, ergeben sich die Materialmengen, die am Markt eingekauft werden.

- Verbrauchsgesteuerte Disposition, bei der
  - die Verbrauchswerte der Vergangenheit
  - das Erreichen bestimmter Bestände (Meldebestand) bzw. bestimmter Termine im Mittelpunkt stehen. Dabei werden jeweils Bestände wieder aufgefüllt. Unterschieden werden das Bestellpunkt- und das Bestellrhythmusverfahren.

3.2.3.2 Verbrauchsermittlung

01. Welche Verfahren stehen für die Verbrauchsermittlung zur Verfügung?

Als Verfahren stehen zur Verfügung:

- Skontrationsmethode
- Inventurmethode
- retrograde Methode.

Werden alle drei Verfahren angewandt, können im Zuge des Controlling durch Vergleich wichtige Überprüfungen stattfinden. Abweichung zwischen Skontrationsmethode und Inventurmethode machen in erster Linie Aussagen über die Zuverlässigkeit im Umgang mit den Daten, aber auch mit dem Material; Abweichungen zur retrograden Methode zeigen, inwieweit „sehr großzügig" mit dem Material umgegangen wird.

02. Wozu dient die Skontrationsmethode?

Bei der Skontrationsmethode, auch Fortschreibung genannt, ergeben sich die Bestände durch Zu- und Abbuchungen in der Lagerbuchhaltung. Grundlage sind u. a. Lieferscheine für die Zugänge und Entnahmescheine für die Abgänge. Diese Methode setzt umfassende Aufschreibungen voraus, wird aber häufig durch automatisierte Erfassung unterstützt (z. B. Barcode-Scanner), wodurch Fehler vermieden werden können. Zu den Ergebnissen der Inventur können erhebliche Abweichungen entstehen (Irrtum bei der Erfassung, falsche Daten u. a.). Auch hier helfen automatisierte Vorgänge.

03. Wozu dient die Inventurmethode?

Bei der Inventurmethode, auch Befundrechnung genannt, werden nur die Zugänge erfasst. In festgelegten Abständen werden Inventuren durchgeführt, durch die man sich die Erfassung der Abgänge erspart. Der Materialverbrauch wird wie folgt ermittelt:

Verbrauch = Anfangsbestand + Zugänge - Inventurbestand

Der Materialverbrauch wird also nicht laufend, sondern am Ende eines Abrechnungszeitraums erfasst. Dabei werden Abgänge, die nicht bestimmungsgemäß sind (z. B. Verderb, Schwund), als Verbrauch erfasst und damit kostenrechnerisch als Verbrauch behandelt.

Die Methode verursacht geringen Aufwand; der Verbrauch kann aber nicht auf Kostenstellen und -träger zugerechnet werden.

04. Wozu dient die retrograde Methode?

Bei der retrograden Methode, auch Rückrechnung genannt, geht man von der Menge der erstellten Produkte aus. Grundlage ist die exakte Erfassung des Materials durch eine Stückliste. Der Verbrauch wird wie folgt errechnet:

Verbrauch = Anzahl gefertigter Produkte • Materialverbrauch/Stück

Es handelt sich um eine Soll-Verbrauchmenge. Bei dieser Methode wird der Buchungsaufwand minimiert. Abweichende Ist-Verbräuche werden nicht erfasst.

3.2.3.3 Bestandsstrategien

01. Um welche Bestände geht es?

Wichtige Bestände sind:

- Höchstbestand als Bestand, bis zu dem das Lager bei jedem Beschaffungsvorgang aufgefüllt wird. Er stellt eine Begrenzung nach oben dar.
- Sicherheitsbestand, der u. a. folgenden Zweck erfüllt:
  - Mehrverbrauch infolge zusätzlicher Aufträge oder Ausschuss
  - ungeklärte Bestandsdifferenzen (Schwund, Verderb, Fehlbuchungen)
  - Falsch-, Schlecht-, Nicht-, Verspätungslieferung.
- Meldebestand (MB) mit den beiden Funktionen:
  - Auslösefunktion: Bei Erreichen des Meldebestands wird der nächste Beschaffungsvorgang ausgelöst.
  - Überbrückungsfunktion: Der Meldebestand (abzgl. des Sicherheitsbestands) dient der Überbrückung der Beschaffungszeit.

  Er wird berechnet mit der Formel:

  MB = Tagesverbrauch • Beschaffungszeit + Sicherheitsbestand

  oder

  MB = Tagesverbrauch • (Beschaffungszeit + Sicherheitszeit)

  Der Meldebestand kann konstant oder dynamisch sein, d. h. bei jedem Beschaffungsvorgang wird der Meldebestand neu berechnet.

02. Wie wird der Sicherheitsbestand (SB) berechnet?

Es gibt keine eindeutige Berechnungsformel.

- Meist werden konstante Werte aufgrund von Erfahrungswerten angesetzt, dabei steht das Risikoempfinden des Verantwortlichen im Vordergrund.
- Vereinzelt wird die Verbrauchsmenge während der Beschaffungszeit als Sicherheitsbestand angesetzt; das gilt vor allem für kurze Beschaffungszeiten.
- In der Praxis ist ebenso die Berechnung nach dem Fortpflanzungsgesetz, bei dem die geschätzten Abweichungen im Vordergrund stehen, anzutreffen:

$$SB = \sqrt{V^2 + L^2 + M^2 + B^2}$$

V = Verbrauchsabweichung
L = Lieferzeitabweichung
M = Minderlieferungen
B = Bestandsabweichung

- Der Sicherheitsbestand kann mit folgender Formel berechnet werden:

$$SB = SF \cdot MAD$$

SF = Sicherheitsfaktor
MAD = mittlere absolute Abweichung

- Mithilfe der Sicherheitszeit lautet die Formel wie folgt:

$$SB = \text{durchschnittlicher Verbrauch/Tag} \cdot (WBZ + SZ)$$

WBZ = Wiederbeschaffungszeit
SZ = Sicherheitszeit; dabei gilt

$$SZ = \sqrt{V^2 + L^2 + M^2 + B^2}$$

V, L, M und B werden in Zeiteinheiten angegeben.

- Anzutreffen ist auch folgende Formel:

$$SB = (ÜZ + BZ) \cdot (V_{max} - V_D) + LZÜ \cdot V_D$$

Dabei bedeuten (mit Beispiel):

ÜZ	= Überprüfungszeit	2 Tage
BZ	= Beschaffungszeit	20 Tage
V_{max}	= maximaler Verbrauch/Tag	120 Stück
V_D	= durchschnittlicher Verbrauch/Tag	100 Stück
LZÜ	= maximale Lieferzeitüberschreitung	5 Tage

SB = (2 +20) • (120 - 100) + 5 • 100 = **940**

03. Wie sollte der Sicherheitsbestand gestaltet werden?

Der Sicherheitsbestand sollte möglichst niedrig sein. Gründe für einen niedrigen Sicherheitsbestand sind:

- geringe Kapitalbindung
- geringe Lagerkapazität
- Störungen haben selten maximale Wirkung
- die Artikel sind häufig rasch beschaffbar
- eventuell ist Substitutionsmaterial vorhanden.

Maßnahmen zur Senkung des Sicherheitsbestands könnten sein:

- Ersatzlieferanten finden
- bessere Lieferantenauswahl
- Verträge mit kürzeren Lieferzeiten
- Vereinbarung von Konventionalstrafen.

04. Welche Bestandsstrategien werden unterschieden?

Aus der Kombination von Bestellmenge und Bestellzeitpunkt ergeben sich verschiedene Bestandsstrategien bzw. Dispositionsstrategien. Je nachdem, ob die Größen fest oder variabel sind, ergeben sich folgende Kombinationen:

Menge / Termin	Feste Bestellmenge	Variable Bestellmenge
Fester Bestelltermin	(t,q)-Strategie	(t,S)-Strategie
Variabler Bestelltermin	(s,q)-Strategie	(s,S)-Strategie
Kombination	(t,s,q)-Strategie	(t,s,S)-Strategie

Dabei bedeutet:
t = Bestellrhythmus, fester Bestelltermin
s = Bestellpunkt, Meldebestand
S = Sollbestand, Höchstbestand
q = Bestellmenge

- **(t,q)-Strategie**

  Es handelt sich hier um ein Bestellrhythmusverfahren, bei dem stets die gleiche Menge, unabhängig vom Verbrauch, in regelmäßigen Zeitabständen bestellt wird.

- **(t,S)-Strategie**

  Bestellrhythmusverfahren, bei dem in regelmäßigen Zeitabständen flexible Mengen beschafft werden, mit denen jeweils zum Höchstbestand aufgefüllt wird.

- **(s,q)-Strategie**

  Bestellpunktverfahren, bei dem bei Erreichen des Meldebestands jeweils die gleiche Menge beschafft wird.
- **(s,S)-Strategie**

  Bestellpunktverfahren, bei dem bei Erreichen des Meldebestands jeweils flexible Mengen zur Auffüllung bis zum Höchstbestand beschafft werden.
- **(t,s,q)-Strategie**

  Der Bestand wird in regelmäßigen Abständen überprüft; falls der Meldebestand erreicht ist, wird jeweils die gleiche Menge beschafft.
- **(t,s,S)-Strategie**

  Der Bestand wird in regelmäßigen Abständen überprüft; falls der Meldebestand erreicht ist, wird jeweils mit flexiblen Mengen zum Höchstbestand aufgefüllt.

3.2.3.4 Bestandserfassung

01. Warum werden Inventuren durchgeführt?

Durch die Inventur als körperliche Bestandsaufnahme wird der tatsächliche Bestand festgestellt, der häufig nicht mit dem Buchbestand übereinstimmt. Folgende Gründe sprechen für eine Inventur:

- Erfüllung der gesetzlichen Vorgaben, mindestens einmal im Jahr eine körperliche Bestandsaufnahme durchzuführen
- Überprüfung und Korrektur der Buchbestände
- Erfassung von Lagerrisiken (z. B. Lagerhüter)
- Erkennen nicht mehr brauchbarer Materialien (z. B. Verderb, Veralterung)
- Auffinden von Beständen, die bisher nicht erfasst sind
- Erfassung von Fehlmengen.

Es kann durchaus sinnvoll sein, häufiger als einmal im Jahr eine Inventur durchzuführen.

02. Welche Inventurmethoden werden unterschieden?

Inventurmethoden sind:

- Stichtagsinventur
- zeitnahe Inventur
- verlegte Inventur
- permanente Inventur
- Stichprobeninventur.

Inhaltlich wird verwiesen auf Kapitel 2.2.3.2.

03. Wie ist bei Abweichungen zwischen Inventur- und Buchbestand zu verfahren?

Bei Abweichungen erfolgt eine Korrekturbuchung, wobei das Ergebnis der Inventur maßgeblich ist. Es erfolgt

- eine Abschreibung, wenn der Inventurbestand unter dem Buchbestand liegt
- eine Zuschreibung, wenn der Inventurbestand über dem Buchbestand liegt.

Außerdem sollten die Gründe für die Abweichung herausgefunden werden; Maßnahmen werden ergriffen, um künftige Abweichungen zu vermeiden. Hierzu könnte gehören:

- Schulung aller beteiligten Mitarbeiter
- Sensibilisierung aller beteiligten Mitarbeiter hinsichtlich der Wichtigkeit ordentlicher Vorgehensweise
- Verbesserung der Kontrollmöglichkeiten
- Verbesserung der Erfassungstechnik
- Veränderung der Lagerorganisation (z. B. von zugriffsfrei auf zugriffsgebunden).

3.2.3.5 Bestandsbewertung

01. Wie können Verbrauchsmengen bewertet werden?

Die Bewertung kann erfolgen:

- zum Anschaffungswert, also zum Einstandspreis als Einzel- oder Sammelbewertung
- zum Wiederbeschaffungswert, der sich auf den
  - Verbrauchstag
  - Stichtag des Buchungsabschlusses
  - Wiederbeschaffungstag

  bezieht.

Durch den Wiederbeschaffungswert wird die Substanz erhalten:

- zum jeweiligen Tagespreis
- zu einem festen Verrechnungspreis im Zuge einer Plankostenrechnung, wodurch externe Einflüsse ausgeschaltet werden und eine gute Voraussetzung für Kostenkontrolle besteht.

02. Welche Regeln sieht das Bilanzierungsrecht vor?

Das Bilanzierungsrecht sieht für Materialien das strenge Niederstwertprinzip vor. Danach ist im Abschluss der niedrigere Wert anzusetzen, d. h.:

- der Anschaffungswert, falls der Wiederbeschaffungswert höher ist
- der Wiederbeschaffungswert, falls er unter dem Anschaffungswert liegt.

03. Welche Möglichkeiten der Sammelbewertung werden unterschieden?

Die Sammelbewertung unterscheidet:

- Durchschnittspreise als:
  - periodischen Durchschnittspreis
  - permanenten Durchschnittspreis
- Verbrauchsfolgeverfahren als
  - FiFo-Verfahren
  - LiFo-Verfahren
  - HiFo-Verfahren
  - Lofo-Verfahren.

04. Wie wird bei der periodischen Durchschnittswertermittlung verfahren?

Der Anfangsbestand und alle Zugänge werden über die Periode hinweg erfasst; aus diesen Werten wird am Ende der Periode der Durchschnittswert berechnet, zu dem im Nachhinein alle Abgänge bewertet werden. Da der Durchschnittswert erst am Ende der Periode berechnet wird, werden während der Periode alle Abgänge

- entweder nur mengenmäßig erfasst
- oder zum Durchschnittspreis der Vorperiode, der am Ende der Periode korrigiert wird.

Beispiel

Folgende Daten sind gegeben:

Anfangsbestand	100 kg zu 4,80 €
05.04. Zugang	50 kg zu 5,40 €
08.04. Abgang	60 kg
15.04. Zugang	100 kg zu 5,90 €
16.04. Abgang	60 kg

Als periodischer Durchschnitt ergibt sich folgend Rechnung:

Anfangsbestand	100 kg • 4,80 € =	480,00 €
Zugang 05.04.	50 kg • 5,40 € =	270,00 €
Zugang 15.04.	100 kg • 5,90 € =	590,00 €
Summe	250 kg =	1.340,00 €
Preis je kg		5,36 €

Materialverbrauch = 120 kg • 5,36 € = 643,20 €

05. Wie erfolgt die permanente Durchschnittswertermittlung?

Bei der permanenten Durchschnittswertermittlung wird vor jedem Abgang aus den bis dahin erfolgten Zugängen (inkl. Anfangsbestand) der Durchschnittswert errechnet, zu dem der Abgang bewertet wird. Damit liegen jeweils aktuelle Werte vor.

Anfangsbestand	100 kg • 4,80 € =	480,00 €	
Zugang 05.04.	50 kg • 5,40 € =	270,00 €	
Summe	150 kg =	750,00 €	(= 5 €/kg)
Abgang 08.04.	60 kg • 5,00 € =	300,00 €	
Summe	90 kg =	450,00 €	
Zugang 15.04.	100 kg • 5,90 € =	590,00 €	
Summe	190 kg =	1.040,00 €	(= 5,47 €/kg)
Abgang 16.04.	60 kg • 5,47 € =	328,20 €	
Endbestand	130 kg =	711,80 €	

Materialverbrauch = 60 • 5 € + 60 • 5,47 € = 628,20 €

06. Wie erfolgt die Bewertung nach der Fifo-Methode?

Bei Anwendung der Fifo-Methode wird unterstellt, dass die zuerst eingegangenen Güter auch zuerst entnommen wurden (first in first out). Angewandt wird die Methode vor allem bei verderblichen Produkten. Bei steigenden Preisen erhöhen sich die Bestandswerte und verringern sich die Kosten.

Es ergeben sich die folgenden Werte:

Abgang 08.04.	60 kg zu 4,80 € =	288,00 €
Abgang 16.04.	60 kg davon 40 kg zu 4,80 € =	192,00 €
	20 kg zu 5,40 € =	108,00 €
Materialverbrauch insgesamt	=	588,00 €

07. Wie erfolgt die Bewertung nach der Lifo-Methode?

Die Lifo-Methode basiert auf der Annahme, dass die zuletzt beschafften Güter zuerst verbraucht werden (last in first out). Angewandt wird die Methode bei Schüttgut. Bei steigenden Preisen werden niedrige Bestände, aber hohe Kosten ausgewiesen.

Es ergeben sich die folgenden Werte:

Abgang 08.04.	60 kg, davon 50 kg zu 5,40 € =	270,00 €
	10 kg zu 4,80 € =	48,00 €
Abgang 16.04.	60 kg zu 5,90 € =	354,00 €
Materialverbrauch insgesamt	=	672,00 €

08. Wie erfolgt die Bewertung nach der Hifo-Methode?

Die Hifo-Methode unterstellt, dass die am teuersten beschafften Güter zuerst verbraucht werden (highest in first out). Es werden niedrige Bestände, aber hohe Kosten ausgewiesen. Diese Methode entspricht der Lifo-Methode bei steigenden Preisen bzw. Fifo-Methode bei sinkenden Preisen.

Die Werte des Beispiels entsprechen hier den Werten der Lifo-Methode.

09. Wie erfolgt die Berechnung nach der Lofo-Methode?

Bei Anwendung der Lofo-Methode wird unterstellt, dass die preiswertesten Eingänge als erste verbraucht werden. Dadurch werden hohe Bestandswerte und niedrige Kosten ausgewiesen. Diese Methode entspricht der Fifo-Methode bei steigenden Preisen bzw. der LiFo-Methode bei sinkenden Preisen.

Die Werte des Beispiels entsprechen hier den Werten der Fifo-Methode.

3.2.3.6 Bestellmenge

01. Was besagt das Konzept der optimalen Bestellmenge?

Bei der Bestellmengenrechnung werden die Kosten bei der Beschaffung von Material, das regelmäßig in größeren Mengen benötigt wird, minimiert. Die Bestellkosten (fixe Kosten) und die Lagerhaltungskosten (variable Kosten) werden minimiert. Danach ist die optimale Bestellmenge (x_{opt}) die Teilmenge einer bekannten Gesamtmenge, bei der die Summe aus Bestellkosten und Lagerhaltungskosten minimal ist.

Neben der optimalen Bestellmenge nach der Andler'schen Formel gibt es sog. dynamische Bestellmengenverfahren.

02. Wie kann das Konzept grafisch dargestellt werden?

Die Kosten verhalten sich reziprok, aber nicht proportional, denn es handelt sich einerseits um fixe Kosten und andererseits um variable Kosten. Es kann ein eindeutiges Minimum rechnerisch ermittelt werden, das grafisch dargestellt werden kann, wobei das Minimum der Gesamtkosten dort erreicht ist, wo sich die beiden Kostenkurven schneiden:

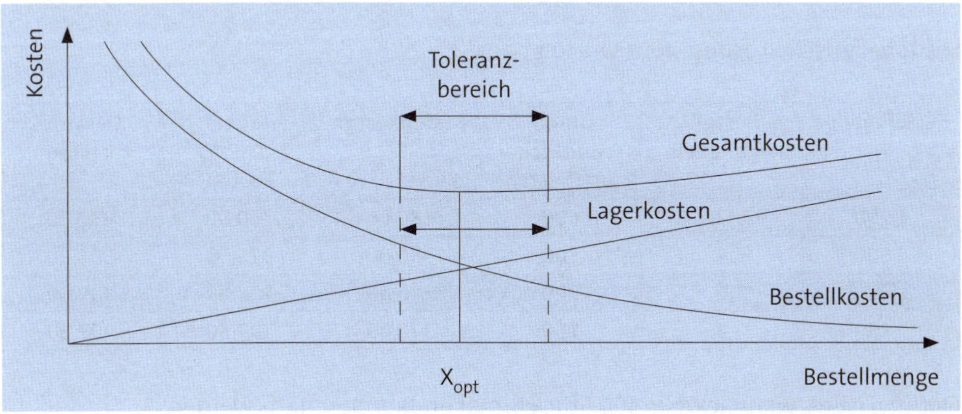

03. Wie werden der Lagerkostensatz, der Lagerhaltungskostensatz und die Bestellkosten berechnet?

Beim Lagerkostensatz werden die gesamten Lagerkosten in ein Verhältnis zum durchschnittlichen Wert der eingelagerten Güter gesetzt. Es gilt die Formel:

$$\frac{\text{Lagerkosten} \cdot 100}{\text{durchschnittlicher Lagerwert}}$$

Die Lagerhaltungskosten enthalten neben den Lagerkosten auch die Zinsen für die im Lager gebundenen Lagergüter. Es gilt die Formel:

$$\text{Lagerhaltungskostensatz} = \text{Lagerkostensatz} + \text{Zinssatz}$$

Die Bestellkosten ergeben sich aus den Kosten des Einkaufs aus dem Vorjahr, die auf die Anzahl der Bestellvorgänge des Vorjahres verteilt werden. Es gilt die Formel:

$$\frac{\text{Jahreskosten des Einkaufs}}{\text{Anzahl der Bestellvorgänge}}$$

04. Wie können die optimale Bestellmenge (x_{opt}) und die optimale Bestellhäufigkeit (n_{opt}) tabellarisch bestimmt werden?

Es gelten die folgenden Angaben:

Jahresbedarf 2.400 Stück
Einstandspreis 5 €/Stück
Bestellkosten 40 €/Vorgang
Lagerkostensatz 15 %
Kalkulatorischer Zinssatz 10 %

Die tabellarische Lösung sieht wie folgt aus:

Bestellmenge	Bestellhäufigkeit	Durchschnittlicher Lagerbestand	Bestellkosten	Lagerhaltungskosten	Gesamtkosten
1.200	2	600	80,00	750,00	830,00
600	4	300	160,00	375,00	535,00
400	6	200	240,00	250,00	490,00
300	8	150	320,00	187,50	507,50

Optimal ist es, wenn jeweils 400 Stück 6-mal im Jahr beschafft werden.

05. Wie erfolgt die Berechnung mittels der Andler'schen Formel?

Rechnerisch genauere, aber häufig nicht unmittelbar realisierte Ergebnisse, lassen sich mit der Andler'schen Formel berechnen:

$$x_{opt} = \sqrt{\frac{200 \cdot \text{Jahresbedarf} \cdot \text{Bestellkosten}}{\text{Einstandspreis} \cdot \text{Lagerhaltungskosten}}}$$

$$x_{opt} = \sqrt{\frac{200 \cdot 2.400 \cdot 40}{5 \cdot 25}} = \mathbf{391{,}9...\ Stück}$$

Optimale Bestellhäufigkeit = n_{opt}

$$n_{opt} = \frac{\text{Jahresbedarf}}{x_{opt}}$$

$$= \frac{2.400}{392} = \mathbf{6{,}12...\ mal}$$

Das Ergebnis wird auf realisierbare Größen umgerechnet, evtl. auch auf Gebindegrößen (z. B. 10er-Packungen).

06. Welche Prämissen gelten für das Konzept der optimalen Bestellmenge?

Die Anwendung der Optimierung nach *Andler* setzt folgendes voraus:

- bekannter Jahresbedarf
- gleichmäßige Verteilung des Bedarfs
- Preis unabhängig von Zeit (keine Preisänderung) und Menge
- keine Mengenrestriktionen, d. h. jede Menge muss umsetzbar sein (keine Mindestmengen, keine Gebindegrößen, kein Mindermengenzuschlag)
- ausreichende Liquidität
- ausreichender Lagerraum
- Beschaffungszeit = 0.

So unrealistisch die Prämissen auf den ersten Blick wirken, so sehr stören sie in der heutigen Realität nicht, denn:

- Bei mittel- und langfristiger Planung ist der grundsätzliche Jahresbedarf abschätzbar.
- Die Optimierung wird angewandt auf verhandelte Verträge, d. h. Mengenrabatte sind bereits berücksichtigt und die Preise gelten als Jahrespreise.

- Mindestmengen liegen gewöhnlich weit unter den Optimalmengen.
- Gebindegrößen haben keine große Wirkung, da um das rechnerische Optimum herum in einem großen Toleranzbereich quasi-optimale Verhältnisse herrschen.
- Für die Überwindung der Beschaffungszeit stehen Bestände zur Verfügung.

Bei Material mit stark schwankenden Preisen ist die Bestellmengenoptimierung nach *Andler* kaum möglich.

07. Welche Bedeutung haben dynamische Bestellmengenverfahren?

Bei den dynamischen Bestellmengenverfahren können unterschiedliche Beschaffungsmengen berücksichtigt werden. Die Beschaffungsmenge wird periodenweise addiert, bis die optimale Bestellmenge erreicht ist. So wird z. B. zum Bedarf der ersten Woche der Bedarf der folgenden Wochen zur gemeinsamen Beschaffung addiert, bis minimale Kosten erreicht sind; danach beginnt die Rechnung erneut. Es werden unterschieden:

- gleitendes Bestellmengenverfahren, bei dem zusammengefasst wird, bis eine Menge erreicht ist, bei der die Gesamtkosten je Mengeneinheit minimal sind
- Kostenausgleichsverfahren, bei dem zusammengefasst wird, bis eine Menge erreicht ist, bei der die kumulierten Lagerhaltungskosten die Bestellkosten erreichen. Dem Verfahren liegt der Tatbestand zu Grunde, dass im Optimum die Lagerhaltungskosten und die Bestellkosten gleich sind.

3.2.3.7 Bestellstrategien

01. Welche verbrauchsgesteuerten Dispositionsverfahren werden unterschieden?

Bei der verbrauchsgesteuerten Disposition stehen

- die Verbrauchswerte der Vergangenheit
- das Erreichen bestimmter Bestände (Meldebestand)
- das Erreichen bestimmter Termine

im Mittelpunkt. Dabei werden jeweils Bestände wieder aufgefüllt. Unterschieden werden:

- das Bestellpunktverfahren
- das Bestellrhythmusverfahren.

02. Wie läuft das Bestellpunktverfahren ab?

Zentraler Begriff beim Bestellpunktverfahren ist der Meldebestand, bei dessen Erreichen ein Beschaffungsvorgang ausgelöst wird. Die Menge muss so bemessen sein, dass die benötigten Materialmengen unter Berücksichtigung der Beschaffungszeit und des Periodenverbrauchs rechtzeitig vor ihrem voraussichtlichen Einsatz zur Verfügung stehen.

Bei diesem Verfahren wird bei jedem Abgang überprüft, ob der Meldebestand erreicht bzw. unterschritten ist. Mit der Menge, deren Beschaffung dann ausgelöst wird, wird das Lager wieder aufgefüllt, gewöhnlich bis zum definierten Höchstbestand. Typisch für dieses Verfahren sind bei variablem Verbrauch konstante Bestellmengen und variable Bestellintervalle. Bei der Bestimmung der Auffüllmengen kann das Konzept der optimalen Bestellmenge angewandt werden. Zur Bewertung ist zu sagen:

- genauere Disposition
- deshalb geringere Sicherheitsbestände notwendig
- großer Verwaltungsaufwand.

03. Wie läuft das Bestellrhythmusverfahren ab?

Beim Bestellrhythmusverfahren wird jeweils eine Bestellung in gleichen zeitlichen Abständen (Intervallen) ausgelöst (z. B. jeden Montag). Aufgrund der voraussichtlichen Verbrauchsmengen wird dann die jeweilige Menge festgelegt, mit der das Lager bis zum Höchstbestand aufgefüllt werden soll. Während bei dieser Vorgehensweise die Bestellintervalle konstant sind, sind die Bestellmengen variabel.

Ursache für dieses Verfahren könnte die regelmäßige manuelle Überprüfung der Bestände sein. Dies trifft jedoch nur auf eine geringe Zahl der Betriebe zu, da die DV-Systeme, mit denen heute die Aufträge und Bestände bearbeitet werden, eine jederzeitige Überprüfung zulassen.

Dagegen tritt das Lieferrhythmusverfahren, bei dem die Impulse vom Lieferanten ausgehen, gerade bei C-Artikeln immer stärker in den Vordergrund. Der Lieferant besucht in regelmäßigen Intervallen den Kunden und füllt für die Lagerung vorgesehene Behälter selbstständig auf bzw. erfragt beim Kunden, welche Menge zum Auffüllen benötigt wird. Vielfach hat der Lieferant dann Zugang zum System, des Kunden, um die Daten über sein System selbstständig abgreifen zu können. Manchmal wird dieses Verfahren auch vom Spediteur im Auftrag des Lieferanten ausgeführt. Typisch ist das Verfahren beim Vendor-Managed-Inventory.

Zur Bewertung ist zu sagen:

- einfache Vorgehensweise
- teilweise Verlagerung der Aufgaben auf den Lieferanten
- eventuell Unterstützung durch den Spediteur
- größerer Sicherheitsbestand notwendig.

3.2.3.8 Produktionsplanung

01. In welche Bereiche unterteilt sich die Produktionsplanung?

Die Produktionsplanung wird unterteilt in:

- Herstellungsplanung
- Bedarfsplanung, unterteilt in:
  - Betriebsmittelbedarfsplanung
  - Materialbedarfsplanung
  - Personalbedarfsplanung
- Zeitplanung.

02. Wie setzt sich die Herstellungsplanung zusammen?

Bestandteile der Herstellungsplanung sind:

- Arbeitsplanung und Arbeitsfolgeplanung als Planung der Vorgangsfolge zur Fertigung eines Produkts
- Durchlaufzeitenplanung mit den Komponenten:
  - Veränderungszeit (Einwirkzeit, Förderzeit)
  - Prüfzeit
  - Liegezeit (Lagerzeit, Wartezeit)
- Transportplanung
- Belegwesenplanung.

03. Wie kann eine Verkürzung der Durchlaufzeit erreicht werden?

Eine Verkürzung der Durchlaufzeit kann durch folgende Maßnahmen gelingen:

- Parallelfertigung an mehreren gleichartigen Aggregaten
- kleinere Losgrößen
- bessere Fertigungsverfahren
- optimales Fabriklayout
- Optimierung der Abläufe
- bessere Transport- und Fördermittel
- neuere Technologie
- optimaler Informationsfluss.

Bei Fließfertigung kann die Durchlaufzeit bis zur Festlegung von Taktzeiten heruntergebrochen werden.

04. Womit befasst sich die Betriebsmittelbedarfsplanung?

Die Betriebsmittelbedarfsplanung befasst sich mit der Planung der notwendigen

- Maschinen und Fertigungssysteme
- Werkzeuge
- Vorrichtungen (Hilfsmittel zur sicheren Bearbeitung, z. B. Einspannvorrichtungen)
- Lehren (Prüfmittel, die Maß und Form des zu prüfenden Werkstücks verkörpern)
- Förderzeuge.

Unterschieden wird zwischen:

- quantitativer Betriebsmittelbedarfsplanung, die sich mit der Anzahl und der zeitlichen Inanspruchnahme befasst
- qualitativer Betriebsmittelbedarfsplanung, die sich mit dem Leistungsvermögen (Kapazität) befasst.

05. Welchen Inhalt hat die Zeitplanung?

Inhalte der Zeitplanung sind:

- Arbeitsablaufstudien zur Feststellung der:
  - Arbeitsverfahren
  - Arbeitsmethoden
  - Arbeitsbedingungen
- Zeitstudien zur Ermittlung von Vorgabezeiten mit:
  - Gliederung der Auftragszeit
  - Festlegung der Normalleistung als Leistung, die ein geübter Mitarbeiter unter normalen Umständen auf Dauer ohne gesundheitliche Schäden erbringen kann
- Anwendung verschiedener Methoden zur Zeitmessung:
  - REFA-Zeitermittlung
  - Systeme vorbestimmter Zeiten (MTM, Workfactor).

06. Wie gliedert sich die Auftragszeit?

Nach REFA ergibt sich für den Menschen folgende Gliederung der Auftragszeit:

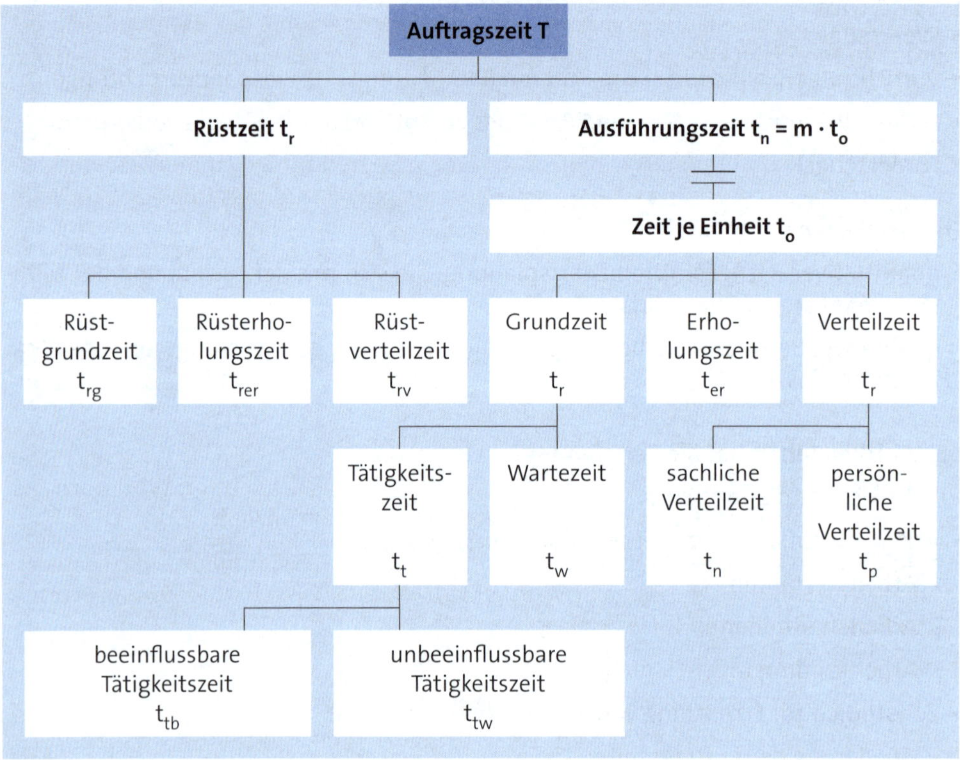

Die Zeitarten bedeuten:

- Auftragszeit: gesamte Vorgabezeit für einen Auftrag
- Ausführungszeit: Produktionszeit für einen Auftrag
- Rüstzeit: Vorgabezeit für das Einrichten einer Maschine innerhalb eines Auftrags
- Grundzeit: Sollzeiten für planmäßige Ausführung eines Auftrags
- Verteilzeit: unregelmäßig auftretende Zeit, die als Prozentsatz zur Grundzeit erfasst wird; sachliche Verteilzeiten werden durch das Unternehmen verursacht (z. B. Störungen), persönliche Verteilzeiten werden durch den Mitarbeiter (z. B. Toilettengang) verursacht
- Erholungszeit: Zeit für die Erholung des Menschen als Prozentzuschlag auf die Grundzeit.

07. Welche Produktionssteuerungssysteme werden eingesetzt?

Produktionssteuerungssysteme sind:

- Ein Produktionsplanungs- und -steuerungssystem (PPS) ist ein rechnergestütztes System, durch das die Planung, Veranlassung und Überwachung der Durchführung der Produktion erfolgt. Vorgaben sind das Produktionsprogramm und die Arbeitsplanung. Es erstreckt sich von der Angebotsbearbeitung bis zum Versand. Es werden verschiedene Module entwickelt, die für jedes neue Problem eine Lösung bieten.
- Ein Material Requirement Planning (MRP) ist ein System zur Zusammenfassung gleicher Bedarfe, um Bestellvorschläge für Kaufteile oder Fertigungsaufträge für Eigenproduktion zu formulieren.
  - MRP I
    - erstellt Produktionsprogramme
    - ermittelt Sekundärbedarf auf der Basis von Stücklisten
    - führt Lagerbestände
    - terminiert Aufträge.
  - Bei MRP II wird zusätzlich die Kapazitätssituation berücksichtigt. Wird auch der Finanzbedarf einbezogen, handelt es sich um ein MRP-Konzept.
- Das Enterprise Ressource Planning System (ERP) ist eine komplexe betriebswirtschaftliche Software, die Bereiche wie Verkauf, Materialwirtschaft, Rechnungswesen und Personal miteinander verknüpft.
- Die belastungsorientierte Auftragsfreigabe (BOA) ist eine Reihenfolgesteuerung, wonach nur die Aufträge freigegeben werden, für die Fertigungskapazität zur Verfügung stehen. Vorausschauend werden die Bedingungen der nachfolgenden Stufe einbezogen.
- CA-Techniken sind rechnergestützte Lösungen für einzelne Anwendungen. Dazu gehören in der Planung:
  - CAE (Computer Aided Engineering)
  - CAD (Computer Aided Design)
  - CAP (Computer Aided Planning).

  Zur Realisation gehören:
  - CAM (Computer Aided Manufacturing)
  - CAQ (Computer Aided Quality Assurance).

3.2.3.9 Produktionssteuerung

01. Wozu dient die Produktionssteuerung?

Die Produktionssteuerung, häufig auch Werkstattsteuerung genannt, konkretisiert die Ergebnisse der Produktionsplanung; die zu erledigenden Aufträge werden veranlasst, überwacht und gesichert. Die Produktionssteuerung lenkt,

- welche Produkte konkret gefertigt werden sollen
- welche Produktionsfaktoren und Unterlagen bereitgestellt werden müssen
- wie die Aufträge die Arbeitsplätze durchlaufen
- wie die Erfüllung der Aufträge terminlich, mengenmäßig und kostengerecht zu überwachen sind.

Ziele sind:

- ein reibungsloser Fertigungsablauf
- die Verhinderung von Stockungen und Störungen
- die Erhaltung der Liefertermine.

02. Wie unterteilt sich die Produktionssteuerung?

Zur Produktionssteuerung gehören:

- Auftragswesen, über das Aufträge neu strukturiert werden und die Produktionsfaktoren bereitgestellt werden
- Terminwesen (Timing), bei dem es um die genaue Festlegung des Zeitpunkts geht, zu dem der Auftrag begonnen bzw. beendet sein soll
- Maschinenbelegung (Scheduling), bei der auf der Basis der Belegungszeiten die Aufträge bestimmten Maschinen zugeordnet werden
- Arbeitsverteilung (Dispatching), durch die die einzelnen Arbeitssysteme veranlasst werden, die Aufträge zu erledigen
- Arbeitsüberwachung (Supervision), durch die Abweichungen festgestellt und Ursachen analysiert werden.

03. Was besagt im Zuge des Auftragswesens die wirtschaftliche Losgröße?

Die wirtschaftliche Losgröße, auch optimale Losgröße genannt, ist die Fertigungsauftragsgröße, bei der die Summe aus Rüstkosten und Lagerkosten minimal ist. Danach werden zunächst derart viele Aufträge gleicher Art gesammelt, sodass optimale Kosten entstehen. Dies setzt aber meist längere Vorlaufzeiten voraus, in denen Aufträge gesammelt werden; der Kunde akzeptiert dies heute häufig nicht mehr, sondern möchte möglichst sofort beliefert werden.

Deshalb ist es vorteilhaft, wenn Kundenaufträge kurzfristig durch Lager-, Betriebs- und Lohnaufträge ergänzt werden können. Hilfreich ist dabei die Teilefamilienfertigung, bei der bereits bei der Konstruktion darauf geachtet wird, dass Teilvorgänge für verschiedene Produkte gleich gestaltet sind (z. B. gleiche Drehabmessungen für Drehteile für unterschiedliche Produkte), sodass sie in die Fertigungsaufträge einbezogen werden können.

Die optimale Losgröße als Idealfall hat die gleichen Einflussgrößen, wie das Konzept der optimalen Bestellmenge, nämlich gegenläufige fixe Kosten (hier die Loswechselkosten = Rüstkosten anstatt der Bestellkosten) und variable Kosten (Lagerkosten). Die Berechnung erfolgt deshalb auch mittels der Andler'schen Formel (Herstellkosten anstatt Einstandspreis). Das Konzept kann bei Serien- bzw. Sortenfertigung angewandt werden.

04. Welchen Inhalt hat die Terminplanung?

Die Terminplanung legt

- die Liefertermine
- den spätesten Bearbeitungsbeginn
- die Termine für größere Fertigungsabschnitte
- die Grobplanung der Kapazitäten

fest. Die Darstellung erfolgt als:

Liste

Arbeitsgang	Bezeichnung	Termin (Fabriktag)
10	Drehen	75 - 78
11	Bohren	78 - 80
12	Schleifen	80 - 81
.	.	.
.	.	.
.	.	.

Balkendiagramm

Arbeitsgang		Termin (Fabriktag)						
Nr.	Bezeichnung	75	76	77	78	79	80	81
10	Drehen							
11	Bohren							
12	Schleifen							
. . .	. . .							

Die Terminierung erfolgt progressiv (vorwärts) und retrograd (rückwärts); bei der Gegenüberstellung ergeben sich Pufferzeiten, die als zeitliche Reserve dienen:

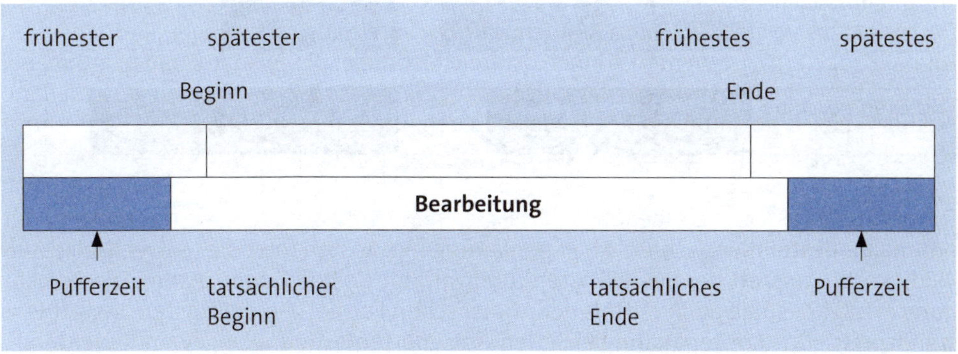

Frühest möglicher Beginn bietet größere Sicherheit, verursacht aber höheren Kapitalbedarf, dagegen muss der Ablauf bei spätest möglichem Beginn störungsfrei sein.

05. Wie erfolgt die Maschinenbelegung?

Auf der Basis der Belegungszeiten ordnet die Maschinenbelegung die Aufträge bestimmten Maschinen zu mit dem Ziel:

- die Durchlaufzeiten der Aufträge zu minimieren
- die Maschinenkapazitäten maximal zu nutzen.

Werden gleichzeitig mehrere Produkte gemeinsam auf unterschiedlichen Anlagen gefertigt (z. B. mehrere Aufträge durchlaufen die Maschinen A, B und C), wird die Reihenfolge so festgelegt, dass hinsichtlich Durchlaufzeiten und Kapazitätsbelegung ein Optimum erzielt wird.

Es ist jedoch nicht zu verhindern, dass in diesem Zusammenhang einer der klassischen Zielkonflikte im Betreib zu mildern ist. Dieser Konflikt kann nicht beseitigt, aber optimiert werden. Dabei hat heute durch die strikteren Kundenwünsche die Minimierung der Durchlaufzeiten Priorität; gleichzeitig ist intensiv daran gearbeitet worden, die Kapazitätsbelegung durch Minimierung der Zeiten einzelner Rüstvorgänge zu erhöhen, wenn diese schon nicht verhindert werden können. Durch konstruktive Verbesserungen an Produkten und Anlagen werden Rüstzeiten, die früher Tage und Stunden betrugen, heute in Stunden und Minuten gerechnet.

Die Maschinenbelegung wird häufig als Gantt-Diagramm dargestellt, bei dem die Arbeitsgänge als waagerechte Balken den Maschinen zugeordnet werden; die Länge der Balken entspricht der Vorgangsdauer:

<table>
<tr><th>Maschine</th><th colspan="17">Termin (Fabriktag)</th></tr>
<tr><th></th><th>1</th><th>2</th><th>3</th><th>4</th><th>5</th><th>6</th><th>7</th><th>8</th><th>9</th><th>10</th><th>11</th><th>12</th><th>13</th><th>14</th><th>15</th><th>16</th><th>17</th></tr>
<tr><td>NC-Drehmaschine 4711</td><td colspan="2">101</td><td></td><td></td><td colspan="5">121</td><td></td><td colspan="5">129</td><td></td><td></td></tr>
<tr><td>NC-Drehmaschine 4712</td><td colspan="7">105</td><td></td><td colspan="4">119</td><td></td><td></td><td></td><td></td><td></td></tr>
<tr><td>NC-Drehmaschine 4713</td><td colspan="6">106</td><td></td><td></td><td colspan="7">115</td><td></td><td></td></tr>
<tr><td>.
.
.</td><td colspan="17"></td></tr>
</table>

06. Welche Prioritätsregeln werden zum Kapazitätsabgleich eingesetzt?

Prioritätsregeln sind:

- Fifo-Regel, bei der die Aufträge in der Reihenfolge der Eingänge bearbeitet werden
- Endterminregelung, bei der die Aufträge in der Reihenfolge der Liefertermine bearbeitet werden
- Belegungszeitregel, bei der die kürzeste Belegungszeit höchste Priorität hat
- Rüstzeitregel, bei der der Auftrag mit der kürzesten Rüstzeit zuerst bearbeitet wird
- Leistungsgradregel, bei der der Auftrag mit dem höchsten Gewinn bevorzugt wird
- Verzugszeitregel, bei der die Aufträge mit dem größten Verzug zuerst bearbeitet werden
- Schlupfzeitregel, bei der der Auftrag mit der geringsten Zeitreserve bevorzugt wird
- externe Prioritätsregel, bei der aufgrund drohender Konventionalstrafen oder bei strategisch wichtigen Aufträgen in sonstige Prioritäten eingegriffen wird.

In der Praxis werden in der Regel mehrere Prioritätsregeln miteinander verbunden, sodass ein mehrdimensionales System entsteht.

3.3 Sicherstellen der Verfügbarkeit von Anlagen, Betriebs- und Hilfsmitteln

01. Was sind Anlagen, Betriebs- und Hilfsmittel?

Betriebsmittel als Oberbegriff sind Potenzialfaktoren, die dem Unternehmen mittel- und langfristig zur Verfügung stehen. Sie können materieller und immaterieller (z. B. Patente) Natur sein. Zu den materiellen Betriebsmitteln gehören:

- Grundstücke und Gebäude
- Maschinen und maschinelle Anlagen
- Ver- und Entsorgungsanlagen
- Werkzeuge und Vorrichtungen
- Transport- und Fördermittel
- Lagereinrichtungen
- Mess- und Prüfmittel
- Büro- und Geschäftsausstattungen.

Hohe Verfügbarkeit wird angestrebt. Sie hängt ab von:

- der Kapazität
- der Modernität als Verhältnis zum Stand der Technik
- dem Abnutzungsgrad als sich stetig verringerndes Leistungsvermögen
- der Betriebsfähigkeit, erreicht durch Überwachung, Pflege, Wartung und Reparaturen.

02. Welche Ursachen hat die Abnutzung?

Ursachen sind:

- verbrauchsbedingt: Verschleiß, Abnutzung durch Substanzverringerung bei Gewinnungsbetrieben
- umweltbedingt: Korrosion, Überschwemmung, Brand
- wirtschaftlich bedingt: Veralterung durch technischen Fortschritt, gesunkene Wiederbeschaffungswerte
- rechtlich bedingt: Ablauf von Konzessionen und Patenten, gesetzlich vorgeschriebener Ersatz nach vorgegebener Nutzungsdauer.

In der Praxis ergibt sich der Werteverzehr häufig aus mehreren Ursachen. Zum Beispiel verliert eine Filteranlage gebrauchsbedingt an Wert durch Verschleiß, umweltbedingt, rechtlich durch vorgeschriebenen Austausch nach bestimmter Zeit.

3.3.1 Betriebsmitteleinsatzplanung

3.3.1.1 Verkettung und Zusammenspiel von Anlagen und Betriebsmitteln

01. Welche Ziele werden verfolgt?

Ziele sind:

- angemessen große Kapazität
- hohe Auslastung der Kapazität
- damit hohe Einsatzbereitschaft und geringer Leerlauf
- Flexibilität im Einsatz
- geringer ungeplanter Ausfall (Reparatur)
- geringer geplanter Ausfall (Wartung)
- niedrige Kosten
- keine Zeitverluste.

02. Wie gliedern sich die Zeiten bei der Verfügbarkeit von Ablagen?

Nach *Koehter (2011)* ergeben sich folgende Zeiten:

	produktive Zeit
+	Verlustzeit qualitätsbedingt
=	effektive Nutzungszeit
+	Leistungsverlustzeit
=	Nutzungszeit
+	Wartungszeit
+	Ausfallzeit
=	Ist-Belegungszeit
+	nicht belegte Zeit
=	Soll-Belegungszeit
+	nicht geplante Zeit
=	**Betrachtungszeitraum**

03. Welche Ausfall- und Verlustzeiten sind zu berücksichtigen?

Ausfallzeiten und Verlustzeiten sind:

- qualitätsbedingte Verlustzeit für Ausschuss und Nacharbeit
- Leistungsverlustzeit, z. B. Abweichungen von den Plandaten
- Wartungszeit für Wartungsstillstände, Pannen, Auftragsmangel
- Ausfallzeit für Warten auf Material, technische Störungen u. a.
- nicht belegte Zeit, z. B. für Urlaub, Feiertage.

04. Welche Ursachen haben die Verlustzeiten?

Ursachen sind:

- keine Einhaltung der vorgegebenen Prozessregeln
- mangelnde Sicherheit der Anlagen
- hohe Komplexität des Produkts
- hohe Vorlaufzeit bei der Instandhaltung
- geringe Kenntnisse und Erfahrungen der Mitarbeiter
- mangelnde Motivation und Identifikation der Mitarbeiter
- Lücken in der Umsetzung der Qualitätsnormen
- Stockungen in der Materialzufuhr
- Wegbrechen von Aufträgen
- starke Auftragsschwankungen.

05. Welche Verluste bei der Verfügbarkeit der Anlagen werden durch die Logistik verursacht?

Durch die Logistik verursachte Verfügbarkeitsverluste sind:

- unzureichende Planung der Materialzuführung
- Engpässe im Wareneingang
- mangelnde Koordinierung des Transports zwischen Vor- und Endmontage
- zu gering dimensionierte Fördermittel
- Störungen im Lager
- Engpass in der Kommissionierung
- kein ausreichendes Verpackungsmaterial
- keine rechtzeitige Zuführung von Ersatzteilen.

3.3.1.2 Gebrauchs- und Verbrauchsmaterialplanung und -verwaltung

01. Welche Bedeutung kommt der Gebrauchs- und Verbrauchsmaterialplanung zu?

Gebrauchsmittel sind Gegenstände, die während der Produktion ihre Substanz nicht verlieren; dagegen müssen Verbrauchsmittel ständig in mehr oder weniger kurzen Abständen erneuert werden; Verbrauchsmittel gehen entweder in das Produkt ein oder werden als Betriebsstoffe für die Produktion gebraucht.

Mit Gebrauchs- und Verbrauchsmitteln ist sorgfältig zu verfahren, da Fehler zu großen Problemen führen können. Ein Teil der in Aufgabe 07 aufgeführten Störungen resultieren aus mangelhaftem Umgang. Zur Planung gehört die richtige Disposition unter Berücksichtigung der Versorgungssicherheit einerseits und der Kostenminimierung andererseits. Hinsichtlich der Verwaltung sind die Bestände und deren Bewegungen sorgfältig zu erfassen. Der Lagerbuchhaltung kommt hier besondere Bedeutung zu.

3.3.1.3 Festlegung von Notfallstrategien

01. Welche Bedeutung haben Notfallstrategien?

Durch Notfallstrategien muss sichergestellt werden, dass die Betriebsmittel in hohem Maße verfügbar sind. Dazu ist es notwendig

- Kennziffern festzulegen, die die aktuelle Situation beschreiben
- den Eventualfall zu definieren
- Maßnahmen zu entwickeln, die entweder
  - laufende Vorsorge bedeuten
  - oder „in der Schublade" vorgehalten werden.

Notfallsituationen sind Teil des Risikomanagements eines Unternehmens. Wichtige Komponenten sind u. a.:

- Szenarienplanung
- Reserveplanung
- Vorhalten von Anlagen, die im Notfall zugeschaltet werden können (z. B. Notstromaggregat).

02. Wie erfolgt die Szenarienplanung?

Die Szenarienplanung erfolgt in folgenden Stufen:

- Die Entwicklung wird von einer oder mehreren Einflussgrößen abhängig gemacht (z. B. volkswirtschaftliche Entwicklung des Güteraufkommens).
- Für die Entwicklung der Größen werden ein positiver Fall (best case), ein mittlerer Weg und ein negativer Fall (worst case) angenommen.
- Die Ergebnisse dieser Szenarien werden berechnet.
- Die Eintrittswahrscheinlichkeit für diese Fälle wird geschätzt.
- Die Ergebnisse werden mit der Wahrscheinlichkeit multipliziert.
- Die gewichteten Ergebnisse werden addiert, wodurch eine ausgewogene Lösung ausgewiesen wird, die alle Fälle repräsentiert.

03. Welche einzelnen Maßnahmen dienen dazu, Störungen zu minimieren?

Einzelne Maßnahmen sind:

- Einsatz von Simulationssoftware zum frühzeitigen Erkennen von Störungen
- Vorhalten von Reserveaggregaten
- Vorhalten von Ersatzteilen bzw. kurzfristige Beschaffungsmöglichkeit
- Aufbau logistischer Puffer in der Wertschöpfungskette
- schneller Einsatz von Betriebshandwerkern oder fremdem Servicepersonal
- Verbesserung der Produktionsprozesse und der Betriebsmittel
- Einführung vorbeugender Instandhaltung und Wartung.

3.3.2 Sicherung der technischen Einsatzbereitschaft

3.3.2.1 Zusammenarbeit mit Herstellern und Lieferanten

01. Warum ist die Zusammenarbeit mit Herstellern und Lieferanten wichtig?

Hersteller bzw. Lieferanten sind die Experten für ihre gelieferten Maschinen. Bei der Entscheidung für eine Anlage spielen neben dem Preis

- die Beratung
- der Service
- das technische Knowhow
- Instandhaltungsstrategien

eine wichtige Rolle. Daneben werden auch die Kosten während der Nutzungszeit einbezogen, wie:

- Energiekosten
- Wartungskosten
- Preise für Ersatzteile.

02. Wie erfolgt die Zusammenarbeit?

Grundlage der Zusammenarbeit ist die Erstellung eines Leistungsverzeichnisses des Kunden als Lastenheft, in dem die gewünschte Anlage spezifiziert wird. Der Hersteller antwortet mit einem Pflichtenheft, in dem er darlegt, wie er die Anforderungen im Lastenheft umsetzen will.

Enger Kontakt zum Lieferanten ist zwingend, denn über laufende Abstimmungen mit dem Kunden wird die Anlage den individuellen Wünschen angepasst. Während der Umsetzung wird der Kontakt fortgesetzt. Häufig finden Probeläufe statt. Der Kunde erhält umfassende Betriebsanleitungen, häufig werden die Mitarbeiter vom Lieferanten in ihre Tätigkeiten eingewiesen und unterwiesen.

Später ist der Kontakt wichtig, um die Anlage der neuesten technischen Entwicklung anzupassen.

3.3.2.2 Zusammenarbeit mit Aufsichtseinrichtungen

01. Mit welchen Aufsichtseinrichtungen wird zusammengearbeitet?

Zusammenarbeit erfolgt mit:

- der Gewerbeaufsicht, die über die Einhaltung gesetzlicher Vorschriften wacht und folgende Maßnahmen ergreifen kann:
  - Auferlegung von Zwangsgeld
  - kostenpflichtige Ersatzvornahme
  - Anwendung unmittelbaren Zwangs, wie die Stilllegung einer Maschine
  - Erhebung von Bußgeldern, wenn eine Anordnung nicht befolgt wird, die bußgeldmäßig geahndet werden kann; sie ist unabhängig von Vollstreckungsmaßnehmen
  - Strafanzeige, sofern arbeitsschutzrechtliche Straftatbestände verletzt wurden
- der Berufsgenossenschaft als Träger der Unfallversicherung mit Regelwerken, die für die Unternehmen verpflichtend vorgegeben sind als Berufsgenossenschaftliche
  - Vorschriften (BGV)
  - Regeln (BGR)
  - Informationen (BGI).

Außerdem gelten die Technischen Regeln für Betriebssicherheit des Bundesministeriums für Arbeit und Soziales.

02. Welche wesentlichen Regeln gelten für die Logistik?

Wesentliche Regeln sind:

- BGV A3 für elektrische Anlagen und Betriebsmittel
- BGV D27 als Unfallverhütungsvorschrift Flurförderzeuge
- BGR 234 für Lagereinrichtungen und -geräte
- BGI 869 für betriebliches Transportieren und Lagern.

03. Was regelt die BGV A3?

BGV A3 elektrische Anlagen und Betriebsmittel regelt u. a.:

- regelmäßige Prüfung von Anlagen
- umgehende Beseitigung von Mängeln
- Anpassung der Anlagen an den Stand der Technik
- Arbeit nur bei Spannungsfreiheit
- keine Arbeit in der Nähe ungeschützter elektrischer Anlagen
- Errichtung und Instandhaltung elektrischer Anlagen nur durch Fachkräfte.

04. Was regelt die BGV D27?

BGV D27 Unfallverhütungsvorschrift Flurförderzeuge regelt u. a.:

- Definition: Flurförderzeuge
- Überprüfung der Fördermittel
- Erstellen von Betriebsanweisungen
- bestimmungsgemäße Verwendung
- Nutzung nur mit Befähigungsnachweis
- Unzulässigkeit von Überlastungen
- Schutz vor Abgasen
- Mitnahme von Personen
- Einsatz in Schmalgängen
- Einsatz in Verbindung mit Arbeitsbühnen
- Arbeit in feuer- und explosionsgefährdeten Bereichen.

05. Was regelt die BGR 234?

BGR 234 Lagereinrichtungen und Geräte regelt u. a.:

- Forderungen hinsichtlich Regalstatik
- Standsicherheit
- maximale Belastungen
- spezielle Regale

- Kennzeichnung der Regale
- Schutz gegen Herabfallen
- Regelungen für elektrisch bediente Regale
- Gestaltung der Verkehrswege
- Beseitigung von Mängeln.

06. Was regelt die BGI 869?

BGI 869 betriebliches Transportieren und Lagern regelt u. a.:

- Gefährdungen durch Transportmittel
- Auflistung der notwendigen Schutzmaßnahmen (z. B. Anfahrschutz, Ladungssicherung im Betrieb)
- Nutzung persönlicher Schutzausrüstungen.

3.3.2.3 Zusammenarbeit mit anderen Unternehmensbereichen

01. Mit welchen Unternehmensbereichen und Partnern im Unternehmen muss zur Sicherung der technischen Einsatzbereitschaft zusammengearbeitet werden?

Die Zusammenarbeit erfolgt mit:

- der Geschäftsleitung als Arbeitgeber
- dem Sicherheitsbeauftragten
- der Fachkraft für Arbeitssicherheit
- der Betriebstechnik
- dem Arbeitsmediziner
- dem Betriebsrat.

02. Welche Rolle spielt die Geschäftsleitung?

Die Geschäftsleitung als Unternehmer hat die höchste Verantwortung für die Sicherheit der Mitarbeiter. Ihre Aufgabe ist:

- Gefährdungen zu ermitteln und zu analysieren
- Unterhaltung technischer Anlagen zum Schutz der Mitarbeiter vor Gefahren für deren Leben und Gesundheit
- Aushang der geltenden Arbeitsschutz- und Unfallverhütungsvorschriften
- Unterweisung der Mitarbeiter vor Beginn einer Beschäftigung.

03. Welche Rolle spielt der Sicherheitsbeauftragte?

Im Unternehmen müssen unter Beteiligung des Betriebsrats gemäß Mitarbeiterzahl Sicherheitsbeauftragte bestellt werden. Ihre Aufgaben sind:

- Unterstützung des Unternehmens bei Maßnahmen zur Verhütung von Arbeitsunfällen und Berufskrankheiten
- Kontaktperson für die Mitarbeiter
- auf Gefahren aufmerksam machen
- sich überzeugen, dass Schutzvorrichtungen vorhanden sind
- daraufhin wirken, dass die Schutzvorrichtungen eingehalten werden.

Sicherheitsbeauftragte sind nicht weisungsbefugt.

04. Welche Rolle spielt die Fachkraft für Arbeitssicherheit?

Der Unternehmer ist verpflichtet, Fachkräfte für Arbeitssicherheit schriftlich zu bestellen. Die Fachkräfte haben folgende Aufgaben:

- Beratung und Unterstützung des Unternehmers bei der betrieblichen Sicherheit
- Ursachenforschung bei Unfällen und Gesundheitsschäden
- Begehung der Arbeitsstätten
- Meldung festgestellter Mängel.

Die Fachkräfte für Arbeitssicherheit sind im fachlichen Bereich nicht weisungsgebunden, sie sind der Betriebsleitung direkt unterstellt.

05. Welche Rolle spielt die Betriebstechnik?

Die Betriebstechnik hat hinsichtlich der Sicherheit folgende Aufgaben:

- technische Überprüfung der Sicherheitseinrichtungen
- sofortige Beseitigung von Störungen
- vorbeugende Wartungen nach Plan
- Einsatz wartungsfreundlicher Elemente
- Aufzeichnung der Aktivitäten, damit eine Rückverfolgung möglich ist.

06. Welche Rolle spielt der Arbeitsmediziner?

Der Arbeitsmediziner hat eine mit der Fachkraft für Arbeitssicherheit vergleichbare Rolle. Er betrachtet die Materie aus medizinischer Sicht. Dabei stehen Unfälle und Gesundheitsschäden im Vordergrund. Dazu gehört auch die Suche nach Einsatzmöglichkeiten für Mitarbeiter, die aus gesundheitlichen Gründen ihren bisherigen Arbeitsplatz nicht mehr wahrnehmen können.

07. Welche Rolle spielt der Betriebsrat?

Der Betriebsrat hat im Zuge der Arbeitssicherheit u. a. folgende Rechte:

- Information durch den Arbeitgeber über Anordnungen der Gewerbeaufsicht
- Information über betriebliche Unfälle
- Stellungnahme
- Beratung zu Themen der Arbeitssicherheit
- Beantragung von Maßnahmen, die der Sicherheit dienen
- Mitbestimmung, bei der Durchführung von Arbeitsschutzmaßnahmen.

3.4 Erhalten der Betriebsbereitschaft von Anlagen und Geräten und Überwachen von Wartungs- und Prüfintervallen

3.4.1 Maßnahmen zur Erhaltung der Betriebsbereitschaft

01. Wie wird Instandhaltung unterteilt?

Gemäß DIN 31051 wird Instandhaltung unterteilt in:

- Wartung zur Erhaltung des Soll-Zustands
- Inspektion als Feststellung und Beurteilung des Ist-Zustands
- Instandsetzung als Wiederherstellung des Soll-Zustands
- Verbesserung zur Steigerung der Funktionssicherheit ohne Änderung der Funktion.

Im Vorfeld finden Betriebsbegehungen statt.

3.4.1.1 Betriebsbegehungen

01. Welche Bedeutung haben Betriebsbegehungen?

Durch Betriebsbegehungen sollen Schäden und Gefährdungen frühzeitig erkannt werden. Deshalb ist es erforderlich, dass die Begehungen regelmäßig stattfinden. Neben der Betriebsbereitschaft der Anlagen steht die Arbeitssicherheit im Vordergrund. Außerdem soll die Belastung der Umwelt beachtet werden.

Die Betriebsbegehung als Sichtkontrolle wird gewöhnlich von Mitarbeitern des Unternehmens durchgeführt. So können Schwachstellen und schadenverdächtige Stellen am besten erkannt werden. Erkannte Mängel werden dokumentiert, u. a. durch Fotos. Es erfolgt mit Terminierung Mitteilung an Zuständige, die für die Beseitigung zu sorgen haben.

02. Welche Ziele hat die Betriebsbegehung?

Ziele sind:

- Erkennen von Mängeln
- sofortige Beseitigung der Mängelursachen
- Beitrag leisten zur kontinuierlichen Verbesserung
- Motivation der Mitarbeiter
- Ermittlung des Schulungsbedarfs
- Erstellen und Ergänzen von Arbeits- und Betriebsanweisungen
- Beurteilung von Führungskräften, Mitarbeitern und Fremdfirmen.

03. Wie sieht der Ablauf einer Betriebsbegehung aus?

Der Ablauf teilt sich in:

- Vorbereitung, u. a.:
  - Aufteilung in geeignete Begehungsbereiche
  - Aufstellen eines Terminplans
  - Festlegung der Begleiter
  - Ermittlung der Sachgebiete, die relevant sind
  - Beschaffung und Erstellung von Checklisten.
- Reihenfolge bei der Durchführung:
  - Umgebung allgemein
  - Gefahren, die von anderen ausgehen
  - Gefahren für andere Arbeitsplätze
  - Transport- und Verkehrswege
  - Transporteinrichtungen- und -fahrzeuge
  - Beleuchtung, Belüftung, Klima
  - verwendete Materialien
  - besondere Beachtung von Gefahrstoffen
  - Bereitstellung vorhandener Werkstücke am Arbeitsplatz
  - Fußboden, Wände
  - Arbeitsplatz
  - Arbeitsverfahren.

04. Welche Inhalte kann die Betriebsbegehung haben?

Checkliste gemäß BMS Betriebs-Management-System der BG der Feinmechanik und Elektrotechnik:

Allgemeine Arbeitsplatzzustände

1. ☐ Böden (Geh- und Arbeitsflächen)
2. ☐ Betriebswege/-plätze/-räume
3. ☐ Fahrwege/Verkehrswege
4. ☐ Ausgänge/Fluchtwege
5. ☐ Leitern/Treppen/Tritte/Laufstege
6. ☐ Plattformen/Gerüste/Geländer
7. ☐ Allgemeine Ordnung und Sauberkeit
8. ☐ Ergonomische Gesichtspunkte am Arbeitsplatz
9. ☐ Einhaltung von Vorschriften

Arbeitsumgebung

10. ☐ Beleuchtung
11. ☐ Belüftung
12. ☐ Temperatur
13. ☐ Lärmpegel
14. ☐ Staub/Dämpfe/Gase

Ausrüstungen

15. ☐ Anlagen/Geräte/Maschinen
16. ☐ Antriebssysteme
17. ☐ Fahrzeuge/Transportgeräte/Transporthilfsmittel/Lastaufnahmeeinrichtungen
18. ☐ Werkzeug/-ausrüstung
19. ☐ Betriebsmittel/Ausrüstungen
20. ☐ Prüfeinrichtungen
21. ☐ Schutzeinrichtungen
22. ☐ Prüfplaketten (GS/CE-Zeichen, TÜV, VBG 4-Prüfungen usw.)

Notfallsysteme

23. ☐ Erste-Hilfe-Kästen/Stationen/Ausrüstungen
24. ☐ Brandschutz (Feuerlöscher)
25. ☐ Rettungsgeräte
26. ☐ Notfallanweisungen (Alarmpläne)
27. ☐ Aushang „Sicherheitskonzept"

Persönliche Schutzausrüstung

28. ☐ Schutzhelm
29. ☐ Schutzbrille
30. ☐ Gesichtsschutz
31. ☐ Gehörschutz
32. ☐ Schutzhandschuhe
33. ☐ Schutz-/Arbeitsanzug
34. ☐ Sicherheitsschuhe
35. ☐ Atemschutz, Fluchtfilter
36. ☐ Sicherheitsgurt, Leine
37. ☐ Prüfstempel (Gültigkeit)

Gefahrenkontrolle

38. ☐ Verbots-/Hinweis-/Warnschilder
39. ☐ Sicherheitsrelevante Unterlagen
40. ☐ Stillsetzvorrichtungen/-tafeln (Sicherung frei werdender Energien)
41. ☐ Sicherheits-/Ordnungsfarben

Material

42. ☐ Lager/Stapel
43. ☐ Chemikalien/brennbare Stoffe/ätzende Flüssigkeiten
44. ☐ Material-/Stoffkennzeichnung
45. ☐ Ordnungsgemäße Lagerung
46. ☐ Mülltrennung
47. ☐ Umweltaspekte

Sonstiges

48. ☐ Atemschutztauglichkeit
49. ☐ ...
50. ☐ ...
51. ☐ ...
52. ☐ ...

☒ = geprüft ☐ = nicht geprüft (Nichtzutreffendes kann bei Begehung entfallen)

05. Wie könnte ein Formular für eine Betriebsbegehung aussehen?

Formular gemäß BMS Betriebs-Management-System der BG der Feinmechanik und Elektrotechnik:

Ort/Abteilung bzw. Arbeitsbereich ____________________

Datum: ____________ Teilnehmer ____________ VA

____________ SF

Uhrzeit von ________ bis ________ ____________ BR

____________ BA

Protokoll:

Punkt	Mangel/Ursache/Ort/Maßnahme	Aktion/Erledigungsfrist
zu ______	______________	______________ ☐
zu ______	______________	______________ ☐
zu ______	______________	______________ ☐
zu ______	______________	______________ ☐
zu ______	______________	______________ ☐
zu ______	______________	______________ ☐

nach Beseitigung der festgestellten Mängel mit Datum und Unterschrift an SF zurück.

____

Unterschrift d. Zuständigen für die Erledigung **erledigt ☐** **nicht erledigt ☐**

____

Unterschrift des Durchführenden

Legende
VA = Vorgesetzter der Abteilung
SF = Arbeitssicherheitsfachkraft
BR = Betriebsrat
BA = Betriebsarzt

Verteiler: Geschäftsführung
Teilnehmer
____
____

3.4.1.2 Regelmäßige Wartungsarbeiten

01. Was wird unter Wartung verstanden?

Gemäß DIN 31051 beinhaltet Wartung alle Maßnahmen zur Erhaltung der Funktion bzw. zur Verzögerung des Abbaus des vorhandenen Abnutzungsvorrats. Damit ist die Wartung keine Reparatur.

02. Von wem erfolgen die Vorgaben für die Wartungen?

Vorgaben machen:

- meistens der Hersteller, der festlegt, in welchen zeitlichen Intervallen Wartungsarbeiten durchzuführen sind; Auslöser sind:
  - Zählerstand
  - Häufigkeit der Nutzung
  - vom Hersteller festgelegte Zeiten.

  Regelmäßige Wartungen sind nicht zuletzt für die Inanspruchnahme von Gewährleistungs- und Garantieansprüchen wichtig.
- der Gesetzgeber bei sicherheitsrelevanten Anlagen (z. B. Förderfahrzeuge).

03. Wie sieht der Ablauf einer Wartung aus?

Der Ablauf erfolgt in folgenden Phasen:

- Erstellung eines Wartungsplans
- Erfassung der Abnutzung von Verschleißteilen (als Grundlage für weitere Wartungsarbeiten)
- Rückmeldung der durchgeführten Arbeiten mit Dokumentation
- Erfassung besonderer Erschwernisse bei der Durchführung und Festlegung geeigneter Folgemaßnahmen.

04. Welchen Inhalt haben Wartungspläne?

Zum Wartungsplan gehören:

- Umfang der Wartung und Festlegung von Einzelmaßnahmen
- Festlegung der Anlagen und Anlagenteile
- Wartungstermine
- erforderliches Werkzeug und Material
- Grenzwerte für den Austausch der Teile.

05. Welche Maßnahmen erfolgen bei der Wartung?

Maßnahmen sind:

- Prüfen
- Justieren (Einstellung auf den Soll-Wert mithilfe von Vorrichtungen)

- Auswechseln von Teilen
- Ergänzen durch Nachfüllen von Stoffen
- Schmieren
- Konservieren
- Reinigen durch Entfernen von Fremdstoffen
- Funktionsprüfung.

06. Wie ist die Eigenwartung zu bewerten?

Eigenwartung wird durch eigenes Personal durchgeführt.

Vorteile sind:

- Das Knowhow bleibt im Unternehmen.
- Die Reaktionszeiten sind sehr kurz.
- Daten werden geschützt.
- Abhängigkeit zu anderen Anlagen ist bekannt.

Nachteile sind:

- hohe Personalkosten als Fixkosten
- Kosten für eigene Mess- und Prüfgeräte
- Aufwand für die Organisation der Wartung.

07. Wie ist die Fremdwartung zu bewerten?

Fremdwartung wird durch den Hersteller oder einen Dienstleister durchgeführt.

Vorteile sind:

- Gewährleistungsanspruch
- Hersteller ist besonderer Kenner der Anlage
- bestes Knowhow des Wartungspersonals
- keine Kosten für spezielle Geräte für die Wartung
- variable Kosten, d. h. Kosten gemäß Aktivitäten.

Nachteile sind:

- zu wenig Kenntnisse über die Gesamtzusammenhänge im Unternehmen
- viel Knowhow verlässt das Unternehmen
- lange Reaktionszeiten.

08. Welchen Inhalt haben Wartungsverträge?

Wesentliche Inhalte sind:

- Vertragsdauer
- eventuell Kündigungsfristen
- Umfang der vorbeugenden Wartungsarbeiten
- Reaktionszeit bei Störungen
- Austausch von Verschleißteilen
- Gebühren.

3.4.1.3 Inspektion von Betriebsanlagen

01. Welche Bedeutung haben Inspektionen der Betriebsanlagen?

Eine Inspektion ist eine Maßnahme zur Feststellung des Ist-Zustands von technischen Einrichtungen. Die Anlage wird durch periodisch regelmäßige Überprüfung

- des äußeren Zustands
- der Funktionsfähigkeit
- ihrer Arbeitsweise
- allgemeiner Verschleißerscheinungen

überwacht.

Außerdem werden die Ursachen und Konsequenzen für die weitere Nutzung bestimmt. Werden Mängel beseitigt, spricht man von Instandhaltung.

02. Welche Maßnahmen erfolgen im Zuge der Inspektion?

Maßnahmen sind:

- Intervalle planen
- Ist-Zustand feststellen durch:
  - Sichten
  - Messen
  - Prüfen.

Dabei gilt es, kritische Zustände zu erkennen. Es werden Daten ausgewertet.

- Durchführung mittels Checklisten
- Inspektionsbericht erstellen, aus dem u. a. die weitere Verwendung der Anlage festgelegt wird und Folgemaßnahmen abgeleitet werden.

03. Wie erfolgt die Inspektion nach DIN EN 15635 bei Lagereinrichtungen?

Aktivitäten sind:

- erste optische Erfassung der gesamten Lagereinrichtung
- Sichtkontrolle der Bauteile auf erkennbare Schäden
- Beachten der Vorschriften kontrollieren
- Schäden dokumentieren
- Inspektionsprotokoll erstellen
- Empfehlungen für die Beseitigung der Schäden
- Hinweise zur Vorbeugung von Schäden.

3.4.1.4 Instandsetzung und Verbesserung

01. Was erfolgt bei der Instandsetzung?

Bei der Instandsetzung wird als Reparatur der Soll-Zustand wiederhergestellt durch:

- Austauschen
- Ausbessern
- Reparieren
- Funktionsprüfung.

Instandsetzungsmaßnahmen müssen rechtzeitig geplant werden, da die Anlage meist für längere Zeit nicht zur Verfügung steht.

02. Welche Bedeutung hat die Verbesserung?

Bei der Verbesserung wird die Funktionsfähigkeit und -sicherheit erhöht, ohne die Funktion selbst nicht zu verändern. Dies geschieht z. B. durch Erhöhung der Verschleißfestigkeit bzw. durch Substitution von Bauteilen.

3.4.1.5 Instandhaltungsstrategien

01. Was beinhalten die Instandhaltungsstrategien?

Instandhaltungsstrategien haben zum Inhalt, wann Aktivitäten der Instandhaltung an welchen Anlagen erfolgen. Dabei gilt es:

- die Verfügbarkeit zu erhalten
- die Sicherheit zu berücksichtigen
- die Wirtschaftlichkeit zu beachten.

Zwischen diesen sich widersprechenden Faktoren muss ein vernünftiger Ausgleich gefunden werden.

Als Strategien werden unterschieden:

- Ausfallmethode
- planmäßige Instandhaltung
- vorbeugende Instandhaltung.

02. Welche Bedeutung hat die Ausfallmethode?

Es finden keine Inspektions- und Wartungsvorgänge statt, die Anlagen werden bis zum Störfall betrieben. Wesentlicher Nachteil besteht darin, dass der Ausfall zeitlich nicht beeinflussbar ist. Die operative Planung für die Auslagerung der Anlage ist damit empfindlich gestört. Außerdem ist erfahrungsgemäß die Ausfallzeit länger, als bei einer geplanten Instandhaltung.

Ein weiteres Problem kann durch die Versorgung mit Ersatzteilen entstehen, die nicht immer sofort verfügbar sind. Deshalb sind besondere Ansprüche an die Ersatzteillogistik zu richten.

03. Welche Bedeutung hat die planmäßige Instandhaltung?

Bei der planmäßigen Instandhaltung werden bestimmte Teile in vorher festgelegten Zeitabständen überholt. Während bei der Ausfallmethode die Stillstandzeit

- Informationszeiten
- Fehlerdiagnose
- Beschaffung der Ersatzteile
- Instandsetzung

beinhaltet, reduziert sie sich bei der planmäßigen Instandhaltung auf die Zeit der Instandsetzung.

Die Instandhaltungsintervalle sollten so gewählt werden, dass die Ausfallkosten während der Lebenszeit der Anlage möglichst gering sind. Dadurch ergibt sich ein günstiges Verhältnis zwischen Instandhaltungs- und Anlagenausfallkosten. Es wird versucht, die Intervalle soweit wie möglich hinaus zu zögern. Anhaltspunkte für die richtigen Zeitpunkte ergeben sich durch:

- Empfehlungen des Herstellers
- eigene Erfahrungswerte mit ähnlichen Anlagen
- Daten von Diagnosegeräten
- Überwachung des Zustands der Anlage.

04. Welche Bedeutung hat die vorbeugende Instandhaltung?

Die vorbeugende Instandhaltung hat zum Ziel, das generelle Ausfallrisiko zu minimieren. Dazu sind gezielte Maßnahmen notwendig, denn trotz aller Planung können Störungen auftreten, die mit bisherigen Erfahrungswerten nicht vermeidbar sind.

Die vorbeugende Instandhaltung hat große Bedeutung, wenn von Störungen die Sicherheit oder die Umwelt beinträchtigen werden.

3.4.2 Auswirkung von Störungen auf den Betriebsablauf

01. Welche Hauptursachen liegen für Störungen im Anlagenbereich vor?

In Anlehnung an *Ishikawa* liegen die Ursachen vor allem:

- beim Menschen (z. B. Fehler in der Bedienung einer Maschine)
- bei der Anlage (z. B. Fehler in der Konstruktion, Veralterung)
- im Management (z. B. Einsparungen auf Kosten der Pflege der Anlagen)
- in der Mitwelt (z. B. Witterungseinflüsse)
- im eingesetzten Material (z. B. fehlerhafte Lieferung)
- in der Methode (z. B. unzureichende Inspektion)
- in der Messtechnik (z. B. fehlerhafte Verarbeitung von Signalen).

02. Welche typischen Ursachen sind für Störungen im elektrischen/elektronischen Bereich verantwortlich?

Wichtige Ursachen sind:

- Überspannungen
- Unterbrechung der Stromversorgung
- Feuchtigkeit
- Leitungsschäden
- Ausfall von elektronischen Bauteilen.

03. Welche Auswirkungen können diese Störungen haben?

Auswirkungen können sein:

- keine Betriebsbereitschaft
- mangelhafte Auslastung der Kapazität
- dadurch erhebliche Fixkosten und weitere Kosten
- Verlängerung der Durchlaufzeiten
- Nichteinhaltung von Terminen
- Fehlproduktion
- Folgeschäden an weiteren Anlagen
- Unfallgefahr
- sonstige Gesundheitsschäden bei den Mitarbeitern.

04. Welche Auswirkungen sind besonders hervorzuheben?

Besonders hervorzuheben sind:

- Auswirkungen auf die Terminplanung
- Folgen für die Kapazitätsplanung
- rechtliche Konsequenzen
- Beeinträchtigung der Arbeitssicherheit
- Gefährdung der Umwelt.

05. Was ist im Zuge der Terminplanung zu berücksichtigen?

Termine sind unbedingt einzuhalten, denn sonst würde die Kundenzufriedenheit beeinträchtigt. Termintreue als Kennzahl spielt hier eine wesentliche Rolle für die Akquirierung von Folgegeschäften. Besonders wichtig ist die Termineinhaltung bei Just-in-time-Belieferungen, die bei Ausfall kaum Alternativen zulassen; hier erfolgt die Belieferung unmittelbar vor Produktionsbeginn (z. B. Schichtbeginn) an der Fertigungsanlage.

Bei Verzögerungen fallen enorme Kosten an, unterteilt in:

- direkte Fehlmengenkosten, die anfallen, wenn ein Termin nicht mehr eingehalten werden kann (z. B. Leerkosten durch Stillstand beim Kunden)
- indirekte Fehlmengenkosten, die entstehen, um den Termin doch noch einzuhalten (z. B. Personalkosten für Sonderschichten, Lieferkosten per Kurierdienst).

Nicht zuletzt ist ein Imageverlust zu vermeiden, denn Fehler sprechen sich schnell herum.

06. Was ist im Zuge der Kapazitätsplanung zu berücksichtigen?

Die Kapazitätsplanung erfolgt durch die Maschinenbelegungsplanung, häufig als Gantt-Diagramm, bei dem horizontal die Zeitachse verläuft und vertikal die Aggregate geführt werden; die Aufträge ergeben sich als Balken. Die Zeiten der Aufträge an den Anlagen ergeben sich durch Vorgabezeiten als Planzeiten.

An der gestörten Stelle steht nicht nur die Anlage und verursacht Leerkosten, sondern auch die beteiligten Mitarbeiter, deren Vergütung weitergezahlt wird. Der Rückstau muss dann durch Anwendung von Prioritätsregeln (z. B. Fifo-Regel, Endterminregel, Belegungszeitregel, Rüstzeitregel, Verzugszeitregel, externe Prioritätsregel) möglichst rasch aufgearbeitet werden.

Da Aufträge häufig in einer vorgesehenen Folge an verschiedenen Maschinen bearbeitet werden, entsteht durch Ausfall einer Anlage eine Kette weiterer Probleme; auch nachfolgende Arbeiten in anderen Anlagen können nicht erfolgen. Die gesamte Kapazitätsplanung gerät aus den Fugen. Zusatzaufträge, um die Lücken zu füllen, sind nur schwerlich zu erhalten; eventuell ergibt sich die Möglichkeit, andere Aufträge, in deren Vorlauf die gestörte Anlage nicht berührt sind, vorzuziehen.

07. Welche rechtlichen Konsequenzen sind zu beachten?

Ein Unternehmen, das einer pünktlichen Lieferung nicht nachkommt, gerät in Lieferungsverzug. Lieferungsverzug gehört zur Gruppe der Leistungsstörungen. Lieferungsverzug hat zur Folge:

- Setzen einer Nachfrist, wenn kein Fixgeschäft vorliegt
- sofortiger Verzug beim Fixgeschäft
- Ersatz des entstandenen Schadens
- Zahlung einer Konventionalstrafe, wenn sie vereinbart ist.

08. Inwieweit wird die Arbeitssicherheit beeinträchtigt?

Die Arbeitssicherheit kann in folgender Form beeinträchtigt sein:

- Der Mitarbeiter wird durch die Art der Störung verletzt (z. B. Schnittverletzung bei Ausfall einer selbsttätigen Ausschaltvorrichtung).
- Der Mitarbeiter wird durch die Aufarbeitung des Auftrags überfordert und verunfallt durch Unachtsamkeit.

In jedem Fall kommt der Fachkraft für Arbeitssicherheit und dem Sicherheitsbeauftragten große Bedeutung zu. Vor allem aber wird geklärt, ob die Geschäftsleitung ihrer Verpflichtung genügend nachgekommen ist.

09. Inwieweit wird die Umwelt gefährdet?

Durch Störungen können Emissionen auftreten (z. B. Verschmutzung des Wassers und der Luft, Kontaminierung des Bodens), wodurch die Umwelt beeinträchtigt wird. Deshalb sind zahlreiche rechtliche Regelungen zu beachten, z. B.:

- Umwelthaftungsgesetz
- Chemikaliengesetz
- Gefahrstoffverordnung
- Emissionsschutzgesetz.

Es werden gefordert:

- umweltgerechter Betrieb der vorhandenen Anlagen
- Anpassung der Anlagen an den Stand der Technik durch Um- und Nachrüsten.

3.4.3 Überwachung von Wartungs- und Prüfintervallen

01. Warum ist die Gefahr von Betriebsstörungen besonders groß?

Die Lebensdauer einer Anlage bzw. eines Bauteils wird in drei Phasen geteilt, häufig dargestellt als sog. Badewannenkurve. Die Kurve zeigt die Ausfallrate, die die Ausfallwahrscheinlichkeit in der zeitlichen Entwicklung darstellt *(Krause/Krause, 2011, S. 343):*

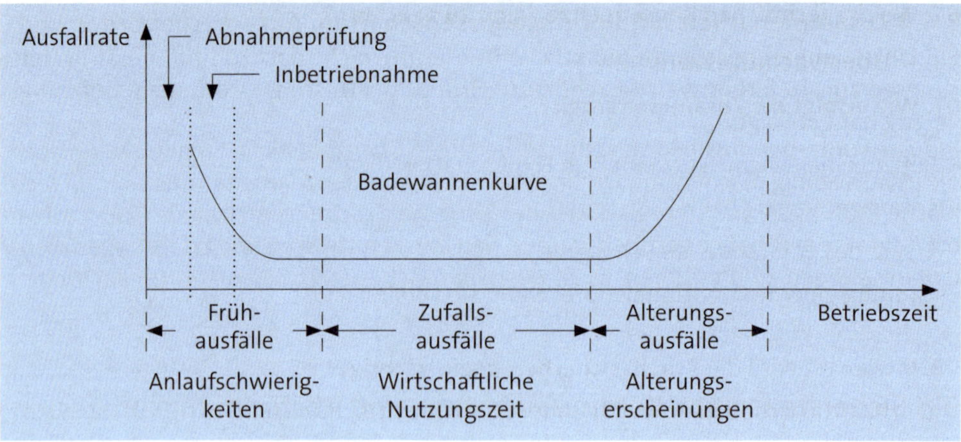

Risiken ergeben sich vor allem in der Frühphase mit Frühausfällen, die häufig aus Konstruktions- und Herstellungsfehlern resultieren. Hier erfolgt gewöhnlich Nachbesserung. Eine weitere Risikophase ist die Abnutzung durch Alterung. Hier könnte vorbeugende Instandhaltung helfen.

Während der Mittelphase als wirtschaftliche Nutzungszeit spricht man von Zufallsausfällen; sie sind nicht vorhersehbar. Durch Inspektionen könnte die Verschlechterung des Zustands rechtzeitig erkannt und der Ausfall durch Einleitung von Maßnahmen verhindert werden.

02. Wie erfolgt die Überwachung der Wartungs- und Prüfintervalle?

Die Überwachung erfolgt durch Festlegung von Wartungs- und Prüfplänen mit folgendem Inhalt:

- Beschreibung der Wartungsobjekte
- Anzahl der Prüfungen
- zeitlicher Abstand der Prüfungen
- Festlegung der Verantwortlichen für die Prüfung
- Beurteilung der Werkzeuge und Prüfmittel
- Festlegung der Soll-Werte inkl. Toleranzen.

03. Wie erfolgt die Dokumentation von Wartungs- und Prüfarbeiten?

Die Prüfergebnisse werden meist schriftlich, manchmal auch elektronisch, erfasst. Die Dokumentation hat folgende Ziele:

- Nachweis der Durchführung
- Information über den Zustand der Anlage
- Beweisführung gegenüber öffentlichen Einrichtungen, wenn die Wartung gesetzlich vorgeschrieben war.

3.4.4 Zusammenarbeit mit Berufsgenossenschaften, Aufsichtsbehörden und Überwachungsvereinen

01. Wie erfolgt die Zusammenarbeit?

Industrieunternehmen inkl. der Logistik verfügen über zahlreiche technische Anlagen, die es notwendig machen, mit Organisationen zusammenzuarbeiten, die sich auf technische Prüfungen und Überwachung der Sicherheit konzentriert haben. Dabei sollten die Kontakte als Chance gesehen werden, von den Kenntnissen und Erfahrungen dieser Organisationen zu profitieren. Es ist deshalb falsch, sie als Gegner zu sehen. Weitere Ausführungen in Kapitel 3.3.2.2 Aufgabe 01.

3.5 Sicherstellen von Kommunikations- und Abstimmungsprozessen

3.5.1 Kommunikation und Abstimmung innerhalb des Unternehmens

01. Welche Bedeutung haben Kommunikations- und Abstimmungsprozesse?

Das Unternehmen wird heute als großes Netzwerk verstanden, das von zahlreichen Prozessen durchzogen wird. Diese Prozesse berühren häufig verschiedene Funktionsbereiche und machen Abstimmungen auch mit angrenzenden Bereichen notwendig. Prozesse haben oft interdisziplinären Charakter, d. h. Informationen aus unterschiedlichen Funktionsbereichen müssen zusammengeführt werden. So durchläuft der Logistikprozess bei einem Unternehmen, das nicht prozessorientiert ist, die Bereiche:

- Einkauf
- Produktion
- Absatz/Vertrieb.

Angrenzende Bereiche sind u. a.:

- Qualitätssicherung
- Personal
- Rechtsabteilung
- Controlling.

Interdisziplinäre Wissensgebiete sind u. a.:

- Betriebswirtschaft
- Ingenieurwesen
- Arbeitssicherheit
- Umweltschutz
- Rechtswissenschaften
- Arbeitsmedizin.

Als Klammer gilt die übergeordnete Unternehmensleitung. Darüber hinaus ist auch, soweit vorhanden, der Betriebsrat zu beachten.

02. Welche Bedeutung hat die Kommunikation?

Abstimmungsprozesse erfolgen mittels Kommunikation. Durch Kommunikation werden Informationen ausgetauscht. Die Qualität der Informationen und der Kommunikation prägt wesentlich den Erfolg des Unternehmens. Alle Hindernisse für eine intensive Kommunikation sind zu vermeiden bzw. abzubauen. Es ist dafür zu sorgen, dass

- eine offene Kommunikationskultur herrscht
- der Austausch von Informationen technisch und persönlich gefördert wird
- die Zurückhaltung von Informationen sanktioniert wird.

Dabei spielen sowohl die formale organisierte Kommunikation über die vom Unternehmen vorgegebenen Informationswege, als auch die informale, die sich aus dem persönlichen Miteinander der Mitarbeiter ergibt, eine große Rolle; sie suchen sich ihren Weg über persönliche Verbindungen.

3.5.1.1 Unternehmensführung

01. Welche Ziele hat die Unternehmensführung?

Oberste Ziele der Unternehmensführung sind:

- maximaler Gewinn
- langfristige Erhaltung und Weiterentwicklung des Unternehmens.

Daraus abgeleitet werden Ziele, die sich

- auf einzelne Funktionsbereiche des Unternehmens beziehen (z. B. Einkauf, Verkauf, Logistik)
- auf einzelne Fachgebiete beziehen und als Querschnittsziele alle Funktionsbereiche durchziehen (z. B. Umwelt, Innovation, Qualität, Image).

Es ergeben sich Zielhierarchien, z. B.:

1. Stufe: Verbesserung des Unternehmensergebnisses
2. Stufe: Verringerung des Logistikkosten
3. Stufe: Beschleunigung der Einlagerung
4. Stufe: Leistungsfähigere Einlagerungsgeräte.

02. Wie werden Ziele gemessen?

Ziele werden gemessen durch Kennzahlen als:

- Einzelfakt (z. B. Lagerkosten)
- Relationszahl (z. B. Umschlaggeschwindigkeit)
- Kennziffernsystem (z. B. ROI).

Gewöhnlich beziehen sich die Kennzahlen auf Aktivitäten aus der Vergangenheit. Dagegen auf künftige Entwicklungen ausgerichtet ist die Balanced Scorecard mit den Perspektiven:

- Potenzial: Wie können wir flexibel und verbesserungsfähig werden?
- Prozess: Bei welchen Prozessen müssen wir schneller oder kostengünstiger sein?
- Kunde/Lieferant: Wie sollten wird aus Sicht der Kunden dastehen? Wie unterstützen uns dabei unsere Lieferanten?
- Finanzen: Welchen Beitrag zum Unternehmenserfolg soll die Logistik leisten?

Für diese Perspektiven werden Zielgrößen ermittelt, Zielwerte vorgegeben und Maßnahmen festgelegt.

03. Wie erfolgt der Zielbildungsprozess?

Der Zielbildungsprozess erfolgt:

- Top-down: Die Unternehmensleitung gibt Ziele verbindlich vor, die dann lediglich in die anderen Unternehmensebenen hinein abgeleitet/konkretisiert werden; die Unternehmens-Zielwerte sind nicht diskutierbar. Vorteile sind:
  - straffes aufeinander abgestimmtes Zielsystem
  - rasch zu entwickeln.
- Bottom-up: die Ziele werden an der Basis erarbeitet und nach oben lediglich verdichtet; Vorteile sind:
  - Realitätsnähe
  - Motivation und Identifikation bei den Mitarbeitern.
- im Gegenstromverfahren, bei dem eine Mischung beider Verfahrensweisen stattfindet.

04. In welchem Verhältnis stehen Ziele zueinander?

Das Verhältnis zwischen zwei oder mehr Zielen kann sein:

- komplementär, d. h. Ziele ergänzen sich, es herrscht Zielharmonie (z. B. Beschleunigung des Lagerumschlags und Verringerung der Kapitalbindungskosten)
- konkurrierend, d. h. Ziele schließen sich gegeneinander aus, es herrscht Zielkonflikt (z. B. Versorgungssicherheit und minimale Lagerhaltungskosten)
- indifferent, d. h. sie stehen in keinem Verhältnis zueinander (z. B. Verbesserung der Werkssicherheit und Senkung der Fehlteile).

05. Welche Logistikziele werden verfolgt?

Oberste Logistikziele sind:

- hohe Kundenzufriedenheit durch:
  - hohen Servicegrad
  - Liefertreue
  - rasche Reaktionsmöglichkeit
  - hohe Innovation
  - große Flexibilität
- niedrige Logistikkosten durch:
  - knappe Disposition
  - raschen Durchlauf
  - niedrige Transaktionskosten
  - Optimierung von Transporten
  - Standardisierung der Einheiten.

3.5.1.2 Zusammenarbeit mit anderen Unternehmensbereichen

01. Was bedeutet „Schnittstellenfunktion Meister“?

Der Logistikmeister als Führungskraft einer Querschnittsfunktion stimmt sich mit den Verantwortlichen zahlreicher anderer Bereiche ab. Er arbeitet somit als Schnittstelle mit erheblicher Koordinationsfunktion.

02. Wie erfolgt die Zusammenarbeit mit dem Betriebsrat?

Der Betriebsrat vertritt als von der Belegschaft gewähltes Organ die Interessen der Mitarbeiter, die teilweise komplementär mit denen des Unternehmens sind, sich teilweise aber auch unterscheiden. Ansatzpunkte für die Meister ergeben sich vor allem hinsichtlich:

- Verbesserung der Arbeitsbedingungen
- Verbesserung der Arbeitssicherheit
- Einsatz der Mitarbeiter
- Zeitregelungen (z. B. Mehrarbeit)
- Entgeltfragen.

Außerdem hat der Betriebsrat Beschwerden einzelner Mitarbeiter gegen den Arbeitgeber zu vertreten.

Der Meister sollte zu einer vertrauensvollen Zusammenarbeit bereit sein, ohne dabei zu vergessen, dass er Vertreter des Arbeitgebers ist. Aber ohne Beachtung berechtigter Interessen der Mitarbeiter wird der Meister nicht erfolgreich sein.

03. Wie erfolgt die Zusammenarbeit mit der Personalabteilung?

Aufgabe der Personalabteilung ist es,

- das von den Fachabteilungen benötigte Personal
- in der richtigen Anzahl
- mit der richtigen Qualifikation
- am richtigen Ort
- zur richtigen Zeit

zur Verfügung zu stellen. Hierzu ist es vor allem notwendig, das Personal

- zu planen
- zu beschaffen
- auszuwählen
- zu erhalten
- zu qualifizieren.

Die Personalmitarbeiter sind die Fachleute und Berater für personelle Fragen. Bei der Einstellung ist es heute aber gängige Praxis, dass der Fachvorgesetzte die letzte Entscheidung trifft. Einzelne Aufgaben sind vollständig auf die Meisterebene delegiert, z. B.:

- kurzfristige Einsatzplanung (z. B. Erstellen von Stichplänen)
- Einarbeitung von Mitarbeitern
- Beurteilungen vornehmen
- Mitarbeitergespräche führen.

04. Wie erfolgt die Zusammenarbeit mit vor- und nachgelagerten Bereichen?

Vor- und nachgelagerte Bereiche sind u. a.:

- Einkauf
- Produktion
- Verkauf
- Entsorgung.

Diese haben als Aufgabenstellung:

- Planung
- Controlling
- Qualitätssicherung.

Ihnen gegenüber gilt der Logistikmeister als Fachmann, der die Interessen der Logistik selbstbewusst zu vertreten hat, damit daraus für das gesamte Unternehmen vertretbare Lösungen werden. Kleinkriege sind jedoch zu unterlassen.

05. Mit welchen weiteren Bereichen wird zusammengearbeitet?

Weitere Bereiche bzw. Funktionen, mit denen der Logistikmeister zusammen zu arbeiten hat sind:

- Sicherheitsfachkraft
- Sicherheitsbeauftragte der einzelnen Bereiche
- Arbeitsmediziner bei gesundheitlichen Fragen
- Umweltbeauftragter
- Rechtsabteilung als Berater.

3.5.2 Unternehmensübergreifende Kommunikation und Abstimmung

01. Mit welchen externen Stellen wird zusammengearbeitet?

Externe Stellen sind u. a.:

- Eigenkapitalgeber
- Banken und andere Fremdkapitalgeber
- Kunden
- Lieferanten
- Öffentlichkeit
- Medien
- Staat.

Ziele der externen Stellen liegen teilweise im wirtschaftlichen Bereich, teilweise im Gemeinwohl. Ihre Wünsche mit denen des Unternehmens abzustimmen, gehört auch für die Logistik zur Aufgabenstellung.

02. Wie erfolgt die Zusammenarbeit mit den Kapitalgebern?

Die Gesellschafter als Eigenkapitalgeber erwarten eine Erhöhung des Unternehmenswerts und eine möglichst hohe Gewinnausschüttung und damit eine Maximierung des Shareholder Value.

Die Banken als Fremdkapitalgeber erwarten Sicherheit, damit die an die Unternehmen gewährten Gelder zurückgezahlt werden und eine angemessene Verzinsung erreicht wird. Im logistischen Bereich sind Anlagen zu finanzieren, aber auch die Lieferung von Waren muss eventuell zwischenfinanziert werden.

03. Wie erfolgt die Zusammenarbeit mit der gesamten Gesellschaft?

Der Staat hat ein Interesse am Unternehmen, u. a. als Steuerzahler und Arbeitgeber; das Unternehmen sucht ggf. staatliche Unterstützung bei Investitionsvorhaben (z. B. im Planungsrecht, bei Genehmigungsverfahren) und in Krisenzeiten. Die Logistik speziell ist interessiert an guter Verkehrsinfrastruktur.

Die Öffentlichkeit, vornehmlich die Bevölkerung, profitiert von Unternehmen als Arbeitgeber; sie stellt Ansprüche hinsichtlich Umweltschutz, Arbeitssicherheit; aber auch die Weiterentwicklung der Wirtschaft und der Technologie ist im Interesse der Öffentlichkeit.

Die Medien dienen als Transmissionsriemen in beide Richtungen. Sie transportieren die Vorstellungen der Öffentlichkeit in die Unternehmen; die Unternehmen werden versuchen, ihre Vorstellungen über die Presse weiterzugeben.

04. Wie erfolgt die Zusammenarbeit mit Kunden und Lieferanten?

Bei der Zusammenarbeit mit Kunden und Lieferanten ergeben sich Wertschöpfungsketten, sog. Supply Chains. Diese Supply Chain gilt es, nach einheitlichen Gesichtspunkten zu managen (Supply Chain Management, SCM). Grundlagen für eine funktionierende Supply Chain sind:

- deutliche Regelungen durch entsprechende Rahmenverträge, die in jedem Fall einzuhalten sind
- klare Übertragung von Verantwortung
- kompatible Systeme für standardisierten Informationsaustausch
- faire Verteilung der Vorteile dieser Vorgehensweise (Win-win-Strategie).

Die Supply Chain kann wie folgt dargestellt werden:

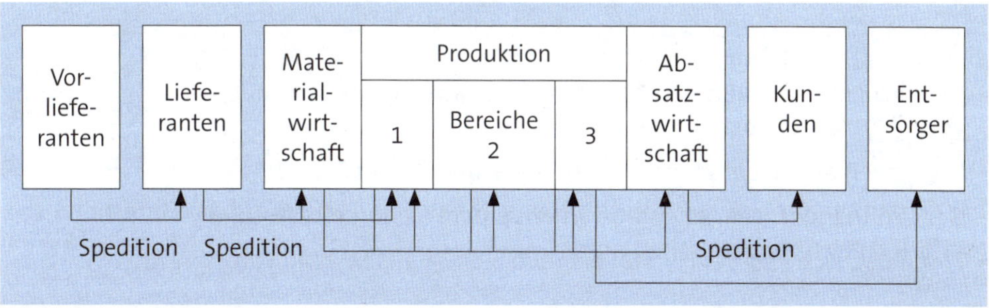

Weitere Informationen s. Kapitel 1.1.1.2.

05. Welche auf Kunden und Lieferanten gerichtete Aktivitäten fallen in den internen SCM-Bereichen an?

Aktivitäten sind:

- Produktentwicklung: Systempartnerschaft mit dem Lieferanten, Kunde als Ideenlieferant
- Beschaffung: Organisation eines Just-in-time mit dem Lieferanten, Absatzplanung gemeinsam mit den Kunden
- Bestandsführung: Lieferant richtet ein Konsignationslager ein, für die Kunden werden Ersatzteile vorgehalten
- Produktion: Nach dem Pull-Prinzip gem. Kanban, Kundenauftrag wird unmittelbar zum Fertigungsauftrag
- Vertrieb: Übernahme der Nachschubversorgung für den Kunden.

06. Was besagt der Bullwhip-Effekt?

Der Bullwhip-Effekt, auch Peitscheneffekt genannt, gibt an, dass sich die Bestände häufig aufgrund mangelnder Informationen innerhalb der Supply Chain aufschaukeln. Nach *Wannenwetsch (2010, S. 188)* kann der Effekt wie folgt dargestellt werden:

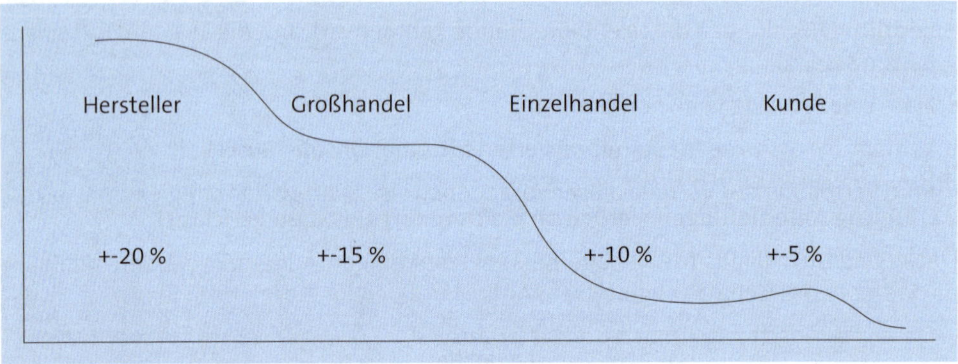

- Der Einzelhandel hat durch Nachfrageschwankungen der Kunden eine Schwankung von +/- 5 % ausgelöst.
- Der Einzelhandel legt einen Sicherheitsbestand von 10 % an.
- Der Großhandel arbeitet daraufhin mit einem Sicherheitsbestand von 15 %.
- Zum Ausgleich legt der Hersteller einen Sicherheitsbestand von 20 % fest.

Folgen dieses Effekts sind u. a.:

- steigende Herstellungskosten durch hohe Produktionskapazitäten
- steigende Lagerhaltungskosten
- steigende Transportkosten.

Als Gegenmaßnahmen könnten ins Auge gefasst werden:

- Hersteller erhält die Daten direkt vom Einzelhändler aus dessen Warenwirtschaftssystem
- verbesserter Informationsfluss
- direkte Belieferung des Endverbrauchers.

3.6 Nutzen von Informations- und Kommunikationssystemen

3.6.1 Betriebliche Informations- und Übertragungssysteme

01. Wie werden aus Daten Informationen?

Unsere Welt, und damit auch die Unternehmen, verfügt oft über nicht zu wenige, sondern eher über zu viele Daten, die aber häufig schlecht strukturiert sind.

Daten sind eine Folge von Zeichen, die weiter verarbeitet werden müssen. Erst dadurch wird den Daten ein Sinn gegeben. Aufbereitete Daten werden als Informationen bezeichnet. Sie haben dann eine Struktur, die im Unternehmen nutzbar sind. Informationen sind Nachrichten, die aus

- Inhalt und
- Darstellung

bestehen. Es handelt sich um zweckorientiertes Wissen.

3.6.1.1 Datenorganisation

01. Welche Anforderungen werden an die Datenorganisation gerichtet?

Daten sind Grundlagen für Managemententscheidungen. Außerdem werden mit ihnen die laufenden Geschäfte abgewickelt. Anforderungen im Einzelnen sind u. a.:

- Datenaustausch mit Kunden und Lieferanten
- Verbindung zu staatlichen Einrichtungen
- Verbindung zu allen Standorten des Unternehmens
- Anwendung verschiedener Sprachen.

02. Wie könnte eine Datenstruktur aussehen?

Geklärt werden müssten:

- Daten, die zu erfassen sind
- Zeitpunkt der Erfassung
- Aufbau der Daten
- Verknüpfung mit anderen Daten
- Regelung der Berechtigung

- Ort der Speicherung
- Systeme zur Auswertung
- Art der Aktualisierung
- Aufbewahrungsfrist.

03. Welche Erfassungssysteme werden unterschieden?

Als Erfassungssysteme kommen infrage:

- Erfassung über Tastatur (z. B. am I-Punkt)
- Nutzung des Barcodes, u. a. als:
  - GTIN (Global Trade Item Number)
  - EAN (vornehmlich im Konsumgüterbereich)

  erfasst durch:
  - Lesestift
  - Scanner
- Daten-Matrix-Code mit mehr Informationen
- Einsatz der RFID-Technik für berührungslose Funktechnik durch Nutzung von Transpondern.

04. Wie erfolgt die Aufbereitung der Daten?

Die unterschiedlich erfassten Daten werden durch ein Datenbankmanagementsystem in ein einheitliches System umgewandelt, häufig mittels SQL. Erst dann können die Daten in Datenbanken gespeichert werden, um sie dann allen Beteiligten verfügbar zu machen. Die Speicherung erfolgt in Datensätzen (z. B. Kundendaten, Auftragsdaten), die bei Abfragen miteinander verknüpft werden (wenn z. B. ein Kundenauftrag erfasst wird).

3.6.1.2 Nutzung von Datawarehousesystemen

01. Welche Bedeutung haben Datawarehousesysteme?

Im Datawarehousesystem werden die Daten aus den Anwendungssystemen und externen Datenbeständen zusammengeführt; dabei liegt meist nur eine löse Koppelung vor; die Aktualisierung der Datenbank erfolgt nicht sofort bei Abwicklung eines Vorgangs, sondern periodisch (z. B. einmal täglich).

Eine Weiterentwicklung stellt das Active Datawarehouse dar, bei dem nicht in Batches, sondern online aktualisiert wird. Damit ist auch eine unmittelbare Einbindung in operative Prozesse möglich (z. B. Integration aktueller Verhandlungsdaten in die Lieferantenbetrachtung).

Werden Teilbereiche ausgesondert, spricht man von Data-Marts. Nach *Pfohl* in *Schulte (2013, S. 90)* sieht der schematische Aufbau eines Datawarehouses wie folgt aus:

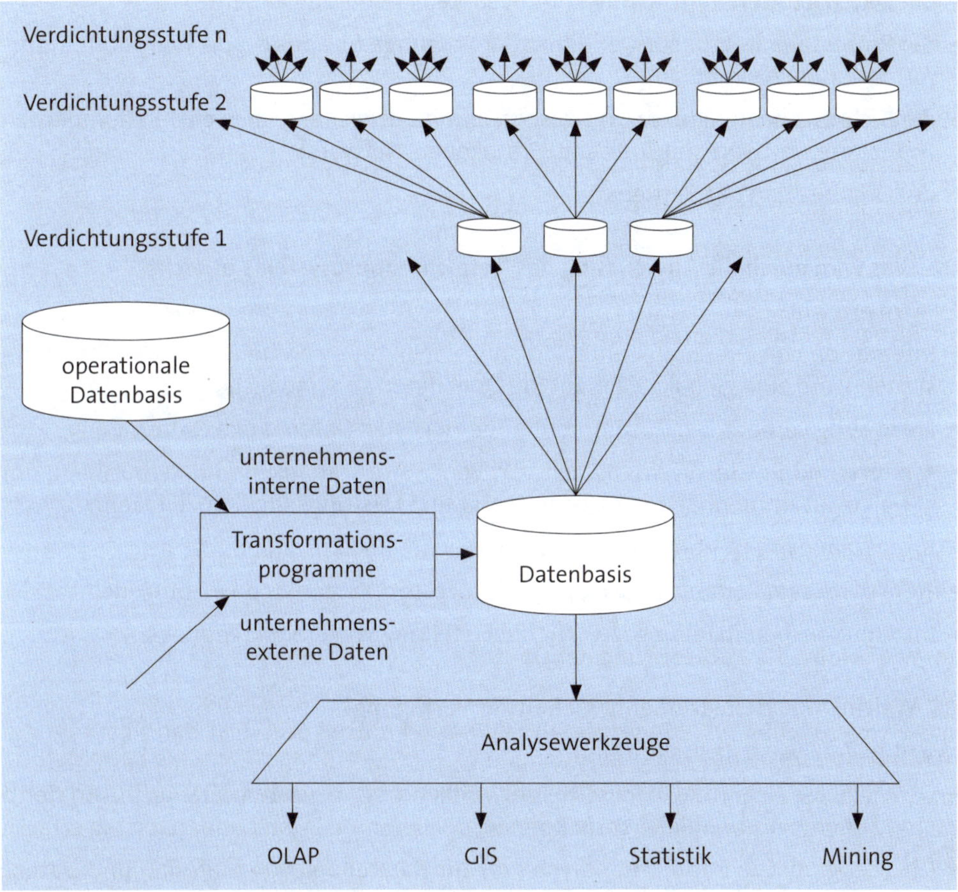

02. Welche Ziele verfolgen Datawarehousesysteme?

Ziele sind:

- Verbesserung der Geschäftsbeziehungen zu Lieferanten und/oder Kunden (z. B. Analyse des jeweiligen Verhaltens)
- Auswertung strategischer Daten (z. B. welches Teil wurde von welchen Lieferanten zu welchem Tagespreis angeboten) und operativer Daten (z. B. Auswertung der Lagerbestände nach Lagerdauer)
- Förderung der Unternehmensstrategie (z. B. durch Erkennen von Entwicklungen im Markt)
- präventives Controlling zur Vorausschau von Kennzahlen.

03. Welche Grundlagen hat das Datawarehousesystem?

Das Datawarehousesystem basiert auf:

- der Datenarchitektur (u. a. Anwendungsdaten, Steuerungsdaten)
- der Prozessarchitektur zur Definition der Vorgänge (u. a. Transport der Daten, Transformation , Verteilung)
- der technischen Architektur mit Beschreibung sämtlicher technischer Komponenten (Hardware, Software mit Tools und Protokollen, Netware)
- der Organisation des Betriebs.

04. Was wird durch die Anwendung des Datawarehousesystems erreicht?

Es wird erreicht:

- Integration von Daten aus unterschiedlich strukturierten und verteilten Datenbeständen, um eine globale Sicht auf die Quelldaten zu ermöglichen
- Ermittlung verborgener Zusammenhänge zwischen Daten durch Data-Mining
- schnelle und flexible Verfügbarkeit von Berichten, Statistiken und Kennzahlen, um etwaige Zusammenhänge zwischen Markt und Leistungsangebot zu erkennen
- umfassende Information über Geschäftsobjekte und Zusammenhänge
- Transparenz im Zeitablauf zu Geschäftsprozessen, Kosten und Ressourceneinsatz
- Informationsbereitstellung, z. B. für die Erstellung von Produktkatalogen.

05. Welche Analyseinstrumente stehen zur Verfügung?

Wichtige Analyseinstrumente sind:

- OLAP (Online Analytical Processing) zur Verdichtung von Daten, aber auch, um sie zu strukturieren und vergleichen zu können
- GIS (Geografische Informationssysteme) zur Darstellung von Material- und Datenflüssen in geografischer Hinsicht
- Mining-Werkzeuge zur Identifizierung noch unbekannter Zusammenhänge innerhalb der Unternehmensdaten (Auswertung von Trends)
- Statistikprogramme.

3.6.1.3 Vernetzungstechnik

01. Welche Bedeutung haben Datenübertragungsstandards?

Es ist heute üblich, die gesamte Wertschöpfungskette über die verschiedenen Bereiche des Unternehmens hinweg und unter Einbeziehung der Kunden- und Lieferantenseite einzubeziehen. Das Problem liegt in den unterschiedlichen Systemen, die in den beteiligten Bereichen und vor allem bei beteiligten Partnern Anwendung finden. Diese gilt es, über normierte Datenstandards systemübergreifend zu verbinden (EDI = Electronic Data Interchange).

02. Welche Datenübertragungsstandards werden unterschieden?

Wichtige Datenübertragungsstandards sind:

- EDIFACT (Electronic Data Interchange for Administration, Commerce and Transport): Branchenübergreifend und stufenübergreifend; verbindet häufig Einzelhandel, Großhandel und Industrie, die jeweils mit unterschiedlichen Systemen arbeiten. EDIFACT hat normierte Befehle für Vorgänge wie Bestellung, Avisierung, Lieferung, Rechnung. Beim Web EDI werden die Daten über das Internet ausgetauscht.
- TCP/IP (Transmission Control Protocol/Internet Protocol): Familie von Netzwertprotokollen für das Internet (Internetprotokollfamilie) für alle gängigen Betriebssysteme und fast jede denkbare Vernetzung; es ist spezielle Hardware (Router) erforderlich. Die Übertragung der Daten erfolgt in nummerierten Paketen.
- FTP (File Transfer Protocol): Kommunikationsprotokoll, um Daten zwischen zwei unterschiedlichen Computersystemen zu übertragen; findet nach dem Client-Server-Prinzip statt und ist das älteste und solideste Protokoll im Internet
- SEDAS (Standardisiertes einheitliches Datenaustauschsystem): Anwendung im Groß- und Einzelhandel
- S. W. I. F. T. (Society for Worldwide Interbank Financial Telecommunication) als Datenübertragungsstandard im Zahlungsverkehr
- ODETTE (Organisation for Data Exchange by Tele Transmission in Europe): Datenaustusch in der Automobilindustrie
- VDA (Verband der Deutschen Automobilindustrie): Datenübertragung bei Lieferabruf und Feinabruf
- XML (Extensible Markup Language): Standardisierung von Prozessen in der IT-Industrie auf der Basis von XML.

03. Welche Möglichkeiten der Vernetzung werden unterschieden?

Unterschieden werden:

- LAN (Local Area Network): Verbindung über maximal wenige Kilometer, gewöhnlich innerhalb eines Unternehmens
- W-LAN (Wireless Local Area Network): Drahtlose Verbindung im LAN über Funk
- WAN (Wide Area Network): Weltweite Verbindung möglich; es werden also große Strecken überwunden und werden von Internetanbietern unterhalten
- Internet als öffentliche Datenvernetzung, die von jedem (Unternehmen oder Bürger) genutzt werden kann
- Intranet als firmeninternes Netzwerk
- Extranet als Netzwerk, das bestimmte Geschäftspartner in das Firmennetz integriert.

3.6.1.4 Besonderheiten und Definition von Anforderungen im Lagerbereich

01. Welche Prozesse im Lager sind DV-gestützt?

DV-gestützte Prozesse sind u. a.:

- Wareneingang:
  - Vergleich mit den Bestelldaten
  - Kontrolle der Identität und der Menge
  - Erstellen der Wareneingangsmeldung
  - Erstellen des Qualitätsprüfberichts
- Lagerung:
  - Festlegung des Lagerplatzes
  - Buchung der Eingänge
  - Durchführung der Inventur
  - Auswertung der Bestände (z. B. ABC-Analyse)
- Kommissionieren:
  - Erstellen der Liefer-/Transportpapiere
  - Steuerung der Auslagerung und Zusammenstellung der Sendungen
  - Festlegung von Prioritäten
  - Auswertung der Auslieferungen durch Kennzahlen.

02. Welche Bedeutung haben Übertragungsreichweiten?

Logistik erfolgt heute weitgehend DV-gesteuert, dies bedeutet, dass auch die einzelnen Mitarbeiter vernetzt arbeiten. Wichtige Daten werden per Funk an die Mitarbeiter übermittelt (z. B. Kommissionieraufträge, Transportaufträge). Die beleglose Kommissionierung erfolgt:

- by Voice mittels Headset
- by Light mittels Signalen an den Regalen
- by Terminal durch Übertragung auf ein mitgeführtes Terminal
- by Vision mittels einer speziellen Datenbrille, in die die Daten projiziert werden.

Die Verbindung erfolgt über W-LAN, wodurch der Mitarbeiter direkt mit dem Rechner im Lager verbunden ist. Das System wird betrieben mittels Funkzellen, die jeweils einen Bereich von ca. 30 Meter abdecken; diese Zellen arbeiten überlappend, sodass gewährleistet ist, dass

- jeder Platz einbezogen ist
- jeder Mitarbeiter eingebunden ist.

03. Welche Störfaktoren können eintreten?

Störfaktoren können sein:

- Überlastung oder Ausfall einzelner Funkzellen, die durch automatische Übernahme durch benachbarte Zellen vermieden wird
- extreme Temperaturen
- Staub
- Erschütterungen
- Feuchtigkeit.

Dies wird durch entsprechend robuste Ausstattung der Hardware ausgeglichen. Außerdem sind natürliche Hindernisse (Wände, Decken) zu berücksichtigen.

04. Was ist bei der Stromversorgung zu beachten?

In der Logistik werden nicht nur Informationssysteme, sondern auch fast sämtliche Anlagen, Fördermittel und sonstige Einrichtungen mit Strom betrieben. Deshalb ist es besonders wichtig, dass

- das Stromnetz breit und intensiv aufgebaut ist, damit keine Überlastung eintritt
- keine Schwankungen in der Stromversorgung auftreten, die die Aggregate in ihrer Funktionsweise beinträchtigen
- genügend Ladestationen für elektrisch angetriebene mobile Geräte und Fahrzeuge zur Verfügung stehen.

Sollte der Betrieb auch bei Ausfall der externen Versorgung aufrechterhalten werden, könnte mit eigenen Anlagen bis hin zur Notstromversorgung, die sich bei Ausfall automatisch zuschaltet, gearbeitet werden.

Sollte trotzdem der Strom ausfallen, ist zur Sicherheit der Mitarbeiter, der Anlage und der Ware zu gewährleisten, dass sich die Fördermittel in ihre Ausgangsposition bewegen.

3.6.1.5 Möglichkeiten zur Integration von Anwendungssystemen

01. Welche Probleme ergeben sich heute im Bereich der Anwendungssysteme?

In den Betrieben werden heute die unterschiedlichsten Systeme nebeneinander angewandt. Allerdings reicht das Nebeneinander nicht aus, sondern die Systeme müssen miteinander verknüpft werden. Damit hat der Betrieb ähnliche Probleme zu lösen, wie sie heute in privaten Haushalten anfallen (z. B. Bedienung der Küchengeräte oder der Rollläden an den Fenstern über Smartphone).

Die Entwicklung geht heute so weit, dass einzelne Anlagen mit anderen Anlagen unmittelbar kommunizieren; ein Fertigungsroboter spricht ein Fördermittel direkt an, damit der Abtransport bearbeiteter Teile erfolgt. Gerade diese Möglichkeiten werden zu einer Revolution in der Steuerungstechnik führen. Dies bedeutet auch, dass ein Lkw Informationen von einem anderen Lkw über den Verkehrszustand erhält, die ohne Zutun der Fahrer verarbeitet werden und Funktionen beim Lkw auslösen (z. B. Bremsvorgang bei einem plötzlichen Hindernis auf der Fahrbahn bei einem vorausfahrenden Lkw).

02. Welche Ziele werden mit der Integration von Anwendungssystemen verfolgt?

Ziele sind:

- durchgängiger fehlerfreier Informationsfluss
- Verzicht auf manuelle Eingaben
- Vermeidung von Redundanzen
- weniger Fehleingaben
- hoher Automatisierungsgrad
- Überwindung von Grenzen innerhalb und außerhalb des Unternehmens

Die Suche nach geeigneten Techniken und Vernetzungsmöglichkeiten führt zum Aufbau einer Systemlandschaft und deren Aktualisierung. Dieser Vorgang wird als Systemgestaltung bezeichnet.

3.6.2 Anforderungen an die Softwareergonomie

01. Was ist Softwareergonomie?

Softwareergonomie ist ein Teilgebiet der Ergonomie, die allgemein die Anpassung von Technik an den Menschen bedeutet. Im Laufe der Zeit wurde auch im Bereich der IT, und hier vor allem im Bereich der Software, die Notwendigkeit erkannt, mitarbeiterfreundliche Gestaltung vorzusehen. Damit wird die Forderung verwirklicht, dass sich nicht der Mensch an die Software, sondern die Software an den Menschen anpassen soll.

Hierbei spielt die Norm DIN EN ISO 9241 eine große Rolle; im Vordergrund steht die Gebrauchstauglichkeit von Software, die in Leitsätzen niedergelegt ist. Der Softwareentwickler darf nicht nur an die Erfüllung der geforderten Funktionen denken, sondern sollte sich von Anfang an in die Person des Anwenders versetzen; er schaut durch die Brille des Anwenders. In der Norm werden Regeln für die Gestaltung der Farben, Menüs, Masken, Eingabedialoge festgelegt.

Für die Bedienbarkeit sollen auch die Ansprüche älterer und körperlich Eingeschränkter beachtet werden.

02. Welche Ziele verfolgt die Softwareentwicklung?

Ziele der Softwareentwicklung sind:

- Schutz der Mitarbeiter vor gesundheitlichen Schäden
- geringere psychologische Belastung
- keine vorzeitige Ermüdung

- Vermeidung von Fehleingaben
- Verbesserung der Arbeitsqualität
- höhere Produktivität bei der Arbeit mit dem System
- geringer Aufwand für Schulung und Einarbeitung, evtl. mit Selbstlernfunktion
- Motivation der Mitarbeiter.

03. Welche Grundsätze gelten für die Dialoggestaltung?

Nach DIN EN ISO 9241-110 gelten für die Dialoggestaltung folgende Grundsätze:

- Aufgabenangemessenheit/Steuerbarkeit: keine Ablenkung durch Beschreibung des Systems, sondern unmittelbar auf die Arbeitsausführung ausgerichtet
- Selbstbeschreibungsfähigkeit: auf Wunsch steht Erläuterung zur Verfügung (Hilfsfunktionen)
- Steuerbarkeit: Beeinflussbarkeit der Geschwindigkeit des Ablaufs durch den Nutzer, benutzergesteuerter Dialog, Stornierbarkeit von Aktionen
- Erwartungskonformität: Anpassung an die Vorstellungen des Benutzers und nicht umgekehrt
- Fehlertoleranz: trotz erkennbar fehlerhafter Eingaben wird das Benutzerziel erreicht; bei Eindeutigkeit automatische Korrektur
- Individualisierbarkeit: Anpassbarkeit an die Erfordernisse der Aufgabe, die Vorlieben des Benutzers und die Benutzerfähigkeit
- Lernförderlichkeit: Anleitung für Selbstlernprozesse, kurze Lernzeit.

3.6.3 Anwendungssysteme

01. Welche Anwendungssysteme werden unterschieden?

Unterschieden werden:

- Standardsoftware: Sie ist eine Softwarelösung, die nicht an einen bestimmten Betrieb angepasst ist, sondern in zahlreichen Betrieben eingesetzt werden kann; sie ist modular aufgebaut. Eine Anpassung erfolgt durch eine Vielzahl von Anwendungen, die aber meist nur zum Teil eingesetzt werden. Kleinere Anpassungen sind über Customizing möglich. Die Entwicklung von Standardsoftware ist sehr aufwändig, weshalb der Absatz einer hohen Anzahl von Systemen notwendig ist.
- Individualsoftware: Sie wird speziell auf die Probleme eines einzelnen Betriebs zugeschnitten. Nur so können die Probleme unmittelbar gelöst werden. Die Software passt sich dem Betrieb an und nicht umgekehrt. Individualsoftware ist vor allem vorzufinden:
  - bei Großbetrieben, bei denen die Möglichkeiten des Customizing von Standardsoftware als nicht ausreichend betrachtet werden
  - bei sehr speziellen Problemstellungen, bei denen die Abläufe des Betriebs unmittelbar Vorrang haben.

02. Wie ist die Standardsoftware zu bewerten?

Vorteile sind:

- geringe Kosten
- standardisierte Oberflächen
- ständige Weiterentwicklung und damit automatische Anpassung an Veränderungen
- spezielle Anpassung durch Customizing
- rasche Einarbeitung im Betrieb, falls die Standardsoftware bekannt ist.

Nachteile sind:

- Betrieb muss sich der Software anpassen
- sehr spezielle Funktionen sind nicht vorhanden
- kaum Einfluss des Anwenders auf Updates
- Abhängigkeit vom Systemlieferanten.

3.6.3.1 Integration

01. Welche Ziele und welche Probleme sind mit der Integration verbunden?

Integrationsziele sind u. a.:

- Überwindung der Grenzen zwischen Organisationseinheiten
- Verringerung manueller Arbeiten
- mehrfache Nutzung der Informationen
- weniger Erfassungsfehler
- weniger Redundanz bei den Daten, wodurch Speicherplatz gespart wird
- schnelle Entdeckung falscher Daten.

Integrationsprobleme sind u. a.:

- weit reichende Wirkung von Fehlern
- schwierig zu testen
- hohe Anforderungen an Softwareentwickler, aber auch hoher Aufwand beim Customizing.

02. Welche Ausprägungen der Integration werden unterschieden?

Integration erfolgt nach:

- dem Gegenstand
- der Richtung
- der Reichweite
- dem Grad der Automation.

03. Welche Formen der Integration nach dem Gegenstand werden unterschieden?

Formen der Integration sind:

- Datenintegration: Logische Zusammenführung der Datenbestände in Datenbanken; sie werden nur einmal gespeichert, dadurch Vermeidung von Redundanzen
- Funktionsintegration: Informationstechnische Verknüpfung betrieblicher Funktionen; dadurch erfolgt Nutzung gleicher Funktionen unabhängig von Abteilungen (z. B. Stücklisten in der Materialwirtschat und der Produktionswirtschaft)
- Prozessintegration: Informationstechnische Verbindung der einzelnen Geschäftsprozesse (z. B. Wareneingang mit der Finanzbuchhaltung, Einkauf mit der Lagerhaltung)
- Programmintegration: Abstimmung der einzelnen Programmteile aufeinander als Aufgabe des Softwareengineering im Gegensatz zum fachlich-inhaltlichen Konzept der Funktions- und Prozessintegration; Einsatz von ERP-Systemen.

04. Welche Integration wird hinsichtlich Integrationsrichtung und Integrationsreichweite unterschieden?

Hinsichtlich Integrationsrichtung werden unterschieden:

- horizontale Integration: Wertschöpfungsaktivitäten werden verknüpft, Teilprozesse aus unterschiedlichen Funktionsbereichen werden verbunden, z. B. Datenaustausch ohne Medienbrüche zwischen Administrationssystemen; die Teilprozesse sind dem Arbeitsablauf entsprechend verbunden
- vertikale Integration: Aministrationssysteme, Dispositionssysteme, Planungssysteme, Kontrollsysteme werden verknüpft; Teilsysteme desselben Funktionsbereichs werden auf verschiedenen Ebenen verbunden; es arbeiten also verschiedene Ebenen im Unternehmen auf Basis gleicher Daten.

Hinsichtlich Integrationsreichweite werden unterschieden:

- innerbetriebliche Integration: Verbindung verschiedener Anwendungssysteme eines Unternehmens. Die Bemühungen enden an der Unternehmensgrenze.
- zwischenbetriebliche Integration: Verbindung der Systeme verschiedener Standorte des Unternehmens untereinander
- überbetriebliche Integration: Externe Beteiligte (Kunden, Lieferanten) werden mit ihren Systemen integriert.

3.6.3.2 Anforderungen aus Logistiksicht

01. Welchen Anforderungen werden aus Logistiksicht gestellt?

Aus Logistiksicht besteht die Anforderung, dass die Anwendersysteme die Supply Chain abbilden. Diese Bearbeitung von Softwaredaten entlang der Wertschöpfungskette ermöglicht es, dass rasch gearbeitet werden kann. Verschiedene Bereiche des Unternehmens sowie Unternehmen untereinander kommunizieren ohne Bruch in direkter Form, Übertragungsfehler werden verhindert. So werden abgebildet:

- die Funktionen der Logistik:
  - Beschaffung
  - Lagerung
  - Distribution
  - Entsorgung
- die Verbindung zu angrenzenden Bereichen, wie:
  - Arbeitsvorbereitung
  - Kostenrechnung
  - Finanzbuchhaltung
  - Marketing
- die Verbindung zu anderen Unternehmen, wie:
  - Lieferanten
  - Kunden
  - Logistikdienstleister.

Die Verbindungen können durch eine Informationsmatrix dargestellt werden.

3.6.4 IT-Sicherheitsmanagement

01. Welche Ziele verfolgt das IT-Sicherheitsmanagement?

IT-Sicherheit ist gewährleistet, wenn die individuell definierten Sicherheitsziele für das betrachtete System durch angemessene Maßnahmen erreicht und laufend überwacht werden. Ziele sind u. a. die Verhinderung von:

- Bedrohung durch höhere Gewalt (Erdbeben, Feuer u. a.)
- vorsätzlichem Handeln (Manipulation, Hacking, Wirtschaftsspionage u. a.)
- Fahrlässigkeit und menschliches Fehlverhalten
- technischem Versagen (Hardwareausfall, Stromausfall u. a.)
- organisatorischen Mängeln (z. B. fehlendes oder mangelhaftes Berechtigungskonzept, ungeschultes Personal).

02. Welche Teildisziplinen beinhaltet die IT-Sicherheit?

Teildisziplinen sind:

- Identitätsmanagement (u. a. Authentisierungsprüfung)
- Zugangsmanagement (u. a. Zugriffsschutz, Chiffrierung)
- Entwicklung/Integration (u. a. sichere Softwareentwicklung, Test, Wartung)

- Bedrohungsmanagement (u. a. Bedrohungen und Schwachstellen, Angreifer, inhaltliche Kontrolle)
- Management der Informationssicherheit (u. a. Corporate Governance)
- Compliance (u. a. Sicherheitsstandards, Sicherheitsinstrumente, externe Auflagen).

3.6.4.1 Datenschutz

01. Was ist Datenschutz?

Beim Datenschutz geht es um den Umgang mit personenbezogenen Daten, egal wo sie anfallen; insofern ist die Problematik nicht nur für die Personalabteilung relevant, sondern auch für andere Bereiche.

Geregelt ist der Datenschutz durch das Bundesdatenschutzgesetz.

Hinsichtlich der Daten ergib sich folgende Risikenabstufung:

- Dürfen bzw. sollen Daten erhoben werden?
- Wenn ja, wie sind die Daten gegen Missbrauch zu schützen?

Das Bundesdatenschutzgesetz regelt die

- Erhebung
- Verarbeitung
- Nutzung

personenbezogener Daten.

Die Einschaltung und Kontrolle des Bundesdatenschutzgesetzes (BDSG) erfolgt durch einen vom Unternehmen zu bestellenden Datenschutzbeauftragten (bei mindestens zehn Personen, die personenbezogene Daten verarbeiten).

Datensicherheit dagegen schützt die Daten vor unterschiedlichen Risiken.

02. Welche Rechte hat der Betroffene nach dem Bundesdatenschutzgesetz?

Rechte sind:

- Benachrichtigung, dass Daten vom Betroffenen erhoben wurden
- Löschung, wenn Daten nicht mehr benötigt werden oder die Erhebung unzulässig war
- Berichtigung unrichtiger Daten
- Auskunft auf Antrag des Betroffenen, welche Daten gespeichert sind und welcher Zweck damit erfüllt werden soll
- Sperrung, wenn die Richtigkeit der Daten nicht eindeutig ermittelbar ist.

3.6.4.2 Gefahren für IT-Systeme

01. Welche Bedrohungen wirken auf IT-Systeme?

Bedrohungen sind:

- Bedrohung der Vertraulichkeit durch Zugriff unberechtigter Personen
- Bedrohung der Verfügbarkeit, indem Daten und Systeme verloren gehen
- Bedrohung der Integrität, indem die Verlässlichkeit der Daten beeinträchtigt ist
- Bedrohung der Authentizität, indem die Herkunft der Daten nicht mehr eindeutig festgestellt werden kann
- Bedrohung der Autorisierung, indem die Prüfung der Zugangsberechtigung beeinträchtigt ist.

3.6.4.3 Datensicherheit

01. Welche Maßnahmen dienen der Datensicherheit?

Maßnahmen sind:

- Einsatz einer Firewall
- Verwendung von Anti-Viren-Programmen
- Einsatz von Kryptografie (Verschlüsselung von Daten)
- Einsatz von Passwörtern mit regelmäßigem Wechsel
- Begrenzung der Zugriffmöglichkeit
- Protokollierung zur Beweissicherung
- besonderer Schutz des Zugangs für Mitarbeiter im Außendienst oder im Homeoffice
- regelmäßige Backups.

Außerdem sollten diese Maßnahmen unterstützt werden durch:

- Erarbeitung einer Sicherheitsrichtlinie
- Sensibilisierung der Mitarbeiter
- Unterweisung und Schulung der Mitarbeiter mit regelmäßigen Wiederholungen.

02. Was sollte bei der Auswahl einer Virenschutzsoftware beachtet werden?

Beachtet werden sollten:

- Die Software sollte sich täglich mindestens einmal automatisch aktualisieren. Falls sie sich über einer längeren Zeitraum nicht von selbst aktualisieren kann (weil z. B. keine Verbindung zum Internet hergestellt wird), muss das Antivirenprogramm eine Warnung ausgeben.
- Die Software muss für die Systemlandschaft geeignet sein, d. h. das verwendete System und die Formate müssen auch unterstützt werden (z. B. gibt es unterschiedliche Virenscanner für Windows-, Linus- oder Apple-Rechner).
- Das Virenschutzprogramm sollte Schadprogramme in aktiven Inhalten erkennen.

03. Welchen Inhalt sollte eine IT-Sicherheitsrichtlinie haben?

Eine IT-Sicherheitsrichtlinie ist für ein Unternehmen wichtig, da dort folgende Punkte geregelt werden:

- Benennung der Sicherheitsziele und Beschreibung der Sicherheitsstrategie
- Sanktionierung von Verstößen gegen die Richtlinie
- regelmäßige Überprüfung von Sicherheitsmaßnahmen
- verpflichtende Schulungs- und Weiterbildungsmaßnahmen
- Benennung des Verantwortlichen für die IT-Sicherheit und dessen genaue Funktion.

Wichtig ist außerdem, dass die Sicherheitsrichtlinie durch die Unternehmensleitung unterstützt wird, von dieser offiziell verabschiedet wurde und dadurch nachweislich eine hohe Bedeutung für das Unternehmen hat.

3.6.5 E-Commerce

01. Welche Bereiche ergeben sich durch die Abwicklung der kaufmännischen Arbeit über das Internet?

Bereiche sind:

- **B2A (B2G):** Business to Administration (Government) als Kommunikation zwischen Unternehmen und Staat
- **B2B:** Business to Business als Verbindung zwischen mindestens zwei Unternehmen (z. B. zweiseitiger Handelskauf)
- **B2C:** Business to Consumer als Verbindung zwischen Unternehmen und Endverbraucher (z. B. einseitiger Handelskauf).

02. Welche Aufgaben werden durch E-Commerce beeinflusst?

Beeinflusste Aufgaben sind u. a.:

- C-Teile-Management als automatisierter Prozess mit Integration der Systeme von Abnehmer und Lieferant zur Vereinfachung des Vorgangs. Eventuell stehen mehrere Lieferanten zur Verfügung, die ihren Shop auf dem Portal des Kunden bereitstellen.
- Vendor-Managed-Inventory: Das System geht einen Schritt weiter, denn der Lieferant liefert nicht nur, sondern er nimmt auch die Disposition und Lagerhaltung für den Kunden vor und führt die Bestände beim Kunden.
- Buyer-Managed-Inventory, bei dem die Bestände beim Lieferanten bereitgehalten werden; der Abnehmer steuert den Prozess (z. B. durch Erfassung der Bestandsbewegungen am Verkaufspunkt über ein Warenwirtschaftssystem); der Abnehmer besitzt also die Bestellhoheit.
- Durchführung von Ausschreibungen im Netz, bei denen die Lieferanten ihre Angebote formularmäßig mittels einer Eingabemaske beim Ausschreibenden hinterlegen;

die Auswertung wird erleichtert, da die Angebote von vorn herein „gleichnamig“ sind und nicht erst auf einheitliche Vergleichswerte umgerechnet werden müssen.

- Durchführung von Auktionen bei Geschäften mit meist kleinerem Umfang; es finden keine Verhandlungen mehr statt; der günstigste Anbieter erhält den Zuschlag.
- Nutzung von Firmenportalen, über die registrierte Geschäftspartner umfangreiche Funktionen der Geschäftsabwicklung nutzen können
- elektronische Bestellabwicklung
- digitale Zollanträge mittels ATLAS-System
- elektronische Frachtbörse, durch die Angebote von Logistikdienstleistern über das Netz mit Transportwünschen der Ab-/Versender in Verbindung gebracht werden; Leerfahrten werden vermieden, wodurch die Frachtraten durch sinkende Fixkosten ebenfalls sinken.

4. Betriebliches Kostenwesen und Logistikcontrolling

4.1 Planen, Erfassen, Analysieren und Bewerten der arbeitsbereichsbezogenen Kosten

01. Welche Aufgaben hat das Rechnungswesen?

Aufgaben des Rechnungswesens	
Dokumentation	zeitlich und sachlich geordnete Aufzeichnung aller Geschäftsvorfälle aufgrund von Belegen
Rechenschaftslegung und Information	gemäß gesetzlicher Vorschriften über die Vermögens-, Schuldens- und Erfolgslage des Unternehmens
Kontrolle	Überwachung der Wirtschaftlichkeit der betrieblichen Prozesse und der Liquidität des Unternehmens durch die Unternehmensleitung
Disposition	Zahlenmaterial als Grundlage für unternehmerische Planung und Entscheidungen

02. Aus welchen Bereichen besteht das Rechnungswesen?

Bereiche des Rechnungswesens	
Buchführung	als Zeitrechnung, Dokumentation und Rechnungslegung
Kosten- und Leistungsrechnung	zur Erfassung des Werteverzehrs (Kosten) und Wertezuwachses (Leistungen) zur Ermittlung des Betriebserfolgs
Statistik	zur Aufbereitung und Auswertung der Zahlen von Buchführung und Kosten- und Leistungsrechnung für Zeit- und Betriebsvergleiche
Planungsrechnung	zur Festlegung der künftigen Entwicklung im Unternehmen als Führungs- und Kontrollinstrument

Die Bereiche stehen in enger Verbindung und ergänzen sich.

03. Was sind Kosten und was sind Leistungen?

- **Kosten**: Wertmäßiger Verbrauch an Gütern und Dienstleistungen zur Herstellung und Verwertung von Leistungen
- **Leistungen**: Ergebnis der betrieblichen Tätigkeit (Kostenträger).

04. Welche Kosten werden unterschieden?

Nach der Abhängigkeit von der Beschäftigung werden unterschieden:

Kosten

- **variable Kosten**
  Kosten, die durch die Beschäftigung entstehen (z. B. Treibstoff)
- **fixe Kosten**
  Kosten, die immer anfallen, auch wenn keine Beschäftigung vorliegt (z. B. Kfz-Steuer)
  - **Nutzkosten**
    Kosten, denen Leistung gegenübersteht
  - **Leerkosten**
    Kosten ohne Leistung

Nach der Zurechenbarkeit der Leistung werden unterschieden:

Kosten

- **Einzelkosten**
  direkt dem Kostenträger zurechenbar (z. B. Stückkosten bei Fremdlagerung)
- **Gemeinkosten**
  werden über Zuschlagssätze dem Kostenträger zugerechnet (z. B. Gehalt des Logistikmeisters)

05. Welche Aufgaben hat die Kostenrechnung?

Aufgaben der Kostenrechnung sind:

- Ermittlung der Selbstkosten einer Abrechnungsperiode
- verursachungsgerechte Erfassung der Kosten
- Ermittlung der Selbstkosten je Produkteinheit
- Kalkulation der Verkaufspreise
- Schaffung von Wiederbeschaffungswerten im Anlagebereich durch Einbeziehung der Abschreibungen in den Verkaufspreis
- Bewertung der Lagerbestände
- Kontrolle der Wirtschaftlichkeit
- Grundlage für Planungen und Entscheidungen.

06. Wie ist die Kostenrechnung aufgebaut?

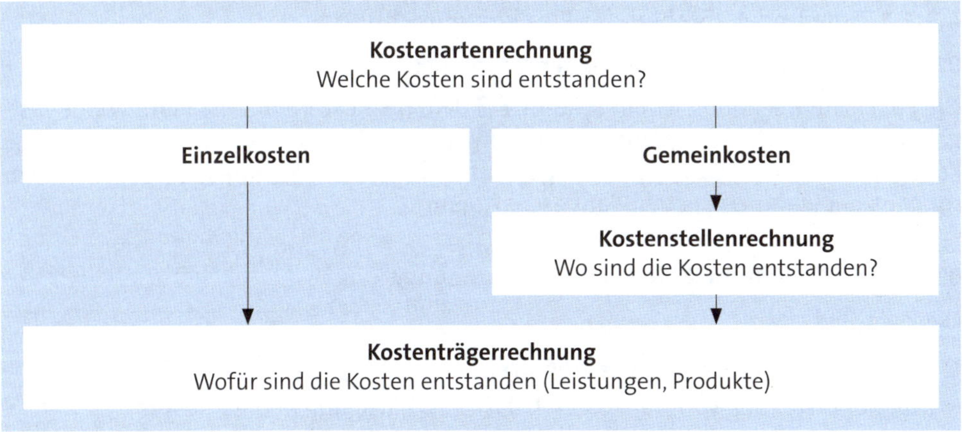

07. Welche Kostenrechnungssysteme werden unterschieden?

Kostenrechnungssysteme nach dem Kosteninhalt:

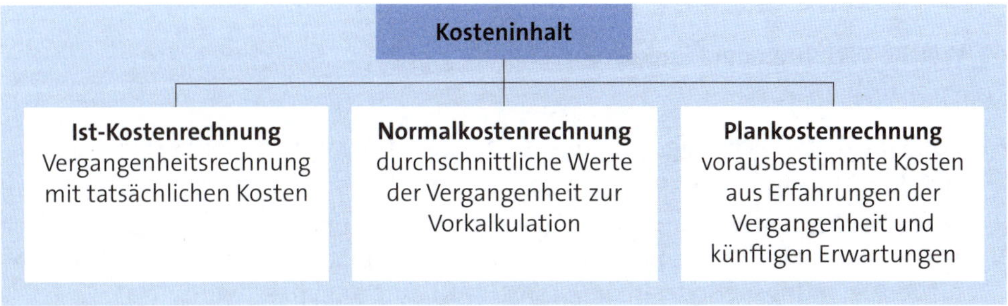

Kostenrechnungssysteme nach dem Verrechnungsumfang:

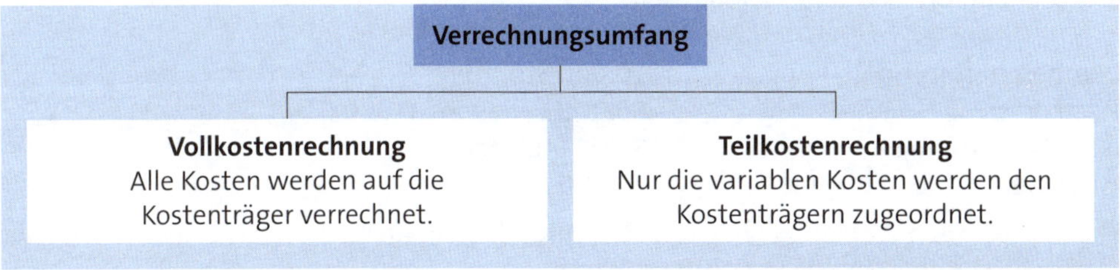

4.1.1 Plankostenrechnung als Teil der kostenbezogenen Unternehmensplanung

4.1.1.1 Ziele und Aufgaben der Plankostenrechnung

01. Womit befasst sich die Plankostenrechnung?

Die Plankostenrechnung ist ein System, bei dem die Kosten für eine Planperiode festgelegt werden, d. h. die geplanten Kosten ergeben sich aus dem Planpreis (z. B. künftige Kosten für die Auslieferung) und der geplanten Menge (z. B. Anzahl geplanter Auslieferungen), der Planmenge oder Planbeschäftigung.

02. Welche Ziele verfolgt die Plankostenrechnung?

Die Ziele sind:

- Ermittlung von Plankosten (Planmenge • Planpreis) für jede Kostenstelle
- Gegenüberstellung von Plankosten bei Ist-Beschäftigung und Ist-Kosten
- Feststellung der Abweichungen zwischen Plankosten bei Ist-Beschäftigung und Ist-Kosten (Verbrauchs-, Beschäftigungs-, Preisabweichungen)
- Aufdecken der Ursachen für die Abweichungen, evtl. Zuordnung von Verantwortung
- Lenkung der Kosten.

03. Welche Verfahren der Plankostenrechnung gibt es?

Man unterscheidet:

- **starre Plankostenrechnung**, bei der die Kosten auf der Basis einer bestimmten Beschäftigung geplant werden
- **flexible Plankostenrechnung**, bei der die Kosten in fixe und variable Kosten aufgelöst werden, und zwar für eine bestimmte erwartete Planbeschäftigung, die aber während der Rechnungsperiode an die Ist-Beschäftigung angepasst wird.

04. Welche Sätze bzw. Beträge werden im Zuge der Plankostenrechnung ermittelt?

Ausgangspunkt sind folgende Beträge:

Planbeschäftigung	10.000 Stunden
Plankosten	60.000 € (davon 20.000 € fix)
Ist-Beschäftigung	8.000 Stunden
Ist-Kosten	40.000 €

Einzelne Sätze bzw. Beträge sind:

Proportionaler Plankostenverrechnungssatz ($PKVS_{prop}$)

$$PKVS_{prop} = \frac{Kosten_{prop}}{Planbeschäftigung}$$

$$= \frac{40.000}{10.000} = \mathbf{4\ €/Stunde}$$

Fixer Plankostenverrechnungssatz ($PKVS_{fix}$)

$$PKVS_{fix} = \frac{Kosten_{fix}}{Planbeschäftigung}$$

$$= \frac{20.000}{10.000} = \mathbf{2\ €/Stunde}$$

Plankostenverrechnungssatz (PKVS)

$$PKVS = PKVS_{prop} + PKVS_{fix}$$

= 4 € +2 € = **6 €/Stunde**

Verrechnete Plankosten

$$\text{Verrechnete Plankosten} = PKVS \cdot \text{Ist-Beschäftigung}$$

= 6 • 8.000 = **48.000 €**

Dies sind die Kosten, die aufgrund der Beschäftigung kalkuliert werden.

Soll-Kosten

$$Kosten_{fix} + PKVS_{prop} \cdot \text{Ist-Beschäftigung}$$

= 20.000 + 4 • 8.000 = **52.000 €**

Dies sind die Kosten, die unter „normalen" Umständen bei Ist-Beschäftigung hätten entstehen müssen.

05. Welche Abweichungen ergeben sich im Soll-/Ist-Vergleich der Plankostenrechnung?

Abweichungen sind:

- **Verbrauchsabweichung:**

  Ist-Kosten = Ist-Menge • Planpreis

  Ist-Kosten - Soll-Kosten = 40.000 - 52.000 = **- 12.000 €**

  Preis- und Beschäftigungseinflüsse sind isoliert, denn
  - beide Größen sind zum Planpreis bewertet
  - in beiden Fällen gilt Ist-Beschäftigung.

  Der Kostenstellenleiter ist verantwortlich.

- **Beschäftigungsabweichung:**

  Soll-Kosten - verrechnete Plankosten = 52.000 - 48.000 = **+ 4.000 €** (Leerkosten)

  Die Kosten sind jeweils auf Ist-Beschäftigung bezogen; also geht es um die Frage: Welche Abweichung entsteht durch die „falsche" Beschäftigungsannahme (Planbeschäftigung)?

  Das Problem ergibt sich durch zu wenig oder zu viel verrechnete fixe Kosten:
  - positive Beschäftigungsabweichung: zu wenig verrechnete fixe Kosten (Verluste!)
  - negative Beschäftigungsabweichung: zu viel verrechnete fixe Kosten (Überbeschäftigung).

- **Gesamtabweichung:**

  Ist-Kosten - verrechnete Plankosten = 40.000 - 48.000 = - 8.000 €

  oder

Verbrauchsabweichung	- 12.000 €
+ Beschäftigungsabweichung	+ 4.000 €
= Gesamtabweichung	**- 8.000 €**

- **Preisabweichung:**

  Ist-Kosten zu Planpreisen - Ist-Kosten zu Ist-Preisen

  Es geht um die Frage, ob die Preise richtig eingeschätzt wurden, jeweils bezogen auf die Ist-Menge
  - zu Planpreisen
  - zu Ist-Preisen.

  Verantwortlich ist der Einkäufer bzw. der Kalkulator.

4.1.1.2 Planung der arbeitsbereichsbezogenen Kosten der Leistungserstellung

01. Wie werden Plankosten ermittelt?

Merkmal der Plankostenrechnung ist die Aufspaltung in fixe und proportionale Kosten. Die Ermittlung der Plankosten geschieht wie folgt:

- Planung der Einzelkosten:
  - Fertigungsmaterial auf der Basis von Stücklisten und Rezepturen und bei voraussichtlicher Preisentwicklung
  - Fertigungslöhne auf der Basis von Zeitstudien und Ablaufplänen unter Berücksichtigung der Tarifentwicklung und sonstiger Veränderungen
- Planung der Gemeinkosten:

  Auflösung jeder Gemeinkostenart auf Basis der Planbeschäftigung in fixe und proportionale Kosten. Dazu sind erforderlich:
  - Bildung von Bezugsgrößen mit folgenden Anforderungen:
    - möglichst proportional zur Kostenstellenleistung
    - wenig Einfluss von Preis- und Beschäftigungsschwankungen
  - Planung der Bezugsgrößen, Beschäftigungsplanung (z. B. 6.000 Stunden, 750 t)

    Kostenauflösung durch Aufteilung in fixe und variable Kosten, denn die Planung soll für alle Beschäftigungsgrade gelten; deshalb muss die Auswirkung der fixen Kosten auf andere Beschäftigungsgrade berücksichtigt werden.

    Verfahren der Kostenauflösung sind:
    - direkte Methode:

      Hier erfolgt eine genaue Aufteilung einzelner Positionen anhand von Zahlen der Vergangenheit, z. B.:

      Steigerung der Menge von 500 auf 600 Stück und der Kosten von 12.500 € auf 14.000 €:

      14.000 - 12.500 = 1.500 € : 100 Stück = 15 €/Stück

		vorher	nachher
	Gesamtkosten	12.500	14.000
-	variable Kosten	7.500	9.000
=	**fixe Kosten**	**5.000**	**5.000**

- mathematische Methode:

$$\frac{K_{nachher} - K_{vorher}}{Menge_{nachher} - Menge_{vorher}}$$

$$= \frac{14.000 - 12.500}{600 - 500} = \mathbf{15}$$

Die variablen Kosten betragen 15 €/Stück.

02. Wie werden einzelne Kostenarten im Zuge der Plankostenrechnung ermittelt?

- Für die Personalkosten gilt:
  - Anwendung der Standardarbeitszeit gemäß Planungskalender, proportional verteilt auf die Planungsmonate
  - Gehaltsanpassungen sind zu berücksichtigen in folgender Form:

	Ist-Gehalt
+	betriebsseitige Erhöhung
+	Tariferhöhung
=	**Plangehalt**

Ermittlung der Sozialkosten wie folgt:

Plangehalt • Faktor für direkte Zusatzkosten

Ermittlung der Fertigungslöhne:

Planlohnsatz/Std. • Std./Tag • Arbeitstage/Monat • 12

- Für die Materialkosten gilt:

Plan-Materialeinzelkosten • Planpreis/Einheit

Materialgemeinkosten werden per Zuschlagssatz berücksichtigt.

- Für die Betriebsmittelkosten gilt:
  - Abschreibungen sollten genügend hoch sein, um Ersatzinvestitionen vornehmen zu können.
  - Geplante Großreparaturen sind zu beachten.
  - Inspektionen und Wartungen werden gemäß Konditionen der Fremdfirmen eingebracht, soweit sie nicht von eigenem Personal durchgeführt werden.
  - Bei den kalkulatorischen Zinsen sind die Restwerte zu beachten:

$$\frac{(\text{Anfangswert} + \text{Restwert})}{2} \cdot \frac{\text{Zinssatz}}{100}$$

  - Für Energiekosten gelten Erfahrungswerte aus der Vergangenheit:

Energiekosten = Planverbrauch • Arbeitspreis in €/kWh + Grundkosten

4.1.2 Methoden der Kostenerfassung

01. Nach welchen Gesichtspunkten können Kosten erfasst werden?

Gesichtspunkte der Erfassung sind:

- Einsatzfaktoren
- betriebliche Funktionen
- Menge
- Art der Verwendung
- Beschäftigung
- Zeitpunkt der Entstehung.

4.1.2.1 Erfassung nach Einsatzfaktoren

01. Welche Kosten werden nach Einsatzfaktoren unterschieden?

Kosten nach Einsatzfaktoren orientieren sich an den Produktionsfaktoren:

- Arbeit: Personalkosten
- Betriebsmittel: Anlagekosten
- Werkstoffe: Kosten für Roh-, Hilfs- und Betriebsstoffe.

Dazu kommen:

- Dienstleistungskosten
- öffentliche Abgaben.

02. Wie werden Personalkosten unterteilt?

Personalkosten werden unterschieden in:

- direkte Personalkosten als:
  - Löhne für gewerbliche Mitarbeiter
  - Gehälter für kaufmännische und technische Angestellte
  - Zuschläge (u. a. Mehrarbeit, Erschwernis)
- indirekte Personalkosten, auch Personalzusatzkosten genannt, als:
  - Kosten für Fortzahlungsansprüche für
    - Krankheitszeiten
    - Urlaub
    - Feiertage
  - Sozialkosten

- Kosten der Aktivitäten der Personalabteilung für u. a.
  - Personalbeschaffung
  - Personalabbau (z. B. Abfindungen)
  - Qualifizierung der Mitarbeiter.

03. Welche Löhne werden nach der Ermittlung unterschieden?

Nach der Ermittlung werden unterschieden:

- Zeitlohn mit Zahlung eines gleichen Lohnsatzes je geleisteter Zeiteinheit ohne Berücksichtigung der hervorgebrachten Leistung. Anwendung erfolgt vor allem bei:
  - hoher Qualität
  - hoher Unfallgefahr
  - schlecht messbarer Arbeit
  - schöpfersicher Arbeit.
- Akkordlohn, bei dem unmittelbar gemäß der geleisteten Arbeitsmenge vergütet wird, wird unterschieden in:
  - Geldakkord, bei dem nach Anzahl der Stücke vergütet wird (auch Stückakkord genannt):

    Lohn = Akkordsatz/Stück • Stückzahl

  - Zeitakkord, bei dem mit Vorgabezeiten gearbeitet wird, die dem Mitarbeiter je Stück gutgeschrieben werden:

    Lohn = Vorgabeminuten/Stück • Stückzahl • Minutenfaktor

    Minutenfaktor = Stundensatz : 60

  Voraussetzungen sind:
  - Akkordreife
  - Akkordfähigkeit
  - persönliche Beeinflussung der Leistung.
- Prämienlohn, der sich aus Grundlohn (meistens Zeitlohn) und einer Leistungsprämie zusammensetzt, u. a. bezogen auf:
  - Arbeitsmenge
  - Qualität
  - Innovation
  - Qualifizierung.

04. Welche Kosten gehören zu den Sozialkosten?

Sozialkosten sind Kosten über die Löhne und Gehälter hinaus, unterschieden in:

- gesetzliche Sozialkosten auf der Basis von Gesetzen und Verordnungen:
  - Arbeitgeberanteil zur Renten-, Kranken-, Pflege- und Arbeitslosenversicherung
  - Umlagesätze U1 (Erstattung für Entgeltfortzahlung bei Krankheit)und U2 (Erstattung bei Mutterschaft)
  - Beitrag zur Unfallversicherung
- tarifliche Sozialkosten, u. a.:
  - Weihnachtsgeld
  - Urlaubsgeld
  - Betriebliche Altersversorgung
- freiwillige Sozialkosten auf der Grundlage von Betriebsvereinbarungen und einzelvertraglichen Regelungen als:
  - originäre Sozialkosten, die direkt an den Mitarbeiter gelangen, u. a.:
    - Verpflegungsgeld
    - Fahrtkostenzuschuss
    - Jubiläumszuwendung
  - sekundäre Sozialkosten, die indirekt an den Mitarbeiter gelangen über soziale Einrichtungen, u. a.:
    - Einrichtungen des Gesundheitswesens
    - Sport- und Freizeiteinrichtungen
    - Kantine
    - Werkszeitung.

05. Wie werden die Personalkosten berechnet?

Bei der Berechnung der Personalkosten müssen u. a. der Normalfall und die Vergleichbarkeit beachtet werden, damit Betriebsergebnisse nicht in hohem Maße schwanken; dies gilt z. B. für Urlaubsgeld, das über das gesamte Jahr verrechnet wird.

Grundlagen für die Berechnung der Personalkosten sind:

- eingereichte Lohnscheine bzw. Akkordscheine
- Zeiten aus der Betriebsdatenerfassung
- Anwesenheitszeiten für Angestellte.

Nur einem Teil der Personalkoten stehen tatsächlich erbrachte Leistungen gegenüber. Bei monatlichen Festvergütungen müssen zunächst kalkulatorische Verrechnungseinheiten in Form von Stundensätzen gebildet werden. Das gilt auch für Zuschläge für Mehrarbeit, Nachtarbeit, Sonntagsarbeit, wenn diese aus der innerbetrieblichen Disposition stammen und damit nicht bestimmten Aufträgen zurechenbar sind.

06. Welche betriebsmittelbezogenen Kosten werden unterschieden?

Zu den betriebsmittelbezogenen Kosten gehören:

- Abschreibungen
- Aufbaukosten
- Kosten für Ingangsetzung
- Prüfungskosten Wartungskosten
- Kosten für Instandhaltung
- Reparaturkosten
- laufende Betriebskosten.

07. Wozu dienen Abschreibungen?

Durch Abschreibungen werden:

- die Wertminderung der Anlagen erfasst
- die Anschaffungskosten auf die Nutzungsdauer verteilt
- der Gewinn gemindert
- die Anlage in den Preis einkalkuliert und somit durch den Kunden bezahlt
- der Gegenwert für eine Ersatzinvestition geschaffen.

Unterschieden wird zwischen:

- bilanzieller Abschreibung, die den Steuergesetzen entspricht; Höchstwert ist der Anschaffungswert, der aber gewöhnlich für eine Ersatzinvestition nicht ausreicht und
- kalkulatorischer Abschreibung, die keinen Vorschriften unterliegen; sie können deshalb auf Basis der Wiederbeschaffungswerte berechnet werden; damit wird dem Prinzip der Substanzerhaltung Rechnung getragen.

08. Auf welcher Grundlage können Abschreibungen berechnet werden?

Berechnungsgrundlage kann sein:

- Nutzungsdauer als Zeitabschreibung: Der Anlagenwert als Basiswert wird auf die Nutzungszeit linear verteilt. Dabei wird der Basiswert jährlich um die Steigerung des Wiederbeschaffungswerts erhöht, z. B.:

Basiswert 1. Jahr: Anschaffungswert	10.000 €
Basiswert 2. Jahr: Wiederbeschaffungswert (z. B. + 5 %)	10.500 €

  Die Substanzerhaltung wird durch die Aufzinsung des Basiswertes berücksichtigt.
- leistungsbezogene Abschreibung gemäß Umfang der Beanspruchung, z. B.:
  - Maschinenlaufzeit
  - Kilometerleistung bei Fahrzeugen

  Grundlage ist die erwartete Gesamtleistung (z. B. 100.000 km bei Fahrzeugen).

Die Substanzerhaltung ergibt sich ebenfalls durch einen veränderten Basiswert; danach kann aber auch ein erhöhter Gegenwert durch Fortsetzung der Abschreibung über die erwartete Gesamtleistung hinaus erzielt werden, soweit die Anlage noch nutzbar ist.

09. Was gehört zu den Werkstoffen?

Zu den Werkstoffen gehören:

- Rohstoffe als den Charakter der Produkts bestimmendes Material; sie werden Bestandteil des Produkts; Rohstoffe sind Einzelkosten. Dazu gehören auch bezogene Teile.
- Hilfsstoffe: Auch sie gehen in das Produkt ein, erfüllen aber nur Hilfsfunktionen; sie sind meistens Gemeinkosten (z. B. Schrauben, Leim, Lack, Verpackungsmaterial).
- Betriebsstoffe: Sie gehen nicht in das Produkt ein, sondern werden mittelbar oder unmittelbar bei der Produktion verbraucht; sie sind Gemeinkosten (z. B. Energie, Kraftstoff, Schmiermittel).

10. In welchen Schritten werden die Materialkosten ermittelt?

Folgende Schritte sind zu beachten:

- Ermittlung der Verbrauchsmengen erfolgt über die Verfahren:
  - Skontrationsmethode, bei der die Bestände in der Lagerbuchhaltung fortgeschrieben werden; die Abgänge, und damit der Verbrauch, ergeben sich durch die Materialentnahmescheine; damit ist der Verbrauch jederzeit feststellbar.
  - Inventurmethode, bei der sich der Verbrauch erst am Ende der Periode durch die Inventur nach folgender Formel ergibt:

	Anfangsbestand
+	Zugang
-	Endbestand
=	**Verbrauch**

  - Retrograde Methode, auch Rückrechnung genannt, bei der der Verbrauch aus den erstellten Halb- und Fertigerzeugnissen abgeleitet wird mit der Formel:

Verbrauch = hergestellte Stücke • Soll-Verbrauchsmengen/Stück Fertigprodukt

  Im Übrigen wird verwiesen auf Kapitel 3.2.3.2.

- Bewertung der Verbrauchsmengen mit folgenden Werten:
  - Anschaffungswert als Einstandspreis (Einkaufspreis - Abzüge + Bezugskosten) berücksichtigt als:
    - starrer Wert
    - durchschnittlicher Wert (permanent oder periodisch)

  - fiktiver Anschaffungspreis aufgrund der Verbrauchsfolgen (Fifo, Lifo, Hifo, Lofo). Verwiesen wird auf Kapitel 3.2.3.5.
- Wiederbeschaffungswert, der allerdings schwer feststellbar ist
- Tageswert, meist bezogen auf den Tag der Lagerentnahme
- Verrechnungswert als Wert, der über längere Zeit festgelegt wird und damit lfd. Schwankungen verhindert; die Unwägbarkeiten der Preisentwicklung am Beschaffungsmarkt werden ausgeschaltet. Man spricht auch von Normalisierung.

11. Was gehört zu den Dienstleistungskosten?

Zu den Dienstleitungskosten gehören:

- Mietkosten
- Reisekosten
- Bewirtungskoten
- Steuerberatungskosten
- Rechtsberatungskosten
- Prüfungskosten
- Versicherungskosten
- Patentkosten.

12. Was gehört zu den öffentlichen Abgaben?

Zu den öffentlichen Abgaben gehören:

- Gewerbesteuer
- Grundsteuer
- Kraftfahrzeugsteuer
- Gebühren
- Beiträge.

4.1.2.2 Erfassung nach betrieblicher Funktion

01. Welche Kosten werden funktionsbezogen unterschieden?

Nach Funktionen gegliederte Kosten sind:

- Beschaffungskosten für alle Funktionen, die mit der Beschaffung zusammenhängen
- Logistikkosten, u. a. für Transport, Lagerung, Kommissionierung
- Fertigungskosten
- Vertriebskosten, u. a. für Akquisition von Kunden, Werbemaßnahmen, Marktforschung
- Verwaltungskosten.

4.1.2.3 Erfassung nach der Menge

01. Welche Kosten werden nach der zu erfassenden Menge unterschieden?

Unterschieden wird zwischen:

- Gesamtkosten: Summe der Kosten für einen Faktor oder eine Funktion (z. B. gesamte Transportkosten); es ergibt sich folgender Verlauf:

fixe Gesamtkosten

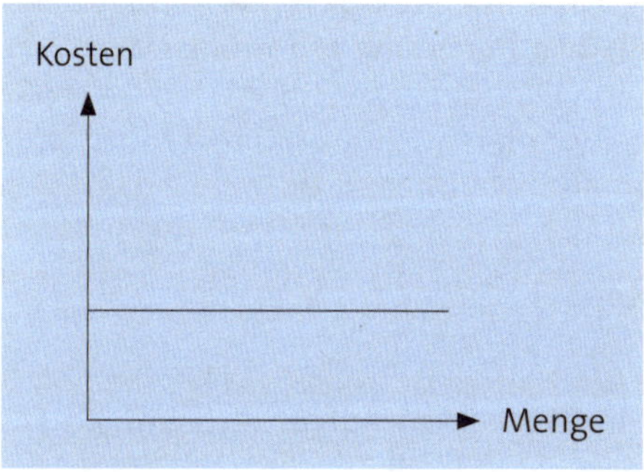

variable Gesamtkosten

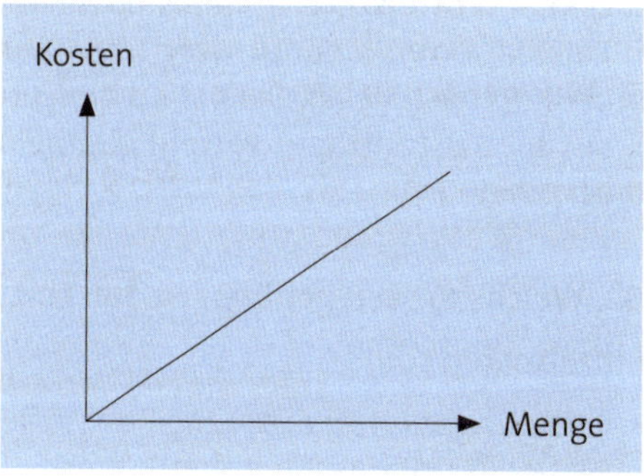

Mischkosten

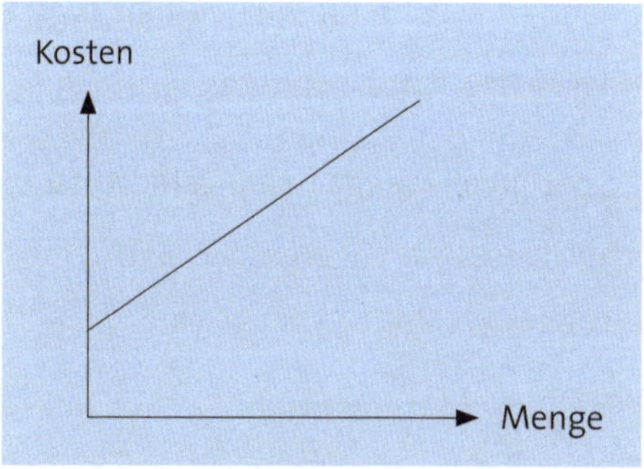

- Stückkosten: Verteilung der Gesamtkosten auf eine Einheit Produkt/Leistung; damit wird eine Grundlage geschaffen für die Kalkulation als Kostenträgerstückrechnung (z. B. Transportkosten je Einheit Produkt). Es ergibt sich folgender Verlauf:

fixe Stückkosten

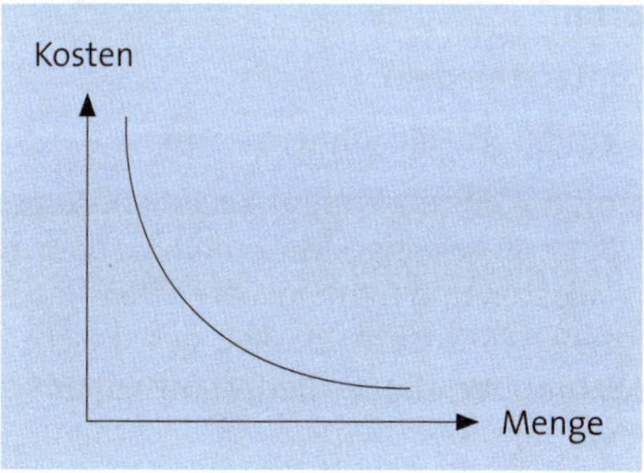

variable Stückkosten

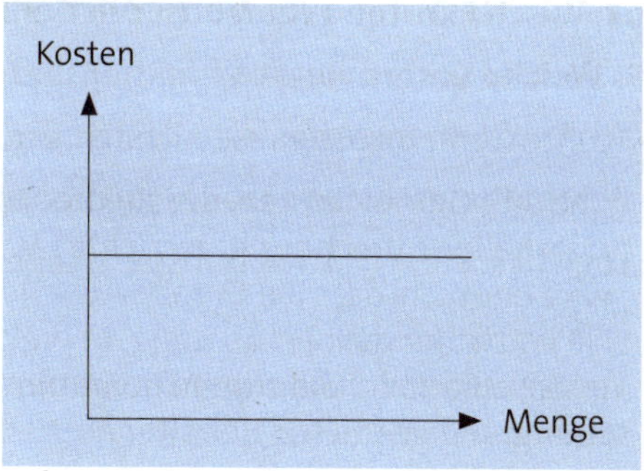

4.1.2.4 Erfassung nach Art der Verrechnung

01. Welche Kosten werden nach der Verrechenbarkeit unterschieden?

Bei der Unterscheidung nach der Verrechenbarkeit geht es um die Frage, inwiefern die Kosten unmittelbar dem Produkt zugerechnet werden können. Unterschieden werden:

- **Einzelkosten:** Die Kosten sind unmittelbar dem Produkt, also dem Kostenträger, zuzurechnen. Sie werden auch als direkte Kosten bezeichnet.
- **Gemeinkosten:** Die Kosten sind nicht unmittelbar dem Produkt zurechenbar. Für die Kalkulation wird der Umweg über die Kostenstellenrechnung genommen. Die Kosten der Kostenstelle als Ort der Kostenverursachung werden dann über Schlüsselgrößen auf die Kostenträger verteilt. Gemeinkosten werden auch als indirekte Kosten bezeichnet.

02. Welche Kosten gehören zu den Einzelkosten?

Einzelkosten sind:

- Fertigungsmaterialkosten: Rohstoffe, die in Stücklisten aufgeführt werden (z. B. Gussteile im Maschinenbau)
- Fertigungslohnkosten:; Löhne für Bearbeitungsvorgänge, die durch Vorgabezeiten den Lohnanteil der einzelnen Produkte vorgeben (z. B. Lohn für die Bearbeitungszeit eines Montagevorgangs)
- Sondereinzelkosten der Fertigung als
  - Sonderbetriebskosten (z. B. für ein Modell, Spezialwerkzeuge für einzelne Aufträge)
  - Konstruktionskosten
  - Patent- und Lizenzkosten
- Sondereinzelkosten des Vertriebs als
  - Kosten für Spezialverpackung
  - Ausgangsfracht
  - Transportversicherung
  - Verkaufsprovision.

03. Welche Kosten gehören zu den Gemeinkosten?

Es werden unterschieden:

- echte Gemeinkosten, die nicht zurechenbar sind (z. B. Hilfslöhne, Strom)
- unechte Gemeinkosten, die zugerechnet werden könnten, worauf aber aus Gründen rationeller Abrechnung verzichtet wird (z. B. geringwertige Materialien); dadurch wird deutlich, dass die Grenze zwischen Einzelkosten und Gemeinkosten fließend ist; sie ist häufig davon abhängig, in welcher Intensität Zurechenbarkeit gewünscht ist (z. B. Schrauben, die zugeteilt werden oder Schrauben, die bei Bedarf aus einem zur Verfügung gestellten Behälter entnommen werden).

4.1.2.5 Erfassung nach der Beschäftigung

01. Welche Kosten werden nach der Beschäftigung unterschieden?

Kosten nach der Beschäftigung sind:

- fixe Kosten
- variable Kosten
- sprungfixe Kosten
- Grenzkosten
- progressive variable Kosten
- degressive variable Kosten.

02. Was bedeutet Beschäftigung?

Beschäftigung ist die tatsächliche Nutzung der vorhandenen Kapazität, dem Leistungsvermögen, ausgedrückt in Leistungseinheiten, z. B.:

- Maschinenstunden
- Arbeitsstunden
- Produktionsmengen
- Kilometerleistung der Transportmittel
- Zahl der kommissionierten Aufträge
- belegte Lagerplätze.

Kapazität ist dabei das, was bei Vollbeschäftigung in einem bestimmten Zeitraum zu erreichen ist. Gemessen wird die Beschäftigung mit dem Beschäftigungsgrad als:

$$\frac{\text{genutzte Kapazität} \cdot 100}{\text{vorhandene Kapazität}}$$

Beispiel:

$$= \frac{5.000 \text{ belegte Regalplätze} \cdot 100}{7.500 \text{ gesamte Regalplätze}} = \mathbf{66{,}67\ \%}$$

03. Was sind fixe Kosten?

Fixe Kosten verändern sich bei Beschäftigungsschwankungen nicht. Allerdings gibt es keine absolut fixen Kosten. Ist der Zeitraum sehr groß, werden zunächst fixe Kosten variabilisiert.

Fixe Kosten sind stets Gemeinkosten, aber Gemeinkosten nicht immer fixe Kosten.

Hinsichtlich der Wirkung lassen sich die fixen Kosten einteilen in:

- Nutzkosten: Den fixen Kosten steht eine entsprechende Leistung gegenüber.
- Leerkosten: Den fixen Kosten steht keine Leistung gegenüber.

Zu den fixen Kosten zählen:

- Miete
- zeitabhängige Abschreibungen
- Gehälter
- Leasinggebühren für Lkws und Anlagen
- Zeitlohn für den Kommissionierer.

04. Was sind sprungfixe Kosten?

Sind die Produktionsfaktoren teilbar (z. B. fünf Kommissionierer im Zeitlohn), können die fixen Kosten stufenweise abgebaut werden, indem einzelne Mitarbeiter freigesetzt werden (Einsatz in anderen Bereichen oder Entlassung). Ebenso können fixe Kosten stufenweise aufgebaut werden, indem die Zahl der Kommissionierer erhöht wird. Der Kurvenverlauf sieht wie folgt aus:

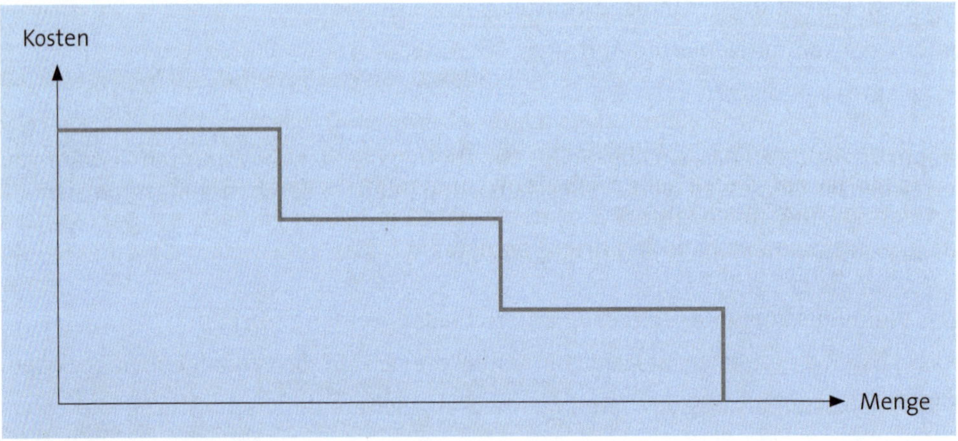

05. Was sind variable Kosten?

Variable Kosten sind Kostenbestandteile, die sich bei Variation der Beschäftigung ändern; sie werden auch als beschäftigungsvariable Kosten bezeichnet. Sie fallen also nur an, wenn auch Leistungen erstellt werden. Die variablen Gesamtkosten können

- proportional: gleichmäßige Auswirkung der Beschäftigungsänderung
- degressiv: die Kosten steigen geringer als die Beschäftigung
- progressiv: die Kosten steigen stärker als die Beschäftigung

verlaufen.

Variable Kosten können sowohl Einzel-, als auch Gemeinkosten sein. Typische variable Kosten sind:

- Materialkosten
- Akkordlöhne
- Kraftstoff für Lkws.

06. Was sind Grenzkosten?

Grenzkosten sind der Zuwachs der Gesamtkosten, der durch die Fertigung einer weiteren Leistungseinheit verursacht wird. Die Formel lautet:

$$\text{Grenzkosten} = \frac{\text{Kostenzuwachs}}{\text{Mengenzuwachs}}$$

4.1.2.6 Erfassung nach dem Zeitpunkt der Entstehung

01. Was ist hinsichtlich des Zeitpunkts der Entstehung zu beachten?

Es wird unterschieden zwischen:

- periodischen Kosten
- periodenfremden Kosten bzw. Aufwendungen.

Um die Kosten im Zeitverlauf vergleichbar zu machen und die Kalkulation zu normalisieren, werden periodenfremde Kosten

- entweder nicht berücksichtigt
- oder sie werden in die Perioden eingerechnet.

Des Weiteren kann unter Zeitbezug unterschieden werden zwischen:

- Ist-Kosten als effektive tatsächliche Kosten, die sich auf die Vergangenheit beziehen
- Normalkosten als aus der Vergangenheit abgeleitete durchschnittliche Ist-Kosten vergangener Perioden
- Plankosten als im voraus bestimmte auf einen ordnungsgemäßen Betriebsablauf bezogene Kosten.

4.1.3 Ablauf der Kostenrechnung

4.1.3.1 Kostenarten

01. Wie könnte ein Kostenartenplan aussehen?

In Anlehnung an den GKR (Industrie) könnte sich folgender Kostenartenplan ergeben (Auszug):

Kostenartenplan – Auszug
40 Stoffkosten
400 Stoffverbrauch-Sammelkonto
403 Rohstoffe
404 Hilfsstoffe
405 Betriebsstoffe
42 Brennstoffe, Energie
420 Brenn-und Treibstoffe
429 Energie
43 Personalkosten
430 Löhne-Sammelkonto
431 Fertigungslöhne
433 Hilfslöhne
438 Andere Löhne
439 Gehälter und Tantiemen
44 Sozialkosten und andere Personalkosten
440 Sozialkosten
440 Gesetzliche Sozialkosten
447 Freiwillige Sozialkosten
448 Andere Personalkosten
45 Instandhaltung, verschiedene Leistungen
450 Instandhaltung
450 Instandhaltung an Grundstücken und Gebäuden, Maschinen, Fahrzeugen, Werkzeugen, Betriebs- und Geschäftsausstattung
455 Allgemeine Dienstleistungen
456 Entwicklungs-, Versuchs- und Konstruktionskosten
457 Ausschuss, Gewährleistungen
46 Steuern, Gebühren, Beiträge, Versicherungsprämien
460 Vermögen-, Grundsteuer
461 Gewerbesteuer
463 Andere Steuern
464 Allgemeine Abgabe und Gebühren
465 Gebühren und dgl. für den gewerblichen Rechtsschutz
466 Gebühren und dgl. für den allgemeinen Rechtsschutz
467 Prüfungsgebühren und dgl.
468 Beiträge und Spenden
469 Versicherungsprämien
47 Mieten, Verkehrs-, Büro-, Werbekosten
470 Raum-, Maschinen-Mieten
472 Allgemeine Transportkosten
473 Versandkosten
474 Reisekosten
475 Postkosten
476 Bürokosten
477 Werbe- und Vertreterkosten
479 Finanzspesen und sonstige Kosten
48 Kalkulatorische Kosten
480 Verbrauchsbedingte Abschreibungen
482 Betriebsbedingte Zinsen
482 Betriebsbedingte Wagnisprämien
483 Unternehmerlohn
484 Sonstige kalkulatorische Kosten
49 Innerbetriebliche Kosten-und Leistungsverrechnung, Sondereinzelkosten
490 Innerbetriebliche Kosten- und Leistungsverrechnung
495 Sondereinzelkosten der Fertigung
496 Sondereinzelkosten des Vertriebs
4961 Vertreterprovision
4962 Versandfracht
4963 Verpackung
498 Sammelkonto Zeitliche Abgrenzung

4.1.3.2 Kostenstellenrechnung

01. Welche Aufgaben hat die Kostenstellenrechnung?

Die Kostenstellenrechnung dient dem Management zur Steuerung des Kosten- und Leistungszusammenhangs in den verschiedenen Bereichen des Betriebs. Aufgaben sind:

- Zurechnung der in der Kostenartenrechnung erfassten Gemeinkosten den jeweiligen organisatorischen Einheiten des Betriebs
- Beurteilung der Managementleistung der jeweiligen Verantwortlichen (Kostenstellenleiter)
- Wirtschaftlichkeitskontrolle und Abweichungsanalysen der verschiedenen Kostenarten in den einzelnen Bereichen
- verursachungsgerechte Zurechnung der Gemeinkosten auf die Kostenträger
- Vorbereitung der Kalkulation
- innerbetriebliche Leistungsverrechnung.

Die Kostenstellenrechnung ist das Bindeglied zwischen Kostenarten- und Kostenträgerrechnung.

02. Welche Grundsätze gelten für die Einteilung der Kostenstellen?

Kostenstellen sind betriebliche Arbeitsbereiche, in denen der Güterverzehr stattfindet. Sie werden nach Tätigkeits- und Verantwortungskriterien gebildet und selbstständig abgerechnet. Grundsätze sind:

- Kosten- und Leistungszusammenhang, d. h. die einer Kostenstelle zugerechneten Kosten müssen mit deren Leistung in Zusammenhang stehen; diese müssen bestimmbar und quantifizierbar sein. Dabei führen Unterschiede im Leistungsbereich zu jeweils eigenständigen Kostenstellen (z. B. separate Kostenstellen für eine automatische Verpackungsmaschine und für eine mechanisierte Verpackungsanlage).
- Identität, d. h. die Kostenstelle muss eindeutig einem Verantwortungsbereich zuzurechnen sein, wodurch der Kostenstelleleiter in die Verantwortung gezogen werden kann.
- Eindeutigkeit, d. h. die Kostenstellen müssen überschneidungsfrei festgelegt werden; deshalb werden häufig räumliche (z. B. Lagerbereich X) oder technische Einheiten (z. B. Verpackungsanlage Y) als Anhaltspunkte für die Kostenstellenbildung genommen. In einem Kostenstellenplan werden die Kostenstellen genau beschrieben.
- Wirtschaftlichkeit, d. h. die Unterteilung der Kostenstellen muss so genau sein, dass eine Betriebskontrolle und Leistungskalkulation ohne weiteres möglich ist. Dabei ist zu berücksichtigen, dass eine sehr feine Einteilung arbeitsaufwändig ist und deshalb nur dann erfolgen sollte, wenn die dadurch erlangten zusätzlichen Informationen dies rechtfertigen.

03. Welche Kostenstellenarten werden unterschieden?

Kostenstellenarten sind:

- Hauptkostenstellen, in denen der eigentliche Produktionsprozess/Leistungsprozess geschieht; die Aufteilung hängt von der Branche ab, z. B.:

  Industrie:

  - Material
  - Fertigung
  - Verwaltung
  - Vertrieb

  Handel:

  - Filiale 1
  - Filiale 2
  - Filiale 3
  - Verwaltung
  - Vertrieb

  Logistik:

  - Lager
  - Kommissionierung
  - Verpackung
  - Transport.

  In den Hauptkostenstellen werden Zuschlagssätze für die dort anfallenden Einzelkosten berechnet. Sie werden auch als Endkostenstellen oder primäre Kostenstellen bezeichnet.

- Hilfskostenstellen, die Nebenleistungen, bezogen auf bestimmte Hauptkostenstellen erbringen, z. B.:

  - Material: Einkauf, Materialeingang, Materiallager
  - Fertigung: Arbeitsvorbereitung, Werkzeugmacherei, Meisterei.

  Sie werden über die zugehörigen Hauptkostenstellen verrechnet. Sie werden auch als Vorkostenstellen oder sekundäre Kostenstellen bezeichnet.

- Allgemeine Kostenstellen, die nur mittelbar dem Produktionsprozess dienen; sie dienen dem gesamten Unternehmen und verrechnen auf alle Kostenstellen. Beispiele sind:

  - Gebäude
  - Heizung
  - Reinigung
  - Forschung- und Entwicklung.

04. Wie sieht ein Kostenstellenplan aus?

Der Kostenstellenplan könnte folgendes Aussehen haben:

Kostenstellenplan

1 Allgemeiner Bereich

11 Gruppe Forschung, Entwicklung, Konstruktion

111 Leitung der Gruppe
112 Zentrallabor
113 Konstruktionsabteilung
114 Versuchswerkstatt
115 Patentstelle
...

12 Gruppe Raum

121 Grundstücke und Gebäude
122 Heizung und Beleuchtung
123 Reinigung
124 Bewachung
125 Feuerschutz
...

13 Gruppe Energie

131 Wasserverteilung
132 Stromerzeugung und -verteilung
133 Gaserzeugung und -verteilung
134 Dampferzeugung und -verteilung
135 Presslufterzeugung und -verteilung
...

14 Gruppe Transport

141 Schienenfahrzeuge und Gleisanlagen
142 Förderanlagen und Kräne
143 Fuhrpark Lkw
144 Fuhrpark Pkw
145 Fuhrpark Hubstapler
...

15 Gruppe Instandhaltung

151 Werkstättenleitung
152 Bautischlerei
153 Schlosserei
154 Tischlerei
155 Elektrowerkstatt
...

16 Gruppe Sozial

161 Gesundheitsdienst
162 Kantine
163 Werksbücherei
164 Sportanlagen
165 Betriebsrat
...

2 Materialbereich

211 Einkaufsleitung
212
... Einkaufsabteilungen
216
221 Lagerleitung
222 Warenannahme
223 Prüflabor
224
... Werkstoffläger
227
228 Lagerkartei
229 Warenausgabe
...

3 Fertigungsbereich

311 Technische Betriebsabteilung
312 Arbeitsvorbereitung
313 Terminstelle
314 Werkzeugausgabe
315 Werkzeugmacherei
316 Lehrwerkstatt
317 Meisterbüro 1
322
... Fertigungsstellen
326
331 Meisterbüro 2
332
... Fertigungsstellen
336
...

4 Vertriebsbereich

411 Verkaufsleitung Inland
412
... Verkaufsabteilungen Inland
416
421 Verkaufsleitung Ausland
422
... Exportabteilungen
426
431
... Fabrikateläger
435
463 Expedition
...
441 Marktforschung
442 Werbung
451 Kundendienst
452 Montage
461 Verpackung
462 Verpackungsmateriallager
...

5 Verwaltungsbereich

511 Geschäftsleitung
512 Betriebswirtschaftliche Abläufe
513 Interne Revision
514 Rechtsabteilung
521 Buchhaltung
522 Betriebsabrechnung
523 Kalkulation
524 Personalbüro/Lohnbüro
525 Statistik
526 Rechenzentrum
531 Registratur
532 Poststelle/Botendienst
533 Büromateriallager und -ausgabe
...

05. Wie ist der BAB aufgebaut?

Der BAB (Betriebsabrechnungsbogen) ist eine Kostenverteilungstabelle für Gemeinkosten, die

- horizontal die Kostenstellen
- vertikal die Kostenarten

beinhaltet; Ziel ist die Errechnung von Gemeinkostenzuschlägen.

Der Aufbau sieht wie folgt aus:

Kostenstelle / Kostenarten	Verteilungsgrundlage	Zahlen der Buchhaltung	Allgemeine Kostenstelle	Materialstelle		Fertigungsstelle		Verwaltungsstelle	Vertriebsstelle
				Hilfskostenstelle	Hauptkostenstelle	Hilfskostenstelle	Hauptkostenstelle		

In welchen Schritten erfolgt die Erstellung eines BAB?

Übernahme der Einzelkosten

↓

Übernahme der primären Gemeinkosten

↓

Verteilung der primären Gemeinkosten

↓

Verteilung der sekundären Gemeinkosten

↓

Berechnung der Ist-Gemeinkostenzuschläge

↓

Übernahme der Normal-Gemeinkostenzuschläge

↓

Berechnung der Normal-Gemeinkosten

↓

Vergleich der Ist- mit den Normal-Gemeinkosten

06. Welche zwei Gruppen von Gemeinkosten werden unterschieden?

Unterschieden werden:

- Primäre Gemeinkosten, die in der Buchhaltung entstehen und auf alle Kostenstellen (Hilfs-, Haupt-, Allgemeine Kostenstellen) verteilt werden; sie unterteilen sich weiter in:
  - Kostenstellen-Einzelkosten, die per Beleg für die einzelnen Kostenstellen genau erfasst werden können, z. B.:

Kostenart	Verteilungsgrundlage
Wasser	Wasseruhr
Strom	Stromzähler
Hilfsstoffe	Materialentnahmeschein
Betriebsstoffe	Materialentnahmeschein
Hilfslöhne	Lohnliste
Gehälter	Gehaltsliste
Abschreibungen	Wiederbeschaffungswert

  - Kostenstellen-Gemeinkosten, die nicht genau ermittelbar sind, sondern durch realistische Verteilungsschlüssel auf die Kostenstellen verteilt werden, z. B.:

Kostenart	Verteilungsgrundlage
Miete/Pacht	Raumgröße in m^2
Reinigungskosten	Raumgröße in m^2
Heizkosten	Größe der Heizkörper
Instandhaltung	Wert der Anlagenteile
Grundsteuer	Fläche in m^2
Unfallversicherung	Zahl der Mitarbeiter
Feuerversicherung	Wert der Anlagen
Sozialkosten	Löhne/Gehälter

Sekundäre Gemeinkosten, die im BAB entstehen und nach dem Stufenleiterverfahren auf die Hauptkostenstellen stufenweise verteilt werden. Dazu werden die allgemeinen Kostenstellen und danach die Hilfskostenstellen aufgelöst. Diese Verrechnung erfolgt nur in eine Richtung. Dies ist beim Aufbau des BAB zu beachten. Auch werden möglichst realistische Verteilungsschlüssel angewandt.

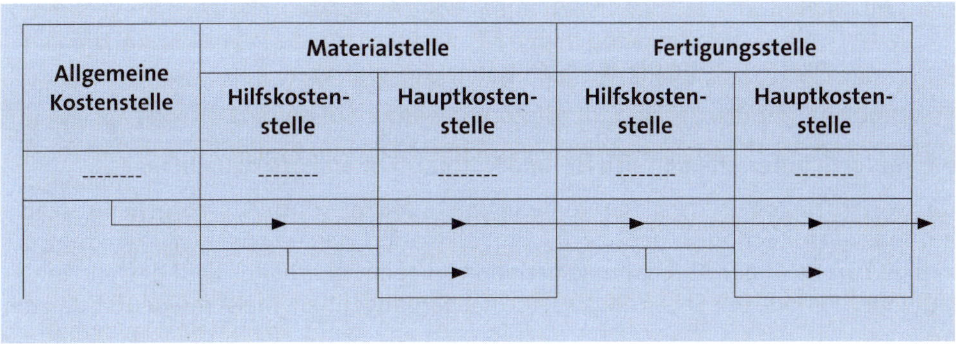

07. Wie werden die Gemeinkostenzuschläge ermittelt?

Über die Gemeinkostenzuschläge werden für die Hauptkostenstellen Kalkulationssätze ermittelt, die für die Kalkulation benötigt werden. Dazu werden sie den jeweiligen Einzelkosten (Fertigungsmaterial, Fertigungslöhne) bzw. den Herstellkosten des Umsatzes gegenübergestellt. Die Berechnungen lauten:

$$\text{Materialgemeinkostenzuschlag} = \frac{\text{Materialgemeinkosten} \cdot 100}{\text{Fertigungsmaterial}}$$

$$\text{Fertigungsgemeinkostenzuschlag} = \frac{\text{Fertigungsgemeinkosten} \cdot 100}{\text{Fertigungslöhne}}$$

$$\text{Verwaltungsgemeinkostenzuschlag} = \frac{\text{Verwaltungsgemeinkosten} \cdot 100}{\text{Herstellkosten des Umsatzes}}$$

$$\text{Vertriebsgemeinkostenzuschlag} = \frac{\text{Vertriebsgemeinkosten} \cdot 100}{\text{Herstellkosten des Umsatzes}}$$

08. Wie werden die Herstellkosten des Umsatzes errechnet?

Die Aktivitäten der Verwaltung und des Vertriebs beziehen sich nicht nur auf die Umsätze, die durch die Fertigung verursacht werden (Herstellkosten der Erzeugung), sondern der Aufbau von Lagerbeständen (Mehrbestand) bzw. deren Abbau (Minderbestand) werden berücksichtigt. Daraus ergeben sich die Herstellkosten des Umsatzes. Die Berechnung sieht wie folgt aus:

	Materialkosten (Fertigungsmaterial + Materialgemeinkosten)
+	Fertigungskosten (Fertigungslöhne + Fertigungsgemeinkosten)
=	Herstellkosten der Erzeugung
+	Minderbestand
-	Mehrbestand
=	**Herstellkosten des Umsatzes**

09. Wodurch unterscheiden sich Ist- und Normal-Gemeinkostenzuschläge?

Die Ist-Gemeinkostenzuschläge werden mit Ist-Zahlen ermittelt; sie ergeben sich also am Ende der Abrechnungsperiode. Für die Kalkulation werden aber Werte benötigt, die aktuell bereits in der Abrechnungsperiode vorliegen; gearbeitet wird deshalb in der laufenden Periode mit Erfahrungswerten der Vergangenheit, meist mit den Ist-Werten der Vorperiode, den Normal-Gemeinkostenzuschlägen als Vorkalkulation. Basis für die Berechnung sind die Ist-Einzelkosten:

Normal-Materialgemeinkosten = Ist-Fertigungsmaterial • Normal-Zuschlag

Normal-Fertigungsgemeinkosten = Ist-Fertigungslöhne • Normal-Zuschlag

Zur Berechnung der Normal-Verwaltungsgemeinkosten und der Normal-Vertriebsgemeinkosten müssen zunächst die Normal-Herstellkosten als Basis berechnet werden:

	Ist-Fertigungsmaterial
+	Normal-Materialgemeinkosten
+	Ist-Fertigungslöhne
+	Normal-Fertigungsgemeinkosten
=	Normal-Herstellkosten der Erzeugung
+	Minderbestand
-	Mehrbestand
=	**Normal-Herstellkosten des Umsatzes**

Daraus ergeben sich die Normal-Verwaltungs- und Normal-Vertriebsgemeinkosten:

Normal-Verwaltungsgemeinkosten = Normal-Herstellkosten • Normal-Zuschlag

Normal-Vertriebsgemeinkosten = Normal-Herstellkosten • Normal-Zuschlag

- Unterdeckung: Die Ist-Kosten sind höher als die Normal-Kosten, damit sind zu wenig Kosten in die Kalkulation eingegangen.
- Überdeckung: Die Ist-Kosten sind niedriger als die Normal-Kosten, damit sind die Preise zu hoch kalkuliert worden.

4.1.4 Kalkulationsverfahren und ihre Anwendungsbereiche

01. Wo liegt der Unterschied zwischen Vollkosten- und Teilkostenrechnung?

Bei der Vollkostenrechnung werden die gesamten ermittelten Kosten auf die Kostenträger verteilt, d. h. sowohl die variablen, als auch die fixen Kosten werden verteilt. Daraus ergibt sich das Problem, dass die fixen Kosten proportionalisiert und nicht verursachungsgerecht in die Kalkulation eingehen.

Bei der Teilkostenrechnung werden nur die variablen Kosten auf die Kostenträger verrechnet. Die fixen Kosten gehen als Block in das Ergebnis des Betriebs ein. Wichtigstes Verfahren ist die Deckungsbeitragsrechnung.

Durch die Teilkostenrechnung werden:

- die Erfahrungsanalyse und -planung verbessert
- Kostenkontrolle aussagefähiger
- der Einsatz der Produktionsfaktoren effizienter
- der Absatz besser gesteuert.

02. Welche Kostenrechnungssysteme werden unterschieden?

Unterschieden werden:

- Ist-Kostenrechnung: Vergangenheitsrechnung, bei der die tatsächlichen Kosten Gegenstand sind
- Normal-Kostenrechnung als Weiterentwicklung der Ist-Kostenrechnung; die Kosten der Kostenstellen werden als Normalkosten berechnet; es wird mit festen Verrechnungspreisen gearbeitet. Dadurch kann es im Verhältnis zu den Ist-Kosten Differenzen (Preisabweichung, Mengenabweichung) geben. Normalkosten können sein:
  - statische Mittelwerte
  - aktualisierte Mittelwerte.

  Sie können sich beziehen auf:
  - eine bestimmte Beschäftigung
  - schwankende Beschäftigung.
- Plankostenrechnung ist zukunftsorientiert, denn sie arbeitet mit im Voraus bestimmten Kosten, die methodisch berechnet sind. Dabei wird
  - entweder mit einer bestimmten Beschäftigung (starre Plankostenrechnung)
  - oder mit einer veränderlichen Beschäftigung (flexible Plankostenrechnung)

  gearbeitet.

4.1.4.1 Zuschlagskalkulation

01. Wie erfolgt die summarische Zuschlagskalkulation?

Bei der summarischen Zuschlagskalkulation wird ein Zuschlagssatz errechnet, bei dem alle Gemeinkosten in ein Verhältnis zu allen Einzelkosten ins Verhältnis gesetzt werden; als Ergebnis ergibt sich ein Zuschlagssatz für alle Gemeinkosten nach der Formel:

$$\text{Zuschlagssatz} = \frac{\text{gesamte Gemeinkosten der Periode}}{\text{gesamte Einzelkosten der Periode}}$$

Der Zuschlagssatz wird dann auf die Einzelkosten angewandt. Das Produkt wird demnach wie folgt kalkuliert:

> Einzelkosten pro Produkt • Zuschlagssatz

02. Wie erfolgt die differenzierende Zuschlagskalkulation?

Bei der differenzierenden Zuschlagskalkulation werden die Gemeinkosten aufgespaltet in die Bereiche:

- Material
- Fertigung
- Verwaltung
- Vertrieb.

Dadurch ergibt sich folgendes Schema:

	Materialkosten
+	Fertigungskosten
=	Herstellkosten
+	Verwaltungsgemeinkosten
+	Vertriebsgemeinkosten
+	Sondereinzelkosten des Vertriebs
=	**Selbstkosten**

03. Wie wird der Bruttoverkaufspreis errechnet?

Im Zuge der Angebotskalkulation wird der Bruttoverkaufspreis (BVP) errechnet. Dazu wird der Selbstkostenpreis wie folgt ergänzt:

	Selbstkosten
+	Gewinnzuschlag
=	Barverkaufspreis
+	Kundenskonto (im Hundert)
=	Zielverkaufspreis
+	Kundenrabatt (im Hundert)
=	Nettoverkaufspreis
+	Mehrwertsteuer
=	**Bruttoverkaufspreis**

04. Wie wird der Bezugspreis (Einstandspreis) ermittelt?

Das Schema ist die Umkehrung der Angebotskalkulation des Lieferanten und sieht wie folgt aus:

	Angebotspreis des Lieferanten
-	Rabatt
-	Bonus
+	Mindermengenzuschlag
=	Zieleinkaufspreis
-	Skonto
=	Bareinkaufspreis
+	Bezugskosten
=	**Bezugspreis/Einstandspreis**

Zu den Bezugskosten gehören:

- Verpackung
- Fracht
- Rollgeld
- Versicherung
- Zoll.

05. Wie werden die Selbstkosten im Handel ermittelt?

Der Handel geht vereinfacht vor und rechnet:

	Bezugspreis
+	Handlungskosten
=	**Selbstkosten**

Handlungskosten können anteilig bestehen aus:

- Personalkosten
- Raumkosten
- Werbekosten
- Transportkosten
- Verpackungskosten
- Provisionen
- Reisekosten

- Zinsen
- Abschreibungen
- Verwaltungskosten.

4.1.4.2 Kalkulation mit Äquivalenzziffern

01. Wann wird die Äquivalenzziffernkalkulation angewandt?

Die Äquivalenzziffernkalkulation ist eigentlich eine erweiterte Divisionskalkulation, wird aber in Betrieben angewandt, die mehr als ein Produkt herstellen. Diese Produkte sind aber hinsichtlich ihrer Ausgangsmaterialien gleichartig, die Be- und Verarbeitung verursacht allerdings unterschiedliche Kosten. Es wird davon ausgegangen, dass die Kosten der verwandten Produkte in einem bestimmten Verhältnis zueinander stehen. Äquivalenzziffern geben dieses Verhältnis an.

Beispiele sind:

- Walzwerke (gleiches Material in unterschiedlich ausgewalzter Stärke)
- Getränkeindustrie (Industrie mit unterschiedlichem Alkoholgehalt)
- Textilindustrie
- Papierindustrie.

02. Wie erfolgt die Äquivalenzziffernkalkulation?

Der Ablauf sieht wie folgt aus:

- Festlegung der Kostenanteile je Produkteinheit für die Kostenarten, die für die Sorten unterschiedlich sind
- Die Kostenanteile je Einheit werden in Beziehung zueinander gesetzt, indem eine Sorte = 1 gesetzt wird; es werden die Äquivalenzziffern errechnet.
- Berechnung der Rechnungseinheiten:

  Menge je Sorte • Äquivalenzziffer

- Berechnung der Selbstkosten je Rechnungseinheit:

  $$\frac{\text{Selbstkosten}}{\sum \text{Rechnungseinheiten}}$$

- Berechnung der Selbstkosten der Produkte:

  Rechnungseinheit pro Produkt • Selbstkosten pro Rechnungseinheit

- Berechnung der Selbstkosten je Produkt:

$$\frac{\text{Selbstkosten der Produkte}}{\text{jeweilige Menge}}$$

oder

$$\text{Selbstkosten je Rechnungseinheit} \cdot \text{Äquivalenzziffer}$$

4.1.4.3 Divisionskalkulation

01. Wie erfolgt die Divisionskalkulation?

Die Divisionskalkulation ist vor allem in Einprodukt-Betrieben vorzufinden. Es erfolgt keine Aufteilung in Einzel- und Gemeinkosten und damit auch nicht die Aufschlüsselung der Gemeinkosten auf die Kostenstellen. Die Kosten je Produkt ergeben sich aus folgender Formel:

$$\text{Selbstkosten pro Stück} = \frac{\text{Gesamtkosten der Periode}}{\text{Produktionsmenge der Periode}}$$

4.1.4.4 Deckungsbeitragsrechnung

01. Was ist der Deckungsbeitrag?

Der Deckungsbeitrag dient dazu, die fixen Kosten und, falls möglich, den Gewinn zu decken. Er ergibt sich aus folgender Rechnung, auf die Periode bezogen:

	Gesamterlös
-	variable Kosten
=	**Deckungsbeitrag (DB)**

Die Rechnung zeigt, dass gerade die variablen Kosten maßgeblich für den betrieblichen Erfolg sind, sie wirken proportional zur Beschäftigung auf die Kostenhöhe ein. Dagegen fallen die fixen Kosten auch dann an, wenn die Beschäftigung Schwankungen unterliegt.

Der Stückdeckungsbeitrag (db) ergibt sich durch:

	Erlös je Stück
-	variable Stückkosten (kv)
=	**Stückdeckungsbeitrag (db)**

Hinsichtlich der Stückkostenbetrachtung ergeben sich als

- langfristige Preisuntergrenze: Preis = Gesamtkosten
- kurzfristige Preisuntergrenze: Preis - kv = db = 0

02. Welche Voraussetzungen gelten für die Deckungsbeitragsrechnung und wozu dient sie?

Voraussetzungen sind:

- es muss eine Auflösung in fixe und variable Kosen erfolgen
- stabile Preise
- konstante Grenzkosten.

Sie ermöglicht:

- den Break-even-Point zu bestimmen
- die Preisuntergrenze zu bestimmen
- Make-or-buy-Entscheidungen zu treffen
- alternative Verfahren wählen
- ein ergebnisoptimales Programm/Sortiment festzulegen.

03. Wie wird die Gewinnschwellmenge errechnet?

Die Gewinnschwellmenge, auch Break-even-Menge genannt, gibt an, ab welcher Menge das Unternehmen in die Gewinnzone kommt. Eine Gewinnschwellen-Analyse ist nur im Ein-Produkt-Betrieb möglich, da sich die fixen Kosten nicht auf einzelne Produkte verteilen lassen. Bei der Gewinnschwellmenge reicht der Perioden-Deckungsbeitrag für ein Produkt gerade aus, um die fixen Kosten zu decken:

$$\text{Gewinnschwellmenge} = \frac{\text{gesamte fixe Kosten}}{\text{db}}$$

04. Wie wird errechnet, ob ein Zusatzauftrag lohnt?

Es muss entschieden werden, ob bei freier Kapazität ein weiterer Auftrag angenommen werden soll, obwohl der Stückpreis unter Vollkostendeckung liegt. Der Auftrag ist anzunehmen, wenn der Verkaufspreis über den variablen Kosten liegt. Er trägt dann dazu bei, Fixkosten, die auch ohne den Zusatzauftrag anfallen, zu decken und damit den Gewinn zu erhöhen.

05. Wie wird das Produktionsprogramm zusammengestellt?

Die Zusammenstellung erfolgt auf der Basis des relativen Deckungsbeitrags. Dazu wird der Stückdeckungsbeitrag (db) auf die Zeit/Stück umgerechnet:

relativer db = absoluter db/Stunde

Der Ablauf ist wie folgt:

- Berechnung der jeweiligen Stückzahlen, die in einer Stunde erstellt werden können
- Berechnung der relativen Deckungsbeiträge für jedes Produkt
- Festlegung der Reihenfolge der Produkte gemäß relativem DB
- Berechnung der Fertigungszeit je Produkt für den Auftrag
- Berechnung der Rest-Fertigungszeit für den Grenzartikel (Produkt, das mangels Kapazität nicht mehr vollständig produziert werden kann)
- Berechnung der jeweiligen zu produzierenden Mengen.

06. Wie wird unter Berücksichtigung der Deckungsbeitragsrechnung festgelegt, ob Eigenleistung oder Fremdbezug geschehen soll (Make-or-buy)?

Unter der Voraussetzung, dass freie Kapazitäten vorliegen, sind die variablen Kosten der Vergleichsmaßstab zum Preis für Fremdleistungen. Da die fixen Kosten bereits durch die bisherigen Produkte als gedeckt gelten, bleiben sie unberücksichtigt.

Auch bei Kapazitätsengpässen ist die Make-or-buy-Entscheidung abhängig von den variablen Kosten und dem Preis. Eigenleistung erfolgt solange, bis die Kapazitäten voll ausgeschöpft sind; die fehlende Menge wird fremdbezogen.

Die Überlegungen gelten sowohl für die Produktion, als auch für andere Leistungen, z. B.:

- Lagerung (Eigen-/Fremdlagerung)
- Transport (Eigen-/Fremdtransport).

07. Wozu dient die mehrstufige Deckungsbeitragsrechnung?

Bei der mehrstufigen Deckungsbeitragsrechnung werden die fixen kosten aufgeteilt in:

- erzeugnisfixe Kosten, die für ein bestimmtes Produkt entstehen (z. B. Entwicklung, Vertrieb)
- erzeugnisgruppenfixe Kosten für eine bestimmte Produktgruppe (z. B. Maschinenkosten für eine bestimmte Produktgruppe)
- unternehmensfixe Kosten, fixe Kosten für das gesamte Unternehmen.

Die Berechnung sieht wie folgt aus:

	Umsatzerlöse
-	variable Kosten
=	DB 1
-	erzeugnisfixe Kosten
=	DB 2
-	erzeugnisgruppenfixe Kosten
=	DB 3
-	unternehmensfixe Kosten
=	**Betriebsgewinn**

4.1.5 Umsatzsteuer (Mehrwertsteuer)

01. Was ist die Zahllast?

Für alle Lieferungen und Leistungen, die vom Unternehmen gegen Entgelt erbracht werden, fällt Mehrwertsteuer an (Ausnahme: Exporte); für Importe fällt ebenfalls Mehrwertsteuer an, die Einfuhrumsatzsteuer. Die Mehrwertsteuer wird jeweils auf den Kunden weiterverrechnet, letztendlich trägt der Letztverbraucher die Mehrwertsteuer.

Die Mehrwertsteuer beim Einkauf wird zur Vorsteuer und damit zur Forderung dem Finanzamt gegenüber. Die Mehrwertsteuer beim Verkauf wird zur Umsatzsteuer und damit zur Verbindlichkeit dem Finanzamt gegenüber.

Die abzuführende Mehrwertsteuer an das Finanzamt ist die Zahllast, die sich ergibt, wenn die Umsatzsteuer die Vorsteuer übersteigt:

	Umsatzsteuer
-	Vorsteuer
=	Zahllast

Sie wird monatlich errechnet.

02. Was ist ein Vorsteuerüberhang?

Übersteigt die Vorsteuer die Umsatzsteuer, ergib sich als Saldo der Vorsteuerüberhang. Er wird vom Finanzamt erstattet.

Ergebnismäßig spielt die Mehrwertsteuer für Betriebe, die vorsteuerabzugsberechtigt sind, keine Rolle. Vorsteuerüberhänge sind typisch für Unternehmen, die in hohem Maße exportieren; Exporte werden zum Nettowert erfasst, für die Umsatzsteuer ist der Empfänger in seinem Land zuständig.

4.2 Übernahme und Einhalten zugeteilter Budgets

01. Was ist Budgetierung?

Im Zuge der Budgetierung wird ein Budget erstellt. Das Budget ist gewöhnlich:

- eine verbindliche Vorgabe finanzieller Größen
- abgeleitet aus den Zielen des Unternehmens
- ausgerichtet auf einen bestimmten Zeitraum (z. B. ein Jahr).

Damit ist das Budget der finanzwirtschaftliche Teil der Planung. Budgetierung ist der Vorgang, bei dem das Budget

- erstellt
- genehmigt
- durchgesetzt
- angepasst

wird.

An der Budgetierung beteiligt sind:

- maßgeblich das Controlling (zentrales Controlling und Bereichscontrolling)
- Führungskräfte der einzelnen Bereiche und Abteilungen.

Die Budgetierung ist damit ein wichtiges Abstimmungsinstrument zwischen Controlling und Management.

02. Wodurch unterscheidet sich das Budget vom Finanzplan?

Hinsichtlich der Zahlenwerke haben beide große Ähnlichkeit. Allerdings unterscheiden sich das Budget und der Finanzplan wesentlich in ihrer Verbindlichkeit. Während der Finanzplan gewöhnlich eine Orientierung gibt, aber keine verbindliche Vorgabe darstellt, hat das Budget für alle Beteiligten Verbindlichkeit. Häufig werden die Budgetverantwortlichen in den Bereichen an der Einhaltung ihres Budgets gemessen. Das Budget und dessen Einhaltung sind ein wichtiger Bestandteil der jährlichen Zielvereinbarungen und damit am Ende des Jahres Teil des persönlichen Beurteilungsergebnisses; Vergütung und u. U. die persönliche Entwicklung der Führungskraft hängen also nicht unwesentlich vom Budget ab.

03. Welche Ziele hat die Budgetierung?

Ziele der Budgetierung sind:

- realistische Vorgaben und keine „Mondziele"
- Motivation und Identifikation der Mitarbeiter
- Koordination der Tätigkeiten im Budgetbereich und der Teilpläne der Bereiche untereinander
- Maßstäbe für die Bewertung der Leistung durch klare Soll-Größen
- Kontrolle des Grades der Zielerreichung
- Ermittlung des Bedarfs an finanziellen Mitteln.

04. Welche Regeln sind bei der Budgetierung notwendig?

Wichtige Regeln sind:

- Messbarkeit der Vorgaben
- klarer Bezug auf bestimmte Verantwortlichkeiten
- Beeinflussbarkeit durch den Budgetverantwortlichen
- Beteiligung der Budgetverantwortlichen an der Budgetierung
- Erreichbarkeit der Vorgaben unter realistischer Anstrengung
- Elastizität des Budgets, sodass der Budgetverantwortliche Handlungsspielräume hat.

05. Welche Gefahren birgt die Budgetierung?

Häufig wird bei der Budgetierung getrickst. Die Budgetbeträge werden oft an die Werte des Vorjahres angepasst, obwohl der Bedarf gesunken sein kann. Damit werden Budgetmittel verschwendet, denn der Budgetverantwortliche wird versuchen, die Budgetlinie voll auszuschöpfen, obwohl kein realer Bedarf besteht. Grundlage ist die Befürchtung, dass auch in den Folgejahren, wenn der Bedarf wieder gestiegen ist, die dann reduzierten Werte angesetzt werden.

4.2.1 Strategische und operative Budgetierung

01. Welche Merkmale hat die strategische Budgetierung?

Mittels der strategischen Budgetierung soll die langfristige Existenz des Unternehmens gesichert werden. Sie bezieht sich auf einen Zeitraum von zwei bis fünf Jahren. Themen sind deshalb:

- die finanziellen Rahmendaten für die nächsten Jahre
- die finanzielle Absicherung der Ausrichtung der Unternehmenspolitik

- die geplanten Ergebnisse der strategischen Geschäftsbereiche
- Erfassung von Investitionsentscheidungen.

Die strategische Budgetierung setzt die Rahmendaten für die operative Budgetierung.

02. Welche Merkmale hat die operative Budgetierung?

Die operative Budgetierung beinhaltet die

- Aufstellung
- Vorgabe
- Kontrolle

kurzfristiger Budgets, meist bis zu einem Jahr. Während die strategische Budgetierung die Richtung weist, geht es bei der operativen Budgetierung um die Erfolgskontrolle; es werden:

- Ergebnisse erfasst
- Abweichungen festgestellt
- Abweichungen analysiert
- Anpassung an veränderte Situationen vorgenommen.

Somit begleitet die operative Budgetierung unmittelbar den Vollzug der Leistungserstellung.

4.2.2 Arten der Budgetierung

01. Nach welchen Gesichtspunkten werden Budgets unterschieden?

Unterschieden werden:

- nach dem Umfang:
  - Einzelbudget
  - Gesamtbudget
- nach der Flexibilität:
  - starres Budget
  - teilweise flexibles Budget
  - flexibles Budget
- nach dem Zeitraum:
  - Monatsbudget
  - Quartalsbudget
  - Jahresbudget
  - Mehrjahresbudget

- nach dem Funktionsbereich:
  - Absatzbudget
  - Beschaffungsbudget
  - Produktionsbudget
  - Verwaltungsbudget
- nach den Produktionsfaktoren:
  - Investitionsbudget
  - Personalbudget
- nach der Vorgehensweise:
  - Top-down-Verfahren
  - Bottom-up-Verfahren
  - Gegenstromverfahren.

02. Wodurch unterscheidet sich das starre vom flexiblen Budget?

Beim starren Budget werden Werte vorgegeben, die über die Laufzeit hinweg nicht mehr verändert werden. Es erfolgt also keine Anpassung an Veränderungen. Dadurch wird einerseits der Budgetierungsvorgang vereinfacht, es entstehen aber rasch Ungenauigkeiten. Deshalb sollte eine starre Budgetierung nur im relativ kurzfristigen Bereich angewandt werden, denn die Ungewissheit steigt im Verhältnis zur Zeit in progressiver Form.

Dagegen arbeitet die flexible Budgetierung stets mit alternativen Werten. In kurzfristigen Abständen wird das Budget überarbeitet und den zwischenzeitlichen Veränderungen angepasst. Das flexible Budget ist deshalb auch längerfristig anwendbar. Wird die Überarbeitung in regelmäßigen Abständen durchgeführt, entspricht dies einem rollierenden System.

03. Wie verläuft das Top-down-Verfahren?

Das Top-down-Verfahren wird am häufigsten angewandt:

- Die Unternehmensleitung gibt das Gesamtbudget als Rahmendatum vor.
- Die einzelnen Bereiche leiten daraus Beträge ab und füllen den für den Bereich vorgegebenen Rahmen mit Maßnahmen und deren finanzielle Auswirkungen.
- Diese Teilbudgets werden dann (evtl. über mehrere Ebenen) in Unterbudgets weiter abgeleitet.

Budgetanforderungen durch die Fachabteilungen gibt es nicht. Die Budgetierung erlangt einen hohen Grad an Striktheit und ist in relativ kurzer Zeit durchzuführen. Andererseits können sich Fehleinschätzungen der Unternehmensleitung einschleichen, die u. U. durch unrealistische Vorgaben der Eigentümer zu Stande kommen können. Dadurch könnten unbedingt notwendige Maßnahmen unterbleiben.

Allerdings kann eine solch strikte Vorgehenseise in Krisenzeiten notwendig sein, um ein Kostensenkungsprogramm rigoros durchzuziehen.

04. Wie erfolgt das Bottom-up-Verfahren?

Beim Bottom-up-Verfahren entwickelt sich das Budget aus den Teilbereichen und Bereichen heraus zur Unternehmensleitung.

- Die Entwicklung des Budgets beginnt in der untersten Ebene, indem die Fachabteilungen ihren Finanzbedarf anmelden
- Auf der nächsten Stufe werden diese Finanzbedarfe zusammengefasst und an die nächsthöhere Ebene weitergeleitet
- Die Ansprüche werden also von unten nach oben verdichtet, bis bei der Unternehmensleitung das Gesamtbudget feststeht.

Das Risiko besteht in mangelnder Kostendisziplin der Bereiche, die lieber Bedarf „auf Vorrat" beantragen. Allerdings besteht in den einzelnen Teilbereichen ein hoher Grad an Identifikation mit den letztlich selbst festgelegten Mitteln.

05. Wie erfolgt das Gegenstromverfahren?

Top-down und Bottom-up haben jeweils wichtige Stärken, aber auch gravierende Schwächen. Deshalb kann es sinnvoll sein, ein Mischverfahren, das Gegenstromverfahren, anzuwenden:

- Das Gesamtbudget wird von oben nach unten vorgegeben und auf die einzelnen Abteilungen verteilt.
- Danach haben die Untergliederungen die Möglichkeit, begründete Korrekturen vorzunehmen und nach oben weiterzuleiten.
- Die Unternehmensleitung überprüft die Wünsche und berücksichtigt sie im Gesamtbudget oder lehnt sie ab.

In der Praxis können durchaus mehrere Durchläufe geschehen, allerdings sollte unter ökonomischen Gesichtspunkten maximal ein zweiter Lauf vorgesehen werden.

Beim Gegenstromverfahren müssen die Interessen der oberen und der unteren Ebenen koordiniert werden. Diese Aufgabe könnte dem zentralen Controlling zufallen.

4.2.3 Permanente Budgetkontrolle

4.2.3.1 Ermittlung von Abweichungen

01. Wie erfolgt die Kontrolle?

Die Kontrolle kann in folgenden Schritten erfolgen:

- Festlegung der Soll-Werte
- Erfassung der Ist-Werte

- Soll-/Ist-Vergleich und Erfassung der Abweichungen
- Abweichungsanalyse
- Festlegung von Maßnahmen zur Korrektur.

02. Welche Abweichungen werden unterschieden?

Unterschieden werden nach der Verursachung:

- Preisabweichung
- Verbrauchsabweichung
- Beschäftigungsabweichung
- Verfahrensabweichung.

Ein weiterer Grund für Abweichungen können Fehler in der Budgetierung sein.

03. Welche Bedeutung haben Preisschwankungen?

Budgetabweichungen können sich ergeben durch Abweichung bei den Preisen:

- für Material, z. B. durch:
  - konjunkturelle Preisschwankungen
  - Veränderung der Währungskurse
  - Veränderung der Marktposition des Unternehmens
- für den Produktionsfaktor Arbeit, z. B. durch:
  - Veränderung des Arbeitsmarktes
  - unerwartete Lohnerhöhungen
  - Unwägbarkeiten, wie erhöhter Krankenstand und vermehrte Fluktuation
- für Dienstleistungen, die in Anspruch genommen werden, z. B. durch:
  - höhere Wartungspreise durch Wegfall eines Anbieters
  - veränderte Kostenstrukturen des Anbieters (z. B. Gebäudereinigung, Bewachung)
  - höhere Kosten für Kommunikation durch größere Schutzmaßnahmen.

04. Welche Bedeutung haben Verbrauchsabweichungen?

Verbrauchsabweichungen können entstehen durch:

- Mehrverbrauch bei Ausschuss und Reklamation (z. B. Zusatzfahrten bei Falschlieferung)
- Sonderwünsche der Kunden (z. B. Auslieferung an einen anderen als den ursprünglich festgelegten Ort)
- Anlagenstillstände (z. B. nach unterlassener Wartung am Kommissionierroboter)
- stockender Materialfluss
- veränderte Zusammensetzung der Produkte.

05. Welche Bedeutung haben Beschäftigungsabweichungen?

Beschäftigungsabweichungen ergeben sich durch Schwankungen und Veränderungen bei der Auslastung der Anlagen; damit ergeben sich Veränderungen in der Verteilung der fixen Kosten. Die Ursache liegt vor allem in Schwankungen am Absatzmarkt. Konkret können sich Abweichungen ergeben durch:

- schwankenden Durchsatz von Waren bei der Kommissionierung
- unterschiedliche Auslastung der eigenen Transportfahrzeuge bei der An- und Auslieferung
- zeitweiser Stillstand der Produktionsanlagen
- Verringerung des Füllgrades im Lager
- teilweise Auslastung der Fördermittel.

06. Welche Bedeutung haben Verfahrensabweichungen?

Bei der Verfahrensabweichung ergeben sich Budgetdifferenzen z. B. durch:

- Übergang auf ein anderes Produktionsverfahren
- Automatisierung von Vorgängen
- veränderte Organisationsanweisungen
- Übernahme von Leistungen, die bisher vergeben wurden oder umgekehrt
- Verfahrenseingriffe durch veränderte Gesetzgebung.

4.2.3.2 Ergebnisfeststellung und Abweichungsanalyse

01. Wie erfolgt die Abweichungsanalyse?

Die Abweichungsanalyse erfolgt in folgenden Stufen:

- Festlegung, wer die Analysen durchführen soll (Controlling als Fremdkontrolle, Budgetverantwortlicher als Selbstkontrolle)
- zeitliche Festlegung der Prüfungsintervalle
- Festlegung von:
  - Toleranzbereichen, bei deren Einhaltung keine besonderen Maßnahmen notwendig sind
  - mittleren Abweichungsbereichen, bei denen durch Veränderung von Stellgrößen der Budgetverantwortliche handeln kann
  - größeren Abweichungsbereiche, bei denen der Eingriff des Controllings bzw. der Unternehmensleitung notwendig ist
- Feststellen der Abweichungen
- Ermittlung der Ursachen für die Abweichung.

02. Welche Bedeutung hat der Forecast?

Durch den Forecast wird die künftige Geschäftsentwicklung geschätzt; Basis ist der aktuelle Kenntnisstand. Er überbrückt die Lücke zwischen den Budgetwerten des letzten Jahres und den Ist-Werten. Dadurch ergibt sich die Chance, neueste Entwicklungen einfließen zu lassen. Hierdurch werden zeitnahe Reaktionen möglich.

Ist die Prognose auf das jeweilige Jahresende bezogen, nimmt der zeitliche Raum des Forecasts ständig ab; Ziel ist, möglichst frühzeitig zu prognostizieren, ob die Jahresziele erreicht werden.

Eine besondere Form ist der Rolling Forecast, bei dem der Prognosezeitraum konstant ist, meistens vier bis sechs Quartale, der Zeitrahmen aber ständig fortschreitet. Dies ermöglicht eine bessere und längerfristige Beurteilung der Entwicklung.

03. Welche Aufgaben hat die GAP-Analyse?

Bei der GAP-Analyse, auch Lückenanalyse genannt, wird untersucht, welche Differenz zwischen dem angestrebten Soll-Zustand und dem ohne zusätzliche Aktivitäten erreichbaren Zustand besteht und wie diese Lücke grundsätzlich geschlossen werden kann. Es werden strategische Planungsmaßnahmen abgeleitet, die auch als Hauptstoßrichtung genannt werden; je größer die Differenz, umso notwendiger ist eine Strategieänderung.

4.2.4 Maßnahmen zur Budgeteinhaltung

01. Welche Maßnahmen dienen der Budgeteinhaltung?

Maßnahmen, die vor allem der Gegensteuerung dienen, sind u. a.:

- verstärkte Lieferantenbindung
- langfristige Sicherung der Materialverfügbarkeit
- Vermeidung von Währungsschwankungen
- Abschluss längerfristiger Absatzverträge
- intensiverer Einsatz der Marketinginstrumente
- Verkürzung der Durchlaufzeiten
- Verringerung der Ausschussquoten
- Einsatz zuverlässiger Lager- und Fördertechnik
- rechtzeitiger Ersatz der Transportmittel
- rationellere Gestaltung der Organisationsabläufe.

Instrumente sind u. a.:

- Make-or-buy-Analyse (s. Kapitel 1.1)
- KVP.

02. Welche Bedeutung hat KVP?

Bei der Arbeit mit Gruppen im Zuge des kontinuierlichen Verbesserungsprozesses (KVP) iegt die Hauptaktivität bei den betroffenen Mitarbeitern selbst. Das Prinzip ist eine ständige Suche nach Ursachen von Problemen, um alle Systeme im Unternehmen ständig weiter zu verbessern. Es handelt sich um eine prozessorientierte Denkweise mit dem Weg als Ziel. Der Ablauf sieht wie folgt aus *(gem. Wannenwetsch, 2010, S. 196)*:

- Ziel festlegen
- Abweichung erkennen
- Analysieren
- korrekte Maßnehmen erarbeiten
- Qualifizieren
- Einführen
- Wirksamkeit messen
- neue Ziele setzen.

03. Welche alternativen Formen der Budgetierung werden unterschieden?

Alternative Formen der Budgetierung sind u. a.:

- Traditionelle Budgetierung: Ausgegangen wird von Vergangenheitswerten, die um realistische Zuschläge ergänzt werden; problematisch ist, dass nicht verbrauchte Beträge für ungeplante Anschaffungen genutzt werden.
- Zero-Base-Budgeting: Die Budgetierung orientiert sich nicht an alten Werten; vielmehr werden die Gemeinkostenbereiche hinsichtlich ihrer Leistungen und Wirtschaftlichkeit überprüft; Ziel ist die Einsparung von Kosten. Vorgegangen wird wie bei einer Neugründung.
- Better-Budgeting: Die Planung wird permanent weiterentwickelt, um in Form einer „Politik der kleinen Schritte" die Effizienz der bestehenden Systeme und Methoden zu verbessern (z. B. geringere Detaillierung der Planung, Einführung von Forecasts); traditionelle Ansätze werden dabei nicht infrage gestellt.
- Advanced-Budgeting: Als Weiterentwicklung werden kurzfristige Maßnahmen umgesetzt, die auf eine Steigerung der Planungsqualität bei gleichzeitiger Verringerung der eingesetzten Ressourcen abzielen; es erfolgen die Einbeziehung externer Benchmarkgrößen, eine deutlich verringerte Detaillierung der Planung; Einbeziehung nicht-monetärer Größen, Einführung eines Rolling Forecasts.
- Beyond-Budgeting: Es erfolgen eine Abkehr vom Plandenken und von Budgetierungsgrößen; in den Vordergrund treten relative Ziele nach dem Motto: „Es gilt besser zu sein als die Konkurrenz und nicht einen Plan zu erfüllen." Die Ausrichtung am Markt hat Priorität. Die Verantwortung wird stark dezentralisiert; Flexibilität, Kreativität und Leistungsansporn treten in den Vordergrund; damit ist eine veränderte Unternehmenskultur erforderlich, die durch ein Regelwerk von zwölf Prinzipien vorgegeben wird.

4.3 Beeinflussen der Kosten insbesondere unter Berücksichtigung der Prozessoptimierung

4.3.1 Prozessmanagement

01. Was ist Prozessmanagement?

Prozesse sind laut *Schulte* alle planerischen, organisatorischen und kontrollierenden Maßnahmen zur zielgerichteten Steuerung der Wertschöpfungskette eines Unternehmens im Hinblick auf die Zielsetzungen

- Kosten
- Zeit
- Qualität
- Innovationsfähigkeit
- Kundenzufriedenheit

oder anders ausgedrückt: Logistikprozesse

- finden
- gestalten
- dokumentieren
- verbessern.

Wesentliche Einflussfaktoren sind:

- die Leistungsbreite und -tiefe
- Outsourcing-Bestrebungen (u. a. Make-or-buy).

02. Was ist ein Prozess?

Ein Prozess ist:

- eine Abfolge von Aktivitäten, die in Beziehung zueinander stehen
- mit eindeutig definiertem Anfang und Ende
- innerhalb einer Zeitspanne
- nach bestimmten Regeln.

03. Welche Merkmale hat ein Prozess?

Wesentliche Merkmale sind u. a.:

- Ziel und Aufgabe: Jeder Prozess ist an einem bestimmten Ziel ausgerichtet und verfolgt eine bestimmte Aufgabe; er hat also ein klar definiertes Ergebnis.
- Anstoßereignis: Angestoßen wird der Prozess entweder durch einen Input als externes Ereignis oder durch ein zeitliches Ereignis (bestimmter Zeitpunkt ist erreicht); das Ergebnis eines Prozesses kann Anstoß für einen Folgeprozess sein.

- Prozessquelle (als Input) und Prozesssenke (als Output); beides kann materiell oder immateriell (z. B. Informationen) sein.
- Prozessaktivitäten als Abfolge von Aktivitäten, durch die der Input zum Output transformiert wird
- Ressourcen als Aktionsträger, die als Mitarbeiter oder Sachmittel unter zu Hilfenahme von Informationen die Transformation durchführen
- Durchlaufzeit als Zeit von Beginn bis zum Ende des Prozesses.

04. Welche Ziele hat das Prozessmanagement?

Ziele sind u. a.:

- Verringerung der Kosten inkl. der Ausführungskosten, Transportkosten, Rüstkosten, Lagerkosten, Informationskosten
- Verkürzung der Durchlaufzeit als Zeit für das Durchschleusen eines Auftrags (z. B. durch Parallelarbeit): Somit verringert sich die Kapitalbindung und der Kunde kann rascher bedient werden.
- Erhöhung der Flexibilität zwecks besserer Anpassung an die speziellen Kundenwünsche und größerer Leistungsvielfalt
- Verbesserung der Qualität des Prozesses zur Erhöhung der Wettbewerbsfähigkeit und zur Verringerung der Kosten und Beschleunigung der Auftragsausführung
- Erhöhung der Innovationsfähigkeit, vor allem hinsichtlich der Abläufe, im Wesentlichen gestaltet durch die Mitarbeiter selbst.

05. Welche organisatorischen Veränderungen ergeben sich beim Übergang von Funktions- auf Prozessorientierung?

Funktionsorientierte Organisation führt zu einer Vielzahl von Arbeitsschritten, die Steuerungsprobleme mit sich bringen und umfassende Koordination notwendig machen. Es entstehen funktionale „Fürstentümer", die ihre Eigeninteressen vertreten, auch Funktionsbarrieren genannt; hemmend wirken sich auch die Hierarchieebenen aus, sog. Hierarchiebarrieren. Es bilden sich Schnittstellen mit potenziellen Problemen.

Dagegen entwickelt sich die prozessorientierte Organisation entlang der Wertschöpfungskette. Die Arbeitsteiligkeit der Abläufe wird verringert. Die Mitarbeiter sind leichter zu motivieren und in kontinuierliche Verbesserungsprozesse einzubinden. Die Selbstständigkeit sowie wirtschaftliches Denken nehmen zu.

06. In welchen Stufen erfolgt Prozessmanagement?

Die Stufen sind:

- Prozessanalyse
- Prozessverbesserung
- Prozessrealisierung.

4.3.1.1 Prozessanalyse

01. Was ist bei der Prozessanalyse zu beachten?

Alle Aktivitäten sind auf das Wohl des externen Kunden auszurichten. Über eine Stärken-/Schwächen-Analyse wird u. a. festgestellt, welche der bereits vorhandenen Prozesse erfolgreich sind. Dabei spielen neben der Kundenorientierung die effiziente Nutzung der Ressourcen und die Verhinderung von Überschneidungen eine Rolle.

Bei der Erarbeitung kommt das Gegenstromverfahren als Mischung von Top-down und Bottom-up infrage. Durch die Einbeziehung der Mitarbeiter von Anfang an wird Transparenz hergestellt.

02. Welche Schritte gehören zur Prozessanalyse?

Die Prozessanalyse geschieht wir folgt:

- Analyse der Geschäftsfelder, die eigenständig geführt werden (verwandte Verwendung der Leistungen, gleicher Absatzweg, gleiche Kunden) und zu verstärkter Kundenbindung führen
- Definition der Prozesse, die in die Betrachtung einbezogen werden sollen, indem die Prozessaufgabe festgelegt wird
- Festlegung des Prozessumfangs, abhängig von der Zahl der Teilprozesse bzw. Aktivitäten.

03. Welche Rolle spielen die Verfahren der Zeitwirtschaft bei der Prozessanalyse?

Beim Prozessmanagement spielt die Verkürzung der Zeit eine wichtige Rolle. Deshalb ist es notwendig, Vorgabezeiten zu ermitteln. Zwei grundsätzlich verschiedene Verfahren stehen zur Verfügung:

- REFA-Zeitermittlung, bei der mit der Stoppuhr Grundzeiten für Arbeitsvorgänge ermittelt werden können (z. B. für das Abladen einer Palette); diese Ist-Zeiten werden durch Festlegung des Leistungsgrades des gemessenen Mitarbeiters in Normalzeiten als Soll-Zeiten umgerechnet. Ergänzt wird diese Zeit um Verteilzeitzuschläge sachlicher und persönlicher Art (für unplanmäßige Aktivitäten, z. B. Suche eines neuen Stellplatzes, wenn der für das Absetzen der Palette im Wareneingangsbereich vorgesehene Platz bereits besetzt ist).
- Systeme vorbestimmter Zeiten (auch Katalogverfahren genannt), bei denen für kleinste Handgriffe und Bewegungen bereits Zeittabellen existieren. Der Vorgang wird nun in kleinste Bewegungselemente zerlegt und aus dem Katalog werden die entsprechenden Zeiten entnommen. Die Zeiten werden addiert und auch hier mit Verteilzeitzuschlägen versehen. Vorteil dieser Methode ist vor allem die Zeiterfassung bei Vorgängen, die in der Realität noch nicht vorhanden sind.

04. Wer sind die aktiv am Prozess Beteiligten?

Aktiv am Prozess beteiligt sind:

- Prozesseigner als Gesamtverantwortlicher für einen Prozess; er ist der Machtpromotor, der
  - die Ziele ableitet
  - Coach für die Prozessmanager darstellt
  - kontrolliert.
- Prozessmanager als Verantwortlicher für die operative Umsetzung des Prozesses im Auftrag des Prozesseigners; er koordiniert die Mitarbeiter und sorgt für die laufende Optimierung und Weiterentwicklung des Prozesses.
- Prozessmitarbeiter als Verantwortliche für die ordnungsgemäße Durchführung der ihm übertragenen Aufgaben, häufig im Zuge der Selbstkontrolle
- Prozessteam, bestehend aus den Prozessmitarbeitern und dem Prozessmanager
- Prozesszirkel i. S. eines Quality Circles zur ständigen Verbesserung des Prozesses aus dem Prozess selbst heraus.
- Ein Prozesslenkungsausschuss kann bei umfassender Prozessorientierung in Großbetrieben als Entscheidungsorgan hinzutreten; er setzt sich aus den Prozesseignern und der obersten Unternehmensleitung zusammen und koordiniert bei verschiedenen Prozesse.

4.3.1.2 Prozessverbesserung

01. Welche Schritte gehören zur Prozessverbesserung?

Die Prozessverbesserung erfolgt in folgenden Schritten:

- Bestimmung der Prozessstruktur
- Festlegung der Reihenfolge der Aktivitäten des Prozesses, gewöhnlich gemäß sachlogischem Zusammenhang
- Definition der Schnittstellen, damit zwischen Prozessen, Teilprozessen und Aktivitäten ein reibungsloser Übergang erfolgen kann; deshalb sollten Übergabemodalitäten und Übergabeverantwortlichkeiten schriftlich festgelegt werden.
- Reduzierung von Überschneidungen, damit Doppelarbeiten verhindert werden; gleiche Aktivitäten für mehrere Teilprozesse werden auf der übergeordneten Prozessebene zusammengefasst.
- Festlegung von Erfolgskriterien als Messgrößen, anhand derer überprüft werden kann, ob das Ziel der Prozessverbesserung erreicht ist; diese Größen (z. B. Dauer, Fehlerquote, Kosten) dienen auch dem laufenden Controlling des Prozesses.
- Übertragung der Verantwortung für den Prozess auf den Prozesseigner oder den Prozessmanager
- umfassende Dokumentation des Prozesses mittels Ablaufbeschreibung, Arbeitsanweisung, Messpunkte für die Erfolgskriterien u. a.

02. Was ist bei der Bestimmung der Prozessstruktur zu beachten?

Der Prozess wird in Teilprozesse zerlegt bis hin zu Elementarprozesse, die nicht mehr weiter zerlegbar sind, z. B.:

1. Stufe	Wareneingang durchführen
	↓
2. Stufe	erste Prüfung der Sendung
	↓
3. Stufe	Anzahl der Packstücke feststellen

Bei der Zerlegung wird, wie generell in der Organisation, nach den Kriterien Verrichtung und Objekt vorgegangen.

Bei der Zerlegung sollten beachtet werden:

- möglichst weitgehend untergliedern,
- aber nicht zu viele Teilprozesse entstehen lassen, da das Gebilde zu komplex wird und zu viele Schnittstellen aufweist.

03. Welche Schritte gehören zur Prozessrealisierung?

Zur Prozessrealisierung gehören die folgenden Schritte:

- Freigabe des Prozesses durch den Entscheidungsträger
- Durchführung der Prozessverbesserung inkl. der Schulung der Mitarbeiter
- laufende Kontrolle der Realisierungsaktivitäten
- spätere weitere Analyse des Prozesses, um Optimierungsmöglichkeiten zu erkennen, damit der Prozess einer kontinuierlichen Verbesserung unterzogen wird
- in diesem Zusammenhang evtl. internes oder externes Benchmarking.

4.3.2 Prozesskostenrechnung

01. Warum wird Prozesskostenrechnung betrieben?

Die Voraussetzungen für eine verursachungsgerechte Kostenverrechnung sind in der klassischen Kostenrechnung nicht mehr gegeben. Der Gemeinkostenanteil steigt ständig, sodass immer weniger Kosten direkt zurechenbar sind. Selbst die Zurechnung über Schlüsselgrößen wird immer schwieriger. Durch

- steigende Automatisierung
- sinkende Leistungstiefe
- Steigerung der Planungs- und Überwachungstätigkeiten

wird die verursachungsgerechte Zurechnung immer schwieriger. Die Gemeinkosten werden in der herkömmlichen Kostenrechnung prozentual gemäß Einzelkosten berechnet. Dabei kommen teilweise Gemeinkostenzuschläge zu Stande, die um einige Hundert Prozent gestiegen sind und damit wenig realistisch erscheinen. Es entspricht nicht der Realität,

- dass der Prüfvorgang für einen hochwertigen Artikel höhere Gemeinkosten generiert, als ein geringwertiger Artikel
- Produkte mit kleiner Stückzahl mit geringen Gemeinkosten gerechnet werden und dadurch wirtschaftlich erscheinen
- Serien- und Massenprodukte mit hohen Gemeinkosten belegt werden, obwohl die Stückgemeinkosten bei großer Stückzahl sinken.

Die Prozesskostenrechnung ordnet deshalb die Gemeinkosten nicht den Kostenstellen zu, sondern ermittelt die Kosten für die Prozesse und damit verursachungsgerecht. Es findet keine Aufteilung in fixe und variable Kosten statt.

02. Welche Aufgaben verfolgt die Prozesskostenrechnung?

Die Prozesskostenrechnung schafft:

- eine bessere Kalkulationsgrundlage
- gesteigerte Effizienz durch:
  - Kontrolle der Wirtschaftlichkeit betrieblicher Prozesse
  - prozessorientiertes und damit funktionsübergreifendes Denken
  - Optimierung von Prozessen
- Transparenz hinsichtlich:
  - Verbrauch der Ressourcen einzelner Prozesse anstelle des Zuschlags auf die Einzelkosten
  - der Kapazitätsauslastung der klassischen Gemeinkostenbereiche durch die Vorgänge und die damit verbundene Kostensenkung bei steigender Auslastung
  - der Kosten von Produkt- und Verfahrensänderungen.

03. Was steht im Mittelpunkt der Prozesskostenrechnung?

Im Mittelpunkt der Prozesskostenrechnung steht nicht die Frage, wo Kosten angefallen sind, sondern für welche Tätigkeiten. Ebenso wird nicht unterschieden zwischen:

- Einzel- und Gemeinkosten
- fixen und variablen Kosten.

Unterschieden wird bei der Prozesskostenrechnung zwischen:

- leistungsmengeninduzierten (abhängige) Kosten
- leistungsmengenneutralen (unabhängige) Kosten.

Außerdem gilt es, Kostentreiber zu ermitteln, die für die Kostenhöhe verantwortlich sind.

04. In welchen Schritten erfolgt die Prozesskostenrechnung?

Die Prozesskostenrechnung erfolgt in folgenden Schritten:

Teilprozessdefinition (Kostenstellenzerlegung)
↓
Zuordnung der Kosten zu den Prozessen
↓
Festlegung der Kostentreiber
↓
Bildung von Prozesskostensätzen
↓
Verdichtung der Teilprozesse zu Hauptprozessen
↓
Prozessorientierte Produktkalkulation

4.3.2.1 Zerlegung der Kostenstellen in Teilprozesse

01. Wie erfolgt die Zerlegung der Kostenstellen in Teilprozesse?

Die Tätigkeiten in der Kostenstelle werden festgestellt und erfasst. Sie werden analysiert und mit Zeitwerten versehen. Dabei werden nur die Tätigkeiten erfasst, die sich häufig wiederholen; einmalige Tätigkeiten, die nicht zur direkten Aufgabenerfüllung notwendig sind, sind für die Prozesskostenrechnung nicht geeignet und werden deshalb nicht prozessorientiert verrechnet.

Gleichzeitig wird untersucht, ob die Tätigkeit in einer mengenmäßigen Beziehung zur Leistung steht oder ob die Tätigkeit nicht quantifizierbar ist.

Die Zeiten können über unterschiedliche Techniken erfasst werden (z. B. Zeitaufnahme, Beobachtung).

Beispiel für das Lager:

Kostenstelle	Teilprozess	Tätigkeiten	Zeitbedarf
Lager	Kommissionierung	Auslagern	30 Min./Auftrag
		Verpacken	10 Min./Palette

02. Welche wesentlichen Teilprozesse werden in der Logistik unterschieden?

Wichtige Teilprozesse sind:

- Kostenstelle Einkauf:
  - Angebote einholen und prüfen
  - Verhandlungen führen
  - Bestellungen ausfertigen
- Kostenstelle Lager:
  - Wareneingänge erfassen
  - Einlagerung vornehmen
  - Umlagern
  - Kommissionieren
- Kostenstelle Transport:
  - innerbetriebliche Bewegung
  - Verladung
  - Verkehrsmittel ordern.

4.3.2.2 Ermittlung der Prozessgrößen

01. Welche Rolle spielen Kostentreiber?

Kostentreiber sind Kosteneinflussgrößen bzw. Maßstäbe. Sie sind verantwortlich für die Kostenhöhe. Wichtige Kostentreiber sind z. B.:

- im Einkauf:
  - Anzahl der Angebote
  - Anzahl der Verhandlungen
- im Lager:
  - Anzahl der Anlieferungen im Wareneingang
  - Anzahl der Kommissionieraufträge
  - Anzahl der Positionen eines Auftrags
- beim Transport:
  - Anzahl der Ladeeinheiten
  - Anzahl der Versandaufträge.

Als weitere Prozessgröße wird die Prozessmenge benötigt. Es handelt sich um Plangrößen für die Teilprozesse. Die Prozessgrößen sind die Quantifizierung der Kostentreiber (z. B. 6.000 Anlieferungen/Jahr).

4.3.2.3 Ermittlung der Prozesskosten

01. Wie werden die Prozesskosten ermittelt?

Die Kosten werden aus der Kostenrechnung übernommen und auf die Prozesse und Teilprozesse gemäß der Beanspruchung verteilt. Dabei wird unterschieden nach:

- leistungsmengeninduzierten Kosten (lmi)
- leistungsmengenneutralen Kosten (lmn).

02. Wie werden die Prozesskostensätze ermittelt?

Die Prozesskostensätze werden in folgenden Schritten ermittelt:

- Für die leistungsmengeninduzierten Kosten werden für jeden Teilprozess Prozesskostensätze ermittelt als Prozesskosten je Einheit Prozessmenge nach der Formel:

$$\text{Prozesskostensatz}_{\text{lmi}} = \frac{\text{Prozesskosten pro Periode}}{\text{Prozesskosten pro Jahr}}$$

- Für die leistungsmengenneutralen Prozesskosten wird ein Umlagesatz ermittelt, bezogen auf die gesamten leistungsmengeninduzierten Prozesskosten nach der Formel:

$$\text{Umlagesatz} = \frac{\text{lmn} \cdot 100}{\sum \text{lmi}}$$

- Mittels Umlagesatz werden die leistungsmengenneutralen Prozesskosten auf die jeweiligen Teilprozesse umgerechnet; somit ergibt sich der Prozesskostenumlagesatz gemäß der Formel:

$$\text{Prozesskostenumlagesatz} = \frac{\text{Prozesskostensatz} \cdot \text{Umlagesatz}}{100}$$

Der Prozesskostengesamtsatz ergibt sich aus der Summe:

$$\text{Prozesskostengesamtsatz} = \text{Prozesskostensatz} + \text{Prozesskostenumlagesatz}$$

4.3.2.4 Verdichtung der Prozesse

01. Wie erfolgt im Zuge der Prozesskostenrechnung die Verdichtung der Teilprozesse zu Hauptprozessen?

Teilprozesse werden als typische betriebliche Abläufe zu Hauptprozessen zusammengefasst. Typische Hauptprozesse können sein:

- Abwicklung von Einkaufsaufträgen
- Abwicklung von Versandaufträgen

- Vorbereitung und Durchführung des Transports im Zuge der Auslieferung
- Bearbeitung einer mangelhaften Lieferung.

Hinsichtlich der Prozesskosten werden die Prozesskostensätze der Teilprozesse zum Hauptprozesskostensatz zusammengefasst, z. B.:

Prozess	Prozesskostensatz in €
Teilprozess 1	53
Teilprozess 2	198
Teilprozess 3	15
Hauptprozess	266

Sind mehrere Hauptprozesse beteiligt, entsteht eine Prozesskette; die Hauptprozesskostensätze werden addiert, z. B.:

Prozess	Hauptprozesskostensatz in €
Hauptprozess 1	266
Hauptprozess 2	120
Hauptprozess 3	30
Prozesskette	416

4.3.2.5 Prozessorientierte Kalkulation

01. Wie erfolgt die Kalkulation im Rahmen der Prozesskostenrechnung?

Für die prozessorientierte Kalkulation wird, auf die Auftragsgröße bezogen, folgendes Schema angewandt:

	Materialeinzelkosten
+	Prozesskosten Einkauf
+	Prozesskosten Logistik
=	**Materialkosten**

Diese Werte werden dazu in die weiterführende Kalkulation eingebunden. Auch bei der prozessorientierten Kalkulation werden die Einzelkosten direkt auf die Kostenträger verrechnet.

Bei dieser Vorgehensweise ist gewährleistet, dass nur die Kosten für die Prozesse berücksichtigt werden, die auch in Anspruch genommen werden.

4.3.3 Vorgabe von Zielkosten für Prozesse

02. Welche Bedeutung hat die Zielkostenrechnung?

Zielkostenrechnung, auch Target Costing genannt, bezieht in die Betrachtung mit ein, dass heute neben den Kosten weitere wichtige Einflussgrößen Einzug in die Preisbildung gehalten haben. Dies ist typisch für Käufermärkte, die heute überwiegen; bei Käufermärkten ist das Angebot größer als die Nachfrage. Deshalb wird der Markt in die Preisfestsetzung einbezogen. Die Frage lautet aufgrund des Nachfrageverhaltens und der Konkurrenzsituation: Wie hoch darf der Preis und wie hoch dürfen damit die Kosten sein?

Den Kostenüberlegungen vorgeschaltet sind deshalb umfangreiche Untersuchungen des Marktes, um herauszufiltern, wie viel der Kunde bereit ist zu zahlen.

Die Integration des Marketing in das Kostenmanagement verdrängt funktionales Denken und stellt den Prozess in den Mittelpunkt. Wird Target Costing bereits in die Phase der Prozessdefinition eingebracht, kann die gesamte Wertschöpfungskette auf die Bedürfnisse des Kunden ausgerichtet werden. Dadurch werden kostenintensive spätere Anpassungen vermieden.

03. Welche Kennzeichen hat Target Costing?

Nach *Wannenwetsch (2010)* hat Target Costing die folgenden Kennzeichen:

- Erhöhtes Kostenbewusstsein im gesamten Unternehmen
- kundenorientierte Kostenplanung: Funktionen und Kosten werden genau den Kundenerwartungen entsprechend entwickelt
- Optimierung von Qualität und Kosten aus Sicht der Kunden durch Ermittlung der Kundenwünsche und Vorgabe der Zielkosten
- Durch Aufspaltung der Gesamtkosten erfolgen die Identifikation von Komponenten für Optimierungen und von zu teuer eingekauften Produkten.
- Erstellung eines objektiven und detaillierten Anforderungskataloges für Beschaffungsobjekte
- leichtere Lieferantensuche und -verhandlungen
- Make-or-buy-Entscheidungen können leichter getroffen werden
- Zulieferer können in den Entwicklungsprozess mit einbezogen werden.

4.4 Hinwirken auf kostenbewusstes Handeln der Mitarbeiter

4.4.1 Kostenbeeinflussende Faktoren

01. Welche kostenbeeinflussenden Faktoren sind hinsichtlich des Mitarbeiterhandelns zu berücksichtigen?

Wichtige Faktoren sind:

- Motivation
- Arbeitsorganisation
- Verteilzeiten
- Verantwortungsbewusstsein
- Umgang mit sächlichen Faktoren.

02. Welche Bedeutung hat die Motivation?

Motivation bedeutet, den Mitarbeiter zu Handlungen zu veranlassen, die

- er grundsätzlich will, zumindest nicht ablehnt
- im Sinne der Unternehmens sind.

Richtig eingesetzt hat sie nachhaltige Wirkung; dies gilt vor allem für die Primärmotivation, bei der Motivation aus der Arbeit selbst heraus entsteht; d. h.: „Ich handle kostenbewusst, weil ich in vollem Umfang davon überzeugt bin, dass dies richtig ist und ich es als Herausforderung ansehe, sparsam zu handeln."

Doch auch durch die Sekundärmotivation, bei der Hilfsinstrumente eingesetzt werden müssen, können Erfolge erzielt werden; u. a. gehören Lob und Tadel dazu, aber auch materielle Belohnung.

Motivationsfördernde Maßnahmen sind:

- Übertragung zusammenhängender Aufgaben
- Schaffung von Entscheidungsräumen, die eine eigenverantwortliche Handlungsweise zulassen
- Einbeziehung des Mitarbeiters in übergreifende Entscheidungsprozesse des Vorgesetzen
- Schaffung einer angenehmen Arbeitsumgebung
- Verwirklichung relativ gerechter Entlohnung
- gerechte und angemessene Behandlung des Mitarbeiters durch den Vorgesetzten
- Beachtung der individuellen Persönlichkeit des Mitarbeiters
- Befriedigung der Sicherheitsbedürfnisse des Mitarbeiters durch eine einschätzbare Unternehmenspolitik und nachvollziehbare Unternehmensentscheidungen.

03. Welche Bedeutung hat die Arbeitsorganisation?

Folgerichtige Arbeitsorganisation soll den Menschen helfen, rationell und damit kostengünstig zu arbeiten. Zur Arbeitsorganisation gehören:

- Arbeitsgangorganisation als Zusammenfassung von Teilaufgaben zu betrieblich angepassten Arbeitsabläufen. Zu beachten sind neben der Art der Anlagen und der Menschen die Kenntnisse und Erfahrungen der Mitarbeiter.
- Arbeitsplatzorganisation mit der Zuordnung von Stellen und Mitarbeitern; außerdem werden die Hilfsmittel und Werkzeuge inkl. Software beschrieben
- Arbeitsablauforganisation mit der Festlegung der Aneinanderreihung bzw. Parallelschaltung von Teilarbeiten; Ziel ist die Minimierung der Durchlaufzeiten.

04. Welche Bedeutung hat die Verteilzeit?

Verteilzeiten entstehen durch unplanmäßige Aktivitäten. Diese können liegen:

- im sachlich-betrieblichen Bereich, z. B. notwendiges Hilfsmittel fehlt und muss erst herbeigeholt werden, eine Information fehlt
- im persönlichen Bereich des Mitarbeiters, z. B. Gang zur Toilette, Arztbesuch.

Die Verteilzeiten müssen berücksichtigt werden, damit

- sie kostenmäßig erfasst werden und damit in die Kalkulation einfließen können (ansonsten würde der Betrieb „auf Kosten sitzenbleiben")
- sie bei der Personalbemessung einbezogen werden, denn ansonsten würde zu wenig personelle Kapazität zur Verfügung stehen.

Die Verteilzeiten werden durch Zuschläge auf die gemessenen Grundzeiten einbezogen.

Die tatsächlichen Verteilzeiten als unproduktive Zeiten sollten möglichst gering ausfallen, z. B.:

- im sachlichen Bereich durch:
  - bestgestaltete Organisation
  - rechtzeitige Bereitstellung notwendiger Mittel am richtigen Ort
  - reibungslosen Informationsfluss
- im persönlichen Bereich durch
  - umfassende Qualifikation
  - leistungsorientierte Entlohnung
  - Motivation der Mitarbeiter.

05. Was kann durch Verantwortungsbewusstsein erreicht werden?

Verantwortungsbewusstsein und damit Eigenverantwortlichkeit ist das Ergebnis tiefen Verständnisses um die Notwendigkeit kostenbewussten Handelns. Bei Eigenverantwortlichkeit ist geringerer Führungsaufwand notwendig. Sie setzt Freiräume für den Mitarbeiter voraus, die dann aber auch genutzt werden müssen. Es müsste vorhanden sein:

- kooperative Strukturen
- organisatorische Einheiten mit einem hohen Grad an Selbstständigkeit
- umfassende Informationen über betriebliche Zusammenhänge
- Informationen über die Kostenauswirkung des eigenen Handelns.

Über diesen Weg kann unternehmerisches Denken infiltriert werden; kostenbewusstes Handeln ist dann vorprogrammiert.

06. Welche sächlichen Faktoren sind zu beachten?

Sächliche Faktoren sind:

- die ergonomische Gestaltung der Anlagen, Werkzeuge, Hilfsmittel
- Einsatz von Materialien, die keine Probleme hervorrufen
- Veränderung der Fertigungstiefe, um in den einzelnen Leistungsstufen eine höhere Kapazitätsnutzung zu erreichen
- Senkung der Bestellkosten durch Rahmenverträge
- Reduzierung der Bestände und damit Einsparung von Personal
- Vereinfachung von Verwaltungsabläufen und damit Entlastung der Mitarbeiter von Routinearbeiten
- verstärkte Automatisierung und Steuerung über Systeme
- Senkung des Energieverbrauchs durch
    - technische Einrichtungen (z. B. Bewegungsmelder)
    - umfassende Unterrichtung der Mitarbeiter über Möglichkeiten und Notwendigkeit der Energieeinsparung
    - Einsparungsanreize als Teil eines Prämienlohns.

4.4.2 Einbeziehung der Mitarbeiter in die Kostenbewertung und Kostenverantwortung

4.4.2.1 Information der Mitarbeiter über die Kostenstruktur

01. Was kann durch Information der Mitarbeiter über die Kostenstruktur erreicht werden?

Bei den Mitarbeitern muss eine Sensibilisierung für Kostenbewusstsein erzeugt werden. Dazu ist es erforderlich, dass sie umfassend informiert werden. Dies kann geschehen durch:

- regelmäßige Besprechung der Kostensituation im Einsatzbereich unter der Leitung des Meisters
- Erstellung von verständlichen Informationsblättern zu Kostenfragen durch das Controlling
- Erklärung des Zusammenhangs zwischen
    - Kostenentwicklung
    - Verkauf von Leistungen
    - Sicherung des eigenen Arbeitsplatzes

  in Kurzseminaren und, falls vorhanden, in Belegschaftspublikationen
- Beteiligung der Mitarbeiter an der Vorbereitung von Kostenentscheidungen im Fachbereich
- Aufruf an die Mitarbeiter, über kostensenkende Lösungen an jedem Arbeitsplatz nachzudenken.

02. Welche Informationen sollten an die Mitarbeiter weitergeben werden?

Die Informationen der Mitarbeiter zur Kostenstruktur könnten folgenden Inhalt haben:

- Welche großen Kostenblöcke hat das Unternehmen und wie haben sich diese entwickelt?
- Welche Einflussgrößen wirken auf die Kostenblöcke ein?
- Welche Möglichkeiten hat der einzelne Mitarbeiter, die Kostenstruktur zu beeinflussen?
- Wie ist der Unterschied zwischen fixen und variablen Kosten einzuschätzen?
- Wie erfolgt die Kostenplanung?
- Welche Bedeutung haben Abweichungen zwischen Soll- und Ist-Kosten und wie ist dem zu begegnen?
- Wie sieht in groben Zügen der Aufbau der Kostenrechnung des Unternehmens aus?
- Welcher Zusammenhang ergibt sich zwischen Kosten und Verkaufserfolg der Leistungen?

4.4.2.2 Problemanalyse und Benchmarking

01. Welche Bedeutung hat die Problemanalyse im Kostenbereich?

Es reicht nicht, Abweichungen zwischen Soll- und Ist-Kosten festzustellen; vielmehr ist es notwendig, die Probleme, die sich dahinter verbergen, zu erfassen und zu analysieren. Die Analyse ist Grundlage für Veränderung und Verbesserung.

Ergebnis der Problemanalyse kann sein:

- Gleichgültigkeit der Beteiligten
- mangelndes Wissen der Mitarbeiter hinsichtlich der Kostenzusammenhänge
- keine Einbeziehung der Erfahrungswerte der Mitarbeiter am Arbeitsplatz
- Verzicht auf Vorschläge aus dem Mitarbeiterkreis
- Fehleinschätzung der künftigen Entwicklung
- Fehler bei der Umsetzung von Vorgaben
- Mängel in der Ausrüstung des Unternehmens.

02. Wie erfolgt Benchmarking?

Benchmarking ist die Ausrichtung am jeweils Besten, mit dem Ziel, diesen Status selbst zu erreichen. Benchmarking kann in verschiedenen Ebenen stattfinden:

- unternehmensübergreifend zwischen verschiedenen Unternehmen, meist aus verschiedenen Branchen
- konzernweit zwischen Unternehmen eines Konzerns
- unternehmensweit zwischen Betrieben eines Unternehmens

- unternehmensintern zwischen verschiedenen Abteilungen eines Unternehmens
- betriebsintern zwischen einzelnen Mitarbeitergruppen und Mitarbeitern.

Benchmarking wird in folgenden Stufen durchgeführt *(siehe Ehrmann, 2012)*:

- qualifiziertes Team bilden
- Kriterien für Fragebögen festlegen
- interne Daten ermitteln
- externe Vergleichsunternehmen auswählen
- Daten erheben
- Daten auswerten und analysieren
- Ziele hoch ansetzen
- Ergebnisse in konkrete Maßnahmen umsetzen.

Vergleichsgrößen im Lagerbereich könnten sein:

- Anzahl der Läger
- Lagerstandorte
- Anzahl der gelagerten Artikel
- Lagerdauer
- Entnahmegeschwindigkeit
- Anzahl der Kommissioniergänge je Zeiteinheit
- technische Ausrüstung des Lagers, Automatisierungsgrad
- Kommunikation mit den Kunden/Lieferanten.

Im internen Bereich wird Benchmarking häufig auch als „Best Practice" durchgeführt. Dabei werden verschieden Bereiche aufgefordert, für Abläufe, die verbessert werden sollen, praktische Vorschläge zu entwickeln. Sie treten also in einen Wettbewerb miteinander. Nach Auswertung der Lösungen wird die beste Lösung auch für die anderen Bereiche vorgegeben.

4.4.2.3 Gemeinsame Erarbeitung von Lösungsvorschlägen

03. Welche Vorteile bietet die gemeinsame Erarbeitung von Lösungsvorschlägen?

Die Erarbeitung von Lösungsvorschlägen kann erfolgen durch:

- Vorschläge im Zuge des betrieblichen Vorschlagswesens mit der Möglichkeit der Prämierung für den Mitarbeiter
- Problemlösungsgruppen im Zuge des KVP (kontinuierlicher Verbesserungsprozess), wo sich die Gruppen regelmäßig treffen, um Verbesserungen vorzuschlagen, die sich auch auf direkte Kostenprobleme beziehen können
- Ad-hoc-Treffen der Mitarbeiter einer Meisterei, um ein aktuelles Problem zu lösen.

Während das betriebliche Vorschlagswesen eher eine individuelle Methode ist, bei der der einzelne Mitarbeiter isoliert von anderen Vorschlägen macht, sind die anderen beiden Vorgehensweisen gruppenorientiert und bieten damit die Vorteile einer gemeinsamen Vorgehensweise.

Auf die Methoden der Ideenfindung soll an dieser Stelle nicht eingegangen werden.

04. Worauf können sich die Lösungsvorschläge beziehen?

Die Lösungsvorschläge beziehen sich häufig auf:

- Energieeinsparung
- Materialeinsparung
- Recyclingmöglichkeiten
- Ausschaltung von Doppelungen bei Vorgängen
- verbesserte Kapazitätsauslastung
- Verbesserung von Arbeitsabläufen
- Verkürzung bzw. Zusammenfassung von Wegen (z. B. bei der Kommissionierung)
- verlängerte Nutzung von Arbeitsgegenständen
- Übergang von Reparatur auf Wartung bei Anlagen und Fahrzeugen
- Einsatz leichterer Fahrzeuge (z. B. Gabelstapler).

4.5 Mitarbeit bei der Erarbeitung relevanter Kennzahlen für das Logistikcontrolling und deren Nutzung zur Bewertung und Optimierung logistischer Prozesse unter Einbeziehung der Kosten- und Leistungsrechnung

4.5.1 Logistikkennzahlen

01. Wie werden Logistikkennzahlen strukturiert?

Als Kennzahlenkategorien werden unterschieden:

- **Basiskennzahlen**, die sich als Struktur- oder Rahmenkennzahlen auf den Aufgabenumfang und die Kapazität der Aufgabenträger beziehen
- **Produktivitätskennzahlen**, mit denen die Produktivität der Mitarbeiter und der Anlagen gemessen wird
- **Wirtschaftlichkeitskennzahlen**, bei denen Kosten und Leistungen in der Logistik in ein Verhältnis gesetzt werden
- **Qualitätskennzahlen**, die sich auf den Grad der Zielerreichung beziehen.

02. Wie kann ein Logistikkennzahlen-System aufgebaut sein?

Gemäß *Schulte* ergibt sich folgender Aufbau

Logistik-Kennzahlen-System (LKS)

Beschaffung

Struktur- und Rahmenkennzahlen

- Anzahl der Einkaufsteile
- Materialeinkaufsvolumen
- Bestellpositionen pro Monat
- Anzahl der Lieferanten
- Rahmenvertragsquote
- Bestellstruktur
- Lieferpositionen pro Lieferschein
- Anzahl der eintreffenden Warenlieferungen pro Periode
- Gewicht eingehender Warenlieferungen
- Anzahl und Gewicht der Auslieferungen
- Anteil der Barcode-Lieferscheine
- Anteil der mit der Bestellabwicklung beschäftigten Mitarbeiter
- Anzahl der MA in der Warenannahme
- Sachmittelkapazität
- Beschaffungskosten
- Gesamtkosten in der Warenannahme

Produktivitätskennzahlen

- Anzahl abgewickelter Sendungen pro Personalstunde
- Warenannahmezeit pro eingehender Sendung
- Auslastungsgrad der Entladeeinrichtungen

Wirtschaftlichkeitskennzahlen

- Warenannahmekosten je eingehender Sendung
- Beschaffungskosten je Bestellung
- Beschaffungskosten in % des Einkaufsvolumens

Qualitätskennzahlen

- Ø Verweilzeit im Wareneingang
- Quote der Fehllieferungen
- Beanstandungsquote
- Zurückweisungsquote
- Lieferverzögerungsquote
- Ø Wiederbeschaffungszeit

Materialfluss und Transport

Struktur- und Rahmenkennzahlen

- mengenmäßiges Transportvolumen
- Transportaufträge pro Transport
- Zurückgelegte Transportstrecken
- Anzahl der Reparaturen
- Mechanisierungs-/Automatisierungsgrad
- Flächenanteil der Verkehrswege
- Anzahl der Mitarbeiter in der Transportabteilung
- Anzahl Fördermittel
- Kapazität der Fahrzeuge
- Transportkosten

Produktivitätskennzahlen

- Transportzeit pro Transportauftrag
- Auslastungsgrad der Transportmittel
- Transportleistung
- zurückgelegte Strecke pro Transportmittel
- zurückgelegte Transportstrecke pro Fahrer
- Ø Reparaturzeit

Wirtschaftlichkeitskennzahlen

- Transportkosten je Transportauftrag
- Ø Transportkosten je Gewichtseinheit
- Kosten je Tonnen-Kilometer
- Anteil der Förderkosten an den Fertigungs- oder Herstellkosten
- Ø Betriebskosten eines Fördermittels
- Ø Wartungs- und Instandhaltungskosten eines Fördermittels pro Zeiteinheit
- Kapitalbindung ruhender Bestände

Qualitätskennzahlen

- Servicegrad
- Termintreue
- Unfallhäufigkeit
- Schadenshäufigkeit

Lager- und Kommissionierung	Produktionsplanung und -steuerung	Distribution
► Anzahl der bevorrateten Artikel ► Anzahl unterschiedlicher Verpackungseinheiten ► Ø Menge gelagerter Teile ► Anzahl der Ein- oder Auslagerungen ► Struktur des Auftragsaufkommens ► Flächenanteil der Läger ► Anzahl Kommissionierpositionen pro Auftrag ► Anzahl der Mitarbeiter im Lagerwesen ► Sachmittelkapazitäten ► Lagerkosten	► Anzahl der zu disponierenden Materialien bzw. Teile ► Gesamtzahl der Auftragspapiere ► Ø Anzahl von Positionen pro Bestellung ► Anteil der DV-erstellten Auftragspapiere ► Anzahl der Auftragseingänge ► Anzahl der listenmäßigen Positionen am Auftragseingang ► Anteil der Änderungen am Auftragseingang ► Ø Wert einer Auftragseingangsposition ► Fertigungstiefe ► Anzahl der Mitarbeiter in den einzelnen PPS-Funktionen ► Sachmittelkapazität ► Kosten der Produktionsplanung und -steuerung	► Anzahl der Kunden ► Ø Umsatz je Kunde ► Anzahl Auslieferungen pro Zeiteinheit ► Anzahl der Lagerstufen ► Anzahl der Lagerstandorte ► Ø Entfernung zwischen den Lagerstufen ► Ø Entfernung zwischen Lager und Kunde ► Auftragsgröße ► Anteil der Distributionsmitarbeiter ► Kosten der Kundenauftragsabwicklung ► Kosten des externen Transportes ► Fehlmengenkosten
► Flächennutzungsgrad ► Höhennutzungsgrad ► Raumnutzungsgrad ► Kapazitätsauslastung der Lagermittel ► Anzahl der Lagerbewegungen je Mitarbeiter ► Kommissionierzeit je Auftrag	► mittlere Anzahl von Auftragseingangspositionen je Mitarbeiter ► Auftragsabwicklungszeit pro Auftrag ► mittlere Anzahl der Bestandskonten pro Mitarbeiter ► mittlere Anzahl der Dispositionsvorgänge je Mitarbeiter	► Produktivität der Versandabwicklung ► Produktivität der Auftragsabwicklung ► Transportzeit je Transportauftrag
► Ø Lagerplatzkosten ► Kosten pro Lagerbewegung ► Lagerkostensatz ► Lagerhaltungskostensatz ► Kommissionierkosten pro Auftrag	► Bearbeitungskosten einer Auftragseingangsposition ► Kosten je Dispositionsvorgang ► Bearbeitungskosten je Fertigungsauftrag ► Steuerungskosten je Auftrag	► Ø Kosten der Kundenauftragsabwicklung ► Anteil der Auftragsabwicklungskosten am Umsatz ► Distributionskosten je Auftrag ► Versandkostenquote ► Umschlagshäufigkeit Fertigwaren ► Transportkosten je Transportauftrag ► Verhältnis Eigentransportkosten zu Fremdtransportkosten
► Fehlerquote ► Ausfallgrad ► Termintreue ► Lager-/Servicegrad ► Ø Verweildauer in Kommissionierzone ► Lagerverlust je Periode ► Vorratsstruktur	► Vorratsintensität ► Ant. Vorratsver. an der Bilanzsumme ► Dispositionsbedingte Beanstandungs- bzw. Fehllieferungsquote ► Anteil dispo. bed. Produktionsstörungen ► Dispo. bed. Not- und Eilbestellungen ► Bestände ohne Bewegungen ► Dispo. bed. Fehlmengenkosten ► Ø Lagerbestand ► Bestandsreichweite ► Umschlagshäufigkeit ► Ø Verweildauer ► Kapitalbindung ► Altersstruktur der Bestände ► Anteil nicht mehr verwertbarer Bestände am Umsatz	► Ø Lieferzeit ► Lieferbereitschaft ► Fehllieferungsquote ► Liefertreue ► Verzugsquote ► Beanstandungsquote ► Anteil der Nachlieferungen

4.5.1.1 Basiskennzahlen

01. Welche Basiskennzahlen ergeben sich aus dem Bereich Beschaffungslogistik?

Aus dem Bereich Beschaffungslogistik ergeben sich u. a. die folgenden Basiskennzahlen:

- Zahl der Einkaufsteile nach der Wichtigkeit gemäß ABC-Analyse
- Einkaufsvolumen:

  $$\text{Bestellmenge einer Periode} \cdot \text{Bezugspreis}$$

  aufgeteilt nach Materialart oder nach Bestellbereich; dargestellt wird der wertmäßige Umfang der Beschaffungsaktivitäten
- Zahl der Lieferanten, aufgeteilt nach:
  - Bedeutung (Stammlieferant, Sonstige)
  - Art des Lieferanten (Hersteller, Händler)
  - Anteil am Volumen gem. ABC-Analyse
  - Standort (Inland, Ausland)
- Rahmenvertragsquote, durch die die Bindung und die Versorgungssicherheit deutlich wird:

  $$\frac{\text{Einkaufsvolumen über Rahmenverträge} \cdot 100}{\text{gesamtes Einkaufsvolumen}}$$

- Zahl der Warenlieferungen nach Transportart (Lkw, Bahn, Schiff, Flugzeug)
- Zahl der Mitarbeiter, unterteilt nach verschiedenen Funktionen (Bestellabwicklung, Warenannahme).

02. Welche Basiskennzahlen ergeben sich aus dem Bereich Materialfluss und Transport?

Aus dem Bereich Materialfluss und Transport ergeben sich u. a. folgende Basiskennzahlen:

- Transportvolumen in tkm:

  $$\text{Transportmenge} \cdot \text{Entfernung}$$

- Automatisierungsgrad:

  $$\frac{\text{Zahl der automatisierten Transporte} \cdot 100}{\text{Gesamtzahl der Transporte}}$$

- Flächenanteil der Verkehrswege:

$$\frac{\text{Fläche der Verkehrswege} \cdot 100}{\text{Gesamtfläche}}$$

- Zahl der Mitarbeiter nach Funktionen (Disposition, Transport, Wartung)
- Transportkosten nach Kostenarten oder Kostenstellen.

03. Welche Basiskennzahlen ergeben sich aus dem Bereich Lager und Kommissionierung?

Aus dem Bereich Lager und Kommissionierung ergeben sich u. a. folgende Basiskennzahlen:

- Flächenanteil der Läger:

$$\frac{\text{Lagerfläche} \cdot 100}{\text{Gesamtfläche}}$$

- Zahl der Kommissionierpositionen je Auftrag:

$$\frac{\text{Gesamtzahl der Kommissionierpositionen}}{\text{Zahl der Aufträge}}$$

- Zahl der Entnahmen je Position:

$$\frac{\text{Gesamtzahl der Entnahmen}}{\text{Zahl der Positionen}}$$

- Struktur des Auftragsaufkommens nach Auftragsart (Normal-, Eilauftrag)
- Verteilung der Lagerbewegungen auf die Standorte oder die Lagerarten
- Anteil der Mitarbeiter einzelner Funktionsbereiche im Lagerwesen bzw. verschiedener Standorte
- Automatisierungsgrad der Anlagen (nach Kapazität):

$$\frac{\text{automatisierte Anlagenkapazität} \cdot 100}{\text{Gesamtkapazität}}$$

- Lagerkosten als:
  - Kosten für den Lagerraum und dessen Einrichtung (u. a. Abschreibungen, Instandhaltung, Zinsen, Energie)
  - Handlingkosten (u. a. Abschreibungen, Personalkosten)
  - Verwaltungskosten (Personalkosten, Kommunikationskosten)
  - Bestandskosten (u. a. Verzinsung, Versicherung, Kosten für Verderb, Schwund).

04. Welche Basiskennzahlen ergeben sich aus dem Bereich Produktionsplanung und -steuerung

Aus dem Bereich Produktionsplanung und -steuerung ergeben sich u. a. folgende Basiskennzahlen:

- Zahl der Materialien nach Art der Bedarfsermittlung (verbrauchsgesteuert, programmgesteuert)
- Einteilung der Materialien nach der Prognosesicherheit gemäß XYZ-Analyse
- Grad der Standardisierung:

$$\frac{\text{Zahl der Normteile} \cdot 100}{\text{Gesamtzahl der Teile}}$$

- durchschnittliche Anzahl der Positionen je Bestellung:

$$\frac{\text{Anzahl der Positionen}}{\text{Anzahl der Bestellungen}}$$

- Fertigungstiefe, um festzustellen, wie hoch der Anteil der Eigenfertigung am Umsatz ist:

$$\frac{\text{Wertschöpfung} \cdot 100}{\text{Umsatz}}$$

05. Welche Basiskennzahlen ergeben sich aus dem Bereich Distributionslogistik?

Aus dem Bereich Distributionslogistik ergeben sich u. a. folgende Basiskennzahlen:

- durchschnittlicher Umsatz je Kunde:

$$\frac{\text{Gesamtumsatz}}{\text{Anzahl der Kunden}}$$

- durchschnittliche Auftragsgröße:

$$\frac{\text{Zahl der Artikel}}{\text{Zahl der Aufträge}}$$

- Anteil der verschiedenen Kosten an der Kundenauftragsabwicklung (u. a. Personalkosten, Kommunikationskosten, Raumkosten)
- Kosten des externen Transports, aufgeteilt nach verschiedenen Verkehrsträgern (Lkw, Bahn, Schiff, Flugzeug)

- Anteil des Eigentransports (Werksverkehr):

$$\frac{\text{Zahl der Eigentransportlieferung} \cdot 100}{\text{Gesamtzahl der Lieferungen}}$$

4.5.1.2 Produktivitätskennzahlen

01. Welche Produktivitätskennzahlen ergeben sich aus dem Bereich Beschaffungslogistik?

Aus dem Bereich Beschaffungslogistik ergeben sich u. a. folgende Produktivitätskennzahlen:

- Anzahl abgewickelter Sendungen je Personalstunde zur Auskunft über die Leistung der Mitarbeiter in der Warenannahme; geringe Produktivität kann an einer unzureichenden Ablauforganisation oder an ungeeigneten Hilfsmitteln liegen:

$$\frac{\text{Anzahl eingehender Sendungen}}{\text{Anzahl Mitarbeiterstunden}}$$

- Warenannahmezeit pro eingehender Sendung:

$$\frac{\text{gesamte Warenannahmezeit einer Periode}}{\text{Anzahl eingehender Sendungen pro Periode}}$$

- Auslastungsgrad der Entladeeinrichtungen:

$$\frac{\text{Nutzungszeit} \cdot 100}{\text{maximal mögliche Nutzungszeit}}$$

02. Welche Produktivitätskennzahlen ergeben sich aus dem Bereich Materialfluss und Transport?

Aus dem Bereich Materialfluss und Transport ergeben sich u. a. folgende Produktivitätskennzahlen:

- Transportzeit pro Transportauftrag:

$$\frac{\text{gesamte Transportzeit}}{\text{Zahl der Transportaufträge}}$$

- Auslastungsgrad der Transportmittel:

$$\frac{\text{Einsatzstunden der Transportmittel} \cdot 100}{\text{mögliche Einsatzstunden}}$$

Geringe Auslastung kann durch Überkapazitäten oder schlechte Planung entstehen.

- Transportleistung:

$$\frac{\text{Transporteinheiten}}{\text{Zeiteinheit}}$$

- zurückgelegte Strecke je Transportmittel:

$$\frac{\text{gefahrene Kilometer}}{\text{Zahl der Transportmittel}}$$

- zurückgelegte Transportstrecke je Fahrer:

$$\frac{\text{Anzahl gefahrene Kilometer}}{\text{Zahl der Fahrer}}$$

- durchschnittliche Reparaturzeit:

$$\frac{\text{Zahl der Reparaturstunden}}{\text{Zahl der Reparaturen}}$$

  Dabei ist der unterschiedliche Schwierigkeitsgrad der Reparaturen zu beachten.

03. Welche Produktivitätskennzahlen ergeben sich aus dem Bereich Lager und Kommissionierung?

Aus dem Bereich Lager und Kommissionierung ergeben sich u. a. folgende Produktivitätskennzahlen:

- Flächennutzungsgrad, der entscheidend von der Art der Güter abhängig ist; deshalb sind allgemeingültige Angaben problematisch:

$$\frac{\text{belegte Regalfläche} \cdot 100}{\text{Gesamtfläche}}$$

- Höhennutzungsgrad:

$$\frac{\text{genutzte Lagerungshöhe} \cdot 100}{\text{nutzbare Lagerungshöhe}}$$

- Raumnutzungsgrad:

$$\frac{\text{Lagergutvolumen} \cdot 100}{\text{Lagerraumvolumen}}$$

- Kapazitätsauslastung der Lagermittel:

$$\frac{\text{durchschnittlich in Anspruch genommene Kapazität} \cdot 100}{\text{vorhandene Kapazität}}$$

- Anzahl der Lagerbewegungen je Mitarbeiter:

$$\frac{\text{Gesamtzahl der Lagerbewegungen}}{\text{Zahl der Lagermitarbeiter}}$$

- Kommissionierzeit je Auftrag als Kennzahl für die Geschwindigkeit, mit der Aufträge kommissioniert werden.

04. Welche Produktivitätskennzahlen ergeben sich aus dem Bereich Produktionsplanung und -steuerung?

Aus dem Bereich Produktionsplanung und -steuerung ergeben sich u. a. folgende Produktivitätskennzahlen:

- Durchschnittliche Auftragseingangspositionen je Mitarbeiter, wobei niedrige Werte Rationalisierungspotenziale darlegen; durch eine weitere Aufschlüsselung nach Funktionen wie Auftragsbearbeitung, Disposition, Fertigungssteuerung kann die Aussagekraft weiter erhöht werden:

$$\frac{\text{Zahl der bearbeiteten Auftragseingangspositionen}}{\text{Mitarbeiterkapazität in der Auftragsabwicklung}}$$

- Auftragsabwicklungszeit je Mitarbeiter
- Mittlere Zahl der Dispositionsvorgänge je Mitarbeiter der Disposition:

$$\frac{\text{Zahl der Dispositionsvorgänge}}{\text{Mitarbeiterkapazität für die Disposition}}$$

05. Welche Produktivitätskennzahlen ergeben sich aus dem Bereich Distributionslogistik?

Aus dem Bereich Distributionslogistik ergeben sich u. a. folgende Produktivitätskennzahlen:

- Produktivität der Versandabwicklung:

$$\frac{\text{Sendungszahl}}{\text{Arbeitstage}}$$

- Produktivität der Auftragsabwicklung:

$$\frac{\text{Zahl bearbeiteter Aufträge}}{\text{Zahl der Mitarbeiter}}$$

oder

$$\frac{\text{Zahl der bearbeiteten Auftragspositionen}}{\text{Zahl der Mitarbeiter}}$$

- Transportzeit je Transportauftrag.

4.5.1.3 Wirtschaftlichkeitskennzahlen

01. Welche Wirtschaftlichkeitskennzahlen ergeben sich aus dem Bereich Beschaffungslogistik?

Aus dem Bereich Beschaffungslogistik ergeben sich u. a. folgende Wirtschaftlichkeitskennzahlen:

- Warenannahmekosten je eingehender Sendung:

$$\frac{\text{gesamte Warenannahmekosten}}{\text{Zahl eingehender Sendungen}}$$

- Beschaffungs- bzw. Bestellkosten je Bestellung, die einen Durchschnittswert darstellen aus Volumina sehr unterschiedlicher Art (von der Großbestellung bis zur Kleinmenge):

$$\frac{\text{gesamte Beschaffungs-/Bestellkosten}}{\text{Zahl der Bestellungen}}$$

- Beschaffungs-/Bestellkosten in Prozent des Einkaufsvolumens, die abhängig ist von der Fertigungstiefe und von den Produktionsverfahren (z. B. Einzelfertigung):

$$\frac{\text{Beschaffungs-/Bestellkosten} \cdot 100}{\text{gesamtes Einkaufsvolumen}}$$

02. Welche Wirtschaftlichkeitskennzahlen ergeben sich aus dem Bereich Materialfluss und Transport?

Aus dem Bereich Materialfluss und Transport ergeben sich u. a. folgende Wirtschaftlichkeitskennzahlen:

- Transportkosten je Transportauftrag:

$$\frac{\text{gesamte Transportkosten}}{\text{Zahl der Transportaufträge}}$$

- durchschnittliche Transportkosten je Gewichtseinheit:

$$\frac{\text{gesamte Transportkosten}}{\text{Gewicht aller Transporte}}$$

- Kosten je Tonnenkilometer
- Anteil der Förderkosten an den Fertigungs- oder Herstellkosten:

$$\frac{\text{Förderkosten} \cdot 100}{\text{Fertigungskosten eines Artikels}}$$

- durchschnittliche Betriebskosten eines Fördermittels, möglichst nach Art der Fördermittel getrennt:

$$\frac{\text{gesamte Betriebskosten der Fördermittel}}{\text{Zahl der Fördermittel}}$$

03. Welche Wirtschaftlichkeitskennzahlen ergeben sich aus dem Bereich Lager und Kommissionierung?

Aus dem Bereich Lager und Kommissionierung ergeben sich u. a. folgende Wirtschaftlichkeitskennzahlen:

- durchschnittliche Kosten des Lagerplatzes:

$$\frac{\text{Gesamtkosten der Lagereinrichtungen}}{\text{Zahl der Lagerplätze}}$$

- Kosten je Lagerbewegung, durch die bei Differenzierung festgestellt werden kann, welche Auftragsgrößen überproportionale Kosten verursachen:

$$\frac{\text{Lagerkosten}}{\text{Anzahl der Lagerbewegungen}}$$

- Lagerkostensatz:

$$\frac{\text{Lagerkosten} \cdot 100}{\text{durchschnittlicher Wert des Lagerbestands}}$$

- Lagerhaltungskostensatz:

Lagerkostensatz + Zinssatz für das im Lager gebundene Kapital

- Kommissionierkosten je Auftrag:

$$\frac{\text{gesamte Kommissionierkosten}}{\text{Zahl der Kommissionieraufträge}}$$

04. Welche Wirtschaftlichkeitskennzahlen ergeben sich aus dem Bereich Produktionsplanung und -steuerung?

Aus dem Bereich Produktionsplanung und -steuerung ergeben sich u. a. folgende Wirtschaftlichkeitskennzahlen:

- Bearbeitungskosten einer Auftragseingangs-Position, wobei steigende Werte eine Verbesserung der Wirtschaftlichkeit notwendig machen:

$$\frac{\text{Gesamtkosten der Auftragsabwicklung}}{\text{Zahl der bearbeiteten Auftragseingangspositionen}}$$

- Kosten je Dispositionsvorgang, wobei hohe Kosten auf Ineffizienz in der Abwicklung hinweisen:

$$\frac{\text{Gesamtkosten der Disposition}}{\text{Zahl der Dispositionen}}$$

- Bearbeitungskosten je Fertigungsauftrag:

$$\frac{\text{gesamte Bearbeitungskosten}}{\text{Zahl der Fertigungsaufträge}}$$

05. Welche Wirtschaftlichkeitskennzahlen ergeben sich aus dem Bereich Distributionslogistik?

Aus dem Bereich Distributionslogistik ergeben sich u. a. folgende Wirtschaftlichkeitskennzahlen:

- durchschnittliche Kosten der Kundenauftragsabwicklung:

$$\frac{\text{Gesamtkosten der Auftragsabwicklung}}{\text{Zahl bearbeiteter Aufträge}}$$

- Anteil der Auftragsabwicklungskosten am Umsatz:

$$\frac{\text{Kosten der Auftragsabwicklung im Jahr} \cdot 100}{\text{Umsatz pro Jahr}}$$

- Distributionskosten je Auftrag:

$$\frac{\text{Gesamtkosten der Distribution}}{\text{Zahl der Aufträge}}$$

- Versandkostenquote:

$$\frac{\text{gesamte Versandkosten}}{\text{Anzahl der Sendungen}}$$

- Umschlaghäufigkeit:

$$\frac{\text{Umsatz der Periode}}{\text{durchschnittlicher Lagerbestand}}$$

- Transportkosten je Transportauftrag:

$$\frac{\text{gesamte Transportkosten}}{\text{Zahl durchgeführter Transportaufträge}}$$

- Verhältnis Eigentransportkosten zu Fremdtransportkosten:

$$\frac{\text{Eigentransportkosten je Distributionseinheit}}{\text{Fremdtransportkosten je Distributionseinheit}}$$

4.5.1.4 Qualitätskennzahlen

01. Welche Qualitätskennzahlen ergeben sich aus dem Bereich Beschaffungslogistik?

Aus dem Bereich Beschaffungslogistik ergeben sich u. a. folgende Qualitätskennzahlen:

- durchschnittliche Verweildauer im Wareneingang, wobei lange Zeiten zu Kapitalbindung und eventuellen Verzögerung in der Auftragsbearbeitung führen können
- Quote der Fehllieferungen:

$$\frac{\text{Zahl der mengenmäßigen Fehllieferungen} \cdot 100}{\text{Gesamtzahl der Lieferungen}}$$

- Beanstandungsquote:

$$\frac{\text{Zahl der beanstandeten Lieferungen} \cdot 100}{\text{Gesamtzahl der Lieferungen}}$$

oder als Wertrelation

- Zurückweisungsquote, evtl. mit weiterer Aufschlüsselung nach Falschlieferung, Schlechtlieferung, Fehlmengenlieferung, verspäteter Lieferung:

$$\frac{\text{Zahl der zurückgewiesenen Lieferungen} \cdot 100}{\text{Gesamtzahl der Lieferungen}}$$

- Lieferverzögerungsquote mit Aufschlüsselung nach Zeiträumen:

$$\frac{\text{Zahl der verspäteten Lieferungen} \cdot 100}{\text{Zahl der Lieferungen}}$$

- durchschnittliche Wiederbeschaffungszeit, wobei dieser Wert Einfluss auf die Bestandshöhe und die Flexibilität hat:

	durchschnittliche Zeit für Bestellauslösung und -abwicklung
+	durchschnittliche Lieferzeit einschl. Transport
+	durchschnittliche Einlagerungs- bzw. Bereitstellungszeit

02. Welche Qualitätskennzahlen ergeben sich aus dem Bereich Materialfluss und Transport?

Aus dem Bereich Materialfluss und Transport ergeben sich u. a. folgende Qualitätskennzahlen:

- Servicegrad:

$$\frac{\text{Zahl ausgeführter Einsätze} \cdot 100}{\text{Zahl angeforderter Einsätze}}$$

- Termintreue:

$$\frac{\text{Zahl Transporte mit Termineinhaltung} \cdot 100}{\text{Gesamtzahl der Transporte}}$$

- Unfallhäufigkeit:

$$\frac{\text{Zahl der Unfälle} \cdot 100}{\text{gefahrene Tonnenkilometer}}$$

- Schadenhäufigkeit:

$$\frac{\text{Zahl der Fördergutschäden}}{\text{gefahrene Tonnenkilometer}}$$

03. Welche Qualitätskennzahlen ergeben sich aus dem Bereich Lager und Kommissionierung?

Aus dem Bereich Lager und Kommissionierung ergeben sich u. a. folgende Qualitätskennzahlen:

- Fehlerquote, ermittelt anhand der Retouren:

$$\frac{\text{Kommissionierfehler} \cdot 100}{\text{Gesamtzahl der Kommissionierungen}}$$

- Termintreue, differenziert nach zu früher und zu später Lieferung:

$$\frac{\text{Zahl termingerecht ausgelieferter Aufträge} \cdot 100}{\text{Gesamtzahl ausgelieferter Aufträge}}$$

- Lagerservicegrad:

$$\frac{\text{ab Lager erfüllte Anforderungen} \cdot 100}{\text{eingegangene Anforderungen}}$$

- Lagerverlust je Periode, wobei hohe Verluste auf Diebstähle hindeuten
- Vorratsstruktur, aufgeteilt in Langsamdreher und Schnelldreher.

04. Welche Qualitätskennzahlen ergeben sich aus dem Bereich Produktionsplanung und -steuerung?

Aus dem Bereich Produktionsplanung und -steuerung ergeben sich u. a. folgende Qualitätskennzahlen:

- Vorratsintensität:

$$\frac{\text{Vorratsvermögen} \cdot 100}{\text{Umsatz}}$$

- dispositionsbedingte Beanstandungsquote:

$$\frac{\text{dispositionsbedingte Beanstandungen} \cdot 100}{\text{Gesamtzahl der Beanstandungen}}$$

- Anteil dispositionsbedingter Produktionsstörungen:

$$\frac{\text{dispositionsbedingte Produktionsstörungen} \cdot 100}{\text{Gesamtzahl der Produktionsstörungen}}$$

- dispositionsbedingte Fehlmengenkosten:

$$\text{Stillstandskosten} + \text{Stillsetzungskosten} + \text{Wiederanlaufkosten}$$

- durchschnittlicher Lagerbestand:

$$\frac{\text{Jahresanfangsbestand} + \text{Jahresendbestand}}{2}$$

- Bestandsreichweite:

$$\frac{\text{Lagerbestand}}{\text{Bedarf je Zeiteinheit}}$$

- Umschlaghäufigkeit:

$$\frac{\text{Periodenverbrauch}}{\text{durchschnittlicher Lagerbestand}}$$

- Kapitalbindungskosten:

$$\text{Bestandswert} \cdot \text{Lagerzeit} \cdot \text{Zinssatz}$$

- Altersstruktur der Bestände:

$$\frac{\text{wertmäßiger Bestand je Zeitklasse} \cdot 100}{\text{wertmäßiger Lagerbestand}}$$

Zeitklassen könnten sein: 0 bis 3 Monate, über 3 bis 6 Monate, über 6 Monate)

- Anteil nicht mehr verwertbarer Bestände am Umsatz:

$$\frac{\text{Anteil nicht mehr verwertbarer Bestände pro Periode} \cdot 100}{\text{Periodenumsatz}}$$

05. Welche Qualitätskennzahlen ergeben sich aus dem Bereich Distributionslogistik?

Aus dem Bereich der Distributionslogistik ergeben sich u. a. folgende Qualitätskennzahlen:

- durchschnittliche Lieferzeit, die sich aus der Auftragsabwicklungszeit, Bereitstellungszeit im Versandlager, evtl. Fertigungszeit zusammensetzt
- Lieferbereitschaft:

$$\frac{\text{Anzahl sofort bedienter Anforderungen} \cdot 100}{\text{Anzahl der Anforderungen}}$$

- Fehllieferungsquote:

$$\frac{\text{Zahl der Fehllieferungen} \cdot 100}{\text{Gesamtzahl der Lieferungen}}$$

- Liefertreue, die Auskunft über die Zuverlässigkeit gibt:

$$\frac{\text{zum angegebenen Termin gelieferte Positionen} \cdot 100}{\text{Gesamtzahl der Lieferpositionen}}$$

- Verzugsquote:

$$\frac{\text{Zahl der Lieferungen mit Terminabweichungen} \cdot 100}{\text{Gesamtzahl der Lieferungen}}$$

- Beanstandungsquote:

$$\frac{\text{Zahl der beanstandeten Lieferungen} \cdot 100}{\text{Gesamtzahl der Lieferungen}}$$

- Anteil der Nachlieferungen:

$$\frac{\text{Zahl der Nachlieferungen} \cdot 100}{\text{Gesamtzahl der Lieferungen}}$$

4.5.2 Auswahl und Berechnung von Logistikkennzahlen zur Prozessoptimierung

4.5.2.1 Anwendungsbereiche und Auswahlkriterien von Logistikkennzahlen

01. Welche Ziele verfolgen Kennzahlen in der Logistik?

Ziele von Kennzahlen:

- optimale Lösungen für logistische Zielkonflikte
- eindeutige Vorgabe von Zielen
- rechtzeitiges Erkennen von Abweichungen und Risiken, aber auch von Chancen
- Suche nach Schwachstellen und deren Ursachen
- klare Ergebnismessung
- Hilfestellung bei der Erfüllung logistischer Routineaufgaben
- Beurteilung der Leistung von Mitarbeitern.

02. Nach welchen Kriterien werden Logistikkennzahlen ausgewählt?

Logistikkennzahlen dienen dazu:

- ein betriebliches Informationssystem aufzubauen
- einzelne Geschäfte bewerten zu können
- Entscheidungen vorzubereiten
- Statistiken zu erstellen
- Betriebsvergleiche durchzuführen
- Periodenvergleiche durchzuführen
- die Produktivität zu erhöhen
- die Wirtschaftlichkeit zu verbessern
- die Qualität zu steigern
- Ziele vorzugeben.

Dabei sollen Antworten auf folgende Fragen gegeben werden:

- Wozu ist die Logistik im Stande?
- Wie hoch sind die Kosten der Logistik?
- Wie groß ist das Potenzial zur Kostensenkung?
- Welche Möglichkeiten zur Optimierung gibt es?

4.5.2.2 Festlegung und Berechnung der relevanten Logistikkennzahlen

01. Wie werden aussagefähige Kennzahlen festgelegt?

Kennzahlen sind vor allem dann aussagefähig, wenn sie individuell auf die Bedürfnisse des Unternehmens ausgerichtet sind. Dann gilt es, nicht nur mit einzelnen Kennzahlen, sondern mit Kennzahlensystemen zu arbeiten.

Dabei sind zu berücksichtigen:

- Größe des Unternehmens
- technische Ausrichtung des Unternehmens
- spezielle Verfahren im Unternehmen
- Intensität des Materialeinsatzes
- Qualifikation der Mitarbeiter.

Kennzahlensysteme sollten nicht aus zu vielen einzelnen Kennzahlen bestehen, da sonst die Übersicht verloren geht; eine harmonische Verbindung der Kennzahlen steht im Vordergrund und damit die richtige Gliederung. Ebenso gilt es, die richtigen Erhebungszeitpunkte und Zeiträume festzulegen.

Anforderungen sind:

- Übersichtlichkeit (beschränkte Anzahl von Kennzahlen)
- optimales Verhältnis zwischen Aufwand und Nutzen
- Akzeptanz durch die Mitarbeiter
- Vereinbarkeit der Ziele.

02. Wie wird ein Kennzahlensystem entwickelt?

Nach *Grochla (zitiert bei Schulte, 2013, S. 665)* kann die Entwicklung eines Kennzahlensystems in folgenden Stufen erfolgen:

Festlegung und Gewichtung der logistischen Ziele

↓

Festlegung der Kennzahlen zum Logistik-Controlling

↓

Auswahl der Kennzahlenempfänger

↓

Sicherung der Informationsquellen und Vergleichsgrundlagen

↓

Festlegung der Erhebungszeitpunkte bzw. -räume

↓

Auswahl der Mitarbeiter für die Erstellung der Kennzahlen

↓

Festlegung der Darstellung der Kennzahlenergebnisse

03. Welche Fragen müssten bei der Auswahl der Kennzahlen beantwortet werden?

Wichtige Fragen beziehen sich in Anlehnung an *Grochla (zitiert bei Schulte 2013, S. 665)* auf:

- die Verfügbarkeit:
  - Sind die notwendigen Daten intern verfügbar?
  - Ist die unmittelbare Verfügbarkeit gegeben oder muss erst berechnet werden?
  - Sind die benötigten Plandaten für den Soll-/Ist-Vergleich intern verfügbar?
  - Sind externe Vergleichsdaten für einen Betriebsvergleich verfügbar?
- den Aufwand im Verhältnis zum Nutzen:
  - Welchen zeitlichen Aufwand erfordert die Kennzahlenermittlung?
  - Welche Kosten sind mit der Ermittlung unmittelbar verbunden?

  - Welche Rationalisierungsreserven werden im Bereich vermutet?
  - Wie viele Kennzahlen bestehen bereits für den entsprechenden Bereich?
  - Welche Widerstände werden bei den Betroffenen hinsichtlich der Anwendung der Kennzahlen vermutet
- die Eignung:
  - Wie gut trifft die Kennzahl die betreffende Situation?
  - Welche Fehlerquellen gibt es bei der Kennzahlenermittlung?
  - In welchem Maße lässt die Kennzahl eine eindeutige Interpretation zu?
  - Gibt es bereits Erfahrungen mit der Kennzahl?
  - Existiert die Kennzahl in vergleichbaren Unternehmen?
- den Zweck:
  - Soll die Kennzahl zur Steuerung und/oder zur Analyse dienen?
  - Welchem Analysezweck soll die Kennzahl dienen?
  - Welcher Art von Vergleichen soll die Kennzahl dienen?
  - Soll die Kennzahl weiter gegliedert werden?
  - Soll die Kennzahl regelmäßig oder fallweise ermittelt werden?
  - Wie oft soll die Kennzahl ermittelt werden?
- die Organisation:
  - Welche Mitarbeiter sollen die Kennzahl ermitteln?
  - Aus welchen Informationsquellen sollen die Kennzahlen ermittelt werden?
  - Wer soll die Kennzahlenergebnisse auswerten?
  - Wem sollen die Ergebnisse weitergeleitet werden?
  - Wie sollen die Ergebnisse dokumentiert werden?
  - Wer ist für die Einhaltung der Kennzahlenwerte verantwortlich?

04. Wie wird mit Kennzahlen verfahren?

Die Kennzahlen werden dokumentiert; dazu ist es notwendig, die richtige Darstellungsform zu wählen. Meistens werden Kennzahlen grafisch dargestellt als:

- Kreisdiagramm
- Balkendiagramm
- Säulendiagramm
- Kurvendiagramm
- Punktediagramm.

Kennzahlen werden gewöhnlich zu Vergleichen herangezogen; das können sein:

- Strukturvergleich
- Zeitreihenvergleich
- Häufigkeitsvergleich
- Korrelationsvergleich.

05. Welche Probleme können auftreten?

Als Probleme können auftreten:

- Kennzahleninflation: Es werden zu viele Kennzahlen gebildet; ihr Aussagewert im Verhältnis zum Aufwand bei der Erstellung ist gering.
- Fehler bei der Aufstellung der Kennzahlen: Die vorhandenen Daten müssen genau umschrieben werden, damit Vergleichbarkeit entsteht. Die Aufstellung wird deshalb häufig standardisiert.
- Widerspruch bei den Kennzahlen: Es sollten nur solche Größen genutzt werden, zwischen denen ein Zusammenhang besteht.
- mangelnde Beeinflussbarkeit, wodurch keine Kontrollierbarkeit gegeben ist.

4.6 Vorbereiten arbeitsbereichsbezogener kostenrelevanter Entscheidungen

4.6.1 Analysen

01. Welche Analysen werden angewandt?

Angewandte Analysen sind:

- Nutzwertanalyse
- ABC-Analyse
- Qualitätsanalyse
- Wertanalyse

02. Wie erfolgt die Nutzwertanalyse?

Im Zuge der Nutzwertanalyse werden Faktoren mit unterschiedlichen Einheiten „gleichnamig" gemacht und sind damit verrechenbar. Alle Faktoren werden in Punkten ausgedrückt (Punktwertanalyse). Der Ablauf stellt sich wie folgt dar:

- Festlegung der Kriterien
- Aufbau eines Punktesystems, die Skalierung (z. B. von 1 - 10)
- Festlegung eines Gewichtungsschemas
- Einordnung der Kriterien in das Punktesystem
- Gewichtung der Punkte
- Festlegung des Ergebnisses.

03. Wie erfolgt die ABC-Analyse?

Die ABC-Analyse ist eine Schwerpunktanalyse. Sie trennt Wichtiges von Unwichtigem. So besteht die Möglichkeit, Aktivitäten gezielt dort einzusetzen, wo es sich lohnt. Der Ablauf stellt sich wie folgt dar:

- Sortieren der Werte (Kostenfaktoren) gemäß Größenordnung, mit dem höchsten beginnend
- Umwandlung der Kosten in Prozent
- Kumulierung der Prozentsätze
- Aufteilung in A, B und C (üblicherweise: A = 80 %, B = 15 %, C = 5 %)
- Berechnung der prozentualen Anteile der Objekte, die zu A, B und C gehören.

04. Was besagt die Qualitätsanalyse?

Im Zuge der Qualitätsanalyse wird u. a. festgestellt:

- Welche Qualifikationsanforderungen sind zu erfüllen? Die Anforderungen werden auf der Basis der Kundenwünsche formuliert, denn letztlich bestimmt der Kunde, was Qualität ist.
- Welche Kosten werden durch die erforderliche Qualität verursacht? Als Kostenarten fallen an:
  - Prüfkosten für die anzuwendenden Prüfverfahren
  - Fehlerkosten interner und externer Art
  - Fehlerverhütungskosten für Präventivaktivitäten im Zuge des Qualitätsmanagementsystems.

  Dabei ist darauf zu achten, dass
  - eine gut ausgerichtete Infrastruktur zur Verfügung steht (z. B. moderne Fahrzeuge für den Transport)
  - Material verwendet wird, das den Anforderungen entspricht.
- Stehen die Kosten und die Qualität in einem vertretbaren Verhältnis zueinander? Unter Kostengesichtspunkten gilt es, die Qualität zu garantieren, die gerade benötigt wird. Es geht also nicht um maximale, sondern um optimale Qualität.
- Fehlerkosten sollten auf jeden Fall vermieden werden, denn Fehler wirken schnell nach außen und führen nicht nur zu Kosten, sondern gefährden auch des Image des Unternehmens.
- Im Einzelfall muss geklärt werden, ob Prüfungen ausreichen, oder ob es kostengünstiger ist, Fehlerverhütung zu betreiben.

05. Wie erfolgt die Wertanalyse?

Die Wertanalyse ist eine Kostenanalyse auf der Basis von Funktionen (Funktionsanalyse) mit den Zielen:

- Senkung der Kosten bzw. Verhinderung der Kostenentstehung, ohne dass der Wert vermindert wird
- Steigerung bzw. Erhaltung des Wertes, ohne dass die Kosten steigen.

Die Wertanalyse läuft in folgenden Stufen ab:

- Funktionen eines Gegenstandes/eines Vorgangs ermitteln (Haupt-, Neben-, nebensächliche Funktion)
- alternative Lösungen für die Hauptfunktionen suchen
- Kosten für die alternativen Lösungen ermitteln
- Auswahl der günstigsten Lösung
- detaillierte Ausarbeitung der gewählten Lösung.

4.6.2 Ableitung von Handlungsalternativen für die Leistungserstellung

01. Welche Handlungsalternativen ergeben sich auf der Basis der Analysen?

Die Analysen im Kostenbereich können sehr unterschiedliche Ergebnisse haben, besonders wichtig ist aber die richtige Reaktion auf Ergebnisse, die auf Probleme bzw. Fehlentwicklungen hinweisen. Reagiert werden könnte wie folgt:

- Veränderung der Planung
- Erkennen von Zielkonflikten
- Veränderung von Zielen
- Veränderung der Organisation im Arbeitsbereich
- Anpassung der kostenrechnerischen Systeme
- verstärkte Motivation der Mitarbeiter.

02. Wann reicht eine Veränderung der Planung, wann müssen Ziele verändert werden?

Reichen bei einer Abweichung der Entwicklung von den Vorgaben der Steuerungsmaßnahmen durch Vorgabe neuer Stellgrößen nicht aus, muss in die Planung eingegriffen werden. Das gilt vor allem dann, wenn z. B.:

- die Auftragslage sich geändert hat
- die Kapazitäten durch Schäden an der Anlage nicht in vollem Umfang einsetzbar sind
- unerwartete Verteuerung der Materialien eingetreten sind (z. B. Treibstoff)
- unerwartete Engpässe bei der Mitarbeiterkapazität eingetreten sind (z. B. unerwartete Fluktuation).

Dann ist es notwendig, die Planung den Veränderungen anzupassen, damit die Kosten nicht aus dem Ruder laufen.

Sind die Veränderungen so stark, dass sie durch Planungsaktivitäten nicht korrigiert werden können, müssen die Ziele verändert werden (z. B. gravierende Veränderungen im Welthandel, evtl. durch Embargos, akuter Währungsverfall, Naturkatastrophen im eigenen Bereich, im Bereich der Kunden/Lieferanten, auf der Transportstrecke).

03. Welche Bedeutung haben Zielkonflikte?

Auf Kostenebene gibt es zahlreiche Zielkonflikte, z. B. zwischen:

- Bestellkosten und Lagerhaltungskosten
- Prüfkosten und Fehlerverhütungskosten
- Reparaturkosten und Wartungskosten
- Verringerung der Bindungskosten durch Beschleunigung der Auslieferung mittels Kleintransporten gegen niedrige Stücktransportkosten bei gesammelten Großtransporten
- Lagerhaltungskosten und Fehlmengenkosten.

Diese Zielkonflikte können nur dadurch gelöst werden, dass versucht wird, die Kombination zu finden, bei der die Gesamtkostenbelastung am niedrigsten ist. Es wird also eine optimale Lösung angestrebt.

04. Welche Veränderungen können bei der Organisation im Arbeitsbereich vorgenommen werden?

Veränderungen können vorgenommen werden in den Bereichen:

- Arbeitsgangorganisation durch Zusammenfassung von Teilaufgaben zu kostengünstigen Arbeitsabläufen unter Beachtung
  - der Art der Anlagen
  - der Qualifikation der Mitarbeiter
  - des Mechanisierungs- und Automatisierungsgrads.
- Arbeitsplatzorganisation als kostenoptimale
  - Zuordnung von Stelle und Mitarbeiter
  - Festlegung der Anlagen
  - Festlegung der Hilfsmittel, Werkzeuge und Software.
- Arbeitsablauforganisation als Festlegung, welche Teilarbeiten parallel und welche hintereinander geschaltet werden; Ziel ist dabei, die Durchlaufzeiten inkl. der Rüstzeiten zu minimieren.

05. Wie kann die Motivation der Mitarbeiter erhöht werden?

Die Motivation der Mitarbeiter zu kostenbewusstem Verhalten kann vor allem erhöht werden durch:

- Beteiligung der Mitarbeiter an der Gestaltung der Arbeit und den Arbeitsbedingungen durch Einsatz des fachlichen Knowhows hinsichtlich kostengünstiger Strukturen
- Information der Mitarbeiter über kostenrechnerische Notwendigkeiten durch verstärktes unternehmerisches Denken
- materielle Beteiligung der Mitarbeiter an den Kosteneinsparungen.

Den Führungskräften obliegt die Aufgabe, die Mitarbeiter entsprechend einzubeziehen und auf sie einzuwirken.

4.6.3 Entscheidungsvorlagen und Konzepte

01. Was ist bei der Erstellung von Entscheidungsvorlagen zu beachten?

Eine Entscheidungsvorlage ist ein Dokument, in dem die verschiedenen Optionen mit den Anforderungen aus der Problemstellung aufgelistet werden. Ziel einer solchen Vorlage ist, den Entscheidungsträgern einen auf rationalen Gründen beruhenden Beschluss zu liefern. Dabei gilt grundlegend:

- Sie reifen über verschiedene Entwürfe zu den entscheidungsreifen Dokumenten.
- Die Inhalte sollten einerseits so konkret sein, dass rasch mit folgenden Handlungen begonnen werden kann und klar ist, wer was mit welchen Mitteln beitragen soll, andererseits aber auch Spielräume für den federführenden Akteur eröffnen.
- Entscheidungsvorlagen müssen nachvollziehbar und allgemeinverständlich formuliert werden.
- Vorlagen und Anträge dürfen nicht inflationär verwendet werden. Entscheidungen sind auf das Wesentliche zu begrenzen. Eine Regelung von zu vielen Details führt zu Unübersichtlichkeit und Verwirrung.

02. Welchen Aufbau haben Entscheidungsvorlagen und für wen sind sie bestimmt?

Eine Entscheidungsvorlage muss so knapp wie möglich sein. Der Aufbau könnte wie folgt aussehen:

- Grundaufbau der Vorlage:
  - Adressaten
  - materielle Elemente
    - Aufgabe
    - Entscheidungsbedarf
    - Empfehlung
  - operative Elemente des Antrags (Handlungen)
  - Kosten und Kostenträger (inkl. Möglichkeiten der Förderung/Bezuschussung/Kostenteilung).

- Begründung der Vorlage: Knappe Zusammenfassung der Argumentation inkl. Skizzen:
  - Kriterien
  - Alternativen
  - Konsequenzen.

Adressaten sind:

- die Unternehmensleitung als Beschlussorgan
- das Controlling als Begutachter
- der Fachvorgesetzte als materiell Verantwortlicher
- eventuell der Betriebsrat.

4.6.4 Präsentation von Vorschlägen und Dokumentation von Entscheidungen

01. Wie werden Vorschläge dokumentiert?

Vorschläge müssen so dokumentiert werden, dass sie auch wieder auffindbar sind; die Dokumentation gehört zum Problemkreis des Wissens-Managements. Sie fällt an:

- beim aktuellen Fixieren des Vorschlags
- zur weiteren Nutzung in späterer Zeit.

Gerade hierzu ist es notwendig, dass der Vorschlag durch entsprechende Schlüsselbegriffe aufgefunden wird.

Dokumentationstechniken sind:

- Baum- oder Netzstruktur, z. B.:
  - Organigramm
  - Fischgrätdiagramm
  - Flussdiagramm
  - Ablaufdiagramm
  - Netzplan
- Tabellenstruktur, z. B.:
  - Entscheidungstabelle
  - Kommunikationsmatrix
- Grafik mit Tabelle und Text, z. B.:
  - Balkendiagramm
  - Meilensteindiagramm

- Sprache, z. B.:
  - Funktionsbeschreibung
  - Anforderungsanalyse
  - Gefährdungsanalyse
- Formel, z. B. Kennzahl.

02. Wie wird eine Präsentation vorbereitet?

Die Vorbereitung gliedert sich in fünf Phasen:

- Sammeln der Kern- und Randinhalte
- Auswählen der richtigen Inhalte, damit die Präsentation nicht überfrachtet ist
- Gewichten in:
  - Muss-Informationen, die zum Verständnis notwendig sind
  - Soll-Informationen, die das Verständnis erleichtern
  - Kann-Informationen, optional je nach Präsentationsverlauf
- Strukturieren mit Gliederung nach der Zielsetzung, Spannungsbogen aufbauen; der rote Faden muss jederzeit erkennbar sein
- Gestalten mit Power Point, nicht überfrachten, Stichpunkte sorgfältig auswählen.

Folgender Ablauf sollte bei der Präsentation eingehalten werden:

- Einleitung, um Kontakt herzustellen, Interesse zu wecken und Orientierung zu geben
- Hauptteil 1 bis n mit den relevanten Facetten des Themas
- Schluss, um Kernaussagen im Gedächtnis zu verankern, zu überzeugen und zur Diskussion anzuregen
- Diskussion, für die ausreichend Zeit vorgesehen werden sollte.

In jedem Falle ist es sinnvoll, ein Handout vorzusehen, vor allem dann, wenn große Tabellenwerke Gegenstand der Präsentation sind, die meist auf den Präsentationsmedien kaum lesbar sind.

Zum Erfolg einer Präsentation tragen wesentlich bei:

- Einfachheit
- Struktur
- Prägnanz
- Anregung.

5. Arbeits-, Umwelt- und Gesundheitsschutz

5.1 Überprüfen und Gewährleisten der Arbeitssicherheit, des Arbeits-, Gesundheits- und Umweltschutzes im Betrieb

5.1.1 Arbeitssicherheit und Arbeitsschutz

01. Was versteht man unter Arbeitsschutz und Arbeitssicherheit?

- **Arbeitsschutz**: Stand der Sicherheit am Arbeitsplatz, bei dem eine Gefährdung für den Menschen nicht gegeben ist und die Arbeit dem Menschen gerecht wird
- **Arbeitssicherheit**: Erreichter Sicherheitsstandard und das ständige Anpassen an den jeweiligen Stand der Schutzbedürfnisse und Erkenntnisse.

02. Welche Ziele werden verfolgt?

Ziele sind:

- körperliche Unversehrtheit (Art. 2 Abs. 2 GG)
- Verhinderung von Schmerz und Leid für die Betroffenen und deren Angehörige
- Senkung der Kosten für Schäden und Folgeschäden
- Verringerung der BG-Beiträge
- Verringerung der Zahl der Unfälle
- Förderung der Zufriedenheit der Mitarbeiter
- verbessertes Image.

03. Wo liegen besondere Schwerpunkte des Arbeitsschutzes?

Schwerpunkte sind:

- Verhütung von Unfällen
- Verhinderung von Berufskrankheiten
- Verhütung von Gesundheitsgefahren durch die Arbeit
- Organisation der Ersten Hilfe.

04. In welchen Ebenen ist der Arbeitsschutz geregelt?

Der Arbeitsschutz ist geregelt:

- durch EU-Recht
- durch deutsches Recht.

05. Wie ist das EU-Recht aufgebaut?

Die EU nutzt zwei verschiedene Rechtsquellen:

- **EU-Richtlinien**: Ziele, die von den Mitgliedsstaaten erreicht werden müssen, die Art der Zielerreichung ist aber den einzelnen Staaten selbst überlassen. Es erfolgt Umsetzung in nationales Recht.
- **EU-Verordnungen**: Sie sind für alle Staaten verbindlich und müssen deshalb nicht in nationales Recht umgesetzt werden.

06. Wo liegt die Grundlage für die Umsetzung von EU-Vorschriften in nationales Recht?

Grundlage ist:

- Artikel 114 AEU-Vertrag (Vertrag über die Arbeitsweise der Europäischen Union) als abstrakt formulierte rechtsverbindliche Schutzziele zum technischen Arbeitsschutz
- Artikel 153 AEU-Vertrag als Mindestvorschriften für die Sicherheit, zum sozialen Arbeitsschutz und der Gesundheit von Arbeitnehmern.

07. Welches nationales Recht ergibt sich aus der Umsetzung gemäß Artikel 114 AEU-Vertrag (technischer Arbeitsschutz)?

Gemäß Artikel 114 ergibt sich national als Gesetz:

- Chemikaliengesetz mit Gefahrstoffverordnung
- Produkthaftungsgesetz
- Produktsicherheitsgesetz mit:
  - Maschinenverordnung
  - Explosionsschutzverordnung
  - Gefahrstoffverordnung
  - Verordnung über das Inverkehrbringen von Persönlicher Schutzausrüstung (PSA).

Als Richtlinien ergeben sich u. a.:

- Maschinenrichtlinie
- Niederspannungsrichtlinie
- Produkthaftungsrichtlinie
- PSA-Richtlinie.

08. Welches nationales Recht ergibt sich aus der Umsetzung gemäß Artikel 153 AEU-Vertrag (sozialer Arbeitsschutz)?

Gemäß Artikel 153 ergibt sich national als Gesetz:

- Arbeitsschutzgesetz mit:
  - Arbeitsstättenverordnung
  - Betriebssicherheitsverordnung

  - Bildschirmarbeitsverordnung
  - PSA-Benutzungsverordnung
  - Lastenhandhabungsverordnung
  - Biostoffverordnung.
- Arbeitssicherheitsgesetz
- Betriebsverfassungsgesetz.

Als Richtlinie ergibt sich u. a. die Rahmenrichtlinie zur Verbesserung der Sicherheit und des Gesundheitsschutzes der Arbeitnehmer bei der Arbeit mit entsprechenden Einzelrichtlinien.

09. Welche Bedeutung hat die CE-Kennzeichnung?

Jeder Hersteller ist verpflichtet, Maschinen und Anlagen entsprechend den grundlegenden Sicherheits- und Gesundheitsanforderungen der einschlägigen EU-Richtlinien zu entwickeln und herzustellen. Mit der CE-Kennzeichnung (CE = Communauté Européenne) bestätigt der Hersteller die Konformität. Ohne CE-Kennzeichnung dürfen keine Produkte bzw. Arbeitsmittel in den Verkehr gebracht werden; die Kennzeichnung ist zwingende Voraussetzung für die Inbetriebnahme von Maschinen und Bauteilen. Allerdings wird die Einhaltung der Anforderungen nicht überprüft.

Dagegen wird das GS-Zeichen (Geprüfte Sicherheit) nur dann von anerkannten Stellen vergeben, wenn eine erfolgreiche sicherheitstechnische Prüfung durchgeführt wurde.

10. Welche Forderungen stellt die EG-Maschinenrichtlinie?

Forderungen sind:

- Entwurf und Bau einer Anlage unter Berücksichtigung der Risikobeurteilung
- Einhaltung der grundlegenden Sicherheits- und Gesundheitsschutzanforderungen der Richtlinie
- Erstellung einer Betriebsanleitung
- Bereithaltung der technischen Dokumentation für mindestens zehn Jahre
- Konformitätserklärung für verwendungsfähige Anlagen und auswechselbare Ausrüstungen
- Mitlieferung einer Einbauerklärung für nicht verwendungsfähige Maschinen
- Beifügung einer Montageanleitung
- Anbringung der CE-Kennzeichnung.

11. Wie ist das deutsche Arbeitsschutzrecht aufgebaut?

Rechtsebene	Beispiele
Grundgesetz	Art. 2 Abs. 2: Recht auf Leben und körperliche Unversehrtheit
Gesetze	Arbeitsschutzgesetz, Arbeitssicherheitsgesetz, Chemikalien-Gesetz, HGB, Kreislaufwirtschaftsgesetz, Güter-Kraftverkehrsgesetz
Verordnungen	Arbeitsstättenverordnung, Gefahrstoffverordnung, Betriebssicherheitsverordnung, Verpackungsverordnung
Unfallverhütungsvorschriften	BGV D 6 (Krane), BGV D 27 (Flurförderzeuge), BGI 545 (Gabelstapler, VBG 10 (Stetigförderer)
technische und sicherheitstechnische Regeln	RAL-Druckschriften (u. a. RAL-RG 614 Lager), VDI-Richtlinien, VDE-Normen
Richtlinien	Arbeitsstättenrichtlinie
Berufsgenossenschaftliche Regeln	Berufsgenossenschaftliche Vorschriften BGV, Berufsgenossenschaftliche Regeln (u. a. BGR 234 Lager), Berufsgenossenschaftliche Grundsätze BGG

12. Welche speziellen Gefahren findet man in der Logistik vor?

Besondere Gefahren sind:

- Umgang mit Gefahrstoffen
- Unfallgefahr im Straßenverkehr
- schädliche Umwelteinwirkungen
- Unfallgefahr im Lager und bei der Verladung
- Gefährdung durch unsachgemäße Stapelung und Verladung
- Verbrennungen durch unsachgemäßen Umgang mit brennbaren Materialien
- unvorsichtiger Umgang mit Staplern, Krane und andere Fördermittel
- falsches Heben und Tragen
- Verletzung durch herabfallende Teile.

5.1.1.1 Funktionen und Aufgaben

01. Welche außerbetrieblichen Organe werden bei Arbeitsschutz und -sicherheit unterschieden?

Außerbetriebliche Organe sind:

- staatlicher Natur:
  - Gesetzgeber (Bundestag/Bundesrat, Länderparlamente) erlässt Gesetze
  - Bundesministerien (Bundesministerium für Arbeit und Soziales, Bundesgesundheitsministerium u. a.) erlassen Rechtsverordnungen und haben die Aufsicht über die Umsetzung, sowie die Fachaufsicht über einschlägige Bundesanstalten
  - Landesministerien überwachen die Umsetzung durch nachgeordnete Behörden
  - Gewerbeaufsichtsämter auf örtlicher Ebene.
- selbstverwaltender Natur: Berufsgenossenschaften (BG)
  - privatwirtschaftlicher Natur, u. a.:
  - TÜV/DEKRA als Technische Überwachungsvereine
  - Deutsches Institut für Normung (DIN)
  - Verein Deutscher Ingenieure (VDI)
  - Verband Deutscher Elektrotechniker (VDE).

02. Welche innerbetrieblichen Organe werden unterschieden?

Innerbetriebliche Organe sind:

- Unternehmer als Arbeitgeber
- Führungskräfte mit Querschnittsverantwortung
- Meister
- Betriebsrat
- Betriebsärzte und Fachkräfte für Arbeitssicherheit
- Sicherheitsbeauftragte.

03. Welche Rolle spielt die Gewerbeaufsicht?

Das Gewerbeaufsichtsamt ist die untere Landesbehörde auf kommunaler Ebene.

- Aufgaben sind u. a. Überwachung der Einhaltung von Vorschriften des Gewerberechts und des Arbeitsschutzrechts.
- Befugnisse sind die der Ortspolizeibehörden, u. a.:
  - Betreten und Besichtigen von Betriebsstätten
  - Auskünfte einholen
  - Einsicht in Unterlagen
  - technische Prüfungen veranlassen.

- Grundlage sind:
  - § 21 Chemikaliengesetz
  - Produktsicherheitsgesetz
  - § 30 Sprengstoffgesetz
  - § 12 Arbeitssicherheitsgesetz
  - §§ 21, 22 Arbeitsschutzgesetz.
- rechtliche Mittel sind:
  - Beanstandung
  - Anordnung
  - Verwarnung
  - Bußgeldbescheid
  - Strafanzeige.

Neben den staatlichen Arbeitsschutzbehörden sind auch andere staatliche Stellen in Teilbereichen für bestimmte Arbeitsschutzaspekte verantwortlich bzw. haben zu überwachen, z. B.:

- Bauaufsichtsbehörden
- Straßenverkehrsbehörden bei Bauarbeiten im öffentlichen Straßenraum.

04. Welche Rolle spielen die Berufsgenossenschaften?

Aufgaben der Unfallversicherung und damit der Berufsgenossenschaften sind gemäß § 1 SGB VII (SGB = Sozialgesetzbuch):

- mit allen geeigneten Mitteln Arbeitsunfälle und Berufskrankheiten sowie arbeitsbedingt Gesundheitsgefahren zu verhüten
- nach Eintritt von Arbeitsunfällen oder Berufskrankheiten die Gesundheit und die Leistungsfähigkeit der Versicherten mit allen geeigneten Mitteln wiederherzustellen und sie oder ihre Hinterbliebenen durch Geldleistungen zu entschädigen
- als Folge eines Arbeitsunfalls, unabhängig davon, ob er anzeigepflichtig ist oder nicht, die Kosten für die Heilbehandlung zu übernehmen
- den Versicherungsschutz weltweit zu übernehmen, sofern die Beschäftigten von ihrem Arbeitgeber zeitlich befristet entsandt werden und in Deutschland ein Arbeitsverhältnis besteht.

Die Berufsgenossenschaften erlassen Unfallverhütungsvorschriften über Maßnahmen zur Verhütung von Arbeitsunfällen, Berufskrankheiten und arbeitsbedingter Gesundheitsgefahren oder für eine wirksame Erste Hilfe. Die Vorschriften werden erlassen über:

- Einrichtungen, Anordnungen, Maßnahmen, die der Unternehmer zur Verhütung von Arbeitsunfällen zu treffen hat
- das Verhalten der Versicherten zur Verhütung von Arbeitsunfällen

- ärztliche Untersuchungen vor und während der Tätigkeit von Versicherten, deren Verrichtung mit außergewöhnlichen Unfall- und Gesundheitsgefahren für sie oder Dritte verbunden ist
- Maßnahmen des Unternehmers zur Erfüllung der organisatorischen Pflichten im Arbeitsschutz.

05. Welche Arten von Regelungen erlassen die Berufsgenossenschaften?

Die Berufsgenossenschaften erlassen folgende Arten von Regelungen:

- Berufsgenossenschaftliche Vorschriften (BGV): sie sind rechtsverbindlich und werden eingeteilt in:
  - Allgemeine Vorschriften (BGV A1 ff.)
  - Einwirkungen (BGV B1 ff.)
  - Betriebsart/Tätigkeiten (BGV C1 ff.)
  - Arbeitsplatz/Arbeitsverfahren (BGV D1 ff.)
- Regeln für Sicherheit und Gesundheit bei der Arbeit (BGR) zur praktischen Umsetzung von Forderungen aus den BGV`s, unterteilt in:
  - Typ 1 mit Zuordnung zu einer bestimmten Unfallverhütungsvorschrift
  - Typ 2 mit allgemeinen Regeln, die sich auf verschiedene Schutzvorschriften beziehen
- Berufsgenossenschaftliche Informationen (BGI) mit speziellen Veröffentlichungen für bestimmte Branchen, Tätigkeiten, Arbeitsmittel, Zielgruppen u. a.; zuständig sind die einzelnen Berufsgenossenschaften
- Berufsgenossenschaftliche Grundsätze (BGG) für die Prüfung von technischen Arbeitsmitteln oder arbeitsmedizinischer Grundsätze.

06. Welche Rolle spielen Betriebsärzte und Fachkräfte für Arbeitssicherheit?

- Rechtliche Grundlage: Gesetz über Betriebsärzte, Sicherheitsingenieure und andere Fachkräfte für Arbeitssicherheit (ASiG)
- Bestellung: Der Arbeitgeber hat Betriebsärzte und Fachkräfte für Arbeitssicherheit zu bestellen. Diese sollen ihn beim Arbeitsschutz und bei der Unfallverhütung unterstützen. Damit soll erreicht werden, dass
  - die dem Arbeitsschutz und der Unfallverhütung dienenden Vorschriften den besonderen Betriebsverhältnissen entsprechend angewandt werden
  - gesicherte arbeitsmedizinische und sicherheitstechnische Erkenntnisse zur Verbesserung des Arbeitsschutzes und der Unfallverhütung verwirklicht werden können
  - die dem Arbeitsschutz und der Unfallverhütung dienenden Maßnahmen einen möglichst hohen Wirkungsgrad erreichen.

  Die Bestellung erfolgt schriftlich und ist der Gewerbeaufsicht und der Berufsgenossenschaft zu melden.

- Die Aufgaben können als Funktionen wie folgt allgemein umschrieben werden:
  - umfassende Beratungsfunktion
  - Kontroll-, Überwachungs- und Überprüfungsfunktion
  - Schulungsfunktion
  - Berichtsfunktion
  - Initiativfunktion.

  Betriebsärzte haben im Rahmen ihrer Überwachungsfunktion die Mitarbeiter zu untersuchen sowie arbeitsmedizinisch zu beurteilen und zu beraten.

  Betriebsärzte unterliegen generell der ärztlichen Schweigepflicht. Zu den Aufgaben gehört es nicht, Krankmeldungen der Mitarbeiter auf ihre Berechtigung zu überprüfen.
- Betriebsärzte und Fachkräfte für Arbeitssicherheit sind weisungsfrei und damit unabhängig in der Anwendung ihrer Fachkunde.

07. Welche Rolle spielt der Sicherheitsbeauftragte?

- Bestellung: In Unternehmen mit regelmäßig mehr als 20 Beschäftigten hat der Unternehmer Sicherheitsbeauftragte zu bestellen; dabei sind
  - die bestehenden Unfall- und Gesundheitsgefahren im Betrieb
  - die Zahl der Beschäftigten

  zu berücksichtigen. Bei besonderen Gefahren kann die Berufsgenossenschaft anordnen, dass Sicherheitsbeauftragte auch dann bestellt werden, wenn die Mindestzahl nicht erreicht ist. Dagegen kann bei geringen Gefahren die Mindestzahl erhöht werden.
- Aufgaben: Die Sicherheitsbeauftragten haben:
  - den Unternehmer bei der Durchführung der Maßnahmen zur Verhütung von Arbeitsunfällen und Berufskrankheiten zu unterstützen
  - sich vom Vorhandensein und der ordnungsgemäßen Nutzung der vorgeschriebenen Schutzeinrichtungen und der Persönlichen Schutzausrüstungen zu überzeugen
  - auf Unfall- und Gesundheitsgefahren aufmerksam zu machen.
- Sicherheitsbeauftragte dürfen wegen der Erfüllung der ihnen übertragenen Aufgaben nicht benachteiligt werden.

08. Welche Rolle spielt der Betriebsrat?

Gemäß § 87 Abs. 1 Nr. 7 hat der Betriebsrat bei Regelungen über die Verhütung von Arbeitsunfällen und Berufskrankheiten sowie über den Gesundheitsschutz im Rahmen der gesetzlichen Vorschriften oder der Unfallverhütungsvorschriften mitzubestimmen.

- Pflichten des Betriebsrate sind:
  - Er hat sich dafür einzusetzen, dass die Vorschriften über Arbeitsschutz, Unfallverhütung, betrieblichen Umweltschutz durchgeführt werden.

  - Er hat bei der Bekämpfung von Unfall- und Gesundheitsgefahren die zuständigen Behörden, Berufsgenossenschaften und sonstige Stellen durch Anregung, Beratung, Auskunft zu unterstützen
  - Teilnahme an Besprechungen des Arbeitsgerbers mit den Sicherheitsbeauftragten.
- Pflichten des Arbeitsgebers sind:
  - Hinzuziehung des Betriebsrats bei allen im Zusammenhang mit dem Arbeitsschutz, der Unfallverhütung, der Unfalluntersuchung, des betrieblichen Umweltschutzes stehenden Besichtigungen und Fragen
  - unverzügliche Mitteilung an den Betriebsrat über entsprechende Auflagen und Anordnungen der zuständigen Stellen
  - Aushändigung von Niederschriften über Untersuchungen, Besichtigungen und Besprechungen.

09. Welche weiteren Beteiligten an der Arbeitssicherheit gibt es?

Weitere Beteiligte sind:

- Arbeitsschutzausschuss für Betriebe mit mehr als 20 Beschäftigten; Mitglieder sind:
  - Arbeitgeber oder Vertreter
  - zwei Vertreter des Betriebsrats
  - Betriebsarzt
  - Fachkraft für Arbeitssicherheit
  - Sicherheitsbeauftragter.

  Der Arbeitsschutzausschuss tagt einmal im Vierteljahr.
- Beauftragte zu Spezialgebieten, z. B.:
  - Strahlenschutzbeauftragte
  - Laserschutzbeauftragte
  - Beauftragte für biologische Sicherheit
  - Brandschutzbeauftragte.
- Beauftragte zu Gebieten, die den Arbeitsschutz berühren, z. B.:
  - Betriebsbeauftragter für Immissionsschutz
  - Betriebsbeauftragter für Abfall
  - Betriebsbeauftragter für Gewässerschutz
  - Gefahrgutbeauftragter
  - Störfallbeauftragter
  - Katastrophenschutzbeauftragter
  - Hygienebeauftragter
  - Tierschutzbeauftragter

- Schwerbehindertenbeauftragter
- Gleichstellungsbeauftragter
- Beauftragter für das betriebliche Vorschlagewesen.

10. Welche Pflichten ergeben sich für den Unternehmer?

Die rechtlichen Grundlagen ergeben sich vor allem aus:

- § 618 BGB, wonach der Dienstberechtigte Räume, Vorrichtungen oder Gerätschaften, die er zur Verrichtung der Dienste zu beschaffen hat, so einzurichten und zu unterhalten hat und Dienstleistungen, die unter seiner Anordnung oder seiner Leitung vorzunehmen sind, so zu regeln sind, dass der Verpflichtete gegen Gefahr für Leben und Gesundheit soweit geschützt ist, wie die Natur der Dienstleistung es gestattet.
- § 3 Arbeitsschutzgesetz, wonach der Arbeitgeber verpflichtet ist, die erforderlichen Maßnahmen des Arbeitsschutzes unter Berücksichtigung der Umstände zu treffen, die Sicherheit und Gesundheit der Beschäftigten bei der Arbeit beeinflussen.

  Er hat die Maßnahmen auf ihre Wirksamkeit zu überprüfen und erforderlichenfalls an sich ändernde Gegebenheiten anzupassen. Dabei hat er eine Verbesserung von Sicherheit und Gesundheitsschutz der Beschäftigten anzustreben.

  Zur Planung der Maßnahmen hat der Arbeitgeber unter Berücksichtigung der Art der Tätigkeit und der Zahl der Beschäftigten:

  - für eine geeignete Organisation zu sorgen und die erforderlichen Mittel bereitzustellen
  - sowie Vorkehrungen zu treffen, dass die Maßnahmen erforderlichenfalls bei allen Tätigkeiten und eingebunden in die betrieblichen Führungsstrukturen beachtet werden und die Beschäftigten ihren Mitwirkungspflichten nachkommen können.
- § 4 Arbeitsschutzgesetz regelt allgemeine Grundsätze, die bei Maßnahmen des Arbeitsschutzes zu beachten sind:
  - Die Arbeit ist so zu gestalten, dass eine Gefährdung für das Leben sowie die physische und die psychische Gesundheit möglichst vermieden und die verbleibende Gefährdung möglichst gering gehalten werden.
  - Gefahren sind an ihrer Quelle zu bekämpfen.
  - Es sind der Stand der Technik, Arbeitsmedizin und Hygiene sowie sonstige gesicherte arbeitswissenschaftliche Erkenntnisse zu berücksichtigen.
  - Individuelle Schutzmaßnahmen sind nachrangig zu anderen Maßnahmen.
  - Spezielle Gefahren für besonders schutzbedürftige Beschäftigtengruppen sind zu berücksichtigen.
  - Den Beschäftigten sind geeignete Anweisungen zu erteilen.
- Konkretisiert werden die Unternehmerpflichten durch BGV A1; darin ist u. a. geregelt:
  - Die vom Unternehmer zu treffenden Maßnahmen sind insbesondere in staatlichen Arbeitsschutzvorschriften und in Unfallverhütungsvorschriften näher zu bestimmen.

- Der Unternehmer hat insbesondere staatliche und berufsgenossenschaftliche Regelwerke heranzuziehen.
- Der Unternehmer darf keine sicherheitswidrigen Weisungen erteilen.
- Kosten dürfen nicht den Versicherten auferlegt werden.

11. Wie ist die Übertragung von Unternehmerpflichten geregelt?

Der Inhaber eines Betriebs muss sich in einer arbeitsteiligen Wirtschaft der Mithilfe anderer Personen bedienen, die Unternehmerpflichten an seiner Stelle eigenverantwortlich erfüllen, da er nicht alle Pflichten selbst erfüllen kann. Der Unternehmer muss seine Pflichten auf geeignete Mitarbeiter übertragen, wenn er sie nicht allein erfüllen kann. Mit zwei Ausnahmen kann er alle Pflichten übertragen; nicht übertragbar sind die

- sorgfältige Auswahl
- Überwachung

der bestellten Personen. Diese Pflichten bleiben in jedem Fall beim Unternehmer.

Gemäß § 13 Arbeitsschutzgesetz sind für die Erfüllung der Pflichten neben dem Arbeitgeber verantwortlich:

- sein gesetzlicher Vertreter
- das vertretungsberechtigte Organ einer juristischen Person
- der vertretungsberechtigte Gesellschafter einer Personengesellschaft
- Personen, die mit der Leitung eines Unternehmens beauftragt sind, im Rahmen der ihnen übertragenen Aufgaben und Befugnisse
- sonstige verpflichtete Personen im Rahmen ihrer Aufgaben und Befugnisse.

Die Übertragung der Pflichten bedarf der schriftlichen Form.

12. Welche Folgen hat die Nichtbeachtung der Unternehmerpflichten?

Folgen könnten sein:

- eine sofort vollziehbare Anordnung zur Durchsetzung einer Arbeitsschutzmaßnahme durch Behörde oder BG
- Verwarnungsgeld
- Geldbuße
- Strafe
- gegebenenfalls zivilrechtliche Haftung.

13. Welche Verantwortung hat der Meister?

Der Meiser als Leiter seines Bereichs spielt in der Arbeitssicherheit und dem Gesundheitsschutz eine wesentliche Rolle. Dementsprechend trägt er auch große Verantwortung und kann bei Nichtbeachtung seiner Aufgaben

- Arbeitsrechtlich
- Zivilrechtlich
- strafrechtlich (bei besonders gravierenden Fällen mit erheblichen Personenschäden)

herangezogen werden.

Im Einzelnen sind zu nennen:

- Erkennen sicherheitsrelevanter Probleme
- Beratung der Unternehmensleitung
- Unterstützung der Spezialisten für Arbeitssicherheit und Gesundheitsschutz
- Zusammenarbeit mit dem Betriebsrat
- Motivation der Mitarbeiter zu arbeitssicherheits- und gesundheitsschutzorientiertem Denken und Handeln
- Unterweisung der Mitarbeiter
- Überwachung der Einhaltung von Schutzmaßnahmen inkl. der Nutzung Persönlicher Schutzausrüstungen.

Nicht zuletzt ist die Vorbildfunktion zu erwähnen, denn der Meister kann von seinen Mitarbeitern nur das verlangen, was er ihnen selbst vorlebt.

5.1.1.2 Gefährdungsermittlung

01. Welche Begriffe sind von Bedeutung?

Wichtige Begriffe sind:

- Risiko: Die Möglichkeit, einen Schaden zu erleiden, dessen Eintritt ungewiss ist; lässt sich berechnen aus dem möglichen Schadenumfang S und der Eintrittswahrscheinlichkeit des Schadenereignisses innerhalb eines bestimmten Zeitraums R. Daraus ergibt sich:

  $$R = S \cdot p$$

- Grenzrisiko: Das größte noch vertretbare Risiko eines bestimmten (z. B. technischen) Vorgangs oder Zustandes. Es wird in der Regel indirekt durch entsprechende
  - sicherheitstechnische,
  - rechtliche und
  - gesellschaftliche

  Festlegungen beschrieben.

- Gefahr: Eine Sachlage, bei der das Risiko größer als das Grenzrisiko ist.
- Sicherheit: Sachlage, bei der das Risiko kleiner als das Grenzrisiko ist.
- Gefährdung: zeitliches und räumliches Zusammentreffen von Mensch und Gefahr.

02. Welche Vorteile bietet die Gefährdungsbeurteilung?

Vorteile für den Betrieb sind:

- schnelle und wirksame Erfüllung der Forderungen des Arbeitsschutzes
- Prioritäten setzen bei den erforderlichen Schutzmaßnahmen, u. a. hin zu mehr Wirtschaftlichkeit
- Erkennen des erforderlichen bedarfsorientierten Beratungsbedarfs nach dem Unternehmermodell
- erhöhtes Gefahrenbewusstsein und bessere Akzeptanz von Schutzmaßnahmen
- Reduzieren von Unfallgefahren, Berufskrankheiten und arbeitsbedingten Erkrankungen
- besseres Betriebsklima und geringere Fehlzeiten
- Vermeiden von Produktionsstillständen und Fehlproduktionen
- Kosten einsparen durch Verbesserung der Qualität und der Dienstleistungen.

Hinsichtlich der Gefährdungsmerkmale wird auf Kapitel 5.4.1.1 verwiesen.

03. Welche Bedeutung hat die direkte Gefährdungsbeurteilung?

Bei der direkten (vorausschauenden, präventiven) Methode werden Arbeitssysteme auf Gefährdungen untersucht, bei denen noch keine Unfälle vorliegen. Gefahren können im Vorfeld des Entstehens erkannt werden. Dadurch tragen Gefährdungsbeurteilungen mit dazu bei,

- die Wirtschaftlichkeit,
- die Konkurrenzfähigkeit und
- das Unternehmensimage

durch verantwortliches Handeln für die Mitarbeiter zu verbessern.

04. Welche Betriebszustände müssen erfasst werden?

Betriebszustände sind:

- Normalbetrieb
- Ingangsetzen
- Einrichten
- Probebetrieb
- Wartung

- Instandsetzen
- Störung, Ausfälle
- Stillsetzen.

05. Wer führt die Gefährdungsbeurteilung durch?

Der Arbeitgeber führt die Gefährdungsanalyse durch. Er soll jedoch auch folgende Personen einbeziehen:

- betriebliche Führungskräfte
- Mitarbeiter
- Betriebsräte
- Fachkräfte für Arbeitssicherheit
- Betriebsärzte
- Sicherheitsbeauftragte
- externe Experten als Berater.

Gerade die Einbeziehung der Mitarbeiter ist wichtig, denn:

- sie kennen die Gefährdungen und Belastungen am besten
- sie führen zu praktikableren Lösungen
- sie erhöhen die Motivation zum sicheren Verhalten
- sie verbessern das Betriebsklima.

06. In welchen Stufen erfolgt der Prozess der Gefährdungsbeurteilung?

Der Prozess erfolgt in folgenden Stufen:

- Erfassen der Arbeitsorganisation: Untergliederung des Betriebs in Arbeitsbereiche und Tätigkeiten bis hin zu Einzeltätigkeiten
- Erfassen der möglichen Gefährdungen und Belastungen: Hierzu werden Prüflisten der einzelnen BGs und Gefährdungs- und Belastungskataloge für einzelne Betriebsarten herangezogen; die Gefährdungen sind vor Ort zu erfassen; dabei ist zu beachten, dass
  - Gefahren am Arbeitsplatz von jedem Mitarbeiter anders wahrgenommen werden
  - immer mehrere Gefährdungsfaktoren vorhanden sind
  - bestimmte Faktoren das Unfallrisiko erhöhen (z. B. Zeitdruck, Monotonie).
- Bewertung des Risikos: Es wird festgestellt, ob Handlungsbedarf besteht. Mögliche Beurteilungskriterien sind:
  - Verstoß gegen Rechtsvorschriften
  - Grenzwerte
  - allgemein anerkannte Risikobewertungsverfahren (z. B. in Form einer Risikomatrix).

- Schutzziele festlegen: Es wird festgelegt, was erreicht werden soll. Bei der Auswahl der Schutzmaßnahmen wird u. a. das T-O-P-Prinzip angewandt mit der Reihenfolge:
  - **T**echnische Maßnahmen
  - **O**rganisatorische Maßnahmen
  - **P**ersonenbezogene Maßnahmen.
- Durchführung der Maßnahmen: Dabei Beachtung von Prioritäten und Festlegung:
  - wer macht
  - was bis
  - wann
  - womit?
- Überprüfen der Wirksamkeit der Maßnahmen: Im Rahmen von Betriebsbegehungen
- Fortschreiben der Gefährdungsbeurteilungen.

07. Welche Rolle spielt die indirekte Gefährdungsbeurteilung?

Nachdem Maßnahmen durchgeführt wurden, muss deren Wirkung überprüft werden. Dies geschieht durch eine weitere Gefährdungsbeurteilung. Es wird überprüft, ob:

- die Maßnahmen eine Verbesserung erbracht haben
- die Maßnahmen auch dauerhaft wirksam sind.

Die Überprüfung erfolgt durch:

- Betriebsbegehungen
- Interview von Mitarbeitern
- Auswertung:
  - der Krankenstatistik
  - von Unfallberichten
  - des Verbandsbuchs
- Protokolle und Dokumentationen von bereits durchgeführten Analysen
- Prüflisten
- Betriebsanleitungen und -anweisungen
- Alarmpläne, Notfallpläne.

5.1.2 Gesundheitsschutz

01. Welche Faktoren wirken auf Verletzungen und Krankheiten ein?

Faktoren sind:

- Technik:
  - Maschinen, Geräte, Anlagen
  - Arbeitsstätten, Arbeitsplätze
  - Fertigungsverfahren
  - Arbeitsstoffe
- Organisation:
  - Arbeitsorganisation
  - Arbeitsabläufe
  - Arbeitsaufgaben, Inhalte
  - Pausen, Schichtsysteme
- Personal:
  - Führungsverhalten
  - Betriebsklima
  - Qualifikation
  - Motivation
  - Verhaltensregeln
  - Unterweisungen.

5.1.2.1 Berufskrankheiten

01. Was sind arbeitsbedingte Erkrankungen?

Zu den arbeitsbedingten Krankheiten gehören:

- Berufskrankheiten (§ 9 SGB VII): Der Teil der arbeitsbezogenen Erkrankungen, die ein Versicherter bei einer beruflichen Tätigkeit erleidet, wenn nach den Erkenntnissen der Medizin die Krankheit durch besondere Einwirkungen verursacht ist, denen bestimmte Personengruppen durch ihre Arbeit in erheblich höherem Grade als die übrige Bevölkerung ausgesetzt sind. Die Krankheit ist in einer Verordnung (BKV) bezeichnet.
- Andere arbeitsbedingte Erkrankungen: Der Teil der Erkrankungen, bei denen Mitverursachung durch Arbeitsbedingungen vermutet werden, ohne dass ein Entschädigungsanspruch vorliegt. Es wird von mehreren Einflussgrößen ausgegangen.

02. Welche Bedeutung hat die Berufskrankheitenverordnung (BKV)?

In der BKV wurden über Jahre hinweg erlangte Erkenntnisse erfasst und weiterentwickelt. Dazu gehört die Liste anerkannter Berufskrankheiten (BKV-Liste). Im Folgenden Auszüge aus der BKV-Liste:

Nr.	Krankheiten
1	Durch chemische Einwirkungen verursachte Krankheiten
11	Metalle und Metalloide
1101	Erkrankungen durch Blei oder seine Verbindungen
...	
12	Erstickungsgase
1202	Erkrankungen durch Schwefelwasserstoff
...	
13	Lösemittel, Pestizide und sonstige chemischen Stoffe
1306	Erkrankungen durch Methanol
...	
2	Durch physikalische Einwirkungen verursachte Krankheiten
21	Mechanische Einwirkungen
2102	Meniskusschäden nach besonderer Belastung der Kniegelenke
...	
22	Druckluft
2201	Erkrankungen durch Arbeit mit Druckluft
23	Lärm
2301	Lärmschwerhörigkeit
24	Strahlen
2401	Grauer Star durch Wärmestrahlung
...	
3	Durch Infektionserreger oder Parasiten verursachte Krankheiten
3104	Tropenkrankheiten, Fleckfieber
...	
4	Erkrankungen der Atemwege, der Lunge, des Rippen- und Bauchfells
41	Erkrankungen durch anorganische Stäube
4104	Lungenkrebs oder Kehlkopfkrebs in Verbindung mit Asbest
...	
42	Erkrankungen durch organische Stäube
4202	Erkrankungen der tieferen Atemwege durch Rohbaumwolle ...
...	
43	Obstruktive Atemwegserkrankungen
...	
5	Hautkrankheiten
5102	Hautkrebs durch Ruß, Rohparaffin, Teer, Anthrazen, Pech o. ä. Stoffe
...	
6	Krankheiten sonstiger Ursache

03. Welches sind die häufigsten Berufskrankheiten?

Gemäß BKV sind die häufigsten Berufskrankheiten:

- Allergien der Haut oder der Atemwege durch Berufsstoffe
- Lungenkrankheiten durch Asbest
- Schwerhörigkeit durch Lärm am Arbeitsplatz
- Silikose durch Quarzstaub.

04. Wie ist bei Berufskrankheiten zu verfahren?

Bei einer Berufskrankheit ergibt sich folgender Ablauf:

- Anzeige: Es besteht Anzeigepflicht für den Unternehmer und für Ärzte.
- Entscheidung: Durch ein Verwaltungsverfahren (evtl. Verwaltungsakt) wird:
  - der Verdacht bestätigt: Dann besteht ein innerer Zusammenhang der Tätigkeit und der schädigenden Einwirkung sowie zwischen der schädigenden Einwirkung und dem medizinischen Bild des Schadens einer in der Liste beschriebenen Berufskrankheit.
  - der Verdacht nicht bestätigt.

5.1.2.2 Funktionen und Aufgaben

01. Welche Funktionen erfüllt der Gesundheitsschutz?

Das Unternehmen ist auf Erfolg ausgerichtet, der aber von der Gesundheit der Mitarbeiter abhängig ist.

Gesundheit befasst ich nicht nur mit Krankheiten, sondern mit dem körperlichen, geistigen, seelischen und sozialen Wohlbefinden des Mitarbeiters. Der Arbeitsplatz spielt dabei eine besondere Rolle. Deshalb ist es von großer Bedeutung, dass die richtigen Einflussfaktoren der Arbeit auf den Menschen ausgerichtet werden. Ziel ist eine menschengerechte Gestaltung der Arbeit, Ergonomie steht im Vordergrund.

Dagegen führt der Ausfall eines Mitarbeiters rasch zu Störungen im Ablauf und häufig zu größerer Belastung für die Kollegen. Dem Meister kommt hier besondere Verantwortung zu. Er hat dafür zu sorgen, dass Mitarbeiter nicht überbeansprucht werden. Allerdings kann auch Unterforderung krank machen. Der Schutz der Gesundheit der Mitarbeiter ist von großer Bedeutung für die Sicherung der Zukunft.

02. Welche Ziele verfolgt der Gesundheitsschutz?

Der Gesundheitsschutz hat dafür Sorge zu tragen, dass die Gesundheit der Mitarbeiter geschützt und gefördert wird. Dabei gilt es,

- die Arbeitsbedingungen so zu gestalten, dass von ihnen keine Gesundheitsgefährdung ausgehen

- sie sicher zu machen
- Gefährdungen zu minimieren.

Erfolgreiche Arbeit setzt voraus, dass die internen mit den externen Stellen des Gesundheitsschutzes zusammenarbeiten.

03. Wann werden Betriebsärzte bestellt?

Gemäß §§ 2 ff. Arbeitssicherheitsgesetz hat jedes Unternehmen, das mindestens einen Mitarbeiter beschäftigt, einen Betriebsarzt zu bestellen. Vorschriften der BG regeln, wie viele Betriebsärzte zu bestellen sind. Kleinstunternehmen haben die Möglichkeit, ein alternatives Betreuungsmodell zu wählen.

Betriebsärzte müssen über nachweisbare arbeitsmedizinische Fachkenntnisse verfügen, gewöhnlich sind sie Fachärzte für Arbeitsmedizin. Sie sind entweder:

- Angestellte des Unternehmens
- freiberuflich tätig
- oder Mitarbeiter eines Arbeitsmedizinischen Zentrums.

04. Welche Aufgaben haben Betriebsärzte?

Aufgabenbereiche sind:

- Untersuchung und medizinische Beratung der Mitarbeiter; die Ergebnisse werden ausgewertet und dokumentiert. Dazu gehören Vorsorgeuntersuchungen und präventive Maßnahmen.
- Beratung des Unternehmers und anderer Verantwortlichen für den Arbeitsschutz, u. a. bei:
  - der Gestaltung und Unterhaltung von Anlagen und Einrichtungen
  - Einführung von Arbeitsverfahren
  - Einsatz von Gefahrstoffen
  - Beschaffung von Arbeitsmitteln
  - ergonomischen Problemen bereits vorhandener Arbeitsplätze.
- Beobachtung des Arbeitsschutzes und Beurteilung der Arbeitsbedingungen, Maßnahmen zur Verhütung von Unfällen und arbeitsbedingter Erkrankungen
- Ansprechpartner für den Meister als Vorgesetzter und Verantwortlichem für Einrichtung und Abläufe in seinem Betrieb.

05. Welche Pflichten hat der Unternehmer im Zuge der Ersten Hilfe?

Der Unternehmer hat

- Mittel zur Ersten Hilfe
- Sanitätsräume

- Meldeeinrichtungen
- Ersthelfer
- Betriebssanitäter

zur Verfügung zu stellen.

06. Welche Mittel gehören zur Ersten Hilfe?

Zu den Mitteln zur Ersten Hilfe, die jederzeit rasch verfügbar sein müssen, gehören gemäß ASR A4.3 (Mittel und Einrichtungen zur Ersten Hilfe) u. a.:

- Normverbandskästen oder, falls aufgrund der Betriebsart notwendig, mit erweiterter Ausstattung gem. DIN und BGI 509
- Krankentragen gem. BGV A1
- Sondermittel bei Arbeit mit gefährlichen Stoffen (z. B. Spezialduschen, Isolierdecken)
- Sanitätsraum mit Rettungstransportmitteln bei mehr als:
  - 1.000 beschäftigten Versicherten
  - 100 beschäftigten Versicherten bei besonderen Unfallgefahren
  - 50 Versicherten auf Baustellen.

07. Welche Bedeutung haben Ersthelfer?

Ersthelfer sind Mitarbeiter, die eine besondere Ausbildung erlangt haben, die von Stellen erteilt werden, die von einer Berufsgenossenschaft hierzu ermächtigt wurden (z. B. DRK, Arbeiter-Samariter-Bund, Johanniter Unfallhilfe, Malteser Hilfsdienst); die Kosten trägt die zuständige BG. Alle zwei Jahre muss die Fortbildung stattfinden.

Die Anzahl der Ersthelfer ist vorgeschrieben; sie beträgt:

- ein Ersthelfer bei 2 bis 20 Mitarbeitern
- 5 % der Belegschaft bei mehr als 20 Mitarbeitern in Verwaltungs- und Handelsbetrieben
- 10 % der Belegschaft bei mehr als 20 Mitarbeitern in Handwerks- und Produktionsbetrieben.

08. Wann sind Betriebssanitäter erforderlich?

Betriebssanitäter verfügen über eine anerkannte Grundausbildung (63 Unterrichtseinheiten) und einen Aufbaulehrgang (52 Unterrichtseinheiten). Ein Betriebssanitäter ist erforderlich:

- bei mehr als 1.500 Mitarbeitern einer Betriebsstätte
- zwischen 250 und 1.500 Mitarbeitern, wenn die Art und Schwere der zu erwartenden Unfälle Sanitätspersonal erforderlich macht
- mehr als 100 Mitarbeitern auf einer Baustelle.

09. Wie ist die Erste Hilfe zu dokumentieren?

Erste Hilfe-Leistungen sind zu dokumentieren und fünf Jahre lang aufzubewahren. Sie erfolgt entweder:

- im Verbandsbuch
- in Karteien
- oder per EDV.

Anzugeben sind u. a.:

- Zeit und Ort des Unfalls
- Unfallablauf
- Schaden der Gesundheit/Verletzung
- Art, Umfang und Zeitpunkt der Erste-Hilfe-Maßnahme
- Verunfallter
- Ersthelfer/Sanitäter, evtl. Zeugen.

5.1.2.3 Arbeitsmedizinische Vorsorge

01. Welche Rechtsvorschriften gelten für arbeitsmedizinische Vorsorgeuntersuchungen?

Rechtsvorschriften sind:

- Arbeitsschutzgesetz (ArbSchG)
- Jugendarbeitsschutzgesetz (JArbSchG)
- Gefahrstoffverordnung (GefStoffV)
- Verordnung zur arbeitsmedizinischen Vorsorge (ArbMedVV) mit:
  - Pflichten der Arbeitgeber
  - Pflichten der Arbeitsmediziner
  - Rechten der Beschäftigten.

02. Welche Untersuchungsarten werden unterschieden?

Nach dem Zeitpunkt der Untersuchung wird unterschieden:

- Erstuntersuchung, nicht später als zwölf Wochen vor Aufnahme der Tätigkeit; es erfolgt Prüfung, ob gesundheitliche Bedenken bestehen
- Nachuntersuchung in unterschiedlichen zeitlichen Intervallen, je nach Art der Gefährdung; es wird überprüft, ob weiterhin keine gesundheitliche Bedenken bestehen
- nachgehende Untersuchung nach Beendigung der Tätigkeit, wenn der Mitarbeiter z. B. mit Asbest oder anderen krebserzeugenden Stoffen gearbeitet hat.

Nach der Notwendigkeit der Untersuchung wird nach § 3 ArbMedVV unterschieden:

- Pflichtuntersuchung bei besonders gefährlichen Arbeiten
- Angebotsuntersuchung bei Vorliegen bestimmter Tätigkeit
- Wunschuntersuchung, die der Arbeitgeber den Mitarbeitern zu ermöglichen hat.

03. Welche besonderen schutzbedürftigen Gruppen werden unterschieden?

Besonders schutzbedürftige Personengruppen sind:

- Jugendliche, die innerhalb der letzten 14 Monate vor Beschäftigungsbeginn und ein Jahr nach Aufnahme der Beschäftigung untersucht werden (JArbSchG)
- berufstätige Schwangere (MuSchG)
- Behinderte (SGB IX).

04. Welche Untersuchungen sehen die Gefahrstoffverordnung und die Verordnung zur arbeitsmedizinischen Vorsorge vor?

Arbeitnehmer werden untersucht bzw. können sich untersuchen lassen, wenn u. a.:

- der Arbeitsplatzgrenzwert gemäß GefStoffV überschritten wird
- die Tätigkeit im Anhang Teil 1 der ArbMedVV aufgeführt ist
- Arbeiten mit biologischen Stoffen oder gentechnische Arbeiten gemäß Teil 2 der ArbMedVV erledigt werden
- Arbeiten nach Anhang Teil 3 und 4 der ArbMedVV durchgeführt werden.

5.1.3 Umweltschutz

01. Was ist Umweltschutz?

Umweltschutz hat zur Aufgabe, die natürlichen Lebensgrundlagen von Menschen, Tieren, Pflanzen und den Lebensraum der Menschen zu erhalten. Er ist Staatsziel und in Artikel 20a des Grundgesetzes (GG) geregelt.

02. Welche Vorschriften gelten für den Umweltschutz?

Vorschriften für den Umweltschutz sind:

- Umgang mit Gefahrstoffen, u. a.:
  - ChemG (Chemikaliengesetz)
  - GefStoffV (Gefahrstoffverordnung)
  - TRGSs (Technische Regelungen für Gefahrstoffe)
- Umgang mit Abfällen, u. a. KrWG (Kreislaufwirtschaftsgesetz)

- Umgang mit Abwässern und wassergefährdenden Stoffen, u. a.:
  - WHG (Wasserhaushaltsgesetz)
  - AbwV (Abwasserverordnung)
  - VAwS (Verordnung über Anlagen zum Umgang mit wassergefährdenden Stoffen
- Betrieb von Anlagen nach Bundesimmissionsschutzgesetz (BImSchG), u. a.:
  - genehmigungsbedürftige Anlagen
  - TA Lärm
- Notfallplanung, u. a. Störfallverordnung
- Umweltmanagementsystem nach EG-Öko-Audit-Verordnung
- Bestellung von Betriebsbeauftragten.

5.1.3.1 Funktionen und Aufgaben

01. Welche Aufgaben verfolgt der Umweltschutz?

Wichtige Aufgaben sind:

- Lärmbekämpfung
- Reinhaltung der Luft
- Müllbeseitigung
- dadurch die Wiedergewinnung von Stoffen
- Reinhaltung der gesamten Kette unserer Nahrungsmittel
- Schutz von Boden und Wasser vor Verunreinigungen durch chemische Stoffe und Abwasser
- Strahlenschutz
- Auflagen für umweltverträglichere Reinigungsmittel.

02. Wie ist der Umweltschutz unterteilt?

Wichtige Gebiete des Umweltschutzes sind:

- Naturschutz
- Landschaftspflege
- Wasserwirtschaft
- Abfallwirtschaft
- Strahlenschutz
- Immissionsschutz.

03. Welche Prinzipien gelten im Umweltschutz?

Es gelten fünf Prinzipien:

- **Vorsorgeprinzip:** Durch präventive Maßnehmen wird erreicht, dass Umweltschäden gar nicht erst entstehen.
- **Verursacherprinzip:** Die Kosten und die Beseitigung von Umweltschäden gehen zulasten des Verursachers; er hat für die Beseitigung zu sorgen.
- **Kooperationsprinzip:** Zwischen Betrieben mit umweltgefährdenden Anlagen und den zuständigen Behörden ist Zusammenarbeit vorgeschrieben; Nachbarländer müssen bei Problemen, die grenzüberschreitend sind, ebenfalls zusammenarbeiten.
- **Gemeinlastprinzip:** Die Kosten für die Beseitigung von Umweltschäden trägt die Allgemeinheit; dies gilt, wenn:
  - die wirtschaftliche Leistungsfähigkeit des Verursachers nicht ausreicht
  - der Verursacher bei Altlasten nicht zu ermitteln ist.
- **Subsidiaritätsprinzip:** Die Beseitigung von Umweltschäden soll stets von dem geregelt werden, der am ehesten dazu in der Lage ist; dabei steht die Hilfe zur Selbsthilfe im Vordergrund.

04. Wo liegt der Unterschied zwischen Emission und Immission?

Gemäß Bundesimmissionsschutzgesetz ergibt sich folgende Unterscheidung:

- **Emissionen** sind Umweltbelastungen, die von einer Anlage ausgehen (z. B. Lärm, Strahlen, Wärme, Luftverschmutzung, Erschütterungen).
- **Immissionen** sind die Luftverschmutzung, Geräusche, die auf Menschen, Tiere, den Boden, das Wasser, die Atmosphäre einwirken.

05. Welche unterschiedlichen Umweltbeauftragten werden unterschieden?

Je nach rechtlicher Regelung werden folgende Beauftragte unterschieden:

- Abfallbeauftragter
- Immissionsschutzbeauftragter
- Störfallbeauftragter
- Strahlenschutzbeauftragter
- Gewässerschutzbeauftragter
- Gefahrgutbeauftragter
- Laserschutzbeauftragter
- Umweltbetriebsprüfer.

5.1.3.2 Umweltbelastungen

01. Wo liegen wesentliche Belastungen der Umwelt?

Wesentliche Belastungen liegen:

- in der Luft (Gase, Dämpfe, Stäube)
- im Wasser
- im Abfall.

02. Was besagt das Kreislaufwirtschaftsgesetz zum Abfall?

Zweck des Gesetzes ist laut § 1, die Kreislaufwirtschaft zur Schonung der natürlichen Ressourcen zu fördern und den Schutz von Mensch und Umwelt bei der Erzeugung und Bewirtschaftung von Abfällen sicherzustellen.

Die Abfallhierarchie lautet:

- Vermeidung
- Vorbereitung zur Wiederverwendung
- Recycling
- sonstige Verwertung, insbesondere energetische Verwertung und Verfüllung
- Beseitigung.

Abfälle sind alle Stoffe oder Gegenstände, derer sich ihr Besitzer entledigt. Abfälle zur Verwertung sind Abfälle, die verwertet werden; Abfälle, die nicht verwertet werden, sind Abfälle zur Beseitigung, jeweils eingeteilt in gefährlichen und nicht gefährlichen Abfall.

03. Welche abfallrelevanten Regelungen gibt es?

Regelungen sind:

- Verordnungen Abfallarten, Abfallüberwachung:
  - Abfallverzeichnisverordnung (AVV)
  - Nachweisverordnung
  - Transportgenehmigungsverordnung (TgV)
- Anforderungen an die Abfallbeseitigung:
  - Deponieverordnung (DepV)
- betriebsbezogene Vorschriften:
  - Betriebsbeauftragte für Abfall
  - Entsorgungsfachbetriebsverordnung (EfbV)
  - Entsorgungsgemeinschaftsrichtlinie
  - Gewerbeabfallverordnung

- produkt- bzw. produktionsbezogene Vorschriften:
  - Verpackungsverordnung (VerpackVO)
  - Chemikalienklimaschutzverordnung
  - Altölverordnung (AltölV)
  - Batteriegesetz (BattG)
- sonstige Vorschriften:
  - Klärschlammverordnung (AbfKlärV)
  - Bioabfallverordnung (BioAbfV)
- Abfallverbringungsrecht.

04. In welche Teilbereiche gliedert sich der Umgang mit Abfall?

Der Umgang mit Abfall gliedert sich in:

- Begrenzung des Abfalls
- Behandlung des Abfalls:
  - Recycling als:
    - Wiederverwertung
    - Weiterverwertung
    - Wiederverwendung
    - Weiterverwendung
  - Vernichtung:
    - physikalisch
    - chemisch
    - biologisch
    - thermisch
  - Beseitigung durch Ablagerung.

05. Welche arbeitsspezifischen Belastungen sind vor allem anzutreffen?

Wichtige arbeitsspezifische Belastungen entstehen durch:

- Lösungsmittel
- Kunststoffe
- Schwefeldioxid
- Asbest
- FCKW
- Lärm.

06. Was ist bei der Gefährdung durch die Luft zu beachten?

Bei Gefährdungen durch die Luft werden Absaugeinrichtungen eingesetzt, die die abgesaugte Luft filtern und wieder in den Arbeitsbereich zurückleiten. Wird dagegen die abgesaugte Luft lediglich nach außen geleitet, liegt nur eine Verlagerung des Problems vor.

Beim Einsatz von Filtern muss eine Reinigung oder Entsorgung gebrauchter Filter vorgesehen werden, die wiederum die Umwelt nicht belasten darf.

Bei der Luftfilterung sind gemäß Arbeitsstättenverordnung und Arbeitsstättenrichtlinie außerdem Faktoren wie Temperatur, Luftfeuchtigkeit, und Luftgeschwindigkeit zu beachten. Bei Gefahrstoffen in der Luft sind die Regeln der Gefahrstoffverordnung und der Technischen Regeln für Gefahrstoffe (TRGS) heranzuziehen.

Erfolgt eine Verunreinigung der Luft in der Umwelt, so sind Luftreinhaltungspläne gemäß Bundesimmissionsschutzgesetz zu erstellen. Außerdem gilt für Luftverunreinigungen die TA Luft.

07. Welche Regeln gelten für die Lagerung von giftigen und gefährdenden Stoffen?

Es gelten folgende Regelungen:

- feuerbeständige Abtrennung von angrenzenden Arbeitsräumen
- Wände, Böden und Decken aus nicht brennbarem Material
- dichte Fußböden
- Beseitigung von Leckagen
- Schließung von Durchgängen zu anderen Räumen
- flüssigkeitsdichter Verschluss von Abläufen
- ausreichende Lüftung der Lagerräume
- besondere geschützte Elektroinstallation
- Auffangwannen, um Leckagen sicher auffangen zu können
- eventuell Löschwasserrückhaltesystem für gefährliche Rückstände im Brandfall
- eingeschränkte Zutrittsrechte
- Einlagerungspläne bei größeren Lägern.

08. Was ist beim Umgang mit wassergefährdenden Stoffen zu beachten?

Viele Stoffe, mit denen im Betrieb umgegangen wird, können Oberflächenwasser oder das Grundwasser verunreinigen. Anlagen zum Lagern, Abfüllen, Herstellen, Behandeln wassergefährdender Stoffe sowie Anlagen zum Verwenden wassergefährdender Stoffe müssen so beschaffen sein und so errichtet, unterhalten, betrieben und stillgelegt werden, dass eine nachteilige Veränderung der Eigenschaften von Gewässern nicht zu befürchten ist.

Grundlegende Maßnahmen beim Betrieb dieser Anlagen sind:

- sichere Stoffumschließung
- ausreichender Auffangraum
- organisatorische und infrastrukturelle Maßnahmen (z. B. ständige Überwachung, Betriebsanweisungen, Unterweisung der Mitarbeiter).

09. Welche Stoffe gehören zu den wassergefährdenden Stoffen?

Die einschlägigen Verwaltungsvorschriften enthalten eine Aufstellung wassergefährdender Stoffe; dazu gehören:

- Säure und Laugen
- Gifte
- Mineral- und Teeröle.

Die Stoffe werden in drei Wassergefährdungsklassen (WGK) eingestuft:

WGK 1: schwach wassergefährdend
WGK 2: wassergefährdend
WGK 3: stark wassergefährdend.

10. Welche Anforderungen sind an Anlagen für die Lagerung, Abfüllung, Herstellung und Behandlung wassergefährdender Stoffe gerichtet?

Anforderungen sind:

- Standsicherheit
- Dichtigkeit
- Schutz gegen mechanische Beschädigung (z. B. Anfahrschutz)
- Korrosionssicherheit
- Standhaftigkeit gegen entsprechende mechanische, chemische und thermische Beanspruchung durch die Stoffe (z. B. Doppelwände).

11. Welche Grenzwerte sieht die TA Lärm vor?

Grenzwerte, die von Anlagen ausgehen, sind:

Gebiet	Grenzwerte in dB (A)	
	von 06:00 bis 22:00 Uhr	von 22:00 bis 06:00 Uhr
Industriegebiete	70	70
Gewerbegebiet	65	50
Kern-, Dorf- und Mischgebiete	60	45
allgemeine Wohngebiete	55	40
reine Wohngebiete	50	35
Kurgebiete, Krankenhäuser	45	35

Probleme gibt es vor allem für sog. Mischgebiete (keine Trennung von Wohn- und Industriegebiet) besonders bei Schichtbetrieb. Als Kompromiss sind u. U. weitergehende Lärmschutzmaßnahmen notwendig (z. B. Lärmschutzwände).

12. Wie wird hinsichtlich Lärmschutz für die Mitarbeiter verfahren?

Lärmschutz im Betrieb hat heute besondere Bedeutung, denn Lärmschwerhörigkeit ist eine häufige Berufskrankheit; sie ist nicht heilbar. Regelungen ergeben sich u. a. aus der Arbeitsstättenverordnung und in DIN EN ISO 11690-1 mit folgenden Zielwerten:

- Tätigkeiten mit besonderer Konzentration: 45 dB(A)
- Büroarbeiten: 55 dB(A)
- industrielle Tätigkeiten: 80 dB(A).

Hauptziele sind (in der Reihenfolge der Positionen):

- Lärmquellen abzustellen (z. B. Ersatz einer lärmerzeugenden Maschine durch ein „Flüsteraggregat“)
- Kapselung von Anlagen
- Abtrennung des Lärmbereichs (z. B. durch Lärmschutzwände)
- Ausstattung der Mitarbeiter mit persönlichem Lärmschutz.

13. Was ist hinsichtlich Genehmigung und Störfallpotenzial von Anlagen zu berücksichtigen?

Das Bundesimmissionsschutzgesetz sieht für viele Anlagen eine Genehmigungspflicht vor. Art und Umfang dieser Pflicht wird in verschiedenen Verordnungen geregelt.

Die Bundesimmissionsschutzverordnung über Immissionswerte für Schadstoffe in der Luft schreibt Grenzwerte für Schadstoffe wie Schwefeldioxid, Stickoxide, Blei, Benzol, Kohlenmonoxid, Ozon und Schwefelstoffe vor.

Die Bundesimmissionsschutzstörfallverordnung verlangt bei genehmigungsbedürftigen Anlagen Vorkehrungen, um Störfälle zu verhindern. Es wird ein Sicherheitsmanagementsystem gefordert.

5.2 Fördern des Bewusstseins der Mitarbeiter bezüglich der Arbeitssicherheit und des betrieblichen Arbeits-, Umwelt- und Gesundheitsschutzes

5.2.1 Arbeits-, Umwelt- und Gesundheitsschutz

5.2.1.1 Volks- und betriebswirtschaftliche Bedeutung

01. Welche Bedeutung haben Schäden für die Volkswirtschaft?

Schäden im Bereich Arbeit, Gesundheit und Umwelt führen zu gesellschaftlichen Belastungen, die teilweise von der Solidargemeinschaft getragen werden. Hohe Ausfall- und Krankheitszeiten verursachen große gesellschaftliche Kosten.

Unfälle und Berufskrankheiten führen außerdem zu Ausfallzeiten; Kapazitäten stehen nicht zur Verfügung.

Umweltschäden schwächen den Standort Deutschland. Kontaminierte Böden müssen entsorgt werden; vielfach überfordert dies die aktuellen Eigentümer. Luftverschmutzung und Lärm machen krank. Umweltverschmutzung führt zu Klimaveränderung mit Anstieg der Temperaturen und verursacht schwere Unwetter, Stürme und Überschwemmungen; sie führen die neben volkswirtschaftlichen Kosten auch zu Belastungen in der Logistik durch Behinderung von Transporten, durch die Wertschöpfung verhindert wird.

02. Welche betriebswirtschaftliche Bedeutung haben Arbeits-, Umwelt- und Gesundheitsschäden?

Bei einem Arbeitsunfall ergeben sich u. a. folgende Kosten:

- Entgelt für die Lohnfortzahlung
- Arbeitsplatzkosten für einen nicht besetzten Arbeitsplatz
- Entgelt für Ersatzbesetzung
- Mehrarbeitskosten für den Fall, dass die anderen Mitarbeiter die Arbeit zusätzlich übernehmen
- Kosten für Erstversorgung
- Transportkosten für den Verletzten
- Kosten für die innerbetriebliche Bearbeitung des Unfalls
- Kosten für Ursachenforschung
- Kosten für Sachschäden
- Mehrbelastung bei BG-Beiträgen
- Konventionalstrafe gegenüber dem eigenen Kunden.

Bei Umweltschäden können mitunter derart hohe Kosten entstehen, dass sie vom Unternehmen allein nicht getragen werden können. Kosten ergeben sich:

- durch Beseitigung im Unternehmen selbst bis hin zur Beseitigung von Kontaminierungen
- durch Schäden im Umfeld durch z. B. Verschmutzung der Luft
- durch Public-Relation-Maßnahmen zur Verbesserung des Unternehmensimages.

5.2.1.2 Gefahrenpotenziale im betrieblichen Ablauf

01. Wie wird aus der Gefahr eine Gefährdung?

Von Gefahr spricht man, wenn das System des Menschen mit der Maschine Verletzungen hervorbringen kann. Bei der Gefahr ist das Risiko größer als das Grenzrisiko als größtes noch vertretbares Risiko. Trifft nun der Mensch auf die Gefahr, entsteht eine Gefährdung; sie ist die Quelle für potenzielle Schäden.

Es ist dafür Sorge zu tragen, dass die Mitarbeiter das Gefährdungspotenzial erkennen und vorbeugende Maßnahmen ergreifen.

02. Was sind wesentliche Gefährdungen?

Wesentliche Gefährdungen gem. EN ISO 14121-1 sind:

- mechanische Gefährdungen
- elektrische Gefährdungen
- Gefahrstoffe
- biologische Gefährdungen
- Brand- und Explosionsgefährdungen
- thermische Gefährdungen
- Gefahren durch spezielle physikalische Einwirkungen
- Gefährdungen durch Arbeitsumgebungsbedingungen
- physische Belastungen
- psychische Belastungen
- sonstige Gefährdungen.

03. Wodurch ergeben sich die Gefahrenpotenziale?

Gefahrenpotenziale ergeben sich durch:

- die Gestaltung der Arbeitsstätte und des Arbeitsplatzes
- Einwirkungen physikalischer, chemischer oder biologischer Art
- Gestaltung, Auswahl und Einsatz von Arbeitsmitteln inkl. Arbeitsstoffe
- Gestaltung von Verfahren und Arbeitsabläufen, aber auch der Arbeitszeit
- Mängel bei Qualifikation und Unterweisung.

04. Welche Gefährdungspotenziale werden unterschieden?

Gefährdungspotenziale für Unfälle sind:

- die Technik als sicherheitswidrige Zustände mit den Schutzmaßnahmen:
  - Auffangwannen
  - Abkapselung
  - Zweihandbedienung
- die Organisation als organisatorischer Mangel mit den Schutzmaßnahmen:
  - Betriebsanweisung
  - Kennzeichnung
  - Zugangsbeschränkung
- das Verhalten als sicherheitswidriges Verhalten mit den Schutzmaßnahmen:
  - Sicherheitsunterweisung
  - Nutzung Persönlicher Schutzausrüstung.

05. Welche Gefährdungspotenziale stehen im Vordergrund?

Im Vordergrund steht das Personenverhalten mit 70 % bis 80 %, je nach Branche. Demnach ist das intensive Einwirken auf die Mitarbeiter durch Einweisungen und Unterweisungen besonders wichtig.

Die Technik und die Organisation sind in etwa gleichmäßig vertreten, beide sind rückläufig. Die sichere Technik ist heute ein wichtiges Verkaufsargument für unseren Maschinen- und Anlagenbau.

5.2.2 Maßnahmen und Hilfsmittel zur Förderung des Mitarbeiterbewusstseins

01. Welcher Grundsatz gilt hinsichtlich des Risikos?

Es gilt der Grundsatz:

- Beseitigung oder Verhinderung von Risiken geht vor
- Schutz vor Gefahren.

Risiken gilt es frühzeitig zu erkennen, d. h.die Problematik ist präventiv zu erfassen. Dabei geht Verhinderung vor Beseitigung, Die Arbeitssituation ist so zu gestalten, dass keine Risiken entstehen (z. B. neue Maschinengeneration). Ist das Risiko eingetreten, ist es zu beseitigen (z. B. Abkapselung der Lärmquelle).

Sollte beides nicht möglich sein, kann der Mitarbeiter vor der Gefahr geschützt werden (z. B. durch das Tragen von Gehörschutz).

02. Welche Bedeutung hat das Bewusstsein der Mitarbeiter?

Die Mitarbeiter sollen sich risikobewusst verhalten. Verhaltensweisen sind unmittelbar abhängig vom Bewusstsein der Mitarbeiter. Deshalb ist es notwendig, den Mitarbeitern bewusst zu machen, welche Gefahren und Risiken auf sie einwirken. Diese Rolle kommt maßgeblich dem Meister als Führungskraft zu. Er hat zur Aufgabe:

- sicherheitswidriges Verhalten zu korrigieren
- und in sicheres Verhalten zu verwandeln.

Dazu ist es erforderlich, dass sich der Meister Wissen und Erfahrungen hinsichtlich des Verhaltens von Menschen aneignet. Er erkennt Regeln, an die er sich hält, u. a.:

- Lob bei sicherem Mitarbeiterverhalten
- sofortiges Einschreiten bei sicherheitswidrigem Verhalten
- den Mitarbeiter Erfolg erleben lassen
- Androhung von Strafe vermeiden.

03. Welche Pflichten haben die Mitarbeiter?

Gemäß BGV A1 haben die Mitarbeiter zahlreiche Pflichten, u. a. gilt:

- Weisungen hinsichtlich ihrer Sicherheit und Gesundheit bei ihrer Arbeit sind zu befolgen.
- Sie haben für den Schutz derer zu sorgen, die durch ihre Handlungen betroffen sind.
- Sie sind verpflichtet, Verhütungsmaßnahmen zu unterstützen.
- Sie haben Gefahren für die Sicherheit und Gesundheit, die sie erkennen, sofort zu melden.
- Defekte an Schutzeinrichtungen sind zu melden.
- Stellt der Mitarbeiter in seinem Arbeitsbereich einen Mangel an Ausrüstung oder Arbeitsstoffen hinsichtlich Gesundheitsgefahren fest, hat er diese im Rahmen seiner Fähigkeiten zu beheben bzw. zu melden.
- Vorgeschriebene Persönliche Schutzausrüstungen sind zu benutzen, ebenso entsprechende Einrichtungen und Vorrichtungen.

04. Wie ist die Vorbildfunktion des Meisters zu sehen?

Der Meister als Vorgesetzter hat wesentlichen Einfluss auf:

- die Bewusstseinsbildung der Mitarbeiter hinsichtlich Gefahren
- das Verhalten der Mitarbeiter in sicherheitsrelevanter Situation.

Diese prägende Kraft verlangt vom Meister, als gutes Beispiel vorauszugehen. Hält er sich nicht an die Regel, hat er kaum eine Legitimation, dies von seinen Mitarbeitern zu verlangen.

Hinzu treten auch Instrumente der Motivation zu sicherheits- und umweltgerechtem Verhalten. Bei Übertretungen sollte auch erforscht werden, warum dies so ist; Gründe könnten im betrieblichen Bereich liegen, es könnten aber auch persönliche Ursachen sein (z. B. ein Mitarbeiter ist als Analphabet nicht in der Lage, Beschriftungen zu lesen).

05. Welche Hilfsmittel stehen zur Förderung sicherheits- und umweltbewusstem Verhaltens zur Verfügung?

Hilfsmittel sind:

- Plakate und andere Informationstafeln
- Videos
- Broschüren
- Lehrgänge, z. B. der BG
- Unterweisungen
- Sicherheitskurzgespräche
- Unfallberichte
- Verbandsbuch
- Statistiken über das Unfallgeschehen.

06. Welche Bedeutung haben Betriebsanweisungen hinsichtlich Sicherheit und Umwelt?

Zahlreiche Unfallverhütungsvorschriften verpflichten den Unternehmer, Betriebsanweisungen zu erstellen. Die Informationsschrift BGI 578 gibt hierzu eine Übersicht. Grundlage für die Betriebsanweisungen sind die Informationen der Hersteller von Anlagen, Geräten, Gefahrstoffen und Persönlichen Schutzausrüstungen. Sie müssen umfassend über die Gefahren informieren und alle anderen wichtigen Angaben für einen sicheren Einsatz enthalten. Sie sind die Basis für Unterweisungen. Darüber hinaus gibt es Anweisungen für verschiedene Störfälle (z. B. Brand, Katastrophe) mit Rettungsplänen, Alarmplänen, Katastrophenplänen.

Ein Formular für eine Betriebsanweisung für Gefahrstoffe hat folgendes Aussehen (gemäß BG Rohstoffe und chemische Industrie):

Nummer: G1-00 **Bearbeitungsstand: 09/14**	**Betriebsanweisung** **gem. GefStoffV**	**Betrieb: Musterbetrieb**
Arbeitsplatz/Tätigkeitsbereich: Musterbetrieb		
	1. Gefahrstoffbezeichnung	
	► ► ► ►	
	2. Gefahren für Mensch und Umwelt	
	► ► ► ►	
	3. Schutzmaßnahmen und Verhaltensregeln	
	► ► ► ►	
	4. Verhalten im Gefahrfall	
	► ► ► ►	
	5. Erste Hilfe	
	► ► ► ►	
	6. Sachgerechte Entsorgung	
	► ► ► ►	
Datum: **Nächster Überprüfungstermin**	**Unterschrift:** **Unternehmer/Geschäftsleitung**	

07. Welchen Inhalt haben Betriebsanweisungen?

Betriebsanweisungen befassen sich mit:

- dem Anwendungsbereich mit Begrenzung auf bestimmte Arbeitsmittel, Arbeitsverfahren oder personelle, örtliche oder zeitliche Aspekte
- den Gefahren für Mensch und Umwelt, wodurch die Mitarbeiter angehalten werden, Regelungen einzuhalten. Es ist deshalb notwendig, die Gefahren möglichst konkret darzulegen, indem das gesamte externe und interne Informationsmaterial genutzt wird.
- den Schutzmaßnahmen und Verhaltensregeln, die von den Mitarbeitern einzuhalten sind; sie müssen von den Mitarbeitern beeinflussbar sind
- dem Verhalten bei Störfällen (z. B. Bremsversagen) mit Sofortmaßnahmen (z. B. Abschalten, Sichern) und der Information, wann Spezialisten einzuschalten sind
- dem Verhalten bei Unfällen mit Sicherung, Bergung und Erster Hilfe
- der Instandhaltung als Sondervorgang, für den separate Betriebsanweisungen notwendig sind; vielfach ist der Einsatz von besonders fachkundigem Personal notwendig
- der sachgerechten Entsorgung (z. B. von Spänen) unter Angabe, was, wie, wohin gebracht wird; evtl. sind Entsorgungsblätter und Sammelstellen notwendig
- den Folgen der Nichtbeachtung, also der gesundheitlichen Folgen.

Das folgende Beispiel befasst sich mit dem Betrieb von Ladebrücken

Betriebsanweisung Betrieb von Ladebrücken zum Be- und Entladen von Fahrzeugen	
1. Anwendungsbereich	
	Betrieb von fest mit dem Gebäude verbundenen Ladebrücken, die zum Ausgleich von Höhenunterschieden und zum Überbrücken von Abständen zwischen Laderampen und Ladeflächen dienen. Ladebrücken können kraftbetrieben oder handbetätigt sein.
2. Gefahren für Mensch und Umwelt	
 	► Abstürzen bei geöffnetem Rolltor und nicht angedocktem Fahrzeug oder Wechselbrücke. ► Abstürzen von Personen oder Flurförderzeugen durch nicht gegen Weg rollen gesichertes Fahrzeug. ► Stürzen zwischen Ladebrücken und Ladeflächen durch nicht bestimmungsgemäß aufgelegte Ladebrücke. ► Seitliches Abstürzen von der Ladebordwand, wenn diese auf die Ladebrücke aufgelegt ist. ► Stolpern und Umknicken durch Höhenunterschied zwischen angehobener oder abgesenkter Ladebrücke und den angrenzenden Verkehrsflächen.

	► Umstürzen von Flurförderzeugen durch Höhenunterschied zwischen angehobener oder abgesenkter Ladebrücke und den angrenzenden Verkehrsflächen. ► Getroffen werden von herunterrutschenden und herabfallenden Ladungsteilen vom Flurförderzeug.
3. Schutzmaßnahmen und Verhaltensregeln	
	► Nur regelmäßig geprüfte Ladebrücken benutzen. ► Ladebrücke nicht überlasten. ► Rolltor schließen, wenn sich kein Fahrzeug/Wechselbehälter an der Ladebrücke befindet. ► Ladebordwand absenken und unter der Ladebrücke positionieren. ► Fahrzeug mittels Feststellbremse gegen Wegrollen sichern. ► Vor dem Befahren mit kraftbetriebenen Flurförderzeugen das Fahrzeug mittels Feststellbremse und beidseitig angelegten Unterlegkeilen gegen Wegrollen sichern. ► Ladebrücke bestimmungsgemäß auf Ladefläche auflegen. ► Lose Ladungsteile beim Transportieren mittels Flurförderzeugen form- und kraftschlüssig gegen Herabfallen sichern. ► Steuerplatz der kraftbetriebenen Ladebrücke freihalten. ► Nach dem Be- und Entladen die Ladebrücke in Ruhestellung bringen.
4. Verhalten bei Störungen	
	Bei Mängeln, die die Sicherheit beeinträchtigen (z. B. fehlende seitliche Sicherungsbleche, unbeabsichtigtes Absenken, beschädigte Klapplippen). Ladebrücke stillsetzen und Vorgesetzten oder Aufsichtführenden informieren.
5. Verhalten bei Unfällen, Erste Hilfe	
	► Ladebrücken stillsetzen. ► Gegenbewegung nur einleiten, wenn Verletzter gefahrlos befreit werden kann. ► Lebensrettende Sofortmaßnahmen durchführen (z. B. starke Blutung stillen). ► Möglichst gleichzeitig Unfall melden (Tel.: ...), Ersthelfer (Name, Tel.: ...) informieren. ► Erste Hilfe leisten (z. B. Blutungen stillen, ggf. Schocklage, bei Bewusstlosen Puls und Atmung kontrollieren, stabile Seitenlage auf Decke). ► Verletzten beruhigen, ggf. gegen Wärmeverlust eindecken, bis zum Eintreffen professioneller Hilfe dabeibleiben.

6. Instandhaltung	
	► Instandhaltungsarbeiten dürfen nur von fachkundigen Personen ausgeführt werden. ► Kontroll-/Reinigungsarbeiten dürfen nur bei still gesetzter sowie gegen irrtümliches bzw. unbefugtes Ingangsetzen gesicherter Ladebrücke ausgefüllt werden.

Quelle: *BGHW*, Merkblatt M 74

08. Was ist bei der Auswertung von Arbeitsunfällen zu beachten?

Beim Auswerten von Arbeitsunfällen wirken viele Faktoren mit, die teilweise im sachlichen und teilweise im persönlichen Bereich liegen. Unterschiedliche Interessen prallen aufeinander, die in der Sphäre des Mitarbeiters zu finden sind.

Wichtig für die Aufklärung ist die Versachlichung der Betrachtung. Emotionen und die Suche nach dem Schuldigen sollten hier unterbleiben, denn sie lenken von der eigentlichen Kernfrage, der Ursache, ab. Dies setzt aber voraus, dass angemessene klimatische Bedingungen zwischen den Mitarbeitern untereinander, zwischen den Mitarbeitern und den Vorgesetzten und zum Unternehmen bestehen.

Die Mitarbeiter, vor allem die Betroffenen, sind in jedem Fall an der Problemlösung zu beteiligen. Im Übrigen setzt eine gute Aufklärung den Einsatz fachlich gut ausgebildeter und erfahrener Fachkräfte für Arbeitssicherheit voraus.

09. Welche Hilfsmittel werden zur Auswertung von Arbeitsunfällen hinzugezogen?

Wichtige Hilfsmittel sind:

- die Unfallanzeige: Sie erfolgt bei Unfällen mit Todesfolge oder bei Unfällen mit Arbeitsunfähigkeit für mehr als drei Tage (Kalendertage ohne den Unfalltag); angezeigt werden:
  - Unfälle im Betrieb
  - Unfälle bei Dienstwegen
  - Wegeunfälle.

  Die Anzeige ist wichtig für die BG, um:
  - eventuell gezielte Untersuchungen im Unternehmen durchzuführen
  - das Unfallgeschehen insgesamt statistisch auswerten zu können, um daraus überbetriebliche Erkenntnisse zu erlangen
  - die Unfallforschung voranzutreiben
  - auf Schutzmaßnahmen und die Konstruktion von Anlagen Einfluss zu nehmen.
- das Verbandsbuch
- Statistiken betrieblicher und externer Art.

10. Wie kann auf das Verhalten der Mitarbeiter eingewirkt werden?

Zunächst ist es notwendig, dass die Auswertung von Arbeitsunfällen visualisiert wird, z. B. auf Informationstafeln, in Rundschreiben oder auf dem Schwarzen Brett. Unter Einbeziehung dieser Erkenntnisse werden die Mitarbeiter unterwiesen hinsichtlich:

- sicherheitsgerechtem Verhalten
- Nutzung der Persönlichen Schutzausrüstung.

Außerdem werden die Mitarbeiter aufgefordert, Verbesserungsvorschläge zu entwickeln. Wichtig ist, dass die Mitarbeiter:

- laufend im Erkennen von Gefahren geschult werden
- richtiges Verhalten erkennen, indem dies besonders gefördert wird
- auf falsches Verhalten aufmerksam gemacht werden.

11. Was ist bei Problemlösungsvorschlägen durch die Mitarbeiter zu beachten?

Grundlage für die Beteiligung der Mitarbeiter an der Problemlösung ist:

- laufende und umfassende Information über die Gefahren bei ihrer Arbeit in schriftlicher oder mündlicher Form
- kooperatives Miteinander, indem die Mitarbeiter über Vorhaben informiert werden und vor der Entscheidung durch Einfluss nehmen können.

Konkret könnten Vorschläge entstehen durch:

- Einzelvorschläge im Zuge des betrieblichen Vorschlagswesens
- Arbeit der Arbeitsgruppen im Zuge KVP (kontinuierlicher Verbesserungsprozess).

Gründe sind:

- gute Kenntnis der Schwachstellen der Mitarbeiter an deren Arbeitsplatz
- höhere Akzeptanz von Vorschlägen, die durch die Mitarbeiter selbst erarbeitet wurden
- Motivationswirkung auf die Mitarbeiter.

5.3 Planen und Durchführen von Unterweisungen in der Arbeitssicherheit sowie im Arbeits-, Umwelt- und Gesundheitsschutz

01. Welche rechtlichen Grundlagen gelten für die Unterweisung?

Rechtliche Grundlagen für die Unterweisungspflicht sind:

- Arbeitsschutzgesetz
- BGV A1
- Betriebssicherheitsverordnung
- Jugendarbeitsschutzgesetz

- Gefahrstoffverordnung
- Betriebsverfassungsgesetz.

02. Wer ist für die Unterweisung zuständig?

Gemäß BGV A1 ist der Unternehmer verpflichtet, die Mitarbeiter über die bei ihrer Arbeit auftretenden Gefahren zu unterweisen. Ebenso ist über die Maßnahmen zu deren Abwendung zu unterweisen.

Da der Unternehmer die Unterweisung in größeren Betrieben gewöhnlich nicht selbst durchführen kann, wird diese Pflicht an den Meister delegiert.

5.3.1 Konzepte für Unterweisungen

01. Wie wird der Unterweisungsbedarf ermittelt?

Der Bedarf ergibt sich aus den rechtlichen Notwendigkeiten; es müssen folgende Punkte geklärt sein:

- zu unterweisender Personenkreis: An den betroffenen Arbeitsplätzen müssen alle Mitarbeiter (einschl. Vertretungen und Zeitarbeitnehmer) unterwiesen werden.
- zu vermittelnde Inhalte
- Festlegung des Unterweisenden
- Form der Unterweisung
- Ort der Unterweisung
- Zeitpunkt der Unterweisung
- Art der Unterweisung.

02. Wann müssen Mitarbeiter unterwiesen werden?

Mitarbeiter müssen

- vor Aufnahme der Tätigkeit (Erstunterweisung)
- mindestens einmal jährlich (Wiederholungsunterweisung)

unterwiesen werden.

Nach der Durchführung sollte die Unterweisung zur Absicherung des Unterweisenden und des Betriebs den Aufsichtseinrichtungen gegenüber vom Mitarbeiter schriftlich bestätigt werden.

Die oben aufgeführte Regelung stellt das gesetzliche Mindestmaß dar. Es ist aber durchaus empfehlenswert, die Unterweisung häufiger zu wiederholen, vor allem dann, wenn der Meister erkennt, dass beim Mitarbeiter Unsicherheiten aufgetaucht sind.

Bei umfassenden Unterweisungsthemen ist es empfehlenswert, anstatt einer langen Unterweisung das Thema in mehrere kleinere Unterweisungen zu zerlegen. Lange Unterweisungen haben wenig Nutzen, denn der Mitarbeiter wird rasch überfordert, kürzere Unterweisungen haben einen wesentlich größeren Behalteneffekt; eine einzelne Unterweisung sollte nie länger als 15 Minuten dauern.

03. Welche Inhalte haben die Unterweisungen?

Die Inhalte ergeben sich aus der spezifischen Situation im Unternehmen. Inhalte sind allgemein:

- arbeits- und betriebsbedingte Gesundheits- und Unfallgefahren an Maschinen und sonstigen Anlagen
- Gefahren bei Instandhaltungsarbeiten und ähnlichen Themen
- Gefahren bei der allgemeinen Ordnung im Betrieb
- Rechte und Pflichten der Mitarbeiter
- eventuell spezielle Regelung, wie z. B. Ess- und Trinkgewohnheiten sowie besondere Hygienemaßnahmen
- Einsatz Persönlicher Schutzausrüstung
- Verhalten im Brandfall und bei Unfällen
- Maßnahmen zur Ersten Hilfe.

Lärmschutz-, Gewässerschutz- und Entsorgungsfragen können weiteren speziellen Unterweisungsbedarf notwendig machen.

5.3.2 Durchführung der Unterweisung

01. Wie wird eine Unterweisung vorbreitet?

Die Vorbereitung einer Unterweisung erfolgt in folgenden Schritten:

- Ermittlung des Unterweisungsbedarfs
- Planung der Unterweisung (u. a. Gruppengröße, Methoden, Arbeitsmittel/Medien)
- Vorbereitung der Durchführung der Unterweisung (u. a. ungestörte Umgebung finden, geeigneter Ort, Unterweisungsprinzipien beachten, Ansprache mehrerer Sinne)
- Evaluierung (Sicherstellung der Erfolgs) durch Überprüfung des Lernziels, des Transfers und der Methode
- Dokumentation mit Unterschriften.

02. Zu welchen Anlässen werden Unterweisungen durchgeführt?

Anlässe sind:

- Arbeitsaufnahme in einem neuen Betrieb
- Versetzung in einen anderen Bereich
- neue Tätigkeiten
- neue Anlagen
- Umgang mit Gefahrstoffen
- nach einem Unfallgeschehen.

03. Welche Unterweisungsarten werden unterschieden?

Unterschieden werden:

- Einzelunterweisungen: Nur eine Person wird unterwiesen (für die Wirkung am besten, aber hohe Kosten)
- Gruppenunterweisungen (nicht mehr als zehn Teilnehmer)
- Regelunterweisungen: Planmäßige Unterweisungen
- Sonderunterweisungen: Unregelmäßig, häufig nach schweren Unfällen und Schadenfällen.

04. Wo sollte die Unterweisung stattfinden?

Der beste Ort ist der Arbeitsort, also der Ort, an dem die Gefahren auftreten. Dort kann man unmittelbar auf die besonderen Bedingungen zurückgreifen. Die Umgebung ist vertraut, praktische Fragen können gut geklärt werden.

Schulungsräume sollten nur dann genutzt werden,

- wenn der Arbeitsplatz z. B. wegen Lärm nicht infrage kommt
- spezielle Mittel benötig werden
- eine Gruppe von Mitarbeitern unterwiesen werden soll.

05. Zu welchen Tageszeiten sollte unterwiesen werden?

Unterweisungen gehören zur Arbeitszeit. Sie sollten vor Beginn der Schicht bzw. zu Beginn der Arbeitszeit durchgeführt werden, da die Auffassungsgabe zu dieser Zeit am günstigsten ist. Dagegen ist am Ende der Arbeitszeit die Leistungsfähigkeit nicht mehr vorhanden.

06. Was ist bei der Gestaltung der Unterweisung zu beachten?

Bei der Vorbereitung sollte beachtet werden:

- klare Festlegung der Lernziele
- darauf bezogene Ableitung des Inhalts
- Eigenschaften und Lernfähigkeit der Mitarbeiter.

Bei der Durchführung sollte beachtet werden:

- Aktivierung der Mitarbeiter
- umfassende Visualisierung
- vom Leichten zum Schweren
- vom Konkreten zum Abstrakten
- hohe Anschaulichkeit
- Aufmerksamkeit erzeugen
- Ergebnisse festhalten.

5.3.3 Dokumentation

01. Warum ist die Dokumentation wichtig?

Eine gesetzliche Pflicht zur Dokumentation gibt es nur hinsichtlich sicheren Umgangs mit Gefahrstoffen (gemäß Gefahrstoffverordnung und BGV A1). Sie ist durch Unterschrift des Unterwiesenen zu bestätigen. Ansonsten besteht keine Dokumentationspflicht.

Allerdings ist die Dokumentation juristisch von großer Bedeutung, sodass sie stets erfolgen sollte. Der Meister kann damit nachweisen, welche Inhalte unterwiesen wurden. Außerdem kann der Meister bei einer Unfalluntersuchung den Behörden, der BG und ggf. dem Staatsanwalt nachweisen, dass er seiner Unterweisungspflicht nachgekommen ist.

5.4 Überwachen der Lagerung von und des Umgangs mit umweltbelastenden und gesundheitsgefährdenden Stoffen

01. Wo liegt der Unterschied zwischen Gefahrstoff und Gefahrgut?

In beiden Fällen handelt es sich um Materialien, von denen Gefahren für Menschen, Tiere, Sachen oder die Umwelt ausgehen können.

- **Gefahrstoff:** gefährliche Materialien, die innerhalb des Betriebs verpackt, abgefüllt, gelagert und transportiert werden; rechtliche Grundlage ist die Gefahrstoffverordnung auf der Basis des Chemikaliengesetzes
- **Gefahrgut:** gefährliche Materialien, die per Lkw, Eisenbahn, Schiff oder Flugzeug transportiert werden; rechtliche Grundlage ist das Gefahrgutbeförderungsgesetz.

5.4.1 Eigenschaften von Gefahrstoffen und Gefahrstoffkataster

01. Welche Stoffe sind Gefahrstoffe?

Gemäß Gefahrstoffverordnung sind sowohl reine Stoffe, als auch Zubereitungen aus mehreren Stoffen Gefahrstoffe; sie können aber auch erst während der Herstellung aus Stoffen, die eigentlich ungefährlich sind, entstehen. Gefahrstoffe können u. a.

- explosionsgefährlich
- krebserregend
- erbgutverändernd
- fruchtbarkeitsgefährdend

sein. Sie weisen eines oder mehrere Gefährlichkeitsmerkmale auf. Diese Merkmale sind in § 3 Gefahrstoffverordnung und in § 3a des Chemikaliengesetzes beschrieben.

02. Welche Gefährlichkeitsmerkmale werden unterschieden?

Gemäß Chemikaliengesetz und Gefahrstoffverordnung gibt es 15 Gefährlichkeitsmerkmale (mit Kennbuchstabe):

1. explosionsgefährlich (O)
2. brandfördernd (E)
3. hochentzündlich (F^+)
4. leichtentzündlich (F)
5. entzündlich
6. sehr giftig (T^+)
7. giftig (T)
8. gesundheitsschädlich (X)
9. ätzend (C)
10. reizend (X^i)
11. sensibilisierend
    - beim Einatmen (X^n)
    - über die Haut (X^i)
12. krebserzeugend (T)
13. fortpflanzungsgefährdend (T)
14. erbgutverändernd (T)
15. umweltgefährlich (N).

Für krebserzeugende, erbgutverändernde und fortpflanzungsgefährdende Merkmale gibt es keine eigenen Symbole.

03. Was ist ein Gefahrstoffkataster?

Verwendet ein Betrieb Gefahrstoffe, müssen diese gemäß § 6 Abs. 10 Gefahrstoffverordnung in einem vollständigen Verzeichnis, dem Gefahrstoffkataster, erfasst werden. Grundlage ist das jeweilige Sicherheitsdatenblatt. Das Kataster enthält u. a. folgende Informationen:

- Welche Eigenschaften hat der Stoff?
- Wie wird er verwendet?
- Wo wird er verwendet?
- Welche Mengen werden verwendet?

Das Kataster kann digital geführt werden, muss aber allen Mitarbeitern zugänglich sein. Vor allem der Meister müsste umfassend über die in seinem Bereich anfallenden Gefahrstoffe informiert sein. In großen Unternehmen befassen sich Spezialisten mit Gefahrstoffen.

04. Welche Pflichten hat der Arbeitgeber?

Der Arbeitgeber hat die Pflicht:

- bei der Arbeit mit einem Stoff festzustellen, ob es sich um einen Gefahrstoff handelt
- ist dies der Fall: Aufnahme in das Gefahrstoffkataster
- Durchführung einer Gefährdungsbeurteilung
- Betriebsanweisungen zugänglich machen
- Festlegung von Schutzmaßnahmen
- Unterweisung der Mitarbeiter über die Gefährdungen und entsprechende Schutzmaßnahmen mindestens einmal jährlich
- Durchführung einer allgemeinen arbeitsmedizinischen Beratung
- Verwendung von Stoffen mit geringerem Risiko, falls das möglich ist (Ersatzstoffpflicht).

05. Welche Tätigkeiten mit Gefahrstoffen unterliegen der Gefahrstoffverordnung?

Folgende Tätigkeiten unterliegen der Gefahrstoffverordnung:

- Herstellung
- Mischung
- Ge- und Verbrauch
- Lagerung
- Aufbewahrung
- Be- und Verarbeitung
- Ab- und Umfüllung
- Entfernung

- Entsorgung
- Vernichtung
- innerbetriebliche Beförderung
- Bedienungs- und Überwachungsarbeiten.

06. Wie erfolgt die Einstufung von Gefahrstoffen?

Die Einstufung von Gefahrstoffen erfolgt international nach dem GHS-System. Das GHS-System (Globalisiertes System zur Einstufung und Kennzeichnung von Chemikalien: Globally Harmonised System of Classification and Labelling of Chemicals) wurde unter Federführung der UNO entwickelt und löst bisher gültige europäische Regelungen ab. Das System ist wie folgt aufgebaut:

- Als Warnzeichen gibt es neun Piktogramme, die auf die Hauptgefahren hinweisen.
- Es werden Gefahrenhinweise (H-Sätze) und Sicherheitshinweise (P-Sätze) gegeben.
- Es gibt 28 Gefahrenklassen (16 physikalisch-chemische Gefahren, 10 Gesundheitsgefahren, Umweltgefahren).
- Die Gefahrenklassen werden gemäß der Schwere der Gefahr in Gefahrenkategorien unterteilt.
- Die Signalwörter „Gefahr" oder „Warnung/Achtung" zeigen eine hohe oder geringe Gefährdung.

Ziele sind:

- einheitliche Einstufung und Kennzeichnung von Stoffen weltweit
- Erleichterungen im globalen Warenverkehr
- weltweite Verbesserung der Arbeitssicherheit, des Gesundheits- und Umweltschutzes, sowie der Sicherheit beim Transport
- Harmonisierung mit dem Transportrecht für gefährliche Güter.

Beispiel

Produkt-Identifikationen

Mustergemisch
enthält: Stoff A, Stoff B, Stoff C

Inhalt: 5 Liter — *Nennmenge*

Gefahren-piktogramme

Gefahren-hinweise

Signalwort

GEFAHR

Verursacht schwere Augenschäden, kann bei Einatmen Allergie, asthmaartige Symptome oder Atembeschwerden verursachen. Kann gegenüber Metallen korrosiv sein. Verursacht Hautreizungen. Sehr giftig für Wasserorganismen, mit langfristiger Wirkung.

Sicherheits-hinweise

Augenschutz/Gesichtsschutz tragen, Einatmen von Dampf vermeiden. Bei unzureichender Belüftung Atemschutz tragen. Freisetzung in die Umwelt vermeiden. Verschüttete Mengen aufnehmen.

BEI KONTAKT MIT DEN AUGEN: Einige Minuten lang behutsam mit Wasser ausspülen, Vorhandene Kontaktlinsen nach Möglichkeit entfernen. Weiter ausspülen. Sofort GIFTINFORMATIONSZENTRUM oder Arzt anrufen.

BEI EINATMEN: Bei Atembeschwerden an die frische Luft bringen und in einer Position ruhigstellen, die das Atmen erleichtert. Bei Symptomen der Atemwege: GIFTINFORMATIONSZENTRUM oder Arzt anrufen.

Ergänzende Informationen

Kann bei Verwendung explosionsfähigen/entzündbare Dampf/Luft-Gemische bilden.

23,5 % des Gemisches bestehen aus einem oder mehreren Bestandteilen mit unbekannter akuter dermaler Toxizität. 3,5 % des Gemisches bestehen aus einem oder mehreren Bestandteilen mit unbekannter akuter oraler Toxizität. Enthält 2 % Bestandteile mit unbekannter Gewässergefährdung.

Angaben zum Lieferanten

Musterfirma · Musterstraße 1 · D 12345 Musterstadt · Tel.: +49 (0)1234 56789

Quelle: *Umweltbundesamt*

07. Wie sehen die Piktogramme gemäß GHS aus?

In der Tabelle sind die Gefahrenpiktogramme mitsamt ihrer GHS-Kennziffer und der offiziellen Bezeichnung sowie die damit zu kennzeichnenden Gefahrenklassen mit den dazugehörigen Unterklassen, Kategorien bzw. Typen aufgelistet.

Für die folgenden Klassen und Kategorien ist kein Piktogramm erforderlich:

- physikalisch-chemische Gefahren
- Gesundheitsgefahren
- Umweltgefahren.

Gefahrenpiktogramm	Gefahrenklasse und Gefahrenkategorie
 GHS01 Explodierende Bombe	Instabile explosive Stoffe/Gemische Explosive Stoffe/Gemische und Erzeugnisse mit Explosivstoff der Unterklassen 1.1, 1.2, 1.3, 1.4 Selbstzersetzliche Stoffe und Gemische, Typen A, B Organische Peroxide, Typen A, B
 GHS02 Flamme	Entzündbare Gase, Kategorie 1 Entzündbare Aerosole, Kategorien 1, 2 Entzündbare Flüssigkeiten, Kategorien 1, 2, 3 Entzündbare Feststoffe, Kategorien 1, 2 Selbstzersetzliche Stoffe und Gemische,. Typen B, C, D, E, F Pyrophore Flüssigkeiten, Kategorie 1 Pyrophore Feststoffe, Kategorie 1 Selbsterhitzungsfähige Stoffe und Gemische, Kategorien 1, 2 Stoffe und Gemische, die bei Berührung mit Wasser entzündbare Gase abgeben, Kategorien 1, 2, 3
 GHS03 Flamme über einem Kreis	Organische Peroxide, Typen B, C, D, E, F Oxidierende Gase, Kategorie 1 Oxidierende Flüssigkeiten, Kategorien 1, 2, 3 Oxidierende Feststoffe. Kategorien 1, 2, 3
 GHS04 Gasflasche	Gase unter Druck: verdichtete Gase verflüssigte Gase tiefgekühlt verflüssigte Gase gelöste Gase

 GHS05 Ätzwirkung	Auf Metalle korrosiv wirkend, Kategorie 1
	Hautätzend, Kategorien 1A, 1B, 1C Schwere Augenschädigung, Kategorie 1
 GHS06 Totenkopf mit gekreuz-ten Knochen	Akute Toxizität (oral, dermal, inhalativ), Kategorien 1, 2, 3
 GHS07 Ausrufezeichen	Akute Toxizität (oral, dermal, inhalativ), Kategorie 4 Reizung der Haut, Kategorie 2 Augenreizung, Kategorie 2 Sensibilisierung der Haut, Kategorie 1 Spezifische Zielorgan-Toxizität (einmalige Exposition), Kategorie 3 Atemwegsreizung narkotisierende Wirkungen
 GHS08 Gesundheitsgefahr	Sensibilisierung der Atemwege, Kategorie 1 Keimzellmutagenität, Kategorien 1A, 1B, 2 Karzinogenität, Kategorien 1A, 1B, 2 Reproduktionstoxizität. Kategorien 1A, 1B, 2 Spezifische Zielorgan-Toxizität (einmalige Exposition), Kategorien 1, 2 Spezifische Zielorgan-Toxizliät (wiederholte Exposition), Kategorien 1, 2 Aspirationsgefahr, Kategorie 1
 GHS09 Umwelt	Gewässergefährdend ► akut gewässergefährdend, Kategorie 1 ► chronisch gewässergefährdend, Kategorien 1, 2

Quelle: *BG Energie Textil Elektro Medienerzeugnisse*

08. Wie erfolgt die Stoffidentifizierung nach Gefahrenklassen?

Werden brennbare Flüssigkeiten gelagert, abgefüllt oder befördert, ist der Flammpunkt auszuweisen. Er wird für die Beurteilung der Gefährlichkeit herangezogen. Der Flammpunkt ist die Temperatur, ab der sich brennbare Gase entwickeln können.

Brennbare Flüssigkeiten werden in

- hoch entzündlich (F^+)
- leicht entzündlich (F)
- entzündlich

unterteilt.

Bei der Lagerung und Arbeit mit brennbaren Flüssigkeiten ist u. a. zu beachten:

- kein Zutritt zum Lager für Unbefugte
- Trennung von den übrigen Räumen
- keine Bodenabläufe
- ausreichende Belüftung
- Abfüllung nur in geeignete Behälter
- Überlaufen und Überdruck beim Abfüllen vermeiden
- keine Druckgase beim Abfüllen einsetzen
- entstehende Dämpfe beim Abfüllen gefahrlos ableiten.

09. Was ist ein Sicherheitsdatenblatt?

Gemäß europäischem Recht ist der Lieferant, Hersteller bzw. Importeur von Gefahrstoff verpflichtet, ein Sicherheitsdatenblatt zu erstellen, das bei jeder Lieferung mitgeliefert wird. Es hat folgende Inhalte:

- Stoff-/Zubereitungs- und Firmenbezeichnung
- Zusammensetzung/Angeben zu Bestandteilen
- mögliche Gefahren
- Erste-Hilfe-Maßnahmen
- Maßnahmen zur Brandbekämpfung
- Maßnahmen bei unbeabsichtigter Freisetzung
- Handhabung und Lagerung
- Expositionsbegrenzung und Persönliche Schutzausrüstung
- physikalische und chemische Eigenschaften
- Stabilität und Reaktivität
- Angaben zur Toxikologie

- Angaben zur Ökologie
- Hinweise zur Entsorgung
- Angaben zum Transport
- Vorschriften
- sonstige Angaben.

5.4.2 Kontrolle der baulichen, technischen und persönlichen Schutzmaßnahmen

01. Welche Regelungen sind bei der Kontrolle von Schutzmaßnahmen zu beachten?

Regelungen sind:

- Gefahrstoffverordnung (GefStoffV)
- Technische Regeln für Gefahrstoffe (TRGS)
- Technische Regeln für brennbare Flüssigkeiten (TRbF)
- Verordnung über die Bestellung von Gefahrgutbeauftragten (GbV)
- Wasserhaushaltsgesetz (WHG).

02. Wie sieht die Rangfolge der Schutzmaßnahmen aus?

Die Rangfolge ergibt sich wie folgt:

- Verhinderung bzw. Verminderung der Gefahr durch Einsatz eines ungefährlichen Ersatzstoffs (Ersatzstoffpflicht)
- Isolierung durch geschlossene Arbeitsverfahren
- Absaugen austretender Stoffe
- Lüftung im Raum als Ergänzung
- persönliche Schutzausrüstung.

03. Welche Kontrollen sind durchzuführen?

Kontrolliert werden müssten:

- die Bereitstellung Persönlicher Schutzausrüstung
- die Benutzung dieser Ausrüstung
- Vorgaben für die Lagerung (u. a. Trennungsvorschriften)
- der Zustand baulicher Vorgaben für die Lagerung von Gefahrstoffen (z. B. Bodenplatte, Sicherheitswanne, Abgrenzungen)
- Brandschutzeinrichtungen (z. B. Sprinkleranlagen)
- Erste-Hilfe-Einrichtungen (z. B. Augenspülmöglichkeiten)
- Möglichkeiten zur sachgerechten Entsorgung
- Kenntnisstand der Mitarbeiter hinsichtlich der Gefahren mit Gefahrstoffen

- Einhaltung der Zeiten für die notwendigen Unterweisungen
- Einhaltung der Hygienevorschriften (z. B. Ess- und Trinkverbot)
- Vorgaben über die Gestaltung und das Betreiben von Sanitärräumen.

Dabei erfolgt eine enge Zusammenarbeit mit den Behörden und anderen externen Aufsichtsstellen.

04. Was ist eine Betriebsanweisung?

Durch eine Betriebsanweisung sollen alle Mitarbeiter, die mit Gefahrstoffen zu tun haben, über diese aufgeklärt werden. Sie ist für jeden Gefahrstoff separat schriftlich festzulegen. Sie muss an den Arbeitsplätzen, an denen mit dem Gefahrstoff gearbeitet wird, zur Verfügung stehen. Sie ist Grundlage für die Unterweisung der Mitarbeiter. Von der Berufsgenossenschaft sind über das Internet gängige Betriebsanweisungen abrufbar.

Wesentliche Inhalte sind:

- Informationen über den Stoff (u. a. Bezeichnung, Kennzeichnung, Gefährdungen)
- Informationen über Vorsichtsregeln und Schutzmaßnahmen, Tragen und Benutzen Persönlicher Schutzausrüstung
- Informationen über Maßnahmen bei Betriebsstörungen, Unfällen und Notfällen für die Mitarbeiter und die Rettungskräfte
- Hygienevorschriften
- Informationen zur Verhütung von Expositionen
- Informationen zum Tragen und Verwenden Persönlicher Schutzausrüstung.

Im Übrigen wird auf Kapitel 5.2.2 verwiesen.

5.4.3 Gesetze und Vorschriften

01. Welche allgemeinen Vorschriften sind zu beachten?

Mitarbeiter, die mit Gefahrstoffen arbeiten, müssen arbeitsmedizinisch untersucht werden. Unterschieden wird bei den Vorsorgeuntersuchungen zwischen:

- Pflichtuntersuchungen
- Angebotsuntersuchungen, die anzubieten sind
- Wunschuntersuchungen.

Werden Tätigkeiten beendet, bei denen später Gesundheitsstörungen auftreten können, werden nach Beendigung nachgehende Untersuchungen durchgeführt.

Die Untersuchungen werden von Arbeitsmedizinern durchgeführt:

- Sie legen das Untersuchungsergebnis schriftlich fest.
- Sie teilen das Untersuchungsergebnis dem Mitarbeiter mit.
- Sie stellen eine Bescheinigung über die Eignung für den Arbeitgeber und den Mitarbeiter aus.
- Sie empfehlen dem Arbeitgeber die Überprüfung des Arbeitsplatzes bei gesundheitlichen Bedenken und beraten den Mitarbeiter.

Der Arbeitgeber führt eine Vorsorgedatei ohne medizinische Details; der Mitarbeiter hat ein Einsichtsrecht.

Im Übrigen wird verwiesen auf Kapitel 5.5.4.

02. Welche Vorschriften gelten für die Lagerung von Gefahrstoffen?

Am Arbeitsplatz dürfen lediglich Tagesverbrauchsmengen gelagert werden. Folgende Vorschriften sind zu beachten:

- keine Gefährdung von Mensch und Umwelt
- Einrichtung spezieller Lagerräume, die den Anforderungen der Stoffe gerecht werden
- keine Verwechslung der Behälter mit Behältern für Lebensmittel
- keine Lagerung in unmittelbarer Nähe von Lebens- und Futtermitteln
- Lagerung unter Verschluss bei giftigen Substanzen
- übersichtliche Lagerung
- Entfernung leerer Behälter vom Arbeitsplatz.

Für einzelne Gefahrstoffe gelten weitergehende Bestimmungen (z. B. brennbare Flüssigkeiten, giftige Stoffe, Druckgasbehälter und -packungen).

03. Was ist bei der Verpackung von Gefahrstoffen zu beachten?

Die Verpackung hat vorschriftsmäßig zu erfolgen. U. a. ist darauf zu achten, dass

- vom Inhalt nichts nach außen tritt
- sie den zu erwartenden Beanspruchungen mechanischer Art standhalten
- sie chemisch beständig hinsichtlich des Inhalts sind
- keine gefährlichen Reaktionen entstehen
- Gebinde nicht mit Lebensmittelbehälter verwechselbar sind
- die Gebinde gekennzeichnet sind (deutlich lesbar, haltbar)
- Personen auf Gefahren aufmerksam werden und erste Verhaltensregeln erhalten.

04. Welche Vorschriften gelten für besondere Personengruppen?

Regelungen für besondere Personengruppen enthalten:

- das Jugendarbeitsschutzgesetz, wonach Jugendliche nicht schädlichen Einwirkungen von Gefahrstoffen ausgesetzt werden dürfen
- das Mutterschutzgesetz, wonach werdende Mütter keinen gesundheitsgefährlichen Stoffen, Strahlen, Abgasen und Dämpfen ausgesetzt sein dürfen. Für Mütter nach der Geburt gilt ein generelles Beschäftigungsverbot.

05. Was sind Grenzwerte?

Gemäß § 3 Gefahrstoffverordnung wird unterschieden zwischen:

- Arbeitsplatzgrenzwert: Grenzwert für die zeitlich gewichtete durchschnittliche Konzentration eines Stoffes in der Luft am Arbeitsplatz in Bezug auf einen gegebenen Referenzzeitraum. Er gibt an, bei welcher Konzentration eines Stoffes akute oder chronische schädliche Auswirkungen auf die Gesundheit im Allgemeinen nicht zu erwarten sind.
- Biologischer Grenzwert: Grenzwert für die toxikologisch-arbeitsmedizinisch abgeleitete Konzentration eines Stoffes, bei dem im Allgemeinen die Gesundheit eines Mitarbeiters nicht beeinträchtigt wird.

Vom Institut für Arbeitsschutz der Berufsgenossenschaften ist eine Liste mit Arbeitsplatzgrenzwerten, die Gefahrstoffliste 2014, herausgegeben worden.

Bei einzelnen Stoffen kann Gesundheitsgefährdung entstehen, auch wenn die Grenzwerte eingehalten wurden. Deshalb sollte in jedem Fall erreicht werden, dass die Stoffkonzentration am Arbeitsplatz möglichst niedrig ist.

06. Welche Möglichkeiten gibt es, die Einhaltung der Grenzwerte festzustellen?

Möglichkeiten sind:

- Messung der tatsächlichen Konzentration
- Vergleich mit vergleichbaren Anlagen, bei denen schon genau gemessen wurde
- Berechnung über verbrauchte Gefahrstoffmengen, Lüftung im Arbeitsraum, Luftraum.

Wenn die Luftbelastung mit Gefahrstoffen genau erfasst werden soll, müssen verschiedene Größen und Bedingungen beachtet werden (z. B. Lüftungsverhältnisse, Dauer der Arbeit mit Gefahrstoffen, Temperaturhöhe, Art der Arbeit).

5.4.4 Besondere Hinweise für die Entsorgung von Gefahrstoffen

01. Was besagt das Verursacherprinzip?

Verursacherprinzip bedeutet, dass derjenige für die Vermeidung und Beseitigung von Umweltbeeinträchtigungen verantwortlich sein und die Kosten tragen soll, der sie verursacht hat. Falls der Verursacher nicht ermittelt werden kann, greift das Gemeinwohlprinzip; die Kosten sind dann von der Allgemeinheit zu tragen.

Rechtliche Beispiele für das Verursacherprinzip ergeben sich aus:

- § 22 Abfallgesetz: Rücknahme alter Produkte (z. B Altbatterien), Verwertung und Beseitigung von Abfällen (z. B. Verpackungen)
- § 4 Bundes-Bodenschutzgesetz: Untersuchung und Sanierung schädlicher Bodenveränderungen durch den Verursacher
- Umwelthaftungsrecht: Pflicht zum Schadenersatz an Dritte durch den Verursacher, auch wenn ihn keine Schuld am Schaden trifft. Es handelt sich um Gefährdungshaftung im Gegensatz zur Verschuldenshaftung, die Verschuldung voraussetzt.

02. Wie sind Nachweis und Dokumentation der Entsorgung geregelt?

Abfälle und Rückstände gefährlicher Stoffe müssen gemäß Sicherheitsdatenblatt ohne Gefahren beseitigt werden. Die Entsorgung erfolgt über eine zugelassene Entsorgungseinrichtung. Der Transport zur Entsorgungseinrichtung erfolgt über einen zugelassenen Abfallbeförderer.

Der Nachweis muss lückenlos enthalten

- wer
- was
- wann
- in welcher Menge
- wohin

befördert hat und was damit geschieht. Der Nachweis ist zu dokumentieren, sodass jederzeit der Gang der Dinge nachvollzogen werden kann. Die Dokumentation kann u. U. entlastende Wirkung haben.

03. Welche Bedeutung hat die Gefährdungsbeurteilung?

Die Gefährdungsbeurteilung ist wesentlicher Punkt der Gefahrstoffverordnung. Der Arbeitgeber hat vor Aufnahme der Tätigkeit durch Gefährdungsbeurteilung festzustellen, ob bei der Arbeit Gefahrstoffe beteiligt sind. Folgende Gesichtspunkte sind u. a. zu beachten:

- Kennzeichnung der gefährlichen Eigenschaften der Stoffe
- Sicherheitsdatenblatt und Gebrauchsanweisungen des Herstellers
- Art und Ausmaß der Exposition
- Möglichkeiten des Ersatzes durch weniger gefährliche Stoffe
- Angabe von Grenzwerten

- Wirksamkeit der getroffenen oder zu treffenden Schutzmaßnahmen
- medizinische Erkenntnisse, Ergebnisse der medizinischen Vorsorgeuntersuchungen
- Brand- und Explosionsgefahren.

04. Welche Schutzmaßnahmen sind vorgeschrieben?

Die Gefahrstoffverordnung sieht vor, dass die notwendigen Schutzmaßnahmen in Abhängigkeit von der Art der Gefahrstoffe festgelegt werden. Sie richten sich nach dem Grad der Gefährdung mit folgenden Maßnahmen:

- Allgemeine Schutzmaßnahmen (§ 8 GefStoffV), die bei geringer und normaler Gefährdung ausreichen, mit den Maßnahmen:
  - Beseitigung der Gefährdung
  - Begrenzung der Anzahl der Betroffenen
  - Begrenzung der Mengen
  - sichere Lagerung und Entsorgung nach dem Gebrauch
  - Verringerung der Gefährdung
  - Substitution des Stoffs.

  Reichen sie nicht, sind notwendig:
  - kollektive Schutzmaßnahmen
  - individuelle Schutzmaßnahmen (PSA).
- Zusätzliche Schutzmaßnahmen (§ 9 GefStoffV) bei hoher Gefährdung, mit den Maßnahmen:
  - Abkapselung durch geschlossene Systeme
  - Maßnahme zur Luftreinhaltung
  - Bereitstellung besonderer Persönlicher Schutzausrüstungen
  - Zutrittsbeschränkungen.
- Besondere Schutzmaßnahmen (§§ 10, 11 GefStoffV)
  - bei Tätigkeiten mit krebserregenden, erbgutverändernden und fruchtbarkeitsgefährdenden Gefahrstoffen
  - gegen physikalische und chemische Einwirkungen (z. B. Brand- und Explosionsgefährdungen).

5.5 Planen, Vorschlagen, Einleiten und Überprüfen von Maßnahmen zur Verbesserung der Arbeitssicherheit sowie zur Reduzierung und Vermeidung von Unfällen und von Umwelt- und Gesundheitsbelastungen

5.5.1 Arbeitsspezifische Maßnahmen aufgrund erkennbarer Unfallursachen sowie Umwelt- und Gesundheitsbelastungen

01. Wie sieht die Rangfolge bei den Schutzmaßnahmen aus?

Bei den Schutzmaßnahmen gibt es eine klare Reihenfolge, auch als T-O-P-Prinzip bekannt ist. Die Reihenfolge lautet:

- **T**echnik: Technische Maßnahmen, die direkt wirken; sie:
  - vermeiden die Gefahr (z. B. Ersetzen eines gefährlichen Verfahrens durch ein ungefährliches)
  - trennen Mensch und Gefahr (z. B. durch Kapselung einer gefährlichen Maschine)
- **O**rganisation: Organisatorische Schutzmaßnahmen (z. B. zeitlich begrenzte Einwirkung, Zugangskontrollen)
- **P**erson: Personelle Maßnahmen, wie die Vorgabe einer zur Gefahr passenden Persönlichen Schutzausrüstung und Unterweisungen.

Anders ausgedrückt ergibt sich als Rangfolge:

- Gestaltung der Anlagen und Verfahren, um keine Gefahren auftreten zu lassen
- Minimierung des Risikos, z. B. durch sicherheitsgerechte Konstruktion
- Einsatz technischer und organisatorischer Schutzmaßnahmen, z. B. Trennung von Mensch und Anlage durch Abkapselung oder Begehungsverbot
- Persönliche Schutzausrüstung.

02. Welche Gefährdungsarten sind zu berücksichtigen?

Im Zuge einer Gefährdungsbeurteilung geht es gemäß EN ISO 14121-1 um folgende Gefährdungsarten:

- mechanische Gefährdungen
- elektrische Gefährdungen
- Gefahrstoffe
- biologische Gefährdungen
- Brand- und Explosionsgefährdungen
- thermische Gefährdungen
- Gefahren durch spezielle physikalische Einwirkungen
- Gefährdungen durch Arbeitsumgebungsbedingungen
- physische Belastungen

- psychische Belastungen
- sonstige Gefährdungen.

5.5.2 Maßnahmen im Bereich des Arbeits-, Gesundheits- und Umweltschutzes

01. Welche Bedeutung hat eine Betriebsbegehung?

Bei einer Betriebsbegehung besteht die Möglichkeit, in direkter Form die Arbeitsbedingungen im Betrieb zu untersuchen und dadurch mögliche arbeitsbedingte Gesundheitsgefahren festzustellen; dadurch können rasch erforderliche Arbeitsschutzmaßnahmen abgeleitet werden.

An der Betriebsbegehung sollten neben dem Unternehmer bzw. dessen Vertreter ein Mitglied des Betriebsrats sowie die Fachkräfte für Arbeitssicherheit, der Betriebsarzt und der Sicherheitsbeauftragte des Bereichs teilnehmen.

02. Was ist bei der Reduzierung und Vermeidung von Gefahren zu beachten?

Die Vermeidung von Gefahren (falls das nicht möglich ist, zumindest die Verminderung) ist wichtiges Ziel im Unternehmen. Dazu gilt es, einzelne Maßnahmen festzulegen.

Oberster Garant im Bereich Arbeits-, Umwelt- und Gesundheitsschutz ist die Unternehmensleitung. Zur Unterstützung stehen beauftragte Personen und Vorgesetzte zur Verfügung. Allerdings kann die Schutzarbeit nur dann erfolgreich sein, wenn sie von den betroffenen Mitarbeitern getragen wird. Gerade die Mitarbeiter müssen die Schutzmaßnahmen umsetzen; sie sind aber auch aufgerufen, Verbesserungsvorschläge zu unterbreiten. Vor allem bei der Anpassung an die individuellen Verhältnisse am Arbeitsplatz kommt den Mitarbeitern große Bedeutung zu.

Bei allen Maßnahmen ist stets der Stand der Technik zu beachten. Maßnahmen müssen deshalb permanent weiterentwickelt werden. Dazu dient zunächst eine ständige Überprüfung getroffener Regelungen; es werden Defizite ermittelt, die es dann zu beseitigen gilt.

03. Wie können Gefährdungen beseitigt werden?

Gefährdungen, vor denen geschützt werden muss, sind:

- mechanischer Natur, z. B.:
  - Schutz gegen Absturz bei Arbeiten in erhöhten Bereichen von mindestens 1 m Absturzhöhe
  - Schutz vor herabfallenden Gegenständen
  - Schutz vor Quetschungen, Einzugsstellen, und Schneidstellen durch Verkleidungen, Zweihandschaltung, Handabweiser, Lichtschranken
  - Schutz gegen Hinaufreichen, Herumreichen, Hindurchreichen, Hinüberreichen bei Einhaltung bestimmter Maße

- elektrischer Natur, z. B.:
  - Schutz gegen direktes Berühren durch Schutzisolierung u. a.
  - Schutz durch Abstand
  - Schutz im Fehlerfall (z. B. Schutztrennung, FI-Schalter)
- thermischer Natur durch:
  - direkte Kontrolle (heiße Oberflächen, Austritt heißer Medien)
  - Wärmestrahlung (z. B. durch Schweißtechnik).

04. Welche Vorkehrungen sind zum Schutz zutreffen?

Vorkehrungen sind zu treffen hinsichtlich:

- Kälte, Lärm, Staub
- Schutz für bestimmte Personenkreise, vor allem durch:
  - Mutterschutzgesetz zum Schutz der Mutter, sowie dem ungeborenen und geborenen Kind vor chemischen, biologischen und physikalischen Gefahren
  - Jugendarbeitsschutzgesetz, wonach Jugendliche nicht mit gefährlichen Arbeiten betraut werden dürfen, die ihr Leistungsvermögen übersteigen. Dies gilt vor allem dann, wenn anzunehmen ist, dass der Jugendliche nicht genügend Sicherheitsbewusstsein aufweist. Ausnahmen gelten nur, wenn sie für das Ausbildungsziel notwendig sind und fachkundige Aufsicht vorhanden ist.

05. Welche Prüfpflichten ergeben sich für Anlagen?

Im Zuge der Prüfung wird der Ist-Zustand einer Anlage ermittelt, mit dem Soll-Zustand verglichen und die Abweichung bewertet. Der Soll-Zustand ist der durch die sicherheitstechnische Bewertung festgelegte ordnungsgemäße Zustand für den Betrieb.

Prüfungen sind:

- Ordnungsprüfungen zur Feststellung, ob:
  - die erforderlichen Unterlagen vorhanden sind
  - Auflagen von Behörden eingehalten sind
  - Prüfumfang und Prüffrist festgelegt sind
- technische Prüfung als:
  - äußere und innere Sichtprüfung
  - Funktions- und Wirksamkeitsprüfung
  - zerstörungsfreie Prüfung
  - Prüfung mit datentechnisch verknüpften Messsystemen.

5.5.3 Persönliche Schutzausrüstung

01. Was sind Persönliche Schutzausrüstungen?

Persönliche Schutzausrüstungen gehören zu den personenbezogenen Schutzmaßnahmen und sind nachrangig gegenüber technischen und organisatorischen Maßnahmen.

Eine Persönliche Schutzausrüstung ist jede Ausrüstung, die dazu bestimmt ist, von den Beschäftigten benutzt oder getragen zu werden, um sich gegen eine Gefährdung für ihre Sicherheit und Gesundheit zu schützen sowie jede damit verbundene Zusatzausrüstung.

Nicht dazu gehören u. a.:

- Ausrüstungen für Not- und Rettungsdienste
- Arbeitskleidung, die nicht speziell dem Schutz und der Sicherheit dienen
- Persönliche Schutzausrüstungen für den Straßenverkehr.

02. Welche Regeln gelten für den Einsatz von Persönlichen Schutzausrüstungen?

Wichtige Regeln sind:

- DGUV 112 - 189: Schutzkleidung
- DGUV 112 - 190: Atemschutz
- DGUV 112 - 191: Fußschutz
- DGUV 112 - 192: Augen- und Gesichtsschutz
- DGUV 112 - 193: Kopfschutz
- DGUV 112 - 194: Gehörschutz
- DGUV 112 - 195: Schutzhandschuhe
- DGUV 112 - 198: Absturzsicherung.

03. In welche Kategorien werden die Persönlichen Schutzausrüstungen eingeordnet?

Die Unterteilung erfolgt in:

Kategorie I: Schutz gegen geringfügige Risiken; der Benutzer selbst kann die Wirksamkeit beurteilen

Kategorie II: Persönliche Schutzausrüstungen, die weder zu Kategorie I, noch Kategorie III gehören

Kategorie III: Schutz gegen tödliche Gefahren oder die Gefahr bleibender Schäden; der Benutzer kann die Wirksamkeit nicht rechtzeitig erkennen.

Bei Persönlichen Schutzausrüstungen der Kategorie II und III wird das CE-Zeichen um eine vierstellige Zahl ergänzt, die die Prüfstelle angibt, die die Persönlichen Schutzausrüstungen geprüft hat.

04. Welche Persönlichen Schutzausrüstungen gehören in die drei Kategorien?

Folgende Persönlichen Schutzausrüstungen gehören in:

Kategorie I:

- Handschuhe
- Arbeitsschürzen
- Kopfbedeckungen

Kategorie II:

- Gehörschützer
- Maschinenschutzanzüge
- Arbeitsschutzhelme
- Schutzschuhwerk

Kategorie III:

- Atemschutzgeräte
- Tauchgeräte
- zeitlich begrenzter Schutz gegen chemische Einwirkungen
- Schutzanzüge für Hitzebereiche (z. B. am Hochofen)
- Schutz gegen Stürze aus der Höhe
- Schutz bei gefährlichen elektrischen Spannungen.

05. Welche Regelungen gelten für das Inverkehrbringen von Persönlichen Schutzausrüstungen?

Grundlagen sind:

- das Geräte- und Produktsicherheitsgesetz
- Verordnung über das Inverkehrbringen von Persönlichen Schutzausrüstungen.

Im Einzelnen gilt:

- Persönliche Schutzausrüstungen müssen den Sicherheitsanforderungen entsprechen.
- Persönliche Schutzausrüstungen müssen mit dem CE-Kennzeichen versehen sein; außerdem sind Baumusterprüfungen und Qualitätssicherungsmaßnahmen beim Hersteller notwendig.
- Schriftliche Informationen des Herstellers müssen beigelegt sein.

06. Welche Regelungen gelten für die Benutzung von Persönlichen Schutzausrüstungen?

Grundlagen sind:

- Arbeitsschutzgesetz
- Benutzungsverordnung für Persönliche Schutzausrüstungen.

Im Einzelnen gilt:

- Der Arbeitgeber ist verpflichtet, geeignete Persönliche Schutzausrüstung auf seine Kosten zur Verfügung zu stellen.
- Die Persönliche Schutzausrüstung muss dem Mitarbeiter angepasst werden.
- Der Arbeitgeber muss durch Wartung, Reparatur, Ersatzbeschaffung die einwandfreie Funktion und Hygiene der Persönlichen Schutzausrüstungen sicherzustellen.
- Der Arbeitgeber muss die Mitarbeiter ggf. unterweisen.
- Die Mitarbeiter sind zur vorschriftsmäßigen Benutzung verpflichtet.

07. Welche Rolle spielt der Meister für die Benutzung der Persönlichen Schutzausrüstungen?

Zu beachten sind:

- Der Meister muss die Benutzung ständig einfordern.
- Er kontrolliert die Benutzung dauernd.
- Der Meister sollte durch Argumente überzeugen können.
- Der Meister sollte Einwendungen der Mitarbeiter hinsichtlich Trageeigenschaften ernst nehmen.
- Eventuell werden die Mitarbeiter an der Auswahl der speziellen Modelle beteiligt.
- Der Meister sollte den Einkauf bei der richtigen Auswahl der Persönlichen Schutzausrüstungen beraten.

5.5.4 Medizinische Vorsorgeuntersuchungen

01. Welche Bedeutung haben medizinische Vorsorgeuntersuchungen?

Die arbeitsmedizinische Vorsorge geschieht u. a. durch Vorsorgeuntersuchungen, die wie folgt unterteilt werden:

- Pflichtuntersuchungen: Vorsorgeuntersuchungen, die bei bestimmten besonders gefährdenden Tätigkeiten zu veranlassen sind. Hier darf der Mitarbeiter die Tätigkeit nur aufnehmen, wenn die Untersuchung fristgerecht durchgeführt wurde und der Arzt keine Bedenken äußert.

  Bleiben gesundheitliche Bedenken auch durch erweiterte Schutzmaßnahmen bestehen, so hat der Arbeitgeber dem Mitarbeiter eine andere Tätigkeit zuzuweisen, bei der diese Bedenken nicht bestehen. Der zuständigen Behörde sind die getroffenen Maßnahmen mitzuteilen.

Pflichtuntersuchungen sind vom Arbeitgeber zu veranlassen; sie müssen als Erstuntersuchung und als Nachuntersuchungen in regelmäßigen Abständen veranlasst werden.

Über Pflichtuntersuchungen hat der Arbeitgeber eine Vorsorgekartei mit Anlagen über Anlass, Tag und Ergebnis jeder Untersuchung zu führen; die Kartei kann digital geführt werden. Die Angaben sind bis zur Beendigung des Beschäftigungsverhältnisses aufzubewahren und anschließend zu löschen. Bei Beendigung des Beschäftigungsverhältnisses hat der Arbeitgeber dem Mitarbeiter eine Kopie der ihn betreffenden Angaben auszuhändigen. Nur bei einer Pflichtuntersuchung erhält der Arbeitgeber eine Kopie der Bescheinigung, wobei Untersuchungsbefunde bzw. Diagnosen nicht zum Inhalt der Bescheinigung gehören; sie unterliegen der ärztlichen Schweigepflicht und dürfen nur dem Mitarbeiter bekannt gegeben werden; die Bescheinigung beschränkt sich auf die Feststellung, ob gesundheitliche Bedenken bestehen oder nicht.

Beispiele für Pflichtuntersuchungen sind:

- Tätigkeiten mit zahlreichen Gefahrstoffen
- Tätigkeiten mit hoher Lärmbelastung
- Tätigkeiten, die das Tragen von Atemschutzgeräten der Gruppen 2 und 3 erfordern.

► Angebotsuntersuchungen: Vorsorgeuntersuchungen, die bei bestimmten gefährdenden Tätigkeiten anzubieten sind. Auch sie müssen als Erstuntersuchung und anschließend als Nachuntersuchungen in regelmäßigen Abständen angeboten werden. Das Ausschlagen eines Angebots durch den Mitarbeiter entbindet den Arbeitgeber nicht von der Verpflichtung, die Untersuchungen weiter regelmäßig anzubieten.

Beispiele für Angebotsuntersuchungen sind:

- Tätigkeiten an Bildschirmgeräten
- Tätigkeiten, die das Tragen von Atemschutzgeräten der Gruppe 1 erfordern
- Feuchtarbeit von regelmäßig mehr als zwei Stunden am Tag.

► Wunschuntersuchungen: Vorsorgeuntersuchungen, die der Arbeitgeber den Mitarbeitern nach § 11 Arbeitsschutzgesetz zu ermöglichen hat.

5.5.5 Brand- und Explosionsschutz

01. Wie entstehen Brände und Explosionen?

Für das Entstehen von Bränden gelten folgende Voraussetzungen:

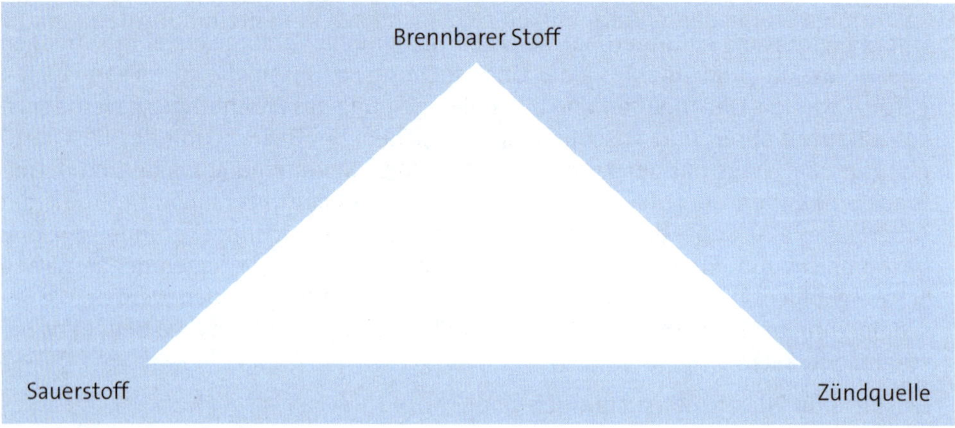

Man spricht auch vom „Branddreieck". Wenn diese Elemente im richtigen Verhältnis aufeinandertreffen, entsteht ein Brand.

Zur Explosion kommt es, wenn die Verbrennung sehr schnell verläuft und Druck und Temperatur sprunghaft ansteigen.

02. Welche Stoffe sind brennbar?

Brennbare Stoffe sind:

- Feste Stoffe, deren Brennbarkeit nach der Entzündungstemperatur beurteilt wird, z. B.:
  - Holz
  - Karton
  - Papier
  - Kunststoff
  - Metallspäne
  - Mehlstaub
  - Kohlenstaub.
- Flüssige Stoffe, deren Dämpfe oberhalb des Flammpunktes brennen; es verdunstet so viel brennbare Flüssigkeit, dass zusammen mit Luft eine explosionsfähige Atmosphäre entstehen kann. Hierzu gehören:
  - Treibstoffe
  - Farben, Lacke

- Verdünner
- Lösungsmittel.

Sind brennbare Flüssigkeiten nicht wasserlöslich, können sie nicht mit Wasser gelöscht werden.

- Gasförmige Stoffe, deren Brennbarkeit sich auch nach der Entzündungstemperatur entwickelt, z. B.:
  - Acetylen
  - Wasserstoff
  - Erdgas
  - Butan
  - Propan.

03. Welche Zündquellen werden unterschieden?

Zündquellen sind:

- heiße Oberflächen (z. B. Motoren)
- brennende Streichhölzer, Feuerzeuge
- heiße Gase und Flüssigkeiten
- Funkenflug durch Schleifen oder Schweißen
- Wärmestrahlung
- elektrostatische Entladung
- chemische Reaktionen
- elektromagnetische Wellen
- ionisierende Strahlen
- Ultraschall.

5.5.5.1 Vorbeugende Maßnahmen

01. Welche baulichen Maßnahmen des Brandschutzes gibt es?

Der bauliche Brandschutz ist in den Bauordnungen der Länder geregelt; außerdem greifen nationale und EU-Normen.

Bauliche Maßnahmen sind:

- Brandschutzwände
- Brandschutzverglasung
- Brandschutztüren und -tore
- Brandschutzklappen
- Rettungswege, feuersichere Treppenhäuser, Notausgänge

- besondere Anforderungen an nicht brennbare Baustoffe und Bauteile (feuerhemmend, feuerbeständig)
- Brandabschnitte.

02. Welche technischen Maßnahmen des Brandschutzes gibt es?

Technische Maßnahmen sind:

- Branderkennungsanlagen und Brandmeldeanlagen
- Löschwasserversorgung (Gewinnung, Bereitstellung und Förderung von Löschwasser)
- Feuerlöschgeräte (tragbar und ortsfest)
- Rauch- und Wärmeabzugsanlagen.

03. Was ist bei Feuerlöschanlagen zu beachten?

Zu beachten ist:

- Feuerlöscher dienen nur der Bekämpfung von Entstehungsbränden.
- Mitarbeiter müssen über die Benutzung tragbarer Feuerlöscher unterwiesen werden.
- Wahl der richtigen Feuerlöschart, z. B.:
  - Wasser bei festen Stoffen
  - Schaum bei flüssigen Stoffen
  - ABC-Pulver bei Gasen
  - D-Pulver bei Metallen
- Wahl der richtigen Aufstellungsorte
- Anzahl der Feuerlöscher gemäß Brandgefährdungsklassen und der Grundfläche des Betriebs
- rechtzeitige Überprüfung (alle zwei Jahre, nachgewiesen durch eine Prüfplakette).

04. Welche organisatorischen Maßnahmen des Brandschutzes gibt es?

Zu den organisatorischen Maßnahmen gehören:

- Bestimmung eines Brandschutzbeauftragten, der besonders geschult, aber nicht unbedingt Mitarbeiter des Betriebs sein muss; er unterstützt den Arbeitgeber in allen Fragen des Brandschutzes
- Erlass einer Brandschutzordnung zur Brandverhütung und zur Regelung des Verhaltens im Brandfall mit:
  - Teil A als Aushang mit den notwendigsten Informationen
  - Teil B; er gibt u. a. an, wie eine Ausbreitung des Brandes verhindert werden kann und wie Flucht- und Rettungswege freizuhalten sind (wird den Mitarbeitern schriftlich ausgehändigt)
  - Teil C zur Regelung der Aufgaben des Brandschutzbeauftragten, der Fachkraft für Arbeitssicherheit und der Sicherheitsbeauftragten

- Unterweisung der Mitarbeiter im Brandschutz mit schriftlicher Bestätigung
- Festlegung von Flucht- und Rettungsplänen mit einer bildlichen Darstellung des Grundrisses.

05. Welche Aufgaben hat der Brandschutzbeauftragte?

Die Hauptaufgaben des Brandschutzbeauftragten sind u. a.:

- Ermittlung von Brand- und Explosionsgefahren
- Erstellung eines Brandschutzkonzepts
- Instandhaltung von Brandschutzeinrichtungen
- Zusammenarbeit mit Aufsichtsbehörden, Feuerwehr und Feuerversicherer
- Erstellung einer Brandschutzordnung
- Aufstellung des Brandschutzplans (Alarmplan, Flucht- und Rettungsplan, Feuerwehrplan)
- Ausbildung von Mitarbeitern (z. B. Brandschutzhelfer, Unterweisung von Personen).

5.5.5.2 Verhalten im Brandfall

01. Was ist im Brandfall zu beachten?

Für den Brandfall gilt vor allem:

- Panik verhindern, Räumung des Bereichs ohne Hektik
- Einsatz von Feuerlöschern und Löschdecken
- Versammlung der Mitarbeiter am Versammlungspunkt
- Bergung der Opfer
- Einrichtung einer Brandwache mit Anwesenheit nach den Löscharbeiten und zur Verhinderung des Wiederaufflammens von Glutnestern (z. B. durch Wind)
- Meldung an die zuständigen Behörden und Einrichtungen bei Bränden und Explosionen an Gasversorgungseinrichtungen
- Beachtung der Auswirkungen der eingeleiteten Maßnahmen.

6. Qualitätsmanagement

6.1 Berücksichtigen des Einflusses des Qualitätsmanagementsystems auf das Unternehmen

01. Was ist Qualität?

Vereinfacht gesagt bestimmt der Kunde, was Qualität ist. Er legt in häufig sehr subjektiver Form fest, was er für Qualität hält. Unter Marketing-Gesichtspunkten ist dies sicherlich ein wichtiger Orientierungspunkt; Probleme ergeben sich jedoch in der mangelnden Quantifizierbarkeit und damit in der Umsetzbarkeit.

Außerdem ist häufig unklar, was mit Qualität gemeint ist: Ist es die Produktqualität oder die Qualität einzelner Tätigkeiten? Deshalb ist es notwendig, eine eindeutige Definition anzuwenden. In Anlehnung an DIN EN ISO soll unter Qualität verstanden werden: Grad der Erfüllung von Anforderungen, die an ein Objekt gerichtet sind.

Dabei geht es nicht um ein Maximum an Erfüllung, sondern um eine korrekte Erfüllung, die einer 100 %-Leistung entspricht.

02. Was sind Objekte im Sinne der Qualität?

Objekte in Sinne der Qualität sind:

- materielle Produkte (Sachgüter)
- Dienstleistungen
- Prozesse
- Verfahren
- Organisation
- Personen.

03. Welche Eigenschaften bestimmen die Qualität?

Qualitätseigenschaften, die in Bandbreiten definiert werden, sind u. a.:

- mechanische Eigenschaften:
  - Form
  - Masse
  - Festigkeit
- elektrische Eigenschaften:
  - Widerstand
  - Kapazität
- chemische Eigenschaften:
  - Zusammensetzung
  - Reaktionsvermögen

- sensorische Eigenschaften:
  - Geruch
  - Geschmack
- verhaltensbedingte Eigenschaften:
  - Ehrlichkeit
  - Zuverlässigkeit
- zeitbezogene Eigenschaften:
  - Pünktlichkeit
  - Lebensalter.

04. Wer stellt die Anforderungen an die Qualität?

Qualitätsanforderungen werden formuliert durch:

- die Kunden
- den Markt
- den Produktlebenszyklus
- rechtliche Regelungen.

05. Welche Faktoren beeinflussen die Produktqualität?

Einflussfaktoren für die Produktqualität sind:

- wachsende Erwartungen der Kunden, die besser informiert sind
- besondere Anforderungen an Haltbarkeit, Zuverlässigkeit, Handhabung, Wartung
- wachsende Erwartungen bei den Lieferanten
- reduzierte Fertigungstiefe
- verstärktes Umweltbewusstsein der Verbraucher
- steigende Kosten für Entsorgung.

06. Was ist Qualitätspolitik?

Gemäß DIN EN ISO 9000:200-12 sind Qualitätspolitik:

„Die übergreifenden Absichten und Ausrichtungen einer Organisation zur Qualität, wie sie von der obersten Leitung formell ausgedrückt wurden; sie steht mit der übergeordneten Politik in Einklang und bildet den Rahmen für die Festlegung von Qualitätszielen."

Aufgaben sind u. a.:

- Formulierung der Ziele des Qualitätsmanagements
- Festlegung der Vorgaben für die Qualitätsplanung, -lenkung und -sicherung
- Festlegung und Sicherstellen der optimalen Materialqualität
- Festlegung von Leistungsvorschriften und Gestaltungstoleranzen.

07. Was ist Qualitätsplanung?

Die Qualitätsplanung legt alle qualitätssichernden Maßnahmen durch Auswählen, Klassifizieren und Gewichten von Qualitätsmerkmalen fest. Aufgaben sind u. a.:

- Umsetzung der globalen Kundenwünsche in messbare Qualitätsmerkmale der Leistung
- kritische Analyse der verwendeten Teile
- Vorgabe der Prozess- und Prüfablaufpläne
- Festlegung der Prüfmerkmale.

08. Was ist Qualitätslenkung?

Die Qualitätslenkung, auch Qualitätssteuerung genannt, dient der vorbeugenden, überwachenden und korrigierenden Realisierung der Qualitätsziele und der Qualitätsplanung. Aufgaben sind u. a.:

- Techniken festlegen und Tätigkeiten ausführen zur Erfüllung der Qualitätsanforderungen
- Maßnahmen zur Überwachung der Prozesse
- Beseitigung von Fehlerursachen.

09. Welche Aufgaben hat die Qualitätssicherung?

Aufgaben der Qualitätssicherung sind u. a.:

- notwendige Aktivitäten, um die Qualitätsanforderungen zu erfüllen
- Festlegen von Fehlerkriterien bei der Fehlerermittlung
- Dokumentation der Prozesse und deren Ergebnisse
- Durchführung von Audits im eigenen Hause und beim Lieferanten
- Senkung der Qualitätskosten.

10. Welche Aufgaben umfasst die Qualitätsverbesserung?

Unter Qualitätsverbesserung, auch Qualitätsförderung genannt, versteht man *alle Maßnahmen zur Erhöhung der Effizienz und der Effektivität der Tätigkeit, um den Nutzen der internen und externen Kunden zu erhöhen.*

Im Einzelnen gehören dazu:

- externe Maßnahmen durch:
  - Gebrauchstests für das Produkt
  - Gewährleistung bzw. Garantie
- interne Maßnahmen durch:
  - Qualitätsnormen
  - Qualitätsausbildung
  - Motivation der Mitarbeiter zur Qualität.

6.1.1 Bedeutung, Funktion und Aufgaben von Qualitätsmanagementsystemen

6.1.1.1 Entwicklung der Qualitätsmanagementsysteme

01. Was ist Qualitätsmanagement?

Gemäß DIN EN ISO 9004 umfasst Qualitätsmanagement *alle Tätigkeiten des Managements, mit denen*

- *Qualitätspolitik,*
- *Qualitätsziele und*
- *Verantwortung*

festgelegt sowie durch Qualitätsplanung, Qualitätskontrolle, Qualitätssicherung und Qualitätsverbesserung verwirklicht werden.

Dazu gehört auch das Entfernen von Hemmnissen, die keine Funktion erfüllen.

02. Welche Ziele und Aufgaben hat ein Qualitätsmanagementsystem?

Ziele sind:

- Steigerung der Kundenzufriedenheit
- Erhöhung der Effizienz und der Qualitätsfähigkeit in allen Bereichen und bei allen Prozessen im Unternehmen
- Schaffung der Grundlage für die Realisierung der notwendigen Produktbeschaffenheit
- Förderung des Qualitätsverständnisses bei den Mitarbeitern.

Aufgaben sind:

- Fehlervermeidung
- vorzeitige Ermittlung möglicher Fehlerursachen
- zuverlässige Fehlererkennung
- wirkungsvolle Fehlerbeseitigung.

03. Welche Bedeutung hat ein Qualitätsmanagementsystem?

Die Bedeutung wirkt nach innen und nach außen.

Die interne Bedeutung ergibt sich aus:

- geregelten Abläufen
- eindeutigen Zuständigkeiten
- einer klaren Organisationsstruktur.

Die externe Bedeutung ergibt sich aus:

- der verbesserten Stellung des Unternehmens am Markt
- dem verbesserten Image
- der höheren Akzeptanz beim Kunden.

04. Was wird unter Total Quality Management verstanden?

Nach DIN EN ISO 9000 ist Total Quality Management (TQM) „*eine Managementmethode, die unter Mitwirkung aller Mitarbeiter die Qualität in den Mittelpunkt stellt und durch Zufriedenstellung der Kunden auf langfristigen Geschäftserfolg und auf den Nutzen für die Mitarbeiter und für die Gesellschaft abzielt.*"

Grundsätze sind:

- Jeder Mitarbeiter an jedem Arbeitsplatz ist für Qualität verantwortlich.
- Kundenorientierung in allen Bereichen des Unternehmens
- Null-Fehler-Strategie für jeden Mitarbeiter
- enge Kooperation mit Kunden und Lieferanten
- Bekenntnis zu Fehlern.

05. Welche Anforderungen werden gemäß ISO an ein Qualitätsmanagementsystem gerichtet?

Anforderungen als Geschäftsmanagement-Grundsätze sind:

- kundenorientierte Organisation, um die Bedürfnisse der Kunden in den Vordergrund zu stellen
- Führungskräfte, denen es gelingt, dass sich ihre Mitarbeiter in vollem Umfang einsetzen und einbringen
- Mitarbeiter, die sich umfassend einbinden lassen und damit ihre Fähigkeiten in vollem Umfang dem Unternehmen zur Verfügung stellen
- prozessorientierte Betrachtung, möglichst prozessorientierte Organisation
- systemintegrativer Führungsansatz, um die Wechselbeziehungen der verschiedenen Prozesse zueinander zu erkennen
- kontinuierliche Verbesserung (KVP)
- Analyse von Daten zur Vorbereitung rationaler Entscheidungen
- gemeinsamer Nutzen mit den Lieferanten.

06. Wie erfolgte die Entwicklung bis zum Qualitätsmanagement?

Wannenwetsch (2010, S. 192) stellt die Entwicklung in Anlehnung an *Heiserich (2000, S. 174)* wie folgt dar:

Ergebniskontrolle	Prozessbeherrschung	Qualitätsmanagement
Qualitätskontrolle →	Qualitätssicherung →	Total Qualily Management
Ziele: Fehlerfreie Produktion	Fehlerfreie Produktion Beherrschte Prozesse	Fehlerfreie Produktion Beherrschte Prozesse Beherrschte Prozesse
Weg: Messtechnik Statistische Methoden	Null-Fehler-Denken Zertifizierung nach DIN ISO 9000 ff.	Kundenzufriedenheit Mitarbeiterbeteiligung Unternehmenskultur
1950	1970	1990 → Zeit

07. Was wird unter einem integrierten Managementsystem verstanden?

Unternehmen haben erkannt, dass neben Sicherungssystemen für Qualität auch andere Systeme zu Absicherung des Unternehmens aufgebaut werden müssen. Zum integrierten Managementsystem gehören:

- Qualitätsmanagementsystem
- Umweltmanagementsystem
- Arbeitsschutzmanagementsystem
- Datenschutzmanagementsystem
- Risikomanagementsystem.

Dabei fordert die Integration, dass diese Systeme nicht isoliert betrachtet werden dürfen, sondern als ein komplexes System zu sehen sind, bei dem ständige Eingriffe von einem System in das andere geschehen.

08. Was ist Total Customer Care?

Total Customer Care ist die *intensive Ausrichtung aller Prozesse und Mitarbeiter auf die Zufriedenheit und Erwartung der Kunden.*

Es ergibt sich folgender Ablauf:

- Analyse der Zufriedenheit und Erwartung der Kunden
- daraufhin Bewertung der Leistungen und Produkte
- Anspruchsanalyse potenzieller Kunden
- Festlegung von Trainings, Reklamationsmanagement und optimalem Kundenservice in allen Arbeitsbereichen.

09. Welche Kosten werden im Qualitätsbereich unterschieden?

Qualitätskosten sind gemäß DIN 55350 *die Summe aller Kosten zur Fehlerverhütung, Kosten der planmäßigen Qualitätsprüfungen, Fehlerkosten, Fehlerfolgekosten und Darlegungskosten.*

Dazu gehören im Einzelnen:

- Fehlerverhütungskosten zur vorbeugenden Qualitätssicherung, u. a. für:
  - Qualitäts- und Prüfplanung
  - Qualitätsschulungen
  - eigene Auditierung von Lieferanten
  - Qualitätsförderprogramme
  - Auditierung von Qualitätsmanagementsystemen
- Prüfkosten für planmäßige Qualitätsprüfungen, u. a. für:
  - Wareneingangsprüfung
  - Zwischenprüfungen in der Fertigung
  - Endprüfung
  - Abnahme von Leistungen
  - Einsatz von Prüfmitteln
  - Dokumentation von Prüfergebnissen
- Fehlerkosten, die durch Fehler entstehen, u. a. für:
  - Ausfallzeiten
  - Ausschuss/Verschrottung
  - Gewährleistung
  - Kulanz
  - Produzentenhaftung
  - verlorene Aufträge
  - Imageschäden
- Fehlerfolgekosten, die sich aus der Behebung und Auswertung von Fehlern ergeben, u. a. für:
  - Nacharbeiten
  - Aussortieren
  - Rückrufaktionen
  - Ursachenanalysen
- Darlegungskosten für externe Audits und Zertifizierungen.

10. Welche Fehlerarten werden unterschieden?

DIN 40 080 unterscheidet folgende Fehlerarten:

- kritischer Fehler, der für Personen, die mit der fehlerhaften Einheit umgehen, gefährliche Situationen schafft und für Sachen bedeutet, dass er die Erfüllung der Funktion verhindert
- Hauptfehler, der voraussichtlich die Brauchbarkeit für den eigentlichen Verwendungszweck wesentlich herabsetzt oder zu einem Ausfall führt
- Nebenfehler, der voraussichtlich den Gebrauch oder den Betrieb nur geringfügig beeinflusst.

Eine andere Aufteilung geht von folgenden Fehlerarten aus:

- überkritische Fehler, die das Menschenleben gefährden
- kritische Fehler, die das Produkt unbrauchbar machen
- Hauptfehler, die für eine stark verminderte Brauchbarkeit sorgen
- Nebenfehler, die für eine verringerte Brauchbarkeit sorgen
- nebensächliche Fehler als Schönheitsfehler, die also keine Auswirkungen auf die Brachbarkeit haben.

11. Welche Qualitätsmanagementsysteme werden unterschieden?

Als Qualitätsmanagementsysteme können genannt werden:

- EFQM als TQM-System der Europäischen Gesellschaft für Qualitätsmanagement, das der Unternehmensleitung als Befähiger besondere Bedeutung zuweist
- DIN EN ISO 9000 ff. als häufigste Grundlage für den Aufbau eines Qualitätsmanagementsystems
- VDA 6.1 als Deutsches Regelwerk der Automobilindustrie, das sich auf die Zulieferer bezieht
- ISO TS 16949:2002 als weltweit einheitlicher technischer Standard (TS) in der Automobilindustrie auf der Basis der DIN EN ISO 9000.

12. Welche Normenarten werden unterschieden?

Wichtige Normenarten sind:

ISO	Internationale Norm der International Organisation for Standardization
EN	Europäische Norm der Europäischen Normungsorganisation CEN
DIN	Nationale Norm des Deutschen Instituts für Normung
DIN EN	Europäische Norm mit dem Status einer deutschen Norm
DIN ISO	Deutsche Norm, in die eine internationale Norm unverändert übernommen wurde
DIN EN ISO	Europäische Norm, in die eine internationale Norm unverändert übernommen wurde mit dem Status einer deutschen Norm
DIN VDE	Druckschrift des VDE, die den Status einer Deutschen Norm hat

13. Welche Normen ergeben sich aus dem ISO-9000-Kreis?

Zu unterscheiden sind:

- DIN EN ISO 9000:2005: Grundlagen für Qualitätsmanagementsysteme, Begrifflichkeiten
- DIN EN ISO 9001:2008: Anforderungen an Qualitätsmanagementsysteme für interne Audits und Zertifizierungen
- DIN EN ISO 9004:2008: Leitfaden zur Leistungsverbesserung von Qualitätsmanagementsystemen und damit Ergänzung bzw. Erläuterung zu ISO 9001:2005
- DIN EN ISO 19011: Anleitung zur Auditierung von Managementsystemen in Qualität und Umwelt.

Für Ende 2015 ist eine Revision von ISO 9001 als ISO 9001:15 angekündigt. Die Norm soll allgemeingültiger gehalten werden und ihre Anwendbarkeit im Dienstleistungssektor verbessern. Der früher verwendete Begriff Produkt wird daher um den Begriff Dienstleistungen ergänzt. Besondere Elemente sind:

- intensivere Anwendung des Prozessansatzes
- risikobasiertes Denken
- Verbesserung der Kompatibilität mit anderen Managementsystemen.

14. Wodurch ist das EFQM-Modell gekennzeichnet?

Das EFQM-Modell der European Foundation For Quality Management besteht in seiner Grundstruktur aus neun Kriterien, die in „Befähiger“ und „Ergebnisse“ unterteilt sind; diese Kriterien sind mit einer Gewichtung versehen. Fünf Kriterien decken die Aktivitäten und Anstrengungen der Organisation ab, das Was und das Wie, zusammengefasst als:

- Führung
- Strategie und Planung
- Mitarbeiter
- Partnerschaften und Ressourcen.

Die Ergebnisse und Errungenschaften des Unternehmens decken die vier Kriterien

- mitarbeiterbezogene Ergebnisse
- kundenbezogene Ergebnisse
- gesellschaftsbezogene Ergebnisse
- Schlüsselergebnisse

ab.

Den Zusammenhang zeigt die folgende Darstellung *(Fraunhofer ISI, PI-Mitteilung Nr. 49)*:

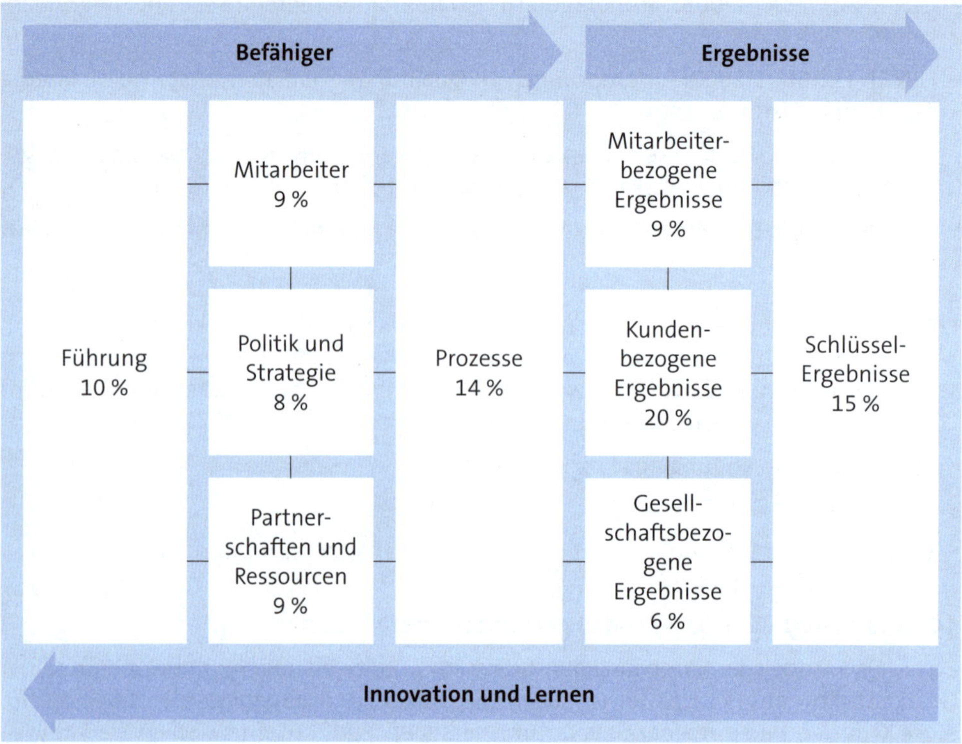

15. Was beinhaltet VDA 6.1?

Der Automobilindustrie reichten die Audits nach ISO 9001 nicht aus; deshalb wurden zusätzliche Systemaudits festgelegt auf der Grundlage VDA 6.1 (VDA = Verband Deutscher Automobilindustrie). Die Kriterien sind strenger und sind stärker in Richtung TQM ausgelegt. Auch die Zulieferer sind dem Verband angeschlossen, so dient VDA 6.1 auch den Ausrüstern der Autoindustrie als Grundlage.

16. Was beinhaltet ISO TS 16949:2002?

ISO TS 16949:2002 ist ein weltweit anerkannter Standard, der einheitliche Maßstäbe für ein Qualitätsmanagementsystem in der Automobilindustrie setzt. Ziele sind:

- Vermeidung von Mehrfachzertifizierungen aufgrund weltweiter Anerkennung der Standards
- gemeinsamer Ansatz für ein Qualitätsmanagementsystem für Serien- und Ersatzteilproduktion in der Automobilindustrie
- Festlegung von besonderen Anforderungen bei der Anwendung von DIN EN ISO 9001:2000.

17. Wie sehen die Unterschiede zwischen den Systemen aus?

Die folgende Tabelle *(Wannenwetsch, 2010, S. 208)* zeigt die Unterschiede:

Forderungen aus ISO 9001	**Zusätzliche Anforderungen aus VDA 6.1**	**Zusätzliche Anforderungen aus ISO/TS 16949**
► Verantwortung der Leitung ► Vertragsprüfung ► Designlenkung ► Lenkung von Dokumenten und Daten ► Beschaffung ► Behandlung der vom Kunden beigestellten Produkte ► Kennzeichnung und Rückverfolgbarkeit ► Mess-und Prüfmittel ► Prüfstatus ► Lenkung fehlerhafter Produkte ► Prozesslenkung ► Korrektur- und Vorbeugemaßnahmen ► Lagerung, Wartung und Verpackung ► Qualitätsaufzeichnungen ► Interne Qualitätsaudits und Schulungen ► Statistische Methoden	► Dokumentation von Korrekturmaßnahmen aus internen Audits ► Produkt-und Prozessaudits ► Förderung des Mitarbeiterqualitätsbewußtseins ► Finanzielle Betrachtung des QM-Systems ► Produktsicherheit und Produkthaftung ► Angebotsgliederung nach technischen und kaufmännischen Aspekten ► Einbindung der Marketingfunktion ► Feld- und Marktbeobachtungen der Produkte ► Frühwarn-Systeme für Produktausfälle ► Wirksamkeit von Fertigungsprozessen ► Mitarbeiterzufriedenheit ► Simultaneous Engineering	► Definition besonderer Produktmerkmale ► Verantwortung für Kundenanforderungen auch bei Outsourcing ► Einhaltung technischer Vorgaben im Einklang mit der Kundenterminplanung ► Kundenbeauftragter ► bereichsübergreifender Ansatz zur Entwicklung von Werks-, Anlagen- und Einrichtungsplänen (lean production) ► Notfallpläne für Ausfall von Energieversorgung, Arbeitskräften. Betriebsmitteln ► Fehlervermeidung statt Fehlerentdeckung ► Vertraulichkeit bzgl. kundenspezifischen Produktentwicklungen ► Herstellbarkeitsuntersuchungen und Risikoanalyse bzgl. Kundenforderungen ► Fähigkeit zur Kommunikation über vom Kunden festgelegte Formate (z. B. EDI) ► FMEA (Fehler-Möglichkeits- und Einflussanalyse) ► Kennzeichnung kundeneigener Werkzeuge ► Kalibrierung und Verifizierung von Messmittel ► Q-Ziele & Kennzahlen im Geschäftsplan ► Benchmarking und Reviews

6.1.1.2 Qualitätsmanagement als betriebliche Notwendigkeit

01. Was macht Qualitätsmanagement betrieblich notwendig?

Qualität ist schon lange nicht mehr als „beste Ausführung einer Leistung" zu sehen. Bei der Firma Bosch hatte man am Anfang des 20. Jahrhunderts Angst, dass jemand nachweisen könnte, dass etwas minderwertig verarbeitet werde; deshalb war der Anspruch: das Beste vom Besten. Damit wurde ein absoluter Anspruch erhoben, ohne darauf zu achten, dass dies auch gefordert wurde. Dabei gerät sehr schnell außer Sichtweite, dass die Qualität auch ökonomisch vertretbar sein muss.

Heute stehen vier Bezugspunkte im Mittelpunkt:

- die Forderungen der Kundschaft
- die ökonomischen Vorteile, die über Umsätze daraus zu erzielen sind
- die Kosten, die die vorgegebene Qualität verursachen
- die Möglichkeiten, die technisch, bei den Mitarbeitern und an der Beschaffungsfront realisiert werden können.

Eine optimale Kombination ist notwendig. Nur dann, wenn die geforderte Qualität gewährleistet ist, kann das Unternehmen erfolgreich sein.

02. Welche Instrumente stehen zur Verfügung, um Qualität betrieblich durchzusetzen?

Instrumente sind:

- Qualitätsmanagementhandbuch
- Verfahrensanweisungen
- Arbeitsanweisungen
- Vorgaben von Qualitätszielen
- Überwachungsverfahren.

03. Welchen Inhalt hat das Qualitätsmanagementhandbuch?

Das Qualitätsmanagementhandbuch ist eine Sammlung wichtiger Regelungen und Instrumente für das Qualitätsmanagementsystem. Es kann gedruckt oder elektronisch geführt werden. Es dient vor allem dem internen Gebrauch. Da das Qualitätsmanagementhandbuch aber offengelegt wird, muss gewährleistet sein, dass firmenspezifisches Knowhow nicht unerwünscht öffentlich wird.

Der Aufbau kann als Pyramide dargestellt werden:

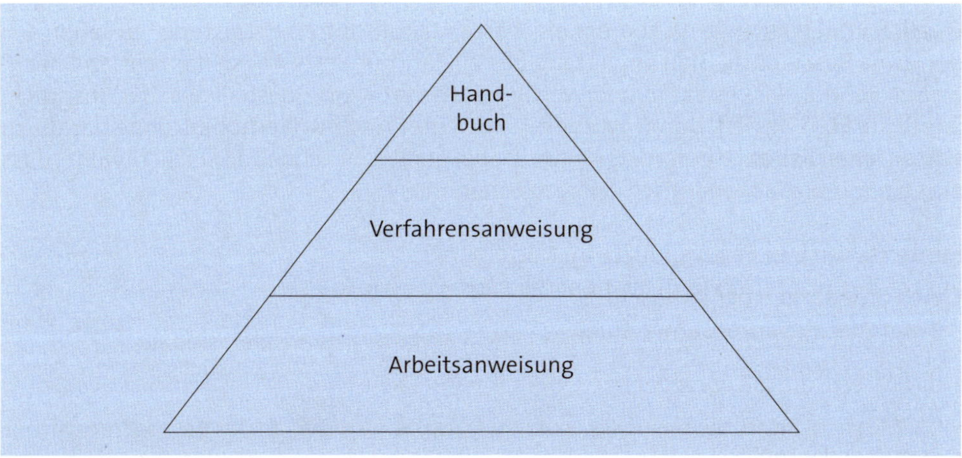

Aus dem Qualitätsmanagementhandbuch werden zur Konkretisierung von Prozessen Verfahrensanweisungen für einzelne Tätigkeiten abgeleitet. Sowohl die Verfahrensanweisung, als auch die Arbeitsanweisung können Bestandteile des Qualitätsmanagementhandbuchs sein, oder separat geführt werden.

Inhalte im Einzelnen sind:

- Qualitätspolitik des Unternehmens
- Qualitätsziele
- Anwendungsbereich des Qualitätsmanagementsystems
- Zuständigkeiten und Verantwortlichkeiten für die Prozesse
- Sicherstellung der Planung, Lenkung und Durchführung der Prozesse
- Beschreibung der Wechselwirkungen der Prozesse des Qualitätsmanagementsystems.

Es ergibt sich folgender Aufbau:

- Vorstellung des Unternehmens
- Auflistung aller Dokumente
- Verantwortung der Leitung
- Mittelplanung
- notwendiges Personal
- Produktion, Entwicklung
- Analyse und Verbesserung.

04. Was regeln die Verfahrensanweisungen?

Die Verfahrensanweisungen legen fest

- welche Tätigkeiten
- wie
- durch welche Stellen
- in welchen Fällen
- wann
- mit welchen Mitteln.

ausgeführt werden sollen. Der Inhalt gliedert sich wie folgt:

- Zweck der Verfahrensanweisung
- Geltungsbereich
- Ablauf
- Zuständigkeiten
- Unterlagen, die notwendig sind.

05. Was regeln die Arbeitsanweisungen?

Die Arbeitsanweisungen stellen Vorgaben für einzelne Arbeitsplätze dar. Sie beziehen sich auf:

- bestimmte Prozesse
- ein bestimmtes Produkt
- einen bestimmten Arbeitsplatz.

Sie helfen dem Mitarbeiter und geben ihm Arbeitsschritte vor; sie werden häufig als Flussdiagramm dargestellt.

06. Welche Bedeutung hat die Vorgabe von Qualitätszielen?

Qualitätsziele müssen

- realistisch
- anspruchsvoll

sein; sie müssen also unter Anstrengung erreichbar sein. Sie dienen

- als Herausforderung
- zur Motivation
- zur Identifikation des Mitarbeiters mit dem Qualitätsmanagement,

aber auch

- der Kontrollierbarkeit
- der eindeutigen Ausrichtung.

07. Welchen Zweck erfüllen Überwachungsverfahren?

Qualität kommt nicht ohne Kontrolle aus. Diese kann als

- Selbstkontrolle
- Fremdkontrolle

ausgeführt werden, wobei die Fremdkontrolle unverzichtbar ist. Hierzu gibt es verschiedene Überwachungsverfahren, u. a.:

- grobe Draufsicht (z. B. im Wareneingang)
- Attributprüfung
- Variablenprüfung
- Aufsicht des Meisters
- Auswertung von Schlechtleistung und Herunterbrechen auf Arbeitsgruppen und einzelne Mitarbeiter
- gemeinsame Qualitätsinteressen bei Gruppenarbeit, wenn die Gruppe dann auch für die Nacharbeit herangezogen wird.

Allerdings sollte stets darauf geachtet werden, dass Überwachung nicht als belastend betrachtet wird. Sollte sich der Mitarbeiter beobachtet fühlen, entstehen:

- Demotivation
- Unsicherheit
- weitere Fehler.

6.1.1.3 Entwicklungsstand im Qualitätsmanagement

01. Welche Gründe haben Fehlentscheidungen?

Gleichgültig, ob einfache operative Aufgaben oder Managementaufgaben, Fehlentscheidungen haben vor allem folgende Gründe:

- objektiv gesehen fehlen Informationen, durch die subjektives Handeln objektiv falsch sein kann
- vorhandene objektive Informationen werden nicht genutzt, was auf Überforderung oder mangelndes Interesse schließen könnte
- vorhandene objektive Informationen werden falsch genutzt, was auf mangelnde Qualifikation oder unzureichende Entwicklung schließen lässt.

Es sollte aber stets beachtet werden, dass der Mensch nie frei von Fehlern sein wird und damit auch Fehler macht, jedoch sollten diese:

- soweit wie möglich vermieden werden
- als Chance gesehen werden, um es zukünftig gemeinsam besser zu machen.

02. Was besagt die Null-Fehler-Strategie?

Die Null-Fehler-Strategie geht davon aus, dass keine Fehlerquote akzeptabel ist, es sollte keinerlei Nachbesserung geben. Jeder Fehler führt zu Kosten (Nacharbeit, Ausschuss) und zeitlichen Verzögerungen (Kunde muss warten).

Das Ziel ist die Vermeidung von Fehlern, was aber unrealistisch ist; allerdings soll dieses Ziel möglichst weit erreicht werden. Oft wird mit der Kennzahl **Fehler pro Millionen Möglichkeiten (ppm = parts per million)** gearbeitet. Bei einem Wert von 10 bis 20 ppm ergibt sich eine Wahrscheinlichkeit von 10 bis 20 Fehlern pro einer Million Teile. Vielfach werden bereits 3 bis 4 ppm angestrebt.

Folgende Maßnahmen müssten ergriffen werden:

- fehlerfreie Arbeit absichern
- Verfahren zur Fehlervermeidung festlegen
- Fehler, die eingetreten sind, abstellen
- Arbeitsergebnisse, die besonders gut sind, untersuchen, um daraus zu lernen.

03. Welche Bedeutung hat der KVP-Ansatz?

KVP als kontinuierlicher Verbesserungsprozess basiert auf der Annahme, dass nichts vollendet ist und nicht mehr verbesserbar ist. Die Verbesserung ist nicht als revolutionärer Akt zu sehen, sondern erfolgt ein kleinen Schritten, dafür aber stetig.

Wesentlicher Teil des Konzepts ist die Einbeziehung der Mitarbeiter, die letztlich die Hauptakteure beim KVP sind. Deshalb benötigt KVP klare Strukturen und umfassende Schulung und Einweisung. Der Ablauf könnte dann wie folgt aussehen:

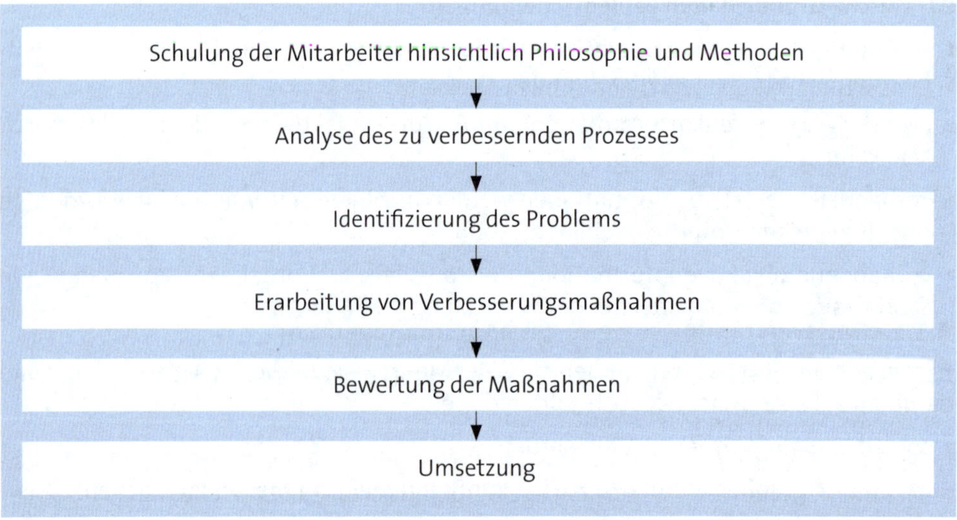

Gerade der Umsetzung kommt große Bedeutung zu, denn sollten die beteiligten Mitarbeiter erkennen, dass man an ihren Lösungen nicht interessiert ist, wird der Schwung zur Verbesserung rasch erlahmen. Deshalb reicht es nicht, wenn die Führung hinter KVP steht, sondern sie muss KVP vorleben.

04. Welche Ziele verfolgt KVP?

Die Ziele des KVP sind:

- bezogen auf die Qualität zur:
  - dauernden Qualitätsverbesserung
  - Fehlervermeidung
- bezogen auf die Prozesse zur:
  - Reduzierung der Kosten
  - Verkürzung der Durchlaufzeiten
- bezogen auf die Mitarbeiter zur:
  - besseren Qualifizierung
  - Erhöhung der Arbeitszufriedenheit.

05. Welche Ideen liegen KVP zu Grunde?

Grundideen sind:

- KVP als Bestandteil der Unternehmenspolitik
- rückhaltlose Unterstützung durch die Unternehmensleitung
- alle Mitarbeiter werden einbezogen
- Verbesserung in kleinen Schritten
- unmittelbare Umsetzung der Verbesserung
- Umsetzung mit geringem finanziellen Aufwand
- Abbau von Verschwendung (Muda).

Dabei sind die Vorschläge Bestandteil der Arbeitsaufgabe der Mitarbeiter, da sie während der Arbeitszeit erbracht werden.

6.1.1.4 Missverständnisse beim Qualitätsmanagement

01. Welche Missverständnisse ergeben sich beim Qualitätsmanagement?

Als Missverständnisse können auftreten:

- Durch umfassende Vorgaben für die Abläufe und zahlreiche Kontrollen und Genehmigungsverfahren erfolgt eine heftige Bürokratisierung; die Vorteile wiegen das aber mehr als auf.

- Zeitbindung und höhere Kosten durch laufende Aktualisierung, die aber notwendig sind, um die jeweils beste Lösung anwenden zu können
- Unterbrechung der Arbeit durch Information und Beteiligung der Mitarbeiter, wodurch aber:
  - Motivation und Identifikation mit dem Qualitätsmanagement-Gedanken hergestellt wird
  - Mitarbeiter qualifizierter und umsichtiger werden
  - realitätsnahe Lösungen zu Stande kommen.

6.1.2 Arten von Audits im Qualitätsmanagement

01. Was ist ein Audit?

Gemäß DIN EN ISO 19011 ist ein *„Qualitätsaudit ein systematischer, unabhängiger und dokumentierter Prozess zur Erlangung von Auditnachweisen und zu deren objektiven Auswertung, um zu ermitteln, inwieweit Auditkriterien erfüllt sind."*

Die Audits müssen geplant und vorbereitet durchgeführt werden; Auditziele, -teilnehmer, -zeitraum und -kriterien sind festzulegen. Unabhängigkeit erfordert, dass die Auditierung nie von Personen durchgeführt werden kann, die zum gleichen Bereich gehören. Jedes Audit wird durch einen Auditbericht dokumentiert.

02. Wie erfolgt der Ablauf von Audits?

Der Ablauf von Audits sieht wie folgt aus:

- Planung und Vorbereitung hinsichtlich:
  - Prozess, der auditiert werden soll
  - Auditbeteiligte
  - Auditplan mit detaillierten Angaben
- Realisierung von Audits mit:
  - Einführungsgespräch
  - Durchführung
  - Abschlussgespräch mit Präsentation und Diskussion
- Auditberichterstattung:
  - Feststellung positiver und negativer Ergebnisse
  - Empfehlung für Verbesserungen
- Audit-Follow-up mit Maßnahmenplan für Korrekturen, nach dem die Abarbeitung der Korrekturen erfolgt.

03. Was zeichnet Auditoren aus?

Besondere Eigenschaften und sonstige Merkmale sind:

- Berufserfahrung
- Kenntnisse der Branche
- Kenntnisse hinsichtlich Qualitätsmanagementsystem
- systematisches Denken
- analytische Vorgehensweise
- Kontaktfähigkeit
- Aufgeschlossenheit
- Einfühlungsvermögen
- Selbstbewusstsein
- harmonisches Auftreten im Team
- Blick für das Wesentliche.

6.1.2.1 Unterschiede zwischen externen und internen Audits

01. Wo liegen die Unterschiede zwischen internen und externen Audits?

Audits können durchgeführt werden als:

- interne Audits (von der zu auditierenden Organisation selbst), auch First-Party-Audits genannt
- externe Audits (von externen Gesellschaften) durch:
  - Unternehmen, die zusammenarbeiten (Second-Party-Audits), z. B. ein Hersteller auditiert einen Lieferanten
  - einen dritten Beteiligten (Third-Party-Audits), vor allem durch Zertifizierungsgesellschaften; diese benötigen eine Akkreditierung durch eine Akkreditierungsstelle, die bestätigt, dass die Zertifizierungsgesellschaft Audits kompetent und fachlich korrekt ausführen kann; die Anforderungen sind in EN 45012 festgelegt.

02. Welche rechtlichen Aspekte sind bei externen Audits zu beachten?

Die folgenden rechtlichen Aspekte sind zu beachten:

- Auditpersonal sollte hohe Unabhängigkeit haben; dies gilt vor allem für die Auditierung beim Lieferanten.
- Das auditierende Unternehmen kann bei Schäden, die durch das auditierte Unternehmen verursacht werden, herangezogen werden; der Grad der Mitverantwortung hängt vom anwendungsspezifischen Bezug des Audits ab.
- Die Preisgabe von Informationen durch das zu auditierende Unternehmen ist auf erforderliche Informationen begrenzt; weitere Informationen können verweigert

werden; dies gilt vor allem für geheimzuhaltende Tatbestände; die Bewertung darf dadurch nicht beeinflusst werden.

- Das Auditpersonal wird dem zu auditierenden Unternehmen wegen Besorgnis der Befangenheit rechtzeitig bekanntgeben werden. Dies gilt sowohl für nicht firmengebundene, als auch für firmeneigene Auditoren.
- Die Haftung im Rahmen der Produkthaftung wird durch die Zertifizierung nicht berührt; allerdings wird das Risiko und damit die Wahrscheinlichkeit eines Schadens reduziert.

6.1.2.2 Audits als Hilfe zur Leistungsverbesserung

01. Welche Audits werden unterschieden?

Unterschieden werden:

- Systemaudits, bei denen das Qualitätsmanagementsystem im Vordergrund steht. Überprüft wird dessen Funktionsfähigkeit und Wirksamkeit. Die Komplexität stellt besondere Anforderungen an Planung und Durchführung. Die Befragung von Mitarbeitern spielt eine besondere Rolle.
- Prozessaudits, die sich vor allem mit der Sinnhaftigkeit und der Vollständigkeit von Prozessen befassen
- Complianceaudits, bei denen die Einhaltung rechtlicher Vorgaben überprüft wird; dazu gehören auch interne Vorgaben
- Produktaudits, bei denen die Übereinstimmung von Ausführung und Qualitätsanforderungen festgestellt wird. Grundlagen sind Pflichtenhefte Qualitätsvereinbarungen, Prüfunterlagen, Arbeitsanweisungen.
- Verfahrensaudits, bei denen die Prüfung von Verfahren der Leistungserstellung im Vordergrund stehen; die Prüfung erfolgt vor allem anhand von Unterlagen für den Ablauf.

02. Welche Audits werden nach der zeitlichen Abfolge unterschieden?

In zeitlicher Abfolge werden unterschieden:

- Folgeaudit, bei dem turnusmäßig nach Auditorenprogramm vorgegangen wird
- Nachaudit als zusätzliches Audit, mit dem überprüft wird, ob Korrekturmaßnahmen vorgenommen wurden
- Überwachungsaudit, bei dem in festen Zeitabständen der Zustand des Qualitätsmanagementsystems überwacht wird; überprüft werden nur ausgewählte Anforderungen an das System
- Wiederholungsaudit, bei dem in festgelegtem Zeitablauf vor Ablauf des Zertifikats das vollständige Qualitätsmanagementsystem auditiert wird, um erneut ein Zertifikat auszustellen.

6.1.2.3 Zertifizierung

01. Wer führt die Zertifizierung durch?

Die Zertifizierung wird durch vom Deutschen Akkreditierungsrat akkreditierte Gesellschaften durchgeführt (Third-Party-Audits). Bekannte Zertifizierer sind:

- DQS
- TÜV
- DEKRA
- Det Norske Veritas.

Die Auswahl des Zertifizierers sollte nach folgenden Kriterien erfolgen:

- hohes Image im Kundenkreis
- großer Bekanntheitsgrad national und international
- Zertifizierungskosten inkl. Folgekosten für Wiederholungs- und Überwachungsaudits
- eventuell räumliche Nähe.

02. Wie sieht der Ablauf der Zertifizierung aus?

Es ergibt sich folgender Ablauf:

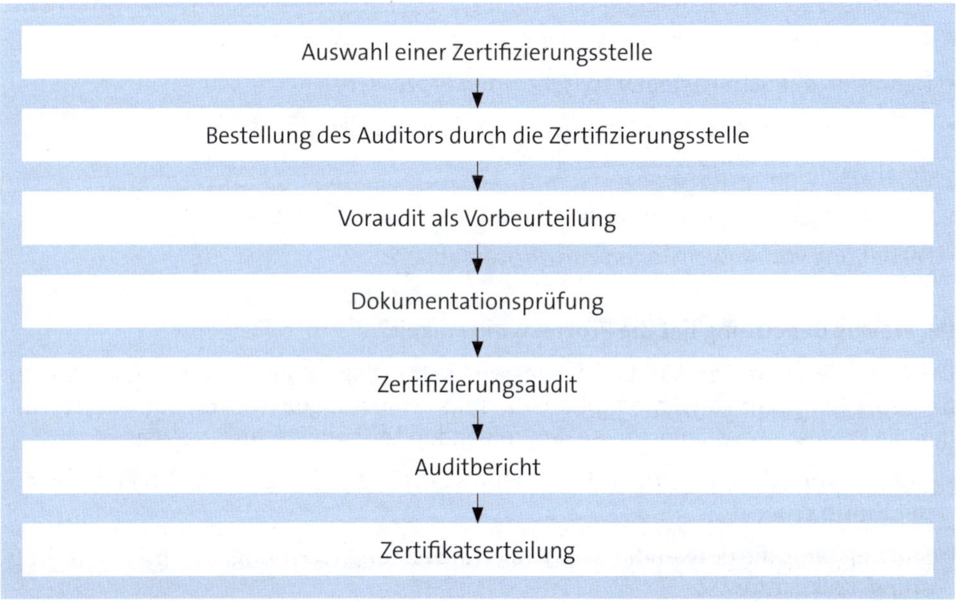

03. Welche Vorteile hat die Zertifizierung?

Vorteile sind u. a.:

- Zugang zu Märkten und deren Ausschreibungen
- Verringerung von Kundenaudits
- Imagegewinn
- Senkung der Kosten
- Optimierung der Prozesse und sonstigen Abläufe
- größere Rechtssicherheit
- Sensibilisierung der Mitarbeiter.

6.1.3 Steuerung und Lenkung der Prozesse durch das Qualitätsmanagementsystem

01. Was setzt die ISO 9001 voraus, damit Prozesse wirksam werden?

Wirksame Prozesse setzen vernetztes Denken und Handeln voraus. Dazu ist die Bearbeitung folgender Punkte notwendig:

- Identifikation und gegenseitige Abgrenzung der Prozesse
- Erkennen der Abfolge der Prozesse
- Analyse der wechselseitigen Abhängigkeiten der Prozesse
- Definition der Schnittstellen zwischen den Prozessen
- Aufteilung der Prozesse in Teilprozesse und Aktivitäten
- Beschreibung der Prozesse
- Darstellung des Prozesszusammenhangs im Unternehmen
- Festlegung von Anweisungen zum Prozessablauf.

02. Welche Bedeutung hat die Prozesswirksamkeit?

Die Prozesswirksamkeit kann als Prozesswirksamkeitsgrad gemessen werden. Ein hoher Prozesswirksamkeitsgrad gibt an, dass hohe Prozessqualität vorliegt. Hierzu werden die Prozesse bzw. Teilprozesse den folgenden Leistungsarten zugewiesen:

- Nutzleistung, die das gewünschte Ergebnis erbringt (z. B. Montage, Verkauf) und damit Werte schöpft
- Stützleistung, die notwendig ist, um die Nutzleistung zu erbringen (z. B. Rüsten, Steuerung, Kalkulation)
- Blindleistung, die keine Werte schöpft und damit minimiert werden sollte (z. B. Pufferung zur Versorgungssicherheit, Auftragsänderungen)
- Fehlleistung, die nicht auf das Prozessziel gerichtet ist (z. B. Nacharbeit, Stillstand) und deshalb zu vermeiden ist.

Der Prozesswirksamkeitsgrad (PWG) kann ermittelt werden, indem die Summe der Zeiten aller Leistungen in ein Verhältnis zur Nutzleistung gesetzt wird, also:

$$PWG = \frac{\text{Nutzleistung} \cdot 100}{\text{Nutzleistung} + \text{Stützleistung} + \text{Blindleistung} + \text{Fehlleistung}}$$

Alternativ zur Zeitangabe kann mit Kosten gearbeitet werden.

03. Welche Instrumente werden bei der Prozesssteuerung eingesetzt?

Wichtige Instrumente sind:

- Qualitätsmanagementhandbuch (s. Kapitel 6.1.1.2)
- Produktentwicklungslauf
- Prüfungsarten
- Prüftechnik
- Statistische Qualitätsüberwachung.

04. Welche Bedeutung hat der Produktentwicklungsablauf?

Der Ablauf bei der Produktentwicklung hat große Bedeutung für die spätere Qualität und damit den Erfolg des Produkts im Markt. Die Entwicklung, die jeweils durch Prüfvorgänge komplettiert wird, erfolgt in folgenden Phasen:

Ideenentwicklung und -auswertung

↓

Produktkonzeption mit Lasten- und Pflichtenheft

↓

Musterbau

↓

Prototyp

↓

Nullserie

↓

Fertigungsfreigabe

05. Welche Prüfungsarten werden unterschieden?

Als Prüfungsarten werden unterschieden:

- Variablenprüfung (vergleichende Prüfung), bei der das Gut-Schlecht-Prinzip angewandt wird; benutzt werden Checklisten, Lehren u. a.
- Attributprüfung (messende Prüfung), bei der Anforderungen numerisch vorgegeben sind (z. B. Gewicht, Druck, Länge); die Untersuchung hinsichtlich der Einhaltung der Werte innerhalb von Toleranzgrenzen erfolgt durch Messmittel.

Im Weiteren wird auch auf Vollprüfung und Stichprobenprüfung eingegangen.

06. Was gehört zur Prüftechnik?

Prüftechnik ist die Gesamtheit der für eine Qualitätsprüfung notwendigen technischen Ausrüstung und Software.

Unterschieden werden:

- Prüfmittel zur Beurteilung der Qualität innerhalb von Toleranzbereichen, ohne dass genaue Werte ermittelt werden; sie werden unterteilt in:
  - zerstörende Prüfung (z. B. chemische Auflösung von Material)
  - zerstörungsfreie Prüfung (z. B. Untersuchung von Schweißnähten)
- Lehren für die Abweichungskontrolle im Sinne einer Gut-/Schlecht-Bewertung
- Messmittel zur genauen Ermittlung von Ist-Werten, um die Abweichung vom Soll-Wert feststellen zu können. Die Lage der Werte kann statistisch erfasst und grafisch dargestellt werden. Man unterschiedet:
  - direkte Messung (z. B. Leistung einer Pumpe)
  - indirekte Messung (z. B. Messung der Geschwindigkeit durch Lasertechnik).

07. Wie wird die Funktionsfähigkeit der Prüftechnik gesichert?

Da die Prüftechnik erheblichem Verschleiß unterliegt, ist sie in festgelegten Abständen zu überprüfen; dies erfolgt durch:

- den Hersteller
- zertifizierte Prüflabors
- den TÜV.

Die Funktionsfähigkeit wird erhalten durch:

- zentrale Lagerung und Überwachung
- Ausgabe von Prüfmitteln, die funktionsfähig sind
- Führung einer Prüfkarte für jedes Werkzeug der Prüftechnik
- Überprüfung und eventuell Aussonderung benutzter Prüfmittel bei Rückgabe.

08. Welche Methoden gehören zur statistischen Qualitätsüberwachung?

Wichtige Methoden sind:

- Fehlerbaumanalyse (s. Kapitel 6.3.1)
- Maschinenfähigkeitsuntersuchung (MFU, s. Kapitel 6.3.2)
- Messsystemanalyse zur Bewertung der Messfähigkeit und -sicherheit von Messsystemen unter Anwendungsbedingungen
- Prozessfähigkeitsuntersuchung (PFU, s. Kapitel 6.3.2)
- Six Sigma
- Statistische Prozesskontrolle (SPC, s. Kapitel 6.3.2)
- Statistische Toleranzrechnung zur Bestimmung von Toleranzbereichen
- Stichprobenprüfung
- Versuchsplanung zur Planung und Auswertung von Versuchen mit statistischen Methoden.

6.2 Fördern des Qualitätsbewusstseins der Mitarbeiter

6.2.1 Förderung des Qualitätsbewusstseins

01. Welche Rolle spielt Motivation für die Förderung des Qualitätsbewusstseins?

Qualitätsbewusstsein setzt Einsicht in die Richtigkeit und Wichtigkeit des eigenen Handelns voraus. Dies kann erzeugt werden durch:

- innere Überzeugung
- Anreize als Mittel zum Zweck.

Motivation ist die Veranlassung des Menschen zu Handlungen, die

- er grundsätzlich will, zumindest nicht ablehnt
- im Sinne des Unternehmens sind.

Im ersten Fall handelt es sich um intrinsische Motivation, bei der Aktivitäten um ihrer selbst willen erfolgen. Sie wird gefördert, indem den Mitarbeitern ein Sinnzusammenhang vermittelt wird. Sie wirkt auf die Einstelllungen der Mitarbeiter.

Im zweiten Fall handelt es sich um extrinsische Motivation, für die äußere Anreize geboten werden, z. B. Lob, finanzielle Anreize.

Da Motivation auf Dauer ausgelegt ist, darf sie keinesfalls mit Manipulation verwechselt werden, bei der der Mensch zu einem Verhalten beeinflusst wird, das er eigentlich gar nicht will. Obwohl die Grenzen manchmal fließend sind, ist Manipulation auf jeden Fall zu vermeiden, da sie meist nur einmal, und das nur für kurze Zeit, wirksam wird.

02. Was besagt die XY-Theorie?

Im Mittelpunkt der XY-Theorie steht, dass unser Verhalten maßgeblich von Einstellungen und damit von Erwartungshaltungen gesteuert wird. So wird auch das Verhalten der Vorgesetzten durch deren Erwartungshaltungen ihren Mitarbeitern gegenüber gesteuert. Der Verhaltenswissenschaftler *Mc Gregor* hat die Vorgesetzen in zwei Gruppen eingeteilt und daraus zwei Theorien entwickelt:

- Theorie X:
  - Der Mensch hat eine geborene Abneigung vor der Arbeit und versucht, sie so weit wie möglich zu vermeiden.
  - Deshalb müssen die meisten Menschen geführt, kontrolliert und mit Strafandrohung gezwungen werden, einen produktiven Beitrag im Unternehmen zu leisten.
  - Der Mensch möchte gern geführt werden, vermeidet Verantwortung und stellt Sicherheit über alles.
- Theorie Y:
  - Der Mensch hat keine angeborene Abneigung gegen Arbeit, im Gegenteil, Arbeit kann eine wichtige Quelle der Zufriedenheit sein.
  - Eigene Initiative und Selbstkontrolle wird im Vordergrund stehen, wenn sich der Mensch mit den Zielen der Organisation identifizieren kann.
  - Die wichtigsten Arbeitsanreize sind die Befriedigung von Ich-Bedürfnissen und der Streben nach Selbstverwirklichung.

In beiden Fällen besteht die Tendenz, dass die Mitarbeiter durch das Verhalten ihres Vorgesetzten im Zuge sich selbst erfüllender Prophezeiungen die vom Vorgesetzten vermuteten Verhaltensweisen annehmen.

03. Welche Motivationstheorien werden unterschieden?

Wichtige Motivationstheorien sind:

- Bedürfnispyramide von *Maslow* mit den Stufen:
  - physiologische Grundbedürfnisse
  - Sicherheitsbedürfnisse
  - soziale Bedürfnisse
  - Bedürfnis nach Anerkennung
  - Bedürfnis nach Selbstverwirklichung
- 2-Faktoren-Theorie nach *Herzberg*, der aufteilt in:
  - Hygienefaktoren, die Unzufriedenheit beseitigen
  - Motivatoren, die Zufriedenheit erzeugen.

Vertiefend wird auf Kapitel 7.6.1 verwiesen.

6.2.1.1 Merkmale qualitätsbewussten Handelns

01. Welche Bedingungen steuern das Verhalten?

Wichtige Bedingungen sind:

- etwas zu wollen
- zu etwas in der Lage zu sein
- positive organisatorische Bedingungen
- Bereitschaft und Fähigkeit zur Teamarbeit.

02. Welche Kennzeichen hat qualitätsbewusstes Handeln?

Wichtige Kennzeichen sind:

- Der Mitarbeiter kennt die Bedeutung der Qualität für das Unternehmen.
- Der Mitarbeiter beteiligt sich aktiv an der Qualitätsarbeit.
- Der Mitarbeiter bekennt sich zu Fehlern.
- Der Mitarbeiter lernt aus eigenen Fehlern und den Fehlern anderer.
- Der Mitarbeiter beteiligt sich an der Weiterentwicklung der Qualität.

6.2.1.2 Anreizsysteme

01. Welche Anreizsysteme können eingesetzt werden?

Als Anreizsysteme kommen u. a. infrage:

- Betriebliches Vorschlagswesen
- Prämienlohn mit Qualitätsprämie
- System der Belobigung und Auszeichnung
- Einbindung in Förderungs- und Personalentwicklungskonzepte.

02. Wie erfolgt das Betriebliche Vorschlagswesen (BVW)?

Mit dem Betrieblichen Vorschlagswesen sollen besondere Leistungen der Mitarbeiter honoriert werden. Ein Verbesserungsvorschlag ist

- der Vorschlag eines Mitarbeiters,
- der eine über den Rahmen seines Aufgabengebietes hinausgehende Leistung darstellt.

Im Mittelpunkt steht also der einzelne Mitarbeiter, der angeregt wird, Vorschläge zu machen, die dem Betrieb eingereicht werden. Es ergibt sich folgender Ablauf:

- Der Betrieb legt ein System der Behandlung und Prämierung von Verbesserungsvorschlägen fest, um die Mitarbeiter anzureizen.
- Der Mitarbeiter erarbeitet in seiner Freizeit einen Vorschlag.

- Eventuell bespricht er die Idee mit seinem Vorgesetzten.
- Der Mitarbeiter reicht den ausgearbeiteten Vorschlag beim BVM-Beauftragten ein.
- Von der Fachabteilung wird ein Gutachten angefordert.
- Der Vorschlag mit Gutachten wird von der BVM-Kommission beraten.
- Die Kommission legt fest:
  - eine Geldprämie, berechnet aus der Ersparnis, die durch den Vorschlag erreicht wird
  - eine pauschale Geldprämie für kleinere Vorschläge
  - eine Sachprämie als Anerkennung für nicht berechenbare Vorschläge
  - Ablehnung.
- Vorschlag wird bei Akzeptanz umgesetzt.
- Belobigung durch die Unternehmensleitung.

Die meisten Vorschläge beziehen sich auf:

- Arbeitssicherheit
- Arbeitsplatzgestaltung.

Dagegen spielen

- Rationalisierung
- Erhöhung der Produktivität

keine große Rolle.

Kritisch angemerkt wird:

- starre Abläufe
- großer Verwaltungsaufwand
- zähe Entscheidungsprozesse
- Der Mitarbeiter ist in der Kreativphase auf sich gestellt.
- viele unqualifizierte Vorschläge, die die Gutachter belasten.

03. Wie könnte Qualität prämiert werden?

Im Zuge der Prämienentlohnung können verschiedene Faktoren, die prämiert werden sollen, eingebunden werden. Dies gilt auch für die Qualität, die in nachvollziehbarer Form vorgegeben werden muss. Dadurch besteht die Möglichkeit, aktuelle Qualitätswerte in die Entlohnung einzubeziehen; durch eine aktuelle Wenn-/Dann-Konstruktion (z. B. Qualitätsarbeit im Monat März führt zu entsprechender Entlohnung im Monat März) kann eine erhebliche Motivation entstehen.

Häufig wird die Qualitätsprämie als Korrektiv zur Geschwindigkeitsprämie (Arbeitsvolumen) eingesetzt; d. h. eine hohe Prämierung ist nur dann möglich, wenn zwischen Qualität und Quantität ein angemessenes Verhältnis vorhanden ist.

04. Wie könnten Auszeichnungen aussehen?

Im Betrieb könnte z. B. die Gruppe oder der Mitarbeiter des Monats hinsichtlich Qualität besonders geehrt werden. Dies könnte z. B. durch Aushang, im Intranet oder in der Werkszeitschrift geschehen.

Allerdings könnten derartige Herausstellungen auch zu negativen Gruppeneffekten führen: Der Mitarbeiter könnte als Streber von der Gruppe geschnitten werden.

05. Was könnte die Mitarbeiter dazu veranlassen, qualitätsbewusst zu handeln?

Veranlassungen könnten gegeben sein durch:

- Straffreiheit bei Fehlern, soweit Lerneffekte berücksichtigt werden
- dadurch ehrlicher Umgang mit Fehlern
- Beteiligung der Mitarbeiter an der Fehlerbeseitigung
- intensive Einarbeitung, wodurch die Sicherheit, die vermittelt wird, motivierend wirkt
- Erläuterung der Auswirkung von Fehlern
- Verbesserung der Qualifikation der Mitarbeiter
- Suche nach persönlichen Ursachen bei einer Fehlerhäufung
- Information der Mitarbeiter durch Visualisierung von Qualitätsergebnissen.

6.2.2 Formen der Mitarbeiterbeteiligung als Maßnahme der Qualitätsverbesserung

01. In welcher Form erfolgt die Mitarbeiterbeteiligung?

Formen der Mitarbeiterbeteiligung sind:

- Gruppen-, Team-, Projektarbeit
- Workshops
- Qualitätszirkel
- Kontinuierlicher Verbesserungsprozess (KVP)
- Information und Einbindung der Mitarbeiter bei Entscheidungen
- Qualitätsschulungen
- Selbstprüfsysteme.

02. Welche Bedeutung hat die Gruppenarbeit?

Bei der Gruppenarbeit bewältigen sechs bis 20 Personen gemeinsam eine Arbeitsaufgabe; dabei unterscheidet man:

- vorübergehende Gruppenarbeit (häufig Teamarbeit genannt), bei der oft Mitarbeiter aus unterschiedlichen Arbeitsbereichen zusammenarbeiten
- dauerhafte Gruppenarbeit als teilautonome Arbeitsgruppe in ständig gleicher Besetzung; die Arbeitsaufgabe wird vorgegeben, die Organisation innerhalb der Gruppe erfolgt autonom durch die Gruppe selbst.

Die Ziele sind:

- Produktivitätssteigerung
- Kostensenkung
- Vereinfachung von Prozessen
- Erhöhung der Qualität
- Intensivierung des Qualitätsbewusstseins
- Nutzung der Flexibilität der Mitarbeiter
- besserer Ausgleich bei Kapazitätsschwankungen
- Steigerung der Motivation der Mitarbeiter.

03. Welche Bedeutung haben Workshops?

Workshops sind Veranstaltungen, bei denen sich kleine Gruppen mit begrenzter Zeitdauer intensiv mit einem Thema befassen. Dabei kommt der Moderation eine wichtige Rolle für das Erreichen der Ziele zu. So wird verhindert, dass Zeit ungenutzt vergeht. Es ergibt sich folgender Ablauf:

- Vorbereitung des Workshops:
  - Ziele festlegen
  - Ablauf vorbereiten
  - Teilnehmerkreis auswählen
  - Ort und Arbeitsmittel bestimmen
- Durchführung:
  - Einführung in das Thema
  - Bearbeitung des Themas
  - Zusammenfassung
  - Abschlusspräsentation
- Ergebnisdokumentation.

04. Wie arbeiten Qualitätszirkel?

In regelmäßigen Abständen treffen sich Mitarbeiter, um die Wirksamkeit des Qualitätsmanagement-Systems zu verbessern. Teilnehmer sind vor allem die Mitarbeiter des betreffenden Bereichs, unterstützt durch Vorgesetzte und Qualitätsspezialisten. Ziele sind:

- Nutzung der Erfahrungen der Mitarbeiter
- Motivation, qualitätsbewusst zu handeln
- Problemlösungen im Team
- Verbesserung der Mitarbeiterqualifikation
- die Mitarbeiter in die Verantwortung nehmen
- gemeinsame Kontrolle festgelegter Maßnahmen.

Im Qualitätszirkel werden:

- Fehler ermittelt und bewertet
- Fehlerursahen ermittelt
- Verbesserungsmaßnahmen gesucht
- Erfolg kontrolliert.

05. Was bedeutet KVP?

KVP bedeutet kontinuierlicher Verbesserungsprozess. Die Verbesserung erfolgt nicht abrupt, sondern allmählich. Sie ist aber niemals vollendet, denn nichts kann nicht noch besser erledigt werden. KVP wird getragen von den betreffenden Mitarbeitern der Bereiche. Im Übrigen wird verwiesen auf Kapitel 6.1.1.2.

06. Was muss bei der Einbeziehung der Mitarbeiter in Entscheidungen beachtet werden?

Die Mitarbeiter können aufgrund ihrer Erfahrungen wichtige Beiträge leisten, um praktikable Lösungen zu erzielen. Allerdings sind bestimmte Kompetenzen notwendig:

- Fachkompetenz
- Sozialkompetenz: zuhören, Kritik ertragen, kooperationsbereit sein
- Methodenkompetenz: Kreativitätstechniken anwenden, problemlösungsfähig, dialogbereit.

Hinzu treten die entsprechende Motivation und ein ausreichendes Maß an Kreativität.

07. Was sollen Qualitätsschulungen bewirken?

Der Mitarbeiter kann nur dann qualitätsbewusst arbeiten, wenn er den Sinn erkannt hat und weiß, welche Folgen Fehler haben. Erreicht werden sollen:

- Verständnis für die Gesamtzusammenhänge
- kritische Betrachtung der Qualitätssituation
- Aufforderung zur Beteiligung an der Verbesserung
- Identifikation mit den Qualitätszielen
- Vermittlung der Wirkung verschiedener Qualitätsinstrumente.

08. Was sind Selbstprüfsysteme?

Der Mitarbeiter führt die Qualitätsprüfung, eingebettet in seine Arbeit, selbst durch. Dabei wird vor allem erreicht, dass die Prüfung unmittelbar in den Leistungsprozess integriert wird. Dadurch wird außerdem auf separate Prüfprozesse verzichtet und die Durchlaufzeit verkürzt.

Dazu sind Voraussetzungen notwendig:

- Befähigung des Mitarbeiters zur Qualitätsprüfung
- Fertigkeit in der Handhabung der Prüftechnik
- große Zuverlässigkeit
- hoher Grad an Motivation.

6.3 Anwendung von Methoden zur Sicherung und Verbesserung der Qualität

01. Welche Bedeutung hat die Fehlervermeidung?

Fehler stellen immer eine Abweichung von der Norm dar. Deshalb steht stets die Vermeidung von Fehlern im Vordergrund und nicht ihre Beseitigung. Dies gilt vor allem für Materialien und Bauelemente, die in verwendungsfähige Produkte einfließen. Bereits kleine Fehlerraten bei mehreren Bauelementen führen zu hohen Fehlerquoten beim Gesamtprodukt; die Fehlerrate potenziert sich. Deshalb muss eine Null-Fehler-Strategie den Vorzug vor zulässigen Fehleranteilen erhalten.

Für die Wahrscheinlichkeit, dass ein Produkt funktioniert, gibt es auf der Basis akzeptabler Fehlerquoten folgende Formel:

$$W = (1 - p)^{500}$$

Wobei p für die Fehlerquote steht. Danach liegt die Fehlerwahrscheinlichkeit bei einer Fehlerquote von 0,1 % lediglich bei 60,6 %.

6.3.1 Werkzeuge und Methoden im Qualitätsmanagement

01. Welche Werkzeuge stehen dem Qualitätsmanagement zur Verfügung?

Wichtige Werkzeuge sind:

- Deming-Kreis (PDCA-Zyklus)
- 7-W-Fragetechnik
- Strichliste
- Histogramm
- Pareto-Analyse
- Ursache-Wirkungs-Diagramm
- Korrelationsdiagramm
- Qualitätsregelkarte
- Fehlerbaumanalyse.

02. Welche Bedeutung hat der Deming-Kreis?

Der Deming-Kreis, auch PDCA-Zyklus genannt, befasst sich mit der konzeptionellen Verbesserung von Leistungen; dabei steht der Weg und nicht das Ergebnis der Verbesserung im Vorderrund. Die Buchstaben stehen für:

P = Plan
D = Do
C = Check
A = Action.

Vertiefend wird verwiesen auf Kapitel 3.1.5.2.

03. Wie wird die 7-W-Fragetechnik angewandt?

Die 7-W-Fragetechnik dient der Ermittlung von Produkt- und Prozessdaten, die qualitativ bestimmend sind. Die Fragen lauten:

- Warum?
- Was?
- Wo?
- Wie viel?
- Womit?
- Wann?
- Wer?

04. Wie wird die Strichliste angewandt?

Die Strichliste als Datensammelblatt erfasst Daten in einfachster Form direkt am Arbeitsplatz. Sie könnte für die Kommissionierung folgendes Aussehen haben:

Fehlerart	erfasste Fehler	Summe
beschädigte Verpackung	IIIII IIIII IIIII I	16
falsch einsortiert	IIIII IIIII	10
Beschädigung des Produkts	IIIII IIIII IIII	14
falsche Beschriftung	IIIII I	6
Sonstiges	IIIII IIIII I	11
Summe		**57**

05. Wie wird mittels Histogramm gearbeitet?

Mittels Histogramm als Balkendiagramm werden Messwerte und deren Verteilung grafisch dargestellt. Dabei werden Messwerte in Klassen aufgeteilt. Es ergibt sich folgender Ablauf:

- Erfassung der Messwerte (z. B. tägliche fehlerhafte Kommissionierungen in sechs Monaten mit Fehlerwerten von 1 bis 30)
- Erstellung einer Häufigkeitstabelle: Wie häufig ergeben sich die einzelnen Fehlerwerte?
- Klassifizierung der Fehlerwerte in Fehlerbereiche (z. B. 1 bis 5, 6 bis 10, 11 bis 15, 16 bis 20, 21 bis 25, 26 bis 30)
- Darstellung der klassifizierten Fehler als Balkendiagramm, z. B.

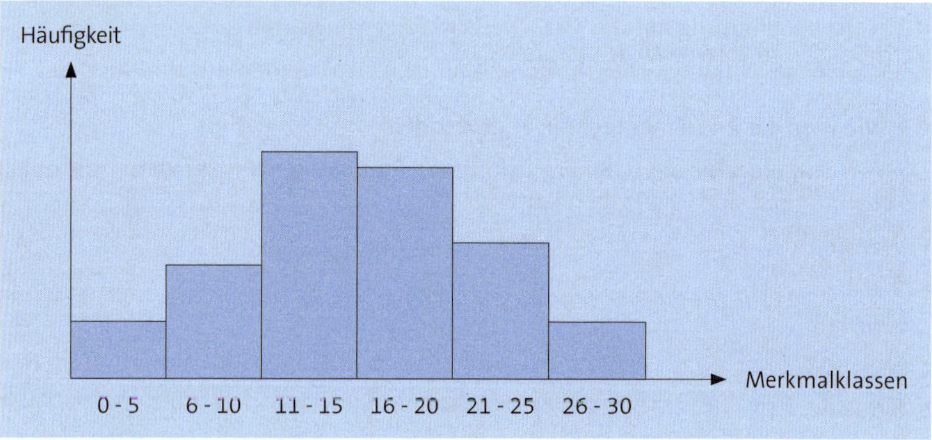

Häufig entspricht das Ergebnis der Gaußschen Normalverteilung.

06. Wie wird die Paretoanalyse eingesetzt?

Die Paretoanalyse soll aus einer Vielzahl von Fehlern/Problemen die wichtigsten herausfiltern; es handelt sich also (ähnlich der ABC-Analyse) um eine Schwerpunktanalyse. Dazu werden die Probleme in der Reihenfolge ihrer Häufigkeit und damit ihrer Wichtigkeit als Diagramm aufgeführt. Da nicht alle Probleme gleichzeitig gelöst werden, könnten sie in dieser Reihenfolge beseitigt werden. Das Ergebnis kann

- in abfallender Folge
- in kumulierter Form

dargestellt werden:

fallende Form

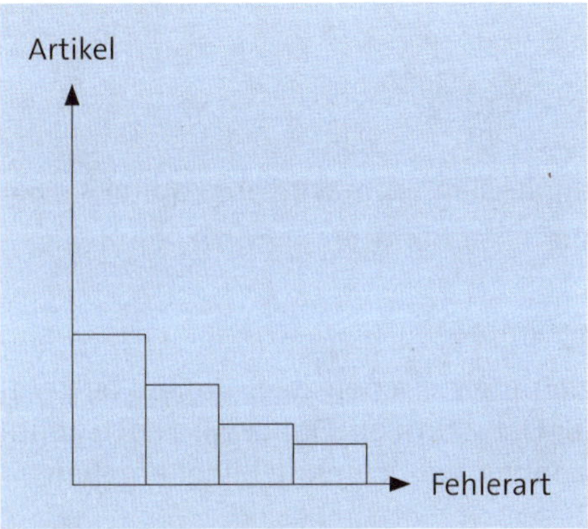

kumulierte Form

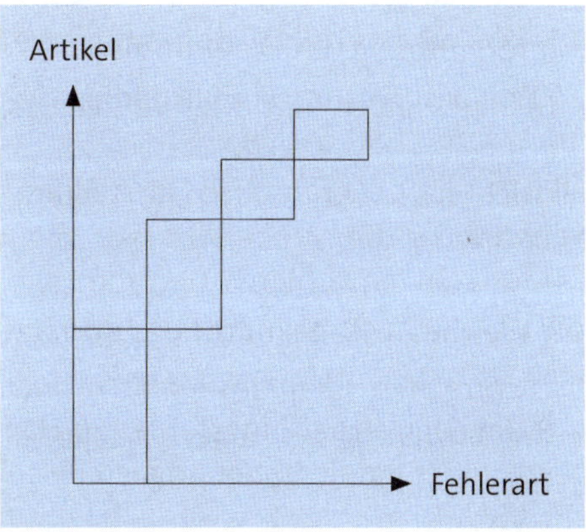

07. Welche Bedeutung hat das Ursache-Wirkungs-Diagramm?

Beim Ursache-Wirkungs-Diagramm gemäß *Ishikawa* werden auf der Basis der 7-M-Störgrößen

- **M**ensch
- **M**aschine
- **M**anagement
- **M**ethoden
- **M**aterial
- **M**essung
- **M**itwelt.

Die Ursachen für Missstände aufgedeckt, um diesen detaillierte Einflussmöglichkeiten zuzuordnen. Die Einzelursachen können mittels Punktesystem bewertet werden, damit Prioritäten für die Problembehebung festgelegt werden können.

Beim Ursache-Wirkungs-Diagramm gilt folgender Ablauf:

- Definition des Problems (z. B. Verpackungsfehler)
- Feststellen der Hauptursachen anhand der 7 Ms, z. B.:
  - Geschwindigkeit der Verpackungsmaschine
  - Stärke der Verpackungsfolie
  - Fehler beim Fixieren der Packstücke
  - schlampige Einweisung der Mitarbeiter
  - mangelnde Aufsicht durch überlasteten Logistikmeister
- Aufschlüsselung in Nebenursachen
- Darstellung als Diagramm
- Interpretation des Diagramms
- Festlegung der Prioritäten für die Ursachenbeseitigung.

Hinsichtlich der grafischen Darstellung als Fischgrat-Diagramm wird auf Kapitel 3.1.6.4 verwiesen.

08. Welche Aussage macht das Korrelationsdiagramm?

Das Korrelationsdiagramm gibt an, welche Beziehung zwischen zwei Größen besteht, z. B. Zahl der Verpackungsfehler und Umfang der Überstunden. Dabei wird auch angezeigt, wie stark die Beziehung ist. Beispielhaft können sich folgende Bilder ergeben:

Linearer deutlicher Zusammenhang zwischen beiden Größen

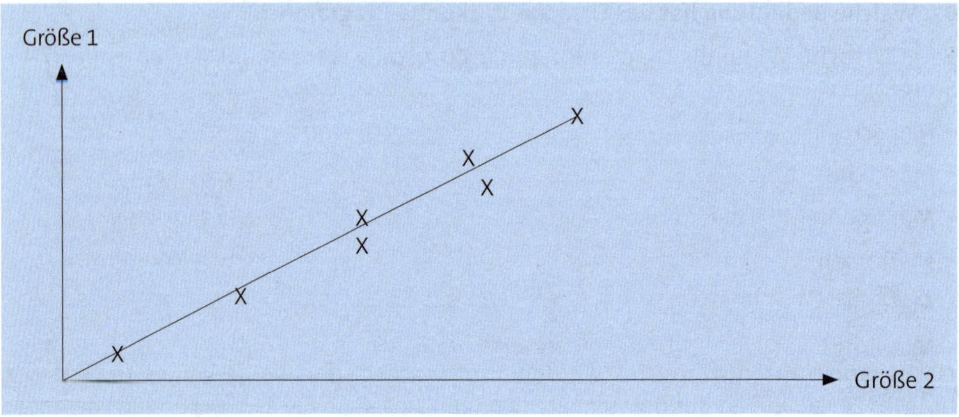

Schwacher positiver Zusammenhang zwischen beiden Größen

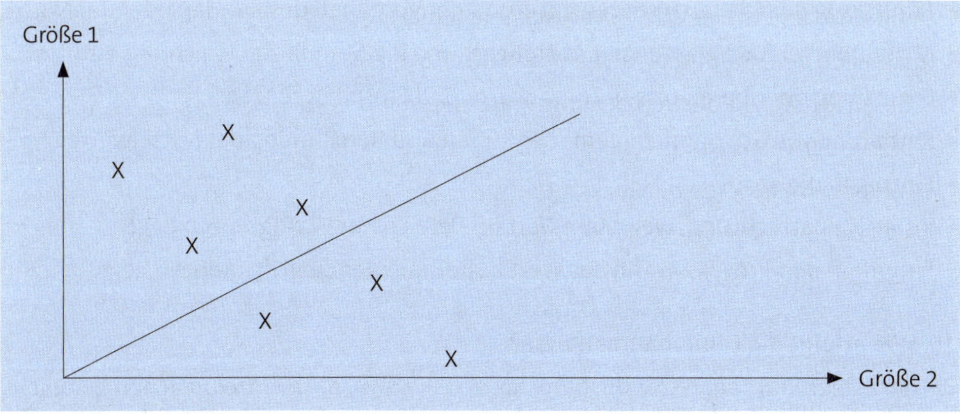

09. Welche Bedeutung hat die Qualitätsregelkarte?

Die Qualitätsregelkarte, auch SPC-Karte genannt (SPC = Statistic Process Control) visualisiert Messergebnisse; angegeben sind:

- obere und untere Toleranzgrenze
- obere und untere Eingriffsgrenze
- obere und untere Warngrenze
- Mittelwert.

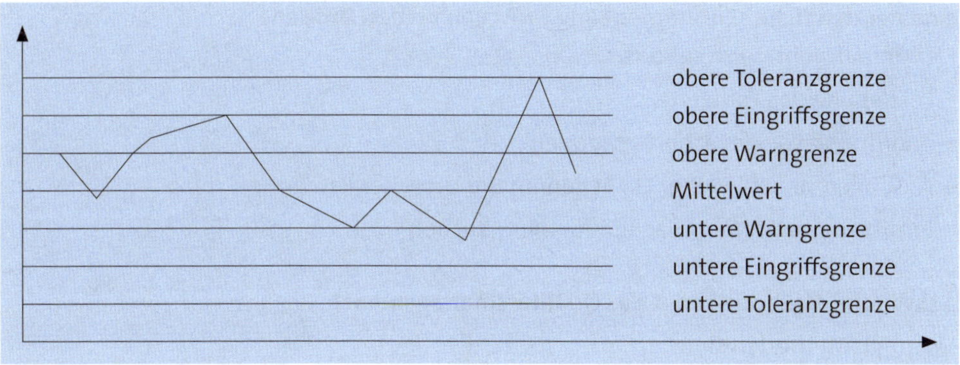

Dabei kann frühzeitig ermittelt werden, wann eingegriffen werden muss. Die Entwicklung im Zeitablauf ist gut darstellbar; es zeigen sich auch die Auswirkungen von vorgenommenen Eingriffen. Allerdings macht die Qualitätsregelkarte keine Aussagen über die Ursachen von Veränderungen.

Es ergibt sich folgender Ablauf:

- Ermittlung der Toleranzgrenzen aufgrund der Vorgaben des Kunden oder der Norm
- Mittels Vorversuch werden der Mittelwert und die Standardabweichung ermittelt.
- Ermittlung der oberen und unteren Warn- und Eingriffsgrenzen
- Entnahme von Stichproben gemäß Prüfplan und Berechnung der Mittelwerte
- Eintrag in die Karte
- intensive Betrachtung, wenn der Wert im Bereich der Warngrenzen liegt
- Eingriff in den Prozess, wenn der Wert außerhalb der Eingriffsgrenzen liegt.

10. Wie erfolgt die Fehlerbaumanalyse?

Bei der Fehlerbaumanalyse wird, tiefer als bei *Ishikawa,* nach Einzelursachen geforscht; Ursachen und deren Abhängigkeit wird über mehrere Ebenen hinweg erforscht, z. B.:

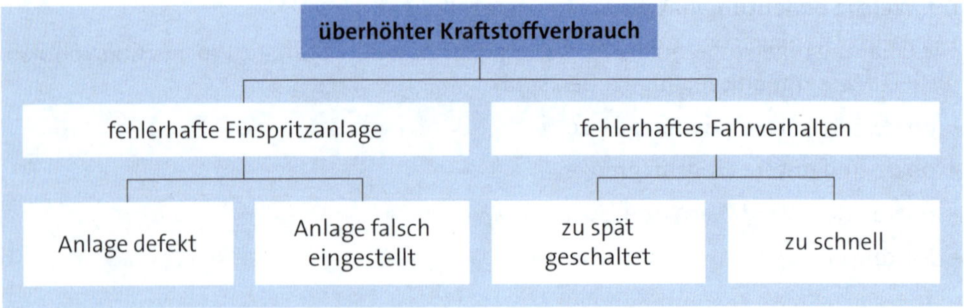

Der Ablauf sieht wie folgt aus:

- Festlegung des Fehlers
- Zuordnung von Ursachenkategorien
- Auffinden verschiedener Ursachen für die Ursachenkategorien
- Ermittlung weiterer Ursachen für die Ursachen.

11. Welche Methode kennt das Qualitätsmanagement?

Wichtige Methoden sind:

- Statistische Prozesskontrolle (SPC, s. Kapitel 6.3.2)
- Fehlermöglichkeits- und -einflussanalyse (FMEA)
- Quality Function Deployment (QFD, s. Kapitel 6.4.1)
- Poka Yoke (s. Kapitel 6.4.2)
- Target Costing
- Advanced Control.

12. Was wird durch die Fehlermöglichkeits- und -einflussanalyse (FMEA) erreicht?

Durch die FMEA sollen Fehler frühzeitig vermieden werden. Dabei werden möglichen Fehlern verschiedene Ursachen und Folgen zugeordnet. Damit ist die FMEA eine systematische Risikoanalyse. Zentrales Element ist die Risikoprioritätszahl als Ergebnis der Multiplikation von:

- Eintrittswahrscheinlichkeit
- Belastung
- Entdeckungswahrscheinlichkeit.

Die FMEA ist anwendbar:

- vor Beginn der Erstellung einer Leistung
- vor Einführung eines neuen Prozesses
- wenn etwas prinzipiell neues eingeführt werden soll.

13. Welche Kennzeichen und Ziele hat die FMEA?

Kennzeichen sind:

- Verständlichkeit
- Transparenz
- weniger Krisensitzungen
- vollständige Betrachtung der funktions- und sicherheitsrelevanten Elemente
- interdisziplinäre Zusammenarbeit.

Ziele sind:

- frühzeitiges Erkennen von Fehlerursachen und deren Auswirkungen
- große Kundenzufriedenheit
- stabile Prozessabläufe
- Fehlervermeidung
- vermindertes Risiko.

14. Wodurch unterscheiden sich System- und Prozess-FMEA?

Bei der System-FMEA sind komplexe Systeme und Teilsysteme Gegenstand. Analysiert werden:

- die Funktionsfähigkeit des Systems
- das Zusammenwirken der Komponenten
- die Regelung der Schnittstellen.

Bei der Prozess-FMEA sind Produktions-, Logistik-, Organisations- oder Dienstleistungsprozesse Gegenstand. Analysiert werden:

- der Gesamtprozess
- einzelne Teilprozesse
- einzelne Prozessschritte
- das Auftreten von Störfällen.

15. Wie ist der Ablauf der FMEA?

Der Ablauf der FMEA sieht wie folgt aus:

- Zusammenstellung eines Teams
- Vorbereitung des Ablaufs
- Erstellen der Systemstruktur
- Analyse der Funktionen
- Analyse der Fehler
- Festlegung der Ursache-Wirkungs-Zusammenhänge
- Bewertung des Risikos
- Eintragen der Werte in das FMEA-Formblatt
- Durchführung der Verbesserung
- Nachbewertung des Risikos.

16. Welche Inhalte hat das FMEA-Formblatt?

Inhalte sind:

- Stammdaten im Kopfteil
- Beschreibung des Ist-Zustands
- Bewertung des Ist-Zustands
- Beschreibung der möglichen Verbesserung
- Bewertung der Verbesserung.

17. Welche Bedeutung hat die Risikoprioritätszahl?

Durch die Risikoprioritätszahl (RPZ) wird das Risiko als Ergebnis der Kennzahlen Eintrittswahrscheinlichkeit, Bedeutung der Fehlerfolge für den Kunden und Entdeckungswahrscheinlichkeit dargestellt. Die Kennzahlen werden jeweils mit 1 (niedrig) bis 10 gewertet. Durch Multiplikation liegt das größte Risiko und damit die hochstmögliche RPZ bei 1.000.

Es ergeben sich folgende RPZ-Bereiche:

RPZ 1 bis 40:	beherrschbares Risiko
RPZ 41 bis 125:	weitgehend beherrschbares Risiko; Optimierungsaufgaben sind ein vertretbarer Aufwand
RPZ 126 bis 1.000:	Maßnahmen sind zwingend notwendig.

18. Welche Maßnahmen sind zur Risikominimierung geeignet?

Geeignete Maßnahmen sind:

- Veränderungen in der Konstruktion
- Änderungen im Materialbereich
- geänderte Vereinbarungen mit den Lieferanten
- Wareneingangsprüfungen
- Qualitätsprüfungen im Prozess
- Endprüfungen
- Audits bei Produkt und Prozess:

19. Was ist Target Costing?

Beim Target Costing steht der Preis bereits bei der Entwicklung der Leistung im Vordergrund und damit die Frage: Was ist der Kunde bereit zu zahlen?

Es entsteht ein magisches Dreieck aus:

- Kundenwunsch
- Preisobergrenze
- Qualitätsniveau.

So werden die Preise für alle Elemente festgelegt. Rutschen die Kosten über die Soll-Ansätze, müssen Senkungsmaßnahmen ergriffen werden.

Die Preise werden noch vor der Markteinführung festgelegt. Es erfolgt keine Produktfreigabe, wenn die Zielkosten überschritten werden.

20. Was ist Advanced Control?

Advanced Control versucht aus Daten über den laufenden Prozess gründliche Aussagen über die Steuerung künftiger Prozesse zu treffen und damit Korrekturen überflüssig zu machen.

Es ergibt sich folgende Fragehierachie:

- Was ist passiert?
- Warum ist es passiert?
- Was passiert als nächstes?
- Wie kann es verhindert werden?

6.3.2 Statistische Methoden im Qualitätsmanagement

01. Wozu dienen statistische Methoden?

Statistische Methoden dienen der

- Sammlung
- Beschreibung
- Darstellung
- Verdichtung
- Analyse
- Interpretation

von Daten.

02. Welche Voraussetzungen müssen für den Einsatz statistischer Methoden erfüllt sein?

Voraussetzungen sind:

- korrekte Datenerfassung
- Zuordnung der Daten auf die Merkmale
- richtige Aufbereitung der Daten
- korrekte Interpretation der Daten
- Ableitung notwendiger Maßnahmen
- exakte Abstimmung zwischen den beteiligten Stellen über den Informationsbedarf einzelner Empfänger.

Dazu müssten geklärt sein:

- Wer benötigt eine Information?
- Wie ist sie aufzubereiten?
- Wann muss sie verfügbar sein?
- Was geschieht beim Empfänger mit der Information?

03. Was ist Statistische Prozesskontrolle (SPC)?

Die Statistische Prozesskontrolle bezieht sich, wie der Begriff besagt, nicht nur auf Produktmerkmale, sondern auch auf den Prozess. Fehler sollen im Zuge vorbeugender Beobachtung frühzeitig erkannt und vermieden werden. Mit SPC wird die aktuelle Qualität ermittelt und gesichert; diese kann aber mittels SPC nicht verbessert werden.

SPC wird bei Serien- und Massenfertigung angewandt. Es ergibt sich folgender Ablauf:

- Entnahme von Stichproben aus dem laufenden Prozess
- Berechnung des Mittelwerts als Lage des Prozesses und der Standardabweichung als Streuung des Prozesses

- Darstellung als Diagramm, das der Gaußschen Normalverteilung entspricht
- Bestimmung der Fähigkeit und der Beherrschbarkeit des Prozesses (Prozessfähigkeitsuntersuchung PFU) und der Maschine (Maschinenfähigkeitsuntersuchung MFU).

04. Was ist eine Maschinenfähigkeitsuntersuchung (MFU)?

Bei der Maschinenfähigkeitsuntersuchung (MFU) wird festgestellt, ob die Maschine die festgelegten Anforderungen erfüllt und damit Qualitätsfähigkeit besitzt. Hinsichtlich des Untersuchungszeitraums handelt es sich um eine Kurzzeituntersuchung. Untersucht wird eine einzelne Komponente (z. B. eine Verpackungsmaschine). Die Beurteilung erfolgt über eine große Stichprobe.

Der Fähigkeitswert wird durch einen Index wie folgt ermittelt (s. auch 6.3.2.3):

$$C_m = \frac{OTG - UTG}{6s}$$ für den Streukennwert

$$C_{mk} = \frac{Z_{krit}}{3s}$$ für den Lagekennwert

05. Was ist eine Prozessfähigkeitsuntersuchung (PFU)?

Mittels Prozessfähigkeitsuntersuchung (PFU) wird festgestellt, ob man in der Lage ist, die Arbeit richtig zu machen. Die PFU ist eine Langzeituntersuchung, bei der das Zusammenwirken von

- Mensch
- Maschine
- Material
- Methoden
- Umfeld

untersucht wird. Es werden über einen längeren Zeitraum Stichproben erhoben.

Der Prozessfähigkeitswert wird, ähnlich der MFU, durch einen Index wie folgt ermittelt (s. auch 6.3.2.3):

$$C_p = \frac{OTG - UTG}{6\sigma}$$ für den Streukennwert

$$C_{pk} = \frac{Z_{krit}}{3\sigma}$$ für den Lagekennwert

6.3.2.1 Vorteile und Grenzen

01. Welche Vorteile haben statistische Methoden?

Vorteile sind:

- vielfältige Anwendbarkeit, z. B. für folgende Merkmale:
  - Beendigung eines Prozesses
  - Pünktlichkeit
  - Bereitstellung von Material
  - Weiterleitung an eine andere Fertigungsstelle im Unternehmen
  - Durchlaufzeit eines Auftrags
  - Belegungszeit der Aggregate
  - Erfolg einer Qualifizierungsmaßnahme
- Fehlerschwerpunkte sind eindeutig erkennbar
- Grundlage für die Feststellung konkreter Maßnahmen
- exakte Darstellung der Qualitätssituation.

02. Welche Grenzen sind bei der Anwendung statistischer Methoden im Qualitätsmanagement zu beachten?

Grenzen sind:

- Kosten für die Datenermittlung
- genügend große Auftragsgrößen, die zur statistischen Datenerfassung notwendig sind
- personeller Aufwand
- einzusetzende Zeit
- Komplexität der Merkmale, die geprüft werden.

03. Was geschieht bei Nichterfüllung der Anforderungen?

Je nach Intensität der Nichterfüllung wird festgelegt:

- Betrachtung aller Einzelfälle oder der Durchschnittswerte aller Einzelfälle
- Annahme oder Rückweisung von Losen
- Anforderungen beibehalten oder stets verschärfen.

04. Welche Grenzen gelten für eine Null-Fehler-Strategie?

Grenzen ergeben sich durch die:

- Wirtschaftlichkeit
- einsetzbaren Personalkapazitäten
- Priorität im Vergleich zu anderen Verbesserungsmöglichkeiten.

6.3.2.2 Beschreibende und beurteilende Statistik

01. Was ist beschreibende Statistik?

Bei der beschreibenden (deskriptiven) Statistik werden:

- Daten geordnet
- Daten dargestellt
- Kenngrößen berechnet (z. B. Mittelwerte).

Instrumente sind die Werkzeuge des Qualitätsmanagements: u. a. Strichliste, Histogramm, Paretoanalyse, Korrelationsdiagramm (s. Kapitel 6.3.1).

02. Was ist beurteilende Statistik?

Bei der beurteilenden (analytischen) Statistik

- wird von der Stichprobe auf die Grundgesamtheit geschlossen
- werden Hypothesen formuliert und geprüft
- werden Parameter geschätzt.

03. Welche Eigenschaften charakterisieren die Statistische Qualitätssicherung?

Wichtige Eigenschaften sind:

- Es erfolgt keine 100 %-Prüfung aller Merkmale, vielmehr wird eine Stichprobe untersucht.
- Vorteile sind:
  - geringere Kosten
  - rasche Verfügbarkeit der Ergebnisse
  - bei zerstörenden Prüfungen unabdingbar
  - sorgfältige, bessere Ergebnisse
- Aussage mit einer Wahrscheinlichkeit, wodurch falsche Ergebnisse möglich sind
- Aussagen innerhalb eines Toleranzbereichs.

6.3.2.3 Elemente zur Prozesslenkung und Produktüberwachung

01. Was bedeutet Prozesslenkung?

Prozesslenkung ist die Vorgehensweise zur Optimierung von Produktions- und Serviceprozessen aufgrund statistischer Verfahren (häufig unter Anwendung des PDCA-Zyklus); die Prozesslenkung stellt Prozessfähigkeit und Prozessbeherrschung her.

Elemente der Prozesslenkung sind:

- Prozessfähigkeit, die dann vorliegt, wenn die Einzelergebnisse innerhalb der oberen und unteren Toleranzgrenze liegen; bleiben sie dort, besteht kein Handlungsbedarf

- Prozessbeherrschung, die vorliegt, wenn die Mittelwerte der Ergebnisse annährend gleich bleiben; weisen sie dagegen einen Trend auf (z. B. durch Werkzeugabnutzung), muss rechtzeitig gegengesteuert werden. Geschieht dies nicht, wird der Prozess nicht mehr beherrscht.

Die Prozesslenkung wirkt nur bei systematischen Abweichungen. Zufallsentwicklungen lassen sich dagegen nicht ausgleichen.

02. Wie werden die Fähigkeitswerte ermittelt?

Die Fähigkeitswerte werden für Maschinen- und Prozessfähigkeit mit der gleichen Formel berechnet, allerdings mit unterschiedlichen Formelzeichen (σ bzw. s für Standardabweichung); die Prozessfähigkeit wird beispielsweise wie folgt berechnet:

- Berechnung der Mittelwertes x und der Standardabweichung σ der Stichprobe
- Ermittlung des Toleranzbereichs: obere - untere Toleranzgrenze (OTG - UTG)
- Berechnung des Streukennwerts C als Maß für die Fähigkeit, indem der Toleranzwert durch die 6-fache Standardabweichung geteilt wird (+/- 3σ):

$$C_p = \frac{OTG - UTG}{6\sigma}$$

Berechnung des Lagekennwerts C_{pk} als Maß für die Beherrschung, indem der kleinste Abstand zwischen Mittelwert und oberer bzw. unterer Toleranzgrenze durch die 3fache Standardabweichung geteilt wird:

$$C_{pk} = \frac{Z_{krit}}{3\sigma}$$

03. Welche Grenzwerte sind bei den Fähigkeitskennzahlen zu berücksichtigen?

Gemäß Empfehlung der DGQ gelten für die Industrie meistens folgende Grenzwerte:

MFU: $C_m \geq 2{,}0$, $C_{mk} \geq 1{,}66$

PFU: $C_p \geq 1{,}33$, $C_{pk} \geq 1{,}33$

In einigen Industriezweigen, z. B. der Autoindustrie, gelten strengere Werte.

04. Welche Elemente gehören zur Produktüberwachung?

Ziel der Produktüberwachung ist es, eine gleich bleibende Qualität der zertifizierten Produkte im Sinne der EN 45011 über die gesamte Laufzeit der Produktzertifizierung bzw. über die gesamte Herstellungsperiode sicherzustellen. Zu den Elementen der Produktüberwachung gehören:

- Produktaudits
- Probenahmen im Fertigungsprozess
- Probenahmen nach dem Fertigungsprozess
- Bereitstellung von Prüfmustern
- Rückrufmanagement
- Marktbeobachtungen.

6.3.3 Verteilungen und Verteilungsfunktionen qualitativer und quantitativer Merkmale

01. Was ist eine Normalverteilung?

Die Normalverteilung ist die Verteilungsform, die am häufigsten vorzufinden ist. Sie wurde vom Mathematiker *Gauß* erkannt; sie spielt vor allem unter Zufallsgesichtspunkten eine große Rolle. Die „Glockenkurve" hat ihr Maximum in der Mitte und fällt nach rechts und links allmählich ab. Damit ergibt sich folgende Darstellung:

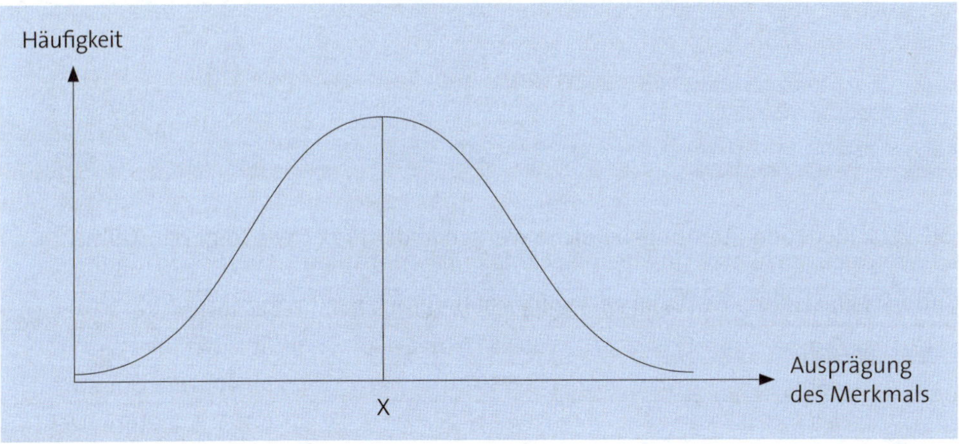

02. Was ist eine Standardabweichung?

Die Normalverteilung wird definiert durch den Mittelwert μ und die Standardabweichung σ für die Grundgesamtheit, bei Stichproben ist der Mittelwert bezeichnet mit x und die Standardabweichung mit s.

Die Standardabweichung gibt die Größen der Streuung einer Verteilung an. Sie wird berechnet mit der Formel

$$S = \sqrt{\frac{1}{n-1}\sum_{i=1}^{n}(x_i - \bar{x})^2}$$

Legende

S = Standardabweichung der Stichprobe

N = Stichprobenumfang

x_i = Merkmal

$\bar{x}$ = Mittelwert

Es ergibt sich folgende Darstellung:

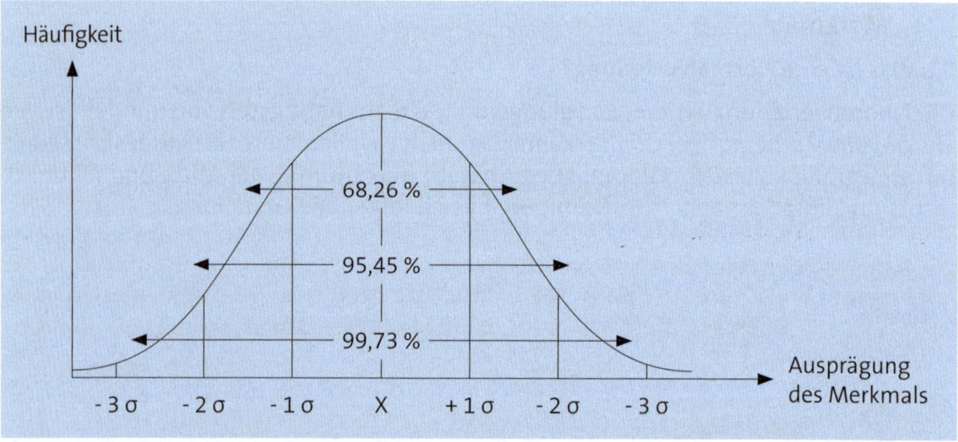

Die verschiedenen Streuungsbereiche werden in der Praxis wie folgt beurteilt:

Sigma	Fehler pro Millionen Möglichkeiten	Fehlerkosten
2 σ	308.537	nicht anwendbar
3 σ	66.807	25 bis 40 % des Umsatzes
4 σ	6.210	15 bis 25 % des Umsatzes
5 σ	233	5 bis15 % des Umsatzes
6 σ	3	≥ 1 % des Umsatzes

03. Wie erfolgt die Annahme-Stichprobenprüfung?

Wird Material angeliefert, so wird häufig mit dem AQL-Wert gearbeitet (Acceptable Quality Level). Wird der Wert nicht erreicht, wird die Sendung angenommen, ansonsten wird sie insgesamt abgewiesen. Liegt eine Vereinbarung zwischen Käufer und Verkäufer vor, werden die Größen

- Losgröße
- Stichprobengröße
- Annahmezahl

vereinbart. Im Übrigen wird auf Kapitel 2.1.3.2 verwiesen.

04. Welche weiteren Stichprobensysteme werden unterschieden?

Weitere Systeme sind:

- Skip-Lot-Verfahren nach DIN ISO 2859-3, bei dem zur Vereinfachung für einzelne Lose Stichproben überschlagen werden
- Doppel- und Mehrfach-Stichprobenpläne (DIN ISO 2859-1) mit gestaffelten Stichproben
- Stichprobenpläne für quantitative Merkmale nach DIN ISO 3951.

05. Wodurch unterscheiden sich quantitative und qualitative Prüfmerkmale?

Quantitative Merkmale sind:

- messbar (z. B. Fehlerzahl)
- diskret
- kontinuierlich.

Qualitative Merkmale sind:

- ordinal
- nominal
- einschätzbar.

06. Welche Merkmalswerte werden unterschieden?

Unterschieden werden:

- kontinuierliches Merkmal, z. B. Dauer einer Kommissionierung
- diskretes Merkmal, z. B. Anzahl fehlerhafter Kommissionierungen
- ordinales Merkmal, z. B. gut/schlecht
- nominales Merkmal, z. B. Auslieferungsläger nach Regionen.

6.4 Kontinuierliches Umsetzen der Qualitätsmanagementziele durch Planen, Sichern und Lenken von qualitätswirksamen Maßnahmen

01. Welche Bedeutung haben Qualitätsmanagementziele?

Die eher globalen Qualitätsmanagementziele müssen weiter untergliedert werden, um

- daraus Maßnahmen ableiten zu können
- Befugnisse festzulegen
- Verantwortlichkeiten zu schaffen.

Die Ziele müssen derart formuliert sein, dass sich die Mitarbeiter mit diesen Zielen identifizieren können. Dies ist eine unabdingbare Voraussetzung für funktionierendes Qualitätsmanagement. Probleme werden abgesichert, Maßnahmen überprüfbar gemacht. Die Kontrolle erfolgt durch Audits (s. auch Kapitel 6.1.2).

02. Welche Funktion erfüllt die Qualitätsplanung?

Planung ist erforderlich, um Ziele zu erreichen und Maßnahmen wirksam umzusetzen. Grundlage der Planung sind die Anforderungen, die vom Kunden an die Leistung gerichtet sind. Dabei werden unterschieden:

- Grundforderungen, die in jedem Fall als selbstverständlich erfüllt sein müssen
- Normalforderungen, die von der Mehrheit der Kunden als notwendig angesehen werden
- Begeisterungsforderungen, die dem Marketingprozess dienen sollen und die Einmaligkeit der Leistung herausstellen sollen; in einem Bereich homogener Leitungen stellen sie die Besonderheiten des Produkts heraus.

Die Grund und Normalforderungen stehen zunächst im Mittelpunkt, stellen aber noch keine besonderen Qualitätsanforderungen dar. Die Begeisterungsforderungen gehen aber weit über ein Normalmaß hinaus und stellen weit höhere Anforderungen an die Qualität; dabei ist das Auftragsvolumen meist erheblich niedriger. Die Kunden, aber auch die internen und externen Lieferanten sind einzubeziehen, denn für eine geplante Leistung mit einer festgelegten Qualität gilt es, über adäquate Lieferquellen zu verfügen.

Wichtige Grundlage sind Qualitätsdaten und deren Auswertung. Häufig gibt der Kunde die zu erhebenden Daten vor, manchmal auch der Gesetzgeber.

03. Was besagt das Kano-Modell?

Das Kano-Modell zeigt den Zusammenhang zwischen der Kundenzufriedenheit und der Erfüllung von Kundenanforderungen. Grundlage ist die Motivationstheorie von *Herzberg*, der zwischen Hygienefaktoren und Motivatoren unterscheidet. Sind die Hygienefaktoren erfüllt, liegt keine Unzufriedenheit vor. Allerdings wird durch Beseitigung der Hygienefaktoren keine Zufriedenheit erzeugt.

Kano teilt in die Dimensionen:

- Basisanforderungen/Grundanforderungen
- Leistungsanforderungen/Qualitätsanforderungen
- Begeisterungsanforderungen.

Die Leistungsanforderungen, die der Kunde an das Produkt richtet, werden im Modell durch eine lineare diagonal verlaufende Gerade dargestellt. Der Erfüllungsgrad verhält sich proportional zur Zufriedenheit. Je höher der Grad an Leistungsanforderungserfüllung ist, desto größer ist die Zufriedenheit beim Kunden und umgekehrt.

Leistungsanforderungen können durch Untersuchungen des Marktes ermittelt werden. Werden vom Unternehmen diese Erwartungen nicht erfüllt, entsteht im Vergleich zur Nichterfüllung der Basisanforderungen ein geringeres Maß an Enttäuschung beim Kunden. Werden aber beide erfüllt, kann mit dem Produkt ein gewisser Grad an Zufriedenheit beim Kunden erzeugt werden.

Zur umfassenden Zufriedenheit des Kunden bedarf es einer dritten Anforderungsart, den Begeisterungsanforderungen. Im Kano-Modell werden die Begeisterungsanforderungen durch die obere Kurve dargestellt. Sie üben beim Kunden eine große Wirkung aus und fördern stark das Entstehen von Zufriedenheit. Die Begeisterungsanforderungen machen den eigentlichen Unterschied zwischen konkurrierenden Produkten aus. Die folgende Abbildung zeigt den Zusammenhang *(Jochem, 2010)*

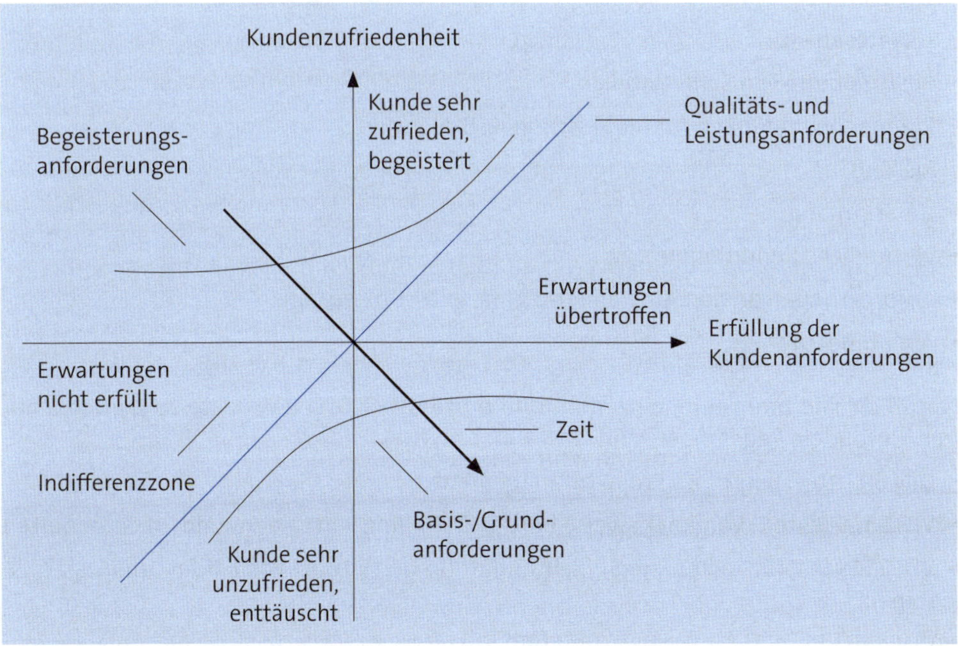

6.4.1 Erhebung und Verarbeitung qualitätsbezogener Daten

01. Welche Bedeutung kommt dem Lasten- und dem Pflichtenheft zu?

Gemäß DIN 69905 ist das Lastenheft eine ergebnisorientierte Beschreibung der Gesamtheit der Forderungen an die Lieferungen und Leistungen eines Auftragnehmers. Es dient u. a. zur Einholung von Angeboten, kann aber auch als Vorgabe für Qualitätsanforderungen dienen.

Nach Erhalt des Lastenhefts setzt der Auftragnehmer die Lasten in Pflichten (Tätigkeiten) um und gibt damit an, wie die Anforderungen umgesetzt werden sollen. Das Ergebnis ist das Pflichtenheft. Damit ist das Pflichtenheft eine detaillierte Beschreibung einer zu erfüllenden Leistung und vertraglich bindend. Wie das Lastenheft, so sollte auch das Pflichtenheft Vertragsbestandteil werden.

02. Welchen Inhalt hat das Lastenheft?

Wesentliche Inhalte des Lastenhefts sind:

- genaue Spezifikation der zu erstellenden Leistung
- Anforderungen an das Produkt hinsichtlich:
  - Brauchbarkeit
  - Zuverlässigkeit
  - Effizienz
  - Änderbarkeit
  - Wartbarkeit
- Beschreibung von Schnittstellen
- Rahmenbedingungen für die Leistung (z. B. Normen)
- Risiken
- Lieferumfang
- vertragliche Konditionen
- Anforderungen an den Auftragnehmer (z. B. Zertifizierung)
- Abnahmekriterien.

Natürlich sind branchen-, einzelfall- und prozessspezifische Aspekte zu berücksichtigen. Besondere Regelungen sind:

- DIN 69901-5: Begriff im Projektmanagement
- VDI 2519 Blatt 1: Vorgehensweise bei der Erstellung von Lasten- und Pflichtenheften
- VDI 2519 Blatt 2: Lasten- und Pflichtenheft für den Einsatz von Förder- und Lagersystemen
- VDI 4403 Blatt 1: Modernisierung und Erweiterung fördertechnischer Anlagen und logistischer Systeme
- VDI 4403 Blatt 2: u. a. Umbau und Erweiterung eines Zentrallagers.

03. Welche Bedeutung hat der Soll-Ist-Vergleich?

Planung und Steuerung setzen voraus, dass regelmäßig Soll-Ist-Vergleiche stattfinden. Die Ergebnisse werden ausgewertet und analysiert. Abweichungen sind Grundlage für:

- Veränderung der Stellgrößen bei kleineren Differenzen, die im Zuge von Steuerungsprozessen ausgeglichen werden können
- Veränderung der Planung bei größeren Differenzen, die durch Steuerung nicht ausgeglichen werden können
- veränderte Ziele, wenn grundlegende Annahmen nicht mehr gelten.

04. Was beinhaltet das Konzept „Quality Function Deployment“ (QFD)?

Bei QFD stehen die Kundenerwartungen und -forderungen zur Steuerung der gesamten Leistungsentstehung im Vordergrund. Dem Kunden soll eine möglichst große Tauglichkeit der Leistung ermöglicht werden. Aus den Kundenwünschen entstehen Leistungs- und Prozessmerkmale. Man sagt,

- die Stimme des Kunden
- wird zur Sprache des Unternehmens.

Dabei ist es nicht notwendig, alle Funktionen zu erfüllen, sondern nur die, die der Kunde wünscht. Obwohl QFD eigentlich für Industrieunternehmen entwickelt wurde, kann das Konzept ohne weiteres auch für Dienstleistungsunternehmen umgesetzt werden.

Dazu muss zunächst festgestellt werden:

- Um welche Kunden geht es?
- Wie sieht der Markt aus?
- Was wollen die Kunden?

Dazu können:

- das Konzept der Leistung festgelegt werden
- die Spezifikation bestimmt werden
- eine Gewichtung der Qualitätsmerkmale vorgenommen werden.

05. In welchen Phasen erfolgt der Umsetzungsprozess?

Die Phasen sind:

- Vom Was zum Wie: Anforderungen des Kunden (Was) werden zu messbaren Größen der Leistung (Wie).
- Was-Wie-Beziehungen: Was und Wie werden in einer Matrix gegenübergestellt (z. B.: Wie schnell muss die Kommissionierung erfolgen, damit der Kunde rechtzeitig die Ware erhält?).

- Wechsel-Beziehungen: Zwischen den Größen können Konflikte entstehen, die durch gezielte Innovationen vermieden werden sollen (z. B. der Kunden fordert schnellste Lieferung, aber gleichzeitig besondere Verpackung).
- Wie viel: Größen werden weitestgehend quantifiziert.

Die Darstellung erfolgt bisweilen als House of Quality *(Ebel, 2003, S. 168)*:

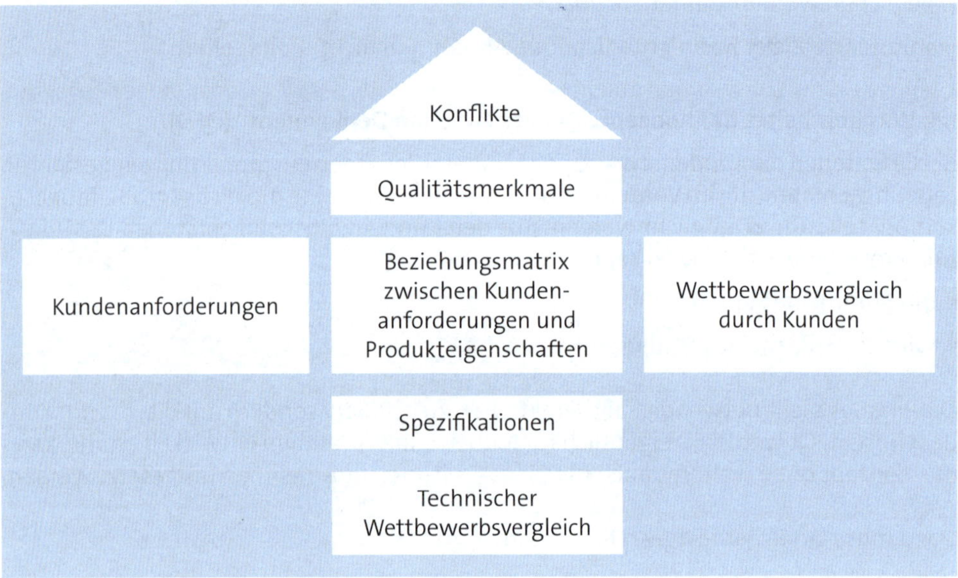

06. Welche Vorteile bietet QFD?

Vorteile sind:

- Orientierung am Kunden von der Entwicklung der Leistung bis zur Durchführung
- niedrigere Kosten bei Entwicklung und Umsetzung
- schnellere Realisierung
- verminderter Änderungsbedarf während der Realisierung
- Arbeit mit qualitätsrelevanten Einflussgrößen
- Optimierung der Qualität der Leistung durch Übertragung der Kundenanforderungen auf die Einflussgrößen.

07. Welche Bedeutung hat der Meilensteinplan?

Über Meilensteinpläne werden Vorgänge in einzelne Sequenzen zerlegt, die jeweils dann, wenn ein bestimmter Punkt, der Meilenstein, erreicht ist, mit einer Kontrolle, ob die Anforderungen erreicht wurden, enden. Dadurch wird die Lenkung eines Prozesses erleichtert, die häufigen Kontrollen verhindern, dass unnütze Arbeiten erfolgen und auf nachfolgende Reparatur verzichtet werden; Kosten werden eingespart.

Ein Meilenstein wird jeweils dort eingeplant, wo eine Phase im Produktlebenszyklus erreicht ist. Die Phasen sind:

- Konzepterstellung
- Entwicklung der Leistung
- Vorbereitung der Leistung
- Realisierung der Leistung.

Die Prüfung erfolgt nach DIN EN ISO 9000 als:

- Verifizierung: Durch einen objektiven Nachweis wird bestätigt, dass die festgelegten Anforderungen erfüllt werden.
- Validierung: Durch einen objektiven Nachweis wird bestätigt, dass die Anforderungen für eine spezifische Anwendung erfüllt werden.

6.4.2 Lenkung qualitätswirksamer Maßnahmen

01. Welche Rolle spielt die Qualitätslenkung im Zuge des Qualitätsmanagement?

Die Qualitätslenkung kann als Regelkreis dargestellt werden, wodurch deutlich wird, dass über die Qualitätslenkung Automatismen entstehen:

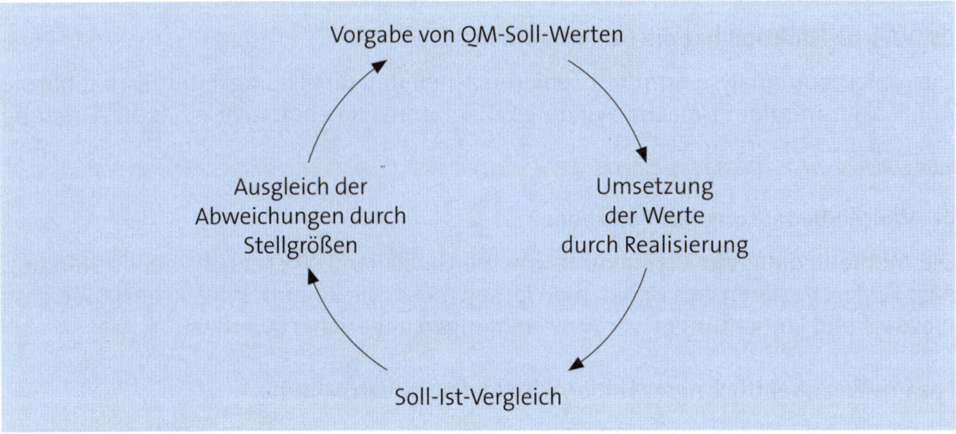

02. Wo liegt der Unterschied zwischen unmittelbarer und mittelbarer Qualitätslenkung?

Die unmittelbare Qualitätslenkung findet während der Realisierung statt, u. a. durch:

- Statistische Prozesslenkung (SPC)
- Endprüfung
- zerstörende Prüfung.

Die mittelbare Qualitätslenkung befasst sich mit der Bildung und Verbesserung der notwendigen Organisation.

03. Welche Methoden dienen der Vorbeugung bei der Qualitätslenkung?

Vorbeugende Methoden sind:

- FMEA (Fehlermöglichkeits- und -einflussanalyse)
- Ursache-Wirkungs-Diagramm nach *Ishikawa* (s. Kapitel 6.3.1)
- Fehlerbaumanalyse
- Poka Yoke.

04. Welche Bedeutung hat die FMEA?

Durch die Fehlereinfluss- und -möglichkeitsanalyse (FMEA) sollen Fehler, und damit Fehlerkosten, frühzeitig vermieden werden. Mögliche Fehler werden verschiedenen möglichen Ursachen und Folgen zugeordnet auf der Basis:

- der Eintrittswahrscheinlichkeit
- der Bedeutung
- der Entdeckungswahrscheinlichkeit.

Hieraus ergibt sich durch Multiplikation eine Risikopriorität.

Im Übrigen wird verwiesen auf Kapitel 6.3.1.

05. Welche Funktion hat die Fehlerbaumanalyse?

Die Fehlerbaumanalyse ermittelt Fehlerursachen und ihre Häufigkeiten. Damit hat sie Ähnlichkeit mit dem Ursache-Wirkungs-Diagramm; sie entspricht einer 90°-Drehung des *Ishikawa*-Diagramms.

06. Welche Bedeutung hat Poka Yoke?

Die Methode dient der Vermeidung von menschlichen Fehlern, geht aber davon aus, dass Fehler passieren, aus denen man lernen muss. Die Zukunft wird so gestaltet, dass Prozesse und Einrichtungen vor Fehlhandlungen abgesichert werden.

Poka heißt unbeabsichtigter Fehler, Yoke bedeutet Vermeidung.

Typische unbeabsichtigte Fehler sind:

- falsches Material verwendet
- Bedienungsfehler
- einzelne Tätigkeiten vergessen
- Informationen falsch umgesetzt.

07. Wann und wie können Abweichungen durch Qualitätslenkung korrigiert werden?

Korrektur muss stets dann erfolgen, wenn die Abweichungen die festgelegten Toleranzgrenzen sprengen bzw. diese Situation absehbar ist. Maßnahmen können sein:

- organisatorischer Art, z. B. Anwendung der 8-D-Methode, Veränderung des Prozesses
- technischer Art, z. B. Einsatz spezieller Prüfmittel, Reparatur eines Prüfmittels.

6.4.3 Sicherung der Qualitätsmanagementziele durch Qualifizierungen

01. Welche Bedeutung hat die Qualifizierung für die Qualitätsmanagementziele?

Gemäß ISO 9000 ist Qualifikation die nachgewiesene Fähigkeit, Wissen und Fertigkeiten anzuwenden. Damit ist die Bedeutung bereits grob umrissen.

Die Umsetzung von Qualitätsmanagementzielen setzt

- Kenntnis der Ziele und Identifikation mit diesen
- Sowie die Bereitschaft zur Umsetzung

voraus. Beides erfordert Qualifikation. Somit reicht es nicht, dass Ziele lediglich verkündet werden. Vielmehr müssen die Mitarbeiter von der Notwendigkeit überzeugt sein. Deshalb sollten sie an der Erarbeitung des Systems beteiligt sein; letztlich ist jeder Mitarbeiter für seine Arbeit und damit für die Qualität verantwortlich. Auch hierzu ist Qualifikation notwendig.

Das gesamte Personal, das auf die Qualität einwirkt, müsste geschult werden:

- Qualitätsspezialisten
- Produktionsmitarbeiter
- Mitarbeiter aus:
  - Marketing
  - Beschaffung
  - Logistik
  - Arbeitsvorbereitung.

6.4.3.1 Ermittlung des Qualifikationsbedarfs

01. Wie kann der Qualifikationsbedarf ermittelt werden?

Der Qualifikationsbedarf kann ermittelt werden:

- in direkter Form durch:
  - Beurteilung des Qualifikationsstands der Mitargeiter
  - Befragung der Mitarbeiter
  - Interview mit dem Vorgesetzen

- in indirekter Form durch Analyse:
  - der Fehlerhäufigkeit
  - der Unfallquoten
  - von Absentismus und Fluktuation.

  Negative Ergebnisse können auf Qualifikationsdefizite hinweisen, die Ursachen können aber auch woanders liegen.

02. Was ist eine Qualifikationsmatrix?

Die Qualifikationsmatrix stellt dar, für welche Tätigkeiten Mitarbeiter noch qualifiziert werden müssten, z. B.:

	Meier	Müller	Schmidt	Schulze
Warenentnahme	X	X	X	
Verpackung manuell	X			X
Verpackung maschinell		X	X	
Beladung			X	X

03. Um welchen Qualifikationsbedarf könnte es sich handeln?

Gemäß DIN EN ISO 9004 Abschnitt 6 könnten zur Bedarfsermittlung gehören:

- Bedarf hinsichtlich weiterer strategischer und operativer Planung
- Nachfolgeplanung
- Veränderung bei Anlagen, Werkzeugen und Prozessen
- Fähigkeitsbeurteilung einzelner Mitarbeiter
- rechtliche Vorschriften und Normen.

6.4.3.2 Planung, Durchführung und Evaluierung von Qualifizierungsmaßnahmen

01. In welcher Form kann die Qualifizierung durchgeführt werden?

Die Qualifizierung kann erfolgen:

- intern durch:
  - allgemeine Schulung der Mitarbeiter
  - Inhouse-Schulung durch externe Träger (z. B. REFA)
  - spezielle Schulung in einzelnen Problembereichen
  - Teilnahme an KVP
  - Übernahme von Sonderaufgaben
  - Job Rotation

- extern durch:
  - Auditorenlehrgänge
  - Lehrgänge zur Handhabung einzelner Instrumente (z. B. Messtechnik)
  - Lehrgänge und Seminare externer Träger (z. B. DGQ, REFA).

02. Wann ist Qualifizierung notwendig?

Allgemeine Schulungen sollten regelmäßig wiederholt werden. Spezielle Schulungen können von der Situation im Unternehmen, in Abteilungen oder am Arbeitsplatz abhängig gemacht werden. Hier kann unterschieden werden:

- Anschaffung neuer Technik, in die eingewiesen werden muss
- Einsatz eines neuen Mitarbeiters und dadurch gründliche Einarbeitung
- Einsatz eines Mitarbeiters an einem anderen als dem bisherigen Arbeitsplatz, wodurch eine gründliche Einweisung notwendig wird
- auffallende Häufung von Fehlern und Nachlässigkeiten, die eine Nachschulung notwendig machen.

Einweisung und Einarbeitung kann erfolgen:

- On-the-Job durch „Learning by Doing"
- durch theoretische Qualifizierung, Seminare und Lehrgänge.

03. Wie erfolgt die Evaluierung?

Unter Evaluierung versteht man die Überprüfung und Bewertung von Qualifizierungsmaßnahmen hinsichtlich Input, Prozess, Output. Schlüsselfragen sind:

- Was sollte gelernt werden?
- Was wurde gelernt?
- Was wurde davon behalten?
- Was wurde davon in die Praxis umgesetzt?
- In welchem Verhältnis stehen Anspruch und Nutzen?

Die Evaluierung könnte wie folgt ablaufen:

- Analyse der Ist-Situation
- Zielsetzung
- Abweichungsanalyse
- Ursachenanalyse
- Entwicklung von Maßnahmen und Methoden
- Kontrolle der Wirkung der durchgeführten Maßnahmen.

Methodisch sieht die Evaluierung vor:

- Kontrolle der Kosten
- Kontrolle des Erfolgs als Lern- und Anwendungserfolg
- Kontrolle der Rentabilität.

Der Anwendungserfolg stellt den eigentlichen Erfolg dar. Er kann überprüft werden durch:

- Befragung der Mitarbeiter zur Selbsteinschätzung
- Befragung der Vorgesetzen zur Fremdeinschätzung
- Beobachtung und Bewertung im Rahmen der Leistungsbeurteilung
- Erörterung im Rahmen von Personalentwicklungsgesprächen:
  - Lernzuwächse bei Problembewältigung
  - bessere Sensibilisierung für neue Probleme und Lösungen
  - Identifikationszuwächse
- Follow-up-Maßnahmen: Anschlussmaßnahmen, Erfahrungsaustausch, zusätzliche Maßnahmen einleiten.

6.4.3.3 Dokumentation

01. Warum werden Qualifizierungen dokumentiert?

Gemäß DIN EN ISO 9001 Abschnitt 6.2.2 ist es erforderlich, Qualifizierungen und deren Erfolg zu dokumentieren. Im Zuge der Dokumentation werden:

- Zertifikate über Qualifizierungsmaßnahmen erfasst und analysiert
- Beurteilungen durch die Teilnehmer von Qualifizierungsmaßnahmen durchgeführt
- Auswertungen analysiert
- Verbesserungsmöglichkeiten erarbeitet.

Die persönlichen Anteile der Dokumentation (Zertifikate, Beurteilungen) werden Bestandteil der Personalakte. Auswertungen, die nicht personifiziert sind, werden in Sachakten erfasst.

02. Wie wird die Dokumentation überprüft?

Die Dokumente, die nicht dem Schutz personenbezogener Daten unterliegen, werden durch Audits überprüft. Die Unterlagen sind bereitzuhalten. Interne Qualifikationen sind zumindest als Teilnehmerlisten vorzuweisen. Sollte eine Qualifizierungsmatrix vorliegen, gehört auch diese zu den Unterlagen, die vorzuhalten sind.

Externe Audits können durch interne Audits ergänzt werden.

7. Personalführung

7.1 Ermitteln und Bestimmen des qualitativen und quantitativen Personalbedarfs unter Berücksichtigung technischer und organisatorischer Veränderungen

7.1.1 Quantitative und qualitative Personalbedarfsermittlung

7.1.1.1 Bestimmungsfaktoren für den Personalbedarf

01. Welche Personalbedarfsarten gibt es?

Es gibt folgende Personalbedarfsarten:

Bedarfsart	Erläuterung	Beispiel
Neubedarf	neue Stelle mit Erweiterung der Kapazität	Errichtung eines neuen Lagers
Ersatzbedarf	freigewordene Stelle wird wieder besetzt	Pensionierung eines Mitarbeiters
Mehrbedarf	neue Stelle ohne Erweiterung der Kapazität	Schaffung der Stelle eines Vollzeit-Gefahrgutbeauftragten Umwandlung von Voll- in Teilzeit
Zusatzbedarf	vorübergehender Einsatz zur Abdeckung von Spitzen bzw. Fehlzeiten	Urlaubsvertretung für die Lkw-Fahrer durch Zeitarbeit
Minderbedarf	Zahl der Mitarbeiter ist größer als die Zahl der Stellen	Wegfall von Stellen durch Automatisierung eines Lagers

02. Welche externen Faktoren wirken auf den Personalbedarf ein?

Externe Faktoren sind:

Faktoren	Beispiele
gesamtwirtschaftliche Entwicklung	konjunkturelle Entwicklung bei den Auftraggebern für die Transportbranche
gesamtgesellschaftliche Entwicklung	Work Life Balance
demografische Entwicklung	Mangel an Lkw-Fahrern durch Überalterung der Gesellschaft
technologische Entwicklung	verbesserte Kommissioniergeräte mit starker Automatisierung
rechtliche Veränderungen	Veränderung der Lenkzeiten auf europäischer Ebene
Situation am Arbeitsmarkt	Verfügbarkeit von logistischem Fachpersonal aus geförderten Qualifizierungsmaßnahmen

03. Welche internen Faktoren wirken auf den Personalbedarf ein?

Interne Faktoren sind:

- Planung anderer Bereiche (z. B. Investition in eine zusätzliche Eingangsrampe)
- Personalbestand
- Personalstruktur (Qualifikation, Alter, Länge der Betriebszugehörigkeit, Geschlechteraufteilung)
- Personalkosten (u. a. Aufteilung in fixe und variable Kosten)
- Fehlzeiten
- Fluktuation.

04. Welche Fehlzeiten fallen in der Logistik an?

Fehlzeiten sind nach der Beeinflussbarkeit:

unmittelbar beeinflussbar	nicht unmittelbar beeinflussbar
Urlaub Qualifizierung Erhaltungskur	Krankheit Unfall Reha-Kur Mutterschaft

05. Was versteht man unter Fluktuation?

Mit Fluktuation werden die Personalabgänge bezeichnet. Sie werden ausgedrückt als Fluktuationsquote (Abgänge in Prozent zur Gesamtbelegschaft).

06. Welche Fluktuationsarten können unterschieden werden?

Unterschieden werden u. a. folgende Fluktuationsarten:

- Gesamtfluktuation: Sie beinhaltet alle Abgänge, unabhängig vom Grund und von der Frage, ab die Stelle wieder besetzt wird.
- Teilfluktuation: Sie erfasst nur die Abgänge, die wieder ersetzt werden.
- Arbeitnehmerseitige Fluktuation: Sie erfasst nur die Abgänge, die vom Arbeitnehmer initiiert wurden (arbeitnehmerseitige Kündigung, vom Arbeitnehmer initiierter Aufhebungsvertrag).

7.1.1.2 Personalstruktur

01. Welche Personalstrukturdaten werden unterschieden?

Folgende Strukturdaten werden unterschieden:

- Qualifikationsstruktur
- Altersstruktur

- Struktur der Dauer der Belegschaftszugehörigkeit
- Geschlechterstruktur
- landmannschaftliche Struktur.

02. Wie kann die Qualifikationsstruktur gegliedert werden?

Bei der Qualifikationsstruktur kann unterteilt werden in:

- akademisch
- gelernt und berufserfahren
- gelernt und geringe Berufserfahrung
- angelernt und berufserfahren
- angelernt und berufsunerfahren
- ungelernt.

03. Welche Bedeutung hat die Qualifikationsstruktur?

Die Qualifikationsstruktur der Mitarbeiter zeigt die Möglichkeiten des Betriebs hinsichtlich des Leistungsangebots an die Kunden. Aufgrund ständig steigender Anforderungen ergibt sich größerer Qualifikationsbedarf als Differenz zwischen Anforderungen und persönlicher Qualifikation der Mitarbeiter. Hierzu werden Anforderungsprofile und Qualifikationsprofile miteinander verglichen. Auch die Differenz zwischen beiden Profilen kann als Profil, das Eignungsprofil, dargestellt werden.

04. Welche Bedeutung hat die Altersstruktur?

Die Altersstruktur zeigt den Ersatzbedarf der nächsten Jahre. Angestrebt werden sollte eine ausgeglichene Struktur, d. h. alle Altersbereiche bis über 60 Jahre sollten gleichmäßig verteilt sein. So können in gemischten Gruppen die Jungen von der Erfahrung der Alten lernen, wohingegen die Jungen ihr ungenutztes kreatives Potenzial einbringen. Außerdem besteht die Möglichkeit, dass keine großen Lücken entstehen, sondern die Lücken allmählich gefüllt werden können.

05. Welche Bedeutung hat die Dauer der Betriebszugehörigkeit?

Die Dauer der Betriebszugehörigkeit kann eine Aussage über Betriebsklima und Zufriedenheitsgrad der Belegschaft machen. Lange Betriebszugehörigkeit kann aber auch bedeuten, dass Belegschaftsmitglieder nur geringe Chancen am Arbeitsmarkt haben und sich deshalb an ihren Arbeitsplatz klammern; meist liegt gleichzeitig mäßige Qualifikation vor.

06. Welche Bedeutung hat die Geschlechterstruktur?

Die Anteile weiblicher und männlicher Mitarbeiter sagt vor allem etwas aus über die Nutzung des weiblichen Fachpersonals. Künftig wird kein Unternehmen umhin kommen, sehr viel intensiver Frauen in qualifizierten Positionen zu beschäftigen. Dazu gehört eine bessere Abstimmung zwischen Arbeit und Freizeit/Familie (Work Life Balance), aber auch eventuelle Förderprogramme für Frauen, die aus der Familienpause zurückkehren oder für Führungspositionen vorbereitet werden.

7.1.2 Methoden der Bedarfsermittlung

01. Was bedeuten arbeitsplatzbezogene, auftragsbezogene und prozessbezogene Bedarfsermittlung?

Arbeitsplatzbezogener Personalbedarf ergibt sich aus der Stellensituation. Stellen entstehen oder fallen weg, die vorhandenen Stellen müssen besetzt werden. Hauptmethode ist die Stellenplanmethode. Anwendung findet sie vor allem in den Verwaltungsbereichen der Unternehmen (z. B. Lagerbuchhaltung).

Der auftragsbezogene Personalbedarf ergibt sich aus den geplanten bzw. vorliegenden Aufträgen; auch saisonale Entwicklungen spielen eine große Rolle. In diese Kategorie gehört z. B. die Frequenzstudie. Bei auftragsbezogener Vorgehensweise wird häufig zwischen Stamm- und Saison-/Aushilfsbelegschaft unterschieden (z. B. Aushilfskräfte im Paketdienst vor Weihnachten).

Beim prozessbezogenen Personalbedarf ergibt sich die Stellen- und Personalausstattung aus der Art der Prozesse, die geplant sind. Die bestgestaltete Organisation steht im Vordergrund. Die Prozesszeiten sind die Grundlage für den Personaleinsatz (z. B. beim Kommissionierprozess).

02. Welche Methoden der Bedarfsermittlung werden unterschieden?

Methoden der Bedarfsermittlung sind:

- Anwendung des Personalbedarfsplanungsschemas
- Kennzahlenmethode
- Stellenplanmethode
- Bedarfsplanung aufgrund von Arbeitsstudien
- Schätzverfahren
- Delphi-Methode
- Trendextrapolation.

03. Wie ist der Ablauf beim Personalbedarfsplanungsschema?

Zur Berechnung des Personalbedarfs kann folgendes Schema angewandt werden:

	(1)	gegenwärtig vorhandene Stellen
+	(2)	Anzahl neuer Stellen im Planungszeitraum
-	(3)	Anzahl entfallender Stellen im Planungszeitraum
=	(4)	Bruttopersonalbedarf am Planungsstichtag
	(5)	gegenwärtiger Personalbestand
-	(6)	bekannte Personalabgänge
-	(7)	erwartete Personalabgänge
+	(8)	bereits feststehende Personalzugänge
=	(9)	fortgeschriebener Personalbestand am Planungsstichtag
	(10)	Nettopersonalbedarf (Zeile 4 - Zeile 9)

04. Was ist der Bruttopersonalbedarf, was der fortgeschriebene Personalbestand?

Der Bruttopersonalbedarf ist die Zahl zu besetzender Stellen am Ende der Planungsperiode. Es handelt sich also um eine reine Stellenbetrachtung und damit um die erforderliche Kapazität.

Der fortgeschriebene Personalbestand ist die Zahl der am Ende der Planungsperiode erwarteten Mitarbeiter. Dabei ist zu berücksichtigen, dass nur ein Teil der Abgänge relativ genau erfasst werden kann (z. B. Pensionierungen), während die anderen nur anhand von Erfahrungswerten abschätzbar sind (z. B. Todesfälle). Zugänge werden nur dann berücksichtigt, wenn sie bereits feststehen (z. B. im alten Jahr abgeschlossene Verträge, die wegen der Kündigungsfrist des neuen Mitarbeiters erst im neuen Jahr zum Zugang führen).

05. Was sind feststehende Zugänge?

Diese Zugänge stehen bereits zum Planungszeitpunkt fest, z B.:

- Übernahme von Auszubildenden nach Abschluss der Ausbildung
- Rückkehr Beurlaubter (evtl. aus Bildungsmaßnahmen)
- Rückkehr aus dem Dauerkrankenstand
- Rückkehr aus dem Elternurlaub
- bereits feststehende Einstellungen, die erst später wirksam werden (z. B. wegen der Kündigungsfrist des Eingestellten im alten Betrieb).

06. Was gehört zu den bekannten Abgängen?

Bekannte Abgänge sind:

- Pensionierungen aus Altersgründen
- Ablauf befristeter Arbeitsverträge
- arbeitnehmerseitige Kündigungen mit langen Kündigungsfristen (wobei die Kündigung schon ausgesprochen wurde)
- Abgänge zur Weiterbildung
- geplante Versetzungen
- Antritt von Elternurlaub bzw. Ausscheiden nach dem Elternurlaub.

07. Was gehört zu den voraussichtlichen Abgängen?

Voraussichtliche Abgänge sind z B.:

- Entlassungen, vor allem außerordentliche Kündigungen
- arbeitnehmerseitige Kündigungen mit kurzen Fristen
- vorzeitige Pensionierungen
- Übernahme in den Dauerkrankenstand
- Tod.

08. Wie werden voraussichtliche Abgänge ermittelt?

Bei den voraussichtlichen Abgängen wird mit Wahrscheinlichkeitswerten gearbeitet, die nach statistischen Regeln ermittelt werden. Vor allem bei großen Unternehmen gibt es Erfahrungswerte für Kündigungen und Todesfälle, aber auch für langwierige Erkrankungen. Dabei werden stochastische Methoden angewandt. Daten der Vergangenheit, die einer Gesetzmäßigkeit entsprechen (z. B. Gleichförmigkeit, Trend), werden in die Zukunft prognostiziert. Wenn z. B. in den letzten vier Jahren in der Reihenfolge 20, 19, 21 und 20 zum Planungszeitpunkt unbekannte Abgänge zu verzeichnen waren, kann von 20 Abgängen in der nächsten Planung ausgegangen werden. Schwierigkeiten ergeben sich vor allem für kleinere Einheiten, da wegen der geringen Grundgesamtheit kaum nach statistischen Regeln errechnete Wahrscheinlichkeitswerte anwendbar sind.

09. Was ist der Nettopersonalbedarf?

Der Nettopersonalbedarf (auch Personalbedarf i. e. S.) gibt als Differenzgröße die personelle

- Überdeckung (zu viele Mitarbeiter) oder
- Unterdeckung (zu wenige Mitarbeiter)

an, die über die Personalbeschaffungs- oder Personalabbauplanung zu beseitigen sind.

10. Wie ist die Anwendung des Personalbedarfsplanungsschemas zu bewerten?

Das Personalbedarfsplanungsschema ist eine rein quantitative Betrachtung, die vor allem dann anwendbar ist, wenn Mitarbeiter hinsichtlich ihrer Qualifikation auswechselbar sind (z. B. Leistungsbereiche des Unternehmens, wie Fahrer im Fuhrunternehmen, Montagemitarbeiter in Industriebetrieben).

Ebenso ist die Methode zur Berechnung der Personalkosten anwendbar, da sich die verschiedenen Berufsbereiche eines Unternehmens im Durchschnitt ausgleichen. Häufig wird die Methode auch in großen Unternehmen für die reine Berichterstattung angewandt.

Als wesentlicher Vorteil dieser Methode gilt, dass voraussichtliche Werte berücksichtigt werden können.

11. Wie arbeitet man nach der Kennzahlenmethode?

Die Kennzahlenmethode ist anwendbar, wenn die Relation zwischen Leistung einer Person und dem Arbeitsanfall feststeht und nicht variabel ist (z. B. Buchungsposten je Lagerbuchhalter je Stunde). Außerdem muss eine gleich bleibende Gesamtleistung vorliegen (z. B. konstante Anzahl Buchungsposten je Tag).

Die Methode erfolgt in den Stufen:

- Ermittlung der regelmäßigen Leistung eines Mitarbeiters (z. B. 20 Posten je Stunde)
- Feststellung, dass die Leistung nicht variiert

- Festlegung der Gesamtleistung, die zu erbringen ist (z. B. Tagesleistung) als notwendige Kapazität (z. B. 800 Posten je Tag); auch diese variiert nicht
- Berechnung der Anzahl der Mitarbeiter (z. B. fünf Mitarbeiter bei einer Arbeitszeit von acht Stunden pro Tag)
- Ergänzung um Zusatzkräfte für Mitarbeiterausfall (z. B. Urlaub, Krankheit).

12. In welchen Stufen erfolgt die Stellenplanmethode?

Die Stellenplanmethode setzt voraus, dass die Hilfsmittel, wie Stellenplan und Stellenbesetzungsplan, regelmäßig in die Zukunft fortgeschrieben werden. Dabei sind alle beabsichtigten betrieblichen Vorhaben zu berücksichtigen.

Die Stellenplanmethode erfolgt in folgende Stufen:

Überprüfung der gegenwärtigen Stellen- und Stellenbesetzungsplanung

↓

Sammlung von Informationen über die künftige Planung

↓

Aufstellung eines neuen Stellenplans als Soll-Größe; Ergebnis: Bruttopersonalbedarf

↓

Aufstellung des künftigen Stellenbesetzungsplans, indem die Stellenbesetzung mit Arbeitskräften festgelegt wird

↓

Feststellung unbesetzter Stellen bzw. nicht einsetzbarer Mitarbeiter; Ergebnis: Nettopersonalbedarf

13. Wie ist die Stellenplanmethode zu bewerten?

Die Stellenplanmethode eignet sich vor allem dort, wo die Stellenbesetzung vom Produktionsergebnis weitgehend unabhängig ist (z. B. Verwaltung, Dienstleistung, Erhaltungsbereich). Nachteilig ist, dass die voraussichtlichen Abgänge nicht ausreichend berücksichtigt werden können. Deshalb ist der Zeitraum, der geplant wird (Planungshorizont) kleiner, als beim Personalbedarfsplanungsschema (z. B. drei Monate gegenüber einem Jahr beim Schema).

14. Welche Methoden haben Arbeitsstudien zur Grundlage?

Auf der Basis von Arbeits- und Zeitstudien liegen häufig Zeitwerte für bestimmte Tätigkeiten fest. Im Gegensatz zur Kennzahlenmethode werden hier die Vergangenheitswerte jeweils aufgrund gezielter Beobachtungen bzw. Messungen korrigiert. Arbeitsstudien zur Grundlage haben:

- Multimomentaufnahme
- Frequenzstudie
- Zeitvorgabe.

15. Wie ist der Ablauf der Multimomentaufnahme in der Personalplanung?

Die Multimomentaufnahme ist ein Stichprobenverfahren, das immer dann angewandt wird, wenn unregelmäßige Arbeiten anfallen, sodass eine genaue Messung nicht möglich ist bzw. zu aufwändig wäre. Beispiel:

Durch unregelmäßige Beobachtungen von zehn Sachbearbeitern im Vertrieb eines Logistikdienstleisters über einen längeren Zeitraum hinweg ergibt sich folgende vereinfachte Tätigkeitsübersicht:

Tätigkeit	Zahl der Beobachtungen	in %
Post bearbeiten	600	10
Angebote schreiben	900	15
Telefonate mit Kunden	900	15
Zeitungen und Internet auswerten	300	5
Aufträge überwachen	1.200	20
Verkaufsgespräche führen	1.500	25
Sonstiges	600	10
Summe	**6.000**	**100**

Wenn jeden Tag im Durchschnitt 32 Stunden Verkaufsgespräche geführt werden und jeder Mitarbeiter im Vertrieb 25 % seiner Arbeitszeit, also zwei Stunden täglich bei einer 40-Stunden-Woche für diese Tätigkeit zur Verfügung hat, sind 16 Mitarbeiter erforderlich.

Eine weitere Anwendung liegt in der Berechnung von Verteilzeiten.

16. Was ist eine Frequenzstudie?

Bei der Frequenzstudie wird der Bedarf möglichst genau an kurzfristige Beschäftigungsschwankungen angepasst, z. B. an die wechselnde Auftragsfrequenz über den Tag, die Woche oder den Monat hinweg. Die Schwankungen sind regelmäßig und eindeutig erfassbar (z. B. durch Auswertung des Systems).

17. Wie wird mit Zeitvorgaben gearbeitet?

Zahlreiche Tätigkeiten, vor allem im gewerblichen Bereich, sind im Ablauf klar festgelegt (z. B. Wechsel eines Reifens in der Werkstatt eines Frachtführers), sodass durch Zeitmessung Vorgabezeiten (z. B. nach REFA oder Systeme vorbestimmter Zeiten) als normale Arbeitszeiten ermittelt werden können. Steht nun die Größe des Auftrags fest (z. B. Zahl der Lkws, bei denen Reifen zu wechseln sind), kann die Zahl der notwendigen Mitarbeiter ermittelt werden.

18. Wie setzt sich die Zeitvorgabe zusammen?

Nach REFA setzt sich die Vorgabezeit wie folgt zusammen (sog. REFA-Tannenbaum):

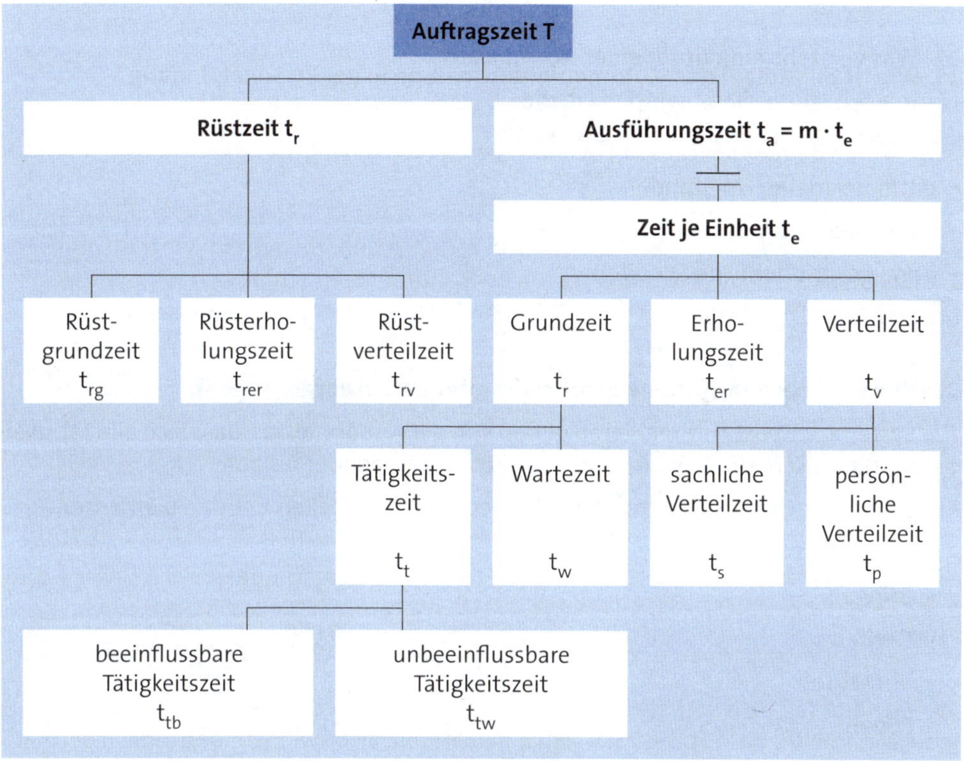

19. Wodurch unterscheiden sich Grundzeit, Verteilzeit, Erholungszeit, Rüstzeit?

Die Zeitarten bedeuten:

- Grundzeit: Soll-Zeit für planmäßige Ausführung eines Auftrags
- Rüstzeit: Vorgabezeit für das Einrichten eines Aggregats innerhalb eines Auftrags
- Verteilzeit: unregelmäßig auftretende Zeit, die als Prozentsatz zur Grundzeit erfasst wird; sachliche Verteilzeiten werden durch das Unternehmen verursacht (z. B. Störungen), persönliche Verteilzeiten durch den Mitarbeiter (z. B. Toilettengang)
- Erholungszeit: Zeit für die Erholung des Menschen als Zuschlag auf die Grundzeit.

20. Wie wird die Vorgabezeit nach REFA ermittelt?

Die Ermittlung der Vorgabezeit nach REFA erfolgt in den folgenden Schritten:

- mehrfache Messung der Zeit für eine bestimmte Tätigkeit per Stoppuhr (evtl. an verschiedenen Arbeitsplätzen mit gleicher Tätigkeit)
- Ermittlung des Leistungsgrades des Mitarbeiters bezogen auf eine Normalleistung = 100 %

- Umwandlung der gemessenen Zeit anhand des Leistungsgrads in eine Normalzeit (damit ergibt sich die Grundzeit)
- Hinzurechnung der Verteilzeiten und Erholungszeiten anhand von Zuschlägen.

21. Was versteht man unter einer Normalzeit?

Normalzeit ist die Geschwindigkeit, die

- ein geübter Mitarbeiter
- unter normalen Umständen
- auf Dauer
- ohne gesundheitliche Schäden

erzielen kann.

22. Wie wird bei den Systemen vorbestimmter Zeiten vorgegangen?

Die Systeme vorbestimmter Zeiten gehen von der Annahme aus, dass sich alle Tätigkeiten systematisch ermitteln lassen. Es ergibt sich folgender Ablauf:

- Wissenschaftliche Erarbeitung von Bewegungszeittabellen mit den Elementen:
  - Hinlangen
  - Bringen
  - Greifen
  - Vorrichten
  - Fügen
  - Loslassen.

  Wichtige Verfahren sind
  - MTM: Methods-Time-Measurement
  - WF: Work Factor.
- Ermittlung der Bewegungselemente eines Ablaufabschnitts (Bewegungsablaufanalyse)
- Zuordnung der Zeiten für die Bewegungselemente aus den Bewegungszeittabellen
- Addition der Soll-Zeiten zur Gesamt-Soll-Zeit.

23. Wie wird bei der Delphi-Methode vorgegangen?

Bei dieser systematischen Schätzmethode erfolgt eine mehrstufige Expertenbefragung in folgenden Schritten:

- Experten erhalten einen systematischen Fragebogen
- Auswertung und Analyse der Fragebögen
- Erarbeitung eines weiteren Fragebogens, der an die Experten geschickt wird
- Auswertung des zweiten Bogens und Ableitung des Personalbedarfs.

24. Wie wird bei der Trendextrapolation vorgegangen?

Vergangenheitswerte werden in die Zukunft prognostiziert. Dies setzt voraus, dass die Daten einer Gesetzmäßigkeit unterliegen (z. B. einem Trend), und dass diese Gesetzmäßigkeit anhält.

25. Welche Auswirkungen haben Arbeitszeitmodelle auf den Personalbedarf?

Bei starrer Arbeitszeit kann es häufig vorkommen, dass kurzfristig Engpässe entstehen, die durch Mehrarbeit mit Zuschlägen ausgeglichen werden. Ebenso können Phasen mit mangelnder Auslastung eintreten, in denen die Mitarbeiter wenig sinnvoll eingesetzt werden. Dagegen erfolgt bei Flexibilisierung eine unmittelbare kurzfristige Anpassung der personellen Kapazität an die erforderliche Kapazität.

26. Welche flexiblen Modelle der Arbeitszeit sind zu erwähnen?

Zu erwähnen sind vor allem:

- GLAZ (Gleitende Arbeitszeit)
- KAPOVAZ (Kapazitätsorientierte variable Arbeitszeit)
- Jahresarbeitszeit
- Vertrauensarbeitszeit.

27. Was wird unter GLAZ verstanden?

Bei der Gleitenden Arbeitszeit sind Beginn und Ende der täglichen Arbeitszeit nicht festgelegt; innerhalb bestimmter Grenzen, der Gleitzeit (meistens 7:00 Uhr bis 9:00 Uhr und 15:00 Uhr bis 19:00 Uhr), kann der Mitarbeiter seine Arbeitszeit selbst festlegen.

Dagegen besteht während der Kernzeit (meist von 9:00 Uhr bis 15:00 Uhr) Anwesenheitspflicht, soweit nicht Freistellungen oder dienstliche Abwesenheiten vorliegen. Außerdem muss über die kurzfristige Einsatzplanung dafür Sorge getragen werden, dass immer genügend kompetente Ansprechpartner im Unternehmen erreichbar sind (Präsenzzeit). Heute wird häufig auf die Kernzeit verzichtet.

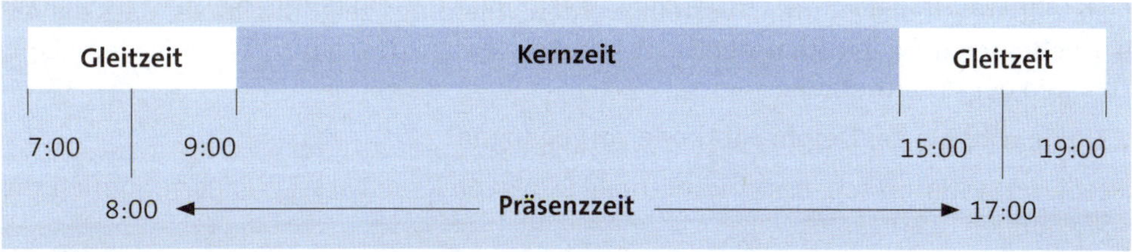

Vorteile sind:

- Berücksichtigung der individuellen Leistungskurve
- geringere Fehlzeiten für private Bedürfnisse
- Abstimmung auf die Verkehrsverhältnisse
- insgesamt längere Präsenzzeiten der Abteilungen
- größere Flexibilität bei Spitzenbelastungen.

Nachteil sind die höheren Kosten für die Abwicklung über technische Erfassungssysteme.

28. Wann spricht man von KAPOVAZ?

Der Arbeitgeber kann die Arbeitszeit gemäß Bedarf in Anspruch nehmen. Allerdings ist die Länge der Arbeitszeit über einen längeren Zeitraum festgelegt und die Lage der Arbeitszeit ist mindestens vier Tage im Voraus mitzuteilen. Die aufeinanderfolgende Stundenzahl beträgt mindestens drei Stunden. Ist keine Wochenarbeitszeit ausdrücklich festgelegt, gelten zehn Stunden pro Woche als vereinbart.

29. Wie wird Jahresarbeitszeit gehandhabt?

Die Jahresarbeitszeit ermöglicht dem Betrieb, in Spitzenzeiten mit vollständiger Belegschaft zu fahren und auf Flautezeiten mit vermehrter Freizeit zu reagieren. Am Jahresende muss die volle Jahresarbeitszeit geleistet worden sein. In manchen Betrieben wird der Ausgleichszeitraum auf das gesamte Arbeitsleben verlängert (Lebensarbeitszeit); dies lässt auch sog. Sabbaticals (längere Auszeiten u. a. für Qualifizierung, Pflege eines Angehörigen) zu.

30. Was ist Vertrauensarbeitszeit?

Bei der Vertrauensarbeitszeit legt der Mitarbeiter unter Berücksichtigung der betrieblichen Notwendigkeiten seine Arbeitszeit selbst fest. Die Anwesenheit wird zeitlich nicht erfasst. Erfahrungen zeigen, dass ein derartiges System auf Vertrauensbasis funktioniert, wenn es bei einer engagierten Belegschaft angewandt wird und eindeutig feststellbare Arbeitsvolumina verteilt werden. Allerdings zeigt die Praxis, dass die Arbeitnehmer häufig zeitlich unter Druck gesetzt werden; deshalb wirkt das System dann zulasten der Arbeitnehmer.

7.2 Auswahl und Einsatz der Mitarbeiter unter Berücksichtigung ihrer persönlichen und fachlichen Eignung sowie der betrieblichen Anforderungen

7.2.1 Verfahren und Instrumente der Bewerberauswahl

7.2.1.1 Grundlagen

01. Wie erfolgt die Personalbeschaffung?

Die Personalbeschaffung läuft wie folgt ab:

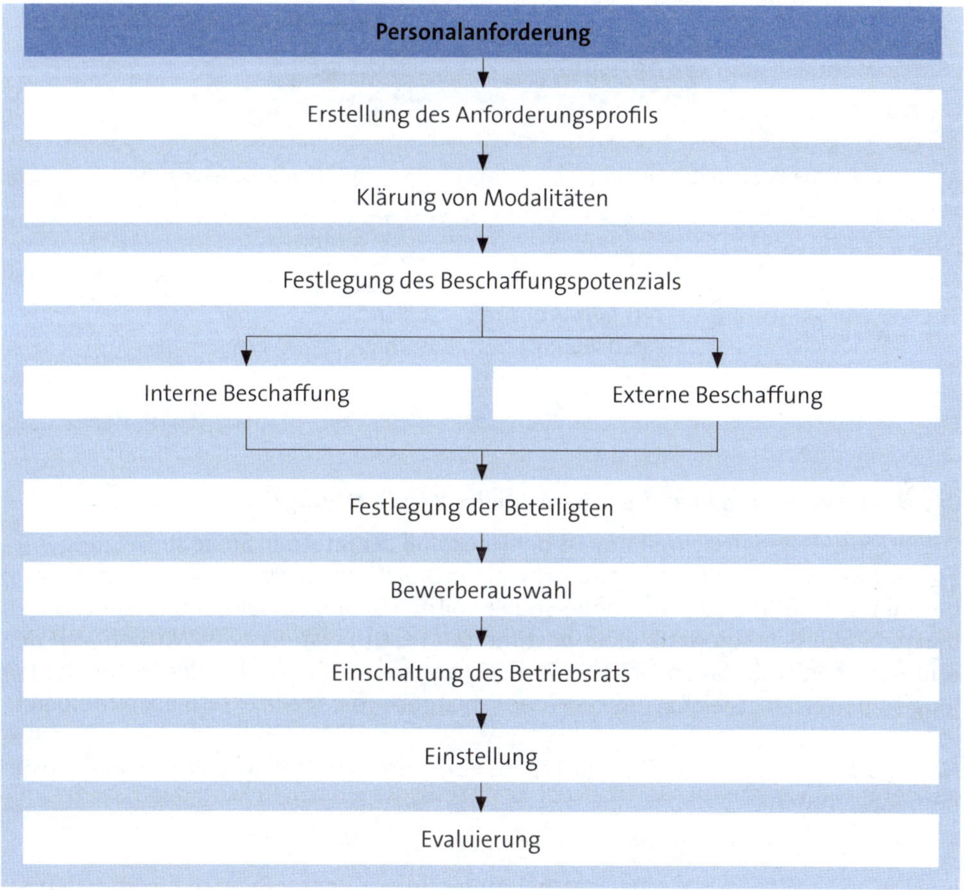

02. Was wird unter Beschaffungspotenzial verstanden?

Das Beschaffungspotenzial zeigt auf, wo interessierte Bewerber vorzufinden sind (intern oder extern) und wie sie mobilisierbar sind. Unterschieden wird nach der Mobilisierbarkeit:

- offenes Beschaffungspotenzial (aktiv Interessierte, die sofort verfügbar sind, z. B. Arbeitslose)

- latentes Beschaffungspotenzial (aktiv Suchende, die aber nicht sofort verfügbar sind, da Bindung an ein bestehendes Arbeitsverhältnis vorliegt)
- verdecktes Beschaffungspotenzial (Beschäftigte, deren Veränderungswille erst erzeugt oder verstärkt werden muss, z. B. durch ein günstiges Angebot).

Die Potenzialeinteilung ist wichtig im Hinblick auf den zielgruppensicheren Einsatz der Beschaffungsinstrumente.

03. Welche Möglichkeiten der internen Stellenbesetzung werden unterschieden?

Zur internen Stellenbesetzung gehören:

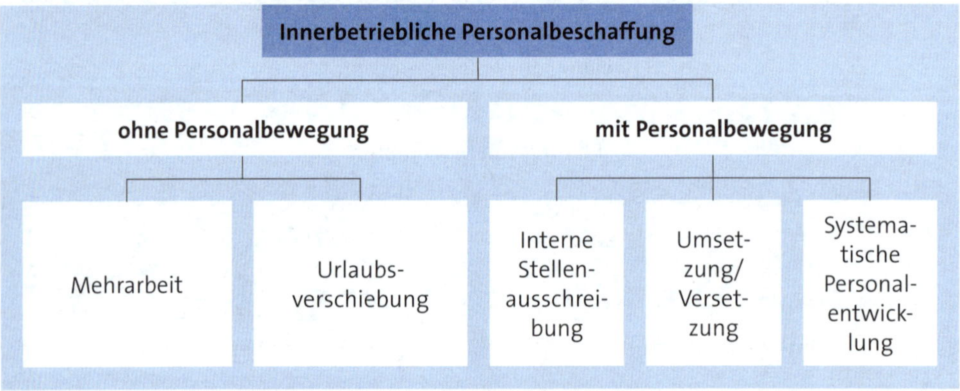

04. Welche Bedeutung hat die interne Stellenausschreibung?

Die interne Stellenausschreibung ist der Hauptfall der internen Stellenbesetzung. Mitarbeiter werden durch Aushang am schwarzen Brett, Rundschreiben, Ausschreibung im Intranet u. a. auf die zu besetzende Stellen aufmerksam gemacht. Interessenten werden gebeten, sich innerhalb einer bestimmten Frist (meistens zwei Wochen) mit den erforderlichen Unterlagen (soweit diese nicht schon vorliegen) bei der Personalabteilung zu bewerben. Gleichzeitig kann der Arbeitgeber die Stelle extern ausschreiben.

Nach § 93 BetrVG kann der Betriebsrat auf einer internen Stellenausschreibung bestehen; Ausnahmen:

- Positionen für Leitender Angestellte gemäß § 5 BetrVG
- wenn ersichtlich ist, dass im Unternehmen kein geeigneter Bewerber vorhanden ist.

Kommt der Arbeitgeber der Forderung des Betriebsrats nicht nach, kann der Betriebsrat der Einstellung eines Mitarbeiters nach § 99 Abs. 2 BetrVG widersprechen. Allerdings kann der Betriebsrat keine interne Stellenbesetzung durchsetzen.

05. Wie ist die innerbetriebliche Personalbeschaffung zu bewerten?

Vorteile sind:

- schnellere und kostengünstigere Beschaffung
- weniger Risiko, da der Kandidat bekannt ist
- schnellere Eingliederung
- die Unternehmensverhältnisse sind bekannt
- Erhöhung der Beweglichkeit der Mitarbeiter
- Motivation der Mitarbeiter durch Aufstiegsmöglichkeiten
- Einhaltung des Entgeltniveaus
- geringere Beschaffungskosten.

Nachteile sind:

- geringere Auswahlmöglichkeit
- Betriebsblindheit
- Abgangsverweigerung guter Kräfte/Fortloben schlechter Kräfte
- häufig Ringtausch, da auch der Platz des wechselnden Mitarbeiters besetzt werden muss
- Verkumpelung bzw. mangelnde Akzeptanz, wenn ein ehemaliger Kollege Vorgesetzter wird
- Neid
- Enttäuschung bei Kollegen bei Besetzung von Führungspositionen durch einen Kollegen.

06. Welche Instrumente der externen Personalbeschaffung gibt es?

Für die externe Personalbeschaffung ergeben sich folgende Möglichkeiten:

Externe Personalbeschaffung:

- Arbeitsverwaltung
- private Arbeitsvermittlung
- Stellenanzeige
- Internet
- Personalleasing
- Personalberater
- Auswertung von Bewerbungen
- Stellensuchanzeige
- Mund-zu-Mund-Propaganda
- Kontakt zu Bildungseinrichtungen.

07. Wie erfolgt die Beschaffung über Zeitarbeit bzw. Personalleasing?

Beim Personalleasing stellt ein Personalleasingunternehmen (Zeitarbeitsunternehmen) als Leasinggeber bei ihm angestellte Personen einem Auftraggeber (Leasingnehmer) meist befristet gegen Entgelt zur Verfügung:

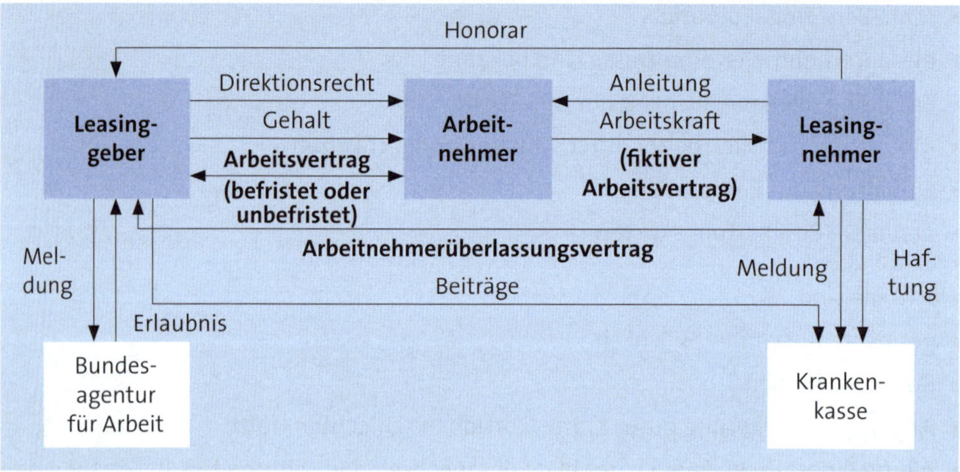

Gesetzliche Grundlage ist das Gesetz zur Regelung der gewerbsmäßigen Arbeitnehmerüberlassung (Arbeitnehmerüberlassungsgesetz).

08. Wie sind Personalleasing bzw. Zeitarbeit zu bewerten?

Aus der Sicht des Auftraggebers spricht für Personalleasing:

- geringe Personalbeschaffungs- und -verwaltungskosten
- geringeres Risiko der Fehleinschätzung
- keine Lohnfortzahlung im Krankheitsfall
- kurzfristige Verfügbarkeit bei Leistungsspitzen
- keine langfristige Bindung
- Flexibilität.

Dagegen spricht:

- keine Kontinuität
- wenig Motivation, kaum Identifikation
- keine eingearbeiteten Mitarbeiter
- häufig Unruhe im Betrieb, weil die Stammmitarbeiter Konkurrenz befürchten.

09. Welche Auswahlinstrumente kommen in Betracht?

Es gibt vor allem folgende Auswahlinstrumente:

Auswahlinstrumente:

- Bewerbungsunterlagen:
  - Bewerbungsschreiben
  - Lichtbild
  - Lebenslauf
  - Zeugnisse
  - „3. Seite“
- Grafologie
- Referenzen
- Arbeitsproben
- biografischer Fragebogen
- Personal(-frage)bogen
- Testverfahren
- Vorstellungsgespräch
- Assessment-Center
- ärztliche Untersuchung.

10. Welche Kriterien gelten für die Festlegung der Auswahlinstrumente?

Kriterien für die Auswahl der Instrumente können sein:

- Art und Anforderungen der zu besetzenden Stelle
- Aussagekraft der Unterlagen (u. a. Länge des Arbeitslebens) bzw. der Instrumente
- Zahl der Bewerber
- Zahl der Einzustellenden
- Umfang und Kompetenz des abwickelnden Apparats
- Kosten der Auswahlinstrumente (im Verhältnis zur Aussagesicherheit).

Da es nicht nur um ein Instrument geht, muss die richtige Mischung zusammengestellt werden.

11. Wie könnte die Personalauswahl erfolgen?

Die konkreten Maßnahmen des Auswahlprozesses hängen davon ab, ob der Bewerber vom internen oder vom externen Arbeitsmarkt kommt. Interne Bewerber sind bekannt, sodass das Vorstellungsgespräch eine andere Bedeutung und einen anderen Ablauf hat. In vielen Unternehmen werden lediglich die Bewerbungsunterlagen analysiert und kurze Einstellungsgespräche geführt. Jedoch erfordert die Besetzung von Spezialisten-

und Führungspositionen weitere Instrumente, die wissenschaftlich abgesichert sein sollten. Im Einzelnen könnte sich folgender Ablauf ergeben:

12. Wie können die Kriterien für die Personalauswahl unterteilt werden?

Die Kriterien zur Personalauswahl können in vier Gruppen unterteilt werden:

- fachliche, kenntnisbezogene Kriterien: Ausbildung, Fortbildung, Berufserfahrung, berufsspezifische Kenntnisse und Erfahrungen
- psychische Kriterien: psychische Belastbarkeit, Konzentration, Kreativität
- physische Kriterien: körperliche Belastbarkeit, Kraft, Ausdauer
- verhaltensorientierte Kriterien: Kreativität, Eigenständigkeit, Disziplin, Verantwortung, Flexibilität.

13. Wie könnte das Anforderungsprofil für einen Kundenbetreuer aussehen?

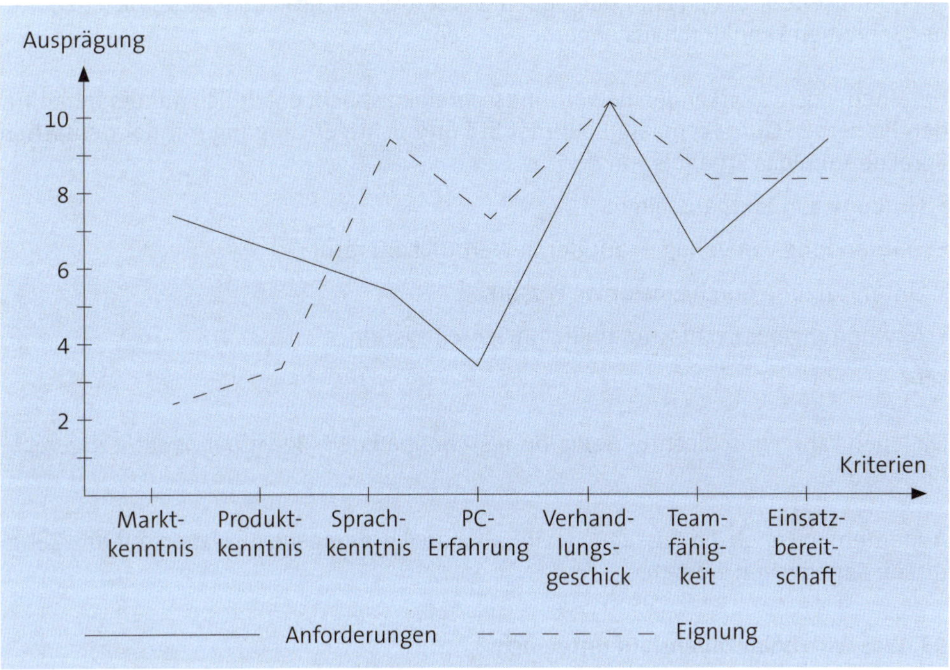

7.2.1.2 Analyse und Bewertung der Bewerbungsunterlagen

01. Was gehört zu den Bewerbungsunterlagen?

Zu den Bewerbungsunterlagen gehören:

- das Bewerbungsschreiben
- das Lichtbild
- der Lebenslauf
- die Arbeitszeugnisse (evtl. auch Schulzeugnisse)
- eventuell die „3. Seite".

02. Welche Bedeutung hat das Bewerbungsschreiben?

Das Bewerbungsschreiben ist das „Verkaufsschreiben" des Bewerbers. Überprüft werden:

- Inhalt
- Form (äußere Form, folgerichtige Gliederung, klare Aussagen)
- Stil (dynamisch oder statisch, sachlich oder erlebnisbestimmt)
- Umgang mit der deutschen Sprache (Rechtschreibung, Grammatik, Zeichensetzung).

Dabei sollte das Schreiben stets im Verhältnis zur Position gesehen werden. Bei einfachen Tätigkeiten sollte nicht übertrieben werden, ein einfach, aber ordentlich gehaltenes Schreiben kann durchaus angemessen sein.

Bei einem positiv wirkenden Bewerbungsschreiben spricht eigentlich nur der Inhalt für den Bewerber. Gute Form, angenehmer Stil und richtiger Umgang mit der deutschen Sprache kann das Ergebnis von der

- Nutzung von Textbausteinen
- Verwendung von Vorlagen aus der Bewerbungsliteratur
- Unterstützung durch eine dritte Person
- Anwendung der Rechtschreibhilfe im Schreibsystem

sein.

Dagegen kann ein schlechtes Bewerbungsschreiben dem Bewerber negativ zugerechnet werden.

Außerdem müssten die Aussagen im Inhaltsbereich als eigene Aussagen mit den Zeugnissen abgeglichen werden.

03. Was wird beim Lebenslauf untersucht?

Beim Lebenslauf werden folgende Analysen durchgeführt:

- Zeitfolgeanalyse, um zu prüfen, ob der Lebenslauf auch vollständig ist und wie häufig die Stelle gewechselt wurde; zu berücksichtigen ist, dass gerade bei Nachwuchskräften ein häufigerer Wechsel vertretbar, vielleicht sogar notwendig ist; außerdem gehören Arbeitskarrieren ohne Unterbrechung wegen der Probleme des Arbeitsmarktes und der Schnelllebigkeit unserer Zeit der Vergangenheit an; allein die Häufigkeit von Befristungen führt zu häufigem Wechsel.
- Entwicklungsanalyse, um zu prüfen, ob der bisherige Berufsweg einen sinnvollen Ablauf vorweist oder einen Wechsel des Berufs beinhaltet, oder ob ein Trend nach oben oder nach unten zu erkennen ist; eine Veränderung des Berufs oder der Arbeitsgebiete, aber auch ein zwischenzeitiger Abstieg, können einen Neuanfang bedeuten; zudem wird die „Patchwork-Karriere“ immer häufiger zum Normalfall.
- Branchen-/Firmenanalyse, um u. a. zu prüfen, ob der Bewerber aus einer vor- oder nachgelagerten Branche verwertbares Wissen mitbringt (z. B. Bewerbung als Logistiker im Industriebetrieb, zurzeit Disponent in einer Spedition); ebenso wird geprüft, ob der Bewerber aus einem Groß- oder Kleinbetrieb stammt, um festzustellen, ob er sich in die Anonymität des Großbetriebs oder in die geringere Spezialisierung des Kleinbetriebs einleben kann.

04. Wie sind Schulzeugnisse zu bewerten?

Schulzeugnisse sind bei Bewerbern um Ausbildungsplätze häufig die einzigen Leistungsnachweise, ihre Bedeutung nimmt jedoch mit der Länge des Berufslebens sehr schnell ab. Die Aussagefähigkeit von einzelnen Zeugnisnoten ist in jedem Fall fraglich, da sie zahlreichen Zufälligkeiten unterliegt. Allerdings kann das Zeugnis als Ganzes Aufschluss über Interessengebiete, Fleiß, Willenskraft und Integrationsfähigkeit in das soziale System geben.

05. Welche Arten des Arbeitszeugnisses werden unterschieden?

Arbeitszeugnisse informieren über die Arbeit des Bewerbers in anderen Unternehmen. Jeder Arbeitnehmer hat ein Recht auf Ausstellung eines Arbeitszeugnisses.

Nach dem Zeitpunkt der Ausstellung unterscheidet man:

- Zwischenzeugnis vor Beendigung des Arbeitsverhältnisses, vor allem für Bewerbungszwecke; die Ausstellung kann bei einem Wechsel des Aufgabengebiets oder des Vorgesetzten sinnvoll sein
- Endzeugnis bei Beendigung des Arbeitsverhältnisses.

Nach dem Inhalt werden unterschieden:

- einfaches Zeugnis als reine Bescheinigung über Art und Dauer der Tätigkeit ohne Bewertung
- qualifiziertes Zeugnis, bei dem zu Art und Dauer der Tätigkeit die erbrachten Leistungen und die Führung hinzukommen.

06. Wie ist das qualifizierte Arbeitszeugnis aufgebaut?

Zum Inhalt des qualifizierten Arbeitszeugnisses gehören:

- Personalien
- Ein- und Austrittstermin
- Nennung der Positionen, deren Dauer und Beschreibung der wesentlichen Aufgaben
- Beurteilung der Leistungen
- Fortbildung
- Verhalten gegenüber Vorgesetzen, Mitarbeitern, Kollegen und, falls zum Tätigkeitsfeld gehörig, den externen Partner (z. B. Frachtführer, Spediteure, Lagerhalter, Reparaturwerkstätten, Kunden, Lieferanten, Behörden)
- Grund der Beendigung, falls der Arbeitnehmer dies verlangt
- Bedauerns-, Dank- und Wunschformel.

07. Welche Aussagekraft hat das Arbeitszeugnis?

Beim qualifizierten Zeugnis müssen als Grundsätze beachtet werden:

- Das Zeugnis muss wahr sein; negative Urteile müssen demnach berücksichtigt werden; geschieht dies nicht, ist der zeugniserteilende Arbeitgeber dem neuen Arbeitgeber gegenüber schadenersatzpflichtig.
- Andererseits hat der Zeugniserteilende sein verständiges Wohlwollen für den Mitarbeiter zu berücksichtigen, um dessen weiteres Fortkommen nicht zu erschweren; geschieht dies nicht, kann der Arbeitnehmer Berichtigung und Schadenersatz verlangen.

Bei schlechter Bewertung spricht man auch von einem „Zeugnisdilemma“, in das der Erteilende gerät, wenn er die Grundsätze umsetzen will. Hilfreich kann in diesem Zusammenhang folgende Vorgehensweise sein:

- Anwendung einer Formulierungsskala
- Benutzung von Spezialformulierungen
- Verschweigen wichtiger und Hervorheben unwichtiger Fakten.

08. Wie sieht die Formulierungsskala gewöhnlich aus?

Gearbeitet wird hier einerseits mit einer Abstufung, andererseits mit dem Stetigkeitsmerkmal „stets“, das den Grad der Durchgängigkeit einer Leistung darstellen soll. Die Formulierungsskala kann wie folgt aussehen:

... stets zur vollsten Zufriedenheit ...	= **sehr gut**
... stets zur vollen Zufriedenheit ...	= **gut**
... zur vollen Zufriedenheit ...	= **befriedigend**
... zur Zufriedenheit ...	= **ausreichend**
... im Großen und Ganzen zur Zufriedenheit ...	= **mangelhaft**
... hat sich bemüht ...	= **sehr mangelhaft**

09. Welche Spezialformulierungen werden häufig benutzt?

Folgende Formulierungen sind häufig anzutreffen:

... hat unseren Erwartungen entsprochen ...	= **schlecht**
... hat alle Arbeiten ordnungsgemäß erledigt ...	= **ohne Initiative**
... wegen seiner Pünktlichkeit stets ein gutes Vorbild ...	= **schwache Leistung**
... bemühte sich, den Anforderungen gerecht zu werden ...	= **Versager**
... war immer mit Interesse bei der Sache ...	= **hat sich angestrengt, aber nichts geleistet**
... zeigte für seine Arbeit Verständnis ...	= **faul**
... trug durch seine Geselligkeit zur Verbesserung des Betriebsklimas bei ...	= **hoher Alkoholgenuss**

10. Wie ist die „3. Seite“ zu bewerten?

Die „3. Seite“ gibt dem Bewerber die Möglichkeit, wichtige Fakten über seine beruflichen Inhalte, seinen Bildungsweg und seine Persönlichkeit in übersichtlicher Form in eigene Worte zu fassen. Dem Unternehmen wird somit eine gut auswertbare zusätzliche Informationsquelle geboten.

7.2.1.3 Testverfahren

01. Welche Testarten gibt es?

Bei Tests handelt es sich um wissenschaftliche Routineverfahren zur Untersuchung von Persönlichkeitsmerkmalen. Bei der Bewältigung von Massenerscheinungen, z. B. bei der Auswahl von Auszubildenden, sind Tests heute an der Tagesordnung. Allerdings werden dann häufig keine wissenschaftlich abgesicherten Methoden angewandt. Folgende Testarten werden unterschieden:

- Leistungstests zur Untersuchung von Leistungsmerkmalen
- Intelligenztests zur Untersuchung der Intelligenzstruktur
- Persönlichkeitstests.

02. Welche Bedeutung haben die Leistungstests?

Leistungstests untersuchen die Leistungsfähigkeit anhand von Leistungsmerkmalen, z. B. Konzentration, Ausdauer, Geschicklichkeit. Angewandt werden diese Tests vor allem dort, wo besondere Anforderungen an die Psyche und an die geistige und körperliche Geschicklichkeit gestellt werden. Hierzu gehören die Drahtbiegeprobe, der Pauli-Test und der Figuren-/Buchstabendurchstreichtest. Die Leistung ergibt sich gewöhnlich als Kombination von Menge und Fehlerhäufigkeit.

03. Welche Bedeutung haben Intelligenztests?

Die Intelligenz besteht aus einem Bündel zusammengehörender Fähigkeiten, die einzelnen Intelligenzfaktoren zugeordnet werden, die durch Intelligenztests untersucht werden. Zu diesen Faktoren gehören:

- Sprachgewandtheit
- Denkvermögen
- Kombinationsfähigkeit
- Raumvorstellung
- Rechengewandtheit.

Zu diesen Tests gehören der HAWIE-Test (Hamburg-Wechsler-Intelligenz-Test), der IST 2000 und der Wilde-Intelligenz-Test (WIT).

04. Welche Bedeutung haben Persönlichkeitstests?

Persönlichkeitstests sollen vor allem Interessen, Einstellungen, Neigungen, Eigenschaften und soziale Verhaltensweisen erfassen. Dazu werden Situationen geschaffen, durch die der Bewerber veranlasst wird, seiner Persönlichkeit entsprechend zu reagieren. Diese Tests arbeiten vor allem mit Bildern (Thematic-Apperception-Test oder TAT), Figuren (Rohrschach-Test, Wartegg-Zeichen-Test) oder kleinen Geschichten, bei deren Deutung bzw. Fortsetzung der Bewerber dazu neigt, seine eigene Persönlichkeit und Problematik einzubringen. Persönlichkeitstests sind umstritten, denn es wird immer wieder infrage gestellt, ob von den Ergebnissen auf für die Einstellung relevante Merkmale geschlossen werden kann. Dies gilt umso mehr, als häufig Laien mit diesen Tests arbeiten.

7.2.1.4 Vorstellungsgespräch

01. Welche Ziele hat das Vorstellungsgespräch?

Das Vorstellungsgespräch ist meistens die erste persönliche Kontaktaufnahme. Es hat folgende Ziele:

- persönlichen Eindruck vom Bewerber gewinnen
- fehlende Daten ergänzen
- Interessen des Bewerbers erfassen
- Eignung des Bewerbers feststellen
- über das Unternehmen und die Tätigkeit informieren.

Häufig werden mehrere Vorstellungsgespräche geführt, das erste in kurzer Form zur Grobauswahl (häufig auch telefonisch oder per Internet), das zweite als letzte Entscheidungsstufe. In jedem Fall sollte neben dem Vertreter des Personalbereichs der künftige Vorgesetzte an den Gesprächen teilnehmen. Er ist der Fachmann und muss später mit dem neuen Mitarbeiter zusammenarbeiten können.

02. Welche Gesichtspunkte gehören zur Vorbereitung und Durchführung eines erfolgreichen Vorstellungsgesprächs?

Gesichtspunkte bei der Vorbereitung sind:

- Festlegung der Gesprächspartner aus Unternehmensseite
- Einprägung des Anforderungsprofils
- Feststellen von Lücken in den schriftlichen Angaben
- Klärung der Entwicklungsmöglichkeiten
- Vorbereitung auf spezielle Fragen.

Bei der Durchführung sind zu beachten:

- ungestörten Ablauf gewährleisten
- keinen Verhöreindruck aufkommen lassen

- angenehme Atmosphäre schaffen
- kein Zeitdruck
- keine Suggestivfragen
- subjektive Einflüsse ausschalten
- Zurückhaltung des Gesprächsführenden und dadurch Aktivierung des Bewerbers.

03. Welche Gesprächsarten werden unterschieden?

Als Gesprächsarten werden unterschieden:

- Freie Gespräche, bei denen weder Ablauf noch Inhalte des Gesprächs vorgegeben sind. Der Vorteil liegt in der Anpassung an die konkrete Persönlichkeit, mit der gesprochen wird; nachteilig wirkt die schwierige Auswertung und Vergleichbarkeit, sowie die Gefahr der Unvollständigkeit.
- Strukturierte Gespräche, bei denen zwar Fragenkataloge als Leitfaden vorgegeben sind, durch die aber weder Inhalt noch Ablauf festgelegt werden
- Standardisierte Gespräche, bei denen die Fragenkomplexe und deren Reihenfolge genau vorgegeben sind.

Das Gespräch kann auch als Stressinterview fungieren, durch das der Bewerber in eine stresshafte Situation versetzt wird, die bei besonderen Anforderungen der Alltagssituation des Arbeitsplatzes entsprechen kann (z. B. Bearbeitung von Reklamationen).

Eine besondere Form des Gesprächs ist das von der Partnerschaftssuche übernommene Speed-Dating, bei dem meist mehrere Unternehmen kurze Interviews (meistens ca. 15 Minuten) mit eingeladenen Bewerbern führen, um sich einen ersten persönlichen Eindruck zu verschaffen. So können ohne weiteres an einem Tag 20 oder mehr Bewerber zehn bis 20 Unternehmen kennen lernen und umgekehrt.

04. Wie sieht der Gesprächsablauf aus?

Der Gesprächsablauf kann wie folgt aussehen:

Phase	Inhalt
1. Begrüßung des Bewerbers	Vertrauensbasis wird aufgebaut
2. Informationen zum Unternehmen	Unternehmensdaten, Produktstruktur, Gesamtorganisation
3. Bildungsgang des Bewerbers	Aus- und Weiterbildung, Entwicklungswünsche
4. Berufliche Entwicklung des Bewerbers	bisherige Positionen mit den Aufgabenschwerpunkten, gesammelte Erfahrungen
5. Berufliche Vorstellungen des Bewerbers zur ausgeschriebenen Stelle	Wünsche, die mit der Stelle erfüllt werden sollen, Anwendung von Ideen und Erfahrungen
6. Informationen zur Stelle	Inhalte, Einbindung, konkrete Vorstellungen des Unternehmens, personelle Konstellation

Phase	Inhalt
7. Vertragsverhandlungen	Einkommen, sonstige Konditionen, früheste Einsatzmöglichkeit u. a.
8. Gesprächsabschluss	zzt. möglichst weder Zusage, noch Absage, Darstellung des weiteren Gangs des Auswahlprozesses

05. Wie kann das Gespräch ausgewertet werden?

Das Gespräch kann mittels Auswertungsbögen ausgewertet werden. Dabei könnte folgender Aufbau/Inhalt infrage kommen:

- Auftreten des Bewerbers (von „sehr gehemmt“ bis „sehr selbstsicher“)
- Redegewandtheit (von „geringer Wortschatz“ bis „sehr gut“)
- Auffassungsgabe (von „braucht mehr Erklärung als andere“ bis „sehr schnell und treffend“)
- Einstellung des Bewerbers zur Position (von „hätte lieber eine andere Position“ bis „hat sehr großes Interesse“)
- Typbeschreibung (von „analytisch“ bis „gute Umgangsformen“)
- Fachkenntnisse (von „sehr gering“ bis „hochqualifiziert“)
- Berufserfahrung (von „keine“ bis „sehr viel Erfahrung“)
- persönlicher Eindruck des Interviewers vom Bewerber (von „ mit dem Bewerber nicht zurechtgekommen“ bis „sehr sympathisch, guter Kontakt“)
- Erwartungshaltung (von „langfristiger Einsatz“ bis „Entwicklungswunsch“)
- Gehaltsvorstellung (von „keine Vorstellung“ bis „passend“).

06. Wie ist das Fragerecht geregelt?

Im Vorstellungsgespräch sind nur solche Fragen erlaubt, die objektiv mit der zu besetzenden Stelle in Verbindung stehen. Dies kann, je nach Position, unterschiedlich intensiv in den privaten Bereich hineinreichen, besonders bei hoher Vertraulichkeit und persönlicher Zuverlässigkeit des Stelleninhabers. Es gilt folgender Zusammenhang:

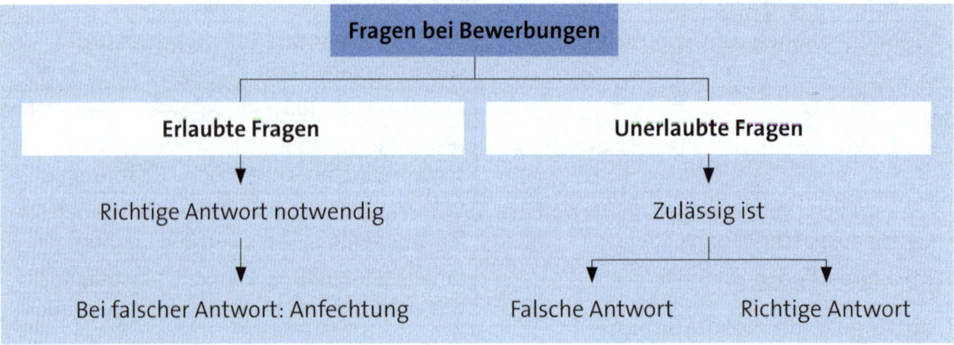

Nicht erlaubt sind vor allem Fragen zu den folgenden Sachverhalten:

- Krankheiten, sofern sie nicht für die Beschäftigung insgesamt bzw. für die betreffende Arbeit von Bedeutung sind (z. B. Epilepsie bei Staplerfahrern)
- Schwangerschaft, soweit kein Beschäftigungsverbot für Schwangere besteht
- Vorstrafen, soweit sie nicht mit der Position in Verbindung stehen; dies gilt auch für schwebende Verfahren (z. B. Trunkenheit am Steuer für Lkw-Fahrer)
- Schwerbehinderung, soweit sie nicht für die betreffende Arbeit bedeutsam ist
- Vermögensverhältnisse, soweit nicht besonderes Interesse an geordneten Verhältnissen besteht
- politische Fragen (z. B. Mitgliedschaft in Parteien oder Gewerkschaften), soweit es sich nicht um einen Tendenzbetrieb handelt.

7.2.1.5 Assessment-Center

01. Was versteht man unter einem Assessment-Center und wie ist der Ablauf?

Das Assessment-Center ist ein Gruppenauswahlverfahren, da sich oft über mehrere Tage erstreckt. Sechs bis zwölf Bewerber stehen drei bis vier Beobachtern (Assessoren) gegenüber. Es ergibt sich folgender Ablauf:

- Auswahl und Schulung geeigneter Beobachter (möglichst aus unterschiedlichen Führungsebenen, aber nicht nur aus dem aufnehmenden Bereich)
- Erarbeitung situationsorientierter Übungen
- Beurteilung der Teilnehmer bei den Übungen durch jeden Beobachter separat
- gemeinsames Urteil
- Besprechung der Ergebnisse mit den einzelnen Teilnehmern
- zwischendurch evtl. Ausscheiden einzelner Bewerber.

02. Welche typischen Übungen gehören zum Assessment-Center?

Die Übungen werden zu einem Gesamtpaket geschnürt, das den Anforderungen des zu besetzenden Arbeitsplatzes entspricht. Im Einzelnen gehören dazu:

- Einzeltests (z. B. Postkorbübung)
- Gruppenarbeiten zur Feststellung des Rollenverhaltens und der Teamfähigkeit
- Fallstudien (u. a. um Wesentliches vom Unwesentlichen zu unterscheiden und unter Zeitdruck zu Entscheidungen zu kommen)
- Planspiele (Überprüfung verknüpfenden Denkens, indem die Auswirkungen der Entscheidungen über alle Funktionen des Unternehmens erfasst werden müssen)
- Gruppendiskussionen
- Einzelgespräche
- Vorträge und Präsentationen.

03. Wie ist das Assessment-Center zu bewerten?

Für den Bewerber ergeben sich als Vorteile:

- größere Objektivität durch gleiche Aufgaben
- mehrere Beurteiler
- bessere Transparenz.

Für das Unternehmen ist vorteilhaft:

- höhere Akzeptanz der Auswahl durch die Stellung der Beobachter
- unmittelbarer Vergleich der Bewerber untereinander
- größere Aussagekraft durch zahlreiche Tests und Aufgaben, die auf die Alltagssituation abgestimmt sind
- soziale Verhaltensweisen werden beurteilbar
- Führungsverhalten kann erprobt werden.

Nachteile sind:

- Gefahr einseitiger Erfolgstypen (durchsetzungsfähige Vielredner)
- Lerneffekt der Teilnehmer durch mehrere Assessment-Center
- auch hier liegt nur Simulation und nicht die Wirklichkeit vor
- sehr hohe Kosten
- langfristige Aussagen sind schwierig, da die persönliche Entwicklung situativen Realitäten ausgesetzt ist.

7.2.1.6 Sonstige Auswahlinstrumente

01. Welche weiteren Instrumente werden unterschieden?

Weitere Instrumente sind:

- Personal-(frage-)bogen
- Referenzen
- biografischer Fragebogen
- Arbeitsproben
- ärztliche Untersuchung.

02. Welche Bedeutung hat der Personalbogen?

Im Personalbogen sind die wesentlichen Daten aus den Bewerbungsunterlagen in kurzer Form dargestellt; er ermöglicht somit einen ersten zusammengefassten Überblick über die Person. Auch hier gelten die Regelugen des Fragerechts. Der Betriebsrat muss dem Personalbogen zustimmen (§ 94 Abs. 1 BetrVG).

Der Personalbogen sollte so aufgebaut sein, dass er:

- eine vergleichende Auswertung der Bewerbungen zulässt
- eine Übertragung der wesentlichen Daten in die Personaldatei erleichtert, wenn einer der Bewerber eingestellt wird.

03. Wie können Referenzen sinnvoll eingesetzt werden?

Vereinzelt wird in der Bewerbung die Angabe von Referenzpersonen erwartet, bei denen Auskünfte über den Bewerber eingeholt werden können. Referenzen werden häufig als wenig sinnvoll erachtet, da der Bewerber nur solche Personen nennen wird, die positive Informationen geben werden. Viele Referenzpersonen können die Arbeit des Bewerbers nicht richtig einschätzen.

Dagegen kann die gezielte Nachfrage zu einzelnen Stationen oder Elementen des Lebenslaufs, z. B. die Einholung von Auskünften beim jetzigen oder bei früheren Arbeitgebern, sehr informativ sein.

04. Wie ist der Ablauf beim biografischen Fragebogen?

Ansatzpunkt für die Anwendung biografischer Fragebögen ist die Annahme, dass das beste Verhaltenskriterium für künftiges Verhalten das Verhalten in der Vergangenheit ist. Es werden deshalb Fragebögen erstellt,

- die Daten der persönlichen Entwicklung des Bewerbers erfragen
- die eine Abhängigkeit zwischen dem Inhalt dieser Daten und der Erfolgsprognose zulassen.

Es existieren mehrere Fragebogensysteme, die von Spezialisten erstellt worden sind. Unternehmen obliegt im Auswahlprozess lediglich die Anwendung dieser Systeme.

05. Wann sind Arbeitsproben sinnvoll?

Arbeitsproben sind manchmal sinnvoll, sie geben einen direkten Einblick in die Fähigkeiten und vor allem in die Fertigkeiten des Bewerbers. Aber auch Arbeitstugenden (z. B. Ordnung, Zuverlässigkeit) können überprüft werden. Es wird unterschieden zwischen:

- Proben, die eingereicht werden (z. B. Entwürfe, Veröffentlichungen)
- Proben, die unter Aufsicht angefertigt werden (z. B. Übersetzungsproben bei einer Fremdsprachensekretärin, Drahtbiegeprobe bei gewerblichen Tätigkeiten)
- Probearbeiten, bei der ein Bewerber einen oder mehrere Tage mit typischen Arbeiten betraut wird (häufig bei Langzeitarbeitslosen).

Geeignet sind die Arbeitsproben vor allem dann, wenn andere Instrumente nicht genügend Aussagekraft haben.

06. Welche Bedeutung hat die ärztliche Untersuchung?

Die ärztliche Untersuchung dient der Überprüfung, ob der Bewerber den physischen und psychischen Belastungen der zu besetzenden Stelle gewachsen ist. Sie ist häufig die letzte Stufe des Auswahlprozesses; sie ist bei der Einstellung von Jugendlichen sowie einiger spezieller Einsatzbereiche (z. B. bei der Arbeit mit offenen Lebensmitteln) vorgeschrieben.

Aufgrund der ärztlichen Schweigepflicht ist lediglich die Aussage möglich, ob der Bewerber tauglich, beschränkt tauglich oder untauglich für die betreffende Stelle ist, es sei denn, dass der Bewerber den Arzt von seiner Schweigepflicht dem Arbeitgeber gegenüber entbunden hat. Es gilt aber als eher unseriös, wenn der Betrieb vom Bewerber diese Entbindung fordert.

7.2.2 Einsatz der Mitarbeiter

7.2.2.1 Betriebliche Anforderungen und Mitarbeiterinteressen

01. Warum spricht man beim Einsatz von Mitarbeitern von einem Spannungsfeld?

Im Betrieb wirken als Kräfte:

- die betrieblichen Anforderungen
- die Interessen der Mitarbeiter.

Der Betrieb hat ganz bestimmte Erwartungen an die Mitarbeiter, die

- im Anforderungsprofil
- in sonstigen Vorstellungen vom Mitarbeiter

resultieren.

Jedes Spannungsverhältnis kann sich rasch zum Konflikt ausweiten. Deshalb ist es die Aufgabe eines jeden Vorgesetzten, sensibel mit dieser Problematik umzugehen.

02. Was fordert der Betrieb vom Mitarbeiter?

Der Betrieb fordert:

- Flexibilität (z. B. im Rahmen der Arbeitszeit)
- Mobilität hinsichtlich des Arbeitsorts
- hohe Leistungsintensität
- Kontrollierbarkeit
- materielle Bescheidenheit
- Einordnungswille in das Team
- Sparsamkeit im Umgang mit Mitteln des Betriebs
- Kreativität für die Weiterentwicklung des Betriebs.

03. Was fordern die Mitarbeiter vom Betrieb?

Die Mitarbeiter fordern:

- Sicherheit des Arbeitsplatzes
- Entfaltungsmöglichkeiten bei der Arbeit
- Gerechtigkeit bei der Entlohnung
- Freizügigkeit bei der Arbeitszeitgestaltung
- Entwicklungsmöglichkeit
- Freiheit bei der Gestaltung des Arbeitsplatzes und der Arbeit
- Nachhaltigkeit bei der Entwicklung des Betriebs
- Schutz der Gesundheit.

7.2.2.2 Lösungsmöglichkeiten von Interessenkonflikten

01. Wie kann der Interessenkonflikt gelöst werden?

Lösung ist in erster Linie gegeben, wenn der Mitarbeiter effizient eingesetzt ist, d. h. der richtige Mitarbeiter am richtigen Ort unter Berücksichtigung der Interessen der Mitarbeiter. Dazu ist es erforderlich, dass:

- ein quantitativer Abgleich erfolgt, d. h. das Arbeitsvolumen darf den Mitarbeiter nicht überfordern
- ein qualitativer Abgleich erfolgt, d. h. der Mitarbeiter muss mit der Qualifikation ausgestattet sein, die ihm einen Einsatz ermöglicht
- die Örtlichkeit im zumutbaren Entfernungsbereich für den Mitarbeiter liegt
- ein finanzieller Abgleich erfolgt, damit die Arbeit des Mitarbeiters gerecht entlohnt wird.

02. Welche Lösungsmöglichkeiten hat der Vorgesetzte?

Lösungen können sich ergeben durch:

- Entscheidung des Vorgesetzten im Zuge seiner Weisungsgebundenheit als eher autoritäre Struktur; der Mitarbeiter fühlt sich nicht beteiligt, das Verhältnis zum Vorgesetzen könnte belastet sein
- gemeinsame Entscheidung in kooperativer Form, die vor allem dann erfolgreich ist, wenn eine Win-win-Lösung möglich ist
- einen Kompromiss, wenn keine Win-win-Lösung möglich ist; dies führt zu keiner Begeisterung, aber häufig zur Akzeptanz der Lösung.

7.2.2.3 Vorbereitung und Einführung

01. Wo liegt der Unterschied zwischen Einführung und Einarbeitung?

Einführung ist die Integration in die Betriebsgemeinschaft. Dem Mitarbeiter sollen Angst und Vorbehalte genommen werden; gleichzeitig soll ihm ermöglicht werden, möglichst rasch das Netzwerk des Betriebs nutzen zu können.

Einarbeitung ist die Integration in die Fachaufgabe. Der Mitarbeiter sollte möglichst rasch die Besonderheiten der Aufgaben im Betrieb kennen lernen. Je besser die Qualifikation des Mitarbeiters und je normierter die Tätigkeit ist, desto rascher kann die Einarbeitung beendet sein.

02. Welche Bedeutung hat die Einführung neuer Mitarbeiter?

Der Einführung neuer Mitarbeiter kommt besondere Bedeutung zu, denn es hat sich herausgestellt, dass rund 75 % aller Kündigungen im ersten Arbeitsjahr erfolgen; man spricht deshalb auch von einer „Einführungskrise“. Wenn der Mitarbeiter nicht in den Kollegenkreis eingeführt und mit dem Aufgabengebiet vertraut gemacht wird, führt dies leicht zu der Überzeugung, dass er in der neuen Umgebung nicht erwünscht ist und mit dem Aufgabengebiet nicht fertig wird. Die Aufgaben einer systematischen Einführung sind deshalb:

- Verhinderung und Abbau von Frustrationserscheinungen
- Vermeidung einer personellen Fehlinvestition
- schnellere Entfaltung des Leistungspotenzials
- Verringerung von Orientierungsproblemen in der ungewohnten Umgebung.

03. Warum ist bei der Einführung und Einarbeitung systematisch vorzugehen?

Liegt keine Systematik vor, besteht die Gefahr, dass:

- nichts passiert
- keine Kontrollierbarkeit gegeben ist.

Deshalb ist zunächst ein Plan zu erstellen und mit allen Beteiligten abzustimmen. Dabei muss klar geregelt werden,

- wer die Einführung bzw. die Einarbeitung vornimmt
- wann sie durchgeführt wird
- wo sie stattfindet
- welche Veranstaltungen zu besuchen sind
- wie der Erfolg zu kontrollieren ist.

Diese Kontrollen sind dann auch konsequent und rechtzeitig durchzuführen.

04. Wer ist für die Einführung und Einarbeitung zuständig und wer könnte behilflich sein?

Zuständig für die Einarbeitung ist der Fachvorgesetzte, der die Aufgabe dann auch häufig an seine Mitarbeiter delegiert; dies entlässt ihn aber nicht aus der Verantwortung.

Für die Einführung zuständig sind sowohl der Fachvorgesetzte, als auch die Personalabteilung, da es sich hier um zahlreiche Informationen und Kontakte handelt, die fach- und abteilungsübergreifend sind.

Sehr positive Erfahrungen hat man mit Patenschaften und Mentoren gemacht, die unterstützend wirken. Der Pate oder Mentor ist ein erfahrener Mitarbeiter, der gerne neue Mitarbeiter „an die Hand nimmt“. Um überzeugend als Pate/Mentor arbeiten zu können, sollte unbedingt das Prinzip der Freiwilligkeit herrschen. Dann fühlt sich der Pate/Mentor auch verantwortlich für seinen Schützling. Der neue Mitarbeiter wird hier vor allem auch in die ungeschriebenen Gesetze eines Unternehmens eingeführt und wird deshalb davor bewahrt, sich bereits frühzeitig „eine blutige Nase zu holen“. Außerdem profitiert er vom persönlichen Netzwerk des Paten/Mentors.

05. Wie könnte ein Einführungsprogramm aufgebaut sein?

Jede Einführung und damit auch das Einführungsprogramm sollte geprägt sein von einer Willkommenskultur, die einen guten Grundstein legt für eine lange gute Zusammenarbeit. Sie gibt ein Gefühl der Sicherheit und wirkt nicht zuletzt imagebildend nach außen.

Inhalte eines Programms sollten sein:

- Vorbereitung der Umgebung auf den neuen Mitarbeiter
- Aushändigung und Besprechung einer Einführungsschrift
- Einführung in die Organisation des Unternehmens
- Teilnahme an einer Einführungsveranstaltung
- Vorstellung wichtiger Personen und Einrichtungen (z. B. Betriebsrat)
- Information über Sicherheitsfragen
- Information über die Qualitätskultur des Unternehmens
- Information über die Ordnung des Unternehmens (z. B. Arbeitszeit, Entlohnung, Beurteilungen, Verhalten im Betrieb)
- Erfassung des Integrationsfortschritts.

Allerdings sollte der neue Mitarbeiter nicht mit Informationen überfrachtet werden, da er sonst fast alles, was er kennengelernt hat, wieder vergessen hat. Außerdem sind nicht der organisatorische Aufwand und die repräsentative Darstellung entscheidend, sondern das tatsächliche Bemühen um den neuen Mitarbeiter im persönlichen Kontakt zu den hierfür Zuständigen.

06. Was ist bei der Vor- und Nachbereitung der Einführung zu beachten?

Die Vorbereitung hat dafür zu sorgen, dass der Mitarbeiter möglichst zügig seine Arbeit aufnehmen kann. Dazu gehört auch, dass die Umgebung auf den neuen Mitarbeiter vorbereitet wird und ihn willkommen heißt; deshalb ist zu verhindern, dass Neid, Konkurrenz oder Antipathie entstehen. Falls der Mitarbeiter bereits vorher den Betrieb besucht, kann bereits eine positive Basis hergestellt werden.

Bei der Nachbereitung wird der Vorgesetze im Gespräch mit dem neuen Mitarbeiter, aber auch mit dem Paten/Mentor erfahren, wie erfolgreich die Einführung gewesen ist. Das Ergebnis wirkt in zweierlei Richtung:

- Ist das Ziel im konkreten Fall erreicht oder sind weitere Maßnahmen notwendig?
- Wie könnte das Verfahren für die Zukunft verbessert werden?

Um vor Abschluss der Probezeit ein aussagefähiges Bild über den Mitarbeiter zu haben, sollten fachliche Defizite noch während der Probezeit beseitigt werden.

In größeren Betrieben kommen die neuen Mitarbeiter einmalig oder mehrmals zu einem Treffen zusammen, um u. a. einen Erfahrungsaustausch zu betreiben.

7.3 Erstellen von Anforderungsprofilen, Stellenplanungen und -beschreibungen sowie von Funktionsbeschreibungen

7.3.1 Anforderungsprofile

01. Was ist ein Anforderungsprofil?

Anforderungen sind die Summe der Fähigkeiten und Belastungen, denen der Stelleninhaber gerecht werden muss; sie sind stellen- und nicht personenbezogen. Es wird deshalb nicht dargestellt, wie der Mitarbeiter den Anforderungen mit seiner konkreten Leistungsentfaltung nachkommt. Werden die Anforderungen als einzelne Merkmale (Kriterien) auf einer Skala dargestellt und werden die konkreten Ausprägungen für alle Merkmale grafisch miteinander verbunden, entsteht ein Anforderungsprofil. Dieses Profil wird dann mit den Qualifikations- bzw. Eignungsprofilen einzelner Bewerber bzw. Mitarbeiter verglichen. Deshalb dürfen nur solche Merkmale aufgenommen werden, die auch eindeutig erfassbar und überprüfbar sind.

02. Wie wird das Anforderungsprofil erstellt?

Das Anforderungsprofil wird in folgenden Stufen erstellt:

- Analyse des betreffenden Arbeitsplatzes, indem die Aufgaben und die Arbeitsbedingungen erfasst werden
- Zerlegung der Aufgaben in Teilaufgaben
- Ableitung der Anforderungen aus den Teilaufgaben i. S. von „Was verlangt die Teilaufgabe vom Mitarbeiter?"
- Festlegung der Arbeitsbedingungen (Ergonomie, Arbeitsverfahren, ökologische Belastungen)
- Festlegung der Beziehungen zwischen den beteiligten Personen, d. h.: Mit wem kommuniziert der Mitarbeiter? Von wem erhält er welche Informationen?

Ergebnis sind die Anforderungen, die in Anforderungsarten unterteilt werden.

03. Welche Anforderungsarten werden unterschieden?

Ausgangspunkt ist das Genfer Schema, das auf den Oberbegriffen Können und Belastung aufbaut.

Anforderungsarten	Können	Belastung
geistige Anforderungen	X	X
körperliche Anforderungen	X	X
Verantwortung	-	X
Arbeitsbedingungen	-	X

Können beschreibt den höchsten Grad einer Tätigkeit, ohne Rücksicht darauf, wie oft und wie lang die Beanspruchung ist. Ein Lagerist muss z. B. Mängelrecht anwenden können, auch wenn dies von ihm nur ab und zu verlangt wird. Dagegen kommt es bei der Belastung auf die durchschnittliche Höhe und die Dauer an, z. B. die Arbeit am Regal. Auf diese beiden Oberbegriffe werden vier typische Merkmale menschlicher Arbeit bezogen, sodass sich sechs Hauptanforderungsarten ergeben. Verantwortung und Arbeitsbedingungen beruhen nicht auf Können, sondern sind nur Belastungen.

04. Wie ist das erweiterte Schema von REFA aufgebaut?

REFA hat das Genfer Schema erweitert und ein System mit folgenden sechs Hauptanforderungsarten abgeleitet:

Anforderungsarten

Genfer Schema:	**Können**		**Verantwortung**	**Belastung**		**Arbeitsbedingungen**
Ergonomische Begriffe:	Vorwiegend nicht muskelmäßige Fähigkeit	Vorwiegend muskelmäßige Fähigkeit		Vorwiegend nicht muskelmäßige Belastung	Vorwiegend muskelmäßige Belastung	Umgebungseinflüsse
REFA-Anforderungsarten:	1 Kenntnisse	2 Geschicklichkeit	3 Verantwortung	4 Geistige Belastung	5 Muskelmäßige Belastung	6 Umgebungseinflüsse

Quelle: *Olfert*, Personalwirtschaft, S. 368

- Kenntnisse (geistiges Können, das auf Ausbildung, Erfahrung und Denkfähigkeit beruht)
- Geschicklichkeit (Handfertigkeit und Körpergewandtheit, die auf Anlagen, Übung, Erfahrung und Anpassung beruhen)
- Verantwortung (Gewissenhaftigkeit und Zuverlässigkeit, Sorgfalt und Umsicht im Umgang mit Aufgaben, Personen und Sachmitteln)
- geistige Belastung (Steuerung von Abläufen, geistige Tätigkeiten i. e. S.)
- muskelmäßige Belastung (dynamische, statische und einseitige Muskelarbeit)
- Umgebungseinflüsse (Erschwernisse, die behindern, belästigen oder gefährden können).

Zur genaueren Erfassung können die Hauptanforderungsarten in Untermerkmale aufgegliedert werden. Eventuell müssen weitere spezifische Anforderungsarten hinzugefügt werden (z. B. Dispositionsvermögen, Verhandlungsgeschick).

05. Wer erstellt das Anforderungsprofil?

Das Anforderungsprofil entsteht durch Zusammenarbeit von Fachvorgesetztem (Meister) und Personalabteilung; der Meister liefert wichtige Informationen aufgrund seiner fachlichen Erfahrungen und fertigt einen Entwurf an. Durch die Personalabteilung erhält das Anforderungsprofil seine Form und wird ständig angepasst. Häufig werden Experten hinzugezogen. Im Einzelfall kann auch der Betriebsrat beteiligt werden, obwohl hierzu keine Pflicht besteht.

06. Welche Methoden werden bei der Analyse der Arbeit angewandt?

Methoden sind:

- freies Vorgehen: Es liegt keine Standardisierung vor, genutzt werden z. B.:
  - Informationen von Stelleninhabern und Experten
  - Analyseergebnisse verschiedener Unterlagen
  - bereits vorliegende Beschreibung des Arbeitsplatzes.
- teilweise gebundenes Vorgehen mit teilweiser Standardisierung (z. B. Beobachtung anhand vorgegebener Kriterien mit nicht normierten Abstufungen)
- gebundenes Vorgehen: Durch Vorgaben in vollem Umfang standardisiert, z. B. ausführliche Fragebögen, Interviews mit vorgegebenen Fragen, für die die möglichen Antworten vorgegeben sind.

07. Welche Qualifikationen gehören zum außerfachlichen Bereich?

Zum außerfachlichen Bereich gehören die folgenden Kompetenzen:

- Methodenkompetenz: Fähigkeit, die auf die lebenslange Konfrontation mit immer neuen Kenntnissen und Fertigkeiten vorbereiten soll, z. B. Entscheidungsfähigkeit, Analysekompetenz, Problemlösungsfähigkeit, Moderationskompetenz.
- Sozialkompetenz: Fähigkeit, mit anderen Personen zu kommunizieren, z. B. Fähigkeit zur Integration, Kooperation, Verantwortung.
- Führungskompetenz: Fähigkeit, andere Menschen zu führen und für andere Verantwortung zu tragen.

08. Welchen Anforderungen müssen Anforderungsprofile gerecht werden?

Anforderungen sind:

- Objektivität als Unabhängigkeit vom Untersuchenden
- Zuverlässigkeit (reagibel), d. h. das, was gemessen werden soll, muss auch messbar sein; daraus ergibt sich z. B. eine jederzeitige Wiederholung des Ergebnisses
- Problemgerechtigkeit (valide), d. h. es muss tatsächlich das gemessen werden, was gemessen werden soll
- Vollständigkeit, d. h. alle wichtigen Merkmale müssen erfasst werden
- Relevanz, d. h. nur die wesentlichen Merkmale werden erfasst.

09. Welche Merkmale beinhaltet das Anforderungsprofil?

Das Profil enthält:

- aufgabenorientierte Merkmale (gemäß Stellenbeschreibung), die sich beziehen auf:
  - Aus- und Fortbildung
  - spezifische berufliche Kenntnisse
  - spezifische berufliche Erfahrungen
  - DV-Kenntnisse und -Erfahrungen
  - Sprachkenntnisse
  - Befähigungsnachweise
- persönlichkeitsorientierte Merkmale, die über Interviews mit dem Vorgesetzten, dem Vorgänger oder mit Experten eingebracht werden, dazu gehören:
  - Teamfähigkeit
  - Kommunikationsstärke
  - Belastbarkeit
  - Flexibilität
  - Mobilität
  - Entscheidungsfähigkeit
  - Überzeugungskraft/Durchsetzungsvermögen
  - Integrität/Seriosität.

10. Wie könnte das Anforderungsprofil für einen Logistikmeister aussehen?

Anforderungsprofil für einen Logistikmeister:

	notwendig	wünschenswert
fachlich:		
Ausbildung in der Logistik		X
geprüfter Logistikmeister	X	
Berufserfahrung als Führungskraft		X
Erfahrungen bei Lagerplanung		X
Fuhrparkmanagement	X	
Anleitung von Mitarbeitern	X	
persönlich:		
Kommunikationsstärke	X	
Teamfähigkeit	X	
Verhandlungsgeschick		X
Überzeugungskraft	X	
Begeisterungsfähigkeit		X
Kontaktfreudigkeit	X	

7.3.2 Stellenplanung und -beschreibung

01. Was ist eine Stelle?

Die Stelle ist als Instrument der Aufbauorganisation die kleinste organisatorische Einheit. Sie setzt sich aus Elementaraufgaben zusammen, die nicht weiter unterteilt werden können. Sie stellt das Aufgabenvolumen einer Arbeitsperson dar. Bei der Stellenbildung werden folgende Abgleiche vorgenommen:

- quantitativer Abgleich, über den die richtige Arbeitsmenge zugewiesen wird, damit der Mitarbeiter währen der geschuldeten Arbeitszeit optimal ausgelastet ist
- qualitativer Abgleich, über den Tätigkeiten zusammengefasst werden, die gemäß ihrer Art von einschlägig ausgebildeten und erfahrenen Mitarbeitern auch erledigt werden können; exotische Kombinationen sollten vermieden werden, da kaum Mitarbeiter gefunden werden, die derartige Stellen kompetent besetzen können
- kostenmäßiger Abgleich, über den gleich schwierige und damit gleich bezahlte Tätigkeiten zusammengefasst werden sollten.

Die Stellen werden in Gruppen, Abteilungen, Hauptabteilungen zur Hierarchie zusammengefasst, dargestellt als Organigramm.

02. Was sind Stellenpläne?

Ein Stellenplan ist die Auflistung aller Stellen, unabhängig davon, ob sie besetzt sind. Er beinhaltet:

- Bezeichnung der Stellen
- Einstufung der Stellen
- Umfang der Stellen (Voll-/Teilzeit).

Der Stellenbesetzungsplan ist eine Weiterentwicklung des Stellenplans. Als Inhalte kommen hinzu:

- Name des Mitarbeiters
- Geburtsdatum
- Eintrittsdatum.

Nicht besetzte Stellen werden häufig mit „NN“ vermerkt. Mitarbeiter, die ihre Stelle verlieren bzw. schon verloren haben, werden oft als obsolet bezeichnet; sie werden im „Übersoll“ geführt.

03. Was ist prozessorientierte Stellenplanung?

Die prozessorientierte Stellenplanung ergibt sich aus der heute häufig anzutreffenden Ge-staltung der Organisation nach Prozessen und nicht nach Funktionen. Der Fluss steht im Vordergrund, Schnittstellen werden vermieden bzw. reduziert. Die Organisation wird dynamisch, sie verabschiedet sich von statischen hierarchischen Strukturen.

Die Qualifikation der Führungskraft wird in erster Linie durch diese Prozesse bestimmt und nicht durch die Ebene.

04. Was ist zukunftsoffene Stellenplanung?

Bei zukunftsoffener Stellenplanung kann die Besetzung der Stellen der jeweiligen Situation angepasst werden; die Stellen sind nicht starr festgelegt, sondern auf Veränderung und Wachstum ausgerichtet. Dementsprechend locker sind auch die Stellenbeschreibungen gehalten. Plan und Beschreibung dürfen nicht wie ein Korsett einschränken.

05. Wozu dienen Stellenbeschreibungen?

Die Stellenbeschreibung dient vor allem:

- der Abgrenzung von Aufgaben und Kompetenzen
- der Personalbeschaffungsplanung
- der Personalentwicklungsplanung
- dem Mitarbeiter bei seiner Arbeitsausübung
- der Einstufung von Stellen
- als Grundlage zur Beurteilung
- als Teil der Zertifizierung im Rahmen der Qualitätssicherung.

06. Wo liegen die Grenzen der Stellenbeschreibung?

Stellenbeschreibungen müssen aktuell sein; das setzt voraus, dass:

- regelmäßige Überarbeitung stattfindet
- sich der Inhalt auf wesentliche Zusammenhänge beschränkt.

Stellenbeschreibungen besitzen Gefährdungspotenzial, denn sie können, vor allem wenn sie sehr detailliert gefasst sind, behindernd wirken, wenn sich der Stelleninhaber hinter seiner Stellenbeschreibung „verschanzt“. Außerdem ist die Erstellung und Überarbeitung sehr zeitaufwändig und kostspielig.

07. Was ist bei der Erstellung der Stellenbeschreibung zu beachten?

Die Stellenbeschreibung beginnt mit der Ist-Aufnahme, in die der Stelleninhaber einbezogen werden sollte. Möglichkeiten der Ist-Aufnahme sind:

- schriftliche Aufzeichnungen des Stelleninhabers
- schriftliche Aufzeichnungen durch den Vorgesetzten
- Befragung des Stelleninhabers
- Befragung des Vorgesetzten
- Beobachtung des Stelleninhabers.

Die Ergebnisse werden ausgewertet, geprüft und überarbeitet; dabei ist zu klären, ob:

- Doppelarbeiten vorliegen
- wichtige Aufgaben bisher nicht zugeordnet waren
- Arbeiten überflüssig sind
- der Informationsfluss funktioniert
- Kompetenzen und Vertretung geregelt sind
- die Stelle den Mitarbeiter nicht überfordert.

Es wird ein Entwurf angefertigt, der nach Kontrolle und Überarbeitung festgelegt und eingeführt wird. Ständige Überarbeitung ist notwendig.

08. Welchen Inhalt hat die Stellenbeschreibung?

Instanzenbild:

- Bezeichnung der Stelle
- Position
- Unter-/Überstellung.

Aufgabenbild:

- Hauptaufgeben
- Sonderaufgaben
- Befugnisse/Vollmachten
- aktive und passive Stellvertretung.

Leistungsbild:

- Stellenziele
- besondere Anforderungen
- Einstufung
- Stellenumfang.

Der Name des Stelleninhabers und persönliche Anforderungen gehören gewöhnlich nicht zur Stellenbeschreibung, da die Stelle unabhängig von der Person des Stelleninhabers betrachtet wird.

09. Wie sieht die Stellenbeschreibung für einen Logistikleiter aus?

KÜTECH AG	Stellenbeschreibung	
Organisatorische Fragen		
Stelle	Leiter Logistik	Stellen-Nr. 536
Position	Abteilungsleiter	
Bereich	Produktion, Logistik	
Vorgesetzter	Geschäftsführer Produktion, Logistik	
Mitarbeiter	3 Gruppenleiter	
Stellvertretung aktiv passiv	 Leiter Produktion Gruppenleiter Lager	
Vollmacht/ Befugnisse	Prokura	
Einstufung	AT	
Zeitumfang	Vollzeit	
Stellenziele		
	► Weiterentwicklung der vorhandenen Systeme ► langfristige Sicherung der Versorgung des Unternehmens ► Verkürzung der Durchlaufzeiten ► Verringerung der Kosten in der Logistik ► Entwicklung von Partnerschaften mit Lieferanten als Win-win-Strategie	
Aufgaben		
Hauptaufgaben	► Erforschung des Marktes logistischer Leistungen ► Abschluss von umfassenden Vertragswerken ► Verhandlungen ► strategische Steuerung der gesamten Logistik ► Mitarbeit in Projekten auf Führungsebene ► Führung der Mitarbeiter der Logistik ► Weiterentwicklung der Qualifikation der Mitarbeiter zur internen Besetzung von Führungspositionen ► Beratung der Unternehmensleitung bei logistischen Fragen	
Sonderaufgaben	► Mitwirkung in regionalen Refa-Gruppen ► Vertreter des Unternehmens im Arbeitgeberverband für logistische Fragen ► Vertreter des Unternehmens bei logistischen Verbandsaktivitäten	
Sonstiges		
Besondere Anforderungen	SAP-Berater	
Stand	02.01.2015	

10. Welche Beschreibungen werden unterschieden?

Unterschieden werden:

- Arbeitsplatzbeschreibung, bei der die Inhalte des Arbeitsplatzes im Vordergrund stehen; organisatorische Aspekte treten in den Hintergrund
- Tätigkeitsbeschreibung, bei der die Beschreibung des Prozesses, der Abläufe im Vordergrund stehen; vor allem werden Zusammenhänge im Ablauf dargestellt
- Aufgabenbeschreibung als Tätigkeitsbeschreibung, um die Aufgabe detailliert darzustellen; bei auftragsorientierter Organisation steht der Auftrag im Vordergrund
- Positionsbeschreibung, bei der die Besonderheit der Führungsebene im Vordergrund steht.

11. Welche Arten der Stellenbeschreibung werden unterschieden?

Arten der Stellenbeschreibung sind:

- anweisungsorientierte Stellenbeschreibung: Vorgeschrieben wird die Art der Ausführung der Arbeiten; heute werden den Mitarbeitern eher Freiheiten gelassen.
- anforderungsorientierte Stellenbeschreibung: Sie definiert Aufgabenbereiche, für die Freiräume im Rahmen der Fähigkeiten gegeben werden
- zielorientierte Stellenbeschreibung: Auflistung von Zielen, auf die Beschreibung von Aufgaben wird weitgehend verzichtet; die Ziele müssen vom Stelleninhaber allein beinflussbar sein.

7.3.3 Funktionsbeschreibung

01. Was ist eine Funktionsbeschreibung?

Die Funktionsbeschreibung zeigt den Leistungsbeitrag einer Funktion im Betrieb. Dazu werden die Schwerpunktaufgaben dargestellt und deren Ergebnisse deutlich gemacht. Für gleichartige Funktionen werden gemeinsame Beschreibungen erstellt. Häufig wird die Funktionsbeschreibung mit der Stellenbeschreibung gleichgesetzt. Allerdings steht bei der Funktionsbeschreibung die Aufgabe im Mittelpunkt. Die Darstellung kann erfolgen als:

- Funktionsdiagramm, in das mehrere Funktionen als Matrix aufgenommen wurden
- Funktionsauflistung.

Sie wird vor allem dort angewandt, wo mehrere Mitarbeiter gleiche Aufgaben haben. Somit ist die Funktionsbeschreibung eine Art „Sammelstellenbeschreibung“. Danach kann es eine Funktionsbeschreibung „Lagerist“ geben, die für alle Lageristen gilt; daneben gibt es eine Stellenbeschreibung für den Leiter des Lagers XY.

02. Welchen Inhalt haben Funktionsbeschreibungen?

Funktionsbeschreibungen stellen als Funktionsfelder dar:

- Leiten als Recht, Entscheidungen zu treffen und anordnen zu dürfen; dazu gehört aber auch, Verantwortung zu tragen. Außerdem wird Initiative vorausgesetzt.
- Ausführen als unmittelbare Erfüllung der Aufgabe
- Kontrollieren als Überwachung des Prozesses und der Prüfung nach Beendigung des Prozesses
- Informieren als Erteilung von Vorgaben und die Kenntnisnahme von Sachverhalten.

03. Welche Ziele hat die Funktionsbeschreibung?

Ziele der Funktionsbeschreibung sind:

- Darstellung von Zusammenhängen zwischen verschiedenen Funktionen
- hohe Flexibilität gegenüber der Stellenbeschreibung durch Konzentration auf die wesentlichen Inhalte
- Ausrichtung auf Funktionsfelder
- aussagefähigere Personalplanung
- vereinfachte Stellenbesetzung
- Neuen Mitarbeitern und Bewerbern werden die angestrebte Rolle und die Anforderungen transparent aufgezeigt.
- Hilfestellung bei der Nachfolgeplanung
- Den Mitarbeitern werden Entwicklungsmöglichkeiten deutlich.
- Förderung des gegenseitigen Rollenverständnisses von Mitarbeitern und Vorgesetztem
- vereinfachte Zielableitung.

7.3.4 Bedeutung von Stellen- und Funktionsbeschreibungen

01. Welche Bedeutung haben Stellenbeschreibungen?

Stellenbeschreibungen haben die Personalplanung, aber auch die Personalbeschaffung und die Personalentwicklung weiterentwickelt. Nachdem sie zunächst lediglich als organisatorisches Instrument gesehen wurden, um Konflikte und Redundanzen zu vermeiden, entdeckte man bald die Bedeutung für die Personalarbeit. Dies zeigt sich auch insofern, als heute häufig die Personalabteilung für die Bearbeitung der Stellenbeschreibungen zuständig ist.

Im Vordergrund stehen die Tätigkeiten, die dem Stelleninhaber übertragen werden; eine zu starke Detaillierung sollte vermieden werden, da die Stellenbeschreibung unflexibel wird und stetige Änderungsdienste vorprogrammiert sind.

02. Welche Bedeutung haben Funktionsbeschreibungen?

Bei der Funktionsbeschreibung steht nicht die Beschreibung von Tätigkeiten im Vordergrund, sondern von Funktionen und damit von Rollen. Funktionen werden grobmaschiger umschrieben, wodurch Veränderungen von Tätigkeiten aufgefangen werden können, ohne dass die Funktionsbeschreibung laufend geändert werden muss. Sie konzentriert sich auf das Wesentliche, ordnet ein und gibt damit auch den Gesamtzusammenhang wieder. Jeder Funktionsbereich und Funktionsteilbereich haben eine Funktionsbeschreibung aber nicht zwangsläufig jede Stelle.

03. Wie könnte die Funktionsbeschreibung „Lagerist" aussehen?

Funktionsbeschreibung	
Bezeichnung	Lagerist
Hauptziele	Wirtschaftliche Durchführung der Aufträge Verkürzung der Durchlaufzeit im Lager --------------
Hauptaufgaben	Material im Wareneingangsbereich abholen Festlegung des Lagerplatzes Einlagerung Überprüfung der eingelagerten Ware ------------- Überprüfung der technischen Anlagen Bedienung der verschiedenen Fördermittel
Sonderaufgaben	Unterstützung des Leiters
Mitarbeiterführung	------------
Kommunikation	Der Lagerist erhält Informationen von: ► Wareneingang ► Arbeitsvorbereitung ► Einkauf. Der Lagerist erteilt Informationen an: ► Buchhaltung ► Controlling ► Qualitätssicherung.
Besondere Anforderungen	Befähigung zur Führung von Förderzeugen
Befugnisse	---------

7.4 Delegieren von Aufgaben und der damit verbundenen Verantwortung

7.4.1 Delegation als Führungsaufgabe und als Entwicklungsmöglichkeit des Mitarbeiters

01. Was ist Delegation und welche Ziele hat sie?

Dem Mitarbeiter wird eine selbstständige Aufgabe übertragen inkl. der notwendigen Kompetenzen i. S. von Befugnissen; als Konsequenz trägt der Mitarbeiter dann auch die Handlungsverantwortung; die Führungsverantwortung bleibt beim Vorgesetzten, denn er trägt die Verantwortung für Auswahl, Einarbeitung, Qualifizierung, Einsatz und Kontrolle des Mitarbeiters.

Ziele der Delegation sind:

- für den Vorgesetzen: Entlastung, Nutzung des Mitarbeiter-Knowhows
- für den Mitarbeiter: Motivation, Förderung der Fähigkeiten.

02. Welche Grundsätze bzw. Merkmale gelten für die Delegation?

Grundsätze der Delegation sind:

- Übereinstimmung von Aufgabe, Kompetenz und Verantwortung
- Delegationsfähig- und -willigkeit beim Vorgesetzen und beim Mitarbeiter
- keine Rückdelegation
- Auswahl delegierbarer Aufgaben
- Kontrolle festlegen
- abgrenzbares Aufgabengebiet
- genaue Arbeitsanweisungen.

03. Aus welchen Elementen besteht Delegation?

Delegation besteht aus der:

- Aufgabe als Verrichtung, mit der ein bestimmtes Ziel erreicht werden soll
- Kompetenz als Befugnis, die zur umfassenden Erledigung der Verrichtung notwendig ist, aufgeteilt in:
  - Entscheidungskompetenz (z. B. Einstellung eines Lageristen)
  - Weisungskompetenz zur Einwirkung auf das Verhalten anderer Personen
  - Verfügungskompetenz als Befugnis über Sachen und Rechte zu verfügen
  - Informationskompetenz als Befugnis, Informationen zu erhalten
  - Antragskompetenz als Befugnis, etwas verlangen zu dürfen
  - Vertretungskompetenz als Befugnis zur Stellvertretung.

- Verantwortung als persönliches Einstehen für Entscheidungen, aufgeteilt in:
  - Handlungsverantwortung als Verantwortung für die ordentliche Aufgabenerfüllung
  - Führungsverantwortung als besondere Verantwortung für den Vorgesetzten.

In jedem Fall ist darauf zu achten, dass Aufgaben, Kompetenz und Verantwortung übereinstimmen. Differenzen sind eine wesentliche Grundlage für Konflikte.

04. Mit welchen Argumenten wehren Führungskräfte häufig Delegation ab?

Häufige Argumente sind:

- „Ich kann das am besten."
- „Ich mache es lieber selbst, da ich verantwortlich bin."
- „Meine Mitarbeiter sind bereits überlastet."
- „Meine Mitarbeiter wollen das gar nicht."
- „Meine Mitarbeiter können das nicht."
- „Ich habe keine Zeit zur Einweisung."

05. Welche Aufgaben sollten nicht delegiert werden?

Nicht delegiert werden sollten:

- Zielsetzung und Planung
- Führung der Mitarbeiter
- Beurteilung der Mitarbeiter
- Kontrolle der Mitarbeiter
- Einsatz von Mitarbeitern
- Zuordnung von Kompetenzen.

06. Wie wird bei der Delegation vorgegangen?

Der Ablauf sieht wie folgt aus:

- Auswahl der Aufgaben, die delegiert werden
- Auswahl von Mitarbeitern, auf die delegiert wird
- Führung eines Delegationsgesprächs
- eventuell Qualifizierung der Mitarbeiter, um letzte Lücken zu schließen
- Festlegung eines zeitlichen Rahmens
- Festlegung von Kontrollmechanismen
- eventuell persönliche Unterstützung zusagen.

07. Was ist bei der Auswahl der Mitarbeiter zu beachten?

Geprüft werden müssten:

- die Kenntnisse des Mitarbeiters
- die Erfahrungen des Mitarbeiters
- die Leistungsbereitschaft des Mitarbeiters
- die persönlichen Eigenschaften des Mitarbeiters (u. a. Loyalität, Zuverlässigkeit, Überzeugungskraft, Akzeptanz).

08. Was sind die Grundsätze und Voraussetzungen des Harzburger Modells?

Grundsätze des Harzburger Modells sind:

- Dezentralisierung von betrieblichen Entscheidungen
- Entscheidungen werden von den Mitarbeitern getroffen, die dafür gemäß ihrer Aufgabenstellung und ihres Wissens zuständig sind.
- weitestgehende Delegation
- Zuteilung von Bereichen, in denen der Mitarbeiter selbstständig entscheiden und handeln kann
- Aufgabenverteilung von unten nach oben, indem der untergeordnete Mitarbeiter der übergeordneten Instanz nur die Entscheidungen weitergibt, die er nicht mehr selbst treffen kann.

Voraussetzungen sind:

- klar gegliederte Führungsstrukturen
- exakte Stellenbeschreibungen
- Delegationsbereitschaft und -fähigkeit des Vorgesetzen und des Mitarbeiters
- detailliertes System der Dienstaufsicht und Erfolgskontrolle
- umfassende Führungsanweisungen mit Durchführungsbestimmungen, die vom Vorgesetzen und den Mitarbeitern einzuhalten sind, z B.:
  - Regelung der Pflichten von Mitarbeitern und Vorgesetzen
  - Grundsätze für die vertikale und horizontale Kommunikation
  - Grundsätze zur Kontrolle
  - genaue Regelung des Einsatzes der Führungsmittel.

09. Wie sieht das Konzept des Harzburger Modells aus?

Das Harzburger Modell kann wie folgt dargestellt werden:

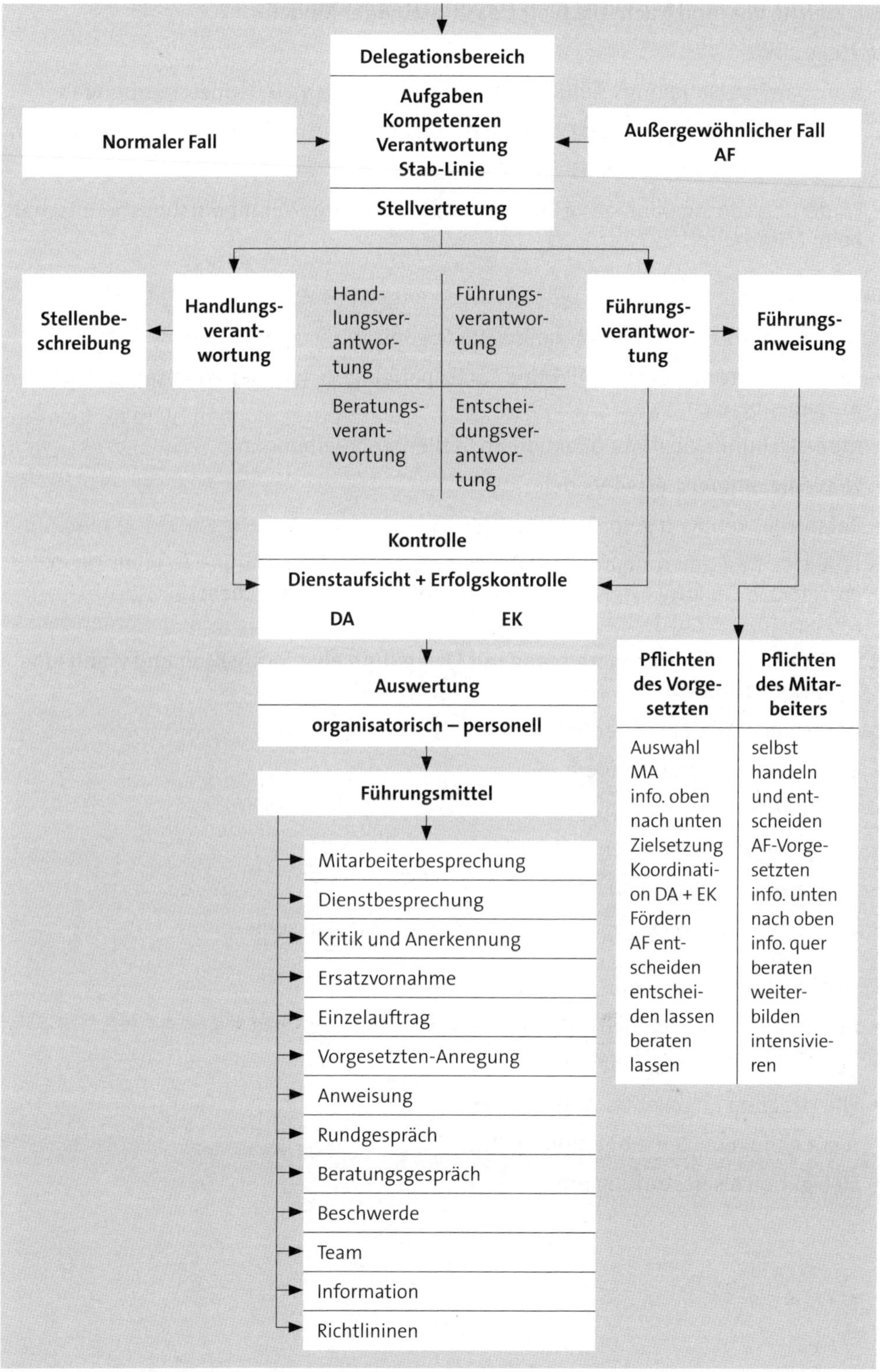
Delegationsbereich
Aufgaben
Kompetenzen
Verantwortung
Stab-Linie
Stellvertretung
Normaler Fall
Außergewöhnlicher Fall
AF
Stellenbe-schreibung
Handlungs-verant-wortung
Hand-lungsver-antwor-tung
Führungs-verantwor-tung
Beratungs-verant-wortung
Entschei-dungsver-antwor-tung
Führungs-verantwor-tung
Führungs-anweisung
Kontrolle
Dienstaufsicht + Erfolgskontrolle
DA
EK
Auswertung
organisatorisch – personell
Führungsmittel
Mitarbeiterbesprechung
Dienstbesprechung
Kritik und Anerkennung
Ersatzvornahme
Einzelauftrag
Vorgesetzten-Anregung
Anweisung
Rundgespräch
Beratungsgespräch
Beschwerde
Team
Information
Richtlininen
Pflichten des Vorge-setzten
Auswahl MA
info. oben nach unten
Zielsetzung
Koordinati-on DA + EK
Fördern
AF ent-scheiden
entschei-den lassen
beraten lassen
Pflichten des Mitar-beiters
selbst handeln und ent-scheiden
AF-Vorge-setzten info. unten nach oben
info. quer
beraten
weiter-bilden
intensivie-ren

10. Welche Vor- und Nachteile bietet das Harzburger Modell?

Vorteile sind:

- transparente Handlungs- und Aufgabenbereiche durch Stellenbeschreibungen
- Führungsanweisungen und Führungsmittel bilden ein in sich geschlossenes System.
- Entlastung des Vorgesetzen
- Förderung von Eigeninitiative, Leistungsmotivation und Verantwortungsbereitschaft beim Mitarbeiter.

Nachteile sind:

- bürokratisches Modell durch zahlreiche Organisationsregeln
- versteckt autoritäres Modell, keine Partizipation (z. B. legt der Vorgesetze allein den Aufgabenbereich fest)
- Modell ist unflexibel (vor allem durch Stellenbeschreibungen)
- zu wenig differenziertes Modell
- Ressortdenken wird gefördert
- teilweise Degradierung des Mitarbeiters zum Befehlsempfänger (z. B. im Dienstgespräch, das der kritiklosen Entgegennahme von Weisungen dient).

11. Wann liegen im Zusammenhang mit Delegation eine Motivation und wann eine Demotivation vor?

Motivierend wirkt auf Mitarbeiter:

- ernst genommen zu werden
- sich als Partner zu fühlen
- sich profilieren zu können
- Vertrauenswürdigkeit zu empfinden
- Chancen zur Entwicklung und Selbstverwirklichung zu sehen.

Demotivierend wirkt, wenn:

- nur unwichtige Aufgaben delegiert werden
- der Mitarbeiter überfordert ist
- Übertragung ungeliebter Aufgaben erfolgt
- nicht genügend Zeit eingeräumt wird
- Delegation als Bestrafung erfolgt.

7.4.2 Prozess- und Ergebniskontrolle

01. Wie kann die Kontrolle ausgeübt werden?

Nach dem Kontrollgegenstand kann die Kontrolle ausgeübt werden als:

- Prozesskontrolle bzw. als Verfahrenskontrolle; kontrolliert wird die Ausübung der Tätigkeit. Dies ist vor allem dann wichtig, wenn Fehler nicht im Ergebnis festgestellt werden können; es kann rechtzeitig eingegriffen werden.
- Ergebniskontrolle, wenn es nur auf die Qualität ankommt, der Weg dorthin aber nicht entscheidend ist; diese Vorgehensweise wirkt motivierend.

Nach dem Kontrollträger unterscheidet man:

- Selbstkontrolle, die der Arbeitende selbst durchführt; sie entspricht dem Bild vom eigenverantwortlichen und mit umfassenden Kompetenzen ausgestatteten Mitarbeiter; sie lässt rasche Gegenmaßnahmen zu, setzt aber verantwortungsbewusste Mitarbeiter voraus.
- Fremdkontrolle, die objektive Urteile ermöglicht; sie vermeidet Selbsttäuschung. Sie wird häufig von den Mitarbeitern als störend und unangenehm empfunden.

02. Welche Ziele hat Kontrolle?

Ziele der Konrolle sind:

- Festlegung von Verhaltens- und Ergebnisabweichungen sowie deren Analyse
- rechtzeitige und wirksame Korrekturmöglichkeit
- Gewinnung gesicherter Informationen für weitere Entscheidungsprozesse
- Abbau von Verunsicherung
- leistungsgerechte Entlohnung der Mitarbeiter.

Dabei muss aber stets beachtet werden, dass die Mitarbeiter Kontrollmaßnahmen nicht als etwas Entwürdigendes, Beeinträchtigendes, Lästiges empfinden, das sie von ihrer Arbeit abhält, und dass sie nicht das Gefühl haben, stetiger Beobachtung ausgesetzt zu sein.

03. Welche Voraussetzungen müssen erfüllt sein?

Voraussetzungen sind

- Ziel- und Aufgabenvereinbarung zwischen Vorgesetzten und Mitarbeiter und damit eine Identifikationsgrundlage für den Mitarbeiter
- realistische Vorgaben
- objektive Kontrollmaßstäbe
- klare und verständliche Kontrollkriterien
- überprüfbare und messbare Ergebnisse

- leistungsfähiger Kontrollapparat durch richtige Ablauforganisation durch die Mitarbeiter selbst (Selbstkontrolle) oder durch entsprechende Einrichtungen (Fremdkontrolle)
- gemeinsame Klärung der Soll-/Ist-Abweichungen und Analyse ihrer Ursachen.

04. Welche Ursachen haben Abweichungen?

Ursachen für Abweichungen können sein:

- überforderte Mitarbeiter
- unzureichende Zielformulierung
- verfehlte Planung
- Lücken in der Organisation
- Abwendung von Kunden
- schlechter Konjunkturverlauf.

05. Wie können Abweichungen vermieden werden?

Vermeidung ist möglich durch:

- klare Zielformulierung
- gemeinsame Zielfestlegung zwischen Vorgesetztem und Mitarbeiter
- intensive Information der Mitarbeiter
- rechtzeitige Regelung der Kontrollstellen
- Übertragung von Befugnissen.

7.5 Fördern der Kommunikations- und Kooperationsbereitschaft

7.5.1 Bedingungen der Kommunikation und Kooperation im Betrieb

7.5.1.1 Grundlagen

01. Welche Bedeutung hat die Kommunikation im Betrieb?

Im Betrieb agieren Mitarbeiter, Menschen, die sich durch Kommunikation verständlich machen. Kommunikation verbindet und verdeutlicht, was zu tun ist. Sie ist Grundlage für jegliche Kooperation.

Kommunikation ist ein wichtiges Führungsinstrument, über das u. a.:

- Anweisungen erfolgen
- Erklärungen gegeben werden
- Unterweisungen stattfinden
- Korrekturen vorgenommen werden
- ein Feed-back erteilt wird.

02. Was ist Kommunikation?

Kommunikation ist der Austausch oder die Übertragung von Informationen. Wissen, Erkenntnis und Erfahrung werden als Information bezeichnet. Austausch erfolgt in Gegenseitigkeit (Sender/Empfänger). Übertragung deutet an, dass häufig Entfernungen überbrückt werden.

Das Sender-/Empfängermodell (nach *Schulz von Thun*) geht davon aus, dass der Sender:

- Informationen gibt
- diese Informationen gefiltert hat, da er nicht unbedingt alles sagt, was er eigentlich will
- die Informationen wertet, indem er seine Meinung bzw. Einstellung dazu positiv oder negativ äußert.

Auch der Empfänger

- filtert (nimmt häufig nur das auf, was er aufnehmen möchte); andere Informationsteile „überhört" er
- wertet, indem er feststellt, ob die Information für ihn positiv oder negativ einzuschätzen ist.

03. Welche Bedeutung hat die Information für die Kommunikation?

Die Bearbeitung der unterschiedlichsten Arbeitsabläufe erfordert vielfältige Informationen und damit stetige Informationsübertragung zwischen dem Meister und seinen Mitarbeitern. Diese Informationsübertragung geschieht wechselseitig.

Die Informationen müssen

- umfassend, aber nicht unübersichtlich
- aktuell
- adäquat aufbereitet

sein. Information und Informationsübertragung gehören zusammen, denn eine Information kann nur dann richtig sein, wenn sie auch richtig übertragen wurde.

Richtige Information ist die unverzichtbare Grundlage für richtige

- Entscheidungen
- Arbeitsergebnisse,

und damit Basis für die Bereitschaft zur Übernahme von

- Verantwortung.

Falsche bzw. unvollständige Information führt dagegen u. a. zu:

- Missverständnissen
- Doppelarbeiten
- Nachfragen
- Zeitverzögerung
- Konflikten
- Demotivation und Unzufriedenheit bei allen Beteiligten
- Frustration
- Stress- und Angstgefühlen.

04. Welche vier Seiten einer Information unterscheidet das Modell Schulz von Thun?

Die vier Seiten sind:

- der Sachinhalt und damit die eigentliche Information als sachliche Botschaft und offizielle Seite der Information; sie ist gewöhnlich der eigentliche Grund der Information; deshalb ist es besonders wichtig, dass auf Verständlichkeit geachtet wird.
- der Beziehungsinhalt, der sich auf das Verhältnis zwischen Sender und Empfänger bezieht; der Sender bringt zum Ausdruck, welche Meinung er über den Empfänger hat
- die Selbstoffenbarung, die Auskünfte, gewollt oder ungewollt, über die Persönlichkeit des Senders gibt
- der Appell, über den eine bestimmte Wirkung beim Empfänger erzielt werden soll; er soll zu einem gewollten Verhalten bzw. Denken veranlasst werden.

05. Welche Bedeutung hat die Kooperation im Betrieb?

Bei Kooperation arbeiten Personen oder Gruppen zusammen, wobei sie gegenseitige Vorteile sehen. Gerade heute ist Kooperation von großer Bedeutung, denn:

- Zeitvorgaben für Arbeitsergebnisse werden immer kürzer; reibungsloses Miteinander ist zwingende Voraussetzung
- Arbeitsergebnisse werden immer stärker auf interdisziplinärer Ebene erzielt, d. h. Fachleute aus unterschiedlichen Bereichen arbeiten zusammen
- dazu gehört auch die Einbindung externer Beteiligter (Berater, Lieferant, Kunden), mit denen kooperiert wird.

Dabei besteht die Möglichkeit, dass die Kooperation:

- eher formalisiert wird (z. B. als Interessengemeinschaft)
- oder eher auf informeller Basis existiert, z. B. als Netzwerk in horizontaler Form (gleiche Ebene) oder vertikal (unterschiedliche Ebenen sind beteiligt).

06. Welche Faktoren sind bei der Kooperation zu beachten?

Heute wird vornehmlich in arbeitsteiligen Prozessen gearbeitet. Dies setzt organisatorische, technische und personelle Kooperation voraus. Arbeit im Team hat an Bedeutung zugenommen.

Durch Nutzung der IT-Möglichkeiten findet die Kooperation heute nicht nur unter Anwesenden, sondern auch über große Entfernungen unter Abwesenden statt.

Wichtige Voraussetzungen sind:

- Aufgeschlossenheit
- Identifikation mit der Aufgabe
- Beachtung und Einbindung zwischenmenschlicher Beziehungen.

7.5.1.2 Verbale und nonverbale Kommunikation

01. Was wird unter verbaler Kommunikation verstanden?

Die verbale Kommunikation ist der sprachliche Teil der Kommunikation. Dazu gehören:

- Wortschatz und Wortwahl
- technischer Umgang mit der Sprache (u. a. Anwendung der Grammatik und Rechtschreibung)
- Sprachstil (statisch oder dynamisch)
- Schnelligkeit des Sprechens
- deutliche Aussprache
- Technik des aktiven Zuhörens.

02. Was wird unter nonverbaler Kommunikation verstanden?

Zur nonverbalen Kommunikation gehören alle Formen der Kommunikation, die nicht durch Sprache erfolgen. Dazu gehören:

- Körperhaltung
- Stimmlage
- Mimik
- Gestik
- Blickkontakt.

Dabei können diese Elemente:

- bewusst genutzt werden
- unbewusst auftreten (z. B. Farbwechsel im Gesicht beim Lügen)
- Symbolcharakter haben (z. B. Zeichen, die eine fest Bedeutung haben)
- Symptom sein (z. B. an den Kopf fassen als Geste des Nachdenkens).

03. Wie ist das Verhältnis zwischen verbaler und nonverbaler Kommunikation?

Beide Kommunikationsarten sollten übereinstimmen. Dadurch werden verbale Aussagen verstärkt. Besteht keine Übereinstimmung,

- entsteht Unsicherheit beim Kommunikationspartner, der irritiert ist
- kann der aufmerksame Kommunikationspartner erkennen, dass der Kommunizierende nicht die Wahrheit sagt; daraus ergibt sich, dass die Körpersprache wahrheitsgemäßer als die verbale Sprache ist; sie ist eher vom Unterbewusstsein gesteuert.

Übereinstimmung kann sich ergeben als:

- natürliches Verhalten, das für den Empfänger der Kommunikation Gewissheit bietet
- kontrolliertes Vorgehen, wobei dann eigentlich nicht die Wahrheit gesagt wird.

7.5.1.3 Fördernde und hemmende Betriebsstrukturen

01. Welche Strukturen im Betrieb fördern die Kommunikation?

Fördernd wirken:

- Kommunikationsstärke der Gesprächspartner
- positiver Rahmen
- angenehm eingerichtete und farblich gestaltete Räume
- positives Betriebsklima
- Aufgeschlossenheit
- kein Zeitdruck, keine Hektik
- kreatives Klima.

02. Welche Strukturen hemmen die Kommunikation?

Hemmend wirken:

- räumliche Trennung
- Schichtarbeit
- Lärm
- hierarchische Unterschiede
- sprachliche Differenzen
- häufiger personeller Wechsel
- unzulängliche Informationen.

7.5.1.4 Störungen im Kommunikationsprozess

01. Welche Ursachen haben Störungen im Kommunikationsprozess?

Der Kommunikationsprozess kann durch vielfältige Störungen beeinflusst werden. Aufgabe des Meisters ist die Beseitigung von Störquellen. Ursachen für Störungen können sein:

- Meister und Mitarbeiter messen Worten unterschiedliche Bedeutung zu (z. B. ein Mitarbeiter versteht eine Anweisung anders als sein Meister)
- Zurückhaltung von Informationen, auf beiden Seinen möglich (evtl. um Informationsmonopole aufzubauen)
- mangelnde Auskunft des Mitarbeiters, um persönliche negative Folgen zu vermeiden (z. B. Verschweigen von Fehlern aus Angst vor Tadel)
- fehlendes Engagement, wodurch Informationen unwichtig erscheinen können
- mangelnde Übung in der Kommunikation
- selektive Wahrnehmung, wodurch nur solche Informationen aufgenommen werden, die den eigenen Vorstellungen entsprechen.

02. Wie können Störungen vermieden werden?

Zur Vermeidung von Störungen sollte vom Meister folgendes beachtet werden:

- Herstellung hoher Kontaktfähigkeit auf beiden Seiten
- Einfühlungsvermögen, um Informationen mitarbeiterorientiert individuell zu gestalten
- Auswahl der Informationen gemäß Fassungsvermögen des Mitarbeiters
- Fähigkeit, Interesse an Informationen zu wecken
- Darstellungsfähigkeit (u. a. anschaulich argumentieren)
- Herbeiführung von Rückkoppelungen, wodurch festgestellt werden kann, ob die Information wie gewollt angekommen ist
- Toleranz gegenüber anderen Meinungen und Spielraum für Überzeugungsprozesse.

7.5.2 Optimierung der Kommunikation und Kooperation im Betrieb

7.5.2.1 Maßnahmen

01. Welche Maßnahmen können zur Optimierung der Kommunikation und Kooperation beitragen?

Maßnahmen sind:

- Veränderungen der Arbeitsorganisation in Richtung Effizienz
- geringere Reibungsverluste in der Organisation
- Teambildung

- Vertrauensbildung
- Anerkennung der Person und Leistung
- Identifikation mit der Arbeit
- vermehrte Selbstorganisation.

02. Wie kann jeder sein eigenes Kommunikationsverhalten verbessern?

Hierzu ist es erforderlich, dass:

- das eigene Verhalten überprüft wird
- kritisch hinterfragt wird
- Fehlentwicklungen in der Kommunikation erkannt werden
- Bereitschaft besteht, das eigene Verhalten zu verbessern
- an Qualifizierung und Training teilgenommen wird, um das Verhalten zu verbessern
- ständig weiter reflektiert wird
- Rückschläge als Herausforderung gesehen werden.

03. Welche Bedeutung hat Identifikation?

Identifikation ist wesentliche Grundlage für Arbeitsleistung. Unter Identifikation versteht man die Übernahme von Normen, Einstellungen und Verhalten des Unternehmens durch den Mitarbeiter. Es reicht deshalb nicht aus, dass der Mitarbeiter seinen Arbeitsvertrag einhält; dieser stellt nur die rechtliche Seite des Arbeitsverhältnisses dar. Vielmehr ist auch von Bedeutung, in welcher Art und Weise der Arbeit erbracht wird. Dazu gehört die Einhaltung bestimmter Regeln. Grundlage sind Wertesysteme des Individuums und des Unternehmens, die möglichst weitgehend übereinstimmen sollten.

Erschwerend wirkt, dass Unternehmen ihre Ziele und damit ihr Verhalten verändern. Die Mitarbeiter:

- passen sich dem an
- oder überdenken ihr Verhalten, Identifikation geht verloren.

04. Wie kann die Mitarbeiteridentifikation beeinflusst werden?

Faktoren zur Mitarbeiteridentifikation sind u. a.:

- gerechter Lohn
- notwendige Arbeitsbedingungen
- sinnvolle Arbeit
- Anpassung der Arbeitszeit an die privaten Bedürfnisse
- Freiräume bei der Arbeit
- Arbeit, die Freude bereitet
- vertrauliche Zusammenarbeit im Team

- Vorgesetzte, die mitarbeiterorientiert führen
- respektvolle Behandlung der Mitarbeiter.

05. Wie kann die Selbstorganisation der Mitarbeiter verbessert werden?

Die Selbstorganisation kann verbessert werden durch:

- veränderte Einstellung des Mitarbeiters, der sich im Klaren sein muss, was er beruflich will (Will er sich weiterentwickeln? Ist er mit dem zufrieden, was er im Moment hat?)
- Vermittlung der Fähigkeiten, mit der Zeit richtig umzugehen (Zeitmanagement); vor allem sollte Zeitdruck und damit verbundener Stress, vermieden werden; Effizienz und Effektivität stehen im Vordergrund
- Unterstützung des Mitarbeiters durch den Meister, damit der Mitarbeiter den Rahmen erhält, sich zu entfalten; dort, wo er an Grenzen stößt, sollte der Meister helfen
- Hilfsbereitschaft im Team und durch den Meister; dies setzt voraus, dass der Mitarbeiter den Mut hat, sich zu öffnen
- Vertrauen im Team und zum Meister, wobei ein Vertrauensbruch nur schwer zu beseitigen ist
- intensive Nutzung der betrieblichen Information.

7.5.2.2 Gesprächsführung als Mittel zur Förderung der Kooperation und Kommunikation

01. Auf welche Inhalte können sich Gespräche beziehen?

Die Gesprächsinhalte können:

- fachlich bezogen sein: Ein fachliches Problem wird erörtert, z. B. technische Änderungen zur Verkürzung der Ausfallzeiten an der Verpackungsmaschine.
- organisatorisch bezogen sein: Ein organisatorisches Problem wird erörtert, z. B. Verkürzung der Kommissionierzeit durch Veränderung der Ablaufs.
- mitarbeiterbezogen sein: Ein oder mehrere Mitarbeiter haben ein Problem mit der persönlichen Bewertung ihrer Arbeit.

Dabei können Gespräche:

- einmalig angelegt sein (z. B. Kritikgespräch)
- periodisch wiederkehren (z. B. wöchentliche Abteilungsbesprechung).

Sie können:

- kurz (z. B. beim Schichtwechsel)
- umfassend (z. B. Vorbereitung einer umfassenden Änderung im Arbeitsablauf)

sein.

02. Wovon ist abhängig, ob ein Einzel- oder Gruppengespräch sinnvoll ist?

Einzelgespräche sind sinnvoll, wenn:

- persönliche Themen anliegen (z. B. Probleme mit dem Meister)
- fachliche Themen betroffen sind, die nur für eine Person bestimmt sind.

Gruppengespräche sind sinnvoll, wenn:

- Sachthemen angesprochen werden, die alle Teilnehmer betreffen
- Probleme im Team zu klären sind.

Gruppengespräche können als

- Aussprachen (um Unklarheiten zu beseitigen)
- Besprechungen (Erörterung des Für und Wider, Vorgehensweisen werden erarbeitet)
- Konferenzen (mit Abschlusscharakter und Abstimmung)

geführt werden.

03. Wodurch wird ein Gruppengespräch erfolgreich?

Erfolgsfaktoren für ein Gruppengespräch sind:

- richtige Auswahl der Teilnehmer, soweit eine Auswahl möglich ist
- eventuell Einsatz eines Mediators bei strittigen Themen
- intensive Vorbereitung des Gesprächs (Agenda, Unterlagen, Zeit, Dauer), um das Gespräch zu verkürzen
- strikter Ablauf des Gesprächs, eventuell vorher Regeln festlegen (u. a. Dauer des einzelnen Gesprächsbeitrags, Rednerliste)
- Nachbereitung des Gesprächs mit Protokollierung, eventuell Aufgabenverteilung
- förderlicher Rahmen (u. a. angenehm gestalteter Raum, angemessener Ort ohne Störungen).

04. Welche Regeln gelten für alle Gespräche?

Zu den Regelungen, die für Gespräche aufzustellen sind, gehören:

- gründliche Vorbereitung (Ziel festlegen, Fakten sammeln)
- Gesprächsverlauf skizzieren
- Achtung gegenüber der Persönlichkeit des anderen (Vertrauen, Rücksichtnahme, keine Vorurteile, genügend Zeit lassen)
- ausreden lassen, zuhören
- konstruktive Lösungen anstreben
- Offenheit
- Taktgefühl.

Vermieden werden sollten:

- Ängstlichkeit
- Kontaktarmut
- Ablenkung
- Überforderung.

Für schwierige Gespräche kann die BAR-Regelung angewandt werden, nach der der Gesprächsführende:

- sich **B**eteiligen
- **A**nteilnehmen
- den Mitarbeiter **R**espektieren soll.

05. Wie sieht der grundsätzliche Gesprächsablauf aus?

Der grundsätzliche Ablauf könnte wie folgt aussehen:

- Analyse des Sachverhalts
- Zielsetzung des Gesprächs festlegen
- Besprechung alternativer Lösungen mit dem Betroffenen
- gemeinsame Entscheidung für eine Lösung
- Festlegung von Maßnahmen
- Feed-back über den Gesprächsverlauf
- Vereinbarung zum weiteren Vorgehen.

06. Welche Einzelgesprächsarten werden unterschieden?

Unterschieden werden:

- Fördergespräch
- Kritikgespräch
- Beratungsgespräch
- Beurteilungsgespräch
- Vorstellungsgespräch.

07. Welche Besonderheiten gelten für ein Fördergespräch?

Fördergespräche dienen grundsätzlichen Qualifizierungsüberlegungen oder finden als Feedback-Gespräch vor und nach Qualifizierungsmaßnahmen statt. Sie sollten mindestens einmal im Jahr unter vier Augen stattfinden.

Der Ablauf könnte wie folgt aussehen:

- positiver Einstieg: positive Atmosphäre schaffen, Gesprächsziel und -verlauf nennen
- Mitarbeiter bewertet sich selbst, bezogen auf:
  - die Vergangenheit und die Gegenwart:
    - „Was sehen Sie als Ihre beste Leistung?"
    - „Womit waren Sie besonders zufrieden?"
    - „Was machen Sie besonders gerne?"
    - „Was sind ihre Stärken?"
  - die Zukunft:
    - „Welche Aufgaben können Sie in Zukunft bewältigen?"
    - „In welchen Bereichen können Sie Ihre Leistungen steigern?"
    - „Welche Ziele wollen Sie erreichen?"
    - „Wie könnte der Zeitplan aussehen?"
- Der Vorgesetzte gibt seine Ansicht der Situation wieder (inkl. Beurteilungsergebnisse, Aufzeigen von Lücken).
- Diskussion der Situation
- Suche nach gemeinsamen Lösungen
- Abstimmung und Festlegung dieser Lösungen in schriftlicher Form
- Zeitplanung mit Vereinbarung weiterer Feed-back-Gespräche
- Gesprächsabschluss (u. a. persönliches Empfinden des Mitarbeiters).

08. Welche Besonderheiten gelten für ein Kritikgespräch?

Ziel des Kritikgesprächs ist die Überwindung fehlerhaften Verhaltens; dabei steht die Zukunft, nicht die Vergangenheit im Mittelpunkt. Es gilt, zumindest die Ursachen sachlich zu erfassen; emotionale Reaktionen des Mitarbeiters sollten akzeptiert werden, da dieser ansonsten die Kritik nicht akzeptieren wird. Danach muss der Mitarbeiter Einsicht für sein fehlerhaftes Verhalten entwickeln.

Voraussetzungen für ein erfolgreiches Kritikgespräch sind:

- Das fehlerhafte Verhalten muss eindeutig nachweisbar und umschreibbar sein.
- Die Kritik erfolgt mit Augenmaß.
- Das Gespräch läuft strukturiert ab.
- Die Wirkung des Verhaltens wird beschrieben.
- Es wird nicht belehrt, sondern Einsicht erzielt.

Der Ablauf des Kritikgesprächs sollte in folgenden Phasen erfolgen:

- Einleitung durch den Meister: sachliche Beschreibung in klarer Sprache
- Stellungnahme durch den Mitarbeiter, damit keine Vorverurteilungen erfolgen; nicht zuletzt darf die Beziehung zwischen Mitarbeiter und Vorgesetztem nicht zu stark belastet werden
- gemeinsame Feststellung der Ursachen für das Fehlverhalten
- Vereinbarung von Vorgehensweisen, um das Fehlverhalten abzustellen; Vorschläge des Mitarbeiters sind erwünscht. Die Lösungen sollten schriftlich fixiert werden.

7.6 Anwendung von Führungsmethoden und -mitteln zur Bewältigung betrieblicher Aufgaben und zum Lösen von Problemen und Konflikten

01. Was ist Führung?

Im Unternehmen unterscheidet man als Führungsbereiche:

- Sachführung, bei der die Aufgabenziele und die Aufgaben selbst sowie deren Verteilung im Vordergrund stehen
- personale Führung, die darauf abzielt, das Verhalten der Menschen zu beeinflussen und dafür Sorge zu tragen, dass die Aufgaben auch tatsächlich ausgeführt werden, d. h. Leistung erzeugt, gesteigert und erhalten wird; dabei sind die Erwartungen der Mitarbeiter im Rahmen der betrieblichen Möglichkeiten zu berücksichtigen.

02. Welche Aufgaben hat Führung?

Führung hat zur Hauptaufgabe, die Mitarbeiter zum Handeln im Hinblick auf die Ziele des Unternehmens zu veranlassen. Dabei ergeben sich die folgenden Aufgaben:

- Information: Mitarbeiter einführen und unterrichten, auf Veränderungen einstellen
- Leitung: Mitarbeiter sorgfältig auswählen, effizient einsetzen, auslasten, anerkennen, gerecht entlohnen, mit Kompetenzen ausstatten
- Kontrolle: Mitarbeiter gerecht beurteilen, beaufsichtigen, loben, kritisieren
- Menschenführung: Mitarbeiter motivieren, entwickeln, fördern
- Pflege zwischenmenschlicher Beziehungen: Mitarbeiter in die Gemeinschaft einführen, zum Mitmachen anregen.

03. Wovon hängt Führungsverhalten und deren Erfolg ab?

Führungsverhalten hängt ab von der:

- Betriebsstruktur
- Struktur und Einstellung der Mitarbeiter
- konkreten Aufgabenstellung
- Entscheidungssituation
- Persönlichkeitsstruktur des Vorgesetzten.

Daraus ergeben sich verschiedene Rollen des Vorgesetzen als:

- Vorgesetzter
- Koordinator
- Coach
- Mentor.

Der Erfolg der Führung hängt ab von der:

- Machtbefugnis des Führenden
- Anerkennung der Führerrolle durch die Mitarbeiter
- fachlichen und persönlichen Autorität des Führenden.

04. Welche negativen Folgen hat schlechte Mitarbeiterführung?

Negative Folgen sind u. a.:

- Fluktuation
- Fehlzeiten
- geringe Produktivität
- schlechte Qualität
- Konflikte mit den Vorgesetzen und der Mitarbeiter untereinander
- Lethargie der Mitarbeiter
- seelische Probleme der Mitarbeiter (u. a. Alkoholismus)
- Verunsicherung der Mitarbeiter
- schlechtes Betriebsklima.

05. Welche Merkmale machen die Führungspersönlichkeit aus?

Eine Führungskraft, die der anspruchsvollen Aufgabe der Personalführung gerecht werden möchte, ist zahlreichen anspruchsvollen Anforderungen ausgesetzt, die sich auf fachliche und persönliche Merkmale beziehen. Umfassende fachliche Erfahrung als Voraussetzung für Delegation und Kontrolle werden ergänzt durch die Rolle als Vorbild den Mitarbeitern gegenüber. Die Persönlichkeit sollte folgende Merkmale aufweisen:

- Kommunikationsstärke
- Selbstbewusstsein
- Überzeugungskraft
- Integrität
- Sensibilität
- physische und psychische Belastbarkeit
- Verantwortungsbereitschaft
- Verlässlichkeit

- vorausschauendes Danken
- Urteilsfähigkeit
- Entscheidungsfähigkeit.

Daraus ergibt sich, dass eine erfolgreiche Führungskraft zwar Techniken zum besseren Vollzug der Führungsaufgabe erlernen kann, aber in jedem Fall über eine nicht erlernbare Grundbegabung verfügen muss.

06. Welche Bedeutung haben Werte und Normen?

Führungsverhalten basiert auf Werten und Normen. Werte sind Vorstellungen, Orientierungsmuster und Denkweisen, die unser Verhalten grundsätzlich prägen. Sie dienen der Innensteuerung und sind in hohem Maße abhängig von weltanschaulichen Überzeugungen, die durch Erziehung verstärkt werden. Die Führung von Personal muss geprägt sein durch die Achtung der Persönlichkeit des Anderen und durch Verantwortungsgefühl für das Schicksal der dem Führenden anvertrauten Mitarbeiter.

Durch Normen erfolgt die Außensteuerung als Vorgaben für das Verhalten in geschriebener oder ungeschriebener Form. Normen existieren sowohl auf gesellschaftlicher (z. B. Gesetze), als auch auf betrieblicher Ebene (z. B. Anweisungen). Werden Normen nicht eingehalten, drohen Sanktionen, die von Nichtbeachten bis hin zu Ausschluss und Bestrafung einzelner Mitarbeiter durch Kollegen gehen können.

Gesetzliche Regelungen des Führungsverhaltens gibt es in ausgeprägter Form nicht. Vielmehr beschränken sie sich weitgehend auf das Prinzip der Gleichbehandlung i. S. eines Verbots der Benachteiligung und auf die Fürsorgepflicht des Arbeitgebers und der Vorgesetzen ihren Mitarbeitern gegenüber. Betriebliche Regelungen, z. B. Führungsgrundsätze, können zur Vereinheitlichung der Führung beitragen.

07. Welche Bedeutung haben Macht und Autorität?

Macht geht von einer Person aus und erstreckt sich auf eine oder mehrere Personen. Macht ist damit eine wesentliche Grundlage zur Führung. Sie kann in positiver Hinsicht, also gemäß der Normen, aber auch in negativer Hinsicht ausgeübt werden.

Als Autorität wird die Befugnis zur Macht verstanden. Sie kann

- fachlich
- persönlich
- formal als „Amtsautorität“

vorkommen. Sie ist am wirkungsvollsten, wenn alle drei Autoritätsarten zutreffen. Der anerkannte Fachmann mit hoher persönlicher Ausstrahlung und hoher Integrität wird von der Unternehmensleitung offiziell zum Abteilungsleiter ernannt und erhält damit die formale Autorität.

08. Welche Typen von Vorgesetzen gibt es?

Nach *Rahn (gem. Olfert, 2006, S. 214)* werden folgende Vorgesetztentypen unterschieden:

- Strenge Führungskräfte haben eine Neigung zur autoritären Führung; sie erwarten Respekt.
- Sachliche Führungskräfte führen vornehmlich durch Richtlinien und Vorschriften.
- Muntere Führungskräfte spornen ihre Mitarbeiter an, sind aber häufig schlechte Zuhörer.
- Kritische Führungskräfte überprüfen alles auf Verbesserungsmöglichkeiten.
- Ehrgeizige Führungskräfte, für die die Anforderungen über der Menschlichkeit stehen; sie verbreiten häufig Stress.
- Humane Führungskräfte neigen zur Kooperation; sie verstehen es zu ermutigen; Auseinandersetzungen gehen sie aber lieber aus dem Weg.
- Hektische Führungskräfte stehen ständig unter Termindruck; dadurch haben sie wenig Zeit für die Probleme der Mitarbeiter; sie setzen sich aber voll für das Unternehmen ein.
- Nachlässige Führungskräfte kümmern sich wenig um ihre Führungsaufgabe, was rasch zu Autoritätsproblemen führt.
- Souveräne Führungskräfte haben keine Probleme mit der Autorität. Sie erkennen schnell das Machbare und verfügen über hohe Überzeugungskraft; sie nutzen das Potenzial ihrer Mitarbeiter durch kooperatives Verhalten.

7.6.1 Führungsmethoden und -mittel

01. Was gehört zu den Führungsmethoden und -mitteln?

Dazu gehören u. a.:

- Motivation
- Führungsstil
- Führungskonzepte
- Kommunikation
- Delegation
- Partizipation
- Mitarbeitergespräche und -besprechungen
- Beurteilung
- Konfliktmanagement.

7.6.1.1 Motivation

01. Welche Einflussgrößen bestimmen das Verhalten der Mitarbeiter?

Arbeitsleistung entsteht durch Verhalten, das Leistungsbereitschaft signalisiert. Das Verhalten wird von Motiven beeinflusst. Um das Verhalten aktiv gestalten zu können, ist es erforderlich, seine Einflussgrößen zu erfassen. Dabei muss jedoch berücksichtigt werden, dass eine Verhaltensänderung oft nur mittel- oder langfristig herbeigeführt werden kann.

Determinantenbereiche sind:

- der Mitarbeiter selbst
- das Umfeld des Mitarbeiters.

Werden die Einflussgrößen richtig einbezogen, erzeugt das Verhalten Leistung und Zufriedenheit. Wirken die Einflussgrößen negativ, kann Leistungsverweigerung die Folge sein und damit zur inneren Kündigung führen.

02. Was sind Motive und was ist Motivation?

Motive sind isolierte, noch nicht aktualisierte Beweggründe. Sie werden als Mangelzustand empfunden, mit dem Bedürfnis, diesen Mangel zu beseitigen. Das Verhalten wird durch eine große Anzahl von Motiven bestimmt; dabei hängt es von

- der Person
- und der Situation

ab, welche Motive das Verhalten bestimmen.

Diese Motive können:

- angeboren (primär) sein, z. B. Hunger stillen
- abgeleitet (sekundär) sein, d. h. durch die Struktur der Gesellschaft bestimmt , z. B. Wunsch nach Geld, um sich andere Wünsche erfüllen zu können. Sekundäre Motive sind Ersatzmotive für primäre Motive; sie werden durch Erfahrungen gelernt.

Motivation bedeutet, den Menschen zu Handlungen zu veranlassen, die:

- er grundsätzlich will, zumindest nicht ablehnt
- im Sinne des Unternehmens sind.

Motivation ist auf Dauer ausgelegt. Man unterscheidet:

- Intrinsische Motivation, bei der die Motivation über die Arbeit selbst erfolgt; der Mitarbeiter hat ein Interesse an seiner Arbeit, sie macht ihm Spaß. Die Wirkung ist nachhaltig, sie sollte deshalb im Vordergrund stehen; Mittel sind u. a. anspruchsvolle und abwechslungsreiche Arbeit, Freiräume bei der Arbeit.
- Extrinsische Motivation, bei der Anreize außerhalb der Arbeit wirken, z. B. materielle Anreize, Geltung, Sicherheit, Lob erhalten, Tadel vermeiden; die Mitarbeiter reagieren besonders intensiv auf Belohnungen.

Welche Motivationstheorien werden unterschieden?

Wichtige Motivationstheorien sind:

- Bedürfnispyramide nach *Maslow*, bei der eine Hierarchie der Bedürfnisse und damit eine Reihenfolge entsteht:

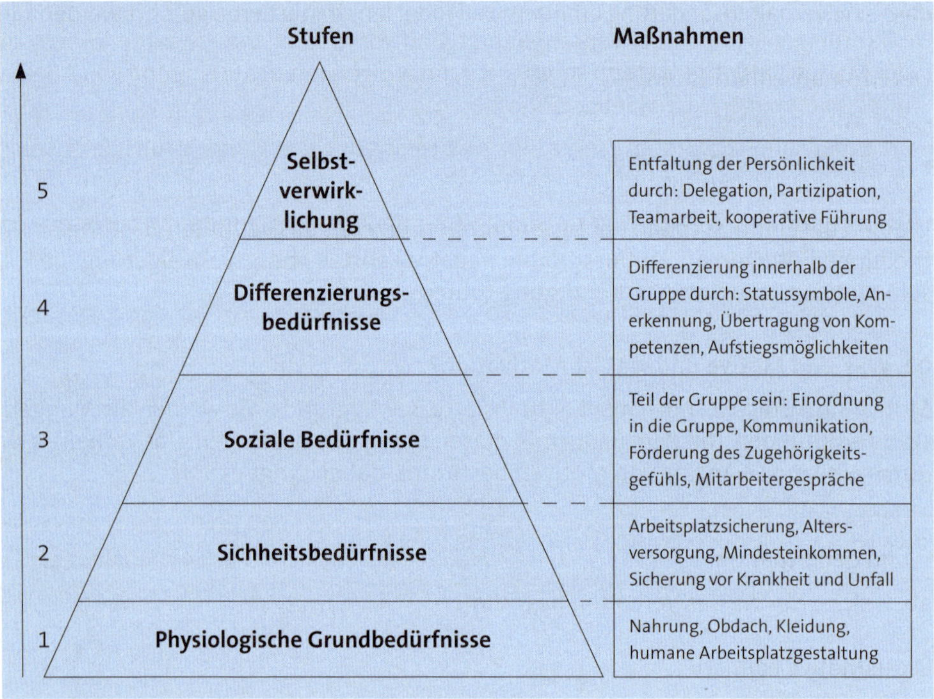

- 2-Faktoren-Theorie von *Herzberg*, die unterteilt in:
  - Hygienefaktoren, deren Fehlen Unzufriedenheit hervorruft; ihr Vorhandensein hebt zwar die Unzufriedenheit auf, wird aber in kurzer Zeit zur motivationslosen Selbstverständlichkeit
  - Motivatoren, deren Vorhandensein die Zufriedenheit erhöht, deren Fehlen aber Zufriedenheit verhindert, ohne gleichzeitig Unzufriedenheit zu erzeugen. *Herzberg* stellt fest, dass:
    - Motivatoren fehlende Hygienefaktoren teilweise ersetzen können
    - Hygienefaktoren kein Klima der Zufriedenheit erzeugen und nicht an die Stelle der Motivatoren treten können.

03. Wie verläuft der Motivationsprozess?

Der Motivationsprozess verläuft in folgenden Stufen:

- Ein Mangel (Bedürfnis, Motiv) wird erfasst (z. B. Bedürfnis nach Anerkennung).
- Die Umwelt gibt Anreize für die Beseitigung des Mangels (z. B. Anerkennung führt zu materieller Verbesserung).
- Erfahrungswerte aus der Vergangenheit sind vorhanden, die erwarten lassen, dass der Mangel beseitigt werden kann (z. B. Erfahrungen mit der Erlangung von Anerkennung in einem anderen Unternehmen).
- Erkennen eines konkreten Weges, der zur Beseitigung des Mangels führt (z. B. verantwortliche Übernahme eines Projekts)
- Beschreiten des Weges, was zu Erfolg (Beseitigung des Mangels) führen kann oder erfolglos bleibt.

Daraus ergibt sich folgendes Bild:

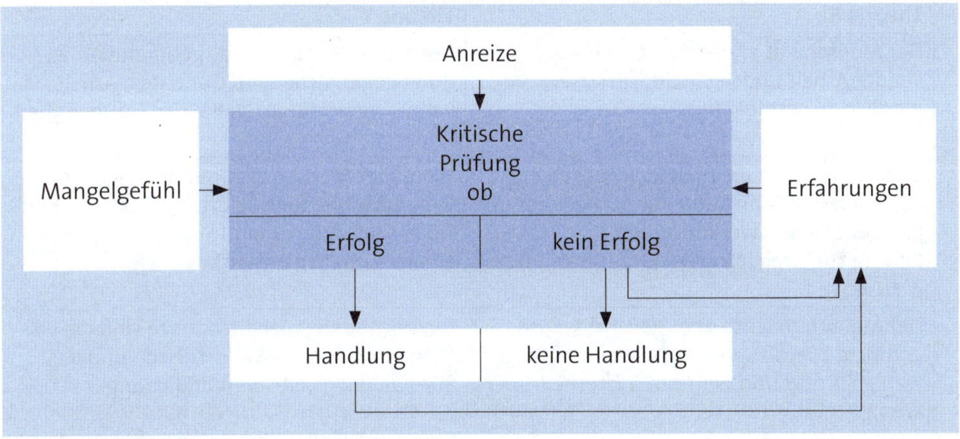

04. Welche Maßnahmen wirken motivationsfördernd?

Die Motivation kann u. a. durch folgende Maßnahmen gefördert werden:

- Übertragung zusammenhängender Arbeitsaufgaben, mit denen sich der Mitarbeiter identifizieren kann
- Schaffung von Entscheidungsräumen, die zu einer selbstständigen Bearbeitung von ganzen Arbeitsvorgängen führen und damit eine eigenverantwortliche Handlungsweise zulassen
- Einbeziehung des Mitarbeiters in übergreifende Entscheidungen seines Vorgesetzten
- Schaffung einer angenehmen Arbeitsumgebung, die der Mitarbeiter mitgestalten kann, um sich wohl fühlen zu können

- Verwirklichung relativ gerechter Entlohnung (anforderungs- und leistungsgerecht)
- gerechte und angemessene Behandlung des Mitarbeiters durch den Vorgesetzen
- Beachtung der individuellen Persönlichkeit des Mitarbeiters und dementsprechend unterschiedliche Behandlung durch den Vorgesetzten
- Befriedigung des Sicherheitsbedürfnisses des Mitarbeiters durch eine einschätzbare Unternehmenspolitik und nachvollziehbare Unternehmensentscheidungen.

7.6.1.2 Führungsstil

01. Welche Bedeutung haben Erwartungshaltungen für den Führungsstil?

Sowohl die Erwartungen der Vorgesetzten, als auch die der Mitarbeiter sind entscheidend für erfolgreiche Führung:

- Erwartung des Vorgesetzten, festgehalten in der XY-Theorie von *McGregor*:

Gegenüberstellung der wichtigsten Annahmen der Theorie X und Theorie Y	
Theorie X	**Theorie Y**
Der Mensch hat eine angeborene Abscheu vor der Arbeit und versucht, sie so weit wie möglich zu vermeiden.	Der Mensch hat keine angeborene Abneigung gegen Arbeit, im Gegenteil, Arbeit kann eine wichtige Quelle der Zufriedenheit sein.
Deshalb müssen die meisten Menschen kontrolliert, geführt und mit Strafandrohungen gezwungen werden, einen produktiven Beitrag zur Erreichung der Organisationsziele zu leisten.	Wenn der Mensch sich mit den Zielen der Organisation identifiziert, sind externe Kontrollen unnötig; er wird Selbstkontrolle und eigene Initiative entwickeln.
Der Mensch möchte gern geführt werden, er möchte Verantwortung vermeiden, hat wenig Ehrgeiz und wünscht Sicherheit über alles.	Die wichtigsten Arbeitsanreize sind die Befriedigung von Ich-Bedürfnissen und das Streben nach Selbstverwirklichung. Der Mensch sucht bei entsprechender Anleitung eigene Verantwortung. Einfallsreichtum und Kreativität sind weitverbreitete Eigenschaften in der arbeitenden Bevölkerung; sie werden jedoch in industriellen Organisationen kaum aktiviert.

Die Theorie X entspricht der herkömmlichen Auffassung, wonach das Verhalten der Mitarbeiter eindeutig, meist mit harten Mitteln beeinflusst werden muss. Vorgesetzte mit dieser Grundhaltung führen autoritär.

Die Theorie Y dagegen geht vom eigenen Interesse des Mitarbeiters an der Arbeit aus und stützt sich dabei auf die Selbstkontrolle. Y-Vorgesetzte führen kooperativ.

X und Y stellen jeweils Extremwerte eines Kontinuums dar, auf dem sämtliche Zwischenwerte eingenommen werden können. Vorgesetzte in der Realität sind deshalb kaum an den Endpunkten angesiedelt; trotzdem ist ihre Grundhaltung fast immer einer der beiden Hälften des Kontinuums zuzuordnen.

- Erwartungen der Mitarbeiter, die heute nicht mehr die pflichtbewussten, mäßig ausgebildeten Befehlsempfänger sind, die direkt geführt werden mussten, sind u. a.:
  - Freiräume
  - interessante Aufgaben
  - Mitsprache in übergeordneten Fragen
  - Anerkennung
  - Zukunftsperspektiven
  - soziale Verantwortung
  - Information.

  Sie erwarten kompetente Führung indirekter Art, die:
  - ihnen den groben Rahmen absteckt
  - sie aber nicht behindert.

02. Welche Führungsstile werden unterschieden?

Unterschieden werden sollen:

- eindimensionale Aufteilung in kooperativ und autoritär
- Verhaltensgitter nach *Blake* und *Mouton*
- 3-D-Konzept von *Reddin*
- Referenzmodell von *Hersey* und *Blanchard*.

03. Wodurch ist autoritäre Führung gekennzeichnet?

Bei autoritärer Führung werden die betrieblichen Aktivitäten vom Vorgesetzen gestaltet, ohne dass die Mitarbeiter beteiligt werden. Dieser Stil kann bei Routineaufgaben angewandt werden und setzt ein großes Bildungsgefälle zwischen Vorgesetztem und Mitarbeiter voraus. Außerdem muss der Mitarbeiter stark materiell motivierbar sein. Weitere Kennzeichen sind:

- hohe Selbstverantwortung und Selbstkontrolle beim Vorgesetzten
- gute Entscheidungsfähigkeit und starkes Durchsetzungsvermögen
- Vorgesetzter duldet keine Kritik
- Mitarbeiter ordnen sich unter
- häufig geheime Opposition gegenüber dem Vorgesetzten.

04. Wie ist die autoritäre Führung zu bewerten?

Vorteile sind:

- Klarheit der Entscheidungsbefugnis
- rasche Entscheidungen
- hohe Produktivität bei Routinearbeiten.

Nachteile sind:

- Neigung zur Fehlentscheidung
- Förderung von Unselbstständigkeit
- geringe Motivation
- kaum Führungskräfte aus den eigenen Reihen.

05. Wodurch ist kooperative Führung gekennzeichnet?

Bei kooperativer Führung gestalten Vorgesetzter und Mitarbeiter die betrieblichen Aktivitäten gemeinsam. Dieser Führungsstil eignet sich besonders bei hoher Selbstständigkeit und kreativen Arbeitsinhalten. Außerdem muss der Mitarbeiter immateriell motivierbar sein. Kooperative Führung setzt voraus:

- Kollegialität (nach oben und unten sowie in der gleichen Ebene)
- Delegation von Aufgaben, Entscheidungen und Verantwortung
- Partnerschaft.

Weitere Kennzeichen sind:

- ähnliches Bildungsniveau bei Vorgesetzten und Mitarbeitern
- Aufgeschlossenheit und Vertrauen in die Mitarbeiter
- Verzicht auf persönliche Vorrechte durch den Vorgesetzten
- sorgfältige Personalauswahl
- umfassende Information der Mitarbeiter.

06. Wie ist die kooperative Führung zu bewerten?

Vorteile sind:

- fachgerechte Entscheidungen
- Leistung auch bei Abwesenheit des Vorgesetzten
- breiteres Ideenspektrum
- hohe Motivation.

Nachteile sind:

- langsamer Entscheidungsprozess
- Probleme werden „zerdiskutiert“
- eventuell Selbstdarsteller unter den Mitarbeitern.

07. Wodurch ist Laissez-faire-Führung gekennzeichnet?

Bei Laissez-faire-Führung, häufig auch Nichtführung genannt, werden die Mitarbeiter als isolierte Individuen betrachtet; ihre Motivation soll durch Freiheit erfolgen. Die Mitarbeiter kontrollieren sich selbst, Informationen fließen eher zufällig; der Führende erteilt nur dann Auskünfte, wenn er gefragt wird. Der Zusammenhalt der Gruppe ist meistens mangelhaft, es gibt keine gemeinsamen Gruppenziele, häufig Desorientierung.

08. Was besagt das Verhaltensgitter?

Bei der Aufteilung in autoritär und kooperativ wird nur ein Kriterium zu Grunde gelegt, das in seinen Extrempunkten gar nicht oder aber vollständig vorhanden ist. Der autoritäre Führer ist aufgabenorientiert, der kooperative mitarbeiterorientiert. Beide Punkte schließen sich bei eindimensionaler Betrachtung gegenseitig aus. Tatsächlich kann aber ein Vorgesetzter gleichzeitig Aufgaben- und mitarbeiterorientiert führen. Das Verhaltensgitter ist deshalb eine zweidimensionale Darstellung im Koordinatensystem:

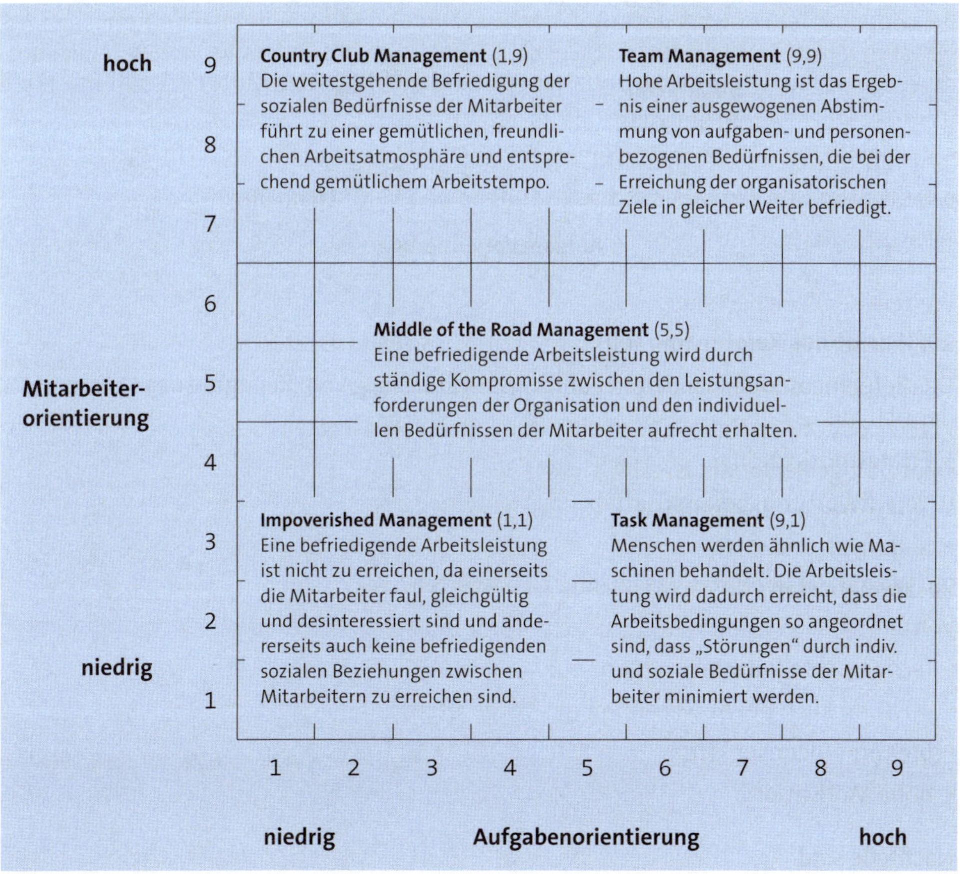

09. Was zeichnet das 3-D-Konzept aus?

Das 3-D-Konzept teilt auf Basis der zweidimensionalen Aufteilung in Mitarbeiter- und Aufgabenorientierung in vier idealtypische Führungsstile ein:

- Verfahrensstil: unterdurchschnittliche Aufgaben- und Mitarbeiterorientierung
- Beziehungsstil: hohe Mitarbeiterorientierung und niedrige Aufgabenorientierung
- Aufgabenstil: hohe Aufgaben- und niedrige Mitarbeiterorientierung
- Integrationsstil: hohe Aufgaben- und Mitarbeiterorientierung.

Hinzu tritt eine dritte Dimension, die Effektivität eines Führungsstils, die jeweils von der konkreten Situation abhängig ist. Demnach kann, je nach Situation, jeder Führungsstil irgendwann richtig sein.

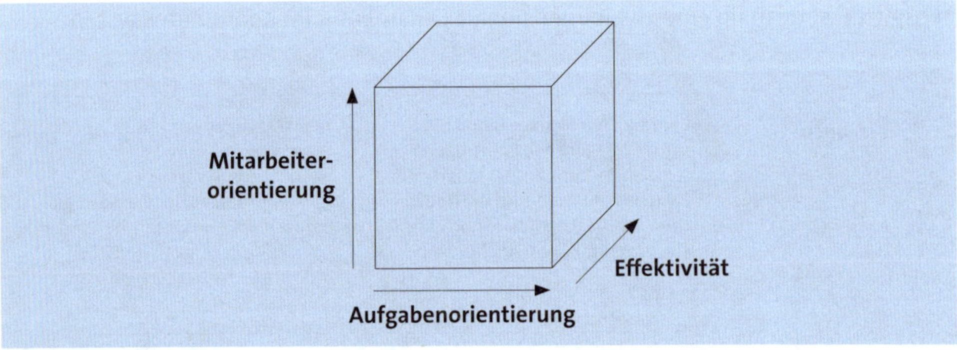

10. Was ist das Referenzmodell?

Das Referenzmodell macht den Führungsstil abhängig vom Reifegrad des Mitarbeiters, der sich aus

- Erfolgsmotivation
- Verantwortungsbereitschaft
- Bildungsstand

zusammensetzt.

Daraus ergeben sich vier Phasen, von M1 (M = Maturity = Reife) bis M4:

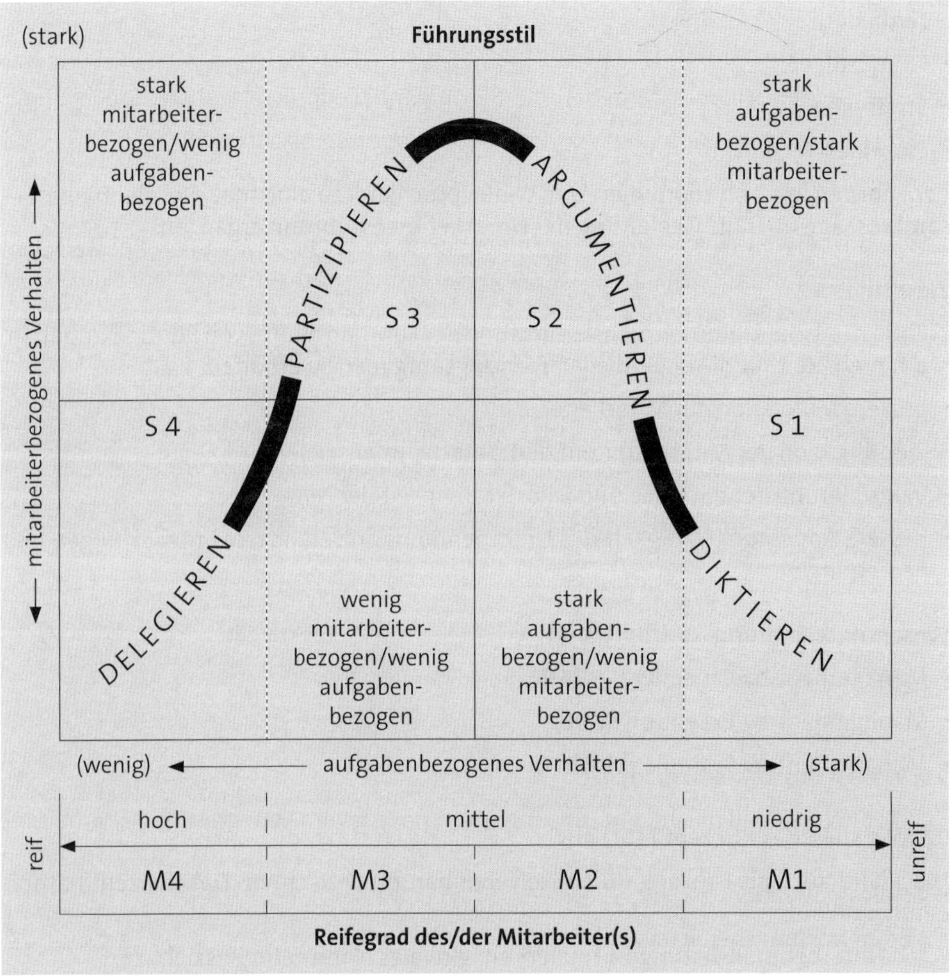

Quelle: *Volk, H.*, in: Das Personal Büro, Gruppe 9, S. 267

7.6.1.3 Führungskonzepte

01. Welche Bedeutung haben Führungskonzepte?

Als Führungskonzept bezeichnet man

- komplexe Führungssysteme,
- die einzelne oder alle Führungsfunktionen

beinhalten.

Es handelt sich meist um umfassende Regelungssysteme. Führungskonzepte bestehen aus

- Leitbildern
- Grundsätzen
- Strategien
- einzelnen Techniken

der Führung, die sich koordiniert und widerspruchsfrei zu einer nachvollziehbaren Gesamtaussage über die Gestaltung der Unternehmensführung ergänzen.

Ziele sind:

- Entlastung der Unternehmensleitung und der Führungskräfte von Routineaufgaben, um mehr Zeit für die eigentlichen Führungsaufgaben zu erhalten
- bessere Motivation der Mitarbeiter
- Identifikation der Mitarbeiter mit den Unternehmenszielen
- Vergrößerung der Initiative und Selbstständigkeit der Mitarbeiter
- bessere Anpassungsfähigkeit des Unternehmens an veränderte Entwicklungen und Bedingungen.

Wesentliche Führungskonzepte sind:

- Management-by-Objectives (MbO)
- Management-by-Exception (MbE)
- Management-by-Systems (MbS).

02. Wie sieht das Konzept MbO aus?

MbO wird auch als Führung durch Zielvereinbarung bezeichnet. Das Konzept hat folgenden Ablauf:

- Die Unternehmensleitung formuliert ein globales Unternehmensziel.
- Aus diesem Ziel werden über die verschiedenen Managementebenen hinweg immer detailliertere Teilziele abgeleitet.
- Diese Ableitungen werden vom Vorgesetzten und dem Mitarbeiter gemeinsam vorgenommen.
- Mitarbeiter und Vorgesetzter vereinbaren konkrete Ziele, die innerhalb eines vorgegebenen Zeitraums erreicht werden müssen.
- Der Mitarbeiter entscheidet allein über Mittel und Wege, die zum Ziel führen.
- Am Ende der Periode erfolgt die Kontrolle, wobei nur das Ergebnis, nicht aber der Weg und damit die Art und Weise der Arbeit kontrolliert wird.

Vorteile sind:

- Entlastung des Vorgesetzten, da dieser an den Realisierung nicht beteiligt ist
- weniger Fehlentscheidungen, da an der Basis entschieden wird
- Steigerung der Motivation, der Identifikation und eventuell der Zufriedenheit durch die Beteiligung des Mitarbeiters an der Zielformulierung
- objektivere Beurteilung des Mitarbeiters nach überprüfbarer Leistung
- Planung und Organisation werden effizienter.

Nachteile sind:

- überhöhter Leistungsdruck bei Fehleinschätzung der Ziele oder bei Zielvorgabe anstatt Zielvereinbarung
- Mitarbeiter können sich nicht immer mit den Unternehmenszielen identifizieren.
- Mitarbeiter des X-Typs können gehemmt sein und den zur Verfügung gestellten Freiraum nicht nutzen.
- Qualitative Ziele werden häufig in den Hintergrund gedrängt.
- Die Zielabstimmung kann schwierig und langwierig sein, vor allem über die Abteilungsgrenzen hinaus.
- Das Kontrollsystem ist häufig nicht genügend leistungsfähig, sodass Abweichungen zu spät erkannt werden.

03. In welchen Phasen läuft ein Zielvereinbarungsgespräch ab?

Phasen sind z B.:

- Gesprächseröffnung: Small Talk
- Zielvorstellungen des Mitarbeiters: Welche Zielvorschläge? Warum? Was soll damit gewonnen werden?
- Zielvorstellungen der Führungskraft: Welche Unternehmensstrategien? Welche Abteilungszeile werden daraus abgeleitet?
- Abgleich der Zielvorstellungen: Wo ist Übereinstimmung? Welche Kompromisse sind dort möglich, wo keine Übereinstimmung besteht? Welche Widerstände gibt es?
- Festlegung der Ziele in schriftlicher Form
- gemeinsame Festlegung eines Kontrollsystems zur Überprüfung der Zielerreichung: Festlegung von Messgrößen, Terminierung des Feed-backs, Unterstützung durch die Führungskraft.

04. Wie sieht das Konzept MbE aus?

MbE wird auch bezeichnet als Führung im Ausnahmefall. Es ergibt sich folgender Ablauf:

- Festlegung von Toleranzgrenzen, innerhalb derer der Normalfall gilt
- Festlegung von Ausnahmefällen mit möglichst genauer Quantifizierung
- Der Mitarbeiter prüft jeden Vorgang daraufhin, ob ein Ausnahmefall vorliegt.
- Routinefälle entscheidet der Mitarbeiter selbst.
- Ausnahmefälle werden an den Vorgesetzten zurückdelegiert.

Vorteile sind:

- Entlastung des Vorgesetzten von Routineaufgaben
- selbstständiges Handeln des Mitarbeiters, aber in begrenztem Rahmen
- verbesserte Organisation und Kommunikation.

Nachteile sind:

- häufig Schwierigkeiten bei der Festlegung der Toleranzbereiche
- für viele Probleme nicht anwendbar, da keine exakte Aufteilung in Routine und Ausnahme möglich ist
- Initiative und Verantwortlichkeit werden nur beschränkt gefördert, da Tendenz zur Delegation nach oben besteht.
- nur beschränkte Lerneffekte, da schwierige und damit interessante Probleme nicht selbst gelöst werden können
- mangelnde Motivation durch Beschäftigung mit Routineaufgaben und Zwang zur Meldung von Abweichungen und damit eventuellen Misserfolgen.

MbE stellt häufig eine Ergänzung zu MbO dar.

05. Wie sieht das Konzept von MbS aus?

MbS wird auch bezeichnet als Führung im Regelkreis. Alle betrieblichen Abläufe werden in Regelkreisen mit den Elementen

- Zielsetzung
- Realisation
- Kontrolle
- Rückmeldung

gesteuert. Diese Regelkreise beziehen sich sowohl auf die Gesamtorganisation, als auch auf die individuelle Aufgabenstellung der Vorgesetzten und Mitarbeiter. Voraussetzungen sind:

- umfassendes, computergestütztes Informationssystem
- festgelegte Regelkreise und deren innere Struktur.

Vorteile sind:

- Es gelten die Vorteile des MbO.
- Die Führungskräfte werden stark entlastet.
- Die Führungsfunktionen werden schneller wirksam.

Nachteile sind:

- hohe Anforderungen an die Vorgesetzten und Mitarbeiter
- hohe Störanfälligkeit
- Gefahr der Enthumanisierung im Unternehmen
- hohe Ablehnungsquote bei den Führungskräften.

7.6.1.4 Partizipation

01. Was ist Partizipation?

Partizipation ist die Mitwirkung der Mitarbeiter am Entscheidungsprozess. Sie kann u. a. erfolgen durch:

- Beteiligung von Fall zu Fall an der Entscheidung als Berater
- Mitentscheidung bei einzelnen Fragestellungen, die den Mitarbeiter direkt betreffen
- Delegation aller Entscheidungsprozesse an den Mitarbeiter, soweit sie sein Aufgabenfeld betreffen
- Beteiligung des Mitarbeiters am Entscheidungsprozess des Vorgesetzten als Berater
- gemeinsame Erarbeitung übergeordneter Entscheidungen durch die gesamte Arbeitsgruppe, eventuell in der Form des Quality Circles.

02. Welche Voraussetzungen müssen bei Partizipation gegeben sein?

Voraussetzungen sind:

- positive Einstellung zur Partizipation auf beiden Seiten
- notwendige Fähigkeiten zur verantwortlichen Bearbeitung von Entscheidungssituationen
- Partizipierbarkeit der Entscheidung.

03. Welche Ziele hat Partizipation?

Ziele sind:

- Förderung der Selbstständigkeit und Eigeninitiative der Mitarbeiter
- Entlastung der Vorgesetzten
- Qualitativ bessere Entscheidungen durch die Beteiligung vieler Fachleute, die die Situation „vor Ort", für die entschieden werden soll, am besten kennen
- Verbesserung der Beziehungen zwischen Vorgesetzten und ihren Mitarbeitern und damit positive Gestaltung des Betriebsklimas.

7.6.1.5 Probleme im Führungsverhalten und deren Verbesserung

01. Welche Probleme entstehen im Führungsverhalten?

Probleme sind u. a.:

- Erwartungen des Vorgesetzten, die nicht mit denen der Mitarbeiter übereinstimmen
- Wahrnehmung des Verhaltens des Mitarbeiters durch den Vorgesetzten, die nicht mit der Absicht des Mitarbeiters übereinstimmt
- falscher Führungsstil
- Vorgesetzter berichtet zu wenig an die Mitarbeiter.
- Die Mitarbeiter geben kein Feed-back an den Vorgesetzten.
- Der Vorgesetzte erkennt nicht, dass die Kollegen das Verhalten eines Mitarbeiters falsch deuten.
- Vorgesetzter schreitet nicht gegen Mobbing an einem Mitarbeiter ein.
- Die Mitarbeiter akzeptieren den Vorgesetzten nicht.
- Vorgesetzter und Mitarbeiter kommunizieren auf verschiedenen Ebenen.

02. Welche Verbesserungsmaßnahmen können ergriffen werden?

Verbesserungsmaßnahmen können sein:

- Vorgesetzter und Mitarbeiter stimmen sich sprachlich und begrifflich ab.
- Erkennen des Führungsdefizits und Einleitung von Maßnahmen zur Abhilfe (Training, Versetzung)
- Training der Mitarbeiter, um den Teamgeist zu verbessern
- Aufklärung der Mitarbeiter und der Vorgesetzten über Mobbing und dessen Probleme
- verbesserte Personalauswahl bei der Besetzung von Führungspositionen hinsichtlich stärkerer Sensibilisierung für die Belange der Mitarbeiter
- Unterstützung des Vorgesetzten durch die Unternehmensleitung
- Entlastung des Vorgesetzten durch Einrichtung einer Stellvertretung
- Coaching und Mentoring des Vorgesetzten bei Bedarf.

7.6.2 Konfliktmanagement

01. Was sind Konflikte?

Konflikte sind Differenzen, die sich aus Gegensätzen und Widersprüchen ergeben. Dabei ist zu beachten, dass Konfliktfreiheit nicht wünschenswert ist, da begrenzte Konflikte eine wichtige Grundlage für Weiterentwicklung sind, denn ohne Gegensätze würde sich wenig Neues entwickeln. Allerdings müssen Konflikte beherrschbar sein.

02. Welche Ursachen haben Konflikte?

Mögliche Ursachen sind:

- Unzulänglichkeiten in der Organisation, z. B. unklare Kompetenzen
- persönliche Differenzen, z. B. Unterschiede in der Auffassung zwischen Vorgesetztem und Mitarbeiter
- Bedingungen der Arbeit und des Arbeitsplatzes
- Unzufriedenheit mit dem Lohn
- technische Entwicklung, z. B. Einführung neuer Methoden
- Machtkämpfe zwischen einzelnen Personen und Bereichen.

03. Welche Konfliktarten gibt es?

Folgende Konfliktarten werden unterschieden:

Beteiligte:

- intrapersonell (Widersprüche bei den verschiedenen Rollen einer Person)
- interpersonell (zwischen zwei Personen)
- innerhalb einer Gruppe
- zwischen mehreren Gruppen.

Inhalt:

- Sachkonflikt (Differenz liegt in der Sache, z. B. unterschiedliche Vorgehensweisen bei der Durchführung einer Arbeit)
- Beziehungskonflikt (emotional, z. B. durch Antipathie, Misstrauen)
- Wertekonflikt (unterschiedliche Normen und Werte)
- Verteilungskonflikt (z. B. über Lohn, Macht, Anerkennung, Wertschätzung, Ausstattung)
- Zielkonflikt (z. B. Prioritätensetzung)
- Beurteilungs- bzw. Wahrnehmungskonflikt (unterschiedliche Wahrnehmung, wobei aber zumindest eine Seite behauptet, sie habe Recht).

04. Wie laufen Konflikte häufig ab?

Das Ablaufschema kann folgendermaßen dargestellt werden:

- Konflikt entsteht
- Konflikt wird wahrgenommen
- Konflikt wird analysiert
- Auf den Konflikt wird reagiert.
- wird richtig reagiert: Konfliktbewältigung
- wird falsch reagiert: häufig Konflikteskalation.

05. Wie werden Konflikte gehandhabt?

In der Praxis hat sich folgende Abfolge bewährt:

- Zunächst sollte die Erregung kontrolliert werden, um eine akzeptable Gesprächsatmosphäre zu haben; dies setzt Selbstbewusstsein und Phantasie voraus.
- Auf dieser Basis kann Vertrauen hergestellt werden; hierzu sind Eingeständnisse und Schonung des anderen notwendig.
- Dann kann offen kommuniziert werden; nach Erfassung der Umstände des Konflikts kann die Sachlage des Konflikts geklärt werden.
- Die nachfolgende Konfliktlösung wird erleichtert, wenn Kompensationen erreicht werden, die Parteien ihr Gesicht wahren lässt und u. U. die Lösung als einmaliger Präzedenzfall dargestellt wird.
- Die gefundene Vereinbarung muss in eindeutiger Form fixiert werden, es ist festzulegen, was jede Seite zu tun hat und welche Sanktionen bei Nichteinhalten eintreten.
- Schließlich löst sich der Konflikt endgültig erst dann, wenn die Beteiligten persönlich den Konflikt verarbeitet und gelernt haben, mit der Lösung umzugehen.

06. Wie können Konflikte vermieden werden?

Vermeidungspunkte könnten sein:

- Einräumung von Handlungsspielräumen
- Beteiligung aller Betroffenen an Entscheidungsprozessen
- Festlegung von Entscheidungsregeln als Richtschnur
- klare Kompetenzverteilung, wo Koordination notwendig ist
- Aufhebung von Koordinierungszwang, wo er nicht notwendig ist.

07. Welche Bedeutung hat Mediation und wie läuft sie ab?

Mediation ist ein strukturiertes Verfahren, bei dem mithilfe einer dritten Person, dem Mediator, ein Konflikt gelöst werden soll; die Lösung soll für beide Seiten tragbar sein. Der Mediator als Außenstehender vermittelt lediglich, die Konfliktparteien treffen selbst die Entscheidung. Große Unternehmen verfügen heute über Mitarbeiter, die eine Zusatzqualifikation als Mediator erworben haben und immer dann hinzugezogen werden, wenn Konflikte anderweitig nicht lösbar erscheinen.

Die Mediation könnte in folgenden Phasen ablaufen:

- Einleiten als Kennenlernphase, Aufbau einer Vertrauensbasis
- Festlegung der Spielregeln
- Darlegung der Sichtweisen, häufig zunächst getrennt
- gemeinsame Konflikterhellung, um Hintergründe und „wirkliche" Ursachen zu erfassen
- gemeinsame Suche nach einer Lösung

- Abschlussvereinbarung in schriftlicher Form
- Hinweise für die Umsetzung erarbeiten und Übertragung der Umsetzung an die Konfliktparteien.

08. Wie können Konflikte frühzeitig wahrgenommen werden?

Als Konfliktsignale unterscheidet man:

- offene Signale, die offiziell schriftlich oder mündlich vorgetragen werden
- verdeckte Signale, die sich vor allem zeigen durch:
  - Widerstand durch häufiges Widersprechen, Überbewerten von Nebensächlichkeiten, Auflaufen lassen
  - Feindseligkeit, z. B. Denunzierung, herabsetzende Bemerkungen
  - Sturheit
  - Flucht durch Vermeiden von Kontakten, hohe Fehlzeiten
  - Konformität durch „Mäntelchen in den Wind hängen", „schön reden"
  - Desinteresse, z. B. Dienst nach Vorschrift
  - Formalität.

09. Wie werden Konfliktgespräche geführt?

Der Ablauf könnte wie folgt aussehen:

- Gesprächsbeginn:
  - Definition des Themas
  - Zeitrahmen vereinbaren
  - Spielregeln festlegen
  - Gesprächsstruktur darstellen
- Hauptteil:
  - Soll-Situation darstellen
  - Ist-Situation aus der Sichte beider Parteien
  - Lösungsmöglichkeiten suchen und bewerten
  - Vereinbarungen treffen
- Gesprächsende:
  - an den Ablauf der Zeit erinnern
  - falls nötig neuen Termin vereinbaren.

7.7 Beteiligung der Mitarbeiter am kontinuierlichen Verbesserungsprozess

7.7.1 Kontinuierlicher Verbesserungsprozess

01. Was ist der Kontinuierliche Verbesserungsprozess?

Der Kontinuierliche Verbesserungsprozess (KVP) ist ein Gruppenprozess, der mit stetigen Verbesserungen in kleinen Schritten die Wettbewerbsfähigkeit des Unternehmens stärken will. KVP bezieht sich auf die Produkt-, Prozess- und Servicequalität. KVP ist wichtiger Bestandteil modernen Qualitätsmanagements. Damit steht KVP im Gegensatz zu von Unternehmensspezialisten eingeleiteten Großveränderungen.

KVP findet in allen Bereichen und in allen Ebenen statt. Dabei wird der bestehende Zustand immer wieder dahingehend infrage gestellt, sich mit dem Erreichten nicht zufrieden zu geben. KVP lebt von den kreativen Beiträgen der Mitarbeiter.

Dabei ist es wichtig, dass die Verbesserungen auch zügig umgesetzt werden, damit die Motivation und die Kreativität der Mitarbeiter nicht versiegen.

02. Was ist der PDCA-Zyklus?

Damit KVP in systematischer Form abläuft, wird der Prozess als Regelkreis dargestellt. Häufig erfolgt dies im PDCA-Zyklus (Demingkreis), der in folgenden Phasen abläuft:

P = Plan: Es geht um die Punkte:

- Wo stehen wir?
- Wo wollen wir hin?
- Welche Prioritäten sollen gelten?
- Wie soll es sein?
- Welche Daten sind notwendig?
- Welche Lösungsansätze gibt es und wie sind sie zu bewerten?
- Welche Realisierungsschritte wird es geben?

D = Do: Es geht um:

- Festlegung der notwendigen Maßnahmen
- Realisierung der Maßnahmen
- Festlegung von Zwischenergebnissen.

C = Check: Es geht um:

- Überprüfung, ob die eingeleiteten Maßnahmen den gewünschten Erfolg gebracht haben
- Was wurde erreicht?

A = Act:

- Nachdem der Erfolg eingesetzt hat, wird der erreichte Zustand abgesichert.
- Was ist noch zu tun?

03. Welche Voraussetzungen gelten für KVP?

Voraussetzungen sind:

- Unterstützung durch die Unternehmensleitung
- unmittelbare Umsetzung der Ergebnisse
- Ressourcen zur Verfügung stellen
- kreative Unternehmenskultur
- Anerkennung der Mitarbeiter
- möglichst Einbindung des Betriebsrats
- geschulte KVP-Moderatoren
- Visulisierung von Ergebnissen
- interdisziplinäre Teamarbeit und Einbindung von Spezialisten vor Ort.

04. Welche Ziele hat KVP?

Ziele sind:

- Steigerung der Wettbewerbsfähigkeit
- Verbesserung der Produktqualität
- Erfolgssicherung für die Zukunft
- Verbesserung der Arbeitsabläufe
- Kosteneinsparung
- Verbesserung der Arbeitsbedingungen
- Verbesserung der betrieblichen Kommunikation und Kooperation
- Einbindung von Mitarbeitern
- Aktivierung des vollen Leistungspotenzials aller Mitarbeiter
- Motivationssteigerung der Mitarbeiter
- Sicherung der Arbeitsplätze.

05. Welche Formen des KVP werden unterschieden?

Unterschieden werden:

- Experten- bzw. Betriebs-KVP:
  - grundlegende Überprüfung und Verbesserung aller Prozesse im Betrieb
  - durchgeführt von Führungskräften und Fachpersonal
  - Durchführung zu einem bestimmtem Anlass
  - Ziel ist die große Wirkung.

- Mitarbeiter-KVP:
  - ständige Verbesserungen durch alle Mitarbeiter
  - Durchführung als fester Teil der täglichen Arbeitsaufgabe
  - durchgeführt am eigenen Arbeitsplatz
  - Ziel sind viele kleine Verbesserungen.

Bei der Mitarbeiter-KVP geht es z. B. um Ordnung und Sauberkeit, Verringerung von Störungen, Ideen zu Vorrichtungen zur Arbeitserleichterung, Verbesserung im Arbeitsablauf, Vermeidung von Ausschuss.

06. Wie wird KVP eingeführt?

Die Einführung erfolgt häufig durch Workshops mit folgendem Ablauf:

- Festlegung der Untersuchungsschwerpunkte
- Ausarbeitung der notwendigen Fragestellungen
- Suche von Lösungsansätzen
- Überprüfung der Machbarkeit
- Auswahl der Vorschläge
- Festlegung von Maßnahmeplänen
- Umsetzung.

07. Wie ist der Ablauf eines KVP-Projekts?

Ein KVP-Projekt läuft häufig in folgenden Schritte ab:

- Arbeitssystem festlegen und abgrenzen: Was soll verbessert werden?
- Ist-Zustand und Soll-Zustand anhand von Kennzahlen beschreiben
- Probleme beschreiben und bewerten
- Probleme bewerten
- Problemanalyse: Ursachen, Zusammenhänge, Schnittstellen, Nebenwirkungen
- Lösungsideen sammeln
- Lösungsideen bewerten und entscheiden
- Maßnahmen ableiten, Aufwand und Ertrag bewerten
- Ergebnispräsentation vor dem Entscheidungsgremium
- Maßnahmen vereinbaren (Wer, Was, Wann?)
- Ressourcen klären
- Maßnahmen umsetzen
- Erfolg prüfen.

7.7.2 Bewertung von Verbesserungsvorschlägen

01. Welche Kriterien werden angewandt?

Kriterien können sein:

- Grad der Neuigkeit: Gedanken übernommen, neu, völlig neu
- Durchführbarkeit: sofort, mit Änderungen, mit großen Änderungen
- Einführungskosten: keine, geringe, hohe, sehr hohe
- Einsparpotenzial: Kosten, Material, Energie
- Stellung und Aufgaben des Mitarbeiters im Unternehmen
- Anteil des Unternehmens am Zustandekommen der Lösung.

02. Wie sieht der Ablauf eines Verbesserungsvorschlags aus?

Verbesserungsvorschläge werden häufig wie folgt bearbeitet:

- Der Mitarbeiter hat eine Idee.
- Der Mitarbeiter reicht einen Vorschlag ein, der registriert wird.
- Prüfung durch einen Gutachter
- Prüfung durch die Fachabteilung
- Bewertungsausschuss prüft des Gutachten und die Stellungnahme der Fachabteilung.
- Entscheidung über die Prämierung
- Mitteilung an den Mitarbeiter
- Auszahlung der Prämie.

03. Wie kann der Nutzen berechnet werden?

Der Nutzen berechnet sich nach folgendem Schema:

- Beschreibung des alten Zustands
- Darstellung des Verbesserungsvorschlags
- Meinung des Gutachters
- Stellungnahme der Fachabteilung
- Einsparungsrechnung
- Prämienberechnung.

Bei Verbesserungsvorschlägen mit errechenbarer Ersparnis ergibt sich die Prämie wie folgt:

- Bruttoersparnis - Einführungskosten = Nettoersparnis
- Multiplikation der Nettoersparnis mit einem Faktor gemß Stellung des Mitarbeiters (je niedriger die Position, desto höher der Faktor)
- Berechnung des prozentualen Anteils des Mitarbeiters.

Bei Verbesserungsvorschlägen mit nicht errechenbarer Ersparnis wird ein Kriterienkatalog angewandt.

7.8 Einrichten, Moderieren und Steuern von Arbeits- und Projektgruppen

7.8.1 Einrichtung von Arbeits- und Projektgruppen

7.8.1.1 Gruppen

01. Was ist eine Gruppe und welche Merkmale haben Gruppen?

Eine Gruppe ist eine Gesamtheit von Menschen, für die die folgenden Merkmale gelten:

- Überschaubarkeit
- persönliche Beziehung aller Mitglieder zueinander muss grundsätzlich möglich sein
- Bestand über längere Zeit
- Zusammengehörigkeit („Wir"-Gefühl), die sich in der Anerkennung gemeinsamer Werte und Normen zeigt
- Ausdifferenzierung von Rollen durch Zuweisung bestimmter Aufgaben an einzelne Mitglieder der Gruppe.

02. Welche Gruppenformen werden unterschieden?

Man unterscheidet:

- Formelle Gruppen, die von der Unternehmensleitung gewollt sind und offiziell eingerichtet werden; sie werden u. a. als Abteilungen von Vorgesetzten geführt,
  - die mit hierarchischen Vollmachten ausgestattet sind
  - in deren Rahmen Zwang ausgeübt werden kann.
- Informelle Gruppen, die sich aus dem täglichen Miteinander der Mitarbeiter ergeben; sie nehmen oft Mitarbeiter aus unterschiedlichen Abteilungen auf, bewegen sich aber gewöhnlich hierarchisch auf der gleichen Ebene. Sie werden von informellen Führern geführt, bei denen die Gruppenmitglieder die Verfolgung des gemeinsamen Ziels am besten aufgehoben sehen. Die Bildung informeller Gruppen wird vor allem begünstigt durch:
  - Lücken in der formalen Organisation, die durch informale Beziehungen geschlossen werden
  - den Zustand, dass Teile der formalen Organisation nicht mehr den Notwendigkeiten entsprechen
  - mangelnde Akzeptanz der formalen Organisation bei den Mitarbeitern.

Formelle und informelle Gruppen überlappen sich häufig; es besteht dann die Gefahr der Bildung von Führungsdualen. Formeller und informeller Führer können dabei:

- konkurrieren
- sich ergänzen
- ohne Wirkung zueinander bleiben.

03. Welche Vorteile bietet die Arbeit in Gruppen?

Vorteile sind u. a.:

- bessere Qualität durch Bündelung von Erfahrungen
- interessantere Problemlösungen durch Bündelung des Kreativitätspotenzials
- erhöhte Akzeptanz von Entscheidungen, an deren Vorbereitung man beteiligt war
- bessere Einordnung der eigenen Tätigkeiten in den Gesamtzusammenhang
- mehr Leistung durch Gruppenansporn
- höhere Qualifikation durch breiteres Informations- und Tätigkeitsfeld.

04. Welche Grenzen hat die Gruppenarbeit?

Sind Gruppen schwach oder schlecht geführt, können leicht Nachteile entstehen, u. a.:

- hoher zeitlicher Aufwand inkl. intensiver Koordinierung
- Reibungsverluste
- Konflikte
- Verzettelung
- Verwässerung von Ideen
- „unechte" Gruppenergebnisse, da sich schwache Mitglieder nur den Meinungsführern anschließen
- kreative Ideen sind häufig Einzelideen
- zu starke Ausgrenzung emotionaler Aspekte
- mangelhaftes Verantwortungsbewusstsein, da letztlich niemand wirklich verantwortlich ist
- Missachtung der Spielregeln.

05. Nach welchen Kriterien könnten Gruppen zusammengesetzt sein?

Kriterien könnten sein:

- Dauer der Zusammenarbeit
- Form der Zusammenarbeit
- fachliche Kenntnisse und Erfahrungen
- Aufgaben im Betrieb

- betriebliche Ebene
- Emotionalität und Temperament
- Kreativität.

06. Wie sollten Gruppen strukturiert sein?

Gruppen könnten sein:

- eher homogen, d. h. die Gruppenmitglieder vertreten gleiche oder ähnliche Ideen, sie sind auch von der Emotionalität her vergleichbar. Homogenität ist positiv bei reinen Arbeitsgruppen, sie behindern aber die Kreativität.
- eher heterogen, d. h. die Gruppenmitglieder unterscheiden sich sehr stark hinsichtlich ihrer Vorstellungen und Emotionalität; unterschiedlich können auch das Wissen, die Erfahrung und die Herkunft im Betrieb sein. Heterogenität führt zu steuerbaren „Auseinandersetzungen", durch die Kreativität gefördert wird. Dort, wo gemeinsam Ideen gefunden und entwickelt werden sollen, ist eher Heterogenität angesagt.

07. Nach welchen Gesichtspunkten können Gruppen im Betrieb eingeteilt werden?

Einteilungskriterien sind:

- nach der Intensität der Eingliederung in die Organisation der Arbeit:
  - integrierte Gruppen
  - nicht integrierte Gruppen
- nach dem vorgegebenen Auftrag:
  - Qualifizierung (z. B. Lernstatt-Gruppe)
  - Problemlösung (z. B. Wertanalysegruppe)
  - Auftragserfüllung (z. B. Reparaturgruppe)
  - Verbesserung der Prozesse (z. B. KVP).

08. Welche Arten von Gruppen werden im Betrieb unterschieden?

Unterschieden werden:

- Arbeitsgruppen als Teams, die über lange Zeit ihre vom Unternehmen zugewiesene Arbeitsaufgabe gemeinsam erledigen (z. B. Reparaturteam in der Lkw-Werkstatt)
- Problemlösungsgruppen im Sinne von KVP
- Planungsgruppen
- Beratungsteams als Fachstäbe
- Entscheidungsteams zur Unterstützung der Unternehmensleitung
- Projektgruppen zur vorübergehenden meist interdisziplinären Erarbeitung von Veränderungen bzw. Neuerungen.

09. Was sind teilautonome Arbeitsgruppen?

Teilautonome Arbeitsgruppen verfügen neben der teammäßigen Ausübung der Arbeiten über Entscheidungskompetenzen hinsichtlich:

- Festlegung der Ziele
- Verteilung der Arbeit in der Gruppe
- Arbeitsbedingungen
- Wahl der Arbeitsmethoden
- Aufnahme neuer Teammitglieder
- Beteiligung an der Führung.

10. Welche Bedingungen führen zum Erfolg der Gruppenarbeit?

Erfolgsbedingungen sind:

- messbare Ziele
- klare Aufgabenstellung
- deutlicher Umriss der Befugnisse
- Einbeziehung informeller Strukturen
- Berücksichtigung der Phänomene Sympathie und Antipathie
- gegenseitiger Respekt
- Wahl der richtigen Größe und Zusammensetzung
- Ernennung eines akzeptierten Leiters der Gruppe.

11. Wie kann der Erfolg von Gruppenarbeit gemessen werden?

Gemessen werden kann:

- der Grad der Zielerreichung
- die Intensität der Aufgabenerfüllung
- die Qualität der Arbeitsergebnisse
- der Grad des Zusammenhalts der Gruppe
- der Zufriedenheitsgrad der einzelnen Gruppenmitglieder
- die Einhaltung der Spielregeln.

7.8.1.2 Projekte

01. Was ist ein Projekt?

Ein Projekt ist gem. DIN-Norm eine Zusammenarbeit, die im Wesentlichen durch die Einmaligkeit der Bedingungen gekennzeichnet ist, u. a.:

- genaue Zielvorgabe
- zeitliche Begrenzung
- finanzielle Begrenzung
- Abgrenzung gegenüber anderen Vorhaben
- projektspezifische Organisation.

02. Welche Entscheidungen müssen bei der Bildung eines Projekts getroffen werden?

Entscheidungen sind notwendig hinsichtlich:

- Auswahl der Mitglieder (meist interdisziplinär)
- Rollenverteilung
- Festlegung der Projektleitung
- an wen zu berichten ist (Bereichsführung, Unternehmensleitung, Lenkungsausschuss)
- Entscheidungskompetenz (Entscheidung, Vorschlag, Beratung)
- Projektziel
- interne Regelungen (z. B. Länge der Wortbeiträge) und Verhaltensweisen (z. B. sachlich bleiben, nicht ins Wort fallen)
- Kontrollpunkte (Milestones).

03. Welche Spielregeln sind einzuhalten?

Wichtige Spielregeln sind:

- alle Gruppenmitglieder respektieren sich gegenseitig
- aus Fehlern lernen
- alle sind auf gemeinsames Handeln fixiert
- alle sind gemeinsam für den Erfolg verantwortlich
- Termine werden eingehalten
- alle Beteiligten sind gleichberechtigt
- nur konstruktive Kritik ist erlaubt
- es wird zum Anderen, nicht aber über den Anderen gesprochen
- keine Monologe
- vereinbarte Veränderungen werden mitgetragen.

7.8.2 Moderation von Arbeits- und Projektgruppen

7.8.2.1 Moderation als Methode

01. Was ist eine Moderation?

Moderation ist eine Technik zur Lenkung von:

- Gesprächen
- Diskussionen
- Projekten.

Besondere Beachtung findet die aktive Beteiligung aller Teilnehmer. Mittels Moderation werden häufig Konflikte gelöst. Dabei tritt der Moderator mäßigend einerseits und anregend andererseits auf. Er steuert über seine Methoden- und Sozialkompetenz den Prozess, nicht aber den Inhalt.

02. Welche Rolle spielt der Moderator?

Der Moderator:

- lenkt den Prozess
- ordnet sich fachlich selbst unter
- verhält sich neutral, denn die Gruppe bestimmt Inhalte und Lösungen
- bestimmt Ziel und Methoden
- schlichtet, wenn Spannungen auftreten
- fasst zusammen
- verteilt Aufgaben.

03. Welche Anforderungen sind an einen Moderator zu richten?

Anforderungen sind:

- Neutralität (Ausblenden von Antipathie und Sympathie)
- Flexibilität (auf unterschiedliche Situationen rasch reagieren können)
- Beherrschung verschiedener Problemlösungstechniken
- Konsensfähigkeit (um verschiedene Vorstellungen zusammenbringen zu können)
- Zurückhaltung (um sich nicht selbst in den Vordergrund zu stellen)
- persönliche Energie (um die Gruppenmitglieder anspornen zu können).

7.8.2.2 Vorbereitung der Moderation

01. Welche Maßnahmen gehören zur Vorbereitung einer Moderation?

Die Vorbereitung der Moderation wird häufig aufgeteilt in:

- organisatorische Vorbereitung:
  - Raumplanung
  - Zeitplanung
  - Vorbereitung der notwendigen Technik
  - rechtzeitige Einladung
- inhaltliche Vorbereitung:
  - Festlegung des Ziels
  - Ausarbeitung des notwendigen Materials
  - Formulierung von Schlüsselfragen
  - Festlegung, welche Materialien noch notwendig sind
- methodische Vorbereitung:
  - Auswahl geeigneter Methoden
  - Festlegung der anzuwendenden Techniken
  - Vorbereitung der Einführung der Mitarbeiter in die Methoden.

02. Welche rhetorischen Besonderheiten gehören zur Moderation?

Zur Moderation gehören:

- aktives Zuhören, indem das Hinhören verbal, aber auch nonverbal, unterstrichen wird; der Sprecher fühlt sich ernst genommen
- Fragetechnik nach dem Motto: Wer fragt, der führt! Fragearten sind:
  - offene Fragen: W-Fragen zur umfangreichen Information und zur Erhöhung des Gesprächsanteils
  - geschlossene Fragen als Verständnisfragen
  - reflektierende Fragen, die sich auf etwas vorher Gesagtes beziehen; sie dienen auch dazu, sog. Vielredner zurückzuholen
  - alternative Fragen, wodurch die Entscheidung gefördert werden soll
- Einwände, durch die geäußerte Fakten und Zusammenhänge Infrage gestellt werden. Einwände können nicht beseitigt werden, sondern man muss sich damit auseinandersetzen.

03. Welche Bedeutung hat die nonverbale Kommunikation?

Kommunikation beschränkt sich nicht nur auf gesprochene Worte, sondern beinhaltet auch alle Erscheinungen wie Tonfall, Sprechgeschwindigkeit, Pausen und Zeichen von Emotionen. Besondere Bedeutung kommt der Körperhaltung und den Ausdrucksbewegungen zu.

Zur Körpersprache (Kinesik) gehören u. a.:

- Verschränken der Arme: Abwehr, Ablehnung
- Blickkontakt: Sicherheit
- lässige Sitzhaltung: Sicherheit, evtl. Arroganz
- Hochziehen der Augenbrauen: Angst
- an die Nase fassen: Verlegenheit, Nachdenken
- Hand vor das Gesicht: Nachdenken, Verbergen
- mit Gegenständen spielen: Nervosität, Langeweile.

Erwähnt werden sollen auch die Distanzzonen, die jeder Mensch in unterschiedlicher Intensität um sich herum hat; ein Eindringen sollte vermieden werden.

04. Welche Kreativitätstechniken sind einsetzbar?

Die Erfahrung hat gezeigt, dass rein rationale (also lineare) Denkformen nicht ausreichen; durch laterales Denken wird dagegen die Kreativität gefördert. Bekannte Kreativitätstechniken sind:

- Brainstorming
- Methode 635
- Synektik
- Morphologischer Kasten
- CNB-Methode.

05. Wie ist der Ablauf von Brainstorming und der Methode 635 und wie sind beide zu bewerten?

Beim Brainstorming wird eine Gruppe aufgefordert, spontan Ideen zu einem vorgegebenen Thema zu äußern, die später ausgewertet werden. Während der Sitzung ist Kritik untersagt. Die Ideen werden aufgeschrieben, sodass sie sofort für alle sichtbar sind und die Phantasie anregen.

Die Methode 635 erfolgt schriftlich; 6 Teilnehmer erhalten ein Ideenblatt, auf das sie jeweils 3 Ideen schreiben; danach wird das Blatt 5-mal weitergereicht, sodass insgesamt 108 Ideen entstehen.

Der Vorteil dieser Methoden liegt in:

- der Nutzung der Kreativität
- der Schnelligkeit
- der Beteiligung von fachlichen Laien.

Dagegen sind die beiden Methoden für komplexe Probleme nicht geeignet.

06. Was versteht man unter Synektik?

Die Synektik ist eine hochprofessionelle Methode, bei der durch Fragestellungen Analogien aus unterschiedlichen Realitätsbereichen gebildet werden. Dadurch wird Abstand zum Ausgangsproblem erzeugt, um neue Sichtweisen zu ermöglichen. Neue Lösungsansätze entstehen durch Verfremdung.

07. Wie ist der Ablauf beim Morphologischen Kasten?

Die Morphologische Methode läuft wie folgt ab:

- Beschreibung des Problems
- Zerlegung des Hauptproblems in Teilprobleme
- Suche nach Lösungsalternativen für jedes Teilproblem
- Kombination verschiedener Teillösungen zu einer neuen alternativen Gesamtlösung
- Bewertung dieser Lösungen
- Auswahl.

08. Welche Bedeutung hat die CNB-Methode?

Bei der CNB-Methode erhält jede Person einer Expertengruppe ein Notizbuch mit der Aufforderung, das Buch ständig mitzuführen und Ideen sofort zu notieren; nach festgelegter Zeit werden die Bücher eingesammelt, ausgewertet und jeweils an andere Experten verteilt.

09. Was ist mit W-Fragen-Analyse gemeint?

Anders, als die vorstehend genannten Methoden, ist die W-Fragen-Analyse eine systematisch logisch aufgebaute Vorgehensweise. Durch die W-Fragen wird das Problem näher umschrieben, um an den eigentlichen Kern heranzukommen.

- **W**as (ist passiert)?
- **W**ie (wird das Problem deutlich)?
- **W**er (ist betroffen)?
- **W**o (ist das Problem entstanden)?
- **W**ann (ist das Problem aufgetreten)?

10. Was besagt das Pareto-Prinzip?

Das Pareto-Prinzip, auch als 80 : 20-Regel bekannt, besagt, dass 80 % des Ergebnisses durch ca. 20 % der Objekte erzielt werden, z. B. 80 % des Materialeinsatzes durch 20 % der Artikel oder 80 % der Arbeitszeit mit 20 % der Tätigkeitszeit belegt sind.

Das Pareto-Prinzip gehört zu den Ursache-Wirkungs-Diagrammen.

7.8.2.3 Nachbereitung einer Moderation

01. Welche Maßnahmen gehören zur Nachbereitung einer Moderation?

Die Nachbereitung erfolgt persönlich und organisatorisch.

- persönliche Nachbereitung:

  Der Moderator wird prüfen, ob das Ziel erreicht wurde, die Vorbereitung stimmte und wie er sich persönlich gefühlt hat.

- organisatorische Nachbereitung:

  Der Moderator:

  - erstellt ein Protokoll
  - sorgt dafür, dass vergebene Arbeitsaufträge erledigt werden
  - bereitet bereits die nächste Sitzung vor.

7.8.3 Phasen der Steuerung von Arbeits- und Projektgruppen

01. Welche Entwicklungsphasen durchlaufen Gruppen?

Gruppen durchlaufen folgende Phasen:

- Forming: Gründungsphase, geprägt durch Unsicherheit, zu wenige Regeln, große Hemmungen, vorsichtiger Umgang, erste Strukturen entstehen
- Storming: Streitphase zur Klärung von Konflikten untereinander, damit eigene Positionierung, gereiztes Klima, Interessen werden abgestimmt
- Norming: Vertragsphase, in der Ernüchterung entsteht, Ziele ausgewählt werden, Kompromisse ausgehandelt werden, faire Kommunikationsregeln, die Gruppe erlangt Identität
- Performing: Arbeitsphase, in der zielorientiert gearbeitet wird, solidarische Beziehungen, Beseitigung von Problemen durch kurzfristige Anpassungen, Probleme: Versagensangst, Aktionismus
- Reforming: Orientierungs-/Lernphase, die der persönlichen Orientierung dient; dadurch entsteht Destabilisierung, danach kritische Wiederannäherung.

02. Wie kann der Entwicklungsprozess gefördert werden?

- Beim Forming kann das Kennenlernen gefördert werden (z. B. Vorstellungsrunde).
- Beim Storming könnten die Ursachen von Machtkämpfen bewusst gemacht werden und die Konsensbildung gefördert werden.
- Beim Norming werden Fortschritte in der Kooperation verdeutlicht, es wird motiviert.
- Beim Performing könnte man der Gruppe mehr Freiräume einräumen, Selbststeuerung könnte eine große Rolle spielen.

7.8.3.1 Strukturierung

01. Welche typischen Rollen ergeben sich im Gruppenprozess?

Jede Gruppe hat einen strukturierten Aufbau, der sich in einer Rangordnung äußert. Durch diese Rangordnung wird dem einzelnen Gruppenmitglied eine Rolle zugewiesen, durch die Einfluss und Status geregelt werden.

In zahlreichen Gruppen ergibt sich folgendes Rollenschema:

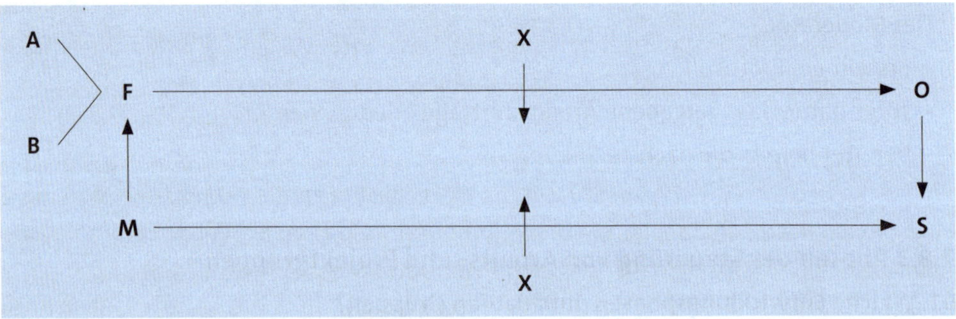

Dabei bedeuten die einzelnen Positionen:

A = Aktivist, der sich an allem aktiv beteiligt
B = Beliebter, von allen gleichermaßen geachtet
F = Führer
M = Mitläufer ohne eigene Vorstellungen und Initiative
O = Opponent, der gegen die ganze Linie eingestellt ist
S = Sündenbock, der für negative Ergebnisse verantwortlich gemacht wird, obwohl er sie nicht beeinflusst hat
X = Außenseiter, der nicht in die Gruppe integriert wird bzw. nicht integriert werden will

02. Wie kann die Gruppenstruktur dargestellt werden?

Die Rollenverteilung kann dargestellt werden durch:

- ein Soziogramm als grafische Darstellung der Beziehungen mit Verbindungspfeilen, die die Richtung und die Stärke der Beziehungen wiedergeben:

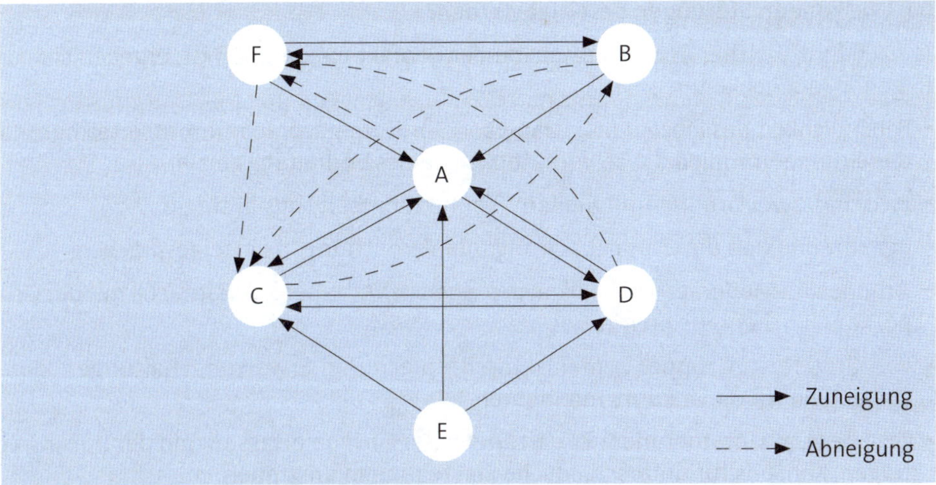

- eine Soziomatrix als Tabelle, die die Verbindung zwischen den Gruppenmitgliedern sowie deren Intensität wiedergibt:

Personen	**Nennungen**					
A - F	**A**	**B**	**C**	**D**	**E**	**F**
A			+	+		-
B	+		-			+
C	+	-		+		
D	+		+			-
E	+		+	+		
F	+	+	-			
+ = Zuneigung - = Abneigung						

03. Wie werden Störungen im Gruppenprozess deutlich?

Störungen im Gruppenprozess sind erkennbar durch:

- großen Zeitaufwand
- geringe Produktivität
- schlechte Arbeit
- Beschwerden der Gruppenmitglieder
- Streit
- Cliquenbildung
- Absentismus.

04. Wie können Störungen beseitigt werden?

Je nachdem, welcher Beziehungsebene der Konflikt zuzuordnen ist, ergeben sich u. a. folgende Möglichkeiten:

- Persönlichkeit des Einzelnen (intrapersonell): Einzelgespräche, um zu erreichen, dass das Gruppenmitglied die Fehlerhaftigkeit seines Verhaltens einsieht
- zwischen zwei Gruppenmitgliedern: Konfliktbearbeitungsstrategie
- der Einzelne und die Gruppe: Klärung und Vermittlung in Einzelgesprächen
- Gruppe und Moderator: Reflexikon des eigenen Verhaltens, Aussprache mit der Gruppe, Konflikt thematisieren
- von Gruppe zu Gruppe: gemeinsame Besprechung, Erwartungshaltungen klären, Spielregeln für die Zukunft vereinbaren
- Gruppe zum Unternehmen: Erwartungen der Gruppe erfassen und der Leitung vortragen, Konsens für unterschiedliche Einstellungen anstreben.

05. Was muss der Meister bei der Zusammensetzung von Gruppen beachten?

Ziel muss sein, dass Grundkompetenz bei allen vorhanden ist; darüber hinaus ist eine gute Mischung bezogen auf weitere Kompetenzen anzustreben. Bei einfachen Tätigkeiten ist dies sicherlich leichter möglich, als bei komplexen Vorgängen. So kann eine Kommissioniergruppe, wie man sagt, eindimensional zusammengesetzt werden, denn der körperliche Einsatz wird im Vordergrund stehen.

Bei anspruchsvollen Tätigkeiten sind u. a. die folgenden Kriterien typisch:

- körperliche Leistungsfähigkeit
- psychische Belastbarkeit
- Fachlichkeit
- analytisches und kreatives Potenzial
- Kommunikationstalent
- Teamfähigkeit.

06. Welche Rolle spielt die Gruppengröße?

Die optimale Erledigung der Gruppenaufgabe hängt natürlich von der Größe der Gruppe ab, die aber wiederum von der Art der Aufgabe abhängig ist. Gruppen mit mehr als zwölf bis 15 Mitgliedern haben sich, unabhängig von der Aufgabe, gewöhnlich als ineffizient herausgestellt.

Umfangreiche Aufgabenstellung kann am effizientesten von sechs bis zwölf Mitgliedern erledigt werden; dagegen sollten bei kleineren Projekten nicht mehr als vier Mitarbeiter beteiligt sein.

7.8.3.2 Durchführung

01. Worauf muss der Meister bei der Bearbeitung der Gruppenaufgabe besonders achten?

Besondere Gesichtspunkte sind:

- Stimmigkeit mit der Unternehmensleitung und anderen Bereichen herstellen
- Unterstützung von der Leitung und den „Machtpromotoren" einfordern
- Feststellen des Gruppenklimas und dessen positive Beeinflussung
- die Richtung der Bearbeitung erfassen und gegebenenfalls i. S. der Zielsetzung korrigieren
- Unterstützung der positiv Beteiligten
- Korrektur bei abweichendem Verhalten
- Thematisierung störender Einflüsse
- bei großen Störungen, die selbst nicht beseitigt werden können, Einschaltung eines Mediators
- eventuell Einschaltung externer Berater als „Fachpromotoren"
- informelle Unterstützung von außerhalb der Gruppe durch „Sozialpromotoren" nutzen.

7.8.3.3 Überprüfung

01. Welche Möglichkeiten der Überprüfung werden unterschieden?

Die Art der Überprüfung ist sehr stark abhängig von der:

- Art der Aufgabe
- Qualität der Mitarbeiter.

Bei einfachen Tätigkeiten wird die engmaschige Fremdkontrolle im Vordergrund stehen, die gerade bei sich ständig wiederholenden relativ kurzzyklischen Vorgängen häufig in den technischen Ablauf integriert ist.

Bei Gruppen mit anspruchsvollen Aufgaben steht die Selbstkontrolle im Vordergrund, allerdings auf der Basis klar definierter Ziele und Zielabschnitte.

Hochleistungsteams werden regelmäßig berichten, sodass Abweichungen vom Ziel frühzeitig festgestellt werden können. Dies kann auch durch vorher definierte Milestones eingebaut sein.

7.9 Berücksichtigen der rechtlichen und organisatorischen Rahmenbedingungen beim Einsatz von Fremdpersonal und Fremdfirmen

7.9.1 Rechte und Pflichten beider Vertragspartner

7.9.1.1 Vertragsarten

01. Welche Formen kommen infrage, wenn fremde Arbeitsleistungen in Anspruch genommen werden?

Folgende Formen kommen infrage:

- Arbeitnehmerüberlassung (Zeitarbeit, Leiharbeit, Personalleasing): Einsatz fremder Arbeitnehmer, die ihre Arbeitsleistung einsetzen
- Vergabe abgrenzbarer Leistungen zur vollständigen Übernahme durch ein Unternehmen als Werkvertrag (meist ausgewiesene Spezialisten)
- dauerhafter Einsatz von Mitarbeitern eines Werkvertragsunternehmens für Tätigkeiten,
  - für die gleichzeitig Stammmitarbeiter im Einsatz sind
  - die zuvor von Stammmitarbeitern erledigt wurden.

Ziel ist dann neben der Minimierung von Kosten die Umgehung arbeitsrechtlicher Regelungen.

02. Wie ist die vertragliche Regelung bei der Arbeitnehmerüberlassung?

Bei der Arbeitnehmerüberlassung entsteht ein Dreiecksverhältnis. Ein Zeitarbeitsunternehmen (Leasinggeber) stellt bei ihm eingestellte Personen einem Auftraggeber (Leasingnehmer, Einsatzbetrieb) gegen Entgelt zur Verfügung.

Gesetzliche Grundlage für die Zeitarbeit ist das „Gesetz zur Regelung der gewerbsmäßigen Arbeitnehmerüberlassung" (Arbeitnehmerüberlassungsgesetz). Der Vorgang läuft wie folgt ab (grafische Darstellung siehe Kap. 7.2.1.1, Frage 07):

- Das Zeitarbeitsunternehmen holt die Erlaubnis der Bundesagentur für Arbeit ein.
- Das Zeitarbeitsunternehmen schließt mit dem Arbeitnehmer einen befristeten oder unbefristeten Arbeitsvertrag und wird dadurch Arbeitgeber.
- Das Zeitarbeitsunternehmen schließt mit dem Einsatzbetrieb einen Arbeitnehmerüberlassungsvertrag in Schriftform; u. a. erklärt das Zeitarbeitsunternehmen, über die erforderliche Erlaubnis zu verfügen.
- Im Rahmen seines Direktionsrechts setzt das Zeitarbeitsunternehmen den Arbeitnehmer beim Einsatzbetrieb ein.
- Der Einsatzbetrieb zahlt an das Zeitarbeitsunternehmen ein Honorar, das neben dessen Verwaltungskosten und Gewinnspanne auch die Vergütung für den Arbeitnehmer (einschließlich Nebenkosten) enthält.
- Der Arbeitnehmer kann auf Wunsch des Einsatzbetriebs ausgewechselt werden (während der ersten vier Stunden ohne Kosten).

- Der Einsatzbetrieb meldet jeden Fall der zuständigen Krankenkasse.
- Das Zeitarbeitsunternehmen führt Sozialversicherungsbeiträge, Lohnsteuer, Solidaritätszuschlag und ggf. Kirchensteuer ab; falls nicht, wird der Einsatzbetrieb selbstschuldnerisch in Anspruch genommen.

03. Welche besonderen Regelungen gelten für die Arbeitnehmerüberlassung?

Besondere Regelungen sind:

- Liegt die Genehmigung zur gewerblichen Arbeitnehmerüberlassung nicht vor, werden die Arbeitnehmer durch ein faktisches Arbeitsverhältnis Arbeitnehmer des Einsatzbetriebs.
- Da der Einsatzbetrieb Zweithafter für abzuführende Beträge ist, sichert sich der Betrieb durch eine Unbedenklichkeitsbescheinigung ab; außerdem werden häufig 50 % der Honorare einbehalten, bis das Zeitarbeitsunternehmen die Zahlung nachgewiesen hat.
- Der Einsatz des selben Mitarbeiters beim Einsatzbetrieb ist nur vorübergehend zulässig; allerdings ist gesetzlich nicht geregelt, was mit vorübergehend gemeint ist (z. B. zeitlich festgelegte Vertretung, Projekte); die Rechtsprechung wird hier sicherlich in den nächsten Jahren für Klarheit sorgen.
- Einzelne Tarifverträge (z. B. für die Metall- und Elektroindustrie) sehen eine Übernahme des Zeitarbeitnehmers als Stammmitarbeiter nach einem Einsatz von 24 Monaten vor (Ausnahme: sachliche Gründe für eine längere Einsatzdauer, z. B. längerfristige Projekte und Vertretungen).

04. Wie ist die Zeitarbeit zu bewerten?

Vorteile sind:

- sehr schnelles Instrument
- Flexibilität durch unmittelbare Anpassung an die Beschäftigungssituation
- geringeres Risiko
- Einsatz eventuell als Testphase
- kaum Verwaltungskosten
- geringe Beschaffungskosten
- kürzere Einarbeitung durch genaue Vorgaben an das Zeitarbeitsunternehmen.

Nachteile sind:

- geringe Kontinuität durch hohe Fluktuation der Zeitarbeitnehmer
- geringe Motivation und Identifikation
- Haftungsrisiko für abzuführende Leistungen
- Konfliktpotenzial durch Neid bei den Zeitarbeitnehmern auf die Vergütung vergleichbar eingesetzter Stammmitarbeiter bzw. Konkurrenz bei Ersatz der Stammbelegschaft durch Zeitarbeitnehmer.

Die Erfahrung zeigt, dass die Lohnstückkosten bei Substitution der Stammbelegschaft durch Zeitarbeitnehmern wegen geringerer Produktivität eher steigen; bei geringem Einsatz von Zeitarbeit sind die Lohnstückkosten geringer und dadurch steigt die Wettbewerbsfähigkeit.

05. Was ist ein Werkvertrag?

Gemäß §§ 631 ff. BGB liegt ein Werkvertrag vor, wenn ein Auftraggeber einem Unternehmer (Werkunternehmer) einen Auftrag erteilt. Gegenstand des Vertrags ist die Fertigstellung eines Gutes, eines Werkes. Das „Werk" kann sein:

- die Herstellung einer Sache
- die Veränderung einer Sache
- ein durch Arbeit oder Dienstleistung sonstiger herbeizuführender Erfolg.

Geschuldet wird nicht die Leistung als solche, sondern deren Erfolg. Der Werkunternehmer trägt das Risiko des Erfolgs. Ist das Werk nicht mängelfrei, hat der Auftraggeber ein Recht auf:

- Nacherfüllung
- Selbstvornahme
- Rücktritt
- Minderung
- eventuell Schadenersatz.

Die für das Werk fällige Vergütung wird als Werklohn bezeichnet.

06. Welchen Inhalt hat der Werkvertrag?

Inhalt des Werkvertrags sollte sein:

- Vereinbarung eines konkreten Auftrags
- Beschreibung des Auftragsumfangs (ggf. unter Bezugnahme auf ein Leistungsverzeichnis)
- Vereinbarung eines Preises
- Angabe zur Fälligkeit des Werklohns
- Festlegung eines Termins der Fertigstellung
- Regelung zu Gewährleistung und Garantie
- eventuell Hinweis, dass der Werkunternehmer keinen Dritten zur Erstellung des Werkes beauftragen darf.

Dabei sollte darauf geachtet werden, dass der Auftrag konkret umschrieben wird, denn allgemeine Formulierungen (z. B. Schweißarbeiten) lassen darauf schließen, dass es sich um Arbeitnehmerüberlassung handelt.

07. Welche typischen Merkmale sollten berücksichtigt werden, damit der Vertrag als Werkvertrag und nicht als Arbeitsvertrag gilt?

Merkmale für einen Werkvertrag sind:

- keine unmittelbare Einbindung in die Organisation des Auftraggebers
- selbstständige Disposition, d. h. der Werkunternehmer organisiert die für den wirtschaftlichen Erfolg notwendigen Handlungen nach eigenen betrieblichen Regeln
- damit keine Weisungsgebundenheit
- Mitarbeiter des Werkunternehmers erhalten ihre Anweisungen vom Werkunternehmer und nicht von den Führungskräften des Auftraggebers
- der Werkunternehmer haftet für den Erfolg der vereinbarten Leistung.

08. Wie kann verhindert werden, dass Scheinselbstständigkeit vorliegt?

Wird das Vertragsverhältnis als Scheinselbstständigkeit erkannt, müssen auf den Werklohn Sozialversicherungsbeiträge, Lohnsteuer, Solidaritätszuschlag und ggf. Kirchensteuer abgeführt werden. Außerdem genießt der Werkunternehmer dann Arbeitnehmerrechte. Entscheidend ist dabei nicht der Text der Vereinbarung, sondern es sind die Aktivitäten, die tatsächlich entfaltet wurden. Scheinselbstständigkeit kann vorliegen, wenn:

- eine arbeitnehmertypische Tätigkeit (z. B. Regal einräumen) vorliegt
- dieselbe Person vorher diese Tätigkeit als Arbeitnehmer erledigt hat
- der Werkunternehmer auf Dauer im Wesentlichen nur einen Auftraggeber hat
- der Werkunternehmer die Arbeit nur selbst und nicht durch Erfüllungsgehilfen zu erledigen hat
- der Werkunternehmer keine versicherungspflichtigen Arbeitnehmer beschäftigt.

Allerdings gilt Scheinselbstständigkeit nicht automatisch bei Vorliegen der Merkmale, sondern der Einzelfall muss betrachtet werden. Besteht Unsicherheit, kann der Auftraggeber einen Statusfeststellungsantrag bei der DRV (Deutsche Rentenversicherung) beantragen; die DRV fordert dann notwendige Unteralgen an und entscheidet.

09. Wie ist der Einsatz selbstständiger Kraftfahrer und ähnlicher Berufszweige zu beurteilen?

Arbeitnehmertypische Tätigkeiten, wie

- selbstständiger Kraftfahrer ohne eigenes Fahrzeug
- selbstständiger Kranführer
- Regalauffüller

eignen sich nicht für den Abschluss von Werkverträgen, es würde Scheinselbstständigkeit vorliegen. Bei Verstoß gegen die Regelung trägt der Auftraggeber die aufgelaufenen Sozialversicherungsbeiträge und Steuern (inkl. Umsatzsteuern) und darauf entfallende Zinsen. Der Arbeitnehmer (also der vermeintliche Werkunternehmer) kann nur sehr begrenzt in Anspruch genommen werden (die letzten drei Gehaltszahlungen unter Berücksichtigung der Pfändungsfreigrenzen).

Die Selbstständigkeit eines Kraftfahrers setzt ein auf ihn zugelassenes (mit eigenem Kapitalaufwand erworbenes bzw. geleastes) Fahrzeug voraus. Dies liegt nicht vor, wenn sich der Auftraggeber an der Finanzierung beteiligt. Bei Prüfungen wird deshalb nicht nur die Lohnbuchhaltung, sondern auch die Finanzbuchhaltung betrachtet.

Unerheblich ist, wenn das Fahrzeug mit dem Outfit (Farben, Logo, Aufschrift) des Auftraggebers versehen ist.

10. Wie ist der Werkvertrag zu bewerten?

Vorteile sind:

- keine Einbeziehung des Auftraggebers in die Erstellung des Werkes
- alleinige Verantwortung beim Werkunternehmer
- feste Kalkulationsgrundlage
- keine Verantwortung für mögliche personelle Probleme
- eigene Konventionalstrafe kann bei Verzögerung weitergereicht werden.

Nachteile sind:

- Ergänzungen, Erweiterungen und Änderungen müssen mit dem Werkunternehmer neu vereinbart werden
- dadurch geringere Flexibilität
- keine Anweisungen an das Werkpersonal möglich.

7.9.1.2 Anweisungsbefugnisse

01. Wie ist die Anweisungsbefugnis bei der Arbeitnehmerüberlassung geregelt?

Folgende Regelungen gelten:

- Das Direktionsrecht obliegt dem Zeitarbeitsunternehmen als Arbeitgeber; dieses legt im Rahmen der Zumutbarkeit den Arbeitsort und damit den Einsatzbetrieb fest.
- Das Weisungsrecht obliegt dem Einsatzbetrieb und hier dem zuständigen Fachvorgesetzten. Die Mitarbeiter haben die
  - Anweisungen des Fachvorgesetzten
  - die Organisation des Einsatzbetriebs
  - besondere Verhaltensweisen des Einsatzbetriebs
  - die Arbeitszeiten

zu beachten.

02. Wie ist die Anweisungsbefugnis beim Werkvertrag geregelt?

Der Rahmen der Tätigkeit ist durch den Inhalt des Werkvertrags geregelt. Eine unmittelbare Anweisungsbefugnis gegenüber dem Werkunternehmer existiert nicht. Die Mitarbeiter des Werkunternehmens erhalten ihre Anweisungen vom Werkunternehmer oder dessen Führungskräften im Unternehmen des Auftraggebers, also von ihren eigenen Vorgesetzten, aber auf keinen Fall von den Fachvorgesetzten des Auftraggebers.

03. Welche Mitbestimmungsfragen gelten für die Arbeitnehmerüberlassung und für Fremdfirmen?

Für die Arbeitnehmerüberlassung gilt:

- Vor dem Einsatz eines Zeitarbeitsnehmers ist der Betriebsrat im Einsatzbetrieb zu beteiligen; dieser kann die Zustimmung verweigern, wenn der Einsatz gegen ein Gesetz verstößt; dies gilt vor allem, wenn der Einsatz über ein Jahr hinaus, und damit nicht vorübergehend, geplant ist. Der Einsatzbetrieb hat dann die Möglichkeit, die Ablehnung des Betriebsrats durch eine Zustimmung des Arbeitsgerichts ersetzen zu lassen.
- Nach sechs Monaten Einsatz des einzelnen Zeitarbeitnehmers im Einsatzbetrieb ist dessen Betriebsrat für Fragen und Probleme im Einsatzbetrieb zuständig.
- Nach sechs Monaten darf der Zeitarbeitnehmer den Betriebsrat im Einsatzbetrieb mitwählen und an Belegschaftsversammlungen teilnehmen.
- Die Zahl der Zeitarbeitnehmer wird bei der Festlegung der Anzahl der Betriebsratsmitglieder neuerdings mit berücksichtigt.

Da Mitarbeiter, die über Fremdfirmen eingesetzt sind, nicht eingestellt werden, bedarf deren Einsatz auch nicht der Zustimmung des Betriebsrats. Sie verwirklichen nicht gemeinsam mit den Arbeitnehmern des Auftraggebers den Zweck des Betriebs. Die Interessen der im Betrieb beschäftigten Arbeitnehmer werden deshalb nicht berührt. Allerdings gehört zur Überwachungsaufgabe des Betriebsrats, darauf zu achten, dass das im Betrieb eingesetzte Drittpersonal nicht rechtswidrig eingesetzt wird.

7.9.2 Einbindung in den Einsatzbetrieb

01. Wie sind die Mitarbeiter des Zeitarbeitsunternehmens in den Einsatzbetrieb eingebunden?

Einbindung erfolgt durch:

- umfassende Einweisung in die Aufgaben und die Gefährdungen des Arbeitsplatzes durch den Einsatzbetrieb (analog zu eigenen Mitarbeitern), u. a. mit folgenden Inhalten:
  - allgemeine Informationen zu Arbeit und Gesundheit
  - allgemeine Sicherheitshinweise (z. B. Verhalten im Notfall)
  - Persönliche Schutzausrüstung und -kleidung

  - körperliche Belastungen und Umgang mit der Technik im Betrieb
  - psychische Belastungen (z. B. Gefahren durch Monotonie, Schutz vor Überlastung)
- Überwachung der Einhaltung von Sicherheitsvorgaben, u. a. Nutzung der Schutzartikel, die vom Zeitarbeitsunternehmen zur Verfügung gestellt werden müssen
- Nutzung der Sozialeinrichtungen inkl. Kantine, wie bei eigenen Arbeitnehmern
- Hinweis des Einsatzbetriebs auf offene Stellen, damit sich die Zeitarbeitnehmer bewerben können
- Einrichtung einer An- und Abmeldestelle hinsichtlich der Erfassung der Anwesenheit bzw. der Arbeitszeit als Grundlage für die Abrechnung.

02. Wie ist der Werkunternehmer in den Betrieb des Auftraggebers eingebunden?

Das Werk wird grundsätzlich durch die Beschreibung im Werkvertrag festgelegt und evtl. im Leistungsverzeichnis konkretisiert. Spätere Anweisungen sind nur in sehr begrenzter Form zulässig und dürfen sich nicht auf den Arbeitsvorgang und die Zeiteinteilung beziehen. Wird die Tätigkeit aber durch den Auftraggeber geplant und organisiert, dann ist der Werkunternehmer derart in den arbeitsteiligen Prozess eingebunden, dass eine eigenverantwortliche Organisation der Arbeit fachlich nicht mehr möglich ist. Dann liegt Arbeitnehmerschaft vor.

Für den Betriebsrat bestehen keinerlei Beteiligungsrechte. Die Kosten sind keine Personalkosten, sondern Sachkosten. Der Betriebsrat achtet lediglich auf rechtswidrigen Einsatz.

7.9.3 Leistungserstellung

01. Wie setzt sich die Vergütung zusammen?

Die Vergütung des Zeitarbeitsunternehmens setzt sich wie folgt zusammen:

- Vergütung des Mitarbeiters
- Personalzusatzkosten
- Verwaltungskosten des Zeitarbeitsunternehmens
- Risikozuschlag für auftragsfreie Zeiten
- Gewinnzuschlag.

Das Honorar ist Verhandlungssache und wird allein vom Einsatzbetrieb getragen.

Der Werkunternehmer kalkuliert gewöhnlich einen Pauschalpreis für seine Leistung, mit dem alle seine Kosten gedeckt sein sollten; seltener wird ein Stunden- oder Tagessatz vereinbart. Hat sich der Werkunternehmer verkalkuliert, geht dieser Fehler allein zu seinen Lasten; eine Nachberechnung ist nicht ohne weiteres möglich. Die Vergütung ist bei „Ablieferung“ des Werks fällig. Häufig wird ein höherer Anteil zurückbehalten, bis das Werk als mängelfrei bezeichnet wird.

02. Wie wird der Lohn des Zeitarbeitnehmers festgelegt?

Für die Entlohnung des Zeitarbeitnehmers gilt:

- die Entgeltregelung des Einsatzbetriebs (dann gilt „equal-pay")
- oder der Tarifvertrag des Zeitarbeitsunternehmens.

Ersteres gilt gewöhnlich nicht, da dann die Kosten zu hoch wären. Insgesamt gilt für die Zeitarbeit eine Mindestlohnregelung.

Verschiedene Tarifverträge sehen Branchenzuschläge auf das Tarifentgelt vor (z. B. Metall- und Elektroindustrie, Chemische Industrie, weitere werden folgen); dadurch können die Verdienste der Zeitarbeitnehmer maximal 90 % der Stammmitarbeitervergütung erreichen. Eine Sonderregelung gilt für den „Drehtüreffekt", bei dem ein Stammmitarbeiter als Zeitarbeitnehmer weiterbeschäftigt wird. Falls dies innerhalb von sechs Monaten geschieht, gelten für diesen Mitarbeiter die Bedingungen für den Einsatzbetrieb.

03. Wie sind die Kontrolle und die Abrechnung geregelt?

Bei der Arbeitnehmerüberlassung erfolgt die laufende Kontrolle durch den Fachvorgesetzten im Einsatzbetrieb. Die Abrechnung kann nach eingereichten Stundenbelegen erfolgen; ebenso kann auch eine elektronische Erfassung genutzt werden.

Beim Werkvertrag ist für die Kontrolle der Werkunternehmer zuständig. Handelt es sich um ein in sich geschlossenes Gesamtwerk, erfolgt die Abnahme durch den Auftraggeber nach ordnungsgemäßer Übergabe. Zwischenkontrollen sind durchaus möglich. Abgerechnet wird entweder der Gesamtpreis nach Ablieferung oder es werden vereinbarte Abschlagszahlungen, meistens nach Fortschritt des Werks, fällig. Letztlich wird zum Schluss ein vereinbarter Betrag einbehalten, bis die mängelfreie Lieferung festgestellt wurde.

Eingereichte Rechnungen werden in beiden Fällen durch die Rechnungsprüfung überprüft, indem die Rechnungen mit den vorhandenen bzw. eingereichten Arbeits- bzw. Leistungsdaten verglichen werden.

8. Personalentwicklung

8.1 Festlegung von Personalentwicklungszielen

8.1.1 Ziele der Personalentwicklung

01. Welche Ziele hat die Personalentwicklung für das Unternehmen?

Als Ziele für das Unternehmen ergeben sich:

- Fähigkeitspotenzial nutzbar machen
- Unabhängigkeit vom Arbeitsmarkt
- verbessertes Unternehmensimage
- Qualifikation nach Bedarfslage schaffen
- technische Entwicklung ermöglichen
- umsichtige und flexible Mitarbeiter haben
- Ausbildung: Mitarbeiter formen, die sich durch Selbstständigkeit, Entscheidungsfreude und Verantwortungsbereitschaft auszeichnen.

02. Welche Ziele hat die Personalentwicklung für den Mitarbeiter?

Als Ziele für den Mitarbeiter sind zu nennen:

- Motivation
- Unterstützung bei Bildungswünschen
- größere Mobilität innerhalb und außerhalb des Unternehmens
- geringeres Arbeitsplatzrisiko
- Selbstverwirklichung.

03. Welche Ziele hat die Personalentwicklung für die Gesellschaft?

Auch die Gesellschaft hat u. a. aus folgenden Gründen Interesse an der Personalentwicklung:

- Grundlage für die Weiterentwicklung einer Volkswirtschaft
- flexibler Arbeitsmarkt
- dadurch weniger Belastung des Arbeitsmarktes
- generelle Anhebung des Bildungsniveaus.

8.1.2 Personalentwicklungsbedarf

01. Was ist Personalentwicklung und was ist Personalentwicklungsbedarf?

Personalentwicklung wird häufig bezeichnet als:

- Inbegriff aller Maßnahmen,
- die der individuellen beruflichen Entwicklung der Mitarbeiter dienen und

- die erforderlichen Qualifikationen vermitteln sollen
- zur optimalen Wahrnehmung jetziger und künftiger Aufgaben
- unter Berücksichtigung der persönlichen Interessen der Mitarbeiter.

Personalentwicklung ist somit ein wesentlicher Bestandteil der betrieblichen Führungspolitik. Der Gedanke des lebenslangen Lernens und der ständigen Förderung der Mitarbeiter muss Bestandteil der Unternehmenspolitik eines jeden Unternehmens sein.

Personalentwicklungsbedarf ist das Defizit zwischen:

- Anforderungen (Was fordert die Stelle vom Mitarbeiter?)
- und Eignung des Mitarbeiters für die Stelle.

02. Welche Bedeutung hat die Personalentwicklung?

Personalentwicklung gehört zu den unabdingbaren Voraussetzungen eines Unternehmens, das nicht nur heute, sondern auch in Zukunft erfolgreich sein will. Nicht umsonst spricht man heute von einer Bildungsoffensive, die sich bereits jetzt an den Anforderungen von morgen und übermorgen orientieren muss und die Mitarbeiter vor allem in die Lage versetzen muss, Lernprozesse künftig auch eigenständig steuern zu können.

Die Personalentwicklung hat Auswirkungen:

- aus volkswirtschaftlicher Sicht:
  - Übernahme eines großen Teils der Bildungsmaßnahmen durch den Betrieb
  - finanzielle Entlastung anderer Träger
  - Basis für duale Bildung
  - Aktivierung volkswirtschaftlicher Leistungspotenziale
- aus Sicht der Mitarbeiter:
  - angestrebtes Qualifizierungsniveau kann besser erreicht werden
  - der Mitarbeiter muss bei der Qualifizierung die Arbeitsstelle nicht aufgeben
  - Verbesserung des Marktwertes und der Mobilität.

03. Welche Bereiche gehören zur Personalentwicklung?

Zur Personalentwicklung gehören:

- Berufsausbildungsvorbereitung als Praktika oder als Vorbereitungsjahr (zum Abbau von Basisdefiziten, Berufsorientierung)
- Berufsausbildung als duale Ausbildung und als Studium
- Fortbildung als Fortsetzung der fachlich-beruflichen Ausbildung im Anschluss an eine Ausbildung in Verbindung mit mehrjähriger Berufspraxis

- Weiterbildung als generelle Erweiterung der Bildung über die berufsspezifischen Bereiche hinaus Richtung eines allgemeinen Verständnisses komplexer Probleme (z. B. Selbstmanagement)
- Umschulung als „Zweitausbildung" in einem anderen Beruf; sie endet wie die Berufsausbildung mit einer Kammerprüfung; sie findet nach ähnlichen Regeln und Vorgaben wie die Erstausbildung statt
- Management-Development als Förderung der Mitarbeiter durch Job Rotation, Stellvertretung, Übernahme größerer Verantwortung.

04. Wo liegen die Vor- und Nachteile der Berufsausbildung?

Berufsausbildung findet in Deutschland in dualer Form statt, d. h. sie wird an den beiden Lernorten Betrieb und Berufsschule durchgeführt.

Vorteile dieser Form gegenüber der rein schulischen oder der rein betrieblichen Ausbildung sind vor allem:

- betriebsübergreifende Qualifizierung
- Vermittlung einer breiten theoretischen Basis
- gleichzeitig aber praxisnahe Durchführung
- geprüfter und überall anerkannter Abschluss
- höhere Mobilität der Absolventen im Betrieb und außerhalb.

Nachteile sind vor allem:

- ständige Unterbrechungen im Ablauf durch Wechsel des Lernorts
- zu starke Theoretisierung in der Schule
- Gefahr mangelnder Abstimmung zwischen Schule und Betrieb
- eventuell fehlende pädagogische Mängel im Betreib.

Die Berufsschule wird in Blockform oder als wöchentlicher Teilzeitunterricht durchgeführt.

05. Wie ist die Fortbildung geregelt?

Die Fortbildung sollte sich lebenslang an die Erstausbildung anschließen; unterteilt wird sie häufig in:

- Anpassungsfortbildung (z. B. Seminare bei Änderungen im Gefahrgutrecht)
- Aufstiegsfortbildung, die sich an einer freien Stelle (positionsorientiert) oder am Potenzial des Mitarbeiters (potenzialorientiert) ausrichten kann; sie soll in eine qualifiziertere, höher angesiedelte Stelle einmünden (z. B. Logistikleiter)
- Erhaltungsfortbildung zur Erhaltung des Arbeitsplatzes und der Arbeitskraft.

Während für die Ausbildung aus Gründen der Rechtssicherheit und zum Schutz des häufig noch jugendlichen Auszubildenden umfassende rechtliche Regelungen getroffen wurden, die Umschulung sich diesen Regelungen teilweise angepasst hat, wird für die Fortbildung lediglich ein grober Rahmen vorgegeben; intensivere Reglungen, deren Zustandekommen häufig sehr langwierig ist, würde die Fortbildung unflexibel gestalten. Doch gerade die Fortbildung muss häufig rasch auf Veränderungen reagieren können.

Komplexe Formen der Aufstiegsfortbildung, die auf anerkannte Prüfungen vorbereiten, sind unter bestimmten Voraussetzungen gemäß Aufstiegsfortbildungsförderungsgesetz (sog. Meister-BAFÖG) mit öffentlichen Mitteln förderbar.

06. Wer ist an der Personalentwicklung beteiligt?

An der Personalentwicklung sind beteiligt:

- die Unternehmensleitung, die die Bildungsmaßnahmen tragen muss und den äußeren Rahmen vorgibt
- die Personalabteilung bzw. der Bildungsbereich (Ausbilder, Bildungsreferent u. a.)
- der Mitarbeiter selbst, der für die Maßnahme motiviert sein muss
- der Vorgesetzte des Mitarbeiters als:
  - Informationsquelle für den Bildungsbedarf und die Einschätzung des Mitarbeiterpotenzials
  - Durchführender einzelner Bildungsmaßnahmen (z. B. Einarbeitung)
  - Kontrolleur des Bildungserfolges
- der Betriebsrat
- über- und außerbetriebliche Bildungseinrichtungen.

07. Welche Beteiligungsrechte hat der Betriebsrat bei der Personalentwicklung?

Für den Betriebsrat ergeben sich nach §§ 96 bis 98 BetrVG unterschiedliche Beteiligungsrechte:

- Beratungsrechte bei:
  - Fragen der Berufsbildung
  - Einführung betrieblicher Bildungsmaßnahmen
  - Errichtung und Ausstattung von Bildungseinrichtungen
- Vorschlagsrechte zur:
  - Förderung der beruflichen Bildung
  - Teilnahme von Arbeitsnehmern an Bildungsmaßnahmen
- Mitbestimmungsrechte bei
  - Maßnahmen und Inhalten der beruflichen Bildung, vor allem in der Ausbildung
  - Auswahlrichtlinien für die Teilnahme an Maßnahmen
  - Einsatz und Abberufung von Bildungspersonal.

08. Wie kann die Personalentwicklung in ein Stufenkonzept eingebunden werden?

Die Personalentwicklung ist eingebettet in die Organisationsentwicklung und die Unternehmensentwicklung; geschieht dies nicht, führt die Personalentwicklung in eine Sackgasse (z. B. Entwicklung nach dem Gießkannenprinzip). Das Konzept sieht wie folgt aus:

Unternehmensentwicklung
↓
Organisationsentwicklung
↓
Personalentwicklung
↓
Fort- und Weiterbildung
↓
Ausbildung

Unternehmensentwicklung sind Veränderungen zur langfristigen Ausrichtung des Unternehmens. Organisationsentwicklung ist der langfristig angelegte Prozess zur Veränderung der Strukturen durch direkte Mitwirkung.

09. Welche Ursachen hat Bildungsbedarf?

Ursachen für Bildungsbedarf sind:

- betriebliche Vorgänge, z. B.:
  - Ersatzbesetzung vorhandener Stellen
  - Besetzung neuer Stellen
  - Umsetzung bei Stellenwegfall
  - technische und organisatorische Veränderung vorhandener Stellen
- Mängel in der Arbeitsausführung
- Nachfolge- und Laufbahnplanung
- besonderer Wunsch des Arbeitnehmers
- Änderung der Unternehmensziele
- Änderung der Führungsgrundsätze
- neue und komplexere Produkte.

10. Welche Ausgangspunkte hat die Personalentwicklung?

Ansatzpunkte für die Personalentwicklung sind:

- Begabungen als:
  - allgemeine Intelligenz (Fähigkeit, komplexe Sachverhalte schnell zu durchdringen)
  - berufsspezifische Intelligenz
- Qualifikationen als berufliche Ressourcenbasis als:
  - Kenntnisse (Wissen)
  - Fähigkeiten kognitiver und geistig-körperlicher Art
  - Fertigkeiten als erlernbares und anwendungsorientiertes Können eines Menschen
  - Verhaltensmuster als Schemata, die helfen, das Leben zu bewältigen
- Kompetenzen als:
  - Fachkompetenz
  - Methodenkompetenz
  - Sozialkompetenz
  - Persönlichkeitskompetenz als Fähigkeit und Einstellung, in denen sich die persönliche Haltung widerspiegelt
  - Handlungskompetenz als Fähigkeit, betriebliche Aufgaben zielgerichtet und verantwortungsbewusst zu erfüllen
- Performance als tatsächliche und messbare Leistung einer Person.

8.1.3 Kategorien für den Qualifizierungserfolg

01. Wodurch wird der Qualifizierungserfolg gesichert?

Der Qualifizierungserfolg wird gesichert durch:

- gezielte Bildungsbedarfsermittlung
- zielorientierte Vorgehensweise
- Ableitung der Inhalte
- Einsatz gezielter Anreizsysteme
- Einhaltung methodischer Prinzipien
- Einsatz adäquater Methoden und Medien
- Festlegung der Rahmendaten.

02. Wie sieht der Ablauf bei der Fortbildung aus?

Fortbildung läuft wie folgt ab:

Bildungsbedarfsanalyse
↓
Auswertung des Bedarfs
↓
Planung der Fortbildung
↓
methodische/didaktische Vorbereitung
↓
Durchführung
↓
Erfolgskontrolle

03. Durch welche Instrumente wird der Bildungsbedarf ermittelt?

Es gibt direkte Instrumente, die unmittelbaren Bildungsbedarf zeigen, und indirekte Instrumente, über die auf Bildungsbedarf geschlossen werden könnte, es kann aber auch sein, dass völlig andere Aspekte vorliegen. Die Instrumente sind:

Bildungsbedarfsermittlung

direkte Instrumente	**indirekte Instrumente**
► Personalakte	► Fluktuations- und Fehlzeitanalyse
► Informationsgespräch mit	► Entwicklung der Unfallqoten
- Vorgesetztem	► geringere Produktionsmengen
- Mitarbeitern	► sinkende Qualität
- Bildungsfachleuten	► Betriebsklimaanalyse
► Fragebogenerhebung	
► Beobachtung	
► Profilvergleich	
► Förderdatei	
► Potenzialbeurteilung	

04. Aus welchen Komponenten besteht die Bildungsbedarfsanalyse?

Im Zuge der Bildungsbedarfsanalyse wird der Qualifikationsbedarf erhoben. Komponenten sind:

- Tätigkeitsanalyse, bei der ein Tätigkeitsprofil mit Kernaufgaben erstellt wird: Kritische Tätigkeiten, die einzigartig, nicht aufschiebbar, nicht delegierbar sind; Mängel in diesem Bereich wirken sich auf die betriebliche Leistung aus.
- Anforderungsanalyse, die festlegt, welches fachliches, methodisches und soziales Wissen und Können notwendig ist. Eine besondere Technik ist die Critical Incident Technique, bei der kritische Vorfälle beobachtet werden und erfasst wird, welche Verhaltensweisen dazu geführt haben, um dann festzulegen, welche Anforderungsmerkmale erfüllt sein müssten.
- Qualifikationsanalyse zur Festlegung der Ist-Befähigung für bestimmte Aufgaben
- Potenzialanalyse mit der Frage: Was kann noch aktiviert werden für künftige Aufgaben?
- Abweichungsanalyse mit den Gründen für Abweichungen zwischen Soll-Anforderungen und Befähigung:
  - Mängel an Können als
    - fachliche bzw. methodische Unfähigkeit
    - Mangel an Potenzial in geistiger und körperlicher Hinsicht
    - Mangel an Übung, keine Routine
    - Mangel an Rückkoppelung
  - Mängel an Dürfen, also unzulängliche Arbeitsumgebung bzw. Organisation
  - Mängel an Wollen, also mangelnde Motivation (führt z. B. zu Absentismus).

05. Wie werden Lernziele formuliert?

Unter einem Lernziel versteht man den Zustand, den der Lernende am Ende des Lernprozesses erreicht haben soll; es wird also ein Ergebnis eines Prozesses umschrieben. Lernziele sind nur dann vollständig formuliert, wenn sie

- den Zustand, der erreicht werden soll,
- die zu berücksichtigenden Bedingungen und
- den Beurteilungsmaßstab

beinhalten, z. B. der Lernende soll

- eine Anlieferung im Wareneingang (Zustand)
- mit mechanischen Hilfsmitteln (Bedingung)
- im Durchschnitt in 15 Minuten (Beurteilungsmaßstab)

erledigen können.

06. Welche Lernzielarten werden unterschieden?

Man unterscheidet nach der Intensität:

- Richtlernziel (z. B. Arbeiten im Lager kennen)
- Groblernziel (z. B. eine Kommissionierung durchzuführen)
- Feinlernziel (z. B. eine Ware richtig verpacken können); Feinlernziele sind operabel, d. h. messbar.

Nach dem Ansprechbereich bzw. Lernbereich unterscheidet man:

- kognitive Lernziele (Kenntnisse, z. B. den Inhalt eines Lagerscheins können)
- psychomotorische Lernziele (Fertigkeiten, z. B. einen Lagerschein ausstellen können)
- affektive Lernziele (Verhaltensweisen, z. B. sorgfältiger Umgang mit dem Lagerschein).

Im praktischen Fall lassen sich diese Lernziele nicht isolieren; vielmehr sind sie, unterschiedlich intensiv, immer gleichzeitig vorhanden.

07. Wie werden Lernziele in Lerninhalte umgesetzt?

Die Bildungsinhalte, die im Zuge der Bedarfsanalyse vermittelt wurden, müssen konkret formuliert werden und in Bildungsinhalte verwandelt werden, die auf das angestrebte Ziel ausgerichtet sind. Sind z. B. beim Meister in der Kommissionierung Führungsprobleme (autoritäres Verhalten) deutlich geworden, muss festgelegt werden, ob ein Seminar mit Wissensvermittlung über kooperative Führung weiterführt, oder ob eine Verhaltensschulung durch Rollenspiele und Fallstudien notwendig ist.

Dabei sind die Inhalte so zu gestalten, dass sie auch eindeutig überprüfbar sind. Methodische Ansätze spielen dann eine erhebliche Rolle.

08. Wie könnte ein Anreizsystem aussehen?

Anreize können gegeben werden durch:

- Verbindung jeglicher Beförderung mit der Bereitschaft zur Personalentwicklung
- Einbindung einzelner Mitarbeiter in Laufbahn- und Nachfolgepläne
- Übernahme externer Kosten bei berufsbegleitender Fortbildung
- Freizeitausgleich bei berufsbegleitender Fortbildung
- Zahlung einer einmaligen Prämie bei erfolgreicher Fortbildung
- Einbindung der Qualifizierung in ein Prämienlohnsystem, wobei sich die Qualifikationsprämie nach einem Punktesystem berechnen könnte:
  - Je nach Komplexität der Fortbildung erhält der Mitarbeiter ein bis drei Punkte (z. B. Meisterausbildung: drei Punkte)
  - jeder Punkt hat einen Euro-Wert , z. B. 40 €
  - jedes Jahr wird das Punktekonto um einen Punkt reduziert.

Dieses System gilt für den Fall, dass der Mitarbeiter trotz der Fortbildung nicht befördert werden konnte und die Qualifizierung „auf Vorrat" absolviert hat.

09. Welche Prinzipien sollten bei der Fortbildung beachtet werden?

Erfolgreiches Lernen setzt voraus:

- Anschauliche Darstellung (Erfassung mit allen Sinnen)
- Aktivität des Lernenden, denn durch eigenes Tun wird am meisten gelernt
- Praxisnähe
- Ablauf vom Leichten zum Schweren
- Ableitung des Abstrakten vom Konkreten.

10. Welche Qualifizierungsprinzipien werden unterschieden?

Die Qualifizierung kann durchgeführt werden als

- Training-into-the-Job: Erstausbildung, Einführung neuer Mitarbeiter, Traineeprogramme
- Training-on-the-Job: Mit der laufenden Arbeitsaufgabe gekoppelt am Arbeitsplatz, z. B. Einweisung in die Bedienung einer Verpackungsmaschine
- Training-near-the-Job: Am Arbeitsplatz (ohne Integration in den Arbeitsprozess) oder in dessen Nähe ohne Lehrpersonal, z. B. programmierte Unterweisung, Fachliteratur
- Training-off-the-Job: Außerhalb des Arbeitsprozesses, vor allem bei der Vermittlung neuen Wissens durch Seminare, Vorträge, Fallstudien, Planspiele, Rollenspiele u. a.
- Training-out-of-the-Job: Maßnahmen zur Vorbereitung des Ausscheidens, u. a. Outplacement, Vorbereitung auf den Ruhestand.

11. Welche Methoden können eingesetzt werden?

Wichtige Methoden sind:

Unterweisungs-methode	Beschreibung	Eignung
4-Stufen-Methode	1. Vorbereiten (u. a. Motivation des Auszubildenden) 2. Vormachen (erst gerafft, dann ausführlich mit Erklärungen) 3. Nachmachen (erst ohne, dann mit Erklärungen durch den Lernenden) 4. Üben (mit indirekter Aufsicht)	Vermittlung von Fertigkeiten
Lehrgespräch	Der Stoff wird durch gezielte Fragestellung des Referenten auf der Basis eines vorhandenen Grundwissens gemeinsam erarbeitet.	Vermittlung von Kenntnissen
Vortrag	Zusammenhängende Darstellung eines Stoffgebietes, sollte aber nur kurz sein.	kurze Einführung in neue Gebiete; viele Lernende

Programmierte Unterweisung (u. a. Computer-based-Training)	Nach dem Regelkreismodell wird der Lernstoff in kleinste Einheiten zerlegt, wobei durch ständige Kontrollfragen festgestellt wird, ob die nächste Einheit erreicht wird; Anwendung u. a. bei PC-gesteuerten Selbstlernprogrammen.	Selbststudium, oder wenn keine gemeinsamen festen Lernzeiten eingehalten werden können
Rollenspiel	Die Teilnehmer übernehmen verschiedene Rollen in einer vorgegebenen Alltagssituation der beruflichen Umgebung.	Verhaltenstraining (z. B. Verkaufstraining)
Planspiel	Verschiedene Funktionen konkurrierender Unternehmen werden übernommen.	Entscheidungs- und Verhaltenstraining
Fallstudie	Simulation der Wirklichkeit mit Daten aus einem Praxisfall der Vergangenheit	Entscheidungstraining
Job Rotation	Systematischer Stellenwechsel zur Vorbereitung auf verantwortungsvollere Aufgaben.	zukünftige Führungskräfte vorbereiten, Hochschulabsolventen, auf Gruppenarbeit vorbereiten
Moderation	Durch Einsatz von Moderationstechniken und eines Moderators als Koordinator einer Gruppensitzung werden gemeinsam Probleme gelöst.	Förderung der Kreativität, Konfliktlösung
Leittextmethode	Eine Gruppe Lernender erarbeitet anhand vorher vom Ausbilder ausgearbeiteter Fragen und Informationsschriften die Lerninhalte selbstständig (häufig als Projekt organisiert); dabei müssen die Lernenden Entscheidungen hinsichtlich der Gestaltung des Lernvorgangs treffen; der Ausbilder berät die Gruppe und kontrolliert das Lernergebnis.	Förderung der Methoden- und Sozialkompetenz (u. a. Zusammenarbeit, planmäßiges Vorgehen, Entscheidungsfähigkeit)

12. Welche Medien können eingesetzt werden?

Um dem Prinzip der Anschaulichkeit gerecht zu werden, sollten zur Methode passende Medien eingesetzt werden. Dazu gehören u. a.:

- Arbeitsgegenstände
- Modelle
- Schautafeln
- Tafeln
- Tageslichtprojektor
- Videofilme
- Flipchart
- Bücher
- PC mit Datenbankzugriff
- Beamer.

Jedoch sei vor einem „Medienfeuerwerk“ gewarnt, denn die Aufmerksamkeit wird dann vor allem den Medien und nicht dem Inhalt entgegengebracht. Medien dürfen also niemals ihren Hilfscharakter verlieren. Medien sind vor allem kein Ersatz für den Lehrenden, sondern können ihn nur unterstützen.

13. Welche Bedeutung hat E-Learning?

E-Learning ist eine hochentwickelte Form des multimedialen Lernens, bei dem über PC in virtuellen Klassenräumen gelernt wird.

Der Lernende kann selbstgesteuert und in Eigenregie lernen; bei Bedarf kann er sich an seinen Tutor wenden, der jederzeit über das Netz zugeschaltet werden kann, um ein Feed-back zu erteilen oder mit Rat zu unterstützen. Diese Mischung aus Selbstlernprozessen und persönlicher Unterstützung ist inzwischen bei der Vermittlung unterschiedlichster Lerninhalte einsetzbar und erlangt steigende Akzeptanz. Die Aufwendungen für die Qualifizierung verlagern sich und führen vor allem zu einer Einsparung von Reisekosten und Zeit.

Besseres Verstehen und Behalten, freie Zeitwahl und geringe Durchführungskosten gehören zu den wesentlichen Vorteilen. Dagegen führt die Erarbeitung derartiger Inhalte zu hohen Kosten; außerdem ist der Ablauf unflexibel, es findet kein Gespräch mit anderen Teilnehmern statt.

Eine Mischung aus E-Learning und Präsenzveranstaltung bietet das Blended Learning; somit werden die Vorteile beider Methoden gekoppelt. Der E-Learning-Part kann besonders sinnvoll zur Vor- und Nachbereitung und Wiederholung von Präsenzveranstaltungen eingesetzt werden. Präsenzveranstaltungen eignen sich zur gemeinsamen Erarbeitung und zum Erfahrungsaustausch.

14. Welche Rahmendaten sind förderlich?

Mitarbeiter müssen die Möglichkeit erhalten,

- Qualifizierung zu wollen
- an Qualifizierung teilnehmen zu können.

Dazu ist es erforderlich, dass der Mitarbeiter hinter seiner Qualifizierung steht. Sollte diese auch Freizeitanteile einbeziehen, müsste auch die Familie von der Notwendigkeit überzeugt sein und den Mitarbeiter unterstützen.

Von Seiten des Unternehmens sollten folgende Rahmendaten erfüllt sein:

- Entlastung von der Arbeit durch Qualifizierung während der Arbeitszeit
- keine Überlastung durch zu hohe Dichte der Qualifizierungsinhalte
- kein Stress durch Erfolgsdruck auf den Mitarbeiter
- sorgfältige Auswahl der Bildungsveranstaltung unter Berücksichtigung persönlicher Eigenschaften und Interessen des Mitarbeiters

- immaterielle Unterstützung durch Beratung bei der Aufstiegsfortbildung
- materielle Unterstützung durch Übernahme von Lehrgangsgebühren bei der Ausstiegsfortbildung.

8.1.4 Bewertungskriterien

01. Welche Erfolgsmaßstäbe können eingesetzt werden?

Erfolgsmaßstäbe sind u. a.:

- Qualität
- Kosten
- Zusammenarbeit
- Nachhaltigkeit.

02. Wie ist die Qualität der Qualifizierung zu sichern?

Die Qualität kann gesichert werden durch:

- Zusammenarbeit mit zertifizierten Dienstleistern (Akademien, Trainer u. a.)
- Festlegung interner Standards für die Auswahl der Teilnehmer und für durchzuführende Maßnahmen
- Einsatz entsprechend ausgebildeter Mitarbeiter im Personalbereich
- Sensibilisierung der Meister und anderer Führungskräfte für Qualitätsstandards in der Qualifizierung
- Einsatz anerkannter Methoden
- systematische Evaluierung der Qualifizierungsmaßnahmen.

03. Was bedeutet Nachhaltigkeit bei der Qualifizierung?

Nachhaltigkeit bei der Qualifizierung geht in zwei Richtungen:

- bezogen auf eine Qualifizierungsmaßnahme: sie sollte so angelegt sein, dass:
  - Qualifikation vermittelt wird, die möglichst langfristig nutzbar ist
  - diese Qualifikation als Basis für weitere Qualifizierung dienen kann.
- bezogen auf das Unternehmen: Qualifizierung darf keine Eintagsfliege sein; sie muss stets weitergeführt werden; nur so kann gewährleistet werden:
  - dass das Unternehmen den Anschluss nicht verpasst
  - der Mitarbeiter eine positive Einstellung zur Qualifizierung erlangen kann.

8.2 Durchführung von Potenzialeinschätzungen nach vorgegebenen Kriterien und unter Anwendung entsprechender Instrumente und Methoden

8.2.1 Potenzialeinschätzung als Baustein des Personalentwicklungskonzepts

01. Wie könnte ein Personalentwicklungskonzept aussehen?

Das Personalentwicklungskonzept basiert auf drei Feldern:

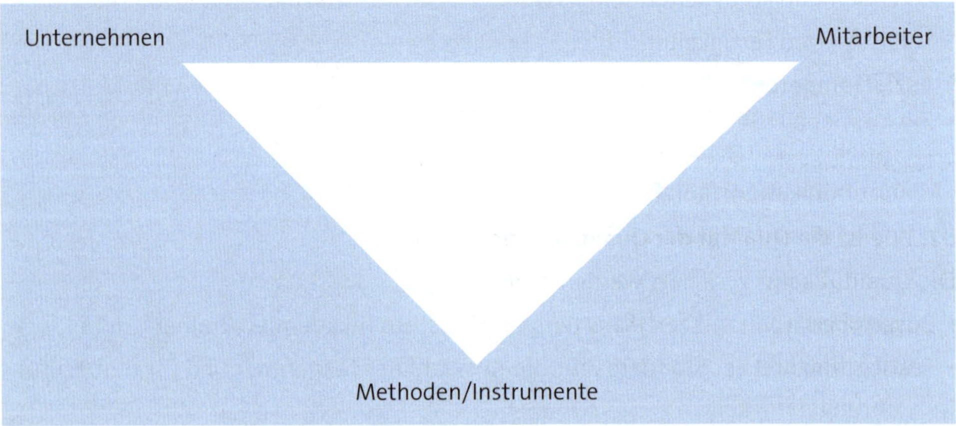

- Das Unternehmen hat einen Qualifizierungsbedarf, aus dem sich ein Anforderungsprofil als Soll-Größe entwickelt.
- Der Mitarbeiter hat individuelle Entwicklungsbedürfnisse, aus denen ein Qualifikationsprofil als Ist-Größe abgeleitet wird.
- Nach einem Profilvergleich werden Maßnahmen festgelegt und Instrumente eingesetzt.

02. Welche Bedeutung hat die Potenzialeinschätzung für den Entwicklungsprozess der Mitarbeiter?

Die Personalentwicklung gibt dem Mitarbeiter folgende Hinweise und Erkenntnisse:

- Sie gibt ein Feed-back, hält einen Spiegel vor.
- Sie ist die Grundlage für intensive Selbsteinschätzung.
- Sie zeigt auf, welche Chancen er im Unternehmen hat.
- Sie führt zum Vergleich zwischen Selbst- und Fremdeinschätzung.
- Bisher nicht erkannte Begabungen werden zu Tage gefördert.
- Sie motiviert zu intensiver Nutzung dieses Potenzials.
- Sie kann Grundlage für Erfolgserlebnisse sein.

03. Welche Kriterien werden bei der Potenzialeinschätzung angewandt?

Kriterien sind die verschiedenen Kompetenzbereiche:

- **Fachkompetenz:** Sie umfasst das fachliche Wissen und die Fertigkeiten, die man im beruflichen Alltag direkt umsetzen kann, und bezieht sich vor allem auf sich stets wiederholende Tätigkeiten. Sie wird in erster Linie in der Berufsausbildung vermittelt. Bekannte Probleme sind mit bekannten Mitteln lösbar.
- **Methodenkompetenz:** Sie befasst sich mit der Fähigkeit:
  - Wissen und Fertigkeiten selbstständig zu erschließen und zu strukturieren
  - Wissen und Fertigkeiten auf neue Probleme zu übertragen.
- **Sozialkompetenz:** Sie umfasst die Eigenschaften und Fähigkeiten eines Menschen, die es ihm erlauben, effizient und ohne Probleme mit anderen zusammenarbeiten zu können. Dazu gehören:
  - Kommunikationsfähigkeit
  - Kooperationsfähigkeit
  - Teamfähigkeit
  - Empathie
  - Kritikfähigkeit
  - Führungsfähigkeit
  - Umgang mit den eigenen Gefühlen.
- **Persönliche Merkmale:** Dazu gehört die persönliche Situation des Mitarbeiters, wie:
  - Familie
  - Hobbys
  - ehrenamtliches Engagement.

  Allerdings sind in diesem Zusammenhang die Persönlichkeitsrechte des Mitarbeiters berührt, denn die gerade genannten Merkmale sind grundsätzlich nicht für den Betrieb bestimmt und können nur mit Zustimmung des Mitarbeiters Gegenstand weiterer Betrachtungen sein.

04. Welche Schlüsselqualifikationen werden unterschieden?

Schlüsselqualifikationen sind allgemeine Potenziale, die langfristig verwertbar sind; es handelt sich um fach- und berufsübergreifende Kompetenzen, u. a.:

- Lernfähigkeit
- Lernbereitschaft
- Flexibilität
- vernetztes Denken
- analytisches Denkvermögen
- Organisationskompetenz

- Kommunikationsfähigkeit
- Mobilität
- Kreativität
- Initiative und Selbstständigkeit
- Belastbarkeit.

05. Was ist eine Potenzialanalyse?

Bei der Potenzialanalyse werden auf die Zukunft gerichtete Begabungen und Fähigkeiten erfasst; dabei kann die Leistung der Vergangenheit und Gegenwart eine Rolle spielen, im Mittelpunkt steht aber die davon losgelöste Prognose. Im Einzelfall kann es z. B. vorkommen, dass ein hochpotenzieller Mitarbeiter wegen Unterforderung nur mäßige Leistungen erbringt. Im Vordergrund stehen deshalb:

- herausfordernde Versuche (z. B. Projektleitung)
- eignungsdiagnostische Instrumente (z. B. Assessment-Center).

Die Anforderungen der angestrebten Stelle stehen im Vordergrund; deshalb können Potenzialanalysen sehr unterschiedliche Inhalte haben. In jedem Fall sind die hohen Kosten zu beachten, die in einem vernünftigen Verhältnis zum Nutzen stehen müssen.

Die Potenzialanalyse kann:

- auf eine bestimmte Beförderungsstelle ausgerichtet sein (z. B. bei der Nachfolgeplanung)
- das gesamte potenzielle Spektrum ohne konkreten Bezug erfassen; mögliche Einsatzstellen werden erst später festgelegt (z. B. bei der Laufbahnplanung).

Neben den Schlüsselqualifikationen sollte die Potenzialanalyse auf folgende Fragen Antwort geben:

- Welche Richtung nimmt die Entwicklung?
- Wo sind die Grenzen des Mitarbeiters?
- Welche Alternativen hinsichtlich Einsatz und Entwicklung gibt es?
- Welche Maßnahmen sollten zur individuellen Förderung angestrebt werden?

8.2.2 Instrumente und Methoden

01. Welche Instrumente und Methoden für die Potenzialeinschätzung werden unterschieden?

Instrumente und Methoden sind:

- Potenzialbeurteilung
- Potenzialbeurteilungsbogen
- Beratungsgespräch

- Betreuungsgespräch
- Beurteilungsgespräch
- Fördergespräch (s. Kapitel 7.5)
- Selbsteinschätzung
- Übertragung besonderer Aufgaben
- Assessment-Center (AC)
- Orientierungs Center (OC).

02. Welche Inhalte hat ein Potenzialbeurteilungsbogen?

Inhalte könnten sein:

- **Persönliche Eigenschaften:**
  - Stärken
  - Schwächen
  - Mobilität
  - Lernbereitschaft
- **Potenzial:**
  - fachlich
  - führungsmäßig
- **Prognose:**
  - Veränderungsabsicht
  - alternative Einsatzmöglichkeiten
  - Förderungsmaßnahmen.

03. Welche Grundsätze sollten im Beratungsgespräch beachtet werden?

Im Beratungsgespräch wird der Mitarbeiter vom Vorgesetzten bzw. der Personalabteilung beraten; interne und externe Experten können dabei Unterstützung leisten. Für eine erfolgreiche Beratung sollten folgende Grundsätze beachtet werden:

- Hilfe zur Selbsthilfe: Der Beratene soll in die Lage versetzt werden, seine Probleme selbst zu lösen.
- Beratung ist für den Beratenen stets freiwillig.
- Das Problem bleibt beim Beratenen; der Berater muss Distanz wahren.
- Der Berater darf seine Macht nicht missbrauchen und darf keine Abhängigkeit herstellen.
- Beim Beratenen müssen Lern- und Erkenntnisprozesse ausgelöst werden.
- Eine Vertrauensbasis muss hergestellt werden.
- Die Zufriedenheit des Beratenen darf kein Maßstab für den Erfolg des Gesprächs sein. (Die Ergebnisse können aus der Sicht des Beratenen negativ sein, aber: die Ehrlichkeit macht dieses u. U. erforderlich.)

04. Wozu dienen Betreuungsgespräche?

Betreuungsgespräche dienen der kurzfristigen Begleitung von Personalentwicklungsmaßnahmen. Sie finden in kurzen Zeitabständen, meist regelmäßig (Jour fixe) statt. Häufig sind es nur kurze Gespräche. Sie dienen:

- dem Feed-back
- der inhaltlichen Unterstützung
- falls notwendig: der moralischen Hilfe.

05. Was ist beim Beurteilungsgespräch zu beachten?

Das Beurteilungsgespräch dient im positiven Fall der Anerkennung und weiteren Motivation, im negativen Fall der Erörterung von Schwachstellen und deren Beseitigung. Gerade hier können wichtige Anknüpfungspunkte für Personalentwicklung vorliegen. In keinem Fall darf die Beurteilung zur „Verurteilung" werden. Für das Beurteilungsgespräch bietet sich folgender Ablauf an, um den Mitarbeiter dazu anzuspornen, Defizite abzubauen:

Phase	Begründung/Anleitung
1. Eröffnung des Gesprächs	Schaffung einer lockeren Atmosphäre
2. Besprechung positiver Kriterien	Der Beurteilte wird aufgebaut und damit empfänglich für die Aussagen des Beurteilers; vor allem müssen Verbesserungen herausgestellt werden; Lob immer auf die Person beziehen.
3. Besprechung negativer Kriterien	Positive Darstellung, um dem Mitarbeiter nicht die Hoffnung zu nehmen, es besser zu können; Tadel immer auf die Sache beziehen (z. B. „die Aufstellung hatte Fehler"), niemals auf die Person (z. B. „Sie arbeiten fehlerhaft.").
4. Stellungnahme des Beurteilten	Er muss die Möglichkeit haben, mildernde Umstände für sich geltend machen zu können; die Einwände müssten schriftlich erfasst werden.
5. Gemeinsam Mittel und Wege zur Beseitigung der Mängel finden	Der Beurteilte erfährt, dass er mit seinen Schwierigkeiten nicht allein gelassen wird, sondern Hilfestellung erfährt; diese muss ihm dann aber auch gewährt werden.
6. Positiver Abschluss des Gesprächs	Einwände überdenken; evtl. weiteres Gespräch ankündigen. Grundlage für konstruktive Zusammenarbeit ohne Vorbehalte wird geschaffen.

Es ist unbedingt darauf zu achten, dass im Gespräch keine Monologe entstehen und der Beurteilte dazu angeregt wird, sich am Gespräch zu beteiligen.

06. Welche Bedeutung hat die Selbsteinschätzung?

Die Selbsteinschätzung kann eine aufschlussreiche Ergänzung zur Fremdbeurteilung sein. Häufig beurteilen sich Mitarbeiter selbst strenger, als der Vorgesetzte dies tut.

Über die Selbsteinschätzung wird ein tiefer Einblick in die Motivationslage des Mitarbeiters erlangt. Ebenso ergeben sich Informationen über die Identifikation des Mitarbeiters hinsichtlich weiterer Qualifizierung.

07. Welche besonderen Aufgaben können übertragen werden?

Als besondere Aufgaben können zur Potenzialeinschätzung übertragen werden:

- Projektleitung
- Vorstandsassistent
- Fachstab
- Junior-Vorstand
- Stellvertretung
- Pate oder Tutor für neuen Mitarbeiter
- vorübergehende Entsendung ins Ausland.

08. Was ist ein Assessment-Center und wie läuft es ab?

Das Assessment-Center ist ein Gruppenauswahlverfahren, das sich oft über mehrere Tage erstreckt. Eine Gruppe von Probanden (meist sechs bis zwölf) wird von einer Gruppe von geschulten Assessoren (drei bis vier) geprüft. Es ergibt sich folgender Ablauf:

- Auswahl und Schulung geeigneter Beobachter (möglichst aus unterschiedlichen Führungsebenen, aber nicht nur aus dem aufnehmenden Bereich)
- Erarbeitung situationsorientierter Übungen
- Beurteilung der Teilnehmer bei den Übungen durch jeden Beobachter separat
- gemeinsames Urteil
- Besprechung der Ergebnisse mit den einzelnen Teilnehmern
- zwischendurch eventuell Ausscheiden einzelner Teilnehmer.

09. Welche Übungen beinhaltet des Assessment-Center?

Wichtige Übungen sind:

- Gruppenarbeiten
- Fallstudien
- Planspiele
- Gruppengespräche
- Gruppendiskussionen
- Präsentationen
- Interaktionsanalyse (gegenseitige Einschätzung nach bestimmten Kriterien)
- Einzelgespräche (Interviews) mit einem oder mehreren Beobachtern
- Einzeltests (z. B. Postkorbübung).

10. Wie ist das Assessment-Center zu bewerten?

Für den Bewerber ergeben sich als Vorteile:

- größere Objektivität durch gleiche Aufgaben
- mehrere Beurteiler
- bessere Transparenz.

Für das Unternehmen ist vorteilhaft:

- höhere Akzeptanz der Ergebnisse durch die Stellung der Beobachter
- unmittelbarer Vergleich der Bewerber untereinander
- größere Aussagekraft durch zahlreiche Tests und Aufgaben, die auf die Alltagssituation abgestimmt sind
- soziale Verhaltensweisen werden beurteilbar
- Führungsverhalten kann erprobt werden.

Als Kritik könnte angeführt werden:

- Gefahr einseitiger Erfolgstypen (durchsetzungsfähiger Vielredner)
- Lerneffekt der Teilnehmer durch mehrere Assessment-Center
- auch hier liegt nur eine Simulation und nicht die Wirklichkeit vor
- sehr hohe Kosten
- langfristige Aussagen sind schwierig, da die persönliche Entwicklung situativen Realitäten ausgesetzt ist.

11. Was ist ein Orientierungscenter?

Beim Orientierungscenter wird das Kompetenzprofil eines Teilnehmers mit den Soll-Profilen unterschiedlicher Karrieremöglichkeiten innerhalb eines Unternehmens verglichen.

Im Laufe des Verfahrens wird ein individuelles Profil für jeden Teilnehmer erstellt, das, ähnlich wie bei einem Assessment-Center, auf den Beobachtungen des Verhaltens von Teilnehmern in verschiedenen Übungen anhand bestimmter Kriterien basiert. In den Übungen spiegeln sich verschiedene laufbahnspezifische Herausforderungen wieder. Dies dient dazu, dass der Teilnehmer einerseits Einblick in verschiedene Spezifika der verschiedenen Laufbahnen erhält, andererseits reflektieren die Teilnehmer ihre Interessenfelder und Motivationsfaktoren, und können sich so ein Bild über ihre eigenen Talente erarbeiten.

Orientierungscenter ermöglichen die Entfaltung von Potenzialen innerhalb eines Unternehmens. Die Teilnehmer bekommen verschiedenste Karriereoptionen, nicht nur die Führungslaufbahn, aufgezeigt. Es ist somit ein Werkzeug der Karriereplanung, da es dem Teilnehmer Orientierung bietet. Dem Unternehmen bieten Orientierungscenter die Möglichkeit zur nachhaltigen Nachfolgeplanung.

8.3 Ermittlung des Personalentwicklungsbedarfs und Veranlassen von Umsetzungsmaßnahmen

8.3.1 Bedarfsermittlung im Hinblick auf die Unternehmensziele

01. Welche Unternehmensziele spielen hinsichtlich der Bedarfsermittlung eine Rolle?

Wichtige Unternehmensziele sind:

- Unternehmensentwicklung
- Altersstruktur der Belegschaft
- Qualifikationsstruktur der Mitarbeiterschaft
- Genderstruktur der Belegschaft
- Fluktuationsquote.

02. Welche Bedeutung hat die Unternehmensentwicklung?

Durch die Unternehmensentwicklung werden Anforderungen formuliert, denen die Personalentwicklung nachzukommen hat. Wichtige Entwicklungen können sein:

- Expansion des Unternehmens (neue Mitarbeiter werden benötigt)
- technologische Weiterentwicklung (Vermittlung der neuen Technologien)
- Umorientierung auf neue Produkte und Märkte
- veränderte Organisation des Unternehmens (mit Versetzungen und neuen Aufgabengebieten für viele Mitarbeiter, auf die sie vorbereitet werden müssen)
- veränderter Führungsstil im Unternehmen (mit erheblichem Schulungsbedarf für die Vorgesetzten; aber auch die Mitarbeiter sind darauf vorzubereiten)
- Verkleinerung des Unternehmens (mit Angebot von Alternativen innerhalb und außerhalb des Unternehmens, verbunden mit mehr oder weniger komplexen Qualifizierungsmaßnahmen).

Die Mitarbeiter sind durch unterschiedlichste Personalentwicklungsmaßnahmen auf diese Veränderungen vorzubereiten.

03. Welche Bedeutung hat die Altersstruktur?

Die Altersstruktur unter den Mitarbeitern sollte möglichst ausgeglichen sein. Dies setzt voraus, dass die Altersgruppen lernen, miteinander umzugehen und ihre jeweiligen Stärken einzubringen (Jüngere eher spontan und kreativ, Ältere eher erfahren, ausgeglichen und ausdauernd). So können Synergieeffekte erzielt werden.

Des Weiteren sagt die Altersstruktur etwas über den rechtzeitigen Ersatzbedarf, der

- durch Ausbildung für den fachlichen Bereich
- durch Aufstiegsfortbildung für die Nachfolge in den Führungspositionen

gedeckt wird.

04. Was besagt die Qualifikationsstruktur?

Die Qualifikationsstruktur besagt vor allem, ob ein Unternehmen Anpassungsbedarf hat.

- Unterqualifizierung kann für ein Unternehmen die tödliche Folge haben, nicht mehr konkurrenzfähig zu sein.
- Überqualifizierung kann dazu führen, dass
  - Demotivation
  - Frustration
  - Leistungszurückhaltung
  - Abwanderung

  eintritt. In diesem Fall sollte besondere darauf geachtet werden,
  - dass Stellen und Mitarbeiter möglichst gut zusammenpassen
  - die Anforderungen an die Arbeitsplätze durch neue Produkte und neue Märkte erhöht werden.

05. Was besagt die Genderstruktur?

Die Genderstruktur gibt Auskunft über den Anteil der Geschlechter in der Belegschaft und hier vor allem in den Führungspositionen. Viele Unternehmen haben einen Nachholbedarf an weiblichen Führungskräften, vor allem in den höheren Ebenen großer Unternehmen. Die Gesellschaft fordert deshalb Anstrengungen von den Unternehmen, das Verhältnis zu verbessern. Quoten könnten in Zukunft hinzukommen. Besondere Förderprogramme für qualifizierten weiblichen Nachwuchs, nicht zuletzt auch in technisch orientierten Bereichen, werden vielerorts aufgelegt. Allerdings muss vermieden werden, dass:

- die Qualität der Personalentscheidung nicht darunter leidet
- gegen das AGG (Allgemeines Gleichbehandlungsgesetz) verstoßen wird.

06. Welche Bedeutung hat die Fluktuationsquote für die Personalentwicklung?

Die Fluktuationsquote sagt etwas über die Personalabgänge aus. Es werden u. a. unterschieden:

- Gesamtfluktuation, die alle Abgänge beinhaltet:

$$\frac{\text{alle Abgänge} \cdot 100}{\text{Gesamtbelegschaft}}$$

- Teilfluktuation, bei der nur die zu ersetzenden Abgänge berücksichtigt werden:

$$\frac{\text{zu ersetzende Abgänge} \cdot 100}{\text{Gesamtbelegschaft}}$$

- Arbeitnehmerseitige Fluktuation, die sich nur mit den Abgängen befasst, die von den Arbeitnehmern initiiert wurden (Eigenkündigungen und vom Arbeitnehmer gewollte Aufhebungsverträge:

$$\frac{\text{arbeitnehmerseitige Abgänge} \cdot 100}{\text{Gesamtbelegschaft}}$$

  Hier interessieren vor allem die Gründe der Mitarbeiter, die durch Abgangsinterviews hinterfragt werden könnten.

Fluktuation macht rechtzeitige Qualifizierung für die Besetzung der freien Positionen notwendig. Fluktuation kann entstehen, wenn Mitarbeiter im Unternehmen keine Möglichkeit sehen, voran zu kommen. Dann ist es notwendig, verstärkt Führungspositionen intern zu besetzen. Entsprechende Führungsnachwuchsprogramme sind im Rahmen der Personalentwicklung notwendig.

8.3.2 Maßnahmen der Personalentwicklung

8.3.2.1 Interne oder externe Durchführung

01. Wie sieht die Abgrenzung zwischen internen und externen Personalentwicklungsmaßnahmen aus und welche Maßnahmen sind typisch?

Bei der internen Personalentwicklung liegt die Verantwortung für die Planung, Durchführung und Kontrolle der Maßnahme beim Unternehmen.

Typische interne Personalentwicklungsmaßnahmen sind:

- Unterweisungen
- Workshops
- Betriebsführungen
- Spezialseminare
- betriebsindividuelle Trainings.

Typische externe Personalentwicklungsmaßnahmen sind:

- Fachseminare
- Fachtagungen
- Erfahrungsaustausch
- Akademiebesuch
- Lehrgänge
- berufsbegleitendes Studium.

02. Welche Merkmale müssen für die Auswahl untersucht werden?

Untersucht werden müssen, ob:

- die Zahl der Teilnehmer für eine interne Durchführung ausreicht (mindestens sechs bis zehn Teilnehmer)
- die Inhalte von einem externen Bildungsträger überhaupt angeboten werden
- Impulse durch Mitarbeiter anderer Unternehmen gewünscht sind
- die Kosten angemessen sind (einschließlich Reisekosten)
- im Unternehmen entsprechende Ausstattung (Raum, Hilfsmittel u. a.) vorhanden ist
- Gemeinhaltung notwendig ist
- die methodische Vorgehensweise der externen Veranstaltung den Bedürfnissen des Unternehmens überhaupt entspricht.

03. Welche Kriterien könnten für die Auswahl externer Träger angewandt werden?

Kriterien für die Auswahl externer Träger könnten sein:

- Kosten
- Dauer
- Erfolgsquote/Referenzen
- methodische Ansätze
- Art des Abschlusses
- Standort
- Erfahrungspotenzial der Referenten
- Ausstattung (u. a. Raum, Equipment).

04. Was spricht für interne und was für externe Durchführung?

Für interne Durchführung spricht:

- die Unternehmenssituation steht thematisch im Vordergrund
- hohe Teilnehmerzahl
- günstige Fixkostenverteilung
- unmittelbare Beeinflussung der Inhalte
- Geheimhaltung ist gewährleistet.

Für externe Durchführung spricht:

- kleine Teilnehmerzahl
- Variabilisierung der Kosten durch Teilnehmergebühren je Teilnehmer
- sensible persönliche Probleme werden thematisiert
- Abkömmlichkeit der Teilnehmer

- Erfahrungsaustausch mit Mitarbeitern anderer Unternehmen
- keine geeigneten Fachleute im Unternehmen zur Vorbereitung und Begleitung der Maßnahmen.

05. Was spricht für und was gegen den Einsatz interner Referenten?

Der Einsatz eines internen Referenten hat folgende Vorteile:

- Betriebskenntnis
- Nutzung des fachlichen Knowhows
- meist geringere Kosten
- auch nach der Maßnahme erreichbar (After Sale Service)
- Anerkennung/Aufwertung des Referenten im Betrieb
- Grundlage für persönliche Entwicklung des Referenten (s. Potenzialermittlung).

Dagegen sind folgende Nachteile zu berücksichtigen:

- Betriebsblindheit
- oft zu geringe pädagogische Eignung
- manchmal zu geringer Abstand
- evwntuwll Überlastung
- steht für seine Arbeitsaufgabe nicht zur Verfügung.

Die Entscheidung für oder gegen einen internen Referenten hängt wesentlich von der Themenstellung ab; sollten sehr persönliche Fragen zu lösen sein, kommt die interne Lösung nicht infrage. Ein Problem könnte die Frage der Vergütung sein.

8.3.2.2 Individuelle oder standardisierte Durchführung

01. welche Bedeutung haben individuelle Maßnahmen?

Individuelle Maßnahmen sind unmittelbar auf den einzelnen Mitarbeiter zugeschnitten; der Mitarbeiter wird dort abgeholt, wo er steht und individuell und gezielt darauf vorbereitet, wo er hin soll.

Vorteile sind:

- abgestimmte Maßnahmen
- kürzere Dauer
- geringere Kosten.

Nachteile sind:

- aufwändige Erstellung in jedem Einzelfall
- häufige Abstimmung zwischen Personalabteilung und Meister.

Typische Beispiele sind:

- individuelle Laufbahnpläne
- Nachfolgeplanung
- Einzelcoaching
- Mentoring.

02. Welche Bedeutung haben standardisierte Maßnahmen?

Für ständig wiederkehrende Abläufe werden pauschalierte Pläne entworfen. Dies gilt vor allem für große Unternehmen.

Vorteile sind:

- einmalige Erarbeitung
- mehrmalige Anwendung.

Nachteile sind:

- unzureichende Berücksichtigung der individuellen Ausgangsposition
- längere Dauer.

8.3.2.3 Einzelne Maßnahmen

01. Wie erfolgt die Nachwuchskräfteförderung?

Unternehmen werden nicht mehr umhinkommen, eine systematische Nachwuchsarbeit oberhalb der Ausbildung anzubieten, und zwar:

- sowohl zur Rekrutierung von jungen Mitarbeitern vom Arbeitsmarkt,
- als auch zur Bindung bereits vorhandener Nachwuchskräfte.

Dabei steht die Vorbereitung auf Führungspositionen im Vordergrund.

Die Inhalte beziehen sich auf alle Kompetenzbereiche, also sowohl auf die Fach- und Methodenkompetenz, als auch auf die Sozialkompetenz und die personale Kompetenz. Vermittelt werden vor allem Führungsbefähigung, Managementtechniken und Möglichkeiten und Anwendung des Controllings.

Als Maßnahmen kommen infrage:

- Traineeausbildung (ein halbes Jahr bis zwei Jahre als Generalist oder Spezialist)
- Übernahme von Sonderaufgaben
- Leitung von Projekten zur Übung im Führungsbereich
- Stellvertretung
- Auslandsentsendung (Zurechtfinden in ungewohnter Umgebung)

- Assistentenfunktion
- Junior Board („Quasi-Vorstand“, der parallel zum Vorstand Vorschläge für reale Entscheidungen entwickelt; dabei sind alle Informationen zugänglich).

02. Wie sieht der Ablauf eines Trainee-Programms aus?

Ein Trainee-Programm für Nachwuchskräfte besteht aus einer Mischung aus praktischem Einsatz und Trainings bzw. Lehrgängen, z B.:

Grundlagentraining (10 Tage)
Themen u. a. Kommunikation, Präsentation, Moderation, Teamtraining

↓

Praxiseinsatz im Unternehmen (6 Monate)
Einkauf, Verkauf, Controlling, Personalwirtschaft

↓

Aufbautraining (10 Tage)
Themen u. a. Entscheidungstraining, Konfliktlösung, Problemlösung, Umgang mit Kritik

↓

Ausübung **spezieller Aufgaben** (6 Monate)
Projekte, fachliche Stabsfähigkeit

↓

Erweiterungstraining (5 Tage)
Themen u. a. Verhandlungstechnik, strategische Planung, persönliches Feedback

↓

Stellvertretung (6 Monate)

03. Welche Bedeutung haben Qualifizierungsprogramme?

Über Qualifizierungsprogramme soll ein größerer Teil der Mitarbeiter fachlich qualifiziert werden. Dabei kann auch die Vermittlung spezieller Techniken im Vordergrund stehen. Beispiele könnten sind:

- Vermittlung technischer und logistischer Kenntnisse an Kaufleute
- betriebswirtschaftliche Zusammenhänge für Techniker und Naturwissenschaftler
- Anwendung neuer Führungstechniken für Führungskräfte
- Vermittlung spezifischer EDV-Kenntnisse
- Vermittlung von Grundlagen in der Qualitätsmanagementschulung
- Schulung in kooperativer Führung
- Teambildung für Arbeitsgruppen.

Qualifizierungsprogramme zeigen dem Mitarbeiter, welche Möglichkeiten zur Fortbildung bestehen. Dies kann permanente Fortbildung oder spezielle Inhalte auf Zeit bedeuten. Der Mitarbeiter kann erkennen, welche Qualifikation vom Unternehmen erwünscht ist. Es wird somit eine Orientierungshilfe gegeben.

04. Wie ist die Laufbahnplanung einzuordnen?

Die Laufbahnplanung geht vom Potenzial der Mitarbeiter aus, sie ist also potenzialorientiert. Besonders geeignete Nachwuchskräfte werden über mehrere Stufen in höhere Führungspositionen befördert. Die Pläne haben häufig Laufzeiten von zehn Jahren und mehr. Grundlage ist eine systematische Potenzialanalyse, die möglichst mit eignungsdiagnostischen Instrumenten durchgeführt wird.

Die Laufbahnplanung kann erfolgen:

- individuell: Sie wird vor allem dort angewandt, wo einzelne Maßnahmen durchgeführt werden (z. B. der Eigentümerunternehmer bereitet seine Nachfolge aus der Familie vor).
- standardisiert.

In der Praxis wird häufig eine Kombination beider Vorgehensweisen eingesetzt. So ist es z. B. sinnvoll, standardisierte Pläne individuell anzupassen.

05. Wie könnte der Ablauf einer Laufbahnplanung aussehen?

Die Laufbahnpläne bestehen aus einem Stellenteil und einem Schulungsteil. Beide werden parallel aufeinander abgestimmt; z. B. werden erste Führungserfahrungen begleitet durch Führungstraining.

- Stellenteil: Der Mitarbeiter wird im Zuge eines Job Rotation über verschiedene Stellen aufsteigender Ebenen geführt. Er verlässt die Ebene, wenn er wesentliche Inhalte der Stelle beherrscht. Der weitere Fortgang kann von einer jeweiligen positiven Beurteilung abhängig sein. Auf jeden Fall sind laufende Fördergespräche einzubauen.
- Schulungsteil: Seminare, Trainings und Lehrgänge mit fachlichen und verhaltensorientierten Inhalten werden systematisch aneinandergereiht und auf die Stelleninhalte abgestimmt. Eventuell werden auch Fortbildungsabschlüsse bei der IHK angestrebt.

Eine Laufbahnplanung eines großen Industriebetriebs mit mehreren logistischen Bereichen könnte wie folgt aussehen:

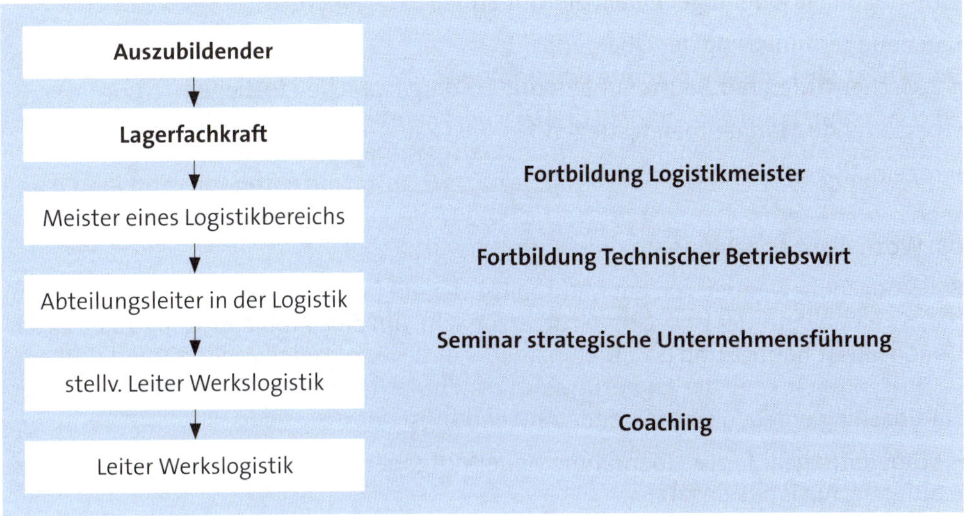

06. Was ist Nachfolgeplanung?

Auslöser für die Nachfolgeplanung ist die zu besetzende Stelle, somit ist sie positionsorientiert. Die Nachfolgeplanung regelt vor allem die unmittelbare Nachfolge. Darüber hinaus kann sie zeitlich gestuft erweitert werden. Danach unterscheidet man:

- kurzfristige Nahfolgeplanung, bei der die Nachfolge sofort angetreten werden kann (z. B. beim plötzlichen Tod des Stelleninhabers); geborener kurzfristiger Nachfolger ist der Stellvertreter, u. U. als Interimslösung (kommissarische Leitung)
- mittelfristige Nachfolgeplanung, bei der der Kandidat die Nachfolge antritt, wenn der Stelleninhaber unter Einhaltung längerer Fristen ausscheidet
- langfristige Nachfolgeplanung, bei der der Kandidat langfristiger Wunschkandidat ist, der für die Position erst noch aufgebaut werden muss; er übernimmt die Position, wenn der Stelleninhaber in Pension geht.

07. Wie sieht der Ablauf der Nachfolgeplanung aus?

Bei einer systematisierten Nachfolgeplanung ergibt sich folgender Ablauf:

- Formulierung allgemeingültiger Nachfolgeprinzipien
- Auswahl einzubeziehender Positionen
- Festlegung der Anforderungskriterien
- Ermittlung potenzieller Nachfolgekandidaten unter Beachtung von Ausbildung, Erfahrung, Potenzial, Persönlichkeit des Kandidaten
- Auswertung von Dateien und Empfehlungen (z. B. durch Vorgesetzte)
- Auswahl der Kandidaten, evtl. Reihenfolge gemäß Fristigkeit der Planung

- Information der Nachfolgekandidaten
- konkreter Profilvergleich
- Festlegung notwendiger Qualifizierungen
- genaue Terminierung der Übergangs
- Zwischenstufen mit Beurteilungen und Fördergesprächen festlegen
- begleitende Maßnahmen festlegen
- regelmäßiges Feed-back vorsehen.

08. Wozu dient Coaching?

Beim Coaching wendet sich ein Mitarbeiter, der ein fachliches oder mentales Problem hat, an einen Betreuer bzw. Unterstützer (Coach), um eine Problemlösung zu erhalten. Der Coach ist neutral und hält Distanz.

Für Coaching ergeben sich folgende Anwendungsfelder:

- Vorbereitungshilfe zur Übernahme neuer Aufgaben (z. B. bei erstmaliger Führungsaufgabe, Auslandseinsatz)
- Integration der Mitarbeiter in eine andere Unternehmenskultur (z. B. veränderter Führungsstil, Förderung der Teamarbeit)
- Situationsanalyse für Führungskräfte (z. B. neue Wertvorstellungen und Ziele)
- Behebung individueller Defizite (z. B. Verhandlungsführung, bessere Kommunikation, Abbau von Stressanfälligkeiten, Beseitigung von Motivationsblockaden)
- Überwindung privater Problemsituationen (z. B. Trennungsprobleme, Krankheit in der Familie).

09. Wie wird Coaching durchgeführt?

Coaching kann als Einzelcoaching oder Systemcoaching durchgeführt werden, letzteres z. B. bei Konflikten, Bildung neuer Gruppen, Unternehmensfusionen. Als Coach können auftreten:

- der Vorgesetzte, vor allem als Qualifizierungshilfe
- ein interner Berater als psychologisch ausgebildeter Prozessberater für Führungskräfte
- ein externer Berater als psychotherapeutisch geschulter neutraler Außenstehender, vor allem für die Betreuung des (Top-)Managements.

Der Coachingprozess kann in folgende Phasen unterteilt werden:

- Kontaktphase: Die gegenseitige Akzeptanz wird überprüft; es wird eine Entscheidung über die Zusammenarbeit gefällt, eventuell wird ein Vertrag geschlossen.
- Orientierungsphase: Gemeinsam wird die Problemsituation analysiert, Problemfelder werden ausgewählt und abgegrenzt.

- Diagnose- und Lösungsphase: Für ausgewählte Einzelprobleme werden Lösungen und Strategien entwickelt und bewertet, Handlungsalternativen werden festgelegt.
- Realisierungsphase: Die festgelegten Strategien werden umgesetzt, Trainings erfolgen, das Verhalten wird geändert, durch den Coach erfolgt laufende Beobachtung (Supervision).
- Abschlussphase: Die Effektivität wird bewertet und die Zusammenarbeit beendet.

10. Welche Vorteile und Blockaden ergeben sich beim Coaching?

Vorteile des Coaching sind:

- direktes Einbezogen sein
- Einstellung auf die besonderen Bedürfnisse des Lernenden
- Hilfe zur Entwicklung analytischer und zwischenmenschlicher Fähigkeiten
- Stärkung der Selbstbehandlungskraft
- schafft mehr Vertrauen in eine erfolgreiche Anwendung.

Als mögliche Blockaden können auftreten:

- Wahrnehmungsblockaden: Der Lernende erkennt das Problem nicht.
- Kultur- und Mentalitätsblockaden: Der zu Coachende ist fixiert auf einmal gelernte Normen.
- emotionale Blockaden: Es erfolgen negative Reaktionen.
- intellektuelle Blockaden: Es fehlt das geistige und mentale Werkzeug.
- Nichtakzeptanz als Umgebung
- Selbstbewertung.

11. Was befähigt den Coach?

Der Coach verfügt über folgende Befähigungen:

- Aufmerksamkeit und Einfühlsamkeit
- Er nimmt Gefühle wahr und drückt sie aus.
- Er strahlt Ruhe aus.
- Er stellt offene Fragen.
- Er fördert das Feed-back.
- Er strahlt Schutz und Kompetenz aus.
- Fähigkeit zur Selbstreflektion
- Stimmigkeit im eigenen Tun
- Er kann sich selbst zurücknehmen.

12. Wie sehen Konzept und Ziele des Mentoring aus?

Mentoring unterstützt und leitet neue Mitarbeiter an. Der Mentor ist parteiisch und persönlich engagiert, er ist Ratgeber, Ausbilder und Betreuer. Er gibt Erfahrungen an weniger erfahrene Personen (Mentees) weiter. Mentoring will folgendes Erreichen:

- Vermittlung formaler und informeller Regeln
- Bildung von Netzwerken zur Orientierung und Stabilisierung (Fahrgefühl und der richtige „Stallgeruch" wird gegeben)
- Vermittlung praktischer Tipps im Rahmen der Tätigkeit.

13. Welche Chancen bietet Mentoring?

Chancen für den Mentee sind:

- Erkennen und Einschätzen der eigenen Potenziale
- Unterstützung, Hinweise, Tipps
- Ermunterung
- Strategien entwickeln
- Einbindung in Netzwerke.

Chancen für den Mentor sind:

- Einblick in neue Entwicklungen (z. B. aus dem Studium des Mentees)
- Reflexion über die eigene Arbeitsweise
- Training der Sozialkompetenz
- Bestätigung durch Weitergabe von Erfahrung und Wissen.

14. Welche Formen des Mentoring werden unterschieden?

Man unterscheidet folgende Formen des Mentoring:

- informelles Mentoring als zufälliger Kontakt
- institutionalisiertes Mentoring, das organisiert ist
- internes Mentoring, bei dem der Mentor aus dem Unternehmen stammt
- externes Mentoring, bei dem der Mentor von außerhalb des Unternehmens kommt
- individuelles Mentoring
- Team-Mentoring
- E-Mentoring, bei dem die Beratung überwiegend über das Internet erfolgt, es bestehen kaum persönliche Kontakte.

15. Welche Bedeutung hat Projektarbeit für die Personalentwicklung?

Projektarbeit ist von großer Bedeutung für die Personalentwicklung, denn sie:

- fördert die verschiedenen Kompetenzbereiche
- reizt die Kreativität an
- gibt die Möglichkeit, Kenntnisse in die Praxis umzusetzen
- schult die Teamfähigkeit
- fördert ganzheitliches Denken.

Außerdem ist die Leitung eines Projekts eine gute Vorbereitung auf Führungsfunktionen.

16. Welche Bedeutung hat die Auslandsentsendung für die Personalentwicklung?

In manchen Unternehmen ist die Auslandsentsendung Teil der Laufbahnplanung. Vermittelt werden vor allem:

- interkulturelle Erfahrungen
- Kundenorientierung an der „Front"
- Fähigkeit, sich rasch in neue, unbekannte Verhältnisse einzufinden.

Es gilt der Grundsatz dass eine Auslandsentsendung nur dann als erfolgreich angesehen werden kann, wenn die Wiedereingliederung geglückt ist. Erfolg oder Misserfolg haben Signalwirkung auf alle Mitarbeiter, die für eine Entsendung infrage kommen könnten. Jeder entsandte Mitarbeiter geht Risiken und Beschwerlichkeiten ein, wenn er sein Unternehmen im Ausland repräsentiert. Das Unternehmen hat deshalb besondere Verpflichtungen dem Rückkehrer gegenüber.

Selbstverständlich sind eventuelle Defizite zwischen Qualifikation und zwischenzeitlich veränderten Anforderungen aufzuspüren und durch geeignete Entwicklungsmaßnahmen zu beseitigen.

17. Welche Bedeutung hat die Hospitation für die Personalentwicklung?

Bei der Hospitation wird ein Spezialist oder eine Führungskraft von einem Hospitanten begleitet, der:

- aufmerksam beobachtet
- unterstützt
- das, was er erfahren hat, kritisch reflektiert.

Hospitation ist eine besondere Art des Praktikums.

8.3.2.4 Unterstützende interne Maßnahmen

01. Welche internen unterstützenden Maßnahmen werden unterschieden?

Unterschieden werden:

- Job Enlargement
- Job Enrichment
- Job Rotation
- teilautonome Gruppenarbeit.

02. Welche Bedeutung hat Job Enlargement?

Job Enlargement ist die Erweiterung der Arbeit eines Mitarbeiters um Tätigkeiten, die im Niveau der bisherigen Arbeit entsprechen (z. B. ein Kommissionierer übernimmt jetzt auch die Verladung). Die Arbeit wird abwechslungsreicher, der Mitarbeiter ist flexibler einsatzbar. Job Enlargement wirkt der Monotonie und einseitigen Abnutzung des Körpers entgegen. Allerdings geht man heute nicht mehr davon aus, dass die Motivation in erheblichem Maße verbessert werden kann.

03. Welche Bedeutung hat Job Enrichment?

Job Enrichment ist die Anreicherung der Arbeit eines Mitarbeiters um Tätigkeiten, die qualifizierter als die bisherige Arbeit sind, (z. B. zur Durchführung des Transports kommt auch dessen Planung und Kontrolle hinzu). Die Mitarbeiter agieren mit größerer Verantwortung, sie erhalten umfassendere Einblicke in ihre Tätigkeit. Die Entwicklungsbedeutung ist sehr hoch. Gleichzeitig kann ein erheblicher Motivationsschub einhergehen. Job Enrichment kann Vorbereitung auf Führungsaufgaben sein.

04. Welche Bedeutung hat Job Rotation?

Job Rotation ist ein systematischer Stellenwechsel. Es kann dazu dienen:

- Teilbereiche einer verantwortungsvolleren Tätigkeit kennenzulernen
- dem Mitarbeiter breitere Kenntnisse und Erfahrungen mitzugeben
- flexibleren Einsatz vorzubereiten.

Allerdings sollte berücksichtigt werden, dass Job Rotation auch dazu führen kann, dass der Mitarbeiter kurzfristig aus der Gemeinschaft herausgerissen wird und nirgends wirklich Fuß fassen kann. Außerdem klagt das Umfeld häufig darüber, dass stets Input gegeben werden muss und wenn der Output kommen könnte, wird der Mitarbeiter bereits wieder versetzt.

Job Rotation findet statt im Zuge von Trainee-Programmen und als untypische Form in der Ausbildung.

05. Welche Bedeutung hat die teilautonome Gruppenarbeit?

Teilautonome Gruppenarbeit bedeutet, dass die Arbeitsgruppe wichtige Entscheidungen selbst treffen kann, die ansonsten vom Meister autonom übernommen würden, u. a.:

- selbstständige Einteilung und Verteilung von Aufgaben
- Zeiteinteilung
- Rollenverteilung innerhalb der Gruppe.

Die Mitarbeiter lernen größere Selbstständigkeit und Eigenverantwortlichkeit. Außerdem besteht durch die Möglichkeit, die Verrichtungen zu wechseln, größere Flexibilität im fachlichen Einsatz.

8.3.2.5 Priorisieren der Qualifizierungsmaßnahmen

01. Nach welchen Kriterien könnte eine Priorisierung stattfinden?

Kriterien könnten sein:

- Dringlichkeit
- Dauer
- Kosten
- Qualität.

02. Welche Bedeutung hat die Dauer einer Personalentwicklungsmaßnahme?

Die Dauer sollte in einem vernünftigen Verhältnis zu

- den Inhalten
- den Methoden (z. B. je anwendungsorientierter, desto länger)
- den Personenkreisen, die qualifiziert werden (je qualifizierter, desto tendenziell kürzer)

stehen.

Dazu gehören auch:

- die zeitliche Lage bezogen auf die Tageszeit
- die Länge einzelner Intervalle.

Bei komplexer Aufstiegsfortbildung gehört hierzu auch die Frage:

- Vollzeit
- oder berufsbegleitend in Teilzeit?

03. Welche Bedeutung haben die Kosten für eine Priorisierung?

Die Kosten sind bedeutsam hinsichtlich:

- Kosten-/Nutzenverhältnis
- Einhaltung des Budgets.

Beim Kosten-/Nutzenverhältnis können Kennzahlen indirekte Aussagen über Effektivität und Effizienz der Maßnahmen in der Personalentwicklung machen, u. a.:

- Umsatz je Mitarbeiter
- Fluktuationsquote
- Leistungseinheit je Mitarbeiter
- Veränderung der Reklamationsquote
- Verbesserung der Absentismusquote
- Verringerung der Unfallquote.

Eine direkte Verbindung von Entwicklungskosten und daraus resultierende Erträge ist schwierig herzustellen.

Hinsichtlich des Budgets ergeben sich folgende Hilfsgrößen:

- gesamtes Bildungsbudget im Verhältnis zu Anzahl der durchgeführten Maßnahmen bzw. der Seminartage insgesamt und der Seminartage je Mitarbeiter
- durchschnittliche Bildungskosten je Tag und Mitarbeiter
- Relation der Abwesenheit für Bildungszwecke zur produktiven Arbeitszeit
- Vergleich mit Kennzahlen anderer Betriebe.

Wichtige Kostenarten sind:

- Lehrgangs-/Seminarhonorar für externe Dozenten und Trainer
- eventuell Honorar für Vorbereitungszeit im Betrieb
- Gehalt für ausgefallene Zeit bei internen Referenten
- Teilnehmergebühren für externe Fortbildungsmaßnahmen
- Kosten der Personalentwicklungsspezialisten im Unternehmen
- Gehalt für ausgefallene Arbeitszeit der Teilnehmer
- Raumkosten
- Kosten für Lehrmittel und anderer Medien
- Reise- und Übernachtungskosten.

04. Wie könnte die Qualität auf die Priorisierung wirken?

Hinsichtlich der Qualität könnte es sein, dass bestimmte Qualitätsstandards erwartet werden, die aber nur kurzfristig verfügbar sind. Gleiche Wirkung haben Teilnehmerbeschränkungen hochqualitativer Seminare. Ist das Unternehmen gem. DIN-EN-Iso-Norm zertifiziert, gelten bestimmte Vorgaben im Prozessablauf auch für die Personalentwicklung. Ebenso wird man Unterwerfung unter entsprechende Normen auch vom Bildungspartner, mit dem zusammengearbeitet werden soll, erwarten.

Allerdings sei davor gewarnt, die Zertifizierung zu stark zu bewerten, denn entscheidend ist letztlich die Qualität des Dozenten bzw. Trainers.

Die Qualität kann gemessen werden:

- an der Qualität der Beratung
- an der Qualität der Konzepte
- an der Intensität der Unterstützung
- am Zeitaufwand.

Am bekanntesten sind die Normen des *Wuppertaler Kreises für Fortbildung e. V.*, die folgende drei Dimensionen aufweisen:

- Qualität des Inputs der Fortbildung (u. a. Konzept, Planung, Personal, Räume, Information)
- Qualität der Durchführung der Fortbildung (u. a. Organisation, Dozenten/Trainer, Methodik, Medien, Auswahl der Teilnehmer)
- Qualität des Outputs der Fortbildung (u. a. Lern- und Anwendungserfolg, Zufriedenheit der Teilnehmer).

Die Zertifizierung ist häufig von CERTQUA (Gesellschaft der Deutschen Wirtschaft zur Förderung und Zertifizierung von Qualitätssicherungssystemen in der beruflichen Bildung) vorgenommen worden.

8.3.3 Entwicklungsmaßnahmen nach Vereinbarung

01. Wie sollten Entwicklungsmaßnahmen vereinbart werden?

Nachdem die Entwicklungsziele festgelegt wurden, werden konkrete Maßnahmen mit dem Mitarbeiter vereinbart. Dies sollte schriftlich geschehen mit folgendem Inhalt:

- Name des Mitarbeiters
- Bezeichnung der Maßnahme
- Ziel der Maßnahme
- Dauer
- Zeitpunkt
- Kosten/Gebühren

- Gehalt für die Ausfallzeit
- Besonderheiten.

Damit ist eine Grundlage für eine gezielte Durchführung mit entsprechenden Kontrollmöglichkeiten geschaffen.

02. Was ist bei der Umsetzung zu beachten?

Bei der Umsetzung sind zu beachten:

- eventuell Einschaltung des Betriebsrats
- rechtzeitige Information der Teilnehmer
- bei externer Maßnahme: rechtzeitige Anmeldung (mit Bestätigung)
- bei interner Maßnahme: Vorbereitung der Räume und der Medien
- eventuell Bewirtung vorbereiten
- Vorbereitung der Evaluierungsinstrumente.

Es ist sinnvoll, mit einer Checkliste zu arbeiten, um:

- nichts zu vergessen
- Erleichterung bei Nachfolgemaßnahmen zu erreichen.

8.4 Überprüfen und Bewerten der Ergebnisse aus Maßnahmen der Personalentwicklung

8.4.1 Instrumente der Evaluierung

01. Was ist Evaluierung?

Unter Evaluierung versteht man die Überprüfung und Bewertung von Qualifizierungsmaßnahmen hinsichtlich Input, Prozess und Output. Schlüsselfragen sind:

- Was sollte gelernt werden?
- Was wurde gelernt?
- Was wurde davon behalten?
- Was wurde davon in die Praxis umgesetzt?
- In welchem Verhältnis stehen Anspruch und Nutzen?

02. Wie ist der Ablauf bei der Evaluierung?

Ein Evaluierungssystem könnte wie folgt ablaufen:

- Analyse der Ist-Situation
- Zielsetzung
- Abweichungsanalyse
- Ursachenanalyse

- Entwicklung von Maßnahmen und Methoden
- Kontrolle der Wirkung der durchgeführten Maßnahmen.

Methodisch sieht die Evaluierung vor:
- Kontrolle der Kosten
- Kontrolle des Erfolgs als Lern- und Anwendungserfolg
- Kontrolle der Rentabilität.

03. Wie kann der Lernerfolg abgesichert werden?

Die Absicherung des Lernerfolgs sollte in unterschiedlichen Phasen erfolgen:
- vor der Maßnahme: Gespräch zwischen Vorgesetztem und Mitarbeiter über Ziele und Inhalte der Maßnahme
- während der Maßnahme: Tests, Prüfungen
- nach der Maßnahme: Befragung der Teilnehmer in strukturierter Form oder als freie Bewertung; als Feed-back-Gespräch kommen infrage:
  - Vorgesetzter – Mitarbeiter: direkt nach Beendigung, im Rahmen von Beurteilungs- und Personalentwicklungsgesprächen
  - Vorgesetzter – Trainer: Vergleich von Selbst-/Fremdeinschätzung und Einleitung begleitender Maßnahmen zur Umsetzung.

04. Welche Lernbarrieren können auftreten?

Lernbarrieren sind z B.:
- Lerninhalte, Ziele und Methoden passen nicht zueinander
- Transferblockaden (der Erfolg kommt erst später)
- kurzfristig keine Transfermöglichkeit in der Praxis.

05. Wie erfolgt die Kontrolle des Anwendungserfolgs?

Der Anwendungserfolg stellt den eigentlichen Erfolg dar. Er kann überprüft werden durch:
- Befragung der Mitarbeiter zur Selbsteinschätzung
- Befragung der Vorgesetzten zur Fremdeinschätzung
- Beobachtung und Bewertung im Rahmen der Leistungsbeurteilung
- Erörterung im Rahmen von Personalentwicklungsgesprächen:
  - Lernzuwächse bei Problembewältigung
  - bessere Sensibilisierung für neue Probleme und Lösungen
  - Identifikationszuwächse
- Follow-up-Maßnahmen: Anschlussmaßnahmen, Erfahrungsaustausch, zusätzliche Maßnahmen einleiten.

06. Wie erfolgen die Kosten- und die Rentabilitätskontrolle?

Bei der Kostenkontrolle wird festgestellt, ob die Personalentwicklung wirtschaftlich war; dies geschieht nach der Formel:

$$\text{Wirtschaftlichkeit} = \frac{\text{Soll-Kosten}}{\text{Ist-Kosten}}$$

Dabei sind alle Kostenarten zu planen und zu erfassen. Kosten für ausgefallene Arbeitszeit werden häufig nicht berücksichtigt. Die Kosten werden dann den Kostenstellen zugerechnet, die sie verursacht haben.

Bei der Rentabilitätsrechnung wird der Wert der Bildungsmaßnahme in ein Verhältnis zu den entstandenen Kosten gebracht; dies geschieht nach folgender Formel:

$$\text{Rentabilität} = \frac{(\text{Wert der Bildungsmaßnahme - entstandene Kosten}) \cdot 100}{\text{entstandene Kosten}}$$

Dabei ist zu berücksichtigen, dass der Wert der Bildungsmaßnahme schwer oder gar nicht ermittelbar ist.

07. Welche Bedeutung hat ein Beurteilungsbogen im Rahmen der Personalentwicklung?

Mittels Beurteilungsbogen können strukturierte Informationen eingeholt werden. Durch die Standardisierung werden Vorgaben in Form von Kriterien gemacht, die die Arbeit erleichtern und Ergebnisse vergleichbar machen. Anwendung erfolgt vor allem dann, wenn häufiger derartige Beurteilungen stattfinden.

Alternative ist das individuelle Gutachten, bei dem die Beurteilung ohne Kriterien unmittelbar der Person des Beurteilten angepasst werden kann; allerdings leiden die Vergleichbarkeit und die Auswertbarkeit. Außerdem ist die Qualität eines derartigen Gutachtens in hohem Maße von den Verbalisierungsfähigkeiten des Beurteilers abhängig.

08. Welchen Inhalt hat die Beurteilung der Maßnahme durch den Teilnehmer?

Inhalt der Beurteilung könnte sein (Noten von 1 sehr gut bis 6 ungenügend):

	1	2	3	4	5	6
Gesamtbeurteilung der Maßnahme: War die Veranstaltung interessant? War sie für Sie nützlich? Sind Ihre Erwartungen erfüllt worden? Stimmte der zeitliche Rahmen?						
Beurteilung des Dozenten/Trainers: War er kompetent? Wie war der inhaltliche Aufbau? Wurde der Bezug zur Praxis hergestellt? Wie sind die didaktischen Fähigkeiten? Ging er auf Fragen ein? Wie war die Form der Präsentation? Wurden die Teilnehmer aktiv einbezogen?						
Beurteilung des Trägers: Wie waren die Rahmenbedingungen? Wie war die Qualität der Beratung? Wie wurde betreut? Wie war die Ausstattung inkl. Lernmittel?						
Sonstiges						

09. Welche Bedeutung hat das Personalentwicklungsgespräch im Zuge der Personalentwicklung?

Das Gespräch gibt dem Mitarbeiter ein Feed-back über die bisherigen Aktivitäten. Es zeigt ihm, wie er gesehen wird. Für das Unternehmen ist außerdem interessant, wie sich der Mitarbeiter selbst sieht.

Vereinbart werden:

- die weitere Vorgehensweise
- mögliche Hilfestellung
- nächste Termine für Personalentwicklungsgespräche.

Teilnehmer sind:

- der Mitarbeiter
- der Meister
- der zuständige Mitarbeiter aus der Personalabteilung.

8.4.2 Förderung betrieblicher Umsetzungsmaßnahmen hinsichtlich ihrer Wirksamkeit und Nachhaltigkeit

01. Wie können Wirksamkeit und Nachhaltigkeit überprüft werden?

Der Personalentwicklungserfolg wird überprüft hinsichtlich:

- aktueller Einsatz des Mitarbeiters: festzustellen sind:
  - Ist der jetzige Einsatz noch sinnvoll?
  - Wird sein Potenzial ausreichend genutzt?
  - Kann der Mitarbeiter das erworbene Wissen nutzen?
- Planung seiner Laufbahn:

  Der Personalentwicklungserfolg wird dahingehend überprüft,
  - ob besondere Stärken sichtbar werden
  - welche Grenzen vorliegen
  - welche langfristigen Personalentscheidungen sinnvoll sind.
- Folgemaßnahmen:

  Überprüft wird,
  - wann Folgemaßnahmen sinnvoll sind
  - ob längerfristige Maßnahmen den Lerntransfer fördern könnten.

8.5 Beraten, Fördern und Unterstützen von Mitarbeitern hinsichtlich ihrer beruflichen Entwicklung

8.5.1 Faktoren der beruflichen Entwicklung

01. Welche persönlichen Faktoren wirken auf die berufliche Entwicklung ein?

Für die berufliche Entwicklung spielen persönliche Faktoren eine große Rolle. Wichtige persönliche Faktoren sind:

- Belastbarkeit
- Kreativität
- Intelligenz
- Lernfähigkeit
- Lernwilligkeit
- Organisationstalent
- Entscheidungsfähigkeit
- Kommunikationsstärke
- Sensitivität.

02. Welche Rolle spielt der innere Antrieb für den Mitarbeiter?

Der innere Antrieb erfolgt vor allem durch die Motivierbarkeit des Mitarbeiters. Die Motivationstheorien machen Aussagen über die Motive, die im Menschen wirken. Nach der Theorie von *Maslow* sind diese in der Reihenfolge:

- physiologische Grundbedürfnisse
- Sicherheitsbedürfnisse
- soziale Bedürfnisse
- Differenzierungsbedürfnisse
- Bedürfnis nach Selbstverwirklichung.

Bei *Herzberg* steht die Unterteilung in Hygienefaktoren und Motivatoren im Mittelpunkt.

03. Welche Rolle spielen äußere Bedingungen für die berufliche Entwicklung?

Äußere Bedingungen wirken auf den inneren Antrieb des Mitarbeiters. Diese äußeren Bedingungen ergeben sich vor allem durch Anreize:

- des Unternehmens
- der Gesellschaft
- der Familie.

Anreize des Unternehmens sind u. a.:

- Prämiensysteme
- Beförderung
- Ausstattung mit Statussymbolen.

Gesellschaftlicher Anreiz ergibt sich vor allem über das Ansehen, das erzielt werden kann.

Die Familie gibt Anreize durch:

- Anerkennung
- Festigung und Besserung des Status
- Stolz, den die Familie nach außen trägt.

04. Welche Hürden sind bei der Fortbildung zu überwinden?

Vor allem bei der Aufstiegsfortbildung gelten als Hürden:

- einschlägige Ausbildung
- berufliche Erfahrung, die unterschiedlich lang sein muss:

Hindernisse können sein:

- knapper Budgetansatz
- Abkömmlichkeit in der Abteilung
- Freigabeverweigerung durch den Vorgesetzten.

05. Welche Rolle spielt der Meister bei der Personalentwicklung?

Die Rolle des Meisters in der Personalentwicklung ist vielfältig:

- Der Meister gibt umfassende Informationen im Zuge der Potenzialanalyse; er kann den Mitarbeiter aus der Alltagssituation heraus am besten bewerten
- er ist maßgeblich am Auswahlprozess beteiligt
- der Meister formuliert Bildungsbedarf durch Vergleich der eingesetzten Fähigkeiten mit den Anforderungen
- er berät den Mitarbeiter vor allem hinsichtlich seiner Möglichkeiten im Zuge der Aufstiegsfortbildung
- er unterstützt den Mitarbeiter immateriell bei seiner Personalentwicklung
- manchmal ist er auch der Qualifizierende
- der Meister begutachtet den Lernerfolg.

8.5.2 Maßnahmen der Mitarbeiterentwicklung

01. Welche Maßnahmen gehören zur Mitarbeiterentwicklung ?

Maßnahmen sind u. a.:

- arbeitsplatzbegleitende Maßnahmen
- interne und externe Fortbildungsmaßnahmen
- Beratung und Unterstützung der Mitarbeiter
- Coaching der Mitarbeiter
- Mentoring.

02. Welche arbeitsplatzbegleitenden Maßnahmen werden unterschieden?

Bei den arbeitsplatzbegleitenden Maßnahmen geht es u. a. um:

- Job Enlargement
- Job Enrichment
- Job Rotation
- Mitwirkung an Projekten
- Unterweisung und Einweisung in neue Techniken
- Einführung in organisatorische Veränderungen.

03. Wie kann der Meister den Mitarbeiter beraten und unterstützen?

Hinsichtlich der Beratung und Unterstützung ergeben sich folgende Möglichkeiten:

- Der Meister müsste es dem Mitarbeiter ermöglichen, dass er seine Vorstellungen und seine Individualität bei Problemlösungen einbringen kann. Dazu müsste er ein Klima zur Umsetzung innovativer Ideen schaffen.
- Er kann seine Mitarbeiter unterstützen bei Konflikten, zu deren Bewältigung er als Moderator, eventuell sogar als Mediator, auftreten kann, ohne dabei Partei zu ergreifen.
- Dazu gehört auch, dass der Meister seinen Mitarbeitern den Lösungsprozess der Konflikte verdeutlicht, sodass sie lernen, künftig selbstständig Konflikte zu vermeiden bzw. zu beseitigen.
- Dadurch kann er Situationen, wie z. B. Mobbing, vermeiden.

Beraten und unterstützen mündet ein in Förderung, z. B. durch:

- persönliches Interesse an der Entwicklung seiner Mitarbeiter, wobei er auch hier unparteiisch sein muss
- Ableitung von Erkenntnissen für die Zukunft aus Beurteilungen
- Beteiligung an Auswahl- und Lernprozessen
- Beteiligung an Förderprogrammen und anderen Personalentwicklungsmaßnahmen
- Führung von Fördergesprächen
- Entwicklungswünsche beim Mitarbeiter freisetzen
- Betrachtung des Mitarbeiters als gesamte individuelle Persönlichkeit.

Klausurtypischer Teil

Vorbemerkung

Die Verordnung über die Prüfung zum anerkannten Fortbildungsabschluss „Geprüfter Logistikmeister" enthält folgende Vorschriften:

§ 5 Abs. 1
Der Prüfungsteil „Handlungsspezifische Qualifikationen" umfasst die Handlungsbereiche:

1. Logistikprozesse
2. Betriebliche Organisation und Kostenwesen
3. Führung und Personal.

§ 5 Abs. 13
Zu jedem Handlungsbereich wird eine Situationsaufgabe gestellt, in der mindestens einer seiner Qualifikationsschwerpunkte den Kern bildet; darin sollen außerdem Qualifikationsinhalte aus Qualifikationsschwerpunkten der beiden anderen Handlungsbereiche sowie grundlegende Qualifikationen integrativ berücksichtigt werden. Die Situationsaufgaben sind so zu gestalten, dass alle Qualifikationsschwerpunkte der drei Handlungsbereiche mindestens einmal thematisiert werden. Zwei der Situationsaufgaben sind schriftlich zu lösen, eine Situationsaufgabe ist Gegenstand des Fachgesprächs nach Absatz 16.

§ 5 Abs. 14
Die Prüfungsdauer der schriftlichen Situationsaufgaben beträgt jeweils mindestens drei Stunden, insgesamt nicht mehr als acht Stunden.

§ 5 Abs. 16
Im Fachgespräch soll der Prüfungsteilnehmer oder die Prüfungsteilnehmerin Lösungsansätze für die Situationsaufgabe präsentieren und begründen und deren Grundlagen mit dem Prüfungsausschuss erörtern. Dabei soll auch die Fähigkeit nachgewiesen werden, berufliche Aufgabenstellungen und Sachverhalte zu analysieren und zu strukturieren. Die Präsentation soll möglichst unter Nutzung von Präsentationstechniken erfolgen. Den Prüfungsteilnehmern oder Prüfungsteilnehmerinnen sind 30 Minuten zur Bearbeitung der Situationsaufgabe und zur Vorbereitung der Präsentation einzuräumen. Das Fachgespräch soll für jeden Prüfungsteilnehmer und für jede Prüfungsteilnehmerin höchstens 45 Minuten dauern, von denen höchstens 15 Minuten auf die Präsentation entfallen.

Ausgangssituation zu allen Aufgaben

Die KÜTECH GmbH produziert Elektrogeräte für die private Küche. Sie hat ca. 2.700 Mitarbeiter, davon 2.400 in den drei Werken, die zentral um den Firmensitz gruppiert sind.

Das Unternehmen hat einen Betriebsrat. Dem logistischen Bereich stehen zahlreiche Herausforderungen bevor:

- Bei der Inventur wird nach dem Verfahren der zeitnahen Stichtagsinventur verfahren, andere Formen sollen angedacht werden.
- Für das Auslieferungslager steht eine Neuorganisation bevor, u. a. könnte auf Fremdlagerung übergegangen werden.
- Die Materialbestände sind zu hoch.
- Es ist zu viel Kapital gebunden.
- Die Verpackungsanlage ist völlig veraltet.
- Im Hochregal fallen häufiger die Regalbediengeräte aus.
- Die Bestandabweichungen im Lager sind besorgniserregend.
- Der Bildungsstand der Mitarbeiter ist im Vergleich zur Konkurrenz zu gering, die Bereitschaft, Lehrgänge zu besuchen lässt sehr zu wünschen übrig.
- Durch neue Technologien werden auf die Mitarbeiter veränderte Anforderungen zukommen.
- Dem Mitarbeitereinsatz mangelt es an Flexibilität.

Situationsaufgabe 1: Handlungsbereich A. Logistikprozesse

100 Punkte
Bearbeitungszeit: 240 Minuten
Hilfsmittel: Taschenrechner, Schreibutensilien, DIHK-Formelsammlung für Meister

INFO

Die Gliederungsziffern verweisen auf die entsprechenden Abschnitte des Rahmenplans des DIHK für geprüfte Logistikmeister.

Aufgabe 1:

5 Punkte (RP 1.1.2)

Die Ceranfelder, die bisher von der KÜTECH GmbH selbst produziert wurden, sollen künftig Just-in-time beschafft werden.

a) Geben Sie sechs Regelungen an, die die KÜTECH GmbH mit dem Lieferanten treffen muss. (3 Punkte)

b) Nennen Sie vier Vorteile dieser Regelung für die KÜTECH GmbH. (2 Punkte)

Lösung s. Seite 797

Aufgabe 2:

9 Punkte (RP 2.2.2)

Der Lieferant für Elektromotoren bietet an, ein Konsignationslager bei der KÜTECH GmbH einzurichten. Sie sollen eine Entscheidungsvorlage für die Geschäftsführung entwickeln.

a) Beschreiben Sie darin das Konzept „Konsignationslager“. (3 Punkte)

b) Beschreiben Sie außerdem die Aufgabenverteilung zwischen der KÜTECH GmbH und dem Lieferanten. (3 Punkte)

c) Entwickeln Sie sechs Regelungen, die in einem Konsignationslagervertrag festgehalten werden müssten. (3 Punkte)

Lösung s. Seite 797

Aufgabe 3:

10 Punkte (RP1.6.2)

Die KÜTECH GmbH plant die Anschaffung einer neuen Verpackungsanlage. Da der Preis nur eines von vielen weiteren Entscheidungskriterien ist, sollen möglichst auch noch andere Aspekte mit in die Angebotsbewertung einfließen.

Es liegen drei Angebote vor, die nach vier Kriterien mit Punkten (1 = schlecht bis 5 = sehr gut) bewertet werden:

- Anschaffungspreis: Angebot A günstig
  Angebot B sehr günstig
  Angebot C günstig
- Betriebskosten: Angebot A mittel
  Angebot B mittel
  Angebot C sehr niedrig
- Flexibilität: Angebot A sehr flexibel
  Angebot B flexibel
  Angebot C mittel
- technischer Support: Angebot A sehr hoch
  Angebot B mittel
  Angebot C hoch

Für die Gewichtung der Kriterien besteht folgende Regelung:

- Die beiden Kriterien Anschaffungspreis und Betriebskosten sollen zusammen mit 60 % in die Bewertung einfließen, wobei der Anschaffungspreis doppelt so hoch gewichtet wird wie die Betriebskosten.
- Der technische Support wird um zehn Prozentpunkte höher gewichtet als die Flexibilität.

a) Berechnen Sie die Gewichtungsfaktoren. (2 Punkte)

b) Ermitteln Sie mithilfe der Nutzwertanalyse, für welches Angebot man sich entscheiden sollte. (6 Punkte)

c) Ist das von Ihnen ermittelte Ergebnis zufriedenstellend, wenn von der Geschäftsführung ein Zielerreichungsgrad von 80 % erwartet wird? (2 Punkte)

Berechnen Sie den Ist-Zielerreichungsgrad.

Lösung s. Seite 798

Aufgabe 4:

6 Punkte (RP 2.1.2)

Der größte Teil der Materialien und Komponenten wird vom Wareneingang entgegengenommen. Ein Teil der Prüfungen erfolgt unter Anwesenheit des Anliefernden.

a) Erläutern Sie, warum so verfahren wird. (2 Punkte)

b) Führen Sie die Prüfungen auf, die unter Anwesenheit des Anliefernden erfolgen. (3 Punkte)

c) Erläutern Sie das Verfahren bei Beschädigung der Verpackung. (2 Punkte)

d) Führen Sie die jeweiligen Rechte des Lieferanten und des Kunden auf. (2 Punkte)

Lösung s. Seite 798

Aufgabe 5:

2 Punkte (RP 2.4.3)

Erläutern Sie den Begriff Indikator.

Lösung s. Seite 799

Aufgabe 6:

13 Punkte (RP 2.2.2)

Das einzulagernde Material wird auf Palettenbasis in einem Hochregal gelagert. Dieses Regal verfügt über vier Lagerzonen (Gassen) nach dem Stichgangprinzip. In diesen Gassen arbeitet jeweils ein an die Gasse gebundenes Regalbediengerät.

Es soll ein Auftrag ausgeführt werden, für den 90 Minuten zur Verfügung stehen. Alle Regalbediengeräte beginnen und arbeiten gleichzeitig. 400 Paletten sind auszulagern, wobei alternativ im Einzel- oder im Doppelspiel oder in Kombination beider gearbeitet werden kann. Im Einzelspiel fallen 40 Sekunden, im Doppelspiel 60 Sekunden je Vorgang an.

a) Beschreiben Sie das Doppelspiel. (2 Punkte)

b) Berechnen Sie, ob der Auftrag in der vorgesehenen Zeit möglichst wirtschaftlich ausgeführt werden kann. (5 Punkte)

c) Beschreiben Sie zwei Möglichkeiten, wie der Auftrag auch dann ausgeführt werden kann, wenn ein Regalbediengerät ausfällt. (4 Punkte)

d) Durch welche technische Veränderung könnte das Ausfallproblem gelöst werden? Beschreiben Sie diese. (2 Punkte)

Lösung s. Seite 799

Aufgabe 7:

11 Punkte (RP 2.2.1, 2.3.1)

Das Ersatzteillager wird zugriffsfrei und nach dem Prinzip der Festplatzvergabe geführt. Die letzten Monatsinventuren haben erhebliche Abweichungen zwischen Soll- und Ist-Werten ergeben. Die Kapazität des Lagers ist für die Lageraktivitäten zu groß geraten.

a) Analysieren Sie die derzeitige Lage. (4 Punkte)

b) Beschreiben Sie ein alternatives Konzept. (5 Punkte)

c) Beschreiben Sie für die derzeitige Lage die Möglichkeiten des Fifo-Prinzips. (2 Punkte)

Lösung s. Seite 800

Aufgabe 8:

10 Punkte (RP 2.3.1)

Die KÜTECH GmbH verkauft im Online-Handel direkt an Verbraucher und Händler und versendet die Ware aus dem Lager. Die einzelnen Kommissionieraufträge werden zur vollständigen Abarbeitung jeweils einem Kommissionierer übertragen. Der Kommissionierer begibt sich mit einem Handwagen zum Regal, entnimmt entweder aus der Ebene oder steigt auf eine Leiter und entnimmt die Güter aus einer Höhe bis zu vier Meter; er legt die Güter in eine Schachtel. Zum Abschluss des Auftrags werden die Schachteln der Verpackungsstation übergeben. Die Regale sind nach dem Stichgangprinzip aufgebaut.

a) Beschreiben Sie das Flusssystem anhand der Grundfunktionen des Materialflusses. (4 Punkte)

b) Beschreiben Sie die angewandte Kommissioniermethode. (2 Punkte)

c) Nennen Sie die weiteren Methoden und beschreiben Sie eine davon. (4 Punkte)

Lösung s. Seite 800

Aufgabe 9:

12 Punkte (RP 3.2.3)

Zur Vorbereitung von Rationalisierungsmaßnahmen wird eine ABC-Analyse durchgeführt. Es ergeben sich folgende Werte:

Artikelnummer	Verbrauch in €
01	31.492
02	122.550
03	80.716
04	1.126.996
05	13.128
06	26.650
07	473.004
08	16.556
09	12.174
10	96.734

a) Führen Sie die Analyse durch und nehmen Sie die Einteilung in A, B und C vor. (8 Punkte)

b) Nennen Sie jeweils vier Maßnahmen für A- und C-Güter. (4 Punkte)

Lösung s. Seite 801

Aufgabe 10:

8 Punkte (RP 3.2.3)

Von einem Teil werden täglich 500 Stück verbraucht. Die Beschaffungszeit beträgt zehn Tage. Fünf Tage werden als Sicherheitszeit berücksichtigt. Der Höchstbestand beträgt 12.500 Stück. Ermitteln Sie nach üblichen Regeln:

a) den Sicherheitsbestand (2 Punkte)

b) den Meldebestand (2 Punkte)

c) den durchschnittlichen Lagerbestand (2 Punkte)

d) die Lagerreichweite. (2 Punkte)

Lösung s. Seite 802

Aufgabe 11:

11 Punkte (RP 3.2.3)

Bei der Beschaffung der Bedienungselemente für die Elektroherde soll das Konzept der optimalen Bestellmenge angewandt werden. Der Jahresbedarf beträgt 10.000 Stück, der Einkaufspreis liegt bei 50 €/Stück, die Bestellkosten betragen 100 €, der Lagerkostensatz beträgt 15 %, der kalkulatorische Zinssatz 10 %.

a) Ermitteln Sie die optimale Bestellmenge anhand einer Tabelle. (6 Punkte)

b) Berechnen Sie auch anhand der Formel. (3 Punkte)

c) Nennen Sie vier Fälle, bei denen die Anwendung des Konzepts der optimalen Bestellmenge nicht geeignet ist. (2 Punkte)

Lösung s. Seite 802

Situationsaufgabe 2: Handlungsbereich B. Betriebliche Organisation und Kostenwesen

100 Punkte
Bearbeitungszeit: 240 Minuten
Hilfsmittel: Taschenrechner, Schreibutensilien, DIHK-Formelsammlung für Meister

INFO

Die Gliederungsziffern verweisen auf die entsprechenden Abschnitte des Rahmenplans des DIHK für geprüfte Logistikmeister.

Aufgabe 1:

15 Punkte (RP 4.3.2)

Bei der KÜTECH GmbH soll nach und nach die Prozesskostenrechnung eingeführt werden.

Dies gilt auch für die Logistik.

a) Stellen Sie dar, welche Aufgaben die Prozesskostenrechnung verfolgt. (4 Punkte)

b) Stellen Sie dar, in welchen Schritten die Prozesskostenrechnung erfolgt. (3 Punkte)

c) Für das Lager liegen folgende Daten vor:

Prozess	Prozesskosten	Kostentreiber	Prozessmenge
Wareneingang	300.000 €	Zahl der Anlieferungen	500
Einlagerung	160.000 €	Zahl der Einlagerungen	400
Kommissionierung	240.000 €	Zahl der Auslagerungen	600
Leitung	70.000 €		

Berechnen Sie die Prozesskostensätze. (8 Punkte)

Lösung s. Seite 803

Aufgabe 2:

11 Punkte (RP 2.2.3, 2.7.2, 3.2.3, 4.1.2)

Als Leiter der Logistik ist es Ihre Aufgabe, die jährlichen Inventuraufgaben zu überwachen.

a) Führen Sie sechs Planungsschritte auf. (3 Punkte)

b) Im Vorfeld wollen Sie Ihre Mitarbeiter darüber informieren, welche Hauptfehlerquellen bei der Inventur auftreten können. Nennen Sie vier davon. (2 Punkte)

c) Stellen Sie dar, welche Vor- und Nachteile die permanente Inventur bietet. (2 Punkte)

d) Sie wollen der Geschäftsführung vorschlagen, demnächst das Verfahren der Stichprobeninventur durchzuführen. Stellen Sie dar

- welche Voraussetzungen erfüllt sein müssten und
- welche Vor- und Nachteile dieses Verfahren brächte.

  (4 Punkte)

Lösung s. Seite 804

Aufgabe 3:

7 Punkte (RP 4.1.3)

Für das Versandlager soll ein neuer Gabelstapler angeschafft werden. Es gelten folgende Angaben:

- Anschaffungskosten: 20.000 €
- Nutzungszeit: 10 Jahre
- Restwert: 2.000 €
- Preissteigerung: 30 %
- interner Zinssatz: 6 %
- Es soll ein Wartungsvertrag für 300 € je Monat abgeschlossen werden.
- Anschlusswert des Staplers: 15 kW/h
- Preis der Kilowattstunde: 0,30 €
- Einsatz an 200 Tagen je 8 Stunden

Berechnen Sie den Maschinenstundensatz für den Gabelstapler.

Lösung s. Seite 805

Aufgabe 4:

7 Punkte (RP 3.2.3, 4.1.2)

Im Betriebsmittellager ist bisher zur Erfassung der Verbrauchsmengen nur die Befundrechnung angewandt worden.

a) Erläutern Sie den Ablauf der Befundrechnung (2 Punkte)

b) Zusätzlich sollen die Skontration und die retrograde Methode angewandt werden. Erläutern Sie, welche Möglichkeiten sich dadurch ergeben. (5 Punkte)

Lösung s. Seite 805

Aufgabe 5:

12 Punkte (RP 2.2.1, 4.1.2)

Die KÜTECH GmbH steht für den Bereich der Auslieferung vor der Frage, Eigen- (wie bisher) oder Fremdlagerung zu betreiben. Ihre Aufgabe ist es, die Geschäftsführung im Vorfeld umfassend zu informieren.

a) Stellen Sie einen Kriterienkatalog mit acht Kriterien auf. (4 Punkte)

b) Bei Eigenlagerung haben Sie folgende Kosten ermittelt:

- 780.000 € fixe Kosten im Jahr
- 1,10 €/Stück.

Das günstigste Angebot, das Ihnen vorliegt, weist folgende Werte auf:

- 20.000 € fixe Kosten im Jahr
- 8,70 €/Stück.

Die geplante Menge beträgt 70.000 Stück im Jahr.

- Berechnen Sie die kritische Menge. (2 Punkte)
- Berechnen Sie die Kosten für die beiden Alternativen. (4 Punkte)

c) Führen Sie vier Vorteile der Fremdlagerung auf, die sich für die KÜTECH GmbH ergaben. (2 Punkte)

Lösung s. Seite 806

Aufgabe 6:

17 Punkte (RP 2.3.2, 4.1.2, 7,1,1)

In der Kommissionierung sind täglich im Durchschnitt 500 Aufträge zu bearbeiten; jeder Auftrag besteht im Durchschnitt aus 20 Positionen und diese aus 10 Entnahmeeinheiten. Folgende Zeiten sind gemessen worden:

- Basiszeit: 6 Min./Auftrag
- Wegzeit: 20 Sekunden/Position
- Greifzeit: 5 Sekunden/Entnahmeeinheit
- Totzeit: 10 Sekunden/Position
- Verteilzeit: 10 % der Basiszeit.

a) Berechnen Sie die notwendige Kapazität je Tag. (9 Punkte)

b) Es stehen 23 Kommissionierer je Schicht zur Verfügung, es wird in zwei Schichten zu je acht Stunden gearbeitet. Die Kommissionierer haben einen Leistungsgrad von 110 %, für Abwesenheit fallen 15 % der Arbeitszeit aus. Ermitteln Sie, ob die Aufträge mit der vorhandenen Personalkapazität abgewickelt werden können. (5 Punkte)

c) Berechnen Sie die Personalkosten für einen Auftrag, wenn der Bruttolohn des Kommissionierers bei 13 €/Stunde liegt und mit 80 % Lohnzusatzkosten zu rechnen ist. (3 Punkte)

Lösung s. Seite 807

Aufgabe 7:

12 Punkte (RP 5.2.2, 5.4.3)

Als Meister in der Logistik sind Sie auch für die Beurteilung von Gefährdungen zuständig. Dies gilt auch für den Umgang mit Gefahrstoffen.

a) Erläutern Sie die Bedeutung der Gefährdungsbeurteilung. (6 Punkte)

b) Erläutern Sie in diesem Zusammenhang die Bedeutung von Betriebsanweisungen. (6 Punkte)

Lösung s. Seite 807

Aufgabe 8:

6 Punkte (RP 2.5.1, 2.7.5, 2.7.6)

Sie sind Verantwortlicher für die innerbetriebliche Ausbildung von Führern von Flurförderzeugen.

a) Nennen Sie vier Voraussetzungen, damit Sie die Ausbildung vornehmen dürfen. (2 Punkte)

b) Nennen Sie die Voraussetzungen, die erfüllt sein müssen, damit ein Mitarbeiter mit dem Gabelstapler fahren darf. (2 Punkte)

c) Nennen Sie die Voraussetzungen für einen Kranführer. (2 Punkte)

Lösung s. Seite 808

Aufgabe 9:

9 Punkte (RP 6.1.1)

In der KÜTECH GmbH soll der Qualitätsgedanke weiter verstärkt werden.

a) Erläutern Sie, was unter Qualitätsmanagement zu verstehen ist. (2 Punkte)

b) Stellen Sie Ziele und Aufgaben eines Qualitätsmanagementsystems dar. (4 Punkte)

c) Stellen Sie dar, was unter Total Quality Management verstanden wird und nennen Sie die Grundsätze. (3 Punkte)

Lösung s. Seite 809

Aufgabe 10:

4 Punkte (RP 5.3.2)

Sie sollen zum Sicherheitsbeauftragten Ihres Bereichs ernannt werden.

a) Nennen Sie zwei Maßnahmen, die hinsichtlich des Arbeitsschutzes vor erstmaliger Besetzung eines Arbeitsplatzes durchzuführen sind. (2 Punkte)

b) Beschreiben Sie zwei Maßnahmen, die Sie als Sicherheitsbeauftragter vor dem ersten Arbeitseinsatz eines neuen Mitarbeiters durchzuführen haben. (2 Punkte)

Lösung s. Seite 810

Situationsbezogenes Fachgespräch: Handlungsbereich C. Führung und Personal

Bearbeitungszeit je Handlungsauftrag: 60 Minuten (einschließlich 30 Minuten Vorbereitungszeit)

INFO

Die Gliederungsziffern verweisen auf die entsprechenden Abschnitte des Rahmenplans des DIHK für geprüfte Logistikmeister.

Handlungsauftrag 1: Schwerpunkt Zeitarbeit

(RP 7.2.1, 7.9.1)

In der Verpackung sind vier Mitarbeiter ausgefallen. Sie benötigen kurzfristig Ersatz. Die Mitarbeiter sind erkrankt und werden voraussichtlich in zehn Tagen wieder zum Einsatz kommen. Stellen Sie dar, wie für Ersatz gesorgt werden kann.

Lösung s. Seite 811

Handlungsauftrag 2: Schwerpunkt Personalbeschaffung

(RP 7.2.1)

Ein Lagermitarbeiter ist verstorben, drei weitere werden in Kürze pensioniert. Da die Mitarbeiterzahl bereits knapp bemessen ist und die Lageraktivitäten eher zunehmen, muss kurzfristig für Ersatz gesorgt werden. Beschreiben Sie, wie sich der Ablauf der Ersatzbeschaffung darstellt und welche Instrumente Sie einsetzen könnten.

Lösung s. Seite 812

Handlungsauftrag 3: Schwerpunkt Auswahlprozess

(RP 7.2.1)

Bei der KÜTECH GmbH steht die Besetzung der Position des Lagerleiters an. Die Vorauswahl aufgrund der Bewerbungsunterlagen hat ergeben, dass zehn Bewerber geeignet erscheinen, darunter einer aus dem Unternehmen (ein Vorarbeiter im Lager mit bestandener Prüfung zum Logistikmeister). Neben der fachlichen Seite legt die KÜTECH GmbH vor allem Wert auf gruppendienliche Zusammenarbeit. Erklären Sie den weiteren Auswahlprozess.

Lösung s. Seite 813

Handlungsauftrag 4: Schwerpunkt Delegation

(RP 7.4.1)

Auf Sie als Meister sind zusätzliche Aufgaben übertragen worden. Sie wollen deshalb vermehrt Aufgaben auf Ihre Vorarbeiter übertragen. Beschreiben Sie Ziele, Grundsätze und Elemente der Delegation. Nennen Sie auch Aufgaben, die nicht delegiert werden dürfen.

Lösung s. Seite 814

Handlungsauftrag 5: Schwerpunkt Betriebsrat

(RP 7.2.1, 7.2.2)

Im Lagerbereich stehen Rationalisierungen an, durch die Mitarbeiter eingespart werden können. Sie beabsichtigen, einen Mitarbeiter dauerhaft vom Lager in den Wareneingangsbereich zu versetzen, ein weiterer soll vorübergehend (zwei Wochen) in der Verpackung aushelfen. Bei einem Mitarbeiter läuft die Befristung aus und einem vierten soll gekündigt werden.

a) Beschreiben Sie allgemein die Beteiligung des Betriebsrats.

b) Gehen Sie im Besonderen auf die Rechte des Betriebsrats bei obigen Fällen ein.

Lösung s. Seite 814

Handlungsauftrag 6: Schwerpunkt Qualifizierung

(RP 8.2.1, 8.2.2, 8.3.2, 8.4.1)

Durch Einführung neuer Technologie im Lager werden sich die Anforderungen und damit die erforderlichen Qualifikationen wesentlich verändern. An die Stelle vornehmlich körperlich betonter Arbeit treten Steuerungs- und Überwachungsaufgaben. Dies setzt auch erhöhtes Kommunikationsvermögen und Zusammenarbeit mit anderen Bereichen voraus.

a) Sie wollen im Zuge einer Potenzialanalyse herausfiltern, welche Mitarbeiter diesen Weg mitgehen können. Beschreiben Sie, welchen Beitrag eine Potenzialanalyse leisten könnte.

b) Hinsichtlich der notwendigen Qualifizierung überlegen Sie, ob interne oder externe Durchführung infrage kommt.

c) Beschreiben Sie, wie man den Erfolg der Qualifizierung evaluieren könnte.

Lösung s. Seite 815

Handlungsauftrag 7: Schwerpunkt Aus- und Fortbildung

(RP 8.1.2, 8.1.3)

Sie wollen in Ihrem Bereich eine Fortbildungsoffensive starten, um künftige Anforderungen besser bewältigen zu können.

a) Sie haben allerdings den Eindruck, dass bei den Mitarbeitern durchaus Vorbehalte existieren. Stellen Sie dar, welche Anreize hinsichtlich der Qualifizierung gegeben werden könnten.

b) Überlegen Sie, welche Prinzipien/Vorgehensweisen eingesetzt werden könnten. Stellen Sie diese dar.

c) Zur langfristigen fachlichen Absicherung wollen Sie der Unternehmensleitung schmackhaft machen, vermehrt auszubilden. Stellen Sie in diesem Zusammenhang die Vor- und Nachteile der Berufsausbildung dar.

d) Stellen Sie die Beteiligungsrechte des Betriebsrats bei der betrieblichen Bildung dar.

Lösung s. Seite 817

Lösungen zu Situationsaufgabe 1: Handlungsbereich A. Logistikprozesse

Lösung zu Aufgabe 1:

a) Wichtige Regelungen sind:

- Vereinbarung einer Vorlaufzeit/Reaktionszeit
- Festlegung der genauen Anlieferungszeiten
- Angabe der Anlieferungsstelle im Werk
- Festlegung einer Gebindegröße
- Regelungen zum Sicherheitsbestand (Wer? Wie viel? Wo?)
- Vereinbarung einer Konventionalstrafe.

b) Vorteile sind:

- hohe Versorgungssicherheit
- kein Lagerraum
- keine Lagerkosten
- geringere Kapitalbindung.

Lösung zu Aufgabe 2:

a) Beim Konsignationslager errichtet der Lieferant beim Käufer ein Lager, dessen wirtschaftlicher Betrieb meist in der Verantwortung des Käufers liegt. Die Ware bleibt Eigentum des Lieferanten bis zur Entnahme.

b) Die Aufgabenverteilung ergibt sich vor allem bei Betrachtung der Kostenverteilung:

Kosten des Lieferanten:

- Transportkosten
- Kapitalbindungskosten.

Kosten des Käufers:

- Kosten der Güterbehandlung, -erhaltung, -bewegung
- Versicherungskosten
- Abschreibung auf Einrichtung und Gebäude.

c) Regelungen sind zu treffen für:

- gewünschte Höhe der Bestände
- Abrechnungsmodus
- Regelungen zur Inventur und Kontrolle
- Verfahren bei Abweichungen
- Regelung zur Anlieferung und Einlagerung
- Entnahmeberechtigung.

Lösung zu Aufgabe 3:

a) Gewichtungsfaktoren:

- Anschaffungspreis: 0,4
- Betriebskosten: 0,2
- Flexibilität: 0,15
- technischer Support: 0,25

b)

Angebote / Kriterien	Gewichtungsfaktor	Angebot A		Angebot B		Angebot C	
		Punkte		Punkte		Punkte	
		ungewichtet	gewichtet	ungewichtet	gewichtet	ungewichtet	gewichtet
Anschaffungspreis	0,40	4	1,60	5	2,0	4	1,60
Betriebskosten	0,20	3	0,60	3	0,6	5	1,00
Flexibilität	0,15	5	0,75	4	0,6	3	0,45
technischer Support	0,25	5	1,25	3	0,75	4	1,00
Summe	1,00	17	4,20	15	3,95	16	4,05

Angebot A ist das günstigste.

c) 80 % Zielerreichung ist bei 4,0 gewichteten Punkten erreicht. Die Angebote A und C erfüllen diesen Anspruch.

Lösung zu Aufgabe 4:

a) Bei sofort erkennbaren Schäden (Schäden an der Verpackung, fehlende Packstücke) kann die Entgegennahme verweigert werden; dadurch entfällt der Vorgang der Rücksendung und die Ansprüche gegenüber dem Vertragspartner sind rasch gesichert.

b) Prüfungen unter Anwesenheit des Anlieferers:

- Bestimmungsprüfung: Ist der Empfänger richtig?
- Bestellprüfung: Liegt eine entsprechende Bestellung vor?
- Identitätsprüfung: Handelt es sich um das richtige Material?
- Quantitätsprüfung: Handelt es sich um die richtige Menge?
- Terminprüfung: Erfolgte die Lieferung rechtzeitig?
- erste Qualitätsprüfung, möglichst noch vor der Entladung.

c) Der Überbringer bestätigt in der Tatbestandsaufnahme, falls die Verpackung auf dem Transport beschädigt wurde bzw. die Anzahl der Packstücke nicht mit den Begleitpapieren übereinstimmt. Dies erfolgt entweder auf einem speziellen Vordruck oder auf den Begleitpapieren.

Inhalt der Tatbestandsaufnahme sind u. a.:

- Art der Anlieferung
- Zeitpunkt der Anlieferung
- Artikelbezeichnung

- Art der Transportverpackung
- Anzahl der Packstücke
- genaue Beschreibung des Schadens (Beschädigung beim Transport, falsche Anzahl der Packstücke).

Eventuell werden Fotos beigefügt.

d) Rechte des Lieferanten:

- rechtzeige Anzeige
- Dokumentation.

Rechte des Kunden:

- Nacherfüllung
- eventuell Schadenersatz.

Lösung zu Aufgabe 5:

Ein Indikator ist ein am Packstück oder Packmittel angebrachtes Erkennungsmittel, das anzeigt, wenn nicht ordnungsgemäß transportiert wurde. Es gibt u. a. Kipp-, Stoß- und Feuchtigkeitsindikatoren.

Lösung zu Aufgabe 6:

a) Zur besseren Kapazitätsauslastung wird gleichzeitig ein- und ausgelagert, d. h. es erfolgen keine Leerfahrten; allerdings ist zu berücksichtigen, dass der Auslagerungsvorgang dadurch länger dauert.

b) Der Auftrag könnte im Einzelspiel in 67 Minuten ausgeführt werden, allein im Doppelspiel reicht die Zeit mit 100 Minuten nicht. Nur im Einzelspiel zu verfahren ist aber nicht die wirtschaftlichste Möglichkeit; diese ergibt sich bei einer Teilung:

70 Paletten/RBG im Doppelspiel:	70 • 60 = 4.200 Sekunden
30 Paletten/RBG im Einzelspiel:	30 • 40 = 1.200 Sekunden
100 Paletten/RBG	5.400 Sekunden = 90 Minuten

Da vier Regalbediengeräte (RBG) gleichzeitig arbeiten, können in 90 Minuten 400 Paletten ausgelagert werden.

c) Die Regalbediengeräte sind im Moment an die Gasse gebunden. Der Auftrag könnte auch mit drei Regalbediengeräten in 89 Minuten im Einzelspiel ausgeführt werden, wenn entweder

- alle Materialien in allen Gassen verteilt sind (sog. Querverteilung)
- oder eines der Regalbediengeräte zeitweise mittels einer Umsetzeinrichtung umgesetzt werden könnte, um in der Gasse mit dem beschädigten Regalbediengerät zu arbeiten.

d) Das Problem besteht nicht, wenn die Regalbediengeräte als Kurvengänger ausgelegt sind.

Lösung zu Aufgabe 7:

a) Beim freien Zugriff entnimmt der Bedarfsträger. Dadurch sind Abweichungen zwischen Soll- und Ist-Werten vorprogrammiert, denn

- es kann niemand verantwortlich gemacht werden
- die Entnahme dauert sehr lange.

Zugriffsfreiheit setzt gewöhnlich Festplatzvergabe, bei der jeder Artikel seinen festen Platz hat, voraus, da ansonsten die Auffindbarkeit problematisch werden könnte. Die Festplatzvergabe, auch als starre Lagerhaltung bekannt, führt aber zu einem sehr geringen Füllgrad und erfordert einen großen Platzbedarf.

b) Bei der Größe des Lagers und der damit verbundenen Kapazitätsauslastung sollte zugriffsgebunden gearbeitet werden, d. h. die Auslagerung erfolgt durch den Lageristen. Vorteile sind:

- geringe Fehlerquoten
- schnelle Entnahme
- Entlastung der Bedarfsträger.

Durch Zugriffsgebundenheit wird auch die Freiplatzvergabe, also die chaotische Lagerhaltung, möglich. Vorteile sind:

- hoher Füllgrad
- geringer Platzbedarf
- kurze Transportzeiten
- gute Automatisierbarkeit
- Optimierung der Plätze gemäß Umschlaggeschwindigkeit.

Nachteile sind allerdings:

- eingeschränkte Vielfalt durch einheitliche Lagereinheiten (z. B. Palette)
- Abhängigkeit von leistungsfähiger Informationsverarbeitung
- Gleiche Güter befinden sich häufig an verschiedenen Plätzen.
- Durch Zugriffsgebundenheit und Freiplatzprinzip können die geschilderten

Probleme gelöst werden.

c) Das Fifo-Prinzip (first in first out) spielt hier keine große Rolle, könnte aber gewährleisten, dass immer die neuesten Teile vorhanden sind und kein technologisches Veralten vorliegt.

Lösung zu Aufgabe 8:

a) Bereitstellung: statisch (Mann zur Ware)

Fortbewegung: eindimensional (Ebene), zweidimensional (Leiter)

Entnahme: manuell

Abgabe: zentral

b) Auftragsorientiert seriell ohne Übergabestation: Einzelne Aufträge werden vom jeweiligen Kommissionierer in den Lagerzonen nacheinander vollständig bearbeitet, d. h. der Kommissionierer führt den Auftrag alleine aus.

c) Weitere Methoden sind:

- auftragsorientiert seriell mit Übergabestation
- auftragsorientiert parallel
- serienorientiert parallel.

Bei der serienorientiert parallelen Kommissionierung werden die eingehenden Aufträge zunächst zu einer Serie zusammengefasst. Danach werden aus der gesamten Serie die einzelnen Auftragspositionen auf die einzelnen Lagerzonen aufgeteilt. Dadurch werden, falls ein Artikel in mehreren Aufträgen enthalten ist, Sammelentnahmen durchgeführt. Nach den nach Lagerzonen aufgeteilten Entnahmen werden die Artikel auf die einzelnen Aufträge aufgeteilt.

Lösung zu Aufgabe 9:

a)

Artikel-nummer	Ver-brauch in €	Artikel-nummer sortiert	Ver-brauch sortiert	Ver-brauch in €	Ver-brauch in € kumuliert	Wert-gruppen	Mengen-anteile in %
01	31.492	04	1.126.996	56,3498	56,3498	A	20
02	122.550	07	473.004	23,6502	80,0000	A	
03	80.716	02	122.550	6,1275	86,1275	B	30
04	1.126.996	10	96.734	4,8367	90,9642	B	
05	13.128	03	80.716	4,0358	95,0000	B	
06	26.650	01	31.492	1,5746	96,5746	C	50
07	473.004	06	26.650	1,3325	97,9071	C	
08	16.556	08	16.556	0,8278	98,7349	C	
09	12.174	05	13.128	0,6564	99,3913	C	
10	96.734	09	12.174	0,6087	100,0000	C	
	2.000.000		**2.000.000**	**100,0000**			**100**

b) Für die A-Artikel können folgende Maßnehmen ergriffen werden:

- genaue Disposition
- möglichst keine Bestände
- eventuell Just-in-time-Beschaffung
- optimierte Systeme schaffen (z. B. Supply Chain Management).

Maßnehmen für die C-Artikel:

- falls möglich, eliminieren
- Artikel gelistet, aber nicht lagermäßig führen
- grobe Vorgehensweisen, einfache Systeme, evtl. mit begrenzter Lagerhaltung
- Direktbelieferung.

Lösung zu Aufgabe 10:

a) 500 • 5 = **2.500**

b) 500 (10 + 5) = **7.500**

c)

$$\frac{\text{Anfangsbestand - Endbestand}}{2}$$

$$\frac{12.500 - 2.500}{2} = \mathbf{5.000}$$

d)

$$\frac{\text{durchschnittlicher Lagerbestand}}{\text{Tagesverbrauch}}$$

$$\frac{5.000}{500} = \mathbf{10\ Tage}$$

Lösung zu Aufgabe 11:

a)

Bestell-häufigkeit	Bestell-menge	durchschn. Lagerbestand	durchschn. Lagerwert	Bestell-kosten	Lagerhaltungs-kosten	Gesamt-kosten
10	1.000	500	25.000	1.000	6.250	7.250
20	500	250	12.500	2.000	3.125	5.125
25	**400**	200	10.000	2.500	2.500	5.000
30	333	166	8.300	3.000	2.075	5.075

b) $$x_{opt} = \sqrt{\frac{200 \cdot 10.000 \cdot 100}{50 \cdot 25}} = \mathbf{400}$$

c) Nicht geeignet ist das Konzept, wenn:

- der Jahresbedarf nicht bekannt ist
- der Bedarf ungleichmäßig verteilt ist
- die Preise schwanken
- der Lagerraum nicht in ausreichendem Maße zur Verfügung steht.

Lösungen zu Situationsaufgabe 2: Handlungsbereich B. Betriebliche Organisation und Kostenwesen

Lösung zu Aufgabe 1:

a) Die Prozesskostenrechnung schafft:

- eine bessere Kalkulationsgrundlage
- gesteigerte Effizienz durch
  - Kontrolle der Wirtschaftlichkeit betrieblicher Prozesse
  - prozessorientiertes und damit funktionsübergreifendes Denken
  - Optimierung von Prozessen
- Transparenz hinsichtlich
  - Verbrauch der Ressourcen einzelner Prozesse an Stelle des Zuschlags auf die Einzelkosten
  - der Kapazitätsauslastung der klassischen Gemeinkostenbereiche durch die Vorgänge und die damit verbundene Kostensenkung bei steigender Auslastung
  - der Kosten von Produkt- und Verfahrensänderungen.

b) Die Prozesskostenrechnung erfolgt in folgenden Schritten:

- Teilprozessdefinition (Kostenstellenzerlegung): Nur die Tätigkeiten werden erfasst, die sich häufig wiederholen.
- Zuordnung der Kosten zu den Prozessen
- Festlegung der Kostentreiber
- Bildung von Prozesskostensätzen
- Verdichtung der Teilprozesse zu Hauptprozessen
- prozessorientierte Produktkalkulation.

c)

Prozess	**Prozess-kosten**	**Kosten-treiber**	**Prozess-menge**	**Prozess-kostensatz**	**Umlage-satz**	**Gesamter Prozess-kostensatz**
Waren-eingang	300.000 €	Zahl der Anliefe-rungen	500	600	60	660
Einlage-rung	160.000 €	Zahl der Einlage-rungen	400	400	40	440
Kommissi-onierung	240.000 €	Zahl der Auslage-rungen	600	400	40	440
Leitung	70.000 €					
Summe	770.000 €					

Prozesskostensatz = Prozesskosten : Zahl Kostentreiber

- für den Wareneingang: 300.000 : 500 = 600
- für die Einlagerung: 160.000 : 400 = 400
- für die Kommissionierung: 240.000 : 600 = 400

Umlagesatz = Prozesskosten ohne Kostentreiber l_{mn} : Prozesskosten mit Kostentreiber l_{mi} • Prozesskostensatz

- für den Wareneingang: 70.000 : 700.000 • 600 = 60
- für die Einlagerung: 70.000 : 700.000 • 400 = 40
- für die Kommissionierung: 70.000 : 700.000 • 400 = 40

Lösung zu Aufgabe 2:

a) Die Planung der Inventur erfolgt in folgenden Schritten:
- neutralen Inventurleiter ernennen
- Inventurtag festlegen
- Inventurpersonal festlegen
- Inventurpersonal informieren und anweisen
- Inventurliste erstellen
- Lager aufräumen
- Artikel mit Artikelnummern kennzeichnen
- restliche Waren vor der Inventur einlagern
- Eigentumsverhältnisse klären
- sicherstellen, dass keine Entnahmen während der Inventur erfolgen.

b) Fehlerquellen können sein:
- fehlerhaftes Erfassen
- Zuordnung falscher Artikelnummern
- Beschädigte Ware wird nicht berücksichtigt.
- ungeplante Entnahmen
- Einlagerung am falschen Ort.

c) Vorteile der permanenten Inventur sind:
- keine Störung des Geschäftsbetriebs
- Einsatz von Inventurteams.

Nachteile sind:
- Gefahr von Ungenauigkeiten wegen langer Überbrückungszeit durch Fortschreibung
- hohe Qualität der Lagerbuchhaltung erforderlich.

d) Bei der Stichprobeninventur wird als Vereinfachung nicht der gesamte Bestand erfasst, sondern nur eine repräsentative Stichprobe, deren Ergebnis auf die gesamten Vorräte, die nicht vollständig geprüft werden, hochgerechnet wird. Voraussetzungen sind:

- mindestens 2.000 Artikel
- 5 % der Artikel machen mindestens 40 % des Wertes aus
- rechtliche Zulassung.

Die 5 % Hauptteile werden vollständig erfasst, ebenso Ausreißer. Die restlichen ca. 95 % der Artikel werden stichprobenmäßig erfasst.

Vorteile sind:

- schnell durchzuführen
- nur geringe Störung des Betriebsablaufs.

Nachteile sind:

- tatsächliche Werte können erheblich abweichen
- in vielen Fällen nicht anwendbar.

Lösung zu Aufgabe 3:

Abschreibungen:	(20.000 • 1,3 - 2.000) : 10 =	2.400	
kalkulatorische Zinsen:	([20.000 + 4.000] : 2) • 0,06 =	720	
Wartung:	300 • 12 =	3.600	
		6.720 : 1.600 Std. =	4,20 €
Energie:	15 • 0,30 =		4,50 €
Maschinenstundensatz			**8,70 €**

Lösung zu Aufgabe 4:

a) Bei der Befundrechnung, auch Inventurmethode genannt, werden nur die Zugänge erfasst. In festgelegten Abständen werden Inventuren durchgeführt, durch die man sich die Erfassung der Abgänge erspart. Der Materialverbrauch wird wie folgt ermittelt:

> Verbrauch = Anfangsbestand + Zugänge - Inventurbestand

Der Materialverbrauch wird also nicht laufend, sondern am Ende eines Abrechnungszeitraums erfasst. Dabei werden Abgänge, die nicht bestimmungsgemäß sind (z. B. Verderb, Schwund), als Verbrauch erfasst und damit kostenrechnerisch als Verbrauch behandelt.

b) Bei der Skontrationsmethode, auch Fortschreibung genannt, ergeben sich die Bestände durch Zu- und Abbuchungen in der Lagerbuchhaltung. Grundlage sind u. a. Lieferscheine für die Zugänge und Entnahmescheine für die Abgänge. Diese Methode setzt umfassende Aufschreibungen voraus, wird aber häufig durch automatisierte Erfassung unterstützt (z. B. Barcode-Scanner), wodurch Fehler vermieden werden können.

Bei der retrograden Methode, auch Rückrechnung genannt, geht man von der Menge der erstellten Produkte aus. Grundlage ist die exakte Erfassung des Materials durch eine Stück- bzw. Verbrauchsliste. Der Verbrauch wird wie folgt errechnet:

Verbrauch = Anzahl gefertigter Produkte • Verbrauch/Stück.

Werden alle drei Verfahren angewandt, können im Zuge des Controlling durch Vergleich wichtige Überprüfungen stattfinden. Abweichung zwischen Skontrationsmethode und Inventurmethode machen in erster Linie Aussagen über die Zuverlässigkeit im Umgang mit den Daten, aber auch mit dem Material; Abweichungen zur retrograden Methode zeigen, inwieweit „sehr großzügig" mit dem Material umgegangen wird.

Lösung zu Aufgabe 5:

a) Kriterien sind u. a.:
- Kapazität
- Kosten
- Fristigkeit
- Leistungsumfang
- Knowhow
- Spezialitäten
- Investitionsneigung
- Funktionsausübung.

b) kritische Menge = (780.000 - 20.000) : (8,7 - 1,1) = 100.000 Stück

Eigenlagerung: 780.000 + 70.000 • 1,1 = 857.000

Fremdlagerung: 20.000 + 70.000 • 8,7 = 629.000

Fremdlagerung ist damit unter reinen Kostengesichtspunkten günstiger.

c) Vorteile der Fremdlagerung sind:

keine eigene Investition

günstige Kosten bei geringer Auslastung

zusätzliche Serviceleistungen des Lagerhalters

kein eigenes Personal.

Lösung zu Aufgabe 6:

a)

			Sekunden
	Basiszeit	6 • 60	360
+	Wegzeit	20 • 20	400
+	Greifzeit	5 • 10 • 20	1.000
+	Totzeit	10 • 20	200
+	Verteilzeit	(6 • 60) : 10	36
=	**Kommissionierzeit/Auftrag**		**1.996**

Kommissionierzeit/Tag = notwendige Kapazität:

500 • 1.996 = 998.000 Sekunden
998.000 : 60 = 16.633,3 Minuten
16.633,3 : 60 = 277,2 Stunden

b) 23 • 2 • 8 = 368 Stunden
368 : 1,1 = 334,5 Stunden
334,5 • 0,85 = 284,33 Stunden als personelle Kapazität

Der Auftrag kann also ausgeführt werden.

c) Personalkosten je Stunde:
13 + 13 • 0,8 = 23,40 €

Personalkosten je Auftrag:
23,40 • 1.996 : 3.600 = 12,97 €

Lösung zu Aufgabe 7:

a) Die Gefährdungsbeurteilung ist wesentlicher Punkt der Gefahrstoffverordnung. Der Arbeitgeber hat vor Aufnahme der Tätigkeit durch eine Gefährdungsbeurteilung festzustellen, ob bei der Arbeit Gefahrstoffe beteiligt sind. Folgende Gesichtspunkte sind u. a. zu beachten:

- Kennzeichnung der gefährlichen Eigenschaften der Stoffe
- Sicherheitsdatenblatt und Gebrauchsanweisungen des Herstellers
- Möglichkeiten des Ersatzes durch weniger gefährliche Stoffe
- Angabe von Grenzwerten
- Wirksamkeit der getroffenen oder zu treffenden Schutzmaßnahmen
- medizinische Erkenntnisse, Ergebnisse der medizinischen Vorsorgeuntersuchungen
- Brand- und Explosionsgefahren.

b) Zahlreiche Unfallverhütungsvorschriften verpflichten den Unternehmer, Betriebsanweisungen zu erstellen. Die Informationsschrift BGI 578 gibt eine Übersicht. Grundlage für die Betriebsanweisungen sind die Informationen der Hersteller von Anlagen, Geräten, Gefahrstoffen und Persönlichen Schutzausrüstungen. Sie müssen umfassend über die Gefahren informieren und alle anderen wichtigen Angaben für einen sicheren Einsatz enthalten. Sie sind die Basis für Unterweisungen. Darüber hinaus gibt es Anweisungen für verschiedene Störfälle (z. B. Brand, Katastrophe) mit Rettungsplänen, Alarmplänen und Katastrophenplänen.

Betriebsanweisungen befassen sich mit:

- dem Anwendungsbereich mit Begrenzung auf bestimmte Arbeitsmittel, Arbeitsverfahren oder personelle, örtliche oder zeitliche Aspekte
- den Gefahren für Mensch und Umwelt, wodurch die Mitarbeiter angehalten werden, Regelungen einzuhalten. Es ist deshalb notwendig, die Gefahren möglichst konkret darzulegen, indem das gesamte externe und interne Informationsmaterial genutzt wird.
- den Schutzmaßnahmen und Verhaltensregeln, die von den Mitarbeitern einzuhalten sind. Sie müssen von den Mitarbeitern beeinflussbar sein.
- dem Verhalten bei Störfällen (z. B. Bremsversagen) mit Sofortmaßnahmen (z. B. Abschalten, Sichern) und der Information, wann Spezialisten einzuschalten sind
- dem Verhalten bei Unfällen mit Sicherung, Bergung und Erster Hilfe
- der Instandhaltung als Sondervorgang, für den separate Betriebsanweisungen notwendig sind; vielfach ist der Einsatz von besonders fachkundigem Personal notwendig
- der sachgerechten Entsorgung (z. B. von Spänen) unter Angabe, was, wie, wohin gebracht wird; eventuell sind Entsorgungsblätter und Sammelstellen notwendig
- den Folgen der Nichtbeachtung, also den gesundheitlichen Folgen.

Lösung zu Aufgabe 8:

a) Voraussetzungen sind:

- mindestens 24 Jahre alt
- erfolgreiche Ausbildung zum Führer von Flurförderzeugen
- zwei Jahre Erfahrung mit dem Einsatz von Flurförderzeugen
- Meister bzw. mindestens gleichwertige vierjährige Tätigkeit
- erfolgreiche Teilnahme an einem Lehrgang für Ausbilder von Flurförderzeugführern.

b) Für benannte Flurförderzeuge gilt die BGV D 27 UW für Flurförderzeuge. Voraussetzungen sind:

- mindestens 18 Jahre alt
- Befähigungsnachweis
- körperliche Eignung gemäß BG-Grundsatz für Vorsorgeuntersuchungen G 25
- geistige Eignung
- schriftliche Beauftragung.

c) Als Kranführer kann gemäß BGV D6 ausgewählt werden, wer:

- das 18. Lebensjahr vollendet hat (Ausnahme als Auszubildender)
- die körperliche und geistige Eignung besitzt (arbeitsmedizinische Untersuchung)
- das Verständnis für technische und physikalische Zusammenhänge aufbringt
- die Fähigkeit besetzt, Signale erlernen und anwenden zu können
- zuverlässig, verantwortungsbewusst und umsichtig handelt
- im Führen des Krans unterwiesen wurde und die Befähigung dazu nachgewiesen hat.

Lösung zu Aufgabe 9:

a) Gemäß DIN EN ISO 9004 umfasst Qualitätsmanagement alle Tätigkeiten des Managements, mit denen die

- Qualitätspolitik
- Qualitätsziele
- Verantwortung

festgelegt sowie durch Qualitätsplanung, Qualitätskontrolle, Qualitätssicherung und Qualitätsverbesserung verwirklicht werden.

b) Ziele eines Qualitätsmanagementsystems sind:

- Steigerung der Kundenzufriedenheit
- Erhöhung der Effizienz und der Qualitätsfähigkeit in allen Bereichen und bei allen Prozessen im Unternehmen
- Schaffung der Grundlage für die Realisierung der notwendigen Produktbeschaffenheit
- Förderung des Qualitätsverständnisses bei den Mitarbeitern.

Aufgaben sind:

- Fehlervermeidung
- vorzeitige Ermittlung möglicher Fehlerursachen
- zuverlässige Fehlererkennung
- wirkungsvolle Fehlerbeseitigung.

c) Nach DIN EN ISO 9000 ist Total Quality Management (TQM) eine Managementmethode, die unter Mitwirkung aller Mitarbeiter die Qualität in den Mittelpunkt stellt und durch Zufriedenstellung der Kunden auf langfristigen Geschäftserfolg und auf den Nutzen für die Mitarbeiter und die Gesellschaft abzielt.

Grundsätze sind u. a.:

- Jeder Mitarbeiter an jedem Arbeitsplatz ist für Qualität verantwortlich.
- Kundenorientierung in allen Bereichen des Unternehmens
- Null-Fehler-Strategie für jeden Mitarbeiter

- enge Kooperation mit Kunden und Lieferanten
- Bekenntnis zu Fehlern.

Lösung zu Ausgabe 10:

a) Maßnahmen sind z. B.:

- Gefährdungsbeurteilungen durchführen
- Maßnahmen baulicher, technischer und organisatorischer Art ergreifen

b) Maßnahmen sind u. a.:

- erstmalige Unterweisung von Mitarbeitern, die ihre Arbeit aufnehmen, unter Berücksichtigung pädagogischer Aspekte
- Dokumentation der Unterweisung, was bei rechtlichen Auseinandersetzungen eine Beweismöglichkeit darstellt.

Lösungen zum situationsbezogenen Fachgespräch: Handlungsbereich C. Führung und Personal

Lösung zu Handlungsauftrag 1: Schwerpunkt Zeitarbeit

- Da kurzfristiger Ersatz benötigt wird, kommt nur Zeitarbeit infrage.
- Rechtliche Grundlage: Arbeitnehmerüberlassungsgesetz
- Vertragssituation: Überlassungsvertrag zwischen der KÜTECH GmbH (Einsatzbetrieb) und dem Zeitarbeitsunternehmen, Arbeitsvertrag zwischen dem Arbeitnehmer und dem Zeitarbeitsunternehmen
- Damit ist das Zeitarbeitsunternehmen Arbeitgeber und hat das Direktionsrecht hinsichtlich des Einsatzes des Arbeitnehmers.
- Der Einsatzbetrieb hat das Weisungsrecht: Der Mitarbeiter erhält Anweisungen vom zuständigen Vorgesetzen des Einsatzbetriebs.
- Das Gesetz lässt nur vorübergehenden Einsatz zu, legt aber nicht fest, was „vorübergehend" ist.
- Der Einsatzbetrieb meldet jeden Zeitarbeitnehmer der zuständigen Krankenkasse.
- Der Einsatzbetrieb zahlt das vereinbarte Honorar, durch das alle Ausgaben des Zeitarbeitsunternehmens gedeckt sind.
- Eventuell können Tarifverträge Besonderheiten beinhalten (z. B. Metall und Elektro).
- Die Einbindung erfolgt durch:
  - umfassende Einweisung in die Aufgaben und die Gefährdungen des Arbeitsplatzes durch den Einsatzbetrieb
  - Überwachung der Einhaltung von Sicherheitsvorgaben
  - Nutzung der Sozialeinrichtungen.
- Der Betriebsrat des Einsatzbetriebs hat begrenzte Mitbestimmungsmöglichkeiten vor dem Einsatz der Zeitarbeitnehmer.
- Nach sechs Monaten Einsatzzeit desselben Mitarbeiters im selben Betrieb: Betriebsrat des Einsatzbetriebs ist zuständig für alle Belange im Einsatzbetrieb.
- Vorteile der Zeitarbeit:
  - geringe Beschaffungs- und Verwaltungskosten
  - geringes Risiko
  - kurzfristige Verfügbarkeit
  - Flexibilität.
- Nachteile sind:
  - keine Kontinuität
  - häufig nur geringe Motivation.

Lösung zu Handlungsauftrag 2: Schwerpunkt Personalbeschaffung

- Maßnahme für den Todesfall: Kurzfristig und vorübergehend Zeitarbeit
- Ablauf:
  - Erstellung eines Anforderungsprofils mit fachlichen und persönlichen Anforderungen
  - Benachrichtigung des Betriebsrats, dass eine Einstellung vorgesehen ist
  - eventuell interne Ausschreibung, wenn der Betriebsrat dies verlangt; er kann aber keine interne Besetzung durchsetzen
  - Einsatz externer Instrumente
  - gleichberechtigte Auswahl hinsichtlich interner und externer Bewerber
  - Vorteile interner Stellenbesetzung:
    - schnelle und kostengünstige Beschaffung
    - weniger Risiko, da der Bewerber bekannt ist
    - Bewerber kennt das Unternehmen
    - Motivation
  - Vorteile externer Stellenbesetzung:
    - neue Ideen und Erfahrungen
    - kein Neid
    - kein Ringtausch
  - Durchführung des Auswahlprozesses mit verschiedenen Instrumenten, u. a.:
    - Analyse der Bewerbungsunterlagen
    - Vorstellungsgespräch
    - Assessment-Center
    - ärztliche Untersuchung
  - Einstellungsentscheidung
  - Zustimmung des Betriebsrats einholen; bei Ablehnung: Ersatz der Ablehnung durch einen Beschluss des Arbeitsgerichts
  - Einstellung, Abschluss des Vertrags
- Externe Beschaffungsinstrumente sind:
  - Einschaltung der Arbeitsverwaltung (falls entsprechende arbeitslose Bewerber vorhanden)
  - private Arbeitsvermittlung (eher bei spezialisierten Fachkräften)
  - Stellenanzeige, Print oder digital (digital über die Website des Unternehmens für alle Positionen geeignet)
  - Auswertung von unaufgeforderten Bewerbungen
  - Mund-zu-Mund-Propaganda (bei Positionen, die nicht spezialisiert sind).

Lösung zu Handlungsauftrag 3: Schwerpunkt Auswahlprozess

- Ablauf könnte sein:
  - Erstes Vorstellungsgespräch in kurzer Form, evtl. telefonisch oder über Scype
  - Assessment-Center als Gruppenauswahlverfahren mit mehreren Assessoren
  - zweites Vorstellungsgespräch als Kerngespräch mit dem Vorgesetzen und einem Vertreter der Personalabteilung
  - eventuell ärztliche Untersuchung
  - eventuell Probearbeit (vor allem bei längerer Arbeitslosigkeit)
  - Zustimmung des Betriebsrats einholen (Ausnahme: Leitende Angestellte).
- Ablauf des Vorstellungsgesprächs:
  - Begrüßung des Bewerbers
  - Informationen zum Unternehmen
  - Bildungsgang und berufliche Entwicklung des Bewerbers
  - berufliche Vorstellungen des Bewerbers zur ausgeschriebenen Stelle
  - Informationen zur Stelle
  - Vertragsverhandlungen
  - Gesprächsabschluss
- Ablauf eines Assessment-Centers:
  - Auswahl und Schulung geeigneter Beobachter (Assessoren)
  - Erarbeitung situationsorientierter Übungen
  - Beurteilung der Teilnehmer bei den Übungen durch jeden Beobachter separat
  - gemeinsames Urteil
  - Besprechung der Ergebnisse mit den einzelnen Teilnehmern
- Typische Übungen im Assessment-Center sind:
  - Gruppenarbeiten zur Feststellung des Rollenverhaltens und der Teamfähigkeit
  - Fallstudien (u. a. Wesentliches herausfiltern, Entscheidungen unter Zeitdruck)
  - Planspiele (verknüpfendes Denken)
  - Gruppendiskussionen
  - Vorträge und Präsentationen
- Bewertung des Assessment-Centers:
  - größere Objektivität
  - unmittelbarer Vergleich möglich
  - soziale Verhaltensweisen werden beurteilbar
  - Führungsverhalten kann erprobt werden
  - hohe Kosten
  - eventuelle Lerneffekte.

Lösung zu Handlungsauftrag 4: Schwerpunkt Delegation

- Konzept der Delegation: Dem Mitarbeiter wird eine selbstständige Aufgabe übertragen inkl. der notwendigen Befugnisse; als Konsequenz trägt der Mitarbeiter dann auch die Handlungsverantwortung; die Führungsverantwortung bleibt beim Vorgesetzen.
- Ziele der Delegation:
  - für den Vorgesetzen: Entlastung, Nutzung des Mitarbeiter-Knowhows
  - für den Mitarbeiter: Motivation, Förderung der Fähigkeiten
- Grundsätze der Delegation:
  - Übereinstimmung von Aufgabe, Kompetenz und Verantwortung
  - Delegationsfähigkeit und -willigkeit beim Vorgesetzten und beim Mitarbeiter
  - keine Rückdelegation
  - Auswahl delegierbarer Aufgaben
  - abgrenzbares Aufgabengebiet
  - genaue Arbeitsanweisungen
- Nicht delegiert werden dürfen:
  - Mitarbeiterbeurteilungen
  - besondere Personalgespräche
  - Befugnisse im Rahmen der Arbeitssicherheit
- Ablauf bei der Delegation:
  - Auswahl der Aufgaben, die delegiert werden
  - Auswahl von Mitarbeitern, auf die delegiert wird
  - Führung eines Delegationsgesprächs
  - eventuell Qualifizierung der Mitarbeiter, um letzte Lücken zu schließen
  - Festlegung eines zeitlichen Rahmens
  - Festlegung von Kontrollmechanismen
  - eventuell persönliche Unterstützung zusagen.

Lösung zu Handlungsauftrag 5: Schwerpunkt Betriebsrat

a)
- Grundlage: Betriebsverfassungsgesetz
- Mitbestimmungsrechte als:
  - durchsetzbare Mitbestimmung: Ohne Zustimmung des Betriebsrats kann nicht gehandelt werden, bei Uneinigkeit entscheidet die Einigungsstelle (z. B. § 87 BetrVG).
  - Zustimmungserfordernis: Die Zustimmung des Betriebsrats ist notwendig, diese kann aber nur aus bestimmten Gründen verweigert werden (z. B. § 99 I und II BetrVG).

- Mitwirkungsrechte als:
  - Beratung: Gemeinsame Erörterung der Angelegenheit zwischen Arbeitgeber und Betriebsrat (z. B. § 111 BetrVG)
  - Anhörung: Der Arbeitgeber muss sich mit dem Vorbringen des Betriebsrats im Sinne einer gegenseitigen Information auseinandersetzen (z. B. § 102 I BetrVG).
  - Information: Einseitige Verpflichtung des Arbeitgebers, den Betriebsrat zu unterrichten (z. B. § 99 I BetrVG).

b)
- dauerhafte Versetzung: Der Betriebsrat hat ein Widerspruchsrecht; die Zustimmung kann durch Beschluss des Arbeitsgerichts ersetzt werden.
- vorübergehende Versetzung: Information an der Betriebsrat, dieser hat aber keine weiteren Rechte, soweit nicht belastende Arbeitsumstände auftreten.
- Auslaufen einer Befristung: Der Betriebsrat hat keinerlei Rechte.
- Kündigung eines Mitarbeiters: Der Betriebsrat wird angehört, der Arbeitgeber kann bei Widerspruch aber trotzdem kündigen.

Lösung zu Handlungsauftrag 6: Schwerpunkt Qualifizierung

a)
- Konzept der Potenzialanalyse: Bei der Potenzialanalyse werden auf die Zukunft gerichtete Begabungen und Fähigkeiten erfasst; dabei kann die Leistung der Vergangenheit und Gegenwart eine Rolle spielen, im Mittelpunkt steht aber die davon losgelöste Prognose. Neben den Schlüsselqualifikationen sollte die Potenzialanalyse auf folgende Fragen Antwort geben:
  - Welche Richtung nimmt die Entwicklung?
  - Wo sind die Grenzen des Mitarbeiters?
  - Welche Alternativen hinsichtlich Einsatz und Entwicklung gibt es?
  - Welche Maßnahmen sollten zur individuellen Förderung angestrebt werden?
- Instrumente und Methoden sind:
  - Potenzialbeurteilung
  - Beratungsgespräch
  - Betreuungsgespräch (Feedback, inhaltliche Unterstützung, evtl. moralische Hilfe)
  - Fördergespräch
  - Selbsteinschätzung mit tiefem Einblick in die Motivationslage des Mitarbeiters
  - Überragung besonderer Aufgaben (z. B. Projektleitung, Fachstab, Stellvertretung, Auslandsentsendung, Pate für neue Mitarbeiter)
  - Assessment-Center.
- Spezielle auf die Aufgabenstellung bezogene Übungen:
  - Gruppenarbeiten
  - Gruppengespräche
  - Präsentationen.

b) ► Abgrenzung: Bei der internen Personalentwicklung liegt die Verantwortung für Planung, Durchführung und Kontrolle der Maßnahme beim Unternehmen. Typische interne Personalentwicklungsmaßnahmen sind:
   - Unterweisungen
   - Workshops
   - Spezialseminare
   - betriebsindividuelle Trainings.

► Typische externe Personalentwicklungsmaßnahmen sind:
   - Fachseminare
   - Fachtagungen
   - Erfahrungsaustausuch
   - Akademiebesuch
   - Lehrgänge.

► Für interne Durchführung spricht:
   - die Unternehmenssituation steht thematisch im Vordergrund
   - hohe Teilnehmerzahl
   - günstige Fixkostenverteilung
   - unmittelbare Beeinflussung der Inhalte
   - Geheimhaltung ist gewährleistet.

► Für externe Durchführung spricht:
   - kleine Teilnehmerzahl
   - Variabilisierung der Kosen durch Teilnehmergebühren je Teilnehmer
   - Densible persönliche Probleme werden thematisiert.
   - Abkömmlichkeit der Teilnehmer
   - Erfahrungsaustausch mit Mitarbeitern anderer Unternehmen.

► Kriterien für die Auswahl externer Träger sind:
   - Kosten
   - Dauer
   - Erfolgsquote/Referenzen
   - methodische Ansätze
   - Art des Abschlusses
   - Standort
   - Erfahrungspotenzial der Referenten
   - Ausstattung (u. a. Raum, Equipment).

c) ► Gemessen werden sollte:
   - Was sollte gelernt werden?
   - Was wurde gelernt?
   - Was wurde davon behalten?
   - Was wurde davon in die Praxis umgesetzt?
   - In welchem Verhältnis stehen Anspruch und Nutzen?

   ► Der Erfolg der Qualifizierung und hier vor allem des Anwendungserfolgs kann gemessen werden durch:
   - Befragung der Mitarbeiter zur Selbsteinschätzung
   - Befragung der Vorgesetzen zur Fremdeinschätzung
   - Beobachtung und Bewertung im Rahmen der Leistungsbeurteilung
   - Erörterung im Rahmen von Personalentwicklungsgesprächen.

Lösung zu Handlungsauftrag 7: Schwerpunkt Aus- und Fortbildung

a) Anreize könnten sein:
   - ► Verbindung jeder Beförderung mit der Bereitschaft zur Personalentwicklung
   - ► Einbindung einzelner Mitarbeiter in Laufbahn- und Nachfolgeplanung
   - ► Übernahme externer Kosten bei berufsbegleitender Fortbildung
   - ► Freizeitausgleich bei berufsbegleitender Fortbildung
   - ► Zahlung einer einmaligen Prämie bei erfolgreicher Fortbildung
   - ► Einbindung der Qualifizierung in ein Prämienlohnsystem, wobei sich die Qualifikationsprämie nach einem Punktesystem berechnen könnte.

b) Die Qualifizierung kann durchgeführt werden als:
   - ► Training-into-the-job: Erstausbildung, Einführung neuer Mitarbeiter, Traineeprogramme
   - ► Training-on-the-job: Mit der laufenden Arbeitsaufgabe gekoppelt am Arbeitsplatz, z. B. Einweisung in die Bedienung einer Verpackungsmaschine
   - ► Training-near-the-job: Am Arbeitsplatz (ohne Integration in den Arbeitsprozess) oder in dessen Nähe ohne Lehrpersonal, z. B. programmierte Unterweisung, Fachliteratur
   - ► Training-off-the-job: Außerhalb des Arbeitsprozesses, vor allem bei der Vermittlung neuen Wissens durch Seminare, Vorträge, Fallstudien, Planspiele, Rollenspiele u. a.
   - ► Training-out-of-the-job: Maßnahmen zur Vorbereitung des Ausscheidens, u. a. Outplacement, Vorbereitung auf den Ruhestand.

c) Berufsausbildung findet in Deutschland in dualer Form statt, d. h. sie wird an den beiden Lernorten Betrieb und Berufsschule durchgeführt.

Vorteile dieser Form gegenüber der rein schulischen oder der rein betrieblichen Ausbildung sind vor allem:

- betriebsübergreifende Qualifizierung
- Vermittlung einer breiten theoretischen Basis
- gleichzeitig aber praxisnahe Durchführung
- geprüfter und überall anerkannter Abschluss
- höhere Mobilität der Absolventen im Betrieb und außerhalb des Betriebs.

Nachteile sind vor allem:

- ständige Unterbrechungen im Ablauf durch Wechsel des Lernorts
- zu starke Theoretisierung in der Schule
- Gefahr mangelnder Abstimmung zwischen Schule und Betrieb
- eventuell pädagogische Mängel im Betrieb.

Die Berufsschule wird in Blockform oder als wöchentlicher Teilzeitunterricht durchgeführt.

d) Für den Betriebsrat ergeben sich nach §§ 96 bis 98 BetrVG unterschiedliche Beteiligungsrechte:

- Beratungsrechte bei:
  - Fragen der Berufsbildung
  - Einführung betrieblicher Bildungsmaßnahmen
  - Errichtung und Ausstattung von Bildungseinrichtungen
- Vorschlagsrechte zur:
  - Förderung der beruflichen Bildung
  - Teilnahme von Arbeitsnehmern an Bildungsmaßnahmen
- Mitbestimmungsrechte bei:
  - Maßnahmen und Inhalten der beruflichen Bildung, vor allem in der Ausbildung
  - Auswahlrichtlinien für die Teilnahme an Maßnahmen
  - Einsatz und Abberufung von Bildungspersonal.

Basisliteratur

Arnold/Kasulke, Praxishandbuch Einkauf, Köln 2006

Gabler Wirtschaftslexikon, Wiesbaden 2010

Koether, R. (Hrsg.), Taschenbuch der Logistik, Leipzig 2011

Krause/Krause, Die Prüfung der Industriefachwirte, Herne 2012

Krause/Krause, Die Prüfung der Industriemeister – Basisqualifikationen, Herne 2012

Krause/Krause/Peters, Die Prüfung der Technischen Betriebswirte, Herne 2012

Krause/Krause, Die Prüfung der Technischen Fachwirte, Herne 2011

Olfert/Rahn, Einführung in die Betriebswirtschaftslehre, Herne 2011

Olfert/Rahn, Lexikon der Betriebswirtschaftslehre, Herne 2011

Rahn, H.-J., Unternehmensführung, Herne 2012

REFA, Methodenlehre der Betriebsorganisation, Planung und Steuerung Teil 1 - 3, München 1997

Staehle, W.-H., Management, München 1999

Steckler, B., Kompakt-Training Wirtschaftsrecht, Herne 2013

Vry, W., Volkswirtschaftslehre, Herne 2014

Wöhe, G., Einführung in die allgemeine Betriebswirtschaftslehre, München 2010

Ziegenbein, K., Controlling, Herne 2012

Zeitschriften

Beschaffung Aktuell, Konradin Verlag, Stuttgart

dhf Intralogistik, AGT Verlag, Thum

DVZ (Deutsche Verkehrs Zeitung), DVV Media Group, Hamburg

Logistik für Unternehmen, Springer-VDI-Verlag, Düsseldorf

LOGISTIK Heute, Huss-Verlag, München

logistik journal, Verlag Heinrich Vogel, München

LOGISTRA, Huss Verlag, München

LOGISTIK und Fördertechnik, swiss professional media AG, Basel

Materialfluss, JM Fachmedien, Landsberg

VerkehrsRundschau, Springer Fachmedien, München

Handlungsbereich A. Logistikprozesse (Fächer 1 - 3)

Aberle, G., Transportwirtschaft, Einzelwirtschaftliche und gesamtwirtschaftliche Grundlagen, München 2000

Albert/Tonnerre, Material-, Produktions- und Absatzwirtschaft, Herne 2007

Arnold/Isermann/Kuhn/Tempelmeier/Furmans (Hrsg.), Handbuch Logistik, Heidelberg/Berlin/New York 2008

LITERATURVERZEICHNIS

Arnolds/Heege/Tussing, Materialwirtschaft und Einkauf, Wiesbaden 2010

Baumgarten, H., Logistik-Management, Strategien – Konzepte – Praxisbeispiele, Heidelberg/Berlin/New York 2000

Becker/Rosemann, Logistik und CIM, Die effiziente Material- und Informationsflussgestaltung im Industrieunternehmen, Berlin u. a. 2007

Bichler/Schröter, Praxisorientierte Logistik, Stuttgart/Berlin/Köln 2009

Dittrich, M., Lagerlogistik, Neue Wege zur systematischen Planung, München/Wien 2002

Dittrich/Fischer, Materialfluss und Logistik, Optimierungspotenziale im Transport- und Lagerwesen, VDI-Buch 2002

Domschke, W., Logistik, Rundreisen und Touren, München/Wien 2010

Domschke, W., Transport 1, Grundlagen, lineare Transport- und Umladeprobleme, München/Wien 2007

Ehrmann, H., Logistik, Herne 2012

Fortmann/Kallweit, Logistik, Stuttgart 2007

Gleißner/Femerling, Logistik – Grundlagen – Übungen – Fallbeispiele, Wiesbaden 2012

Gudehus, T., Logistik, Grundlagen – Strategien – Anwendungen, Heidelberg/Dordrecht/London/New York 2010

Günther/Tempelmeier, Produktion und Logistik, Berlin/Heidelberg/New York 2009

Härdler, J., Material-Management, Grundlagen – Instrumentarien – Teilfunktionen, München 1999

Hartmann, H., Materialwirtschaft, Stuttgart 2002

Heiserich, E.-O., Logistik, Wiesbaden 2011

Heiserich/Helbig/Ullmann, Logistik, Wiesbaden 2011

Hirschsteiner, G., Einkaufs- und Beschaffungsmanagement, Herne 2006

Ihde, G., Transport, Verkehr, Logistik, München 2001

Ihde u. a., Ersatzteillogistik, Theoretische Grundlagen und praktische Handhabung, München 1988

Ihme, J., Logistik im Automobilbau, München/Wien 2006

Isermann, H. (Hrsg.), Logistik, Gestaltung von Logistiksystemen, Landsberg 1998

Jünemann, R., Entwicklung der Logistik, 2001

Jünemann/Schmidt, Materialflusssysteme, Heidelberg/Berlin/New York 2000

Kiener/Maier-Scheubeck/Weiss, Produktions-Management, Grundlagen der Produktionsplanung und -steuerung, München 2000

Kluck, D., Materialwirtschaft und Logistik, Stuttgart 2008

Koether, R., Technische Logistik, München/Wien 2001

Krummreich, K., Material- und Lagerwirtschaft, Düsseldorf 2006

Kummer, S., Logistik im Mittelstand, Stuttgart 1999

Martin, H., Transport- und Lagerlogistik, Wiesbaden 2006

Oeldorf/Olfert, Material-Logistik, Herne 2013

Pepels, W., Einführung in das Distributionsmanagement, München 2001

Pfohl, H.-C., Logistikmanagement, Heidelberg/Berlin/New York 2004

Pfohl, H.- C., Logistiksysteme, Betriebswirtschaftliche Grundlagen, Heidelberg/Berlin/New York 2010

Piontek, J., Bausteine des Logistikmanagements, Herne 2009

Rötzel, A., Instandhaltung – eine betriebliche Herausforderung, Berlin/Offenbach 2005

Schmickler, M., Management strategischer Kooperationen zwischen Hersteller und Handel, Wiesbaden 2001

Schulte, C., Logistik – Wege zur Optimierung der Supply Chain, München 2013

Spelthahn/Schlossberger/Steger, Umweltbewusstes Transportmanagement, Bern/Stuttgart/Wien 1998

Stölzle/Heusler/Karrer, Erfolgsfaktor Bestandmanagement, Zürich 2004

Tempelmeier, H., Material-Logistik, Modelle und Algorithmen für die Produktionsplanung und -steuerung und das Supply Chain-Management, Berlin 2008

Thaler, K., Supply Chain Management, Prozessoptimierung in der logistischen Kette, Köln 2000

Toyoda, J. K., The Toyota Production System, Toyota Motor Corporation 1995

Vahrenkanp, R., Logistikmanagement, München/Wien 2005

Vahrenkamp, R., Logistik, Management und Strategien, München 2007

Vry, W., Materialwirtschaft im Industriebetrieb – Beschaffung/Lagerhaltung/Logistik, Herne 2009

Wannenwetsch, H. (Hrsg.), E-Logistik und E-Business, Stuttgart 2002

Wannenwetsch/Nicolai (Hrsg.), E-Supply-Chain-Management, Wiesbaden 2004

Wannenwetsch, H., Integrierte Materialwirtschaft und Logistik, Heidelberg/Dordrecht/London/New York 2010

Wannenwetsch, H., Vernetztes Supply Chain Management, Heidelberg/Berlin/New York 2005

Weber, J., Logistik- und Supply Chain Controlling, Stuttgart 2010

Weber/Kummer, Logistikmanagement Stuttgart 1998

Weber, R., Kanban-Einführung, Renningen 2006

Weber, R., Zeitgemäße Materialwirtschaft und Lagerhaltung, Renningen 2006

Werner, H., Supply Chain Management, Grundlagen – Strategien – Instrumente – Controlling, Wiesbaden 2008

Wildemann, H., Das Just-in-Time-Konzept, München 2000

Handlungsgereich B. Betriebliche Organisation und Kostenwesen (Fächer 4 - 6)

Däumler/Gräbe, Kostenrechnung 1, Grundlagen, Herne/Berlin 2008

Däumler/Gräbe, Kostenrechnung 2, Deckungsbeitragsrechnung, Herne/Berlin 2008

Däumler/Gräbe, Kostenrechnung 3, Plankostenrechnung und Kostenmanagement, Herne/Berlin 2009

Dietrich/Conrad, Anwendung statistischer Qualitätsmethoden, München 2009

Dietrich/Schulze, Eignungsnachweis von Prüfprozessen, München 2004

Ebel, B., Produktionswirtschaft, Herne 2003

Ehrmann, H., Kostenrechnung, München/Wien 1997

Greßler, U., Qualitätsmanagement – Eine Einführung, Troisdorf 2010

Harry/Schroeder, Six Sigma, München 1999

Hoitsch/Lingenau, Kosten- und Erlösrechnung, Berlin/Heidelberg/New York 2007

Kaminske, G. u. a., Qualitätsmanagement von A - Z, München 2007

Klett/Pivernetz, Controlling in kleinen und mittleren Unternehmen (Band 1 und 2), Herne/Berlin 2010

Olfert, K., Kostenrechnung, Herne 2013

Pfeifer, T., Qualitätsmanagement, München 2001

Schmolke/Deitermann, Industrielles Rechnungswesen IKR, Darmstadt 2011

Schumacher, B., Kosten- und Leistungsrechnung für Industrie und Handel, Herne 2008

Schaub, G., Arbeitsrechts-Handbuch, München 2011

Schulte, C., Logistik – Wege zur Optimierung der Supply Chain, München 2013

Stahlmann, W., Umweltorientierte Materialwirtschaft, Wiesbaden 1994

Steckler/Bachert/Strauß, Kompendium Arbeitsrecht und Sozialversicherung, Herne 2010

Stölzle, W., Umweltschutz und Entsorgungslogistik, Berlin 1999

Theden/Colsman, Qualitätstechniken, München 2001

Wagner/Käfer, PQM – Prozessorientiertes Qualitätsmanagement, Leitfaden zur Umsetzung der ISO 9001:2000, München 2010

Weber, J. (Hrsg.), Praxis des Logistikcontrolling, Stuttgart 1993

Ziegenbein, K., Controlling, Herne 2012

Handlungsbereich C. Führung und Personal (Fächer 7 - 8)

Albert, G., Betriebliche Personalwirtschaft, Herne 2013

Becker, F. G., Lexikon des Personalmanagements, München 2002

Becker, M., Personalentwicklung, Stuttgart 2009

Berthel, J., Personalmanagement, Stuttgart 2010

Bisani, F., Personalwesen und Personalführung, Wiesbaden 2003

Bröckermann, R., Personalwirtschaft, Stuttgart 2009

Bühner, R., Personalmanagement, Landsberg 2005

Crisand, E., Psychologie der Persönlichkeit – Eine Einführung, Heidelberg 2010

Drumm, H. J., Personalwirtschaft, Berlin/Heidelberg

Gaugler, E. (Hrsg.), Handwörterbuch des Personalwesens, Stuttgart 2004

Hentze, J., Personalwirtschaftslehre 2, Bern/Stuttgart, 2005

Hentze/Graf/Kammel/Lindert, Personalführungslehre, Bern/Stuttgart 2005

Hentze/Kammel, Personalwirtschaftslehre 2, Bern/Stuttgart 2001

Jansen, T., Kompakt-Training Personalcontrolling, Herne 2008

Jochem, R., Was kostet Qualität, München 2010

Jung, H., Personalwirtschaft, München/Wien 2006

Krause/Krause, Die Prüfung der Personalfachkaufleute, Herne 2012

Mentzel, W., Personalentwicklung, München 2008

Olfert, K., Lexikon der Personalwirtschaft, Herne 2011

Olfert, K., Personalwirtschaft, Herne 2012

Rahn, H. J., Führung von Gruppen, Gruppenführung mit System, Frankfurt 2006

REFA, Methodenlehre des Arbeitsstudiums Teil 1 - 3, München 1992

RKW, Handbuch der Personalplanung, Neuwied/Kriftel/Berlin 2007

Rosenstiel, L. von, Grundlagen der Organisationspsychologie, Stuttgart 2011

Rosenstiel, L. von, Motivation im Betrieb, München 2001

Rosenstiel/Regent/Domsch (Hrsg.), Führung von Mitarbeitern, Stuttgart 2003

Schaub, G., Arbeitsrechts-Handbuch, München 2011

Scholz, C., Personalmanagement, München 2000

Schwerdtner, P. (Hrsg.), Handbuch der Personalpraxis, Neuwied/Kriftel/Berlin 2002

Seifert, J. W., Visualisieren – Präsentieren – Moderieren, Offenbach 2004

Steckler/Bachert/Strauß, Kompendium Arbeitsrecht und Sozialversicherung, Herne 2010

Stroebe/Stroebe, Motivation, Heidelberg 2010

Strutz/Wiedemann (Hrsg.), Internationales Personalmarketing, Wiesbaden 2001

Wunderer/Dick, Personalmanagement, Neuwied/Kriftel/Berlin 2006

1.000er-Regel 294
3-D-Konzept 700
7-W-Fragetechnik 599

A

ABC-Analyse 492, 788
Abfall
-, Umgang 524
Abfallhierarchie 523
-, Rangfolge 302
Ablader 233
Abnutzung
-, rechtlich bedingte 366
-, umweltbedingte 366
-, verbrauchsbedingte 366
-, wirtschaftlich bedingte 366
Abschreibung
-, Berechnungsgrundlage 422
-, bilanzielle 422
-, kalkulatorische 422
-, leistungsbezogene 422
-, Zeitabschreibung 422
Abweichung
-, Beschäftigungsabweichung 416, 452
-, Gesamtabweichung 416
-, Preisabweichung 416, 451
-, Ursache 678
-, Verbrauchsabweichung 416, 451
-, Verfahrensabweichung 452
-, Vermeidung 678
Abweichungsanalyse 452
Abweichungsmanagement 324
Added Services 63
ADN 292
ADN-Übereinkommen 263
ADR
-, Angabe 293
-, Freistellung 293
Advanced Control 607
AGB
-, Bedeutung 289
-, Regelung 290
Air Waybill 111
Akkordlohn
-, Geldakkord 420
-, Zeitakkord 420
ALB 260, 262
Allgemeine Deutsche Speditionsbedingungen (ADSp) 253, 290
Allokation 226
Altersstruktur 757
Analyse 315
Änderungsmanagement 325
Andler'sche Formel
-, Berechnung 355
Anforderungsart
-, Genfer Schema 661
-, Schema von REFA 662
Anforderungsprofil 660
-, Anforderung 663
-, Logistikmeister 664
-, Merkmal 664
-, Stufe 661
Angebot 93
Angebotsbewertung 785
Angebotsprüfung 94
Anlage
-, Ordnungsprüfung 557
-, technische Prüfung 557
Anlieferungskonzept
-, externes Lager 45
-, Gebietsspediteur 45
-, Supplier Park 45
Anpassung
-, an Kundenanforderung 66
-, an Marktbedingung 66
Anreizsystem
-, betriebliches Vorschlagswesen 593
-, Prämienentlohnung 594
Anschaffungskosten 252
Anwendungssystem
-, Individualsoftware 403
-, Problem 401
-, Standardsoftware 403
-, Ziel 402
AQL 117
Äquivalenzziffernkalkulation 441
Arbeitnehmerüberlassung
-, Abrechnung 735
-, Anweisungsbefugnis 732
-, Arbeitnehmerüberlassungsgesetz 728
-, Einbindung 733
-, Entlohnung 735
-, Kontrolle 735

-, Mitbestimmungsfrage 733
-, Regelung 729
Arbeitsablauforganisation 494
Arbeitsablaufstudie 359
Arbeitsanweisung 580
Arbeitsgangorganisation 494
Arbeitsmediziner 373
Arbeitsmittel 98
Arbeitsorganisation
-, Arbeitsablauforganisation 466
-, Arbeitsgangorganisation 466
-, Arbeitsplatzorganisation 466
Arbeitsplatzorganisation 494
Arbeitsprobe 655
Arbeitsschutz 499
-, Ebene 499
-, Schwerpunkt 499
-, Ziel 499
Arbeitsschutzausschuss 507
Arbeitssicherheit 499
-, Ziel 499
Arbeitsüberwachung 362
Arbeitsunfall
-, Auswertung 536
-, Hilfsmittel 536
-, Unfallanzeige 536
-, Verbandsbuch 536
Arbeitsverteilung 362
Arbeitszeitmodell 90, 637
Arbeitszeugnis
-, Aussagekraft 648
-, einfaches 647
-, Endzeugnis 647
-, Formulierungsskala 648
-, Inhalt qualifiziertes 647
-, qualifiziertes 647
-, Spezialformulierung 648
-, Zeugnisdilemma 648
-, Zwischenzeugnis 647
Arzneimittelgesetz (AMG) 251
Ärztliche Untersuchung 656
Assessment-Center
-, Ablauf 653, 755
-, Kritik 756
-, Nachteil 654
-, Übung 653, 755
-, Vorteil 654, 756
ATLAS-Verfahren 299
Attributprüfung 117
Audit
-, Ablauf 584
-, Complianceaudit 586
-, externes 585
-, First-Party-Audit 585
-, Folgeaudit 586
-, internes 585
-, Nachaudit 586
-, Produktaudit 586
-, Prozessaudit 586
-, Second-Party-Audit 585
-, Systemaudit 586
-, Third-Party-Audit 585
-, Überwachungsaudit 586
-, Verfahrensaudit 586
-, Wiederholungsaudit 586
Aufbewahrungsfrist 105
Auftragsabwicklung
-, Phase 310
Auftragsorientiert parallel 161
Auftragsorientiert seriell
-, mit Übergabestation 160
-, ohne Übergabestation 160
Auftragswesen 362
Auftragszeit 360
Ausführungszeit 360
Ausfuhrverfahren
-, Abfertigung 298
-, Gestellung der Ware 298
Auslandsentsendung 769
Außenhandelsstatistik 296
Außerbetrieblicher Transport
-, Anforderung 209
Auswahlinstrument 643
-, Kriterium 643
Auswahlprozess 794, 813
Autoritäre Führung
-, Kennzeichen 697
-, Nachteil 698
-, Vorteil 698
Autorität 691

B

BAB
-, Erstellung 434
Badewannenkurve 385

Balanced Scorecard 389
Balkendiagramm 81
Bank 62
Basiskennzahl
-, Beschaffungslogistik 474
-, Distributionslogistik 476
-, Lager und Kommissionierung 475
-, Materialfluss und Transport 474
-, Produktionsplanung und -steuerung 476
Bedarfsart
-, Bruttobedarf 332
-, Nettobedarf 332
-, Primärbedarf 332
-, Sekundärbedarf 332
-, Tertiärbedarf 332
-, Zusatzbedarf 332
Bedarfsermittlung
-, arbeitsplatzbezogene 630
-, auftragsbezogene 630
-, deterministische 334
-, heuristische 334, 343
-, Methode 630
-, prozessbezogene 630
-, stochastische 339
Beförderung in begrenzten Mengen 293
Befrachter 233, 264
Befundrechnung 791, 805
Begegnungsverkehr 217
Begleitpapier 103, 259
Behälterregal 144 f.
Behörde 62
Beladungsform
-, Ladungsverkehr 229
-, Sammelgutverkehr 229
Belegloses System
-, Pick by Barcode 67
-, Pick by Light 67
-, Pick by Vision 67
-, Pick by Voice 67
Benchmarking 240
-, Ebene 469
-, Stufe 470
-, Vergleichsgröße 470
Beratungsgespräch 753
Bereichsziel 57
Bereitstellung
-, dynamische 68, 156
-, statische 156
Bereitstellungsprinzip 42
Berufsausbildung 739, 818
Berufsgenossenschaft 370
-, Aufgabe 504
-, Berufsgenossenschaftliche Grundsätze (BGG) 505
-, Berufsgenossenschaftliche Informationen (BGI) 505
-, Berufsgenossenschaftliche Vorschriften (BGV) 505
-, Regeln für Sicherheit und Gesundheit bei der Arbeit (BGR) 505
-, Regelung 505
Berufskrankheit 516
-, Bedeutung 514
Beschaffung
-, direkte 36
-, indirekte 36
Beschaffungspotenzial 639
Beschäftigung
-, Beschäftigungsgrad 427
Besitz 282
Bestand
-, Höchstbestand 346
-, Meldebestand 346
-, Sicherheitsbestand 346 ff.
Bestandsart
-, Bruttobedarf 333
-, Lagerbestand 333
-, Nettobedarf 333
-, Qualitätsprüfbestand 333
-, reservierter Bestand 333
-, Sicherheitsbestand 333
-, Werkstattbestand 333
Bestandsbewertung
-, Anschaffungswert 350
-, Tagespreis 350
-, Verrechnungspreis 350
-, Wiederbeschaffungswert 350
Bestandsstrategie 348
Bestellkosten 354
Bestellpunktverfahren 349, 356
Bestellrhythmusverfahren 348, 357
Betreuungsgespräch 754
Betriebliche Vorgabe
-, Anpassung 69
Betriebsabrechnungsbogen 434

Betriebsanweisung 793, 807
-, Bedeutung 532
-, Formular 532
-, Inhalt 534, 550
Betriebsarzt
-, Aufgabe 506, 517
-, Bestellung 505
-, rechtliche Grundlage 505
Betriebsbegehung 556
-, Ablauf 375
-, Bedeutung 374
-, Formular 377
-, Gefährdung 556
-, Inhalt 376
-, Ziel 375
Betriebsdatenerfassung (BDE) 55
Betriebsmittel 365
Betriebsmittelbedarfsplanung 359
Betriebsrat 374, 506, 795, 814, 818
Betriebssanitäter 518
Betriebstechnik 373
Beurteilung der Maßnahme 777
Beurteilungsgespräch 754
Bewerbungsschreiben 645
Bewerbungsunterlagen 645
Bewertungsgrundsatz 252
Bezugspreis 440
BGI 582 245, 268
BGI 756 245
BGI 869 245, 372
BGR 234 246, 371
BGR 500 244
BGV A3 371
BGV D 17 268
BGV D27 371
Bilaterale Genehmigung 259
Bildungsbedarf 741
-, Instrument 743
Bildungsbedarfsanalyse
-, Abweichungsanalyse 744
-, Anforderungsanalyse 744
-, Potenzialanalyse 744
-, Qualifikationsanalyse 744
-, Tätigkeitsanalyse 744
Bildungsbedarfsermittlung 743
Binnenschifffahrt
-, Art 232
-, Eigentümer 232
-, Möglichkeit 232
-, Nachteil 232
-, Vorteil 232
Binnenschifffahrtsgesetz 262
BinSchLV 263
Biografischer Fragebogen 655
Bodenlagerung 140
Bottom-up 389
Bottom-up-Verfahren 450
Brainstorming 76
Brandschutz
-, bauliche Maßnahme 563
-, Brandschutzbeauftragter 565
-, Feuerlöschanlage 564
-, organisatorische Maßnahme 564
-, technische Maßnahme 564
Brand- und Explosionsschutz
-, Branddreieck 562
-, Stoff 562
-, Zündquelle 563
Bringsystem 128
Bruttoverkaufspreis 439
Budapester Übereinkommen 262 f.
Budget
-, flexibles 449
-, starres 449
Budgeteinhaltung 453
Budgeterstellung
-, Bottom-up-Budgetierung 314
-, Gegenstrom-Budgetierung 314
-, Top-down-Budgetierung 314
Budgetierung
-, Advanced-Budgeting 454
-, Art 448
-, Better-Budgeting 454
-, Beyond-Budgeting 454
-, Budget 446
-, Gefahr 447
-, operative 448
-, Regel 447
-, strategische 447
-, traditionelle 454
-, Zero-Base-Budgeting 454
-, Ziel 447
Bullwhip-Effekt 394
-, Folge 394
-, Gegenmaßnahme 395
Bundesdatenschutzgesetz 407

Bundesimmissionsschutzverordnung 527
Buyer Managed Inventory 47

C

Carnet-TIR-Verfahren 299
CE-Kennzeichnung 501
CEMT-Genehmigung 258
Chancen-/Risiken-Analyse 316
Change Management 325
Chemikaliengesetz 248
CIM 260
CIM-Convention 261
CIM-Frachtvertrag
-, Pflicht des Absenders 261
-, Recht des Absenders 261
-, Rechte und Pflichten 261
CLP-Verordnung 248
Cluster Sourcing 33
CMR-Übereinkommen 257
Coaching
-, Anwendungsfeld 766
-, Blockade 767
-, Coach 767
-, Phase 766
-, Vorteil 767
Codierung 99
Collective Sourcing 35
Collico 188
Container 191
-, 20-Foot-Container 192
-, 40-Foot-Container 192
-, Außencheck 213
-, Bedeutung 213
-, Binnencontainer 192
-, Containerbauart 192
-, Innencheck 214
-, ISO-Container 192
-, Luftfrachtcontainer 192
-, Regelung 267
-, Stauung im 213
-, Wechselaufbauten 192
Containerumschlag 223
COTIF 260
COTIF-Convention 261
Critical Notebook 78
Cross Docking 48
-, Cross Docking Station 223
-, einstufiges 224
-, mehrstufiges 224
C-Teile-Management 47
CTU-Packrichtlinien 267
CUV 260

D

Datawarehousesystem
-, Anwendung 398
-, Bedeutung 396
-, Grundlage 398
-, Ziel 397
Daten 395
Datenerfassung (MDE) 55
Datenorganisation 395
Datenschutz 407
Datensicherheit
-, Maßnahme 408
Datenstruktur 395
Datenübertragungsstandard 399
Deckungsbeitrag 442
-, relativer 444
Deckungsbeitragsrechnung 442
Delegation 795, 814
-, Ablauf 673
-, Element 672
-, Grundsatz 672
-, Ziel 672
Delphi-Methode 636
Deming-Kreis 322
Dialoggestaltung
-, Grundsatz 403
Dienstleister
-, Einzeldienstleister 63
-, Systemdienstleister 63
-, Verbunddienstleister 63
Dienstleistung 93
Dienstleistungskosten 424
DIN 15185-2 247
DIN EN 528 247
Dispositionsstufe 338
Dispositionsverfahren
-, auftragsgesteuerte Disposition 344
-, plangesteuerte Disposition 344
-, verbrauchsgesteuerte Disposition 345
Distribution
-, Aufgabe 60

Divisionskalkulation 442
Dokumentenfluss 103
Domestic Sourcing 31
Doppelspiel 133, 787, 799
Drittstaaten-Genehmigung 259
Dual Sourcing 31
Durchfahrregal 143
Durchflussorganisation 227
Durchlaufregal 145
Durchlaufzeit 334, 358
-, Bestandteil 70
-, Verkürzung 70
Durchschnittsberechnung
-, einfache 341
-, gewogene gleitende 342
-, gleitende 342
DV-Anbindung 88
DV-gestützter Prozess 400
Dynamisches Bestellmengenverfahren 356

E

EAN-Code 99
E-Commerce
-, Aufgabe 409
-, B2A (B2G) 409
-, B2B 409
-, B2C 409
EDIFACT 56
EFQM-Modell 575
EG-Maschinenrichtlinie 501
EG-Sozialvorschriften 259
Eigenlagerung 135 f., 792, 806
Eigentum 282
Eigentumsvorbehalt
-, einfacher 283
-, erweiterter 283
-, verlängerter 283
Einfahrregal 143
Einführung
-, Bedeutung 658
Einführung und Einarbeitung 658
-, Einführungsprogramm 659
-, Mentor 659
-, Plan 658
Einfuhrverfahren 299
Einkauf
-, Aufgabe 59
Einlagerungsschein 104
Einschubregal 145
Einwegverpackung 196
Einzelbeschaffung 42
Einzelkosten
-, Fertigungslohnkosten 426
-, Fertigungsmaterialkosten 426
-, Sondereinzelkosten 426
Einzelwagenverkehr
-, Ablauf 231
E-Learning 748
Electronic Data Interhange (EDI) 55
Emission 522
Enterprise Ressource Planning System 361
Entladung 112
-, Zuständigkeit 240
Entscheidungsvorlage
-, Adressat 496
-, Aufbau 495
-, Ziel 495
Entsorgung 67
-, Dokumentation 553
-, Nachweis 553
-, rechtliche Regelung 301
-, Verursacherprinzip 552
Entwicklung
-, äußere Bedingung 779
-, persönlicher Faktor 778
ER/CIM 260
Erfassungssystem 396
Erholungszeit 360
Erste Hilfe
-, Mittel 518
Ersthelfer
-, Anzahl 518
-, Ausbildung 518
Erwartung
-, Mitarbeiter 697
-, Vorgesetzter 696
Erwartungshaltung 696
Etagenlager 139
Evaluierung 625
-, Ablauf 774
-, Schlüsselfrage 774
Exponentielle Glättung 343

F

Fachbodenregal 142
Fachkraft für Arbeitssicherheit 373
-, Aufgabe 506
-, Bestellung 505
-, rechtliche Grundlage 505
Fachregal 142
Fähigkeiten-Portfolioanalyse
-, Logistikattraktivität 320
-, Logistikkompetenz 320
Fähigkeitswert 612
Fahrerloses Transportsystem 202
Fahrzeuginstandhaltung 271
Fehlentscheidung 581
Fehlerart
-, Hauptfehler 574
-, kritischer Fehler 574
-, Nebenfehler 574
Fehlerbaumanalyse 604, 622
Fehlzeit 628
Fertigungsstufe 338
Festplatzvergabe 129, 787
Festwert 253
Fifo-Prinzip 130, 800
Finanzabteilung
-, Aufgabe 61
Fixe Kosten 427
-, Leerkosten 428
-, Nutzkosten 428
-, sprungfixe Kosten 428
Flachlager 139
Flachpalette 148
Flexibilisierung 71
Fluktuation
-, Fluktuationsart 628
Fluktuationsquote
-, arbeitnehmerseitige Fluktuation 759
-, Gesamtfluktuation 758
-, Teilfluktuation 758
Flurförderzeug 203
-, Ausbilder 270
-, Beauftragung 269
-, Betriebsanweisung 270
-, Hauptursache für Unfälle 208
-, Merkregel 270
-, Regelung 269
-, Voraussetzung für das Fahren 208
Flussdiagramm 80
FMEA 622
-, Ablauf 606
-, Inhalt 606
-, Kennzeichen 605
-, Prozess-FMEA 606
-, System-FMEA 605
-, Ziel 605
Fördergespräch 687
-, Ablauf 688
Förderhilfsmittel
-, Funktion 206
-, Grundsatz 206
-, Kriterium 207
Fördermittel
-, Auswahl 200
-, Klassifizierung 200
Fördersystem 197
Forecast 453
Fortbewegung
-, eindimensionale 157
-, mehr-(zwei-)dimensionale 157
Fortbildung
-, Ablauf 743
-, Anpassungsfortbildung 739
-, Aufstiegsfortbildung 739
-, Erhaltungsfortbildung 739
Frachtbrief
-, CIM-Frachtbrief 109
-, CMR-Frachtbrief 109
-, gemäß HGB 108
Frachten-Pool 233
Frachtführer 255
-, Haftung 286
Frachtgeschäft
-, Charakter 285
-, Regelung 286
Frachtkosten 73
Frachtvertrag 255
Fragerecht 652
Freilager 139
Freiplatzvergabe 130
Fremdlagerung 135, 792, 806
-, Mietlagerung 135
-, Sammellagerung 135
-, Trennungslagerung 135
Fremdpersonal 90
Frequenzstudie 634

Führung 689
-, Aufgabe 689
Führungskonzept
-, Ziel 702
Führungsmethode 692
Führungspersönlichkeit
-, Merkmal 690
Führungsstil 697
Führungsverhalten 689
-, Problem 706
-, Verbesserungsmaßnahme 706
Funktionsbeschreibung 669
-, Bedeutung 671
-, Inhalt 670
-, Lagerist 671
-, Ziel 670

G

Gabelstapler
-, Regel 208
-, Unterscheidungskriterium 204
Gantt-Diagramm 364
GAP-Analyse 317, 453
Gebäude 87
Gebrauchsmittel 368
Gefahr 502
Gefährdung 529
Gefährdungsbeurteilung 793, 807
-, Bedeutung 553
-, direkte 511
-, Gefährdungsart 555
-, indirekte 513
-, Stufe 512
-, Vorteil 511
Gefährdungspotenzial 530
Gefahrenpotenzial 529
Gefahrgut 209, 541
-, Gefahrgutklasse 210
Gefahrgutbeauftragter
-, Aufgabe 294
-, Bestellung 294
-, Prüfung 295
-, Schulung 295
Gefahrgutbeförderungsgesetz 291
Gefahrgutkennzeichnung 272
Gefahrguttransport
-, Ablauf 210
-, Anforderung 210
-, Regelung 291
Gefahrgutverordnung
-, Regelung 293
Gefahrgutverordnung Straße, Eisenbahn, Binnenschifffahrt 291
Gefährlichkeitsmerkmal 542
Gefahrstoff 152, 209, 541, 807
-, allgemeine Schutzmaßnahme 554
-, Arbeitsplatzgrenzwert 552
-, besondere Schutzmaßnahme 554
-, biologischer Grenzwert 552
-, Einstufung 544
-, Lagerung 551
-, Tätigkeit 543
-, Verpackung 551
-, Ziel 544
-, zusätzliche Schutzmaßnahme 554
Gefahrstoffkataster 543
Gefahrstoffverordnung (GefStoffV) 248
Gegenstromverfahren 389, 450
Gemeinkosten
-, echte 426
-, Kostenstellen-Einzelkosten 435
-, Kostenstellen-Gemeinkosten 435
-, primäre 435
-, sekundäre 435
-, Stufenleiterverfahren 435
-, unechte 426
Gemeinkostenzuschlag
-, Fertigungsgemeinkostenzuschlag 436
-, Ist-Gemeinkostenzuschlag 436
-, Materialgemeinkostenzuschlag 436
-, Normal-Gemeinkostenzuschlag 437
-, Vertriebsgemeinkostenzuschlag 436
-, Verwaltungsgemeinkostenzuschlag 436
Gemeinschaftslager 136
Gemeinschaftslizenz 258
Gemeinschaftsware 297
Genderstruktur 758
Geschäftsleitung 372
Gespräch
-, Auswertungsbogen 652
-, Einzelgespräch 686
-, Einzelgesprächsart 687
-, Gesprächsablauf 651, 687
-, Gruppengespräch 686

-, Inhalt 685
-, Regel 686
Gesprächsart
-, freie 651
-, Speed-Dating 651
-, standardisierte 651
-, strukturierte 651
Gesundheitsschutz
-, Funktion 516
-, Ziel 516
Gewährleistungsanspruch 243
Gewerbeaufsicht 370
-, Aufgabe 503
-, Grundlage 504
-, rechtliche Mittel 504
Gewerblicher Güterkraftverkehr 228
Gewinnschwellmenge 443
GHS 248
Gitterbox 190
GLAZ 637
GLN-Code 101
Global Sourcing 32
Gozintograph 338
Grenzkosten 429
Grundsatz
-, Kostenstelle 431
Grundstücksverhältnis 124
Grundzeit 360
Gruppe
-, Art 716
-, Einteilungskriterium 716
-, Entwicklungsphase 723
-, Entwicklungsprozess 723
-, formelle 714
-, Grenze 715
-, Gruppenform 714
-, Gruppengröße 726
-, informelle 714
-, Kriterium 715
-, Merkmal 714
-, Rollenschema 724
-, Soziogramm 724
-, Soziomatrix 725
-, Störung 725
-, Überprüfung 727
-, Vorteil 715
-, Zusammensetzung 726
Gruppenarbeit
-, teilautonome 771
-, Ziel 596
Gruppenwert 253
GS-Zeichen 501
GTIN-Code 101
Güterkraftverkehr
-, Effizienzsteigerung, Hemmnis 229
-, Effizienzsteigerung, Maßnahme 229
-, Erlaubnis 257
-, Nachteil 230
-, Regelung 256
-, Voraussetzung 257
-, Vorteil 230
Güterkraftverkehrsgesetz 256
Güterumschlageinrichtung 231
Güterverkehr
-, Nachteil 231
-, Vorteil 231
Güterverkehrsleistung 177
Güterverkehrszentrum 226
GZ 608 246
GZ 614 246

H

Haager Protokoll 266
Haftung im Schienenverkehr 261
Handelsfaktura 297
Handelskauf 241, 285
Harzburger Modell
-, Grundsatz 674
-, Konzept 674
-, Nachteil 676
-, Voraussetzung 674
-, Vorteil 676
Hauptprozess 52, 308
Hebezeug
-, fahrbares 203
-, ortsfestes 203
Herstellkosten des Umsatzes 436
Herstellungskosten 252
Herstellungsplanung 358
Hifo-Prinzip 131
Histogramm 600
Hochregal 787
Hochregallager 139
Holsystem 128

Hospitation 769
Hub-and-Spoke-System
-, Depot 224
-, Hub 216
-, Regionalhub 224
-, Zentralhub 216, 224
Huckepackverkehr 236

I

IATA 234
Ideenfindung 76
Identifikation
-, Bedeutung 684
-, Faktor 684
Identitätsprüfung 107
Imageanalyse 321
Immission 522
Incoterms® 174
Indikator 786
Individual Sourcing 34
Information 395
-, Informationsübertragung 679
-, vier Seiten 680
Informationsfluss 75
Informationsflusssystem 154
Infrastruktur 87
Innerbetrieblicher Transport
-, Aufgabe 197
-, Gefahr 207
-, Ziel 197
Inspektion
-, Bedeutung 380
-, DIN EN 15635 381
-, Maßnahme 380
Instandhaltung 374
Instandhaltungsstrategie
-, Ausfallmethode 382
-, Inhalt 381
-, Instandhaltungsintervall 382
-, planmäßige Instandhaltung 382
-, vorbeugende Instandhaltung 382
Instandsetzung 381
Integration
-, Ausprägung 404
-, Form 405
-, Integrationsproblem 404
-, Integrationsreichweite 405
-, Integrationsrichtung 405
-, Integrationsziel 404
Integriertes Managementsystem 572
Interessenkonflikt
-, Lösungsmöglichkeit 657
Interner Referent 761
Inventar 252
Inventur 149, 251, 349, 790, 804
-, Fehlerquelle 152
-, Planung 152
Inventurmethode 349
I-Punkt 132
ISO-9000-Kreis 575
ISO TS 16949:2002 576
IT-gestützte Logistik 53
IVTB 263

J

Jahresarbeitszeit 638
Job Enlargement 770
Job Enrichment 770
Job Rotation 770
Just-in-time
-, Just-in-time-Bereitstellung 43
-, Just-in-time-Beschaffung 43
-, Just-in-time-Produktion 43
Just-in-time-Beschaffung
-, Nachteil 44
-, Regelung 44
-, Voraussetzung 44
-, Vorteil 44

K

Kabotage
-, große 228
-, kleine 228
Kalkulationsverfahren
-, Teilkostenrechnung 438
-, Vollkostenrechnung 437
KANBAN-System 45
Kano-Modell 616
-, Basisanforderung 617
-, Begeisterungsanforderung 617
-, Leistungsanforderung 617
Kapazität
-, technische 83

Kapazitätsabgleich
-, Belegungszeitregel 365
-, Endterminregelung 365
-, externe Prioritätsregel 365
-, Fifo-Regel 365
-, Leistungsgradregel 365
-, Prioritätsregel 365
-, Rüstzeitregel 365
-, Schlupfzeitregel 365
-, Verzugszeitregel 365
Kapazitätsplanung
-, Gantt-Diagramm 384
-, Maschinenbelegungsplanung 384
-, Prioritätsregel 384
KAPOVAZ 638
Kaufvertrag
-, Art 282
-, Inhalt 281
-, Pflicht 281
-, wesentliche Regelung 281
Kennzahl 330
-, Bedeutung 329
-, Darstellungsform 490
-, Problem 491
-, Vergleich 491
Kennzahlenmethode 632
Kennzahlensystem 488
-, Anforderung 489
-, Entwicklung 489
KEP-Dienst
-, Expressdienst 236
-, Kurierdienst 236
-, Leistung 237
-, Paketdienst 236
-, Transportsystem 237
Kleinbehälter 147, 191
Kleinmengenregelung 293
Kombinierter Verkehr 236
Kommissionieren
-, belegloses 163
-, konventionelles 163
Kommissionierfehler
-, Folge 170
-, Ursache 169
-, Vermeidung 170
Kommissionierkosten 170
Kommissionierleistung 168
Kommissioniermethode 159, 788
Kommissionierung 154, 792
-, beleglose 400
-, serienorientierte parallele 162
Kommissionierzeit 807
-, Basiszeit 164, 166
-, Greifzeit 165, 167
-, Totzeit 165, 167
-, Verteilzeit 165, 167
-, Wegzeit 165 f.
Kommissionierzone 159
Kommunikation
-, Bedeutung 678
-, formale 388
-, informale 388
-, nonverbale 681
-, Sender-/Empfängermodell 679
-, verbale 681
Kommunikationsprozess
-, Störung 683
Komplettierung 133
Konflikt 706
-, Abfolge 708
-, Ablaufschema 707
-, Beteiligter 707
-, Inhalt 707
-, Konfliktart 707
-, Konfliktsignal 709
-, Ursache 707
-, Vermeidungspunkt 708
Konfliktgespräch
-, Ablauf 709
Konkurrenzanalyse 321
Konnossement 110
Konsignationslager 136 f., 785, 797
-, Konsignationslagervertrag 137
Kontinuierlicher Verbesserungsprozess (KVP) 710
Kontrolle
-, Ergebniskontrolle 677
-, Prozesskontrolle 677
-, Verfahrenskontrolle 677
-, Voraussetzung 677
-, Ziel 677
Kooperation
-, Bedeutung 680
-, Faktor 681

Kooperative Führung
-, Kennzeichen 698
-, Nachteil 698
-, Vorteil 698
Korrelationsdiagramm 602
Korrosion
-, dauerhafte 184
-, vorübergehende 184
Kosten
-, Einzelkosten 412, 426
-, fixe 412
-, Gemeinkosten 412, 426
-, Gesamtkosten 425
-, Leerkosten 412
-, Nutzkosten 412
-, Stückkosten 425
-, variable 412
Kostenart
-, Betriebsmittelkosten 418
-, Materialkosten 418
-, Personalkosten 418
Kostenartenplan 430
Kostenartenrechnung 413
Kostenauflösung
-, direkte 417
-, mathematische 417
Kostenrechnung
-, Aufgabe 412
Kostenrechnungssystem
-, Ist-Kostenrechnung 413, 438
-, Normalkostenrechnung 413, 438
-, Plankostenrechnung 413, 438
-, Teilkostenrechnung 413
-, Vollkostenrechnung 413
Kostenstellenart
-, allgemeine Kostenstelle 432
-, Hauptkostenstelle 432
-, Hilfskostenstelle 432
Kostenstellenplan 433
Kostenstellenrechnung 413
-, Aufgabe 431
Kostenträgerrechnung 413
Kostentreiber 462
Kragarmregal 143
Kranführer 276, 793, 809
Kreativitätstechnik
-, Brainstorming 721
-, CNB-Methode 722
-, Methode 63 721
-, morphologischer Kasten 722
-, Pareto-Prinzip 722
-, Synektik 722
-, W-Fragen-Analyse 722
Kreisförderer 202
Kreislaufwirtschaftsgesetz 523
-, Begriff 302
-, Zweck 301
Kritikgespräch
-, Ablauf 689
-, Voraussetzung 688
Kundenanforderung 173
KVP 454
-, Einführung 712
-, Form 711
-, KVP-Projekt 712
-, Voraussetzung 711
-, Ziel 711
KVP-Ansatz
-, Ablauf 582
-, Bedeutung 582
-, Idee 583
-, Ziel 583

L

Ladeeinheit
-, Auswahl 213
-, automatische 223
-, Bereitstellung 213
-, mechanisierte 223
-, Sicherung 212
-, Vorteil 212
-, Wirkung 212
Laden, Stauen und Sichern
-, Beförderungs- und betriebssichere Verladung 273
-, Belastbarkeit der Ladebordwand 273
-, Inhalt 273
-, Ladungssicherung auf Straßenfahrzeugen 273
-, Regelung 273
-, VDI 2700 273
Ladeschein 111

Ladungssicherung
-, formschlüssige 219
-, kraftschlüssige 219
-, verantwortliche Person 221
Lager 122
Lagerart 133, 137 f.
Lagerbauart 138
Lagereinrichtung 88
Lagerfläche 73
Lagergerät 147
Lagergeschäft
-, Mietlagerung 287
-, Sammellagerung 287
-, Trennungslagerung 287
Lagerhalter
-, Haftung 289
Lagerhaltung 311
Lagerhaltungskosten 354
Lagerhaltungskostensatz 354
Lagerkosten 71 f.
Lagerkostensatz 354
Lagerleistung 85
Lagerplanung 124
Lagerschein
-, Art 288
-, Bedeutung 288
Lagertechnik 140
Lagerung
-, Ausgleichsfunktion 123
-, dezentrale 127
-, Entsorgungsfunktion 124
-, Funktion 122
-, Sammel- und Verteilungsfunktion 123
-, Sicherungsfunktion 122
-, Spekulationsfunktion 123
-, Umformungs-/Veredelungsfunktion 123
-, Verkehrsfunktion 123
-, zentrale 126
Lagervertrag 288
Laissez-faire-Führung 699
Lärmschutz
-, Hauptziel 527
Lash-Verkehr 233
Lastenheft 93, 618
-, Inhalt 618
Laufbahnplanung
-, Ablauf 764
-, individuelle 764
-, standardisierte 764
Lean Production 239
Lebenslauf
-, Branchen-/Firmenanalyse 646
-, Entwicklungsanalyse 646
-, Zeitfolgeanalyse 646
Lebensmittelkennzeichnungs-
verordnung (LMKV) 251
Lebensmittel (TLMV) 251
Leistungsanforderung 91
Leistungsmerkmal 92
Leistungsstörung 283
-, Annahmeverzug 284
-, Lieferungsverzug 284
-, Unmöglichkeit 283
-, Zahlungsverzug 284
Lernerfolg
-, Absicherung 775
-, Anwendungserfolg 775
-, Lernbarriere 775
Lerninhalt 745
Lernziel 744
-, affektives 745
-, Feinlernziel 745
-, Groblernziel 745
-, kognitives 745
-, psychomotorisches 745
-, Richtlernziel 745
Lieferantenbewertung 119, 121
-, Forderung 121
-, Kriterium 120
Lieferschein 108
Lieferservice 68
Lieferzeit 68
Lifo-Prinzip 131
Linienverkehr 233
Lkw-Maut 260
Local Sourcing 32
Logistik
-, Art 24
-, Bedeutung 22
-, direkte 49
-, Entwicklungsstufe 64
-, indirekte 50
-, Querschnittsfunktion 21
-, Vorgang 22
-, Ziel 21

Logistik-AGB 254
Logistikcontrolling 313
Logistikkennzahl
-, Basiskennzahl 471
-, Kriterium 488
-, Logistikkennzahlen-System 471
-, Produktivitätskennzahl 471
-, Qualitätskennzahl 471
-, Wirtschaftlichkeitskennzahl 471
-, Ziel 487
Logistikkonzept
-, Anforderung 25
-, Bestimmungsfaktor 25
-, Voraussetzung 24
Logistikkosten 26, 314
Logistikprozess
-, Merkmal 305
-, Prozesskette 306
Logistikservice 25
-, Lieferbeschaffenheit 26
-, Lieferflexibilität 26
-, Lieferzuverlässigkeit 26
Logistikstrategie
-, Ziel 312
Logistikziel 390
Losgröße
-, optimale 362
Luftfracht
-, Anforderung 235
-, Gut 235
-, Nacheil 236
-, Vorteil 235
Luftfrachttransportkette 235

M

Machbarkeitsanalyse 81
Macht 691
Make-or-buy 444
Make-or-buy-Entscheidung 36
Marktüberblick 92
Maschinenbelegung 364
Maschinenfähigkeitsuntersuchung (MFU) 609
Maschinenstundensatz 791
Maßnahme
-, individuelle 761
-, standardisierte 762
Materialfluss 74
Materialflussmatrix 198
Materialflussplan 198
Materialflussplanung
-, Ablaufstufe 199
-, Anlass 198
-, Aufgabe 199
-, Ziel 199
Materialflusssystem 155
Material Requirement Planning 361
MbE
-, Konzept 704
-, Nachteil 704
-, Vorteil 704
MbO
-, Ablauf 702
-, Konzept 702
-, Nachteil 703
-, Vorteil 703
MbS
-, Konzept 704
-, Nachteil 705
-, Vorteil 705
Mediation
-, Mediator 708
-, Phase 708
Medien 747
Mehrstufige Deckungsbeitragsrechnung
-, erzeugnisfixe Kosten 445
-, erzeugnisgruppenfixe Kosten 445
-, unternehmensfixe Kosten 445
Mehrwegsystem 196
Mehrwegverpackung
-, Vorteil 197
Meilensteinplan 620
-, Phase 621
-, Prüfung 621
Meister
-, Verantwortung 510
-, Vorbildfunktion 531
Meldebestand 356
Mentoring
-, Chance 768
-, Form 768
-, Konzept 768
Mess- und Wiegeeinrichtung 244
Methode
-, 4-Stufen-Methode 746

-, Fallstudie 747
-, Job Rotation 747
-, Lehrgespräch 746
-, Leittextmethode 747
-, Moderation 747
-, Planspiel 747
-, programmierte Unterweisung 747
-, Rollenspiel 747
-, Vortrag 746
Methode 635 76
Mindesthaltbarkeitsdatum (MHD) 149
Mindmapping 78
Mitarbeiterentwicklung
-, Maßnahme 780
Mitarbeiterführung 313
Mitbestimmungsrecht 814
Mittlere absolute Abweichung 344
Moderation
-, aktives Zuhören 720
-, Fragetechnik 720
-, Moderator 719
-, Nachbereitung 723
-, Vorbereitung 720
Modular Sourcing 33
Montrealer Übereinkommen 265
Morphologische Methode 77
Motiv 693
Motivation 495
-, Einflussgröße 693
-, extrinsische 591
-, intrinsische 591
-, Maßnahme 466
-, Primärmotivation 466
-, Sekundärmotivation 466
Motivationsprozess
-, Maßnahme 695
-, Stufe 695
Motivationstheorie
-, 2-Faktoren-Theorie 592, 694
-, Bedürfnispyramide 592, 694
Multimomentaufnahme 634
Multiple Sourcing 31

N

Nachfolgeplanung
-, Ablauf 765
-, kurzfristige 765
-, langfristige 765
-, mittelfristige 765
Nachhaltigkeit
-, ökologische 28
-, ökonomische 28
-, soziale 28
Nachwuchskräfteförderung 762
Netzplantechnik 79
Netzsystem 216
Nonverbale Kommunikation 720
Norm 691
Normalverteilung 613
Normenart 574
Notfallstrategie
-, Bedeutung 368
Null-Fehler-Strategie
-, Maßnahme 582
-, Ziel 582
Nutzwertanalyse 82, 491
NVE-Code 101

O

Öffentliche Abgabe 424
Optimale Bestellhäufigkeit 355
Optimale Bestellmenge 353, 789
-, Prämisse 355
Organ bei Arbeitsschutz und -sicherheit
-, außerbetriebliches 503
-, innerbetriebliches 503
Organisationsentwicklung 325
-, Phase 326
-, Voraussetzung 325
-, Vorteil 325
-, Ziel 326
Organisationssystem 158
Organisationstyp 41
Orientierungscenter 756
Outsider 233
Outsourcing
-, Formen 63

P

Packhilfsmittel
-, Kennzeichnungsmittel 194
-, Schutz- und Füllmittel 193
-, Verschließmittel 194

Packmittelbezeichnung
-, Gefahrgut 195
Packstoff
-, Glas 187
-, Holz 185
-, Karton 186
-, Kunststoff 186
-, Metall 187
-, Pappe 186
Palette 188
-, Europalette 189
-, Flachpalette 189
-, Regelung 267
Palettenregal 142
Paretoanalyse 601
Partikulierer 232
Partizipation
-, Voraussetzung 705
-, Ziel 705
Partner
-, externer 62
-, interner 59
PDCA-Zyklus 599, 710
-, Bedeutung 322
-, Phase 323
Permanente Inventur 151
Personalauswahl 643
-, Ablauf 644
-, Anforderungsprofil 645
-, Kriterium 644
Personalbedarf
-, externer Faktor 627
-, interner Faktor 628
-, Personalbedarfsart 627
Personalbedarfsplanungsschema 630
-, Abgang 631
-, Anwendung 632
-, Bruttopersonalbedarf 631
-, fortgeschriebene Personalbestand 631
-, Nettopersonalbedarf 632
-, Zugang 631
Personalbeschaffung 639, 794, 812
-, externe 641
-, innerbetriebliche 641
Personalbogen 654
Personaleinsatz 71
Personaleinsatzplan 89
Personalentwicklung 745
-, Anreizsystem 745
-, Ansatzpunkt 742
-, Bedeutung 738
-, Bereich 738
-, Beteiligungsrecht 740
-, externe 816
-, interne 816
-, Kosten 772
-, Kostenkontrolle 776
-, Qualitätsstandard 773
-, Rentabilitätsrechnung 776
-, Stufenkonzept 741
-, Ziel für das Unternehmen 737
-, Ziel für den Mitarbeiter 737
-, Ziel für die Gesellschaft 737
Personalentwicklungsbedarf 737
Personalentwicklungsgespräch 777
Personalentwicklungskonzept 750
Personalentwicklungsmaßnahme
-, Auswahl 760
-, externe 759
-, interne 759
Personalkosten 421
-, direkte 419
-, indirekte 419
Personalstruktur 628
-, Altersstruktur 629
-, Betriebszugehörigkeit 629
-, Geschlechterstruktur 629
-, Qualifikationsstruktur 629
Persönliche Schutzausrüstung 558
-, Benutzung 560
-, Inverkehrbringen 559
-, Kategorie 558 f.
-, Regel 558
Pfandsystem 196
Pflegemaßnahme 149
Pflichtenheft 618
Pick Pack-Verfahren 158
Piktogramm 546
Plankosten
-, Planung der Einzelkosten 417
-, Planung der Gemeinkosten 417
Plankostenrechnung
-, Aufgabe 414
-, flexible 414

-, starre 414
-, Verfahren 414
-, Ziel 414
Plankostenverrechnungssatz 415
-, fixer 415
-, proportionaler 415
Poka Yoke 622
Portfolioanalyse
-, Feld 319
-, Konzept 318
-, Normstrategie 319
Positionierung 132
Potenzialanalyse 752, 795, 815
Potenzialbeurteilungsbogen 753
Potenzialeinschätzung 750
-, Fachkompetenz 751
-, Instrument 752
-, Methodenkompetenz 751
-, persönliches Merkmal 751
-, Sozialkompetenz 751
Präferenzbescheinigung 297
Prämienlohn 420
Präsentation 82
-, Ablauf 497
-, Vorbereitung 497
Primärprozess 311
Produktentwicklung
-, Ablauf 589
Produktion
-, Aufgabe 60
Produktionsablauf
-, flexibler 39
Produktionsplanung 358
Produktionsplanungs- und -steuerungssystem 361
Produktionssteuerung 361 f.
Produktionstyp 41
Produktivitätskennzahl 167
-, Beschaffungslogistik 477
-, Distributionslogistik 479
-, Lager und Kommissionierung 478
-, Materialfluss und Transport 477
-, Produktionsplanung und -steuerung 479
Produktüberwachung 613
Projekt
-, Bildung 718
-, Spielregel 718
Projektarbeit 769
Prozess 455
-, Blindleistung 588
-, Darstellung 307
-, Fehlleistung 588
-, Merkmal 455
-, Nutzleistung 588
-, Prozesswirksamkeit 588
-, Prozesswirksamkeitsgrad 589
-, Stützleistung 588
Prozessanalyse 457
-, Schritt 457
Prozessbeteiligter
-, Prozesseigner 458
-, Prozesslenkungsausschuss 458
-, Prozessmanager 458
-, Prozessmitarbeiter 458
-, Prozessteam 458
-, Prozesszirkel 458
Prozessdaten
-, Auftragsdaten 327
-, Maschinendaten 328
-, Materialdaten 328
-, Personaldaten 329
-, Produktdaten 329
-, Prozessdaten 328
Prozessebene 308
Prozessfähigkeitsuntersuchung (PFU) 609
Prozessgestaltung
-, Phase 306
Prozessgröße 462
Prozesskosten
-, leistungsmengeninduzierte 463
-, leistungsmengenneutrale 463
Prozesskostenrechnung 459, 790, 803
-, Aufgabe 460
-, Schritt 461
Prozesskostensatz 463
Prozesslebenszyklus
-, Bedeutung 323
-, Stufe 323
Prozesslenkung
-, Prozessbeherrschung 612
-, Prozessfähigkeit 611
Prozessmanagement 455
-, Stufe 456
-, Ziel 456

Prozessorientierung
-, Vorteil 306
-, Ziel 306
Prozesspartner 59, 64
Prozessrealisierung 459
Prozesssteuerung 589
Prozessstruktur 459
Prozessverbesserung
-, Schritt 458
Prüfbericht 105, 118
Prüfmerkmal
-, diskretes 615
-, kontinuierliches 615
-, nominales 615
-, ordinales 615
-, qualitatives 615
-, quantitatives 615
Prüftechnik
-, Funktionsfähigkeit 590
Prüfungsart
-, Attributprüfung 590
-, Variablenprüfung 590
Prüfverfahren 114
-, Art 115

Q

Qualifikation
-, Führungskompetenz 663
-, Methodenkompetenz 663
-, Sozialkompetenz 663
Qualifikationsstruktur 758
Qualifizierung 795, 815
-, Bedeutung 623
-, Dokumentation 626
-, externe 625
-, interne 624
-, Nachhaltigkeit 749
-, Qualifikationsbedarf 623 f.
-, Qualifikationsmatrix 624
-, Qualität 749
Qualifizierungserfolg 742
Qualifizierungsprinzip
-, Training-into-the-Job 746
-, Training-near-the-Job 746
-, Training-off-the-Job 746
-, Training-on-the-Job 746
-, Training-out-of-the-Job 746
Qualifizierungsprogramm 763
Qualität 567
-, Anforderung 568
-, Eigenschaft 567
-, Faktor 568
-, Objekt 567
Qualitätsanalyse
-, Fehlerkosten 492
-, Fehlerverhütungskosten 492
-, Prüfkosten 492
Qualitätskennzahl
-, Distributionslogistik 486
-, Lager und Kommissionierung 485
-, Materialfluss und Transport 484
-, Produktionsplanung und -steuerung 485
Qualitätskosten
-, Darlegungskosten 573
-, Fehlerfolgekosten 573
-, Fehlerkosten 573
-, Fehlerverhütungskosten 573
-, Prüfkosten 573
Qualitätslenkung 569
Qualitätsmanagement 570, 578, 793, 809
-, Instrument 578
Qualitätsmanagementhandbuch
-, Aufbau 579
-, Inhalt 578
-, Verfahrensanweisung 579
Qualitätsmanagementsystem 574
-, Anforderung 571
-, Aufgabe 570
-, Bedeutung 570
-, Ziel 570
Qualitätsplanung 569
-, Begeisterungsforderung 616
-, Grundforderung 616
-, Normalforderung 616
Qualitätspolitik 568
Qualitätsprüfung 107, 116
Qualitätsregelkarte 603
Qualitätssicherung
-, Aufgabe 569
Qualitätsverbesserung 569
Qualitätsziel 580
Qualitätszirkel 597
-, Fehlervermeidung 598
-, Selbstprüfsystem 598

Quality Function Deployment (QFD)
-, Phase 619
-, Vorteil 620
Quantitätsprüfung 107

R

Rail Ro Cargo 236
Rampenart 97
Raum- und Flächenbedarf 72
Rechnungswesen
-, Aufgabe 411
-, Bereich 411
Rechtliche Regel 58
REFA-Zeitermittlung 359
Referenz 655
Referenzmodell 700
Regalbediengerät 205, 799
Regallagerung 141
Regional Sourcing 33
Reklamation 242
Reklamationsmanagement 119
Reklamationsprozess 119
Retrograde Methode 791, 806
RFID-Technik 100
RID 260, 292
RID-Ordnung 262
Risiko
-, Grenzrisiko 510
Risikoprioritätszahl 606
Ro-Ro-Verkehr 236
Route 215
Rügepflicht 242
-, Voraussetzung 243
Rundgangstrategie 127, 159
Rüstzeit 360

S

Sachmangel 242
Sammelbewertung
-, Fifo-Methode 352
-, Hifo-Methode 352
-, Lifo-Methode 352
-, Lofo-Methode 353
-, periodische Durchschnittswertermittlung 351
-, periodischer Durchschnitt 351
-, permanente Durchschnittswertermittlung 352
Sammelgutverkehr 216
Schadenanzeige 243
Schienenverkehr
-, kombinierter Verkehr 230
-, Ladungsverkehr 230
Schifffahrtskonferenz 233
Schlüsselqualifikation 751
Schuldhaftes Verhalten 241
Schulzeugnis 647
Schutzmaßnahme
-, Kontrolle 549
-, Rangfolge 549, 555
-, Regelung 549
Seefrachtvertrag
-, Raumfrachtvertrag 264
-, Stückgutfrachtvertrag 264
Seeschifffahrt 264
-, Besonderheit 233
-, Nachteil 234
-, Vorteil 234
Seeschiffsart 233
Seetransport
-, Abwicklung 233
Sekundärprozess 312
Selbsteinschätzung 754
Selbstorganisation 685
Sicherheitsbeauftragter 373, 793
-, Aufgabe 506
-, Bestellung 506
Sicherheitsdatenblatt 548
Sicherheitsmanagement
-, Teildisziplin 406
-, Ziel 406
Single Sourcing 30
Singular Sourcing 31
Skontration 791
Skontrationsmethode 805
SMART-Formel 313
SMGS 260
SMGS-Abkommen 262
Softwareentwicklung 402
Softwareergonomie 402
Sole Sourcing 31
Sonderleistung 85
Sourcing-Strategie 30
-, Bewertungsmatrix 35

Sozialer Arbeitsschutz
-, Artikel 153 AEU-Vertrag 500
Sozialkosten
-, freiwillige 421
-, gesetzliche 421
-, sekundäre 421
-, tarifliche 421
Spediteur 254
Speditionsvertrag
-, Obhutshaftung 255
-, Sammelladung 255
-, Selbsteintritt 255
-, Spedition zu festen Kosten 255
-, Verschuldenshaftung 255
Standardabweichung 344, 613
Stapelbehälter 148
Staplersystem
-, Frontstapler 205
-, Gabelhubwagen 205
-, Schmalgangstapler 205
-, Schubmaststapler 205
-, Seitenstapler 205
Stärken-/Schwächen-Analyse 316
Statistik
-, beschreibende (deskriptive) 611
-, beurteilende (analytische) 611
Statistische Methode
-, Grenze 610
-, Vorteil 610
Statistische Prozesskontrolle (SPC) 608
Stauen
-, Regel 218
Stauplan 219
Stelle 665
Stellenausschreibung
-, interne 640
Stellenbeschreibung 666
-, Art 669
-, Bedeutung 670
-, Erstellung 666
-, Grenze 666
-, Inhalt 667
-, Logistikleiter 668
Stellenbesetzungsplan 665
Stellenplan 665
Stellenplanmethode 633
Stellenplanung
-, prozessorientierte 665
-, zukunftsoffene 666
Stetigförderer 201
-, Nachteil 202
-, Vorteil 202
Stichgangstrategie 127, 159
Stichprobeninventur 151, 805
Stichtagsinventur 150
Stoff
-, gefährdender 525
-, giftiger 525
-, wassergefährdender 525 f.
Stoffidentifizierung 548
Störung 369
-, Auswirkung 383
-, Hauptursache 383
Strategie 26
-, Phase 315
Streckengeschäft 46
Streckenzeit 127
Strichliste 600
Strukturbaum 336
Stückdeckungsbeitrag 443
Stückgutumschlag 222
-, Dachumschlag 223
-, Heckumschlag 223
-, Seitenumschlag 223
Stückliste 335
-, Einkaufsstückliste 335
-, Fertigungsstückliste 335
-, Konstruktionsstückliste 335
-, Servicestückliste 335
Stücklistenform
-, Baukastenstückliste 336 f.
-, Mengenstückliste 337
-, Mengen-(Übersichts-)stückliste 336
-, Strukturstückliste 336
-, Variantenstückliste 336
Supply Chain 393
Supply Chain Management
-, Voraussetzung 23
-, Ziel 23
SWOT-Analyse 317
Synektik 78
Systemleistung 85
System vorbestimmter Zeiten 359
-, MTM 636
-, WF 636
Szenarienplanung 369

T

TA Lärm
-, Grenzwert 526
Target Costing 607
Tatbestandsaufnahme 104, 112, 798
Technischer Arbeitsschutz
-, Artikel 114 AEU-Vertrag 500
Technische Regeln für Arbeitsstätten (ASR) 247
Teilautonome Arbeitsgruppe
-, Erfolgsbedingung 717
Teileverwendungsnachweis 335, 339
Teilprozess 52
-, Beschaffungslogistik 309
-, Distributionslogistik 309
-, Entsorgungslogistik 310
-, in der Logistik 462
-, Produktionslogistik 309
-, Zerlegung 461
Terminplanung 363, 384
Terminprüfung 107
Terminwesen 362
Testart
-, Intelligenztest 649
-, Leistungstest 649
-, Persönlichkeitstest 650
Top-down 389
Top-down-Verfahren 449
Total Customer Care 572
Total Quality Management 793, 809
-, Grundsatz 571
Tour 215
Tourenplan 215
Tourenplanung 214
-, Hilfsmittel 216
-, neuere Entwicklung 217
-, Problem 216
-, Restriktion 215
-, Ziel 215
Trainee-Programm 763
Training-into-the-job 817
Training-near-the-job 817
Training-off-the-job 817
Training-on-the-job 817
Training-out-of-the-job 817
Trampverkehr 233
Transporteinheit 226
Transportkette
-, eingliedrige 225
-, mehrgliedrige 225
Transportleistung 84
Transportprozess 311
Transportschaden 112
-, Anzeige 113
-, Haftung 113
-, Schadenabwicklung 114
Transportweg
-, Binnenwasserweg 178
-, Luftweg 179
-, Schiene 178
-, Seeweg 179
-, Straße 178
Trendextrapolation 637

U

Übergreifender Prozess 310
Übertragungsreichweite 400
Überwachung 330
-, Informationsfunktion 331
-, Kontrollfunktion 331
-, Leistungsfunktion 331
-, Steuerungsfunktion 331
Überwachungsverfahren 581
Umformung 132
Umlaufregal 146
Umsatzsteuer
-, Vorsteuer 445
-, Zahllast 445
Umschlag 221
-, Variante 222
-, Ziel 222
Umschlageinrichtung
-, Hebezeug 276
-, Rampe und Ladebrücke 275
Umschlaggerät 219
Umschlagknotenpunkt 225
Umschlagleistung 56, 84, 237
-, Leistungskennzahl 238
-, Qualitätskennzahl 238
Umschlagsystem 223
Umwandlungsverfahren 296
Umweltbeauftragter 522
Umweltschutz
-, Aufgabe 521

-, Gebiet 521
-, Prinzip 522
-, Vorschrift 520
Unit Sourcing 34
Unstetigförderer 203
-, Nachteil 203
-, Vorteil 203
Unternehmensführung
-, Ziel 388
-, Zielhierarchie 388
Unternehmer
-, Nichtbeachtung 509
-, Pflicht 508
-, Übertragung 509
Untersuchungspflicht 241
Unterweisung
-, Anlass 540
-, Bedarf 538
-, Durchführung 541
-, Einzelunterweisung 540
-, Gruppenunterweisung 540
-, Inhalt 539
-, Konzept 538
-, rechtliche Grundlage 537
-, Regelunterweisung 540
-, Sonderunterweisung 540
-, Vorbereitung 539
Ursache-Wirkungs-Diagramm 324, 601
Ursprungszeugnis 297

V

Variable Kosten
-, degressive 428
-, progressive 428
-, proportionale 428
Variablenprüfung 117
VBGL 291
VDA 6.1 576
Vendor Managed Inventory 47
Verantwortungsbewusstsein 467
Verbesserungsvorschlag
-, Ablauf 713
-, Kriterium 713
-, Nutzen 713
Verbrauchsermittlung
-, Inventurmethode 345
-, retrograde Methode 346
-, Skontrationsmethode 345
Verbrauchsfolgeverfahren
-, Fifo-Verfahren 253
-, Hifo-Verfahren 253
-, Lifo-Verfahren 253
Verbrauchsmenge
-, Anschaffungswert 423
-, Bewertung 423
-, Inventurmethode 423
-, retrograde Methode 423
-, Skontrationsmethode 423
-, Tageswert 424
-, Verrechnungswert 424
-, Wiederbeschaffungswert 424
Verbrauchsmittel 368
Verbrauchsverlauf 339
Veredelung
-, aktive 296
-, passive 297
Verfahrensanweisung 580
Verfahrensvergleich
-, Eigenfertigung 38
-, Fremdvergabe 38
Verfalldatum (VD) 149
Verfrachter 233, 264
-, Haftung 265
Verhaltensgitter 699
Verjährung 243, 280
Verkehr 176
Verkehrsanbindung 56
Verkehrsbetrieb 177
Verkehrslage 125
Verkehrsmittel 176
Verkehrsträger 177
-, Auswahlkriterium 211
-, Kriterium 179
Verkehrsweg 177
Verkehrswirtschaft 176
Verladeeinrichtung
-, ortsfeste (statische) 219
-, ortsveränderliche (dynamische) 219
Verlader 221
Verladung 217
-, beförderungssichere 220
-, betriebssichere 220
-, Gefahr 221
-, rechtliche Grundlage 220

Verlegte Inventur 150
Verlustzeit 367
Vernetzung
-, Internet 399
-, Intranet 399
-, LAN 399
-, WAN 399
-, W-LAN 399
Verpackung 311
-, Beanspruchung 182
-, Funktion 181
-, Gefahrgut 195
-, Kosten 194
-, Verpackungsverordnung 180
Verpackungsart
-, Transportverpackung 181
-, Umverpackung 181
-, Verkaufsverpackung 181
Verpackungskosten
-, Berechnungsregel 195
Versandverfahren 300
-, T1-Verfahren 301
-, T2-Verfahren 301
Verschieberegal 146
Versicherung 62
Verteilzeit 360, 467
Vertrag 278
Vertragsfreiheit
-, Abschlussfreiheit 279
-, Formfreiheit 279
-, Gestaltungsfreiheit 279
Vertrauensarbeitszeit 638
Verwaltung
-, Aktivität 60
VGBL 254, 260
Virenschutzsoftware 408
-, IT-Sicherheitsrichtlinie 409
Vollprüfung 117
Vorgabezeit
-, Erholungszeit 635
-, Grundzeit 635
-, Normalzeit 636
-, REFA-Tannenbaum 635
-, Rüstzeit 635
-, Verteilzeit 635
Vorgesetztentyp 692
Vorlaufzeit 334
Vorratshaltung 42
Vorsorgeuntersuchung 560
-, Angebotsuntersuchung 550, 561
-, Pflichtuntersuchung 550, 560 f.
-, Rechtsvorschrift 519
-, Untersuchungsart 519
-, Wunschuntersuchung 550, 561
Vorstauorganisation 227
Vorstellungsgespräch
-, Durchführung 650
-, Vorbereitung 650
-, Ziel 650
Vorübergehende Verwendung 296
Vorverpackung 132
Vorvertragliches Vertrauensverhältnis 278

W

Wabenregal 144
Warenannahme 95
-, Aktivität 106
-, Bedeutung 106
Wareneingang 240, 307, 786
-, Aufgabe 95
-, Bereich 96
-, dezentraler 96
-, zentraler 96
-, Ziel 95
Wareneingangsschein 104, 119
Wareneingangs-Sperrlager 97
Warenkontrolle 114
Warenpflege 250
Warenwirtschaftssystem 54
Warntafel 272
Warschauer Abkommen 266
Wartung 378
-, Ablauf 378
-, Eigenwartung 379
-, Fremdwartung 379
-, Inhalt 378
-, Maßnahme 378
-, Vorgabe 378
-, Wartungsvertrag 380
Wartungs- und Prüfarbeit
-, Dokumentation 386
Wartungs- und Prüfintervall
-, Überwachung 386

Wasserhaushaltsgesetz 250
Werkstoff
-, Betriebsstoff 423
-, Hilfsstoff 423
-, Rohstoff 423
Werkverkehr 228
-, Nachteil 228
-, Vorteil 228
Werkvertrag 91, 254
-, Anweisungsbefugnis 733
-, Inhalt 730
-, Kontrolle 735
-, Merkmal 731
-, Nachteil 732
-, Scheinselbstständigkeit 731
-, Vorteil 732
Wert 691
Wertanalyse
-, Stufe 493
-, Ziel 493
Wertschöpfungskette 22
Willenserklärung
-, Anfrage 279
-, Angebot 279
-, Auftragsbestätigung 279
-, Bestellung 279
-, Empfangsbedürftigkeit 278
-, Rechtswirksamkeit 278
Wirkungskraft
-, Gewichtskraft 218
-, Massenkraft 218
-, Reibungskraft 218
-, Sicherungskraft 218
Wirtschaftlichkeitskennzahl
-, Beschaffungslogistik 480
-, Distributionslogistik 482
-, Lager und Kommissionierung 481
-, Materialfluss und Transport 480
-, Produktionsplanung und -steuerung 482
Workshop
-, Durchführung 596
-, Vorbereitung 596

X

XY-Theorie 592, 696

Z

Zeitarbeit 642, 794, 811
-, Nachteil 729
-, Vorteil 729
Zeitlohn 420
Zeitplanung 359
Zeitstudie 359
Zeitwirtschaft
-, REFA-Zeitermittlung 457
-, System vorbestimmter Zeiten 457
Zertifizierung
-, Ablauf 587
-, Kriterium 587
-, Vorteil 588
-, Zertifizierer 587
ZH 1/361 246
Ziel
-, indifferentes 389
-, komplementäres 389
-, konkurrierendes 389
-, operatives 65
-, strategisches 27
-, Verhältnis 389
Zielbildungsprozess 389
Zielkonflikt 58, 65, 494
Zielkostenrechnung
-, Bedeutung 464
-, Kennzeichen 465
Zielvereinbarungsgespräch 703
Zollinhaltserklärung 297
Zolllager 300
Zollpapier 104
Zollstraßenzwang 298
Zollverkehr
-, Regel 295
-, Zollgebiet 295
Zollwert 301
Zugriffsform
-, Entnahme 128
-, zugriffsfreie 128
-, zugriffsgebundene 128
Zugriffsfreiheit 800
Zugriffsgebundenheit 800
Zurrgurt
-, Lashing Capacity 274
-, Standard Hand Force 274
-, Standard Tension Force 274

Zusammenarbeit 370
-, Betriebsrat 390
-, Eigenkapitalgeber 392
-, Fremdkapitalgeber 392
-, Gesellschaft 393
-, Kunde 393
-, Lieferant 393
-, mit Aufsichtseinrichtungen 370
-, mit Herstellern und Lieferanten 369
-, Personalabteilung 391
-, Unternehmensbereich 372
-, vor- und nachgelagerter Bereich 391
Zusatzleistung 174
Zuschlagskalkulation
-, differenzierende 439
-, summarische 438
Zwischenlager 227